FUNDAMENTOS DE ENGENHARIA
e Ciência dos Materiais

EDITORA AFILIADA

S663f	Smith, William F.
	    Fundamentos de engenharia e ciência dos materiais / William F. Smith, Javad Hashemi ; tradução: Necesio Gomes Costa, Ricardo Dias Martins de Carvalho, Mírian de Lourdes Noronha Motta Melo. – 5. ed. – Porto Alegre : AMGH, 2012.
	    xx, 712 p. : il. color. ; 28 cm.
	
	    ISBN 978-85-8055-114-3
	
	    1. Engenharia. 2. Ciência dos materiais. I. Hashemi, Javad. II. Título.
	
	                                                                CDU 62

Catalogação na publicação: Ana Paula M. Magnus – CRB 10/2052

5ª edição

William F. Smith
Professor Emérito (falecido) de Engenharia
University of Central Florida

Javad Hashemi, Ph.D.
Professor de Engenharia Mecânica
Texas Tech University

FUNDAMENTOS DE ENGENHARIA e Ciência dos Materiais

Tradução

Necesio Gomes Costa
Ph.D. em Materiais pela The University of Birmingham/Reino Unido
Professor do Instituto de Engenharia Mecânica da Universidade Federal de Itajubá/MG

Ricardo Dias Martins de Carvalho
Ph.D. em Engenharia Mecânica pelo Rensselaer Polytechnic Institute/EUA
Professor do Instituto de Engenharia Mecânica da Universidade Federal de Itajubá/MG

Mírian de Lourdes Noronha Motta Melo
Doutora em Engenharia Mecânica com ênfase em Materiais e Processos de Fabricação pela Faculdade de Engenharia Mecânica da Unicamp
Professora do Instituto de Engenharia Mecânica da Universidade Federal de Itajubá/MG

Reimpressão 2015

McGraw Hill | bookman

AMGH Editora Ltda.
2012

Obra originalmente publicada sob o título
Foundations of Materials Science and Engineering, 5th Edition
ISBN 0073529249 / 9780073529240

Copyright © 2010, The McGraw-Hill Companies,Inc. All rights reserved.
Portuguese-language translation copyright © 2012 AMGH Editora Ltda.
All rights reserved.

Capa: *Aero Comunicação*

Leitura final: *Flávia Franchini e Vânia Cavalcanti de Almeida*

Gerente editorial CESA: *Arysinha Jacques Affonso*

Coordenadora editorial: *Viviane R. Nepomuceno*

Assistente editorial: *Kelly Rodrigues dos Santos*

Editoração: *Triall Composição Editorial Ltda*

Reservados todos os direitos de publicação, em língua portuguesa, à
AMGH Editora Ltda., uma parceria entre GRUPO A EDUCAÇÃO S.A. e McGRAW-HILL EDUCATION.
Av. Jerônimo de Ornelas, 670 – Santana
90040-340 – Porto Alegre – RS
Fone: (51) 3027-7000 Fax: (51) 3027-7070

É proibida a duplicação ou reprodução deste volume, no todo ou em parte,
sob quaisquer formas ou por quaisquer meios
(eletrônico, mecânico, gravação, fotocópia, distribuição na Web
e outros) sem permissão expressa da Editora.

Unidade São Paulo
Av. Embaixador Macedo Soares, 10.735 – Pavilhão 5 – Cond. Espace Center – Vila Anastácio
05095-035 – São Paulo – SP
Fone: (11) 3665-1100 Fax (11) 3667-1333

SAC 0800 703-3444 – www.grupoa.com.br

IMPRESSO NO BRASIL
PRINTED IN BRAZIL

Os autores

Javad Hashemi é professor de engenharia mecânica na Texas Tech University, e também exerce a função de diretor associado de pesquisa no Edward E. Whitacre College of Engineering. Javad recebeu o título de Ph.D. em engenharia mecânica da Drexel University, em 1988. Desde 1991, vem ministrando disciplinas de graduação e de pós-graduação na Texas Tech University nas áreas de materiais e de mecânica, bem como aulas práticas de laboratório. Hashemi possui ampla experiência em pesquisa nas áreas de manufatura, estrutura e síntese de materiais. Seus atuais interesses em pesquisa são materiais, biomateriais e ensino de engenharia.

O saudoso **William F. Smith** era professor emérito de engenharia no Departamento de Engenharia Mecânica e Aeroespacial da University of Central Florida, em Orlando, na Flórida. Possuía o título de mestre em engenharia metalúrgica da Purdue University e o título de doutor em ciências (Sc.D.) em metalurgia pelo Massachusetts Institute of Technology. Smith, que era também credenciado como engenheiro profissional nos estados da Califórnia e da Flórida, ministrava disciplinas de graduação e de pós-graduação em engenharia e ciência dos materiais e ativamente escreveu livros didáticos por muitos anos. É também o autor do livro *Estrutura e propriedades de ligas para engenharia*, 2ª edição (McGraw-Hill, 1993).

Prefácio

O tema engenharia e ciência dos materiais é essencial para engenheiros e cientistas de todas as disciplinas. O engenheiro atual deve ter uma compreensão mais profunda, diversificada e atualizada das questões relacionadas aos materiais em vista dos avanços em ciência e tecnologia, do desenvolvimento de novas áreas na engenharia e das mudanças na profissão. Todo estudante de engenharia deve ter, no mínimo, conhecimentos básicos de estrutura, propriedades, processamento e desempenho das várias classes de materiais. Esse é o passo decisivo para a seleção de materiais em problemas cotidianos da área. A compreensão mais profunda dos mesmos tópicos é necessária para projetistas de sistemas mais complexos, analistas forenses (falha de materiais) e engenheiros de pesquisa e desenvolvimento.

Consequentemente, a fim de preparar os engenheiros e cientistas de materiais do futuro, o livro *Fundamentos de engenharia e ciência dos materiais* apresenta com abrangência e profundidade diversos tópicos sobre o assunto. O ponto forte do livro está na apresentação equilibrada dos conceitos em ciência dos materiais (conhecimentos básicos) e em engenharia dos materiais (conhecimentos aplicados). Esses conceitos são integrados por meio de explicações textuais concisas, imagens relevantes e estimulantes, exemplos detalhados, suplementos eletrônicos e problemas propostos. Este livro-texto é, portanto, adequado tanto para um curso introdutório em materiais para alunos de segundo ano em engenharia, como para um curso mais avançado em engenharia e ciência dos materiais para alunos de terceiro e quarto anos. Finalmente, com base na premissa bem conhecida de que nem todo aluno aprende da mesma maneira e com as mesmas ferramentas, esta quinta edição e seus recursos de apoio foram elaborados de modo a oferecer aos alunos vários estilos diferentes de aprendizagem.

Os seguintes aperfeiçoamentos foram introduzidos nesta edição:

- O capítulo sobre ligações e estruturas atômicas (Capítulo 2) foi reescrito. A nova apresentação é baseada em interpretações mais recentes sobre estrutura atômica e ligações e sua influência sobre as propriedades e comportamento dos materiais. Como consequência, a cobertura é mais precisa e atualizada. Entre os aperfeiçoamentos importantes, destacam-se: (1) uma breve e interessante perspectiva histórica dos avanços-chave na área que, certamente, agradará tanto aos professores como aos alunos; (2) a discussão em mais detalhes do conceito de ligações em átomos multieletrônicos; (3) a apresentação do conceito de energia de rede; (4) a explicação mais detalhada da relação entre tipo de ligação e propriedades dos materiais; e (5) a inclusão de novos exemplos e de material para estudo complementar.
- Tópicos em nanotecnologia foram incluídos em vários capítulos. Eles abordam o estudo dos materiais com características em escala nano (por exemplo, tamanho nano de grão), os instrumentos necessários para esse estudo, as técnicas de processamento e também as propriedades desses materiais.
- A área de engenharia biomédica, sempre em crescimento e mutação, inspirou o acréscimo de um novo capítulo sobre biomateriais (Capítulo 17). O capítulo apresenta uma discussão sobre o comportamento dos materiais estruturais (metais, cerâmicos, polímeros e compósitos) no interior do corpo humano em aplicações ortopédicas, além de questões de biocompatibilidade e de estrutura, propriedades e comportamento dos materiais biológicos (ossos, ligamentos e cartilagem). Os materiais biológicos foram considerados porque representam o que há de mais atual em materiais inteligentes com características em escala nano.
- Os problemas no fim de cada capítulo foram classificados de acordo com o nível de aprendizagem/compreensão que se espera do aluno. A classificação foi baseada na taxonomia de Bloom e visa a auxiliar alunos e professores a estabelecer metas e padrões de aprendizagem. O primeiro grupo na classificação compreende problemas de conhecimento e compreensão, os quais demandam do aluno a comprovação da aprendizagem em seu nível mais básico, ou seja, de recordação

da informação e de reconhecimento de fatos. A maioria deles solicita que o aluno desempenhe tarefas, como Definir, Descrever, Relacionar e Nomear. O segundo grupo é composto pelos problemas de aplicação e análise. Nesse grupo, espera-se do aluno a aplicação do conhecimento adquirido, com a demonstração de seu conceito, cálculo e análise. Finalmente, o terceiro grupo de problemas foca na síntese e avaliação. É necessário que o aluno julgue, avalie, projete, desenvolva, estime, afira e, em geral, sintetize novo conhecimento com base no que foi aprendido no capítulo. Deve-se enfatizar que essa classificação não é indicativa do nível de dificuldade dos problemas, mas sim dos diferentes níveis de cognição.

- Foram elaborados novos problemas para cada capítulo – principalmente na categoria de síntese e avaliação. Esses problemas têm como objetivo estimular o raciocínio dos alunos de maneira mais profunda e reflexiva, a fim de auxiliar os professores na formação de engenheiros e cientistas que possam trabalhar em um patamar de cognição mais elevado.

- Outra característica instigante desta quinta edição são as aulas em PowerPoint®, em inglês, para uso dos professores. Essas aulas, ao mesmo tempo detalhadas e sucintas, são altamente interativas e contêm vídeos técnicos, tutoriais para a solução de problemas e experimentos virtuais em laboratório. As aulas em PowerPoint focam os vários estilos de aprendizagem e visam ao estímulo de alunos inovadores, analíticos, de espírito prático e dinâmicos. Estes arquivos são uma importante ferramenta para as aulas expositivas dos professores e também geram interesse nos alunos em aprender o assunto de maneira mais eficaz. Recomenda-se aos professores que vejam e testem as aulas.

Recursos na rede:

O site do livro, www.grupoa.com.br, contém vários recursos para alunos e professores. Entre os recursos para os alunos encontram-se:

Três experimentos virtuais com vídeo, testes interativos e processos reais passo a passo; um manual de laboratório referente aos experimentos virtuais; o aplicativo de visualização de cristais MatVis, que permite ao aluno criar estruturas cristalinas bem como visualizar estruturas existentes; animações; e base de dados aberta de propriedades de materiais.

Os recursos para os professores abrangem: transparências em PowerPoint com animações, vídeos e figuras não presentes no livro; um manual de soluções; material de ensino para auxiliar a incorporação dos experimentos virtuais e de outros recursos de mídia em sala de aula; transparências de texto; exemplos de ementa.

AGRADECIMENTOS

O coautor, Javad Hashemi, gostaria de dedicar os seus esforços neste livro à memória de seus sempre queridos pais, Seyed-Hashem e Sedigheh; à sua esposa, mentora e amiga, Eva; a seus filhos, Evan Darius e Jonathon Cyrus, e, finalmente, a seus irmãos (obrigado pelo amor e apoio ininterruptos).

Os autores gostariam de agradecer os esforços do autor colaborador, Dr. Naveen Chandrashekar, professor assistente de engenharia mecânica na University of Waterloo, pela redação das seções sobre materiais biológicos e pela montagem do capítulo sobre esse assunto (Capítulo 17), pela elaboração das transparências em PowerPoint® e das tabelas de propriedades, e pelo auxílio na elaboração dos experimentos virtuais e tutoriais. Os autores gostariam ainda de agradecer o apoio de Allen Conway e da Metallurgical Technologies Inc., pelo acesso às suas imagens e estudos de caso. Reconhecemos sinceramente este auxílio. Finalmente, agradecemos e manifestamos apreço pelos esforços do Dr. Greg I. Gellene, professor de Química na Texas Tech University, pela leitura do capítulo sobre química e por seus comentários inestimáveis.

Os autores gostariam de manifestar seu apreço aos numerosos e preciosos comentários, sugestões, críticas construtivas e elogios dos seguintes avaliadores e revisores:

Betty Lise Anderson, *Ohio State University*
Behzad Bavarian, *California State University – Northridge*
William Browner, *Marquette University*
Charles M. Gilmore, *George Washington University*
Brian Grady, *University of Oklahoma*
Mamoun Medraj, *Concordia University*
David Niebuhr, *California Polytechnic State University*
Dr. Devesh Misra, *University of Louisiana at Lafayette*
Halina Opyrchal, *New Jersey Institute of Technology*
John R. Schlup, *Kansas State University*
Raymond A. Fournelle, *Marquette University*

Sumário

CAPÍTULO 1
Introdução à Engenharia e Ciência dos Materiais 1

1.1 Materiais e engenharia 2
1.2 Engenharia e ciência dos materiais 4
1.3 Tipos de materiais 4
    1.3.1 Materiais metálicos 4
    1.3.2 Materiais poliméricos 5
    1.3.3 Materiais cerâmicos 7
    1.3.4 Materiais compósitos 8
    1.3.5 Materiais eletrônicos 9
1.4 Concorrência entre materiais 10
1.5 Avanços recentes na tecnologia e na ciência dos materiais e suas tendências futuras 11
    1.5.1 Materiais inteligentes 11
    1.5.2 Nanomateriais 12
1.6 Projeto e seleção 13
1.7 Resumo 14
1.8 Problemas 14

CAPÍTULO 2
Estrutura e Ligações Atômicas 16

2.1 Estrutura atômica e partículas subatômicas 17
2.2 Números atômicos, números de massa e massas atômicas 18
    2.2.1 Números atômicos e números de massa ... 18
2.3 Estrutura eletrônica dos átomos 21
    2.3.1 Teoria quântica de Planck e radiação eletromagnética 21
    2.3.2 Teoria de Bohr do átomo de hidrogênio ... 24
    2.3.3 Princípio da incerteza e funções de onda de Schrodinger 26
    2.3.4 Números quânticos, níveis de energia e orbitais atômicos 28
    2.3.5 Estado de energia de átomos multieletrônicos 30
    2.3.6 Modelo quantum-mecânico e tabela periódica 31
2.4 Variações periódicas no tamanho atômico, na energia de ionização e na afinidade eletrônica. 33
    2.4.1 Tendências no tamanho atômico 33
    2.4.2 Tendências na energia de ionização .. 34
    2.4.3 Tendências na afinidade eletrônica 36
    2.4.4 Metais, metaloides e não metais 36

2.5 Ligações primárias 38
    2.5.1 Ligações iônicas 39
    2.5.2 Ligações covalentes 43
    2.5.3 Ligações metálicas 47
    2.5.4 Ligações mistas 49
2.6 Ligações secundárias 51
2.7 Resumo 52
2.8 Problemas 53

CAPÍTULO 3
Estrutura Cristalina e Amorfa nos Materiais 58

3.1 Rede espacial e células unitárias 59
3.2 Sistemas cristalográficos e redes de bravais ... 59
3.3 Principais estruturas cristalinas dos metais 60
    3.3.1 Estrutura cristalina cúbica de corpo centrado (CCC) 62
    3.3.2 Estrutura cristalina cúbica de face centrada (CFC) 65
    3.3.3 Estrutura cristalina hexagonal compacta (HC) 65
3.4 Posições atômicas em células unitárias cúbicas 67
3.5 Direções em células unitárias cúbicas 68
3.6 Índices de Miller de planos cristalográficos em células unitárias cúbicas 70
3.7 Planos e direções cristalográficas em células unitárias hexagonais 74
    3.7.1 Índices de planos cristalográficos em células unitárias HC 74
    3.7.2 Índices de direções em células unitárias HC 75
3.8 Comparação entre as estruturas cristalinas CFC, HC e CCC 75
    3.8.1 Estruturas cristalinas CFC e HC 75
    3.8.2 Estrutura cristalina CCC 77
3.9 Cálculo de densidades, planares e lineares em células unitárias 77
    3.9.1 Densidade 77
    3.9.2 Densidade atômica planar 79
    3.9.3 Densidade atômica linear 80
3.10 Polimorfismo ou alotropia 81
3.11 Determinação de estruturas cristalinas 82
    3.11.1 Fontes de raios X 82
    3.11.2 Difração de raios X 83

3.11.3 Análises de estruturas cristalinas por difração de raios X 85
3.12 Materiais amorfos 89
3.13 Resumo 90
3.14 Problemas 91

CAPÍTULO 4
Solidificação e Imperfeições Cristalinas 96

4.1 Solidificação de metais 97
    4.1.1 Formação do núcleo estável dentro do metal líquido 98
    4.1.2 Crescimento de cristais no metal líquido e formação de uma estrutura de grãos 101
    4.1.3 Estrutura de grão nos fundidos industriais 102
4.2 Solidificação de monocristais 104
4.3 Soluções sólidas metálicas 106
    4.3.1 Soluções sólidas substitucionais 106
    4.3.2 Soluções sólidas intersticiais 108
4.4 Imperfeições cristalinas 109
    4.4.1 Defeitos pontuais 109
    4.4.2 Defeitos lineares (discordâncias) 110
    4.4.3 Defeitos planares 111
    4.4.4 Defeitos volumétricos 114
4.5 Técnicas experimentais para identificação da microestrutura e dos defeitos 114
    4.5.1 Metalografia óptica, tamanho de grão ASTM e determinação do diâmetro do grão 114
    4.5.2 Microscopia eletrônica de varredura (MEV) 118
    4.5.3 Microscopia eletrônica de transmissão (MET) 119
    4.5.4 Microscopia eletrônica de transmissão de alta resolução (METAR) 120
    4.5.5 Microscópicos eletrônicos de varredura por sonda e alta resolução 121
4.6 Resumo 123
4.7 Problemas 124

CAPÍTULO 5
Processos Termicamente Ativados e Difusão em Sólidos 128

5.1 Processos cinéticos em sólidos 129
5.2 Difusão atômica em sólidos 132
    5.2.1 Generalidades sobre a difusão em sólidos 132
    5.2.2 Mecanismos de difusão 132
    5.2.3 Difusão em regime estacionário 133
    5.2.4 Difusão em regime não estacionário 136
5.3 Aplicações industriais de processos de difusão 137
    5.3.1 Cementação do aço 137
    5.3.2 Difusão de impurezas em lâminas de silício para circuitos integrados . 140
5.4 Efeito da temperatura na difusão em sólidos .. 143
5.5 Resumo 145
5.6 Problemas 146

CAPÍTULO 6
Propriedades Mecânicas dos Metais I 149

6.1 Processamento de metais e ligas 150
    6.1.1 Fundição de metais e ligas 150
    6.1.2 Laminação a quente e a frio de metais e ligas 152
    6.1.3 Extrusão de metais e ligas 154
    6.1.4 Forjamento 155
    6.1.5 Outros processos de conformação de metais 156
6.2 Tensão e deformação em materiais metálicos 157
    6.2.1 Deformação elástica e plástica 157
    6.2.2 Tensão e deformação de engenharia . 158
    6.2.3 Coeficiente de Poisson 160
    6.2.4 Tensão e deformação de cisalhamento 160
6.3 Ensaio de tração e diagrama de tensão – Deformação de engenharia 161
    6.3.1 Valores das propriedades mecânicas obtidas a partir do ensaio de tração e do diagrama tensão-deformação de engenharia 162
    6.3.2 Comparação entre curvas de tensão- -deformação de engenharia para algumas ligas 166
    6.3.3 Tensão e deformação reais 166
6.4 Dureza e ensaio de dureza 168
6.5 Deformação plástica de monocristais 168
    6.5.1 Bandas e linhas de escorregamento nas superfícies de cristais metálicos 168
    6.5.2 Deformação plástica de cristais metálicos pelo mecanismo de escorregamento 170
    6.5.3 Sistemas de escorregamento 171
    6.5.4 Tensão de cisalhamento resolvida crítica em monocristais metálicos ... 174
    6.5.5 Lei de Schmid 176
    6.5.6 Maclagem 177
6.6 Deformação plástica de metais policristalinos 179
    6.6.1 Efeito dos contornos de grão na resistência mecânica de metais 179

6.6.2 Efeito da deformação plástica na forma dos grãos e no arranjo das discordâncias 180
6.6.3 Efeito da deformação plástica a frio no aumento da resistência mecânica dos metais 180
6.7 Endurecimento de metais por solução sólida.... 183
6.8 Recuperação e recristalização de metais deformados plasticamente 183
    6.8.1 Estrutura de um metal fortemente deformado a frio antes do reaquecimento 184
    6.8.2 Recuperação 184
    6.8.3 Recristalização 185
6.9 Superplasticidade em metais 188
6.10 Metais nanocristalinos 190
6.11 Resumo 191
6.12 Problemas 191

CAPÍTULO 7
Propriedades Mecânicas dos Metais II 197

7.1 Fratura dos metais 198
    7.1.1 Fratura dúctil 199
    7.1.2 Fratura frágil 200
    7.1.3 Tenacidade e teste de impacto 201
    7.1.4 Temperatura de transição dúctil para frágil 202
    7.1.5 Tenacidade à fratura 203
7.2 Fadiga de metais 205
    7.2.1 Tensões cíclicas 208
    7.2.2 Principais alterações estruturais que ocorrem em um metal dúctil durante o processo de fadiga 209
    7.2.3 Principais fatores que afetam a resistência à fadiga de um metal 210
7.3 Taxa de propagação da trinca 210
    7.3.1 Correlação entre o comprimento da trinca e sua propagação com a tensão 210
    7.3.2 Gráfico da taxa de crescimento da trinca versus intervalo do fator de intensidade de tensão 212
    7.3.3 Cálculos para a vida em fadiga 213
7.4 Fluência e tensão de ruptura dos metais 214
    7.4.1 Fluência de metais 214
    7.4.2 O teste de fluência 216
    7.4.3 Teste de ruptura por fluência 217
7.5 Representação gráfica da fluência e tensão de ruptura tempo-temperatura usando o parâmetro de Miller Larsen 217
7.6 Estudo de caso de falha de componentes metálicos 219
7.7 Recentes avanços e futuras direções no melhoramento do desempenho mecânico dos metais 221
    7.7.1 Melhora na ductilidade e na resistência simultaneamente 221
    7.7.2 Comportamento em fadiga de metais nanocristalinos 222
7.8 Resumo 222
7.9 Problemas 223

CAPÍTULO 8
Diagramas de Fase 227

8.1 Diagramas de fase de substâncias puras 228
8.2 Regra das fases de Gibbs 229
8.3 Curvas de resfriamento 230
8.4 Sistemas isomorfos binários 231
8.5 Regra da alavanca 232
8.6 Solidificação fora do equilíbrio de ligas metálicas 236
8.7 Sistemas binários eutéticos 238
8.8 Sistemas binários peritéticos 243
8.9 Sistemas binários monotéticos 246
8.10 Reações invariantes 247
8.11 Diagramas de fases com fases e compostos intermediários 248
8.12 Diagramas de fases ternários 252
8.13 Resumo 254
8.14 Problemas 254

CAPÍTULO 9
Ligas de Engenharia 261

9.1 Produção de ferro e aço 262
    9.1.1 Produção de gusa em alto-forno 262
    9.1.2 Produção de aço e processamento dos principais produtos de aço 263
9.2 O sistema ferro-carbono 265
    9.2.1 O diagrama de fase ferro-carboneto de ferro 265
    9.2.2 Fases sólidas no diagrama de fase $Fe-Fe_3C$ 266
    9.2.3 Reações invariantes no diagrama de fase $Fe-Fe_3C$ 266
    9.2.4 Resfriamento lento dos aços-carbono 267
9.3 Tratamentos térmicos de aços-carbono 271
    9.3.1 Martensita 271
    9.3.2 Decomposição isotérmica da austenita 273
    9.3.3 Diagrama de transformação por resfriamento contínuo para aços-carbono eutetoides 278
    9.3.4 Recozimento e normalização dos aços-carbono 279

	9.3.5	Revenimento dos aços-carbono....... 280
	9.3.6	Classificação dos aços-carbono e propriedades mecânicas típicas....... 283
9.4	Aços de baixa liga 283
	9.4.1	Classificação dos aços com ligas..... 285
	9.4.2	Distribuição dos elementos de liga nos aços com ligas.......................... 285
	9.4.3	Efeito de elementos de liga na temperatura eutetoide dos aços 286
	9.4.4	Temperabilidade............................ 287
	9.4.5	Propriedades mecânicas típicas e aplicações dos aços de baixa liga ... 291
9.5	Ligas de alumínio 291
	9.5.1	Endurecimento por precipitação 291
	9.5.2	Propriedades gerais e produção do alumínio 297
	9.5.3	Ligas de alumínio para trabalho mecânico 297
	9.5.4	Ligas de alumínio para fundição 301
9.6	Ligas de cobre 303
	9.6.1	Propriedades gerais do cobre 303
	9.6.2	Produção do cobre 303
	9.6.3	Classificação das ligas de cobre 303
	9.6.4	Ligas de cobre para trabalho mecânico 304
9.7	Aços inoxidáveis............................. 308
	9.7.1	Aços inoxidáveis ferríticos 308
	9.7.2	Aços inoxidáveis martensíticos....... 308
	9.7.3	Aços inoxidáveis austeníticos 310
9.8	Ferros fundidos 311
	9.8.1	Propriedades gerais 311
	9.8.2	Tipos de ferros fundidos 311
	9.8.3	Ferro fundido branco..................... 311
	9.8.4	Ferro fundido cinzento 312
	9.8.5	Ferro fundido dúctil....................... 314
	9.8.6	Ferro fundido maleável 315
9.9	Ligas de magnésio, titânio e níquel................ 316
	9.9.1	Ligas de magnésio......................... 316
	9.9.2	Ligas de titânio............................. 318
	9.9.3	Ligas de níquel 318
9.10	Ligas para fins especiais e aplicações 320
	9.10.1	Intermetálicos............................... 320
	9.10.2	Ligas com memória de forma 321
	9.10.3	Metais amorfos.............................. 323
9.11	Resumo 325
9.12	Problemas...................................... 325

CAPÍTULO 10
Materiais Poliméricos........................ 331

10.1	Introdução 332
	10.1.1	Termoplásticos 332
	10.1.2	Plásticos termofixos (termorrígidos) 332
10.2	Reações de polimerização.............................. 333
	10.2.1	Estrutura de ligação covalente de uma molécula de etileno.................. 333
	10.2.2	Estrutura de ligação covalente de uma molécula de etileno ativada..... 333
	10.2.3	Reação geral para a polimerização do polietileno e o grau de polimerização 334
	10.2.4	Passos para a polimerização em cadeia.. 335
	10.2.5	Peso molecular médio para termoplásticos 336
	10.2.6	Funcionalidade de um monômero... 337
	10.2.7	Estrutura de polímeros lineares não cristalinos 337
	10.2.8	Polímeros vinil e vinilideno 337
	10.2.9	Homopolímeros e copolímeros 338
	10.2.10	Outros métodos de polimerização... 341
10.3	Métodos de polimerização industrial 341
10.4	Cristalinidade e estereoisomeria em alguns termoplásticos..................................... 343
	10.4.1	Solidificação de termoplásticos não cristalinos 343
	10.4.2	Solidificação de termoplásticos parcialmente cristalinos................... 344
	10.4.3	Estrutura de materiais termoplásticos parcialmente cristalinos................... 344
	10.4.4	Estereisomeria em termoplásticos... 346
	10.4.5	Catalisadores Ziegler e Natta 346
10.5	Processamento de materiais plásticos 347
	10.5.1	Processos usados para materiais termoplásticos 347
	10.5.2	Processos usados para materiais termofixos..................................... 350
10.6	Termoplásticos de uso generalizado 351
	10.6.1	Polietileno 353
	10.6.2	Cloreto de polivinila e copolímeros 355
	10.6.3	Polipropileno 356
	10.6.4	Poliestireno.................................... 357
	10.6.5	Poliacrilonitrila.............................. 357
	10.6.6	Estireno-acrilonitrila (SAN)............ 358
	10.6.7	ABS... 358
	10.6.8	Metacrilato de polimetila (PMMA) 359
	10.6.9	Fluoroplásticos 360
10.7	Termoplásticos de engenharia........................ 361
	10.7.1	Poliamidas (nylons)........................ 362
	10.7.2	Policarbonato 364
	10.7.3	Resinas fenilênicas baseadas em óxido... 364
	10.7.4	Acetais... 365
	10.7.5	Poliésteres termoplásticos 366
	10.7.6	Sulfeto de polifenileno 367
	10.7.7	Polieterimida 368
	10.7.8	Ligas poliméricas 368

10.8 Plásticos termofixos (termorrígidos) 369
    10.8.1 Fenólicos 370
    10.8.2 Resinas epóxi 371
    10.8.3 Poliésteres insaturados 373
    10.8.4 Resinas de amino (ureias e melaminas) 374
10.9 Elastômeros (borrachas) 376
    10.9.1 Borracha natural 376
    10.9.2 Borracha sintética 378
    10.9.3 Propriedades dos elastômeros de policloropreno 379
    10.9.4 Vulcanização dos elastômeros de policloropreno 379
10.10 Deformação e reforço de materiais plásticos 382
    10.10.1 Mecanismos de deformação para termoplásticos 382
    10.10.2 Reforçando os termoplásticos 383
    10.10.3 Reforçando os plásticos termofixos .. 386
    10.10.4 O efeito da temperatura na resistência dos materiais plásticos 386
10.11 Fluência e fratura dos materiais poliméricos .. 387
    10.11.1 Fluência dos materiais poliméricos .. 387
    10.11.2 Relaxamento de tensão dos materiais poliméricos 387
    10.11.3 Fratura dos materiais poliméricos .. 389
10.12 Resumo 391
10.13 Problemas.. 392

CAPÍTULO 11
Cerâmica 398

11.1 Introdução 399
11.2 Estruturas cristalinas cerâmicas simples 400
    11.2.1 Ligações covalentes e iônicas em compostos cerâmicos simples 400
    11.2.2 Arranjos iônicos simples encontrados em sólidos ionicamente ligados....................... 401
    11.2.3 Estrutura cristalina de cloreto de césio (CsCl)................................... 403
    11.2.4 Estrutura cristalina do cloreto de sódio (NaCl) 404
    11.2.5 Espaços intersticiais nos retículos cristalinos CFC e HC 407
    11.2.6 Estrutura cristalina da blenda de sulfeto de zinco (ZnS)..................... 409
    11.2.7 Estrutura cristalina do fluoreto de cálcio (CaF_2) 410
    11.2.8 Estrutura cristalina da antifluorita ... 411
    11.2.9 Estrutura cristalina do coríndon (Al_2O_3) 411
    11.2.10 Estrutura cristalina da espinela ($MgAl_2O_4$)..................................... 411
    11.2.11 Estrutura cristalina da perovskita ($CaTiO_3$).. 412
    11.2.12 O carbono e seus alótropos 412
11.3 Estruturas de silicato 415
    11.3.1 Unidade estrutural básica das estruturas de silicato........................ 415
    11.3.2 Estruturas em ilha, cadeia e anel dos silicatos................................... 415
    11.3.3 Estruturas em folha de silicatos....... 415
    11.3.4 Cadeias de silicatos 417
11.4 Processamento de cerâmicas........................ 418
    11.4.1 Preparação do material................... 418
    11.4.2 Formação....................................... 418
    11.4.3 Tratamentos térmicos 422
11.5 Cerâmicas tradicionais e de engenharia 424
    11.5.1 Cerâmicas tradicionais 424
    11.5.2 Cerâmicas de engenharia................ 425
11.6 Propriedades mecânicas das cerâmicas.......... 428
    11.6.1 Generalidades................................ 428
    11.6.2 Mecanismos para a deformação de materiais cerâmicos 428
    11.6.3 Fatores que afetam a resistência de materiais cerâmicos 429
    11.6.4 Resistência de materiais cerâmicos....................................... 430
    11.6.5 Transformação de endurecimento da zircônia parcialmente estabilizada.................................... 431
    11.6.6 Falha das cerâmicas por fadiga 432
    11.6.7 Materiais cerâmicos abrasivos 433
11.7 Propriedades térmicas das cerâmicas............ 433
    11.7.1 Materiais refratários cerâmicos....... 433
    11.7.2 Refratários acídicos........................ 434
    11.7.3 Refratários básicos 434
    11.7.4 Ladrilhos cerâmicos de isolamento para o ônibus espacial de órbita 434
11.8 Vidros... 435
    11.8.1 Definição de vidro 436
    11.8.2 Temperatura de transição vítrea 436
    11.8.3 Estrutura dos vidros....................... 437
    11.8.4 Composições do vidro.................... 438
    11.8.5 Deformação viscosa de vidros 440
    11.8.6 Métodos de formação para vidro 441
    11.8.7 Vidro temperado............................ 443
    11.8.8 Vidro reforçado quimicamente........ 443
11.9 Revestimentos cerâmicos e engenharia de superfície.. 444
    11.9.1 Vidros de silicatos 444
    11.9.2 Óxidos e carbetos 444
11.10 Nanotecnologia e cerâmicas 445
11.11 Resumo 446
11.12 Problemas... 447

CAPÍTULO 12
Materiais Compósitos 451

12.1 Introdução 452
12.2 Plásticos reforçados por fibras 452
    12.2.1 Fibras de vidro para reforçar resinas plásticas 452
    12.2.2 Fibras de carbono para reforçar plásticos 454
    12.2.3 Fibras de aramida para reforçar plásticos 455
    12.2.4 Comparação de propriedades mecânicas de fibras de carbono, de aramida e de vidro utilizadas para reforçar plásticos 455
12.3 Materiais compósitos plásticos reforçados por fibras 456
    12.3.1 Materiais para a matriz de plásticos reforçados por fibras 456
    12.3.2 Materiais compósitos plásticos reforçados por fibras 457
    12.3.3 Equações para o módulo de elasticidade de um compósito de fibras contínuas e matriz plástica, do tipo laminado, em condições de isodeformação e de isotensão 459
12.4 Processos de molde aberto para materiais compósitos plásticos reforçados por fibras ... 462
    12.4.1 Processo de deposição manual 462
    12.4.2 Processo de *spray* 463
    12.4.3 Processo de autoclave em embalagem a vácuo 463
    12.4.4 Processo de enrolamento de fio 465
12.5 Processos de molde fechado para plásticos reforçados por fibras 465
    12.5.1 Moldagem por compressão e moldagem por injeção 465
    12.5.2 O processo MF ou de moldagem de folha 465
    12.5.3 Processo de pultrusão contínua 466
12.6 Concreto 466
    12.6.1 Cimento *portland* 467
    12.6.2 Água de mistura para o concreto..... 469
    12.6.3 Agregados para o concreto 469
    12.6.4 Aprisionamento de ar 469
    12.6.5 Resistência à compressão do concreto 470
    12.6.6 Dosagem das misturas de concreto 470
    12.6.7 Concreto armado e concreto protendido 471
    12.6.8 Concreto protendido 471
12.7 Asfalto e misturas asfálticas 473
12.8 Madeira 474
    12.8.1 Macroestrutura da madeira 474
    12.8.2 Microestruturas de madeiras macias 475
    12.8.3 Microestrutura de madeiras rijas 476
    12.8.4 Estrutura da parede celular 477
    12.8.5 Propriedades das madeiras 478
12.9 Estruturas em sanduíche 480
    12.9.1 Estrutura em sanduíche de colmeia de abelha 481
    12.9.2 Materiais metálicos revestidos 481
12.10 Compósitos de matriz metálica e compósitos de matriz cerâmica 481
    12.10.1 Compósitos de matriz metálica (CMMs) 481
    12.10.2 Compósitos de matriz cerâmica (CMCs) 483
    12.10.3 Compósitos cerâmicos e nanotecnologia 486
12.11 Resumo 487
12.12 Problemas 488

CAPÍTULO 13
Corrosão 493

13.1 Geral 494
13.2 Corrosão eletroquímica de metais 494
    13.2.1 Reações de óxido-redução 494
    13.2.2 Potenciais dos eletrodos da meia-pilha padrão para metais 495
13.3 Pilhas galvânicas 497
    13.3.1 Pilhas galvânicas macroscópicas com eletrólitos molares 497
    13.3.2 Pilhas galvânicas com eletrólitos não molares 498
    13.3.3 Pilhas galvânicas com ácidos ou eletrólitos alcalinos sem íons metálicos presentes 500
    13.3.4 Corrosão microscópica de pilhas galvânicas de um eletrodo 500
    13.3.5 Pilhas galvânicas de concentração .. 501
    13.3.6 Pilhas galvânicas criadas por diferenças na composição, na estrutura e na tensão 503
13.4 Taxas de corrosão (cinemática) 505
    13.4.1 Taxa da corrosão uniforme ou galvanização de um metal em solução aquosa 505
    13.4.2 Reações de corrosão e polarização .. 506
    13.4.3 Passivação 510
    13.4.4 Séries galvânicas 511
13.5 Tipos de corrosão 512
    13.5.1 Corrosão uniforme ou por ataque geral 512
    13.5.2 Corrosão galvânica ou bimetálica .. 512

13.5.3 Corrosão por *pite* 513
13.5.4 Corrosão por frestas 514
13.5.5 Corrosão intergranular 515
13.5.6 Corrosão por tensão....................... 517
13.5.7 Erosão-corrosão 519
13.5.8 Dano por corrosão 519
13.5.9 Corrosão por atrito 519
13.5.10 Lixiviação seletiva 520
13.5.11 Dano causado por hidrogênio.......... 520
13.6 Oxidação dos metais 521
13.6.1 Filmes óxidos de proteção............... 521
13.6.2 Mecanismo da oxidação.................. 522
13.6.3 Taxa de oxidação (Cinética)............. 523
13.7 Controle de corrosão 525
13.7.1 Seleção de material 525
13.7.2 Revestimento 526
13.7.3 *Design* 527
13.7.4 Alteração do ambiente.................... 527
13.7.5 Proteção anódica e catódica 528
13.8 Resumo 529
13.9 Problemas.. 529

CAPÍTULO 14
Propriedades Elétricas dos Materiais 533

14.1 Condução elétrica nos metais.......................... 534
14.1.1 O modelo clássico da condução elétrica nos metais.......................... 534
14.1.2 A lei de Ohm 535
14.1.3 Velocidade de deriva de elétrons em um metal condutor..................... 537
14.1.4 Resistividade elétrica dos metais 538
14.2 Modelo de bandas de energia de condução elétrica... 541
14.2.1 Modelo de bandas de energia para metais 541
14.2.2 Modelo de bandas de energia para isolantes................................... 542
14.3 Semicondutores intrínsecos 543
14.3.1 Mecanismos de condução elétrica em semicondutores intrínsecos 543
14.3.2 Transporte de cargas elétricas na rede cristalina do silício puro 543
14.3.3 Diagramas de bandas de energia para semicondutores elementares intrínsecos 544
14.3.4 Relações quantitativas da condução elétrica em semicondutores elementares intrínsecos 544
14.3.5 O efeito da temperatura sobre a semicondutividade intrínseca 546
14.4 Semicondutores extrínsecos............................. 548
14.4.1 Semicondutores extrínsecos do tipo *n* (tipo negativo).............................. 548
14.4.2 Semicondutores extrínsecos do tipo *p* (tipo positivo).............................. 549
14.4.3 Dopagem de materiais semicondutores de silício extrínseco549
14.4.4 Efeito da dopagem sobre as concentrações de portadores em semicondutores extrínsecos............. 550
14.4.5 Efeito da concentração total de impurezas ionizadas sobre a mobilidade dos portadores de carga no silício à temperatura ambiente ... 552
14.4.6 Efeito da temperatura sobre a condutividade elétrica de semicondutores extrínsecos............. 553
14.5 Dispositivos semicondutores 555
14.5.1 A junção *p-n* 555
14.5.2 Algumas aplicações de diodos de junção *p-n*..................................... 557
14.5.3 O transistor de junção bipolar 558
14.6 Microeletrônica.. 559
14.6.1 Transistores microeletrônicos bipolares planos............................. 559
14.6.2 Transistores microeletrônicos planos de efeito de campo............... 560
14.6.3 Fabricação de circuitos integrados microeletrônicos............................. 562
14.7 Compostos semicondutores 566
14.8 Propriedades elétricas de materiais cerâmicos 568
14.8.1 Propriedades básicas dos materiais dielétricos 568
14.8.2 Materiais isolantes cerâmicos 570
14.8.3 Materiais cerâmicos para capacitores..................................... 571
14.8.4 Semicondutores cerâmicos............. 572
14.8.5 Materiais cerâmicos ferroelétricos .. 573
14.9 Nanoeletrônica 575
14.10 Resumo 576
14.11 Problemas... 577

CAPÍTULO 15
Propriedades Ópticas e Materiais Supercondutores 580

15.1 Introdução 581
15.2 A luz e o espectro eletromagnético 581
15.3 Refração da luz 582
15.3.1 Índice de refração.......................... 582
15.3.2 A lei de Snell de refração da luz...... 583
15.4 Absorção, transmissão e reflexão da luz 584
15.4.1 Metais... 584
15.4.2 Vidros silicatos.............................. 584

15.4.3 Plásticos.................................586
15.4.4 Semicondutores.......................586
15.5 Luminescência....................................587
15.5.1 Fotoluminescência...................588
15.5.2 Catodoluminescência...............588
15.6 Emissão estimulada de radiação e lasers.......589
15.6.1 Tipos de lasers........................591
15.7 Fibras ópticas.....................................592
15.7.1 Perda de luz em fibras ópticas..........592
15.7.2 Fibras ópticas monomodo e multimodo.......................594
15.7.3 Fabricação de fibras ópticas...........594
15.7.4 Sistemas de comunicação de fibra óptica modernos.....................595
15.8 Materiais semicondutores.........................595
15.8.1 Estado supercondutor................595
15.8.2 Propriedades magnéticas de supercondutores........................597
15.8.3 Fluxo de corrente e campos magnéticos em supercondutores.....598
15.8.4 Supercondutores de alto campo e alta corrente........................598
15.8.5 Óxidos supercondutores de alta temperatura crítica (T_c)..............599
15.9 Problemas...600

CAPÍTULO 16
Propriedades Magnéticas................603

16.1 Introdução..604
16.2 Campos e grandezas magnéticas...................604
16.2.1 Campos magnéticos...................604
16.2.2 Indução magnética....................605
16.2.3 Permeabilidade magnética............606
16.2.4 Susceptibilidade magnética...........607
16.3 Tipos de magnetismo..............................607
16.3.1 Diamagnetismo.......................607
16.3.2 Paramagnetismo......................607
16.3.3 Ferromagnetismo.....................608
16.3.4 Momento magnético de um elétron desemparelhado....................608
16.3.5 Antiferromagnetismo.................610
16.3.6 Ferrimagnetismo......................611
16.4 Efeito da temperatura sobre o ferromagnetismo....................................611
16.5 Domínios ferromagnéticos........................611
16.6 Tipos de energia determinantes da estrutura dos domínios ferromagnéticos....................613
16.6.1 Energia de troca......................613
16.6.2 Energia magnetostática...............613
16.6.3 Energia de anisotropia magnetocristalina....................613
16.6.4 Energia de parede de domínio........614
16.6.5 Energia magnetoestritiva..............614
16.7 Magnetização e desmagnetização de metais ferromagnéticos..................................615
16.8 Materiais magnéticos moles.......................616
16.8.1 Propriedades desejadas para materiais magnéticos moles...........616
16.8.2 Perdas de energia nos materiais magnéticos moles....................616
16.8.3 Ligas de ferro-silício..................617
16.8.4 Vidros metálicos......................618
16.8.5 Ligas de níquel-ferro..................619
16.9 Materiais magnéticos duros.......................621
16.9.1 Propriedades dos materiais magnéticos duros.......................621
16.9.2 Ligas alnico...........................623
16.9.3 Ligas de terras raras..................624
16.9.4 Ligas magnéticas de neodímio-ferro-cobalto.................625
16.9.5 Ligas magnéticas de ferro-cromo-cobalto....................625
16.10 Ferritas..626
16.10.1 Ferritas magneticamente moles......626
16.10.2 Ferritas magneticamente duras.......629
16.11 Resumo..629
16.12 Problemas...630

CAPÍTULO 17
Materiais Biológicos e Biomateriais..634

17.1 Introdução..635
17.2 Materiais biológicos: osso.........................635
17.2.1 Composição...........................635
17.2.2 Macroestrutura.......................635
17.2.3 Propriedades mecânicas...............636
17.2.4 Biomecânica de fratura óssea..........636
17.2.5 Viscoelasticidade do osso..............637
17.2.6 Remodelação óssea...................637
17.2.7 Modelo de osso compósito............638
17.3 Materiais biológicos: tendões e ligamentos......639
17.3.2 Microestrutura........................639
17.3.3 Propriedades mecânicas...............641
17.3.4 Relação estrutura e propriedades.....641
17.3.5 Modelagem constitutiva e viscoelasticidade....................642
17.3.6 Lesão no ligamento e no tendão......644
17.4 Material biológico: cartilagem articular..........645
17.4.1 Composição e macroestrutura........645
17.4.2 Microestrutura........................645
17.4.3 Propriedades mecânicas...............646
17.4.4 Degeneração da cartilagem...........646
17.5 Biomateriais: metais em aplicações biomédicas..647
17.5.1 Aços inoxidáveis......................647
17.5.2 Ligas à base de cobalto...............648

17.5.3 Ligas de titânio 649
17.5.4 Alguns problemas da aplicação ortopédica de metais 649
17.6 Polímeros em aplicações biomédicas 651
    17.6.1 Aplicações cardiovasculares de polímeros 651
    17.6.2 Aplicações oftálmicas 652
    17.6.3 Sistemas de fornecimento de droga 653
    17.6.4 Materiais de sutura 653
    17.6.5 Aplicações ortopédicas 653
17.7 Cerâmicas em aplicações biomédicas 654
    17.7.1 Alumina em implantes ortopédicos 654
    17.7.2 Alumina em implantes dentários 655
    17.7.3 Implantes cerâmicos e conectividade ao tecido 655
    17.7.4 Cerâmicas nanocristalinas 656
17.8 Aplicações de compósitos na área da biomedicina 657
    17.8.1 Aplicações ortopédicas 657
    17.8.2 Aplicações em odontologia (dentística) 658
17.9 Corrosão em biomateriais 658
17.10 Desgastes em implantes biomédicos 660
17.11 Engenharia de tecidos 662
17.12 Resumo 663
17.13 Problemas 663

Referências para Estudos Posteriores 667

APÊNDICE I
Algumas Quantidades Físicas e suas Unidades 671

Respostas para os Exercícios Selecionados 673

Glossário 677

Índice 691

Apêndices on-line

APÊNDICE I
Propriedades Importantes de Alguns Materiais para Engenharia

APÊNDICE II
Algumas Propriedades dos Principais Elementos

APÊNDICE III
Raios Iônicos dos Elementos

CAPÍTULO 1
Introdução à Engenharia e Ciência dos Materiais

(Cortesia da NASA)

METAS DE APRENDIZAGEM

Ao final deste capítulo, o aluno será capaz de:

1. Entender a engenharia e ciência dos materiais como uma área do conhecimento científico.
2. Enumerar a classificação básica dos materiais sólidos.
3. Relacionar as características essenciais de cada grupo de materiais.
4. Citar um material de cada grupo e relacionar algumas aplicações dos diferentes tipos de materiais.
5. Avaliar o quanto sabe e o quanto não sabe sobre materiais.
6. Estabelecer a importância da engenharia e ciência dos materiais na seleção de materiais para várias aplicações.

O *Phoenix Mars Lander* é o "robô-cientista" por trás da mais recente empreitada científica da NASA, o Programa de Exploração de Marte. Os dois principais objetivos científicos da missão Phoenix são determinar se de fato nunca houve vida em Marte, e entender o clima marciano. A aeronave é uma obra-prima da engenharia, representando o desejo humano de obter conhecimento. Imaginem os desafios em engenharia e ciência dos materiais ao se projetar uma nave para resistir e operar de maneira eficaz sob uma variedade de condições extremas. Durante o lançamento, por exemplo, a aeronave e seus sensíveis instrumentos são submetidos a cargas colossais; já ao longo da etapa de cruzeiro, a aeronave deve resistir a tempestades solares e ao impacto de micrometeoros; na fase de reentrada, descida e aterrissagem, por sua vez, a temperatura sobe milhares de graus, e a aeronave é sujeita ainda a uma tremenda força de desaceleração quando o paraquedas é aberto; finalmente, durante a operação em Marte, a aeronave deve suportar as temperaturas extremamente baixas do ártico marciano, além das tempestades de areia.

O Lander é equipado com uma série de ferramentas de engenharia e de instrumentos científicos. Os principais instrumentos a bordo são: (1) um braço de robô dotado de uma filmadora (construído pelo Jet Propulsion Laboratory [JPL], University of Arizona, e Max Planck Institute, na Alemanha), (2) instrumentos para análise microscópica, eletroquímica e de condutividade (JPL), (3) um analisador de gazes liberados por aquecimento da amostra (University of Arizona e University of Texas, em Dallas), (4) vários sistemas de obtenção de imagens, e (5) uma estação meteorológica (Canadian Space Agency). As principais categorias de materiais (metais, polímeros, cerâmicas, compósitos e materiais eletrônicos) foram utilizadas na estrutura do Lander e em seus instrumentos.

A missão Phoenix Mars Lander usa as mais avançadas tecnologias, conhecimentos e experiências na área de engenharia e ciência dos materiais para gerar novos conhecimentos sobre Marte, os quais podem abrir caminho para a exploração humana do espaço e o povoamento de outros planetas.

1.1 MATERIAIS E ENGENHARIA

A humanidade, os **materiais** e a engenharia evoluíram com o decorrer do tempo e ainda continuam a fazê-lo. Vivemos em um mundo em constante evolução, e os materiais não são exceções. Historicamente, o avanço das civilizações dependeu do aperfeiçoamento dos materiais com que trabalhar. O homem pré-histórico estava restrito aos materiais disponíveis na natureza, como pedras, madeiras, ossos e peles. Com o tempo, eles evoluíram dos materiais da Idade da Pedra para as subsequentes Idades do Ferro e do Cobre (Bronze). Deve-se observar, porém, que estes avanços não aconteceram de maneira uniforme em toda parte – veremos que isto também ocorre na natureza, inclusive em escala microscópica. Mesmo nos dias atuais, estamos restritos a materiais que podemos obter da crosta terrestre e da atmosfera (Tabela 1.1). Segundo o dicionário Webster's, materiais podem ser definidos como substâncias das quais qualquer coisa é constituída ou feita. Embora genérica, do ponto de vista das aplicações em engenharia, esta definição abrange quase todas as situações relevantes.

A produção e o processamento de materiais em produtos acabados constituem uma grande parte da economia atual. Os engenheiros projetam a maioria dos produtos manufaturados, bem como os sistemas de processamento necessários à sua produção. Uma vez que os produtos requerem materiais para sua fabricação, o engenheiro deve conhecer a estrutura interna e as propriedades dos materiais objetivando escolher os materiais mais adequados a cada aplicação e ao desenvolvimento dos melhores métodos de processamento.

Os engenheiros de pesquisa e desenvolvimento criam novos materiais ou modificam as propriedades de materiais existentes. Os engenheiros de projeto (projetistas) utilizam tanto materiais já existentes quanto materiais modificados ou novos para projetar e criar outros produtos e sistemas. Algumas vezes, estes engenheiros encontram um problema em seu projeto que demanda a criação de um novo material por parte dos engenheiros de pesquisa e desenvolvimento. É o caso, por exemplo, do projeto de um *transporte civil de alta velocidade* (high-speed civil transport – HSTC) (Figura 1.1), que exige o desenvolvimento de materiais para altas temperaturas capazes de suportar até 1.800 °C (3.272 °F), possibilitando velocidades do ar na faixa de Mach 12 a 25 de matriz cerâmica[1]. Visando esta aplicação e outras similares, atualmente vêm sendo realizadas pesquisas para se desenvolver compósitos de matriz cerâmica, compostos intermetálicos refratários e superligas de cristal único.

A exploração espacial é uma área que exige o máximo de engenheiros e pesquisadores em materiais. O projeto e construção da *Estação Espacial Internacional* (International Space Station – ISS) e do *Veículo Explorador de Marte* (Mars Exploration Rover – MER) são exemplos de atividades em pesquisa e exploração espacial que demandam o máximo de engenheiros e cientistas na área de materiais. Para a construção da ISS, um grande laboratório de pesquisa movendo-se pelo espaço à velocidade de 27.000 km/h, foi necessário a seleção de materiais para operação em um ambiente muito distinto do que conhecemos na Terra (Figura 1.2). Eles devem ser leves a fim de se minimizar o peso útil durante o lançamento. O invólucro externo

Tabela 1.1
Materiais mais comuns na crosta e na atmosfera terrestres em porcentagem, em peso e em volume.

Elemento	% em peso da crosta terrestre
Oxigênio (O)	46,60
Silício (Si)	27,72
Alumínio (Al)	8,13
Ferro (Fe)	5,00
Cálcio (Ca)	3,63
Sódio (Na)	2,83
Potássio (K)	2,70
Magnésio (Mg)	2,09
Total	98,70
Gás	% em volume do ar seco
Nitrogênio (N_2)	78,08
Oxigênio (O_2)	20,95
Argônio (Ar)	0,93
Dióxido de carbono (CO_2)	0,03

---

[1] Mach 1 é igual à velocidade do som no ar.

deve oferecer proteção contra o impacto de minúsculos meteoros e do lixo espacial. A pressão interna do ar, de aproximadamente 15 psi (uma atmosfera), está continuamente tensionando os módulos. Além disso, os módulos devem suportar tensões imensas durante o lançamento. A seleção de materiais para o MER também representa um desafio, principalmente ao se considerar que durante a noite o veículo estará sujeito a temperaturas que podem cair a –96 °C. Estas e outras restrições requerem novas possibilidades de seleção de materiais durante o projeto de sistemas complexos.

Deve-se ter em mente que a utilização de materiais e os projetos de engenharia mudam continuamente e que o ritmo desta mudança se acelera. Não há como prever os avanços de longo prazo nesta área. Em 1943, a previsão era de que pessoas ricas nos Estados Unidos teriam seus próprios girocópteros. Quão errada estava esta previsão! Enquanto isso, o transistor, o circuito integrado e a televisão (incluindo-se aí a televisão colorida

Figura 1.1
Vista do transporte civil de alta velocidade mostra o Hyper-X com Mach 7 e motores em operação. Os anéis indicam a velocidade do escoamento na superfície.
(© *The Boeing Company.*)

e a de alta definição) eram menosprezados. Trinta anos atrás, muitas pessoas não acreditariam que um dia os computadores se tornariam um produto de uso doméstico tão comum quanto um telefone ou um refrigerador. E, mesmo hoje, ainda achamos difícil de acreditar que um dia as viagens espaciais estarão disponíveis comercialmente e que será possível colonizar Marte. Contudo, a ciência e a engenharia expandem e transformam em realidade nossos sonhos mais impossíveis.

A busca por novos materiais prossegue continuamente. Como um exemplo, destaquemos o fato de que engenheiros mecânicos buscam novos materiais para altas temperaturas, a fim de que os aviões a jato possam operar com maior rendimento. Por sua vez, engenheiros elétricos também procuram desenvolver novos materiais para que dispositivos eletrônicos possam operar mais rapidamente e a temperaturas mais altas. Engenheiros espaciais procuram desenvolver materiais com maior razão resistência/peso para a construção de veículos espaciais. Engenheiros químicos e de materiais procuram materiais mais resistentes à corrosão. Muitos setores da indústria têm em vista materiais, dispositivos e sistemas microeletromecânicos (MEMs) para serem usados como sensores e atuadores em suas aplicações. Mais recentemente, o campo dos nanomateriais vem atraindo a atenção de muitos cientistas e engenheiros em todo o mundo. Propriedades estruturais, químicas e mecânicas singulares dos nanomateriais abriram novas e impressionantes possibilidades de aplicação em uma série de problemas de engenharia e medicina. Estes são apenas alguns exemplos da busca de engenheiros e cientistas por materiais e processos novos e aperfeiçoados para uma vasta gama de aplicações. Em muitos casos, o que ontem era impossível, hoje é realidade!

Engenheiros de todas as áreas devem ter algum conhecimento básico e aplicado de materiais para engenharia, de modo que, ao utilizá-los, sejam mais eficazes em seu trabalho. O propósito deste livro é servir como uma introdução ao estudo da estrutura interna, das propriedades, do processamento e das aplicações

Figura 1.2
A Estação Espacial Internacional (ISS).
(© *Stocktrek/age fotostock.*)

de materiais para engenharia. Devido à enorme quantidade de informações disponíveis sobre este assunto e, em vista das limitações deste livro, procedeu-se a uma seleção do conteúdo a ser apresentado.

1.2 ENGENHARIA E CIÊNCIA DOS MATERIAIS

A **ciência dos materiais** tem como objetivo principal a obtenção de conhecimentos básicos sobre a estrutura interna, as propriedades e o processamento de materiais. A **engenharia dos materiais** volta-se principalmente para a utilização de conhecimentos básicos e aplicados acerca dos materiais de tal forma que estes possam ser transformados em produtos necessários ou desejados pela sociedade. O termo *engenharia e ciência dos materiais* engloba tanto a ciência como a engenharia dos materiais e constitui o assunto deste livro. No espectro do conhecimento sobre materiais, a ciência dos materiais localiza-se no extremo do conhecimento básico, enquanto a engenharia dos materiais se encontra no limite do conhecimento aplicado, não havendo entre elas uma linha divisória (Figura 1.3).

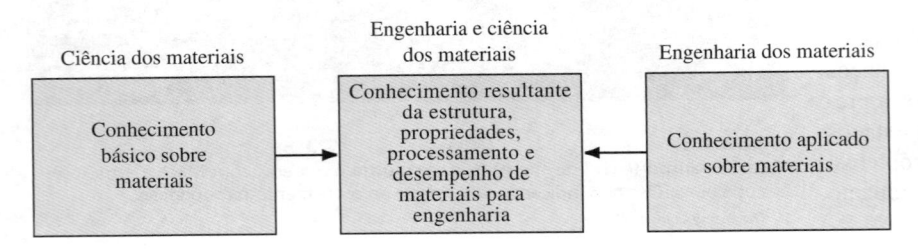

Figura 1.3
Espectro do conhecimento sobre materiais. O emprego simultâneo de informações oriundas da ciência e da engenharia dos materiais permite aos engenheiros transformar materiais em produtos necessários à sociedade.

A Figura 1.4 mostra um diagrama constituído por três círculos concêntricos que estabelecem a relação entre as ciências básicas (e a matemática), a engenharia e ciência dos materiais e as outras áreas da engenharia. As ciências básicas localizam-se no interior do círculo mais interno, ou núcleo do diagrama, ao passo que as muitas áreas da engenharia (mecânica, elétrica, civil, química etc.) se localizam no terceiro círculo, mais externo. As ciências aplicadas, como a metalurgia, a cerâmica e a ciência dos polímeros, situam-se no anel central. Vê-se, então, que a engenharia e a ciência dos materiais formam uma ponte entre as informações sobre materiais oriundas das ciências básicas (e da matemática) e as várias áreas da engenharia.

1.3 TIPOS DE MATERIAIS

Por questões de conveniência, a maioria dos materiais para engenharia é dividida em três categorias básicas principais: **materiais metálicos**, **materiais poliméricos** e **materiais cerâmicos**. Neste capítulo, serão feitas as distinções entre estas categorias com base em algumas de suas importantes propriedades mecânicas, elétricas e físicas. Nos capítulos subsequentes, serão estudadas as diferenças entre a estrutura interna destes tipos de materiais. Serão consideradas também duas categorias segundo o processamento e a aplicação, a dos **materiais compósitos** e a dos **materiais eletrônicos**, devido à sua grande importância na engenharia.

1.3.1 Materiais metálicos

Esses materiais são substâncias inorgânicas compostas de um ou mais elementos metálicos, podendo também conter alguns elementos não metálicos. Alguns exemplos de

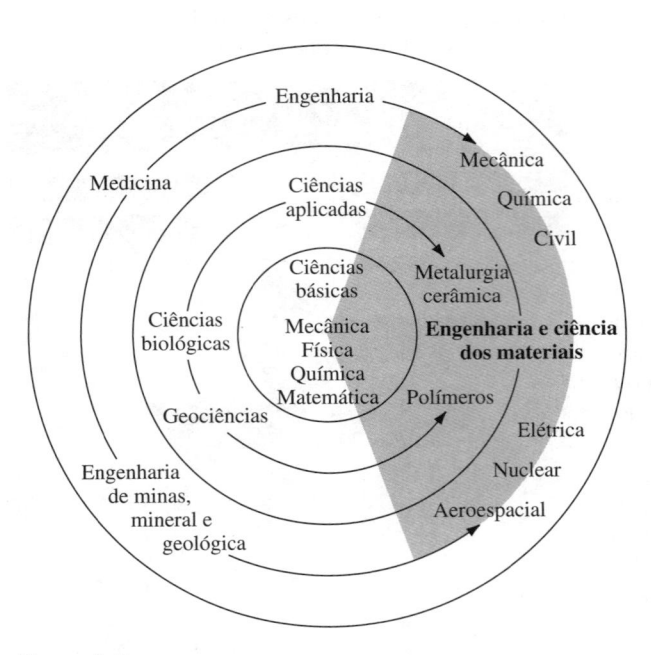

Figura 1.4
Este diagrama ilustra como a engenharia e ciência dos materiais estabelece uma ponte entre as informações das ciências básicas e as áreas da engenharia.

(*Reimpresso com autorização da National Academy of Sciences, cortesia da National Academic Press.*)

elementos metálicos são o ferro, o cobre, o alumínio, o níquel e o titânio. Elementos não metálicos, como carbono, nitrogênio e oxigênio, também podem estar presentes em materiais metálicos. Os metais possuem uma estrutura cristalina na qual os átomos estão dispostos de maneira ordenada. São em geral bons condutores térmicos e elétricos. Muitos deles são relativamente resistentes e dúcteis à temperatura ambiente, sendo que vários se mantêm bastante resistentes mesmo a altas temperaturas.

Os metais e as ligas[2] são comumente divididos em duas classes: as **ligas e metais ferrosos**, que contêm uma grande porcentagem de ferro, como, por exemplo, aços e ferros fundidos, e as **ligas e metais não ferrosos**, que não contêm ferro ou que o contêm apenas em pequena quantidade. Alguns exemplos de metais não ferrosos são o alumínio, o cobre, o zinco, o titânio e o níquel. A distinção entre ligas ferrosas e não ferrosas deve-se ao fato de que aços e ferros fundidos são produzidos em quantidades muito maiores e são muito mais usados do que outras ligas.

Os metais, em sua forma pura ou em ligas, são usados em vários ramos da indústria, incluindo-se aeroespacial, biomédica, semicondutores, eletrônica, energia, construção civil e transportes. Nos Estados Unidos, a produção dos principais metais, tais como alumínio, cobre, zinco e magnésio, acompanha de perto o crescimento da economia. Entretanto, a produção de ferro e aço tem sido menor do que a esperada devido à competição no mercado global e a razões econômicas, sempre prementes. Os engenheiros e pesquisadores em materiais estão continuamente tentando aprimorar as propriedades de ligas já existentes ou projetar e produzir novas ligas mais resistentes, inclusive a altas temperaturas, e com melhores propriedades de fluência (ver Seção 7.4) e fadiga (ver Seção 7.2). As ligas existentes podem ser aperfeiçoadas pelo aprimoramento de sua química, pelo controle da composição e por técnicas de processamento. Por volta de 1961, por exemplo, **superligas** novas ou aprimoradas à base de níquel ou de ferro-níquel-cobalto estavam já disponíveis para uso nas palhetas de alta pressão de turbinas a gás de aeronaves. O termo superliga foi cunhado em vista do desempenho superior destas ligas a temperaturas elevadas, aproximadamente 540 °C (1.000 °F), e sob altos níveis de tensão. As Figuras 1.5 e 1.6 mostram uma turbina a gás PW4000 construída principalmente com ligas e superligas metálicas. Os metais usados nas partes internas da turbina devem ser capazes de suportar altas temperaturas e pressões durante a sua operação. Por volta de 1980, técnicas de fundição aprimoradas permitiram produzir grãos colunares solidificados direcionalmente (ver Seção 4.2) e ligas fundidas à base de níquel de cristal único (ver Seção 4.2). No início dos anos 1990, ligas fundidas de cristal único solidificadas direcionalmente tornaram-se padrão em muitas aplicações de turbinas a gás em aeronaves. O desempenho superior de superligas a temperaturas de operação elevadas levou a uma melhora significativa no rendimento de turbinas de aeronaves.

Muitas ligas metálicas, como ligas de titânio, aço inoxidável e ligas à base de cobalto, são também usadas em aplicações biomédicas, como em implantes ortopédicos, em válvulas para o coração, ou em dispositivos de fixação e parafusos. Esses materiais possuem maior resistência, rigidez e biocompatibilidade; esta última é uma consideração importante, porque o ambiente no interior do corpo humano é extremamente corrosivo e, portanto, os materiais usados nessas aplicações devem ser insensíveis a esse ambiente.

Além do aprimoramento químico e do controle da composição, pesquisadores e engenheiros também se concentram no melhoramento de novas técnicas de processamento desses materiais. Processos como compactação isostática a quente (ver Seção 11.4) e forjamento isotérmico permitiram um aumento da resistência à fadiga de muitas ligas. Mais ainda, as técnicas da metalurgia do pó (ver Seção 11.4) continuarão sendo importantes, porque permitem a melhoria das propriedades de algumas ligas com um custo reduzido do produto final.

1.3.2 Materiais poliméricos

A maioria dos materiais poliméricos consiste em longas cadeias ou redes moleculares que normalmente têm como base materiais orgânicos (precursores que contêm carbono). Estruturalmente, a maior parte dos materiais poliméricos é não cristalina, mas alguns apresentam uma mistura de regiões cristalinas e não cristalinas. A resistência e a ductilidade dos materiais poliméricos variam muito. Devido à natureza de sua estrutura interna, estes materiais são, predominantemente, maus condutores de eletricidade. Alguns deles são bons isolantes, usados em aplicações de isolamento elétrico. Uma das aplicações mais recentes

---

[2]Uma liga metálica é uma combinação de dois ou mais metais, ou de um metal (ou metais) e um não metal (ou não metais).

Figura 1.5
A turbina para aeronaves (PW4000) mostrada acima é fabricada principalmente com ligas metálicas. As mais recentes ligas à base de níquel, de alta resistência mecânica e a altas temperaturas, são utilizadas em sua fabricação. Essa turbina faz uso de muitas tecnologias avançadas e comprovadas para aumentar seu desempenho e durabilidade. Incluem materiais das palhetas de cristal único de segunda geração, discos de pó metálico e um controle eletrônico autônomo (*full authority*)* aperfeiçoado.
(*Cortesia de Pratt & Whitney Co.*)

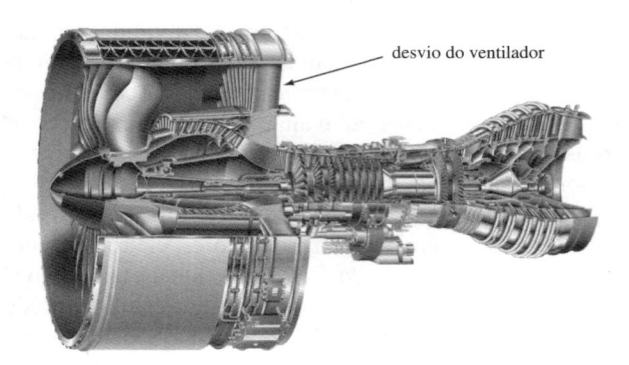

Figura 1.6
Vista em corte da turbina a gás PW4000, de 112 polegadas (284,48 cm), mostrando o trecho de desvio do ventilador.
(*Cortesia de Pratt & Whitney Co.*)

dos materiais poliméricos é na produção de *discos de vídeo digitais* (DVDs) (Figura 1.7). Em geral, estes materiais têm baixa densidade e se decompõem ou amolecem a temperaturas relativamente baixas.

Historicamente, nos Estados Unidos, os materiais plásticos têm apresentado o maior crescimento entre os materiais básicos, com uma taxa anual de 9% em peso (Figura 1.14). Todavia, a taxa de crescimento dos plásticos em 1995 caiu para menos de 5%, uma diminuição significativa. Tal queda era, entretanto, esperada, pois os plásticos já haviam substituído os metais, o vidro e o papel na maioria dos mercados de grande volume em que atualmente encontram aplicação, como o de embalagens e o da construção.

Segundo algumas previsões, os plásticos para uso em engenharia, como o nylon, devem se manter competitivos em face dos metais. A Figura 1.8 mostra os custos previstos para as resinas plásticas de uso em engenharia em comparação com alguns metais comuns. As indústrias fornecedoras de polímeros concentram-se cada vez mais no desenvolvimento de misturas polímero-polímero, também denominadas *ligas poliméricas* ou **misturas**, visando aplicações específicas para as quais nenhum polímero único é apropriado. Na medida em que as misturas são produzidas a partir de polímeros já existentes, cujas propriedades são bem conhecidas, o seu desenvolvimento é mais barato e mais confiável do que a síntese de um novo e único polímero para uma aplicação específica. Tomemos como exemplo os elastômeros (um tipo de polímero altamente deformável), que são normalmente misturados a outros plásticos a fim de se melhorar a resistência ao impacto do material resultante. Essas misturas são muito usadas em para-choques de automóveis, no acondicionamento de ferramentas de corte, em materiais esportivos e nos componentes sintéticos de muitas instalações cobertas de atletismo, que são geralmente feitas de uma combinação de borracha e poliuretano. Revestimentos de acrílico em cores brilhantes, aos quais se adicionam várias fibras e materiais de enchimento, são usados para revestir o piso de quadras de

Figura 1.7
Fabricantes de resinas plásticas estão desenvolvendo plásticos de policarbonato comerciais ultrapuros e de alta fluidez para fabricação de DVDs.
(© *Getty/RF.*)

---

*N. de T.: O "Sistema Digital de Controle do Motor datado de Autoridade Plena" (Full Authority Digital Engine Control – FADEC) refere-se ao controle completo, ou autônomo, dos parâmetros da operação da turbina pelo computador, sem a intervenção humana. O objetivo é atingir o rendimento máximo da turbina para cada condição de voo.

tênis e parques infantis. Por outro lado, outros materiais poliméricos de revestimento são empregados para proteção contra corrosão, ambientes quimicamente agressivos, choque térmico, impacto, desgaste e abrasão. A busca por novos polímeros e ligas poliméricas é em virtude de seu baixo custo e de suas propriedades adequadas a várias aplicações.

1.3.3 Materiais cerâmicos

Materiais cerâmicos são materiais inorgânicos constituídos de elementos metálicos e não metálicos quimicamente ligados. Os materiais cerâmicos podem ser cristalinos, não cristalinos ou uma mistura de ambos. Eles, em sua maioria, têm alta resistência mecânica em altas temperaturas, porém tendem a ser quebradiços (pouca ou nenhuma deformação precede a ruptura). As vantagens dos materiais cerâmicos para aplicações em engenharia envolvem baixo peso, grande resistência e dureza, boa resistência ao calor e ao desgaste, atrito reduzido e propriedades isolantes (Figuras 1.9 e 1.10). As propriedades isolantes combinadas à alta resistência ao calor e à corrosão os tornam apropriados para isolamento de fornalhas de tratamento térmico e de fundição de metais como aço.

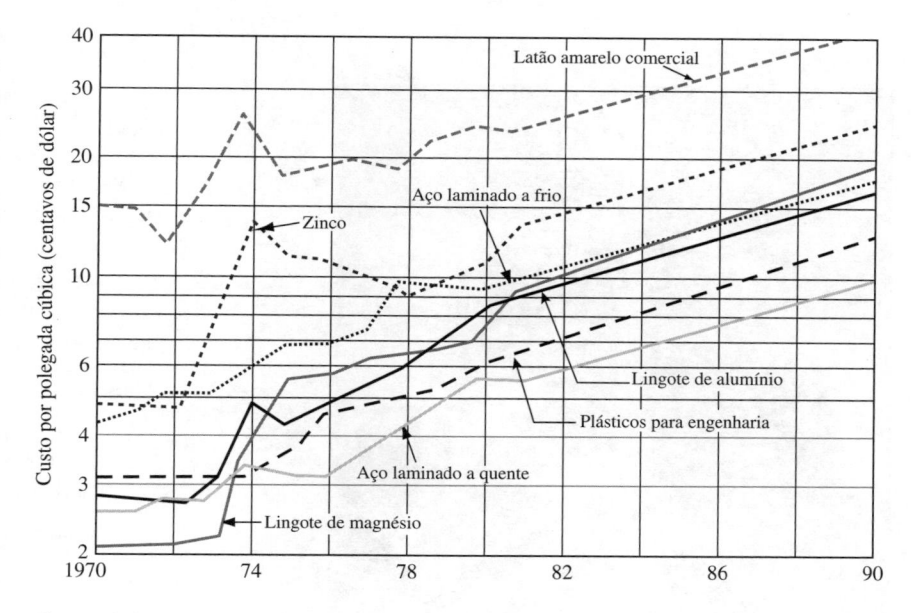

Figura 1.8
Custos históricos e esperados de resinas plásticas para engenharia em comparação a alguns metais comuns de 1970 a 1990. Os plásticos para engenharia devem permanecer competitivos frente ao aço laminado a frio e outros metais.
(*De Modern Plastics, August 1982, p. 12, e novos dados, 1998. Reimpresso com permissão de Modern Plastics.*)

Nos Estados Unidos, a taxa histórica de crescimento de materiais cerâmicos tradicionais, tais como cerâmica, vidro e pedra, tem sido de 3,6% ao ano (1966 a 1980). A taxa esperada de crescimento desses materiais de 1982 a 1995 seguiu o crescimento da economia americana. Nas últimas décadas, uma família inteiramente nova de materiais cerâmicos de óxidos, nitretos e carbonetos, com propriedades aprimoradas, têm sido fabricados. A nova geração de materiais cerâmicos, denominada *cerâmicas para engenharia, cerâmicas estruturais* ou **cerâmicas avançadas**, possui maior resistência mecânica, bem como maior resistência ao desgaste, à corrosão (mesmo em altas temperaturas) e a choques térmicos (advindos de exposições súbitas a temperaturas muito altas ou muito baixas). Entre os materiais cerâmicos avançados estão alumina (óxido), nitreto de silício (nitreto) e carboneto de silício (carboneto).

Uma aplicação aeroespacial importante dos materiais cerâmicos avançados é o uso de placas cerâmicas para revestimento dos ônibus espaciais. As placas cerâmicas são feitas de carboneto de silício, em virtude de sua capacidade em atuar como blindagem térmica e de retornar rapidamente à temperatura usual quando é removida a fonte de calor. Esses materiais cerâmicos protegem termicamente a subestrutura interna de alumínio da nave espacial durante a subida e durante a reentrada na atmosfera terrestre (ver Figuras 11.43 e 11.44). Outra aplicação importante dos materiais cerâmicos avançados, e que evidencia a versatilidade, a importância e o crescimento futuro dessa classe de materiais, é o seu uso na fabricação de ferramentas de corte. Por exemplo, o nitreto de silício é um excelente material para fabricação de ferramentas de corte por sua alta resistência a choques térmicos e à fratura.

As aplicações dos materiais cerâmicos são realmente ilimitadas, pois podem ser utilizados na área aeroespacial, na fabricação de metais, na biomedicina, na indústria automotiva e em muitas outras áreas. As suas principais desvantagens destes materiais referem-se ao fato de que são (1) difíceis de serem transformados em produtos acabados, sendo, portanto, caros, e ao fato de serem (2) quebradiços e com

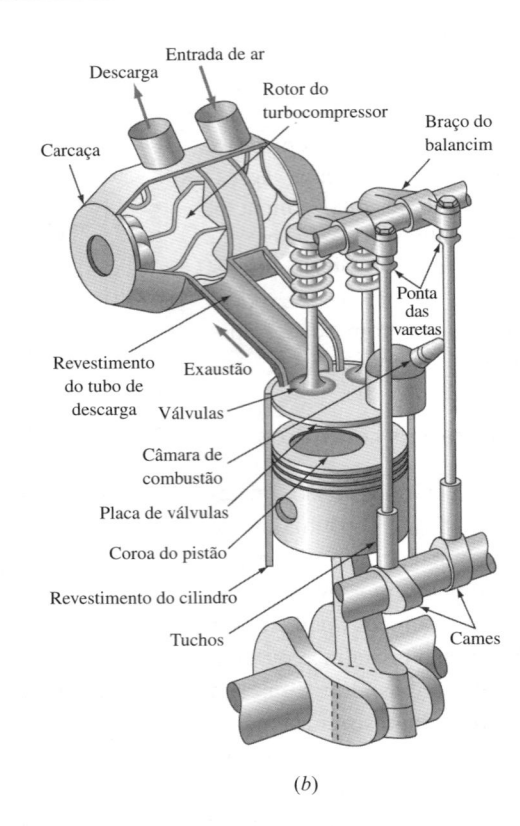

Figura 1.9
(a) Exemplos de uma nova geração recentemente desenvolvida de materiais cerâmicos para aplicações avançadas em motores. Os componentes de cor escura são válvulas de motores, assentos de válvulas e pinos do pistão fabricados em nitreto de silício. O componente de cor clara é um material de revestimento de tubulação fabricado em um material cerâmico à base de alumina.
(*Cortesia de Kyocera Industrial Ceramics Corp.*)
(b) Possíveis aplicações de componentes cerâmicos em um motor turbo-diesel.
(*Segundo Metals and Materials December, 1988.*)

uma baixa resistência à fratura em comparação aos metais. Se as técnicas para o desenvolvimento de materiais cerâmicos de alta dureza forem aperfeiçoadas, sua utilização em aplicações da engenharia poderia ter um crescimento exponencial.

1.3.4 Materiais compósitos

Um material compósito pode ser definido como dois ou mais materiais (fases ou constituintes) integrados de modo a formar um novo material. Os constituintes mantêm suas propriedades, mas o compósito resultante terá propriedades diferentes destes. A maioria dos materiais compósitos consiste em um material de enchimento ou de reforço apropriado e uma resina aglutinadora adequada a fim de que se obtenham as características específicas e as propriedades desejadas. Normalmente, os componentes não se dissolvem um no outro, podendo ser identificados fisicamente por uma interface entre eles. Os compósitos podem ser de vários tipos. Alguns dos tipos predominantes são materiais fibrosos (compostos de fibras em uma matriz) e particulados (compostos de partículas em uma matriz). Muitas combinações diferentes de materiais de reforço e da matriz são usadas para se fabricar compósitos. Para tomarmos um exemplo, o material da matriz pode

Figura 1.10
Mancais de rolamento de esferas cerâmicos de alto desempenho são fabricados em nitreto de carbono e de silício por meio da tecnologia de pó metálico.
(© *David A. Tietz/Editorial Image, LLC.*)

ser um metal como o alumínio, ou uma cerâmica como a alumina, ou ainda um polímero como o epóxi. Dependendo do tipo de matriz usado, os compósitos podem ser classificados em *compósitos de base metálica* (metal matriz composite – MMC), *compósitos de base cerâmica* (ceramic matriz composite – CMC) e *compósitos de base polimérica* (polymer matrix composite – PMC). Os materiais fibrosos ou particulados também podem ser selecionados de qualquer uma destas três categorias principais de materiais, cujos exemplos são carbono, vidro, aramida, carbeto de silício e outros. As combinações de materiais utilizados no projeto de compósitos dependem principalmente do tipo de aplicação e do ambiente no qual o material será utilizado.

Os materiais compósitos substituíram componentes metálicos principalmente na indústria aeroespacial, aviônica, na indústria automotiva, na construção civil e na indústria de material esportivo. Prevê-se um aumento médio anual de aproximadamente 5% na utilização futura destes materiais. Uma das razões para tal é a sua alta resistência e o seu quociente rigidez/peso. Alguns compósitos avançados têm rigidez e resistência semelhantes a de alguns metais, porém com densidade significativamente menor e, por conseguinte, com peso resultante mais baixo. Essas características os tornam extremamente atraentes em situações nas quais o peso do produto é um fator crucial. De maneira geral, e semelhantemente aos materiais cerâmicos, a desvantagem principal da maioria dos compósitos é a sua fragilidade e a sua baixa resistência à fratura. Algumas destas deficiências podem ser mitigadas, em determinadas situações, pela escolha adequada do material da matriz.

Dois tipos proeminentes de *materiais compósitos modernos* usados em aplicações de engenharia são reforços em fibra de vidro em uma matriz de poliéster ou epóxi e fibras de carbono em uma matriz de epóxi. A Figura 1.11 mostra de maneira esquemática como materiais compósitos de fibra de carbono em epóxi foram usados nas asas e motores do avião de passageiros C-17. Desde o início da construção destes aviões, novos procedimentos e modificações destinados a reduzir custos têm sido implementados (ver *Aviation Week & Space Technology*, 9 de junho de 1997, p. 30).

1.3.5 Materiais eletrônicos

Os materiais eletrônicos não constituem uma grande categoria de materiais pelo volume de produção, todavia são um tipo de material extremamente importante nas tecnologias de engenharia avançadas. O material eletrônico mais importante é o silício puro, modificado de várias maneiras a fim de se alterar suas características elétricas. Uma infinidade de complexos circuitos eletrônicos pode ser miniaturizada em uma pastilha de silício de cerca de ¾ de polegadas quadradas (1,90 cm^2) (Figura 1.12). Dispositivos microeletrônicos tornaram possíveis novos produtos como satélites de comunicação, calculadoras, relógios digitais e robôs (Figura 1.13).

A utilização do silício e de outros materiais semicondutores no estado sólido e a própria microeletrônica vêm exibindo um crescimento extraordinário desde 1970, o qual deve continuar no futuro. O impacto dos computadores e de outros equipamentos industriais que utilizam circuitos integrados fabricados com pastilhas de silício tem sido espetacular. A extensão do impacto de robôs computadorizados na manufatura moderna ainda não foi totalmente entendida. Os materiais eletrônicos certamente desempenharão um papel vital nas "fábricas do futuro", nas quais quase todos os processos de manufatura poderão ser realizados por robôs auxiliados por máquinas-ferramentas controladas por computador.

Ao longo dos anos, os circuitos integrados vêm sendo fabricados com uma densidade crescente de transistores dispostos em uma única pastilha de silício, com um tamanho dos transistores correspondentemente menor. Em 1998, por exemplo, a resolução ponto-a-ponto da menor medida em uma pastilha de silício era de 0,18 μm e o diâmetro da lâmina de silício utilizada era de 12 polegadas (300 mm). Outro aprimoramento pode ser a substituição do alumínio pelo cobre nas interconexões, em razão da maior condutividade deste último.

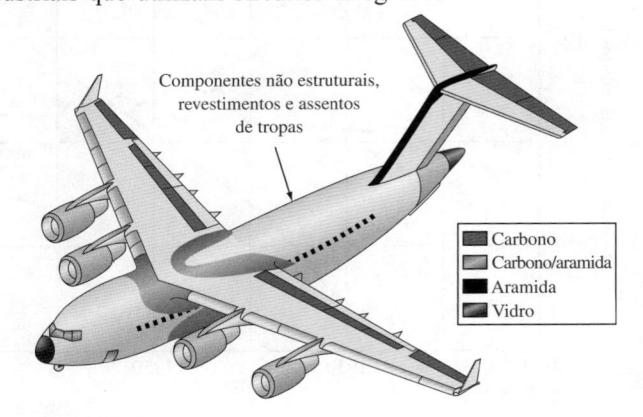

Figura 1.11
Visão geral da ampla gama de componentes fabricados em compósitos utilizados no avião C-17 da Força Aérea Americana. Esta aeronave tem envergadura de 50 m (165 ft) e emprega 6.800 kg (15.000 ib) de materias compósitos avançados.
(De Advanced Composites, May/June 1988, p. 53.)

Figura 1.12
Microprocessadores modernos possuem um número enorme de conexões conforme mostrado nesta fotografia de um microprocessador Pentium II da Intel.
(© IMP/Alamy RF.)

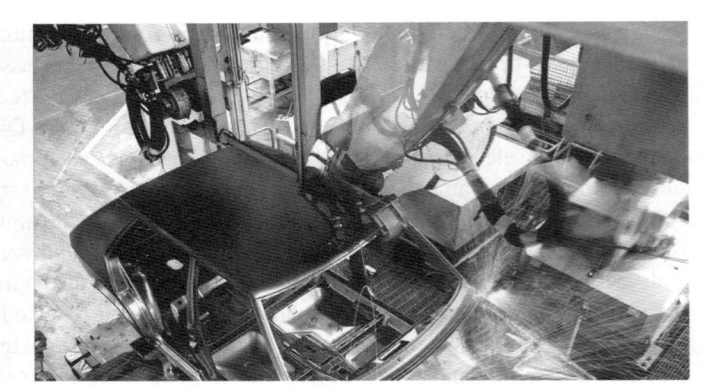

Figura 1.13
Braços robotizados empunhando autopeças.
(CORBIS/RF.)

1.4 CONCORRÊNCIA ENTRE MATERIAIS

Os materiais competem entre si por mercados novos e por aqueles já existentes. Depois de certo tempo, muitos fatores emergem e tornam possível a substituição de um material por outro em certas aplicações. O custo certamente é um fator. Se um avanço marcante ocorre no processamento de certo tipo de material de maneira a reduzir substancialmente o seu custo, este material poderá substituir algum outro em determinadas aplicações. Outro fator que leva a substituições de materiais é o desenvolvimento de novos materiais com propriedades específicas para certas aplicações. Consequentemente, à medida que o tempo passa, varia o uso que se faz dos diversos materiais.

A Figura 1.14 mostra graficamente como a produção por peso de seis materiais variou nos anos recentes nos Estados Unidos. O alumínio e os polímeros exibiram um aumento notável na produção desde 1930. Em volume, a produção destes materiais é ainda mais acentuada, dado que o alumínio e os polímeros são materiais leves.

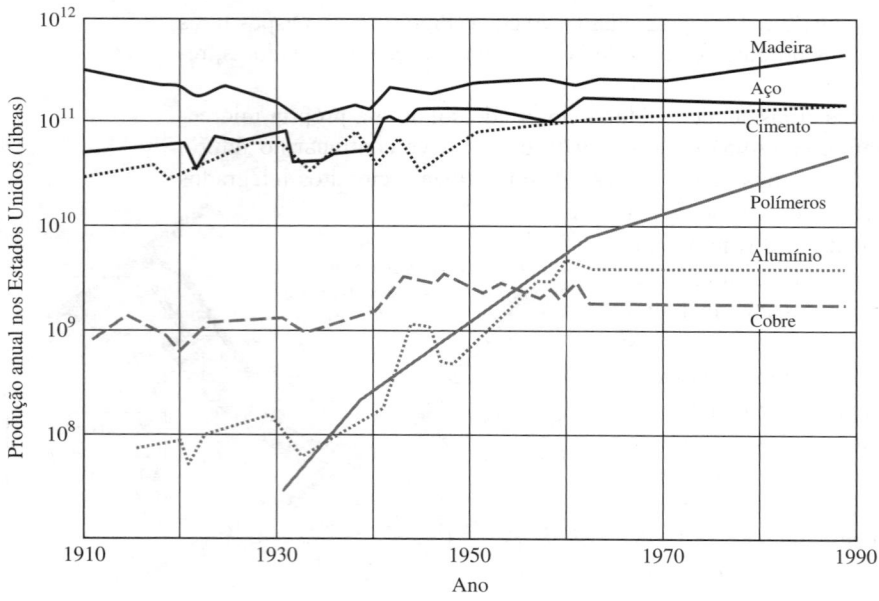

A competição entre os materiais é evidente na composição do carro americano. Em 1978, o carro americano pesava em média 4.000 libras (1.800 kg) e consistia de aproximadamente 60% de ferro fundido e aço, de 10 a 20% de plásticos e de 3 a 5% de alumínio. Comparativamente, em 1985 o carro americano pesava em média 3.100 libras (1.400 kg) e consistia de cerca de 50 a 60% de ferro fundido e aço, de 10 a 20% de plásticos e de 5 a 10% de alumínio. Logo, no período de 1978 a 1985 a porcentagem de aço diminuiu, a de polímeros aumentou e a de alumínio permaneceu aproximadamente a mesma. Em 1997, o carro doméstico americano pesava em média 3.248 libras (1.476 kg), sendo que os plásticos respondiam por cerca de 7,4% desse valor (Figura 1.15). A tendência no uso de

Figura 1.14
Concorrência entre seis importantes materiais produzidos nos Estados Unidos com base no peso (em libras). O aumento rápido na produção de alumínio e polímero (plásticos) é evidente.
(De J.G. Simon, Adv. Mat. & Proc.,133:63 (1988) e novo dado. Usado com autorização de ASM International.)

materiais em automóveis parece ser mais alumínio e aço e menos ferro *fundido*. A quantidade de plásticos (em porcentagem) em automóveis parece ser aproximadamente a mesma (Figura 1.16).

Em algumas aplicações, somente alguns materiais cumprem os requisitos do projeto de engenharia, ainda que possam ser relativamente caros. A turbina para modernos aviões a jato (Figura 1.5), por exemplo, requer para sua perfeita operação superligas para alta temperatura à base de níquel, materiais caros, para os quais nenhum substituto mais barato foi encontrado até o momento. Por conseguinte, embora o custo seja um fator importante em projetos de engenharia, os materiais utilizados devem também cumprir especificações de desempenho. De qualquer modo, a substituição de um material por outro acontecerá sempre na medida em que novos materiais são continuamente descobertos e novos processos, desenvolvidos.

1.5 AVANÇOS RECENTES NA TECNOLOGIA E NA CIÊNCIA DOS MATERIAIS E SUAS TENDÊNCIAS FUTURAS

Nas décadas recentes, foram empreendidas várias iniciativas promissoras em ciência dos materiais que podem vir a revolucionar o futuro desta área do conhecimento. Os materiais inteligentes (dispositivos em escala micrométrica) e os nanomateriais são duas categorias de materiais que afetarão profundamente os principais ramos da indústria.

1.5.1 Materiais inteligentes

Embora já existam há vários anos, alguns dos materiais inteligentes vêm encontrando novas aplicações. Esses materiais são sensíveis a estímulos do ambiente externo (temperatura, tensão, luz, umidade e campos elétrico e magnético) e respondem a tais estímulos variando suas propriedades (mecânicas, elétricas ou de sua aparência), sua estrutura ou suas funções. Estes materiais são genericamente denominados **materiais inteligentes**. Sensores e atuadores são exemplos de dispositivos que fazem uso desse tipo de materiais. O componente sensorial detecta uma mudança no ambiente e o atuador efetua uma função ou resposta específica. Assim, alguns materiais inteligentes mudam de cor ou adquirem determinada coloração quando expostos a variações de temperatura, de intensidade luminosa ou de corrente elétrica.

Entre os materiais inteligentes mais importantes tecnologicamente e que podem operar como atuadores, encontramos as **ligas com memória de forma** e as **cerâmicas piezelétricas**. As ligas com memória de forma são ligas metálicas que sob tensão revertem à sua forma original caso a temperatura aumente acima de uma determinada temperatura de transformação crítica. A mudança à forma original se deve a uma mudança na estrutura cristalina quando a temperatura ultrapassa a temperatura de transformação.

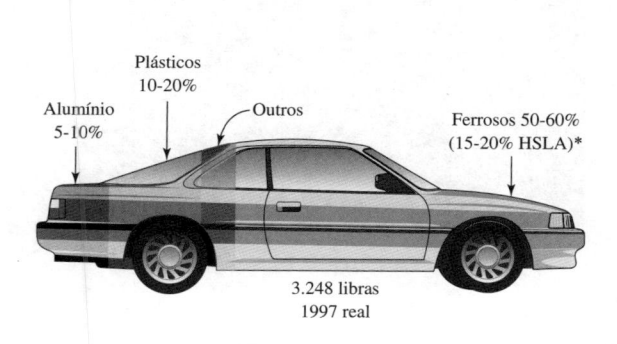

Figura 1.15
Distribuição do peso, em porcentagem, entre os principais materiais utilizados no carro médio americano de 1985.
*HSLA – Aço de baixa liga de alta resistência (High Strength Low Alloy Steel).

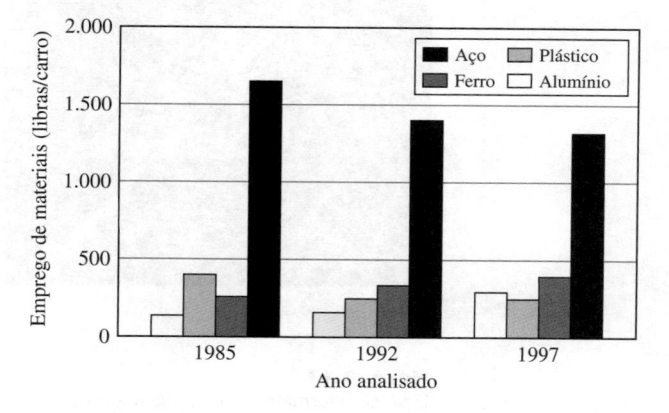

Figura 1.16
Previsão e uso de materiais no carro americano.
(Segundo J.G. Simon, Adv. Mat. & Proc., 133:63 (1988) e novos dados acrescentados em 1997.)

Uma aplicação biomédica destas ligas é utilizá-las como reforço expansível (*stent*) de paredes arteriais enfraquecidas ou para a expansão de artérias contraídas (Figura 1.17). A malha expansível é colocada primeiramente na posição correta por meio de uma sonda, conforme mostrado na Figura 1.17*a*. A malha então se expande até o seu tamanho e formas originais assim que sua temperatura atingir a temperatura do corpo (Figura 1.17*b*). Para fins de comparação, o método convencional para se expandir ou reforçar uma artéria é por meio do uso de tubos de aço inoxidável, os quais são expandidos por um balão. Exemplos de ligas com memória de forma são as ligas de níquel-titânio e as de cobre-zinco-alumínio.

Os atuadores também podem ser feitos de materiais piezelétricos, ou seja, materiais que geram um campo elétrico quando expostos a uma força mecânica. Inversamente, uma mudança em um campo elétrico externo causará uma resposta mecânica no mesmo material. Estes materiais podem ser usados para detectar e reduzir vibrações indesejadas de um dispositivo por meio da resposta de um atuador. Dessa forma, ao ser detectada uma vibração, uma corrente elétrica é aplicada com a finalidade de gerar uma resposta mecânica que se contraponha ao efeito da vibração.

Consideremos agora o projeto e o desenvolvimento de sistemas em escala micrométrica que usam dispositivos e materiais inteligentes para detectar, comunicar-se e atuar: este é o mundo dos **sistemas microeletromecânicos (MEMs)**. Originalmente, o termo MEM se referia a dispositivos que integravam tecnologia, materiais eletrônicos e materiais inteligentes em uma pastilha semicondutora para produzir o que comumente conhecemos como **micromáquina**. Os dispositivos MEMs originais possuíam elementos mecânicos microscópicos fabricados em pastilhas de silício com a tecnologia dos circuitos integrados, e eram usados como sensores ou atuadores. Entretanto, o termo "MEMs" atualmente foi ampliado para abarcar qualquer dispositivo miniaturizado. As aplicações de MEMs são inúmeras, como nas microbombas, nos sistemas de travamento, ou ainda em motores, espelhos e sensores. Como exemplo mais específico, tomemos o caso da utilização dos MEMs em *airbags* de automóveis, para detectar tanto a desaceleração como o peso da pessoa sentada no carro, de modo a abrir o *airbag* à velocidade correta.

1.5.2 Nanomateriais

Os **nanomateriais** são genericamente definidos como aqueles materiais com escala de comprimento característica (isto é, diâmetro da partícula, tamanho do grão, espessura da camada etc.) menor do que 100 nm (1 nm = 10^{-9} m). Os nanomateriais podem ser metálicos, poliméricos, cerâmicos, eletrônicos ou compósitos. Neste sentido, os agregados de pó cerâmico de menos de 100 nm de tamanho da partícula,

(*a*)   (*b*)

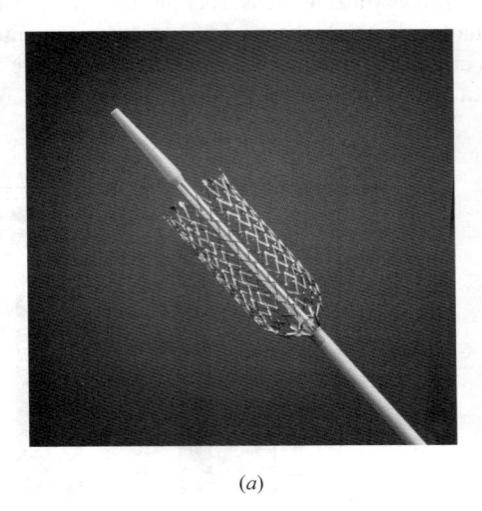

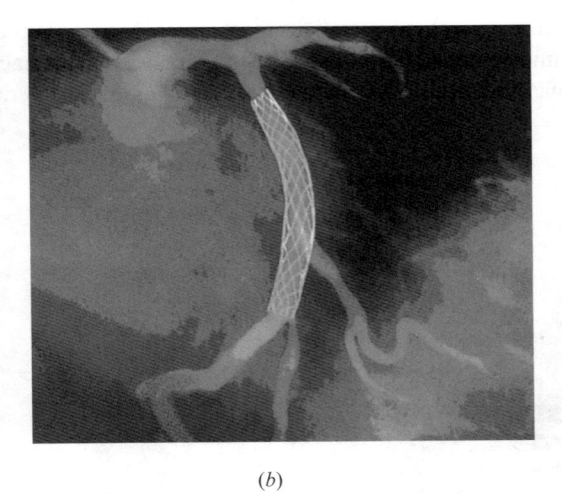

Figura 1.17
Ligas com formato de memória usadas em malhas expansíveis (*stents*) para o alargamento de artérias obstruídas ou enfraquecidas: (*a*) malha expansível montada em uma sonda e (*b*) malha introduzida em uma artéria danificada para reforçá-la.
(*Fonte: http://www.designinsite.dk/htmsider/inspmat.htm.*)
(*Cortesia de Nitinol Devices & Components ©Sovereign/Phototake NYC.*)

os metais com tamanho de grão de menos de 100 nm, os filmes poliméricos com espessura menor do que 100 nm e os fios eletrônicos com diâmetro menor do que 100 nm são todos considerados nanomateriais ou materiais nanoestruturados. Em escala nanométrica, as propriedades do material não são nem as propriedades características do nível atômico ou molecular nem as de uma escala macroscópica. Embora atividades de pesquisa e desenvolvimento muito intensas tenham sido dedicadas a este assunto na última década, as primeiras pesquisas em nanomateriais datam dos anos 1960, quando fornalhas de chama química foram usadas para produzir partículas com tamanho menor do que um mícron (1 mícron = 10^{-6} m = 10^3 nm). As aplicações iniciais dos nanomateriais eram como catalisadores químicos e pigmentos. Os metalurgistas sempre souberam que, pelo refinamento da estrutura do grão de um metal em níveis ultrafinos (submícron), é possível aumentar substancialmente sua resistência e sua dureza em comparação com o metal de grãos maiores (escala de mícrons). O cobre puro nanoestruturado, por exemplo, tem um limite de escoamento seis vezes maior do que aquele do cobre de grãos maiores.

As razões para a atenção extraordinária que estes materiais vêm recebendo recentemente estão ligadas ao desenvolvimento de (1) novas ferramentas que tornaram possíveis a observação e a caracterização destes materiais, e de (2) novos métodos de processamento e síntese de materiais nanoestruturados que permitiram aos pesquisadores produzi-los mais facilmente e com mais eficiência.

As futuras aplicações dos nanomateriais estão limitadas somente pela imaginação e um dos maiores obstáculos à concretização deste potencial é a capacidade para produzir estes materiais de maneira eficiente e econômica. Consideremos a manufatura de implantes dentários e ortopédicos a partir de nanomateriais com melhores características de biocompatibilidade, melhor resistência mecânica e maior resistência ao desgaste quando comparados aos metais. Um exemplo é a zircônia nanocristalina (óxido de zircônio), um material cerâmico duro e resistente ao desgaste, quimicamente estável e biocompatível, que pode ser produzido em forma porosa e que, quando usado como material de implante, permite que o osso cresça entre seus poros, resultando em uma fixação mais estável. As ligas metálicas atualmente usadas para esta aplicação não permitem esta interação e frequentemente se tornam frouxas com o tempo, exigindo assim cirurgias adicionais. Os nanomateriais também podem ser usados na produção de tintas ou materiais de revestimento muito mais resistentes às intempéries e a ranhuras. Mais ainda, dispositivos eletrônicos como transistores, diodos e mesmo *lasers* podem ser produzidos em um nanofio. Esses avanços da ciência dos materiais terão impacto tecnológico e econômico em todos os ramos da indústria e em todas as áreas da engenharia.

Bem-vindo ao mundo fascinante e extremamente interessante da engenharia e ciência dos materiais!

1.6 PROJETO E SELEÇÃO

O engenheiro de materiais deve ter grande familiaridade com as várias classes de materiais, com suas propriedades e estrutura, com os processos de produção envolvidos, questões ambientais e econômicas e outros. À medida que aumenta a complexidade do componente em consideração, também aumentam a complexidade da análise e o número de fatores envolvidos no processo de seleção de materiais. Tomemos o caso da seleção de materiais para o quadro e o garfo de uma bicicleta. O material selecionado deve ser suficientemente forte para suportar a carga sem deformação permanente ou fratura. Deve ainda ser suficientemente rígido de modo a não sofrer excessiva deformação elástica ou falha por fadiga (devido à carga repetitiva). A resistência à corrosão do material pode ser outro fator a se considerar ao longo da vida da bicicleta. Além disso, o peso do quadro é importante caso a bicicleta venha a ser usada em corridas esportivas, pois, neste caso, ela deve ser leve. Quais materiais cumprem todos estes requisitos? Um processo de seleção de materiais adequado deve levar em conta questões de resistência, rigidez, peso, forma dos componentes (fator de forma), além de utilizar diagramas para esta seleção a fim de determinar os materiais mais indicados para uma dada aplicação. A descrição detalhada do processo de seleção de materiais está fora do escopo deste livro, mas este exemplo é usado como um exercício de identificação de vários materiais candidatos a esta aplicação. Constata-se que muitos deles podem cumprir os requisitos de resistência, rigidez e peso, incluindo-se aqui algumas ligas de alumínio, de titânio, de magnésio, aço, plástico reforçado com fibras de carbono (CFRP) e até mesmo madeira. A madeira tem propriedades excelentes para esta aplicação, mas a ela não se pode dar facilmente a forma de um quadro e um garfo de bicicleta. Uma análise posterior mostra que o CFRP é a melhor escolha, pois proporciona um quadro resistente, rígido, leve, resistente à corrosão e à fadiga. Entretanto, seu processo de fabricação é oneroso. Por conseguinte, se o custo for um dos pontos a considerar, este material pode não ser a escolha mais adequada. Os materiais restantes, todos ligas metálicas, são adequados e relativamente fáceis de serem produzidos no formato desejado. Assim, se o custo for um critério importante, o aço emerge como a escolha mais adequada. Por outro lado, se o peso da bicicleta for importante, as ligas de alumínio despontam como os materiais mais convenientes. As ligas de titânio e de magnésio são mais caras do que as ligas de alumínio e aço, embora sejam mais leves do que este último. Contudo, as ligas de titânio e magnésio não oferecem vantagens substanciais com relação ao alumínio.

1.7 RESUMO

A ciência dos materiais e a engenharia dos materiais (ou, simplesmente, engenharia e ciência dos materiais) constituem uma ponte de conhecimento sobre materiais entre as ciências básicas (e a matemática) e as várias áreas da engenharia. A ciência dos materiais busca principalmente conhecimentos básicos sobre materiais, enquanto a engenharia dos materiais se volta, sobretudo, para a utilização de conhecimentos práticos sobre materiais.

Os três tipos principais de materiais são os metálicos, os poliméricos e os cerâmicos. Outros dois tipos de materiais muito importantes para a engenharia moderna são os compósitos e os materiais eletrônicos. Este livro tratará de todos esses tipos de materiais. Os materiais inteligentes e os dispositivos em escala micrométrica, bem como os nanomateriais, são apresentados como novas classes de materiais, com aplicações importantes e inovadoras em muitos setores da indústria.

Os materiais competem entre si por novos mercados ou por mercados já existentes, possibilitando a substituição de um material por outro em algumas aplicações. A disponibilidade de matéria-prima, o custo de produção e o desenvolvimento de novos materiais e processos para novos produtos são fatores primordiais que levam a mudanças na utilização de materiais.

1.8 PROBLEMAS

Problemas de conhecimento e compreensão

1.1 O que são materiais? Liste oito materiais para engenharia comumente encontrados.

1.2 Quais são as categorias principais dos materiais para engenharia?

1.3 Quais são algumas das propriedades importantes de cada uma das cinco categorias de materiais para engenharia?

1.4 Defina materiais compósitos e dê um exemplo de um material dessa categoria.

1.5 Faça uma lista das características de materiais estruturais para aplicações espaciais.

1.6 Defina materiais inteligentes, dando um exemplo de um material desse tipo e de uma de suas aplicações.

1.7 O que são MEMs? Dê um exemplo de sua aplicação.

1.8 O que são nanomateriais? Quais são algumas das alegadas vantagens de se usar nanomateriais em vez de materiais análogos convencionais?

1.9 Superligas à base de níquel são usadas em componentes estruturais de turbinas para aeronaves. Quais são as propriedades principais deste metal que o tornam adequado a esta aplicação?

1.10 Faça uma lista de itens em sua cozinha (pelo menos cinco). Para cada item, determine a classe de materiais (identifique materiais específicos, se possível) usados na fabricação do item.

1.11 Faça uma lista dos componentes principais da quadra de basquete de sua universidade. Para cada componente, determine a classe de materiais utilizados em sua estrutura (identifique materiais específicos, se possível).

1.12 Faça uma lista dos componentes principais do seu automóvel (pelo menos 15 componentes). Para cada um deles, determine a classe de materiais em sua estrutura (identifique materiais específicos, se possível).

1.13 Faça uma lista dos componentes principais do seu computador (pelo menos dez componentes). Para cada um, determine a classe de materiais utilizados em sua estrutura (identifique materiais específicos, se possível).

1.14 Faça uma lista dos componentes principais na sua sala de aula, incluindo elementos construtivos (pelo menos dez componentes). Para cada um, determine a classe de materiais em sua estrutura (identifique materiais específicos, se possível).

Problemas de aplicação e análise

1.15 Liste algumas mudanças no uso de materiais que você tenha observado ao longo do tempo em alguns produtos manufaturados. Quais razões você acredita ter havido para essas mudanças?

1.16 (*a*) Que tipo de material é o cobre OFHC (isento de oxigênio e de alta condutividade)? (*b*) Quais são as propriedades desejadas para o cobre OFHC? (*c*) Quais são as aplicações do cobre OFHC na indústria de energia?

1.17 (*a*) A qual classe de materiais pertence o PTFE? (*b*) Quais são suas propriedades principais? (*c*) Quais são suas aplicações na manufatura de utensílios de cozinha?

1.18 Por que razão os engenheiros civis devem ter familiaridade com a composição, as propriedades e o processamento de materiais?

1.19 Por que razão os engenheiros mecânicos devem ter familiaridade com a composição, as propriedades e o processamento de materiais?

1.20 Por que razão os engenheiros químicos devem ter familiaridade com a composição, as propriedades e o processamento de materiais?

1.21 Por que razão os engenheiros industriais devem ter familiaridade com a composição, as propriedades e o processamento de materiais?

1.22 Por que razão os engenheiros de petróleo devem ter familiaridade com a composição, as propriedades e o processamento de materiais?

1.23 Por que razão os engenheiros elétricos devem ter familiaridade com a composição, as propriedades e o processamento de materiais?

1.24 Por que razão os engenheiros biomédicos devem ter familiaridade com a composição, as propriedades e o processamento de materiais?

Problemas de síntese e avaliação

1.25 Quais fatores podem levar a uma previsão incorreta da utilização de materiais na indústria?

1.26 Considere os componentes de uma lâmpada comum. Pede-se que você: (*a*) identifique alguns componentes cruciais desse item; (*b*) determine o material selecionado para cada um desses componentes; (*c*) esquematize um processo para montagem da lâmpada.

1.27 (*a*) Relacione os fatores pertinentes à seleção do quadro de uma bicicleta esportiva do tipo *mountain bike*; (*b*) Aço, alumínio e ligas de titânio já foram empregados como metais básicos na estrutura de uma bicicleta; dê os principais pontos fracos e fortes de cada um; (*c*) As bicicletas mais modernas são fabricadas em compósitos avançados. Explique as razões para esta escolha e cite um compósito específico usado na estrutura de uma bicicleta.

1.28 (*a*) Enumere os critérios principais para a seleção de materiais para a fabricação do capacete esportivo de segurança; (*b*) Identifique materiais que satisfaçam estes critérios; (*c*) Por que um capacete de metal maciço não seria uma boa escolha?

1.29 Por que é importante ou útil classificar os materiais em diferentes grupos, como foi feito neste capítulo?

1.30 Uma dada aplicação requer um material que deve ser bastante duro e resistente à corrosão, às condições ambientes de temperatura e pressão. Além disso, seria vantajoso, mas não absolutamente necessário, se o material escolhido também fosse resistente ao impacto. (*a*) Se você considerar somente os requisitos principais, quais classes de materiais você examinaria para esta aplicação? (*b*) Por outro lado, se considerar tanto os requisitos principais como os secundários, quais classes de materiais você examinaria?

CAPÍTULO 2
Estrutura e Ligações Atômicas

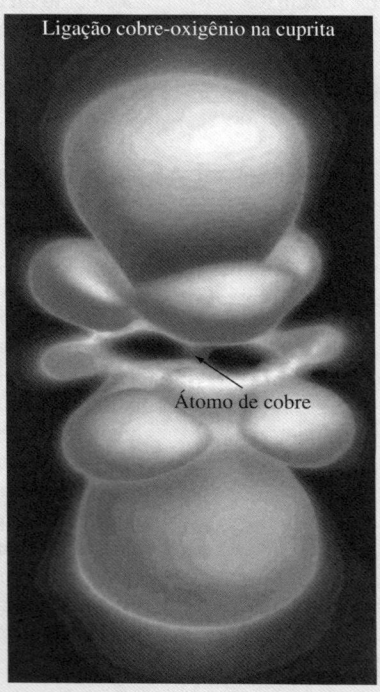

Ligação cobre-oxigênio na cuprita

Átomo de cobre

(*Cortesia da NASA*)

METAS DE APRENDIZAGEM

Ao final deste capítulo, o aluno será capaz de:

1. Explicar a natureza e a estrutura de um átomo e de sua estrutura eletrônica.
2. Explicar os vários tipos de ligações primárias incluindo-se ligações iônicas, covalentes e metálicas.
3. Explicar a ligação covalente do carbono.
4. Explicar os vários tipos de ligações secundárias, bem como distingui-las das ligações primárias.
5. Explicar o efeito do tipo e força da ligação sobre o comportamento mecânico e elétrico das várias classes de materiais.
6. Explicar as ligações mistas nos materiais.

Orbitais atômicos representam a probabilidade estatística de que os elétrons ocuparão vários pontos no espaço. Exceto por aqueles localizados na porção mais interior dos átomos, as formas dos orbitais são do tipo não esféricas. Até pouco tempo atrás, era possível somente imaginar a existência e o formato destes, uma vez que não se dispunha de comprovação experimental. Recentemente, os cientistas conseguiram criar uma imagem tridimensional desses orbitais empregando uma combinação de difração de raios X e técnicas de microscopia eletrônica. A imagem no início do capítulo mostra o orbital dos elétrons do estado *d* da ligação cobre-oxigênio do Cu_2O. Um entendimento maior da ligação em óxidos de cobre, tornada possível pelo uso das técnicas citadas anteriormente, permitiu aos pesquisadores chegar mais perto de explicar a natureza da supercondutividade de óxidos de cobre à alta temperatura.[1]

---

[1] www.aip.org/physnews/graphics/html/orbital.html

2.1 ESTRUTURA ATÔMICA E PARTÍCULAS SUBATÔMICAS

No século V a.C., o filósofo grego Demócrito[2] postulou que a matéria consiste, em última instância, de pequenas partículas indivisíveis que ele denominou *átomos*; palavra que significa "indivisível" ou "o que não se pode partir". Esta ideia se perdeu na comunidade científica até que, no século XVII, Robert Boyle[3] afirmou que os elementos são constituídos de "corpos simples" e que eles próprios não são formados por quaisquer outros corpos; uma descrição do átomo muito semelhante àquela de Demócrito cerca de 2.200 anos antes. No início do século XIX, ocorreu o renascimento do atomismo formulado por John Dalton[4] sobre a definição mais precisa dos elementos constituintes da matéria, segundo a qual esta é constituída de pequenas partículas chamadas *átomos*, sendo que todos os átomos em uma substância pura são idênticos entre si e têm o mesmo tamanho, forma, massa e propriedades químicas. Ademais, ele conjecturou que os átomos de uma dada substância pura são diferentes dos átomos de outras substâncias puras e que, ao serem combinados em determinadas proporções, formam compostos diferentes — **lei das proporções múltiplas**. Finalmente, ele propôs que uma reação química pode ser explicada pela separação, combinação ou rearranjo dos átomos e que uma reação química não conduz à criação ou à destruição da matéria — **lei da conservação da massa**. As afirmações de Dalton e Boyle foram o estopim de uma revolução no campo da química.

No final do século XIX, na França, Henri Becquerel[5] e Marie[6] e Pierre Curie[7] introduziram o conceito de radioatividade. Eles lançaram a hipótese de que átomos de elementos recém-descobertos, como o polônio e o rádio, espontaneamente emitiam radiação e denominaram este fenômeno de *radioatividade*. Demonstrou-se que a radiação consistia em raios α (alfa), β (beta) e γ (gama). Demonstrou-se, ainda, que as partículas α e β possuíam ambas carga e massa ao passo que as partículas γ não possuíam massa ou carga detectáveis. A conclusão principal destas descobertas se concentra no fato de que os átomos deveriam ser constituídos de partículas menores ou subatômicas.

Os experimentos com o *tubo de raios catódicos* representaram uma contribuição crucial para a identificação de partículas subatômicas (Figura 2.1). Um tubo de raios catódicos consiste em um tubo de vidro evacuado. Em uma das extremidades deste tubo, duas placas metálicas são conectadas a uma fonte de alta tensão. A placa carregada negativamente (cátodo) emite uma radiação invisível que é atraída pela placa carregada positivamente (ânodo). Essa radiação invisível é denominada *raios catódicos*; ela consiste em partículas carregadas negativamente que se originam diretamente dos átomos no cátodo. Um furo no centro do ânodo permite a passagem dessa radiação invisível, que se propagará até a outra extremidade do tubo, onde atingirá uma placa com um revestimento especial (tela fluorescente), produzindo pequenas faíscas (Figura 2.1). Em uma série de experimentos semelhantes, Joseph J. Thompson[8] concluiu que os átomos, em todos os tipos de matéria, são formados por partículas menores carregadas negativamente, denominadas *elétrons*. Ele também calculou a razão entre a massa e a carga destes elétrons em $5{,}60 \times 10^{-19}$ g/C na qual *Coulomb*, C, é a unidade de carga elétrica. Mais tarde, Robert Millikan[9], nos experimentos com gotas de óleo, determinou a quantidade básica de carga ou a carga de um elétron (independentemente de sua origem) em $1{,}60 \times 10^{-19}$ C. Para um elétron,

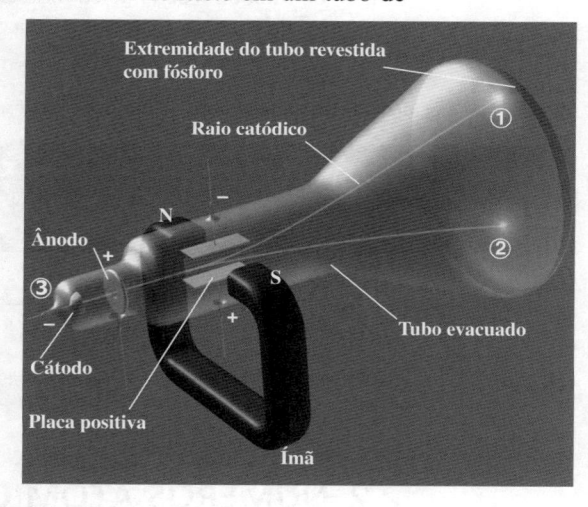

Figura 2.1
Um tubo de raios catódicos, que consiste de um tubo de vidro, cátodo, ânodo, placas defletoras e uma tela fluorescente.

---
[2]Demócrito (460 a.C-370 a.C.). Filósofo materialista grego com contribuições nos campos da matemática, minerais e plantas, astronomia, epistemologia e ética.
[3]Robert Boyle (1627-1691). Filósofo irlandês, químico, físico e inventor, mais conhecido pela formulação da lei de Boyle (estudada em física e termodinâmica).
[4]John Dalton (1766-1844). Químico inglês, meteorologista e físico.
[5]Henri Becquerel (1852-1908). Físico francês e ganhador do prêmio Nobel (1903).
[6]Marie Curie (1867-1934). Física e química polonesa (naturalizada francesa) e ganhadora do prêmio Nobel (1903).
[7]Pierre Curie (1859-1906). Físico francês e ganhador do prêmio Nobel (1903), dividido com Marie Curie e Henri Becquerel.
[8]Joseph J. Thompson (1856-1940). Físico britânico e ganhador do prêmio Nobel.
[9]Robert Millikan (1868-1953). Físico norte-americano (primeiro Ph.D. em física pela *Columbia University*) e ganhador do prêmio Nobel (1923).

esta quantidade é representada por –1. Partindo-se da razão entre massa e carga de um elétron medida por Thompson e a carga do elétron medida por Millikan, determinou-se que a massa de um elétron era 8,96 × 10^{-28} g. Com base nesta comprovação da existência de elétrons carregados negativamente, deduziu-se que o átomo deveria conter também o mesmo número de partículas subatômicas carregadas positivamente, de modo a manter a sua neutralidade elétrica.

Em 1910, Ernest Rutherford[10], aluno de Sir Thompson, conduziu um experimento em que bombardeou uma lâmina muito fina de ouro com partículas α positivamente carregadas. Ele percebeu que muitas das partículas α atravessavam a lâmina de ouro sem serem defletidas, algumas eram levemente defletidas e umas poucas eram ou fortemente defletidas ou completamente impulsionadas de volta. Ele concluiu então que (1) o átomo deve ser constituído em sua maior parte de espaços vazios (logo, a maioria das partículas consegue atravessá-lo sem ser defletida) e (2) uma pequena região no centro do átomo, o núcleo, abriga suas próprias partículas positivas. Ele sugeriu, então, que as partículas α que foram fortemente defletidas ou impulsionadas de volta deveriam ter interagido estreitamente com o núcleo do átomo, carregado positivamente. As partículas carregadas positivamente no núcleo foram denominadas *prótons*. Determinou-se mais tarde que o próton contém a mesma quantidade de carga que um elétron, no entanto de sinal contrário, e que sua massa é de 1,672 × 10^{-24} g (1.840 vezes maior que a massa do elétron). Para um próton, essa quantidade de carga é representada por +1.

Finalmente, uma vez que os átomos são eletricamente neutros, eles devem possuir o mesmo número de elétrons e de prótons. Entretanto, átomos neutros possuem uma massa maior do que somente a massa dos prótons. Em 1932, James Chadwick[11] conseguiu o primeiro indício de um nêutron como uma partícula subatômica distinta. Estas ínfimas partes sem carga elétrica e com massa de 1,674 × 10^{-24} g (ligeiramente maior do que aquela de um próton) foram chamadas de *nêutrons*. A massa, a carga e a unidade de carga dos elétrons, prótons e nêutrons são apresentadas na Tabela 2.1.

Segundo um modelo atômico, o raio atômico típico era de 100 picômetros (1 picômetro = 1 × 10^{-12} m) com um núcleo muito menor, de 5 × 10^{-3} picômetros. Se um átomo fosse expandido até o tamanho de um estádio de futebol, o seu núcleo teria então o tamanho de uma bolinha de gude. Acreditava-se que os elétrons encontravam-se dispersos a uma certa distância do núcleo, o que recebeu o nome de *nuvem de carga*. Esse modelo atômico e as dimensões correspondentes são apresentados esquematicamente na Figura 2.2.

Ao se estudar a interação entre os átomos (semelhantes ou diferentes), a configuração dos elétrons de cada átomo é de extrema importância. Os elétrons (principalmente aqueles com a mais alta energia) determinam a extensão da reatividade ou a tendência de um átomo em formar ligações com um outro.

Tabela 2.1
Massa, carga e unidade de carga de prótons, nêutrons e elétrons.

Partículas	Massa (g)	Carga	
		Coulomb (C)	Unidade de carga
Elétron	9,10939 x 10^{-28}	–1,06022 x 10^{-19}	–1
Próton	1,67262 x 10^{-24}	+1,06022 x 10^{-19}	+1
Nêutron	1,67493 x 10^{-24}	0	0

2.2 NÚMEROS ATÔMICOS, NÚMEROS DE MASSA E MASSAS ATÔMICAS

2.2.1 Números atômicos e números de massa

No início do século XX, descobriu-se que cada átomo tem um número específico de prótons em seu núcleo, o qual é denominado **número atômico (Z)**. Todo elemento possui seu próprio número atômico, responsável por caracterizá-lo. Por exemplo, qualquer átomo com seis prótons é por definição um átomo de carbono. Em um átomo neutro, o número atômico ou o número de prótons é também igual ao número de elétrons em sua nuvem de carga.

---

[10]Ernest Rutherford (1871-1937). Físico neozelandês e ganhador do prêmio Nobel (1908).
[11]James Chadwick (1891-1974). Físico inglês e ganhador do prêmio Nobel (1935).

A massa de um átomo, *massa atômica*, é expressa em **unidades de massa atômica** (μ). Um μ é definido como exatamente 1/12 da massa de um átomo de carbono com seis prótons e seis nêutrons. Isto significa que a massa de um nêutron ou um próton é muita próxima de 1 μ. Logo, um átomo do próprio carbono-12 possui uma massa atômica igual a 12 μ.

O **número de massa (A)** é a soma dos prótons e dos nêutrons no núcleo de um átomo. Exceto pelo hidrogênio, que não possui nêutrons em sua forma mais comum, todos os núcleos contêm tanto prótons quanto nêutrons. Por exemplo, o átomo de carbono tem um número de massa igual a 12 (6 prótons + 6 nêutrons). A maneira correta de se expressar o número de massa (A) e o número atômico (Z) de um átomo, tomando-se como exemplo o átomo de carbono, é

$$^{A}_{Z}C \text{ ou } ^{12}_{6}C$$

O número Z chega a ser redundante, pois, por definição, sabe-se o número de prótons da identificação do átomo de modo que a expressão ^{12}C (ou carbono-12) é considerada suficiente. Como ilustração, seja a determinação do número de nêutrons do iodo-131 (^{131}I). Pode-se observar na tabela periódica que o iodo (I) é o 53º elemento (53 prótons) de modo que o seu número de nêutrons pode ser facilmente calculado em 78 (131 − 53). Nem todos os átomos do mesmo elemento têm necessariamente o mesmo número de nêutrons, embora todos tenham o mesmo número de prótons. Essas variações (mesmo número atômico, mas diferentes números de massa) são designadas **isótopos**. Como exemplo, o átomo de hidrogênio possui três isótopos: $^{1}_{1}H$ (hidrogênio), $^{2}_{1}H$ (deutério) e $^{3}_{1}H$ (trítio).

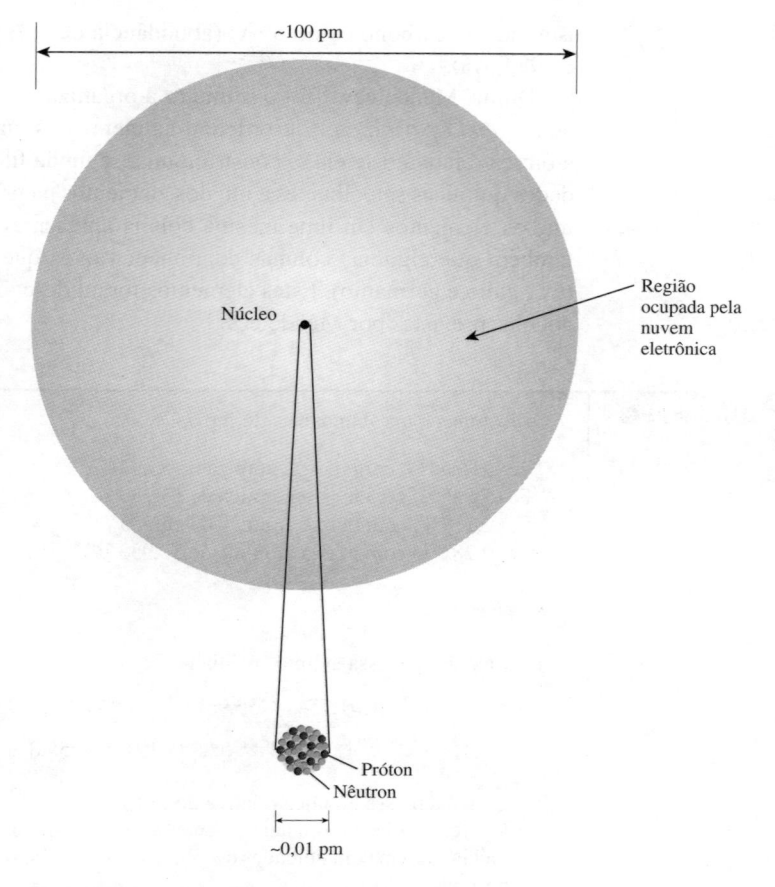

Figura 2.2
O tamanho relativo de um átomo e do seu núcleo composto de prótons e nêutrons. Notar que, contrariamente ao desenho, a fronteira do átomo não é bem definida.

Com base na discussão anterior, sabe-se que uma μ propicia uma medida relativa da massa de um átomo com relação ao átomo de carbono. Sendo assim, como é possível determinar a massa de um átomo em gramas? A esse respeito, determinou-se, experimentalmente, que o número de átomos em 12 gramas de ^{12}C é $6,02 \times 10^{23}$ (chamado *número de Avogadro*, em homenagem ao cientista italiano[12]). A fim de se ter uma ideia da magnitude deste número, seja a divisão de $6,02 \times 10^{23}$ centavos de dólar igualmente entre todos os habitantes do planeta (um número que ultrapassa os seis bilhões de pessoas); cada pessoa receberia mais de um trilhão de dólares! Um **mol** ou **grama-mol** (mol) de qualquer elemento é então definido como a quantidade da substância que contém $6,02 \times 10^{23}$ átomos. O número de Avogadro corresponde ao número de átomos necessários para se criar uma quantidade de massa em gramas numericamente igual à massa atômica em μ da substância em questão. Por exemplo, um átomo de ^{12}C possui massa atômica igual a 12 μ, enquanto um mol de ^{12}C corresponde a 12 gramas e contém $6,02 \times 10^{23}$ átomos; essa massa é denominada *massa atômica relativa*, *massa molar* ou *peso atômico*. É importante notar que a massa atômica relativa de qualquer elemento apresentada na maioria dos livros didáticos (incluindo-se este) representa a *massa atômica relativa média* daquele elemento para todos os isótopos existentes naturalmente ponderados pela sua abundância isotópica. Por exemplo, a massa atômica relativa do carbono é considerada 12,01 gramas ao invés de 12. Isso se deve à existência de alguns

[12] Amedeo Avogadro (1776-1856). Cientista italiano e professor de física na Universidade de Turim.

isótopos de carbono como o ^{13}C (abundância de 1,07%), que é mais pesado do que o ^{12}C (abundância de 98,93%).

Dmitri Mendeleev[13] foi o primeiro a organizar os elementos em uma tabela que se transformou na atual *tabela periódica*. Ele ordenou os elementos em uma fileira horizontal de acordo com a massa atômica relativa. Ele então construiu uma segunda fileira ao descobrir que um elemento tinha propriedades químicas semelhantes a um dos elementos na primeira fileira. Ao completar a tabela, ele percebeu que os elementos em uma mesma coluna apresentavam características químicas semelhantes. Notou também que algumas colunas continham vazios que ele atribuiu a elementos ainda não descobertos (ex., gálio e germânio). Estes elementos foram descobertos mais tarde e tinham propriedades próximas àquelas previstas por Mendeleev.

EXEMPLO 2.1

Os isótopos mais abundantes do ferro, Fe, são:

^{56}Fe (91,754%) com massa atômica de 55,934 μ
^{54}Fe (5,845%) com massa atômica de 53,939 μ
^{57}Fe (2,119%) com massa atômica de 56,935 μ
^{58}Fe (0,282%) com massa atômica de 57,933 μ

▪ Solução

a. Calcular a massa atômica média do Fe.

$$[(91,754 \times 55,934) + (5,845 \times 53,939) + (56,935 \times 2,119)$$
$$+ (0,282 \times 57,933)]/100 = 55,8 \; \mu \text{ (massa de um átomo de Fe em } \mu)$$

b. Qual é a massa atômica relativa do ferro?
Conforme discutido anteriormente, a massa atômica relativa será numericamente igual à massa atômica média, porém com unidades de gramas, ou seja, 55,849 g. Comparar este valor com aquele listado na tabela periódica, na Figura 2.3.

c. Quantos átomos existem em 55,849 g de Fe?

$$6,02 \times 10^{23} \text{ átomos}$$

d. Quantos átomos existem em 1 g de Fe?

$$1 \text{ g Fe} \times (1 \text{ mol Fe}/55,849 \text{ g Fe}) \times (6,02 \times 10^{23} \text{ átomos Fe}/1 \text{ mol Fe})$$
$$= 1,078 \times 10^{22} \text{ átomos de Fe}$$

e. Qual é a massa em gramas de um átomo de Fe?

$$55,849 \text{ g}/6,02 \times 10^{23} \text{ átomos} = 9,277 \times 10^{-23} \text{ g/átomo}$$

f. Com base na resposta à questão (e), qual é a massa em gramas de um μ?
A massa atômica média do Fe calculada na questão (a) é 55,846 μ. Na questão (e), a massa correspondente em gramas foi calculada em $9,277 \times 10^{-23}$ g. A massa em gramas de um μ é, portanto, $9,277 \times 10^{-23}$ g/$55,846 = 1,661 \times 10^{-24}$ g.

EXEMPLO 2.2

Um composto intermetálico tem a fórmula química Ni$_x$Al$_y$, onde x e y são números inteiros simples; o composto consiste em peso de 42,04% de níquel e 57,96% de alumínio. Qual é a fórmula mais simples desse alumineto de níquel?

▶

---

[13]Dmitri I. Mendeleev (1834-1907). Químico e inventor russo.

▪ Solução

Primeiramente, deve-se determinar a fração molar do níquel e do alumínio neste composto. Tomando-se por base 100 g do composto, tem-se 42,04 g de Ni e 57,96 g de Al. Logo,

Números de mols de Ni = 42,04 g Ni × (1 mol Ni /58,71 g Ni) = 0,7160 mol
Número de mols de Al = 57,96 g Al × (1 mol Al /26,98 g Al) = 2,148 mol
Total = 2,864 mol

Portanto,

Fração molar de Ni = 0,1760 / 2,864 = 0,25
Fração molar de Al = 2,148 / 2,864 = 0,75

A fórmula mais simples, em termos de fração molar-grama, é então $Ni_{0,25}Al_{0,75}$. Com o intuito de expressar esta fórmula em números inteiros, multiplicam-se ambas as frações por quatro, o que resulta em $NiAl_3$.

Posteriormente, os cientistas observaram que, dispondo-se os elementos segundo o número atômico (Z) em ordem crescente, em vez da massa atômica relativa, um comportamento periódico se revelava. Este comportamento foi denominado **lei da periodicidade química**, que afirma que as propriedades dos elementos advêm do seu número atômico de uma maneira periódica. Uma nova tabela periódica baseada neste número (Z) foi desenvolvida por H. G. J. Moseley[14]. Uma versão atualizada desta tabela é apresentada na Figura 2.3. Deve-se observar que cada fileira horizontal de elementos é chamada de *período* (ex., primeiro período, segundo período, ..., sétimo período) e cada fileira vertical de elementos é chamada de *grupo* (ex., grupo 1A, 2A, ..., 8A). Os elementos de transição e de transição interna (metais pesados) também são apresentados. Cada elemento é apresentado pelo seu símbolo químico e, acima deste, pelo seu número atômico. Abaixo do símbolo, a massa atômica, em μ, ou a massa molar relativa, em gramas, também é apresentada (lembrar que elas são dadas pelo mesmo número). Como ilustração, com base na informação da tabela periódica, o alumínio possui 13 prótons (Z = 13); um mol de alumínio tem massa de 26,98 g (ou 26,98 g/mol) e contêm 6,02 × 10^{23} átomos. Até o momento, foram descobertos e nomeados 109 elementos, do hidrogênio com número atômico 1 ao meitnério com número atômico 109 (seis outros elementos foram descobertos, mas ainda não receberam nomes).

2.3 ESTRUTURA ELETRÔNICA DOS ÁTOMOS

2.3.1 Teoria quântica de Planck e radiação eletromagnética

No início dos anos 1900, Max Planck[15], um cientista alemão, descobriu que os átomos e as moléculas emitem energia somente em certas quantidades discretas, denominadas **quanta**. Até então, os cientistas acreditavam que a energia, em qualquer quantidade (contínua), podia ser emitida de um átomo. A *teoria quântica* de Max Planck mudou os rumos da ciência. A fim de entender essa descoberta, deve-se partir primeiro da natureza das ondas.

Há muitos tipos diferentes de onda, como, por exemplo, ondas na água, ondas sonoras e ondas de luz. Em 1873, James Clerk Maxwell[16] sugeriu que a luz visível é, na verdade, radiação eletromagnética. Na **radiação eletromagnética**, energia é liberada e transmitida sob a forma de ondas eletromagnéticas, que se propagam à velocidade da luz, c, igual a 3,00 × 10^8 m/s (186.000 milhas/h) no vácuo.

---
[14]Henry G. J. Moseley (1887-1915). Físico inglês.
[15]Max Karl Ernst Ludwig Planck (1858-1947). Físico alemão e ganhador do prêmio Nobel (1918). Três dos seus orientados de doutorado também receberam o prêmio Nobel.
[16]James Clerk Maxwell (1831-1879). Matemático e físico escocês.

Tabela Periódica dos Elementos

ELEMENTOS DO GRUPO PRINCIPAL

- Metais (grupo principal)
- Metais (transição)
- Metais (transição interna)
- Metaloides
- Não metais

ELEMENTOS DO GRUPO PRINCIPAL

Período	IA (1)	IIA (2)	IIIB (3)	IVB (4)	VB (5)	VIB (6)	VIIB (7)	VIIIB (8)	VIIIB (9)	VIIIB (10)	IB (11)	IIB (12)	IIIA (13)	IVA (14)	VA (15)	VIA (16)	VIIA (17)	VIIIA (18)
1	1 H 1,008																	2 He 4,003
2	3 Li 6,941	4 Be 9,012											5 B 10,81	6 C 12,01	7 N 14,01	8 O 16,00	9 F 19,00	10 Ne 20,18
3	11 Na 22,99	12 Mg 24,31											13 Al 26,98	14 Si 28,09	15 P 30,97	16 S 32,07	17 Cl 35,45	18 Ar 39,95
4	19 K 39,10	20 Ca 40,08	21 Sc 44,96	22 Ti 47,88	23 V 50,94	24 Cr 52,00	25 Mn 54,94	26 Fe 55,85	27 Co 58,93	28 Ni 58,69	29 Cu 63,55	30 Zn 65,39	31 Ga 69,72	32 Ge 72,61	33 As 74,92	34 Se 78,96	35 Br 79,90	36 Kr 83,80
5	37 Rb 85,47	38 Sr 87,62	39 Y 88,91	40 Zr 91,22	41 Nb 92,91	42 Mo 95,94	43 Tc (98)	44 Ru 101,1	45 Rh 102,9	46 Pd 106,4	47 Ag 107,9	48 Cd 112,4	49 In 114,8	50 Sn 118,7	51 Sb 121,8	52 Te 127,6	53 I 126,9	54 Xe 131,3
6	55 Cs 132,9	56 Ba 137,3	57 La 138,9	72 Hf 178,5	73 Ta 180,9	74 W 183,9	75 Re 186,2	76 Os 190,2	77 Ir 192,2	78 Pt 195,1	79 Au 197,0	80 Hg 200,6	81 Tl 204,4	82 Pb 207,2	83 Bi 209,0	84 Po (209)	85 At (210)	86 Rn (222)
7	87 Fr (223)	88 Ra (226)	89 Ac (227)	104 Rf (261)	105 Db (262)	106 Sg (266)	107 Bh (262)	108 Hs (265)	109 Mt (266)	110 Uun (269)	111 Uuu (272)	112 Uub (277)	113	114 Uug (285)	115	116 Uuh (289)	117	118 Uuo

ELEMENTOS DE TRANSIÇÃO INTERNA

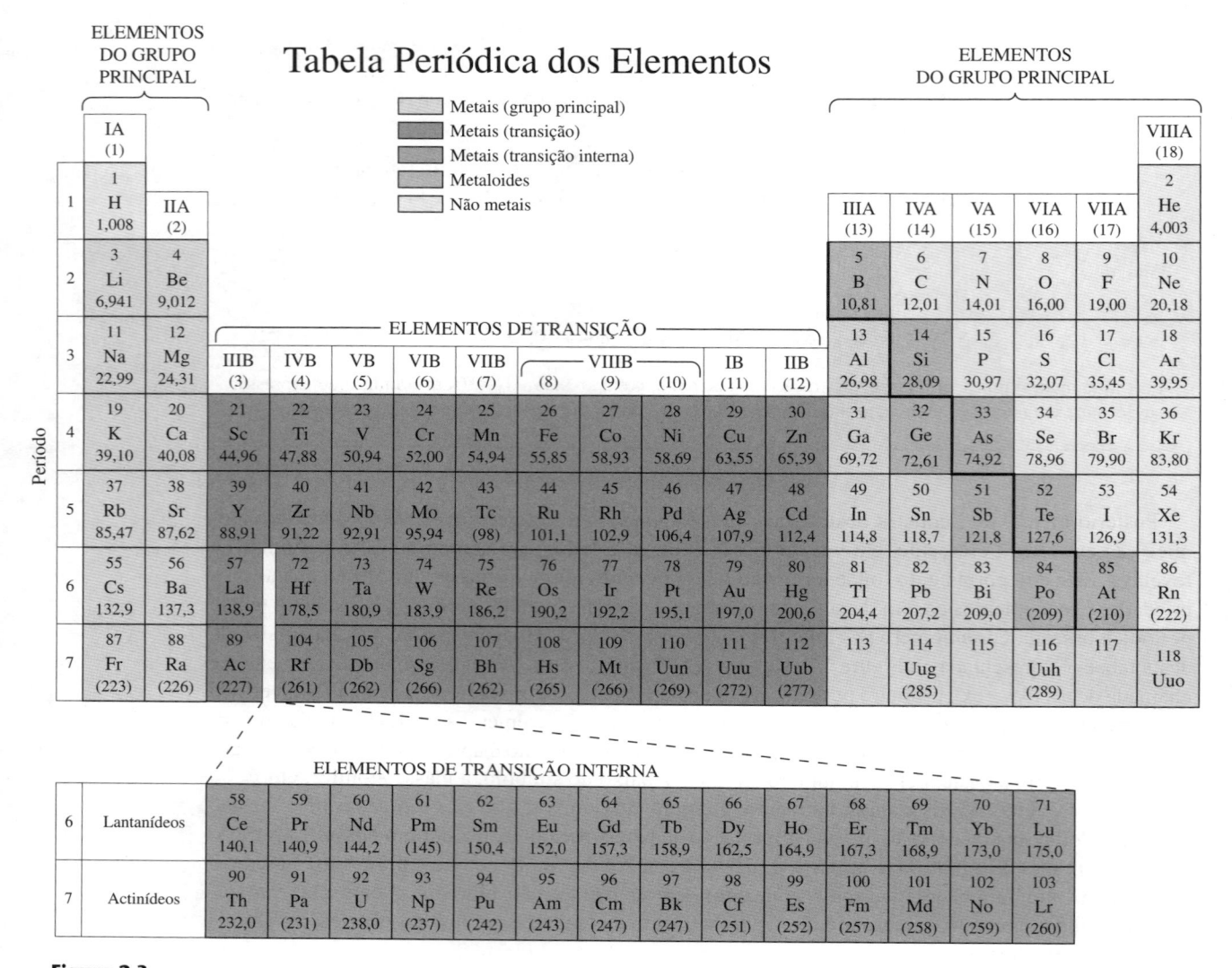

6 Lantanídeos	58 Ce 140,1	59 Pr 140,9	60 Nd 144,2	61 Pm (145)	62 Sm 150,4	63 Eu 152,0	64 Gd 157,3	65 Tb 158,9	66 Dy 162,5	67 Ho 164,9	68 Er 167,3	69 Tm 168,9	70 Yb 173,0	71 Lu 175,0
7 Actinídeos	90 Th 232,0	91 Pa (231)	92 U 238,0	93 Np (237)	94 Pu (242)	95 Am (243)	96 Cm (247)	97 Bk (247)	98 Cf (251)	99 Es (252)	100 Fm (257)	101 Md (258)	102 No (259)	103 Lr (260)

Figura 2.3
Tabela periódica atualizada mostrando os sete períodos, oito grupos principais de elementos, elementos de transição e elementos de transição interna. Observar que a maioria dos elementos é classificada como metais ou metaloides.

Como em qualquer outra forma de onda, as características importantes que definem ondas eletromagnéticas são o comprimento de onda (normalmente dado em nm ou 10^{-9} m), frequência (s^{-1} ou Hz) e velocidade (m/s). A velocidade da onda, c, se relaciona à sua frequência, v, e ao seu comprimento de onda, λ, por

$$v = \frac{c}{\lambda} \qquad (2.1)$$

Vários tipos de ondas eletromagnéticas, incluindo-se ondas de rádio, micro-ondas, infravermelho, visível, ultravioleta, raios X e raios gama são apresentados na Figura 2.4. Estas ondas diferem entre si pelos seus comprimentos de onda e frequências. Por exemplo, uma antena de rádio gera grandes comprimentos de onda (10^{12} nm ~ 1 km) e baixa frequência (10^6 Hz); um forno (do tipo micro-ondas) produz micro-ondas com comprimentos de cerca de 10^7 nm (muito menores do que aquelas das ondas de rádio) e frequências de 10^{11} Hz (muito maiores). À medida que o comprimento de onda diminui e a frequência aumenta, chega-se à faixa do infravermelho com comprimento de onda de 10^3 nm e frequência de 10^{14} Hz (as lâmpadas incandescentes operam

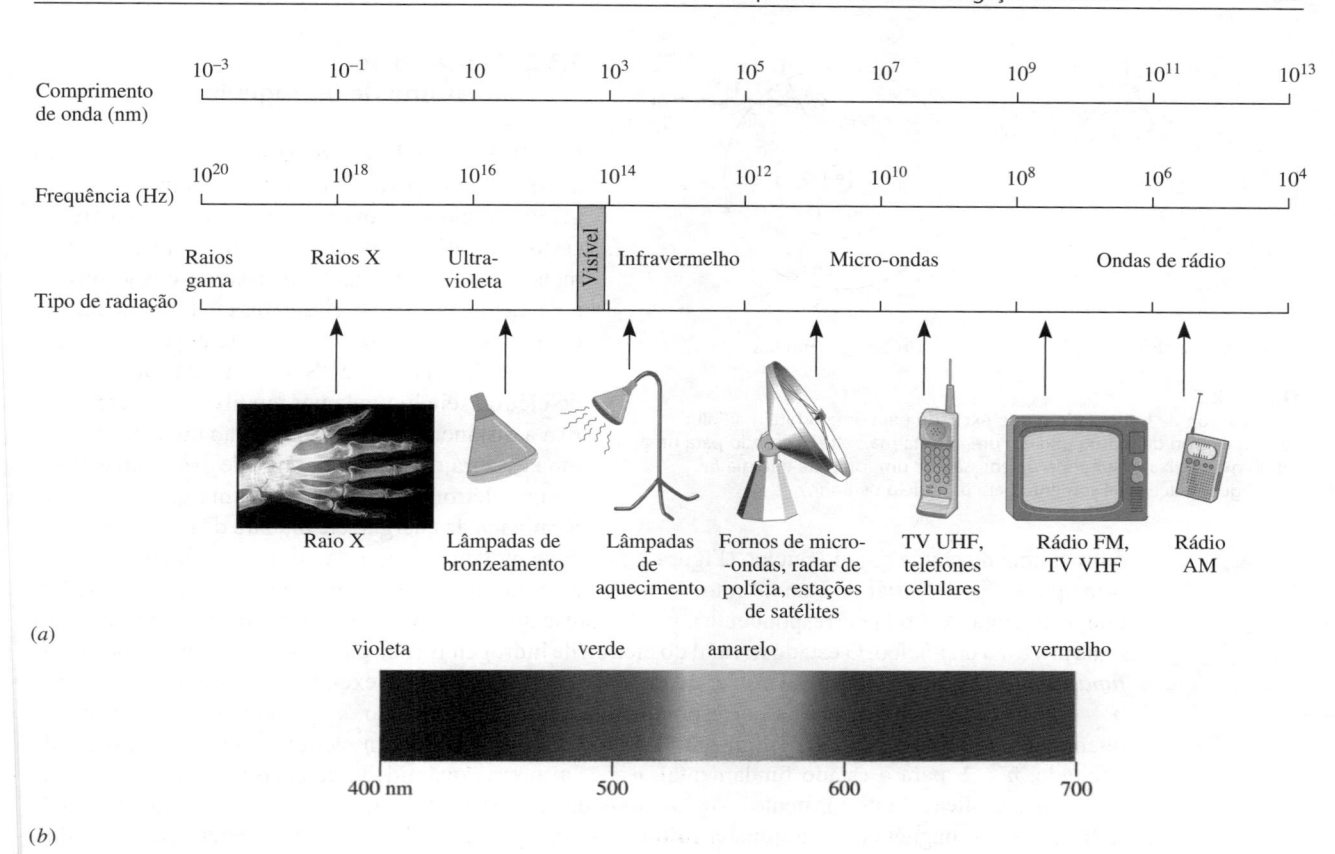

Figura 2.4
O espectro eletromagnético que se estende dos raios gama, com pequeno comprimento de onda e alta frequência, às ondas de rádio, com grandes comprimentos de onda e baixa frequência. (*a*) Espectro completo. (*b*) Espectro visível.

nesta faixa). Quando o comprimento de onda estiver na faixa de 700 nm (luz vermelha) a 400 nm (violeta), a radiação resultante torna-se visível (faixa do visível). Os raios ultravioleta (10 nm), os raios X (0,1 nm) e os raios gama (0,001 nm) recaem novamente na faixa do não visível.

Quando, por exemplo, um filamento de tungstênio é aquecido, seus átomos emitem energia sob a forma de radiação eletromagnética que vemos como luz visível branca. Planck sugeriu que os átomos que emitem esta radiação o fazem em quantidades discretas (*quanta*). A energia contida em um único quantum de energia é dada pela seguinte equação, na qual h é a constante de Planck igual a $6,63 \times 10^{-34}$ J.s (Joules.segundo) e ν é a frequência de radiação (Hz).

$$E = h\nu \qquad (2.2)$$

Mais precisamente, segundo Planck, energia é sempre emitida em múltiplos inteiros de $h\nu$ (1 $h\nu$, 2 $h\nu$, 3 $h\nu$, ...) e nunca em múltiplos não inteiros, por exemplo, 1,34 $h\nu$. A Equação 2.2 também implica que, à medida que a frequência da radiação aumenta, sua energia também aumenta. Desse modo, referindo-se ao espectro eletromagnético, os raios gama têm mais energia do que os raios X; os raios X, mais energia do que os raios ultravioleta, e assim por diante.

Inserindo a Equação 2.1 na Equação 2.2, a energia associada a uma dada forma de radiação pode ser calculada em termos do seu comprimento de onda:

$$E = \frac{hc}{\lambda} \qquad (2.3)$$

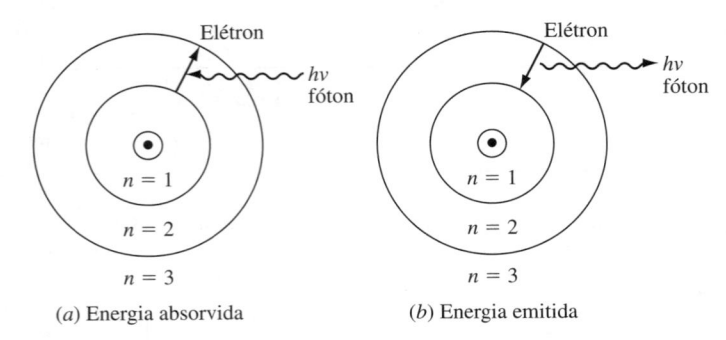

Figura 2.5
(a) O elétron de hidrogênio sendo excitado para uma órbita mais alta.
(b) Um elétron de hidrogênio em uma órbita mais alta descendo para uma órbita mais baixa, resultando na emissão de um fóton de energia $h\nu$.
(Esta figura é aceitável somente para o modelo de Bohr.)

2.3.2 Teoria de Bohr do átomo de hidrogênio

Em 1913, Neils Bohr[17] se baseou na teoria quântica de Max Planck para explicar como átomos de hidrogênio excitados absorvem e emitem luz somente em certos comprimentos de onda, um inexplicado fenômeno na época. Ele sugeriu que os elétrons se movem ao longo de trajetórias circulares em torno do núcleo com valores discretos de momento angular (produto da velocidade pelo raio). Sugeriu ainda que a energia do elétron seja limitada por um nível de energia que fixa a distância radial do elétron ao núcleo. Ele chamou essa trajetória circular fixa de *órbita* do elétron. Se um elétron perde ou ganha uma quantidade determinada de energia, ele mudará de uma órbita para outra a uma distância fixa do núcleo (Figura 2.5). Nesse modelo, o valor da órbita – o número quântico principal n – pode variar de 1 ao infinito. A energia do elétron e o raio de sua órbita aumentam à medida que n aumenta. A órbita correspondente a $n = 1$ representa o nível de energia mais baixo e, portanto, é a mais próxima do núcleo. O estado normal do elétron de hidrogênio se dá para $n = 1$ e é chamado de *estado fundamental*. Para um elétron se mover de uma órbita mais baixa, por exemplo, do estado fundamental $n = 1$, para uma órbita mais alta correspondente a um estado excitado, $n = 2$, ele deve absorver uma quantidade definida de energia (Figura 2.5). Inversamente, quando um elétron se move de um estado excitado, $n = 2$, para o estado fundamental, $n = 1$, a mesma quantidade de energia deve ser liberada. Conforme explicado anteriormente, este *quantum* de energia emitida ou liberada ocorre sob a forma de radiação eletromagnética, denominada **fóton**, com comprimento de onda e frequência determinados.

Bohr desenvolveu um modelo para a determinação da energia permitida ao elétron de hidrogênio em função do seu estado quântico, n (Figura 2.6). Somente níveis de energia calculados por esta equação são permitidos:

$$E = -2\pi^2 me^4/n^2 h^2 = \frac{-13,6}{n^2 \text{ eV}} \tag{2.4}$$

na qual m e e são a massa e a carga do elétron, respectivamente, e 1 eV = 1,60 × 10^{-19} J. O sinal negativo foi introduzido porque Bohr atribuiu o valor zero à energia de um elétron completamente isolado e sem energia cinética em n = infinito. Logo, a energia de qualquer elétron em uma órbita mais baixa seria negativa. Segundo a equação de Bohr, a energia de um elétron no estado fundamental, $n = 1$, é –13,6 eV. A fim de separar o elétron de seu núcleo, deve-se fornecer-lhe energia. A energia mínima requerida para se realizar esta tarefa é chamada de **energia de ionização**. À medida que n aumenta, a energia associada ao elétron em uma determinada órbita também aumenta (se torna menos negativa). Por exemplo, em $n = 2$, o nível correspondente de energia é 13,6/2^2 ou –3,4 eV.

Bohr explicou a quantidade de energia liberada ou absorvida pelo elétron quando muda de órbita em termos da diferença de energia do elétron entre as órbitas inicial e final ($\Delta E > 0$ quando energia é liberada e $\Delta E < 0$ quando energia é absorvida).

$$\Delta E = E_f - E_i = -13,6 \, (1/n_f^2 - 1/n_i^2) \tag{2.5}$$

onde f e i representam os estados final e inicial do elétron, respectivamente. Por exemplo, a energia associada à transição de $n = 2$ a $n = 1$ seria $\Delta E = E_2 - E_1 = -13,6 \, (1/2^2 - 1/1^2) = 13,6 \times 0,75 = 10,2$ eV. O elétron emite um fóton de 10,2 eV ao descer para $n = 1$ (energia é liberada). O comprimento de onda deste fóton é determinado por $\lambda = hc/E = (6,63 \times 10^{-34} \text{ J} \cdot \text{s}) (3,00 \times 10^8 \text{ m/s})/10,2 \text{ eV} (1,6 \times 10^{-19} \text{ J/eV}) = 1,2 \times 10^{-7}$ m ou 120 nm. Na Figura 2.4, este comprimento de onda corresponde à faixa do ultravioleta.

Várias transições possíveis do elétron de hidrogênio ou do espectro de emissão do hidrogênio são apresentadas na Figura 2.6. Nesta figura, cada linha horizontal representa um nível aceitável de ener-

---

[17] Neils Henrik Davis Bohr (1885-1962). Físico dinamarquês e ganhador do prêmio Nobel (1922).

gia, ou órbita, para o elétron de hidrogênio de acordo com o número quântico principal n. As emissões visíveis são todas descritas pela série de Balmer. A série de Lyman corresponde às emissões ultravioletas enquanto as séries de Paschen e de Brackett correspondem às emissões infravermelhas.

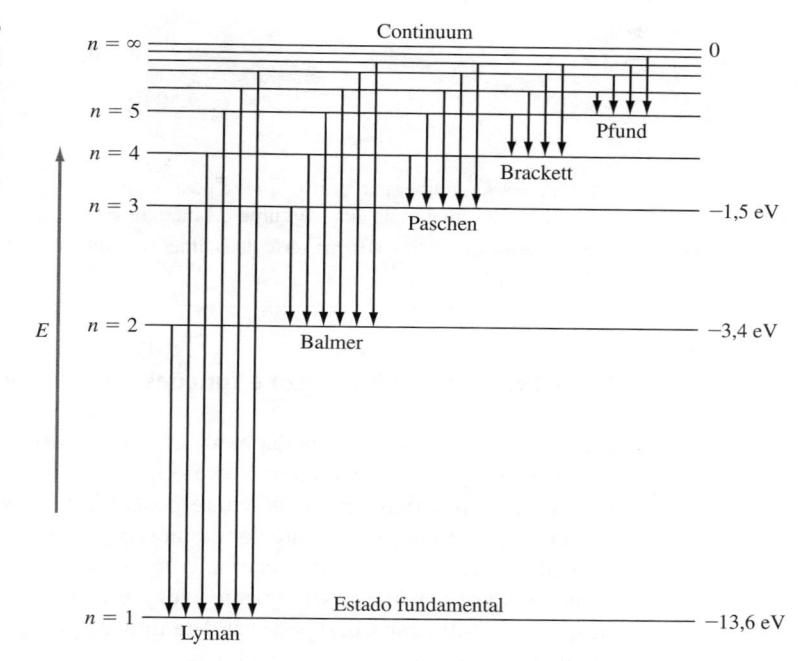

Figura 2.6
Diagrama de níveis de energia do espectro de linhas do hidrogênio.
(De F.M. Miller, Chemistry: Structure and Dynamics, McGraw-Hill, 1984, p. 141. Reproduzido com permissão de The McGraw-Hill Companies.)

EXEMPLO 2.3

Seja um átomo de hidrogênio com elétron no estado $n = 3$. O elétron sofre uma transição para o estado $n = 2$. Pede-se (a) calcular a energia do fóton correspondente, (b) sua frequência e (c) seu comprimento de onda. Pede-se ainda dizer (d) se a energia é absorvida ou emitida e (e) a qual série ela pertence, e qual tipo específico de emissão ela representa.

■ **Solução**

a. A energia do fóton emitido é

$$E = \frac{-13,6 \text{ eV}}{n^2}$$

$$\Delta E = E_3 - E_2 \qquad (2.3)$$

$$= \frac{-13,6}{3^2} - \frac{-13,6}{2^2} = 1,89 \text{ eV} \blacktriangleleft$$

$$= 1,89 \text{ eV} \times \frac{1,60 \times 10^{-19} \text{ J}}{\text{eV}} = 3,02 \times 10^{-19} \text{ J} \blacktriangleleft$$

b. A frequência do fóton é

$$\Delta E = h\nu$$

$$\nu = \frac{\Delta E}{h} = \frac{3,02 \times 10^{-19} \text{ J}}{6,63 \times 10^{-34} \text{ J} \cdot \text{s}}$$

$$= 4,55 \times 10^{14} \text{ s}^{-1} = 4,55 \times 10^{14} \text{ Hz} \blacktriangleleft$$

c. O comprimento de onda do fóton é

$$\Delta E = \frac{hc}{\lambda}$$

ou

$$\lambda = \frac{hc}{\Delta E} = \frac{(6,63 \times 10^{-34} \text{ J} \cdot \text{s})(3,00 \times 10^8 \text{ m/s})}{3,02 \times 10^{-19} \text{ J}}$$

▶

$$= 6{,}59 \times 10^{-7} \text{ m}$$
$$= 6{,}59 \times 10^{-7} \text{ m} \times \frac{1 \text{ nm}}{10^{-9} \text{ m}} = 659 \text{ nm} \blacktriangleleft$$

d. A energia é liberada, pois o sinal é positivo e, consequentemente, o elétron está efetuando uma transição de uma órbita mais alta para uma órbita mais baixa.

e. A emissão se enquadra na série de Balmer (Figura 2.6) e corresponde à luz visível vermelha (Figura 2.4).

2.3.3 Princípio da incerteza e funções de onda de Schrodinger

Embora o modelo de Bohr tenha explicado satisfatoriamente o comportamento de um átomo simples como o hidrogênio, o modelo não teve o mesmo êxito no caso de átomos mais complexos (multieletrons) e deixou muitas perguntas sem respostas. Duas novas descobertas ajudaram os cientistas a explicar o verdadeiro comportamento dos átomos. A primeira foi a hipótese elaborada por Louis de Broglie[18], segundo a qual partículas de matéria, como os elétrons, poderiam ser tratadas tanto como partículas quanto ondas (de maneira semelhante à luz). Ele propôs que o comprimento de onda de um elétron (ou de qualquer outra partícula) pode ser determinado pelo produto de sua massa e pela sua velocidade (seu momento) conforme descrito pela Equação 2.6.

$$\lambda = \frac{h}{mv} \tag{2.6}$$

Mais tarde, Werner Heisenberg[19] propôs o **princípio da incerteza** ao afirmar que é impossível determinar simultaneamente a posição e o momento exatos de um corpo, por exemplo, um elétron. O princípio da incerteza é expresso matematicamente pela Equação 2.7, na qual h é a constante de Planck, Δx é a incerteza na posição e Δu é a incerteza na velocidade.

$$\Delta x \cdot m\Delta u \geq \frac{h}{4\pi} \tag{2.7}$$

EXEMPLO 2.4

Se, de acordo com Broglie, todas as partículas possuem propriedades características tanto de ondas como de partículas, comparar o comprimento de onda de um elétron se movendo a 16,67% da velocidade da luz com o comprimento de onda de uma bola de *beisebol* com uma massa de 0,142 kg e com velocidade de 96,00 milhas por hora (42,91 m/s). Qual é a sua conclusão?

■ **Solução**

De acordo com a Equação 2.6, são necessárias a massa e a velocidade da partícula para se determinar o seu comprimento de onda. Assim sendo,

$$\lambda_{\text{elétron}} = \frac{h}{mv} = \frac{6{,}62 \times 10^{-34} \text{ kg} \cdot \text{m}^2/\text{s}}{(9{,}11 \times 10^{-31} \text{ kg})(0{,}1667 \times 3{,}0 \times 10^8 \text{ m/s})}$$
$$= 1{,}5 \times 10^{-10} \text{ m} = 0{,}15 \text{ nm}$$
(observar que o diâmetro do átomo é cerca de 0,1 nm)

$$\lambda_{\text{beisebol}} = \frac{6{,}62 \times 10^{-34} \text{ kg} \cdot \text{m}^2/\text{s}}{(0{,}142 \text{ kg})(42{,}91 \text{ m/s})} = 1{,}08 \times 10^{-34} \text{ m}$$
$$= 1{,}08 \times 10^{-25} \text{ nm}$$

---

[18]Louis Victor Pierre Raymond de Broglie (1892-1987). Físico francês e ganhador do prêmio Nobel (1929).
[19]Werner Karl Heisenberg (1901-1976). Físico alemão e ganhador do prêmio Nobel (1932).

> O comprimento de onda da bola de beisebol é 10^{24} vezes menor do que aquele do elétron (pequeno demais para ser observado). Em geral, partículas com tamanhos usuais têm comprimentos de onda imensuravelmente pequenos e não se podem determinar suas propriedades ondulatórias.

EXEMPLO 2.5

No exemplo anterior, se a incerteza associada à medida da velocidade da bola de beisebol for (a) 1% e (b) 2%, quais são as incertezas correspondentes na posição da bola de beisebol? Qual é a sua conclusão?

▪ Solução

De acordo com a Equação 2.7, o valor de incerteza na medida da velocidade é $(0{,}01 \times 42{,}91 \text{ m/s}) = 0{,}43$ para a parte (a) e $(0{,}02 \times 42{,}91) = 0{,}86$ m/s para a parte (b).

a. Reescrevendo a Equação 2.7, obtém-se:

$$\Delta x \geq \frac{h}{4\pi m \Delta u} \geq \frac{6{,}62 \times 10^{-34} \text{ kg} \cdot \text{m}^2/\text{s}}{4\pi (0{,}142 \text{ kg})(0{,}43 \text{ m/s})} \geq 8{,}62 \times 10^{-34} \text{ m}$$

b. Reescrevendo a Equação 2.7, obtém-se:

$$\Delta x \geq \frac{h}{4\pi m \Delta u} \geq \frac{6{,}62 \times 10^{-34} \text{ kg} \cdot \text{m}^2/\text{s}}{4\pi (0{,}142 \text{ kg})(0{,}86)} \geq 4{,}31 \times 10^{-34} \text{ m}$$

À medida que a incerteza na medida da velocidade aumenta, a incerteza na medida da posição diminui.

O raciocínio de Heisenberg se baseou no fato de que qualquer tentativa de medida alteraria a velocidade e a posição do elétron. Heisenberg também rejeitou o conceito de Bohr de uma "órbita" de raio fixo para o elétron; ele afirmou que o melhor que se pode fazer é trabalhar com a probabilidade de se encontrar um elétron com uma dada energia em uma determinada região do espaço.

Chegou-se ao entendimento quase completo quando Erwin Schrodinger[20] usou a *equação da onda* para explicar o comportamento dos elétrons. A solução da equação da onda foi dada em termos da função de onda, ψ (psi). O quadrado da função de onda, ψ^2, representa a probabilidade de se encontrar um elétron com um dado nível de energia em uma dada região do espaço. Essa probabilidade é denominada **densidade eletrônica** e pode ser expressa graficamente por uma matriz de pontos (chamada *nuvem eletrônica*), na qual cada ponto expressa a posição possível para um elétron com um dado nível de energia. Por exemplo, a distribuição de densidade eletrônica na Figura 2.7a se refere ao átomo de hidrogênio no estado fundamental. Embora o formato geral seja esférico (conforme sugerido por Bohr), o que este modelo deixa claro é que o elétron pode se situar em qualquer posição ao redor do núcleo. Mais ainda, a probabilidade máxima de se encontrar um elétron no estado fundamental ocorre em uma região muito próxima ao núcleo (onde a densidade de pontos é máxima). Ao se distanciar do núcleo, a probabilidade de se encontrar um elétron diminui.

Ao se resolver a equação da onda, diferentes funções e, portanto, diferentes gráficos de densidade eletrônica, serão obtidos. Essas funções de onda são chamadas de **orbitais**. É importante distinguir imediatamente o termo "orbital" aqui citado do termo "órbita" empregado por Bohr. Esses termos representam dois conceitos distintos e não devem ser usados indistintamente. Um orbital tem distribuição, bem como nível de energia, característico de densidade eletrônica.

Outra maneira de representar probabilisticamente a posição de um elétron com um dado nível de energia é pelo traçado da fronteira no interior da qual se tem 90% de chances de se encontrar esse elétron. No estado fundamental, há 90% de probabilidade de se encontrar um elétron no interior de uma esfera de raio igual a 100 pm. A esfera na Figura 2.7b é uma alternativa ao diagrama de densidade ele-

---

[20]Erwin Rudolf Josef Schrodinger (1887-1961). Físico austríaco e ganhador do prêmio Nobel (1933).

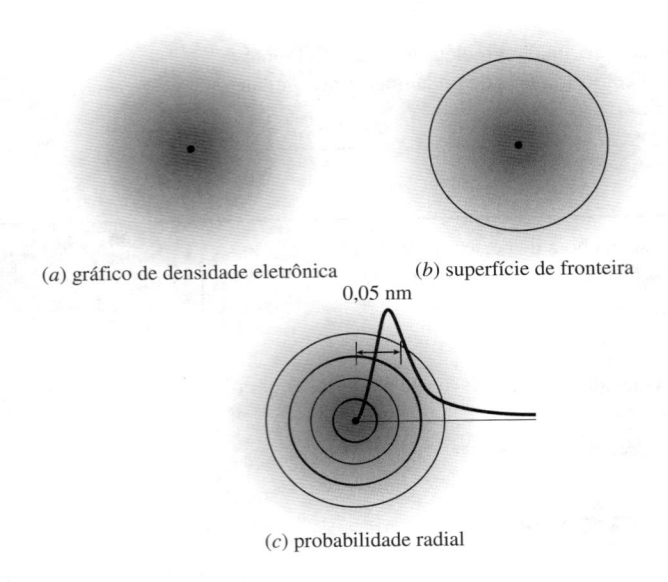

Figura 2.7
(*a*) Gráfico de densidade eletrônica para o elétron de hidrogênio no estado fundamental, (*b*) diagrama de superfície de fronteira correspondente a 90% da nuvem eletrônica e (*c*) superfícies esféricas sucessivas e distribuição radial de probabilidade (linha mais escura).

trônica e é chamada de representação da **superfície de fronteira**. Deve-se enfatizar que a superfície de fronteira correspondente a 100% de probabilidade para o mesmo elétron teria dimensões infinitas. Conforme discutido anteriormente, a probabilidade máxima de se encontrar um elétron na Figura 2.7*a* é na região bem próxima ao núcleo; entretanto, se a esfera for dividida em segmentos concêntricos uniformemente espaçados, conforme a Figura 2.7*c*, a *probabilidade total* (gráfico de densidade eletrônica) de se encontrar um elétron será máxima não no núcleo, mas a uma pequena distância deste. Probabilidade total, também chamada *probabilidade radial*, refere-se à probabilidade de um elétron se encontrar em uma camada esférica com relação ao volume desta camada. Próximo ao núcleo, por exemplo, na primeira camada, a probabilidade é alta, mas o volume é pequeno; na segunda camada, a probabilidade de se encontrar um elétron é menor do que na primeira, porém o volume da segunda é muito maior (o aumento no volume é maior do que a diminuição na probabilidade) e, por conseguinte, a probabilidade total de se observar um elétron é maior na segunda camada. Esta segunda camada se localiza próxima ao núcleo a uma distância de 0,05 nm ou 50 pm como apresentado na Figura 2.7*c*. Este efeito diminui à medida que a distância do núcleo aumenta, porque os níveis de probabilidade caem muito mais rapidamente do que aumenta o volume das camadas.

Os diagramas de superfície de fronteira para elétrons com níveis de energia mais altos se tornam mais complexos e não são necessariamente esféricos. Essa questão será discutida mais detalhadamente nas seções a seguir.

2.3.4 Números quânticos, níveis de energia e orbitais atômicos

A mecânica quântica moderna proposta por Schrodinger e outros requer um conjunto de quatro números inteiros, chamados *números quânticos*, para a identificação da energia e da forma da fronteira do espaço, (nuvem eletrônica), e a rotação de qualquer elétron no átomo. Essa descrição não se limita ao átomo de hidrogênio. Os primeiros números quânticos são n, ℓ, m_ℓ e m_s.

O número quântico principal, n: principais níveis ou camadas de energia O **número quântico principal**, n, é o mais importante para a identificação do nível de energia de um elétron. Ele assume somente valores inteiros iguais à unidade ou maiores, isto é, $n = 1, 2, 3, \ldots$. Cada um dos principais níveis de energia é também chamado de *camada* e representa um conjunto de subcamadas e orbitais com o mesmo número principal n. À medida que n aumenta, também aumenta a energia do elétron em questão, que está menos firmemente preso ao núcleo (mais fácil de ser ionizado). Finalmente, à medida que n aumenta, também aumenta a probabilidade de se encontrar um elétron distante do núcleo.

O número quântico de momento angular ou azimutal, ℓ: subcamadas No interior de cada camada principal, n, existem subcamadas. Quando $n = 1$ há apenas um tipo de subcamada possível, semelhante àquela apresentada na Figura 2.7. Entretanto, quando $n = 2$, duas subcamadas diferentes são possíveis; três subcamadas diferentes são possíveis quando $n = 3$; e assim por diante. As subcamadas são representadas pelo **número quântico orbital**, ℓ, também chamado de número quântico de momento angular ou azimutal. A forma da nuvem eletrônica da fronteira do espaço orbital é determinada por este número. O número quântico ℓ pode ser representado por um inteiro variando de zero a $n - 1$, ou ainda por letras.

Designação numérica $\ell = 0, 1, 2, 3, \ldots, n - 1$

Designação alfabética $\ell = s, p, d, f, \ldots$

Logo, para $n = 1$, $\ell = $ s; para $n = 2$, $\ell = $ s ou p; para $n = 3$, $\ell = $ s, p ou d; e assim sucessivamente. Assim sendo, a denominação 3s corresponde a um nível de energia principal, n, igual a 3 e uma subcamada, ℓ, s.

A subcamada s ($\ell = 0$), independentemente de n, é sempre esférica (Figura 2.8a). Todavia, à medida que n aumenta, o tamanho da esfera amplia, o que significa que os elétrons podem se encontrar mais distantes do núcleo.

As subcamadas p ($\ell = 1$) não são esféricas. Na verdade, elas têm formato de halteres com dois lóbulos de densidade eletrônica de cada lado do núcleo (Figura 2.8b). No interior de uma dada subcamada, há três orbitais p que diferem entre si pela sua orientação no espaço. Estes três orbitais são mutuamente perpendiculares. As subcamadas d possuem forma bem mais complexa, conforme a Figura 2.8c, e desempenham um papel importante na química dos íons dos metais de transição.

O número quântico magnético, m_ℓ: os orbitais e suas orientações   O **número quântico magnético**, m_ℓ, representa a orientação dos orbitais dentro de cada subcamada. O número quântico, m_ℓ, assumirá valores na faixa de $+\ell$ a $-\ell$. Por exemplo, quando $\ell = 0$ ou s, o valor correspondente de m_ℓ é zero; quando $\ell = 1$ ou p, os valores correspondentes de m_ℓ são -1, 0, e $+1$; quando $\ell = 2$ ou d, os valores correspondentes de m_ℓ são -2, -1, 0, $+1$, e $+2$; e assim por diante. Portanto, para cada subcamada ℓ, existem $2\ell + 1$ orbitais no seu interior. Em termos de s, p, d, e f, há um máximo de um orbital s, três orbitais p, cinco orbitais d e sete orbitais f em cada nível de subenergia. O número total de orbitais em uma camada principal (incluindo todas as subcamadas possíveis) pode ser expresso por n^2; por exemplo, há um orbital para $n = 1$, quatro para $n = 2$ e nove para $n = 3$. Os orbitais com a mesma subcamada têm o mesmo nível de energia. Os diagramas de superfície de fronteira dos orbitais s, p, e d são apresentados na Figura 2.8. É importante observar que o tamanho das superfícies de fronteira aumenta à medida que n aumenta, indicando uma probabilidade maior de se encontrar um elétron com aquele nível de energia mais distante do núcleo do átomo.

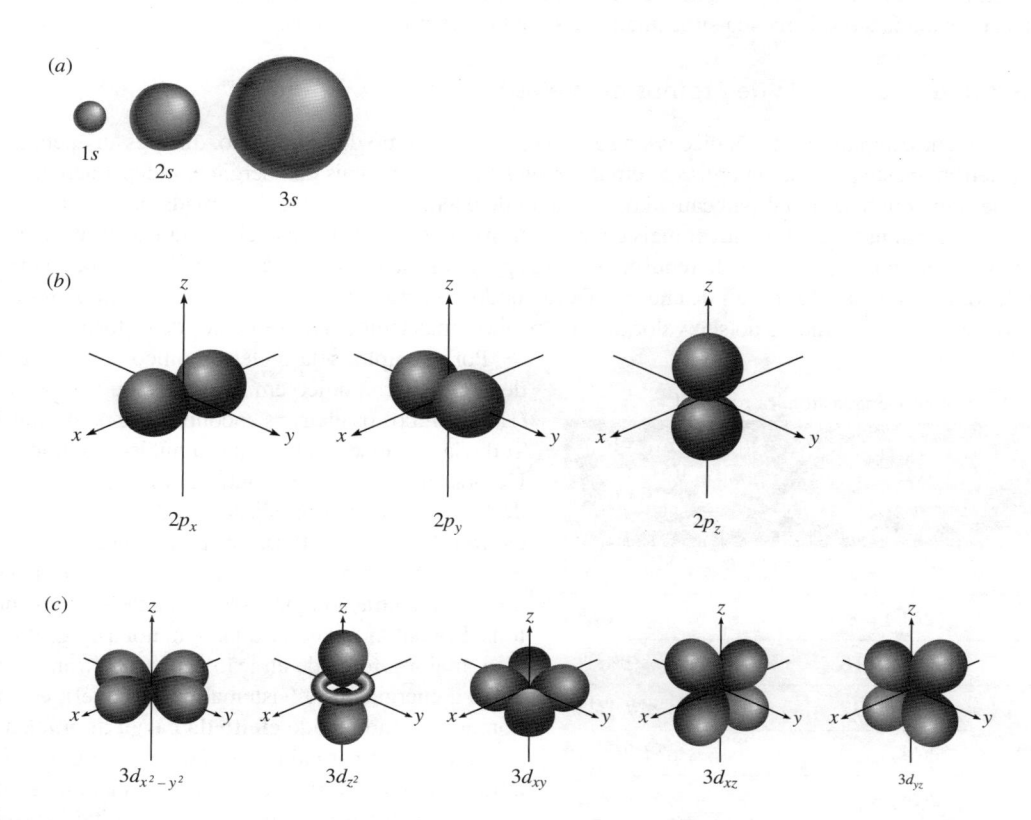

Figura 2.8
Diagrama esquemático dos orbitais (a) s, (b) p, e (c) d.

Tabela 2.2
Valores permitidos para os números quânticos dos elétrons.

n	Número quântico principal	$n = 1,2,3,4,\ldots$	Todos inteiros positivos
ℓ	Número quântico azimutal	$\ell = 0,1,2,3,\ldots, n-1$	n valores permitidos de ℓ
m_ℓ	Número quântico magnético	Valores inteiros de $-\ell$ a $+\ell$, incluindo zero	$2\ell + 1$
m_s	Número quântico de spin	$+\frac{1}{2}, -\frac{1}{2}$	2

O número quântico de spin, m_s: spin do elétron No átomo de hélio (Z = 2), ambos os elétrons ocupam a primeira camada principal ($n = 1$), a mesma subcamada ($\ell = 0$ ou s) e possuem o mesmo número quântico magnético ($m_\ell = 0$). Possuem estes dois elétrons números quânticos idênticos? A fim de descrever completamente qualquer elétron em um átomo, além de n, ℓ, m_ℓ, devemos identificar também o seu **número quântico de spin**, m_s. O número quântico de spin pode assumir o valor $+\frac{1}{2}$ ou $-\frac{1}{2}$. O elétron pode ter somente duas direções de spin, não sendo permitida nenhuma outra posição. Além disso, pelo **princípio da exclusão de Pauli**, no máximo dois elétrons podem ocupar o mesmo orbital do átomo e estes devem ter spins opostos. Em outras palavras, dois elétrons não podem ter jamais o mesmo conjunto de números quânticos. Por exemplo, no átomo de He, o que difere um elétron de outro, do ponto de vista da mecânica quântica, é o número quântico de spin: $m_s = \frac{1}{2}$ para um e $m_s = -\frac{1}{2}$ para o outro. Um resumo dos valores permitidos para os números quânticos é apresentado na Tabela 2.2.

Uma vez que somente dois elétrons podem ocupar um mesmo orbital e que cada nível de energia principal ou superfície n permite n^2 orbitais, uma regra geral pode ser enunciada segundo o seguinte preceito: cada nível principal de energia pode acomodar um número máximo de $2n^2$ elétrons (Tabela 2.3). Por exemplo, o nível de energia principal $n = 2$ pode acomodar um máximo de $2(2)^2 = 8$ elétrons, dois na sua subcamada s e seis na sua subcamada p, a qual contém três orbitais.

2.3.5 Estado de energia de átomos multieletrônicos

Até o momento, a maior parte da discussão se concentrou no átomo de hidrogênio, que possui apenas um único elétron; e este pode ser energizado em diferentes níveis principais de energia e, independentemente do número quântico azimutal (subcamada), seu nível de energia será aquele da camada principal na qual ele existe. Entretanto, quando houver mais de um elétron, os efeitos da atração eletrostática entre o elétron e o núcleo, bem como os efeitos de repulsão entre os próprios elétrons, levarão a estados de energia mais complexos ou à divisão dos níveis de energia. Deste modo, a energia de um orbital em um átomo multieletrônico depende não somente do seu valor de n (tamanho), mas também do seu valor de ℓ (forma).

Tabela 2.3
Número máximo de elétrons em cada camada atômica principal.

Número da camada, n (número quântico principal)	Número máximo de elétrons em cada camada ($2n^2$)	Número máximo de elétrons nos orbitais
1	$2(1^2) = 2$	s^2
2	$2(2^2) = 8$	s^2p^6
3	$2(3^2) = 18$	$s^2p^6d^{10}$
4	$2(4^2) = 32$	$s^2p^6d^{10}f^{14}$
5	$2(5^2) = 50$	$s^2p^6d^{10}f^{14}\ldots$
6	$2(6^2) = 72$	$s^2p^6\ldots$
7	$2(7^2) = 98$	$s^2\ldots$

Por exemplo, seja o elétron único em um átomo de H e o elétron único em um átomo de He ionizado (He$^+$). Ambos os elétrons encontram-se no orbital 1s. Todavia, deve-se lembrar que o núcleo do átomo de He possui dois prótons contra um próton no núcleo de H. As energias orbitais são -1.311 kJ/mol para o elétron do H e -5.250 kJ/mol para o elétron do He$^+$. É mais difícil remover o elétron do He$^+$ porque este possui uma atração maior ao seu núcleo de dois prótons. Em outras palavras, quanto maior a carga do núcleo, maior a força de atração sobre o elétron e mais baixa a energia deste (sistema mais estável); este fenômeno é denominado **efeito da carga do núcleo**.

Agora, comparando o átomo de He e o íon He$^+$, ambos possuem a mesma carga no núcleo, mas diferem no número de elétrons. A energia orbital 1s do elétron de He é -2.372 kJ/mol, enquanto aquela do He$^+$

é –5.250 kJ/mol. É bem mais fácil remover um dos dois elétrons do átomo de He do que remover o elétron único do He$^+$. Isso se dá principalmente porque os dois elétrons no átomo de He se repelem mutuamente, o que se opõe à força de atração do núcleo. É quase como se os elétrons se protegessem um ao outro da força total do núcleo; este fenômeno é denominado **efeito de blindagem**.

Em seguida, façamos uma comparação entre o átomo de Li (Z = 3) no seu estado fundamental e o primeiro estado excitado do íon Li^{2+}. Deve-se observar que ambos têm uma carga no núcleo de +3; o Li tem dois elétrons 1s e um elétron 2s, enquanto o Li^{2+} possui um elétron excitado para o seu nível 2s (primeiro estado excitado). A energia orbital do elétron 2s do Li é –520 kJ/mol, enquanto aquela do Li^{2+} é –2.954 kJ/mol. É mais fácil remover o elétron 2s, do átomo de Li porque o par de elétrons 1s na camada mais interna protege o elétron 2s do núcleo (na maior parte do tempo). O elétron 2s do Li^{2+} não conta com a proteção do par de elétrons 1s e é, portanto, mais fortemente atraído pelo núcleo. Vê-se, então, que os elétrons mais internos protegem os elétrons mais externos e o fazem de maneira mais eficaz do que os elétrons no mesmo subnível (comparar os níveis de energia do orbital com aqueles no parágrafo precedente).

Finalmente, vamos analisar uma comparação entre o átomo de Li no seu estado fundamental e o átomo de Li excitado até o seu primeiro nível. O átomo de Li no estado fundamental tem o seu elétron mais externo no orbital 2s, enquanto o átomo excitado de Li tem o seu elétron mais externo no orbital 2p. A energia orbital do elétron 2s é –520 kJ/mol, ao passo que aquela do elétron 2p é –341 kJ/mol. Logo, o orbital 2p possui um estado mais elevado de energia do que o orbital 2s. Isso ocorre porque o elétron 2s passa um tempo relativamente maior penetrando em direção ao núcleo (muito mais do que o elétron 2p), sofrendo assim uma atração maior por ele, o que o coloca em um estado de menos energia e mais estável. É possível generalizar ainda mais se afirmando que para átomos multieletrônicos, em uma dada camada principal, n, quanto mais baixo o valor de ℓ, mais baixa a energia da subcamada (isto é, s < p < d < f).

O raciocínio acima mostrou que, devido a vários efeitos eletrostáticos, os principais níveis de energia, n, se subdividem em vários níveis de subenergia, ℓ, conforme apresentado na Figura 2.9. Essa figura mostra a ordem dos vários níveis principais e de subenergia existentes uns em relação aos outros. Por exemplo, os elétrons no interior da subcamada 3p têm energia mais alta do que aqueles da subcamada 3s e, por outro lado, energia mais baixa do que aqueles na subcamada 3d. Observar nessa figura que a subcamada 4s possui energia mais alta do que a subcamada 3d.

2.3.6 Modelo quantum-mecânico e tabela periódica

Na tabela periódica, os elementos são classificados de acordo com a sua configuração eletrônica no estado fundamental. Consequentemente, os átomos de um dado elemento (por exemplo, Li, com três elétrons) contêm um elétron a mais do que o elemento que o precede (He, com dois elétrons). Estes elétrons se encontram nas camadas de energia principais, subcamadas e orbitais. Mas como saber a ordem específica de preenchimento dos orbitais pelos elétrons? Os elétrons começarão por preencher os primeiros níveis de energia principal disponíveis. O número máximo de elétrons em cada nível de energia principal consta na Tabela 2.3. Em seguida, dentro de cada nível de energia principal, eles preencherão primeiramente as subcamadas de energia mais baixa, ou seja, s seguida por p, d e, finalmente, f. Os níveis de subenergia s, p, d e f permitem um máximo de 2, 6, 10 e 14 elétrons, respectivamente. Cada nível da subcamada tem seu próprio nível de energia e a ordem em que cada nível de subenergia é preenchido consta na Figura 2.9.

Há duas formas diferentes de se expressar a *ocupação do orbital*: (1) configuração eletrônica e (2) diagrama de blocos do orbital.

A notação pela configuração eletrônica é composta pelo valor da camada principal, n, seguida da designação alfabética da subcamada, ℓ, e, finalmente, o número de elétrons naquele subnível em forma de expoente. Como ilustração, a configuração eletrônica do oxigênio, O, com oito elétrons, é $1s^2 2s^2 2p^4$. No caso do oxigênio, após se preencher o orbital 1s com dois elétrons, restam ainda seis elétrons. Pela Figura 2.9, dois dos seis elétrons preencherão o orbital 2s ($2s^2$) e os quatro restantes ocuparão o orbital p ($2p^4$). O próximo elemento, flúor, F, possui um elétron adicional de modo que sua configuração

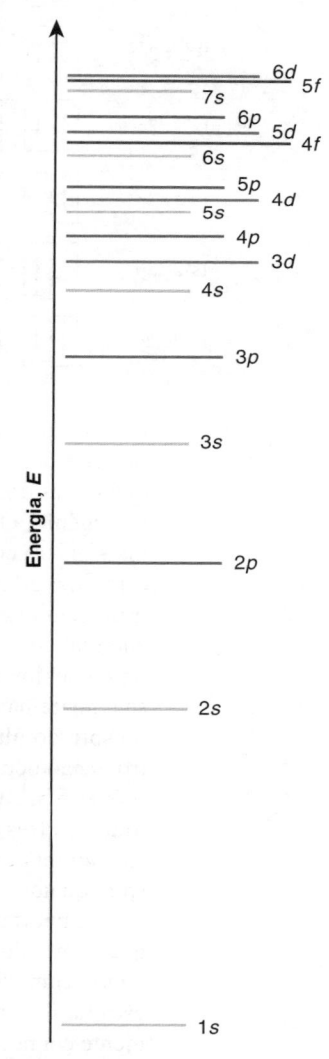

Figura 2.9
Os níveis de energia para todos os níveis de subenergia até $n = 7$. Os orbitais se enquadrarão em ordem idêntica.

Tabela 2.4
Valores permitidos para os números quânticos e os elétrons.

Configuração eletrônica		Diagrama de orbitais
		1s 2s 2p
H	$1s^1$	↑
He	$1s^2$	↑↓
Li	$1s^2 2s$	↑↓ ↑
Be	$1s^2 2s^1$	↑↓ ↑↓
B	$1s^2 2s^2 2p^1$	↑↓ ↑↓ ↑
C	$1s^2 2s^2 2p^2$	↑↓ ↑↓ ↑ ↑
N	$1s^2 2s^2 2p^3$	↑↓ ↑↓ ↑ ↑ ↑
O	$1s^2 2s^2 2p^4$	↑↓ ↑↓ ↑↓ ↑ ↑
F	$1s^2 2s^2 2p^5$	↑↓ ↑↓ ↑↓ ↑↓ ↑
Ne	$1s^2 2s^2 2p^6$	↑↓ ↑↓ ↑↓ ↑↓ ↑↓

é $1s^2 2s^2 2p^5$ enquanto o elemento imediatamente precedente, nitrogênio, N, possui um elétron a menos e sua configuração é $1s^2 2s^2 2p^3$. Para maior clareza, a estrutura eletrônica dos dez primeiros elementos na tabela periódica é apresentada na Tabela 2.4.

Seja agora o elemento escândio (Sc), com 21 elétrons. Os primeiros cinco níveis de energia em ordem crescente são (Figura 2.9) $1s^2$, $2s^2$, $2p^6$, $3s^2$, $3p^6$. Isso equivale a 18 elétrons. Restam ainda três elétrons para se completar a estrutura eletrônica do Sc. Cronologicamente, pode-se presumir que os próximos três elétrons preencheriam o orbital 3d, completando, assim, a configuração com $3d^3$. Entretanto, pela Figura 2.9, o próximo orbital a ser preenchido é 4s e não 3d. Isso ocorre porque o nível de energia 4s é mais baixo do que o nível 3d (devido a efeitos de penetração em direção ao núcleo e efeitos de blindagem) e, conforme discutido anteriormente, os níveis de energia mais baixos são sempre ocupados primeiro. Por conseguinte, os dois elétrons seguintes (19º e 20º) preencherão os orbitais 4s e o último elétron (21º) ocupará o orbital 3d. A configuração final para o Sc, pela ordem de preenchimento dos orbitais, é $1s^2 2s^2 2p^6 3s^2 3p^6 4s^2 3d^1$; porém, é também aceitável denotar a configuração segundo o nível principal de energia $1s^2 2s^2 2p^6 3s^2 3p^6 3d^1 4s^2$. Observar que os elétrons mais internos, $1s^2 2s^2 2p^6 3s^2 3p^6$, representam a estrutura eletrônica do gás nobre argônio. Consequentemente, a configuração eletrônica do Sc pode também ser representada por $[Ar]4s^2 3d^1$.

A ocupação orbital pode também ser denotada por meio do diagrama de orbitais. A vantagem deste diagrama é: contrariamente à notação pela configuração eletrônica, esta também mostra os pares eletrônicos de spins (spins contrários) em um orbital. Os diagramas dos orbitais para os dez primeiros elementos na tabela periódica constam na Tabela 2.4. Para o oxigênio, O, com sete elétrons, os primeiros dois elétrons ocuparão o orbital 1s (orbital de energia mais baixa) com spins emparelhados, seguidos pelos próximos dois elétrons que ocuparão o orbital 2s (próximo orbital de energia mais baixa) com spins emparelhados da mesma forma. Todavia, os três elétrons seguintes preencherão os três orbitais p aleatoriamente (todos os orbitais p têm o mesmo nível de energia) com o mesmo spin. Embora o preenchimento do orbital p seja aleatório, por questões didáticas o preenchimento foi apresentado como se ocorresse da esquerda para a direita. O último elétron então se emparelhará com o spin de um dos três elétrons no orbital p aleatoriamente (observar que a direção do spin do último elétron é oposta àquela dos três elétrons no orbital p). Em outras palavras, os elétrons não ocuparão os três orbitais p aos pares. Para o elemento F, com um elétron a mais do que o O, o próximo orbital p será emparelhado e, finalmente, para o Ne, com dois elétrons a mais do que o O, todos os três orbitais p serão emparelhados. Esse também é o caso para os cinco orbitais d na terceira camada principal: após cada um dos cinco orbitais d ter sido preenchido com um elétron de mesmo spin, qualquer eventual elétron remanescente emparelhará os orbitais d um a um e com spin contrário.

É importante notar que existem algumas irregularidades na ocupação dos orbitais dos elementos e que nem todos seguem exatamente as regras enunciadas acima. Por exemplo, seria de se esperar que o cobre, com 29 elétrons (oito a mais do que o Sc) teria a estrutura eletrônica $[Ar]3d^9 4s^2$, entretanto, sua estrutura eletrônica é na realidade $[Ar]3d^{10} 4s^1$. As razões para essas irregularidades não são completamente conhecidas, mas uma explicação possível é que o nível de energia correspondente aos orbitais 3d e 4s é extremamente próximo, como o caso do cobre em questão. O crômio, Cr, com estrutura eletrônica $[Ar]3d^5 4s^1$ é outro elemento que não segue as regras enunciadas. A configuração eletrônica parcial, no estado fundamental, de todos os elementos na tabela periódica é dada na Figura 2.10, podendo-se observar ali algumas destas irregularidades.

> **EXEMPLO 2.6**
>
> Mostrar a estrutura eletrônica do átomo de titânio (Ti) usando o diagrama de orbitais.
>
> ■ **Solução**
>
> O Ti possui 22 elétrons. Portanto, os elétrons mais internos terão a estrutura eletrônica do gás nobre argônio, **$1s^2 2s^2 2p^6 3s^2 3p^6$**, o que responde por 18 dos 22 elétrons. Restam ainda quatro elétrons para posicionamento. Após o preenchimento do orbital 3p, pela Figura 2.9, o próximo orbital a ser preenchido não é o 3d e, sim, o 4s. Conforme explicado anteriormente, isso ocorre porque o nível de energia do orbital 4s é menor do que aquele do orbital 3d. Os dois elétrons seguintes (19º e 20º) ocuparão $4s^1$ e $4s^2$. Finalmente, os dois últimos elétrons (21º e 22º) preencherão então os espaços disponíveis no orbital d conforme apresenta a figura a seguir, resultando em $[Ar]4s^2 3d^2$.

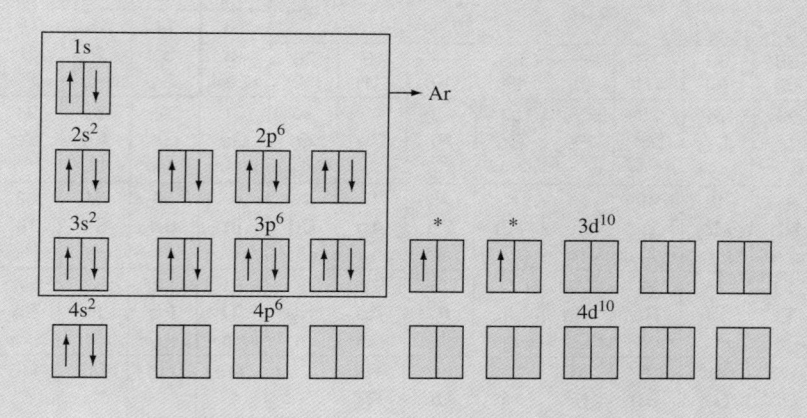

2.4 VARIAÇÕES PERIÓDICAS NO TAMANHO ATÔMICO, NA ENERGIA DE IONIZAÇÃO E NA AFINIDADE ELETRÔNICA

2.4.1 Tendências no tamanho atômico

Nas seções anteriores, viu-se que alguns elétrons podem ocasionalmente se situar distantes do núcleo, o que torna difícil estabelecer com exatidão um formato específico dos átomos. A fim de solucionar esse problema, o átomo é representado como uma esfera de raio definido no interior da qual os elétrons passam 90% do seu tempo. Na prática, porém, o tamanho atômico é determinado como sendo a metade da distância entre os núcleos de dois átomos adjacentes em uma amostra sólida do elemento. Tal distância é chamada de **raio metálico**, e esta definição se aplica aos elementos metálicos na tabela periódica. Para outros elementos que normalmente formam moléculas covalentes (tais como Cl, O, N etc.), define-se o tamanho atômico como a metade da distância entre os núcleos de dois átomos idênticos no interior da molécula, ao que se denomina **raio covalente**. Logo, o tamanho de um átomo dependerá de seus vizinhos imediatamente próximos e varia ligeiramente de substância a substância.

O tamanho atômico é diretamente influenciado pela configuração eletrônica; varia, portanto, em função do período e do grupo. Em geral, há duas forças que se contrapõem: à medida que o número quântico principal, n, aumenta (movendo-se de um período a outro na tabela), os elétrons ocupam posições progressivamente mais distantes do núcleo e os átomos tornam-se maiores. Assim, ao se mover de cima para baixo em um grupo, o tamanho do átomo, em geral, aumenta. Por outro lado, à medida que a carga do núcleo aumenta, ao se mover na horizontal ao longo de um período, na tabela periódica, ou seja, mais prótons, os elétrons são atraídos mais fortemente pelos núcleos, o que tende a diminuir o tamanho do átomo. O tamanho do átomo é, portanto, ditado pelo efeito líquido destas duas forças. Isso é importante porque o tamanho atômico influencia outras propriedades atômicas e do material. A tendência geral se verifica de maneira bastante coerente para os elementos dos grupos principais, 1A a 8A, com algumas exceções. Ao passo que tal tendência é bem menos definida para os elementos de transição (Figura 2.11).

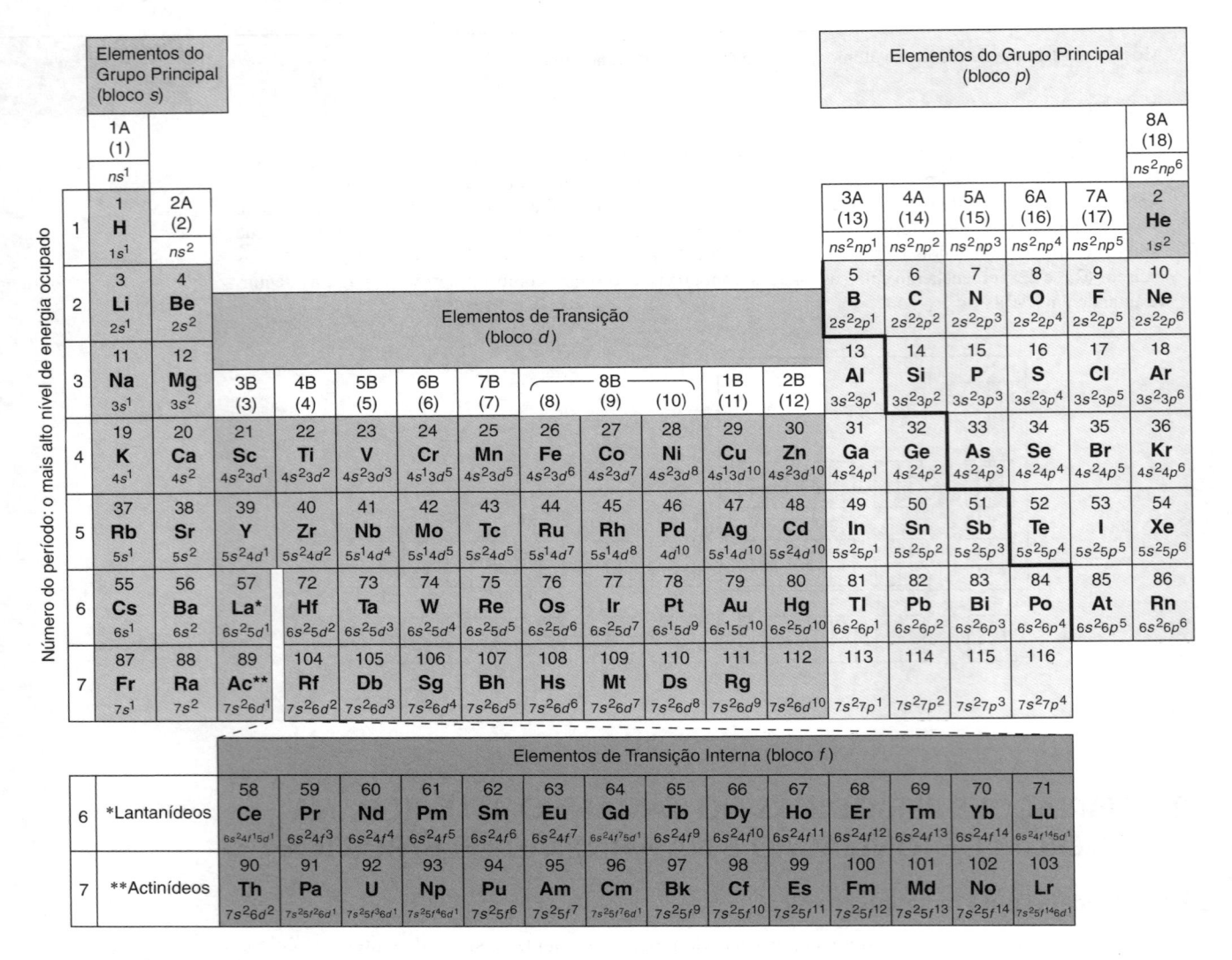

Figura 2.10
Configuração eletrônica parcial, no estado fundamental, de todos os elementos na tabela periódica.

Elementos do Grupo Principal (bloco s) — Elementos de Transição (bloco d) — Elementos do Grupo Principal (bloco p)

Número do período: o mais alto nível de energia ocupado

Período	1A (1) ns^1	2A (2) ns^2	3B (3)	4B (4)	5B (5)	6B (6)	7B (7)	8B (8)	8B (9)	8B (10)	1B (11)	2B (12)	3A (13) ns^2np^1	4A (14) ns^2np^2	5A (15) ns^2np^3	6A (16) ns^2np^4	7A (17) ns^2np^5	8A (18) ns^2np^6
1	1 H $1s^1$																	2 He $1s^2$
2	3 Li $2s^1$	4 Be $2s^2$											5 B $2s^22p^1$	6 C $2s^22p^2$	7 N $2s^22p^3$	8 O $2s^22p^4$	9 F $2s^22p^5$	10 Ne $2s^22p^6$
3	11 Na $3s^1$	12 Mg $3s^2$											13 Al $3s^23p^1$	14 Si $3s^23p^2$	15 P $3s^23p^3$	16 S $3s^23p^4$	17 Cl $3s^23p^5$	18 Ar $3s^23p^6$
4	19 K $4s^1$	20 Ca $4s^2$	21 Sc $4s^23d^1$	22 Ti $4s^23d^2$	23 V $4s^23d^3$	24 Cr $4s^13d^5$	25 Mn $4s^23d^5$	26 Fe $4s^23d^6$	27 Co $4s^23d^7$	28 Ni $4s^23d^8$	29 Cu $4s^13d^{10}$	30 Zn $4s^23d^{10}$	31 Ga $4s^24p^1$	32 Ge $4s^24p^2$	33 As $4s^24p^3$	34 Se $4s^24p^4$	35 Br $4s^24p^5$	36 Kr $4s^24p^6$
5	37 Rb $5s^1$	38 Sr $5s^2$	39 Y $5s^24d^1$	40 Zr $5s^24d^2$	41 Nb $5s^14d^4$	42 Mo $5s^14d^5$	43 Tc $5s^24d^5$	44 Ru $5s^14d^7$	45 Rh $5s^14d^8$	46 Pd $4d^{10}$	47 Ag $5s^14d^{10}$	48 Cd $5s^24d^{10}$	49 In $5s^25p^1$	50 Sn $5s^25p^2$	51 Sb $5s^25p^3$	52 Te $5s^25p^4$	53 I $5s^25p^5$	54 Xe $5s^25p^6$
6	55 Cs $6s^1$	56 Ba $6s^2$	57 La* $6s^25d^1$	72 Hf $6s^25d^2$	73 Ta $6s^25d^3$	74 W $6s^25d^4$	75 Re $6s^25d^5$	76 Os $6s^25d^6$	77 Ir $6s^25d^7$	78 Pt $6s^15d^9$	79 Au $6s^15d^{10}$	80 Hg $6s^25d^{10}$	81 Tl $6s^26p^1$	82 Pb $6s^26p^2$	83 Bi $6s^26p^3$	84 Po $6s^26p^4$	85 At $6s^26p^5$	86 Rn $6s^26p^6$
7	87 Fr $7s^1$	88 Ra $7s^2$	89 Ac** $7s^26d^1$	104 Rf $7s^26d^2$	105 Db $7s^26d^3$	106 Sg $7s^26d^4$	107 Bh $7s^26d^5$	108 Hs $7s^26d^6$	109 Mt $7s^26d^7$	110 Ds $7s^26d^8$	111 Rg $7s^26d^9$	112 $7s^26d^{10}$	113 $7s^27p^1$	114 $7s^27p^2$	115 $7s^27p^3$	116 $7s^27p^4$		

Elementos de Transição Interna (bloco f)

	58	59	60	61	62	63	64	65	66	67	68	69	70	71
6 *Lantanídeos	Ce $6s^24f^15d^1$	Pr $6s^24f^3$	Nd $6s^24f^4$	Pm $6s^24f^5$	Sm $6s^24f^6$	Eu $6s^24f^7$	Gd $6s^24f^75d^1$	Tb $6s^24f^9$	Dy $6s^24f^{10}$	Ho $6s^24f^{11}$	Er $6s^24f^{12}$	Tm $6s^24f^{13}$	Yb $6s^24f^{14}$	Lu $6s^24f^{14}5d^1$

	90	91	92	93	94	95	96	97	98	99	100	101	102	103
7 **Actinídeos	Th $7s^26d^2$	Pa $7s^25f^26d^1$	U $7s^25f^36d^1$	Np $7s^25f^46d^1$	Pu $7s^25f^6$	Am $7s^25f^7$	Cm $7s^25f^76d^1$	Bk $7s^25f^9$	Cf $7s^25f^{10}$	Es $7s^25f^{11}$	Fm $7s^25f^{12}$	Md $7s^25f^{13}$	No $7s^25f^{14}$	Lr $7s^25f^{14}6d^1$

2.4.2 Tendências na energia de ionização

A energia necessária para se remover um elétron de seu respectivo átomo é chamada de *energia de ionização* (EI). A energia de ionização é sempre positiva porque, para se retirar um elétron de um átomo, deve-se fornecer energia ao sistema. Átomos com muitos elétrons podem perder mais de um elétron; todavia, é a energia requerida para a remoção do elétron mais externo, a **primeira energia de ionização** (EI1), que desempenha o papel central na reatividade química do átomo em questão.

As tendências na energia de ionização dos átomos exibem uma relação aproximadamente inversa ao tamanho atômico (Figura 2.12). Comparando-se as Figuras 2.11 e 2.12, diferentemente do tamanho atômico, ao se mover para a direita em um período, a energia de ionização aumenta e, ao se mover para baixo em um grupo, a energia de ionização diminui. Em outras palavras, à medida que o tamanho atômico diminui mais energia é necessária para se remover um elétron do seu respectivo átomo. A diminuição do tamanho atômico ao longo de um período leva a um aumento da atração entre o núcleo e os elétrons; por esta razão, torna-se mais difícil remover estes elétrons e a energia de ionização aumenta. Pode-se assim generalizar, afirmando-se que os elementos dos grupos 1A e 2A são altamente susceptíveis à ionização. Inversamente, à medida que o tamanho atômico aumenta, ao se mover para baixo em um grupo, a distância entre o núcleo e

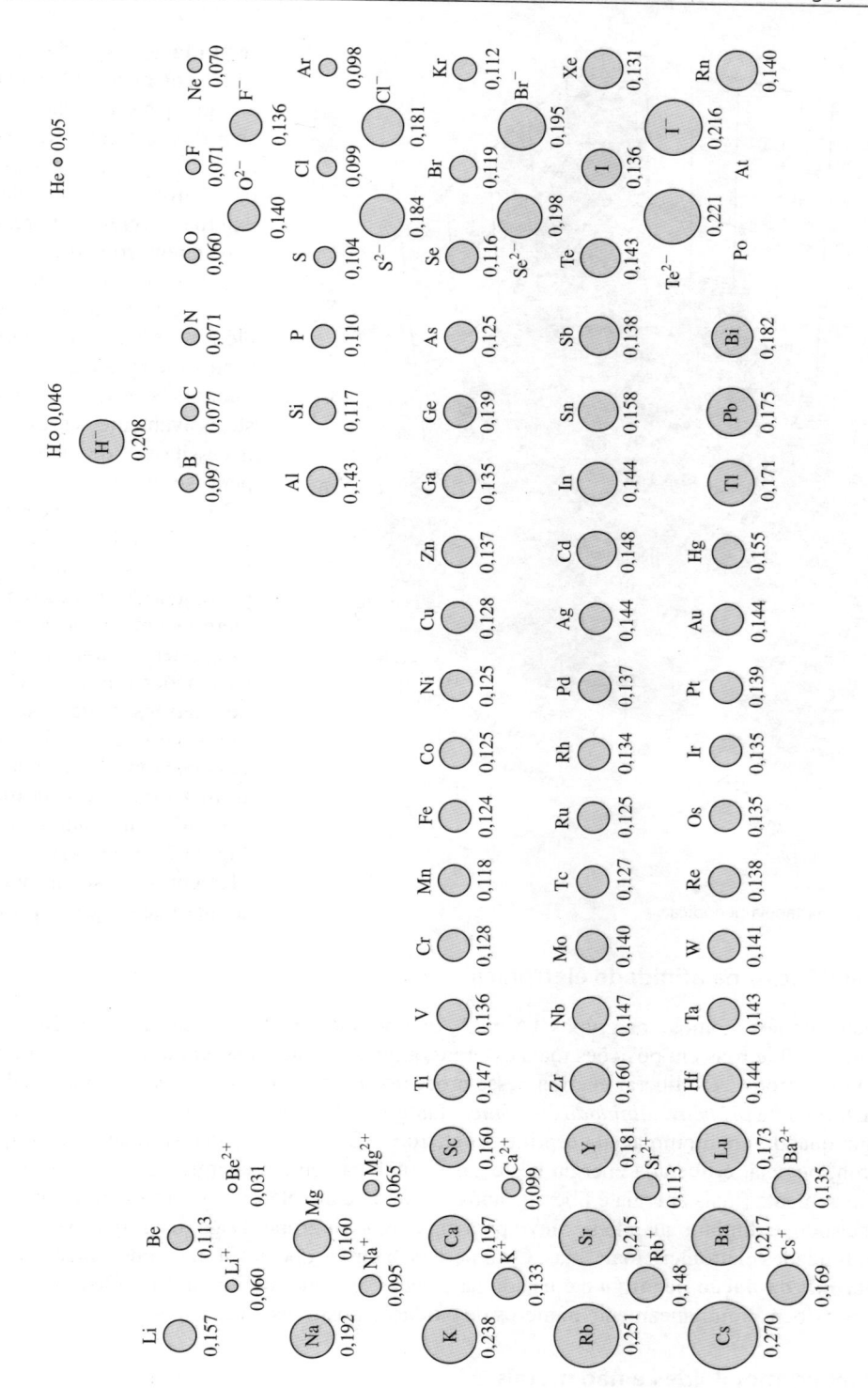

Figura 2.11
Variações nos tamanhos atômico e iônico na tabela periódica.

os e étrons mais externos aumenta, resultando em forças de atração menos intensas. Isso causa uma diminuição na energia requerida para a remoção dos elétrons e, logo, na energia de ionização.

Para muitos átomos, após se remover os elétrons da primeira camada mais externa, será necessário mais energia para se remover os elétrons da segunda camada mais externa. Isso significa que a

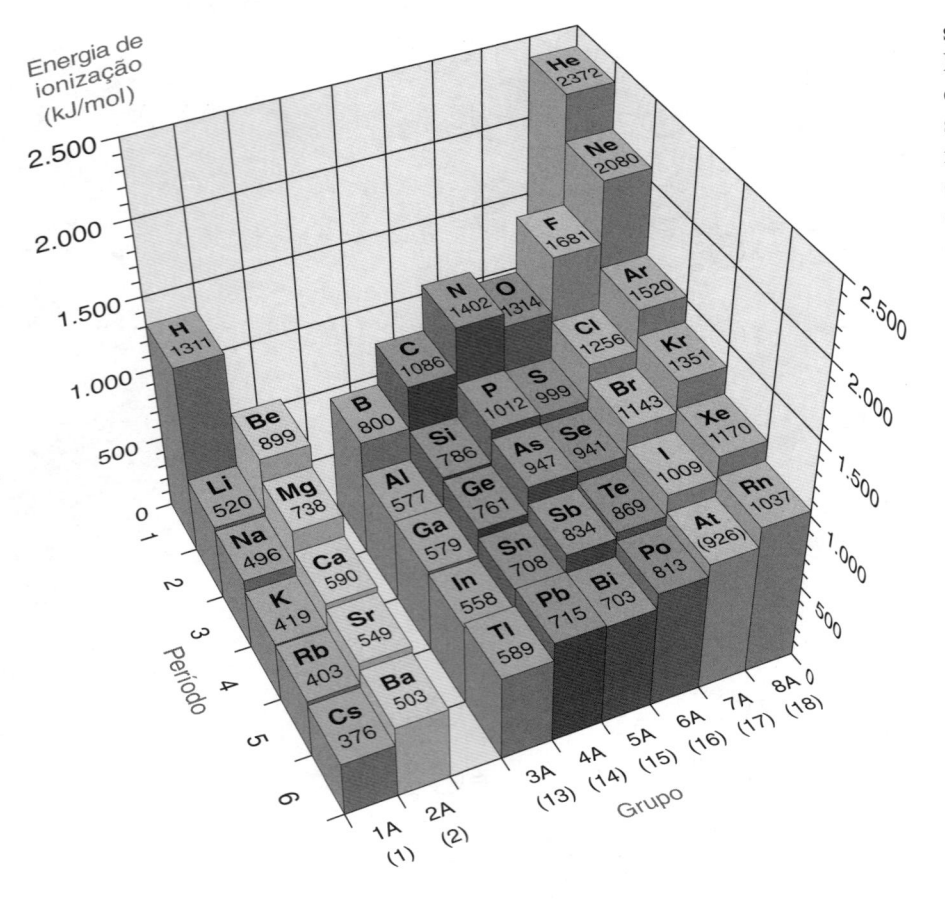

Figura 2.12
Variações na energia de ionização na tabela periódica.

segunda energia de ionização, EI2, será maior. O aumento da energia para a remoção sucessiva dos elétrons será excepcionalmente grande quando todos os elétrons das camadas mais externas tiverem sido removidos e restarem somente os elétrons das camadas mais internas. Por exemplo, o átomo de Li possui um elétron na camada externa, $2s^1$, e dois elétrons em posição mais interna, $1s^1$ e $1s^2$. Ao se remover sucessivamente esses elétrons, necessita-se de 0,52 MJ/mol para se extrair o elétron $2s^1$; 7,30 MJ/mol para o elétron $1s^2$ e 11,81 MJ/mol para o elétron $1s^1$. Em vista dos altos níveis de energia requeridos para a remoção de elétrons em camadas mais internas, estes raramente participam de reações químicas. O número de elétrons mais externos que um átomo pode ceder pelo processo de ionização é chamado de **número de oxidação positivo** e é listado para cada elemento na Figura 2.13. Observe que alguns elementos possuem mais de um número de oxidação positivo.

2.4.3 Tendências na afinidade eletrônica

Contrariamente aos átomos nos grupos 1A e 2A, que possuem baixa EI1 em uma tendência a perder facilmente seus elétrons em posições mais externas, alguns átomos possuem uma tendência em aceitar um ou mais elétrons e em liberar energia nesse processo. Tal propriedade é chamada **afinidade eletrônica** (AE). Há uma *primeira afinidade eletrônica*, tanto quanto a energia de ionização, AE1. A mudança de energia quando um átomo aceita o primeiro elétron, AE1, é oposta àquela de um átomo que perde um elétron, ou seja, é liberada energia neste caso. Analogamente à energia de ionização, a afinidade eletrônica aumenta (mais energia é liberada após o ganho de um elétron) quando se move para a direita em um período, e diminui quando se move para baixo em um grupo. Logo, os grupos 6A e 7A têm em geral as afinidades eletrônicas mais altas. O número de elétrons que um átomo pode ganhar é denominado **número de oxidação negativo** e é listado para cada elemento na Figura 2.13. Observar que alguns elementos exibem simultaneamente números de oxidação positivos e negativos.

2.4.4 Metais, metaloides e não metais

Não obstante as exceções, em geral os átomos nos grupos 1A e 2A têm baixa energia de ionização e pouca ou nenhuma afinidade eletrônica. Esses elementos, chamados **metais reativos** (ou simplesmente metais), são eletropositivos, o que significa que exibem uma tendência natural a perder elétrons e, neste processo, formam cátions (íons carregados positivamente formados em consequência da perda de um elétron com a carga negativa). Os elementos dos grupos 6A e 7A possuem uma alta energia de ionização e uma afinidade eletrônica muito alta. Estes elementos, chamados **não metais reativos** (ou simplesmente não metais), são eletronegativos, o que significa que eles exibem uma tendência natural em aceitar

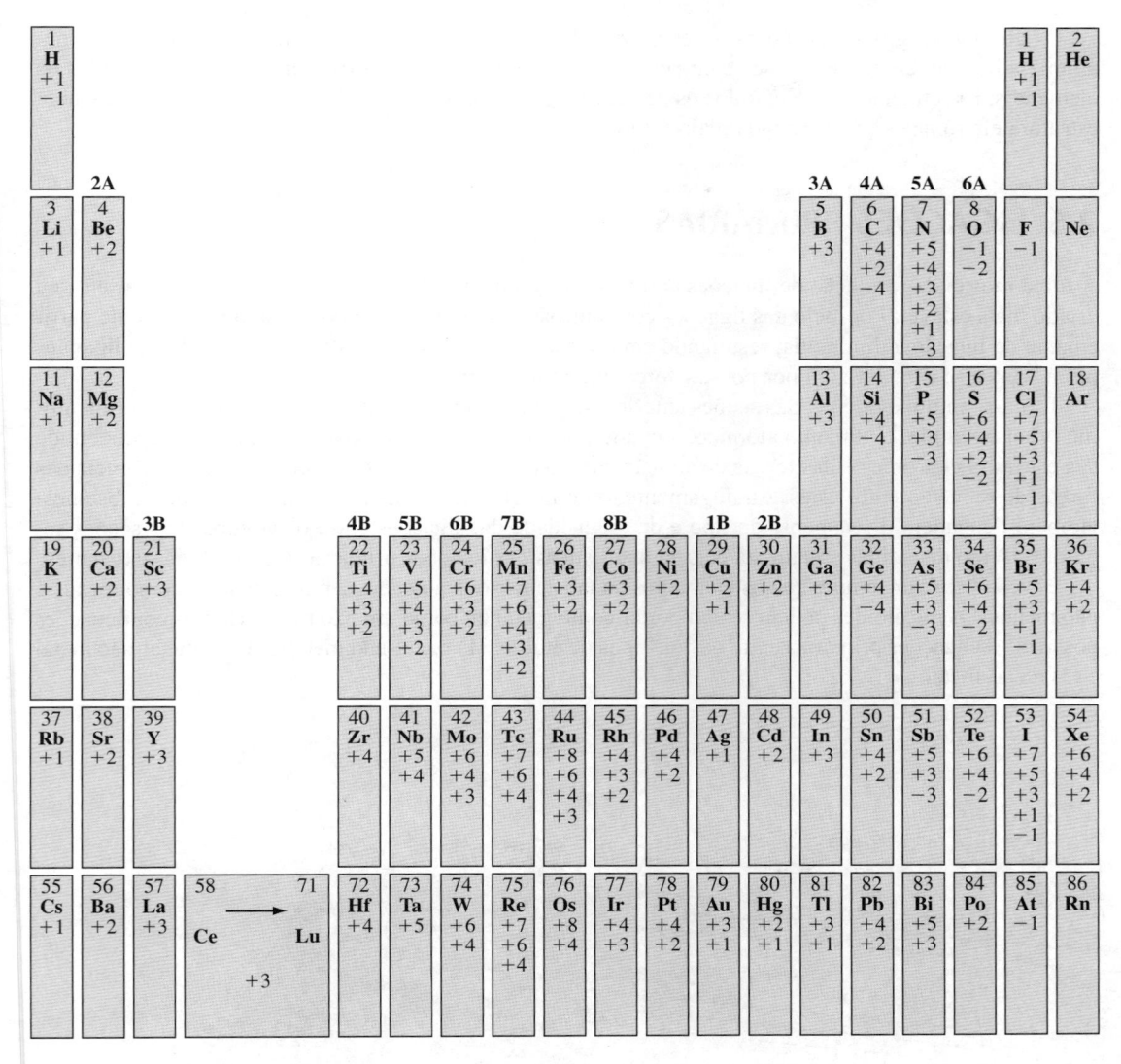

Figura 2.13
Variações no número de oxidação na tabela periódica.
(R.E. Davis and K.D. Gailey, Principles of Chemistry, Saunders College Publishing, 1984, p. 299.)

elétrons e, neste processo, formam ânions (íons carregados negativamente formados em consequência do ganho de um elétron com a carga negativa).

No grupo 3A, o primeiro elemento, bório, pode se comportar de maneira metálica ou de maneira não metálica. Esses elementos são chamados **metaloides**. Os membros restantes são todos não metais. No grupo 4A, o primeiro membro, carbono, e os dois membros seguintes, silício e germânio, são metaloides, ao passo que os elementos restantes, estanho e chumbo, são metais. No grupo 5A, o nitrogênio e o fósforo são não metais, o arsênio e o antimônio são metaloides e, finalmente, o bismuto é um metal. Conclui-se que os elementos nos grupos 3A a 5A podem se comportar de maneira bem distinta, mas é claro que de qualquer modo, ao se mover para baixo em um grupo, o comportamento metálico predomina ao passo que, ao se mover para a direita em um período, o comportamento não metálico prevalece. Estas várias características são bem representadas pela **eletronegatividade** dos átomos, uma medida da intensidade com que eles atraem elétrons para si próprios (Figura 2.14). Nesta figura, a eletronegatividade de cada átomo é apresentada em uma faixa de 0,8 a 4,0. Como esperado, os não metais são mais eletronegativos do que os metais, enquanto os metaloides possuem eletronegatividade intermediária.

Os átomos no grupo 8A são os gases nobres. Eles possuem energia de ionização muito alta e nenhuma afinidade eletrônica. Esses elementos são muito estáveis e são os menos reativos de todos os elementos. Excetuando-se o He, todos os demais elementos neste grupo (Ne, Ar, Kr, Xe e Rn) possuem estrutura eletrônica s^2p^6 na camada mais externa.

2.5 LIGAÇÕES PRIMÁRIAS

A força motriz da formação de ligações entre átomos é que qualquer um deles procura se fixar em seu estado mais estável. Por meio das ligações com outros átomos, a energia potencial de cada átomo participante da ligação é diminuída, resultando em um estado mais estável. Estas são chamadas de **ligações primárias** e se caracterizam por possuir força interatômica intensa.

Torna-se muito evidente, das seções anteriores, que o comportamento e as características de um átomo – por exemplo, o tamanho atômico, a energia de ionização e a afinidade eletrônica – dependem de sua estrutura eletrônica e das forças de atração entre o núcleo e os elétrons, bem como da existência das forças de repulsão entre estes. Analogamente, o comportamento e as propriedades de uma substância também dependem diretamente do tipo e da intensidade das ligações entre os átomos. Nas seções seguintes, serão discutidas a natureza e as características das ligações primárias e secundárias existentes.

Deve-se lembrar sempre que os elementos na tabela periódica podem ser classificados como metais e não metais. Os metaloides podem se comportar como metal ou como um não metal. Há três combinações possíveis de ligações primárias entre os dois tipos de átomo: (1) metal-não metal, (2) não metal-não metal e (3) metal-metal.

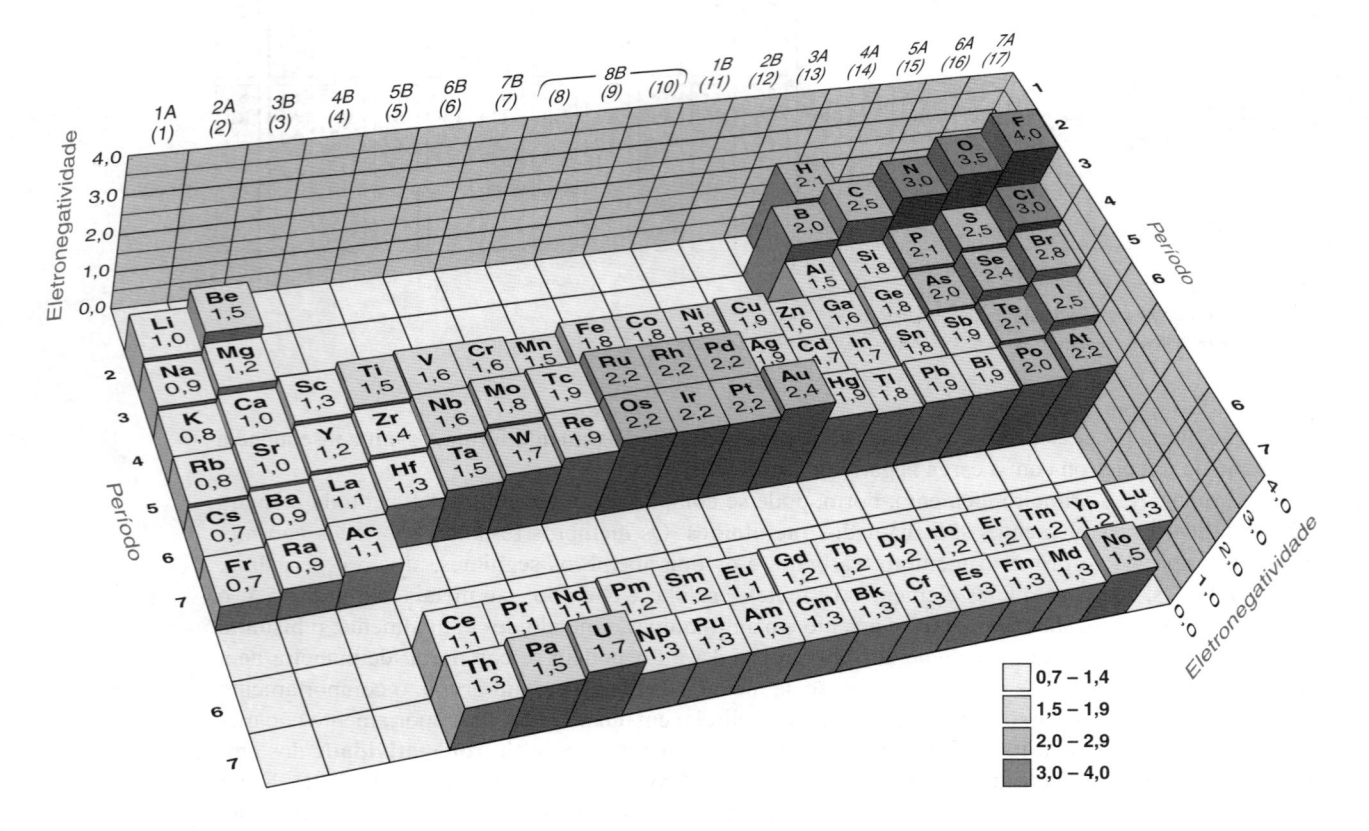

Figura 2.14
Variações da eletronegatividade na tabela periódica.

2.5.1 Ligações iônicas

Considerações eletrônicas e relativas a tamanho Os metais e os não metais se ligam por meio da transferência de elétrons e de **ligações iônicas**. Estas últimas são tipicamente observadas entre átomos que possuem grande diferença na eletronegatividade (ver Figura 2.14), por exemplo, átomos do grupo 1A ou 2A (metais reativos) com átomos do grupo 6A ou 7A (não metais reativos). Como exemplo, considerar a ligação iônica entre o metal Li com eletronegatividade de 1,0 e o não metal F com eletronegatividade de 4,0. Em poucas palavras, o átomo de Li perde um elétron e forma um cátion, Li^+. Nesse processo, o raio decresce de $r = 0,157$ nm, no átomo de Li, para $r = 0,060$ nm no cátion Li^+. Essa redução em tamanho ocorre porque (1) depois da ionização, o elétron da fronteira não mais está no estado $n = 2$, mas preferencialmente no estado $n = 1$ e (2) o equilíbrio entre o núcleo positivo e a nuvem eletrônica negativa são perdidos e o núcleo exerce então uma força maior sobre os elétrons, puxando-os para mais perto. Inversamente, o átomo de F ganha o elétron perdido pelo Li e forma um ânion, F^-. Nesse caso, o raio aumenta de $r = 0,071$ nm, para o átomo de F, para $r = 0,136$ nm para o F^-. Pode-se generalizar, afirmando-se que, no momento em que um metal forma um cátion, o seu raio diminui e, quando um não metal forma um ânion, o seu raio aumenta. Os tamanhos iônicos para vários elementos são apresentados na Figura 2.11. Após a conclusão do processo de transferência eletrônica, o Li terá completado sua estrutura eletrônica externa assumindo, então, a estrutura do gás nobre He. Semelhantemente, o F terá completado sua estrutura eletrônica externa, passando a assumir a estrutura do gás nobre Ne. A força eletrostática de atração entre os dois íons os manterá juntos, formando a própria ligação iônica. O processo de ligamento iônico entre o Li e o F é apresentado sob a forma de configuração eletrônica, diagrama de orbitais e pontos eletrônicos na Figura 2.15.

Considerações de força Do ponto de vista do equilíbrio de forças, o núcleo positivo de um íon atrairá a nuvem eletrônica negativa do outro íon e vice-versa. Como resultado, a *distância interiônica, a*, diminui e eles ficam mais próximos. À medida que os íons se aproximam, as nuvens eletrônicas, carregadas negativamente, interagirão gerando uma força de repulsão. Essas duas forças contrárias finalmente se cancelarão e, nessa situação, a **distância interiônica de equilíbrio**, a_0, é alcançada e, a ligação, formada (Figura 2.16).

A força resultante para qualquer distância interiônica pode ser calculada da seguinte equação:

$$F_{\text{resultante}} = \underbrace{-\frac{z_1 z_2 e^2}{4\pi\epsilon_0 a^2}}_{\text{Força de atração}} - \underbrace{\frac{nb}{a^{n+1}}}_{\text{Força de repulsão}} \tag{2.8}$$

onde z_1 e z_2 são os números de elétrons removidos e anexados a cada átomo (eles devem ter sinais contrários), b e n são constantes, e é a carga eletrônica, a é a distância interiônica e ϵ_0 é a permissividade (constante dielétrica) do espaço $8,85 \times 10^{-12}$ $C^2/N \cdot m^2$.

No equilíbrio, quando a ligação é formada, a força resultante é nula e a energia potencial da ligação possui o seu valor mínimo, $E_{\min}$ (Figura 2.17).

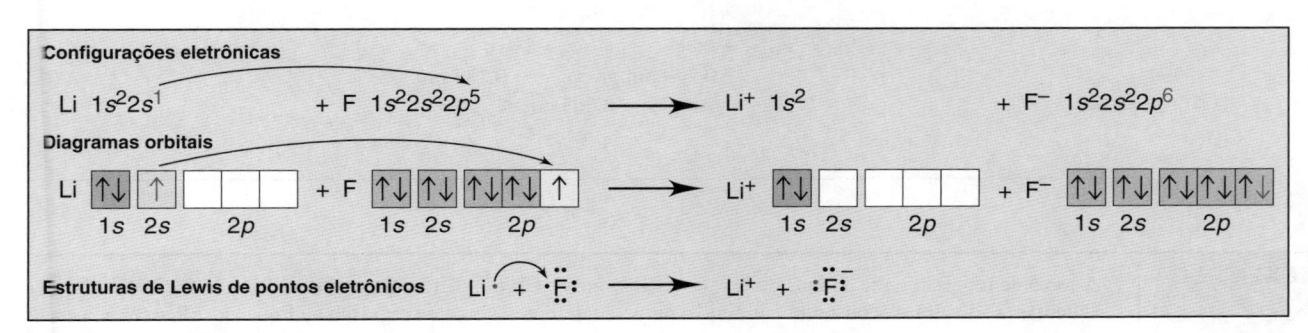

Figura 2.15
O processo de ligamento iônico entre o Li e o F. (*a*) Representação da configuração eletrônica, (*b*) representação do diagrama orbital e (*c*) estruturas de Lewis de pontos eletrônicos.

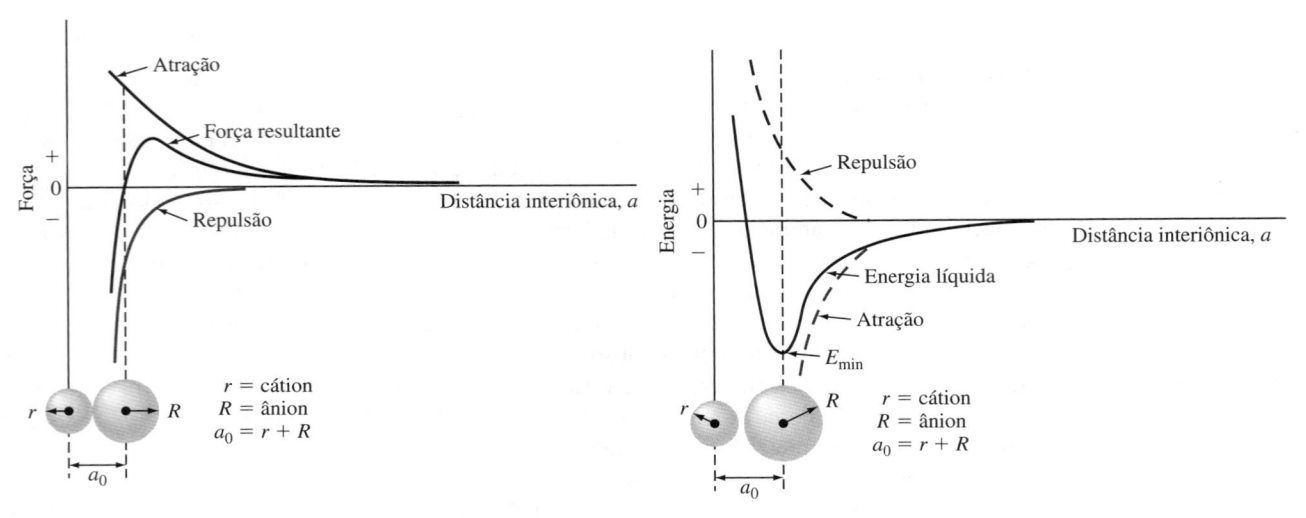

Figura 2.16
Forças de atração e de repulsão geradas durante a ligação iônica. Observar que a força resultante é zero, uma vez formada a ligação.

Figura 2.17
Variações de energia durante a ligação iônica. Observar que a energia resultante é mínima, uma vez formada a ligação.

EXEMPLO 2.7

Sabendo que a força de atração entre os íons de Mg^{2+} e de S^{2-} em equilíbrio é $1,49 \times 10^{-9}$ N, calcular (a) a distância interiônica correspondente. Sabendo ainda que o íon de S^{2-} possui um raio de 0,184 nm, calcular (b) o raio iônico para o Mg^{2+} e (c) a força de repulsão entre os dois íons nesta posição.

■ Solução

O valor de a_0, a soma dos raios iônicos do Mg^{2+} e do S^{2-}, pode ser calculado por meio de uma forma rearranjada da lei de Coulomb.

a.
$$a_0 = \sqrt{\frac{-Z_1 Z_2 e^2}{4\pi\epsilon_0 F_{\text{atração}}}}$$

$Z_1 = +2$ para Mg^{2+} $Z_2 = -2$ para S^{2-}

$|e| = 1,60 \times 10^{-19}$ C $\epsilon_0 = 8,85 \times 10^{-12}$ $C^2/(N \cdot m^2)$

$F_{\text{atração}} = 1,49 \times 10^{-9}$ N

Portanto,

$$a_0 = \sqrt{\frac{-(2)(-2)(1,60 \times 10^{-19} C)^2}{4\pi[8,85 \times 10^{-12} C^2/(N \cdot m^2)](1,49 \times 10^{-8} N)}}$$

$= 2,49 \times 10^{-10}$ m $= 0,249$ nm

b. $a_0 = r_{Mg^{2+}} + r_{S^{2-}}$

0,249 nm $= r_{Mg^{2+}} + 0,184$ nm

ou $r_{Mg^{2+}} = 0,065$ nm ◂

EXEMPLO 2.8

A força de repulsão entre os íons de Na^+ ($r = 0,095$ nm) e Cl^- ($r = 0,181$ nm) em equilíbrio é $-3,02 \times 10^{-9}$ N. Calcular (a) o valor da constante b usando a parcela referente à força de repulsão na Equação 2.8, e (b) a energia da ligação, E_{min}. Admitir $n = 9$.

▸ Solução

a. A fim de determinar o valor de b para um par iônico de NaCl,

$$F = -\frac{nb}{a^{n+1}} \quad (2.8)$$

A força de repulsão entre um par iônico Na^+Cl^- é $-3{,}02 \times 10^{-9}$ N.
Portanto,

$$-3{,}02 \times 10^{-9}\,\text{N} = \frac{-9b}{(2{,}76 \times 10^{-10}\,\text{m})^{10}}$$

$$b = 8{,}59 \times 10^{-106}\,\text{N} \cdot \text{m}^{10} \blacktriangleleft$$

b. A fim de calcular a energia potencial do par iônico Na^+Cl^-,

$$E_{Na^+Cl^-} = \frac{+Z_1 Z_2 e^2}{4\pi\epsilon_0 a} + \frac{b}{a^n}$$

$$= \frac{(+1)(-1)(1{,}60 \times 10^{-19}\,\text{C})^2}{4\pi[8{,}85 \times 10^{-12}\,\text{C}^2/(\text{N}\cdot\text{m}^2)](2{,}76 \times 10^{-10}\,\text{m})} + \frac{8{,}59 \times 10^{-106}\,\text{N}\cdot\text{m}^{10}}{(2{,}76 \times 10^{-10}\,\text{m})^9}$$

$$= -8{,}34 \times 10^{-19}\,\text{J}^* + 0{,}92 \times 10^{-19}\,\text{J}^*$$

$$= -7{,}42 \times 10^{-19}\,\text{J} \blacktriangleleft$$

*1J = 1N·m

E_{min} pode ser determinado da Equação 2.9, verificando-se ser negativo. Isto significa que, para se romper a ligação, uma quantidade de energia igual a E_{min} deve ser despendida.

$$E_{resultante} = \underbrace{\boxed{\frac{z_1 z_2 e^2}{4\pi\epsilon_0 a}}}_{\text{Força de atração}} + \underbrace{\boxed{\frac{b}{a^n}}}_{\text{Força de repulsão}} \quad (2.9)$$

Arranjo iônico em sólidos iônicos Embora as discussões precedentes tenham se concentrado em um par de íons, um ânion atrai cátions de todas as direções e se liga ao maior número possível de cátions. Inversamente, um cátion atrai ânions de todas as direções e se liga ao maior número possível deles. Isso determina, em parte, o arranjo de empacotamento iônico e é como se forma a estrutura tridimensional do sólido iônico. Assim, quando os íons se juntam, eles o fazem tridimensionalmente sem uma orientação preferida (não existem moléculas únicas separadas) e, consequentemente, as ligações são chamadas *não direcionais*.

O número de cátions que podem se agrupar ao redor de um ânion (eficiência de empacotamento) é determinado por dois fatores: (1) o tamanho relativo e (2) a neutralidade de carga. Sejam os sólidos iônicos CsCl e NaCl. No caso do CsCl, oito ânions de Cl^- ($r = 0{,}181$ nm) se agruparão em torno de um cátion central de Cs^+ ($r = 0{,}169$ nm), conforme mostra a Figura 2.18a. Por outro lado, no caso do NaCl somente seis ânions de Cl^- se agruparão em torno de um cátion central de Na^+ ($r = 0{,}095$ nm) conforme mostrado na

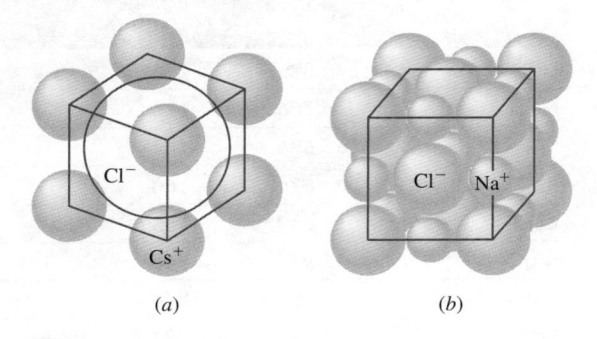

Figura 2.18
O arranjo iônico de dois sólidos iônicos: (a) CsCl e (b) NaCl.
(*Segundo C.R. Barrett, W.D. Nix and A.S. Tetelman, "The Principles of Engineering Materials", Prentice-Hall, 1973, p. 27.*)

Figura 2.18b. No caso do CsCl, a razão entre os raios do cátion e do ânion é $r_{Cs+}/r_{Cl-} = 0,169/0,181 = 0,93$. A mesma razão para o NaCl é $0,095/0,181 = 0,525$. Portanto, à medida que a razão entre os raios do cátion e do ânion diminui, menos ânions podem circundar um cátion.

A neutralidade elétrica é o segundo fator a considerar. Por exemplo, no sólido iônico NaCl, para cada íon de Na$^+$ deve haver globalmente um íon de Cl$^-$. Porém, para o CaF$_2$, para cada cátion de Ca^{++} deve haver dois ânions de F$^-$.

Considerações de energia em sólidos iônicos A fim de entender as considerações de energia na formação de sólidos iônicos, seja o sólido iônico LiF. A produção do sólido iônico LiF resultará na liberação de aproximadamente 617 kJ/mol ou, em outras palavras, o *calor de formação* do LiF é $\Delta H^0 = -617$ kJ/mol. Entretanto, o processo de ligamento da etapa de ionização à formação do sólido iônico pode ser dividido em cinco etapas, sendo que algumas delas consumirão energia.

Etapa 1 Transformação do Li sólido em Li gasoso ($1s^2 2s^1$): essa etapa é chamada *atomização* e requer aproximadamente 161 kJ/mol de energia, $\Delta H^1 = +161$ kJ/mol.

Etapa 2 Transformação das moléculas de F$_2$ em átomos de F ($1s^2 2s^1 2p^5$): essa etapa requer 79,5 kJ/mol de energia, $\Delta H^2 = +79,5$ kJ/mol.

Etapa 3 Remoção do elétron $2s^1$ do Li para a formação do cátion Li$^+$: a energia requerida para esta etapa é 520 kJ/mol de energia, $\Delta H^3 = +520$ kJ/mol.

Etapa 4 Transferência ou acréscimo de um elétron ao átomo de F para a formação do ânion F$^-$: esse processo, na verdade, libera energia. Portanto, a variação de energia é negativa e aproximadamente igual a -328 kJ/mol, $\Delta H^4 = -328$ kJ/mol.

Etapa 5 Formação do sólido iônico a partir de íons gasosos. As forças eletrostáticas de atração entre cátions e ânions produzirão ligações iônicas entre os íons gasosos de modo a formar um sólido tridimensional. A energia associada a este processo é chamada de **energia de rede** e é desconhecida, $\Delta H^5 = ?$ kJ/mol.

Segundo a **lei de Hess**, o calor total de formação do LiF deve ser igual à soma dos calores de formação requeridos em cada etapa. Em outras palavras,

$$\Delta H^0 = \Delta H^1 + \Delta H^2 + \Delta H^3 + \Delta H^4 + \Delta H^5 \tag{2.10}$$

Dessa relação, pode-se determinar a magnitude da energia de rede, $\Delta H^5 = \Delta H^0 - [\Delta H^1 + \Delta H^2 + \Delta H^3 + \Delta H^4] = -617$ kJ $- [161$ kJ $+ 79,5$ kJ $+ 520$ kJ $- 328$ kJ$] = -1050$ kJ. Isso significa que, embora seja gasta energia nas etapas 1, 2 e 3, uma quantidade ainda maior de energia de rede é produzida durante a fase de formação do sólido iônico (1.050 kJ). Isto é, a energia gasta nas etapas 1, 2 e 3 é fornecida e excedida pela energia de rede produzida na etapa 5, quando os íons são atraídos para formar o sólido. Este fato confirma o conceito de que os átomos se ligam a fim de diminuir a sua energia potencial. As energias de rede associadas a vários sólidos iônicos são apresentadas na Tabela 2.5. A observação desta tabela mostra que (1) as energias de rede decrescem ao se mover para baixo nos grupos ou à medida que o tamanho do íon aumenta e (2) as energias de rede aumentam significativamente quando os íons envolvidos possuem carga iônica mais alta.

Ligações iônicas e propriedades dos materiais Os sólidos iônicos geralmente apresentam altas temperaturas de fusão. Pode-se observar na Tabela 2.5 que, à medida que a energia de rede do sólido iônico aumenta, a sua temperatura de fusão também aumenta; esse comportamento é evidenciado pelo MgO, que possui a mais alta energia de rede (3.932 kJ/mol) e a mais alta temperatura de fusão (2.800 °C).

Tabela 2.5
A energia de rede e os valores do ponto de fusão para vários sólidos iônicos.

Sólido iônico	Energia de rede*		Ponto de fusão (°C)
	kJ/mol	kcal/mol	
LiCl	829	198	613
NaCl	766	183	801
KCl	686	164	776
RbCl	670	160	715
CsCl	649	155	646
MgO	3.932	940	2.800
CaO	3.583	846	2.580
SrO	3.311	791	2.430
BaO	3.127	747	1.923

* Todos os valores são negativos para a formação da ligação (a energia é liberada).

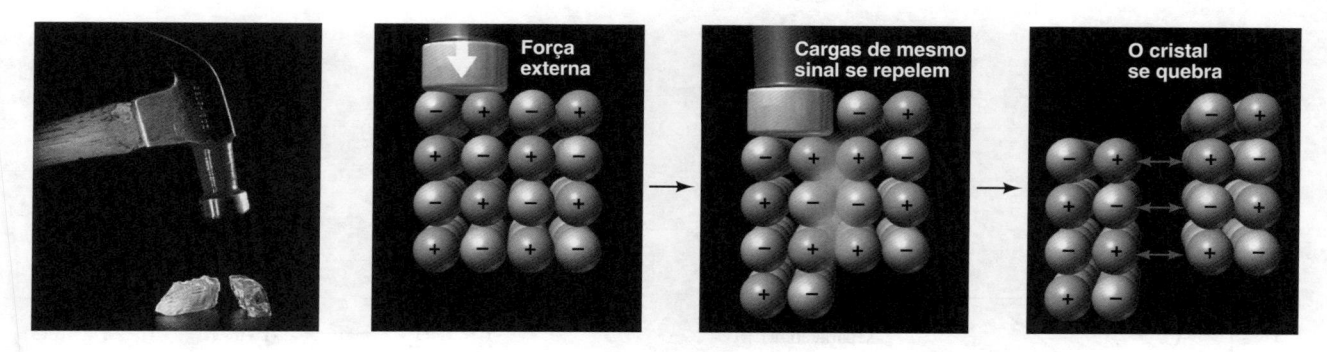

Figura 2.19
Mecanismo de fratura de sólidos iônicos. O golpe do martelo fará com que íons semelhantes se emparelhem, gerando forças de repulsão intensas que podem levar à fratura do material.
(© The McGraw-Hill Higher Education/Stephen Frisch, fotógrafo.)

Além disso, os sólidos iônicos são geralmente duros (não sofrem arranhões), rígidos (não são flexíveis ou elásticos), resistentes (subsistem ao impacto) e quebradiços (deformam-se pouco antes da fratura). Essas propriedades dos sólidos iônicos se devem às intensas forças eletrostáticas que mantêm os íons unidos. Observar nas Figuras 2.18 e 2.19 que os ânions e cátions se alternam em seu posicionamento. Se as forças muito grandes forem aplicadas aos sólidos iônicos, isso pode resultar em um deslocamento neste posicionamento de modo a colocar íons semelhantes uns contra os outros. Será então criada uma grande força de repulsão que levará à fratura do sólido (Figura 2.19).

Finalmente, de maneira geral, os sólidos iônicos não conduzem bem eletricidade e são, portanto, excelentes isolantes. A razão para isso é que os elétrons são mantidos de forma coesa nas ligações formadas e não podem participar do processo de condução de eletricidade. Todavia, quando fundidos ou dissolvidos em água, materiais iônicos são capazes de conduzir eletricidade por meio de difusão iônica (movimentação de íons). Esta é uma comprovação adicional de que os íons estão de fato presentes no estado sólido.

2.5.2 Ligações covalentes

Pares eletrônicos compartilhados e ordem de ligação **Ligações covalentes** são tipicamente observadas entre átomos com pequenas diferenças nas suas eletronegatividades e, sobretudo, entre não metais, cujos átomos se ligam pelo compartilhamento localizado de elétrons e ligações covalentes. As ligações covalentes são o tipo mais comum de ligação na natureza, abrangendo desde o hidrogênio diatômico aos materiais biológicos e macromoléculas sintéticas. Esse tipo de ligação pode também responder por uma parte das ligações totais em materiais iônicos e metálicos. Do mesmo modo que as ligações iônicas, as ligações covalentes são também muito fortes.

Seja a ligação covalente entre dois átomos de hidrogênio. Inicialmente, o núcleo de um átomo de H atrai a nuvem eletrônica do outro átomo; os átomos então se aproximam. Nesse movimento, as duas nuvens eletrônicas interagem e ambos os átomos começam a se apoderar dos elétrons (a compartilhá-los). Os átomos continuam a se aproximar até atingirem o ponto de equilíbrio no qual esses dois átomos de H formarão uma ligação pelo compartilhamento de elétrons, ao mesmo tempo completando a sua estrutura eletrônica mais externa e atingindo o estado de energia mais baixa, conforme mostrado na Figura 2.20a. Nesta posição, as forças de atração são compensadas pelas forças de repulsão, conforme ilustra a Figura 2.20b, onde os elétrons foram representados nas posições mostradas apenas para fins didáticos. Na realidade, os elétrons podem se localizar em qualquer posição no interior da área sombreada.

A ligação covalente entre átomos é representada de maneira imperfeita pela *estrutura de Lewis de pontos eletrônicos*. As representações de pontos eletrônicos para as ligações covalentes do F_2, O_2 e N_2 são apresentadas na Figura 2.21. Nesta figura, o par de elétrons na ligação formada, chamado **par compartilhado** ou **par ligado**, é representado por um par de pontos ou por uma linha. É importante notar que os átomos formarão tantos pares compartilhados quantos necessários para completar sua estrutura eletrônica mais externa (oito elétrons no total). Portanto, átomos de F ($2s^2 2p^5$) formarão um

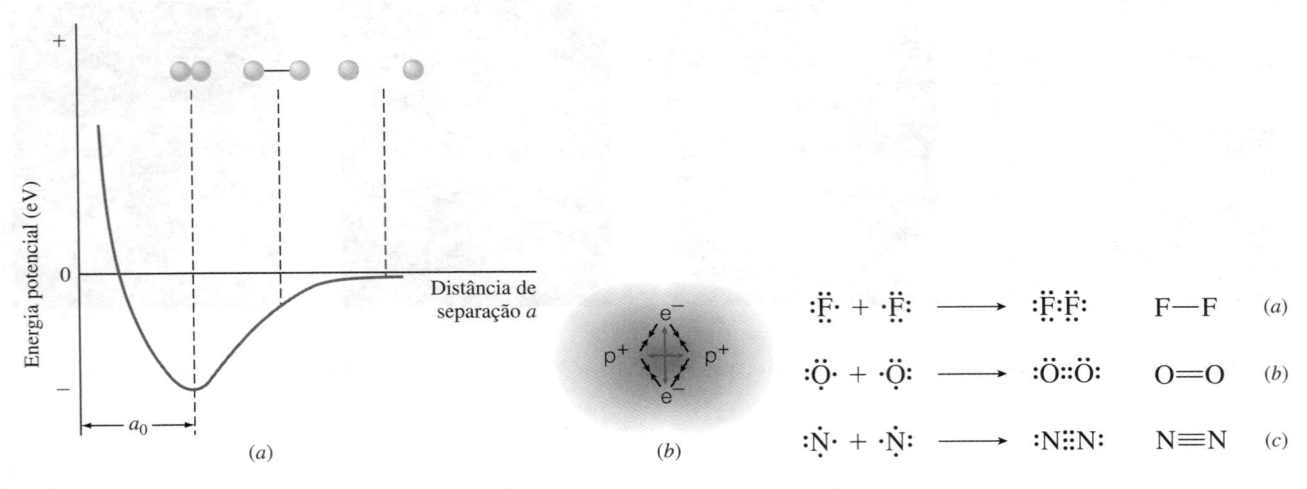

Figura 2.20
Ligamento covalente entre átomos de hidrogênio. (*a*) Diagrama de energia potencial e (*b*) desenho esquemático mostrando a molécula de H$_2$ e as forças intramoleculares. Observar que podem existir elétrons em qualquer posição dentro do diagrama; entretanto, foram escolhidas as posições mostradas para facilitar a análise de forças.

Figura 2.21
Estrutura de Lewis para (*a*) F$_2$, ordem de ligação de 1; (*b*) O$_2$, ordem de ligação de 2; (*c*) N$_2$, ordem de ligação de 3.

par compartilhado que resultará em uma **ordem de ligação** de um, os átomos de O (2s^{2}2p^4) formarão dois pares compartilhados (ordem de ligação de dois) e átomos de N (2s^{2}2p^3) formarão três pares compartilhados (ordem de ligação de três). A robustez da ligação covalente depende da magnitude da força de atração entre os núcleos do número de pares compartilhados de elétrons. A energia requerida para se vencer esta força de atração é chamada de **energia de ligação**, que depende dos átomos ligados, das configurações eletrônicas, das cargas dos núcleos e dos raios atômicos. Logo, cada tipo de ligação tem sua própria energia de ligação.

É também importante notar que, contrariamente à estrutura de Lewis da molécula covalente, os elétrons que se ligam não permanecem em uma posição fixa entre os átomos. Todavia, há uma probabilidade maior de se encontrá-los na região entre os átomos ligados, conforme a Figura 2.20*b*. Diferentemente das ligações iônicas, as ligações covalentes são *direcionais* e o formato da molécula pode não ser corretamente transmitido pela representação de Lewis; a maioria destas moléculas possui formatos tridimensionais com ângulos de ligação não ortogonais. Finalmente, o número de vizinhos (ou eficiência de empacotamento) ao redor de um átomo dependerá da ordem da ligação.

Comprimento de ligação, ordem de ligação e energia de ligação   Uma ligação covalente tem um **comprimento de ligação**, que é a distância entre os núcleos de dois átomos ligados no ponto de energia mínima. Existe uma relação estreita entre a ordem de ligação, o comprimento de ligação e a energia de ligação: para um dado par de elétrons, com ordem de ligação mais alta, o comprimento de ligação será menor; à medida que o comprimento de ligação diminui, a energia aumenta. Isso se dá porque a força de atração se torna mais forte entre os núcleos e os múltiplos pares compartilhados. As energias e comprimentos de ligação para alguns átomos com diferentes ordens de ligação constam da Tabela 2.6.

A relação entre o comprimento e a energia de ligação pode ser ampliada ao se considerar situações nas quais um átomo na ligação conserva mais características e o outro apresenta variações. Por exemplo, o comprimento de ligação do C–I é maior do que do C–Br, que é maior do que do C–Cl. Observe que o comprimento de ligação aumenta à medida que o diâmetro do átomo que se liga ao C aumenta (diâmetro do I > Br > Cl). Portanto, a energia de ligação será máxima para o C–Cl, menor para o C–Br e mínima para o C–I.

Ligações covalentes polares e não polares   Dependendo das diferenças na eletronegatividade dos átomos que se unem, uma ligação covalente pode ser polar ou não polar (em vários graus). Exemplos de ligações covalentes não polares são H$_2$, F$_2$, N$_2$, entre outras, entre átomos com eletronegatividades semelhantes. Nessas ligações, o compartilhamento dos elétrons que se ligam ocorre de maneira mais igualitária entre os átomos e estas são, portanto, *não polares*. De outra forma, à medida que as diferenças em eletronegatividade entre os átomos que formam a ligação covalente aumentam, por exemplo, o HF, o compartilhamento dos elétrons da ligação se torna desigual (estes elétrons se deslocam em direção ao átomo mais eletronegativo). Isso resulta em uma *ligação covalente polar*. À medida que a diferença em eletronegatividade aumenta, a polaridade da ligação também aumenta e, se a diferença se tornar grande o suficiente, a ligação se torna iônica. Como ilustração, F_2, HBr, HF e NaF terão, respectivamente, ligações covalentes não polares, ligações covalentes polares, ligações covalentes altamente polares e ligações do tipo iônicas.

Ligações covalentes polares em moléculas que contêm carbono No estudo da engenharia dos materiais, o carbono é muito importante, uma vez que é o elemento básico na constituição de grande parte dos materiais poliméricos. O átomo de carbono, no estado fundamental, possui a configuração eletrônica $1s^2 2s^2 2p^2$. Este arranjo eletrônico significa que este elemento deveria formar *duas ligações covalentes* com seus orbitais 2p parcialmente preenchidos. Entretanto, em muitos casos, o carbono forma *quatro ligações covalentes* de igual robustez. A explicação para as quatro ligações covalentes do carbono se encontra no conceito de *hibridização* pelo qual, uma vez ligados, um dos elétrons 2s é promovido a um orbital 2p de maneira que *quatro* **orbitais híbridos** sp^3 *equivalentes* são estabelecidos conforme indicado nos diagramas de orbitais da Figura 2.22. Embora seja requerida energia para promover o elétron 2s ao estado 2p durante o processo de hibridização, a quantidade requerida para esta promoção é compensada e excedida pelo decréscimo em energia que acompanha o processo de ligação.

Tabela 2.6
A energia de ligação e os comprimentos de ligação para várias ligações covalentes.

Ligação	Energia de ligação* (kcal/mol)	Energia de ligação* (kJ/mol)	Comprimento da ligação (nm)
C–C	88	370	0,154
C=C	162	680	0,13
C≡C	213	890	0,12
C–H	104	435	0,11
C–N	73	305	0,15
C–O	86	360	0,14
C=O	128	535	0,12
C–F	108	450	0,14
C–Cl	81	340	0,18
C–H	119	500	0,10
C–O	52	220	0,15
C–Si	90	375	0,16
N–O	60	250	0,12
N–H	103	430	0,10
F–F	38	160	0,14
H–H	104	435	0,074

*Valores aproximados uma vez que o ambiente causa variações na energia. Todos os valores são negativos para a formação da ligação (energia é liberada).
Fonte: L.H. Van Vlack, "Elements of Material Science", 4. ed., Addison-Wesley, 1980.

O carbono na forma de diamante exibe ligações covalentes tetraédricas sp^3. Os quatro orbitais híbridos sp^3 estão dispostos simetricamente em direção aos vértices de um tetraedro regular conforme mostra a Figura 2.23. A estrutura do diamante consiste em uma rede compacta de ligações covalentes tetraédricas sp^3 conforme ilustrado na Figura 2.23. Essa estrutura é responsável pela extrema dureza do diamante e por sua enorme força de ligação, bem como sua altíssima temperatura de fusão. O diamante possui energia de ligação de 711 kJ/mol (170 kcal/mol) e temperatura de fusão de 3.550 °C.

Ligações covalentes em hidrocarbonetos Moléculas formadas por ligações covalentes e que contêm somente carbono e hidrogênio são chamadas *hidrocarbonetos*. O mais simples deles é o metano, no qual o carbono forma com os átomos de hidrogênio quatro ligações covalentes tetraédricas sp^3,

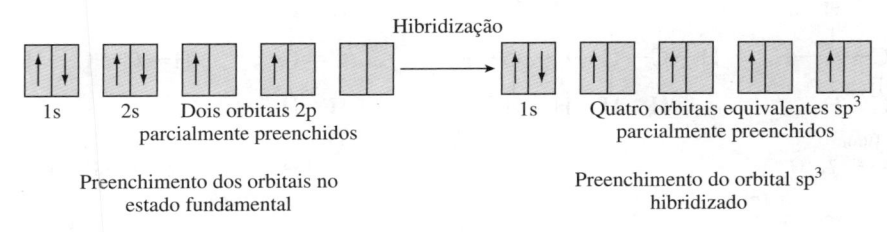

Figura 2.22
A hibridização dos orbitais do carbono para formação de ligações simples.

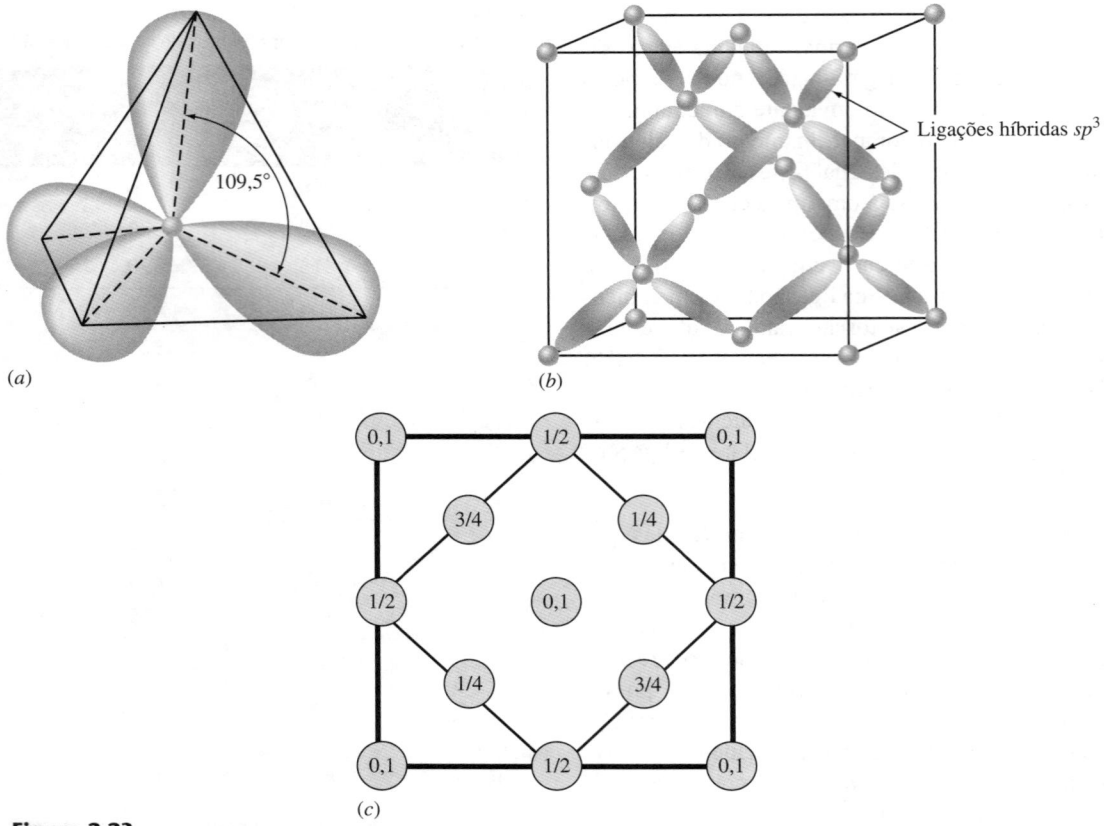

Figura 2.23
(a) Ângulo entre os orbitais simétricos sp³ hibridizados em um átomo de carbono. (b) Ligações covalentes tetraédricas sp³ em diamantes chamadas estrutura cúbica do diamante. Cada região sombreada representa um par compartilhado de elétrons. (c) A localização z de cada átomo de carbono é apresentada no plano basal. A notação "0,1" significa que há um átomo em z = 0 e um átomo em z =1.

conforme mostra a Figura 2.24. A energia de ligação intramolecular do metano, de 1.650 kJ/mol (396 kcal/mol), é relativamente alta, porém sua energia de ligação intermolecular é muito baixa, cerca de 8 kJ/mol (2 kcal/mol). Assim, as moléculas de metano são ligadas entre si de maneira muito fraca, resultando em um baixo ponto de ebulição de –183 °C.

A Figura 2.25a mostra as fórmulas estruturais para o metano, etano e butano normal (n–), que são hidrocarbonetos voláteis de ligação covalente simples. À medida que a massa molecular aumenta, o mesmo se observa na estabilidade e no ponto de fusão.

Um átomo de carbono pode também se ligar a outros átomos de carbono de modo a formar moléculas com ligações duplas e triplas conforme indicado nas fórmulas estruturais para o etileno e o acetileno apresentadas na Figura

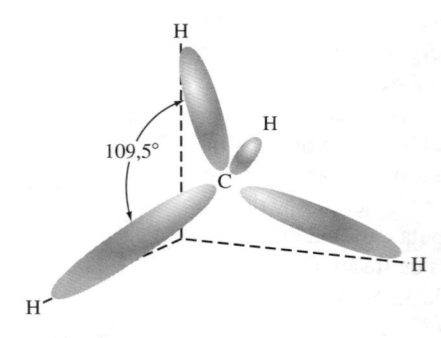

Figura 2.24
A molécula de metano com quatro ligações tetraédricas sp³.

Metano	Etano	n-Butano	Etileno	Acetileno
mp = −183 °C	mp = −172 °C	mp = −135 °C	mp = −169,4 °C	mp = −81,8 °C
(a)			(b)	

Figura 2.25
Fórmulas estruturais para (a) hidrocarbonetos com ligações simples e (b) hidrocarbonetos com ligações múltiplas.

2.25b. Ligações duplas e triplas carbono-carbono são quimicamente mais reativas do que ligações simples. Ligações múltiplas carbono-carbono são denominadas *ligações não saturadas*.

Uma importante estrutura molecular para alguns materiais poliméricos é aquela do benzeno. Essa molécula tem composição química C_6H_6 com os átomos de carbono formando um anel hexagonal chamado, em alguns casos, de *anel benzênico* (Figura 2.26). Os seis átomos de hidrogênio do benzeno formam ligações covalentes simples com os seis átomos de carbono do anel. Contudo, a disposição destas ligações entre os átomos de carbono do anel é complexa. A maneira mais simples de se cumprir o requerimento de que cada átomo de carbono tenha quatro ligações covalentes é atribuindo alternadamente ligações simples e duplas aos átomos de carbono no próprio anel (Figura 2.26a). Essa estrutura pode ser representada de maneira mais simples ao se omitir os átomos externos de hidrogênio (Figura 2.26b). Essa fórmula estrutural para o benzeno será usada neste livro, já que ela representa mais claramente o arranjo das ligações nessa substância.

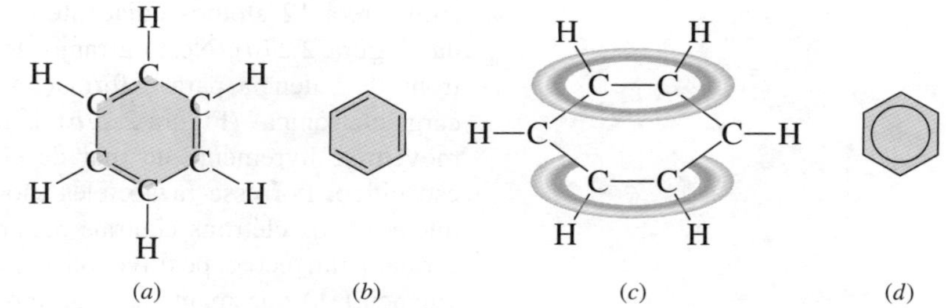

Não obstante, dados experimentais indicam que uma ligação dupla normal reativa carbono-carbono não existe no benzeno e que os elétrons de ligação no interior do anel benzênico são deslocados, dando origem a uma estrutura geral de ligação cuja reatividade química se situa entre aquelas das ligações carbono-carbono simples e duplas (Figura 2.26c). Por essa razão, a maioria dos livros de química utiliza um círculo no interior de um hexágono para representar a estrutura do benzeno (Figura 2.26d).

Figura 2.26
Fórmulas estruturais para o benzeno (a) usando notação em linhas retas e (b) notação simplificada de (a). (c) Arranjo das ligações mostrando a deslocalização (dos elétrons carbono-carbono no interior do anel e (d) notação simplificada de (c).

Ligações covalentes e propriedades dos materiais São numerosos os materiais que consistem de ligações covalentes: a maioria das moléculas de gases, de líquidos e de sólidos com baixo ponto de fusão se forma por meio de ligações covalentes. Além disso, esses materiais têm em comum o fato de serem moleculares (lembrando que a ligação entre as moléculas é fraca). As ligações covalentes entre átomos são muito fortes e difíceis de serem rompidas; por outro lado, a ligação entre moléculas é fraca e pode ser rompida facilmente. Como consequência, esses materiais fervem ou se fundem com muita facilidade. Nas próximas seções, será discutida a natureza dessas ligações.

Diferentemente dos materiais moleculares acima, em alguns materiais chamados **sólidos de rede covalente** (sem moléculas), todas as ligações são covalentes. Nestes materiais, o número de vizinhos de um átomo depende do número de ligações covalentes disponíveis segundo a ordem de ligação. Dois exemplos de sólidos covalentes são o quartzo e o diamante. As propriedades do quartzo refletem a força das ligações covalentes em seu interior. O quartzo é constituído de átomos de Si e O (SiO_2) ligados ininterruptamente uns aos outros por meio de ligações covalentes em uma rede tridimensional. Não existem moléculas neste material. Analogamente ao diamante, o quartzo é muito duro e se funde à temperatura alta de 1.550 °C. O alto ponto de fusão de sólidos de rede covalente é um reflexo das altas energias de ligação e da resistência real das ligações covalentes. Os materiais que se originam desse tipo de ligação são maus condutores de eletricidade, não apenas na forma de um sólido de rede, mas também quando se fundem, ou na forma líquida. Isso ocorre porque os elétrons estão firmemente ligados em pares compartilhados e não há íons disponíveis para o transporte da carga.

2.5.3 Ligações metálicas

Embora dois átomos metálicos separados possam formar entre si fortes ligações covalentes (Na_2), o material resultante será gasoso, isto é, a ligação entre moléculas de Na_2 será fraca. A questão então é: qual tipo de ligação mantém juntos os átomos do sódio sólido (ou de qualquer outro metal sólido)? Observa-se que, durante a solidificação de um metal fundido, os seus átomos se arranjam em um denso empacotamento, de maneira organizada e repetitiva, a fim de diminuir a energia e chegar a um estado mais estável na forma de um sólido, assim criando **ligações metálicas**. Por exemplo, no cobre cada átomo terá 12 átomos adjacentes ao seu redor dispostos de maneira ordenada (Figura 2.27a). Neste arranjo, todos os átomos contribuem com seus elétrons de valência para a formação de um "mar de elétrons" ou "nuvem de carga eletrônica" (Figura 2.27b). Estes elétrons de valência são deslocalizados, movem-se livremente no mar de elétrons e não pertencem a nenhum átomo específico. Por essa razão, eles são também chamados de *elétrons livres*. Os núcleos e os elétrons centrais restantes dos átomos densamente empacotados formam um cerne positivo ou catiônico (porque perderam seus elétrons de valência). O que mantém os átomos juntos, em metais sólidos, são as forças de atração entre o cerne iônico positivo (cátions metálicos) e a nuvem de elétrons negativa. A isto se dá o nome de *ligação metálica*.

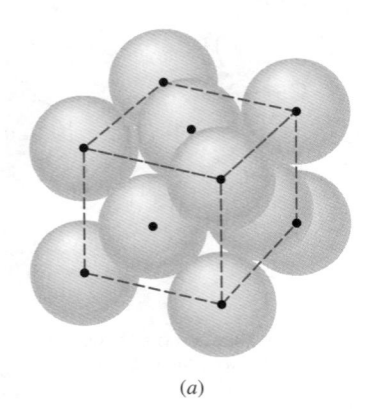

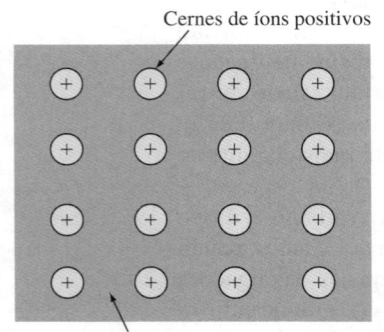

As ligações metálicas são tridimensionais e não direcionais, analogamente às ligações iônicas. Entretanto, uma vez que não há ânions envolvidos, não há restrições de neutralidade elétrica. Mais ainda, os cátions metálicos não são mantidos fixos tão rigidamente como em sólidos iônicos. Em contraste com as ligações covalentes direcionais, não há compartilhamento de pares de elétrons localizados; as ligações metálicas são, portanto, mais fracas do que as ligações covalentes.

Ligações metálicas e propriedades dos materiais Os pontos de fusão de metais puros são apenas moderadamente altos porque, para esse processo, não é necessário romper a ligação entre o cerne iônico e a nuvem de elétrons. Assim, em geral, os materiais iônicos e as redes covalentes exibem temperaturas de fusão mais altas porque ambos requerem o rompimento das ligações para tanto. As energias de ligação e o ponto de fusão dos metais variam largamente dependendo do número de elétrons de valência e da porcentagem de ligações metálicas. Em geral, os elementos do grupo 1A (metais alcalinos) possuem apenas um elétron de valência e exibem quase exclusivamente ligações metálicas. Como consequência, tais metais possuem temperaturas de fusão mais baixas do que os elementos do grupo 2A, os quais possuem dois elétrons de valência e uma porcentagem maior de ligações covalentes.

A Tabela 2.7 apresenta as configurações eletrônicas mais externas, as energias de ligação e as temperaturas de fusão dos elementos do quarto período, incluindo os metais de transição. Nos metais, à medida que o número de elétrons de valência aumenta, a força de atração entre o cerne positivo e a nuvem eletrônica também aumenta; o potássio, K ($4s^1$), com um elétron de valência, possui temperatura de fusão de 63,5 °C, enquanto o cálcio, Ca ($4s^2$), com dois elétrons de valência, possui temperatura de fusão de 851 °C, consideravelmente mais alta (Tabela 2.7). Com a introdução dos elétrons 3d nos metais de transição, o número de elétrons de valência aumenta, bem como a temperatura de fusão, com um máximo de 1.903 °C para o cromo, Cr ($3d^54s^1$). Este aumento na energia de ligação e na temperatura de fusão dos metais de transição é atribuído a um aumento na porcentagem de ligações covalentes. À medida que os orbitais 3d e 4s se tornam plenamente preenchidos, a temperatura de fusão novamente volta a cair entre os metais de transição, com um mínimo de 1.083 °C para o cobre ($3d^{10}4s^1$). Depois do cobre, há uma queda ainda maior na temperatura de fusão, atingindo 419 °C para o Zn ($4s^2$).

As propriedades mecânicas dos metais são significativamente diferentes daquelas dos materiais iônicos e de rede covalente. Os metais puros, em particular, são substancialmente mais maleáveis (macios e deformáveis) do que os materiais iônicos e de rede covalente. De fato, há poucas aplicações estruturais para esse tipo de metal em razão de sua característica de inexistente rigidez. Isso se dá porque, sob a ação de uma força externa, os íons no metal deslizam uns sobre os outros com relativa facilidade, conforme a Figura 2.28. As ligações entre os íons em um metal podem ser rompidas em níveis de energia menores comparativamente às ligações iônicas e covalentes. Esse comportamento pode ser comparado àquele apresentado na Figura 2.19 para os materiais iônicos. Nos próximos capítulos, será explicado com maior detalhamento como a resistência de um metal puro pode ser melhorada significativamente pela adição de elementos de liga, deformação plástica, refino do grão e tratamento térmico.

Figura 2.27
(a) A estrutura ordenada e eficientemente empacotada de átomos de cobre em um sólido metálico. (b) O cerne de íons positivos e o mar de elétrons circundante no modelo de ligações metálicas.

Tabela 2.7
Energias de ligação, configurações eletrônicas e pontos de fusão dos metais do quarto período da tabela periódica.

Elemento	Configuração eletrônica	Energia de ligação		Ponto de fusão (°C)
		kJ/mol	kcal/mol	
K	$4s^1$	89,6	21,4	63,5
Ca	$4s^2$	177	42,2	851
Sc	$3s^1 4s^2$	342	82	1.397
Ti	$3d^2 4s^2$	473	113	1.660
V	$3d^3 4s^2$	515	123	1.730
Cr	$3d^5 4s^1$	398	95	1.903
Mn	$3d^5 4s^2$	279	66,7	1.244
Fe	$3d^6 4s^2$	418	99,8	1.535
Co	$3d^7 4s^2$	383	91,4	1.490
Ni	$3d^8 4s^2$	423	101	1.455
Cu	$3d^{10} 4s^1$	339	81,1	1.083
Zn	$4s^2$	131	31,2	419
Ga	$4s^2 4p^1$	282	65	29,8
Ge	$4s^2 4p^2$	377	90	960

A utilização principal dos metais puros ocorre em aplicações elétricas e eletrônicas. Os metais puros são excelentes condutores de eletricidade devido às características deslocalizadas dos elétrons de valência. Assim que um componente metálico é incorporado a um circuito elétrico, cada elétron de valência transportará, quase sem obstruções, um módulo de carga negativa em direção ao eletrodo positivo. Este mesmo processo é impossível em materiais iônicos e covalentes, uma vez que os elétrons de valência são firmemente mantidos em sua posição pelos núcleos. Finalmente, os metais também são excelentes condutores de calor devido à eficiente transferência de vibrações atômicas térmicas através do metal.

2.5.4 Ligações mistas

A ligação química de átomos ou íons pode envolver mais de um tipo de ligação primária, e pode também envolver ligações secundárias de dipolos. Com respeito às ligações primárias, podem ocorrer as seguintes ligações mistas: (1) iônicas-covalentes, (2) metálicas-covalentes, (3) metálicas-iônicas e (4) iônicas-covalentes-metálicas.

Ligações mistas iônicas-covalentes A maioria das moléculas ligadas covalentemente possui também ligações iônicas e vice-versa. A natureza parcialmente iônica das ligações covalentes pode ser explicada em termos da escala de ele-

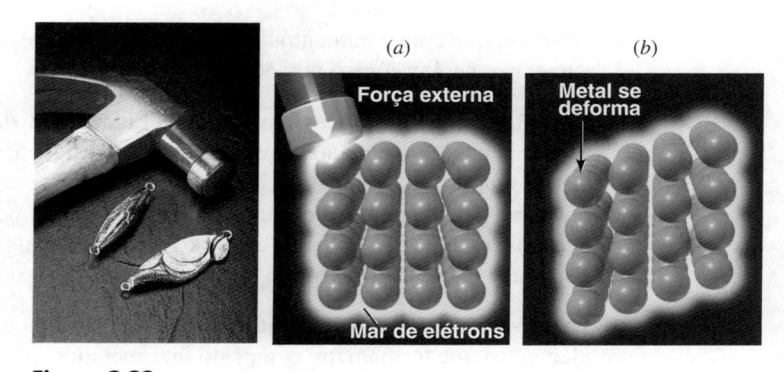

Figura 2.28
(a) O comportamento de metais sólidos durante a deformação. (b) O golpe do martelo forçará os cátions a deslizarem uns sobre os outros, gerando assim grande maleabilidade.
(© The McGraw-Hill Higher Education/Stephen Frisch, fotógrafo.)

tronegatividade da Figura 2.14. Quanto maior a diferença na eletronegatividade dos elementos envolvidos em uma ligação mista iônica-covalente, maior o grau do caráter iônico da ligação. Pauling propôs a seguinte equação para se determinar a porcentagem do caráter iônico da ligação em um composto AB:

$$\% \text{ caráter iônico} = (1 - e^{(-1/4)(X_A - X_B)^2})(100\%) \qquad (2.11)$$

onde X_A e X_B representam, respectivamente, a eletronegatividade dos átomos A e B no composto.

Muitos compostos semicondutores possuem ligações mistas iônicas-covalentes. Por exemplo, o GaAs é um composto 3–5 (o Ga é do grupo 3A e o As é do grupo 5A na tabela periódica), ao passo que o ZnSe é um composto 2–6. O grau do caráter iônico na ligação destes compostos aumenta à medida que aumenta a eletronegatividade entre os átomos no composto. Logo, é de se esperar que um composto 2–6 tenha um caráter iônico mais acentuado do que um composto 3–5, devido à maior diferença de eletronegatividade no composto 2–6. O Exemplo 2.9 ilustra esse fato.

EXEMPLO 2.9

Calcular o caráter iônico percentual dos compostos semicondutores GaAs (3–5) e ZnSe (2–6) utilizando a equação de Pauling.

$$\% \text{ caráter iônico} = (1 - e^{(-1/4)(X_A - X_B)^2})(100\%)$$

a. Para o GaAs, as eletronegatividades obtidas da Figura 2.14 são $X_{Ga} = 1,6$ e $X_{As} = 2,0$. Logo,

$$\% \text{ caráter iônico} = (1 - e^{(-1/4)(1,6-2,0)^2})(100\%)$$
$$= (1 - e^{(-1/4)(-0,4)^2})(100\%)$$
$$= (1 - 0,96)(100\%) = 4\%$$

b. Para o ZnSe, as eletronegatividades obtidas da Figura 2.14 são $X_{Zn} = 1,6$ e $X_{Se} = 2,4$. Logo,

$$\% \text{ caráter iônico} = (1 - e^{(-1/4)(1,6-2,4)^2})(100\%)$$
$$= (1 - e^{(-1/4)(-0,8)^2})(100\%)$$
$$= (1 - 0,85)(100\%) = 15\%$$

Observar que com o aumento da diferença na eletronegatividade, mais acentuada para o composto 2–6, aumenta o caráter iônico percentual.

Ligações mistas metálicas-covalentes Ligações mistas metálicas-covalentes ocorrem frequentemente. Por exemplo, os metais de transição exibem ligações mistas metálicas-covalentes envolvendo orbitais de ligação dsp. Os pontos de fusão elevados dos metais de transição são atribuídos a ligações mistas metálicas-covalentes. Ainda no grupo 4A da tabela periódica, há uma transição gradual de ligações exclusivamente covalentes no carbono (diamante) a alguma natureza metálica no silício e no germânio. Estanho e chumbo apresentam primordialmente ligações metálicas.

Ligações mistas metálicas-iônicas Se houver uma diferença significativa na eletronegatividade dos elementos que formam um composto intermetálico, pode ocorrer uma transferência significativa de elétrons (ligamento iônico) no composto em questão. Portanto, alguns compostos intermetálicos são bons exemplos de ligações mistas metálicas-iônicas. A transferência de elétrons é particularmente importante em compostos intermetálicos como $NaZn_{13}$, e menos importante nos compostos Al_9Co_3 e Fe_5Zn_{21}, uma vez que as diferenças de eletronegatividade para os dois últimos compostos são muito menores.

2.6 LIGAÇÕES SECUNDÁRIAS

Até o momento, foram consideradas apenas as ligações primárias entre os átomos e demonstrou-se que elas dependem da interação entre os elétrons de valência. A força impulsora para as ligações atômicas primárias é a diminuição da energia dos átomos que se ligam. Ligações secundárias são fracas comparadas às ligações primárias e possuem energia de apenas cerca de 4 a 42 kJ/mol (1 a 10 kcal/mol). A força impulsora para as ligações secundárias é a atração dos dipolos elétricos contidos nos átomos ou nas moléculas.

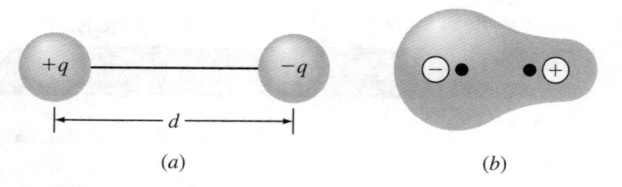

Figura 2.29
(a) Um dipolo elétrico. O momento dipolar é qd. (b) O momento dipolar elétrico em uma molécula de ligações covalentes.

Um momento dipolar elétrico é criado quando duas cargas iguais e opostas são separadas conforme apresentado na Figura 2.29a. Dipolos elétricos são criados em átomos ou moléculas quando ocorrem centros distintos de carga positiva e negativa (Figura 2.29b).

Dipolos em átomos ou moléculas criam momentos dipolares. Um *momento dipolar* é definido como o valor da carga multiplicado pela distância entre as cargas positiva e negativa, isto é,

$$\mu = qd \quad (2.12)$$

onde μ = momento dipolar
q = magnitude da carga elétrica
d = distância entre os centros de carga

Momentos dipolares em átomos e moléculas são medidos em Coulomb-metros (C · m) ou em unidades debye, sendo 1 debye = $3,34 \times 10^{-30}$ C · m.

Dipolos elétricos interagem uns com ou outros pela ação de forças eletrostáticas (coulombianas) e, assim sendo, átomos ou moléculas contendo dipolos são atraídos uns pelos outros por estas forças. Apesar de as energias de ligação serem fracas, as ligações secundárias se tornam importantes quando são o único meio de unir átomos ou moléculas.

Em geral, há dois tipos principais de ligações secundárias entre átomos ou moléculas envolvendo dipolos elétricos: dipolos flutuantes e dipolos permanentes. Coletivamente, estas ligações dipolares secundárias são algumas vezes chamadas de *ligações* (ou *forças*) *de van der Walls*.

Forças muito fracas de ligações secundárias podem também ser originadas entre os átomos de gases nobres que possuem camadas totalmente preenchidas de elétrons de valência externa (s^2 para o hélio e s^2p^6 para o Ne, Ar, Kr, Xe e Rn). Essas forças de ligação surgem porque a distribuição assimétrica das cargas eletrônicas nesses átomos dá origem a dipolos elétricos. Em qualquer instante, há uma grande probabilidade de que haverá uma carga eletrônica maior em um lado do átomo do que do outro (Figura 2.30). Portanto em um dado átomo, a nuvem eletrônica variará com o tempo, criando, assim, um "dipolo flutuante". **Dipolos flutuantes** de átomos adjacentes podem atrair uns aos outros, criando fracas ligações interatômicas não direcionais. A liquefação e a solidificação de gases nobres a baixas temperaturas e altas pressões são atribuídas justamente a ligações entre dipolos flutuantes. Os pontos de fusão e de ebulição de gases nobres à pressão atmosférica são listados na Tabela 2.8. Deve-se observar que, à medida que aumenta o tamanho atômico dos gases nobres, os pontos de ebulição e de fusão também aumentam devido às forças de ligação mais fortes, uma vez que os elétrons têm mais liberdade para criar momentos dipolares de maior intensidade.

Forças de ligação fracas entre moléculas ligadas covalentemente podem também ser criadas caso as moléculas contenham **dipolos permanentes**. Por exemplo, a molécula de metano, CH_4, com suas quatro ligações C – H dispostas em uma estrutura tetraédrica (Figura 2.24), tem momento dipolar nulo devido à configuração simétrica de suas quatro ligações C – H. Ou seja, a soma vetorial de seus quatro momentos dipolares é zero. Por outro

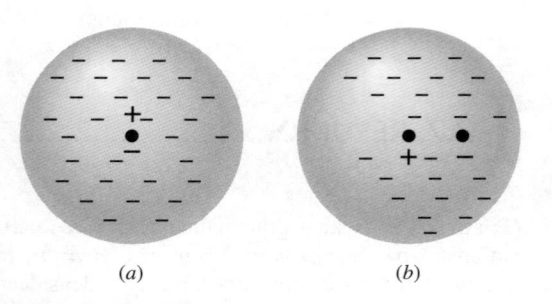

Figura 2.30
Distribuição da carga eletrônica em um átomo de gás nobre. (a) Uma distribuição simétrica idealizada da carga eletrônica na qual os centros de carga positiva e negativa são superpostos no centro. (b) A distribuição real assimétrica dos elétrons gerando um dipolo temporário.

Tabela 2.8
O ponto de fusão e o ponto de ebulição de vários gases nobres.

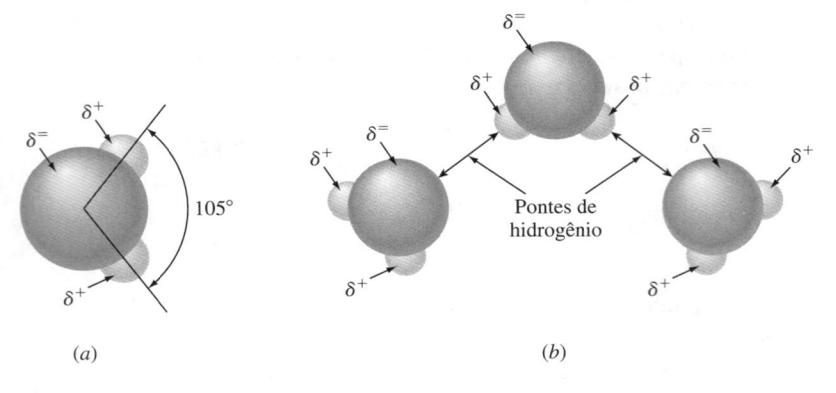

Gás nobre	Ponto de fusão	Ponto de ebulição (°C)
Hélio	–272,2	–268,9
Neônio	–248,7	–245,9
Argônio	–189,2	–185,7
Cryptônio	–157,0	–152,9
Xenônio	–112,0	–107,1
Radônio	–71,0	–61,8

Figura 2.31
(a) Natureza dipolar permanente da molécula de água. (b) Pontes de hidrogênio entre moléculas de água causadas pela atração dipolar permanente.

lado, a molécula de clorometano, CH_3Cl, possui uma distribuição tetraédrica assimétrica de três ligações C – H e uma ligação C – Cl, dando origem a um momento dipolar resultante de 2,0 debyes. A substituição de um átomo de hidrogênio no metano por um átomo de cloro faz aumentar o ponto de ebulição de –128 °C para o metano a –14 °C para o clorometano. O ponto de ebulição muito mais alto do clorometano se deve às forças de ligação dos dipolos permanentes entre as moléculas de clorometano.

A **ponte (ligação) de hidrogênio** é um caso especial de interação entre dipolos permanentes de moléculas polares. As pontes de hidrogênio ocorrem quando uma ligação polar que contiver um átomo de hidrogênio, O – H ou N – H, interage com os átomos eletronegativos O, N, F ou Cl. Por exemplo, a molécula de água, H_2O, possui um momento dipolar permanente de 1,84 debyes devido à sua estrutura assimétrica com dois átomos de hidrogênio em ângulos de 105° com relação ao átomo de oxigênio (Figura 2.31a).

As regiões ocupadas pelos átomos de hidrogênio, na molécula de água, possuem centros de carga positiva, enquanto a região oposta, ocupada pelo átomo de oxigênio, possui um centro de carga negativa (Figura 2.31a). Nas pontes de hidrogênio entre moléculas de água, o centro de carga negativa de uma molécula é atraído por forças coulombianas à região carregada positivamente de uma outra molécula (Figura 2.31b).

Na água líquida e sólida, forças intermoleculares relativamente fortes oriundas dos dipolos permanentes (pontes de hidrogênio) são formadas entre as próprias moléculas de água. A energia associada às pontes de hidrogênio é aproximadamente 29 kJ/mol (7 kcal/mol), bastante superior aos cerca de 2 a 8 kJ/mol para as forças de dipolos flutuantes nos gases nobres. O ponto de ebulição excepcionalmente alto da água (100 °C) em vista de sua massa molecular é atribuído ao efeito das pontes de hidrogênio, que são também muito importantes para o fortalecimento das ligações entre cadeias moleculares de alguns tipos de materiais poliméricos.

2.7 RESUMO

Os átomos consistem principalmente em três partículas subatômicas básicas: *prótons*, *nêutrons* e *elétrons*. Imagina-se que os elétrons formem uma nuvem de densidade variável em torno de um núcleo atômico mais denso, o qual contém quase toda a massa do átomo. Os elétrons mais externos (elétrons de alta energia) são elétrons de valência e é, sobretudo, o comportamento destes elétrons que determina a reatividade química de cada átomo.

Essas partículas obedecem às leis da mecânica quântica e, consequentemente, as energias dos elétrons são *quantizadas*. Isto é, um elétron pode adquirir somente certos valores permitidos de energia. Se um elétron varia sua energia, esta deve variar para um novo nível permitido. Durante esse processo, um elétron emite ou absorve um fóton de energia de acordo com a equação de Planck $\Delta E = h\nu$, na qual ν é a frequência da radiação. Um elétron é ▶

▶ sempre associado a quatro números quânticos: o número quântico principal, n, o número quântico azinutal, ℓ, o número quântico magnético, m_l, e o número quântico de spin, m_s. De acordo com o princípio da exclusão de Pauli, *dois elétrons no mesmo átomo não podem ter os mesmos valores dos quatro números quânticos*. Os elétrons obedecem também ao princípio da incerteza de Heisenberg, o qual afirma que é impossível determinar simultaneamente o momento e a posição de um elétron. Logo, a posição dos elétrons nos átomos deve ser considerada em termos da distribuição da densidade eletrônica.

Há dois tipos principais de ligações atômicas: (1) *ligações primárias fortes* e (2) *ligações secundárias fracas*. As ligações primárias podem ser subdivididas em (1) *iônicas*, (2) *covalentes* e (3) *metálicas*; as ligações secundárias podem ser subdivididas em (1) *dipolos flutuantes* e (2) *dipolos permanentes*.

As *ligações iônicas* são formadas pela transferência de um ou mais elétrons de um átomo eletropositivo para um átomo eletronegativo. Os íons são mantidos juntos em um cristal sólido pelas forças eletrostáticas (forças de Coulomb) e são *não direcionais*. O tamanho dos íons (fator geométrico) e a neutralidade elétrica são dois dos fatores principais determinantes do arranjo de empacotamento dos íons. As *ligações covalentes* são formadas pelo compartilhamento de pares de elétrons por orbitais parcialmente preenchidos. Quanto mais os orbitais de ligação se superpuserem, mais forte será a ligação. As ligações covalentes são *direcionais*. As ligações metálicas são formadas por átomos de metal por meio do compartilhamento mútuo de elétrons de valência sob a forma de nuvens de carga eletrônica deslocalizadas. Em geral, quanto menos elétrons de valência, mais deslocalizados eles serão e mais metálicas as ligações formadas. *Ligações metálicas* ocorrem somente entre agregados de átomos e são *não direcionais*.

As *ligações secundárias* são formadas pela atração eletrostática entre os dipolos elétricos no interior de átomos ou moléculas. Os *dipolos flutuantes* são capazes de ligar átomos devido a uma distribuição assimétrica da carga eletrônica no interior do próprio átomo. Essas forças de ligação são importantes para a liquefação e a solidificação de gases nobres. Os *dipolos permanentes* são importantes na ligação de moléculas polares ligadas covalentemente, tais como a água e os hidrocarbonetos.

As *ligações mistas* ocorrem, em geral, entre átomos e em moléculas. Por exemplo, metais como o titânio e o ferro possuem ligações mistas metálicas-covalentes; compostos ligados covalentemente tais como o GaAs e o ZnSe exibem certas características de comportamento iônico; alguns compostos intermetálicos como o $NaZn_{13}$ possuem ligações iônicas misturadas às ligações metálicas. Em geral, as ligações acontecem entre átomos ou moléculas porque, assim fazendo, as energias são diminuídas.

2.8 PROBLEMAS

As respostas para os exercícios marcados com um asterisco constam no final do livro.

Problemas de conhecimento e compreensão

2.1 Explique (a) a lei das proporções múltiplas e (b) a lei da conservação da massa aplicada aos átomos e suas propriedades químicas.

2.2 Como os cientistas descobriram que os próprios átomos são constituídos de partículas ainda menores?

2.3 Como a existência dos elétrons foi comprovada pela primeira vez? Discorra sobre as características dos elétrons.

2.4 Como a existência dos prótons foi comprovada pela primeira vez? Discorra sobre as características dos prótons.

2.5 Quais são as semelhanças e diferenças entre os prótons, os nêutrons e os elétrons? Faça uma comparação detalhada.

2.6 Um mol de átomos de ferro tem massa de 55,85; sem fazer cálculo algum, determine a massa em u de um átomo de ferro.

2.7 Um átomo de oxigênio tem massa de 16,00 μ; sem fazer cálculo algum, determine a massa em gramas de um mol de átomos de oxigênio.

2.8 Defina (a) número atômico, (b) massa atômica, (c) unidade de massa atômica (μ), (d) número de massa, (e) isótopos, (f) mol, (g) massa atômica relativa, (h) massa atômica relativa média e (i) número de Avogadro.

2.9 Explique a lei da periodicidade química.

2.10 Qual é a natureza da luz visível? Como a energia é liberada e transmitida sob a forma de luz visível?

2.11 (a) Classifique as seguintes emissões em ordem crescente do comprimento de onda: forno de micro-ondas, ondas de rádio, lâmpadas de bronzeamento, raios X, raios gama emitidos pelo sol. (b) Classificar as mesmas emissões em termos da frequência. Qual emissão possui a energia mais alta de todas?

2.12 Explique o modelo de Bohr para o átomo de hidrogênio. Quais são as falhas do modelo de Bohr?

2.13 Explique o princípio da incerteza. Como este princípio contradiz o modelo atômico de Bohr?

2.14 Explique os seguintes termos (faça um diagrama para cada um): (a) diagrama de densidade eletrônica, (b) orbital, (c) representação de superfície de fronteira, e (d) probabilidade radial.

2.15 Dê os nomes e descreva todos os números quânticos.

2.16 Explique o princípio da exclusão de Pauli.

2.17 Explique (a) o efeito da carga do núcleo e (b) o efeito de blindagem em átomos multieletrônicos.

2.18 Explique os termos (a) raio metálico, (b) raio covalente, (c) primeira energia de ionização, (d) segunda energia de ionização, (e) número de oxidação, (f) afinidade eletrônica, (g) metais, (h) não metais, (i) metaloides e (j) eletronegatividade.

2.19 Compare e contraste em detalhe as três ligações primárias (faça um diagrama esquemático para cada uma). Explique a força motriz na formação dessas ligações ou, em outras palavras, responda à seguinte pergunta básica: antes de tudo, por que os átomos se ligam?

2.20 Enumere os fatores que controlam a eficiência de empacotamento (número de vizinhos) em sólidos iônicos e covalentes. Dê um exemplo de cada tipo de sólido.

2.21 Descreva as cinco etapas para a formação de um sólido iônico. Explique quais etapas consomem energia e quais etapas liberam energia.

2.22 Descreva (a) a lei de Hess, (b) energia de rede e (c) calor de formação.

2.23 Explique o que significam os termos (a) par compartilhado, (b) ordem de ligação, (c) energia de ligação, (d) comprimento de ligação, (e) ligações covalentes polares e não polares e (f) sólido covalente de rede.

2.24 Explique o processo de hibridização no carbono. Use os diagramas de orbitais.

2.25 Descreva as propriedades (elétricas, mecânicas etc.) de materiais que são constituídos exclusivamente de (a) ligações iônicas, (b) ligações covalentes e (c) ligações metálicas. Dê um exemplo de um material de cada tipo.

2.26 O que são ligações secundárias? Qual é a força motriz para a formação destas ligações? Dê exemplos de materiais nos quais existem estas ligações.

2.27 Discuta os vários tipos de ligação mista.

2.28 Defina os seguintes termos: (a) momento dipolar, (b) dipolo flutuante, (c) dipolo permanente, (d) ligações de van der Waals e (e) pontes de hidrogênio.

Problemas de aplicação e análise

*2.29 O diâmetro de uma bola de futebol é aproximadamente 0,279 m (11 mm). O diâmetro da Lua é $3,476 \times 10^6$ m. Faça uma "estimativa" de quantas bolas de futebol seriam necessárias para cobrir a superfície da Lua (admita que seja esférica e com o terreno liso). Comparar esse número com o número de Avogadro. A qual conclusão você chegou?

*2.30 As moedas de 25 centavos (*quarters*) produzidas pela Casa da Moeda dos Estados Unidos são feitas de uma liga de cobre e níquel. Em cada moeda, há 0,00740 mols de Ni e 0,0886 mols de cobre. (a) Qual é a massa total da moeda de 25 centavos? (b) Quais são as porcentagens em massa de níquel e de cobre na moeda de 25 centavos?

2.31 A liga de prata denominada *sterling* contém 92,5% em peso de prata e 7,5% em peso de cobre. O cobre é adicionado à prata a fim de tornar o material mais resistente e mais durável. Uma pequena colher de prata *sterling* tem massa de 100 g. Calcule o número de átomos de cobre e de prata na colher.

*2.32 Existem dois isótopos naturais do boro com números de massa 10 (10,0129 μ) e 11 (11,0093 μ); as porcentagens são 19,91 e 80,09 respectivamente. (a) Determine a massa atômica média e (b) a massa atômica relativa (ou número atômico) do boro. Compare o seu resultado com aquele apresentado na tabela periódica.

2.33 A liga monel consiste de 70% em peso de Ni e 30% em peso de Cu. Quais são as porcentagens de átomos de Ni e Cu nesta liga?

*2.34 Qual é a fórmula química do composto intermetálico constituído, em peso, de 15,68% de Mg e 84,32% de Al?

2.35 A fim de se elevar a temperatura de 100 g de água da temperatura ambiente (20 °C) à temperatura de ebulição (100 °C), é necessário o fornecimento de 33.400 J. Se for usado um forno de micro-ondas (λ da radiação de 1,20 cm) para este processo, quantos fótons de radiação de micro-ondas serão necessários?

2.36 Com base no problema anterior, determine o número de fótons necessários para o mesmo aumento de temperatura se forem usadas (a) luz ultravioleta ($\lambda = 1,0 \times 10^{-8}$ m), (b) luz visível ($\lambda = 5,0 \times 10^{-7}$ m) e (c) luz infravermelha ($\lambda = 1,0 \times 10^{-4}$ m). Que conclusões importantes podem se obter a partir deste exercício?

*2.37 Para que o corpo humano possa detectar a luz visível, o nervo óptico deve ser exposto a uma quantidade mínima de energia de $2,0 \times 10^{-17}$ J. (a) Calcule o número de fótons de luz vermelha necessários para se conseguir isso ($\lambda = 700$ nm). (b) Sem qualquer cálculo adicional, diga se seriam necessários mais ou menos fótons de luz azul para estimular os nervos ópticos.

2.38 Represente o comprimento de onda de cada um dos seguintes raios a partir da comparação com o comprimento de um objeto físico (ex., um raio com um comprimento de onda de 1 m (100 cm) seria comparável a um taco de *baseball*): (a) raios do aparelho de radiografia de um dentista, (b) raios em um forno de micro-ondas, (c) raios de uma lâmpada de bronzeamento, (d) raios de uma lâmpada de aquecimento, (e) onda de rádio FM.

2.39 No problema anterior, sem qualquer cálculo, classifique os raios em ordem crescente da energia de radiação.

2.40 Em um gerador de raios X comercial, um metal estável como o cobre (Cu) ou tungstênio (W) é exposto a um intenso feixe de elétrons de alta energia. Esses elétrons causam a ionização de átomos no metal. Quando tais átomos retornam ao estado fundamental, eles emitem raios X com comprimento de onda e energia característicos. Por exemplo, um átomo de tungstênio atingido por um elétron de alta energia pode perder um dos seus elétrons da camada K. Quando isso acontece, outro elétron, provavelmente da camada L, ocupará a vaga deixada na camada K. Se esta transição 2p → 1s ocorrer no tungstênio, um raio X de tungstênio K_α será emitido. Um raio X de tungstênio K_α possui comprimento de onda λ de 0,02138 nm. Determine a energia e a frequência do raio.

2.41 Um dado átomo de hidrogênio existe com o seu elétron no estado $n = 4$. O elétron sofre uma transição para o estado $n = 3$. Calcule (a) a energia do fóton emitido, (b) a sua frequência e (c) o seu comprimento de onda em nanômetros (nm).

*2.42 Um dado átomo de hidrogênio existe com o seu elétron no estado $n = 6$. O elétron sofre uma transição para o estado $n = 2$. Calcule (a) a energia do fóton emitido, (b) a sua frequência e (c) o seu comprimento de onda em nanômetros (nm).

2.43 Com base nas informações fornecidas nos Exemplos 2.4 e 2.5, determine a incerteza associada à posição do elétron se a incerteza na determinação de sua velocidade for 1%. Compare a incerteza calculada para a posição com a estimativa do diâmetro do átomo. A qual conclusão você chega?

2.44 Repetir o problema anterior para a determinação da incerteza associada à posição do elétron se a incerteza na determinação de sua velocidade for 2%. Comparar a incerteza calculada na posição com aquela do problema anterior. A qual conclusão você chega?

*2.45 Para o valor 4 do número quântico principal, n, determine todos os outros valores possíveis para os números quânticos ℓ e m_ℓ.

2.46 Para cada par n e ℓ abaixo, dê a denominação do subnível, os possíveis valores de m_l e o número correspondente de orbitais.

(a) $n = 1, \ell = 0$ (c) $n = 3, \ell = 2$
(b) $n = 2, \ell = 1$ (d) $n = 4, \ell = 3$

2.47 Determine se as seguintes combinações de números quânticos são aceitáveis:

(a) $n = 3, \ell = 0, m_\ell = +1$
(b) $n = 6, \ell = 2, m_\ell = -3$
(c) $n = 3, \ell = 3, m_\ell = -1$
(d) $n = 2, \ell = 1, m_\ell = +1$

2.48 Em cada linha (a a d), há somente um valor errado. Diga qual e explique o porquê.

	n	ℓ	m_ℓ	Denominação
(a)	3	0	1	3s
(b)	2	1	-1	2s
(c)	3	1	+2	3d
(d)	3	3	0	4f

*2.49 Determine os quatro números quânticos para o 3º, 15º e 17º elétrons do átomo de cloro.

2.50 Determine a configuração eletrônica e o número de grupo do átomo no estado fundamental com base no diagrama de orbital parcial (nível de valência) dado. Identifique o elemento.

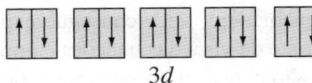

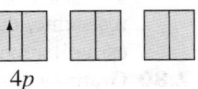

[diagrama de orbitais: 4s (↑↓), 3d (↑↓ ↑↓ ↑↓ ↑↓ ↑↓), 4p (↑↓ ↑ □ □)]

2.51 Dê as configurações eletrônicas dos seguintes elementos usando a notação spdf: (a) ítrio, (b) háfnio, (c) samário e (d) rênio.

2.52 Dê as configurações eletrônicas dos seguintes íons usando a notação spdf: (a) Cr^{2+}, Cr^{3+}, Cr^{6+}; (b) $*Mo^{3+}$, Mo^{4+}, Mo^{6+}; (c) Se^{4+}, Se^{6+}, Se^{2-}.

2.53 Classifique os seguintes átomos em (a) ordem crescente do tamanho atômico e (b) ordem decrescente da primeira energia de ionização, EI1. Use somente a tabela periódica para responder as questões. Confira suas respostas usando as Figuras 2.10 e 2.11.

(i) K, Ca, Ga   (ii) Ca, Sr, Ba   (iii) I, Xe, Cs

2.54 Classifique os seguintes átomos em (a) ordem crescente do tamanho atômico e (b) ordem decrescente de primeira energia de ionização, EI1. Use somente a tabela periódica para responder as questões. Confira suas respostas usando as Figuras 2.10 e 2.11.

(i) Ar, Li, F, O, Cs, C
(ii) Sr, H, Ba, He, Mg, Cs

2.55 Os valores da primeira energia de ionização de dois átomos com configurações eletrônicas

(a) $1S^2 2s^2 2p^6$ e (b) $1s^2 2s^2 2p^6 3s^1$ são 2.080 kJ/mol e 496 kJ/mol. Determine a qual estrutura eletrônica se refere cada valor de EI1 e justifique a sua resposta.

2.56 Os valores da primeira energia de ionização de três átomos com configurações eletrônicas (a) [He]$2s^2$, (b) [Ne]$3s^1$, (c) [Ar]$2s^1$ e (d) [He]$2s^1$ são 496 kJ/mol, 419 kJ/mol, 520 kJ/mol e 899 kJ/mol. Determine a qual estrutura eletrônica se refere cada valor de EI1, justificando a sua resposta.

2.57 De maneira semelhante à Figura 2.15, use (a) diagramas de orbitais e (b) estruturas de Lewis para explicar a formação dos íons de Na^+ e O^{2-} e as ligações correspondentes. Qual é a fórmula do composto?

2.58 Calcule a força de atração (●► ◄●) entre um par de íons Ba^{2+} e S^{2-} que acabaram de se tocar. Admita que o raio iônico do íon Ba^{2+} é 0,143 nm e aquele do íon S^{2-} é 0,174 nm.

2.59 Calcule a energia potencial líquida para um par de íons $Ba^{2+}S^{2-}$ usando a constante b calculada no problema anterior. Admita $n = 10,5$.

2.60 Se a força de atração entre um par de íons Cs^+ e I^- é $2,83 \times 10^{-9}$ N e o raio iônico do íon Cs^+ é 0,165 nm, calcule o raio iônico do íon I^- em nanômetros.

*2.61 Para cada par de ligações representadas abaixo, determine qual possui a energia de rede mais alta (mais negativa). Explique sua resposta. Diga ainda qual dos cinco compostos iônicos tem a temperatura de fusão mais alta e o porquê. Confira sua resposta.

(a) LiCl e CsCl
(b) CsCl e RbCl
(c) LiF e MgO
(d) MgO e CaO

*2.62 Calcule a energia de rede para formação do sólido NaF se forem dadas as informações a seguir. O que o valor calculado para a energia de rede lhe diz sobre o material?

(i) 109 kJ são necessários para transformar o Na sólido em Na gasoso.

(ii) 243 kJ são necessários para transformar o F_2 gasoso em dois átomos separados de F.

(iii) 496 kJ são necessários para remover o elétron $3s^1$ do Na (formação do cátion Na^+).

(iv) –349 kJ de energia (a energia é liberada) para se adicionar um elétron ao F (formação do ânion Na^-).

(v) –411 kJ de energia (a energia é liberada) para formar o NaF gasoso (calor de formação do NaF).

2.63 Calcule a energia de rede para a formação do NaCl sólido se forem dadas as informações a seguir. O que o valor calculado para a energia de rede lhe diz sobre o material?

(i) 109 kJ são necessários para transformar o Na sólido em Na gasoso.

(ii) 121 kJ são necessários para transformar o Cl_2 gasoso em dois átomos separados de Cl.

(iii) 496 kJ são necessários para remover o elétron $3s^1$ do Na (formação do cátion Na^+).

(iv) –570 kJ de energia (energia é liberada) para se adicionar um elétron ao Cl.

(v) –610 kJ de energia (energia é liberada) para formar o NaCl gasoso (calor de formação do NaCl).

2.64 Para cada uma das seguintes séries de ligações determine a ordem e classifique-as pelo comprimento e pela resistência. Explique suas respostas.

(a) S–F; S–Br; S–Cl

(b) C–C; C=C; C≡C

2.65 Classifique os seguintes átomos ligados covalentemente segundo o grau de polaridade: C–N; C–C; C–H; C–Br.

2.66 Liste o número de átomos ligados a um átomo de C que exibem hibridização sp^3, sp^2 e sp. Para cada átomo, mostre o arranjo geométrico dos átomos na molécula.

2.67 Há uma correlação entre as configurações eletrônicas dos elementos que vão do escândio (Z = 21) ao cobre (Z = 29) e os seus pontos de fusão? (ver Tabela 2.7.)

*2.68 Compare a porcentagem de traços iônicos nos compostos semicondutores CdTe e InP.

Problemas de síntese e avaliação

2.69 ^{39}K, ^{40}K e ^{41}K são três isótopos do potássio. Se o ^{40}K for o menos abundante, qual dos outros isótopos é o mais abundante?

*2.70 Muitos dos modernos *microscópios de varredura eletrônica* (MEV) são equipados com detectores da energia dispersada sob a forma de raios X para fins de análise química de amostras. Essa análise por raios X é uma continuação lógica do desenvolvimento do MEV, já que os elétrons que formam a imagem são também capazes de gerar raios X característicos na amostra. Quando o feixe de elétrons atinge a amostra, raios X característicos dos elementos nela presentes são criados. Estes raios X podem ser detectados e usados para se inferir a composição da amostra por comparação com comprimentos de onda característicos de cada elemento. Por exemplo,

Elemento	Comprimento de onda dos raios X K_α
Cr	0,2291 nm
Mn	0,2103 nm
Fe	0,1937 nm
Co	0,1790 nm
Ni	0,1659 nm
Cu	0,1542 nm
Zn	0,1436 nm

Seja uma amostra de liga metálica examinada em um microscópio MEV, sendo detectadas três energias diferentes de raios X. Se as três energias são 7.492, 5.426 e 6.417 eV, quais elementos estão presentes na amostra? E qual seria a denominação dela? (Consultar o Capítulo 9 deste livro.)

2.71 De acordo com a Seção 2.5.1, a fim de se formar íons monoatômicos a partir de metais e não metais, energia deve ser fornecida. Entretanto, sabe-se que as ligações primárias são formadas porque os átomos envolvidos querem diminuir suas energias. Por que então são formados os compostos iônicos?

2.72 Entre os gases nobres Ne, Ar, Kr e Xe, qual é o mais reativo quimicamente?

*2.73 A temperatura de fusão do Na é (89 °C), que é maior do que a temperatura de fusão do K (63,5 °C). Você consegue explicar esse fato em termos das diferenças nas estruturas eletrônicas?

*2.74 A temperatura de fusão do Li (180 °C) é significativamente mais baixa do que a temperatura de fusão do seu vizinho Be (1.287 °C). Você consegue explicar esse fato em termos das diferenças nas estruturas eletrônicas?

2.75 O ponto de fusão do metal potássio é 63,5 °C, ao passo que o do titânio é 1.660 °C. Que explicação pode ser dada para esta grande diferença nas temperaturas de fusão?

2.76 O bronze para cartucho (munição) é uma liga de dois metais: 70% de cobre e 30% de zinco em peso. Discuta a natureza das ligações entre o cobre e o zinco nessa liga.

2.77 Após a ionização, por que o íon de sódio é menor do que o átomo de sódio? Após a ionização, por que o íon de cloro é maior do que o átomo de cloro?

2.78 Independentemente do tipo de ligação primária, como se explica a própria tendência dos átomos em se ligar?

*2.79 O alumínio puro é metal dúctil com baixa resistência à tração e dureza. O seu óxido Al_2O_3 é extremamente resistente, duro e quebradiço. Você consegue explicar essa diferença do ponto de vista das ligações atômicas?

2.80 Grafita e diamante são constituídos de átomos de carbono. (a) Liste algumas das características físicas de cada um. (b) Dê uma aplicação para a grafita e uma para o diamante. (c) Se ambos os materiais são constituídos de carbono, por que existem essas diferenças nas suas propriedades?

2.81 O silício é empregado extensivamente na fabricação de dispositivos de circuito integrado tais como transistores e diodos emissores de luz. Frequentemente é necessário proceder ao depósito de uma fina camada de óxido (SiO_2) em lâminas de silício. (a) Quais são as diferenças de propriedades entre o substrato de silício e a camada de óxido? (b) Projete um processo para o depósito da camada de óxido na lâmina de silício. (c) Projete um processo para o depósito da camada de óxido somente em certas áreas específicas da lâmina.

2.82 Como as altas condutividades elétrica e térmica dos metais podem ser explicadas pelo modelo do "gás eletrônico" de ligações metálicas? E quanto à maleabilidade?

2.83 Explique o que são dipolos flutuantes entre os átomos do gás nobre neônio. Entre os gases nobres criptônio e xenônio, qual você esperaria que tivesse a ligação dipolar mais forte e por quê?

2.84 O tetracloreto de carbono (CCl_4) tem momento dipolar zero. O que isso significa em termos da configuração da ligação C – Cl nesta molécula?

2.85 O metano (CH_4) tem um ponto de ebulição muito mais baixo do que a água (H_2O). Explique este fato em termos de ligação entre moléculas nas duas substâncias.

2.86 Para cada um dos seguintes compostos, diga se a ligação é basicamente metálica, covalente, iônica, ligações de van der Waals ou pontes de hidrogênio: (a) Ni, (b) ZrO_2, (c) grafita, (d) Kr sólido, (e) Si, (f) BN, (g) SiC, (h) Fe_2O_3, (i) MgO, (j) W, (k) H_2O no interior das moléculas, (l) H_2O entre as moléculas. Caso ligações covalentes e iônicas estiverem presentes em qualquer um dos compostos relacionados acima, calcule o caráter iônico percentual do composto.

*2.87 Na fabricação de uma lâmpada, o ar do bulbo é evacuado e este é então preenchido com o gás argônio. Qual é a razão para esse procedimento?

2.88 O aço inoxidável é um metal resistente à corrosão por conter grandes quantidades de crômio. De que maneira o crômio protege o metal da corrosão?

2.89 Robôs são utilizados na indústria automobilística para soldar componentes em pontos específicos das peças. Obviamente, a posição da extremidade do braço do robô deve ser determinada com precisão, de modo que os componentes sejam soldados na posição precisa. (a) Na seleção de materiais para o braço do robô, quais fatores devem ser levados em consideração? (b) Escolha um material adequado a esta aplicação.

2.90 Uma dada aplicação requer um material que seja leve, isolante elétrico e relativamente flexível. (a) Quais classes de materiais você pesquisaria para esta aplicação? (b) Explique sua resposta em termos das características das ligações.

2.91 Uma dada aplicação requer um material que seja não condutor elétrico (isolante), extremamente rígido e leve. (a) Quais classes de materiais você pesquisaria para esta aplicação? (b) Explique sua resposta em termos das características das ligações.

CAPÍTULO 3

Estrutura Cristalina e Amorfa nos Materiais

(a) (b) (c) (d)

((a) © Paul Silverman/Fundamental Photographs.)((b) © The McGraw-Hill Companies, Inc./Doug Sherman, photographer.)((c) e (d) © Dr. Parvinder Sethi.)

METAS DE APRENDIZAGEM

Ao final deste capítulo, o aluno será capaz de:

1. Descrever o que são materiais cristalinos e não cristalinos (amorfos).
2. Saber como os átomos e íons estão arranjados no espaço e identificar a ordenação básica dos sólidos.
3. Descrever a diferença entre estrutura atômica e estrutura cristalina do material sólido.
4. Distinguir entre estrutura cristalina e sistema cristalino.
5. Explicar porque os plásticos não podem ser 100% cristalinos na estrutura.
6. Explicar polimorfismo ou alotropia nos materiais.
7. Calcular as densidades dos metais com estruturas cúbicas de corpo centrado e de face centrada.
8. Descrever como usar o método da difração de raios X para caracterização do material.
9. Escrever a designação para posição do átomo, índices de direção, e índices de Miller para cristais cúbicos. Especificar o que são as três estruturas compactas da maioria dos metais. Determinar os índices de Miller-Bravais para estrutura hexagonal compacta. Ser capaz de desenhar direções e planos em cristais cúbicos e hexagonais.

Os sólidos podem ser classificados em cristalinos e amorfos. Sólidos cristalinos, devido à estrutura ordenada de seus átomos, moléculas ou íons, possuem formas bem definidas. Metais são cristalinos e compostos de cristais ou grãos muito bem definidos, são pequenos e não claramente observáveis, devido à natural opacidade dos metais. Nos minerais, geralmente translúcidos ou transparentes, as estruturas cristalinas são claramente observáveis. As figuras acima mostram a natureza cristalina dos minerais como a (a) Celestita ($SrSO_4$) com um azul celeste ou cor celestial, (b) Pirita (FeS_2), também chamada de "ouro de tolo" por causa de sua cor amarela latão, (c) Ametista (SiO_2), uma variedade púrpura de Quartzo, e (d) Halita (NaCl), mais conhecido como pedra de sal. Em contraste, sólidos amorfos têm pouca ou nenhuma ordenação de longo alcance e não se solidificam com a simetria e a regularidade dos sólidos cristalinos.

3.1 REDE ESPACIAL E CÉLULAS UNITÁRIAS

A estrutura física dos materiais sólidos com importância para a engenharia depende principalmente do arranjo estabelecido entre os átomos, íons ou moléculas que os constituem, e das forças de ligação entre eles. Se os átomos ou íons de um sólido estiverem dispostos em um padrão que se repete segundo as três dimensões, é formado um sólido que se diz ter **estrutura cristalina**, e é chamado de *sólido cristalino* ou *material cristalino*. Os metais, as ligas metálicas e alguns materiais cerâmicos constituem exemplos de materiais cristalinos. Em contraste com os materiais cristalinos, existem alguns materiais cujos átomos e íons não estão arranjados em uma estrutura periódica e de maneira repetitiva, e possuem somente uma *pequena ordenação*. Isso significa que a ordenação existe somente na fronteira imediata de um átomo ou de uma molécula. Como exemplo, água no estado líquido tem uma pequena ordenação em suas moléculas nas quais um átomo de oxigênio é covalentemente ligado a dois átomos de hidrogênio. Mas essa ordem desaparece, pois cada molécula é atraída de maneira aleatória por outras moléculas, por meio de ligações secundárias fracas. Materiais, somente com ordenações pequenas, são classificados como **amorfos** (sem forma) ou não cristalinos. Uma definição mais detalhada e alguns exemplos de materiais amorfos são apresentados na Seção 3.12.

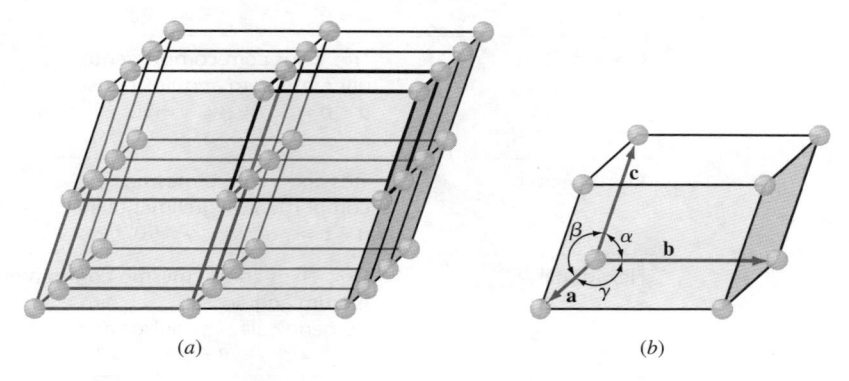

FIGURA 3.1
(a) Rede espacial de um sólido cristalino ideal. (b) Célula unitária e seus respectivos parâmetros de rede.

Nos sólidos cristalinos, os arranjos estabelecidos entre os átomos podem ser descritos fazendo-se referência aos átomos dos pontos de interseção de uma rede tridimensional de linhas retas. Esta rede designa-se por **rede espacial** (Figura 3.1a) e pode ser descrita como um arranjo infinito tridimensional de pontos. Cada ponto (ou nó) da rede espacial tem vizinhanças idênticas. Em um **cristal** ideal, o agrupamento de **nós da rede** em torno de um dado nó é idêntico ao agrupamento em torno de qualquer outro nó da rede cristalina. Cada rede espacial pode, por conseguinte, ser descrita especificando as posições atômicas em uma **célula unitária** que se repete, tal como a representada com um ponto cheio, na Figura 3.1a. A célula unitária pode ser considerada como a menor subdivisão da rede que mantém as características gerais do cristal. Um grupo de átomos, organizado num determinado arranjo relativo entre si, e associado aos pontos da rede, constitui o **padrão** ou base. A estrutura cristalina pode, então, ser definida como a coleção de rede e base. É importante notar que os átomos não necessariamente coincidem com os pontos da rede. O tamanho e a forma da célula unitária podem ser descritos pelos três vetores de rede **a**, **b** e **c**, com origem num dos vértices da célula unitária (Figura 3.1b). Os comprimentos a, b e c e os ângulos α, β e γ entre os eixos são os *parâmetros de rede* da célula unitária.

3.2 SISTEMAS CRISTALOGRÁFICOS E REDES DE BRAVAIS

Atribuindo valores específicos aos comprimentos segundo os eixos e os ângulos existentes entre eles, diferentes tipos de células unitárias podem ser construídos. Os cristalógrafos mostraram que, para criar todos os tipos de redes de pontos, são necessários apenas sete tipos distintos de células unitárias. Esses sistemas cristalográficos estão enumerados na Tabela 3.1.

Muitos dos sete sistemas cristalográficos apresentam variações da célula unitária básica. A. J. Bravais[1] mostrou que 14 células unitárias padrão podem descrever todas as possíveis redes. Estas redes de Bravais estão representadas na Figura 3.2. Existem quatro tipos básicos de células unitárias: (1) simples, (2) de corpo centrado, (3) de faces centradas e (4) de bases centradas.

---

[1]August Bravais (1811-1863). Cristalógrafo francês que deduziu os 14 possíveis arranjos de pontos no espaço.

Tabela 3.1
Classificação das redes espaciais por sistemas cristalográficos.

Sistema cristalográfico	Comprimento dos eixos e dos ângulos	Rede espacial
Cúbico	Três eixos com o mesmo comprimento, em ângulos retos $a = b = c, \alpha = \beta = \gamma = 90°$	Cúbica simples Cúbica de corpo centrado Cúbica de faces centradas
Tetragonal	Três eixos em ângulos retos, sendo que dois deles têm o mesmo comprimento $a = b \neq c, \alpha = \beta = \gamma = 90°$	Tetragonal simples Tetragonal de corpo centrado
Ortorrômbico	Três eixos com comprimentos diferentes, em ângulos retos $a \neq b \neq c, \alpha = \beta = \gamma = 90°$	Ortorrômbica simples Ortorrômbica de corpo centrado Ortorrômbica de bases centradas Ortorrômbica de faces centradas
Romboédrico	Três eixos com o mesmo comprimento, igualmente inclinados $a = b = c, \alpha = \beta = \gamma \neq 90°$	Romboédrica simples
Hexagonal	Dois eixos com o mesmo comprimento, em um ângulo 120°; terceiro eixo perpendicular aos outros dois $a = b \neq c, \alpha = \beta = 90°, \gamma = 120°$	Hexagonal simples
Monoclínico	Três eixos com comprimentos diferentes, sendo que um par se localiza em um ângulo não reto $a \neq b \neq c, \alpha = \gamma = 90° \neq \beta$	Monoclínica simples Monoclínica de bases centradas
Triclínico	Três eixos com comprimentos diferentes, fazendo ângulos diferentes e não sendo nenhum reto. $a \neq b \neq c, \alpha \neq \beta \neq \gamma \neq 90°$	Triclínica simples

No sistema cúbico, existem três tipos de células unitárias: cúbica simples, cúbica de corpo centrado e cúbica de faces centradas. No sistema ortorrômbico, estão representados todos os quatro tipos. No sistema tetragonal, existem apenas dois: simples e de corpo centrado. A célula unitária tetragonal de faces centradas parece faltar; mas pode, no entanto, ser construída a partir de quatro células unitárias tetragonais de corpo centrado. O sistema monoclínico tem células unitárias simples e de bases centradas; e os sistemas romboédrico, hexagonal e triclínico têm apenas células unitárias de tipo simples.

3.3 PRINCIPAIS ESTRUTURAS CRISTALINAS DOS METAIS

Neste capítulo serão abordadas, em detalhe, as principais estruturas cristalinas dos elementos metálicos. No Capítulo 11, serão analisadas as principais estruturas cristalinas iônicas e covalentes que ocorrem nos materiais cerâmicos.

A maior parte dos elementos metálicos (cerca de 90%) se cristaliza, ao se solidificar, em três estruturas cristalinas compactas: **cúbica de corpo centrado (CCC)** (Figura 3.3a), **cúbica de faces centradas (CFC)** (Figura 3.3b) e **hexagonal compacta (HC)** (Figura 3.3c). A estrutura HC se constitui, na verdade, de uma alteração mais intensa da estrutura cristalina hexagonal simples representada na Figura 3.2. A maior parte dos metais se cristaliza nestas estruturas compactas, pelo fato da energia ser liberada à medida que os átomos se aproximam uns dos outros e se ligam mais compactamente. Assim, as estruturas mais densas correspondem a arranjos de energia mais baixa, portanto são mais estáveis.

O tamanho extremamente pequeno das células unitárias dos metais cristalinos, representadas na Figura 3.3 precisa ser destacado. Por exemplo, à temperatura ambiente, o comprimento da aresta da

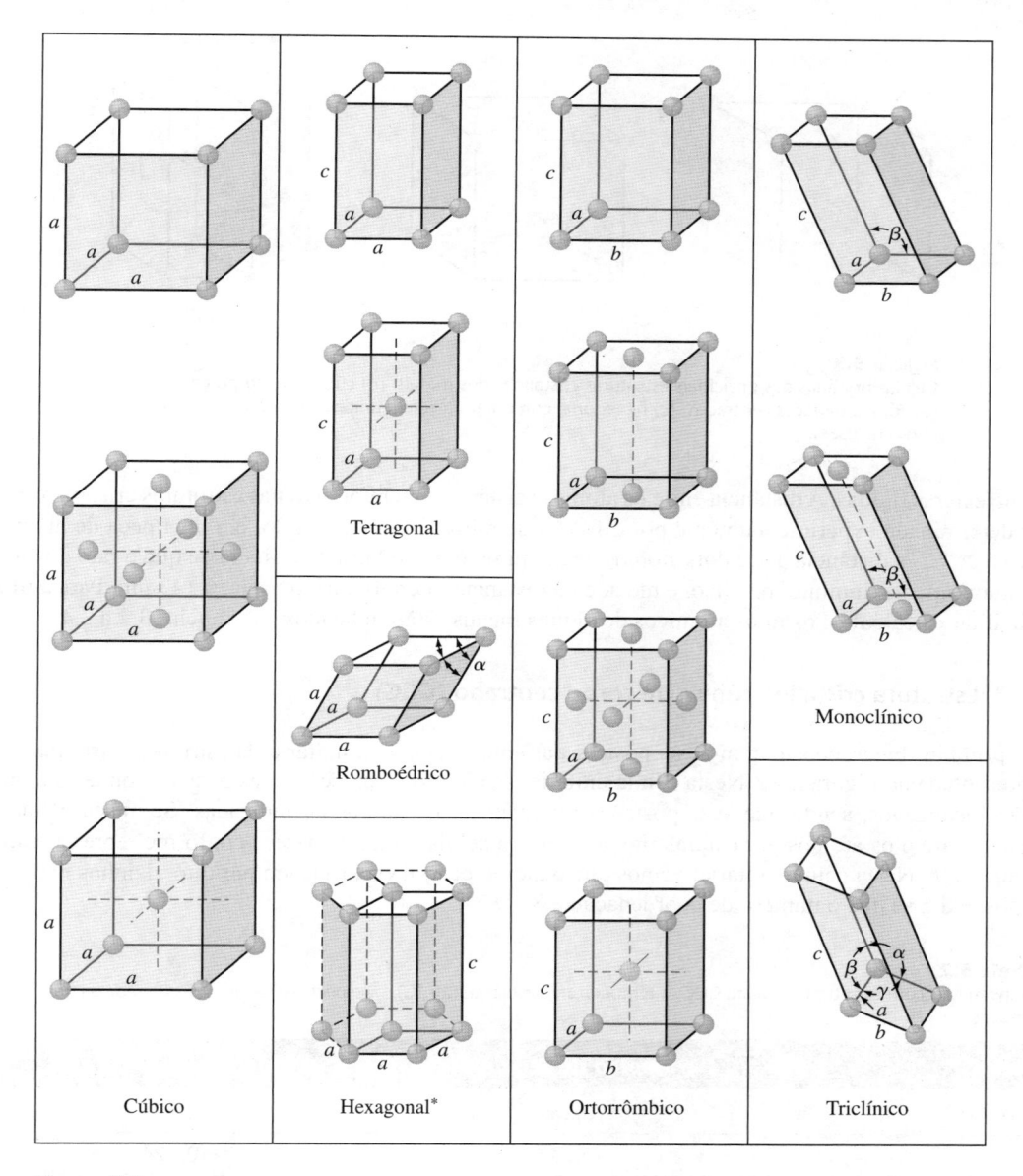

Figura 3.2
Células unitárias convencionais das 14 redes de Bravais, agrupadas por sistemas Cristalográficos. Os círculos indicam os nós da rede que uma vez localizados em faces ou em vértices, são partilhados por outras células unitárias idênticas.

(W.G. Moffatt, G.W. Pearsall and J. Wulff, "The Struture and Properties of Material", vol I: "Structure": Wiley, 1964, p. 47)

* A célula unitária é representada por linhas cheias.

Tutorial
Animação
MatVis

célula unitária da estrutura cúbica de corpo centrado do ferro é $0{,}287 \times 10^{-9}$ m, ou 0,287 nanômetros[2] (nm). Assim, se as células unitárias do ferro puro se alinharem lado a lado, em um milímetro existirão

$$1 \text{ mm} \times \frac{1 \text{ célula unitária}}{0{,}287 \text{ nm} \times 10^{-6} \text{ mm/nm}} = 3{,}48 \times 10^6 \text{ células unitárias.}$$

Examinemos agora em detalhe o arranjo dos átomos nas células unitárias das três principais estruturas cristalinas. Embora seja uma aproximação, consideraremos nesse tipo de estruturas, os átomos como

---

[2] 1 nanômetro = 10^{-9} metro.

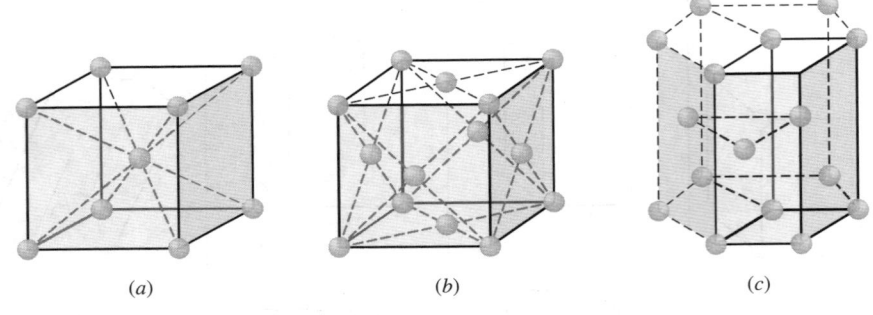

Figura 3.3
Células unitárias das principais estruturas cristalinas dos metais: (*a*) cúbica de corpo centrado, (*b*) cúbica de faces centradas, (*c*) hexagonal compacta (a célula unitária é apresentada com linhas grossas).

sendo esferas rígidas. A distância entre os átomos (distância interatômica) nas estruturas cristalinas pode ser determinada experimentalmente por difração de raios X[3]. Por exemplo, em uma peça de alumínio puro a 20 °C, a distância entre dois átomos de alumínio é 0,2862 nm. Considera-se que o raio do átomo de alumínio, no alumínio metálico, é metade da distância interatômica, ou seja, 0,143 nm. Para agilizar e facilitar os cálculos, os raios atômicos de alguns metais estão indicados nas Tabelas 3.2 a 3.4.

3.3.1 Estrutura cristalina cúbica de corpo centrado (CCC)

Em primeiro lugar, considerem-se as posições atômicas na célula unitária da estrutura cristalina CCC representada na Figura 3.4*a*. Nesta célula unitária, os círculos representam as posições onde os átomos estão localizados, sendo que suas posições relativas estão claramente indicadas. Se, nesta célula, se representarem os átomos por esferas rígidas, então a célula unitária aparece conforme representado na Figura 3.4*b*. Nesta célula unitária, vemos que o átomo central está rodeado por oito vizinhos mais próximos, e diz-se que o número de coordenação é 8.

Tabela 3.2
Alguns metais com estrutura cristalina CCC, à temperatura ambiente (20 °C), e respectivos parâmetros de rede e raios atômicos.

Metal	Parâmetro de rede a (nm)	Raio atômico R^* (nm)
Cromo	0,289	0,125
Ferro	0,287	0,124
Molibdênio	0,315	0,136
Potássio	0,533	0,231
Sódio	0,429	0,186
Tântalo	0,330	0,143
Tungstênio	0,316	0,137
Vanádio	0,304	0,132

* Calculado a partir do parâmetro de rede, usando a Equação (3.1), $R = \sqrt{3}a/4$.

Se isolarmos uma célula unitária com esferas rígidas, obtemos o modelo representado na Figura 3.4*c*. Cada uma destas células possui o equivalente a dois átomos por célula unitária. No centro desta célula está localizado um átomo completo e, em cada vértice um oitavo de esfera, obtendo-se o equivalente a outro átomo. Assim, existe um total de 1 (no centro) + $8 \times \frac{1}{8}$ (nos vértices) = 2 átomos por célula unitária. Na

---

[3] Alguns dos princípios da análise por difração de raios X serão estudados na Seção 3.11.

célula unitária CCC, os átomos se tocam segundo a diagonal do cubo, conforme indicado na Figura 3.5, pelo que a relação entre o comprimento da aresta do cubo a e o raio atômico R é

$$\sqrt{3}a = 4R \quad \text{ou} \quad a = \frac{4R}{\sqrt{3}} \tag{3.1}$$

Tabela 3.3
Alguns metais com estrutura cristalina CFC, à temperatura ambiente (20 °C), e respectivos parâmetros de rede e raios atômicos.

Metal	Parâmetro de rede a (nm)	Raio atômico R* (nm)
Alumínio	0,405	0,143
Cobre	0,3615	0,128
Ouro	0,408	0,144
Chumbo	0,495	0,175
Níquel	0,352	0,125
Platina	0,393	0,139
Prata	0,409	0,144

* Calculado a partir do parâmetro de rede, usando a Equação (3.3), $R = \sqrt{2}a/4$.

Tabela 3.4
Alguns metais com estrutura cristalina HC, à temperatura ambiente (20 °C), e respectivos parâmetros de rede e raios atômicos, e razão c/a.

Metal	Parâmetros de rede (nm)		Raio atômico R (nm)	Razão c/a	Desvio da idealidade (%)
	a	c			
Cádmio	0,2973	0,5618	0,149	1,890	+15,7
Zinco	0,2665	0,4947	0,133	1,856	+13,6
HC ideal				1,633	0
Magnésio	0,3209	0,5209	0,160	1,623	–0,66
Cobalto	0,2507	0,4069	0,125	1,623	–0,66
Zircônio	0,3231	0,5148	0,160	1,593	–2,45
Titânio	0,2950	0,4683	0,147	1,587	–2,81
Berílio	0,2286	0,3584	0,113	1,568	–3,98

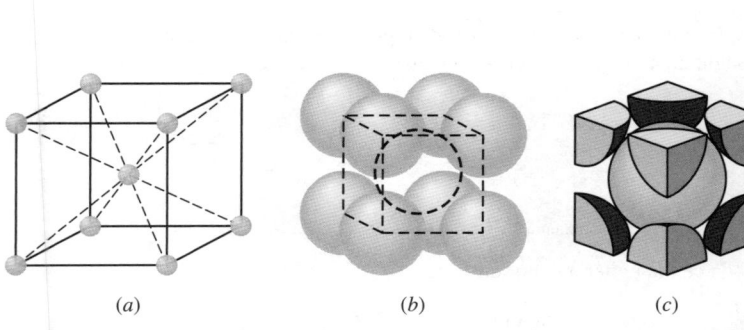

Figura 3.4
Células unitárias: (*a*) posições atômicas na célula unitária, (*b*) célula unitária com esferas rígidas, e (*c*) célula unitária isolada.

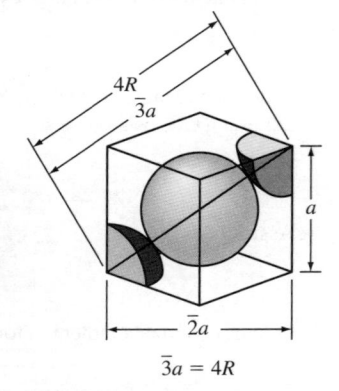

Figura 3.5
Célula unitária mostrando a relação entre o parâmetro de rede a e o raio atômico R.

EXEMPLO 3.1

A 20 °C, o ferro apresenta a estrutura CCC, sendo o raio atômico 0,124 nm. Calcule o parâmetro de rede a da célula unitária do ferro.

■ Solução

A Figura 3.5 mostra que, na célula unitária CCC, os átomos se tocam segundo as diagonais do cubo. Assim, se a for o comprimento da aresta do cubo, tem-se

$$\sqrt{3}a = 4R \tag{3.1}$$

sendo R o raio atômico do ferro. Portanto,

$$a = \frac{4R}{\sqrt{3}} = \frac{4(0{,}124\ \text{nm})}{\sqrt{3}} = 0{,}2864\ \text{nm} \blacktriangleleft$$

Se os átomos da célula unitária CCC forem considerados como esferas rígidas, pode-se calcular um **fator de empacotamento atômico (FEA)** usando a equação

$$\text{FEA} = \frac{\text{volume dos átomos na célula unitária}}{\text{volume da célula unitária}} \tag{3.2}$$

Usando esta equação, é possível calcular o FEA da célula unitária CCC (Figura 3.4c), que é 68% (ver Exemplo 3.2). Isso significa que 68% do volume da célula unitária CCC está ocupado pelos átomos e o restante, 32%, é espaço vazio. A estrutura cristalina CCC não é uma estrutura compacta, já que os átomos poderiam estar dispostos mais próximos uns dos outros. À temperatura ambiente, muitos metais, tais como o ferro, o cromo, o tungstênio, o molibdênio e o vanádio, apresentam estrutura cristalina CCC. Na Tabela 3.2, são indicados os parâmetros de rede e os raios atômicos de alguns metais CCC.

EXEMPLO 3.2

Calcule o fator de empacotamento atômico (FEA) da célula unitária CCC, considerando que os átomos apresentam um comportamento similar ao de esferas rígidas.

■ Solução

$$\text{FEA} = \frac{\text{volume dos átomos na célula unitária CCC}}{\text{volume da célula unitária CCC}} \tag{3.2}$$

Uma vez que existem dois átomos na célula unitária CCC, o volume dos átomos, de raio R, existentes na célula unitária é

$$V_{\text{átomos}} = (2)(\tfrac{4}{3}\pi R^3) = 8{,}373 R^3$$

O volume da célula unitária CCC é

$$V_{\text{célula unitária}} = a^3$$

onde a é o parâmetro de rede. A relação entre a e R é obtida a partir da Figura 3.5, onde se mostra que, na célula unitária CCC, os átomos se tocam segundo a diagonal do cubo. Assim:

$$\sqrt{3}a = 4R \quad \text{ou} \quad a = \frac{4R}{\sqrt{3}} \tag{3.1}$$

Assim,

$$V_{\text{célula unitária}} = a^3 = 12{,}32\ R^3$$

O fator de empacotamento atômico da célula unitária é, portanto,

$$\text{FEA} = \frac{V_{\text{átomos}}/\text{célula unitária}}{V_{\text{célula unitária}}} = \frac{8{,}373 R^3}{12{,}32 R^3} = 0{,}68 \blacktriangleleft$$

3.3.2 Estrutura cristalina cúbica de face centrada (CFC)

Consideremos, em seguida, a célula unitária da rede CFC representada na Figura 3.6a. Nesta célula unitária, existe um nó da rede em cada vértice do cubo e um nó no centro de cada uma das faces. O modelo de esferas rígidas da Figura 3.6b indica que, na estrutura cristalina CFC, os átomos estão organizados da maneira mais compacta possível. O FEA desta estrutura compacta é 0,74 quando comparado ao valor 0,68 da estrutura CCC, a qual não é compacta. A célula unitária CFC, conforme a representação da Figura 3.6c, possui o equivalente a quatro átomos por célula unitária. Aos oito octantes dos vértices corresponde um átomo ($8 \times \frac{1}{8} = 1$), e os seis meios-átomos, nas faces do cubo, contribuem com outros três átomos, perfazendo um total de quatro átomos por célula unitária. Posto isto, na célula unitária CFC, os átomos se tocam segundo as diagonais das faces do cubo, conforme a Figura 3.7, de modo que a relação entre o comprimento da aresta do cubo a e o raio atômico R é

$$\sqrt{2}a = 4R \quad \text{ou} \quad a = \frac{4R}{\sqrt{2}} \tag{3.3}$$

O FEA da estrutura cristalina CFC é 0,74, que é superior ao valor 0,68 obtido para o fator de empacotamento atômico da estrutura CCC. O FEA de 0,74 é o da disposição mais compacto possível de "átomos esféricos". Muitos metais, tais como o alumínio, o cobre, o chumbo, o níquel e o ferro a temperaturas elevadas (de 912 a 1.394 °C), se cristalizam e passam a apresentar estrutura cristalina CFC. Na Tabela 3.3, os parâmetros de rede e de raios atômicos de alguns metais CFC estão indicados.

3.3.3 Estrutura cristalina hexagonal compacta (HC)

A terceira estrutura cristalina mais comum nos materiais metálicos é a estrutura HC, representada nas Figuras 3.8a e b. Os metais não se cristalizam na estrutura hexagonal simples indicada na Figura 3.2, porque o FEA desta estrutura é demasiado baixo. Os átomos podem conseguir uma energia mais baixa e um estado mais estável, formando a estrutura HC da Figura 3.8b. O FEA da estrutura cristalina HC é 0,74, igual ao da estrutura cristalina CFC, já que, em ambas as estruturas, os átomos estão organizados da maneira mais compacta possível. Quer na estrutura cristalina HC, quer na estrutura cristalina CFC, cada átomo está rodeado por 12 outros átomos, e, portanto, ambas as estruturas têm um número de coordenação 12. As diferenças do chamado empilhamento atômico nas estruturas cristalinas CFC e HC serão abordadas na Seção 3.8.

Na Figura 3.8c, está representada uma célula unitária HC isolada, também chamada de *célula primitiva*, à qual correspondem seis átomos. Os átomos marcados com "1" na Figura 3.8c contribuem com $\frac{1}{6}$ do átomo na célula unitária. Os átomos marcados com "2" contribuem com $\frac{1}{12}$ do átomo na célula unitária.

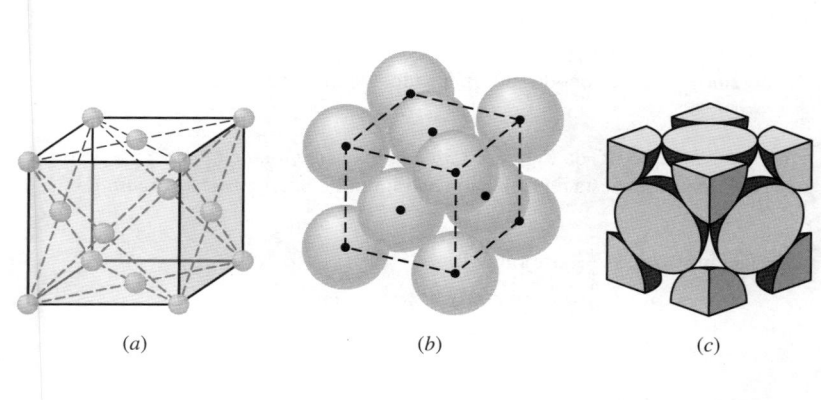

Figura 3.6
Células unitárias CFC: (a) posições atômicas na célula unitária, (b) célula unitária com esferas rígidas, e (c) célula unitária isolada.

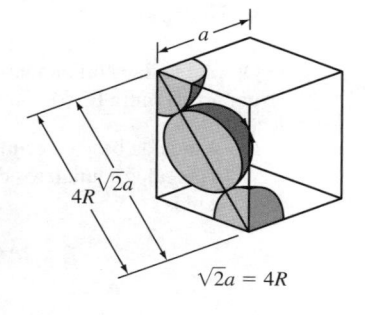

Figura 3.7
Célula unitária CFC mostrando a relação entre o parâmetro de rede a e o raio atômico R. Desde que os átomos se tocam segundo as diagonais das faces, $\sqrt{2}a = 4R$.

Tutorial
Animação
MatVis

Figura 3.8
Células unitárias HC: (a) posições atômicas na célula unitária, (b) célula unitária com esferas rígidas, e (c) célula unitária isolada.
(F.M. Miller, Chemistry: Structure and Dynamics, McGraw-Hill, 1984, p. 296. Reproduzido com permissão de The McGraw-Hill Companies.)

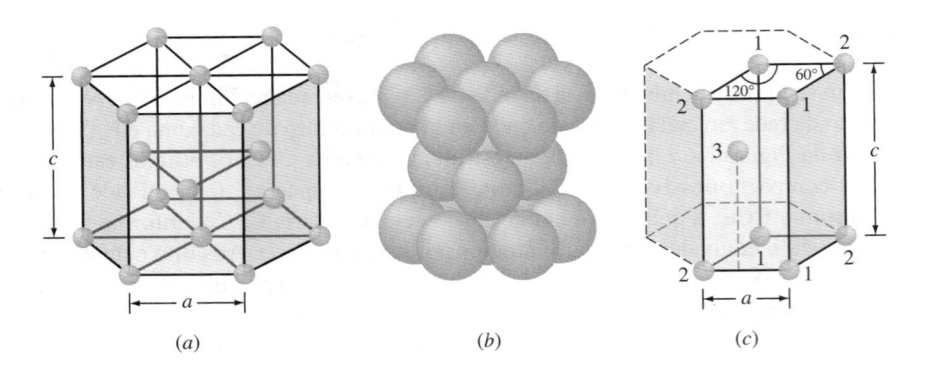

Tutorial
MatVis

Então, os átomos dos oito vértices da célula unitária em conjunto contribuem com um átomo $(4(\frac{1}{6}) + 4(\frac{1}{12}) = 1)$. O átomo da localização "3" está centrado na célula unitária, no entanto se estende levemente além do limite da célula. O número total de átomos no interior da célula unitária HC é, portanto, 2 (1 nos vértices e 1 no centro). Em alguns livros, a célula unitária é representada pela da Figura 3.8a e é chamada de "célula maior". Nesse caso, se encontram 6 átomos por célula unitária. É importante ressaltar que isso ocorre por motivos didáticos e a verdadeira célula unitária é representada na Figura 3.8c pelas linhas grossas. Quando da apresentação dos tópicos sobre direções e planos nos cristais, nós também usaremos a célula maior para tornar a explicação mais elucidativa, ao invés da célula primitiva.

O quociente entre a altura c do prisma hexagonal da estrutura cristalina HC e a aresta da base a é designado *razão c/a* (Figura 3.8a). A *razão c/a* de uma estrutura cristalina HC ideal, constituída por esferas uniformes organizadas da maneira mais compacta possível, é 1,633. Na Tabela 3.4 estão indicados alguns metais importantes com estrutura HC e os respectivos valores da *razão c/a*. Dos metais indicados, o cádmio e o zinco têm valores de c/a superiores ao ideal, o que significa que, nessas estruturas, os átomos se encontram ligeiramente alongados segundo o eixo c da célula unitária HC. Os metais magnésio, cobalto, zircônio, titânio e berílio têm valores de c/a inferiores ao ideal. Por este motivo, nestes metais, os átomos estão ligeiramente comprimidos na direção do eixo c. Os metais HC indicados na Tabela 3.4 apresentam, portanto, certo desvio em relação ao modelo ideal de esferas rígidas.

EXEMPLO 3.3

a. Calcule o volume da célula unitária da estrutura cristalina do zinco, utilizando os seguintes dados: o zinco puro tem estrutura cristalina HC, com os parâmetros de rede $a = 0{,}2665$ nm e $c = 0{,}4947$ nm.
b. Encontre o volume da célula grande.

■ **Solução**

O volume da célula unitária HC do zinco pode ser obtido multiplicando a área da base pela altura da célula unitária (Figura E3.3).

a. A área da base da célula unitária é a área *ABDC* da Figura E3.3a e b. Esta área total é igual à área de seis triângulos equiláteros de área ABC, conforme está representado na Figura E3.3b. A partir da Figura E3.3c, temos,

$$\text{Área do triângulo } ABC = \tfrac{1}{2}(\text{base})(\text{altura})$$
$$= \tfrac{1}{2}(a)(a \text{ sen } 60°) = \tfrac{1}{2}a^2 \text{ sen } 60°$$

Da Figura E3.3b,

$$\text{Área total da base HC, área } ABDC = (2)(\tfrac{1}{2}a^2 \text{ sen } 60°)$$
$$= a^2 \text{ sen } 60°$$

Da Figura E3.3a,

$$\text{Volume da célula unitária HC do zinco} = (a^2 \text{ sen } 60°)(c)$$
$$= (0{,}2665 \text{ nm})^2(0{,}8660)(0{,}4947 \text{ nm})$$
$$= 0{,}0304 \text{ nm}^3 \blacktriangleleft$$

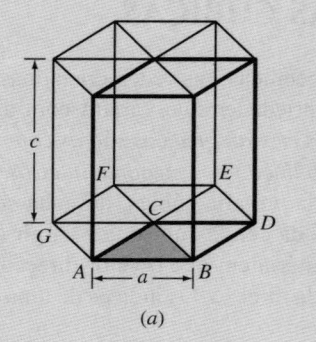

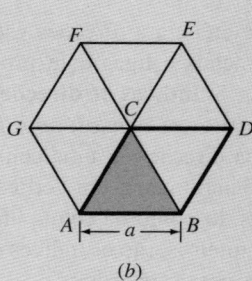

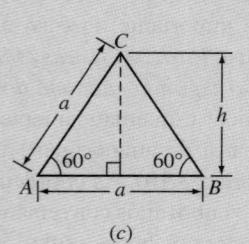

Figura E3.3
Esquemas para determinação do volume da célula unitária HC; (*a*) célula unitária HC, (*b*) base da célula unitária HC, (*c*) triângulo *ABC* removido da base da célula unitária.

b. Da Figura E3.3a,

$$\text{Volume da célula HC "grande" do zinco} = 3(\text{volume da célula unitária primitiva}) = 3(0{,}0304)$$
$$= 0{,}0913 \text{ nm}^3$$

3.4 POSIÇÕES ATÔMICAS EM CÉLULAS UNITÁRIAS CÚBICAS

Para localizar as posições atômicas em células unitárias cúbicas, usam-se os eixos ortogonais x, y e z. Em cristalografia, o sentido positivo do eixo x tem geralmente a direção que sai do papel, o sentido positivo do eixo y aponta para a direita do papel, e o sentido positivo do eixo z aponta para cima (Figura 3.9). Os sentidos negativos são os opostos a estes descritos.

As posições dos átomos nas células unitárias são localizadas por meio das distâncias unitárias ao longo dos eixos x, y e z, conforme indicado na Figura 3.9a. Por exemplo, as coordenadas dos átomos na célula unitária CCC estão indicadas na Figura 3.9b. As posições dos oito átomos que se encontram nos vértices da célula unitária CCC são:

(0,0,0)	(1,0,0)	(0,1,0)	(0,0,1)
(1,1,1)	(1,1,0)	(1,0,1)	(0,1,1)

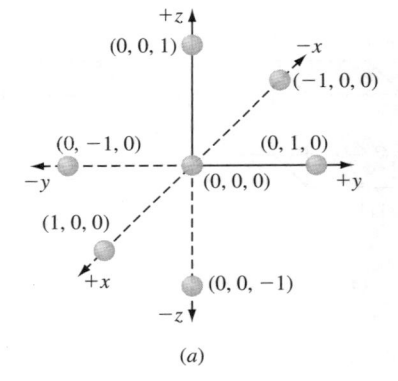

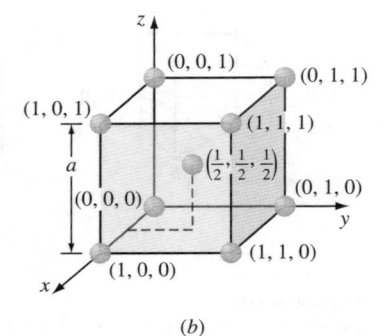

Figura 3.9
(*a*) Eixos ortogonais *x*, *y*, *z* utilizados para localizar as posições dos átomos nas células unitárias cúbicas. (*b*) Posições atômicas na célula unitária CCC.

O átomo no centro da célula unitária CCC tem as coordenadas $(\frac{1}{2}, \frac{1}{2}, \frac{1}{2})$. Para simplificar, algumas vezes apenas são especificadas duas posições atômicas da célula unitária CCC, que são (0, 0, 0) e $(\frac{1}{2}, \frac{1}{2}, \frac{1}{2})$. Considera-se que as restantes posições atômicas da célula unitária CCC estejam subentendidas. Da mesma forma, podem-se localizar as posições atômicas da célula unitária CFC.

3.5 DIREÇÕES EM CÉLULAS UNITÁRIAS CÚBICAS

É necessário fazer, com frequência, referência a direções específicas nas redes cristalinas. Isto é especialmente importante no caso dos metais e ligas com propriedades que variam com a orientação cristalográfica. *Para os cristais cúbicos, os* **índices de direções** *cristalográficas são as componentes do vetor-direção segundo cada um dos eixos coordenados, após redução aos menores inteiros.*

Para indicar esquematicamente uma direção em uma célula unitária cúbica, desenha-se um vetor-direção a partir de uma origem, que é geralmente um vértice da célula cúbica, até surgir a superfície do cubo (Figura 3.10). As coordenadas do ponto da célula unitária em que o vetor-direção emerge da superfície do cubo, após conversão em inteiros, são os índices da direção. Os índices de uma direção são colocados entre colchetes, sem vírgulas para separá-los.

Por exemplo, as coordenadas do ponto onde o vetor-direção *OR* da Figura 3.10*a* aparece na superfície do cubo são (1,0,0), de modo que os índices da direção do vetor *OR* são [100]. As coordenadas de posição do vetor-direção *OS* (Figura 3.10*a*) são (1,1,0); os índices da direção *OS* são, portanto, [110]. As coordenadas de posição do vetor-direção *OT* (Figura 3.10*b*) são (1,1,1), então os índices da direção *OT* são [111].

As coordenadas de posição do vetor-direção *OM* (Figura 3.10*c*) são $(1, \frac{1}{2}, 0)$, dado que os índices de uma direção têm de ser números inteiros, estas coordenadas têm de ser multiplicadas por 2 para obter números inteiros. Assim, os índices da direção *OM* são $2(1, \frac{1}{2}, 0) = [210]$. As coordenadas de posição do vetor *ON* (Figura 3.10*d*) são (−1,−1,0). Para indicar que o índice de uma direção é negativo, coloca-se uma barra sobre o índice. Portanto, os índices da direção *ON* são [$\bar{1}\bar{1}0$]. Note-se que, para desenhar a direção *ON* dentro do cubo, tem de se deslocar a origem do vetor-direção para o vértice inferior direito da face frontal do cubo unitário (Figura 3.10*d*). No Exemplo 3.4, são dados exemplos adicionais de vetores-direção em células unitárias cúbicas.

Usam-se as letras *u*, *v*, *w* para indicar, de um modo geral, os índices segundo os eixos *x*, *y* e *z*, respectivamente, e escreve-se [*uvw*]. É também importante salientar que *todas as direções paralelas têm os mesmos índices.*

As direções dizem-se *cristalograficamente equivalentes* se, ao longo destas, o espaçamento entre os átomos for o mesmo. Por exemplo, as seguintes direções, correspondentes às arestas do cubo, são cristalograficamente equivalentes:

$$[100], [010], [001], [0\bar{1}0], [00\bar{1}], [\bar{1}00] \equiv \langle 100 \rangle$$

Direções equivalentes são designadas por *índices de uma família ou de uma forma.* Utiliza-se a notação $\langle 100 \rangle$ para indicar todas as direções correspondentes às arestas do cubo. Outros exemplos são: as diagonais do cubo, que pertencem à forma $\langle 111 \rangle$, e as diagonais das faces do cubo, que pertencem à forma $\langle 110 \rangle$.

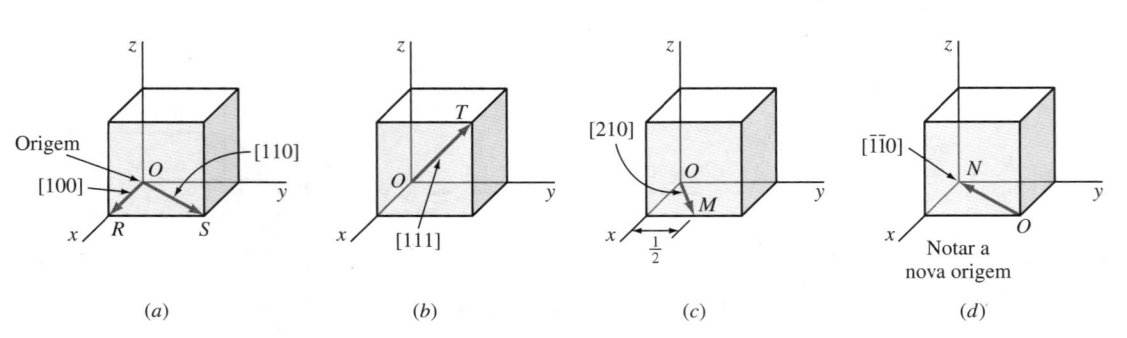

Figura 3.10
Diversas direções em células unitárias cúbicas.

EXEMPLO 3.4

Desenhe os seguintes vetores-direção, em células unitárias cúbicas:

a. [100] e [110]
b. [112]
c. [$\bar{1}$10]
d. [$\bar{3}$2$\bar{1}$]

■ Solução

a. As coordenadas de posição da direção [100] são (1,0,0) (Figura E3.4a). As coordenadas de posição da direção [110] são (1,1,0) (Figura E3.4a).
b. As coordenadas de posição da direção [112] são obtidas dividindo os índices da direção por 2, de modo a ainda caírem dentro do cubo. Assim, obtém-se ($\frac{1}{2}, \frac{1}{2}, 1$) (Figura E3.4b).
c. As coordenadas de posição da direção [$\bar{1}$10] são (−1,1,0) (Figura E3.4c). Note que a origem do vetor-direção tem de ser deslocada para o vértice inferior esquerdo da face frontal do cubo.
d. As coordenadas de posição da direção [$\bar{3}$2$\bar{1}$] são obtidas dividindo todos os índices por 3, que é o índice maior. Obtém-se $-1, \frac{2}{3}, -\frac{1}{3}$ para coordenadas do ponto de saída da direção [$\bar{3}$2$\bar{1}$], os quais são mostrados na Figura 3.4d.

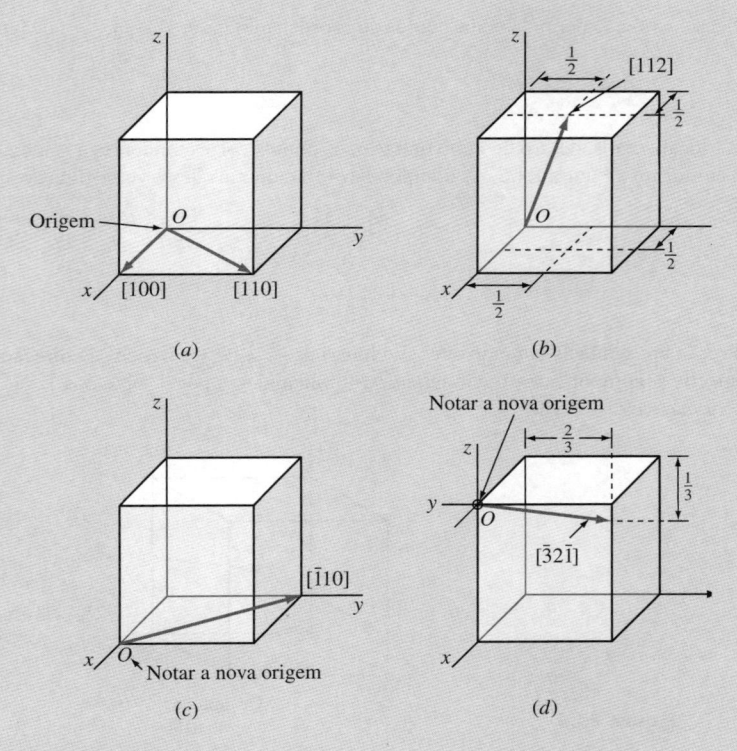

Figura E3.4
Vetores-direção em células unitárias cúbicas.

EXEMPLO 3.5

Determine os índices da direção da célula cúbica representada na Figura E3.5a.

■ Solução

Direções paralelas têm os mesmos índices, e, assim, mantendo-os dentro do cubo, translada-se o vetor-direção até que a sua origem atinja o vértice mais próximo do cubo. Neste caso, o vértice superior esquerdo da face frontal torna-se a nova origem do vetor-direção (Figura E3.5b). Podemos agora determinar as coordenadas do ponto em que o vetor-direção sai da célula unitária cúbica, obtendo-se $x = -1$, $y = +1$, e $z = -\frac{1}{6}$. As coordenadas do ponto em que a direção sai da célula unitária cúbica são, então, $(-1, +1, -\frac{1}{6})$. Os índices dessa direção são – após redução ao mesmo denominador – $6x$, $(-1, +1, -\frac{1}{6})$ ou $[\bar{6}6\bar{1}]$.

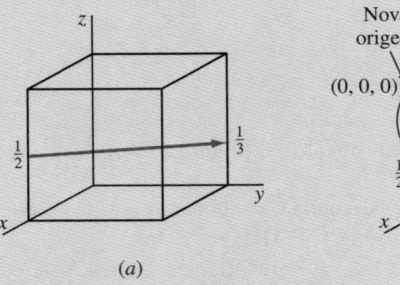

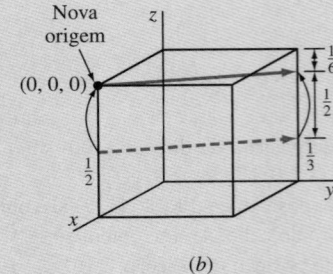

Figura E3.5

EXEMPLO 3.6

Determine os índices da direção definida pelos pontos de coordenadas $(\frac{3}{4}, 0, \frac{1}{4})$ e $(\frac{1}{4}, \frac{1}{2}, \frac{1}{2})$ de uma célula unitária cúbica.

■ Solução

Em primeiro lugar, localizemos, dentro do cubo unitário, os pontos correspondentes à origem e à extremidade do vetor-direção, conforme a Figura E3.6. As componentes fracionárias deste vetor-direção são

$$x = -(\tfrac{3}{4} - \tfrac{1}{4}) = -\tfrac{1}{2}$$
$$y = (\tfrac{1}{2} - 0) = \tfrac{1}{2}$$
$$z = (\tfrac{1}{2} - \tfrac{1}{4}) = \tfrac{1}{4}$$

Assim, o vetor-direção apresenta as componentes fracionárias $-\frac{1}{2}, \frac{1}{2}, \frac{1}{4}$. Os índices da direção estarão na mesma razão das respectivas componentes fracionárias. Multiplicando-as por 4, obtemos $[\bar{2}21]$ para índices da direção definida por este vetor-direção.

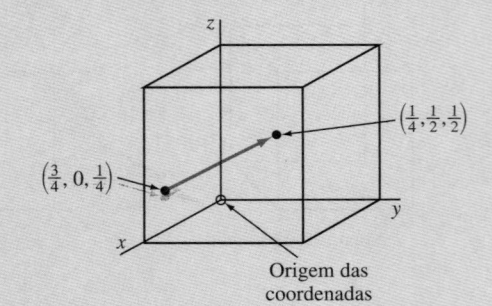

Figura E3.6

3.6 ÍNDICES DE MILLER DE PLANOS CRISTALOGRÁFICOS EM CÉLULAS UNITÁRIAS CÚBICAS

Em uma estrutura cristalina, é, por vezes, necessário fazer referência a determinados planos de átomos, ou pode até mesmo haver interesse em conhecer a orientação cristalográfica de um plano ou conjunto de planos de uma rede cristalina. Para identificar esses planos cristalográficos, em uma estrutura cristalina cúbica, usa-se *o sistema de notação de Miller*[4]. Os **índices de Miller de um plano cristalográfico** são

---

[4]William Hallowes Miller (1801-1880). Cristalógrafo inglês que publicou, em 1839, um "Treatise on Crystallography" usando eixos cristalográficos de referência, paralelos às arestas do cristal, e índices inversos.

definidos como os *inversos das interseções fracionárias* (*com as frações reduzidas ao mesmo denominador*) *que o plano faz com os eixos cristalográficos x, y e z coincidentes com três arestas não paralelas da célula unitária cúbica.* As arestas da célula unitária representam comprimentos unitários; e as interseções do plano são medidas justamente em termos destes comprimentos unitários.

O procedimento para determinar os índices de Miller de um plano num cristal cúbico é o seguinte:

1. Escolher um plano que não passe pela origem (0,0,0).
2. Determinar as interseções do plano com os eixos cristalográficos x, y e z do cubo unitário. Estas interseções podem ser números fracionários.
3. Obter os inversos destas interseções.
4. Reduzir as frações ao mesmo denominador e determinar o menor conjunto de números inteiros que estejam na mesma proporção das interseções. Estes números inteiros são os índices de Miller do plano cristalográfico e são colocados entre parênteses, sem vírgulas entre eles. Genericamente, num cristal cúbico, usa-se a notação (*hkl*) para indicar índices de Miller, sendo h, k e l os índices de Miller de um plano, referentes aos eixos x, y e z, respectivamente.

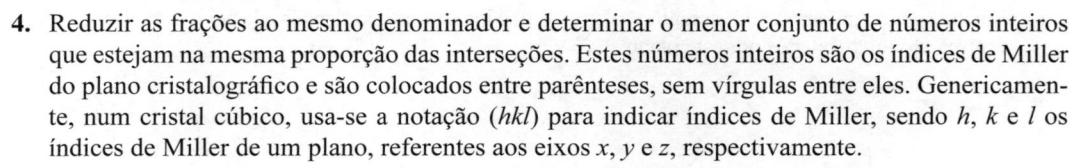

Na Figura 3.11, estão representados três dos mais importantes planos cristalográficos em estruturas cristalinas cúbicas. Consideremos, em primeiro lugar, o plano cristalográfico sombreado da Figura 3.11*a*, que intercepta os eixos x, y e z, às distâncias 1, ∞, ∞, respectivamente. Para obter os índices de Miller, parte-se dos inversos destas interseções, que são 1, 0, 0. Já que esses números não são fracionários, os índices de Miller desse plano são (100), lendo-se "plano um-zero-zero". Consideremos, seguidamente, o segundo plano representado na Figura 3.11*b*. As interseções desse plano são 1, 1, ∞. Uma vez que os inversos desses números são 1, 1, 0, que são números não fracionários, os índices de Miller desse plano são (110). Finalmente, as interseções do terceiro plano (Figura 3.11*c*) são 1, 1, 1, obtendo-se para os índices de Miller (111).

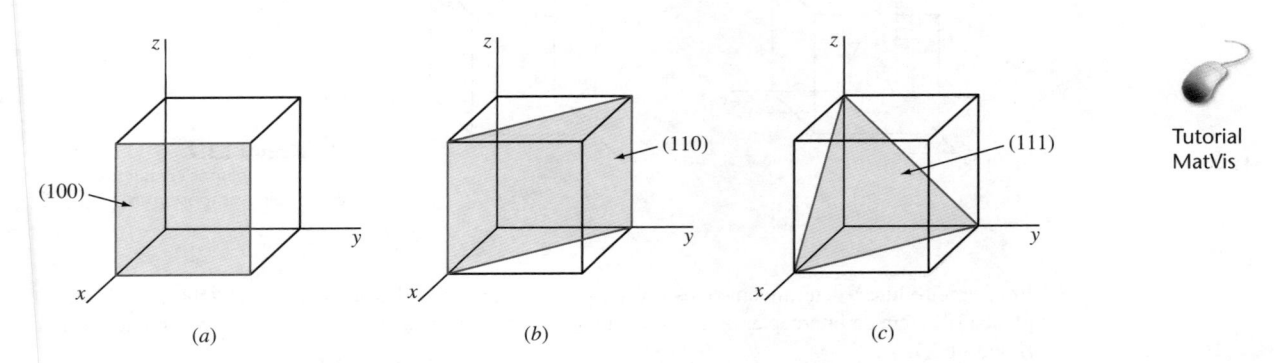

Figura 3.11
Índices de Miller de alguns planos importantes em cristais cúbicos (*a*) (100), (*b*) (110) e (*c*) (111).

Consideremos agora, num cristal cúbico, o plano representado na Figura 3.12, que tem as interseções $\frac{1}{3}$, $\frac{2}{3}$, 1. Os inversos destas interseções são 3, $\frac{3}{2}$, 1. Dado que não são permitidas interseções fracionárias, estas terão de ser multiplicadas por 2, de modo a eliminar a fração $\frac{3}{2}$. Por isso, os inversos das interseções passam a ser 6, 3, 2, e os índices de Miller são (632). No Exemplo 3.7, são indicados outros exemplos de planos em cristais cúbicos.

Se o plano cristalográfico considerado passar pela origem, fazendo com que uma ou mais interseções sejam zero, o plano terá de ser deslocado para uma posição equivalente, dentro da célula unitária, mantendo-se paralelo ao plano inicial. Isso é possível porque todos os planos paralelos, de igual espaçamento, têm os mesmos índices de Miller.

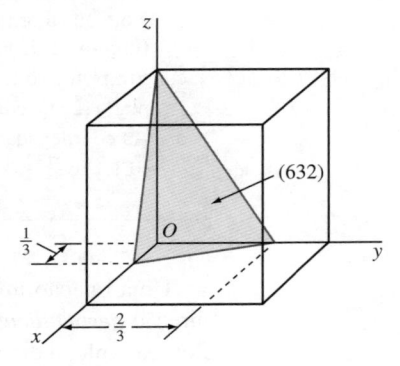

Figura 3.12
Plano (632) em um cristal cúbico que tem interseções fracionárias.

Se conjuntos de planos cristalográficos equivalentes estiverem relacionados pela simetria do sistema cristalográfico, serão designados por *planos de uma família ou forma*. Para representar uma família de planos simétricos, isto é, de uma mesma família, os índices de um dos planos são colocados entre chaves, {$h\,k\,l$}. Por exemplo, os índices de Miller dos planos (100), (010) e (001), correspondentes às faces do cubo, são representados coletivamente como uma família ou forma pela notação {100}.

EXEMPLO 3.7

Desenhe os seguintes planos cristalográficos de células unitárias cúbicas:

a. (101) b. ($1\bar{1}0$) c. (221)

d. Em uma célula unitária CCC, desenhe o plano (110) e indique as coordenadas de posição dos átomos cujos centros são interceptados por este plano.

■ **Solução**

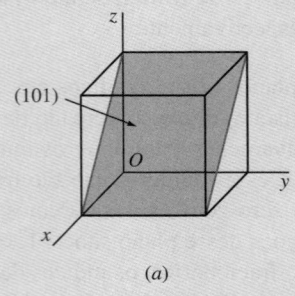

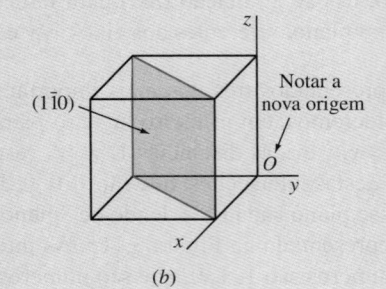

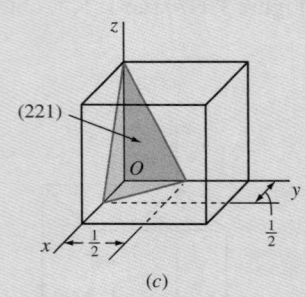

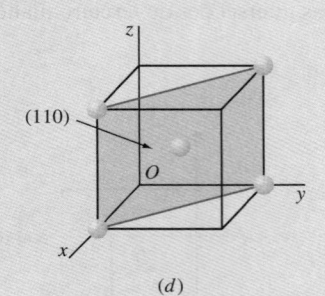

Figura E3.7
Vários planos cristalinos cúbicos importantes.

a. Em primeiro lugar, determinam-se os inversos dos índices de Miller do plano (101). Obtém-se 1, ∞, 1. O plano (101) tem de interceptar os eixos do cubo unitário às distâncias $x = 1$ e $z = 1$ e ser paralelo ao eixo y (Figura E3.7a).

b. Em primeiro lugar, determinam-se os inversos dos índices de Miller do plano ($1\bar{1}0$). Obtém-se 1, −1, ∞. O plano ($1\bar{1}0$) tem de interceptar os eixos do cubo unitário às distâncias $x = 1$ e $y = -1$ e ser paralelo ao eixo z. Note que a origem dos eixos tem de ser deslocada para o vértice inferior direito da face posterior do cubo (Figura E3.7b).

c. Em primeiro lugar, determinam-se os inversos dos índices de Miller do plano (221). Obtém-se $\frac{1}{2}, \frac{1}{2}, 1$. O plano (221) tem de interceptar os eixos do cubo unitário às distâncias $x = \frac{1}{2}$, $y = \frac{1}{2}$, e $z = 1$ (Figura E3.7c).

d. As coordenadas dos átomos cujos centros são interceptados pelo plano (110) são (1,0,0), (0,1,0), (1,0,1), (0,1,1) e ($\frac{1}{2}, \frac{1}{2}, \frac{1}{2}$). Estas posições estão indicadas pelos círculos em destaque (Figura E3.7d).

Uma relação importante no sistema cúbico, e *apenas no sistema cúbico*, é que os índices de uma direção *perpendicular* a um plano cristalográfico são iguais aos índices de Miller desse mesmo plano. Por exemplo, a direção [100] é perpendicular ao plano cristalográfico (100).

Nas estruturas cristalinas cúbicas, a *distância interplanar* de dois planos paralelos sucessivos, com os mesmos índices de Miller, designa-se por d_{hkl}, em que h, k e l são os índices de Miller dos planos.

Este espaçamento representa a distância entre o plano que passa pela origem e o plano paralelo, com os mesmos índices, mais próximo do primeiro. Por exemplo, a distância, d_{110}, entre os planos 1 e 2 de índices (110) representados na Figura 3.13 é AB. De igual modo, a distância entre os planos 2 e 3 de índices (110) é d_{110} igual ao comprimento BC na Figura 3.13. Por simples geometria, pode-se mostrar que nas estruturas cristalinas cúbicas

$$d_{hkl} = \frac{a}{\sqrt{h^2 + k^2 + l^2}} \quad (3.4)$$

onde: d_{hkl} = distância interplanar entre dois planos de índices de Miller h, k e l, sucessivos

a = parâmetro de rede (comprimento da aresta do cubo unitário)

h, k, l = índices de Miller dos planos considerados.

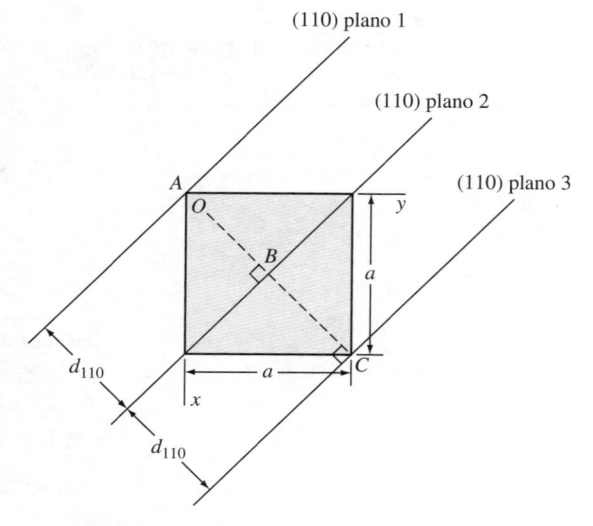

Figura 3.13
Vista de cima de uma célula unitária cúbica, mostrando a distância entre planos cristalográficos (110), d_{110}.

EXEMPLO 3.8

Determine os índices de Miller do plano cristalográfico da célula cúbica representada na Figura E3.8a.

■ **Solução**

Em primeiro lugar, transfere-se o plano para a direita, ao longo do eixo y e paralelamente ao eixo z, de uma distância igual a $\frac{1}{4}$ do comprimento da aresta do cubo, conforme a Figura E3.8b, de modo que o plano intercepte o eixo x à distância unitária, medida a partir da nova origem localizada no vértice inferior direito da face posterior do cubo. As novas interseções do plano que foi transferido, com os eixos coordenados, são $(+1, -\frac{5}{12}, \infty)$. Em seguida, tomamos os inversos destas interseções, obtendo-se $(1, -\frac{12}{5}, 0)$. Finalmente, após a eliminação da fração $\frac{12}{5}$, obtemos $(5\overline{12}0)$ como índices de Miller desse plano.

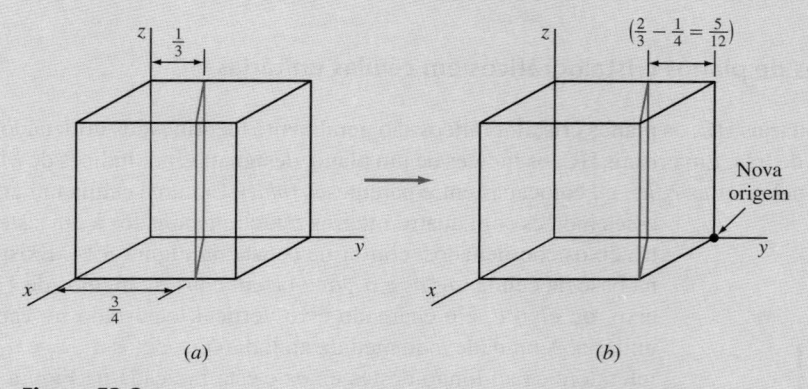

Figura E3.8

Num cristal cúbico, determine os índices de Miller do plano que passa pelos pontos das coordenadas $(1, \frac{1}{4}, 0)$, $(1, 1, \frac{1}{2})$, $(\frac{3}{4}, 1, \frac{1}{4})$, e que intercepta todos os eixos coordenados.

EXEMPLO 3.9

■ **Solução**

O primeiro passo é localizar os três pontos representados na Figura E3.9 por A, B e C. Em seguida, unimos os pontos A e B, prolongamos AB até D e unimos os pontos A e C. Finalmente, unimos os pontos A e C de modo a completar o plano ACD. Em relação a este plano, a origem pode ser colocada no ponto E, obtendo-se para as

▶

interseções do plano ACD com os eixos os valores $x = -\frac{1}{2}$, $y = -\frac{3}{4}$, e $z = \frac{1}{2}$. Os inversos dessas interseções são -2, $-\frac{4}{3}$, e 2. Multiplicando esses valores por 3, de modo a eliminar a fração, obtém-se para índices de Miller do plano (6).

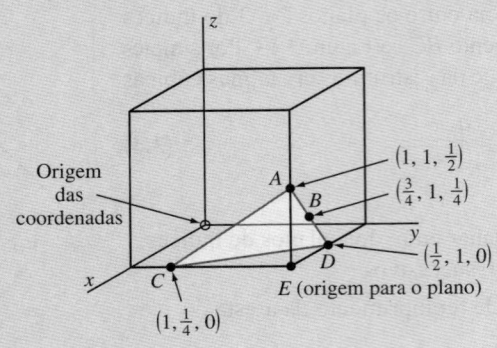

Figura E3.9

EXEMPLO 3.10

O cobre tem estrutura cristalina CFC, sendo o parâmetro de rede 0,361 nm. Qual é a distância interplanar d_{220}?

■ **Solução**

$$d_{hkl} = \frac{a}{\sqrt{h^2 + k^2 + l^2}} = \frac{0{,}361 \text{ nm}}{\sqrt{(2)^2 + (2)^2 + (0)^2}} = 0{,}128 \text{ nm} \blacktriangleleft$$

3.7 PLANOS E DIREÇÕES CRISTALOGRÁFICAS EM CÉLULAS UNITÁRIAS HEXAGONAIS

3.7.1 Índices de planos cristalográficos em células unitárias HC

Em células unitárias HC, os planos cristalográficos são geralmente identificados utilizando-se quatro índices ao invés de três. Em cristais HC, os índices de um plano, designados por índices de Miller-Bravais, são indicados pelas letras h, k, i e l colocadas entre parênteses $(hkil)$. Em uma célula unitária hexagonal, esses índices com quatro inteiros estão relacionados a um sistema com quatro eixos coordenados, conforme consta na Figura 3.14. Existem três eixos na base da célula, a_1, a_2 e a_3, que fazem entre si ângulos de 120°. O quarto eixo, ou eixo c, é o chamado eixo vertical localizado no centro da célula unitária. A unidade a de medida ao longo dos eixos a_1, a_2 e a_3 é a distância interatômica ao longo destes eixos e está indicada na Figura 3.14. Na discussão de planos e direções HC, nós usaremos tanto "célula unitária" como "célula grande" para a preservação dos conceitos. A unidade de medida ao longo do eixo c é a altura da célula unitária. Os inversos das interseções do plano cristalográfico com os eixos a_1, a_2 e a_3 dão os índices h, k e l, enquanto o inverso da interseção com o eixo c dá o índice l.

Planos basais Os planos basais da célula unitária HC são muito importantes e estão representados na Figura 3.15a. Já que o plano basal superior da célula unitária HC da Figura 3.15a é paralelo aos eixos a_1, a_2 e a_3, a interseção desse plano com qualquer um desses eixos será infinita. Portanto, $a_1 = \infty$, $a_2 = \infty$ e $a_3 = \infty$. Contudo, a interseção com o eixo c é unitária, já que

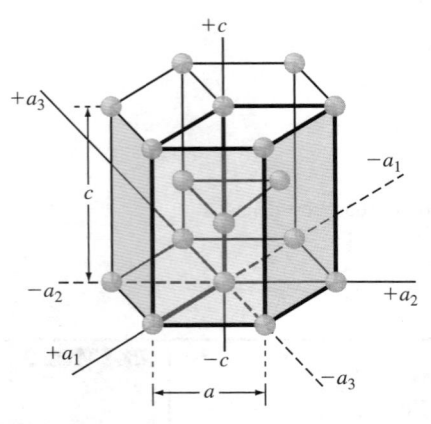

Figura 3.14
Os quatro eixos coordenados (a_1, a_2, a_3 e c) em uma célula unitária da estrutura cristalina HC.

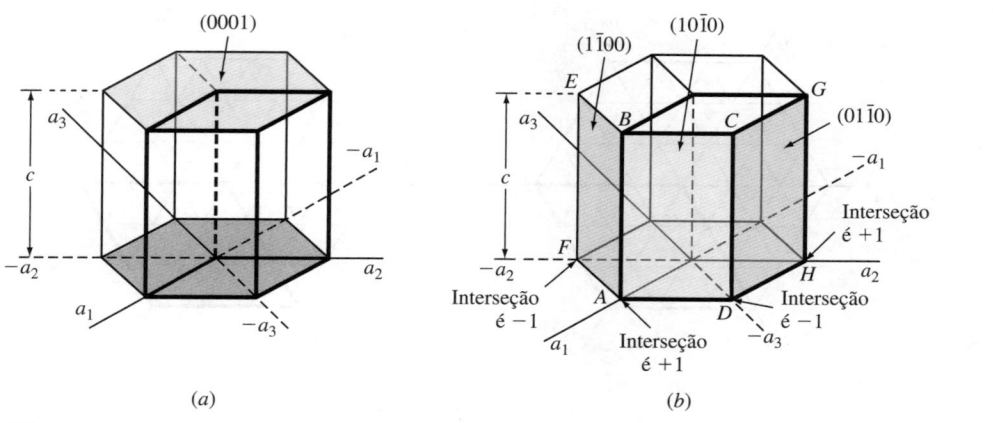

Figura 3.15
Índices de Miller-Bravais de planos cristalográficos em uma rede de planos cristalográficos em uma rede hexagonal: (a) planos basais e (b) planos prismáticos.

o plano basal superior intercepta o eixo c a uma distância unitária. Tomando os inversos destas interseções, obtêm-se os índices de Miller-Bravais dos planos basais da estrutura HC. Então $h = 0$, $k = 0$, $i = 0$ e $l = 1$. Os planos basais da estrutura HC são, por isso, os "planos zero-zero-zero-um", ou (0001).

Planos prismáticos Usando o mesmo método, as interseções do plano frontal ($ABCD$) do prisma da Figura 3.15b são $a_1 = +1$, $a_2 = \infty$, $a_3 = -1$ e $c = \infty$. Tomando os inversos dessas interseções, obtém-se $h = 1$, $k = 0$, $i = -1$ e $l = 0$, ou seja, o plano ($10\bar{1}0$). De igual modo, o plano $ABEF$ do prisma da Figura 3.15b tem os índices ($1\bar{1}00$); e o plano $DCGH$, os índices ($01\bar{1}0$). Os planos prismáticos da estrutura HC podem ser identificados coletivamente pela família de planos $\{10\bar{1}0\}$.

Na estrutura HC, os planos são, por vezes, identificados apenas por três índices (hkl) já que $h + k = -i$. Contudo, os índices ($hkil$) são usados mais frequentemente, porque mostram a simetria hexagonal da célula unitária HC.

3.7.2 Índices de direções em células unitárias HC[5]

Nas células unitárias hexagonais, as direções são também geralmente indicadas por quatro índices u, v, t e w, colocados entre colchetes [$uvtw$]. Os índices u, v e t são vetores da rede segundo as direções a_1, a_2 e a_3, respectivamente (Figura 3.16), e o índice w é um vetor de rede segundo a direção c. Para manter uniformidade entre índices de planos e de direções em redes hexagonais, convencionou-se que, também no caso das direções, $u + v = -t$.

Vamos determinar os índices hexagonais para as direções a_1, a_2 e a_3, que são os eixos basais da célula unitária hexagonal. Os índices na direção a_1 são apresentados na Figura 3.16a, os índices na direção a_2 na Figura 3.16 b, e os eixos na direção a_3 na Figura 3.16c. Se for necessário indicar a direção c na mesma direção de a_3, conforme a Figura 3.16d. A Figura 3.16e resume as direções positivas e negativas sobre o plano basal de uma estrutura hexagonal simples.

3.8 COMPARAÇÃO ENTRE AS ESTRUTURAS CRISTALINAS CFC, HC E CCC

3.8.1 Estruturas cristalinas CFC e HC

Conforme dito anteriormente, quer a estrutura HC, quer a estrutura CFC, são cristalinas compactas. Isto é, os átomos, que, em primeira aproximação, são considerados "esferas", estão dispostos o mais

---

[5] O tópico dos índices de direção em células unitárias hexagonais não é normalmente apresentado em um curso introdutório de materiais, no entanto foi incluído neste livro para estudantes avançados.

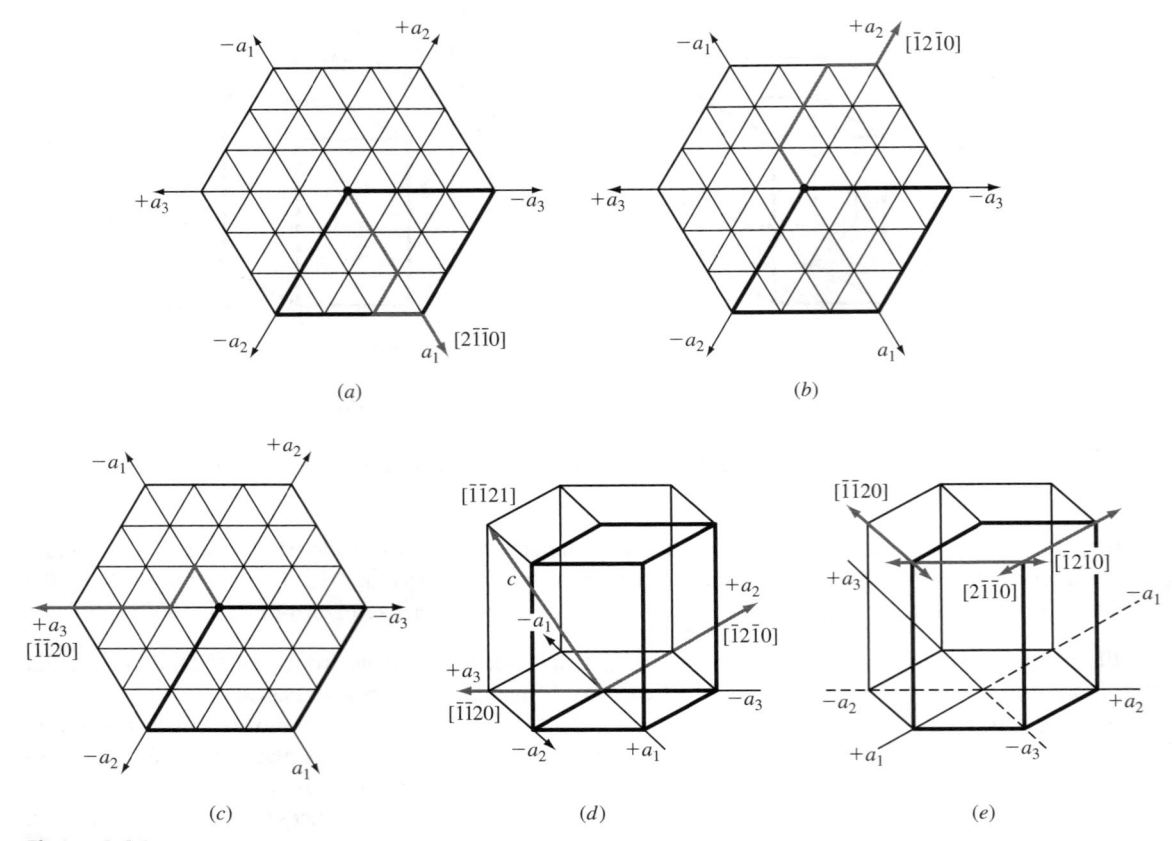

Figura 3.16
Índices de Miller-Bravais da estrutura cristalina hexagonal para as direções principais: (a) +a_1 direção do eixo no plano basal, (b) +a_2 direção do eixo no plano basal, (c) +a_3 direção do eixo no plano basal e (d) direção do eixo e incorporação do eixo c. (e) direções positivas e negativas de Miller-Bravais são indicadas na estrutura cristalina hexagonal simples no plano basal superior.

próximo possível uns dos outros com um fator de empacotamento atômico provável[6] de 0,74. Os planos (111) da estrutura cristalina CFC, representados na Figura 3.17a, têm um arranjo atômico idêntico ao dos planos (0001) da estrutura cristalina HC representada na Figura 3.17b.

Contudo, as estruturas cristalinas tridimensionais CFC e HC não são idênticas, porque existe uma diferença no empilhamento dos planos atômicos, o qual pode ser melhor descrito considerando a organização de esferas rígidas, que representam os átomos. Como analogia útil, pode-se imaginar o empilhamento de planos constituídos por mármores iguais, uns sobre os outros, de modo a minimizar o espaço entre eles.

Considere-se, em primeiro lugar, um plano atômico de máximo empacotamento, designado como plano A, conforme mostra a Figura 3.18a. É importante notar que existem dois tipos de espaços vazios, ou interstícios, entre os átomos. Os interstícios apontando para o topo da página são designados por interstícios a, enquanto os interstícios apontando para o fundo da página são designados por interstícios b. Um segundo plano atômico pode ser colocado sobre os interstícios a ou sobre os interstícios b, obtendo-se a mesma estrutura tridimensional. Coloquemos o plano B sobre os interstícios a, conforme mostra a Figura 3.18b. Agora, ao colocar um terceiro plano sobre o plano B, de modo a formar uma estrutura compacta, é possível formar duas estruturas compactas diferentes. Uma possibilidade é colocar os átomos do terceiro plano nos interstícios b do plano B. Neste caso, os átomos desse terceiro plano ficam diretamente sobre os átomos do plano A, e por isso, pode ser também denominado plano A (Figura 3.18c). Se os planos de átomos subsequentes forem empilhados nessa mesma sequência, então a sequência obtida da estrutura tridimensional resultante será *ABABAB*. . . . Esta sequência conduz à estrutura cristalina HC (Figura 3.17b).

---

[6]Conforme referido na Seção 3.3, na estrutura HC, os átomos desviam-se, em diferentes graus, do ideal. Em alguns metais HC, os átomos estão alongados segundo o eixo c e, em outros casos, estão comprimidos ao longo do eixo c (ver Tabela 3.4).

A segunda possibilidade de formar uma estrutura compacta é colocar o terceiro plano nos interstícios *a* do plano *B* (Figura 3.18*d*). Este terceiro plano é denominado plano *C*, já que os seus átomos não ficam nem sobre os do plano *B*, nem sobre os do plano *A*. A sequência de empilhamento nessa estrutura compacta é, por isso, *ABCABCABC*... e conduz à estrutura CFC representada na Figura 3.17*a*.

3.8.2 Estrutura cristalina CCC

A estrutura CCC não é uma estrutura de empacotamento máximo e, por isso, não tem planos do tipo mais compacto possível, como os planos {111} da estrutura CFC e os planos {0001} da estrutura HC. Os planos de maior densidade na estrutura CCC pertencem à família {110}, da qual está representado na Figura 3.19*b* o plano (110). Contudo, na estrutura CCC, os átomos estão arranjados em direções de máximo empacotamento ao longo das diagonais do cubo, que são as direções ⟨111⟩.

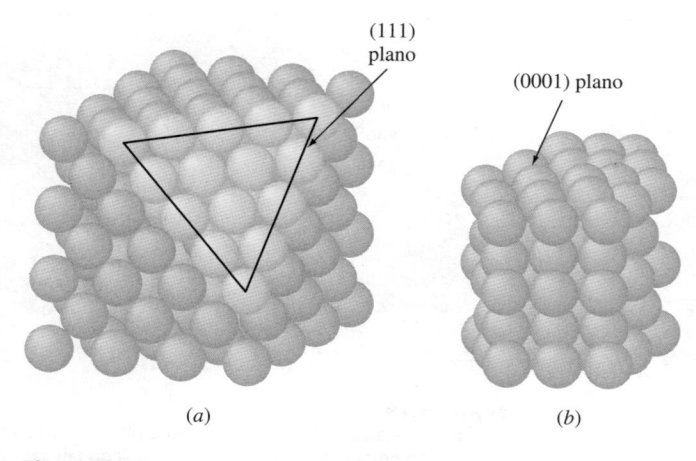

Figura 3.17
Comparação da (*a*) estrutura cristalina CFC, mostrando os planos (111) de máximo empacotamento, com a (*b*) estrutura cristalina HC, mostrando os planos (0001) de máximo empacotamento.
(*W.G. Moffatt, G.W. Pearsall and J. Wulff, "The Structure and Properties of Materials", vol. I: "Structure", Wiley, 1964, p. 51.*)

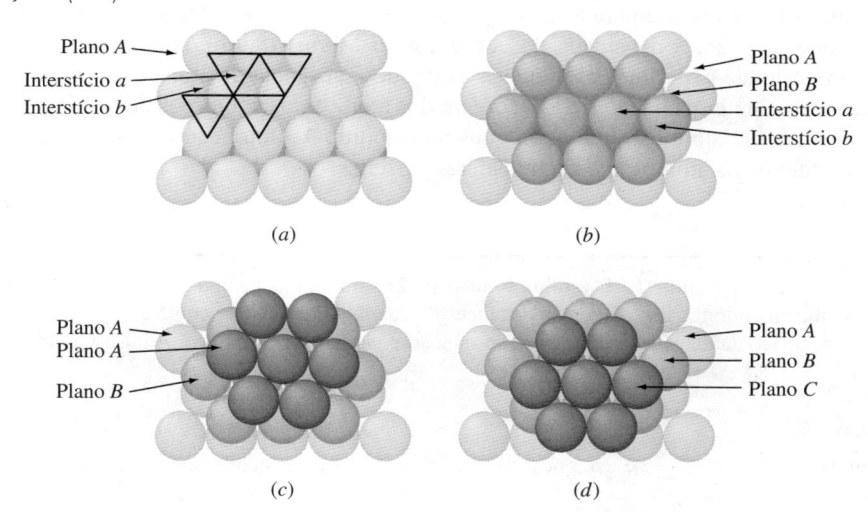

Figura 3.18
Formação das estruturas cristalinas HC e CFC, alterando o empilhamento dos planos atômicos de máximo empacotamento. (*a*) Plano *A* contendo interstícios dos tipos *a* e *b* entre os átomos, (*b*) o segundo plano *B* está localizado sobre os interstícios do tipo *a* do plano *A*, (*c*) terceiro plano: outro plano *A* é empilhado sobre os interstícios *b* do plano *B*, para formar a sequência de empilhamento da estrutura cristalina HC, (*d*) terceiro plano (alternativa): um plano *C* é organizado sobre os interstícios *a* do plano *B*, de modo a obter a sequência de empilhamento da estrutura cristalina CFC.
(*Ander, P. Sonnessa, A.J., Principles of Chemistry, 1. ed., 1965. Reimpresso com permissão de Pearson Education, Inc., Upper Sadle River, NJ.*)

3.9 CÁLCULO DE DENSIDADES, PLANARES E LINEARES EM CÉLULAS UNITÁRIAS

3.9.1 Densidade

Usando o modelo atômico de esferas rígidas para a célula unitária da estrutura cristalina de um metal e um valor para o raio atômico do metal, determinado por difração de raios X, pode se obter a **densidade** de um metal usando a equação

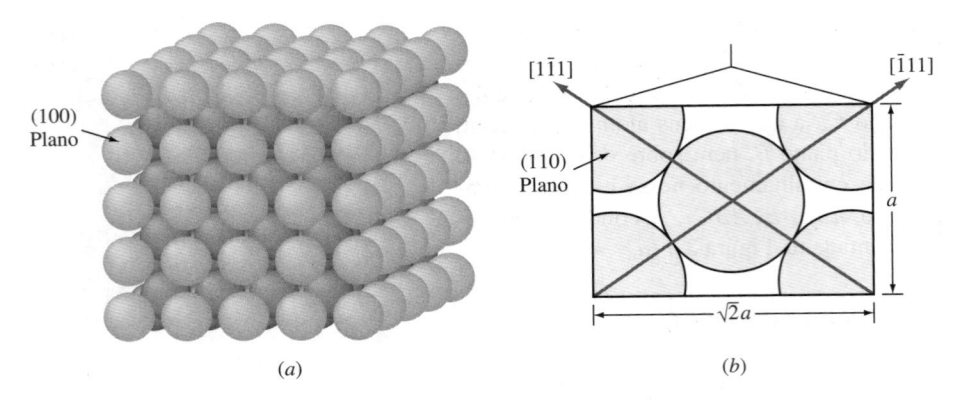

Figura 3.19
Estrutura cristalina CCC mostrando (a) o plano (100) e (b) uma seção do plano (110). Note-se que esta não é uma estrutura de máximo empacotamento, mas que as diagonais são direções de máximo empacotamento.
(W.G. Moffatt, G.W. Pearsall and J. Wulff, "The Structure and Properties of Materials", vol. I: "Structure", Wiley, 1964, p. 51.)

$$\text{Densidade do metal} = \rho_v = \frac{\text{massa/célula unitária}}{\text{volume/célula unitária}} \quad (3.5)$$

No Exemplo 3.11, obteve-se para a densidade do cobre o valor 8,98 Mg/m³ (8,98 g/cm³). O valor experimental tabelado para a densidade do cobre é 8,96 Mg/m³ (8,96 g/cm³). O valor ligeiramente mais baixo da densidade experimental pode ser atribuído à ausência de átomos em algumas posições atômicas (lacunas), a defeitos lineares e à desordem dos átomos nos contornos de grão (fronteiras entre grãos). Esses defeitos cristalinos serão abordados no Capítulo 4. Outra causa dessa discrepância pode ser atribuída ao fato de os átomos não serem esferas perfeitas.

EXEMPLO 3.11

O cobre tem estrutura cristalina CFC e raio atômico 0,1278 nm. Considerando que os átomos são esferas rígidas que se tocam ao longo das diagonais das faces da célula unitária CFC, como se mostra na Figura 3.7, calcule o valor teórico da densidade do cobre, em megagramas por metro cúbico. A massa atômica do cobre é 63,54 g/mol.

■ **Solução**

Na célula unitária CFC, $\sqrt{2}a = 4R$, em que a é o parâmetro de rede da célula unitária e R o raio atômico do cobre. Assim,

$$a = \frac{4R}{\sqrt{2}} = \frac{(4)(0,1278 \text{ nm})}{\sqrt{2}} = 0,361 \text{ nm}$$

$$\text{Densidade do cobre} = \rho_v = \frac{\text{massa/célula unitária}}{\text{volume/célula unitária}} \quad (3.5)$$

Na célula unitária CFC, existem quatro átomos/célula unitária. Cada átomo de cobre tem a massa de (63,54 g/mol)/(6,02 × 10²³ átomos/mol). Assim, a massa m dos átomos de Cu na célula unitária CFC é:

$$m = \frac{(4 \text{ átomos})(63,54 \text{ g/mol})}{6,02 \times 10^{23} \text{ átomos/mol}} \left(\frac{10^{-6} \text{ Mg}}{\text{g}}\right) = 4,22 \times 10^{-28} \text{ Mg}$$

O volume V da célula unitária de Cu é:

$$V = a^3 = \left(0,361 \text{ nm} \times \frac{10^{-9} \text{ m}}{\text{nm}}\right)^3 = 4,70 \times 10^{-29} \text{ m}^3$$

Então, a densidade do cobre é:

$$\rho_v = \frac{m}{V} = \frac{4,22 \times 10^{-28} \text{ Mg}}{4,70 \times 10^{-29} \text{ m}^3} = 8,98 \text{ Mg/m}^3 \quad (8,98 \text{ g/cm}^3) \blacktriangleleft$$

3.9.2 Densidade atômica planar

Por vezes, é importante determinar as densidades atômicas de alguns planos cristalográficos. Para tanto, calcula-se a quantidade por meio da **densidade atômica planar** usando a relação

$$\text{Densidade atômica planar} = \rho_p = \frac{\text{n}^\text{o} \text{ efetivo de átomos cujos centros são interceptados pela área selecionada}}{\text{área selecionada}} \quad (3.6)$$

Para fins didáticos, é costume usar, nestes cálculos, a área do plano que intercepta a célula unitária, como se exemplifica na Figura 3.20 para o plano (110) da célula unitária CCC. Nesses cálculos, para que a área de um átomo seja considerada, o plano de interesse terá de interceptar o centro do átomo. No Exemplo 3.12, o plano (110) intercepta o centro de cinco átomos, mas conta-se apenas o equivalente a dois átomos (número eficaz, já que apenas um quarto de cada um dos quatro átomos dos vértices fica contido na área da célula unitária).

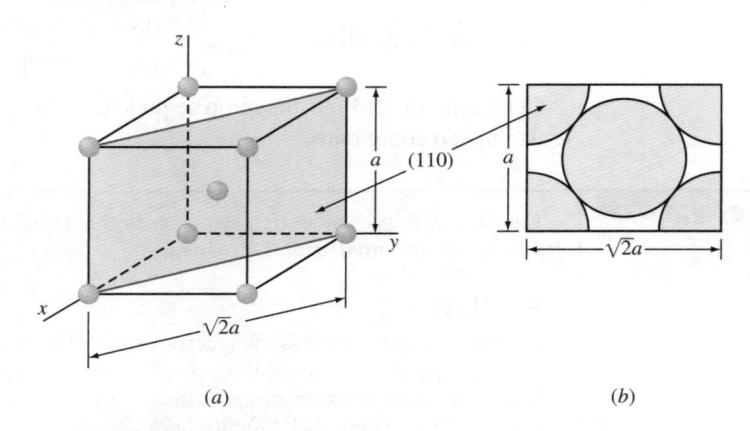

Figura 3.20
(a) célula unitária CCC com as posições atômicas, indicando-se pelo sombreado o plano (110); (b) áreas dos átomos cortados pelo plano (110) em uma célula unitária.

EXEMPLO 3.12

Calcule a densidade atômica planar ρ_p em átomos/mm² no plano (110) do ferro-α, cuja rede é CCC. O parâmetro de rede do ferro-α é 0,287 nm.

- **Solução**

$$\rho_p = \frac{\text{n}^\text{o} \text{ efetivo de átomos cujos centros são interceptados pela área selecionada}}{\text{área selecionada}} \quad (3.6)$$

O número eficaz de átomos interceptados pelo plano (110), em termos da área interior à célula unitária CCC, que está representado na Figura 3.22 é:

1 átomo no centro + $4 \times \frac{1}{4}$ átomos nos quatros vértices do plano = 2 átomos

A área do plano (110) interior à célula unitária (área selecionada) é

$$(\sqrt{2}a)(a) = \sqrt{2}a^2$$

Assim, a densidade atômica planar é

$$\rho_p = \frac{2 \text{ átomos}}{\sqrt{2}(0{,}287 \text{ nm})^2} = \frac{17{,}2 \text{ átomos}}{\text{nm}^2}$$

$$= \frac{17{,}2 \text{ átomos}}{\text{nm}^2} \times \frac{10^{12} \text{ nm}^2}{\text{mm}^2}$$

$$= 1{,}72 \times 10^{13} \text{ átomos/mm}^2 \blacktriangleleft$$

3.9.3 Densidade atômica linear

Por vezes, é importante determinar as densidades atômicas em determinadas direções das estruturas cristalinas. Para isso, calcula-se a quantidade por meio da **densidade atômica linear**, usando a relação

$$\text{Densidade atômica linear} = \rho_l = \frac{\text{nº de diâmetros atômicos interceptados por uma linha com a direção considerada e com um determinado comprimento}}{\text{comprimento da linha selecionada}} \quad (3.7)$$

O Exemplo 3.13 mostra como se pode calcular a densidade atômica linear na direção [110] da rede cristalina do cobre puro.

EXEMPLO 3.13

Calcule a densidade atômica linear ρ_l na direção [110] da rede cristalina do cobre, em átomos/mm. O cobre é CFC e o parâmetro de rede é 0,361 nm.

■ **Solução**

Os átomos cujos centros são interceptados pela direção [110] estão indicados na Figura E3.23. Selecionemos como comprimento de referência, o da diagonal da face da célula unitária CFC, que é $\sqrt{2}a$. O número de diâmetros atômicos interceptados por este comprimento de referência é $\frac{1}{2} + 1 + \frac{1}{2} = 2$ átomos. Assim, usando a Equação (3.7), a densidade atômica linear é:

$$\rho_l = \frac{2 \text{ átomos}}{\sqrt{2}a} = \frac{2 \text{ átomos}}{\sqrt{2}(0{,}361 \text{ nm})} = \frac{3{,}92 \text{ átomos}}{\text{nm}}$$

$$= \frac{3{,}92 \text{ átomos}}{\text{nm}} \times \frac{10^6 \text{ nm}}{\text{mm}}$$

$$= 3{,}92 \times 10^6 \text{ átomos/mm} \blacktriangleleft$$

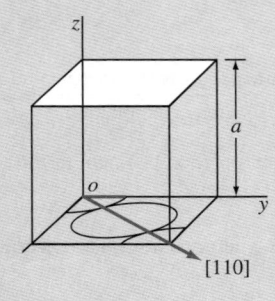

Figura E3.13
Esquema para determinação da densidade atômica linear na direção [110], em uma célula unitária CFC.

3.10 POLIMORFISMO OU ALOTROPIA

Muitos elementos e compostos existem em mais de uma forma cristalina, em diferentes condições de temperatura e pressão. Esse fenômeno é designado por **polimorfismo** ou *alotropia*. À pressão atmosférica, muitos metais especialmente importantes para a indústria, tais como o ferro, o titânio e o cobalto, sofrem transformações alotrópicas a temperaturas elevadas. Na Tabela 3.5, indicam-se alguns metais que apresentam transformações alotrópicas, assim como as variações que ocorrem na estrutura.

Entre a temperatura ambiente e o ponto de fusão 1.539 °C, o ferro apresenta tanto estrutura cristalina CCC quanto CFC, conforme mostra a Figura 3.21. O ferro alfa (α) existe desde -273 °C até 912 °C e tem estrutura cristalina CCC. O ferro gama (γ) existe desde 912 °C até 1 394 °C e tem estrutura cristalina CFC. O ferro delta (δ) existe de 1.394 °C a 1.539 °C, que é o ponto de fusão do ferro. A estrutura cristalina do ferro (δ) também é CCC, mas o parâmetro de rede é maior do que o do ferro (α).

Tabela 3.5
Formas cristalinas alotrópicas de alguns metais.

Metais	Estrutura cristalina em temperatura ambiente	Demais temperaturas
Ca	CFC	CCC (> 447 °C)
Co	HC	CFC (> 427 °C)
Hf	HC	CCC (> 1.742 °C)
Fe	CCC	CFC (912–1.394 °C) CCC (> 1.394 °C)
Li	CCC	HC (> –193 °C)
Na	CCC	HC (> –233 °C)
Tl	HC	CCC (> 234 °C)
Ti	HC	CCC (> 883 °C)
Y	HC	CCC (> 1.481 °C)
Zr	HC	CCC (> 872 °C)

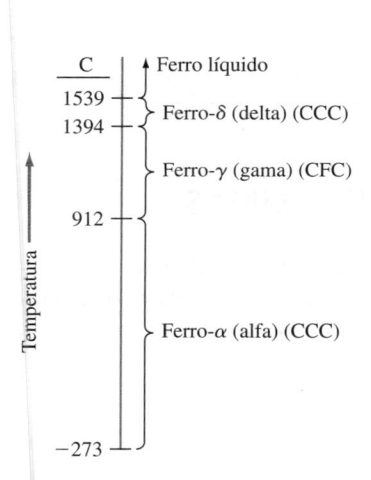

Figura 3.21
Formas cristalinas alotrópicas do ferro, em função da temperatura, à pressão atmosférica.

EXEMPLO 3.14

Calcule a variação volumétrica teórica que acompanha a transformação polimórfica do ferro puro da estrutura cristalina CFC para a estrutura cristalina CCC. Considere o modelo atômico de esferas rígidas e suponha que não ocorre variação volumétrica antes e após a transformação.

■ **Solução**

Na célula unitária da estrutura cristalina CFC, os átomos se tocam segundo as diagonais das faces da célula unitária, como se mostra na Figura 3.7. Tem-se, portanto

ou
$$\sqrt{2}a = 4R \quad \text{ou} \quad a = \frac{4R}{\sqrt{2}} \tag{3.3}$$

Na célula unitária da estrutura cristalina CCC, os átomos se tocam ao longo das diagonais da célula unitária, como se mostra na Figura 3.5. Tem-se, portanto

$$\sqrt{3}a = 4R \quad \text{ou} \quad a = \frac{4R}{\sqrt{3}} \tag{3.1}$$

Já que existem quatro átomos por célula unitária, o volume por átomo na rede cristalina CFC é:

$$V_{CFC} = \frac{a^3}{4} = \left(\frac{4R}{\sqrt{2}}\right)^3 \left(\frac{1}{4}\right) = 5{,}66R^3$$

Já que existem dois átomos por célula unitária, o volume por átomo na rede cristalina CCC é:

$$V_{CCC} = \frac{a^3}{2} = \left(\frac{4R}{\sqrt{3}}\right)^3 \left(\frac{1}{2}\right) = 6{,}16R^3$$

Admitindo que não haja variação do raio atômico, a variação volumétrica associada à transformação da estrutura cristalina de CFC para CCC é:

$$\frac{\Delta V}{V_{CFC}} = \frac{V_{CCC} - V_{CFC}}{V_{CFC}}$$

$$= \left(\frac{6{,}16R^3 - 5{,}66R^3}{5{,}66R^3}\right) 100\% = +8{,}8\% \blacktriangleleft$$

3.11 DETERMINAÇÃO DE ESTRUTURAS CRISTALINAS

O conhecimento atual sobre as estruturas cristalinas foi obtido principalmente por técnicas de difração de raio X, cujos comprimentos de onda têm valores próximos aos das distâncias entre os planos cristalográficos. Contudo, antes de analisarmos a maneira como os raios X são difratados nos cristais, consideremos o modo como são produzidos para fins experimentais.

3.11.1 Fontes de raios X

O tipo de raio X utilizado para difração é aquele que possui ondas eletromagnéticas com comprimentos entre 0,05 e 0,25 nm (0,5 e 2,5 Å). Para comparação, o comprimento de onda da luz visível é da ordem de 600 nm (6.000 Å). Para produzir raio X para difração, é necessário aplicar uma diferença de potencial da ordem de 35 kV, entre um cátodo e um alvo metálico, que funciona como ânodo, mantido em vácuo, conforme a Figura 3.22. Quando o filamento de tungstênio do cátodo é aquecido, liberam-se elétrons, por efeito termoiônico, que são acelerados por meio do vácuo pela diferença de potencial entre o cátodo e o ânodo, ganhando, assim, energia cinética. Quando os elétrons se chocam com o alvo metálico (por exemplo, de molibdênio), liberam-se raios X. Contudo, a maior parte da energia cinética (cerca de 98%) é convertida em calor, de modo que o alvo metálico tem de ser resfriado exteriormente.

Na Figura 3.23, apresenta-se o espectro de raios X emitido pelo alvo de molibdênio, a 35 kV. O espectro mostra uma radiação contínua de raios X, com comprimentos de onda entre aproximadamente 0,2 e 1,4 Å (0,02 e 0,14 nm), e dois picos de radiação característicos, que são designados por linhas K_α e K_β. Os comprimentos de onda das linhas K_α e K_β são característicos de cada elemento. Para o molibdênio, a linha K_α aparece para um comprimento de onda de cerca de 0,7Å (0,07 nm). Explica-se a origem da radiação característica do seguinte modo: em primeiro lugar, os elétrons K (elétrons na camada $n = 1$) são retirados dos átomos pelos elétrons de alta energia que se chocam com o alvo, o que produz excitação nos átomos. Em seguida, alguns elétrons das camadas superiores (ou seja, $n = 2$ ou $n = 3$) saltam para níveis mais baixos de energia para substituir os elétrons K perdidos, emitindo energia com

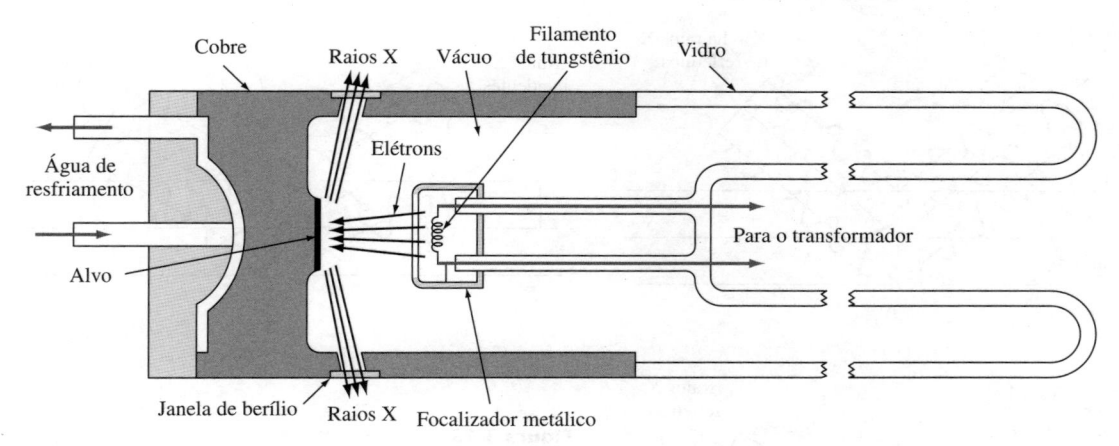

Figura 3.22
Esquema da seção longitudinal de uma ampola de raio X de filamento.
(B.D.Cullity, Elements of X-Ray Diffraction 2. ed., Addison-Wesley, 1978, p. 23. Reimpresso com permissão de Elizabeth M. Cullity.)

um comprimento de onda característico. A transição dos elétrons da camada L ($n = 2$) para a camada K ($n = 1$) libera energia correspondente ao comprimento de onda da linha Kα, conforme indicado na Figura 3.24.

3.11.2 Difração de raios X

Dado que os comprimentos de onda dos raios X são aproximadamente iguais às distâncias entre os planos atômicos dos sólidos cristalinos, quando um feixe de raios X se choca com um sólido cristalino, podem se produzir picos reforçados de radiação de diversas intensidades. Antes de considerarmos a aplicação das técnicas de difração de raios X à determinação de estruturas cristalinas, examinemos as condições geométricas necessárias para causar feixes difratados ou reforçados de raios X refletidos.

Consideremos um feixe monocromático (com um único comprimento de onda) de raios X a incidir num cristal, como se mostra na Figura 3.25. Para simplificar, substituamos os planos cristalográficos de átomos dispersores por planos cristalográficos que funcionam como espelhos, ao refletir o feixe incidente de raios X. Na Figura 3.25, as linhas horizontais representam um conjunto de planos cristalográficos paralelos, de índices de Miller (hkl). Quando um feixe incidente monocromático de raios X, de comprimento de onda Å, se choca com esse conjunto de planos, fazendo um ângulo tal que as ondas que deixam os vários planos *não estejam em fase, logo, não se produzirá qualquer feixe reforçado* (Figura 3.25a). Ocorre, então, uma interferência destrutiva. Se as ondas refletidas pelos vários planos estiverem em fase, então ocorre um reforço do feixe ou interferência construtiva (Figura 3.25b).

Consideremos agora os raios X incidentes 1 e 2, como se indica na Figura 3.25c. Para que estes raios estejam em fase, a distância adicional percorrida pelo raio 2, que é igual a $MP + PN$, tem de ser igual a um número inteiro de comprimentos de onda λ, ou seja,

$$n\lambda = MP + PN \tag{3.8}$$

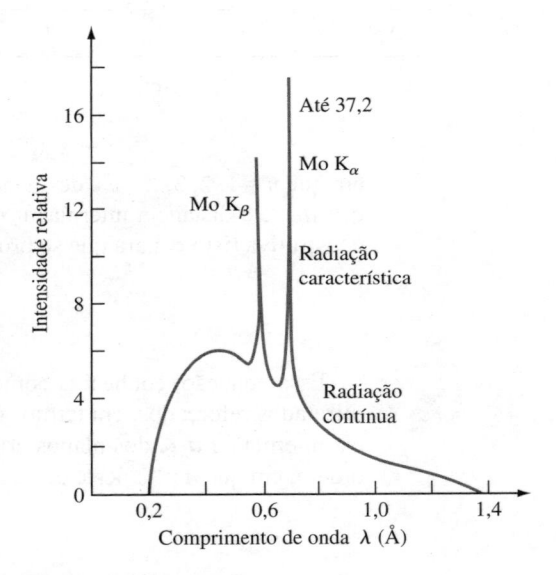

Figura 3.23
Espectro de emissão de raios X produzido quando se utiliza o metal molibdênio como alvo em uma ampola de raios X, funcionando a 35 kV.

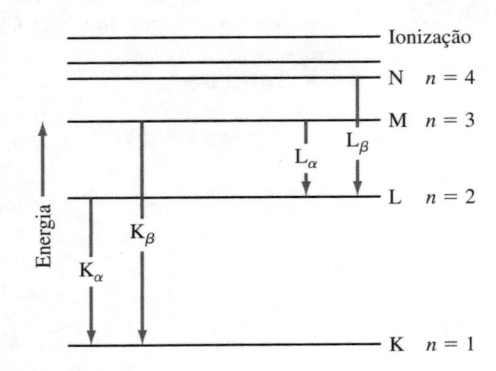

Figura 3.24
Níveis de energia dos elétrons do molibdênio, mostrando a origem das radiações K$_\alpha$ e K$_\beta$.

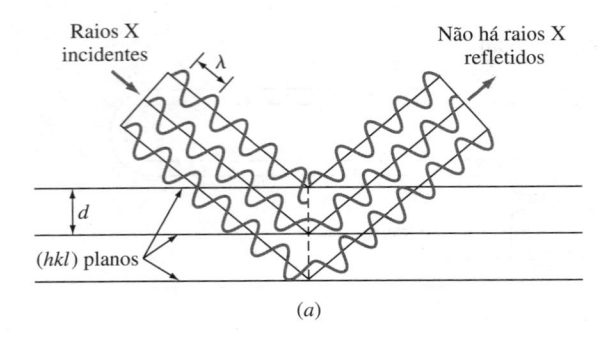

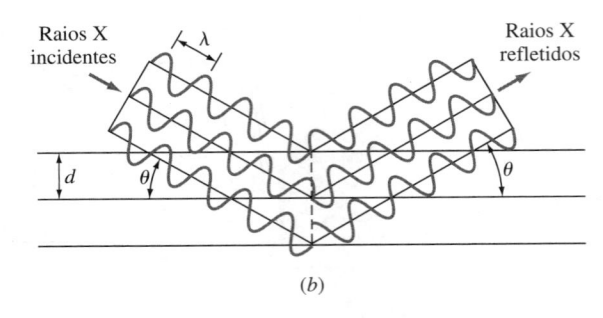

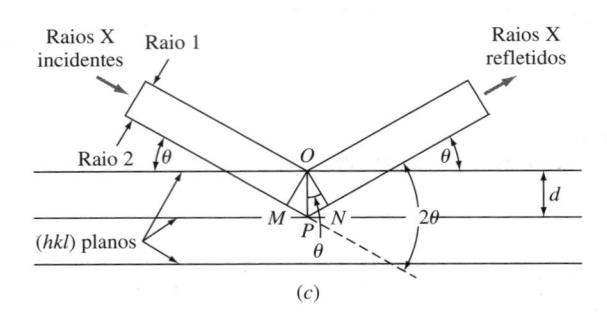

Figura 3.25
Reflexão de um feixe de raios X pelos planos (hkl) de um cristal (a) Se o ângulo de incidência for arbitrário, não se produz feixe refletido; (b) Para o ângulo de Bragg θ, os raios refletidos estão em fase e se reforçam uns aos outros; (c) O mesmo que (b), exceto que se omitiu a representação das ondas.
(A.G. Guy and J.J. Hren, "Elements of Physical Metallurgy" 3. ed., Addison-Wesley, 1974.)

em que $n = 1, 2, 3, \ldots$, e é designada por *ordem de difração*. Já que MP e PN são iguais a d_{hkl} sen θ, em que d_{hkl} é a distância interplanar dos planos de índices (hkl), a condição para que a interferência seja construtiva (isto é, para que se produza um pico de difração de radiação intensa) é

$$n\lambda = 2d_{hkl} \operatorname{sen} \theta \tag{3.9}$$

Essa equação, conhecida como lei de Bragg[7], dá a relação entre as posições angulares dos feixes difratados reforçados, em termos do comprimento de onda λ do feixe de raios X incidente e da distância interplanar d_{hkl}, dos planos cristalográficos. Na maior parte dos casos, usa-se difração de primeira ordem, em que $n = 1$; neste caso, a lei de Bragg toma a forma de

$$\lambda = 2d_{hkl} \operatorname{sen} \theta \tag{3.10}$$

EXEMPLO 3.15

Uma amostra de ferro CCC foi colocada num difratômetro de raios X usando raios incidentes com comprimento de onda λ = 0,1541 nm. A difração pelos planos {110} ocorreu para 2θ = 44,704°. Calcule o valor do parâmetro *a* de rede do ferro CCC. (Considere difração de primeira ordem com $n = 1$.)

■ **Solução**

$$2\theta = 44{,}704° \qquad \theta = 22{,}35°$$
$$\lambda = 2d_{hkl} \operatorname{sen} \theta \tag{3.10}$$
$$d_{110} = \frac{\lambda}{2 \operatorname{sen} \theta} = \frac{0{,}1541 \text{ nm}}{2(\operatorname{sen} 22{,}35°)}$$
$$= \frac{0{,}1541 \text{ nm}}{2(0{,}3803)} = 0{,}2026 \text{ nm}$$

---

[7]William Henry Bragg (1862-1942). Físico inglês que trabalhou em cristalografia de raios X.

▶ Rearranjando a Equação (3.4), obtém-se:

$$a = d_{hkl}\sqrt{h^2 + k^2 + l^2}$$

Assim,

$$a(\text{Fe}) = d_{110}\sqrt{1^2 + 1^2 + 0^2}$$
$$= (0{,}2026 \text{ nm})(1{,}414) = 0{,}287 \text{ nm} \blacktriangleleft$$

3.11.3 Análises de estruturas cristalinas por difração de raios X

O método dos pós de análise por difração dos raios X A técnica de difração de raios X mais frequentemente usada é o *método dos pós*. Nesta técnica, utiliza-se uma amostra em pó, para que exista uma orientação aleatória de muitos cristais, assegurando, assim, que algumas das partículas estejam orientadas, em relação ao feixe de raios X, de modo a satisfazer as condições de difração da lei de Bragg. As técnicas modernas de determinação de estruturas cristalinas por difração de raios X utilizam um difratômetro de raios X, que tem um contador de radiação para detectar o ângulo e a intensidade do feixe difratado (Figura 3.26). À medida que o contador se move num goniômetro[8] circular (Figura 3.27) que está sincronizado com a amostra, um registrador representa automaticamente a intensidade do feixe difratado, em uma gama de valores 2θ. A Figura 3.28 mostra um registro de difração de raios X, com a intensidade do feixe difratado em função dos ângulos de difração 2θ, de uma amostra em pó de um metal puro. Desse modo, podem se registrar, simultaneamente, os ângulos dos feixes difratados e as respectivas intensidades. Por vezes, em lugar do difratômetro usa-se uma câmara com uma película sensível aos raios X, mas este método é muito mais lento e, na maior parte dos casos, menos cômodo.

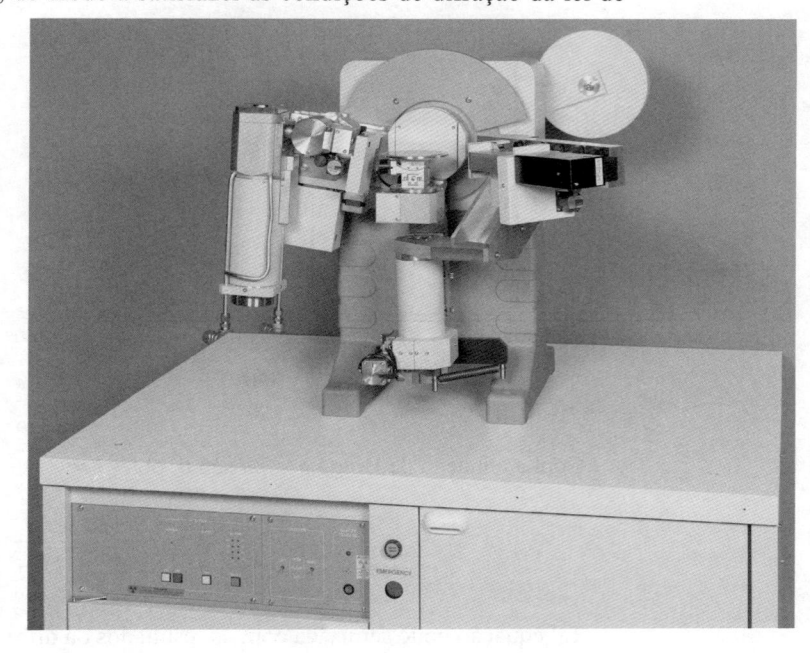

Figura 3.26
Difratômetro de raios X (com os escudos protetores de raios X retirados).
(Cortesia de Rigaku.)

Condições de difração em células unitárias cúbicas As técnicas de difração de raios X permitem determinar a estrutura dos sólidos cristalinos. Para a maior parte das substâncias cristalinas, a interpretação dos resultados da difração de raios X é complexa e ultrapassa o âmbito deste livro; por isso, apenas será considerado o caso simples da difração em metais puros cúbicos. Em células unitárias cúbicas, a análise dos resultados de difração de raios X pode ser simplificada, combinando a Equação (3.4)

$$d_{hkl} = \frac{a}{\sqrt{h^2 + k^2 + l^2}}$$

---

[8] Um goniômetro é um instrumento para medir ângulos.

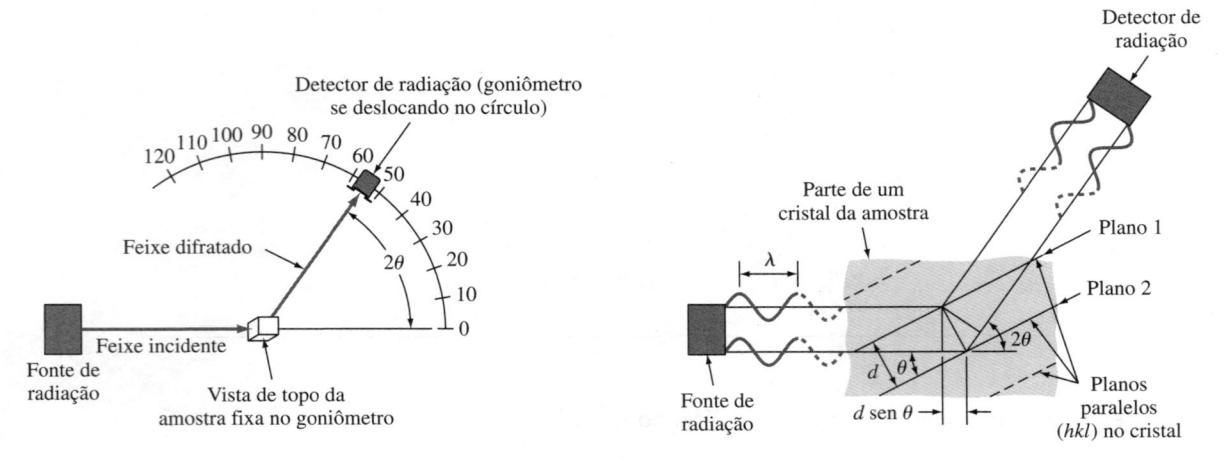

Figura 3.27
Representação esquemática do método de difração para análise cristalográfica e das condições necessárias à difração.
(A.G. Guy, "Essentials ot Materials Science", McGraw-Hill, 1976.)

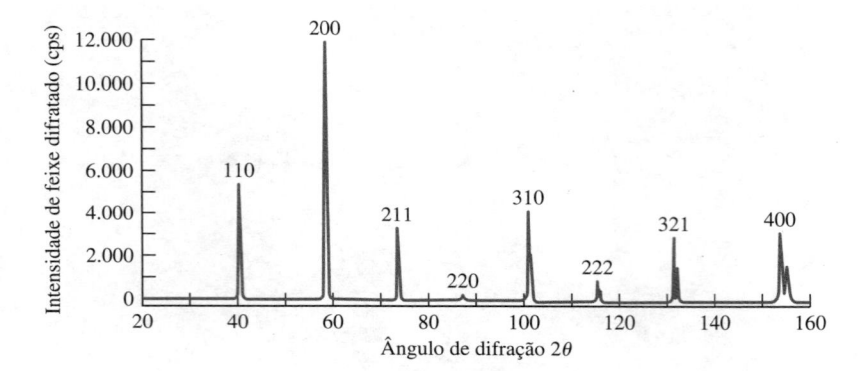

Figura 3.28
Registro dos ângulos de difração de uma amostra de tungstênio, obtido usando um difratômetro com radiação do cobre.
(A.G. Guy and J.J. Hren, "Elements of Physical Metallurgy" 3. ed., Addison-Wesley, 1974.)

Com a equação de Bragg $\lambda = 2d \, \text{sen} \, \theta$, obtém-se

$$\lambda = \frac{2a \, \text{sen} \, \theta}{\sqrt{h^2 + k^2 + l^2}} \tag{3.11}$$

Tal equação pode ser usada com os resultados da difração de raios X, para determinar se a estrutura de um cristal cúbico é cúbica de corpo centrado ou cúbica de faces centradas. Adiante nesta mesma subseção, será descrito como pode ser feita essa determinação.

Para usar a Equação (3.11) na análise por difração, é preciso saber, para cada tipo de estrutura cristalina, quais são os planos cristalográficos que são difratores. Na rede cúbica simples, são possíveis reflexões por todos os planos (hkl). Contudo, na estrutura CCC, apenas ocorre difração pelos planos cuja soma dos índices de Miller ($h + k + l$) seja um número par (Tabela 3.6). Por isso, na estrutura cristalina CCC, os principais planos difratores são {110}, {200} {211} etc., que estão indicados na Tabela 3.7. No caso da estrutura cristalina CFC, os planos difratores são aqueles cujos índices de Miller são todos pares ou todos ímpares (zero é considerado par). Por conseguinte, na estrutura cristalina CFC, os planos difratores são {111}, {200}, {220} etc., que estão indicados na Tabela 3.7.

Interpretação dos resultados experimentais de difração de raios X em metais com estruturas cristalinas cúbicas Podemos usar os resultados de difração de raios X para identificar estruturas cristalinas. Um caso simples, para ilustrar como essa análise pode ser utilizada, consiste na distinção entre as

Tabela 3.6
Regras para determinação dos planos difratores {hkl} em cristais cúbicos.

Rede de Bravais	Reflexões presentes	Reflexões ausentes
CCC	$(h + k + l)$ = par	$(h + k + l)$ = ímpar
CFC	(h, k, l) todos pares ou todos ímpares	(h, k, l) nem todos pares; nem todos ímpares.

Tabela 3.7
Índices de Miller dos planos difratores nas redes CCC e CFC.

Planos cúbicos {hkl}	$h^2 + k^2 + l^2$	Soma $\Sigma[h^2 + k^2 + l^2]$	Planos cúbicos difratores {h k l} CFC	Planos cúbicos difratores {h k l} CCC
{100}	$1^2 + 0^2 + 0^2$	1		
{110}	$1^2 + 1^2 + 0^2$	2	...	110
{111}	$1^2 + 1^2 + 1^2$	3	111	
{200}	$2^2 + 0^2 + 0^2$	4	200	200
{210}	$2^2 + 1^2 + 0^2$	5		
{211}	$2^2 + 1^2 + 1^2$	6	...	211
...		7		
{220}	$2^2 + 2^2 + 0^2$	8	220	220
{221}	$2^2 + 2^2 + 1^2$	9		
{310}	$3^2 + 1^2 + 0^2$	10	...	310

estruturas cristalinas CCC e CFC de um metal cúbico. Suponhamos que temos um metal cuja estrutura cristalina é CCC ou CFC e que somos capazes de identificar os principais planos difratores e os correspondentes ângulos 2θ, conforme se indica para o tungstênio metálico na Figura 3.3.

Elevando ambos os membros da Equação (3.11) ao quadrado e resolvendo em relação a $\text{sen}^2\theta$, obtemos

$$\text{sen}^2\theta = \frac{\lambda^2(h^2 + k^2 + l^2)}{4a^2} \tag{3.12}$$

A partir dos resultados de difração de raios X podemos obter os valores experimentais de 2θ para um conjunto de planos difratores {hkl}. Dado que o comprimento de onda da radiação incidente e o parâmetro de rede a são constantes, podemos eliminar tais quantidades obtendo a razão entre dois valores de $\text{sen}^2\theta$

$$\frac{\text{sen}^2\theta_A}{\text{sen}^2\theta_B} = \frac{h_A^2 + k_A^2 + l_A^2}{h_B^2 + k_B^2 + l_B^2} \tag{3.13}$$

em que θ_A e θ_B são dois ângulos de difração associados aos planos difratores $\{h_A\ k_A\ l_A\}$ e $\{h_B\ k_B\ l_B\}$, respectivamente.

Usando a Equação (3.13) e os índices de Miller das duas primeiras famílias de planos difratores indicados na Tabela 3.7 para as estruturas cristalinas CCC e CFC, podemos determinar o quociente entre os valores de $\text{sen}^2\theta$ para as estruturas CCC e CFC.

Para a estrutura cristalina CCC, as duas primeiras famílias de planos difratores são {110} e {200}, conforme a Tabela 3.7. Substituindo os índices de Miller {hkl} desses planos na Equação (3.13), obtém-se

$$\frac{\text{sen}^2 \theta_A}{\text{sen}^2 \theta_B} = \frac{1^2 + 1^2 + 0^2}{2^2 + 0^2 + 0^2} = 0{,}5 \qquad (3.14)$$

Por conseguinte, se a estrutura cristalina de um metal cúbico desconhecido for CCC, o quociente entre os valores de sen²θ correspondentes às duas primeiras famílias de planos difratores será 0,5. Para a estrutura cristalina CFC, as duas primeiras famílias de planos difratores são {111} e {200} (Tabela 3.7). Substituindo os índices de Miller {hkl} desses planos na Equação (3.13), obtém-se

$$\frac{\text{sen}^2 \theta_A}{\text{sen}^2 \theta_B} = \frac{1^2 + 1^2 + 1^2}{2^2 + 0^2 + 0^2} = 0{,}75 \qquad (3.15)$$

Assim, se a estrutura cristalina de um metal cúbico desconhecido for CFC, o quociente entre os valores de sen²θ correspondentes às duas primeiras famílias de planos difratores será 0,75.

No Exemplo 3.16, utiliza-se a Equação 3.13 e os valores experimentais de 2θ dos principais planos difratores, obtidos com difração de raios X, para determinar se um metal cúbico desconhecido é CCC ou CFC. A análise da difração de raios X é geralmente muito mais complicada do que o Exemplo 3.16, no entanto os princípios utilizados são os mesmos. Tanto a análise de difração de raios X experimental como a teórica, foram e continuam sendo usadas para determinar a estrutura cristalina dos materiais.

EXEMPLO 3.16

Um espectro de difração de raios X de um elemento cuja estrutura cristalina é CCC ou CFC apresenta picos de difração para os seguintes ângulos 2u: 40, 58, 73, 86,8, 100,4 e 114,7. O comprimento de onda dos raios X incidentes usados foi 0,154 nm.

a. Determine qual a estrutura cúbica do elemento.
b. Determine o parâmetro de rede do elemento.
c. Identifique o elemento.

■ Solução

a. *Determinação da estrutura cristalina do elemento.* Em primeiro lugar, calculam-se os valores de sen² θ a partir dos ângulos de difração 2θ.

2θ (°)	θ (°)	sen θ	sen² θ
40	20	0,3420	0,1170
58	29	0,4848	0,2350
73	36,5	0,5948	0,3538
86,8	43,4	0,6871	0,4721
100,4	50,2	0,7683	0,5903
114,7	57,35	0,8420	0,7090

Em seguida, calcula-se o quociente entre os valores de sen²θ referentes ao primeiro e ao segundo ângulos

$$\frac{\text{sen}^2 \theta}{\text{sen}^2 \theta} = \frac{0{,}117}{0{,}235} = 0{,}498 \approx 0{,}5$$

A estrutura cristalina é CCC, dado que este quociente é ≈ 0,5. Se o quociente fosse ≈ 0,75, a estrutura seria CFC.

b. *Determinação do parâmetro de rede.* Rearranjando a Equação (3.12) e resolvendo-a em relação a a^2, obtém-se

▶

$$a^2 = \frac{\lambda^2}{4} \frac{h^2 + k^2 + l^2}{\text{sen}^2\, \theta} \qquad (3.16)$$

ou

$$a = \frac{\lambda}{2} \sqrt{\frac{h^2 + k^2 + l^2}{\text{sen}^2\, \theta}} \qquad (3.17)$$

Substituindo, na Equação (3.17), os valores dos índices de Miller h, k, l, correspondentes à primeira família de planos difratores da estrutura cristalina CCC, que são os planos $\{110\}$, ou seja, $h = 1$, $k = 1$ e $l = 0$, o correspondente valor de $\text{sen}^2\theta$, que é 0,117, e o valor do comprimento de onda λ da radiação incidente, que é 0,154 nm, obtém-se:

$$a = \frac{0{,}154 \text{ nm}}{2} \sqrt{\frac{1^2 + 1^2 + 0^2}{0{,}117}} = 0{,}318 \text{ nm} \blacktriangleleft$$

c. *Identificação do elemento*. O elemento é o tungstênio, já que esse elemento tem o parâmetro de rede 0,316 nm e estrutura CCC.

3.12 MATERIAIS AMORFOS

Como discutido anteriormente, alguns materiais são chamados amorfos ou não cristalinos porque não apresentam uma regularidade (ordem) de longo alcance em sua estrutura atômica. Deve-se notar que, em geral, materiais têm uma tendência a atingir o estado cristalino, porque é o estado menos variável e corresponde ao nível mais baixo de energia. No entanto, os átomos em materiais amorfos são ligados de forma desordenada devido a fatores que inibem a formação de um arranjo periódico. Átomos em materiais amorfos, portanto, ocupam posições espaciais aleatórias em oposição às posições específicas em sólidos cristalinos. Para maior clareza, vários graus de ordem (ou desordem) são apresentados na Figura 3.29.

A maioria dos polímeros, vidros e alguns metais pertencem à classe dos materiais amorfos. Nos polímeros, as ligações entre as moléculas secundárias não permitem a formação de cadeias paralelas e fechadas durante a solidificação. Como resultado, os polímeros, tais como cloreto de polivinil, consistem em longas cadeias moleculares torcidas que se misturam para formar um sólido com estrutura amorfa, similar à da Figura 3.32c. Em alguns polímeros como o polietileno, as moléculas estão mais organizadas em algumas regiões do material e nelas produzem um maior grau de regularidade. Como resultado, esses polímeros são geralmente classificados como **semicristalinos**. Uma discussão mais aprofundada sobre polímeros semicristalinos será apresentada no Capítulo 10.

Vidro inorgânico à base de óxido, formado a partir da sílica (SiO_2), é geralmente caracterizado como um material cerâmico (vidro de cerâmica) e é outro exemplo de um material com uma estrutura amorfa. Nesse tipo de vidro, a subunidade fundamental nas moléculas é o tetraedro SiO_4^{4-}. A estrutura cristalina ideal deste vidro é mostrada na Figura 3.29a. O esquema mostra os tetraedros de Si–O que se uniram em toda a extensão para formar uma região ordenada. Em seu estado líquido viscoso, as moléculas têm mobilidade reduzida, e, em geral, a cristalização ocorre lentamente. Portanto, uma baixa taxa de resfriamento suprime a formação da estrutura cristalina e, em vez da junção de tetraedros em toda a extensão, forma-se uma rede desordenada em certas regiões (Figura 3.29b).

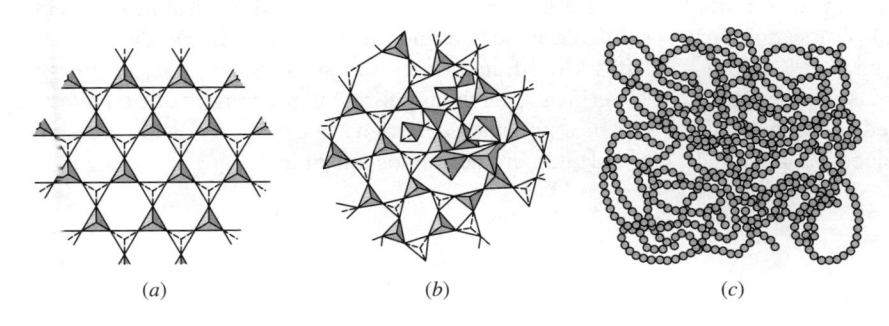

Figura 3.29
Um esquema mostrando vários graus de ordem em materiais: (a) sílica cristalina com estrutura toda ordenada, (b) vidro de sílica sem a ordenação em toda a extensão, e (c) estrutura amorfa em polímeros.

Além de polímeros e vidros, alguns metais também têm a capacidade de formar estruturas amorfas (***vidro metálico***) sob condições, muitas vezes, estritas e demasiadamente específicas. Ao contrário dos vidros, os metais, quando fundidos, apresentam muito pequenos blocos móveis em sua constituição. Como resultado, é difícil impedir a cristalização desses metais. No entanto, ligas, tais como 78% Fe -9% Si-13%B, que contém em sua composição química altíssima porcentagem de semimetais, Si e B, podem formar vidros metálicos por meio de solidificação rápida a velocidades de resfriamento superiores a 108 °C/s. Com tais taxas de resfriamento elevadas, os átomos não têm tempo suficiente para formar uma estrutura cristalina e, ao invés disso, o metal que se forma possui estrutura amorfa, isto é, altamente desordenada. Em teoria, qualquer material cristalino pode formar uma estrutura não cristalina caso solidifique com suficiente rapidez a partir do estado fundido.

Os materiais amorfos, devido à sua estrutura, possuem propriedades que são superiores. Por exemplo, os vidros metálicos possuem maior resistência, melhores características de corrosão e propriedades magnéticas, quando comparados aos seus homólogos cristalinos. Finalmente, é importante ressaltar que materiais amorfos não apresentam padrões de difração acentuados quando analisados por difração de raios X. Isso é devido a uma falta de ordem e periodicidade da estrutura atômica. Nos próximos capítulos, o papel da estrutura do material em suas propriedades será explicado em detalhes.

3.13 RESUMO

Os arranjos atômicos em sólidos cristalinos podem ser descritos por uma determinada rede de linhas, designada por *rede espacial*. Cada uma delas pode ser descrita especificando as posições atômicas em uma *célula unitária* repetitiva. A estrutura cristalina é constituída por rede espacial e por padrão ou base. Os materiais cristalinos possuem ordenação de longo alcance, como é o caso da maioria dos metais. Mas alguns materiais, tais como muitos polímeros e vidros, possuem ordenação atômica de curto alcance. Esses materiais são chamados de semi-cristalinos ou amorfos. Dependendo do comprimento dos eixos das células unitárias e dos ângulos entre eles, podemos identificar 7 sistemas cristalográficos. Entre eles, é possível definir, com base no arranjo dos átomos nas células unitárias, um total de 14 sub-redes (células unitárias).

As células unitárias das estruturas cristalinas mais habituais nos metais são: *cúbica de corpo centrado* (CCC), *cúbica de faces centradas* (CFC) e *hexagonal compacta* (HC) (que é uma variante compacta da estrutura hexagonal simples).

Uma direção cristalográfica, nos cristais cúbicos, é definida pelas componentes, segundo cada um dos eixos, de um vetor com essas direções, reduzidas aos menores inteiros. São indicadas por [uvw]. As famílias de direções são identificadas pelos índices da direção colocados entre parênteses (uvw). Nos cristais cúbicos, os *planos cristalográficos* são indicados pelos inversos das interseções do plano com cada um dos eixos (seguido da eliminação das frações), como (hkl). Nos cristais cúbicos, os planos de uma família (forma) são indicados entre chaves {hkl}. Nos cristais hexagonais, os planos cristalográficos são frequentemente indicados por quatro índices, h, k, i e l, colocados entre parênteses ($hkil$). Esses índices são os inversos das interseções do plano com os eixos a_1, a_2, a_3 e c da célula unitária da estrutura cristalina hexagonal. Nos cristais hexagonais, as direções cristalográficas são as componentes de um vetor com a direção considerada, segundo os quatro eixos coordenados, reduzidos aos menores inteiros, e são indicadas por [$uvtw$].

Usando um modelo de esferas rígidas para os átomos, podemos calcular densidades atômicas volumétricas, planares e lineares, nas células unitárias. Os planos em que os átomos estão arranjados da maneira mais densa possível são denominadas *planos compactos*, e as direções em que os átomos se tocam são denominadas *direções compactas*. Considerando o modelo atômico de esferas rígidas, podemos também determinar os fatores de empacotamento atômico para as diversas estruturas cristalinas. Alguns metais apresentam diferentes estruturas cristalinas em função das diferentes temperatura e pressão a que se encontram; este fenômeno é conhecido por *polimorfismo*.

As estruturas cristalinas dos sólidos cristalinos podem ser determinadas usando técnicas de difração de raios X. Estes são difratados pelos cristais quando a *lei de Bragg* se verifica. Usando um difratômetro de raios X e o *método dos pós*, podemos determinar a estrutura cristalina de um grande número de sólidos cristalinos.

3.14 PROBLEMAS

As respostas para os exercícios marcados com asterisco constam no final do livro.

Problemas de conhecimento e compreensão

3.1 Defina os seguintes termos: (a) sólido cristalino, (b) ordenação de longo alcance, (c) ordenação de pequeno alcance, e (d) amorfo.

3.2 Defina os seguintes termos: (a) estrutura cristalina, (b) rede espacial, (c) ponto de rede, (d) célula unitária, (e) rede, e (f) parâmetro de rede.

3.3 Quais são as 14 células unitárias de Bravais?

3.4 Quais são as três estruturas cristalinas mais comuns dos metais? Enumere cinco metais que tenham cada uma dessas estruturas.

3.5 Na célula unitária CCC, (a) quantos átomos existem por célula unitária? (b) Qual é o número de coordenação dos átomos? (c) Qual a relação entre a aresta a da célula unitária CCC e o raio dos átomos? (d) Qual é o fator de empacotamento atômico?

3.6 Na célula unitária CFC, (a) quantos átomos existem por célula unitária? (b) Qual é o número de coordenação dos átomos? (c) Qual a relação entre a aresta a da célula unitária CFC e o raio dos átomos? (d) Qual é o fator de empacotamento atômico?

3.7 Na célula unitária HC (considere a célula primitiva), (a) quantos átomos existem por célula unitária? (b) Qual é o número de coordenação dos átomos? (c) Qual é o fator de empacotamento atômico? (d) Qual a relação ideal c/a para metais HC? (e) Repita o item c considerando agora a "maior" célula.

3.8 Como são localizadas as posições atômicas na célula cúbica unitária?

*3.9 Enumere as posições dos átomos dos oito vértices e das seis faces da célula unitária CFC.

3.10 Como são os índices para uma direção cristalográfica em uma determinada célula unitária cúbica?

3.11 Quais são as direções cristalográficas de uma família ou de forma? Que notação generalizada é utilizada para indicá-las?

3.12 Como são determinados os índices de Miller para um plano cristalográfico em uma célula unitária cúbica?

3.13 Qual a notação usada para indicar uma família de planos cristalográficos cúbicos?

3.14 Como são indicados os planos cristalográficos em células unitárias HC?

3.15 Que notação é usada para descrever planos cristalinos HC?

3.16 Qual é a diferença no arranjo do empilhamento compacto dos planos fechados em (a) estrutura cristalina HC e (b) estrutura cristalina CFC?

3.17 Quais são as direções mais densas na (a) estrutura CCC, (b) estrutura CFC, e (c) estrutura HC?

3.18 Identifique os planos mais densos na (a) estrutura CCC, (b) estrutura CFC, e (c) estrutura HC?

3.19 O que é polimorfismo com relação aos metais?

3.20 O que são raios X e como são produzidos?

3.21 Desenhe um diagrama esquemático de um tubo de raio X usado para difração e indique nele o caminho dos elétrons e dos raios X.

3.22 Qual é a característica da radiação de raio X? Qual é sua origem?

3.23 Distinga entre interferência destrutiva e interferência construtiva dos feixes de raios X refletidos pelos cristais.

Problemas de aplicação e análise

3.24 O molibdênio a 20 °C é CCC e tem um raio atômico de 0,140 nm. Calcule o valor de seu parâmetro de rede a em nanômetros.

3.25 O lítio a 20 °C é CCC e tem um parâmetro de rede de 0,35092 nm. Calcule o valor do raio atômico do átomo de lítio em nanômetros.

3.26 O ouro é CFC e tem um parâmetro de rede de 0,40788 nm. Calcule o valor do raio atômico do átomo de ouro em nanômetro.

3.27 O paládio é CFC e tem um raio atômico de 0,137 nm. Calcule o valor de seu parâmetro de rede a em nanômetros.

3.28 Prove que o fator de empacotamento atômico para a estrutura CFC é 0,74.

*3.29 Calcule o volume (em nanômetros cúbicos) da célula unitária da estrutura cristalina do titânio (use a maior célula). O titânio é HC a 20 °C com $a = 0,29504$ nm e $c = 0,46833$ nm.

3.30 Considere um pedaço de folha de alumínio com uma espessura de 0,05 mm e 500 mm² (cerca de três vezes a área de uma moeda de 10 centavos). Quantas células unitárias existem na folha? Se a densidade do alumínio é 2,7 g/cm³, qual é a massa de cada célula?

3.31 Em uma célula unitária CCC, desenhe as seguintes direções e enumere as coordenadas dos átomos que têm os centros interceptados pela direção do vetor:

(a) [100]   (b) [110]   (c) [111]

3.32 Desenhe a direção dos vetores em uma célula unitária para as seguintes direções no cubo:

(a) [1$\bar{1}\bar{1}$]   (b) [1$\bar{1}$0]   (c) [$\bar{1}$2$\bar{1}$]
(d) [$\bar{1}\bar{1}$3]

3.33 Desenhe a direção dos vetores em uma célula unitária para as seguintes direções no cubo:

(a) [1$\bar{1}$2]   (d) [0$\bar{2}$1]   (g) [$\bar{1}$01]   (j) [10$\bar{3}$]
(b) [1$\bar{2}$3]   (e) [2$\bar{1}$2]   (h) [12$\bar{1}$]   (k) [1$\bar{2}\bar{2}$]
(c) [$\bar{3}$31]   (f) [2$\bar{3}$3]   (i) [321]   (l) [$\bar{2}\bar{2}$3]

3.34 Quais são os índices das direções mostradas no cubo unitário da Figura P3.34?

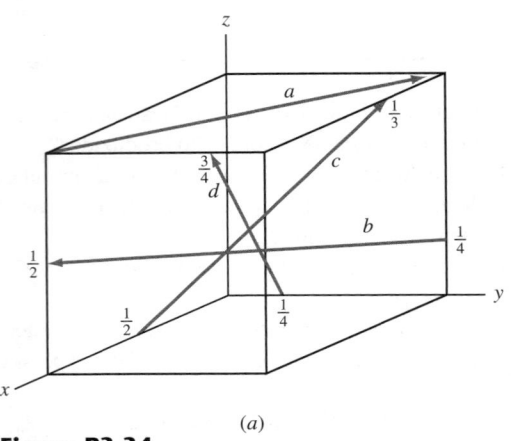

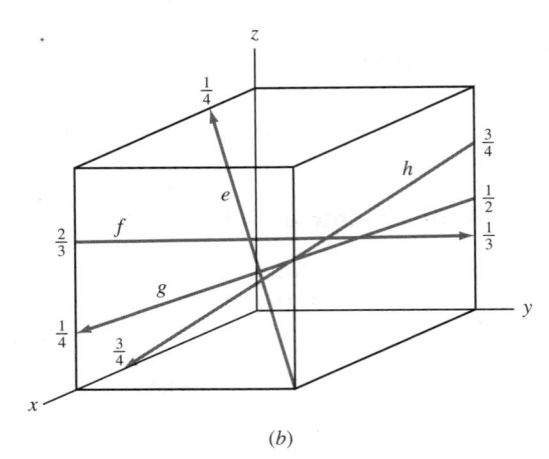

Figura P3.34

*3.35 Um vetor direção passa pelo meio de um cubo unitário da posição ($\frac{3}{4}$,0,$\frac{1}{4}$) para a posição ($\frac{1}{2}$,1,0). Quais são seus índices de direção?

3.36 Um vetor-direção passa por meio de um cubo unitário da posição (1,0,$\frac{3}{4}$) para a posição ($\frac{1}{4}$,1,$\frac{1}{4}$). Quais são seus índices de direção?

*3.37 Quais são as direções da família ou forma $\langle 10\bar{3} \rangle$ para um cubo unitário?

3.38 Quais são as direções da família ou forma $\langle 111 \rangle$ para um cubo unitário?

3.39 Quais as direções da família $\langle 110 \rangle$ são falsas sobre o plano (111) de uma célula unitária cúbica?

3.40 Quais as direções da família $\langle 111 \rangle$ são falsas sobre o plano (110) de uma célula unitária cúbica?

3.41 Em cubos unitários, desenhe os planos cristalográficos com os seguintes índices de Miller:

(a) $(1\bar{1}\bar{1})$ (c) $(1\bar{2}\bar{1})$ (e) $(3\bar{2}1)$
(g) $(20\bar{1})$ (i) $(\bar{2}32)$ (k) $(3\bar{1}2)$
(b) $(10\bar{2})$ (d) $(21\bar{3})$ (f) $(30\bar{2})$
(h) $(\bar{2}1\bar{2})$ (j) $(13\bar{3})$ (l) $(\bar{3}3\bar{1})$

*3.42 Quais são os índices de Miller dos planos cristalográficos indicados nos cubos da Figura P3.42?

3.43 No sistema cúbico, quais são os planos da família {100}?

3.44 Em uma célula unitária CCC, desenhe os planos cristalográficos seguintes e indique as posições dos átomos cujos centros são interceptados por cada um dos planos:

(a) (100)   (b) (110)   (c) (111)

3.45 Em uma célula unitária CFC, desenhe os planos cristalográficos seguintes e indique as posições dos átomos cujos centros são interceptados por cada um dos planos:

(a) (100)   (b) (110)   (c) (111)

3.46 Em uma célula cúbica, um plano intercepta os eixos às seguintes distâncias: $a = \frac{1}{3}$, $b = -\frac{2}{3}$ e $c = \frac{1}{2}$. Quais são os índices de Miller desse plano?

3.47 Em uma célula cúbica, um plano intercepta os eixos às seguintes distâncias: $a = -\frac{1}{2}$, $b = -\frac{1}{2}$, $c = \frac{2}{3}$. Quais são os índices de Miller desse plano?

*3.48 Em uma célula cúbica, um plano intercepta os eixos às seguintes distâncias: $a = 1$, $b = \frac{2}{3}$, $c = -\frac{1}{2}$. Quais são os índices de Miller desse plano?

Tutorial MatVis

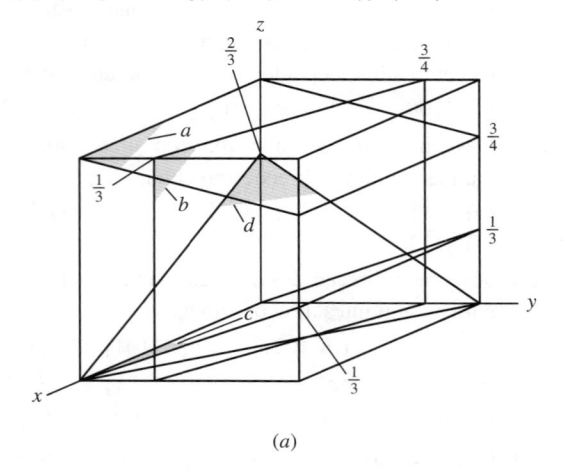

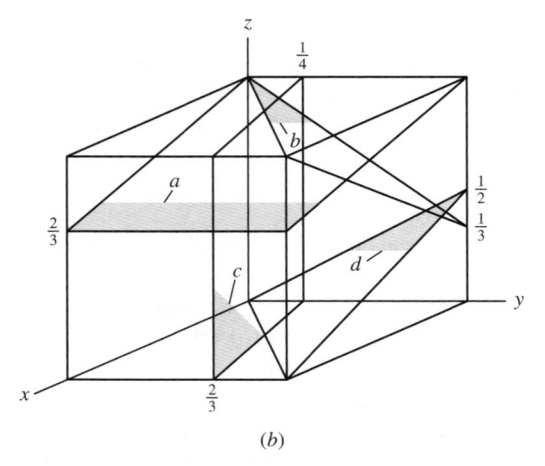

Figura P3.42

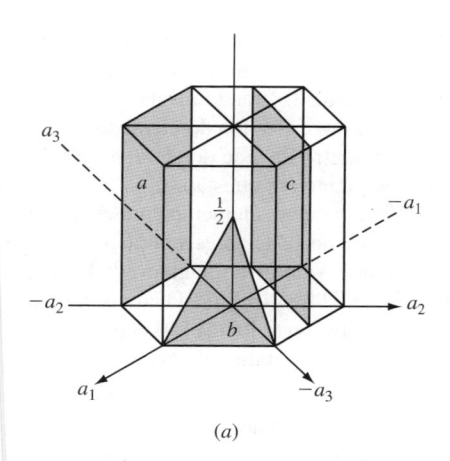

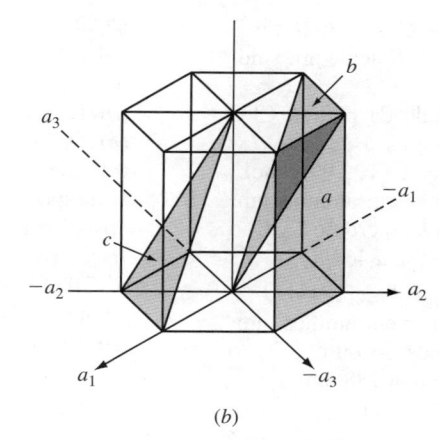

Figura P3.58

3.49 Determine os índices de Miller de um plano de um cristal cúbico, que passa pelos pontos com as seguintes coordenadas: $(1,0,0); (1,\frac{1}{2},\frac{1}{4}); (\frac{1}{2},\frac{1}{2},0)$.

3.50 Determine os índices de Miller de um plano de um cristal cúbico, que passa pelos pontos com as seguintes coordenadas: $(\frac{1}{2},0,\frac{1}{2}); (0,0,1); (1,1,1)$.

3.51 Determine os índices de Miller de um plano de um cristal cúbico, que passa pelos pontos com as seguintes coordenadas: $(1,\frac{1}{2},1); (\frac{1}{2},0,\frac{3}{4}); (1,0,\frac{1}{2})$.

3.52 Determine os índices de Miller de um plano de um cristal cúbico, que passa pelos pontos com as seguintes coordenadas: $(0,0,\frac{1}{2}); (1,0,0); (\frac{1}{2},\frac{1}{4},0)$.

3.53 O ródio é CFC e tem um parâmetro de rede a de 0,38044 nm. Calcule as seguintes distâncias interplanares:

(a) d_{111} (b) d_{200} (c) d_{220}

*3.54 O tungstênio é CCC e tem um parâmetro de rede a de 0,31648 nm. Calcule as seguintes distâncias interplanares:

(a) d_{110} (b) d_{220} (c) d_{310}

3.55 A distância interplanar d_{310} num elemento CCC é 0,1587 nm.
(a) Qual é o parâmetro de rede a?
(b) Qual o raio atômico do elemento?
(c) Qual poderia ser esse elemento?

3.56 A distância interplanar d_{422} num elemento CFC é 0,083397 nm.
(a) Qual é o parâmetro de rede a?
(b) Qual o raio atômico do elemento?
(c) Qual poderia ser esse elemento?

3.57 Num cristal hexagonal, desenhe os planos cujos índices de Miller-Bravais são:

(a) $(10\bar{1}1)$ (d) $(1\bar{2}12)$ (g) $(\bar{1}2\bar{1}2)$ (j) $(\bar{1}100)$
(b) $(01\bar{1}1)$ (e) $(2\bar{1}\bar{1}1)$ (h) $(2\bar{2}00)$ (k) $(\bar{2}111)$
(c) $(\bar{1}2\bar{1}0)$ (f) $(1\bar{1}01)$ (i) $(10\bar{1}2)$ (l) $(\bar{1}012)$

*3.58 Determine os índices de Miller-Bravais dos planos do cristal hexagonal da Figura P3.58.

3.59 Determine os índices de Miller-Bravais das direções $-a_1$, $-a_2$ e $-a_3$.

3.60 Determine os índices de Miller-Bravais da direção dos vetores com origem no centro do plano basal inferior e término na extremidade superior do plano basal, conforme indicado na Figura 3.16d.

3.61 Determine os índices de Miller-Bravais da direção do plano basal dos vetores com origem no centro do plano basal inferior e saída nos pontos médios entre os eixos planares principais.

*3.62 Determine os índices de Miller-Bravais das direções indicadas na Figura P3.62.

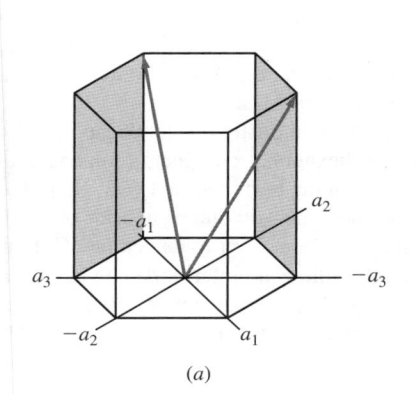

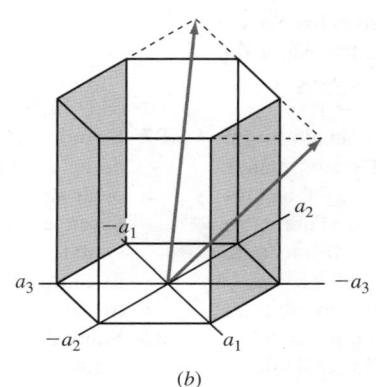

Figura P3.62

3.63 O parâmetro de rede do tântalo CCC é 0,33026 nm à 20 °C, e sua densidade é 16,6g/cm^3. Calcule um valor para a sua massa atômica relativa.

3.64 Calcule um valor para a densidade da platina CFC em g/cm^3 partindo-se de seu parâmetro de rede $a =$ 0,39239 nm e de sua massa atômica de 195,09 g/mol.

3.65 Calcule a densidade atômica planar em átomos/mm^2 para os seguintes planos cristalinos do cromo CCC, o qual tem um parâmetro de rede de 0,28846 nm:
(a) (100) (b) (110) (c) (111)

*3.66 Calcule a densidade atômica planar em átomos/mm^2 para os seguintes planos cristalinos do ouro CFC, o qual tem um parâmetro de rede de 0,40788 nm:
(a) (100) (b) (110) (c) (111)

3.67 Calcule a densidade atômica planar em átomos/mm^2 para o plano (0001) do berílio HC, o qual tem um parâmetro de rede $a = 0,22856$ nm e $c = 0,35832$ nm.

3.68 Calcule a densidade atômica linear em átomos/mm para as seguintes direções no vanádio CCC, o qual tem um parâmetro de rede de 0,3039 nm:
(a) [100] (b) [110] (c) [111]

*3.69 Calcule a densidade atômica linear em átomos/mm para as seguintes direções no irídio CFC, o qual tem um parâmetro de rede de 0,38389 nm:
(a) [100] (b) [110] (c) [111]

3.70 O titânio, com o resfriamento, muda da estrutura cristalina CCC para a HC a 332 °C. Calcule a porcentagem de variação volumétrica quando ocorre a mudança de estrutura CCC para HC. O parâmetro de rede a da célula unitária CCC a 882 °C é 0,332 nm e a célula unitária HC tem $a = 0,2950$ nm e $c = 0,4683$ nm.

3.71 O ferro puro, no aquecimento, sofre a 912 °C uma transformação polimórfica passando de CCC para CFC. Calcule a porcentagem de variação volumétrica associada à alteração de estrutura cristalina de CCC para CFC. A 912 °C, a célula unitária CCC tem um parâmetro de rede $a = 0,293$ nm e a célula unitária CFC $a = 0,363$ nm.

3.72 Deduza a lei de Bragg, recorrendo ao caso simples de feixes incidentes de raios X refletidos por planos cristalográficos paralelos.

3.73 Uma amostra de um metal CCC foi colocada num difratômetro de raios X, utilizando raios X de comprimento de onda $\lambda = 0,1541$ nm. A difração pelos planos {221} ocorreu para $2\theta = 88,838°$. Calcule o valor do parâmetro de rede a deste elemento metálico CCC. (Considere difração de primeira ordem, $n = 1$.)

3.74 Raios X de comprimento de onda desconhecido foram difratados por uma amostra de ouro. Para os planos {220}, o ângulo 2θ medido foi 64,582°. Qual é o comprimento de onda dos raios X utilizados? (Parâmetro de rede do ouro = 0,40788 nm; considere difração de primeira ordem, $n = 1$.)

3.75 Um espectro de difração de um elemento com estrutura cristalina tanto CCC como CFC apresenta picos de difração para os seguintes valores do ângulo 2θ: 41,069°, 47,782°, 69,879° e 84,396°. O comprimento de onda da radiação incidente foi 0,15405 nm. (Dados fornecidos por International Centre for Diffraction Data).
(a) Determine a estrutura cristalina do elemento
(b) Determine o parâmetro de rede do elemento
(c) Identifique o elemento em questão

*3.76 Um espectro de difração de um elemento com estrutura cristalina tanto CCC como CFC apresenta picos de difração para os seguintes valores do ângulo 2θ: 38,60°, 55,71°, 69,70°, 2,55°, 95,00° e 107,67°. O comprimento de onda λ da radiação incidente foi 0,15405 nm.
(a) Determine a estrutura cristalina do elemento
(b) Determine o parâmetro de rede do elemento
(c) Identifique o elemento em questão

3.77 Um espectro de difração de um elemento com estrutura cristalina tanto CCC como CFC apresenta picos de difração para os seguintes valores do ângulo 2θ: 36,191°, 51,974°, 64,982° e 76,663°. O comprimento de onda da radiação incidente foi 0,15405 nm.
(a) Determine a estrutura cristalina do elemento
(b) Determine o parâmetro de rede do elemento
(c) Identifique o elemento em questão

3.78 Um espectro de difração de um elemento com estrutura cristalina tanto CCC como CFC apresenta picos de difração para os seguintes valores do ângulo 2θ: 40,663°, 47,314°, 69, 144° e 83, 448°. O comprimento de onda da radiação incidente foi 0,15405 nm.
(a) Determine a estrutura cristalina do elemento
(b) Determine o parâmetro de rede do elemento
(c) Identifique o elemento em questão

Problemas de síntese e avaliação

3.79 Se compararmos o ferro e a prata, podemos esperar que apresentem o mesmo (a) fator de empacotamento atômico, (b) volume da célula unitária, (c) número de átomos por célula unitária e (d) número de coordenação? Justifique suas respostas.

3.80 Se compararmos o ouro e a prata, podemos esperar que apresentem o mesmo (a) fator de empacotamento atômico, (b) volume da célula unitária, (c) número de átomos por célula unitária e (d) número de coordenação? Justifique suas respostas.

3.81 Se compararmos o titânio e a prata podemos esperar que apresentem o mesmo (a) fator de empacotamento atômico, (b) volume da célula unitária, (c) número de átomos por célula unitária e (d) número de coordenação? Justifique suas respostas.

*3.82 Usando a geometria, demonstre que a relação ideal c/a da célula unitária hexagonal compacta (considerando os átomos como esferas perfeitas) é 1,633. Sugestão: desenhe o átomo no centro do plano superior basal em contato com três átomos no centro da célula HC; ligue os centros dos três átomos no interior da célula HC entre si e com o centro do átomo de um dos planos basais.

3.83 Supondo que o volume de uma célula de metal HC (célula maior) é 0,09130 nm^3 e a relação c/a é 1,856, determine (a) os valores para c e a, (b) o raio R do átomo, e, (c) se lhe dissessem que o metal é o titânio, você ficaria surpreso? Como você explica essa discrepância?

*3.84 Supondo que o volume de uma célula de metal HC (célula maior) é 0,01060 nm³ e a relação c/a é 1,587, determine (a) os valores para c e a, (b) o raio R do átomo, e, (c) se lhe dissessem que o metal é o titânio, você ficaria surpreso? Como você explica essa discrepância?

3.85 A estrutura de NaCl (um material iônico) é mostrada na Figura 2.1b. Determine (a) seu parâmetro de rede a, e (b) sua densidade. Sugestão: Como o NaCl é iônico, use o dado do raio iônico e observe o raio atômico.

3.86 A estrutura cristalina do sólido iônico, CsI, é similar àquela da Figura 2.18a. Determine (a) seu fator de empacotamento, e (b) compare esse fator de empacotamento com aquele dos metais CCC. Explique a diferença, se houver.

3.87 O Ferro (abaixo de 912 °C) e o tungstênio são ambos CCC com raios atômicos muito diferentes. Entretanto, eles têm o mesmo fator de empacotamento atômico de 0,68. Como você explica isso?

3.88 Verifique se existem oito átomos na estrutura cúbica do diamante (ver Figura 2.23b e c). Desenhe um esquema em 3D dos átomos no interior da célula.

*3.89 O parâmetro de rede da estrutura cúbica do diamante é 0,357 nm. O diamante é metaestável, o que significa que ele irá se transformar em grafita em temperaturas elevadas. Se essa transformação ocorrer, qual a variação volumétrica (em %) verificada? (Densidade da grafita = 2,25 g/cm³).

3.90 Calcule a distância entre centros de átomos adjacentes de ouro ao longo das seguintes direções: (a) [100], (b) [101], (c) [111] e (d) [102]. Reflita sobre a importância dessa informação para compreender o comportamento desse material.

*3.91 Calcule a distância entre centros de átomos adjacentes de tungstênio ao longo das seguintes direções: (a) [100], (b) [101], (c) [111] e (d) [102]. Reflita sobre a importância dessa informação para compreender o comportamento desse material.

3.92 Um plano de um cristal cúbico intercepta o eixo x em 0,25, o y em 2 e é paralelo ao eixo z. Quais são os índices de Miller desse plano? Desenhe-o num cubo simples e indique todas as dimensões.

3.93 Um plano de um cristal cúbico intercepta o eixo x em 3, o y e o z em 1. Quais são os índices de Miller desse plano? Desenhe-o num cubo simples e indique todas as dimensões.

3.94 Um plano de um cristal hexagonal intercepta o eixo a_1 em −1, o eixo a_2 em 1 e o eixo c no infinito. Quais são os índices de Miller desse plano? Desenhe-o em uma célula unitária hexagonal e indique todas as dimensões.

3.95 Um plano de um cristal hexagonal intercepta o eixo a_1 em 1, o eixo a_2 em 1 e o eixo c em 0,5. Quais são os índices de Miller desse plano? Desenhe-o em uma célula unitária hexagonal e indique todas as dimensões.

*3.96 Sem qualquer desenho dos planos hexagonais dados abaixo, determine qual dos planos, de fato, não é um plano.

(a) $(\bar{1}0\bar{1}0)$ (b) $(10\bar{1}0)$ (c) $(\bar{1}1\bar{1}0)$

3.97 Enumere todos os alótropos de carbono que você puder e analise sua estrutura cristalina.

3.98 Uma fina camada de nitreto de alumínio às vezes é depositada em lâminas de silício a altas temperaturas (1.000 °C). O coeficiente de dilatação térmica e a constante de rede do cristal de silício são diferentes em relação às do nitreto de alumínio. Isso causará algum problema? Explique.

3.99 Um material desconhecido é analisado por meio de técnicas de difração de raios X. No entanto, os padrões de difração são extremamente amplos (sem picos claros visíveis). (a) O que isso quer dizer sobre o material? (b) Quais são os outros testes que você poderia fazer para ajudar a identificar o material ou reduzir as possibilidades?

3.100 Explique, em termos gerais, porque muitos polímeros e alguns vidros têm uma estrutura amorfa ou semicristalina.

3.101 Explique como o resfriamento ultrarrápido de algumas ligas produz vidro metálico.

CAPÍTULO 4
Solidificação e Imperfeições Cristalinas

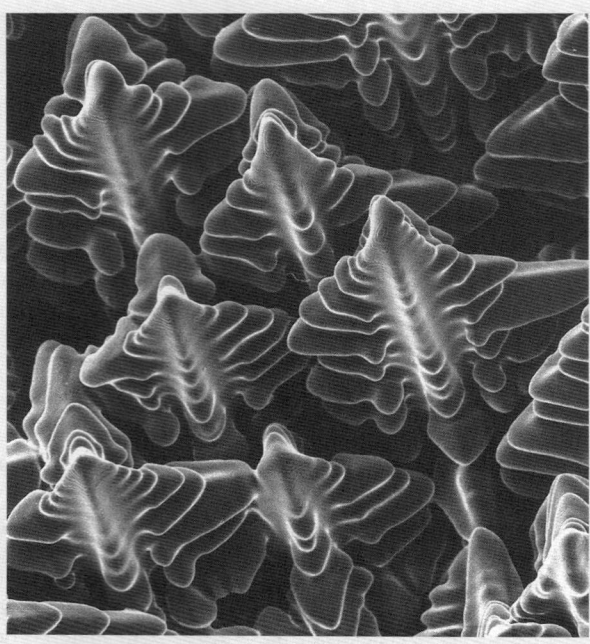

(Foto cedida por Stan David and Lynn Boatner, Oak Ridge National Library.)

METAS DE APRENDIZAGEM

Ao final deste capítulo, o aluno será capaz de:

1. Descrever o processo de solidificação dos metais, a diferença entre os dois tipos de nucleação: homogênea e heterogênea.
2. Descrever as duas formas de energia envolvidas no processo de solidificação de um metal puro, e escrever a equação de variação da energia livre total associada à transformação de fases do estado líquido para o núcleo sólido.
3. Distinguir entre os grãos equiaxiais e colunares, bem como as vantagens de um sobre o outro.
4. Distinguir entre monocristais e materiais policristalinos e explicar as razões das diferenças entre suas propriedades mecânicas.
5. Descrever os diversos tipos de soluções sólidas metálicas e explicar as diferenças entre a solução sólida e ligas compostas ou misturas.
6. Classificar os vários tipos de imperfeições cristalinas, e explicar o papel dos defeitos sobre as propriedades mecânicas e elétricas de materiais cristalinos.
7. Determinar o tamanho de grão por meio do número ASTM e por meio do diâmetro médio de grãos, além de descrever a importância do tamanho e da densidade de contorno do grão sobre o comportamento dos materiais cristalinos.
8. Saber como e por que técnicas de microscopia MO, MEV, MET, METAR, MFA, MT são usadas para entender mais sobre estruturas internas e de superfície de materiais em diversas ampliações.
9. Explicar, em termos gerais, por que ligas são preferíveis aos metais puros para aplicações estruturais.

Quando ligas fundidas são vazadas, a solidificação se inicia nas paredes do molde enquanto o metal vai se resfriado. A solidificação de uma liga não ocorre em uma temperatura específica, mas sim em um intervalo de temperaturas. Enquanto a liga está nessa faixa de temperatura, apresenta forma pastosa, que consiste em uma fase sólida, com estruturas ramificadas chamadas de *dendritas* (em formato de árvore) e em uma fase líquida. O tamanho e a forma das dendritas dependem da taxa de resfriamento. O metal líquido existente entre as estruturas dendríticas tridimensionais finalmente se solidifica para formar uma estrutura totalmente sólida que chamamos de estrutura de grãos. O estudo das dendritas é importante porque influencia nas variações de composição, na formação de porosidades, nas segregações e, portanto, nas propriedades do metal fundido. A figura mostra a estrutura tridimensional das dendritas, como se formassem uma "floresta" durante a solidificação de uma superliga à base de níquel[1].

4.1 SOLIDIFICAÇÃO DE METAIS

A solidificação de metais e ligas é um importante processo industrial, já que a grande maioria dos materiais metálicos é fundida e somente então vazada em uma forma acabada ou semiacabada. A Figura 4.1 mostra um lingote de grandes dimensões de alumínio vazado semicontinuamente[2] que irá, posteriormente, ser transformado em produtos planos. Isso ilustra a grande escala em que são usados os processos de fundição (solidificação) dos materiais metálicos.

Em geral, a solidificação de metais e ligas pode ser dividida nas seguintes etapas:

1. A formação de **núcleos** estáveis no líquido (nucleação) (Figura 4.2*a*)
2. O crescimento dos núcleos originando os cristais (Figura 4.2*b*) e a formação de uma estrutura de grãos (Figura 4.2*c*)

Figura 4.1
Um lingote de ligas de alumínio de grandes dimensões, vazado semicontinuamente, sendo removido do molde poço (cavidade). Lingotes desse tipo são posteriormente laminados a quente e a frio para a obtenção de placas e chapas.
(*Cortesia de Reynolds Metals Co.*)

Animação

---

[1]http://mgnews.msfc.nasa.gov/IDGE/IDGE.html
[2]Um lingote fundido semicontinuamente é produzido pela solidificação do metal líquido (por exemplo, ligas de alumínio ou de cobre) em um molde cuja base tem uma parte móvel (ver Figura 4.8) que é abaixada lentamente à medida que o metal solidifica. O prefixo "semi" é usado já que o comprimento máximo do lingote produzido é determinado pela profundidade da cavidade em que o bloco móvel é abaixado.

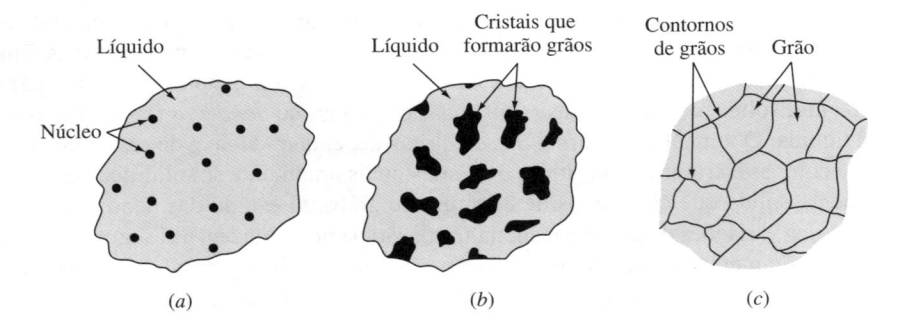

Figura 4.2
Esquema ilustrativo das várias etapas da solidificação de metais: (a) formação de núcleos, (b) crescimento de núcleos formando cristais, (c) união dos cristais para formar grãos e os contornos de grãos. Observe que os grãos são orientados aleatoriamente.

As dimensões de alguns grãos reais formados por solidificação de uma liga de titânio é apresentada na Figura 4.3. A forma que cada grão adquire após a solidificação depende de muitos fatores, entre os quais são importantes os gradientes térmicos. Os grãos apresentados na Figura 4.3 são *equiaxiais*, já que o seu crescimento se realizou por igual em todas as direções.

4.1.1 Formação do núcleo estável dentro do metal líquido

Os dois principais mecanismos responsáveis pela nucleação de partículas sólidas em um metal líquido são nucleação homogênea e nucleação heterogênea.

Nucleação homogênea A nucleação homogênea é considerada em primeiro lugar, uma vez que constitui o caso mais simples. **A nucleação homogênea** ocorre em um metal líquido quando o próprio metal fornece átomos para formar os núcleos. Consideremos o caso de um metal puro solidificando. Quando um metal puro é resfriado, em alguns graus abaixo da sua temperatura de solidificação, formam-se inúmeros núcleos homogêneos em decorrência do movimento lento de átomos que vão se ligando uns aos outros. Geralmente, a nucleação homogênea necessita de um super-resfriamento considerável, que para alguns metais pode ser da ordem de algumas centenas de graus (ver Tabela 4.1). Para que um núcleo seja estável e possa crescer até formar um cristal, este deve alcançar um *tamanho crítico*. Um conjunto de átomos, ligados uns aos outros, cujo tamanho é inferior ao crítico, é chamado de **embrião**, e se obtiver um tamanho maior do que o crítico é chamado de *núcleo*. Devido à sua instabilidade, os embriões se formam e se dissolvem continuamente dentro do metal líquido por causa da agitação dos átomos.

Figura 4.3
Um conjunto de grãos, retirados a golpe de martelo de um lingote de titânio fundido a arco. O conjunto preservou as reais facetas de ligação entre as estruturas dos grãos da estrutura bruta de solidificação. (Aumento de $\frac{1}{6}\times$.)
(W. Rostoker and J.R. Dvorak, "Interpertation of Metallografic Strutures." Academic, 1965, p. 7.)

Energias envolvidas na nucleação homogênea Na nucleação homogênea, que ocorre durante a solidificação de um metal puro, dois tipos de variação de energia devem ser consideradas: (1) *a energia livre volumétrica*, a liberada pela transformação líquido-sólido, e (2) *a energia de superfície (interfacial)*, necessária para formar as novas superfícies das partículas solidificadas.

Quando um metal puro, como o chumbo, é resfriado abaixo de sua temperatura de solidificação (de equilíbrio) a força matriz para a transformação líquido-sólido consiste na diferença entre a energia livre de (ativação) volume ΔG_v do líquido e do sólido. Se ΔG_v for a variação da energia livre entre o líquido e o sólido por unidade volumétrica do metal, então a variação de energia livre de um *núcleo esférico* de raio r é $\frac{4}{3}\pi r^3 \Delta G_v$, já que o volume de uma esfera é $\frac{4}{3}\pi r^3$. A Figura 4.4 apresenta esquematicamente a variação da energia livre em volume em função do raio do embrião ou núcleo. Essa energia é negativa, uma vez que é liberada pela transformação líquido-sólido.

Tabela 4.1
Valores de temperaturas de solidificação, calor (latente) de fusão, energia de superfície (interfacial) e do super-resfriamento máximo de alguns metais.

Metal	Temperatura de solidificação		Calor (latente) de fusão (J/cm^3)	Energia de superfície (J/cm^2)	Máximo super--resfriamento observado (ΔT [°C])
	°C	K			
Pb	327	600	280	$33{,}3 \times 10^{-7}$	80
Al	660	933	1.066	93×10^{-7}	130
Ag	962	1.235	1.097	126×10^{-7}	227
Cu	1.083	1.356	1.826	177×10^{-7}	236
Ni	1.453	1.726	2.660	255×10^{-7}	319
Fe	1.535	1.808	2.098	204×10^{-7}	295
Pt	1.772	2.045	2.160	240×10^{-7}	332

Fonte: B.Chalmers, "Solidification of Metals", Wiley, 1964.

Entretanto, existe uma energia que se opõe à formação de embriões e núcleos, que é a energia requerida para formar a superfície (contorno) dessas partículas. A energia necessária para criar superfície (contorno) de partículas esféricas ΔG_s é igual à energia livre específica da superfície da partícula, γ, vezes a área da superfície da esfera, ou $4\pi r^2 \gamma$, já que a área da superfície da esfera é $4\pi r^2$. Esta energia ΔG_s, que retarda a formação das partículas sólidas, está representada na Figura 4.4 por uma curva ascendente, na metade superior (positiva). A energia livre total associada à formação de um embrião ou de um núcleo, que é a soma das variações das energias livres de volume e de superfície, está representada na Figura 4.4 pela curva intermediária. Se assumissse o formato de uma equação, a variação total de energia livre para a formação de um embrião ou núcleo esférico de raio r, formado durante a solidificação de um metal puro, seria

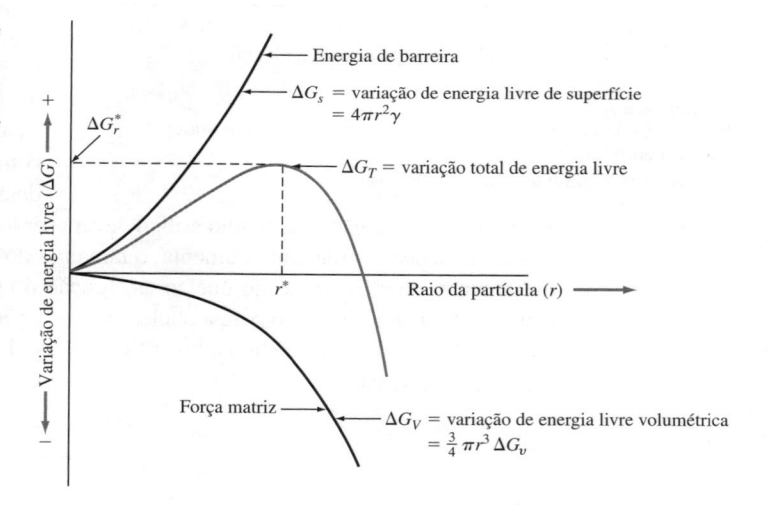

Figura 4.4
Variação da energia livre (ΔG) em função do raio crítico do embrião ou núcleo durante a solidificação de um metal puro. Se o raio for maior do que r^*, o núcleo estável continuará a crescer.

$$\Delta G_T = \tfrac{4}{3}\pi r^3 \, \Delta G_v + 4\pi r^2 \gamma \tag{4.1}$$

onde
    ΔG_T = variação total de energia livre
    r = raio do embrião ou núcleo
    ΔG_v = energia livre volumétrica
    γ = energia livre específica de superfície

Na natureza, um sistema pode espontaneamente mudar de um estado de alta energia para um de baixa energia. No caso da solidificação de um metal puro, se as partículas sólidas formadas durante a solidificação tiverem raios inferiores ao **raio crítico** r^*, a energia do sistema diminuirá se elas se redissolverem. Esses pequenos embriões podem, portanto, redissolver-se no metal líquido. Entretanto, se as partículas sólidas tiverem um raio maior do que o r^*, a energia do sistema se reduzirá quando essas partículas (núcleos) aumentarem e se transformarem em partículas maiores ou cristais (Figura 4.2b). Quando r alcança o crítico r^*, ΔG_T assume o valor máximo ΔG_T^* (Figura 4.4).

Para a solidificação de um metal puro, pode-se chegar a uma relação entre o tamanho crítico do núcleo, a energia livre de superfície e a energia livre volumétrica, ao fazer a derivação da Equação 4.1. A derivada da energia livre total ΔG_T em relação à r é zero quando $r = r^*$, já que a curva da energia livre total em função do raio do embrião ou núcleo assume então o máximo e a inclinação $d(\Delta G_T)/dr = 0$. Assim,

$$\frac{d(\Delta G_T)}{dr} = \frac{d}{dr}\left(\frac{4}{3}\pi r^3 \Delta G_v + 4\pi r^2 \gamma\right)$$

$$\frac{12}{3}\pi r^{*2}\Delta G_V + 8\pi r^*\gamma = 0 \quad (4.1a)$$

$$r^* = -\frac{2\gamma}{\Delta G_v}.$$

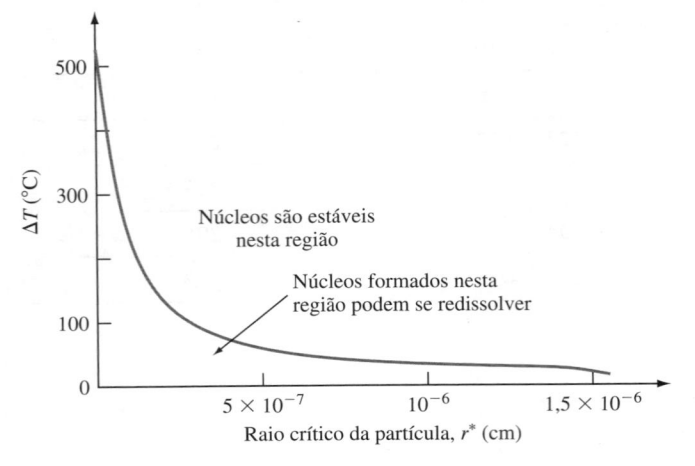

Figura 4.5
Raio crítico do núcleo para o cobre em função do grau de super-resfriamento ΔT.
(B. Chalmers, "Principles of Solidification", Wiley, 1964.)

Raio crítico *versus* super-resfriamento Quanto maior o grau de super-resfriamento ΔT abaixo da temperatura de fusão do metal, maior é a variação de energia livre de volume ΔG_v. Por outro lado, a variação da energia livre devido à energia de superfície ΔG_s não varia muito com a temperatura. Então, o tamanho crítico do núcleo é determinado principalmente por ΔG_v. Próximo à temperatura de solidificação, o tamanho crítico deverá ser infinito, já que ΔT se aproxima de zero. À medida que o grau de super-resfriamento aumenta, o tamanho do raio crítico diminui. A Figura 4.5 mostra a variação do tamanho do raio crítico do núcleo em função do grau de super-resfriamento para o cobre. O grau de super-resfriamento máximo para a nucleação homogênea, no caso de metais puros indicados na Tabela 4.1 varia de 327 a 1.772 °C). O tamanho crítico do raio do núcleo é função do grau de super-resfriamento, que é dado pela equação

$$r^* = \frac{2\gamma T_m}{\Delta H_f \Delta T} \quad (4.2)$$

onde
  r^* = raio crítico do núcleo
  γ = energia livre específica de superfície
  ΔH_f = calor latente de solidificação
  ΔT = grau de super-resfriamento no qual o núcleo se forma

No Exemplo 4.1, mostra-se como calcular, com base em dados experimentais, o número de átomos em um núcleo de tamanho crítico.

EXEMPLO 4.1

a. Calcule o raio crítico (em centímetros) de um núcleo, que se forma por nucleação homogênea, quando o cobre puro se solidifica. Considere ΔT (super-resfriamento) $= 0,2 T_m$. Utilize os dados da Tabela 4.1.
b. Calcule o número de átomos em um núcleo com tamanho crítico, para este grau de super-resfriamento.

■ **Solução**

a. Cálculo do raio crítico do núcleo:

$$r^* = \frac{2\gamma T_m}{\Delta H_f \Delta T} \quad (4.2)$$

▶

$$\Delta T = 0{,}2T_m = 0{,}2(1.083\ °C + 273) = (0{,}2 \times 1.356\ K) = 271\ K$$

$$\gamma = 177 \times 10^{-7}\ J/cm^2 \quad \Delta H_f = 1.826\ J/cm^3 \quad T_m = 1.083\ °C = 1.356\ K$$

$$r^* = \frac{2(177 \times 10^{-7}\ J/cm^2)(1356\ K)}{(1.826\ J/cm^3)(271\ K)} = 9{,}70 \times 10^{-8}\ cm \blacktriangleleft$$

b. Cálculo do número de átomos em um núcleo de tamanho crítico:
Volume do núcleo com tamanho crítico $= \frac{4}{3}\pi r^{*3} = \frac{4}{3}\pi (9{,}70 \times 10^{-8}\ cm)^3$

$$= 3{,}82 \times 10^{-21}\ cm^3$$

Volume da célula unitária do Cu ($a = 0{,}361$ nm) $= a^3 = (3{,}61 \times 10^{-8}\ cm)^3$

$$= 4{,}70 \times 10^{-23}\ cm^3$$

Já que existem quatro átomos por célula unitária CFC

$$\text{Volume/átomo} = \frac{4{,}70 \times 10^{-23}\ cm^3}{4} = 1{,}175 \times 10^{-23}\ cm^3$$

Assim, o número de átomos no núcleo crítico, nucleado homogeneamente é

$$\frac{\text{Volume do núcleo}}{\text{Volume/átomo}} = \frac{3{,}82 \times 10^{-21}\ cm^3}{1{,}175 \times 10^{-23}\ cm^3} = 325\ \text{átomos} \blacktriangleleft$$

Nucleação heterogênea É a nucleação que ocorre no líquido sobre as paredes do recipiente (molde), como também sobre impurezas insolúveis ou até mesmo outros materiais estruturais capazes de reduzir a energia livre crítica necessária para formar um núcleo estável. Durante as operações industriais de fundição, não ocorrem graus de super-resfriamento elevados (geralmente variam entre 0,1 e 10 °C), portanto, a nucleação será obrigatoriamente heterogênea e não homogênea.

Para que a nucleação heterogênea ocorra, o agente nucleante sólido (impureza sólida ou recipiente) deve ser molhado pelo metal líquido. O líquido também deve igualmente solidificar facilmente sobre este. Na Figura 4.6, mostra-se um agente nucleante (substrato) que é molhado pelo líquido que está em processo de solidificação, portanto, se origina, neste momento, um pequeno ângulo de contato θ entre o metal sólido e o agente nucleante. A nucleação heterogênea ocorre sobre o agente, devido à energia superficial para formar um núcleo estável, que é menor do que a energia para formar um núcleo no próprio líquido puro (nucleação homogênea). Já que a energia de superfície é mais baixa no caso da nucleação heterogênea, a variação total de energia livre, necessária à formação de um núcleo estável, é mais baixa, e o tamanho crítico do núcleo é menor. Por conseguinte, para formar um núcleo estável por nucleação heterogênea é necessário atingir um menor grau de super-resfriamento.

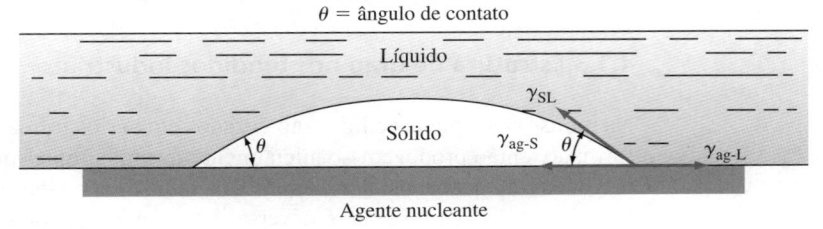

Figura 4.6
Nucleação heterogênea de um sólido sobre um agente nucleante.
(J.H. Brophy, R.M. Rose and John Wulff, "Structure and Properties of Meterists", vol. 11: "Thermodynemics of Structure", Wiley, 1964, p. 105.)

4.1.2 Crescimento de cristais no metal líquido e formação de uma estrutura de grãos

Depois da formação de núcleos estáveis no metal que está se solidificando, estes núcleos crescem e formam cristais, conforme a Figura 4.2b. Em cada cristal, os átomos se arranjam em um modelo essencialmente regular, mas a orientação em cada cristal varia (Figura 4.2b). Quando a solidificação do metal se completa, os cristais, com diferentes orientações, juntam-se uns aos outros e originam contornos nos quais ocorrem variações de orientação com distâncias de alguns átomos (Figura 4.2c). O metal

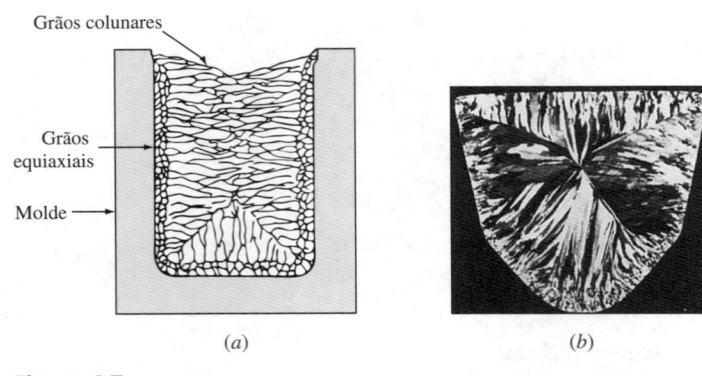

Figura 4.7
(a) Esquema da estrutura de grão de um metal solidificado em um molde frio. (b) Seção transversal de um lingote da liga de alumínio 1100 (99,0% Al) fundido pelo processo Properzi (processo de fundição centrifuga). Note-se a consistência com que os grãos colunares cresceram perpendicularmente às paredes do molde.
("Metals Handbook", vol. 8, 8. ed., American Society for Metals, 1973, p. 164.)

solidificado que contém muitos cristais é chamado de *policristalino*. Os cristais do metal solidificado são chamados de **grãos** e as superfícies entre eles de *contornos de grãos*.

O número de locais de nucleação disponíveis no metal para a solidificação afeta a estrutura de grão do metal sólido obtido. Se, durante a solidificação, o número de locais de nucleação for relativamente pequeno, irá se produzir uma estrutura grosseira ou de grão grosso. Se, durante a solidificação, estiverem disponíveis muitos locais de nucleação, o resultado será uma estrutura de grão fino. A maior parte dos metais e ligas de engenharia é vazada de modo a obter uma estrutura de grão fino, já que essa é a estrutura mais desejável em termos de resistência mecânica e de uniformidade dos produtos metálicos acabados.

Quando um metal relativamente puro é vazado em um molde, sem utilizar *refinadores de grão*[3], podem se originar dois tipos principais de estruturas de grão:

1. Grãos equiaxiais
2. Grãos colunares

Se as condições de nucleação e crescimento, durante a solidificação de um metal líquido, forem aquelas que assegurem que o crescimento dos grãos seja aproximadamente igual em todas as direções, então formam-se **grãos equiaxiais**, que aparecem, frequentemente, junto às paredes frias do molde, conforme se observa na Figura 4.7. Durante a solidificação, o elevado super-resfriamento que se verifica junto às paredes frias do molde origina uma concentração relativamente grande de núcleos, uma condição necessária para a produção de estrutura de grãos equiaxiais.

Os **grãos colunares** são grosseiros, alongados e estreitos, e se originam quando o metal se solidifica lentamente na presença de um gradiente de temperatura acentuado. Quando se formam grãos colunares, existem relativamente poucos núcleos. Na Figura 4.7a são apresentados grãos equiaxiais e colunares. Note-se que, na Figura 4.7b, os grãos colunares cresceram perpendicularmente às paredes do molde, uma vez que, nessas direções, se verificavam gradientes térmicos elevados.

4.1.3 Estrutura de grão nos fundidos industriais

Na indústria, os metais e ligas são vazados em vários formatos. Se, após o vazamento, o metal for transformado, então produzem-se inicialmente formas simples que, posteriormente, serão transformadas em produtos semiacabados. Por exemplo, na indústria do alumínio, as formas mais comuns são placas grossas (Figura 4.1) com seção transversal retangular e lingotes extrudados[4] com seção transversal circular. Para algumas aplicações, o metal fundido é vazado na sua forma praticamente final como, por exemplo, no caso dos pistões para automóveis (Figura 6.3).

O lingote de grandes dimensões na forma de placa de uma liga de alumínio, apresentado na Figura 4.1, foi vazado por um processo semicontínuo de fundição em coquilha. Neste processo de fundição, o metal fundido é vazado em um molde. Esse molde tem na base um bloco móvel que desce lentamente depois de ele estar cheio (Figura 4.8). O molde é resfriado internamente com água, sendo também pulverizada água lateralmente na superfície solidificada do lingote. Desse modo, podem ser produzidos lingotes

---

[3]Refinador de grão é um material que é adicionado ao metal fundido, de modo a obter grãos menores na estrutura do grão final.
[4]*Extrusão* é o processo de transformação de um lingote de metal em peças com seção reta uniforme, por meio da passagem do metal sólido, que deve ter certa plasticidade, por matriz (ferramenta) ou orifício com o formato da seção desejada.

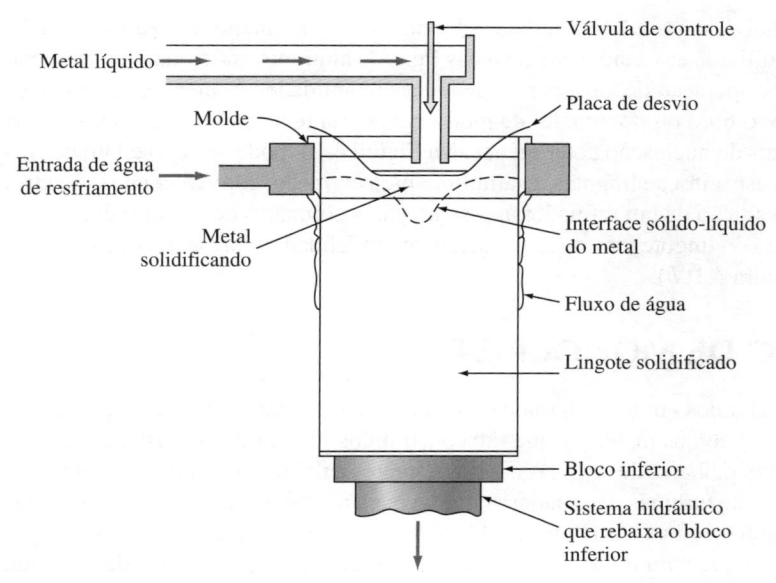

Figura 4.8
Esquema do vazamento de um lingote de uma liga de alumínio, em uma unidade semicontínua de fundição em coquilha.

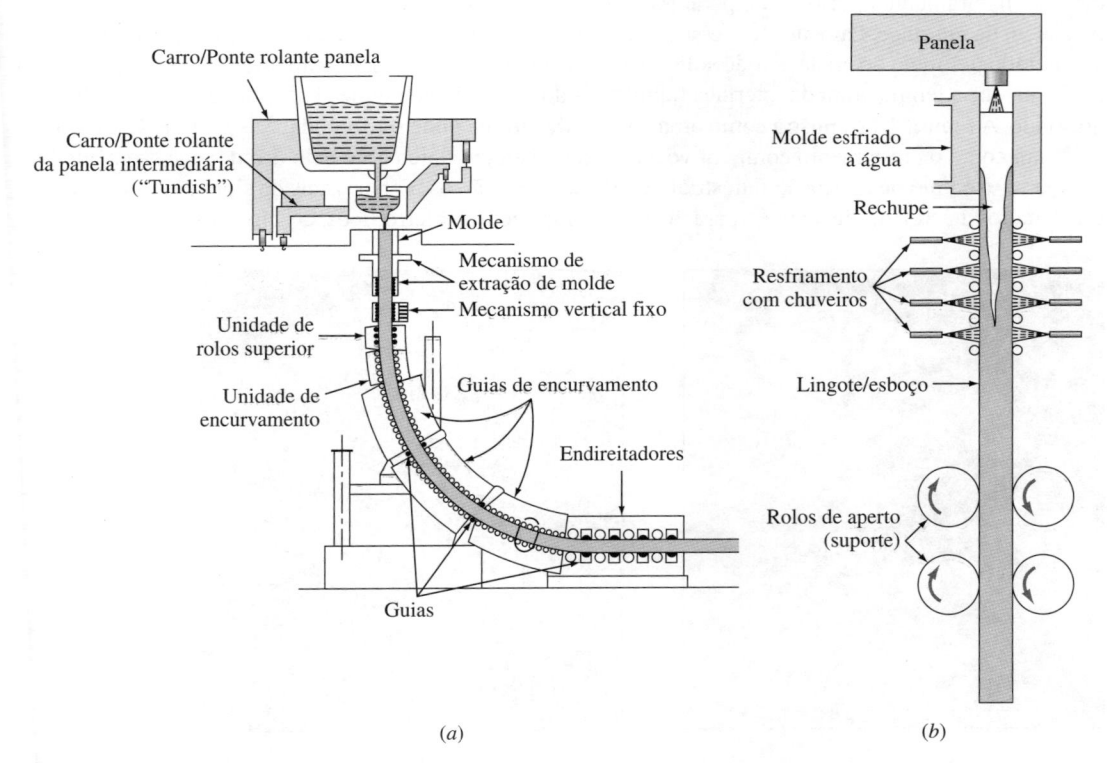

Figura 4.9
Vazamento contínuo de lingotes de aço. (*a*) Esquema geral; (*b*) Detalhe da disposição do molde.
(*"Meking, Shaping, and Treating ot Steel", 10. ed., Association of Iron and Steel Engineers, 1985.*)

continuamente com cerca de 4,5 m de comprimento, conforme a Figura 4.1. Na indústria do aço dos Estados Unidos, cerca de 60% do aço bruto é obtido pelo processo de fundição em molde estacionário, com os 40% restantes pelo processo de fundição contínua, conforme a Figura 4.9.

Para produzir lingotes fundidos de granulometria fina, adicionam-se geralmente refinadores de grão ao metal líquido, antes de este último ser vazado. No caso das ligas de alumínio, adicionam-se ao metal líquido, imediatamente antes da operação de vazamento, pequenas quantidades de elementos refinadores de grão, tais como o titânio, o boro ou o zircônio, de modo que, durante a solidificação, exista uma fina dispersão favorecendo locais de nucleação heterogênea. Na Figura 4.10, pode se ver o efeito da adição de um refinador de grão na estrutura de lingotes de alumínio para extrusão, com 15 cm de diâmetro. A seção do lingote vazado sem adição de um refinador apresenta grãos colunares de grandes dimensões (Figura 4.10a), enquanto a seção do lingote vazado com adição de um refinador apresenta uma estrutura de grãos finos e equiaxiais (Figura 4.10b).

4.2 SOLIDIFICAÇÃO DE MONOCRISTAIS

A maior parte dos materiais cristalinos em engenharia é constituída por muitos cristais e são, portanto, **policristalinos**. Contudo, existem alguns materiais que são constituídos por um único cristal e são, portanto, *monocristais*. Por exemplo, palhetas de turbinas a gás resistentes à fluência em altas temperaturas, segundo a Figura 4.11c. Palhetas de turbinas de monocristais são mais resistentes em altas temperaturas que as mesmas palhetas com grãos equiaxiais (Figura 4.11a) ou estrutura com grãos colunares (Figura 4.11b). Isso se deve ao fato de que para um metal em altas temperaturas, acima da metade do ponto de fusão, os contornos de grão se tornam mais fracos (vulneráveis) do que a sua própria estrutura.

No crescimento de monocristais, a solidificação ocorre em um único núcleo, de forma que nenhum outro cristal seja nucleado e cresça. Para conseguir isso, a temperatura da interface entre o sólido e o líquido deve ser ligeiramente inferior à temperatura de fusão do sólido, e a temperatura do líquido deve aumentar para além da interface. Para alcançar esse gradiente de temperatura, o calor latente de solidificação[5] tem de ser retirado por meio do cristal sólido solidificado. A velocidade de crescimento do cristal tem de ser baixa, de forma que a temperatura da interface líquido-sólido esteja ligeiramente abaixo da temperatura de fusão do sólido. A Figura 4.12a ilustra como uma palheta de turbina pode ser fundida, e as Figuras 4.12b e 4.12c mostram como o crescimento competitivo é reduzido para um único grão pelo uso de uma "semente".

Outro exemplo de aplicação industrial de monocristais são os monocristais de silício, que são fatiados e montados na forma de *wafers* para formar componentes eletrônicos de circuitos integrados (ver

(a)　　　　　　　　　　　　　(b)

Figura 4.10
Regiões das seções transversais de dois lingotes da liga 6063 (Al–0,7% Mg–0,4% Si) com 15 cm de diâmetro, que foram vazados por um processo semicontínuo de fundição direta em coquilha. No caso do lingote (a) não foi adicionado qualquer refinador de grão; notar os grãos colunares e as colônias de cristais com a forma de penas, próximo ao centro da seção. O lingote (b) foi vazado com adição de um refinador e apresenta uma estrutura de grão fina e equiaxial. (Reagente de Tucker; tamanho real.)
("Metals Hendbook", vol. 8, 8. ed., American Society for Metals, 1973, p. 164.)

---

[5] O calor latente de solidificação é a energia liberada durante a própria solidificação.

(a) (b) (c)

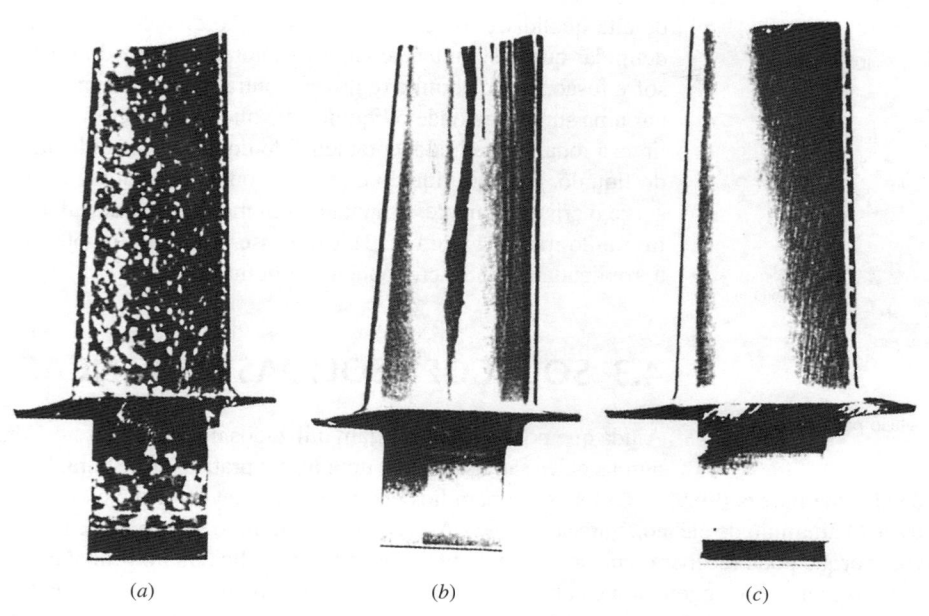

Figura 4.11
Diferentes estruturas de grãos de palhetas de turbinas a gás (a) equiaxial policristalino, (b) colunar policristalino e (c) monocristal.
(*Cortesia de Pratt and Whitney Co.*)

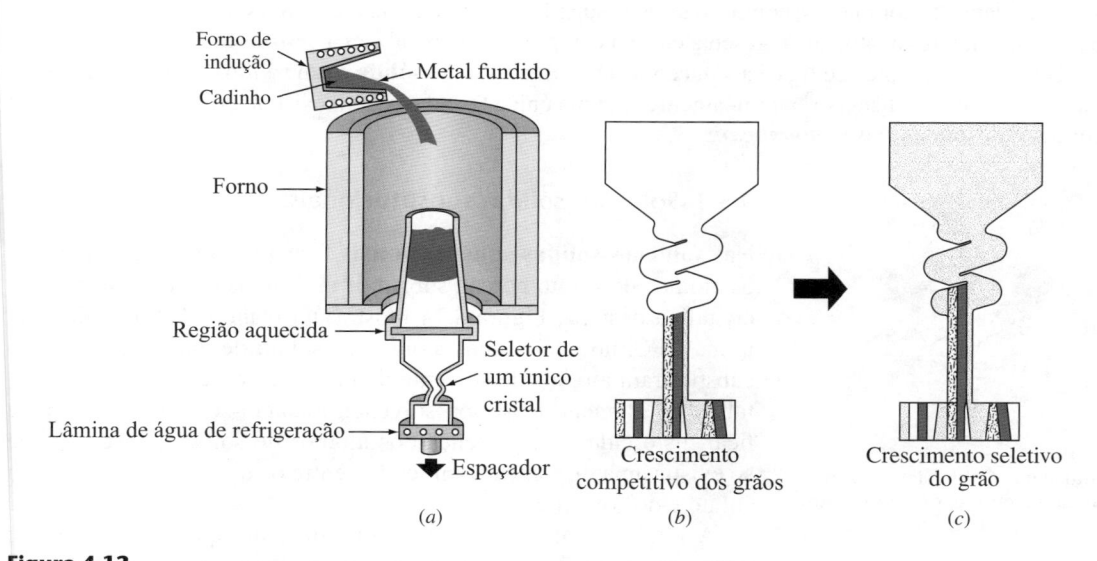

Figura 4.12
(a) Esquema do processo de produção de palhetas monocristalinas de turbinas a gás.
(b) Ponto de partida para a obtenção de palhetas monocristalinas mostrando o crescimento competitivo abaixo da semente com orientação cristalográfica previamente definida.
(c) Equivalente a (b), mas evidenciando que houve a seleção de um único grão.
(*Cortesia de Pratt and Whitney Co.*)

Figura 14.1). Monocristais são necessários para estas aplicações, visto que, os contornos de grão podem interromper (prejudicar) o fluxo de elétrons nos dispositivos feitos de semicondutores de silício. Na indústria já é possível fazer crescer monocristais de silício, 8 a 12 pol (20 a 25 cm) de diâmetro, para aplicação em dispositivos semicondutores. Uma das técnicas geralmente utilizadas para produzir monocristais de silício de alta qualidade (minimização de defeitos) é o processo Czochralski. Nesse processo, inicialmente é fundido silício policristalino de elevada pureza em um cadinho não reativo, e este é mantido a uma temperatura imediatamente abaixo da temperatura de fusão. Mergulha-se no líquido um cristal-semente de silício

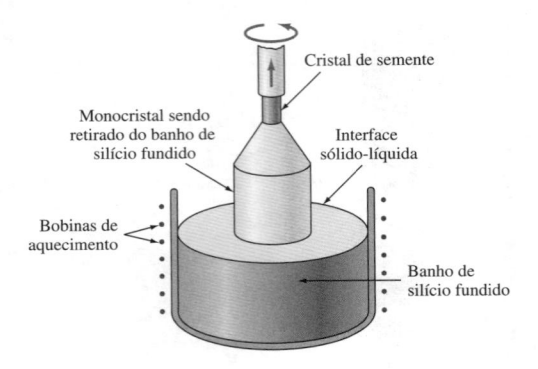

Figura 4.13
Obtenção de monocristais de silício pelo método Czochralski.

de alta qualidade (pureza), com orientação cristalográfica previamente definida, que é simultaneamente rotacionado. Parte do cristal-semente sofre fusão, o que permite remover a outra região tensionada para originar uma superfície onde o líquido vai solidificar. O cristal-semente continua a rodar e é retirado lentamente do líquido. À medida que é retirado do líquido, o silício líquido que se encontra no cadinho adere e cresce sobre o cristal-semente, originando um monocristal de silício de diâmetro muito maior (Figura 4.13). Com esse processo, lingotes grandes, de aproximadamente 30 cm, podem ser obtidos.

4.3 SOLUÇÕES SÓLIDAS METÁLICAS

Ainda que poucos metais sejam utilizados no estado puro ou quase puro, alguns deles são usados em uma forma praticamente pura. Por exemplo, o cobre de elevada pureza (99,99% Cu) é usado para fios em eletrônica, devido à sua elevada condutividade elétrica. O alumínio de elevada pureza (99,99% Al) (chamado alumínio superpuro) é usado para fins decorativos, porque pode receber como acabamento uma superfície metálica muito brilhante. Contudo, a maior parte dos metais em engenharia é combinada com outros metais ou não metais, de modo a proporcionar melhor *resistência* mecânica, maior resistência à corrosão ou outras propriedades desejadas.

Uma *liga metálica*, ou simplesmente **liga**, é uma mistura de dois ou mais metais ou de um metal e um não metal. As ligas podem ter estruturas relativamente simples, como é o caso do latão para cartuchos, que consiste, em peso, em uma liga binária (dois metais) de 70% Cu e 30% Zn. No entanto, as ligas podem ser extremamente complexas, como é o caso da superliga de níquel Inconel 718, usada para fazer diversas partes dos motores a jato, que apresenta em sua composição nominal cerca de 10 elementos.

O tipo mais simples de liga é a solução sólida. Uma **solução sólida** é um *sólido* constituído por dois ou mais elementos dispersos atomicamente em uma única fase. Em geral, existem dois tipos de soluções sólidas: *substitucionais* e *intersticiais*.

4.3.1 Soluções sólidas substitucionais

Nas **soluções sólidas substitucionais** formadas por dois elementos, os átomos de soluto podem substituir os átomos de solvente na rede cristalina deste. A Figura 4.14 mostra um plano (111) da rede cristalina CFC, no qual alguns átomos de soluto de um dado elemento substituíram átomos de solvente do elemento-base. A estrutura cristalina do elemento-base, ou solvente, mantém-se, mas a rede pode ficar distorcida pela presença dos átomos de soluto, especialmente se existir uma diferença significativa entre os diâmetros atômicos do soluto e do solvente.

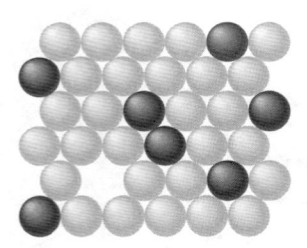

Figura 4.14
Solução sólida substitucional. Os círculos escuros representam um tipo de átomos, e, os claros, outro. O plano atômico é o plano (111) de uma rede cristalina CFC.

A fração de átomos, de um dado elemento que potencialmente pode se dissolver em outro, apresenta um intervalo de variação que abrange desde uma porcentagem atômica até 100%. As seguintes condições, conhecidas como *Regras de Hume-Rothery*, favorecem uma grande solubilidade de um elemento em outro:

1. Os diâmetros atômicos dos elementos não devem diferir mais do que cerca de 15%;
2. Os dois elementos devem apresentar a mesma estrutura cristalina;
3. As eletronegatividades dos dois elementos não devem ser consideravelmente diferentes, de modo a não se formarem compostos;
4. Os dois elementos devem ter a mesma valência.

Se os diâmetros atômicos dos dois elementos que formam a solução sólida forem diferentes, ocorre distorção da rede cristalina. Dado que a rede atômica pode sofrer uma contração ou expansão limitada, existe um limite na diferença entre os diâmetros atômicos em que um átomo pode ter, e ainda permanecer,

EXEMPLO 4.2

Usando os dados da tabela abaixo, compare o grau de solubilidade, no estado sólido, dos seguintes elementos no cobre:

a. Zinco
b. Chumbo
c. Silício
d. Níquel
e. Alumínio
f. Berílio

Use a escala seguinte: muito alto, 70–100%; alto, 30–70%; moderado, 10–30%; baixo, 1–10%; e muito baixo, < 1 %.

Elemento	Raio atômico (nm)	Estrutura cristalina	Eletro-negatividade	Valência
Cobre	0,128	CFC	1,8	+2
Zinco	0,133	HC	1,7	+2
Chumbo	0,175	CFC	1,6	+2, +4
Silício	0,117	Cúbica diamante	1,8	+4
Níquel	0,125	CFC	1,8	+2
Alumínio	0,143	CFC	1,5	+3
Berílio	0,114	HC	1,5	+2

▪ Solução

Um cálculo simples permite determinar a diferença entre os raios atômicos, por exemplo, no sistema Cu–Zn

$$\text{Diferença dos raios atômicos} = \frac{\text{raio final} - \text{raio inicial}}{\text{raio inicial}} (100\%)$$

$$= \frac{R_{Zn} - R_{Cu}}{R_{Cu}} (100\%) \qquad (4.3)$$

$$= \frac{0,133 - 0,128}{0,128} (100\%) = +3,9\%$$

Sistema	Diferença de raios atômicos (%)	Diferença de eletronegatividades	Grau previsto de solubilidade no estado sólido	Solubilidade máxima observada no estado sólido (%)
Cu-Zn	+3,9	0,1	Alto	38,3
Cu-Pb	+36,7	0,2	Muito baixo	0,1
Cu-Si	−8,6	0	Moderado	11,2
Cu-Ni	−2,3	0	Muito alto	100
Cu-Al	+11,7	0,3	Moderado	19,6
Cu-Be	−10,9	0,3	Moderado	16,4

As previsões podem ser feitas, sobretudo, a partir da diferença dos raios atômicos. No caso do sistema Cu-Si, a diferença de estruturas cristalinas é relevante. Para todos esses sistemas, a diferença entre as eletronegatividades é pequena. As valências são as mesmas, exceto para o Al e para o Si. Na análise final, deve-se fazer referência aos valores experimentais.

em solução sólida sem alterar a estrutura cristalina. Quando os diâmetros atômicos diferirem mais do que aproximadamente 15%, o "fator tamanho" se torna desfavorável à existência de uma elevada solubilidade no estado sólido.

Se os átomos do soluto e do solvente tiverem a mesma estrutura cristalina, isso será favorável a um elevado índice de solubilidade no estado sólido. Se os dois elementos apresentarem, qualquer que seja a proporção, solubilidade total no estado sólido, então é porque têm a mesma estrutura cristalina. Também não deverá existir uma diferença demasiada grande entre as eletronegatividades dos dois elementos que formam a solução sólida, pois, caso isso aconteça, o elemento mais eletropositivo perderá elétrons, enquanto o mais eletronegativo adquirirá elétrons e haverá formação de um composto. Por fim, a solubilidade no estado sólido será favorecida se os dois elementos tiverem a mesma valência. Se houver perda ou déficit de elétrons nos átomos, a ligação entre eles será prejudicada, e disso resultam condições desfavoráveis à solubilidade no estado sólido.

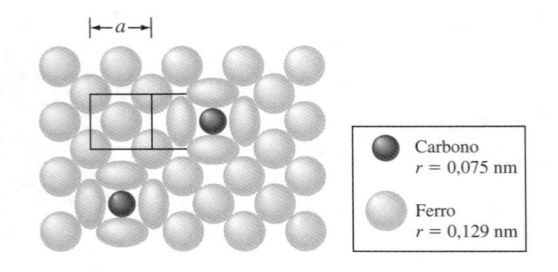

4.3.2 Soluções sólidas intersticiais

Nas soluções intersticiais, os átomos de soluto ocupam os espaços entre os átomos do solvente. Esses espaços ou cavidades são chamados de *interstícios*. As **soluções sólidas intersticiais** podem se formar quando os átomos de um determinado tipo são muito maiores do que os de outro. Exemplos de átomos que, devido ao seu reduzido tamanho, podem formar soluções sólidas intersticiais são: o hidrogênio, o carbono, o nitrogênio e o oxigênio.

Um exemplo importante de solução sólida intersticial é aquela formada pelo carbono no ferro-γ com estrutura cristalina CFC, que é estável entre 912 e 1.394 °C. O raio atômico do ferro-γ é 0,129 nm e o do carbono é 0,075 nm, pelo que a diferença de raios atômicos é de 42%. Contudo, apesar dessa diferença, o ferro só pode se dissolver intersticialmente no máximo 2,08% de carbono, a 1.148 °C. A Figura 4.15, ilustra esse fato de maneira esquemática, mostrando a distorção da rede do ferro-γ em torno dos átomos de carbono.

Figura 4.15
Esquema mostrando uma solução sólida intersticial de carbono em ferro-γ CFC em um plano (100) imediatamente acima de 912 °C. Note-se a distorção dos átomos de ferro (raio = 0,129 nm) em volta dos átomos de carbono (raio = 0,075 nm), os quais ocupam interstícios com 0,053 nm de raio.
(L.H. Van Vlack, "Elements of Materials Science and Engineering", 4. ed., Addison-Wesley, 1980, p. 113.)

O raio do maior interstício no ferro-γ CFC é 0,053 nm (ver Exemplo 4.3), e, uma vez que o raio atômico do carbono é 0,075 nm, não é de se surpreender que a solubilidade máxima do carbono no ferro-γ

EXEMPLO 4.3

Calcule o raio do maior interstício na rede do ferro-γ CFC. O raio atômico do ferro na rede CFC é 0,129 nm, e os maiores interstícios surgem em posições do tipo $(\frac{1}{2}, 0, 0)$, $(0, \frac{1}{2}, 0)$, $(0, 0, \frac{1}{2})$ etc.

■ **Solução**

Na Figura E4.3, está representado, no plano *yz*, um plano (100) da rede CFC. Designemos o raio atômico do ferro por R e o raio do interstício na posição $(0, \frac{1}{2}, 0)$ por r. Então, a partir da Figura E4.3,

$$2R + 2r = a \tag{4.4}$$

Também a partir da Figura E4.3,

$$(2R)^2 = (\tfrac{1}{2}a)^2 + (\tfrac{1}{2}a)^2 = \tfrac{1}{2}a^2 \tag{4.5}$$

Resolvendo para *a*, temos

$$2R = \frac{1}{\sqrt{2}}a \quad \text{ou} \quad a = 2\sqrt{2}R \tag{4.6}$$

Combinando as Equações 4.4 e 4.6, obtém-se

$$2R + 2r = 2\sqrt{2}R$$
$$r = (\sqrt{2} - 1)R = 0{,}414R$$
$$= (0{,}414)(0{,}129 \text{ nm}) = 0{,}053 \text{ nm} \blacktriangleleft$$

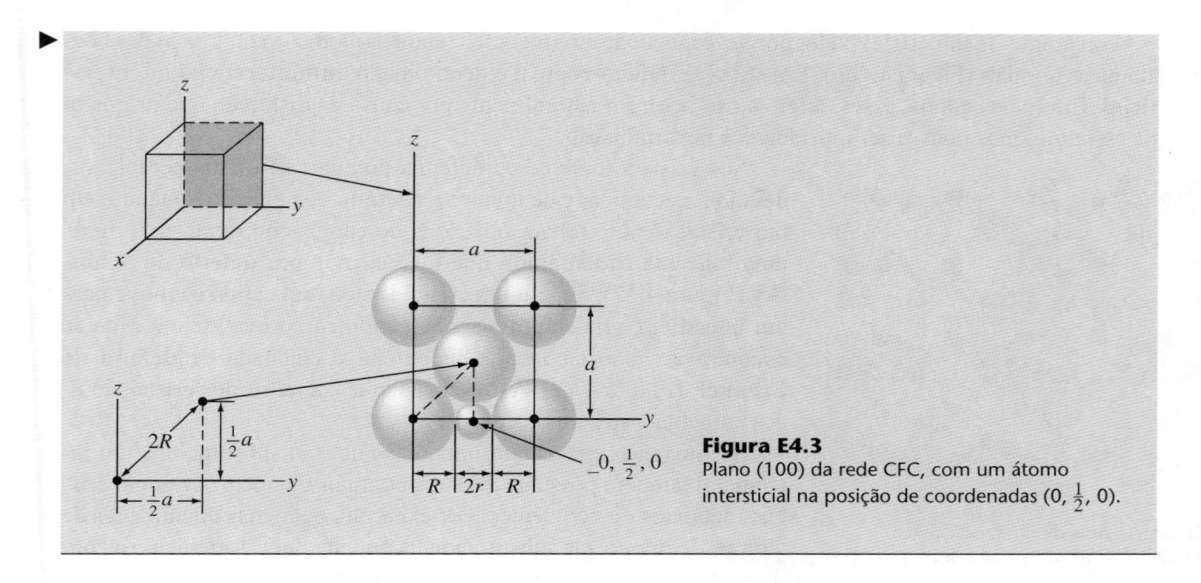

Figura E4.3
Plano (100) da rede CFC, com um átomo intersticial na posição de coordenadas $(0, \frac{1}{2}, 0)$.

seja apenas 2,08%. No ferro-α CCC, o raio do maior interstício é apenas de 0,036 nm e, como resultado, imediatamente abaixo de 723 °C apenas pode se dissolver intersticialmente 0,025% de carbono.

4.4 IMPERFEIÇÕES CRISTALINAS

Na realidade, os cristais nunca são perfeitos e contêm vários tipos de imperfeições e defeitos. Estes afetam muitas das suas propriedades físicas e mecânicas que, por sua vez, comprometem muitas importantes propriedades específicas do campo de engenharia, tais como a conformabilidade a frio das ligas, a condutividade eletrônica dos semicondutores, a velocidade de migração (mobilidade ou difusão) dos átomos nas ligas e a corrosão dos metais.

As imperfeições nas redes cristalinas são classificadas de acordo com a sua geometria e com a sua forma. Os três principais tipos são: (1) defeitos adimensionais (de dimensão zero) ou pontuais, (2) defeitos unidimensionais ou lineares (discordâncias) e (3) defeitos bidimensionais, que incluem as superfícies exteriores e os contornos de grão interiores. Podem incluir-se também os defeitos macroscópicos tridimensionais ou em volume. Exemplos desses defeitos são os poros, as fendas e as inclusões.

4.4.1 Defeitos pontuais

O defeito pontual mais simples é a lacuna, que corresponde a uma posição atômica na qual falta um átomo (Figura 4.16a). As **lacunas** podem ser originadas durante a solidificação, como resultado de perturbações locais durante o crescimento dos cristais, ou podem ser criadas pelo rearranjo dos átomos de um cristal, devido à mobilidade atômica. Nos metais, a concentração de equilíbrio de lacunas raramente excede cerca de 1 em 10.000 átomos. As lacunas são defeitos de equilíbrio dos metais e a sua energia de formação é cerca de 1 eV.

Podem ser introduzidas lacunas adicionais nos metais por deformação plástica, por meio de resfriamento rápido, com base em temperaturas elevadas até temperaturas baixas, de forma a enclausurar as lacunas, e também por meio de bombardeamento com partículas de alta energia como, por exemplo, os nêutrons. As lacunas de não equilíbrio têm tendência a se agrupar, originando bilacunas ou trilacunas. As lacunas podem se mover por troca de posição com os átomos vizinhos. Esse processo é importante na migração ou difusão de átomos no estado sólido, particularmente a temperaturas elevadas, quando a mobilidade atômica é maior.

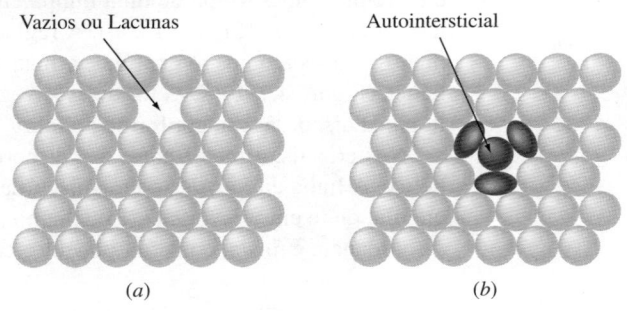

Figura 4.16
(a) Defeito pontual de lacuna; (b) defeito pontual autointersticial ou intersticial na rede compacta de um metal sólido.

Um átomo de um cristal pode, por vezes, ocupar um interstício entre os átomos vizinhos em posições atômicas normais (Figura 4.16b). Esse tipo de defeito pontual é denominado **autointersticial** ou **intersticial**. Em linhas gerais, esses defeitos não ocorrem naturalmente por causa da distorção que originam na estrutura, mas podem ser introduzidos por irradiação.

Nos cristais iônicos, os defeitos pontuais são mais complexos, devido à necessidade de manter a neutralidade elétrica. Quando, em um cristal iônico, faltam dois íons de cargas contrárias, se origina uma bilacuna cátion-ânion que é conhecida por **defeito de Schottky** (Figura 4.17). Se, em um cristal iônico, um cátion se move para um interstício, cria-se uma lacuna catiônica no local onde o íon se encontrava. Este par lacuna-intersticial é chamada de **defeito de Frenkel**[6] (Figura 4.17). A presença desses defeitos nos cristais iônicos aumenta a sua condutividade elétrica.

Átomos que apresentam impurezas do tipo substitucional ou intersticial também possuem defeitos pontuais e podem surgir em cristais metálicos ou covalentes. Por exemplo, pequenas quantidades de átomos de impurezas substitucionais podem afetar fortemente a condutividade elétrica do silício puro usado em dispositivos eletrônicos. Nos cristais iônicos, os átomos de impurezas também são considerados defeitos pontuais.

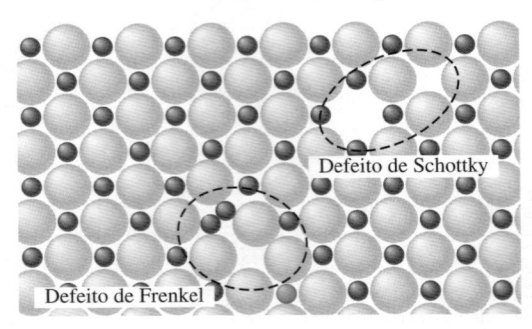

Figura 4.17
Representação bidimensional de um cristal iônico mostrando um defeito de Schottky e um defeito de Frenkel.
(Wulff et el., "Structure and Properties of Materiais", vol. 1: "Structure", Wiley, 1964, p. 78.)

4.4.2 Defeitos lineares (discordâncias)

Nos sólidos cristalinos, os defeitos lineares ou **discordâncias** são defeitos que originam uma distorção da rede em torno de uma linha. As discordâncias são originadas durante a solidificação dos sólidos cristalinos, ou também por deformação plástica, ou até permanente, de sólidos cristalinos, por condensação de lacunas e por desencontros (desarranjos) atômicos em soluções sólidas.

Os dois principais tipos de discordâncias são os tipos *cunha* (aresta) e *hélice* (espiral). A combinação desses dois tipos origina as *discordâncias mistas*, que têm componentes em cunha e em hélice. Pode se criar uma discordância cunha, em um cristal, por inserção de um semiplano atômico adicional (ou extra), como se verifica na Figura 4.18a, imediatamente acima do símbolo ⊥. O "tê" invertido, ⊥, indica uma discordância cunha positiva, enquanto o "tê" normal, T, indica uma discordância cunha negativa.

O deslocamento dos átomos em torno da discordância é designado por *vetor de escorregamento* ou *vetor de Burgers* **b** e é *perpendicular* à linha da discordância em cunha (Figura 4.18b). As discordâncias são defeitos de não equilíbrio e armazenam energia na região distorcida da rede cristalina em torno da própria discordância. Nesse tipo de defeito, existe uma região em compressão, do lado em que o semiplano adicional se encontra, e uma região em tração abaixo do semiplano atômico adicional (Figura 4.19a).

Uma discordância em hélice pode ser formada aplicando tensões de cisalhamento, para cima e para baixo, em regiões do cristal perfeito que foram separadas por um plano de cisalhamento, como se mostra na Figura 4.20a. Essas tensões de corte (cisalhamento) originam uma região com a rede cristalina distorcida, com a forma de uma rampa em espiral, de átomos distorcidos em torno da linha de discordância em hélice (Figura 4.20b). A região distorcida não é bem definida e tem um diâmetro de, pelo menos, vários átomos. A energia é armazenada na região distorcida criada em torno da discordância em hélice (Figura 4.19b). O vetor de escorregamento ou de Burgers da discordância em hélice é paralelo à linha da discordância, conforme a Figura 4.20b.

Nos cristais, a maior parte das discordâncias é do tipo misto, tendo componentes em cunha e em hélice. A linha curva AB de uma discordância, representada na Figura 4.21, é hélice no ponto A, à esquerda, onde entra no cristal, é cunha no ponto B, à direita, onde sai do cristal. No interior do cristal, a discordância é mista, com componentes em cunha e em hélice.

---

[6]Yakov Ilyich Frenkel (1894-1954). Físico russo que estudou os defeitos nos cristais. O seu nome está associado ao defeito lacuna-intersticial que surge nos cristais iônicos.

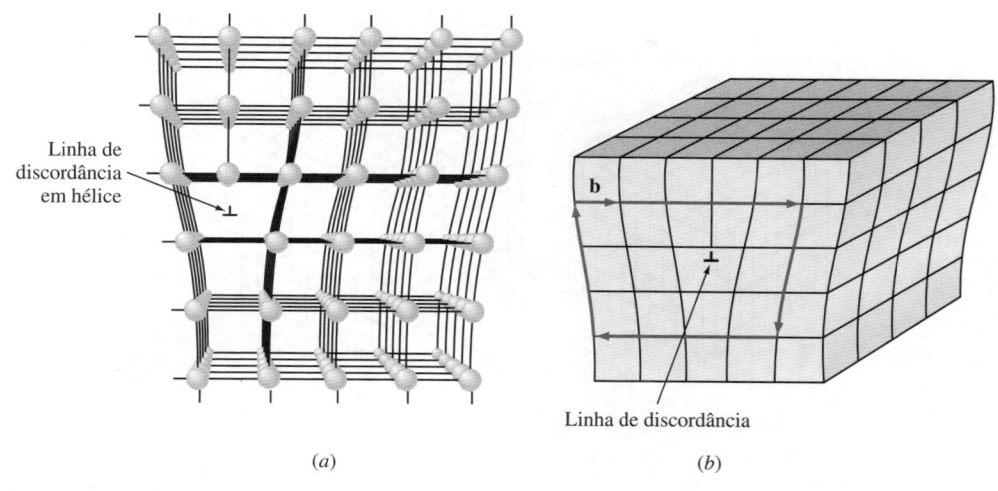

Figura 4.18
(a) Discordância em cunha positiva em uma rede cristalina. Aparece um defeito linear na região imediatamente acima do "tê" invertido, ⊥, onde um semiplano atômico foi introduzido.
(A.G. Guy, "Essentials of Materials Science", McGraw-Hill, 1976, p. 153.)
(b) Discordância em cunha com indicação da orientação do vetor de Burgers ou de escorregamento **b**.
(M. Eisenstadt "Introduction to Mechanical Properties of Materials: An Ecological Approach", 1. ed., © 1971. Reimpresso com permissão de Pearson Education, Inc., Upper Saddle River, N.J.)

4.4.3 Defeitos planares

Defeitos planares inclui superfícies externas, **contornos entre os grãos**, **maclas**, **contornos de grão de baixo ângulo**, **contornos de grão com alto ângulo**, **inclinado/torcido** e **falhas de empilhamento**. As superfícies livres ou externas de qualquer material constituem o tipo de defeito planar mais comum. Superfícies externas são consideradas defeitos porque os átomos, localizados sobre a superfície, têm ligações atômicas somente de um lado. Portanto, os átomos superficiais têm um baixo número de vizinhos. Como resultado, estes átomos estão em um alto estado de energia quando comparados aos átomos posicionados no interior e que possuem um número ótimo de vizinhos. A alta energia associada aos átomos da superfície do material faz com que a superfície seja susceptível à erosão e a reações com elementos do entorno. Esse ponto ilustra ainda mais a influência dos defeitos no comportamento dos materiais.

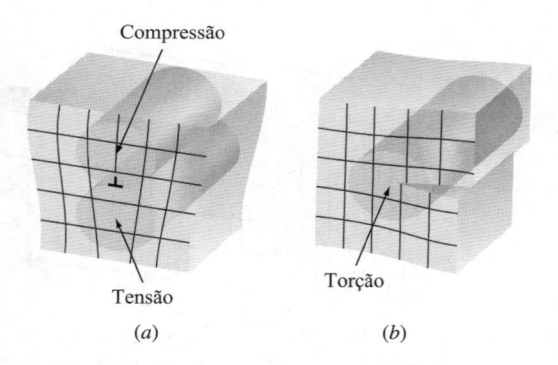

Figura 4.19
Campos de deformação em torno (a) de uma discordância em cunha e (b) de uma discordância em hélice.
(Wulff et al., "The Structure and Properties of Materials", vol. III, H.W. Hayden, L.G. Moffat, and J. Wulff, "Mechanical Behavior", Wiley, 1965, p. 69.)

Os contornos de grão são defeitos interfaciais, em materiais policristalinos, que separam grãos (cristais) com diferentes orientações. Nos materiais metálicos, os contornos de grão se formam durante a solidificação, quando os cristais, gerados a partir de diferentes núcleos, crescem simultaneamente e se encontram (Figura 4.2). A forma dos contornos de grão é determinada pelas restrições impostas pelo crescimento dos grãos localizados no entorno. A Figura 4.22 apresenta, esquematicamente, as superfícies dos contornos de grão de uma estrutura de grãos aproximadamente equiaxiais e a Figura 4.3 mostra grãos reais.

O contorno de grão propriamente dito se define por ser uma região de desalinhamento atômico entre grãos adjacentes, com uma largura de dois a cinco diâmetros atômicos. A compactação atômica nos contornos de grão é mais baixa do que no interior dos grãos, devido ao desalinhamento dos átomos. Os contornos de grão têm também alguns átomos em posições distorcidas (desalinhadas/erradas), o que faz aumentar a energia do contorno do grão.

Devido à sua energia mais alta e estrutura mais aberta (menos compacta), os contornos de grão são regiões mais favoráveis à nucleação e ao crescimento de precipitados (ver Seção 9.5). A menor compactação atômica dos contornos também permite a difusão mais rápida dos átomos na região dos con-

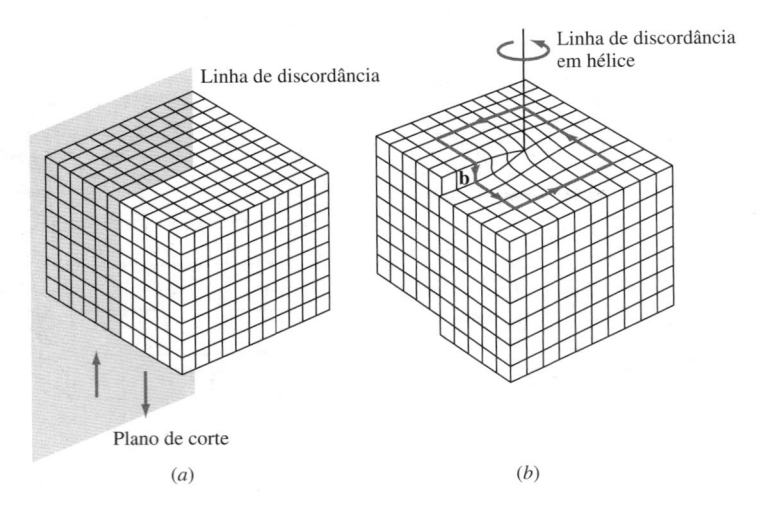

Figura 4.20
Discordância em hélice em uma rede cristalina cúbica.

(a) Um cristal perfeito é cortado por um plano de corte, e tensões de cisalhamento para cima e para baixo são aplicadas paralelas ao plano de corte para formar uma discordância em hélice em (b).

(b) Uma discordância em hélice é apresentada com vetor de deslizamento ou de Burgers **b** paralelo à linha de discordância.

(M. Eisenstadt "Introduction to Mechanical Properties of Materials: An Ecological Approach, 1 ed., © 1971. Reimpresso com permissão de Pearson Education, Inc., Upper Saddle River, N.J.)

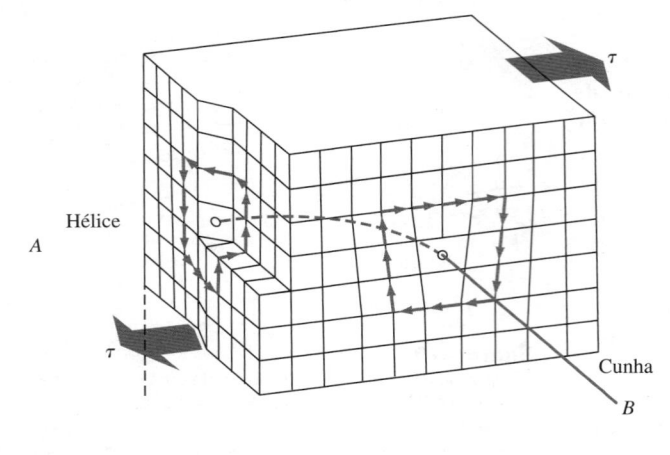

Figura 4.21
Discordância mista em um cristal. A discordância de linha AB, é em hélice no ponto A, à esquerda, em que entra no cristal, e em cunha no ponto B, à direita, onde sai do cristal.
(Wulff et al., "The Structure and Properties of Materials", vol. III, H.W. Hayden, L.G. Moffat, and J. Wulff, "Mechanical Behavior", Wiley, 1965, p. 65.)

tornos de grão. Em temperaturas normais, essas regiões limitam a deformação plástica, visto que dificultam o movimento das discordâncias.

Maclas ou *contorno de macla* são outro exemplo de defeitos bidimensionais. A macla é definida como uma região na qual existe uma estrutura-espelho por meio de um plano ou contorno. Maclas se formam quando um material é deformado permanentemente ou plasticamente (*deformação em maclas*). Também podem aparecer durante o processo de recristalização onde os átomos se reposicionam em um cristal deformado (*maclas de recozimento*), mas só ocorrem em algumas ligas com estruturas CFC. Uma série de maclas de recozimento formadas em uma estrutura de bronze é apresentada na Figura 4.23. Como o nome indica, contornos de macla são formadas aos pares. Semelhante às discordâncias os contornos de macla tendem a reforçar o material. Uma explicação mais detalhada sobre contornos de macla é apresentada na Seção 6.5.

Quando um arranjo de discordâncias em aresta é orientado em um cristal de uma maneira que pareça um desalinhamento ou uma região de um cristal com duas inclinações (Figura 4.24a), é formado um defeito bidimensional chamado de *contornos de baixo ângulo*. Um fenômeno similar pode ocorrer quando uma rede de discordâncias em hélice cria um contorno de macla de pequeno ângulo (Figura 4.24b). O ângulo θ de desorientação para um contorno de baixo ângulo é geralmente menor do que 10 graus. Quando a densidade das discordâncias dos contornos de baixo ângulo (maclas) aumenta, o ângulo de desorientação θ torna-se maior. Se o ângulo θ excede 20 graus, o contorno não fica longe de ser caracterizado como de baixo ângulo, mas passa a ser considerado como contorno de grão geral (comum). De forma similar as discordâncias e as duplas, contornos de grãos de pequeno ângulo são regiões de alta energia devido às distorções locais e tendem a reforçar o metal.

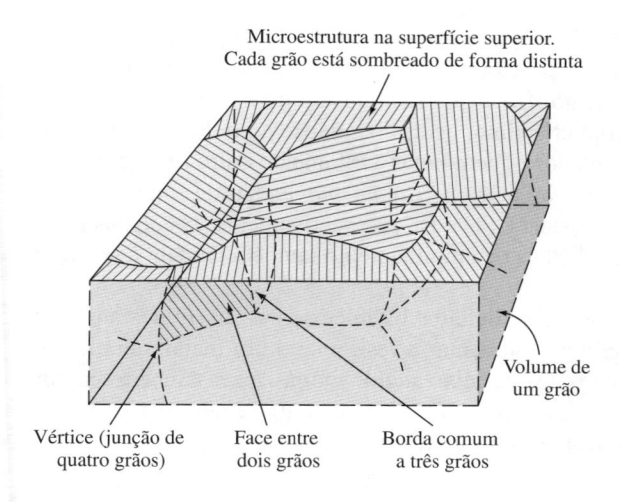

Figura 4.22
Esquema mostrando a relação entre a estrutura bidimensional de um material cristalino e a relação sobre a rede tridimensional. São apresentadas somente as partes do interior e das faces dos grãos.
(A.G. Guy, "Essentials of Materials Science", McGraw-Hill, 1976.)

Figura 4.23
Contornos de macla em estrutura de grãos de bronze.
(Figura de A.G. Guv, "Essentials of Materials Science", McGraw-Hill, 1976.)

Virtual Lab

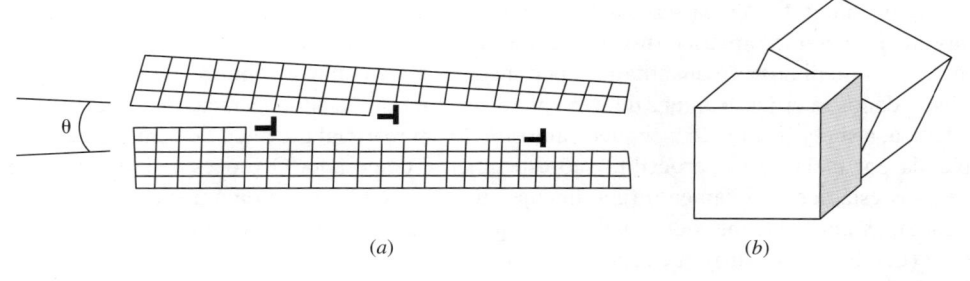

Figura 4.24
(a) Contorno de baixo ângulo formado por discordâncias de aresta, (b) esquema de um contorno de baixo ângulo torcido.

Na Seção 3.8 nós discutiremos a formação de estruturas cristalinas CFC e HC por meio do empilhamento de planos atômicos. Nota-se que a sequência *ABABAB...* leva à formação de uma estrutura cristalina HC, enquanto a sequência de empilhamento *ABCABCABC...* leva a uma estrutura CFC. Algumas vezes durante o crescimento de um material cristalino, ocorre o colapso ao redor de um vazio, ou interação de discordâncias, um ou mais destes planos podem faltar. Originando outro tipo de defeito bidimensional chamado de *falha de empilhamento* ou *falha de engavetamento*. Falhas de empilhamento *ABCAB**A**ACB**ABC* e *ABA**A**BB**A**B* são típicas nos cristais CFC e HC, respectivamente. Os planos indicados em negrito são as falhas propriamente ditas. Falhas de empilhamento também tendem a reforçar (aumentar a resistência) do material.

É importante notar que, de um modo geral, dentre os defeitos bidimensionais discutidos aqui, os contornos de grãos são os mais efetivos para reforçar (aumentar a resistência) um metal; entretanto, falhas de empilhamento, contornos de macla, e contornos de baixo ângulo muitas vezes também servem para aumentar a resistência (para esta finalidade). A razão pela qual esses defeitos tendem a aumentar a resistência de um metal será discutida com mais detalhes no Capítulo 6.

4.4.4 Defeitos volumétricos

Defeitos volumétricos ou *tridimensionais* se formam quando um aglomerado de defeitos pontuais se une para formar um vazio ou poro. No sentido inverso, um aglomerado de átomos de impurezas pode se unir para formar um precipitado tridimensional. A dimensão de um defeito volumétrico pode variar de poucos nanômetros para centímetros ou algo maior. Tais defeitos têm um efeito tremendo sobre o comportamento e o desempenho do material. Finalmente, o conceito de defeito tridimensional ou de volume pode ser estendido para regiões amorfas dentro de um material policristalino. Tais materiais foram brevemente discutidos no Capítulo 3 e serão discutidos com mais detalhes nos capítulos seguintes.

4.5 TÉCNICAS EXPERIMENTAIS PARA IDENTIFICAÇÃO DA MICROESTRUTURA E DOS DEFEITOS

Cientistas e profissionais do campo da engenharia de materiais usam várias ferramentas (instrumentos) para estudar e entender o comportamento de materiais baseados na sua microestrutura, na existência de defeitos, nos microconstituintes, e outros recursos e características específicas da estrutura interna do material. Os instrumentos revelam informações sobre a composição interna e a estrutura do material sobre várias escalas e comprimentos que vão desde o micro ao nano. A utilização destes equipamentos permite estudar desde a estrutura dos grãos, os contornos de grãos, várias fases, defeitos de linha, defeitos na superfície e seus efeitos sobre o comportamento do material. Na seção seguinte, discutiremos o uso das técnicas de metalografia óptica (MO), **microscopia eletrônica de varredura (MEV), microscopia eletrônica de transmissão (MET), microscopia eletrônica de transmissão de alta resolução (METAR)**, e por dispersão de energia, que permitem aprofundar sobre as características internas e superficiais dos materiais.

4.5.1 Metalografia óptica, tamanho de grão ASTM e determinação do diâmetro do grão

Virtual Lab

Técnicas de metalografia óptica são usadas para estudar as características e a composição interna dos materiais até o nível micrométrico (nível de aumento em torno de 2.000×).

Informações qualitativas e quantitativas pertencentes ao tamanho e contorno de grãos, existência de várias fases, danos internos, e alguns defeitos podem ser obtidos usando técnicas de metalografia óptica. Nessa técnica, a superfície de uma pequena amostra de um material metálico ou cerâmico é inicialmente preparada por meio de um procedimento específico e demorado. O processo de preparação inclui em umerosos estágios de lixamento (geralmente quatro) que removem da amostra grandes arranhões e finas camadas plasticamente deformadas. A sequência de lixamento é seguida de uma sequência de polimento (geralmente quatro) que removem os riscos finos formados durante o estágio de lixamento. A qualidade da superfície é extremamente importante no resultado do processo, e, em geral, uma superfície lisa como um espelho sem riscos deve ser produzida no fim do estágio de polimento. Esses passos são necessários para minimizar o contraste topográfico. A superfície polida é então exposta a ataques químicos. A escolha do ataque e o tempo (intervalo de tempo no qual a amostra permanecerá em contato com o ataque) são dois fatores cruciais que dependem do material específico em estudo. Os átomos do contorno de grãos deverão ser atacados mais rapidamente do que os átomos internos aos grãos. Isso ocorre porque os átomos do contorno possuem um maior estado de energia causado pelo empacotamento menos eficiente. Como resultado, o ataque produz minúsculos canais ao longo dos contornos de grãos. A amostra preparada é então examinada com um microscópio metalúrgico (microscópio invertido) baseado na incidência da luz visível. O esquema do microscópio metalúrgico é apresentado na Figura 4.25. Quando exposto à luz incidente em um microscópio óptico, estes canais não refletem a luz tão intensamente quanto o restante do material do grão (Figura 4.26). Por causa da redução da reflexão da luz, os minúsculos canais aparecem como linhas pretas para o observador, revelando então os contornos de grão (Figura 4.27). Adicionalmente, impurezas, outras fases, e defeitos internos também reagem de maneira diversa ao ataque e revelam em fotomicrografias tomadas a partir da superfície da amostra. Em geral, essa técnica oferece uma grande quantidade de informações sobre o material.

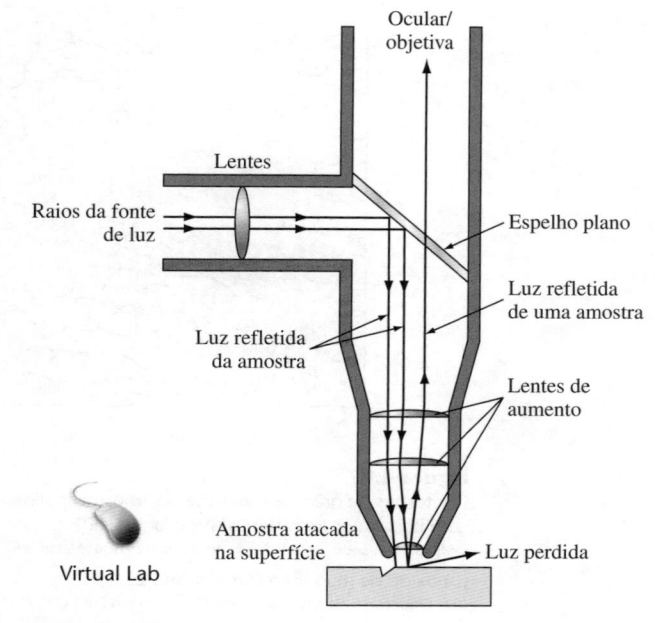

Figura 4.25
Esquema ilustra como a luz é refletida e ampliada em uma amostra metálica polida e quimicamente contrastada. A região quimicamente atacada fica rugosa (irregular), e não reflete bem a luz.
(After M. Eisenstadt, "Mechanical Properties of Materials", Macmillan, 1971, p. 126.)

Além das informações qualitativas que são retiradas das microfotografias, algumas limitadas informações quantitativas podem ser obtidas. O tamanho de grão e a média do diâmetro dos grãos do material também podem ser determinados usando as fotomicrografias obtidas por essa técnica.

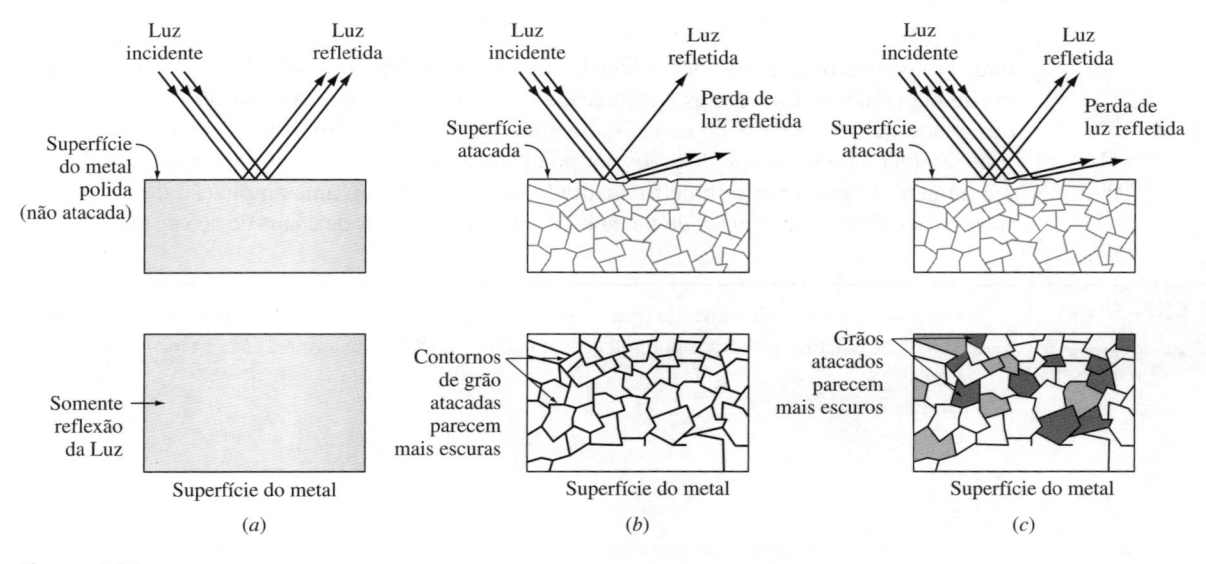

Figura 4.26
Efeito do ataque químico na microestrutura da superfície polida de uma amostra de aço, observada por microscopia óptica. (*a*) Na condição de apenas polida, não se observam quaisquer pormenores microestruturais. (*b*) Depois do contraste de um aço com teor muito baixo de carbono, apenas os contornos de grão são fortemente atacados quimicamente, e aparecem como linhas escuras na microestrutura. (*c*) Depois do contraste de uma amostra polida, de um aço com médio teor de carbono, podem se observar, na microestrutura, regiões escuras (perlita) e claras (ferrita). As regiões mais escuras de perlita foram mais fortemente atacadas pelo reagente e, por conseguinte, refletem pouca luz.

(*Eisenstadt, M., Introduction to Mechanical Properties of Materials: Na Ecological Approach, 1. ed., ©1971. Reimpresso com permissão de Pearson Education, Inc., Upper Saddle River, NJ.*)

(a) (b)

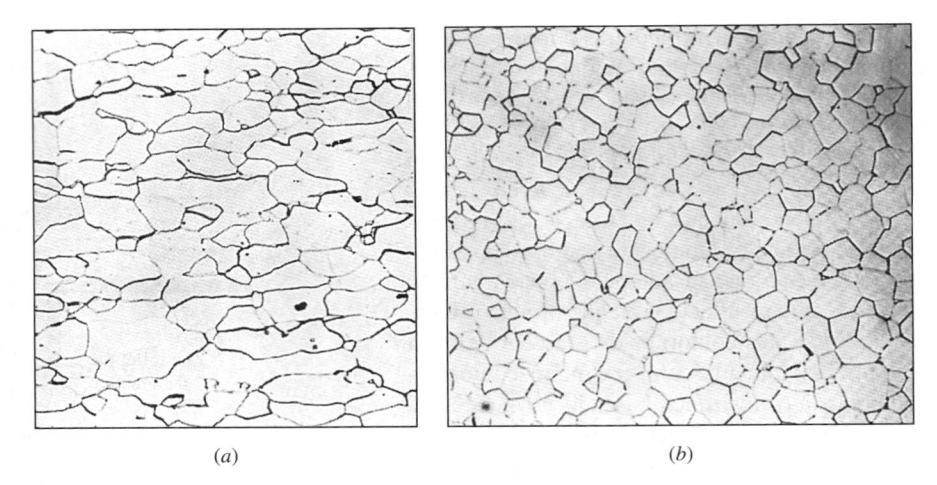

Figura 4.27
Contornos de grão na superfície de amostras polidas e atacadas quimicamente, observadas em microscopia óptica. (a) Aço com baixo teor de carbono (Ampliação 100×).
("Metals Hendbook", vol. 7, 8. ed., American Society for Metals, 1972, p. 4.)

(b) óxido de magnésio (Ampliação 225×).
*(R.E. Gardner e G.W. Robinson, J. Am. Ceram. Soc., **45**: 46 (1962).)*

O tamanho de grão dos metais policristalinos é importante, já que a superfície dos contornos entre os grãos tem um efeito importante em muitas propriedades dos metais, especialmente na resistência mecânica. Em temperaturas mais baixas (inferiores a cerca de metade da temperatura absoluta de fusão), a região do contorno provoca um aumento da resistência mecânica dos metais, porque sob tensão dificulta o movimento das discordâncias. Em temperaturas elevadas pode ocorrer o escorregamento ao longo dos contornos e estes se tornam regiões vulneráveis nos metais policristalinos.

Um método para medir o tamanho de grão é o método ASTM, no qual se define um número de tamanho de grão n como

$$N = 2^{n-1} \tag{4.7}$$

onde N é o número de grãos, por polegada quadrada (1 polegada quadrada = 6,25 cm^2), em uma superfície do material polida e contrastada (atacada), observada com uma ampliação de 100×, e n é um inteiro designado número ASTM de tamanho de grão. Na Tabela 4.2, indicam-se os números de tamanho de grão, assim como o número de grãos por polegada quadrada, observados com uma ampliação de 100×, e o número de grãos por milímetro quadrado, observados com uma ampliação de 1×. Na Figura 4.28, mostram-se diversos exemplos do tamanho de grão de amostras de chapa de aço de baixo teor de carbono.

EXEMPLO 4.4

Fez-se a determinação do tamanho de grão ASTM, em uma fotomicrografia de um metal com uma ampliação de 100×. Se existirem 64 grãos por polegada quadrada, qual é o número ASTM de tamanho de grão do metal?

■ **Solução**

$$N = 2^{n-1}$$

onde

N = número de grãos por polegada quadrada em 100×
n = número de tamanho de grão ASTM

$$64 \text{ grãos/pol}^2 = 2^{n-1}$$
$$\log 64 = (n-1)(\log 2)$$
$$1,806 = (n-1)(0,301)$$
$$n = 7 \blacktriangleleft$$

Tabela 4.2
Tamanho de grãos ASTM.

Número de tamanho de grão	Número de grãos	
	Por mm² com 1×	Por polegada quadrada, com 100×
1	15,5	1,0
2	31,0	2,0
3	62,0	4,0
4	124	8,0
5	248	16,0
6	496	32,0
7	992	64,0
8	1980	128
9	3970	256
10	7940	512

Fonte: *"Metals Handbook," vol. 7, 8. ed., American Society for Metals, 1972, p. 4.*

Em geral, um material pode ser classificado como grosseiro quando n < 3; de grão médio, 4 < n < 6; de grão refinado, 7 < n < 9, e com grão ultrafino, n > 10.

Uma maneira mais direta de avaliar o tamanho de grão de um material pode ser determinar o diâmetro médio real. Isso oferece vantagens em relação ao **número de tamanho de grãos** ASTM, que na realidade não oferece nenhuma informação direta sobre o tamanho real dos grãos. Nessa abordagem, uma vez que a fotomicrografia está preparada e com um aumento específico, uma linha randômica (posicionada aleatoriamente), e com comprimento conhecido, é desenhada sobre essa fotomicrografia. O número de grãos interceptado pela linha é então determinado, n_L. O diâmetro médio do tamanho de grãos d é determinado usando a equação

$$d = C/(n_L M) \tag{4.8}$$

onde C é uma constante ($C = 1,5$ para microestruturas típicas) e M é o aumento utilizado na fotomicrografia.

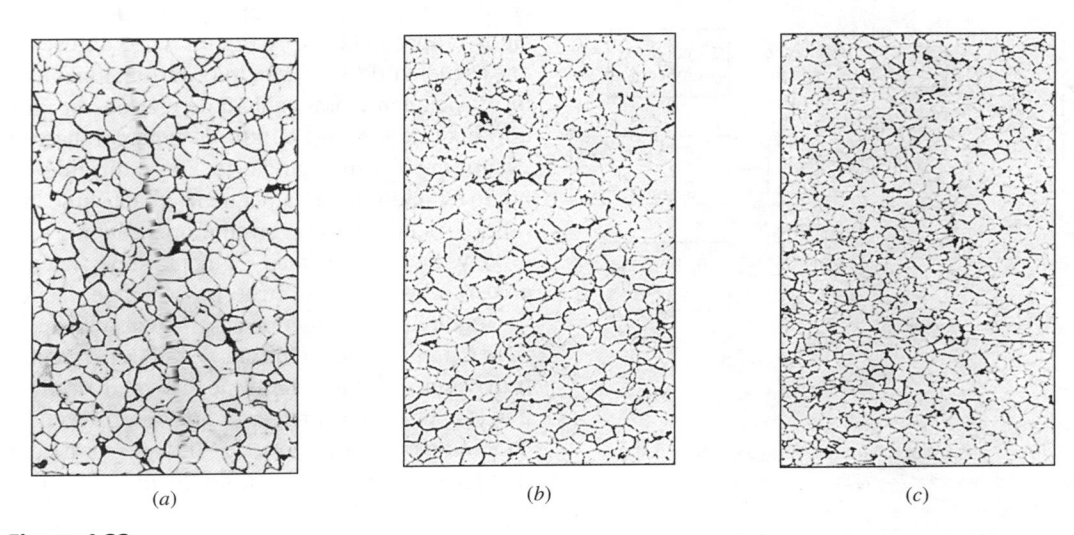

(a) (b) (c)

Figura 4.28
Vários tamanhos de grãos ASTM de chapas de aço de baixo carbono: (*a*) número 7, (*b*) número 8, e (*c*) número 9. Ataque Nital; aumento 100×.
(*"Metals Handbook," vol. 7, 8. ed., American Society for Metals, 1972, p. 4.*)

> **EXEMPLO 4.5**
>
> Se existem 60 grãos por polegada quadrada, em uma fotomicrografia de um metal obtida com uma ampliação de 200×, qual é o número ASTM de tamanho de grão do metal?
>
> ■ **Solução**
>
> Se com uma ampliação de 200× existem 60 grãos por polegada quadrada, com uma ampliação de 100×, teremos
>
> $$N = \left(\frac{200}{100}\right)^2 (60 \text{ grãos/pol}^2) = 240 = 2^{n-1}$$
>
> $$\log 240 = (n-1)(\log 2)$$
> $$2{,}380 = (n-1)(0{,}301)$$
> $$n = 8{,}91 \blacktriangleleft$$
>
> Observe que a razão entre as ampliações tem de ser elevada ao quadrado, porque estamos interessados no número de grãos por polegada quadrada.

4.5.2 Microscopia Eletrônica de Varredura (MEV)

O microscópio eletrônico de varredura (MEV) é uma importante ferramenta em engenharia e Ciência dos materiais; ele é usado para: fazer medidas e/ou observações microscópicas, caracterizar a fratura, fazer estudos da microestrutura, avaliar as camadas de recobrimento, mensurar a contaminação de superfícies e analisar falhas de materiais. Ao contrário da microscopia óptica, onde a superfície da amostra é exposta a uma luz visível incidente, no MEV ocorre a incidência de um feixe de elétrons em um ponto da superfície da amostra-alvo, depois sinais eletrônicos emitidos pelo material (amostra-alvo) são coletados e apresentados. A Figura 4.29, apresenta um esquema do seu princípio de funcionamento. Basicamente, um canhão de elétrons produz um feixe de elétrons dentro de uma coluna sob vácuo, que é, em seguida, focado e dirigido de modo a incidir em uma pequena área da amostra (alvo). As bobinas de varredura permitem que o feixe varra uma pequena região da superfície da amostra. Os elétrons retroespalhados de pequeno ângulo interagem com as saliências da superfície e dão origem a elétrons secundários[7]; estes provocam um sinal eletrônico, o qual origina, por sua vez, uma imagem com uma profundidade de campo até cerca de 300 vezes a de um microscópio óptico (cerca de 10 μm com uma

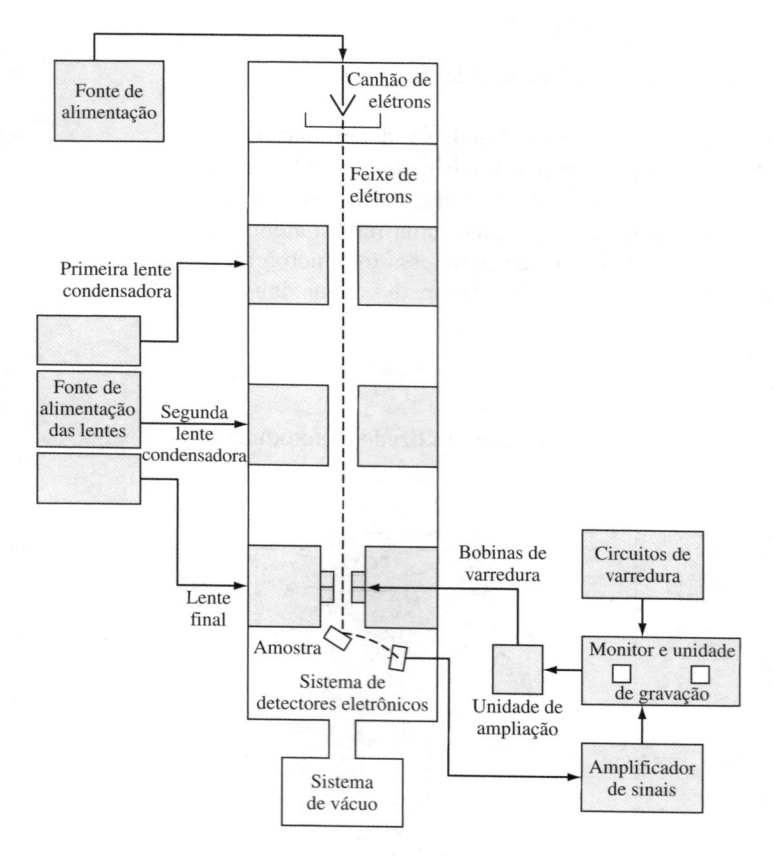

Figura 4.29
Esquema da constituição de um microscópio eletrônico de varredura (MEV).
(V.A. Phillips, "Modem Metallographic Techniques and Their Applications", Wiley, 1971, p. 425.)

---

[7]Elétrons secundários são elétrons (da camada valência) dos átomos do alvo metálico (amostra) expulsos, devido ao choque com os elétrons primários do feixe de elétrons.

ampliação de 10.000 vezes). A resolução de muitos MEV é de cerca de 5 nm, com uma larga gama de ampliações (cerca de 15 a 100.000×).

Em análise de materiais, o MEV é particularmente útil na observação de superfícies fraturadas nos metais. Na Figura 4.30, mostra-se uma fractografia, obtida no MEV, de uma fratura por corrosão intergranular. Observe como as superfícies dos grãos do metal estão delineadas e também a percepção de profundidade. As fractografias obtidas com o MEV são utilizadas para determinar se uma superfície de fratura é intergranular (ao longo dos contornos de grão), transgranular (por meio do grão) ou uma mistura das duas. As amostras podem ser analisadas usando MEV padrão ou recobrindo com ouro ou outro metal pesado para obter uma melhor resolução e qualidade do sinal. Isso é especialmente importante se a amostra de material for não condutora. Informações qualitativas e quantitativas sobre a composição da amostra também podem ser obtidas quando MEV é equipado com um espectrômetro de raios X.

Figura 4.30
Região fraturada de corrosão intergranular de uma solda circunferencial de um tubo de parece fina de aço inoxidável 304 obtida por MEV. (Ampliação 180×.)
(After "Metals Handbook", vol. 9: "Fractography and Atlas of Fractographs", 8. ed., American Society for Metals, 1974, p. 77. ASM International.)

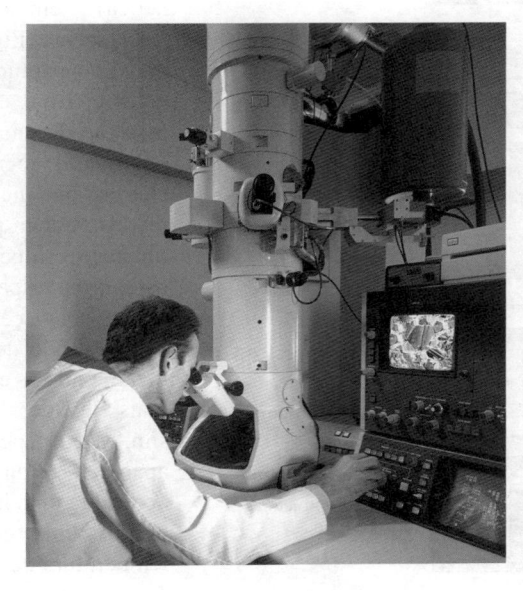

Figura 4.31
Operador observando através de um MEV.
(© Getty images/RF.)

4.5.3 Microscopia Eletrônica de Transmissão (MET)

A microscopia eletrônica de transmissão (MET) (Figura 4.31) é uma importante técnica para estudar defeitos e precipitados (segundas fases) em materiais.

Muito do que se sabe sobre os defeitos seriam meramente teoria especulativa e nunca teriam sido verificados (comprovados) sem a utilização de MET, que trabalha em escala nanométrica.

Defeitos tais como discordâncias podem ser observadas em uma imagem de um MET. Ao contrário de microscopia óptica e eletrônica, onde a preparação da amostra é bastante básica e de fácil obtenção, a preparação de amostras para análise em MET é complexa e requer instrumentos altamente especializados. A amostra a ser analisada por MET deve ter uma espessura de algumas centenas de nanômetros ou menos, dependendo da tensão de funcionamento do instrumento. Uma amostra preparada corretamente não é apenas fina, mas deve também ter superfícies planas paralelas. Para conseguir isso, uma seção fina (3 a 0,5 mm) do material é cortado usando técnicas tais como usinagem por descarga elétrica (utilizado para a obtenção de amostras condutoras) ou por microtomia, onde um fio (navalha) corta películas finas e com espessura controlada, entre outros. A amostra é, então, reduzida a 50 μm de espessura, mantendo as faces paralelas usando máquina de polimento ou processos de lapidação com abrasivos finos. Outras técnicas mais avançadas, tais como eletropolimento e feixe de íons para afinamento são utilizados para redução das amostras à sua espessura final.

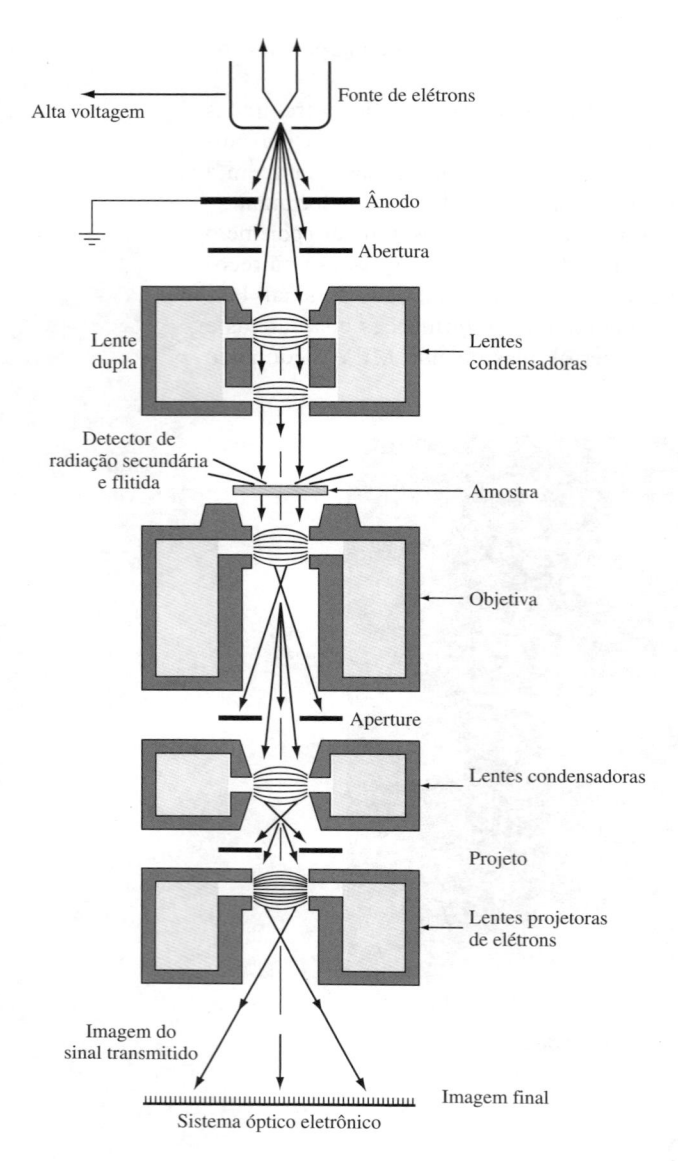

No MET, um feixe de elétrons é produzido por um filamento de tungstênio aquecido, no topo de uma coluna sob vácuo e é acelerado para baixo sob alta tensão (geralmente a partir de 100 a 300 kV). Bobinas magnéticas são usadas para condensar o feixe de elétrons, que atravessam a fina amostra colocada no porta-amostra. Como os elétrons passam por meio da amostra, alguns são absorvidos e alguns são espalhados e mudam de direção. Agora fica claro porque a espessura é crítica: uma amostra espessa não permitirá a passagem de elétrons, devido às excessivas absorção e difração. Após o feixe de elétrons atravessar a amostra, ele é focado para a objetiva da bobina (lente magnética) e, em seguida, ampliado e projetado em uma tela fluorescente (Figura 4.32). Uma imagem pode ser formada quer pela captura dos elétrons que incidem diretamente ou pelos elétrons espalhados. A escolha é feita por meio da inserção de uma abertura em um plano ao redor da lente objetiva. A abertura é manipulada de modo que tanto os elétrons que incidem diretamente quanto os elétrons espalhados passem por ela. Se o feixe direto é selecionado, a imagem resultante é chamada *imagem de campo-claro*, se os elétrons espalhados são selecionados, uma *imagem de campo-escuro* é produzida.

No modo de campo-claro, uma região da amostra de metal, onde os elétrons tendem a se espalhar para um nível mais elevado, aparece escura na tela de visualização. Assim, discordâncias que têm um arranjo atômico irregular aparecem escuras na tela de visualização. A Figura 4.33 apresenta uma imagem de MET da estrutura de discordâncias em uma fina folha de ferro deformado 14% em uma temperatura de –195 ºC.

4.5.4 Microscopia Eletrônica de Transmissão de Alta Resolução (METAR)

Outra ferramenta importante na análise de defeitos da estrutura cristalina é a microscopia eletrônica de transmissão de alta resolução (METAR). Essa técnica tem uma resolução de cerca de 0,1 nm, que permite a visualização da estrutura cristalina e defeitos no nível atômico. Para entender o que esse grau de resolução pode revelar sobre uma estrutura, considerem que a constante de rede da célula unitária de silício de aproximadamente 0,543 nm é cinco vezes maior que a resolução oferecida por METAR. Os conceitos básicos por trás dessa técnica são semelhantes aos do MET. No entanto, a amostra deve ser significativamente mais fina, na ordem de 10 a 15 nm. Em algumas situações, é possível ver uma projeção bidimensional de um cristal e acompanhar seus defeitos. Para isso, uma fina amostra é inclinada para uma direção de baixo ângulo em um plano perpendicular à direção do feixe de elétrons (os átomos ficam exatamente em cima uns dos outros em relação ao feixe). O padrão de difração é representativo da periodicidade dos elétrons em duas dimensões. A interferência de todos os feixes difratados e do feixe primário, quando agrupados novamente por meio da lente objetiva, fornece uma imagem ampliada da periodicidade. A Figura 4.34 mostra a imagem obtida por METAR de discordâncias (indicadas por "d") e algumas falhas de empilhamento (indicadas por setas) em um filme fino de AlN. Nessa figura, a or-

Figura 4.32
Desenho esquemático do sistema de lentes em um microscópio eletrônico de transmissão. Todas as lentes são colocadas em uma coluna que durante a operação fica sob vácuo. O percurso do feixe de elétrons da fonte até a imagem de transmissão projetada final é indicado por setas. Uma amostra fina o suficiente para permitir que um feixe de elétrons possa ser transmitido, é colocada entre o condensador e as objetivas, como indicado.
(L.E. Murr; "Electron and Jon Microscopy and Microanalysis," Marcel Decker, 1982, p. 105.)

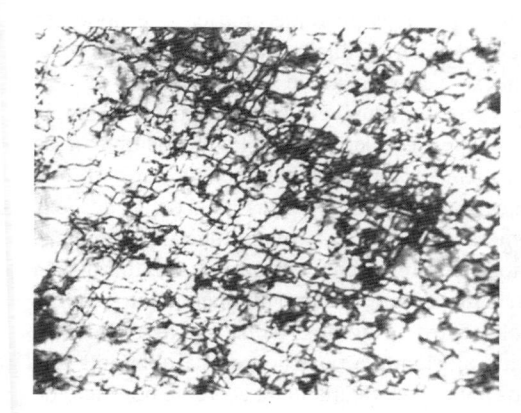

Figura 4.33
Discordâncias na estrutura em ferro deformados 14% à −195 °C. As discordâncias aparecem como linhas escuras porque os elétrons foram espalhados ao longo dos arranjos atômicos irregulares das discordâncias.
(Amostra fina de chapa (folha); ampliação de 40.000×).
(*Electron and Ion Microscopy and Microanalysis: Principles and Applications by Murr; Lawrence Eugene. Copyright 1982 by CRC Press LLC (J). Reproduzido com permissão de CRC Press LLC (J) in the format Textbook via Copyright Clearance Center.*)

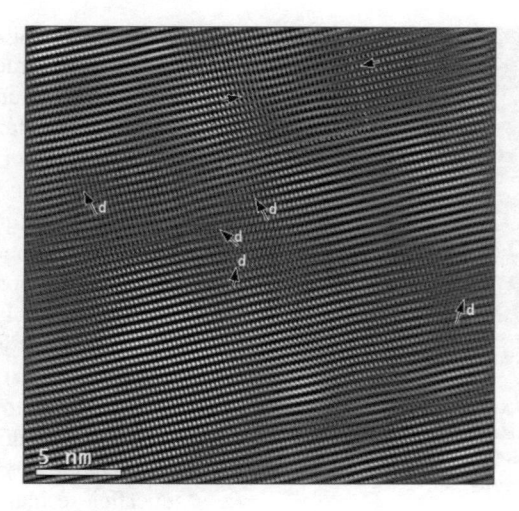

Figura 4.34
Imagem obtida por METAR em um filme fino de AℓN. A imagem mostra dois tipos de defeitos:
(1) discordâncias representadas por setas e a letra "d", e (2) falha de empilhamento representada por duas setas opostas (topo da imagem).
(*Cortesia de Dr. Jharna Chavdhuri, Department of Mechanical Engineering, Texas Tech University.*)

dem periódica (periodicidade) dos átomos nas regiões não perturbadas é claramente observada (inferior esquerdo). Discordâncias criam um padrão ondulado na estrutura atômica. Pode-se ver claramente a perturbação da estrutura atômica, como resultado de defeitos tais como discordâncias e defeitos de empilhamento. Note-se que devido às limitações na lente objetiva no METAR, a análise quantitativa exata das imagens não é fácil de se conseguir e deve ser feita com cuidado.

4.5.5 Microscópicos eletrônicos de varredura por sonda e alta resolução

Microscopia de tunelamento (MT) e *microscopia de força atômica* (MFA) são duas das mais recentes ferramentas de desenvolvimento que permitem aos cientistas analisar a imagem de materiais em nível atômico. Esses instrumentos, e outros com capacidades semelhantes, são coletivamente classificados como **microscopia eletrônica de varredura por sonda (MEVS)**. Esses sistemas têm a capacidade de ampliar as características de uma superfície em escalas nanométricas, produzindo um mapa topográfico da superfície em escala atômica. Esses instrumentos têm aplicações importantes em muitas áreas da ciência, incluindo, mas não limitando, as ciências de superfície em que o arranjo dos átomos e suas ligações são importantes, metrologia, onde a rugosidade dos materiais deve ser analisada e nanotecnologia, onde a posição dos átomos ou moléculas individuais pode ser manipulada e novos fenômenos em nanoescala podem ser investigados. É relevante discutir sobre estes sistemas, como eles funcionam, a natureza da informação que fornecem e suas aplicações.

Microscopia de tunelamento Os pesquisadores da IBM, G. Binnig e H. Rohrer desenvolveram a técnica de MT no início de 1980 e mais tarde receberam o Prêmio Nobel de Física em 1986 por essa invenção. Nesta técnica, uma ponta extremamente fina (posicionada quase tocando a superfície da amostra) (Figura 4.35), tradicionalmente feita de metais como o tungstênio, níquel, platina-irídio, ou com ouro, e mais recentemente de nanotubos de carbono (ver Seção 11.2.12), é usada para sondar (varrer) a superfície de uma amostra.

A ponta (sonda) é posicionada a uma distância da ordem de um diâmetro de átomo (aprox. 0,1 a 0,2 nm) da superfície da amostra. Em tal proximidade, as nuvens de elétrons dos átomos na ponta da sonda se interagem com as nuvens de elétrons dos átomos da superfície da amostra. Se, neste momento, uma pequena voltagem é aplicada por meio da ponta e da superfície, os elétrons vão "tunelar" (formar

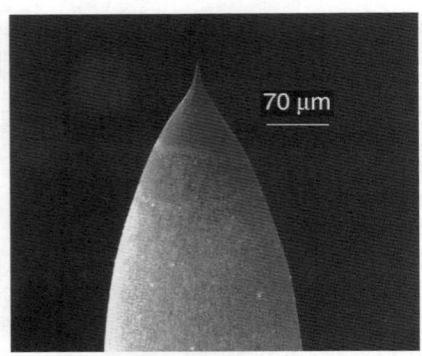

Figura 4.35
Ponta (sonda) do MT em liga de Pt-Ir. A ponta (sonda) é afiada usando técnicas de ataque químico.
(*Cortesia de Molecular Corp.*)

(*a*) Modo de corrente constante

(*b*) Modo de altura constante

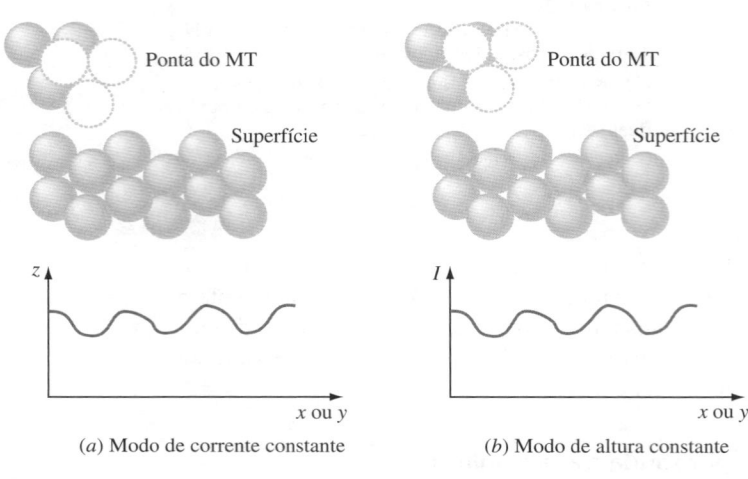

Figura 4.36
Esquema mostrando os modos de operação do MT. (*a*) Ajuste da ponta (sonda) à coordenada *z* para manter a corrente constante (correção de ajuste em *z*), (*b*) Ajuste da ponta à corrente para manter a altura constante (correção de ajuste de corrente).

um túnel) e, portanto, produzir uma pequena corrente elétrica que pode ser detectada e monitorada. Em geral, a amostra é analisada sob vácuo extremamente alto para evitar a contaminação e a oxidação de sua superfície.

A corrente produzida é absolutamente sensível ao tamanho da distância ("gap") entre a ponta da sonda e a superfície da amostra. Pequenas mudanças no tamanho do "gap" podem produzir um aumento exponencial na corrente. Como resultado, pequenas mudanças (menos de 0,1 nm) na posição de ponta em relação à superfície podem ser detectadas. A magnitude da corrente é medida quando a ponta é posicionada diretamente acima de um átomo (sua nuvem de elétrons). Essa corrente é mantida no mesmo nível enquanto a ponta se move sobre os átomos e os vales entre os átomos (*modo de corrente constante*) (Figura 4.36*a*). Isso é obtido ajustando a posição vertical da ponta. Os pequenos movimentos necessários para ajustar e manter a corrente por meio da ponta são então usados para mapear a superfície, que também pode ser mapeada usando um *modo de altura constante*, em que a distância relativa entre a ponta e a superfície é mantida em um valor constante e as mudanças (variações) são monitoradas (Figura 4.36*b*). A qualidade das superfícies topográficas obtidas pelo MT é impressionante, conforme o que se observa na imagem de MT da superfície de platina (Figura 4.37).

Evidentemente, o que é de suma importância aqui é que o diâmetro da ponta (sonda) deve ser da ordem de um único átomo para manter a resolução em escala atômica. As pontas de metais convencionais podem ser facilmente danificadas durante o processo de digitalização, o que resulta em má qualidade da imagem. Mais recentemente, os nanotubos de carbono de cerca de um a dez nanômetros de diâmetro, estão sendo usados como nanossondas para MT e MFA devido à sua estrutura delgada e resistente. O MT é usado principalmente para fins de topografia, e não oferece uma visão quantitativa sobre a natureza da ligação e as propriedades do material. No en-

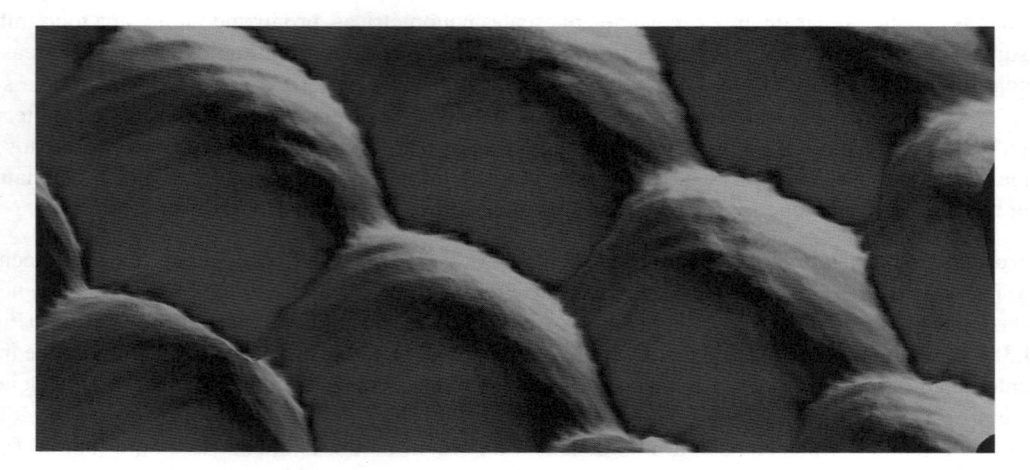

Figura 4.37
Imagem obtida por MT da superfície de platina, mostrando excelente resolução atômica.
(*IBM Research, Almaden Research Center.*)

tanto, muitos materiais de grande interesse para a comunidade científica, tais como materiais biológicos ou polímeros, não são condutores e, portanto, não podem ser analisados usando essa técnica. Para esse tipo de material não condutor são aplicadas as técnicas de MFA.

Microscópio de Força Atômica O MFA utiliza uma abordagem semelhante à do MT, o qual usa uma ponta (sonda) para rastrear a superfície. No entanto, neste caso, a ponta é ligada (presa) a uma pequena viga em balanço. Como a ponta interage com a superfície da amostra, as forças (forças de Van der Waals) atuando na ponta desviam a viga em balanço. A interação pode ser uma força repulsiva de curto alcance (*MFA modo contato*) ou uma força atrativa de longo alcance (*MFA modo não contato*). A deflexão do feixe é controlada por meio de um *laser* e um fotodetector conforme consta na Figura 4.38. A deflexão é utilizada para calcular a força que atua na ponta da sonda. Durante a varredura, a força será mantida em um nível constante (semelhante ao modo de corrente constante no MT), e o deslocamento da ponta será monitorado. A topografia da superfície é determinada a partir destes pequenos deslocamentos. Ao contrário do MT, a abordagem da MFA não depende de uma corrente de tunelamento por meio da ponta e pode ser aplicada a todos os materiais, mesmo não condutores. Essa é a principal vantagem do MFA em relação ao seu antecessor, MT. Existem, atualmente, inúmeras outras técnicas de MFA disponíveis com vários modos de imagem, incluindo magnética e acústica. MFA com vários modos de imagem está sendo usada em áreas como a pesquisa de DNA, monitoramento *in situ* de corrosão em materiais, envelhecimento *in situ* de polímeros e na tecnologia de revestimento de polímeros. O entendimento dos fundamentos de importantes aspectos foi significativamente maior devido à aplicação de tais técnicas.

Entender o comportamento de materiais avançados em nível atômico impulsiona o "estado-da-arte" da microscopia eletrônica de alta resolução que, por sua vez, oferece uma oportunidade para o desenvolvimento de novos materiais. Técnicas de microscopia eletrônica e de varredura por sonda são e serão particularmente importantes em nanotecnologia e materiais nanoestruturados.

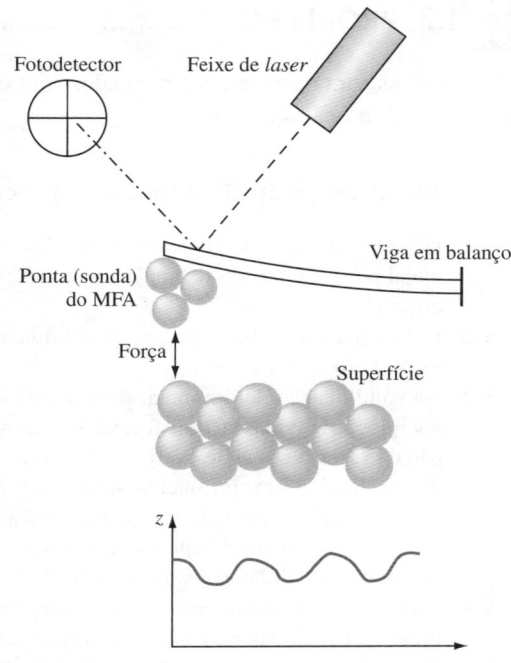

Figura 4.38
Esquema mostrando a técnica básica do MFA.

4.6 RESUMO

A maioria dos metais e das ligas são fundidos e vazados em formas semiacabadas ou acabadas. Durante a solidificação de um metal em um molde, núcleos são formados que, por sua vez, crescem em grãos, formando um fundido solidificado com uma estrutura de grãos policristalinos. Para a maioria das aplicações industriais, um tamanho de grão muito reduzido é o desejável. O tamanho de grão pode ser indiretamente determinado, pelo número de tamanho de grão ASTM *n*, ou diretamente determinado, encontrando o diâmetro médio dos grãos. Grandes monocristais são raros na indústria. No entanto, uma exceção são os grandes cristais de silício produzidos para a indústria de semicondutores. Para esse tipo de material, devem ser usadas condições de solidificação especiais, e o silício deve ser de alta pureza.

Imperfeições cristalinas estão presentes em todos os materiais cristalinos reais, mesmo que em nível atômico ou em nível de tamanho iônico. As lacunas ou sítios atômicos vazios em metais podem ser explicados em termos de agitação térmica dos átomos e são considerados defeitos da estrutura em equilíbrio. Discordâncias (defeitos de linha) ocorrem em metais cristalinos e são criadas em grande número pelo processo de solidificação. Discordâncias não são defeitos de equilíbrio e aumentam a energia interna do metal. Imagens de discordâncias podem ser observadas no microscópio eletrônico de transmissão. Contornos de grão são imperfeições superficiais de metais criadas por grãos de diferentes orientações que se encontram durante a solidificação. Outros tipos relevantes de defeitos que afetam as propriedades dos materiais são maclas, as contornos de grão de baixo ângulo inclinado e torcido, as contornos de grão de alto ângulo, falhas de empilhamento e precipitados.

Cientistas e engenheiros de materiais fazem uso de instrumentos de alta tecnologia para aprofundar os conhecimentos sobre a estrutura interna (incluindo a estrutura dos defeitos), o comportamento e as falhas de materiais. Técnicas de microscopia como: MEV, MET (METAR), e MT permitem a análise dos materiais da escala macro até a nano. Sem esses instrumentos, a compreensão do comportamento dos materiais seria impossível.

4.7 PROBLEMAS

As respostas para os exercícios marcados com um asterisco constam no final do livro.

Problemas de conhecimento e compreensão

4.1 Descreva e ilustre o processo de solidificação de um metal puro, em termos da nucleação e crescimento dos cristais.

4.2 Defina nucleação homogênea, na solidificação de um metal puro.

4.3 Na solidificação de um metal puro, quais são as duas energias envolvidas na transformação? Escreva a equação da variação total de energia livre na transformação de um líquido em um núcleo sólido não deformado, por nucleação homogênea. Ilustre também, graficamente, as variações de energia associadas à formação de um núcleo, durante a solidificação.

4.4 Na solidificação de um metal, qual é a diferença entre embrião e núcleo? O que é o raio crítico de uma partícula?

4.5 Durante a solidificação, como é que o tamanho crítico do núcleo é afetado pelo grau de super-resfriamento? Considere o caso da nucleação homogênea.

4.6 Na solidificação de um metal puro, diferencie entre nucleação homogênea e nucleação heterogênea.

4.7 Descreva a estrutura de grão de um lingote metálico produzido por resfriamento lento do metal em um molde aberto (vazamento por gravidade).

4.8 Na solidificação de metais, diferencie grãos equiaxiais de colunares.

4.9 Como pode ser feito o refinamento de grão em um lingote fundido? No caso dos lingotes de ligas de alumínio, como é obtido industrialmente o refinamento de grão?

4.10 Quais são as técnicas especiais que devem ser usadas para se produzir monocristais?

4.11 Como são produzidos os monocristais de silício com grandes dimensões para a indústria dos semi-condutores?

4.12 O que é uma liga metálica? E uma solução sólida?

4.13 Diferencie entre solução sólida substitucional e solução sólida intersticial.

4.14 Quais são as condições que são favoráveis à existência de uma grande extensão de solubilidade de um elemento em outro no estado sólido (regras de Home-Rothery)?

4.15 Descreva sítio intersticial.

4.16 Descreva e ilustre os seguintes defeitos pontuais, que podem aparecer nas redes dos metais: (a) lacuna, (b) bilacuna e (c) intersticial.

4.17 Descreva e ilustre os seguintes defeitos, que podem aparecer em redes cristalinas dos cristais:
(a) defeito de Frenkel e (b) defeito de Schottky.

4.18 Descreva e ilustre as discordâncias dos tipos cunha e hélice. Como é o campo de deformação em torno de cada um desses tipos de discordância?

4.19 Descreva a estrutura de um contorno de grão. Por que é que os contornos de grão são locais favoráveis à nucleação e crescimento de precipitados?

4.20 Descreva e ilustre os seguintes defeitos planares: (a) maclas, (b) contorno de grão de baixo ângulo inclinado, (c) contornos de grão de baixo ângulo torcido, (d) superfícies externas, e (e) falhas de empilhamento. Para cada defeito, expresse o impacto/importância sobre as propriedades do material.

4.21 Descreva o defeito volumétrico ou defeitos tridimensionais.

4.22 Descreva a técnica de metalografia óptica. Quais informações qualitativas e quantitativas podem ser obtidas dessa técnica? Qual o nível de aumento pode ser alcançado por ela?

4.23 Por que é que se pode observar facilmente os contornos de grão, no microscópio óptico?

4.24 Como é que se mede o tamanho de grão dos materiais policristalinos utilizando o método ASTM?

4.25 Descreva as várias faixas de tamanho de grão. O que essas faixas informam sobre o metal?

4.26 Explique como pode ser medida a média do tamanho de grão de um metal usando uma micrografia e um aumento conhecido.

4.27 O que é um microscópio eletrônico de varredura (MEV)? Qual o aumento que ele pode alcançar? Como ele funciona (faça um esquema)? Que informações pode fornecer?

4.28 O que é um microscópio eletrônico de transmissão (MET)? Como ele funciona (faça um esquema)? Qual é a resolução dimensional que ele alcança? Que informações pode fornecer?

4.29 O que é um microscópio eletrônico de transmissão de alta resolução (METAR)? Qual é a resolução dimensional que ele alcança? Que informações pode fornecer?

4.30 Descreva um microscópio de tunelamento (MT). Quais são os modos de operação (faça um esquema)?

Qual é a resolução dimensional que ele alcança? Que informações pode fornecer?

4.31 Descreva o microscópio de força atômica (MFA). Quais são os modos de operação (faça um esquema)? Qual é a resolução dimensional que ele alcança? Que informações pode fornecer?

Problemas de aplicação e análise

*__4.32__ Calcule o tamanho (raio) do núcleo de tamanho crítico para a platina pura quando ocorre nucleação homogênea.

4.33 Calcule o número de átomos em um núcleo com o tamanho crítico, no caso da nucleação homogênea do chumbo puro.

4.34 Calcule o tamanho (raio) do núcleo de tamanho crítico para o ferro puro quando ocorre nucleação homogênea.

4.35 Calcule o número de átomos em um núcleo com o tamanho crítico, no caso da nucleação homogênea do ferro puro.

4.36 (*a*) A liga utilizada para a medalha de ouro do vencedor do primeiro lugar na Olimpíada de Salt Lake City tinha uma composição de 92,0% atômico de prata, 7,5% atômico de cobre, e 0,5% atômico de ouro (a medalha é banhada a ouro). Determine a massa absoluta de cada metal em uma medalha de 253 g. Repita o mesmo cálculo para (*b*) a medalha de prata: prata 92,5% atômico e 7,5% atômico de cobre, e (*c*) a medalha de bronze: 90% atômico de cobre e estanho 10% atômico.

4.37 Suponha que a Figura 4.14 mostra uma imagem representativa da composição atômica geral de uma solução sólida substitucional de uma liga de níquel (esferas escuras) e cobre (esferas claras) e estime (*a*) % atômico de cada elemento em cristal geral, (*b*) a densidade de defeitos em % atômico, e (*c*) % em peso de cada metal?

*__4.38__ (*a*) Calcule o raio do maior interstício na rede CCC do ferro-α. Nesta rede, o raio atômico do ferro é 0,124 nm e os maiores interstícios ocorrem em posições do tipo: $(\frac{1}{4}, \frac{1}{2}, 0)$; $(\frac{1}{2}, \frac{3}{4}, 0)$; $(\frac{3}{4}, \frac{1}{2}, 0)$; $(\frac{1}{2}, \frac{1}{4}, 0)$ etc. (*b*) Se um átomo de ferro ocupa esse vazio intersticial, quantos vizinhos esse átomo terá, ou em outras palavras, qual será o seu número de coordenação?

4.39 No Exemplo 4.3, se um átomo de carbono ocupa o vazio intersticial, quantos vizinhos este átomo terá, ou, em outras palavras, qual será o seu número de coordenação?

4.40 Considere uma rede de cobre, com uma média excessiva de vazios uma em cada 100 células unitárias. Qual será a sua densidade? Compare com a densidade teórica de cobre.

*__4.41__ Qual será o número ASTM de tamanho de grão de um material metálico se, em uma fotomicrografia obtida com uma ampliação de 100×, existirem 600 grãos por polegada quadrada?

4.42 Qual será o número ASTM de tamanho de grão de um material cerâmico se, em uma fotomicrografia obtida com uma ampliação de 200×, existirem 400 grãos por polegada quadrada?

4.43 Determine, por contagem, o número ASTM de tamanho de grão da chapa de aço de baixo carbono cuja microestrutura se mostra na Figura P4.43. A ampliação da fotomicrografia é 100×. Classifique o tamanho de grão de acordo com o valor de *n*, isto é, se é grosso, médio, fino ou ultrafino. Meça a área da imagem para fazer os cálculos.

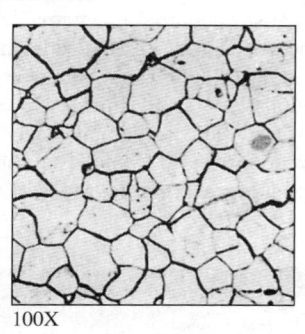

Figura P4.43
(*"Metals Handbook"*, vol. 7, 8. ed., American Society for Metals, 1972, p. 4.)

4.44 Determine o número ASTM de tamanho de grão do aço inoxidável 430 cuja microestrutura da Figura P4.44. A ampliação da fotomicrografia é 200×. Classifique o tamanho de grão de acordo com o valor de *n*, isto é, se é grosso, médio, fino ou ultrafino. Meça a área da imagem para fazer os cálculos.

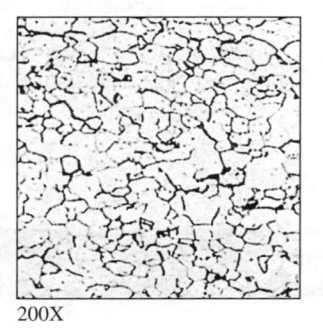

Figura P4.44
(*"Metals Handbook"*, vol. 7, 8. ed., American Society for Metals, 1972, p. 4.)

*__4.45__ Para a estrutura de grãos no Problema 4.43, estime o diâmetro médio de grãos.

4.46 Para a estrutura de grãos no Problema 4.44, estime o diâmetro médio de grãos.

Problemas de síntese e avaliação

4.47 É mais fácil para a rede de ferro encaixar átomos de carbono a temperaturas ligeiramente superiores a 912 °C do que a temperaturas ligeiramente mais baixas. Use os resultados do Exemplo 4.3 e do Problema 4.38 (resolva o problema em primeiro lugar caso não o tenha feito) para explicar o porquê.

*__4.48__ O ferro-γ e a prata possuem estruturas cristalinas da CFC. A localização de vazios intersticiais será a mesma para ambos. Será que o tamanho dos vazios intersticiais será diferente? Se sim, qual será o tamanho do vazio intersticial da prata? *Dica*: Exemplo 4.3.

4.49 A fórmula química para um composto intermetálico de Cu e Al é Cu_2Al. Segundo a fórmula, a porcentagem de átomos de Al deve ser exatamente 33,33% (um em cada três átomos deve ser de alumínio). No entanto, na prática, pode-se encontrar uma gama de 31 a 37% para a Al. Como você explica essa discrepância?

4.50 O óxido de ferro, FeO, é um composto iônico formado por cátions Fe^{2+} e O^{2-} ânions. No entanto, quando disponível, um pequeno número de Fe^{3+} cátions pode substituir cátions Fe^{2+}. Como esta substituição afeta a estrutura atômica do composto, em sua totalidade? (Consulte a Seção 2.5.1 relacionada com a embalagem de compostos iônicos.)

4.51 No Capítulo 3 (Exemplo 3.11), calculamos a densidade teórica de cobre a 8,98 g/cm^3. Determine a densidade do cobre experimental utilizando os dados do Apêndice II. A que você atribui essa diferença?

4.52 Os seguintes pares de elementos podem formar ligas de solução sólida. Preveja quais formarão ligas substitucionais ou ligas intersticiais. Justifique sua resposta.
(*a*) Cobre e estanho (bronze)
(*b*) Alumínio e silício
(*c*) Ferro e nitrogênio
(*d*) Titânio e hidrogênio

Elemento	Raio atômico (nm)	Estrutura cristalina	Eletro-negatividade	Valência
Alumínio	0,143	CFC	1,5	+3
Cobre	0,128	CFC	1,8	+2
Manganês	0,112	Cúbica	1,6	+2, +3, +6, +7
Magnésio	0,160	HC	1,3	+2
Zinco	0,133	HC	1,7	+2
Silício	0,117	Cúbica diamante	1,8	+4

4.53 Usando os valores da tabela acima, determine a extensão de solubilidade relativa, no estado sólido, dos seguintes elementos no alumínio:
(*a*) Cobre
(*b*) Manganês
(*c*) Magnésio
(*d*) Zinco
(*e*) Silício
Use a seguinte escala: muito alta, 70-100%; alta, 30-70%; moderada, 10-30%; baixa, 1-10%; e muito baixa, <1%.

Elemento	Raio atômico (nm)	Estrutura cristalina	Eletro-negatividade	Valência
Ferro	0,124	CCC	1,7	+2, +3
Níquel	0,125	CFC	1,8	+2
Cromo	0,125	CCC	1,6	+2, +3, +6
Molibdênio	0,136	CCC	1,3	+3, +4, +6
Titânio	0,147	HC	1,3	+2, +3, +4
Manganês	0,112	Cúbica	1,6	+2, +3, +6, +7

*4.54 Usando os valores da tabela anterior, determine a extensão de solubilidade relativa, no estado sólido, dos seguintes elementos no ferro:
(*a*) Níquel
(*b*) Cromo
(*c*) Molibdênio
(*d*) Titânio
(*e*) Manganês
Use a seguinte escala: muito alta, 70-100%; alta, 30-70%; moderada, 10-30%; baixa, 1-10%; e muito baixa, <1%.

4.55 Comente, com base em cálculos e comparações, sobre a extensão da solubilidade de cobre no níquel com base nas regras de Hume-Rothery.

*4.56 (*a*) Estime a densidade de uma liga com 75% em peso de Cu e 25% em peso de Ni (use o Apêndice II para dados de densidade). (*b*) Qual será a estrutura cristalina mais provável para essa liga? (*c*) Determine a massa em gramas dos átomos no interior de uma célula unitária desta liga. (*d*) Determine o parâmetro de rede para ela.

4.57 Qual é a % de átomos teórico de cada elemento no composto FeO? Qual é a % em peso correspondente de cada elemento do composto? Qual é a sua conclusão?

4.58 A prata Sterling é constituída por cerca de 93% em peso de prata e 7% em peso de cobre. Discuta todas as maneiras pelas quais a adição de 7% em peso de cobre é benéfica.

4.59 Qual é a importância ou o impacto das imperfeições/defeitos de Schottky e/ou de Frenkel nas propriedades e no comportamento dos materiais iônicos?

*4.60 Quando a ampliação de um microscópio metalúrgico é aumentada por um fator de 2, o que acontece com o tamanho da área que você está observando (ampliação de área)?

4.61 Para uma determinada aplicação, você precisa selecionar o metal/liga com maior tamanho de grãos entre o cobre (n = 7) e do aço doce (n = 4). (*a*) Qual deles você escolheria? (*b*) Se a resistência é um fator importante, que material você escolheria e por quê? (*c*) Se a aplicação for para temperaturas elevadas, você mudaria a sua resposta no item (*b*), por quê?

4.62 A imagem abaixo é uma micrografia obtida por MEV (500×) e mostra a superfície de fratura de uma engrenagem. Descreva todas as características que você está observando nesta micrografia. Você pode estimar o diâmetro médio de grãos (assuma C = 1,5)?

Figura P4.62
(*Cortesia de met-tech*)

4.63 A imagem abaixo é uma micrografia óptica do aço 1.018 (200×), constituído principalmente por ferro e uma pequena quantidade de carbono (% em peso de apenas 0,18). Descreva todas as características que se observa nesta micrografia. O que você atribui para as diferentes cores apresentadas?

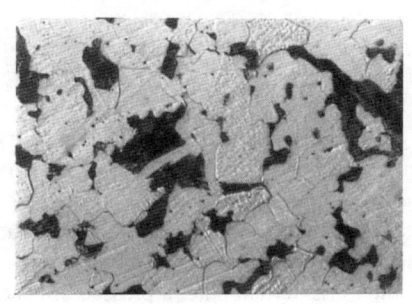

Figura P4.63

4.64 A imagem abaixo foi obtida por MET e mostra a estrutura de uma liga de alumínio trabalhada a frio. Descreva todas as características que você está observando nesta micrografia. Discuta sobre o que aconteceu.

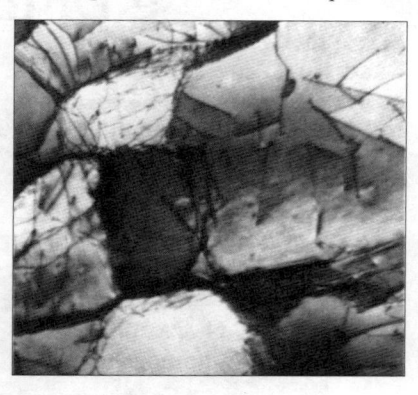

Figura P4.64
(*Handbook of Metallography, p. 693, Fig 7. Reimpresso com permissão do ASM International. Todos os direitos reservados. www.asminternational.org.*)

4.65 A imagem abaixo foi obtida por MET e mostra a estrutura de ferro trabalhada a frio e recozido. Descreva as características da imagem. Discuta sobre o que aconteceu durante o recozimento.

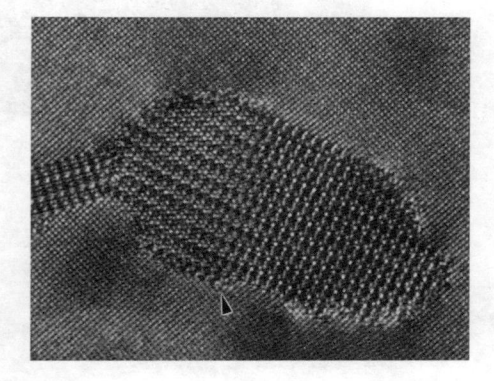

Figura P4.65
(*W.M. Rainforth, "Opportunities and pitfalls in characterization of nanoscale features", Materials Science and Technology, vol. 16 (2000) 1349-1355.*)

4.66 Uma barra de aço de baixo carbono de seção circular é moldada de tal forma que sua estrutura passe a ser a de grãos equiaxiais. Sua aplicação exige que o diâmetro da barra seja reduzido e as dimensões de grãos sejam maiores ao longo do eixo longitudinal da barra. Como você faria isso?

4.67 A Figura 4.34 apresenta a imagem obtida por METAR de AlN. Na figura, as discordâncias são destacadas com setas e a letra "d". Você pode verificar se o que é tido como uma discordância em cunha é realmente uma discordância em cunha (Sugestão: compare a Figura 4.34 com a Figura 4.18*a*.)? Além disso, discuta como se sabe que existe uma falha de empilhamento na parte superior da imagem.

CAPÍTULO 5

Processos Termicamente Ativados e Difusão em Sólidos

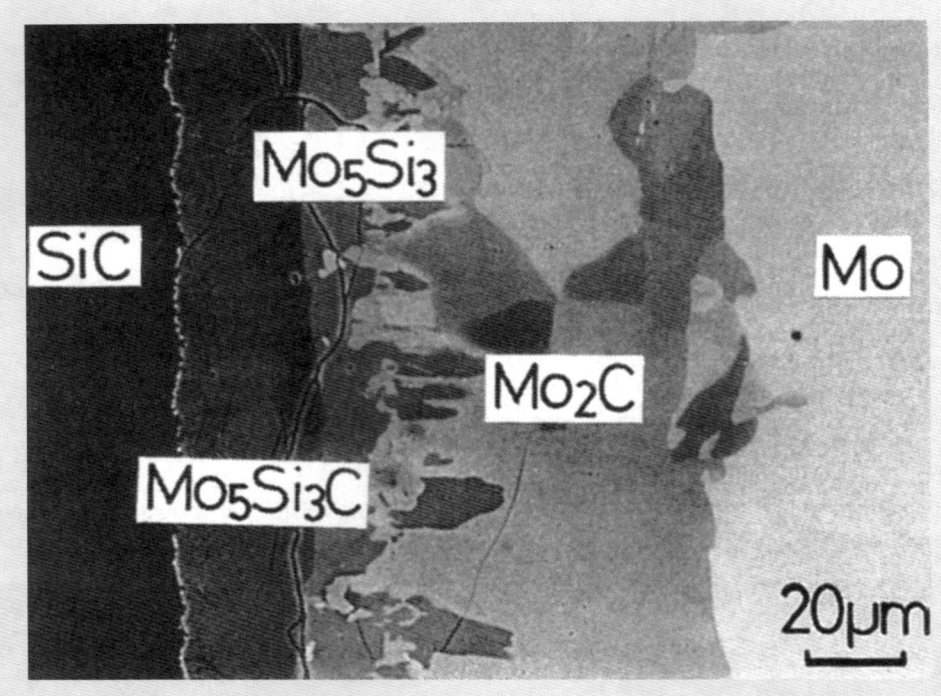

("Engineered Materials Handbook vol. 4: Ceramics and Glasses", American Society for Metals, p. 525. ISBN 0-87170-282-7. Reproduzido com permissão da ASM Internacional. Todos os direitos reservados www.asminternational.org.)

METAS DE APRENDIZAGEM

Ao final deste capítulo, o aluno será capaz de:

1. Descrever os processos cinéticos em sólidos que envolvem o movimento dos átomos em estado sólido baseado nas relações de Boltzmann. Explicar o conceito de energia de ativação, E^*, e determinar a fração de átomos ou moléculas com energia maior que E^* a uma dada temperatura.
2. Descrever o efeito da temperatura sobre as taxas de reação com base na equação de Arrhenius.
3. Descrever os dois principais mecanismos de difusão.
4. Distinguir entre difusão estacionária e não estacionária e aplicar a primeira e a segunda lei de Fick para a solução de problemas relacionados.
5. Descrever as aplicações industriais do processo de difusão.

Componentes de motores de automóveis são muitas vezes feitos a partir de uma combinação de metais e cerâmicas. Isso ocorre devido ao fato de que os metais apresentam alta resistência e ductilidade, ao passo que as cerâmicas oferecem resistência em altas temperaturas, estabilidade química e baixo desgaste. Em muitas situações, é necessário reunir uma fina camada de cerâmica a uma peça metálica para elevar o desempenho na aplicação desejada. A camada de cerâmica protege a parte interna metálica de ambientes corrosivos em alta temperatura. Para tanto, um dos métodos de unir em um só conjunto os componentes metálicos e cerâmicos recai justamente sobre as ligações de estado sólido. O processo se constitui na aplicação simultânea de pressão e alta temperatura. Externamente, a pressão aplicada garante o contato entre as superfícies de adesão e a alta temperatura facilita a difusão pela superfície de contato. A figura mostra a microestrutura interfacial quando o metal de molibdênio (Mo) se junta a uma fina camada de carboneto de silício (SiC), a uma temperatura de 1.700 °C e uma pressão de 100 MPa, por um período de uma hora. Perceba que existe uma região de transição, a qual contém uma camada predominantemente constituída de Mo_2C (carboneto) e Mo_5Si_3 (siliceto). Estes produtos se formam devido à difusão e apresentam uma forte ligação.

5.1 PROCESSOS CINÉTICOS EM SÓLIDOS

Muitos processos envolvidos na produção e utilização de materiais de engenharia estão relacionados à velocidade à qual os átomos se movem, em estado sólido. Em muitos destes processos, ocorrem reações que envolvem o rearranjo espontâneo dos átomos em outros arranjos atômicos novos ou mais estáveis. Para que estas reações ocorram, os átomos reagentes têm de ter energia suficiente para ultrapassar uma barreira de energia de ativação. Essa energia adicional, acima da energia média dos átomos, é denominada **energia de ativação** ΔE^* e é, em geral, medida em joules por mol (J/mol). A Figura 5.1 ilustra a energia de ativação de uma reação no estado sólido, termicamente ativada. Os átomos com energia E_r (energia dos reagentes) + ΔE^* (energia de ativação) têm energia o bastante para reagir espontaneamente, e podem atingir o estado de energia E_p (energia dos produtos). A reação representada na Figura 5.1 é exotérmica, o que significa que libera energia.

A uma dada temperatura, apenas uma fração das moléculas, ou átomos, do sistema, terá energia suficiente para atingir o estado (ou nível) ativado de energia E^*. À medida que a temperatura do sistema aumenta, o número de moléculas, ou átomos, que atingem o estado ativado será cada vez maior. Boltzmann estudou o efeito que a temperatura exerce no aumento da energia das moléculas de um gás. Com base em uma análise estatística, os resultados de Boltzmann mostraram que a probabilidade de se encontrar uma molécula ou átomo em um estado de energia E^*, superior à energia média E das moléculas ou átomos do sistema, a uma dada temperatura T em Kelvins era

$$\text{Probabilidade} \propto e^{-(E^* - E)/kT} \quad (5.1)$$

onde
  k = constante de Boltzmann = $1{,}38 \times 10^{-23}$ J/(átomo · K)

A fração de átomos ou moléculas do sistema com energia superior a E^*, onde E^* é muito maior do que a média de energia de um átomo ou molécula e pode ser escrita sob a forma

$$\frac{n}{N_{\text{total}}} = Ce^{-E^*/kT} \quad (5.2)$$

onde
  n = número de átomos ou moléculas com energia superior a E^*
  N_{total} = número total de átomos ou moléculas presentes no sistema
  k = constante de Boltzmann = $8{,}62 \times 10^{-5}$ eV/K
  T = temperatura, K
  C = constante

Na rede cristalina de um metal, o número de lacunas em equilíbrio, a uma dada temperatura, pode ser expressa pela seguinte relação, que é semelhante à Equação 5.2:

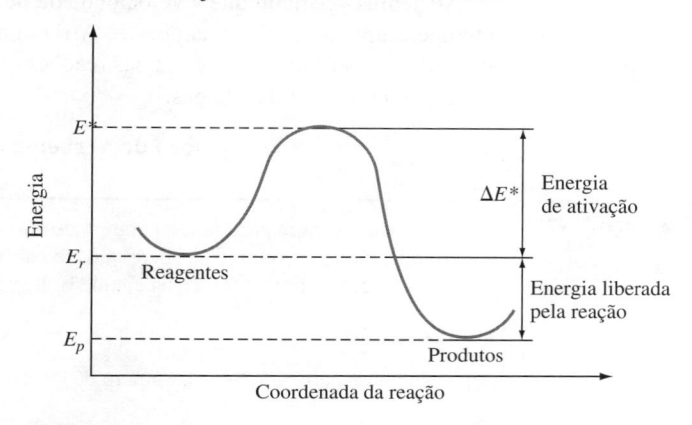

$$\frac{n_v}{N} = Ce^{-E_v/kT} \quad (5.3)$$

Figura 5.1
Energia das espécies que intervêm na reação, quando passam de reagentes a produtos.

onde

n_v = número de lacunas por metro cúbico do metal
N = número total de posições atômicas por metro cúbico do metal
E_v = energia de formação de uma lacuna, eV
T = Temperatura absoluta, K
k = constante de Boltzmann = $8{,}62 \times 10^{-5}$ eV/K
C = constante

No Exemplo 5.1, calcula-se a concentração de equilíbrio de lacunas presentes no cobre puro, a 500 °C, utilizando-se a Equação 5.3 e considerando $C = 1$. De acordo com esse cálculo, existe apenas cerca de uma lacuna em cada milhão de átomos!

Arrhenius verificou que a velocidade de muitas reações químicas está relacionada diretamente com a temperatura, por meio da expressão Arrhenius[1] chegou, por via experimental, a uma expressão para o efeito da temperatura na cinética das reações químicas, muito semelhante à equação de Boltzmann para a energia das moléculas do gás.

Equação de Arrhenius: Velocidade de reação = $Ce^{-Q/RT}$ (5.5)

EXEMPLO 5.1

Calcule para o cobre puro, à temperatura de 500 °C: (*a*) o número de equilíbrio de lacunas, por metro cúbico e (*b*) a fração de lacunas. Considere que, no cobre puro, a energia de formação de uma lacuna é 0,90 eV. Use a Equação 5.3, com $C = 1$. (constante de Boltzmann $k = 8{,}62 \times 10^{-5}$ eV/K.)

■ **Solução**

a. No cobre puro, a 500 °C, o número de lacunas em equilíbrio, por metro cúbico, é

$$n_v = Ne^{-E_v/kT} \quad \text{(assume } C = 1\text{)} \tag{5.3a}$$

onde

n_v = número de lacunas por metro cúbico do metal
N = número total de posições atômicas por metro cúbico do metal
E_v = energia de formação de uma lacuna no cobre puro a 500 °C (eV)
T = Temperatura (K)
k = constante de Boltzmann

Em primeiro lugar, determinemos o valor de N usando a equação

$$N = \frac{N_0 \rho_{Cu}}{\text{massa atômica Cu}} \tag{5.4}$$

onde

N_0 = número de Avogadro e ρ_{Cu} = densidade do Cu = 8,96 Mg/m³. Então,

$$N = \frac{6{,}02 \times 10^{23} \text{ átomos}}{\text{massa atômica}} \times \frac{1}{63{,}54 \text{ g/massa atômica}} \times \frac{8{,}96 \times 10^6 \text{ g}}{\text{m}^3}$$

$$= 8{,}49 \times 10^{28} \text{ átomos/m}^3$$

Substituindo os valores de N, E_v, k e T na Equação 5.3a, obtém-se

$$n_v = Ne^{-E_v/kT}$$

$$= (8{,}49 \times 10^{28})\left\{\exp\left[-\frac{0{,}90 \text{ eV}}{(8{,}62 \times 10^{-5} \text{ eV/K})(773 \text{ K})}\right]\right\}$$

$$= (8{,}49 \times 10^{28})(e^{-13{,}5}) = (8{,}49 \times 10^{28})(1{,}37 \times 10^{-6})$$

$$= 1{,}2 \times 10^{23} \text{ lacunas/m}^3 \blacktriangleleft$$

---

[1] Svante August Arrhenius (1859-1927). Físico-químico sueco que foi um dos fundadores da Físico-química moderna e que estudou experimentalmente a cinética das reações.

b. No cobre puro, a fração de lacunas, a 500 °C, é dada pela razão n_v/N da Equação 5.3a:

$$\frac{n_v}{N} = \exp\left[-\frac{0{,}90 \text{ eV}}{(8{,}62 \times 10^{-5} \text{ eV/K})(773 \text{ K})}\right]$$
$$= e^{-13{,}5} = 1{,}4 \times 10^{-6} \blacktriangleleft$$

Assim, existe apenas 1 lacuna em cada 10^6 posições atômicas!

onde:
    Q = energia de ativação, J/mol ou cal/mol
    R = constante dos gases perfeitos = 8,314 J/(mol · K) ou 1,987 cal/(mol · K)
    T = temperatura, K
    C = constante de velocidade (independe da temperatura)

Quando se trabalha com líquidos e sólidos, a energia de ativação é geralmente expressa com base em um mol, ou seja, $6{,}02 \times 10^{23}$ átomos ou moléculas. A energia de ativação é também representada, em geral, pela letra Q e expressa em joules/mol.

Tanto a equação de Boltzmann (5.2) quanto a equação de Arrhenius (5.5) indicam que, em muitos casos, a velocidade de reação entre átomos ou moléculas depende do número de átomos ou moléculas reagentes com energia de ativação igual ou superior a E^*. As velocidades de muitas reações no estado sólido, sobretudo aquelas de principal interesse para os cientistas e engenheiros de materiais, obedecem à equação de Arrhenius e, por esse motivo, essa equação é muitas vezes utilizada para analisar valores experimentais das velocidades de reação no estado sólido.

Aplicando logaritmos neperianos, a Equação de Arrhenius (5.5) é frequentemente escrita sob a forma

$$\ln \text{velocidade} = \ln C - \frac{Q}{RT} \quad (5.6)$$

Esta equação é do tipo da equação da reta

$$y = b + mx \quad (5.7)$$

onde b é a ordenada na origem e m, o declive da reta. O termo ln (velocidade) da Equação 5.6 corresponde ao termo y da Equação 5.7 e o termo ln (constante) da Equação 5.6 corresponde ao termo b da Equação 5.7. A quantidade $-\frac{Q}{R}$ da Equação 5.6 corresponde ao declive m da Equação 5.7. Portanto, a representação do ln (velocidade) em função de $\frac{1}{T}$ é uma linha reta cujo declive é $-\frac{Q}{R}$.

Aplicando logaritmos decimais, a equação de Arrhenius (5.5) pode ser escrita sob a forma

$$\log_{10}(\text{velocidade}) = \log_{10} C - \frac{Q}{2{,}303\, RT} \quad (5.8)$$

O valor 2,303 é o fator de conversão de logaritmos neperianos em logaritmos decimais. Esta é também a equação de uma reta. Na Figura 5.2, se representa esquematicamente $\log_{10}$ (velocidade) em função de $\frac{1}{T}$.

Assim, se a representação dos resultados experimentais de ln (velocidade da reação) em função de $\frac{1}{T}$ originar

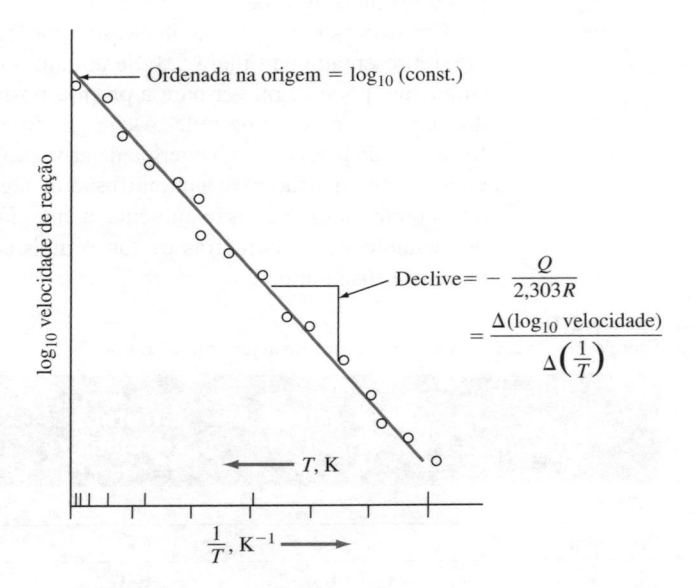

Figura 5.2
Representação típica de Arrhenius dos resultados experimentais da velocidade de reação.

(Wulff et al., *Structure and Properties of Materials*, Vol. II, J.H. Brophy, R.M. Rose, and J. Wulff, "Thermodynamics of Structure", Wiley, 1966, p. 64.)

uma reta, é possível determinar, a partir do declive dessa mesma reta, a energia de ativação do processo. Usaremos, mais tarde, a equação de Arrhenius para explorar o efeito da temperatura na difusão de átomos e na condutividade elétrica de elementos semicondutores puros.

5.2 DIFUSÃO ATÔMICA EM SÓLIDOS

5.2.1 Generalidades sobre a difusão em sólidos

A difusão pode ser definida como o mecanismo pelo qual a matéria é transportada por meio da própria matéria. Os átomos, nos gases, nos líquidos e nos sólidos, estão em movimento constante e migram com o passar do tempo. Nos gases, os movimentos atômicos são relativamente rápidos, conforme mostra o movimento fugaz de muitos aromas ou do fumo. Nos líquidos, os movimentos atômicos são, em geral, mais lentos do que nos gases, como é evidenciado pelo deslocamento da tinta na água em estado líquido. Nos sólidos, os movimentos atômicos ocorrem com dificuldade devido à ligação dos átomos em posições de equilíbrio. Contudo, as vibrações térmicas que ocorrem nos sólidos permitem a movimentação de alguns átomos. Nos metais e ligas metálicas, a difusão dos átomos é particularmente importante, já que a maior parte das reações no estado sólido envolve movimentos atômicos. Como exemplo de algumas reações, temos a precipitação de uma segunda fase a partir de uma solução sólida (Seção 9.5.1) e a nucleação e o crescimento de novos grãos, durante a recristalização de um metal deformado a frio (Seção 6.8).

5.2.2 Mecanismos de difusão

Em redes cristalinas, existem dois mecanismos principais de difusão atômica: (1) *mecanismo substitucional* ou *por lacunas* e (2) *mecanismo intersticial*.

Mecanismo de difusão substitucional ou por lacunas Nas redes cristalinas, os átomos podem se mover de uma posição atômica para outra, se a energia de ativação, fornecida pela vibração térmica dos átomos, for suficiente e se existirem, na rede, lacunas ou outros defeitos cristalinos para os quais esses átomos possam se mover. Nos metais e nas ligas metálicas, as lacunas constituem imperfeições de equilíbrio e, por conseguinte, existem sempre algumas lacunas, o que permite a ocorrência de **difusão substitucional**. À medida que a temperatura do metal aumenta, o número de lacunas presentes também aumenta, assim como a energia térmica disponível e, por isso, a velocidade de difusão é maior a temperaturas mais elevadas.

Considere-se o exemplo de difusão por lacunas dos átomos do plano (111) da rede cristalina do cobre, representado na Figura 5.3. Se um átomo que está próximo a uma lacuna tiver energia de ativação suficiente, pode se mover para a própria posição da lacuna e, com isso, contribuir para a **autodifusão** dos átomos de cobre na rede. A energia de ativação para a autodifusão é igual à soma da energia de formação da lacuna com a energia de ativação para mover essa lacuna. Na Tabela 5.1, estão indicadas as energias de ativação para a autodifusão de alguns metais puros. Note que, de um modo geral, à medida que a temperatura de fusão aumenta, a energia de ativação também aumenta. Esta relação existe porque os metais com temperaturas de fusão mais elevadas têm tendência a ter maiores energias de ligação entre os seus átomos.

Tabela 5.1
Energias de ativação para a autodifusão de alguns metais puros.

Metal	Temperatura de fusão (°C)	Estrutura cristalina	Faixa de temperatura estudada (°C)	Energia de ativação	
				kJ/mol	Kcal/mol
Zinco	419	HC	240 – 418	91,6	21,9
Alumínio	660	CFC	400 – 610	165	39,5
Cobre	1.083	CFC	700 – 990	196	46,9
Níquel	1.452	CFC	900 – 1.200	293	70,1
Ferro	1.530	CCC	808 – 884	240	57,5
Molibdênio	2.600	CCC	2.155 – 2.540	460	110

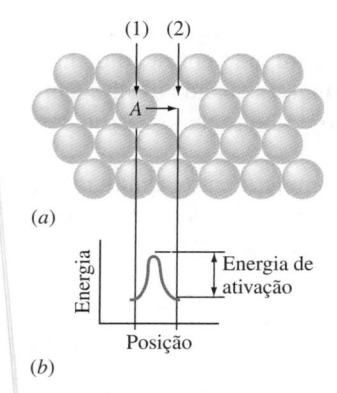

Figura 5.3
Energia de ativação associada aos movimentos atômicos no metal. (a) Difusão do átomo de cobre A da posição 1 no plano (111) da estrutura cristalina para a posição 2 (lacuna), desde que seja fornecida energia de ativação suficiente, conforme indicado em (b).

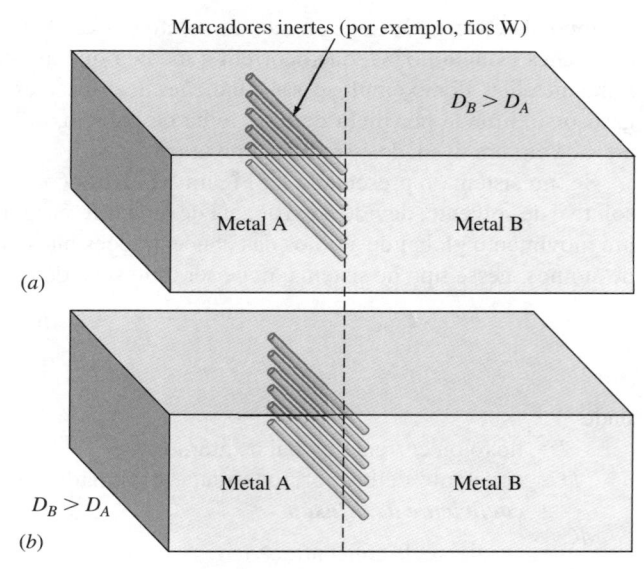

Figura 5.4
Esquema ilustrativo do efeito Kirkendall. (a) Início da difusão ($t = 0$), (b) após um tempo t, os marcadores se movem na direção oposta à difusão da espécie mais rápida, B.

Durante a autodifusão – ou a difusão substitucional em estado sólido –, os átomos devem quebrar as ligações originais entre os átomos e substituí-las por novas ligações. Esse processo ocorre por existirem lacunas presentes e, portanto, pode ocorrer em baixas energias de ativação (Figura 5.3). Para que esse processo ocorra em ligas, é necessário que haja solubilidade sólida de um tipo de átomo em outro. Assim, esse processo depende das regras de solubilidade sólida, que estão listadas na Seção 4.3. Devido a estas diferenças na ligação química e na solubilidade sólida entre outros fatores, os dados de difusão substitucional devem ser obtidos experimentalmente. Com o tempo, essas medições são feitas com maior precisão e, portanto, esses dados podem mudar à medida que a pesquisa na área avança.

Um dos grandes avanços nos métodos de difusão ocorreu na década de 1940, quando o efeito Kirkendall foi descoberto. Esse efeito mostrou que os marcadores, na interface de difusão, se moveram rapidamente na direção oposta ao sentido da difusão da espécie que se difundiu mais rapidamente, em uma difusão binária (Figura 5.4a). Depois de muita discussão, concluiu-se que a presença de lacunas permitiu que esse fenômeno ocorresse.

Em soluções sólidas, a difusão também pode ocorrer pelo mecanismo de difusão por lacunas. A velocidade de difusão é afetada pelas diferenças de tamanho atômico e de energias de ligação entre os átomos.

Mecanismos de difusão intersticial Nas redes cristalinas, ocorre **difusão intersticial** quando os átomos se movem de um interstício para outro vizinho, sem provocarem deslocamentos permanentes nos átomos da rede cristalina da matriz (Figura 5.5). Para que o mecanismo de difusão intersticial tenha lugar, é necessário que os átomos que se difundem sejam relativamente pequenos, quando comparados com os átomos da matriz. Átomos pequenos – tais como o hidrogênio, o oxigênio, o nitrogênio e o carbono – podem se difundir intersticialmente nas redes cristalinas de alguns metais. Por exemplo, o carbono pode também se difundir intersticialmente no ferro-α CCC e no ferro-γ CFC (ver Figura 4.15a). Nesse processo, ou seja, na difusão intersticial do carbono no ferro, os átomos de carbono, ao entrarem ou saírem dos interstícios, têm de "abrir caminho" entre os átomos de ferro da matriz.

5.2.3 Difusão em regime estacionário

Considere-se a difusão de átomos de um soluto na direção x, entre dois planos atômicos perpendiculares ao papel e a uma distância x, conforme mostra a Figura 5.6. Consideraremos que, durante certo intervalo de tempo, a concentração de átomos no plano 1 é C_1 e no plano 2 é C_2. Isto é, não existe variação, com o tempo, da concentração de átomos de soluto nestes planos. Diz-se que estas condições de difusão são **condições estacionárias**, que ocorrem à medida que um gás não reativo se difunde por meio de uma folha metálica. Por exemplo, essas condições de difusão estacionária são atingidas quando o hidrogênio gasoso se difunde por meio de uma folha de paládio, desde que a pressão do hidrogênio gasoso seja elevada em um dos lados e reduzida no outro.

Se, no sistema representado na Figura 5.6, não ocorrerem interações químicas entre os átomos de soluto e de solvente, devido à existência de uma diferença de concentração entre os planos 1 e 2, haverá um movimento global de átomos das concentrações mais altas para as mais baixas. O *fluxo* ou corrente de átomos, nesse tipo de sistema, pode ser representado pela equação

$$J = -D\frac{dC}{dx} \tag{5.9}$$

onde
  J = fluxo ou corrente global de átomos
  D = constante de proporcionalidade designada por **difusividade** (condutividade atômica) ou *coeficiente de difusão*
  $\frac{dC}{dx}$ = gradiente de concentração

O sinal de menos é usado porque a difusão ocorre das concentrações mais altas para as mais baixas, ou seja, existe um gradiente de difusão negativo.

Essa equação é designada **1ª *lei de Fick***[2] da difusão e estabelece que, em condições de difusão estacionária (isto é, em que não ocorre qualquer variação do sistema ao longo do tempo), a corrente global de átomos é igual ao produto do coeficiente de difusão D pelo gradiente de difusão dC/dx. As unidades no SI desta equação são

$$J\left(\frac{\text{átomos}}{\text{m}^2 \cdot \text{s}}\right) = D\left(\frac{\text{m}^2}{\text{s}}\right)\frac{dC}{dx}\left(\frac{\text{átomos}}{\text{m}^3} \times \frac{1}{\text{m}}\right) \tag{5.10}$$

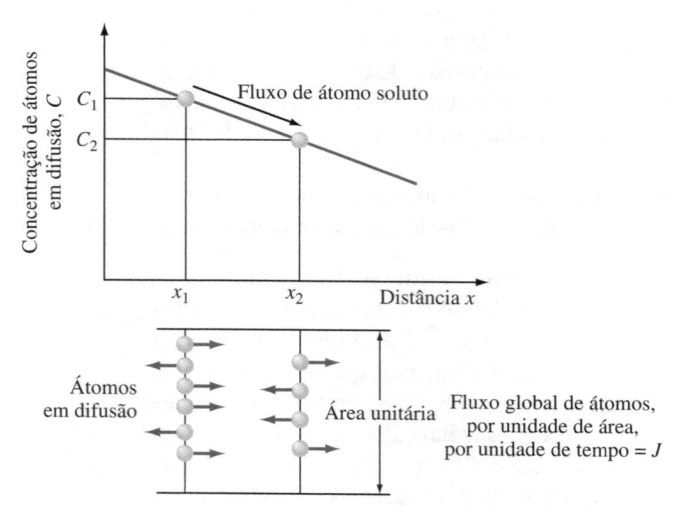

Figura 5.6
Difusão em regime estacionário de átomos num gradiente de concentração. Um exemplo é a difusão do hidrogênio gasoso por meio de uma folha de paládio metálico.

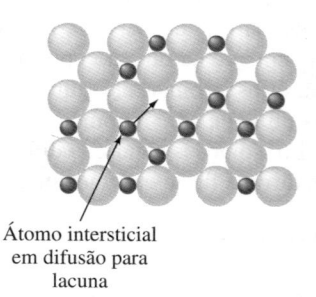

Figura 5.5
Esquema de uma solução sólida intersticial. Os círculos maiores representam átomos num plano (100) de uma rede cristalina CFC. Os círculos escuros menores são átomos intersticiais que ocupam os interstícios. Os átomos intersticiais podem se mover para os interstícios adjacentes que estão vazios. Há uma energia de ativação associada à difusão intersticial.

---

[2]Adolf Eugen Fick (1829-1901). Fisiologista alemão, foi o primeiro a apresentar a difusão em uma base quantitativa, utilizando equações matemáticas. Parte do seu trabalho foi publicado nos *"Annals of Physics" (Leipzig)*, 170: 59 (1855).

Na Tabela 5.2 estão indicados alguns valores dos coeficientes de difusão atômica (ou difusividades) de alguns sistemas de difusão intersticial e substitucional. Os valores desse coeficiente dependem de muitas variáveis, dentre as quais são importantes as seguintes:

1. O *tipo de mecanismo de difusão*. Tanto a difusão intersticial como a substitucional afetam o coeficiente de difusão. Átomos pequenos podem se difundir intersticialmente na rede cristalina dos átomos de solvente, de maiores dimensões. Por exemplo, o carbono se difunde intersticialmente na rede do ferro CCC ou CFC. Os átomos de cobre se difundem substitucionalmente na rede do alumínio, já que os átomos de cobre e de alumínio têm aproximadamente o mesmo tamanho.

2. *A temperatura em que a difusão ocorre* afeta grandemente o valor do coeficiente de difusão. À medida que a temperatura aumenta, o coeficiente de difusão também aumenta, conforme se observa na Tabela 5.2 para todos os sistemas, por comparação dos valores a 500 °C com os referentes a 1.000 °C. O efeito da temperatura no coeficiente de difusão será abordado mais adiante, na Seção 5.4.

3. O *tipo de estrutura cristalina do solvente* é importante. Por exemplo, a 500 °C, o coeficiente de difusão do carbono no ferro CCC é 10^{-12} m^2/s, que é muito *maior* do que 5×10^{-15} m^2/s, que é o valor do coeficiente de difusão do carbono no ferro CFC, à mesma temperatura. A razão dessa diferença ocorre pelo fato de a estrutura cristalina CCC ter um fator de empacotamento atômico de 0,68, que é inferior ao fator de empacotamento atômico da estrutura cristalina CFC, que é 0,74. Também, no caso do ferro, os espaços interatômicos são maiores na estrutura cristalina CCC do que na estrutura CFC e, por isso, os átomos de carbono podem se difundir mais facilmente – entre os átomos de ferro – na estrutura CCC do que na estrutura CFC.

4. Os *tipos de defeitos cristalinos presentes*, na região onde ocorre a difusão no estado sólido, também é importante. As estruturas mais abertas permitem uma difusão mais rápida dos átomos. Por exemplo, nos metais e cerâmicos, esse processo ocorre mais rapidamente ao longo dos contornos de grão do que no interior deles. Nos metais e ligas metálicas, um excesso de lacunas provoca um aumento na velocidade desse processo.

5. *A concentração da espécie a difundir* é importante, já que concentrações elevadas de soluto afetam a difusividade. Esse aspecto da difusão no estado sólido é muito complexo.

Tabela 5.2
Coeficientes de difusão, a 500 °C e a 1.000 °C, de alguns sistemas de difusão soluto-solvente.

Soluto	Solvente	Coeficiente de difusão(m^2/s)	
		500 °C (930 °F)	1.000 °C (1.830 °F)
1. Carbono	Ferro CFC	(5×10^{-15})*	3×10^{-11}
2. Carbono	Ferro CCC	10^{-12}	(2×10^{-9})
3. Ferro	Ferro CFC	(2×10^{-23})	2×10^{-16}
4. Ferro	Ferro CCC	10^{-20}	(3×10^{-14})
5. Níquel	Ferro CFC	10^{-23}	2×10^{-16}
6. Manganês	Ferro CFC	(3×10^{-24})	10^{-16}
7. Zinco	Cobre	4×10^{-18}	5×10^{-13}
8. Cobre	Alumínio	4×10^{-14}	10^{-10} M[†]
9. Cobre	Cobre	10^{-18}	2×10^{-13}
10. Prata	Prata (Cristal)	10^{-17}	10^{-12} M[†]
11. Prata	Prata (Contorno de grão)	10^{-11}	
12. Carbono	Titânio HC	3×10^{-16}	(2×10^{-11})

* Parênteses indicam que a fase é metaestável.
[†]M – Calculado, ainda que a temperatura seja superior à temperatura de fusão.
Fonte: L.H. Van Vlack, "Elements of Materials Science and Engineering", 5. ed., Addison-Wesley, 1985.

5.2.4 Difusão em regime não estacionário

A difusão estacionária, na qual as condições não variam com o tempo, não se encontra frequentemente nos materiais de engenharia. Na maior parte dos casos, ocorre uma **difusão não estacionária**, na qual a concentração de átomos de soluto, em qualquer ponto do material, varia com o tempo. Por exemplo, se o carbono estiver se difundindo na superfície de uma árvore de cames de aço, de modo a endurecer a superfície desta, a concentração de carbono, em qualquer ponto abaixo da superfície, varia com o tempo, à medida que o processo de difusão progride. Nos casos de difusão não estacionária, em que o coeficiente de difusão é independente do tempo, aplica-se a **2ª lei de Fick** da difusão, conforme segue abaixo

$$\frac{dC_x}{dt} = \frac{d}{dx}\left(D\frac{dC_x}{dx}\right) \tag{5.11}$$

Essa lei estabelece que a velocidade de variação da composição é igual ao produto do coeficiente de difusão pela taxa de variação do gradiente de concentração. A dedução e a resolução desta equação diferencial se colocam além dos propósitos deste livro. Contudo, a solução particular desta equação, referente ao caso da difusão de um gás em um sólido, é da maior importância em alguns processos de difusão relevantes no campo da engenharia e será usada para resolver alguns problemas práticos relacionados às aplicações industriais da difusão.

Consideremos o caso de um gás A difundindo-se em um sólido B, conforme ilustrado na Figura 5.7a. À medida que o tempo de difusão aumenta, a concentração de átomos de soluto em qualquer ponto da direção x também aumenta, conforme indicado na Figura 5.7b para os tempos t_1 e t_2. Se o coeficiente de difusão do gás A no sólido B for independente da posição, então a solução da 2ª lei de Fick (Equação 5.11) é

$$\frac{C_s - C_x}{C_s - C_0} = \mathrm{erf}\left(\frac{x}{2\sqrt{Dt}}\right) \tag{5.12}$$

onde
  C_s = concentração (na superfície) do elemento gasoso que está se difundindo para o interior
  C_0 = concentração inicial uniforme do elemento no sólido
  C_x = concentração do elemento a distância x da superfície no instante t
  x = distância da superfície
  D = coeficiente de difusão do elemento soluto que se difunde
  t = tempo
  erf é uma função matemática chamada "função erro".

A função erro erf é uma função matemática, definida por convenção e é utilizada em algumas soluções da 2ª lei de Fick. A função erro se encontra tabelada, tal como os senos e os cossenos. Na Tabela 5.3, estão indicados alguns valores da função erro.

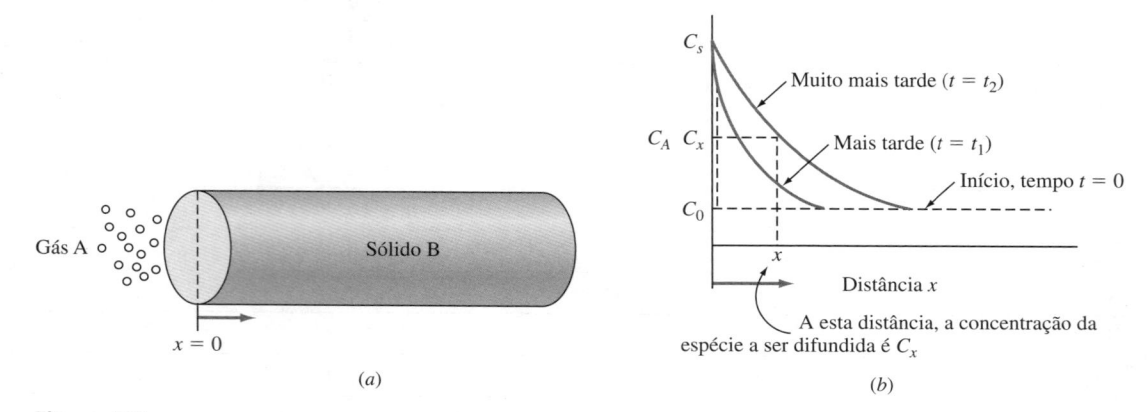

Figura 5.7
Difusão de um gás em um sólido. (a) O gás A se difunde no sólido B, a partir da superfície onde $x = 0$. Nesta superfície, o gás mantém a concentração de átomos A, designada por C_s. (b) Perfis de concentração do elemento A ao longo da direção x do sólido, para vários tempos. Antes da difusão se iniciar, o sólido tinha uma concentração uniforme do elemento A, designada por C_0.

Tabela 5.3
Tabela da função erro.

z	erf z	z	erf z	z	erf z	z	erf z
0	0	0,40	0,4284	0,85	0,7707	1,6	0,9763
0,025	0,0282	0,45	0,4755	0,90	0,7970	1,7	0,9838
0,05	0,0564	0,50	0,5205	0,95	0,8209	1,8	0,9891
0,10	0,1125	0,55	0,5633	1,0	0,8427	1,9	0,9928
0,15	0,1680	0,60	0,6039	1,1	0,8802	2,0	0,9953
0,20	0,2227	0,65	0,6420	1,2	0,9103	2,2	0,9981
0,25	0,2763	0,70	0,6778	1,3	0,9340	2,4	0,9993
0,30	0,3286	0,75	0,7112	1,4	0,9523	2,6	0,9998
0,35	0,3794	0,80	0,7421	1,5	0,9661	2,8	0,9999

Fonte: R.A. Flinn and P.K. Trojan, "Engineering Materials and their Aplications", 2. ed., Houghton Mifflin, 1981, p. 137.

5.3 APLICAÇÕES INDUSTRIAIS DE PROCESSOS DE DIFUSÃO

Muitos processos industriais de processamento fazem uso da difusão no estado sólido. Nesta seção, consideraremos os dois seguintes processos: (1) cementação do aço com carbono e (2) dopagem, com impurezas, de lâminas de silício para circuitos integrados.

5.3.1 Cementação do aço

Muitas peças em aço, que têm a capacidade de rodar ou de escorregar, tais como engrenagens e eixos, devem ter uma camada superficial dura, de modo a aumentar a resistência ao desgaste, e um núcleo interior tenaz, com o intuito de aumentar a resistência à quebra. De um modo geral, na manufatura de uma peça de aço cementada, esta é primeiramente fabricada no estado macio; em seguida, depois da fabricação, a camada superficial é endurecida por meio de um tratamento de cementação com carbono. Os aços para cementação são aços de baixo carbono com cerca de 0,10 a 0,25% C. Contudo, o teor de elementos de liga dos aços para cementação pode variar consideravelmente, dependendo da aplicação à qual se destina o aço. Na Figura 5.8, são apresentadas algumas peças típicas cementadas.

Na primeira etapa do processo de cementação, as peças de aço são colocadas em um forno em contato com gases que contêm metano (CH_4) ou outros hidrocarbonetos gasosos, a uma temperatura em torno de 927 °C (1.700 °F). O carbono da atmosfera se difunde para o interior das engrenagens, de modo que, depois dos tratamentos térmicos subsequentes, elas adquirem uma camada superficial endurecida, com alto teor de carbono, conforme se pode observar na macrografia da engrenagem apresentada na Figura 5.9.

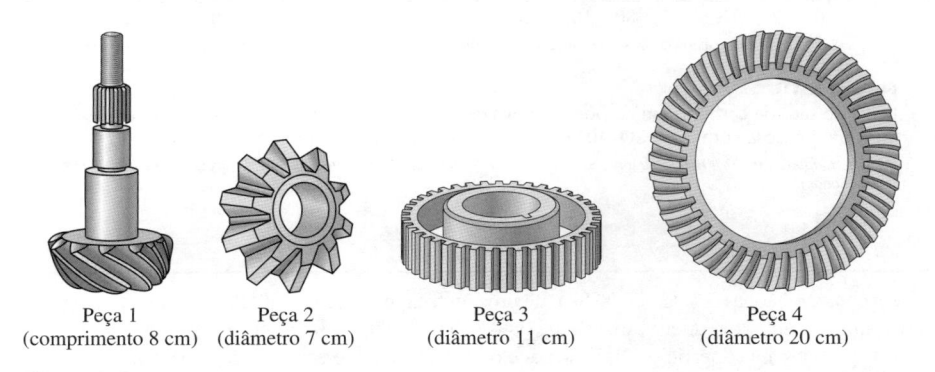

Peça 1
(comprimento 8 cm)

Peça 2
(diâmetro 7 cm)

Peça 3
(diâmetro 11 cm)

Peça 4
(diâmetro 20 cm)

Figura 5.8
Peças típicas cementadas de aço.
("Metals Handbook", vol. 2: "Heat Treating", 8. ed., American Society for Metals, 1964, p. 108. ASM International.)

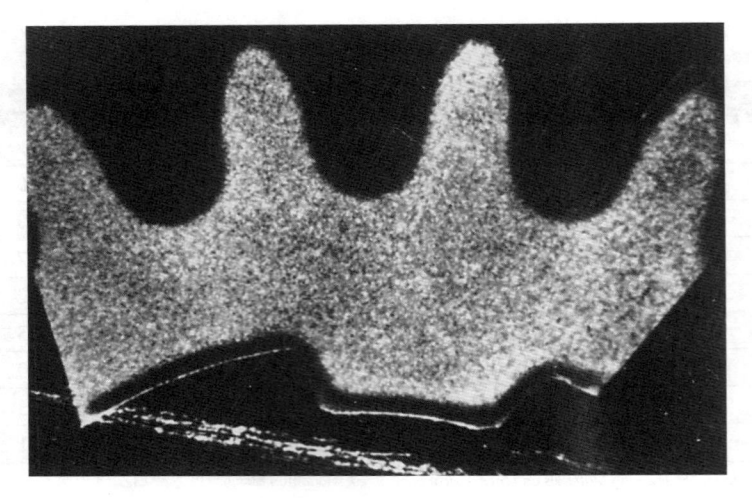

Figura 5.9
Macrografia de uma engrenagem de aço SAE 8620 cementada em uma atmosfera de nitrogênio-metanol.
(B.J. Sheehy, Met. Prog., September 1981, p. 120. Reimpresso com permissão de ASM International. Todos os direitos reservados. www.asminternational.org.)

A Figura 5.10 mostra alguns típicos perfis do teor de carbono, medidos no aço-carbono AISI 1022 (0,22% C), cementado a 918 °C (1.685 °F) em uma atmosfera que contém 20% CO. Note como o tempo de cementação afeta fortemente as curvas do teor de carbono em função da distância à superfície. Nos Exemplos 5.2 e 5.3, mostra-se como se pode usar a Equação de difusão 5.11 para determinar uma variável desconhecida, como por exemplo, o tempo de difusão ou o teor de carbono a certa distância abaixo da superfície da peça cementada.

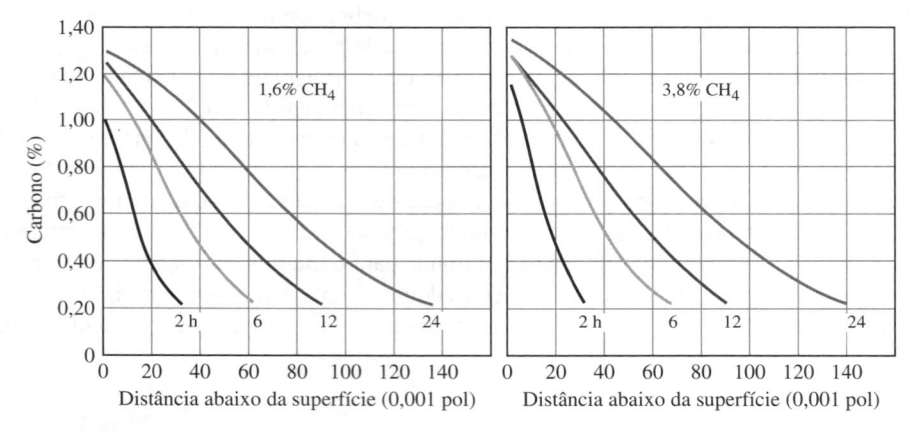

Figura 5.10
Perfis do teor de carbono em corpos de prova de aço 1022 cementados a 918 °C, em uma atmosfera gasosa com 20% CO–40% H_2 com 1,6 e 3,8% de metano (CH_4) adicionado.
(Metals Handbook, vol. 2, "Heat Treating", 8. ed., American Society for Metals, 1964, p. 100. Utilizado com permissão de ASM International.)

EXEMPLO 5.2

Considere a cementação, a 927 °C (1.700 °F), de uma engrenagem de aço 1020. Calcule o tempo, em minutos, necessário para aumentar o teor em carbono até 0,40%, à distância de 0,50 mm abaixo da superfície. Considere que o teor de carbono na superfície é 0,90% e que o teor nominal de carbono do aço é 0,20%.

$$D_{927\,°C} = 1,28 \times 10^{-11} \text{ m}^2/\text{s}$$

Solução

$$\frac{C_s - C_x}{C_s - C_0} = \text{erf}\left(\frac{x}{2\sqrt{Dt}}\right) \quad (5.12)$$

$C_s = 0{,}90\%$ $x = 0{,}5 \text{ mm} = 5{,}0 \times 10^{-4} \text{ m}$
$C_0 = 0{,}20\%$ $D_{927\,°C} = 1{,}28 \times 10^{-11} \text{ m}^2/\text{s}$
$C_x = 0{,}40\%$ $t = ? \text{ s}$

Substituindo esses valores na Equação 5.12, tem-se

$$\frac{0{,}90 - 0{,}40}{0{,}90 - 0{,}20} = \text{erf}\left[\frac{5{,}0 \times 10^{-4} \text{ m}}{2\sqrt{(1{,}28 \times 10^{-11} \text{ m}^2/\text{s})(t)}}\right]$$

$$\frac{0{,}50}{0{,}70} = \text{erf}\left(\frac{69{,}88}{\sqrt{t}}\right) = 0{,}7143$$

Considerando

$$Z = \frac{69{,}88}{\sqrt{t}} \quad \text{então erf } Z = 0{,}7143$$

Precisamos saber qual o valor de Z para o qual a função de erro (erf) tem o valor 0,7143. A partir da Tabela 5.3, determinamos por interpolação (ver a seguir) que este valor é 0,755:

erf (z)	Z
0,7112	0,75
0,7143	x
0,7421	0,80

$$\frac{0{,}7143 - 0{,}7112}{0{,}7421 - 0{,}7112} = \frac{x - 0{,}75}{0{,}80 - 0{,}75}$$

$$x - 0{,}75 = (0{,}1003)(0{,}05)$$

$$x = 0{,}75 + 0{,}005 = 0{,}755$$

Então,

$$Z = \frac{69{,}88}{\sqrt{t}} = 0{,}755$$

$$\sqrt{t} = \frac{69{,}88}{0{,}755} = 92{,}6$$

$$t = 8.567 \text{ s} = 143 \text{ min} \blacktriangleleft$$

EXEMPLO 5.3

Considere a cementação de uma engrenagem de aço 1020, a 927 °C, como no exemplo 5.2. Calcule o *teor de carbono* a uma distância de 0,50 mm abaixo da superfície da engrenagem, ao fim de 5 h de cementação. Considere que o teor de carbono da superfície da engrenagem é 0,90% e que o teor nominal de carbono do aço é 0,20%.

Solução

$$D_{927\,°C} = 1{,}28 \times 10^{-11} \text{ m}^2/\text{s}$$

$$\frac{C_s - C_x}{C_s - C_0} = \text{erf}\left(\frac{x}{2\sqrt{Dt}}\right) \quad (5.12)$$

$C_s = 0{,}90\%$ $x = 0{,}50 \text{ mm} = 5{,}0 \times 10^{-4} \text{ m}$
$C_0 = 0{,}20\%$ $D_{927\,°C} = 1{,}28 \times 10^{-11} \text{ m}^2/\text{s}$
$C_x = ?\%$ $t = 5 \text{ h} = 5 \text{ h} \times 3.600 \text{ s/h} = 1{,}8 \times 10^4 \text{ s}$

$$\frac{0{,}90 - C_x}{0{,}90 - 0{,}20} = \text{erf}\left[\frac{5{,}0 \times 10^{-4}\text{ m}}{2\sqrt{(1{,}28 \times 10^{-11}\text{ m/s})(1{,}8 \times 10^4\text{ s})}}\right]$$

$$\frac{0{,}90 - C_x}{0{,}70} = \text{erf } 0{,}521$$

Consideremos $Z = 0{,}521$. Precisamos saber qual o valor da função de erro correspondente ao valor $Z = 0{,}521$. Para determinar este valor a partir da Tabela 5.3, temos de interpolar os valores, conforme se apresenta a seguir

$$\frac{0{,}521 - 0{,}500}{0{,}550 - 0{,}500} = \frac{x - 0{,}5205}{0{,}5633 - 0{,}5205}$$

$$0{,}42 = \frac{x - 0{,}5205}{0{,}0428}$$

$$x - 0{,}5205 = (0{,}42)(0{,}0428)$$

$$x = 0{,}0180 + 0{,}5205$$

$$= 0{,}538$$

erf (z)	Z
0,500	0,5205
0,521	x
0,550	0,5633

Logo,

$$\frac{0{,}90 - C_x}{0{,}70} = \text{erf } 0{,}521 = 0{,}538$$

$$C_x = 0{,}90 - (0{,}70)(0{,}538)$$

$$= 0{,}52\% \blacktriangleleft$$

Note que, no caso do aço 1020, quando se aumenta o tempo de cementação de 2,4 h para 5 h, o teor de carbono, à distância de 0,5 mm abaixo da superfície da engrenagem, aumenta apenas de 0,4 para 0,52%.

5.3.2 Difusão de impurezas em lâminas de silício para circuitos integrados

A difusão de impurezas em lâminas de silício, com o objetivo de alterar as propriedades elétricas, constitui uma importante etapa da produção dos atuais circuitos integrados. Em um dos métodos de difusão de impurezas em lâminas de silício, a superfície destas é exposta ao vapor de uma impureza previamente selecionada, a uma temperatura superior a 1.100 °C, em um forno tubular de quartzo, conforme mostra esquematicamente a Figura 5.11. As regiões da superfície, onde não deverá haver difusão de impurezas, têm de ser cobertas com uma máscara, de modo que estas impurezas, que vão provocar a alteração da condutividade, apenas se difundam nas regiões pré-determinadas pelo engenheiro projetista. A Figura 5.12 mostra um técnico introduzindo, em um forno tubular, uma grelha com lâminas de silício, nas quais serão difundidas as impurezas.

Tal como no caso da cementação da superfície do aço, a concentração de impurezas difundidas para o interior da superfície do silício diminui à medida que a profundidade de penetração aumenta, conforme mostra a Figura 5.13. Variando o tempo de difusão, varia também a curva da concentração de impurezas em função da profundidade de penetração, como se mostra qualitativamente na Figura 5.7. No Exemplo 5.4, pode-se aprender como usar a Equação 5.12 para determinar o valor de uma variável desconhecida, como o tempo de difusão ou a profundidade de penetração com uma determinada concentração.

EXEMPLO 5.4

Considere a difusão de impurezas de gálio em uma lâmina de silício. Se o gálio se difundir à temperatura de 1.100 °C durante 3 h em uma lâmina de silício, inicialmente isenta de gálio, qual é a profundidade, abaixo da superfície, em que a concentração é de 10^{22} átomos/m^3, se a concentração na superfície for 10^{24} átomos/m^3? A resolução do problema da difusão do gálio no silício, a 1.100 °C, é a seguinte:

Solução

$$D_{1.100\,°C} = 7{,}0 \times 10^{-17}\ m^2/s$$

$$\frac{C_s - C_x}{C_s - C_0} = \mathrm{erf}\left(\frac{x}{2\sqrt{Dt}}\right) \tag{5.12}$$

$C_s = 10^{24}$ átomos/m³ $x = ?\,m$ (profundidade na qual $C_x = 10^{22}$ átomos/m³)
$C_x = 10^{22}$ átomos/m³ $D_{1.100\,°C} = 7{,}0 \times 10^{-17}\ m^2/s$
$C_0 = 0$ átomos/m³ $t = 3h = 3h \times 3.600\,s/h = 1{,}08 \times 10^4\ s$

Substituindo esses valores na Equação 5.12, tem-se

$$\frac{10^{24} - 10^{22}}{10^{24} - 0} = \mathrm{erf}\left[\frac{x\ m}{2\sqrt{(7{,}0 \times 10^{-17}\ m^2/s)(1{,}08 \times 10^4\ s)}}\right]$$

$$1 - 0{,}01 = \mathrm{erf}\left(\frac{x\ m}{1{,}74 \times 10^{-6}\ m}\right) = 0{,}99$$

Portanto,

$$Z = \frac{x}{1{,}74 \times 10^{-6}\ m}$$

$$\mathrm{erf}\,Z = 0{,}99 \quad \text{e} \quad Z = 1{,}82$$

(usando a interpolação da Tabela 5.3), tem-se,

$$x = (Z)(1{,}74 \times 10^{-6}\ m) = (1{,}82)(1{,}74 \times 10^{-6}\ m)$$
$$= 3{,}17 \times 10^{-6}\ m\ \blacktriangleleft$$

Nota: Nas lâminas de silício, as profundidades de difusão típicas são da ordem de alguns micrômetros (isto é, cerca de 10^{-6} m), enquanto a espessura das lâminas é geralmente da ordem de várias centenas de micrômetros.

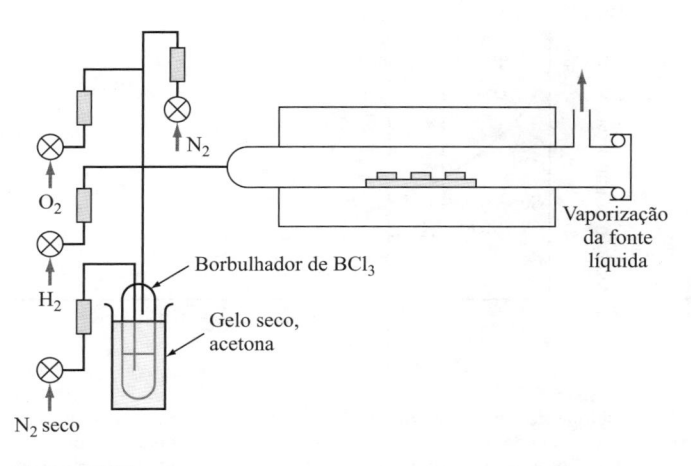

Figura 5.11
Método para difundir boro em lâminas de silício.
(W.R. Runyan, "Silicon Semiconductor Technology", McGraw-Hill, 1965. Reproduzido com a permissão de McGraw-Hill Companies.)

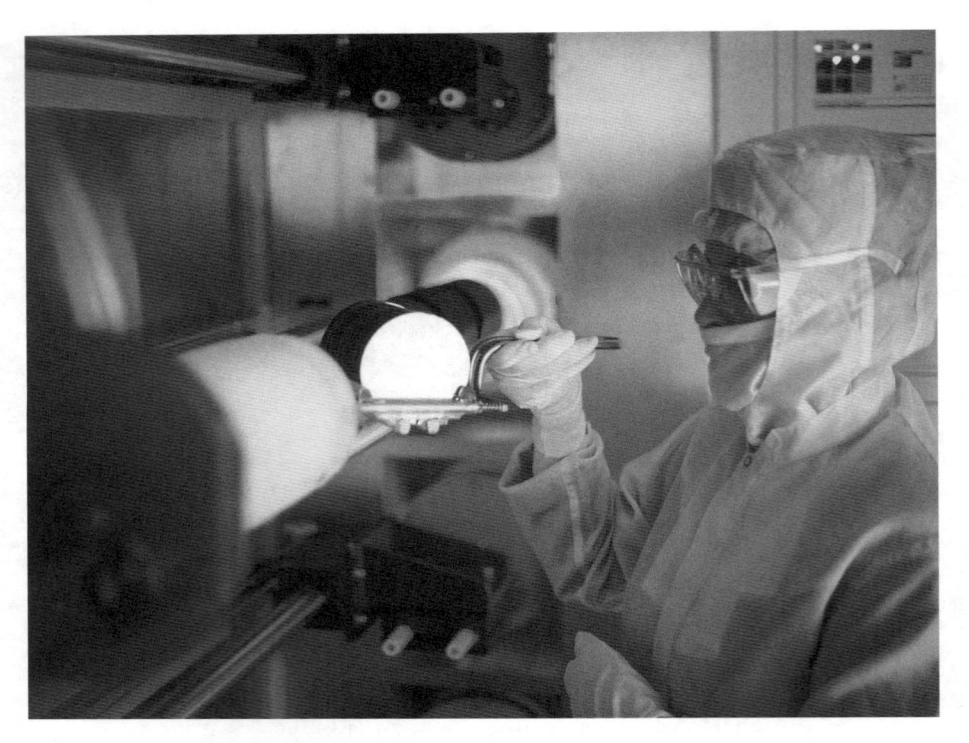

Figura 5.12
Introdução, em um forno tubular, de uma grelha com lâminas de silício, para difusão de impurezas.
(*Getty/RG.*)

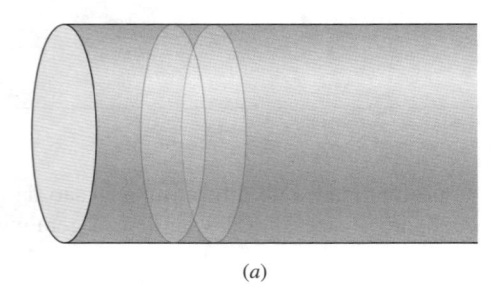

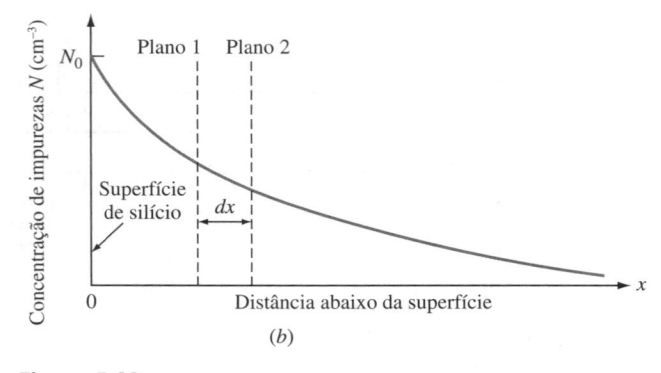

Figura 5.13
Difusão de impurezas em uma lâmina de silício, a partir de uma face: (*a*) lâmina de silício com uma espessura muito exagerada e com uma concentração de impurezas que diminui a partir da face esquerda em direção ao interior; (*b*) representação gráfica dessa concentração de impurezas.
(*R.M. Warner, "Integrated Circuits", McGraw-Hill, 1965, p. 70.*)

5.4 EFEITO DA TEMPERATURA NA DIFUSÃO EM SÓLIDOS

Já que a difusão atômica envolve movimentos atômicos, é de se esperar que aumentando a temperatura do sistema, aumente também a velocidade de difusão. Experimentalmente, verifica-se que, em muitos sistemas, a dependência da velocidade de difusão em relação à temperatura pode ser expressa pela equação de Arrhenius:

$$D = D_0 e^{-Q/RT} \tag{5.13}$$

em que
D = coeficiente de difusão, m²/s
D_0 = constante de proporcionalidade m²/s, independente da temperatura na gama de valores em que a equação é válida,
Q = energia de ativação para a difusão, J/mol ou cal/mol
R = constante dos gases perfeitos = 8,314 J/(mol · K) ou 1,987 cal/(mol · K)
T = temperatura, K

No Exemplo 5.5, aplica-se a Equação 5.13 para determinar o coeficiente de difusão do carbono no ferro-γ, a 927 °C, dados os valores de D_0 e da energia de ativação Q.

EXEMPLO 5.5

Calcule o valor do coeficiente de difusão D em m²/s, do carbono no ferro-γ (CFC), a 927 °C (1.700 °F). Use os seguintes valores: $D_0 = 2,0 \times 10^{-5}$ m²/s, $Q = 142$ kJ/mol e $R = 8,314$ J/(mol · K).

- **Solução**

$$\begin{aligned} D &= D_0 e^{-Q/RT} \\ &= (2,0 \times 10^{-5} \text{ m}^2/\text{s}) \left\{ \exp \frac{-142.000 \text{ J/mol}}{[8,314 \text{ J/(mol} \cdot \text{K)}](1.200 \text{ K})} \right\} \\ &= (2,0 \times 10^{-5} \text{ m}^2/\text{s})(e^{-14,23}) \\ &= (2,0 \times 10^{-5} \text{ m}^2/\text{s})(0,661 \times 10^{-6}) \\ &= 1,32 \times 10^{-11} \text{ m}^2/\text{s} \blacktriangleleft \end{aligned} \tag{5.13}$$

A equação do coeficiente de difusão $D = D_0 e^{-Q/RT}$ (Equação 5.13) pode ser escrita na forma logarítmica, ficando com a forma da equação de uma reta, à semelhança do que se fez com a equação geral de Arrhenius nas Equações 5.6 e 5.8:

$$\ln D = \ln D_0 - \frac{Q}{RT} \tag{5.14}$$

$$\log_{10} D = \log_{10} D_0 - \frac{Q}{2,303RT} \tag{5.15}$$

Se determinarem os valores do coeficiente de difusão em um determinado sistema, a duas temperaturas, podem ser determinados os valores de Q e D_0, resolvendo o sistema de duas equações do tipo da Equação 5.14. Se estes valores de Q e D_0 forem substituídos nessa equação, obtém-se uma equação geral do $\log_{10} D$ em função de $\frac{1}{T}$, válida na gama de temperaturas pesquisadas. No Exemplo 5.6, explica-se o cálculo da energia de ativação, em um sistema binário, usando a relação $D = D_0 e^{-Q/RT}$ (Equação 5.13), conhecidos os coeficientes de difusão às duas temperaturas.

Na Tabela 5.4, indicam-se os valores de D_0 e Q de alguns sistemas metálicos, valores estes que foram utilizados para traçar as representações de Arrhenius do coeficiente de difusão da Figura 5.14. A Figura 5.15 mostra representações semelhantes da difusão de impurezas no silício, úteis na produção de circuitos integrados utilizados na indústria eletrônica.

Tabela 5.4
Dados de difusividade para alguns sistemas metálicos.

Soluto	Solvente	D_0 (m²/s)	Q (kJ/mol)	Q (kcal/mol)
Carbono	Ferro CFC	$2,0 \times 10^{-5}$	142	34,0
Carbono	Ferro CCC	$22,0 \times 10^{-5}$	122	29,3
Ferro	Ferro CFC	$2,2 \times 10^{-5}$	268	64,0
Ferro	Ferro CCC	$20,0 \times 10^{-5}$	240	57,5
Níquel	Ferro CFC	$7,7 \times 10^{-5}$	280	67,0
Manganês	Ferro CFC	$3,5 \times 10^{-5}$	282	67,5
Zinco	Cobre	$3,4 \times 10^{-5}$	191	45,6
Cobre	Alumínio	$1,5 \times 10^{-5}$	126	30,2
Cobre	Cobre	$2,0 \times 10^{-5}$	197	47,1
Prata	Prata	$4,0 \times 10^{-5}$	184	44,1
Carbono	Titânio HC	$51,0 \times 10^{-5}$	182	43,5

Fonte: *Valores retirados de L.H. Van Vlack, "Elements of Materials Science and Engineering", 5. ed., Addison-Wesley, 1985.*

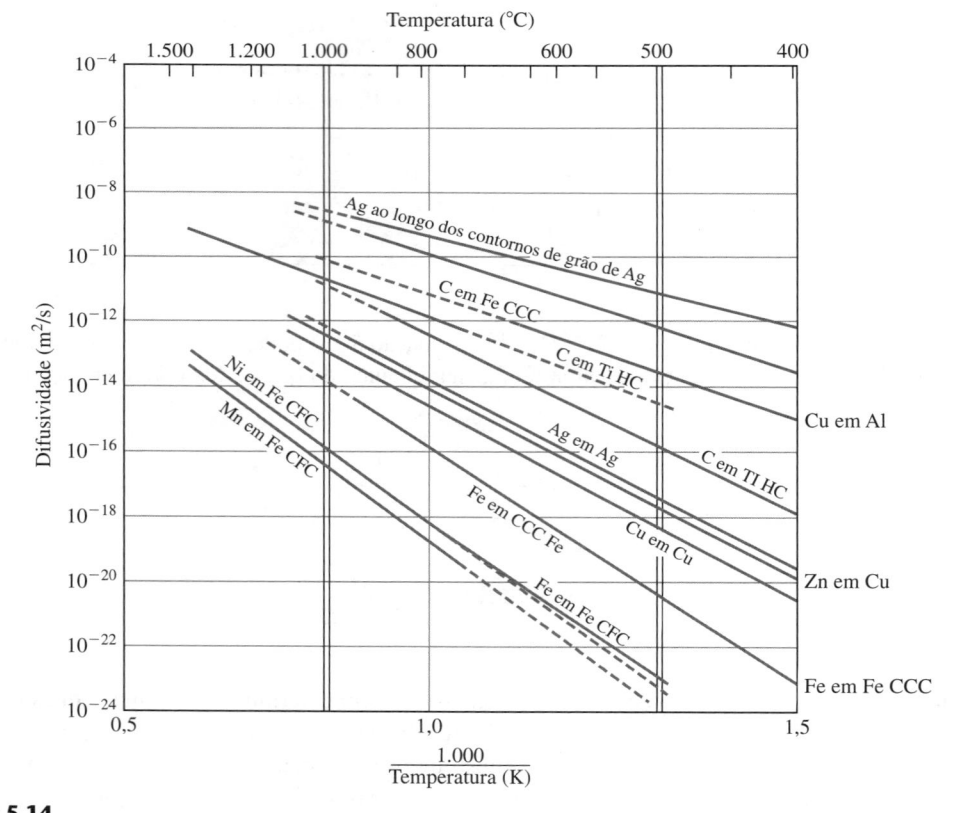

Figura 5.14
Representação de Arrhenius dos valores do coeficiente de difusão de alguns sistemas metálicos.
(L.H. Van Vlack, "Elements of Materials Science and Enqineerinq", 5. ed., 1985. Reproduzido eletronicamente com permissão de Pearson Education, Inc., Upper Saddle River, New Jersey.)

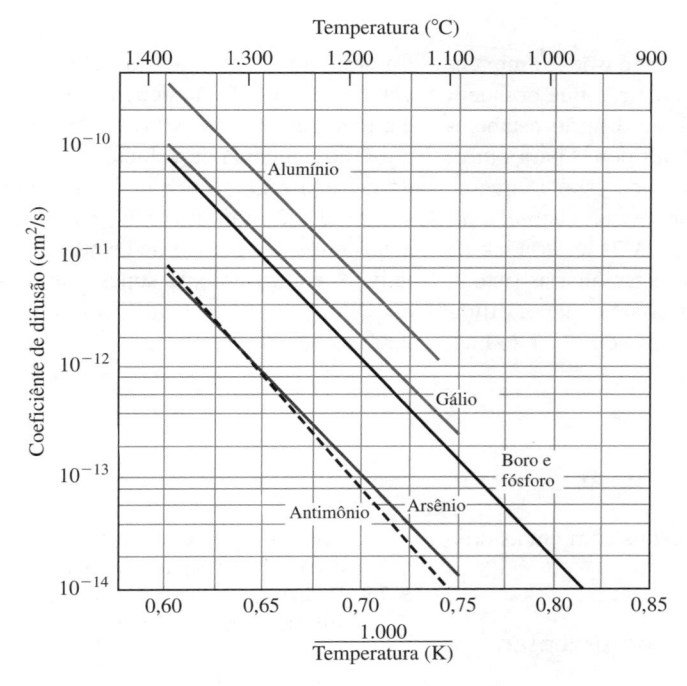

Figura 5.15
Coeficiente de difusão em função da temperatura para algumas impurezas no silício.
(C.S. Fuller and J.A. Ditzenberger, J. Appl. Phys., 27:544(1956).)

EXEMPLO 5.6

O coeficiente de difusão dos átomos de prata na própria prata em estado sólido é $1,0 \times 10^{-17}$ m²/s a 500 °C e $7,0 \times 10^{-13}$ m²/s a 1.000 °C. Calcule a energia de ativação (J/mol) para a difusão da Ag na Ag, na gama de temperaturas entre 500 e 1.000 °C.

■ **Solução**

Usando a Equação 5.13, $T_2 = 1.000\ °C + 273 = 1273$ K, $T_1 = 500\ °C + 273 = 773$ K, e $R = 8{,}314$ J/(mol · K):

$$\frac{D_{1.000\ °C}}{D_{500\ °C}} = \frac{\exp(-Q/RT_2)}{\exp(-Q/RT_1)} = \exp\left[-\frac{Q}{R}\left(\frac{1}{T_2} - \frac{1}{T_1}\right)\right]$$

$$\frac{7{,}0 \times 10^{-13}}{1{,}0 \times 10^{-17}} = \exp\left\{-\frac{Q}{R}\left[\left(\frac{1}{1273\ K} - \frac{1}{773\ K}\right)\right]\right\}$$

$$\ln(7{,}0 \times 10^4) = -\frac{Q}{R}(7{,}855 \times 10^{-4} - 12{,}94 \times 10^{-4}) = \frac{Q}{8{,}314}(5{,}08 \times 10^{-4})$$

$$11{,}16 = Q(6{,}11 \times 10^{-5})$$

$$Q = 183.000\ \text{J/mol} = 183\ \text{kJ/mol} \blacktriangleleft$$

5.5 RESUMO

Nos sólidos metálicos, a difusão atômica ocorre principalmente pelos mecanismos de (1) difusão por lacunas ou substitucional e (2) difusão intersticial. No mecanismo de difusão por lacunas, átomos com tamanhos aproximadamente iguais saltam de uma posição para outra, usando as posições atômicas não ocupadas. No mecanismo de difusão intersticial, átomos de pequenas dimensões se movem pelos interstícios entre os átomos da matriz, que possuem maiores dimensões. A 1ª lei de Fick da difusão estabelece que a difusão ocorra porque, de um ponto para outro, existe uma diferença de concentração da espécie que se difunde e se aplica a condições estacionárias (isto é, condições que não variam com o tempo). A 2ª lei de Fick da difusão diz respeito a condições não estacionárias (isto é, condições em que a concentração da espécie que se difunde varia com o tempo). Neste livro, o uso da 2ª lei de Fick foi limitado ao caso da difusão de um gás em um sólido. A velocidade de difusão depende fortemente da temperatura e esta dependência é expressa pelo coeficiente de difusão, que é uma medida da velocidade de difusão. O coeficiente de difusão é $D = D_0\, e^{-Q/RT}$. Frequentemente, os processos de difusão são utilizados na indústria. Neste capítulo, analisamos o processo de cementação, que tem como objetivo o endurecimento superficial de vários tipos de aço, e a difusão de quantidades controladas de impurezas em lâminas de silício para circuitos integrados.

5.6 PROBLEMAS

As respostas para os exercícios marcados com um asterisco constam no final do livro.

Problemas de conhecimento e compreensão

5.1 O que seria um processo termicamente ativado? O que é energia de ativação desse processo?

5.2 Escreva a equação correspondente à concentração de equilíbrio de lacunas em um metal, a uma determinada temperatura, definindo cada um dos termos. Indique as unidades de cada termo e use eV para a energia de ativação.

5.3 Escreva a equação de Arrhenius na forma (a) exponencial e (b) logarítmica.

5.4 Trace uma representação de Arrhenius típica do $\log_{10}$ (velocidade da reação) em função do inverso da temperatura absoluta e indique o respectivo declive.

5.5 Descreva os mecanismos de difusão substitucional e intersticial em metais sólidos.

5.6 Escreva a equação da 1ª lei de Fick da difusão e defina cada um dos termos em unidades do SI.

5.7 Quais são os fatores que afetam a velocidade de difusão em metais sólidos cristalinos?

5.8 Escreva a equação da 2ª lei de Fick da difusão no estado sólido e defina cada um dos termos.

5.9 Escreva a equação correspondente à solução da 2ª lei de Fick, no caso da difusão de um gás, a partir da superfície de um material metálico cristalino.

5.10 Descreva o processo de cementação de peças de aço. Por que se faz a cementação das peças desse material?

Problemas de aplicação e análise

5.11 (a) Calcule a concentração de equilíbrio de lacunas, por metro cúbico, no cobre puro a 850 °C. Considere que a energia de formação de uma lacuna no cobre puro é 1,0 eV. (b) Qual é a fração de lacunas a 800 °C?

5.12 (a) Calcule a concentração de equilíbrio de lacunas, por metro cúbico, na prata pura a 750 °C. Considere que a energia de formação de uma lacuna na prata pura é 1,10 eV. (b) Qual é a fração de lacunas a 700 °C?

*5.13 Determine o fluxo de átomos de zinco em difusão na solução sólida de zinco em cobre entre dois pontos A e B, distantes 20 μm, a 500 °C. $C_A = 10^{26}$ átomos/m³ e $C_B = 10^{24}$ átomos/m³.

5.14 O fluxo de átomos de cobre/soluto em difusão no alumínio/solvente do ponto A para o ponto B, distantes 10 μm, é 4×10^{17} [átomos/(m²·s)] a 500 °C. Determine (a) o gradiente de concentração e (b) a diferença nos níveis de concentração de cobre entre os dois pontos.

*5.15 Deseja-se cementar, a 927 °C (1.700 °F), uma engrenagem de aço 1018 (0,18% C em peso). Calcule o tempo necessário para elevar o teor de carbono a 0,35% (em peso) a 0,40 mm abaixo da superfície. Considere que o teor de carbono na superfície seja 1,15% (em peso) e o teor nominal de carbono do aço da engrenagem, antes da cementação, igual a 0,18% (em peso). D (C no ferro-γ) a 927 °C é igual a $1,28 \times 10^{-11}$ m²/s.

5.16 A superfície de uma engrenagem fabricada com o aço 1022 (0,22% C em peso) é submetida à cementação a 927 °C (1.700 °F). Calcule o tempo necessário para elevar o teor de carbono a 0,30% (em peso) a 0,030 pol abaixo da superfície da engrenagem. Considere que o teor de carbono na superfície seja de 1,20% (em peso). D (C no ferro-γ) a 927 °C é igual a $1,28 \times 10^{-11}$ m²/s.

5.17 Uma engrenagem feita de aço 1020 (0,20% C em peso) é cementada a 927 °C (1.700 °F). Calcule o teor de carbono a 0,90 mm abaixo da superfície após 4h de cementação. Considere que o teor de carbono na superfície seja de 1,00% (em peso). D (C no ferro-γ) a 927 °C é igual a $1,28 \times 10^{-11}$ m²/s.

5.18 Uma engrenagem feita de aço 1020 (0,20% C em peso) é cementada a 927 °C (1.700 °F). Calcule o teor de carbono a 0,040 pol. abaixo da superfície após 7h de cementação. Considere que o teor de carbono na superfície seja de 1,00% (em peso). D (C no ferro-γ) a 927 °C é igual a $1,28 \times 10^{-11}$ m²/s.

*5.19 A superfície de uma engrenagem fabricada com o aço 1018 (0,18% C em peso) é submetida à cementação a 927 °C (1.700 °F). Calcule o tempo necessário para elevar o teor de carbono a 0,35% (em peso) a 1,00 mm abaixo da superfície da engrenagem. Considere que o teor de carbono na superfície seja de 1,20% (em peso). D (C no ferro-γ) a 927 °C é igual a $1,28 \times 10^{-11}$ m^2/s.

5.20 A superfície de uma engrenagem fabricada com o aço 1020 (0,20% C em peso) é submetida à cementação a 927 °C (1.700 °F). Calcule o teor de carbono a 0,95 mm abaixo da superfície da engrenagem após um tempo de cementação de 8h. Considere que o teor de carbono na superfície seja de 1,20% (em peso). D (C no ferro-γ) a 927 °C é igual a $1,28 \times 10^{-11}$ m^2/s.

5.21 Uma engrenagem feita de aço 1018 (0,18% C em peso) é cementada a 927 °C (1.700 °F). Se o tempo de cementação for de 7,5 h, qual será a profundidade (em mm) que terá o teor de carbono 0,40% (em peso)? Considere que o teor de carbono na superfície seja de 1,20% (em peso). D (C no ferro-γ) a 927 °C é igual a $1,28 \times 10^{-11}$ m^2/s.

*5.22 Se difundirmos boro em uma pastilha de silício, inicialmente sem boro, durante 5 h a 1.100 °C, qual será a profundidade abaixo da superfície que terá a concentração de 10^{17} átomos/cm^3 se a concentração na superfície for de 10^{18} átomos/cm^3? $D = 4 \times 10^{-13}$ cm^2/s de boro difundindo em silício a 1.100 °C.

5.23 Se difundirmos alumínio em uma pastilha de silício, inicialmente sem alumínio, durante 6h a 1.100 °C, qual será a profundidade abaixo da superfície que terá a concentração de 10^{16} átomos/cm^3 se a concentração na superfície for de 10^{18} átomos/cm^3? $D = 2 \times 10^{-12}$ cm^2/s de alumínio difundindo em silício a 1.100 °C.

5.24 Se difundirmos fósforo em uma pastilha de silício, inicialmente sem fósforo, a 1.100 °C. Se a concentração de fósforo na superfície for de 1×10^{18} átomos/cm^3 e sua concentração a 1 μm na superfície for de 10^{18} átomos/cm^3? $D = 4 \times 10^{-13}$ cm^2/s de fósforo difundindo em silício a 1.100 °C.

5.25 Se no Exemplo 5.24 o coeficiente de difusão fosse $1,5 \times 10^{-13}$ cm^2/s, a que profundidade (em micrômetros) a concentração de fósforo seria 1×10^{15} átomos/cm^3?

5.26 Considere a difusão do arsênio em uma pastilha de silício, inicialmente sem arsênio, a 1.100 °C. Se a concentração de arsênio na superfície for $5,0 \times 10^{18}$ átomos/cm^3 e se sua concentração a 1,2 μm abaixo da superfície de silício for $1,5 \times 10^{16}$ átomos/cm^3, qual deve ser o tempo do tratamento de difusão? $D = 3,0 \times 10^{-14}$ cm^2/s de arsênio difundindo em silício a 1.100 °C.

5.27 Calcule o coeficiente de difusão em m^2/s, do níquel no ferro CFC a 1.100 °C. Use $D_0 = 7,7 \times 10^{-5}$ cm^2/s; Q = 280 kJ/mol e R = 8,314 J/(mol . K).

5.28 Calcule o coeficiente de difusão, em m^2/s, do carbono no titânio HC a 700 °C. Use $D_0 = 5,10 \times 10^{-4}$ m^2/s; Q = 182 kJ/mol e R = 8,314 J/(mol . K).

5.29 Calcule o coeficiente de difusão, em m^2/s, do zinco no cobre a 350 °C. Use $D_0 = 3,4 \times 10^{-5}$ m^2/s; Q = 191 kJ/mol e R = 8,314 J/(mol · K).

5.30 O coeficiente de difusão dos átomos de manganês no ferro CFC é $1,50 \times 10^{-14}$ m^2/s a 1.300 °C e $1,50 \times 10^{-15}$ m^2/s a 400 °C. Calcule a energia de ativação, em kJ/mol, para essa faixa de temperatura. R = 8,314 J/(mol . K).

5.31 O coeficiente de difusão dos átomos de cobre no alumínio é $7,50 \times 10^{-13}$ m^2/s a 600 °C e $2,50 \times 10^{-15}$ m^2/s a 400 °C. Calcule a energia de ativação, em kJ/mol, para essa faixa de temperatura. R = 8,314 J/(mol . K).

5.32 O coeficiente de difusão dos átomos de ferro no ferro CCC é $4,5 \times 10^{-23}$ m^2/s a 400 °C e $5,9 \times 10^{-16}$ m^2/s a 800 °C. Calcule a energia de ativação, em kJ/mol, para essa faixa de temperatura. R = 8,314 J/(mol · K).

Problemas de síntese e avaliação

*5.33 A concentração de manganês (Mn) a 500 °C na superfície de uma amostra de ferro é 0,6% atômica. A distância de 2 mm abaixo da superfície, a concentração é 0,1 % atômica. Determine o fluxo de átomos de Mn entre a superfície e o plano a 2 mm de profundidade. *Sugestão*: Converta % atômica para átomos/m^3 usando dados da Tabela 3.2.

5.34 A concentração de carbono a 1.000 °C na superfície de uma engrenagem de aço 1018 é 0,8% em peso. Determine o fluxo de átomos de carbono entre a superfície e um plano a 25 mm abaixo da superfície onde a concentração de carbono não é afetada pela concentração da superfície. *Sugestão*: Converta % em peso para átomos/m^3 usando dados da Tabela 3.2.

5.35 Uma liga cobre-zinco (85%Cu–10%Zn) (% em peso) é acoplada com cobre puro (interfaceada) e é, então, aquecida à temperatura de 1.000 °C. (a) Quanto tempo levará para que a concentração de zinco chegue a 0,2%, 2,5 mm abaixo da interface? (b) Qual será a concentração de zinco no mesmo ponto caso o tempo seja o dobro do tempo calculado no item (a)?

*5.36 Uma barra de níquel puro é acoplada com uma barra de ferro puro (interfaceada) e é, então, aquecida à temperatura de 1.000 °C. (a) Quanto tempo levará para que a concentração de níquel atinja 0,1% em peso, a 1,0 μm abaixo da interface? (b) Quanto tempo levará para que a concentração de níquel atinja 0,1% em peso, a 1,0 mm abaixo da interface? (c) O que a comparação entre as duas respostas obtidas mostra?

5.37 A constante de proporcionalidade, D_0, do carbono em titânio HC é 25,5 vezes maior do que a do carbono em ferro CFC. A energia de ativação do carbono em titânio HC é 1,28 vezes a do carbono em ferro CFC. Determine Q e D_0 para o carbono em ferro CFC. Verifique suas respostas com a Tabela 5.4.

*5.38 A constante de proporcionalidade D_0 do ferro em ferro CCC é 9,1 vezes maior do que a em ferro CFC. A energia de ativação do ferro em ferro CCC é 86% daquela do ferro em ferro CFC. Determine Q e D_0 para o ferro em ferro CFC. Verifique suas respostas com a Tabela 5.4.

5.39 A energia de ativação dos átomos de níquel em ferro CFC é 280 kJ/mol e a dos átomos de carbono em ferro CFC é 142 kJ/mol. (a) O que isso lhe diz sobre a difusão comparativa de níquel e de carbono em ferro? (b) Você pode explicar por que as energias de ativação são tão radicalmente diferentes? (c) Encontre uma maneira de explicar qualitativamente o quanto de energia representa 142 kJ para um não engenheiro ou um não cientista.

5.40 As temperaturas de fusão do cobre e do alumínio são 1.083 °C e 657 °C, respectivamente. Compare os coeficientes de difusão do cobre em cobre e do cobre em alumínio a 500 °C (utilize a Tabela 5.2). Você pode explicar por que existe uma diferença tão drástica?

5.41 A autodifusão dos átomos de ferro no ferro CCC é significativamente maior do que àquela existente em ferro CFC (ver Tabela 5.2). Explique o porquê.

5.42 O que se pode esperar: a taxa de difusão do cobre (autodifusão) será maior ou menor em cobre com tamanho de grão ASTM 4 em relação ao cobre com tamanho de grão ASTM 8?

5.43 O que se pode esperar: a taxa de difusão do cobre (autodifusão) será menor em uma amostra de cobre puro que apresenta discordâncias ou em uma amostra de cobre puro, livre de discordâncias (ver Seção 4.4.2 para as características das discordâncias)?

5.44 O que se pode esperar: no NaCl, a maior energia de ativação será do cátion (Na^+) ou do ânion (Cl^-)? Por quê?

5.45 O processo de difusão em regime não estacionário é mais sensível à temperatura ou ao tempo? Explique por meio de equações pertinentes.

5.46 Demonstre, usando apenas equações, que com o aumento do tempo no processo de cementação, a concentração C_x aumenta.

5.47 Se o hidrogênio se difunde em ligas ferrosas, ele vai tornar o material muito mais frágil e suscetível à quebra. A energia de ativação do hidrogênio em aço é de 3,6 kcal/mol. Deveríamos nos preocupar com a fragilização por hidrogênio de vários tipos de aço (é muito provável que ocorra)? Explique.

5.48 Na metalurgia do pó, as partículas sólidas são formadas primeiro pela densificação por meio de pressão/compactação à temperatura ambiente. As partículas são pressionadas umas contra as outras e são formados "pescoços" no ponto de contato entre elas (ver Figura P5.48a). A próxima etapa é seguida de sinterização em que o compactado densificado é aquecido a uma temperatura elevada. Os estágios de sinterização estão entre 1.000 °C (Figura P5.48b) e 1.050 °C (Figura P5.48d). Que observação você pode fazer sobre as características físicas do compactado à temperatura ambiente para aquele sinterizado a 1.050 °C? Qual é a razão para esta mudança?

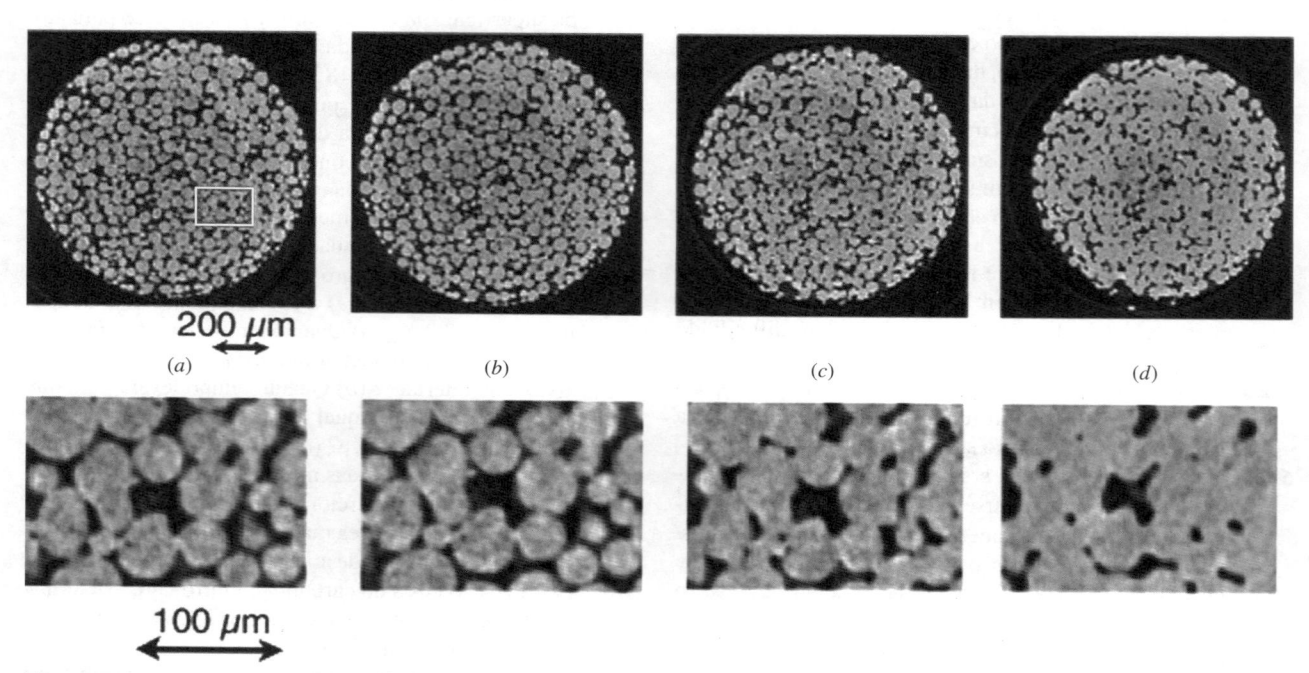

Figura P5.48
(© 2009 ESRF.)

CAPÍTULO 6

Propriedades Mecânicas dos Metais I

(a) (Getyy/RG.)

(b) (Getyy/RG.)

METAS DE APRENDIZAGEM

Ao final deste capítulo, o aluno será capaz de:

1. Descrever as operações de conformação que são mais comumente utilizadas para conferir formatos funcionais aos metais. Diferenciar entre produtos trabalhados e fundidos. Diferenciar também os processos a quente e a frio de conformação.
2. Explicar a definição real de tensão e de deformação em engenharia.
3. Explicar as diferenças entre deformação elástica e plástica em escalas atômicas, micro e macro.
4. Explicar as diferenças e interações entre tensão e deformação.
5. Explicar o que é um ensaio de tensão e deformação (ou ensaio de tração), quais os tipos de máquinas são utilizadas para executar os ensaios, e quais informações a respeito das propriedades podem ser extraídas destes ensaios.
6. Definir dureza e explicar como é medida. Descrever as várias escalas de dureza disponíveis.
7. Descrever a deformação plástica de um monocristal a nível atômico. Descrever o conceito de deslizamento, de discordâncias, e maclas, bem como a importância destes na deformação plástica de um monocristal.
8. Definir escorregamento crítico em sistemas CCC, CFC e HC de monocristais.
9. Descrever a lei de Schmid e suas aplicações na determinação da tensão de cisalhamento resolvida crítica.
10. Descrever o efeito do processo de deformação plástica nas propriedades e na estrutura de grãos de materiais policristalinos.
11. Explicar o efeito do tamanho de grão (equação de Hall-Petch) e do contorno de grão na deformação plástica e nas propriedades de um metal.
12. Descrever os vários mecanismos de aumento de resistência para os metais.
13. Descrever o processo de recozimento e os seus impactos sobre as propriedades e a microestrutura de um metal trabalhado a frio.
14. Descrever o comportamento superplástico dos metais
15. Descrever o que são metais nanocristalinos e quais as vantagens que podem oferecer.

Os metais são produzidos em formas funcionais a partir de uma grande variedade de processos de conformação a quente ou a frio. Talvez um dos exemplos mais importantes, que revelam o uso de processos de conformação, é na fabricação de peças de automóveis (ambos; a carcaça e o motor). O bloco do motor seja geralmente feito de ferro fundido ou de ligas de alumínio, o cilindro e os orifícios são feitos por furação, mandrilhamento e abertura de roscas; as cabeças dos cilindros também são feitos de alumínio fundido; bielas, virabrequins e cames são forjados (algumas vezes fundidos) e então, finamente retificados; os painéis da carroceria, incluindo o teto, tampa do porta-malas, portas e painéis laterais são estampados a partir de chapas de aço e, em seguida, unidos por solda-ponto (figura *a*, da página anterior). Quando o número de operações para produzir uma peça aumenta, o resultado direto é a elevação do custo da peça e o custo geral do produto. Para reduzir os custos, os fabricantes seguem o conceito de manufatura "Near Net Shape" (próximo da forma final), em que o produto é produzido com o menor número de operações e com a menor quantidade de usinagem de acabamento ou retificação possíveis. Peças automotivas com formas complexas e assimétricas, tais como engrenagens ou juntas universais, são forjadas quase prontas para instalar (figura *b*, da página anterior).

Neste capítulo, em primeiro lugar serão analisados alguns dos métodos básicos de processamento de metais e ligas para obtenção de diversos produtos. Em seguida, são definidos os conceitos de tensão e de deformação em materiais metálicos, e descreve-se, ainda, o ensaio de tração que é usado para determinar essas propriedades. Aborda-se, também, a dureza e o ensaio de dureza de materiais metálicos. Em seguida, a deformação plástica de metais monocristalinos e policristalinos são explicadas. O endurecimento de metais por solução sólida é apresentado, em seguida os processos de recozimento e seus efeitos sobre metais trabalhados a frio. Terminam este capítulo metais superplásticos e nanocristalinos.

6.1 PROCESSAMENTO DE METAIS E LIGAS

6.1.1 Fundição de metais e ligas

No processamento da maior parte dos materiais metálicos, estes são, em primeiro lugar, fundidos em um forno que funciona como reservatório de material líquido. Elementos de liga podem ser adicionados ao metal líquido para obter ligas com diferentes composições. Por exemplo, é possível adicionar magnésio sólido ao alumínio líquido; depois de fundido, o magnésio é misturado mecanicamente (isto é, sem formar compostos) com o alumínio, de modo a obter uma liga homogênea líquida de alumínio-magnésio. Depois de remover as impurezas (óxidos), e o indesejável hidrogênio gasoso da liga Al-Mg fundida, ela é vazada em um molde de uma unidade semicontínua de fundição em coquilha, conforme se mostra na Figura 4.8. Os lingotes de grandes dimensões, como o da Figura 4.1, são obtidos deste modo para a produção de folhas e/ou chapas metálicas. Lingotes com outros tipos de seções transversais são também vazados de modo semelhante, como é o caso dos lingotes de seção transversal circular para extrusão.

Os produtos semiacabados são produzidos a partir de lingotes com uma forma base (forma inicial) adequada (pré-forma). A laminação de lingotes provoca uma redução de espessura obtendo-se folhas[1] e chapas[2] (Figura 6.1). As formas extrudadas, como tubos e perfis estruturais, são obtidas a partir de lingotes para extrusão, enquanto varas (perfis) e fios são produzidos a partir de fio-máquina. Todos estes produtos, que são fabricados por **deformação a quente** ou **a frio** de lingotes metálicos de grandes dimensões, são chamados de produtos de *ligas metálicas trabalháveis* (isto é, obtidos por trabalho mecânico). Os efeitos da deformação permanente na estrutura e nas propriedades dos materiais metálicos serão explicados nas Seções 6.5 e 6.6.

Em menor escala, o metal líquido pode ser vazado em um molde com a forma do produto final, sendo necessárias, neste caso, pequenas operações de usinagem ou de acabamento para obter a peça final. Os produtos obtidos deste modo são denominados *produtos fundidos*, e, as ligas usadas, *ligas para fundição*. Por exemplo, os pistões dos motores para automóveis são geralmente obtidos por vazamento do metal líquido em moldes permanentes de aço. A Figura 6.1 mostra um esquema de um molde permanente simples, com a peça vazada. Na fotografia da Figura 6.2*a*, pode-se ver um operário vazando uma liga de alumínio em um molde permanente para obter um par de pistões; a Figura 6.2*b* mostra as peças vazadas após terem sido retiradas do molde. Depois de rebarbado (cortada a rebarba), tratado termicamente e usinado, o pistão acabado (Figura 6.2*c*) está pronto para ser instalado no motor do automóvel.

---

[1] Neste livro, define-se folha como sendo um produto laminado com seção transversal retangular e espessura entre 0,015 e 0,063 cm.
[2] Neste livro, define-se chapa como sendo um produto laminado com seção transversal retangular e espessura igual ou superior a 0,635 cm.

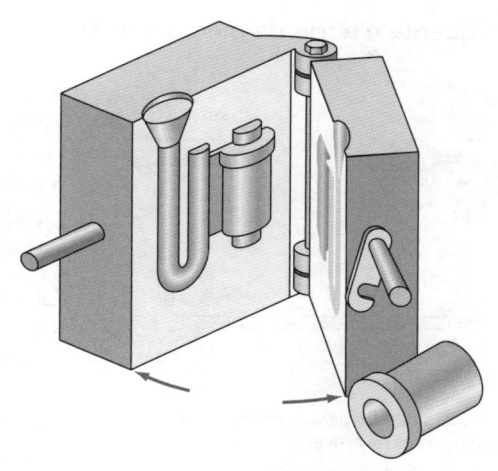

Figura 6.1
Fundição em molde permanente. Na metade esquerda do molde, está representada a peça solidificada com o canal de ataque e o macho metálico. A peça final está representada à frente do molde.
(H.F. Taylor, M.C. Flemings and J. Wulff, "Foundry Engineering", Wiley, 1959, p. 58.)

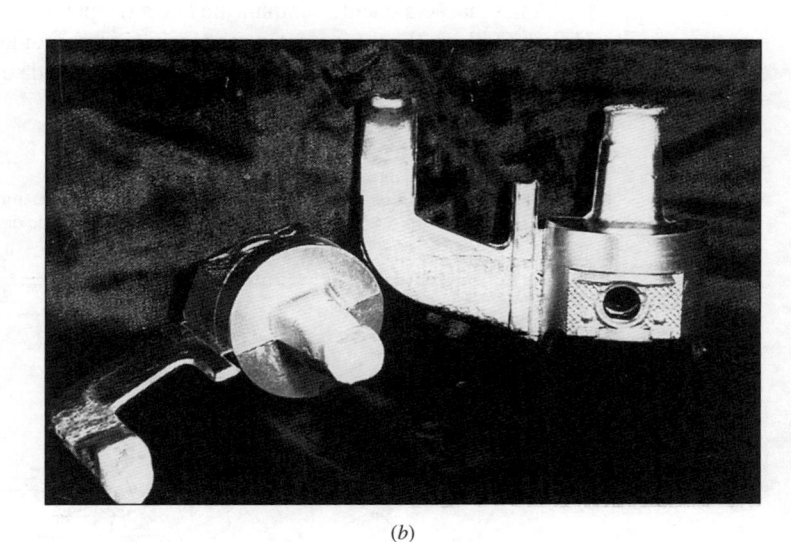

(a)

(b)

(c)

Figura 6.2
(a) Vazamento de uma liga de alumínio em molde permanente de um par de pistões. (b) Pistões de uma liga de alumínio depois de serem retirados do molde apresentado em (a). (c) Pistão, tratado termicamente e usinado, pronto para ser colocado num motor para automóvel.
(Cortesia da Companhia General Motors.)

6.1.2 Laminação a quente e a frio de metais e ligas

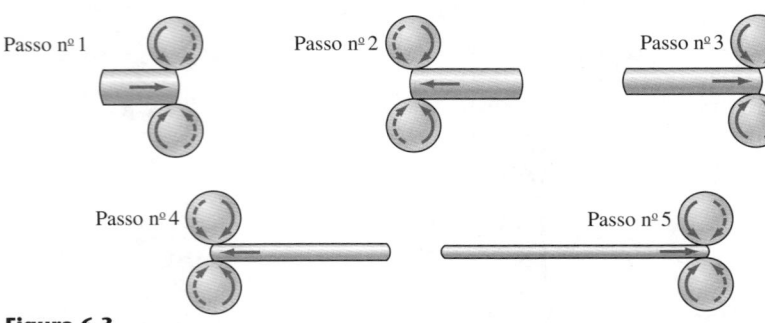

Figura 6.3
Esquema da sequência de operações de laminação a quente para a transformação de um lingote em uma placa, em um trem de laminadores reversível tipo duo.
(H.E. McGannon (ed.), "The Making, Shaping and Treating of Steel", 9. ed., United States Steel, 1971, p. 677. Cortesia da United States Steel Corporation.)

A laminação a quente e a frio são muitos usadas no processamento dos metais e das ligas. Por meio destes processos podem ser obtidas chapas, finas ou grossas, com grandes comprimentos e seções transversais uniformes.

Laminação a quente de lingotes para folha Quando o metal está quente, é possível conseguir maiores reduções de espessura, em cada um dos passos de laminação. Portanto, para obtenção das chapas, primeiro é efetuada a laminação a quente de lingotes. Antes dessa etapa, os lingotes, para folha e placa, devem ser pré-aquecidos a temperaturas elevadas em um forno tipo poço (no caso do aço, cerca de 1.200 ºC). Entretanto, algumas vezes é possível laminar a quente lingotes diretamente da fundição. Depois de serem retirados do forno tipo poço, os lingotes são laminados a quente em um trem de laminação (Figura 6.3).

A laminação a quente continua até que a temperatura fique abaixo de um ponto onde o processo se torne difícil. O bloco (lingote) é então reaquecido, prosseguindo no processo, geralmente até que a espessura da folha seja fina o suficiente para permitir que seja cortada e enrolada em uma bobina. Na maior parte das ope-

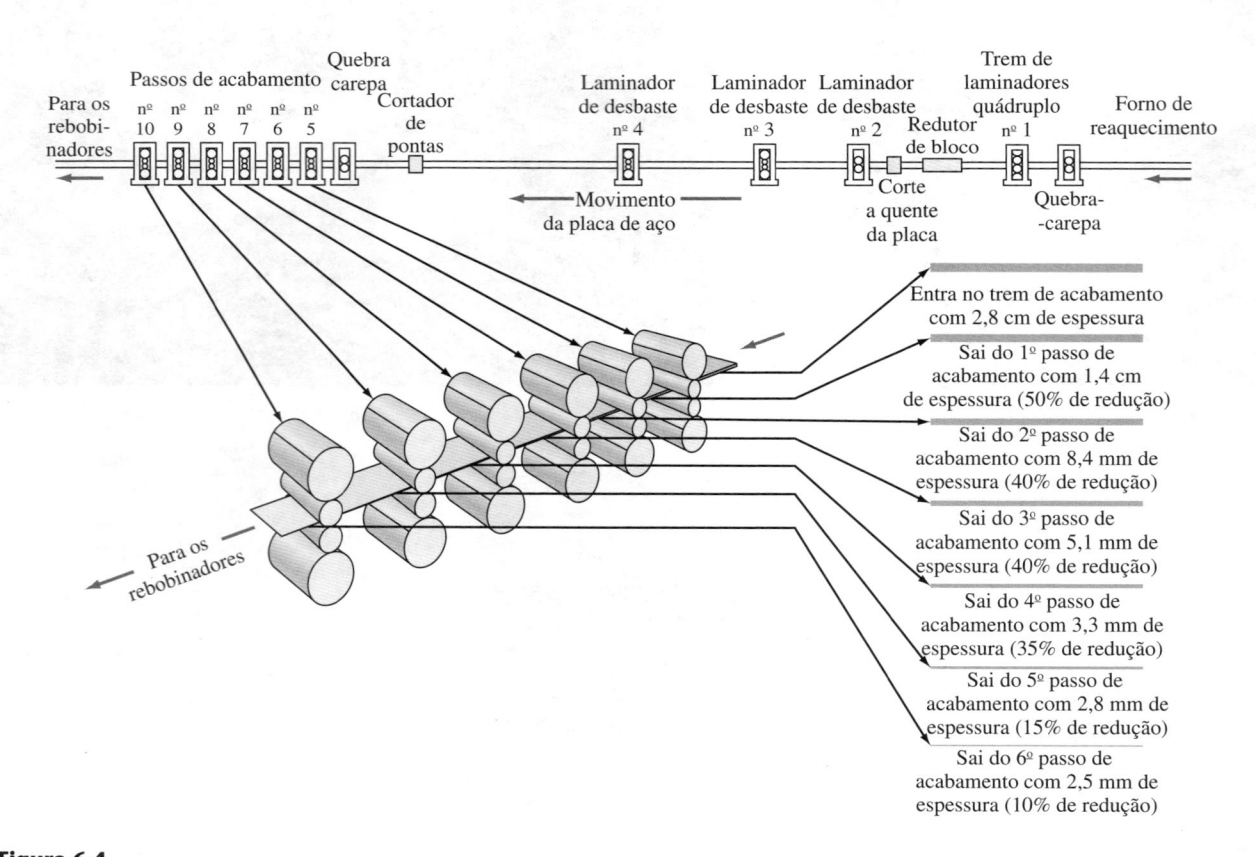

Figura 6.4
Valores típicos de redução de espessura usados em cada passo de acabamento, em um trem de laminadores a quente, equipado com quatro passos de desbaste e seis passos de acabamento. O esquema está fora de escala.
(H.E. McGannon (ed.), "The Making, Shaping and Treating of Steel", 9. ed., United States Steel, 1971, p. 937. Cortesia da United States Steel Corporation.)

rações em grande escala, a laminação a quente das folhas é feita em um conjunto de trens de laminadores do tipo quádruplo, conforme se mostra na Figura 6.4 a laminação a quente de um filete de aço.

Laminação a frio de folhas de metal[3] Depois da laminação a quente, que pode também incluir alguma **laminação a frio**, as bobinas de placas metálicas são geralmente reaquecidas. Este tratamento térmico é chamado de **recozimento**, visa amaciar o material, eliminando o eventual encruamento produzido durante a operação de laminação a quente. Este processo a frio, normalmente ocorre à temperatura ambiente, é feito nas placas em um conjunto de trens de laminadores do tipo quádruplo em ambos os tipos: trem único ou trens em série (Figura 6.5). A fotografia da Figura 6.6 mostra a laminação a frio de uma chapa de aço, realizada em um trem de laminação industrial.

O **percentual de redução a frio** de uma folha ou placa pode ser calculado como se segue:

$$\% \text{ redução a frio} = \frac{\text{espessura inicial} - \text{espessura final}}{\text{espessura metal inicial}} \times 100\% \quad (6.1)$$

EXEMPLO 6.1

Calcule a porcentagem de redução a frio que ocorre ao laminar a frio uma chapa de uma liga de alumínio, cuja espessura passa de 3,00 para 1,00 mm.

■ **Solução**

$$\% \text{ redução a frio} = \frac{\text{espessura inicial} - \text{espessura final}}{\text{espessura inicial}} \times 100\%$$

$$= \frac{3,05 \text{ mm} - 1,02 \text{ mm}}{3,05 \text{ mm}} \times 100\% = \frac{2,03 \text{ mm}}{3,05 \text{ mm}} \times 100\%$$

$$= 66,7\%$$

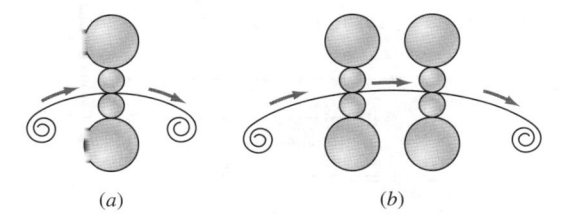

Figura 6.5
Esquema do movimento do material durante a laminação a frio de uma chapa metálica em um trem de laminadores tipo quádruplo: (*a*) um só trem; (*b*) dois trens em série.

Figura 6.6
Laminação a frio de uma folha de aço. Trens deste tipo são usados na laminação a frio de placas de aço, chapa de estanho e metais não ferrosos.
(Cortesia da Bethlehem Steel Co.)

---

[3]Laminação a frio dos metais é geralmente feita em uma temperatura abaixo da temperatura de recristalização e, como resultado, obtém-se o encruamento do metal.

EXEMPLO 6.2

Uma folha de uma liga com 70% Cu e 30% Zn foi laminada a frio, sofrendo uma redução de 20% e ficando com uma espessura de 3,00 mm. Em seguida, a folha voltou a ser laminada a frio até uma espessura de 2,00 mm. Qual é a porcentagem total de redução a frio?

■ **Solução**

Inicialmente, determinemos a espessura inicial da folha considerando a primeira redução a frio de 20%. Chamando a espessura inicial de x. Então,

$$\frac{x - 3{,}00 \text{ mm}}{x} = 0{,}20$$

ou

$$x - 3{,}00 \text{ mm} = 0{,}20x$$
$$x = 3{,}75 \text{ mm}$$

Podemos agora determinar a porcentagem *total* de redução a frio, desde a espessura inicial até a espessura final, a partir da relação

$$\frac{3{,}75 \text{ mm} - 2{,}00 \text{ mm}}{3{,}75 \text{ mm}} = \frac{1{,}75 \text{ mm}}{3{,}75 \text{ mm}} = 0{,}466 \text{ ou } 46{,}6\%$$

6.1.3 Extrusão de metais e ligas

A **extrusão** é um processo de conformação plástica, no qual, por ação de uma tensão elevada, um material é forçado a passar por meio de uma matriz aberta, provocando uma redução da seção transversal (Figura 6.7). Na maior parte dos materiais metálicos, esse processo é utilizado para fabricar barras cilíndricas ou tubos. No caso dos metais mais dúcteis, tais como o alumínio e o cobre e algumas das suas ligas, são produzidas também frequentemente formas com seções transversais complexas. A maior parte dos metais são extrudados a quente, já que a resistência à deformação do metal é menor do que se fosse a frio. Durante esse processo, o tarugo em uma prensa de extrusão será forçado pelo êmbolo da extrusora a passar através de uma matriz. Como a deformação do metal é contínua, são obtidos grandes comprimentos com a seção transversal desejada.

Os dois principais tipos de extrusão são a *extrusão direta* e a *extrusão inversa*. Na extrusão direta, o tarugo do material é colocado na prensa de extrusão e forçado pelo êmbolo de extrusão a passar diretamente através de uma matriz (Figura 6.7a). Na extrusão inversa, um êmbolo oco suporta a matriz, estando a outra extremidade do contentor da prensa de extrusão fechada por um prato (Figura 6.7b). As forças de atrito e a potência necessárias para realizar a extrusão inversa são menores do que as necessárias para efetuar a extrusão direta. Contudo, as forças que podem ser aplicadas usando o êmbolo oco do processo inverso são menores do que as que podem ser usadas na extrusão direta.

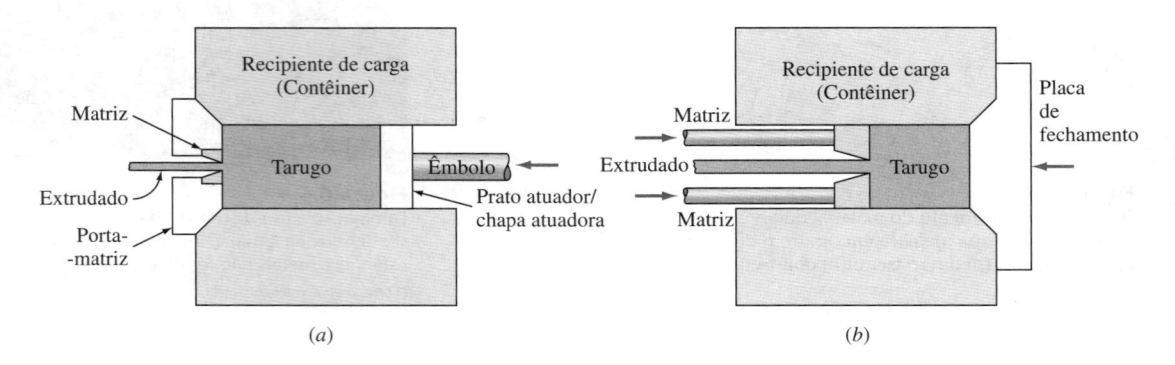

Figura 6.7
Principais tipos de extrusão de metais: (*a*) direta e (*b*) inversa.
(G. Dieter, *Mechanical Metallurgy*, 2. ed., McGraw-Hill, 1976, p. 639. Reproduzido com permissão da The McGraw-Hill Companies.)

A extrusão é utilizada principalmente para produzir barras, tubos e formas irregulares de metais não ferrosos com temperaturas de fusão baixas, tais como o alumínio e o cobre e as respectivas ligas. Contudo, devido ao desenvolvimento de prensas de extrusão mais robustas e à melhoria de lubrificantes, como por exemplo o de vidro, é possível extrudar a quente alguns aços-carbono e aços inoxidáveis.

6.1.4 Forjamento

O **forjamento** é outro método básico de conformação de metais. No processo de forjamento, o metal é martelado ou prensado na forma desejada. A maior parte das operações de forjamento é realizada com o material quente, muito embora em alguns casos possa também ser forjado a frio. Existem dois métodos principais de forjamento: por *impacto* e *forjamento em prensa*. Por impacto, um martelo atua repetidamente, exercendo uma força de choque contra a superfície do metal. Já no forjamento em prensa, o material é submetido a uma força progressiva de compressão (Figura 6.8).

Esses processos podem também ser classificados como *forjamento em matriz aberta* ou *forjamento em matriz fechada*. O forjamento em matriz aberta se realiza entre duas matrizes planas ou em matrizes com formas muito simples, tais como cavidades semicirculares ou em forma de "V" (Figura 6.9) e é especialmente utilizado para fabricar peças de grandes dimensões, como eixos de aço para turbinas a vapor e geradores elétricos.

No forjamento em matriz fechada, o metal é colocado entre duas matrizes que têm cavidades internas, que são as metades superior e inferior da peça que se pretende forjar. O forjamento em matriz fechada pode se realizar utilizando apenas um par de matrizes ou então matrizes de impressão múltipla (sequenciais). Como exemplo de forjamento em matriz fechada em que se utiliza uma matriz de impressão múltipla, tem-se o forjamento de bielas dos motores para automóveis (Figura 6.10).

Figura 6.8
Manipulador de grande capacidade posicionando um lingote, enquanto uma prensa de 10.000 t forja o aço quente para uma forma próxima a do produto acabado.
(H.E. McGannan (ed.), "The Making, Shaping and Treating ot Steel", 9. ed., United States Steel, 1971, p. 1044.)

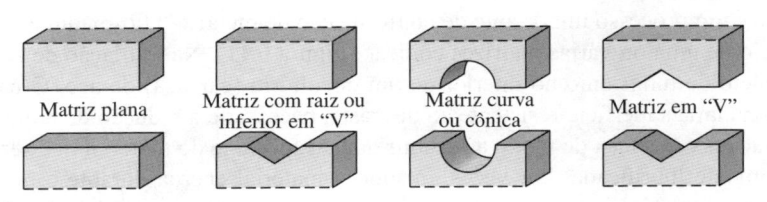

Matriz plana   Matriz com raiz ou inferior em "V"   Matriz curva ou cônica   Matriz em "V"

Figura 6.9
Formas básicas de forjamento em matriz aberta.
(H.E. McGannan (ed.), "The Making, Shaping and Treating of Steel", 9. ed., United States Steel, 1971, p. 1045.)

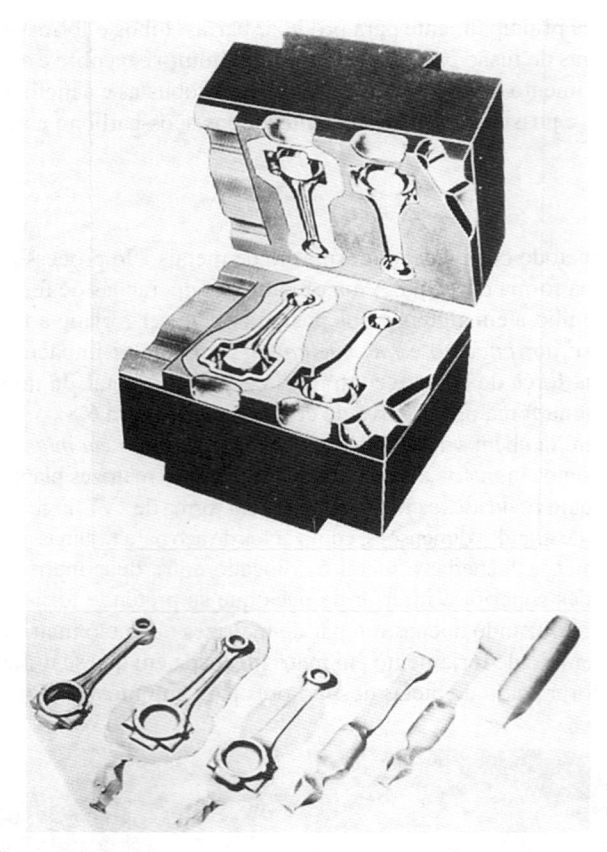

Figura 6.10
Conjunto de matrizes para forjamento em matriz fechada utilizado na produção de bielas para automóveis.
(*Cortesia de Forging Industry Association.*)

De modo geral, os processos de forjamento são utilizados para fabricar formas complexas que necessitam ser trabalhadas com o objetivo de propiciar uma melhor estrutura, através da redução da porosidade e do refino da estrutura interna (refino de grãos). Por exemplo, uma chave inglesa que tenha sido obtida por forjamento será mais tenaz e mais difícil de quebrar do que uma simplesmente fundida. O forjamento é por vezes utilizado para destruir a estrutura bruta de solidificação de lingotes de algumas ligas metálicas (por exemplo, certas ferramentas feitas de aço), de modo que o material fique mais homogêneo e não quebre tão facilmente durante a deformação subsequente.

6.1.5 Outros processos de conformação de metais

Existem muitos tipos de processos ditos secundários de conformação de materiais metálicos, cuja descrição ultrapassa o objetivo deste livro. Contudo, descreveremos resumidamente dois: a *trefilação* de fios ou arames e a *estampagem* de chapas metálicas.

A **trefilação** é um processo importante de conformação de metais. O fio-máquina ou arame inicial é puxado por meio de uma ou várias matrizes cônicas (Figura 6.11). Na trefilação de aço, insere-se uma fieira de carboneto de tungstênio no interior de um envoltório (carcaça) de aço. O carboneto, por ser duro, proporciona uma superfície resistente ao desgaste, necessária à redução do arame de aço. Devem tomar-se precauções especiais, de modo a garantir que a superfície do material que será trefilado esteja limpa e devidamente lubrificada. Por vezes, quando o material encrua durante o processamento, são necessários tratamentos térmicos intermediários para amaciamento do material. Os procedimentos utilizados variam de forma considerável, dependendo do metal ou da liga a trefilar, do diâmetro final e da dureza pretendida.

> **EXEMPLO 6.3**
>
> Calcule a porcentagem de redução a frio que ocorre quando um arame de cobre recozido é trefilado a frio, passando do diâmetro de 1,27 mm (0,050 in) para 0,813 mm (0,032 in).
>
> ■ **Solução**
>
> $$\% \text{ redução a frio} = \frac{\text{variação de área da seção transversal}}{\text{área inicial}} \times 100\%$$
>
> $$= \frac{(\pi/4)(1,27 \text{ mm})^2 - (\pi/4)(0,813 \text{ mm})^2}{(\pi/4)(1,27 \text{ mm})^2} \times 100\% \quad (6.2)$$
>
> $$= \left[1 - \frac{(0,813)^2}{(1,27)^2}\right](100\%)$$
>
> $$= (1 - 0,41)(100\%) = 59\% \blacktriangleleft$$

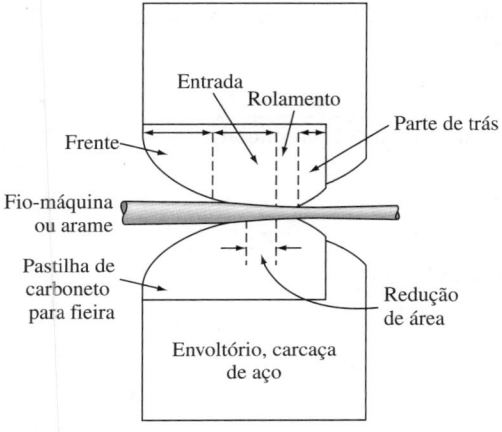

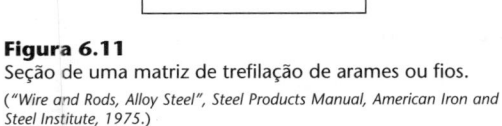

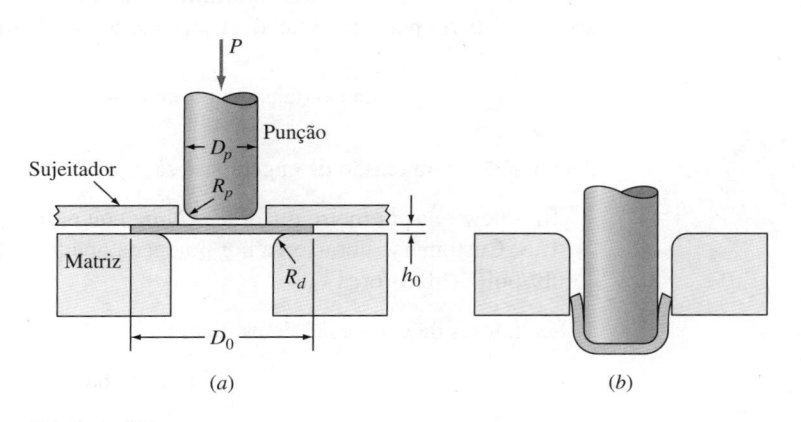

Figura 6.11
Seção de uma matriz de trefilação de arames ou fios.
("Wire and Rods, Alloy Steel", Steel Products Manual, American Iron and Steel Institute, 1975.)

Figura 6.12
Estampagem de um copo cilíndrico (*a*) antes da estampagem e (*b*) depois da estampagem.
(G. Dieter, "Mechanical Metallurgy", 2. ed., McGraw-Hill, 1976, p. 688.)

O **embutimento** ou **estampagem profunda** é outro processo de conformação de metais que é utilizada para transformar chapas finas em peças com formato côncavo. A chapa metálica é colocada sobre uma matriz com a forma desejada e, em seguida, prensada para dentro da matriz por meio de punção (Figura 6.12). Geralmente, utiliza-se um sujeitador para permitir que o material seja estampado suavemente na matriz e impedir o enrugamento.

6.2 TENSÃO E DEFORMAÇÃO EM MATERIAIS METÁLICOS

Na primeira seção deste capítulo, examinamos brevemente a maior parte dos principais métodos pelos quais os materiais metálicos são processados para se obter produtos semi-acabados por fundição e conformação mecânicas. Tendo em vista as aplicações de engenharia, veremos como são avaliadas as propriedades: resistência mecânica e ductilidade.

6.2.1 Deformação elástica e plástica

Quando uma peça metálica é submetida a uma força de tração uniaxial, ocorre deformação. Se este material retorna às dimensões iniciais ao se retirar a força, costuma-se chamar este efeito de deformação elástica. A quantidade de **deformação elástica** que um material metálico pode sofrer é pequena, já que neste tipo de deformação os átomos se afastam das posições originais, sem, no entanto, ocuparem novas posições. Assim, quando se retira a força aplicada a um metal deformado elasticamente, os átomos voltam às posições originais e o material retoma a forma original. Caso o material for deformado de tal modo que não consiga retornar às dimensões originais, então denomina-se o efeito de *deformação plástica*. Durante esse processo, os átomos do material metálico são deslocados *permanentemente* das posições originais e passam a ocupar novas posições. A capacidade que alguns metais apresentam de permitir grandes deformações plásticas sem que ocorra quebra é uma das mais importantes propriedades de engenharia dos metais. Por exemplo, a grande deformabilidade (conformabilidade) plástica dos aços permite que certas partes de um automóvel, como para-lamas, capotas e portas, possam ser obtidas por estampagem mecânica, sem que ocorra quebra do material.

6.2.2 Tensão e deformação de engenharia

Resistência a deformação   Tensão de engenharia. Consideremos uma barra cilíndrica de comprimento l_0 e área da seção reta A_0 submetida a uma força de tração uniaxial F, conforme mostra a Figura 6.13. Por definição, a **tensão nominal** σ na barra é igual ao quociente da força de tração uniaxial F aplicada à barra pela área inicial da seção reta A_0 da barra. Assim,

$$\text{Tensão de engenharia } \sigma = \frac{F \text{ (força de tração uniaxial média)}}{A_0 \text{ (área da seção transversal inicial)}} \tag{6.3}$$

As unidades para tensão de engenharia são:

SI = newtons por metro quadrado (N/m^2) ou pascal (Pa), onde $1 N/m^2 = 1$ Pa
U.S. Customary: libra-força por polegada quadrada (lb_f/pol^2 ou psi);
lb_f/pol^2 = libra-força

Os fatores de conversão de psi para pascal são:

$$1 \text{ psi} = 6{,}89 \times 10^3 \text{ Pa}$$
$$10^6 \text{ Pa} = 1 \text{ megapascal} = 1 \text{ MPa}$$
$$1000 \text{ psi} = 1 \text{ ksi} = 6{,}89 \text{ MPa}$$

EXEMPLO 6.4

Uma barra de alumínio com 12,7 mm de diâmetro foi submetida a uma força de 11.120 N. Calcule a tensão de engenharia na barra, em Pa.

- **Solução**

$$\sigma = \frac{\text{força}}{\text{área da seção inicial}} = \frac{F}{A_0}$$

$$= \frac{11.120 \text{ N}}{(\pi/4)(12{,}7 \text{ mm})^2} = 12{,}700 \text{ N/mm}^2 \blacktriangleleft$$

EXEMPLO 6.5

Uma barra com 1,25 cm de diâmetro é submetida a uma carga de 2.500 kg. Calcule a tensão de engenharia na barra, em megapascal (MPa).

- **Solução**

A carga aplicada à barra corresponde a uma massa de 2.500 kg. Em unidades SI, a força aplicada à barra é igual ao produto da massa pela aceleração da gravidade ($9{,}81 m/s^2$), ou seja,

$$F = ma = (2.500 \text{ kg})(9{,}81 \text{ m/s}^2) = 24.500 \text{ N}$$

O diâmetro d da barra é 1,25 cm = 0,0125 m. Assim, a tensão de engenharia na barra é

$$\sigma = \frac{F}{A_0} = \frac{F}{(\pi/4)(d^2)} = \frac{24.500 \text{ N}}{(\pi/4)(0,0125 \text{ m})^2}$$

$$= (2,00 \times 10^8 \text{ Pa})\left(\frac{1 \text{ MPa}}{10^6 \text{ Pa}}\right) = 200 \text{ MPa} \blacktriangleleft$$

Deformação de engenharia Quando se aplica uma força de tração uniaxial a uma barra cilíndrica, conforme ilustra a Figura 6.13, a barra cilíndrica se alonga segundo a direção de aplicação da força. Este deslocamento é denominado *deformação de engenharia*. Por definição, a deformação de engenharia, que é provocada pela ação da força de tração uniaxial aplicada à amostra metálica, é dada pelo quociente entre a variação de comprimento da amostra segundo a direção de aplicação da força e o comprimento inicial da amostra. Assim, a deformação de engenharia da barra metálica representada na Figura 6.13 (ou de uma amostra metálica semelhante) é:

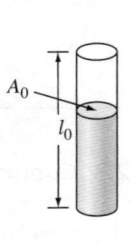

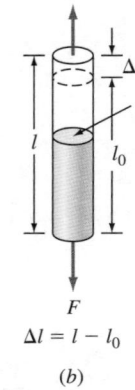

$$\text{Deformação de engenharia } \epsilon = \frac{l - l_0}{l_0} = \frac{\Delta l \text{ (variação do comprimento da amostra)}}{l_0 \text{ (comprimento inicial da amostra)}} \quad (6.4)$$

onde

l_0 = comprimento inicial da amostra
l = novo comprimento da amostra durante a aplicação da força de tração uniaxial.

Na maior parte dos casos, a deformação de engenharia é determinada com base em um pequeno comprimento, geralmente 5,1 cm, chamado de *comprimento de referência*, marcado em uma amostra muito maior, por exemplo, com 20,3 cm de comprimento (ver Exemplo 6.6).

As unidades para deformação de engenharia são:

SI = metro por metro (m/m)
U.S. Customary: polegada/polegada (in./in.)

De modo que deformação de engenharia possui *unidades adimensionais*.

No cotidiano das indústrias, é usual exprimir a deformação de engenharia em deformação percentual ou alongamento percentual:

$$\text{deformação de engenharia} \times 100\% \text{ alongamento}$$

Figura 6.13
Alongamento de uma barra cilíndrica de um material metálico submetido a uma força de tração uniaxial F. (*a*) Barra cilíndrica sem qualquer força aplicada; (*b*) barra cilíndrica submetida a uma força de tração uniaxial F, que provoca o alongamento da barra cilíndrica desde o comprimento l_0 até l.

Virtual Lab

EXEMPLO 6.6

Uma amostra de alumínio comercialmente puro com 1,27 mm de largura, 0,10 cm de espessura e 20,3 mm de comprimento, com duas marcas na parte central a distância de 5,1 mm, é deformada, de modo a que a distância entre as marcas passe a ser 6,65 mm (Figura 6.14). Calcule a deformação nominal e o alongamento percentual sofrido pela amostra.

- **Solução**

$$\epsilon = \frac{l - l_0}{l_0} = \frac{6,7 \text{ mm} - 5,1 \text{ mm}}{5,1 \text{ mm}} = \frac{1,6}{5,1} = 0,314 \blacktriangleleft$$

$$\text{alongamento percentual} = 0,314 \times 100\% = 31,4\% \blacktriangleleft$$

Figura 6.14
Corpo de prova plano (chapa) de tração, antes e após deformação.

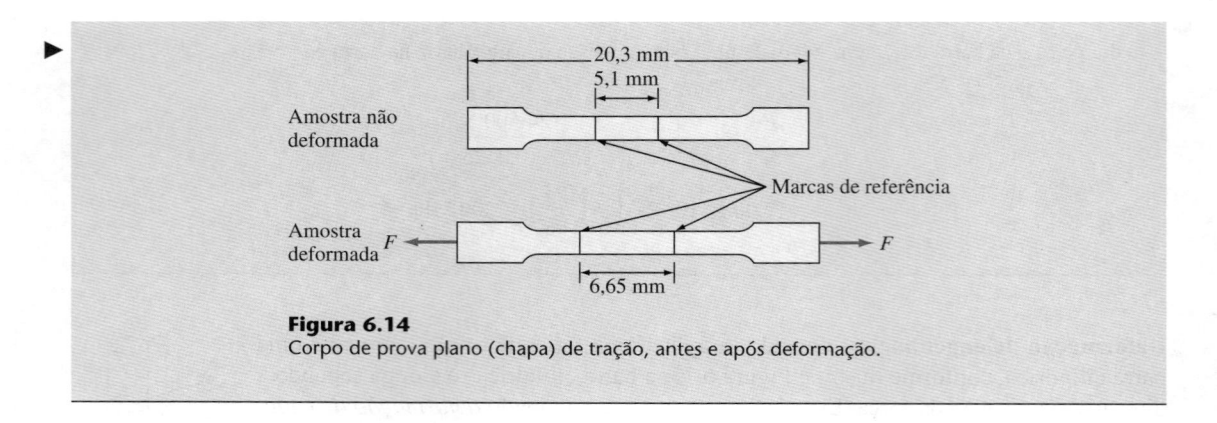

6.2.3 Coeficiente de Poisson

A deformação elástica longitudinal de um material metálico é acompanhada de uma variação das dimensões transversais. Conforme se indica na Figura 6.15b, a tensão de tração σ_z provoca uma deformação axial $+\epsilon_z$ e contrações laterais $-\epsilon_x$ e $-\epsilon_y$. No comportamento isotrópico[4], ϵ_x e ϵ_y são iguais. A razão

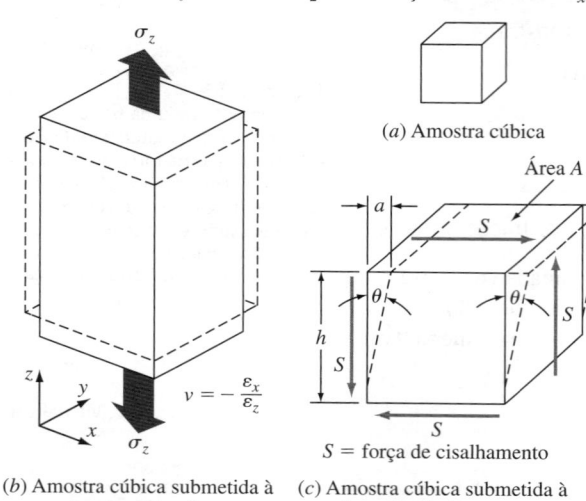

$$\nu = -\frac{\epsilon \text{ (lateral)}}{\epsilon \text{ (longitudinal)}} = -\frac{\epsilon_x}{\epsilon_z} = -\frac{\epsilon_y}{\epsilon_z} \quad (6.5)$$

É comumente chamado de coeficiente de Poisson e utilizado para materiais ideais: $\nu = 0,5$. Entretanto, para materiais reais, o coeficiente de Poisson varia normalmente entre 0,25 e 0,4, com um valor médio de 0,3. Na Tabela 6.1, indicam-se os valores de ν para alguns metais e algumas ligas.

6.2.4 Tensão e deformação de cisalhamento

Até agora, consideramos as deformações elásticas e plásticas de metais e ligas sob a ação de tensões de tração uniaxial. Outra importante técnica através da qual um material metálico também pode ser deformado é a **tensão de cisalhamento ou tensão tangencial**. A ação de um simples par de tensões de cisalhamento (as tensões de cisalhamento atuam aos pares) sobre uma amostra cúbica encontra-se representada na Figura 6.15c, que apresenta como uma força de cisalhamento S atua sobre uma área A. A tensão de cisalhamento τ está relacionada à força de corte S por

Figura 6.15
(a) Amostra cúbica (isto é, um cubo) sem carga.
(b) amostra cúbica submetida à tensão de tração; a razão entre a contração elástica lateral e o alongamento se chama coeficiente de Poisson ν.
(c) amostra cúbica submetida a forças de cisalhamento puro S atuando em superfícies de área A – a tensão de cisalhamento τ atuando sobre a amostra é igual a S/A.

Virtual Lab

$$\tau \text{ (tensão tangencial)} = \frac{S \text{ (força de cisalhamento)}}{A \text{ (área sobre a qual a força de cisalhamento atua)}} \quad (6.6)$$

A **distorção** ou deformação por cisalhamento γ é definida pela razão entre o deslocamento tangencial a, conforme Figura 6.15c, e a distância h sobre a qual o cisalhamento (corte) atua, ou seja,

$$\gamma = \frac{a}{h} = \tan \theta \quad (6.7)$$

---
[4]Isotrópico: com os mesmos valores das propriedades em todas as direções.

Tabela 6.1
Valores típicos para as constantes elásticas de materiais a temperatura ambiente.

Material	Módulo de elasticidade, E 10^6 psi (GPa)	Módulo de cisalhamento, G 10^6 psi (GPa)	Coeficiente de Poisson, ν
Ligas de alumínio	10,5 (72,4)	4,0 (27,5)	0,31
Cobre	16,0 (110)	6,0 (41,4)	0,33
Aço (carbono e baixa liga)	29,0 (200)	11,0 (75,8)	0,33
Aço inoxidável (18-8)	28,0 (193)	9,5 (65,6)	0,28
Titânio	17,0 (117)	6,5 (44,8)	0,31
Tungstênio	58,0 (400)	22,8 (157)	0,27

Fonte: G. Dieter, "Mechanical Metallurgy", 3. ed., McGraw-Hill, 1986.

No caso da distorção elástica pura, a relação entre a distorção e a tensão é:

$$\tau = G\gamma \tag{6.8}$$

onde G é o módulo de distorção ou de elasticidade transversal.

As tensões de cisalhamento são importantes na abordagem da deformação plástica de materiais metálicos que será discutida na Seção 6.5.

6.3 ENSAIO DE TRAÇÃO E DIAGRAMA DE TENSÃO – DEFORMAÇÃO DE ENGENHARIA

O *ensaio de tração* é utilizado para avaliar a resistência mecânica de metais e ligas. Neste ensaio, um corpo de prova do material é tracionado até romper, em um intervalo de tempo relativamente curto e com uma velocidade constante. Na Figura 6.16, apresenta-se uma fotografia de uma máquina de tração e, a Figura 6.17, apresenta um esquema ilustrativo do modo como o corpo de prova é ensaiado em tração.

Figura 6.16
Máquina de tração. A força (carga) aplicada ao corpo de prova é registrada por uma célula de carga. A deformação sofrida pela amostra é também registrada por um extensímetro acoplado à amostra. Os dados são coletados e analisados por software controlado por computador.
(Cortesia da Instron Corporation.)

Virtual Lab

A força (carga) aplicada ao corpo de prova é medida por uma célula de carga, enquanto a correspondente deformação pode ser obtida a partir do sinal de um extensímetro acoplado ao corpo de prova (Figura 6.18) e os dados são coletados por um sistema computadorizado.

Os tipos de corpos de prova utilizados em ensaios de tração variam consideravelmente. No caso de materiais metálicos espessos, tais como chapas grossas, utilizam-se geralmente corpos de prova redondos com 12,7 mm de diâmetro (Figura 6.19a). No caso de materiais metálicos pouco espessos, tais como chapas finas, têm vez os corpos de prova planos (Figura 6.19b). Nos ensaios de tração, o comprimento de referência mais utilizado é de 51 mm na parte central do corpo de prova.

Os valores da força obtidos a partir dos registros durante o ensaio de tração podem ser convertidos em valores da tensão de engenharia, o que permite construir um gráfico da tensão em função da deformação. Na Figura 6.20, consta o **diagrama de tensão e deformação de engenharia** de uma liga de alumínio de alta resistência mecânica.

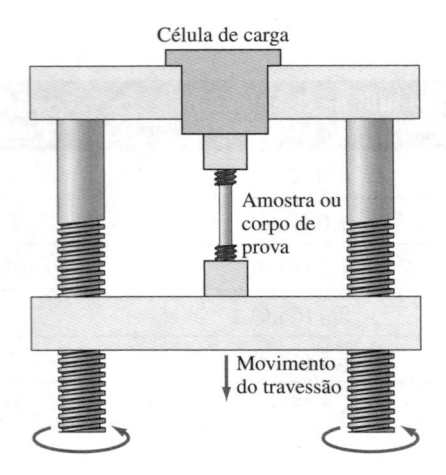

Figura 6.17
Esquema de funcionamento da máquina de tração da Figura 6.16. Observe, entretanto, que o travessão da máquina da Figura 6.16 se move para cima.
(*H.W. Hayden, W.G. Moffatt and John Wulff, "The Structure and Properties of Materials", vol. 3: "Mechanical Behavior", Wiley, 1965, Figura 1.1, p. 2.*)

Figura 6.18
Fotografia do extensímetro de uma máquina de tração; o extensímetro mede a deformação sofrida pelo corpo de prova (amostra) durante o ensaio e está montado sobre o corpo de prova, com pequenas molas de aperto.
(*Cortesia da Instron Corporation.*)

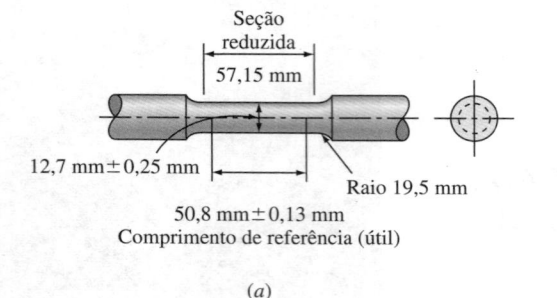

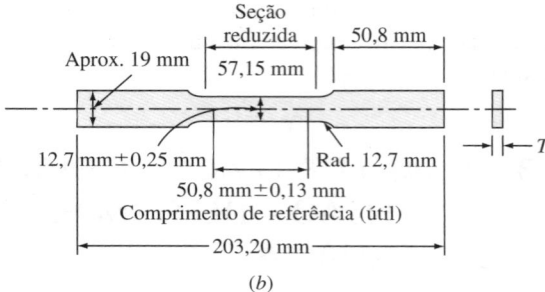

Virtual Lab

Figura 6.19
Exemplos de formas geométricas mais utilizadas para corpos de prova de tração. (*a*) Corpo de prova de tração redondo normalizado, com comprimento de referência de 51 mm, (*b*) corpo de prova de tração retangular normalizado, com comprimento de referência de 51 mm.
(*Extraído H.E. McGannon (ed.), "The Making, Shaping, and Treating of Steel", 9. ed., United States Steel, 1971, p. 1.220. Cortesia da United States Steel Corporation.*)

6.3.1 Valores das propriedades mecânicas obtidas a partir do ensaio de tração e do diagrama tensão-deformação de engenharia

As propriedades mecânicas dos metais e das ligas importantes em engenharia e projetos de estruturas, que podem ser obtidas a partir do ensaio de tração são:

1. Módulo de elasticidade;
2. Tensão de escoamento a 0,2%;
3. Limite de resistência à tração ou Última tensão de tração ou Tensão máxima;
4. Alongamento percentual até a fratura;
5. Porcentagem de redução de área à fratura.

Módulo de elasticidade Na primeira parte do ensaio de tração, o material metálico se deforma elasticamente, isto é, se for descarregado, o corpo de prova retorna ao seu comprimento inicial. No caso desse tipo de material, a deformação elástica máxima é geralmente inferior a 0,5%. Em geral, metais e ligas apresentam uma relação linear entre tensão e deformação na região elástica do diagrama de tensão-deformação de engenharia, a qual é descrita pela lei de Hooke[5]:

$$\sigma \text{ (tensão)} = E\epsilon \text{ (deformação)} \qquad (6.9)$$

$$E = \frac{\sigma \text{ (tensão)}}{\epsilon \text{ (deformação)}} \quad \text{(unidades de psi ou Pa)}$$

Onde E é o **Módulo de elasticidade**, ou *módulo de Young*[6].

O módulo de elasticidade se comporta como função da força de ligação entre os átomos do metal ou da liga. Na Tabela 6.1, indicam-se os valores do módulo de elasticidade de alguns materiais metálicos mais comuns. Aqueles com módulos elásticos elevados são relativamente rígidos e não fletem facilmente. Os aços, por exemplo, têm módulos de elasticidade elevados, da ordem de 30×10^6 psi (207 GPa)[7], enquanto as ligas de alumínio têm módulos de elasticidade mais baixos de cerca de 11×10^6 psi (69 a 76 GPa). Note-se que, na região elástica do diagrama de tensão-deformação, o módulo não varia quando a tensão aumenta.

Tensão de escoamento Em engenharia e projeto de estruturas, a **tensão de escoamento** (limite de escoamento) é uma propriedade muito importante, já que representa a tensão a partir da qual a deformação plástica passa a ser significativa.

Uma vez que na curva de tensão-deformação não existe um ponto bem definido ao qual corresponda ao fim da deformação elástica e o início da deformação plástica, escolhe-se para tensão de escoamento a tensão para a qual já ocorreu uma determinada deformação plástica. No campo de projeto de estruturas, a tensão de escoamento é geralmente definida como a tensão para a qual já ocorreu uma deformação plástica de 0,2%, conforme se indica no diagrama de tensão-deformação de engenharia da Figura 6.21.

A tensão de escoamento a 0,2%, também denominada *tensão limite convencional de elasticidade a 0,2%*, é determinada a partir do diagrama de tensão-deformação de engenharia conforme mostra a Figura 6.21. Em primeiro lugar, traça-se uma reta paralela à região elástica (linear) do gráfico de tensão-deformação, passando pelo ponto correspondente à deformação 0,002 m/m, como se indica na Figura 6.21. Em seguida, a partir do ponto em que esta reta intersecta a curva de tensão-deformação, traça-se uma reta horizontal, em direção ao eixo das tensões. A tensão limite convencional de elasticidade a 0,2% é a tensão à qual a reta horizontal intersecta o eixo das tensões. No caso da curva de tensão-deformação representada na Figura 6.21, a tensão de escoamento é 540 MPa. Deve-se salientar que a tensão limite convencional de elasticidade a 0,2% é escolhida arbitrariamente; poderia ter sido escolhido qualquer outro pequeno valor de deformação permanente. Tomando como exemplo o Reino Unido, frequentemente é utilizada a tensão limite convencional de elasticidade de 0,1%.

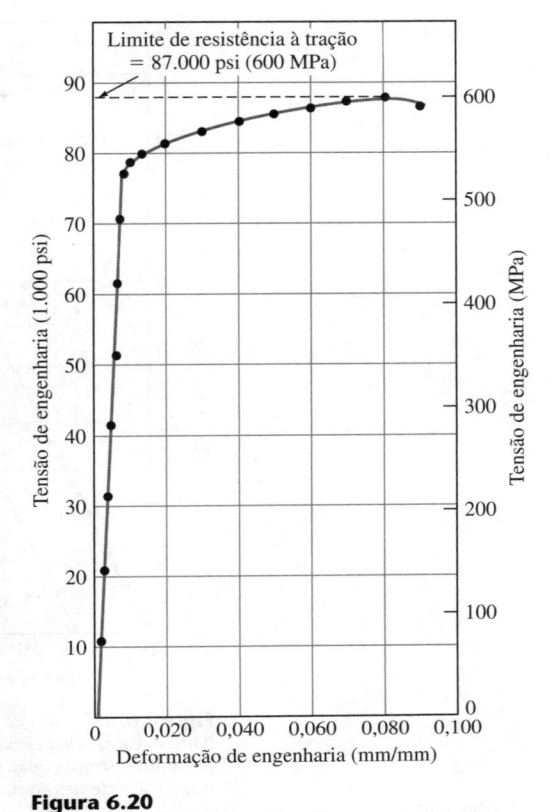

Figura 6.20
Diagrama de tensão-deformação nominal de uma liga de alumínio de alta resistência (7075- T6). Os corpos de prova de tração com 12,7 mm de diâmetro e 51 mm de comprimento de referência (útil), foram retirados de uma chapa com 16 mm de espessura.
(*Cortesia da Aluminum Company of America.*)

Limite de resistência à tração ou **Última tensão de tração** O **limite de resistência à tração** (LRT) é a máxima resistência alcançada na curva de tensão-deformação de engenharia. Se ocorrer no corpo de prova um decréscimo localizado da área da seção (frequentemente denominado *estricção*, ver Figura 6.22), um aumento posterior do alongamento provoca uma diminuição da tensão de engenharia até que ocorre a fratura, já que a tensão de engenharia é determinada em relação à área *original* da seção reta do corpo de prova. Quanto mais dúctil for o metal, maior será a estricção que precede a fratura e, por isso, maior será o decréscimo da própria tensão após o seu máximo. No caso da liga de alumínio

---

[5]Robert Hooke (1635-1803). Físico inglês que estudou o comportamento elástico dos sólidos.
[6]Thomas Young (1773-1829). Físico inglês.
[7]No SI o prefixo G = giga = 10^9.

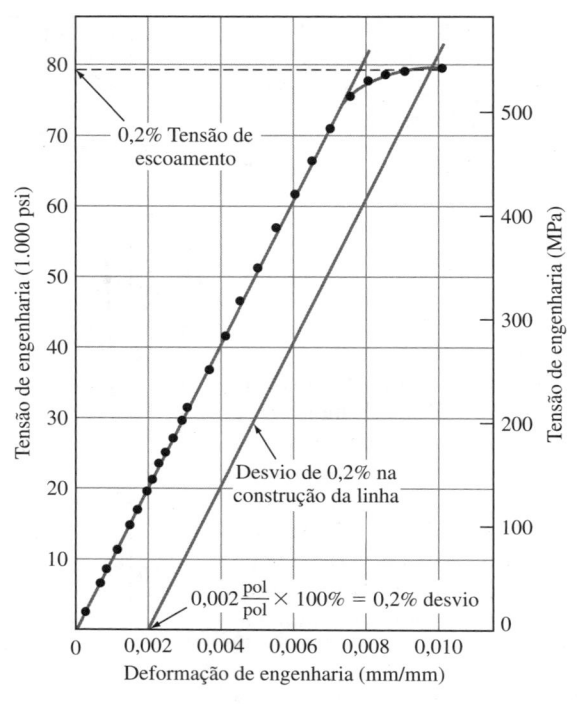

Figura 6.21
Parte linear do diagrama tensão-deformação de engenharia da Figura 6.22 expandido sobre o eixo da deformação para uma determinação mais apurada nos 0,02% de desvio da tensão de escoamento.
(*Cortesia de Aluminum Company of America.*)

de alta resistência, cuja curva de tensão-deformação é apresentada na Figura 6.20, existe apenas um pequeno decréscimo da tensão para além da tensão máxima, porque este material tem uma ductilidade relativamente baixa.

Em relação aos diagramas de tensão-deformação de engenharia, é importante compreender que a tensão no metal ou na liga continua a aumentar até quebrar. Na curva de tensão-deformação de engenharia correspondente à última parte do ensaio, a tensão só diminui pelo fato de que se utiliza a área original da seção reta do corpo de prova.

O limite de resistência à tração de um material metálico é determinado traçando, a partir do ponto máximo da curva de tensão-deformação, uma reta horizontal em direção ao eixo das tensões. A tensão à qual esta reta intersecta o eixo das tensões denomina-se limite de resistência à tração ou *última tensão de tração* ou *tensão máxima* e, ainda, por vezes, resistência à tração. Para a liga de alumínio da Figura 6.20, o limite de resistência à tração é 600 MPa.

O limite de resistência à tração de ligas metálicas dúcteis não é muito utilizado em projetos, já que o valor da deformação plástica correspondente é grande. Contudo, o limite de resistência à tração pode dar

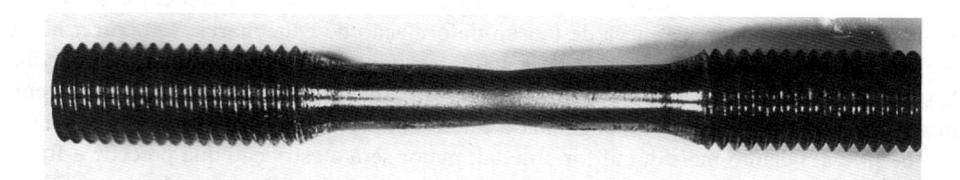

Figura 6.22
Estricção num corpo de prova redondo de um aço de baixo carbono. O corpo de prova era originalmente cilíndrico. Depois de submetido a forças de tração uniaxial até praticamente chegar à quebra, o corpo de prova formou um "pescoço", ou seja, a área da seção reta na região central diminuiu.

algumas indicações acerca da existência de defeitos. Se o material metálico apresentar poros ou inclusões, estas imperfeições podem fazer com que o limite de resistência à tração seja inferior ao valor habitual.

Alongamento percentual O alongamento que um corpo de prova de tração sofre durante o ensaio fornece um valor para a ductilidade de um material metálico. A ductilidade dos metais é geralmente expressa mais pelo alongamento percentual, tomando como comprimento de referência (útil), em geral 51 mm (Figura 6.19). Com frequência, observa-se que quanto maior for a ductilidade (quanto maior for a conformabilidade do material metálico), maior será o alongamento percentual. Por exemplo, uma folha de alumínio comercialmente puro (liga 1100-0), recozida, com 1,6 mm de espessura, tem um alongamento percentual elevado de 35%; enquanto isso, uma folha, com a mesma espessura, da liga de alumínio 7075-T6 com alta resistência, temperada, tem um alongamento percentual de apenas 11%.

Conforme já foi anteriormente referido, durante o ensaio de tração, utiliza-se um extensímetro para medir continuamente a deformação do corpo de prova. Contudo, o alongamento percentual do corpo de prova até a quebra pode ser avaliado ajustando as duas partes do corpo de prova e medindo o comprimento final com um paquímetro.

O alongamento percentual pode então ser calculado a partir da equação:

$$\% \text{ alongamento} = \frac{\text{comprimento final* } - \text{ comprimento inicial*}}{\text{comprimento inicial}} \times 100\%$$

$$= \frac{l - l_0}{l_0} \times 100\% \qquad (6.10)$$

O alongamento percentual até a quebra é de grande importância em engenharia, não só porque é uma medida da ductilidade, mas também porque é um indicador da qualidade do material metálico. Se este contiver porosidades ou inclusões, ou se tiver ocorrido danificação do material devido a sobreaquecimento, o alongamento percentual do corpo de prova pode ser inferior ao normal.

Porcentagem de redução de área A ductilidade de um metal ou liga pode também ser expressa através da porcentagem de redução da área. Esta grandeza é geralmente obtida a partir do ensaio de tração de um corpo de prova com 12,7 mm de diâmetro. Depois do ensaio, mede-se o diâmetro da seção reta do corpo de prova na zona de fratura. Usando os valores dos diâmetros inicial e final, pode se determinar o percentual de redução de área a partir da equação

$$\% \text{ redução de área} = \frac{\text{área inicial} - \text{área final}}{\text{área inicial}} \times 100\%$$

$$= \frac{A_0 - A_f}{A_0} \times 100\% \qquad (6.11)$$

A porcentagem de redução de área, tal como o alongamento percentual, é uma medida da ductilidade do material metálico e é também um indicador de sua qualidade. A porcentagem de redução de área pode diminuir se o corpo de prova apresentar imperfeições, tais como inclusões e/ou porosidades.

EXEMPLO 6.7

Um corpo de prova redondo de um aço-carbono 1030 com 12,7 mm de diâmetro é tracionado até quebrar em uma máquina de ensaios mecânicos. O diâmetro do corpo de prova na superfície foi de 8,7 mm. Calcule a porcentagem de redução de área do corpo de prova.

---

*O comprimento inicial se localiza entre as marcas de referência (comprimento útil) marcadas no corpo de prova antes do ensaio. O comprimento final é o comprimento entre essas mesmas marcas depois do ensaio, quando as superfícies de fratura do corpo de prova são ajustadas uma à outra (ver Exemplo 6.6).

▸ ■ Solução

$$\% \text{ redução de área} = \frac{A_0 - A_f}{A_0} \times 100\% = \left(1 - \frac{A_f}{A_0}\right)(100\%)$$

$$= \left[1 - \frac{(\pi/4)(8{,}7 \text{ mm})^2}{(\pi/4)(12{,}7 \text{ mm})^2}\right](100\%)$$

$$= (1 - 11{,}94)(100\%) = 53\% \blacktriangleleft$$

6.3.2 Comparação entre curvas de tensão-deformação de engenharia para algumas ligas

Uma seleção de curvas de tensão-deformação de metais e ligas é apresentada na Figura 6.23. A adição de elementos de liga, metálicos ou não metálicos, a um metal e os tratamentos térmicos podem afetar fortemente a resistência à tração e a ductilidade dos materiais metálicos. As curvas de tensão-deformação apresentadas na Figura 6.23 apresentam grandes variações do limite de resistência à tração. O magnésio puro tem um limite de resistência à tração de 241 MPa, enquanto o aço SAE 1340 temperado em água e revenido a 370 °C tem um limite de resistência à tração de 1.654 MPa.

6.3.3 Tensão e deformação reais

A tensão de engenharia é calculada dividindo a força F aplicada ao corpo de prova de tração pela área inicial da sua seção reta A_0 (Equação 6.3). No entanto, durante o ensaio de tração, a área da seção reta do corpo de prova varia continuamente e a tensão nominal calculada não é um valor preciso. Durante o ensaio de tração, depois do aparecimento da estricção (Figura 6.22), a tensão nominal diminui à medida que a deformação aumenta, levando ao aparecimento de uma tensão máxima na curva de tensão-defor-

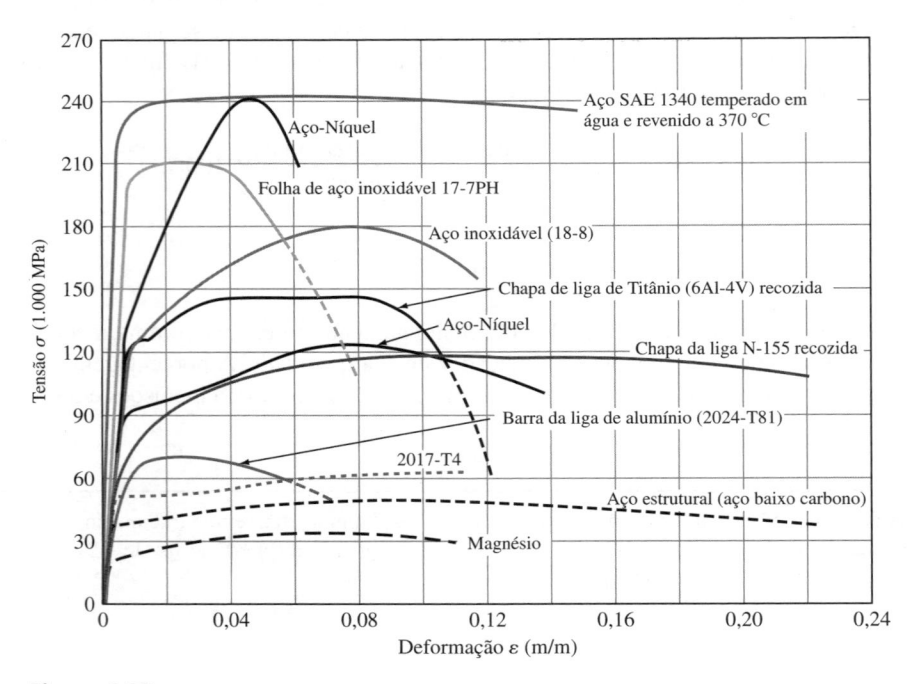

Figura 6.23
Curvas de tensão-deformação de engenharia de alguns metais e ligas.
(Marin, Mechanical Behavior of Engineering Materials, 1. ed., 1962. Adaptado com permissão de Pearson Education, Inc., Upper Saddle River, NJ.)

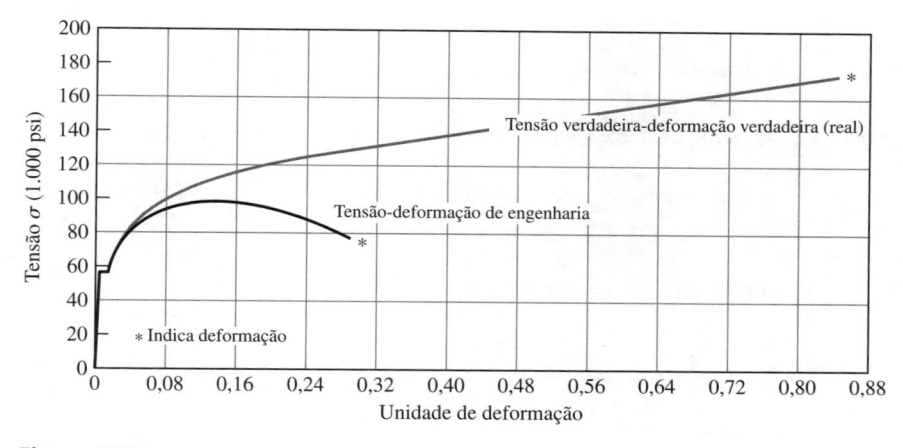

Figura 6.24
Comparação entre a curva de tensão-deformação real e o diagrama de tensão-deformação de engenharia de um aço de baixo carbono.

(H.E. McGannon (ed.), The Making, Shaping, and Treating of Steel, 9. ed., United States Steel, 1971. Cortesia da United States Steel Corporation.)

mação de engenharia (Figura 6.24). Assim, durante o ensaio de tração, logo que surge a estricção, a tensão real é superior à tensão de engenharia. Definimos a tensão e a deformação reais do seguinte modo:

$$\sigma_r = \frac{F}{A_i} \qquad (6.12)$$

$$\text{Deformação verdadeira } \epsilon_t = \int_{l_0}^{l_i} \frac{dl}{l} = \ln \frac{l_i}{l_0} \qquad (6.13)$$

onde l_0 é o comprimento de referência inicial da amostra e l_i o comprimento de referência instantâneo durante o ensaio. Se considerarmos que, durante o ensaio, o volume do corpo de prova correspondente ao comprimento de referência se mantém constante, então $l_0 A_0 = l_i A_i$ ou

$$\frac{l_i}{l_0} = \frac{A_0}{A_i} \qquad \text{e} \qquad \epsilon_t = \ln \frac{l_i}{l_0} = \ln \frac{A_0}{A_i} \qquad (6.14)$$

A Figura 6.24 compara as curvas de tensão-deformação de engenharia e verdadeira (real) para um aço de baixo carbono.

Os projetos de engenharia não se baseiam na tensão real de fratura, já que o material começa a se deformar logo que a tensão de escoamento é ultrapassada. Em projeto de estrutura, os engenheiros utilizam a tensão limite escoamento convencional a 0,2%, com os fatores de segurança apropriados. Em pesquisas, contudo, são, por vezes, necessárias as curvas de tensão-deformação real.

EXEMPLO 6.8

Compare a tensão e a deformação de engenharia com a tensão e a deformação reais de um aço de baixo carbono que apresenta as seguintes características em um ensaio de tração:

Carga aplicada ao corpo de prova = 75.620 N
Diâmetro inicial do corpo de prova = 12,7 mm
Diâmetro do corpo de prova sob a carga de 75.620 N = 12,0 mm

■ **Solução**

$$\text{Área inicial } A_0 = \frac{\pi}{4} d^2 = \frac{\pi}{4} (12{,}7 \text{ mm})^2 = 126{,}7 \times 10^{-6} \text{ m}^2$$

$$\text{Área sob a carga } A_i = \frac{\pi}{4}(12,0 \text{ mm})^2 = 113,1 \text{ mm}^2 = 113,1 \times 10^{-6} \text{ m}^2$$

Considerando que não ocorre variação volumétrica durante a deformação, $A_0 l_0 = A_i l_i$, ou seja, $l_i/l_0 = A_0/A_i$.

$$\text{Tensão nominal (ou de engenharia)} = \frac{F}{A_0} = \frac{75.620 \text{ N}}{126,7 \times 10^{-6}} = 596,8 \text{ MPa} \blacktriangleleft$$

$$\text{Deformação nominal (ou de engenharia)} = \frac{\Delta l}{l} = \frac{l_i - l_0}{l_0} = \frac{A_0}{A_i} - 1 = \frac{126,7 \text{ mm}^2}{113,1 \text{ mm}^2} - 1 = 0,12$$

$$\text{Tensão real ou verdadeira} = \frac{F}{A_i} = \frac{75.620 \text{ N}}{113,1 \times 10^{-6} \text{ m}^2} = 668,6 \text{ MPa} \blacktriangleleft$$

$$\text{Deformação real ou verdadeira} = \ln \frac{l_i}{l_0} = \ln \frac{A_0}{A_i} = \ln \frac{126,7 \text{ mm}^2}{113,1 \text{ mm}^2} = \ln 1,12 = 0,113$$

6.4 DUREZA E ENSAIO DE DUREZA

A **dureza** é uma medida da resistência de um material metálico à deformação permanente (plástica). A dureza de um material metálico é medida forçando uma ponta de penetração (indentador) a adentrar a superfície da amostra. O indentador ou penetrador – geralmente uma esfera, uma pirâmide ou um cone – é feito de um material muito mais duro do que aquele a ser ensaiado. Por exemplo, frequentemente os indentadores são feitos de aço temperado, carboneto de tungstênio ou diamante. Na maior parte dos ensaios de dureza normalizados, aplica-se lentamente uma determinada carga ao indentador, que o faz penetrar perpendicularmente à superfície do material que se pretende ensaiar [Figura 6.25b (2)]. Depois de fazer a indentação (marca), o aparelho é retirado da superfície [Figura 6.25b (3)]. Pode-se, então, calcular um número de dureza empírico ou ler um valor em um mostrador (ou visualizador digital), o qual está relacionado à área da seção reta ou a profundidade da impressão.

Na Tabela 6.2, indicam-se os tipos de indentadores e de impressões associados aos quatro tipos de ensaios de dureza mais habituais: Brinell, Vickers, Knoop e Rockwell. O número de dureza para cada um desses tipos de ensaios depende da forma do indentador e da carga aplicada. A Figura 6.25 apresenta a fotografia de uma máquina de ensaios de dureza (ou durômetro) Rockwell, com mostrador digital.

6.5 DEFORMAÇÃO PLÁSTICA DE MONOCRISTAIS

6.5.1 Bandas e linhas de escorregamento nas superfícies de cristais metálicos

Em primeiro lugar, consideremos a deformação permanente de um cilindro de zinco monocristalino, o qual é tracionado além do limite elástico. Se, após a deformação, examinarmos o cristal de zinco, veremos o aparecimento de degraus na superfície, que são denominados **bandas de deslizamento (escorregamento)** (Figuras 6.26a e b). As bandas de escorregamento são provocadas pelo escorregamento, ou deformação, devido às tensões de cisalhamento dos átomos do metal que se encontram em determinados planos cristalográficos chamados *planos de deslizamento*. A superfície do monocristal de zinco deformado ilustra muito claramente a formação das bandas de escorregamento já que, nestes cristais, o **escorregamento** está limitado aos planos basais da estrutura HC (Figuras 6.26c e d).

Nos monocristais dos metais dúcteis com estrutura CFC, tais como o cobre e o alumínio, o escorregamento ocorre em múltiplos planos e, como consequência, o aspecto das bandas de escorregamento à superfície destes metais, quando deformados, é mais uniforme (Figura 6.27). Observando a superfície após o deslizamento destes metais com uma ampliação maior, verifica-se que, no interior das bandas, o escorregamento ocorreu segundo muitos planos (Figura 6.28). Estes finos degraus são chamados de linhas de escorregamento e a distância entre elas é, geralmente, da ordem de 50 a 500 átomos, en-

Capítulo 6 ▪ Propriedades Mecânicas dos Metais I   169

(1) Indentador acima da superfície da amostra

(2) Indentador sob carga penetra na superfície da amostra

(3) Indentador é removido da superfície da amostra deixando a indentação (marca).

(a)   (b)

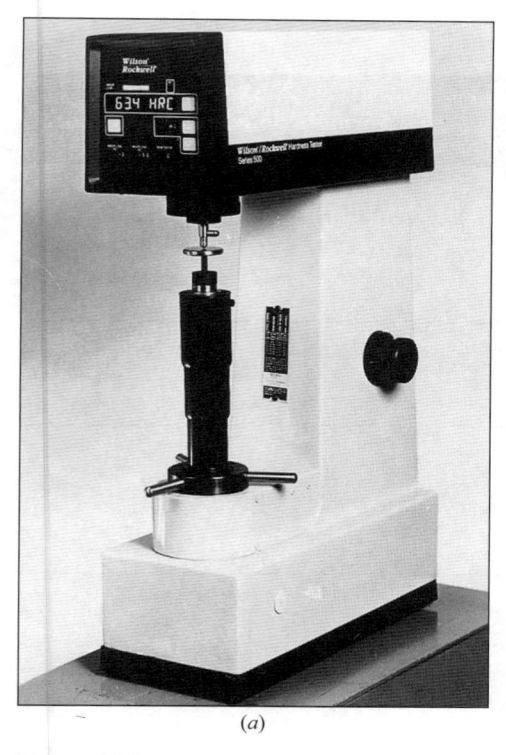

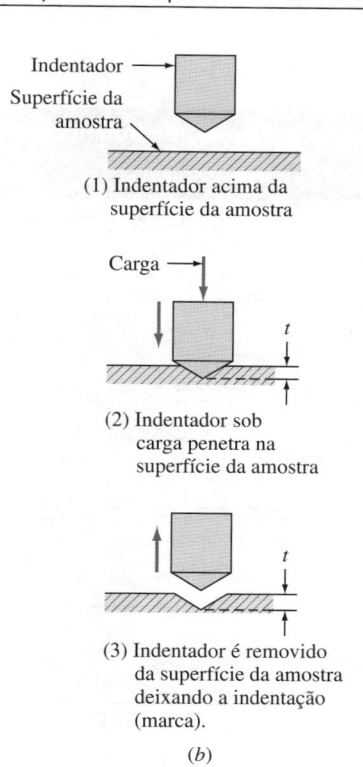

Figura 6.25
(a) Máquina de ensaios de dureza (ou durômetro) Rockwell.
(Cortesia da Page- Wilson Co.)
(b) Passos para a obtenção da medida de dureza com uma pirâmide de diamante. A altura t determina a dureza do material. Quanto menor o valor de t, mais duro o material.

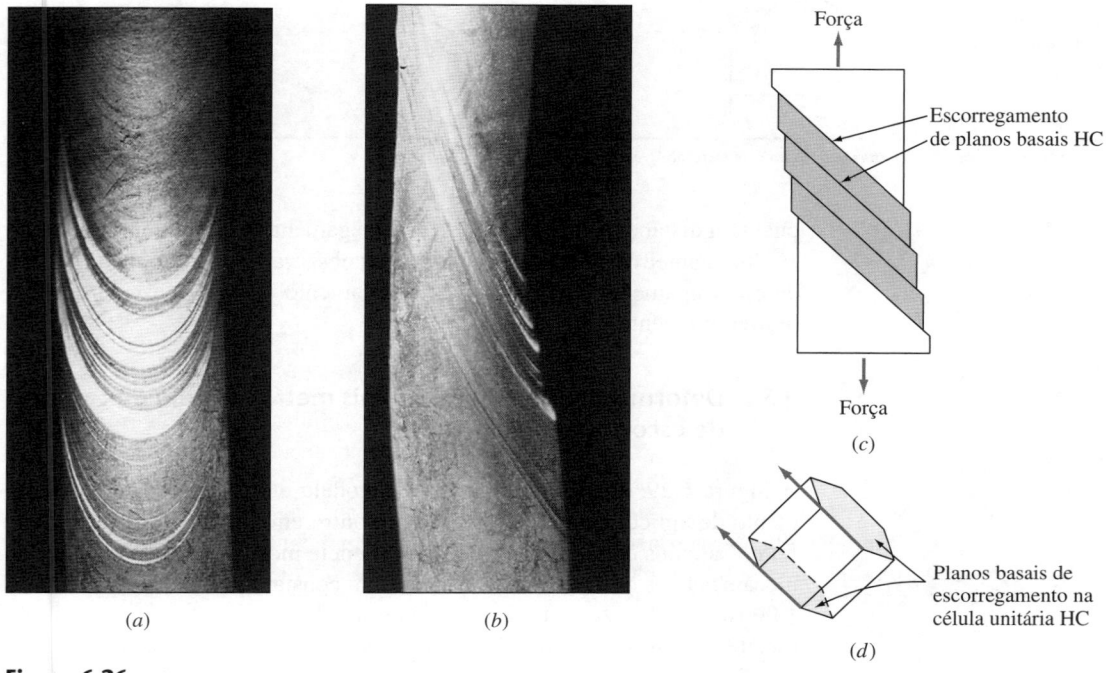

Virtual Lab

(a)   (b)   (c)   (d)

Figura 6.26
Monocristal de zinco deformado plasticamente, mostrando bandas de escorregamento: (a) vista frontal do cristal, (b) vista lateral do cristal, (c) vista lateral esquemática, indicando os planos basais de escorregamento no cristal HC e (d) indicação dos planos basais de escorregamento na célula unitária HC.
(As fotografias do monocristal de zinco foram cedidas pelo Prof. Earl Parker da University of California em Berkeley.)

Tabela 6.2
Ensaios de dureza.

Ensaio	Indentador (Penetrador)	Formas de Indentação (do Penetrador)			Fórmula do número de dureza
		Vista lateral	Vista de topo	Carga	
Brinell	Esfera de aço ou carboneto de tungstênio com 10 mm de diâmetro			P	$BHN = \dfrac{2P}{\pi D(D - \sqrt{D^2 - d^2})}$
Vickers	Pirâmide de diamante	136°	d_1	P	$VHN = \dfrac{1,72P}{d_1^2}$
Microdureza Knoop	Pirâmide de diamante	$l/b = 7,11$ $b/t = 4,00$		P	$KHN = \dfrac{14,2P}{l^2}$
Rockwell A, C, D	Cone de diamante	120°		60 kg $R_A =$ 150 kg $R_C =$ 100 kg $R_D =$	100–500f
B, F, G	$\frac{1}{16}$ pol diâmetro da esfera de aço			100 kg $R_B =$ 60 kg $R_F =$ 150 kg $R_G =$ 100 kg $R_E =$	130–500f
E	$\frac{1}{16}$ pol diâmetro da esfera de aço				

Fonte: H.W. Hayden, W.G. Moffatt and J. Wulff, "The Structure and Properties of Materials", vol. 3, Wiley, 1965, p.12.

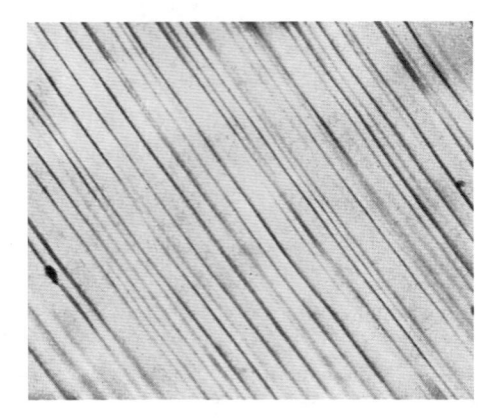

Figura 6.27
Aspecto da banda de escorregamento da superfície de um monocristal de cobre que sofreu uma deformação de 0,9%. (Ampliação 100×.)
(F.D. Rosi. Trens. AIME, 200: 1018 (1954).)

quanto a distância entre bandas de escorregamento é, geralmente, cerca de 10.000 diâmetros atômicos. Infelizmente, observa-se que os termos "banda de escorregamento" e "linha de escorregamento" são por vezes utilizados indiferentemente.

6.5.2 Deformação plástica de cristais metálicos pelo mecanismo de escorregamento

A Figura 6.29, apresenta um possível modelo atômico para o escorregamento de um conjunto de átomos sobre outro em um cristal metálico perfeito. Cálculos efetuados a partir deste modelo mostram que as resistências mecânicas dos cristais metálicos deveriam constar aproximadamente entre 1.000 a 10.000 vezes superiores aos valores observados. Assim, nos cristais metálicos reais de grandes dimensões, este mecanismo de escorregamento atômico não pode ser correto.

Para que os cristais metálicos de grandes dimensões possam se deformar por ação de tensões de cisalhamento mais baixas, tem de existir uma grande densidade de defeitos cristalinos conhecidos por *discordâncias*, que são cria-

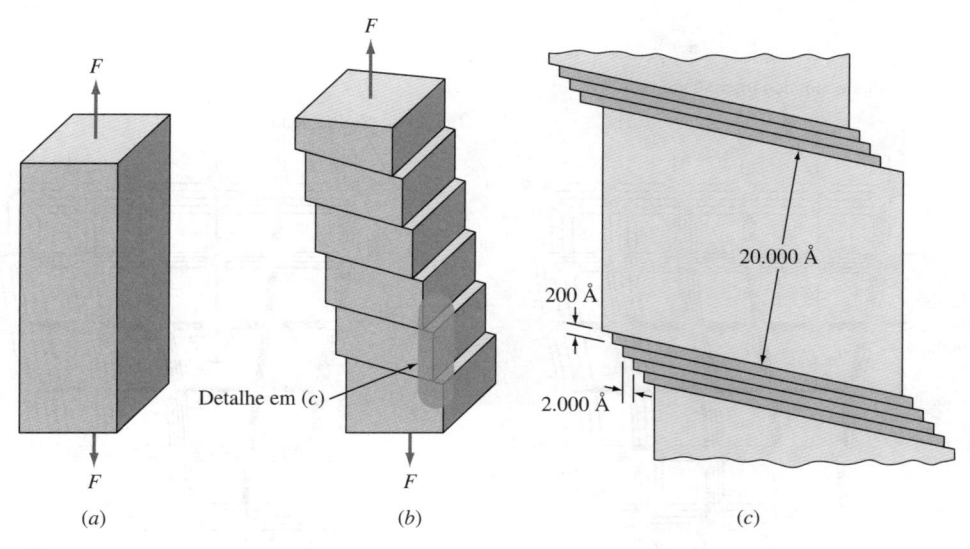

Figura 6.28
Formação de linhas e bandas de escorregamento durante a deformação plástica de um monocristal metálico. (*a*) Barra cilíndrica de um monocristal metálico, (*b*) escorregamento provocado pela deformação plástica devido à força aplicada a barra cilíndrica, (*c*) região ampliada mostrando as linhas de escorregamento no interior das bandas de escorregamento (esquemático); com ampliações pequenas, o conjunto das linhas de escorregamento aparece como uma única banda de escorregamento.

(*Eisenstadt, M., "Introduction to Mechanical Properties of Materials: An Ecological Approach", 1. ed., 1971. Reimpresso com permissão da Pearson Education, Inc., Upper Saddle River, NI.*)

Animação

das em grande número (~10^6 cm/cm^2), à medida que o metal solidifica, e quando o cristal metálico é deformado são criadas muitas mais, pelo que um cristal fortemente deformado pode conter uma densidade de discordâncias de cerca de 10^{12} cm/cm^2. Na Figura 6.30, mostra-se como, por ação de uma pequena *tensão de cisalhamento*, uma *discordância em cunha* pode originar uma unidade de escorregamento. Para que o escorregamento ocorra por este processo é necessária uma tensão relativamente baixa, uma vez que, em cada instante, apenas um pequeno grupo de átomos escorrega sobre outros.

Uma situação semelhante ao movimento de uma discordância em um cristal metálico por ação de uma tensão de cisalhamento é o movimento de um tapete, com uma ondulação, sobre o solo. Apenas puxando uma das extremidades do tapete poderá ser impossível deslocá-lo, devido ao atrito entre este e o solo. Contudo, fazendo uma ondulação no tapete (análoga à discordância no cristal metálico), pode movê-lo, empurrando-o progressivamente ao longo do solo (Figura 6.30*d*).

Nos cristais reais, as discordâncias podem ser observadas em um microscópio eletrônico de transmissão utilizando folhas finas do metal; as discordâncias aparecem como linhas devido ao desarranjo dos átomos próximos a elas, o que interfere na transmissão do feixe de elétrons do microscópio. Na Figura 6.31, mostra-se um arranjo celular cujas paredes são constituídas por discordâncias originadas por uma ligeira deformação de uma amostra de alumínio. As células estão relativamente livres de discordâncias, mas estão separadas por paredes com uma elevada densidade de discordâncias.

Figura 6.29
Durante a deformação plástica provocada pelas tensões de cisalhamento aplicadas a cristais metálicos de grandes dimensões, não ocorre o escorregamento simultâneo de um grande número de átomos sobre outros, conforme se indica nesta figura, já que este processo precisa de muita energia. Em vez disso, ocorre um processo que requer menos energia e que envolve o escorregamento de um pequeno número de átomos.

6.5.3 Sistemas de escorregamento

As discordâncias provocam deslocamentos atômicos em direções e planos cristalográficos de escorregamento específicos. Os planos de escorregamento são geralmente os mais compactos e são também os que se encontram mais afastados uns dos outros. O escorregamento é mais fácil nos planos mais compactos,

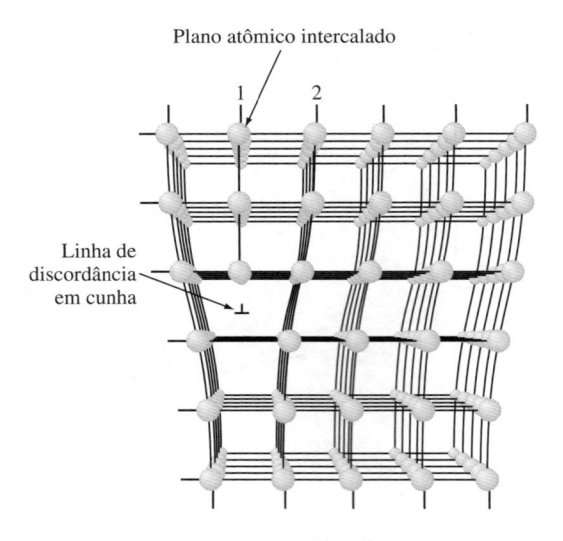

(a) Uma discordância em cunha, criando um semiplano extra de átomos

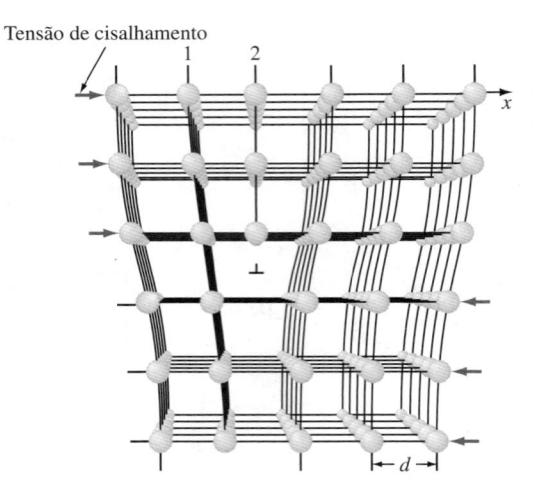

(b) Uma tensão pequena provoca uma mudança das ligações entre os átomos, libertando um novo plano intercalado

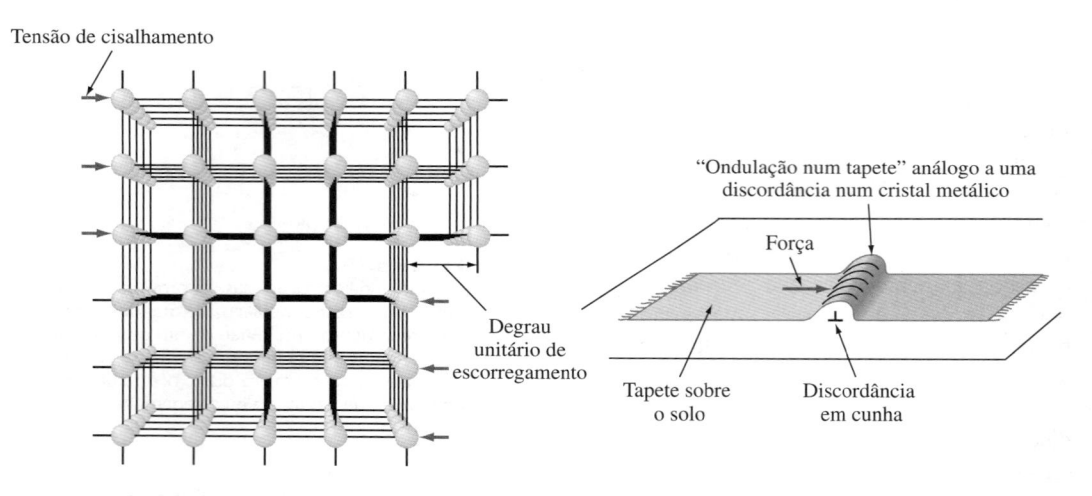

(c) A repetição do processo faz com que a discordância se mova por meio do cristal

(d)

Figura 6.30
Esquema mostrando como, por ação de uma pequena tensão de cisalhamento, o movimento de uma discordância em cunha origina um degrau unitário de escorregamento. (a) Discordância em cunha formando um semiplano atômico extra, (b) uma pequena tensão provoca uma mudança das ligações atômicas libertando um novo plano intercalar, (c) a repetição deste processo faz com que a discordância se mova por meio do cristal; este processo requer menos energia do que o representado na Figura 6.29.
(A.G. Guy, "Essentials of Materials Science, McGraw-Hill, 1976, p. 153.)

(d) Analogia com a "ondulação no tapete". Durante a deformação plástica, uma discordância se move por meio de um cristal metálico de um modo semelhante ao que ocorre com uma ondulação que é empurrada ao longo de um tapete colocado sobre o solo. Em ambos os casos, a passagem da discordância, ou da ondulação, provoca um pequeno movimento relativo e, por isso, a energia despendida neste processo é relativamente pequena.

Animação

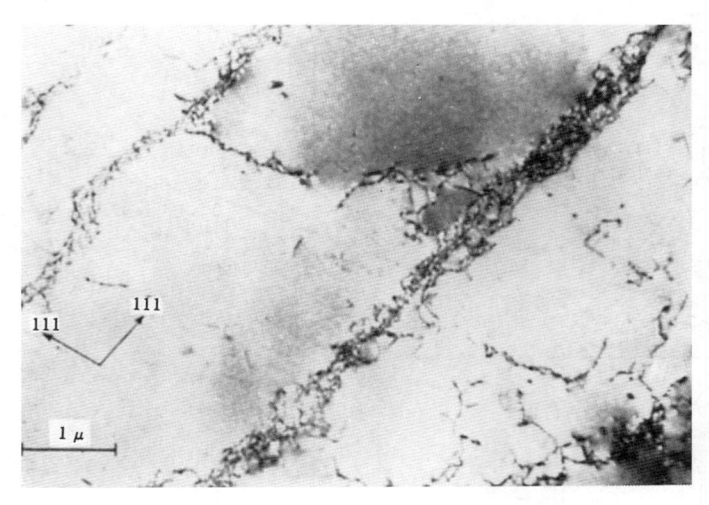

Figura 6.31
Discordâncias em uma amostra de alumínio ligeiramente deformada, observada por microscopia eletrônica de transmissão (MET). As células estão relativamente livres de discordância, mas estão separadas por paredes com uma alta densidade de discordâncias.
(P.R. Swann, em G. Thomas e J. Washburn, (eds.), "Etectron Microscopy and Strength of Crystsls", Wiley, 1963, p. 133.)

já que, para provocar o deslocamento dos átomos nestes planos, é necessária uma tensão de cisalhamento mais baixa do que nos planos menos compactos (Figura 6.32). Contudo, se o escorregamento nos planos compactos estiver restringido, por exemplo, devido a tensões locais elevadas, então os planos menos compactos podem se tomar ativos. O escorregamento segundo direções compactas é igualmente favorecido, já que, quando os átomos se encontram mais próximos uns dos outros, é menor a energia necessária para mover os átomos de uma posição para outra.

O conjunto de um plano de escorregamento com uma direção específica denomina-se **sistema de escorregamento**. Nas estruturas metálicas, o escorregamento ocorre em determinados sistemas que são característicos de cada estrutura cristalina. Na Tabela 6.3, indicam-se as direções e os planos de escorregamento predominantes nas estruturas cristalinas CFC, CCC e HC.

Nos metais com estrutura cristalina CFC, o escorregamento ocorre nos planos octaédricos compactos {111} e segundo as direções compactas [1$\bar{1}$0]. Na estrutura cristalina CFC, existem oito planos octaédricos {111} (Figura 6.33). Os planos do tipo (111), correspondentes a faces opostas do octaedro, que são paralelos entre si, são considerados planos de escorregamento (111) do mesmo tipo. Assim, na estrutura cristalina CFC, existe apenas quatro tipos diferentes de planos de escorregamento (111). Cada plano do tipo (111) contém três direções de escorregamento do tipo [1$\bar{1}$0]. As direções opostas não são consideradas como direções de escorregamento diferentes. Assim, existem, na rede CFC, 4 planos de escorregamento × 3 direções de escorregamento = 12 sistemas de escorregamento (Tabela 6.3).

A estrutura CCC *não* é uma estrutura compacta, já que não tem planos de máxima compactação, como acontece na estrutura CFC. Os planos {110} são os que têm a maior densidade atômica e frequentemente o escorregamento tem lugar nestes planos. Contudo, nos metais CCC também ocorre escorregamento nos planos {112} e {123}. Uma vez que os planos de escorregamento, na estrutura CCC, não são planos de máxima compactação, como acontece na estrutura CFC, para provocar o escorregamento nos metais CCC são necessárias tensões de cisalhamento mais elevadas do que no caso dos metais CFC.

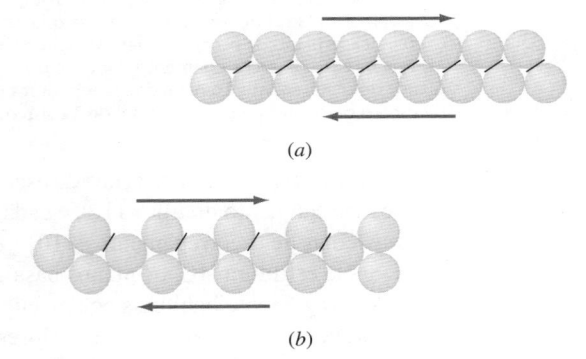

Figura 6.32
Comparação entre o escorregamento atômico (*a*) em um plano compacto e (*b*) em um plano não compacto. Em um plano compacto, o escorregamento é favorecido porque é necessária uma força menor para mover os átomos de uma posição para a seguinte, como está indicado pelo declive das barras sobre os átomos. Note que as discordâncias se movem um degrau atômico de cada vez.
(From A.H. Cottrell, The Nature of Metals, "Materials," Scientific American, September 1967, p. 48. Illustration © Enid Kotschnig. Reproduzido com permissão de Enid Kotschnig.)

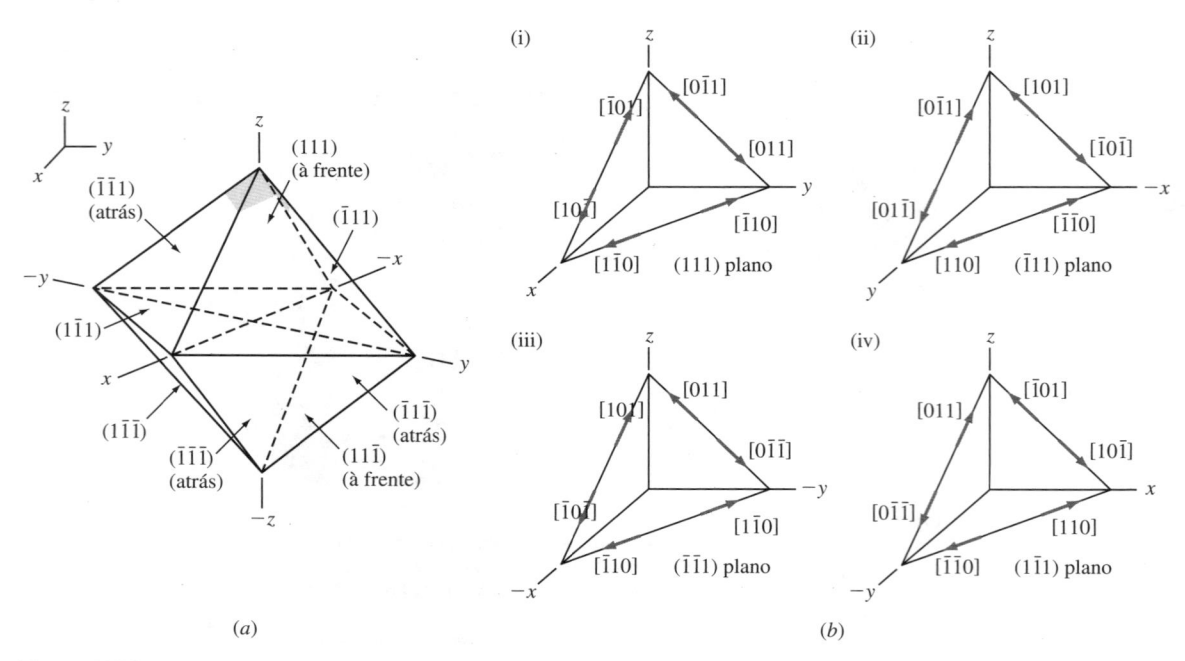

Figura 6.33
Planos e direções de escorregamento na estrutura cristalina CFC. (*a*) Apenas quatro dos oito planos octaédricos {111} são considerados planos de escorregamento já que planos opostos são considerados como o mesmo plano de escorregamento, (*b*) para cada plano de escorregamento, existem três direções de escorregamento, já que direções opostas se consideram a mesma direção de escorregamento. Note-se que as direções de escorregamento estão apenas representadas para os quatro planos de escorregamento octaédricos superiores CFC. Assim, existem 4 planos de escorregamento × 3 direções de escorregamento, ou seja, um total de 12 sistemas de escorregamento para a estrutura cristalina CFC.

Nos metais CCC, as direções de escorregamento são sempre do tipo $\langle \bar{1}11 \rangle$. Como existem seis planos de escorregamento do tipo $\langle \bar{1}10 \rangle$, e cada um deles contém duas direções de escorregamento, há $6 \times 2 = 12$ sistemas de escorregamento $\{110\} \langle \bar{1}11 \rangle$.

Na estrutura HC, os planos basais (0001) são os planos de máxima compactação e são os planos de escorregamento habituais nos metais HC, como Zn, Cd e Mg, que têm razões *c/a* elevadas (Tabela 6.3). Contudo, nos metais HC com valores baixos da razão *c/a*, como Ti, Zr e Be, o escorregamento também ocorre frequentemente nos planos prismáticos $\{10\bar{1}0\}$ e piramidais $\{10\bar{1}1\}$. Em qualquer um dos casos, as direções de escorregamento continuam sendo as direções $\langle 11\bar{2}0 \rangle$. A existência de um número limitado de sistemas de escorregamento nos metais HC limita a sua ductilidade.

6.5.4 Tensão de cisalhamento resolvida crítica em monocristais metálicos

A tensão necessária para provocar o escorregamento em um monocristal de um metal puro depende principalmente da estrutura cristalina do metal, das características da sua ligação atômica, da temperatura de deformação e da orientação dos planos de escorregamento ativos em relação às tensões de cisalhamento. O escorregamento se inicia no interior do cristal, quando a tensão de cisalhamento no plano de escorregamento, segundo a direção de escorregamento, atinge um determinado valor, chamado de *tensão de cisalhamento resolvida crítica* τ_c. Essencialmente, este valor é a tensão de escoamento de um monocristal e é equivalente à tensão de escoamento de um metal ou liga policristalinos determinada a partir da curva tensão-deformação obtida em um ensaio de tração.

Na Tabela 6.4, indicam-se os valores da tensão tangencial resolvida crítica de alguns monocristais de metais puros, à temperatura ambiente. Os metais como Zn, Cd e Mg têm tensões tangenciais resolvidas críticas baixas, que variam entre 0,18 e 0,77 MPa. Por outro lado, o titânio metálico HC tem um valor elevado de τ_c de 13,7 MPa. Pensa-se que a coexistência de uma certa porcentagem de ligação covalente juntamente com a ligação metálica é, pelo menos parcialmente, responsável pelo valor elevado de τ_c. Os metais puros CFC, como Ag e Cu, têm valores baixos de τ_c, respectivamente, 0,48 e 0,65 MPa, devido à existência de múltiplos sistemas de escorregamento.

Tabela 6.3
Sistemas de deslizamento observadas em estruturas cristalinas.

Estrutura	Plano de escorregamento	Direção de escorregamento	Número de sistemas de escorregamento
CFC: Cu, Al, Ni, Pb, Au, Ag, Fe-γ, ...	{111}	$\langle 1\bar{1}0 \rangle$	4 × 3 = 12
CCC: Fe-α, W, Mo Latão β	{110}	$\langle \bar{1}11 \rangle$	6 × 2 = 12
Fe-α, Mo, W, Na	{211}	$\langle \bar{1}11 \rangle$	12 × 1 = 12
Fe-α, K	{321}	$\langle \bar{1}11 \rangle$	24 × 1 = 24
HC: Cd, Zn, Mg, Ti, Be, ...	{0001}	$\langle 11\bar{2}0 \rangle$	1 × 3 = 3
Ti (planos prismáticos)	{00$\bar{1}$0}	$\langle 11\bar{2}0 \rangle$	3 × 1 = 3
Ti, Mg (planos piramidais)	{00$\bar{1}$1}	$\langle 11\bar{2}0 \rangle$	6 × 1 = 6

Fonte: H.W. Hayden, W.G. Moffatt and J. Wulff, "The Structure and Properties of Materials", vol. 3, Wiley, 1965, p. 100.

Tabela 6.4
Sistemas de escorregamento e tensões de cisalhamento resolvidas críticas em monocristais metálicos à temperatura ambiente.

Metal	Estrutura cristalina	Pureza %	Plano de escorregamento	Direção de escorregamento	Tensão de cisalhamento crítica (MPa)
Zn	HC	99,999	(0001)	[11$\bar{2}$0]	0,18
Mg	HC	99,996	(0001)	[1120]	0,77
Cd	HC	99,996	(0001)	[11$\bar{2}$0]	0,58
Ti	HC	99,99	(10$\bar{1}$0)	[11$\bar{2}$0]	13,7
		99,9	(10$\bar{1}$0)	[11$\bar{2}$0]	90,1
Ag	CFC	99,99	(111)	[1$\bar{1}$0]	0,48
		99,97	(111)	[1$\bar{1}$0]	0,73
		99,93	(111)	[1$\bar{1}$0]	1,3
Cu	CFC	99,999	(111)	[1$\bar{1}$0]	0,65
		99,98	(111)	[1$\bar{1}$0]	0,94
Ni	CFC	99,8	(111)	[1$\bar{1}$0]	5,7
Fe	CCC	99,96	(110)	[$\bar{1}$10]	27,5
			(112)		
			(123)		
Mo	CCC		(110)	[$\bar{1}$11]	49,0

Fonte: G. Dieter, "Mechanical Metallurgy", 2. ed., McGraw-Hill, 1976, p. 129.

6.5.5 Lei de Schmid

A relação entre a tensão uniaxial que atua sobre um monocristal cilíndrico de um metal puro e a correspondente tensão de cisalhamento (ou de corte) que, por sua vez, atua no sistema de escorregamento no interior do cilindro pode ser deduzida da seguinte maneira: consideremos uma tensão uniaxial de tração σ atuando sobre um cilindro metálico, conforme mostra a Figura 6.34. Designemos por A_0 a área da seção perpendicular à força axial F e por A_1 a área do plano de escorregamento, ou área de cisalhamento, sobre a qual a força de cisalhamento resolvida crítica F_r está atuando. Podemos definir ambas as orientações tanto do plano como da direção de escorregamento pelos ângulos ϕ e λ. Sendo ϕ o ângulo entre a força uniaxial F e a normal ao plano de escorregamento de área A_1 e λ é o ângulo entre a força axial e a direção de escorregamento.

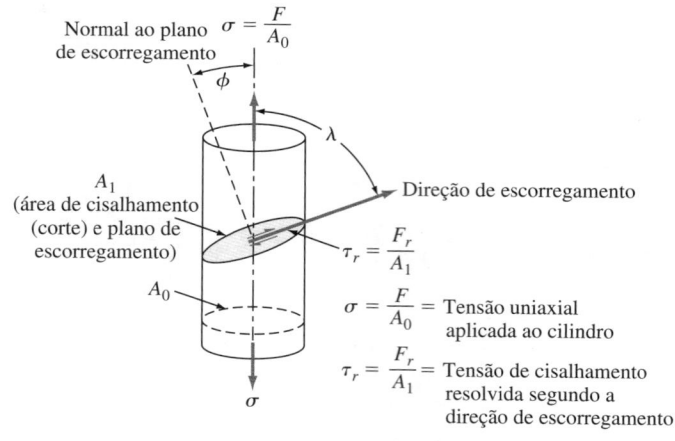

Figura 6.34
A tensão axial σ origina uma tensão de cisalhamento resolvida τ_c e pode provocar o movimento de discordâncias no plano de escorregamento A_1 segundo a direção de escorregamento.

$$\sigma = \frac{F}{A_0} = \text{Tensão uniaxial aplicada ao cilindro}$$

$$\tau_r = \frac{F_r}{A_1} = \text{Tensão de cisalhamento resolvida segundo a direção de escorregamento}$$

Para que uma discordância se mova no sistema de escorregamento, a força axial aplicada terá de originar, segundo a direção de escorregamento, uma tensão de cisalhamento resolvida superior a um determinado valor. A tensão de cisalhamento resolvida é

$$\tau_r = \frac{\text{força de cisalhamento}}{\text{área de cisalhamento (área do plano de deslizamento)}} = \frac{F_r}{A_1} \tag{6.15}$$

A força de cisalhamento resolvida F_r está relacionada à força axial F por $F_y = F \cos \lambda$. A área do plano de escorregamento (área de cisalhamento) $A_1 = A_0/\cos \phi$. Dividindo a força de corte $F \cos \lambda$ pela área de corte $A_0/\cos \phi$, obtemos

$$\tau_r = \frac{F \cos \lambda}{A_0/\cos \phi} = \frac{F}{A_0} \cos \lambda \cos \phi = \sigma \cos \lambda \cos \phi \qquad (6.16)$$

que é chamada de *lei de Schmid*. Vamos resolver agora um problema no qual se calcula a tensão de cisalhamento resolvida quando um sistema de escorregamento atua em uma tensão axial.

EXEMPLO 6.9

Calcule a tensão de cisalhamento resolvida no sistema de escorregamento (111) [0$\bar{1}$1] de uma célula unitária de um monocristal CFC de níquel, quando se aplica uma tensão de 13,7 MPa segundo a direção [001] da célula unitária.

■ **Solução**

Por geometria, conforme Figura E6.9a, o ângulo λ entre a tensão aplicada e a direção de escorregamento é 45°. No sistema cúbico, os índices da direção normal a um determinado plano cristalográfico são iguais aos índices de Miller do plano cristalográfico. Por conseguinte, a direção normal ao plano (111), que é o plano de escorregamento, é a direção [111]. A partir da Figura E6.9b,

$$\cos \phi = \frac{a}{\sqrt{3}a} = \frac{1}{\sqrt{3}} \quad \text{ou} \quad \phi = 54{,}74°$$

$$\tau_r = \sigma \cos \lambda \cos \phi = (13{,}7 \text{ MPa})(\cos 45°)(\cos 54{,}74°) = 5{,}6 \text{ MPa} \blacktriangleleft$$

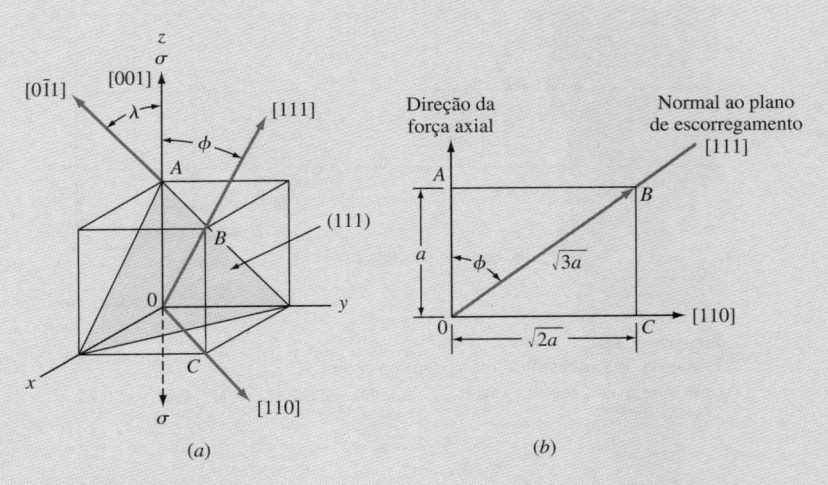

Figura E6.9
Célula unitária CFC à qual está aplicada uma tensão de tração segundo a direção [001], que origina uma tensão de cisalhamento resolvida no sistema de escorregamento (1$\bar{1}$1).

6.5.6 Maclagem

Um segundo mecanismo de deformação plástica que é muito relevante para os metais é a **maclagem**. Nesse processo, uma parte da rede atômica se deforma originando uma imagem-espelho da parte não deformada da rede adjacente (Figura 6.35). O plano cristalográfico que separa as regiões deformadas e não deformadas da rede designa-se *plano de macla*. Esse processo, tal como o escorregamento, ocorre em uma direção específica, chamada *direção de maclagem*. Contudo, no escorregamento, todos os átomos de um dos lados do plano se movem na mesma distância (Figura 6.30), enquanto na maclagem os átomos se movem em distâncias que são proporcionais às respectivas distâncias ao plano de macla (Figura 6.35). Na Figura 6.36, se esquematiza a diferença básica entre o efeito do escorregamento e da maclagem na topografia da superfície de um material metálico deformado. O escorregamento origina um conjunto de degraus (linhas) (Figura 6.36a), enquanto a maclagem origina pequenas regiões bem definidas no cristal deformado (Figura 6.36b). A Figura 6.37, mostra algumas maclas de deformação na superfície de uma amostra de titânio metálico.

A maclagem envolve apenas uma pequena fração do volume total do cristal metálico e, por isso, a quantidade total de deformação que pode ser originada através dessa técnica é pequena. Entretanto, o principal efeito da maclagem na deformação é que as alterações de orientação podem fazer com que novos sistemas de escorregamento fiquem com uma orientação mais favorável com relação a tensão de cisalhamento, permitindo, assim, a ocorrência de escorregamento adicional. Das três estruturas cristalinas habituais nos materiais metálicos (CCC, CFC e HC), a maclagem é mais importante na estrutura HC, devido ao pequeno número de sistemas de escorregamento existente nesse tipo de estrutura. No entanto, mesmo com a contribuição da maclagem, os metais HC, como o zinco e o magnésio, são menos dúcteis do que os metais CCC e CFC, que têm mais sistemas de escorregamento.

Deformações por maclagem ocorrem em metais HC à temperatura ambiente. Nos metais CCC, como Fe, Mo, W, Ta e Cr, ocorre maclagem em cristais deformados a temperaturas muito baixas. À temperatura ambiente, também se observa deformação por maclagem em cristais metálicos CCC quando submetidos a velocidades de deformação muito elevadas. Os metais CFC são os que têm menor tendência para apresentarem maclas de deformação. Contudo, podem se originar maclas de deformação em alguns metais CFC submetidos a tensões suficientemente elevadas e a temperaturas

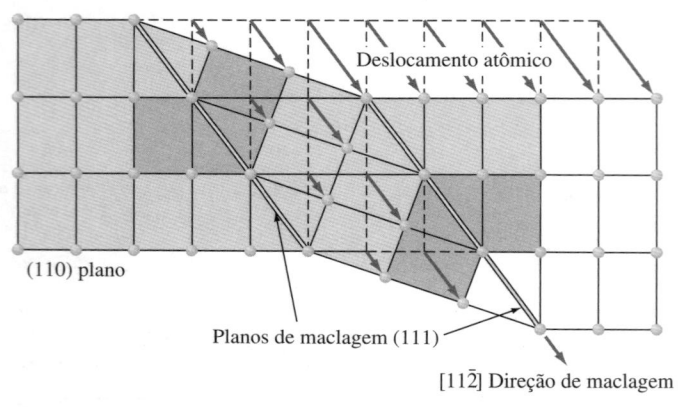

Figura 6.35
Esquema do processo de maclagem na rede CFC.
(H.W. Hayden, W.G. Moffatt e J. Wulff, "The Structure and Properties of Materials", vol. 3, Wiley, 1965, p. 111.)

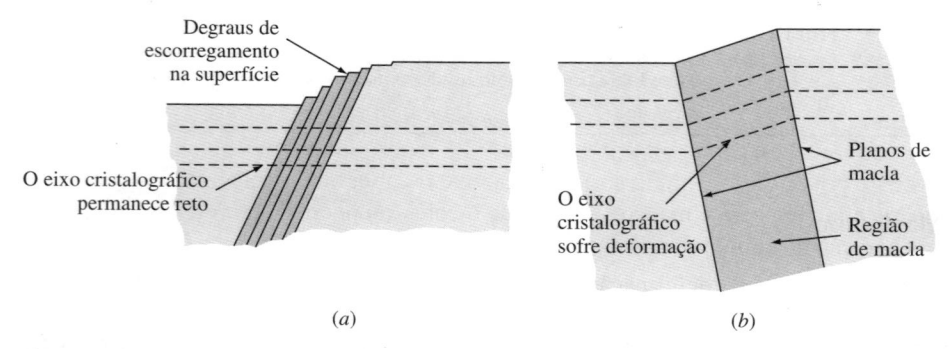

Figura 6.36
Esquema da superfície de um material metálico deformado por (a) escorregamento e (b) maclagem.

suficientemente baixas. Por exemplo, cristais de cobre deformados a 4 K por ação de tensões elevadas podem apresentar maclas de deformação.

6.6 DEFORMAÇÃO PLÁSTICA DE METAIS POLICRISTALINOS

6.6.1 Efeito dos contornos de grão na resistência mecânica de metais

A maior parte das ligas no campo da engenharia são policristalinas. Monocristais de metais e ligas metálicas são usados principalmente em pesquisas e apenas em alguns casos para aplicações em engenharia[8]. Os contornos de grão aumentam a resistência mecânica dos metais e ligas, uma vez que atuam como obstáculos ao movimento das discordâncias, exceto em temperaturas elevadas, em que se tornam regiões frágeis (vulneráveis). Para a maioria das aplicações onde a resistência mecânica é importante, um tamanho de grão fino é desejável, e, assim, busca-se para na maioria dos metais a obtenção de tamanho de grão fino. Em geral, a temperatura ambiente, metais com grãos refinados são mais fortes, mais duros, mais resistentes e mais suscetíveis ao aumento de resistência por meio do encruamento. No entanto, são menos resistentes à corrosão e à fluência (deformação sob carga constante a temperaturas elevadas; ver Seção 7.4.). Um tamanho de grão fino também resulta em um comportamento mais uniforme e isotrópico de materiais. Na Seção 4.5 foram apresentados o número ASTM de tamanho de grãos e um método para determinar o diâmetro médio de grão de um metal usando técnicas de metalografia. Esses parâmetros permitem estabelecer uma relativa comparação entre a densidade de grãos e, portanto, a densidade dos contornos de grão em metais. Assim, por dois componentes (produtos) feitos da mesma liga, o componente que tem um maior número ASTM de tamanho de grão ou de um menor diâmetro médio de grão é mais resistente. A relação entre o tamanho de grãos e a resistência é de grande importância para todos os engenheiros.

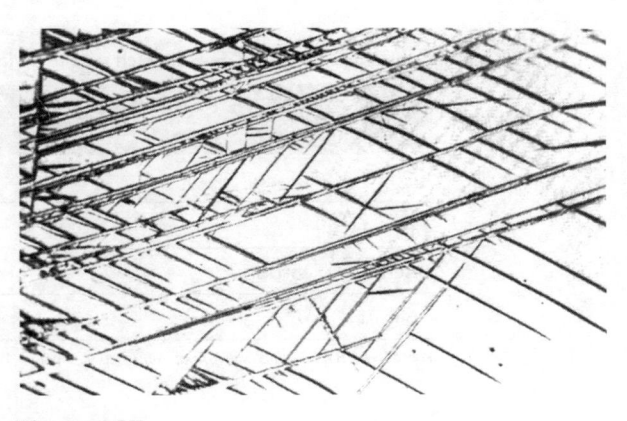

Figura 6.37
Maclas de deformação em uma amostra de titânio (99,77% Ti). (Ampliação 150×.)
(F.D. Rosi, C.A. Dube and B.H. Alexander, Trans. A/ME, 197: 259 (1953).)

A conhecida **equação de Hall-Petch**, Equação 6.16, é uma equação empírica (com base em medições experimentais, e não na teoria) que relaciona a tensão de escoamento de um metal, σ_y, e seu diâmetro médio de grão d da seguinte forma:

$$\sigma_y = \sigma_0 + k/(d)^{1/2} \qquad (6.17)$$

onde σ_0 e k são constantes relacionadas ao material de interesse. Uma relação semelhante existe entre a dureza (ensaio de microdureza Vickers) e tamanho de grão. A equação mostra claramente que com a diminuição do diâmetro dos grãos, a tensão de escoamento do material aumenta. Considerando que o diâmetro de grão, em geral, pode variar de algumas centenas a apenas alguns mícrons, pode-se esperar uma mudança significativa na resistência por meio do refinamento de grãos. Os valores de σ_0 e k para alguns materiais selecionados são apresentados na Tabela 6.5. É importante observar que não se aplica a equação de Hall-Petch: (1) granulometrias extremamente grossas ou muito finas e (2) metais utilizados em temperaturas elevadas.

Na Figura 6.38, comparam-se as curvas de tensão-deformação obtidas em ensaios de tração de amostras de cobre mono e policristalino, efetuados à temperatura ambiente. Qualquer que seja a extensão, o cobre policristalino é mais resistente do que o cobre monocristalino. Em todas as tensões, o cobre policristalino também é mais resistente que o cobre monocristalino. Para o alongamento 20%, a resistência à tração do cobre policristalino é 276 MPa, enquanto a do cobre monocristalino é 55 MPa.

---

[8]Foram desenvolvidas pás de turbina monocristalinas para serem usadas em motores de explosão, de modo a impedir a fissuração nos contornos de grão que ocorrem a temperaturas e tensões elevadas. Ver F.L. Ver Snyder e M.E. Shank, Mater. Sci. Eng., 6: 213-247 (1970).

Tabela 6.5
Constantes da relação de Hall-Petch para materiais selecionados.

	σ_0 (MPa)	K (MPa · m$^{1/2}$)
Cu	25	0,11
Ti	80	0,40
Aço baixo carbono	70	0,74
Ni$_3$Al	300	1,70

Fonte: www.tf.uni-kiel.de/matwis/matv/pdf/chap_3_3.pdf.

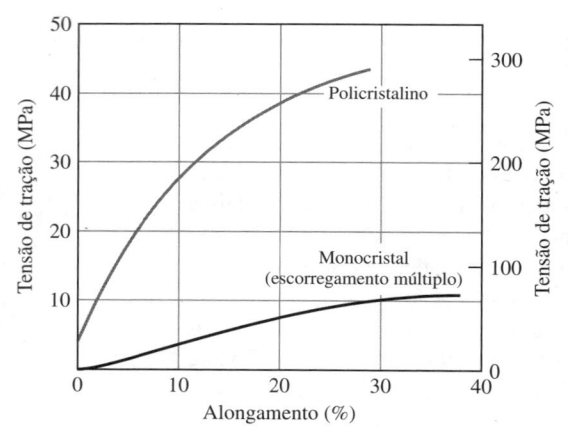

Figura 6.38
Curvas de tensão-extensão do cobre mono e policristalino. O cobre policristalino apresenta resistência mecânica mais elevada devido aos contornos de grão que dificultam o escorregamento.
(M. Eisenstadt, "Introduction to Mechanical Properties of Materials," Macmillan, 1971, p. 258.)

Durante a deformação plástica dos materiais metálicos, as discordâncias que se movem em um determinado plano de escorregamento não podem passar, em linha reta, diretamente de um grão para outro. Como se mostra na Figura 6.39, as linhas de escorregamento mudam de direção nos limites do grão. Assim, em cada grão, as discordâncias se movem em planos de escorregamento preferenciais que têm orientações diferentes das dos grãos vizinhos. À medida que o número de grãos aumenta, o diâmetro dos grãos se torna menor, e, com isso, as discordâncias dentro de cada grão podem se deslocar a uma distância menor, antes de encontrar uma nova fronteira de grão, ponto onde o seu deslocamento é interrompido (falha de empilhamento). É por essa razão que os materiais com granulometria fina possuem maior resistência. Na Figura 6.40, mostra-se claramente um contorno de grão de alto ângulo, que funciona como obstáculo ao movimento das discordâncias e que causam as falhas de empilhamento nos contornos de grão.

6.6.2 Efeito da deformação plástica na forma dos grãos e no arranjo das discordâncias

Alteração da forma dos grãos devido à deformação plástica Consideremos a deformação plástica de amostras recozidas[9] de cobre que apresentam uma estrutura de grão equiaxial. Por deformação plástica a frio, os grãos sofrem distorção uns em relação aos outros, devido à criação, movimento e rearranjo das discordâncias. Na Figura 6.41, mostram-se as microestruturas de amostras de placa de cobre que foram laminadas a frio, sofrendo reduções de 30 e 50%, respectivamente. Observe que, à medida que a deformação a frio aumenta, os grãos ficam mais alongados segundo a direção de laminação, devido ao movimento de discordâncias.

Alteração do arranjo das discordâncias devido à deformação plástica Na amostra de cobre com 30% de deformação plástica, as discordâncias formam uma estrutura celular com regiões claras no centro das células (Figura 6.42a). Com o aumento da deformação plástica a frio para 50% de redução, a estrutura celular se torna mais densa e alongada segundo a direção de laminação (Figura 6.42b).

6.6.3 Efeito da deformação plástica a frio no aumento da resistência mecânica dos metais

Conforme mostram as fotomicrografias apresentadas na Figura 6.42, obtidas por microscopia eletrônica, a densidade das discordâncias aumenta à medida que se intensifica a deformação a frio. O meca-

---

[9]As amostras recozidas foram deformadas plasticamente e, em seguida, reaquecidas até se formar uma estrutura de grão em que os grãos têm aproximadamente a mesma dimensão em todas as direções (equiaxiais).

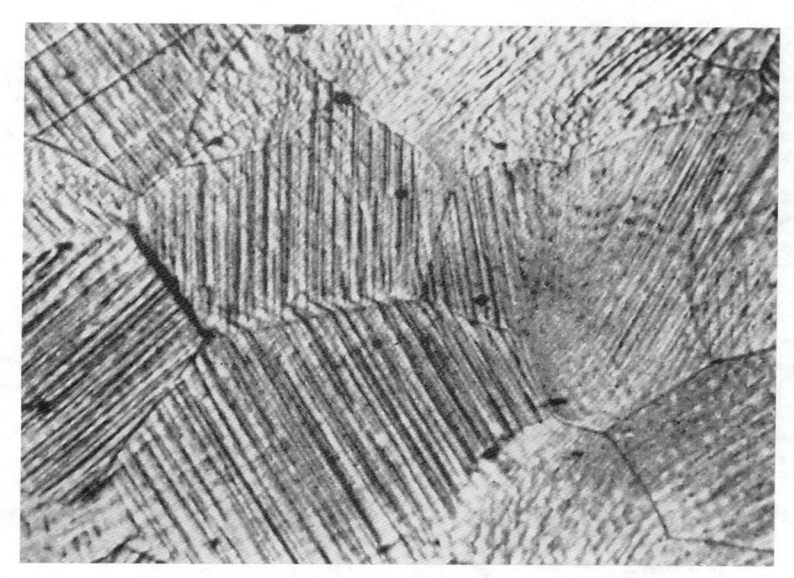

Figura 6.39
Alumínio policristalino deformado plasticamente. Note-se que as bandas de escorregamento são paralelas no interior do grão, mas que há descontinuidade nos contornos. (Ampliação 60×.)
(G.C. Smith, S. Charter and S. Chiderley da Cambridge University)

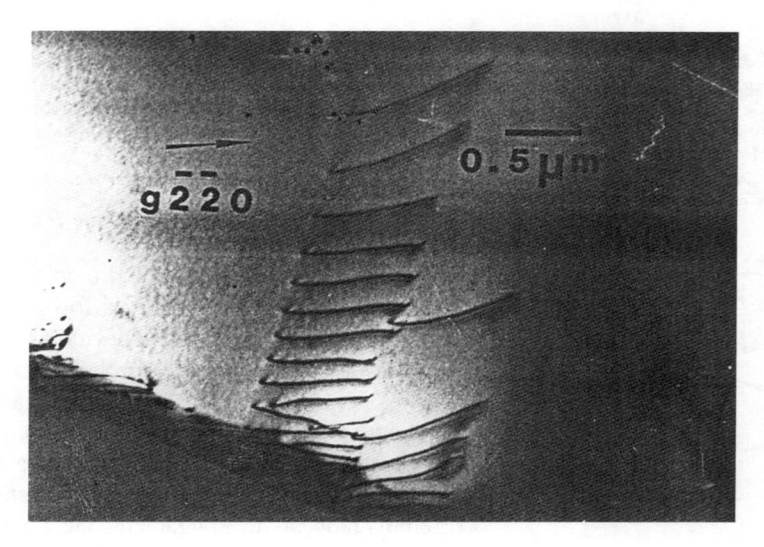

Figura 6.40
Discordâncias empilhadas em um contorno de grão, observadas em uma folha fina de aço inoxidável utilizando microscopia eletrônica de transmissão. (Ampliação 20.000×.)
(Z. Shen, R.H. Wagoner and W.A.T. Clark, Scripta Met., 20: 926 (1986).)

nismo exato pelo qual a densidade de discordância aumenta devido à deformação a frio não está ainda perfeitamente compreendido. Devido à deformação a frio, novas discordâncias surgem e irão interagir com as já existentes. Como a densidade de discordâncias aumenta com a deformação, o movimento delas se torna cada vez mais difícil por meio da "floresta de discordâncias". E, então, o metal encrua, isto é, endurece por deformação devido ao aumento das discordâncias.

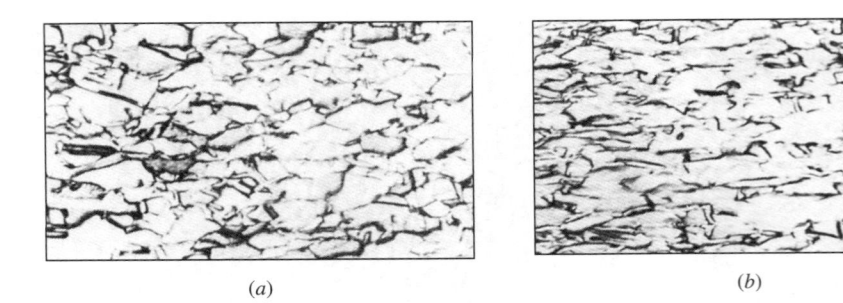

(a)　(b)

Figura 6.41
Fotomicrografias obtidas no microscópio óptico de estruturas deformadas em amostras de cobre que foram laminadas a frio sofrendo reduções de (a) 30% e (b) 50%. (Reagente: dicromato de potássio; Ampliação 300×.)

(J.E. Boyd in "Metals Handbook", vol. 8: "Metallography, Structures, and Phase Diagrams", 8. ed., American Society for Metals, 1973, p. 221. Reimpresso com permissão de ASM International. Todos os direitos reservados. www.asminternational.org.)

(a)　(b)

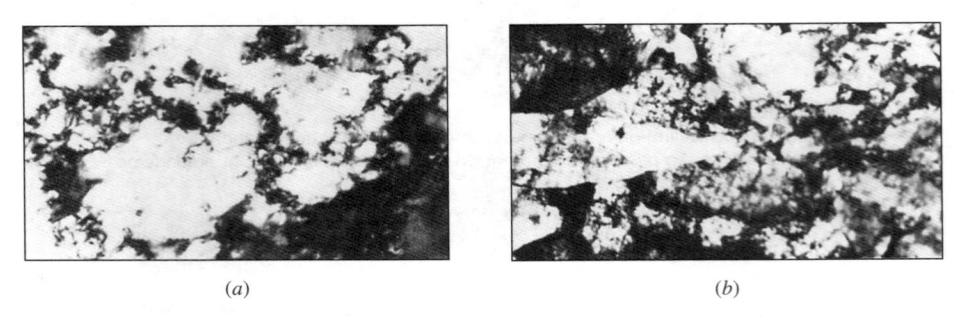

Figura 6.42
Fotomicrografias obtidas no microscópio eletrônico de transmissão de estruturas deformadas em amostras de cobre que foram laminadas a frio sofrendo reduções de (a) 30% e (b) 50%. Note-se que estas fotomicrografias obtidas no microscópio eletrônico correspondem às fotomicrografias da Figura 6.41 obtidas no microscópio óptico. (Folhas finas; Ampliação 30.000×.)

(J.E. Boyd in "Metals Handbook", vol. 8: "Metallography, Structures, and Phase Diagrams", 8. ed., American Society for Metals, 1973, p. 221. Reimpresso com permissão de ASM International. Todos os direitos reservados. www.asminternational.org.)

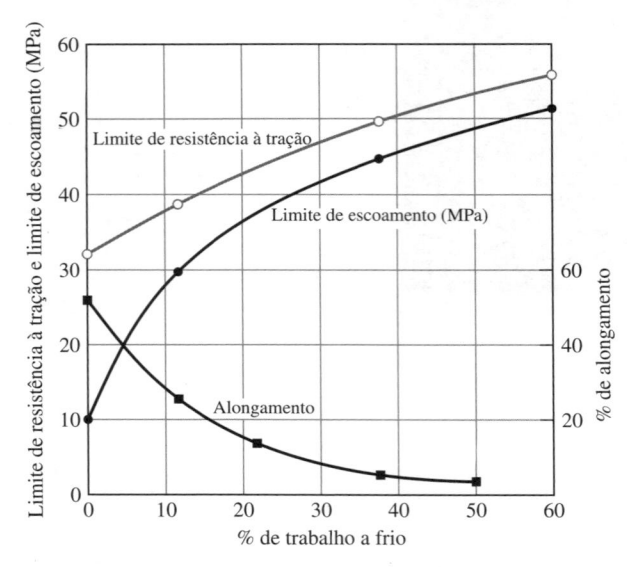

Figura 6.43
Porcentagem de deformação a frio em função do limite de resistência à tração e do alongamento até a fratura para o cobre desoxigenado. O grau de deformação a frio é expresso pela porcentagem de redução de área da seção reta da amostra metálica.

Quando os metais dúcteis como o cobre, o alumínio e o ferro-α recozidos são deformados a frio à temperatura ambiente, ocorre o seu encruamento devido à interação das discordâncias, descrita anteriormente. Na Figura 6.43, mostra-se como uma deformação a frio de 30%, realizada à temperatura ambiente, provoca um aumento da resistência à tração do cobre, de cerca de 30 ksi (200 MPa) para 45 ksi (320 MPa). Entretanto, associada ao aumento da resistência à tração, ocorre uma redução do alongamento até a quebra (ductilidade). Conforme se pode observar na Figura 6.43, para o cobre, uma deformação a frio de 30% faz com que o alongamento até o rompimento diminua cerca de 52 para 10%.

O **encruamento** ou endurecimento por deformação constitui um dos métodos mais importantes para aumentar a resistência mecânica de alguns metais. Por exemplo, utilizando apenas este método, pode-se aumentar consideravelmente a resistência mecânica do cobre e do alumínio puros. Assim, pode se produzir arame de cobre trefilado a frio com diferentes resistências mecânicas (dentro de determinados limites), bastando para isso variar a quantidade de encruamento.

> **EXEMPLO 6.10**
>
> Pretende produzir-se uma chapa de cobre desoxigenado com 1 mm de espessura e limite de resistência à tração igual a 310 MPa. Qual é a porcentagem de deformação a frio que deve ser dada ao metal? Qual deve ser a espessura inicial da chapa de metal antes da laminação a frio?
>
> ■ **Solução**
>
> A partir da Figura 6.43, a porcentagem de deformação a frio deve ser 25%. Portanto, a espessura inicial deve ser
>
> $$\frac{x - 1 \text{ mm}}{x} = 0{,}25$$
>
> $$x = 1{,}35 \text{ mm} \blacktriangleleft$$

6.7 ENDURECIMENTO DE METAIS POR SOLUÇÃO SÓLIDA

Além do encruamento, outro método pelo qual a resistência mecânica dos metais pode se elevar é por meio de **endurecimento por solução sólida**. A adição de um ou mais elementos a um metal pode provocar o aumento da resistência mecânica deste devido à formação de uma solução sólida. A estrutura das *soluções sólidas substitucionais* e *intersticiais* já foram abordadas na Seção 4.3. Quando os átomos substitucionais (soluto) se misturam, no estado sólido, com os átomos de outro metal (solvente), criam-se campos de tensão em torno dos átomos de soluto. Esses campos de tensão interatuam com as discordâncias e tornam mais difícil o seu movimento; portanto, a solução sólida é mais resistente mecanicamente do que o metal puro.

O endurecimento por solução sólida é afetado por dois fatores importantes:

1. *Fator tamanho relativo*. As diferenças de tamanho entre os átomos de soluto e de solvente afetam o endurecimento por solução sólida, devido a distorções que são originadas na rede cristalina; são justamente essas distorções que tornam o movimento das discordâncias mais difícil, e daí o endurecimento da solução sólida metálica.
2. *Ordem de curta distância*. Nas soluções sólidas, a mistura dos átomos raramente é aleatória; pelo contrário, ocorre uma espécie de ordem a curta distância ou o agrupamento de átomos idênticos. O movimento das discordâncias é dificultado pelas fronteiras dessas estruturas.

Além desses fatores, existem outros que também contribuem para o endurecimento por solução sólida; no entanto, não serão abordados neste livro.

Como exemplo de endurecimento por solução sólida, consideremos uma solução sólida com 70% de Cu e 30% de Zn (latão, produzido para cartuchos). A tensão de ruptura do cobre que não formou liga com 30% de deformação a frio é cerca de 48 ksi (330 MPa) (Figura 6.43). Contudo, a tensão de ruptura da liga com 70% Cu-30% de Zn com 30% de deformação a frio é cerca de 72 ksi (500 MPa) (Figura 6.44). Nesse caso, o endurecimento por solução sólida provocou um aumento da resistência mecânica do cobre de cerca de 170 MPa. Por outro lado, a adição de 30% de zinco ao cobre, após 30% de deformação a frio, fez com que a ductilidade diminuísse cerca de 65 para 10% (Figura 6.44).

6.8 RECUPERAÇÃO E RECRISTALIZAÇÃO DE METAIS DEFORMADOS PLASTICAMENTE

Nas seções anteriores, discutiu-se o efeito da deformação plástica nas propriedades mecânicas e microestrutura de metais.

Quando os processos de conformação, tais como a laminação, forjamento, extrusão, entre outros, são executados a frio, o material trabalhado tem muitas discordâncias e outros defeitos. Como resultado, o metal trabalhado é significativamente mais resistente, no entanto, menos dúctil.

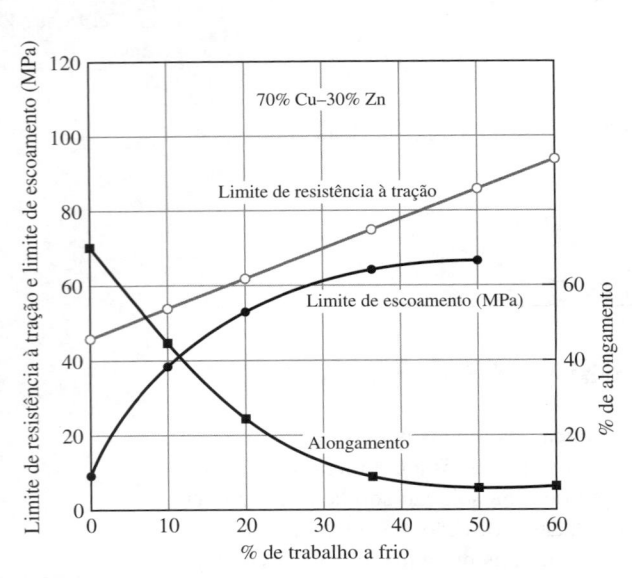

Figura 6.44
Porcentagem de deformação a frio em função do limite de resistência à tração e alongamento até a quebra da liga 40% de Cu–30% de Zn. A deformação a frio é expressa pela porcentagem de redução de área da seção reta da amostra metálica. (Ver Equação 6.2.)

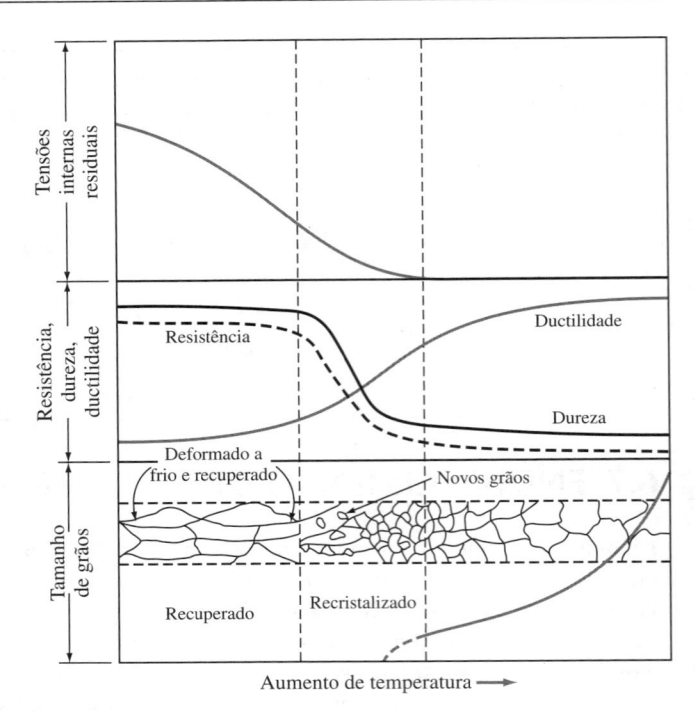

Figura 6.45
Efeito do recozimento na alteração da estrutura e propriedades mecânicas de um metal deformado a frio.
(*Adaptado de Z.D. Jastrzebski, "The Nature and Properties of Engineering Meterials", 2. ed., Wiley, 1976, p. 228.*)

Muitas vezes, a redução da ductilidade do metal trabalhado a frio é indesejável, e um amolecimento do metal se faz necessário. Para isso, o metal trabalhado a frio é aquecido em um forno.

Se o material metálico for reaquecido a uma temperatura suficientemente elevada durante um considerável intervalo de tempo, a estrutura do material deformado a frio sofrerá uma série de alterações que são chamadas por (1) **recuperação**, (2) **recristalização** e (3) **crescimento de grão**. A Figura 6.45, através de um esquema, apresenta essas alterações estruturais, que ocorrem à medida que a temperatura aumenta, assim como as correspondentes alterações das propriedades mecânicas. Este tratamento de reaquecimento que amacia o material metálico deformado a frio é denominado por **recozimento** e, por vezes, utilizam-se os termos *recozimento parcial* e *recozimento completo* para designar os graus de amaciamento. Analisemos agora mais detalhadamente essas alterações estruturais, começando com a estrutura dos materiais metálicos fortemente deformados a frio.

6.8.1 Estrutura de um metal fortemente deformado a frio antes do reaquecimento

Quando um material metálico é fortemente deformado a frio, parte da energia gasta durante a deformação plástica é armazenada no material sob a forma de discordâncias e outros defeitos, tais como os pontuais. Assim, um material metálico encruado tem uma energia interna superior à do material não deformado. A Figura 6.46a apresenta a microestrutura (100×) de uma chapa de uma liga de Al com 0,8% Mg, que foi deformada a frio, sofrendo 85% de redução. Perceba que os grãos se apresentam fortemente alongados segundo a direção de laminação. Com uma ampliação maior (20.000×), a fotomicrografia da Figura 6.47, obtida em microscopia eletrônica de transmissão, mostra que a estrutura é constituída por uma rede de células cujas paredes apresentam uma densidade de discordâncias muito elevada. Um material metálico totalmente encruado tem uma densidade de discordâncias de aproximadamente 10^{12} linhas de discordâncias/cm^2.

6.8.2 Recuperação

Quando um metal trabalhado a frio é aquecido, em uma faixa de temperatura de recuperação que está logo abaixo da faixa de temperatura de recristalização, aliviam-se as tensões internas do metal (Figura 6.45).

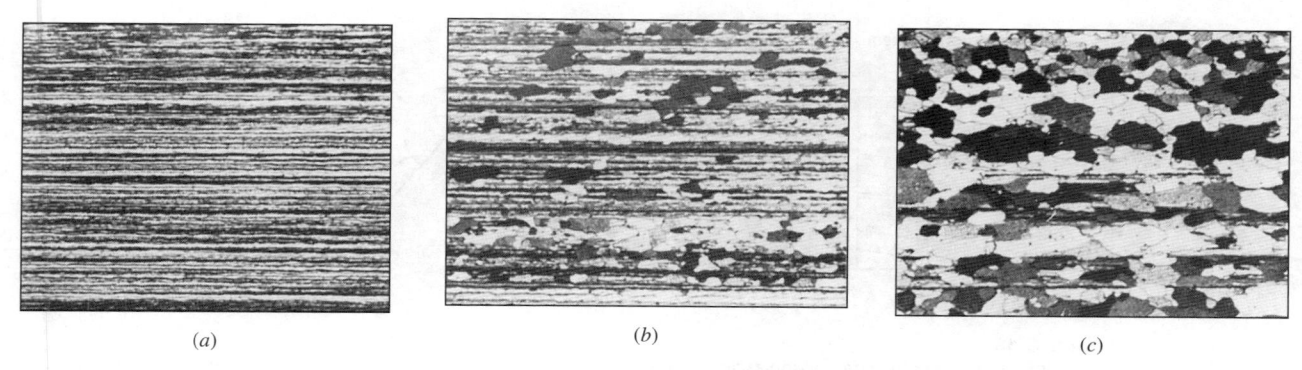

Figura 6.46
Chapa da liga de alumínio 5657 (0,8% Mg) após laminação a frio de 85% e reaquecimento subsequente (fotomicrografias obtidas no microscópio óptico a 100× com luz polarizada). (a) Deformada a frio 85%; seção longitudinal. Os grãos estão fortemente alongados. (b) Deformada a frio 85% e aquecida durante 1h a 302 °C para alívio de tensões. A estrutura apresenta vestígios de recristalização que melhoram a conformabilidade da chapa. (c) Deformada a frio 85% e recozida a 316 °C durante 1h. A estrutura apresenta grãos recristalizados e bandas de grãos não recristalizados.
("Metals Handbook", vol. 7, 8. ed., American Society for Metals, 1972, p. 243. Reimpresso com permissão de ASM International. Todos os direitos reservados. www.asminternational.org.)

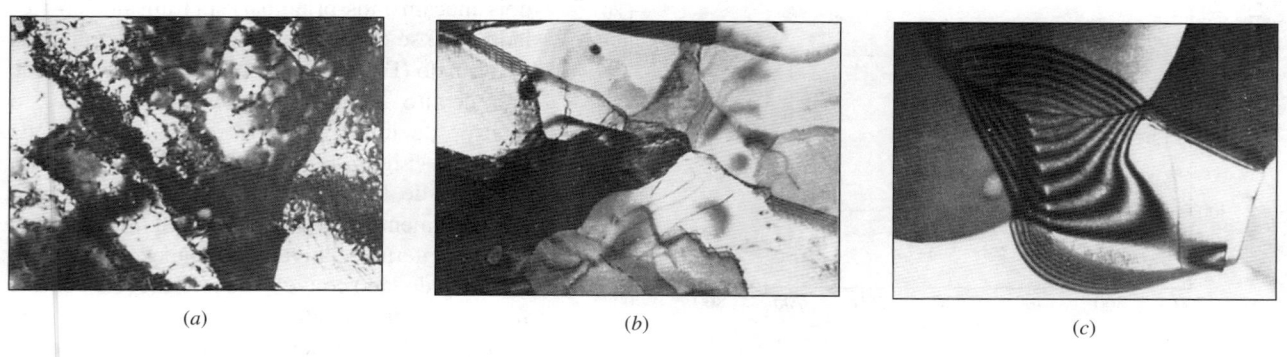

Figura 6.47
Chapa da liga de alumínio 5657 (0,8% Mg) após deformação a frio de 85% e reaquecimento subsequente. Essas fotomicrografias foram obtidas no microscópio eletrônico de transmissão utilizando finas folhas. (Ampliação 20.000×) (a) Chapa deformada a frio 85%; a fotomicrografia mostra novelos de discordâncias e células (subgrãos) em bandas provocadas pela grande deformação a frio. (b) Chapa deformada a frio 85% e aquecida durante 1h a 302 °C para alívio de tensões; a fotomicrografia mostra redes de discordâncias e outros contornos de grão de pequena desorientação originados por poligonização. (c) Chapa deformada a frio 85% e recozida a 316 °C durante 1h; a fotomicrografia mostra a estrutura recristalizada e algum crescimento de subgrão.
("Metals Handbook", vol. 7, 8. ed., American Society for Metals, 1972, p. 243. Reimpresso com permissão de ASM International. Todos os direitos reservados. www.asminternational.org.)

Durante a recuperação, é fornecida energia térmica suficiente para que as discordâncias se rearranjem em configurações de menor energia (Figura 6.48). A recuperação de muitos metais deformados a frio (por exemplo, alumínio puro) origina uma estrutura de subgrão com contornos de grão de baixo ângulo, conforme mostra a Figura 6.48b. Esse processo de recuperação é denominado *poligonização* e, muitas vezes, corresponde a uma alteração de estrutura que precede a recristalização. A energia interna do material metálico recuperado é inferior à do material deformado a frio, uma vez que durante o processo de recuperação muitas discordâncias são aniquiladas ou se movem para configurações de mais baixa energia. Durante a recuperação, a resistência mecânica do material metálico deformado a frio diminui ligeiramente, no entanto, em linhas gerais, a ductilidade aumenta de modo significativo (Figura 6.45).

6.8.3 Recristalização

Durante o aquecimento de um material metálico deformado a frio em uma temperatura suficientemente elevada, são nucleados novos grãos na estrutura metálica recuperada, os quais começam a crescer (Figura 6.46b), originando uma estrutura recristalizada. Após um intervalo de tempo suficientemente longo à temperatura a que a recristalização ocorre, a estrutura deformada a frio é totalmente substituída por uma estrutura de grãos recristalizados, como se mostra na Figura 6.46c.

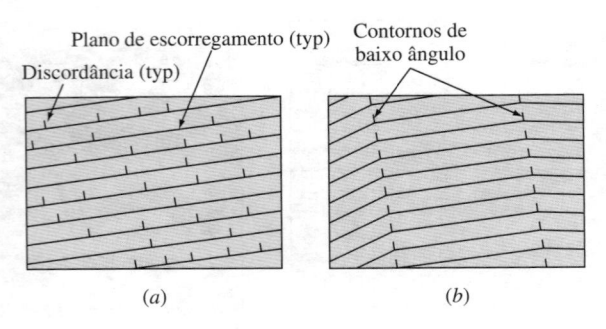

Figura 6.48
Representação esquemática da poligonização num metal deformado: (a) o cristal metálico deformado apresenta discordâncias empilhadas em planos de escorregamento; (b) após o tratamento térmico de recuperação, as discordâncias se movem formando contornos de grão de baixo ângulo.
(L.E. Tanner and I.S. Servi, "Metals Hendbook", vol. 8, 8. ed., American Society for Metals, 1973, p. 222.)

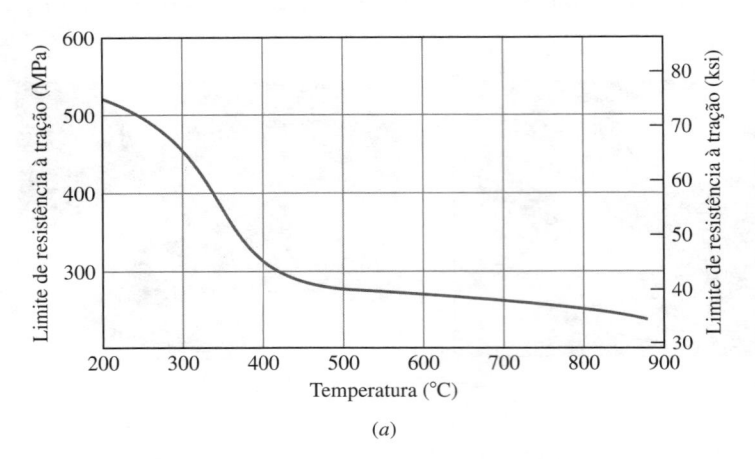

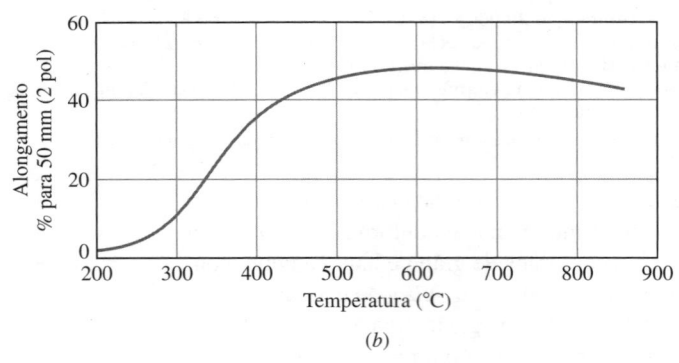

Figura 6.49
Modelo esquemático do crescimento de um grão recristalizado durante a recristalização de um metal: (a) um núcleo isolado cresce para o interior do grão deformado; (b) um contorno de grão de alto ângulo original migra para o interior de uma região mais fortemente deformada do metal.

Figura 6.50
Efeito da temperatura de recozimento no (a) limite de resistência à tração e (b) alongamento até a fratura de uma chapa com 1 mm de espessura da liga 85% Cu-15% Zn, previamente laminada a frio até 50% (O tempo de recozimento foi de 1h em todas as temperaturas.)
("Metals Handbook", vol. 2, 9. ed., American Society for Metals, 1979, p. 320.)

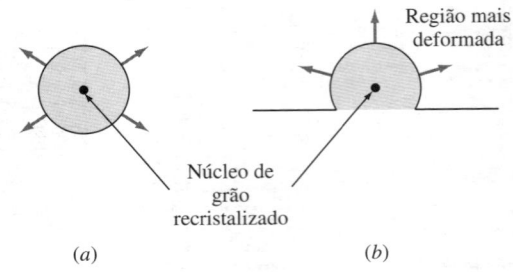

A recristalização primária ocorre por meio de dois mecanismos principais: (1) um núcleo isolado pode se expandir para o interior de um grão deformado (Figura 6.49a) ou (2) um contorno de grão de alto ângulo original pode migrar para o interior de uma região fortemente deformada do metal (Figura 6.49b). Em ambos os casos, a estrutura do lado côncavo do contorno de grão em movimento não está deformada, e tem uma energia interna relativamente baixa, enquanto a estrutura do lado convexo da interface móvel está fortemente deformada e apresenta uma alta densidade de discordâncias e uma elevada energia interna. Portanto, o movimento do contorno de grão ocorre no sentido oposto ao centro de curvatura do contorno de grão.

Assim, durante a recristalização primária, o crescimento de um novo grão em expansão leva a uma diminuição da energia interna do material metálico, uma vez que as regiões deformadas são substituídas por regiões não deformadas.

Um tratamento de recozimento de um material deformado a frio reduz fortemente o limite de resistência à tração e aumenta a ductilidade, pois causa a recristalização da estrutura do material metálico. Por exemplo, uma chapa de latão com 85% Cu–15% Zn, de 1 mm de espessura, que foi laminada a frio com 50% de redução sofre, por recozimento a 400 °C durante 1h, uma diminuição do limite de resistência à tração de 520 para 310 MPa (Figura. 6.50a). Por outro lado, o recozimento provoca um aumento de ductilidade da chapa de 3% para 38% (Figura 6.50b). A Figura 6.51, mostra um diagrama esquemático do processo de recozimento em caixa de bobinas de aço.

Os principais fatores que afetam o processo de recristalização em metais e ligas são: (1) a deformação prévia do material metálico, (2) a temperatura, (3) o tempo, (4) o tamanho de grão inicial e (5) a composição do metal ou liga. A recristalização de um material metálico ocorre geralmente em um intervalo de tem-

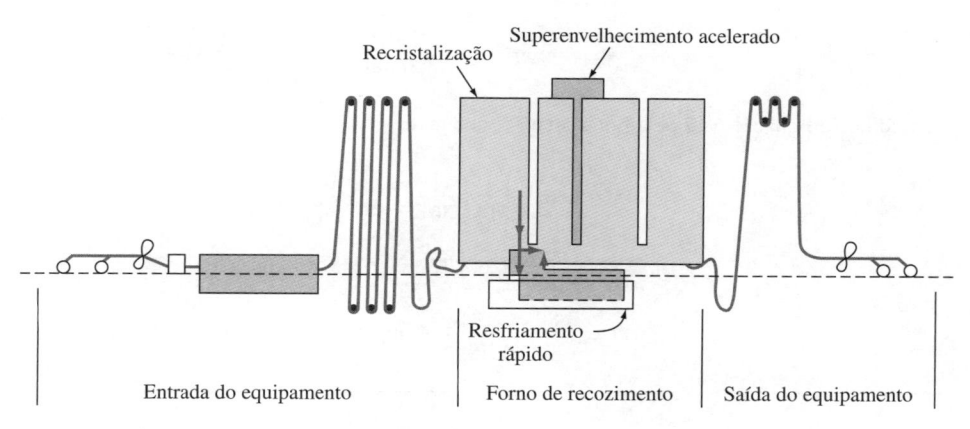

Figura 6.51
Diagrama esquemático de recozimento contínuo.
(*W.L. Roberts, "Flat Processing of Steel", Marcel Dekker, 1988.*)

peraturas que depende, em certa medida, das variáveis indicadas anteriormente. Assim, não podemos referir à temperatura de recristalização de um metal da mesma forma que à temperatura de fusão de um metal puro. As seguintes generalizações podem ser feitas quanto ao processo de recristalização:

1. Uma mínima quantidade de deformação no metal é necessária para que a recristalização ocorra;
2. Quanto menor for o grau de deformação (acima de um valor mínimo), maior será a temperatura necessária para que ocorra a recristalização;
3. Aumentando a temperatura, diminui-se o tempo necessário para uma recristalização completa (ver Figura 6.52);
4. O tamanho de grão final depende principalmente do grau de deformação prévia. Quanto maior for o grau de deformação, menor será a temperatura de recozimento necessária à recristalização e menor será o tamanho do grão recristalizado;
5. Quanto maior for o tamanho de grão inicial, maior será a deformação necessária para produzir em uma determinada temperatura uma quantidade de recristalização equivalente;
6. A temperatura de recristalização diminui com o aumento de pureza do metal. A adição de elementos de liga que formam soluções sólidas provoca sempre um aumento da temperatura de recristalização.

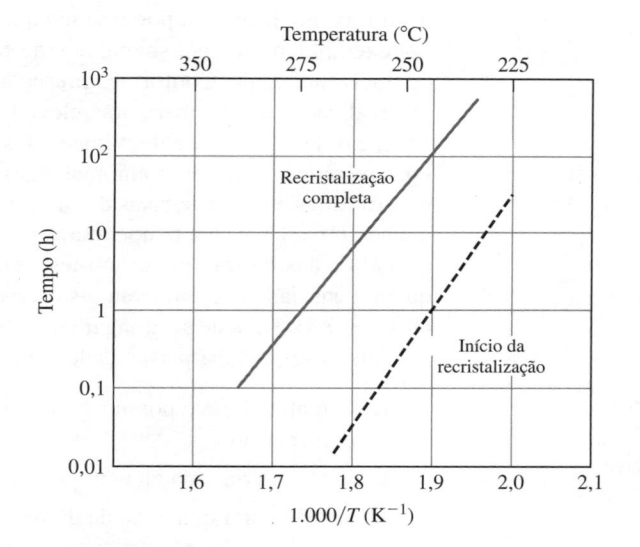

Figura 6.52
Relações tempo-temperatura para a recristalização do Al (99,0%) deformado a frio 75%. A linha cheia indica o fim da recristalização e, a linha tracejada, o início da recristalização. Nesta liga, a recristalização segue a Lei de Arrhenius com ln t em função de $1/T(K^{-1})$.
(*"Aluminum", vol. 1, American Society for Metals, 1967, p. 98.*)

EXEMPLO 6.11

Para recristalizar uma peça de cobre a 88 °C são necessários $9{,}0 \times 10^3$ min e, a 135 °C, são necessários 200 min. Qual é a energia de ativação para o processo, admitindo que a taxa de recristalização t com o tempo segue uma equação tipo Arrhenius, em que $R = 8{,}314$ J/(mol · K) e T em Kelvins?

■ **Solução**

$$t_1 = 9{,}0 \times 10^3 \text{ min}; T_1 = 88 \text{ °C} + 273 = 361 \text{ K}$$

$$t_2 = 200 \text{ min}; T_2 = 135 \text{ °C} + 273 = 408 \text{ K}$$

$$t_1 = Ce^{Q/RT_1} \quad \text{ou} \quad 9{,}0 \times 10^3 \text{ min} = Ce^{Q/R(361 \text{ K})} \tag{6.17}$$

$$t_2 = Ce^{Q/RT_2} \quad \text{ou} \quad 200 \text{ min} = Ce^{Q/R(408 \text{ K})} \quad (6.18)$$

Dividindo a Equação 6.17 pela Equação 6.18, obtém-se

$$45 = \exp\left[\frac{Q}{8,314}\left(\frac{1}{361} - \frac{1}{408}\right)\right]$$

$$\ln 45 = \frac{Q}{8,314}(0,00277 - 0,0245) = 3,80$$

$$Q = \frac{3,80 \times 8,314}{0,000319} = 99,038 \text{ J/mol ou } 99,0 \text{ kJ/mol} \blacktriangleleft$$

6.9 SUPERPLASTICIDADE EM METAIS

Um exame cuidadoso da Figura 6.23 mostra que a maioria dos metais, mesmo aqueles que são classificados como dúcteis, suportam uma quantidade limitada de deformação plástica antes do rompimento. Por exemplo, o aço doce (baixo teor de carbono) sofre 22% de alongamento antes da fratura em ensaios de tração uniaxiais. Conforme apresentado na Seção 6.1, muitas operações de conformação de metais são realizadas em temperaturas elevadas, buscando alcançar um maior grau de deformação plástica por meio do aumento da ductilidade dos metais. **Superplasticidade** se refere à capacidade de algumas ligas metálicas, tais como algumas ligas de alumínio e titânio, que tem de se deformar até 2.000% em temperaturas elevadas e taxas de carregamento lento. Essas ligas não se comportam superplasticamente quando trabalhadas em temperaturas normais. Por exemplo, a liga Ti (6Al-4V) recozida se alonga cerca de 12% antes da fratura em um teste convencional de tração à temperatura ambiente. A mesma liga, quando ensaiada em temperaturas elevadas (840 a 870 °C) e com taxas de carregamento muito baixas ($1,3 \times 10^{-4}$ s^{-1}), pode se alongar até 750-1.170%.

Para alcançar superplasticidade, o material e a taxa de deformação devem satisfazer certas condições:

1. O material deve possuir granulometria muito fina (5-10 μm) e ser altamente sensível a taxa de deformação;
2. É necessária uma alta temperatura, superior a 50% da temperatura de fusão do metal;
3. É necessária uma taxa de deformação baixa e controlada na faixa de 0,01-0,0001 s^{-1}.[10]

Esses requisitos não são facilmente alcançados, portanto, nem todos os materiais atingem o comportamento superplástico. Na maioria dos casos, a condição (1) é muito difícil de alcançar, ou seja, do tamanho de grão ultrafino[11].

O comportamento superplástico é uma propriedade extremamente útil e pode ser usada para fabricar componentes estruturais complexos. A questão é: "Qual mecanismo de deformação é responsável por esse incrível nível de deformação plástica?" Nas seções anteriores, discutimos o papel das discordâncias e os seus movimentos no comportamento plástico dos materiais sob o carregamento de temperatura ambiente.

Enquanto as discordâncias se movem por meio do grão, ocorre a deformação plástica. Mas, à medida que diminui o tamanho do grão, o movimento das discordâncias se torna mais limitado e o material se torna mais resistente. Entretanto, as análises metalográficas, de materiais sob comportamento superplástico, revelaram uma atividade muito limitada das discordâncias no interior do grão. Isso confirma o fato de que os materiais com comportamento superplástico são suscetíveis a outros tipos de mecanismos de deformação, tais como deslizamento e difusão de contornos de grão.

Em temperaturas elevadas, acredita-se que uma grande quantidade de tensão é acumulada pelo deslizamento e rotação dos grãos individuais ou de agregados de grãos. Há também uma suspeita de que o

---

[10]Superplasticidade em altas taxas de deformação (>10^{-2} s^{-1}) tem sido relatada para algumas ligas de alumínio.
[11]Recristalização estática e dinâmica, refino por deformação plástica e outras técnicas são usadas para criar uma estrutura de grãos ultrafinos.

deslizamento do contorno de grão vai se acomodando por uma mudança gradual no novo formato dos grãos, enquanto o material se move por difusão por meio do contorno de grão. A Figura 6.53 mostra a microestrutura da liga eutética Pb-Sn antes (Figura 6.53a) e após (Figura 6.53b) a deformação superplástica. É evidente a partir da figura que os grãos são equiaxiais antes e após a deformação; deslizamento e rotação dos grãos são perceptíveis.

Existem muitos processos de fabricação que apresentam vantagens com o comportamento superplástico de materiais para produzir componentes complexos. Dentre eles, a conformação por sopro é um processo, no qual um material superplástico é forçado sob pressão de um gás a se deformar e a tomar a forma de uma matriz. A Figura 6.54 mostra um capô de automóvel de liga de alumínio superplástica obtida pelo método de conformação por sopro.

Além disso, o comportamento superplástico pode ser combinado através da junção por difusão (método de união de metais) para produzir componentes estruturais com o mínimo de desperdício de material.

(a)   (b)

Figura 6.53
Deformação superplástica da liga eutética em Pb-Sn (a) antes e (b) após a deformação.

(a)   (b)

Figura 6.54
O capô de automóvel feito de alumínio superplástico obtido pelo método de conformação por sopro.
(*Cortesia de Panoz Auto.*)

6.10 METAIS NANOCRISTALINOS

No Capítulo 1, introduziu-se o conceito de nanotecnologia e materiais nanoestruturados. Qualquer material que apresente dimensões em uma escala abaixo de 100 nm é classificado como nanoestruturado.

Segundo essa definição, todos os metais com diâmetro médio de grão inferior a 100 nm são considerados nanoestruturados ou nanocristalinos. A questão que se coloca é: "Quais são as vantagens de **metais nanocristalinos**?". Metalurgistas já sabem que, reduzindo o tamanho do grão, é produzido um metal mais duro, mais forte e mais resistente, como evidencia a equação de Hall-Petch (Equação 6.16). Também é conhecido que, em nível de tamanho de grão ultrafino (não necessariamente nanocristalino), e sob determinadas temperaturas e condições de taxa de conformação (taxa de carregamento), alguns materiais podem se deformar plasticamente muito mais do que em seus níveis convencionais, ou seja, são capazes de alcançar a superplasticidade.

Observando as características atribuídas ao tamanho de grão ultrafino e extrapolando a equação de Hall-Petch para metais nanocristalinos, é possível prever algumas possibilidades extraordinárias. Considerando aquela que, de acordo com a equação de Hall-Pecht, o diâmetro médio de grãos de um metal diminui de 10 μm para 10 nm, a sua tensão de escoamento aumentará para um fator 31. Será que isso é possível? Como nanogrãos afetam a ductilidade, a resistência, a fadiga e o comportamento em fluência de metais? Como podemos produzir metais com maior quantidade de estrutura nanocristalina? Essas questões e outras têm sido a força motriz para a pesquisa e o desenvolvimento no campo de metais nanocristalinos. Portanto, pelo menos nas indústrias de transformação de metais, o potencial para melhoria de propriedades com tamanho de grão reduzido ou dispersão secundária de nanofases já é conhecida há várias décadas. A dificuldade tem sido no desenvolvimento de técnicas de conformação de metal que possam produzir verdadeiramente metais nanocristalinos ($d < 100$ nm). Nas últimas décadas, novas técnicas para a produção de tais materiais foram desenvolvidas e as técnicas mais antigas foram melhoradas. De modo que, aqueles que estudam estes materiais estão realmente entusiasmados.

Há registro de que o módulo de elasticidade de materiais nanocristalinos é comparável à de materiais microcristalinos com tamanhos de grãos superiores a 5 nm. Para d inferiores a 5 nm, um decréscimo no módulo de elasticidade dos metais tais como ferro nanocristalino também tem sido registrado. Não foi completamente esclarecida a razão da queda no módulo de elasticidade; nessa linha de raciocínio, uma alternativa pode ser encontrada considerando que, para grãos tão pequenos, a maioria dos átomos está posicionada na superfície deste (em comparação com o interior do grão) e, portanto, ao longo do seu contorno. Isso é completamente oposto ao que se percebe em materiais microcristalinos.

Conforme discutido anteriormente, a dureza e a resistência dos materiais aumenta à medida que os grãos diminuem. Esse aumento na dureza e na resistência é devido às falhas de empilhamento e ao impedimento (bloqueio) do movimento de discordâncias para grãos convencionais. Para os materiais nanocristalinos, a maior parte dos dados disponíveis é baseada em valores de dureza obtidos a partir de testes de nanodureza. Isso se deve principalmente ao fato de que produzir amostras de tração com estruturas nanocristalinas é muito difícil. Mas como resistência e dureza estão intimamente correlacionadas, testes de nanodureza são aceitáveis neste ponto. Descobriu-se que, ao diminuir o tamanho de grão em cerca de 10 nm, a dureza aumenta em fatores de 4-6 para o cobre nanocristalino e fatores de 6-8 para o níquel nanocristalino, quando comparado aos metais com grandes grãos ($d > 1\mu$m). Embora este seja um aumento impressionante, ainda assim está drasticamente abaixo da previsão feita pela equação de Hall-Petch. Além disso, existem dados publicados que indicam um "efeito de Hall-Petch negativo" na granulometria muito refinada ($d < 30$ nm), indicando que, de alguma forma, atua um mecanismo de amolecimento. Alguns pesquisadores acreditam que é inteiramente possível que em tais níveis com grãos tão pequenos, o conceito de movimentação de discordâncias ou falhas de empilhamento não é mais aplicável e que outros mecanismos, tais como deslizamentos de contornos de grão, difusão etc., estejam atuando.

Existem algumas discussões no sentido de que na faixa nanocristalina superiror (50 nm $< d <$ 100 nm), as atividades relacionadas com discordâncias são semelhantes às observados em metais microcristalinos, enquanto na faixa nanocristalina inferior ($d < 50$ nm) as atividades das discordâncias (formação e movimento) diminuem significativamente. As tensões necessárias para ativar as fontes de discordâncias são extremamente altas em grãos tão pequenos. Alguns estudos *in situ* utilizando METAR foram realizados e sustentam estes argumentos. Finalmente, os mecanismos de reforço e deformação de materiais nanocristalinos ainda não são bem compreendidos, e mais pesquisas teóricas e experimentais são necessárias. No próximo capítulo, as características de ductilidade e tenacidade destes materiais serão discutidas.

6.11 RESUMO

Os metais e ligas são processados em diferentes formas por vários métodos de fabricação. Alguns dos mais importantes processos industriais são: fundição, laminação, extrusão, trefilação, forjamento e estampagem.

Quando uma tensão uniaxial é aplicada ao longo de uma barra metálica, o material se deforma primeiro elasticamente e, depois, plasticamente, o que provoca uma deformação permanente. Em muitos projetos de engenharia, o engenheiro utiliza a tensão limite convencional de elasticidade a 0,2%, a tensão de ruptura (tensão máxima) e a extensão até a fratura (ductilidade) de um metal ou liga. Estas grandezas podem ser obtidas a partir do diagrama de tensão-deformação de engenharia determinado em um ensaio de tração. A dureza de um material metálico pode também ser importante na engenharia. As escalas de dureza mais frequentemente utilizadas na indústria são as Rockwell B e C e a Brinell.

O tamanho dos grãos tem um impacto direto sobre as propriedades de um metal. Metais com grãos refinados são mais resistentes e têm propriedades mais uniformes. A resistência do metal está relacionada ao seu tamanho de grão por meio de uma relação empírica chamada de equação de Hall-Petch. Para metais com tamanho de grão escala nanométrica (metais nanocristalinos) a expectativa é que apresentarão ultra-alta resistência e dureza, como previsto pela equação de Hall-Petch.

Quando um material metálico é deformado plasticamente a frio, este chega a encruar, resultando em um aumento da resistência mecânica e uma diminuição da ductilidade. Este efeito pode ser eliminado, ao se realizar no material um tratamento térmico de recozimento. Quando o material metálico encruado é aquecido lentamente até uma elevada temperatura, mas inferior à sua temperatura de fusão, ocorrem os processos de recuperação, recristalização e crescimento de grão, e o material amolece. Combinando o encruamento com o recozimento, podem se conseguir grandes reduções de seção de materiais metálicos, sem que ocorra rompimento.

Alguns metais, ao serem deformados em altas temperaturas e baixas taxas de deformação, podem alcançar a superplasticidade, ou seja, a deformação da ordem de 1.000 a 2.000%. Para isso, é necessário um tamanho do grão ultrafino.

A deformação plástica dos metais ocorre, de modo geral, pelo processo de deslizamento, que envolve o movimento de discordâncias. O deslizamento ocorre mais frequentemente em planos e direções mais compactas. A combinação de um plano de escorregamento e uma direção de deslizamento constitui um sistema de deslizamento. Metais com um elevado número de sistemas de escorregamento são mais dúcteis do que aqueles com apenas poucos sistemas de escorregamento. Muitos metais se deformam por maclagem quando o deslizamento se torna difícil. Em temperaturas baixas, os contornos de grão em temperaturas geralmente reforçam os metais fornecendo as barreiras ao movimento das discordâncias. No entanto, sob algumas condições de deformações em altas temperaturas, os contornos de grãos se tornam regiões vulneráveis devido ao seu deslizamento.

6.12 PROBLEMAS

As respostas para os exercícios marcados com um asterisco constam no final do livro.

Problemas de conhecimento e compreensão

6.1 (a) Como podem ser obtidas ligas metálicas pelo processo de fundição? (b) Distinga entre produtos metálicos trabalhados (conformados) mecanicamente e produtos metálicos fundidos.

6.2 Por que é que para a produção de chapas os lingotes de metal fundidos (lingotados) são primeiro laminados a quente em vez de serem laminados a frio?

6.3 Que tipo de tratamento térmico é feito nas chapas metálicas após laminação a quente e laminação a morno? Com qual objetivo?

6.4 Descreva e ilustre os seguintes tipos de processos de extrusão: (a) extrusão direta e (b) extrusão inversa. Qual é a vantagem de cada um dos processos?

6.5 Descreva o processo de forjamento. Qual é a diferença entre forjamento por impacto e forjamento em prensa?

6.6 Qual é a diferença entre forjamento em matriz aberta e em matriz fechada? Ilustre. Dê um exemplo de um produto metálico produzido em cada um dos processos.

6.7 Descreva o processo de trefilação. Por que é necessário assegurar que a superfície do arame que será trefilado esteja limpa e lubrificada?

6.8 Distinga entre deformação elástica e deformação plástica.

6.9 Defina (a) tensão e deformação nominais (de engenharia) e (b) tensão de deformação real (verdadeira). (c) Quais são as unidades geralmente usadas para tensão e deformação nos Estados Unidos e no SI? (*d*) Diferencie entre tensão de tração/compressão (também chamada de tensão normal) e tensão de cisalhamento (também chamada de tensão tangencial ou de corte). (*e*) Diferencie entre deformação de tração/compressão (também chamada de deformação normal) e deformação de cisalhamento (também chamada de distorção).

6.10 (*a*) Defina dureza de um material metálico. (*b*) Como se determina a dureza de um material utilizando uma máquina de ensaios de dureza?

6.11 Quais os tipos de penetradores (indentadores) que são utilizados em um ensaio de dureza (*a*) Brinell, (*b*) Rockwell C e (*c*) Rockwell B?

6.12 O que são bandas e linhas de escorregamento? Quais são as causas da formação de bandas de escorregamento na superfície de um material metálico?

6.13 Descreva o mecanismo de escorregamento que permite a deformação plástica de um material metálico sem que ocorra quebra.

6.14 (*a*) Por que é que, nos materiais metálicos, o escorregamento ocorre geralmente nos planos mais compactos? (*b*) Por que é que, nos materiais metálicos, o escorregamento ocorre geralmente segundo as direções mais compactas?

6.15 (*a*) Quais são os principais planos e direções de escorregamento nos metais CFC? (*b*) Quais são os principais planos e direções de escorregamento nos metais CCC? (*c*) Quais são os principais planos e direções de escorregamento nos metais HC?

6.16 Nos metais HC com valores de *c*/*a* baixos, quais são os outros planos de escorregamento importantes para além dos planos basais?

6.17 Defina tensão de cisalhamento resolvida crítica de um monocristal de um metal puro. A partir do ponto de vista macro e do comportamento, o que acontece com um metal quando a tensão de cisalhamento resolvida crítica é ultrapassada?

6.18 Descreva o processo de deformação por maclagem que ocorre durante a deformação plástica de alguns metais.

6.19 Nos materiais metálicos, quais são as diferenças entre os mecanismos de deformação plástica por escorregamento e por maclagem?

6.20 Na deformação plástica dos materiais metálicos, qual é a importância da maclagem em relação à deformação por escorregamento?

6.21 Qual é o mecanismo pelo qual os contornos de grão aumentam a resistência mecânica dos materiais metálicos?

6.22 Qual é a evidência experimental que mostra que os contornos de grão dificultam o escorregamento nos materiais metálicos policristalinos?

6.23 (*a*) Descreva as alterações de forma dos grãos que ocorrem quando uma chapa de uma liga de cobre, com uma estrutura inicial de grãos equiaxiais, é laminada a frio sofrendo reduções de 30 e 50%. (*b*) O que acontece à subestrutura de discordâncias?

6.24 Como é que a deformação a frio afeta normalmente a ductilidade de um material metálico? Por quê?

6.25 (*a*) O que é o endurecimento por solução sólida? Descreva os dois principais tipos. (*b*) Quais são os dois principais fatores que afetam o endurecimento por solução sólida?

6.26 Quais são as três principais etapas pelas quais passa uma chapa de um metal deformado a frio, como o alumínio e o cobre, quando é aquecida desde a temperatura ambiente até uma temperatura elevada imediatamente abaixo da sua temperatura de fusão?

6.27 Descreva a microestrutura de uma liga Al-0,8% Mg fortemente deformada a frio, observada com uma ampliação de 100× em um microscópio óptico (ver Figura 6.46*a*). Descreva a microestrutura do mesmo material observada com uma ampliação de 20.000× (ver Figura 6.47*a*).

6.28 Descreva o que ocorre em nível microscópico quando uma chapa metálica de alumínio, por exemplo, deformada a frio, é submetida a um tratamento térmico de recuperação.

6.29 Quando um material metálico deformado a frio é aquecido a uma temperatura em que ocorre recuperação, como são afetadas: (*a*) as tensões internas residuais, (*b*) a resistência mecânica, (*c*) a ductilidade e (*d*) a dureza?

6.30 Descreva o que ocorre em nível microscópico quando uma chapa metálica de alumínio, por exemplo, deformada a frio, é submetida a um tratamento térmico de recristalização.

6.31 Quando um material metálico deformado a frio é aquecido a uma temperatura em que ocorre recristalização, como são afetadas: (*a*) as tensões internas residuais, (*b*) a resistência mecânica, (*c*) a ductilidade e (*d*) a dureza?

6.32 Descreva os dois principais mecanismos pelos quais pode ocorrer a recristalização primária.

6.33 Quais são os cinco principais fatores que afetam o processo de recristalização nos materiais metálicos?

6.34 Quais são as generalizações que podem ser feitas sobre a temperatura de recristalização no que se refere (*a*) ao grau de deformação, (*b*) ao tempo de aquecimento, (*c*) ao tamanho de grão final e (*d*) à pureza do metal?

6.35 Defina superplasticidade e liste as condições nas quais ela pode ser alcançada. Qual a importância deste comportamento?

6.36 Discuta o mecanismo de deformação relevante (atuante) que resulta na extensa deformação plástica em superplasticidade.

6.37 Por que os metais nanocritalinos são mais resistentes? Responda baseando-se na atividade de discordâncias.

Problemas de aplicação e análise

*6.38 Uma chapa de latão 70% Cu-30% Zn, com 0,0955 cm de espessura, é laminada a frio, sofrendo uma redução de espessura de 30%. Qual é a espessura final da chapa?

6.39 Uma chapa de uma liga de alumínio é laminada a frio sofrendo uma redução de 30% e ficando com uma espessura de 2,0 mm. Se a chapa for em seguida laminada a frio até a espessura final de 1,7 mm, qual é a porcentagem total de trabalho a frio realizado?

6.40 Calcule a porcentagem de redução a frio que sofre um arame (fio) de alumínio cujo diâmetro passa de 5,45 para 2,30 mm.

6.41 Um fio de bronze é trefilado 25% para um diâmetro de 1,10 mm. É então adicionalmente trefilado para 0,90 mm. Qual é a porcentagem total de redução a frio?

6 42 Qual a relação entre deformação de engenharia e deformação (alongamento) percentual?

*6.43 Um corpo de prova de tração tirado de uma chapa de latão para cartuchos tem uma seção reta com 8,1 mm × 3 mm e com comprimento de referência (compri-mento útil) de 50,8 mm. Calcule a deformação nominal no instante em que a distância entre as marcas de referência (comprimento útil) é de 60,0 mm.

6.44 Um cilindro de uma liga de alumínio com 1,28 cm de diâmetro é tracionado até a fratura. Se o diâmetro final na superfície de fratura for de 1,10 cm, qual a porcentagem de redução de área sofrida pela amostra durante o ensaio?

6.45 Os valores da tabela abaixo para tensão-deformação de engenharia foram obtidos para um aço-carbono com 0,2%C. (a) Trace a curva de tensão-deformação de engenharia. (b) Determine a tensão de ruptura da liga. (c) Determine o alongamento até a fratura.

Tensão nominal (MPa)	Deformação nominal (mm/mm)	Tensão nominal (MPa)	Deformação nominal (pol/pol)
0	0	524	0,08
207	0,001	517	0,10
379	0,002	503	0,12
413	0,005	475	0,14
469	0,01	448	0,16
496	0,02	386	0,18
510	0,04	351	(Fratura) 0,19
517	0,06		

6.46 Plote os dados do problema anterior como tensão de engenharia (MPa) *versus* deformação de engenharia (mm/mm) e determine a última tensão de tração ou limite resistência à tração do aço.

6.47 Para uma placa de aço-carbono, foram obtidos os dados abaixo de tensão-deformação de engenharia para o início do ensaio de tração, até 0,2%. (a) Trace a curva de tensão-deformação de engenharia para estes dados. (b) Determine o limite de elasticidade (escoamento) para 0,2% de alongamento desse aço. (c) Determine seu módulo de elasticidade. (Note que são os dados iniciais da curva tensão-deformação.)

Tensão nominal (MPa)	Deformação nominal (mm/mm)	Tensão nominal (MPa)	Deformação nominal (pol/pol)
0	0	414	0,0035
105	0,0005	455	0,004
207	0,001	483	0,006
276	0,0015	496	0,008
345	0,0020		

6.48 Plote os dados do problema anterior como tensão de engenharia (MPa) *versus* deformação de engenharia (pol/pol) e determine o limite de elasticidade (escoamento) para este aço.

*6.49 Um corpo de prova de uma liga de alumínio com 1,28 cm de diâmetro é submetido à carga de 11.339 kg. Se, no instante em que está aplicada essa carga, o diâmetro da prova for 12,4 mm, determine (a) a tensão e deformação nominais e (b) a tensão e deformação reais.

6.50 Uma haste de 20 cm de comprimento com um diâmetro de 0,250 cm é carregado com um peso 5.000 N. Se o diâmetro diminui para 0,210 cm, determine (a) a tensão de engenharia e a deformação, nessa carga, e (b) a tensão e a deformação reais para ela.

*6.51 Aplica-se uma tensão de 60 MPa segundo a direção [001] de um monocristal CFC. Calcule (a) a tensão tangencial resolvida crítica que atua no sistema de escorregamento (111) [$\bar{1}$01] e (b) a tensão tangencial resolvida crítica que atua no sistema de escorregamento (111) [1̄10].

6.52 Aplica-se uma tensão de 55 MPa segundo a direção [001] de um monocristal CCC. Calcule (a) a tensão tangencial resolvida crítica que atua no sistema (101) [1̄11] e (b) a tensão tangencial resolvida crítica que atua no sistema de escorregamento (110) [1̄11].

6.53 Aplica-se uma tensão de 4,75 MPa segundo a direção [001̄] de um monocristal CFC de cobre. Calcule a tensão tangencial resolvida crítica que atua no plano [111̄] nas seguintes direções: (a) [1̄01̄], (b) [01̄1̄] e (c) [1̄10].

6.54 Uma tensão de 85 MPa é aplicada na direção [001] de uma célula unitária de um monocristal de ferro. Calcule a tensão de cisalhamento resolvida crítica para os seguintes sistemas de deslizamento: (a) (011)[11̄1], (b) (110)[1̄11] e (c) (01̄1)[111].

*6.55** Compare a resistência de uma amostra de cobre com um diâmetro médio de grãos de 0,8 μm com outra com um diâmetro médio de grãos de 80 nm, utilizando a equação de Hall-Petch.

6.56 Uma amostra de titânio comercialmente puro tem uma resistência de 140 MPa. Estime o seu tamanho médio de grãos a partir da equação de Hall-Petch.

6.57 O diâmetro médio de grãos de uma liga de alumínio é de 14 μm, com uma resistência de 185 MPa. A mesma liga com um diâmetro médio de grãos de 50 μm tem uma resistência de 140 MPa. (a) Determine as constantes para a equação de Hall-Petch para esta liga. (b) Quanto mais se deve reduzir o tamanho de grão, se você deseja uma resistência de 220 MPa?

6.58 Uma haste de cobre desoxidado deve ter uma resistência à tração de 345 MPa (50,0 ksi) e um diâmetro final de 0,635 cm (0,250 pol) (a) Qual quantidade de trabalho a frio deve passar a haste (ver Figura 6.43)? (b) Qual deve ser o diâmetro inicial da haste?

*6.59** A espessura de uma chapa de latão 70% Cu-30% Zn deverá ser reduzida, por laminagem a frio, de 1,8 mm para 1,0 mm. (a) Calcule a porcentagem de deformação a frio e, a partir da Figura 6.44, (b) faça uma estimativa do limite de resistência à tração, do limite de escoamento e da deformação até a fratura.

6.60 Um arame de latão 70% Cu-30% Zn sofre um estiramento (por trefilação) a frio de 20%, ficando com um diâmetro de 2,80 mm. O arame volta, em seguida, a ser estirado a frio até um diâmetro de 2,45 mm. (a) Calcule a porcentagem total de deformação a frio que o arame sofre. A partir da Figura 6.44, (b) faça uma estimativa dos limites de resistência à tração e de escoamento do arame e do alongamento até a fratura.

*6.61** Se uma placa da liga de alumínio 110-H18 leva 115h para recristalizar 50% em uma temperatura de 250 °C, e 10h a 285 °C. Calcule a energia de ativação em kJoules/mol para este processo. Assuma um comportamento para a taxa do tipo Arrhenius.

6.62 Para que uma chapa de cobre de elevada pureza fique 50% recristalizada são necessários 12 min. a 140 °C, e 200 min a 88 °C. Quantos minutos são necessários para que a chapa fique 50% recristalizada a 100 °C?

6.63 Para recristalizar completamente uma chapa de alumínio são necessárias 80h a 250 °C, e 6h a 300 °C. Calcule a energia de ativação deste processo, em kJoules/mol. Assuma um comportamento do tipo taxa de Arrhenius.

Problemas de síntese e avaliação

6.64 Como você fabricaria grandes hélices para navios de grande porte? Quais os fatores que poderiam influenciar a seleção de material para esta aplicação?

6.65 Se você fosse fazer um grande número de componentes de ouro, prata ou outros metais preciosos, que processo de conformação de metais usaria e por quê?

6.66 Se você fosse fazer apenas duas unidades de um determinado componente com uma geometria complexa, qual o processo de fabricação que você usaria?

6.67 Se você tivesse que escolher um material para a construção de um braço de robô que deveria resultar na menor quantidade de deformação elástica (importante para a precisão da posição do braço) e o peso não fosse um critério crítico, qual dos metais dados na Figura 6.23 que você escolheria? Por quê?

6.68 Considere a fundição de um cilindro com uma espessura grossa feito de ferro fundido. Se o processo for controlado de forma que a solidificação ocorra a partir das paredes internas do tubo em direção a parte externa, enquanto as camadas externas solidificam, contraem e comprimem as camadas mais internas, qual seria a vantagem de tensão de compressão desenvolvida?

6.69 Considere a fundição de um cubo e de uma esfera no mesmo volume e do mesmo metal. Qual deles solidificará mais rápido? Por quê?

6.70 Estruture/proponha um processo que produz barras longas de aço com um perfil "H" de seção transversal (indique se será aplicado processo a quente ou frio). Faça desenhos esquemáticos para mostrar o seu procedimento.

6.71 No processo de laminação, a seleção do material do cilindro de laminação é crítica. Com base no seu conhecimento, para os dois casos – laminação a frio e a quente – que propriedades devem ter o material do laminador?

6.72 Quando são produzidas peças com formas complexas utilizando forjamento a frio ou laminação com formatos pré-definidos, as propriedades mecânicas, tais como limites de resistência à tração e escoamento e a ductilidade variam em função da localização e da direção sobre a qual a peça foi produzida. (a) Sob o ponto de vista micro, como você explica isso? (b) Será que isso vai acontecer durante o forjamento a quente de um material? Justifique sua resposta.

6.73 (a) Estabeleça as considerações que suportam o desenvolvimento/proposição da Equação 6.14. (b) Seria a Equação 6.4 (ou suas considerações), válida para toda a curva de tensão-deformação de engenharia?

6.74 Desenhe um diagrama genérico para tensão-deformação de engenharia para um metal dúctil e destaque os pontos-chave sobre a curva (limite de resistência à tração, limite de escoamento, tensão de ruptura) (a) Esquematicamente, mostre o que acontece se você carregar a amostra, logo abaixo do seu limite de escoamento e, em seguida, descarregue até zero. (b) Será que a amostra se comporta de maneira diferente se você carregá-la novamente? Explique.

6.75 Desenhe um diagrama genérico para tensão-deformação de engenharia para um metal dúctil e destaque os pontos-chave sobre a curva (limite de resistência à tração, limite de escoamento, tensão de ruptura). (a) Esquematicamente, mostre o que acontece se você carregar a amostra, logo abaixo do seu limite de resistência à tração e, em seguida, descarregue até zero. (b) Será que a amostra se comporta de maneira diferente se você carregá-la novamente? Explique.

*6.76 (a) Derive a relação entre deformação verdadeira e de engenharia. (Sugestão: Comece com expressão para a tensão de engenharia). (b) Derive uma relação entre tensão verdadeira de engenharia. (Sugestão: Comece com $\sigma_t = F/A_i = (F/A_o)(A_o/A_i)$.)

*6.77 O limite de escoamento de engenharia de uma liga de Cu é 165 MPa e o módulo de elasticidade é $1,1 \times 10^5$ MPa. (a) Estime a deformação de engenharia imediatamente antes do escoamento. (b) Qual é a deformação verdadeira? Você está surpreso? Explique.

6.78 Para a liga no problema anterior, o limite resistência à tração de engenharia é de 268 MPa, e a deformação de engenharia correspondente é 0,18. A redução da área logo antes da fratura é 34%. Determine (a) a tensão verdadeira correspondente ao limite resistência à tração, e (b) a deformação verdadeira logo antes da fratura.

6.79 O material para uma haste (tirante) com área transversal de 17,4 cm² (2,70 in²) e comprimento 190,5 cm (75,0 pol) deve ser selecionado de tal forma que, sob uma carga axial de 534 kN (120,000.0 lb), não cederá e o alongamento permanecerá abaixo de 0,27 cm (0,105 pol). (a) Forneça uma lista de pelo menos três diferentes metais que satisfaçam essas condições. (b) Restrinja a lista se o custo é um problema. (c) Restrinja a lista se a corrosão é um problema. Use o Apêndice I para obter as propriedades e custo das ligas.

6.80 O que E, G, v, significam/dizem a respeito de um material (explique o significado físico de cada um deles para um não engenheiro ou leigo)?

6.81 Um componente cilíndrico é tracionado até a área da seção transversal ser reduzida em 25% (a amostra não forma pescoço ou fratura). (a) Determine a deformação verdadeira para a amostra para esse nível de carregamento. (b) Se você fosse fazer o cálculo da tensão uniaxial na amostra nestas condições, você usaria a tensão verdadeira ou de engenharia? Justifique sua resposta, mostrando a diferença?

6.82 Referindo-se às Figuras 6.20 e 6.21 (*leia as legendas para mais detalhes*), determine (a) a variação no comprimento da amostra de alumínio (comprimento de referencia ou útil), quando a tensão de engenharia atinge a 586 MPa (85 ksi). (b) Se, neste momento, a amostra for lentamente descarregada até zero, qual será o comprimento da amostra nesta condição sem carregamento? (Mostre esquematicamente a curva de descarregamento).

6.83 Mostre, usando a definição coeficiente de Poisson, que seria impossível ter um coeficiente de Poisson negativo para materiais isotrópicos. (b) O que significaria para um material ter um coeficiente de Poisson negativo?

6.84 Um cubo de uma polegada de aço inoxidável recozido (liga 316) é carregado ao longo de sua direção z sob uma tensão de tração de 414 MPa (60,00 ksi). (a) Desenhe um esquema do cubo antes e depois de carregado mostrando as mudanças dimensionais. (b) Repita o problema supondo que o cubo é feito de alumínio recozido (liga 2024). Use a Figura 6.15b e o Apêndice I para dados relevantes.

6.85 Um cubo de uma polegada de aço inoxidável (liga 316) recozido é carregado em uma das faces com uma tensão de cisalhamento de 414 MPa (60,00 ksi). Desenhe um esquema do cubo antes e depois do carregamento, apresentando qualquer alteração na forma. $G = 76 \times 10^6$ MPa ($11,01 \times 10^6$ psi). Use a Figura 6.17c.

*6.86 Três ligas metálicas diferentes são testadas quanto à sua dureza utilizando a escala Rockwell. Metal 1 foi encontrado 60 R_B, metal 2 em 60 R_C, e metal 3 em 60 de R_C. O que esses índices dizem sobre esses metais? Dê um exemplo de um componente que é feito de um metal que tem uma dureza em torno de 60 R_C.

6.87 Um colega lhe pergunta: "Qual é o limite de elasticidade do titânio?" Você pode responder essa pergunta? Explique.

6.88 Um colega lhe pergunta: "Qual é o módulo de elasticidade de uma placa aço-carbono?" Você pode responder essa pergunta? Explique.

6.89 Um colega lhe pergunta: "Qual é a dureza do alumínio?" Você pode responder essa pergunta? Explique.

6.90 Por que os metais CCC, em geral, exigem um maior valor de τ_c do que metais CFC quando ambos têm o mesmo número de sistemas de escorregamento?

*6.91 Determine a tensão de tração que deve ser aplicada ao eixo $[\bar{1}10]$ de um monocristal de cobre de alta pureza para provocar/promover o deslizamento sobre o sistema $(1\bar{1}\bar{1})[0\bar{1}1]$. A tensão de cizalhamento é de 0,85 MPa.

6.92 Em um monocristal sob carregamento, (a) determinar os ângulos ϕ e λ para que ocorra a máxima a tensão de cisalhamento resolvida crítica. (b) Qual será a tensão de cisalhamento resolvida crítica nessa posição (em termos de σ)?

6.93 (a) Em um monocristal sob carregamento, como você poderia orientar o cristal com respeito ao eixo de carregamento para levar a uma tensão de cisalhamento resolvida crítica nula? (b) Qual é o significado físico disso, ou seja, nessas condições, o que acontece com o cristal enquanto σ aumenta?

6.94 Partindo de um barra de bronze com duas polegadas de diâmetro, deseja-se obter hastes (barras) com 0,2 polegadas de diâmetro, que possuam tensão de escoamento mínima de 276 MPa (40 ksi) e um alongamento mínimo antes da ruptura de 40%, (ver Figura 6.44). Proponha/projete um processo capaz disso. *Sugestão*:

a redução direta do diâmetro, partindo de 2 polegadas para 0,2 pol não é possível, por quê?

6.95 Por que é difícil de melhorar simultaneamente a resistência e ductilidade?

6.96 Para uma determinada aplicação, uma barra de cobre de uma polegada de diâmetro será utilizada. Você dispõe de barras de cobre de várias seções transversais, no entanto, todas as barras estão totalmente recozidas com uma tensão de escoamento de 10,0 ksi. O material deve ter uma tensão de escoamento de pelo menos 30,0 ksi e uma capacidade/habilidade de alongar de pelo menos 20,0%. Proponha/projete um processo que permita alcançar esses objetivos. Use a Figura 6.43 para a sua solução.

6.97 Sem se referir a dados ou tabelas de resistência tração, qual das seguintes soluções sólidas substitucionais você escolheria, se o critério de seleção for a de maior resistência à tração: Cu-30% Zn ou Cu-30% Ni? *Sugestão*: Compare temperaturas de fusão dos elementos Cu, Ni e Zn.

6.98 As soluções sólidas ligas cupro-níquel, Cu-40% de Ni e Ni-10% de Cu (% em peso), possuem limites de resistência à tração similares. Para uma determinada aplicação onde somente o limite de escoamento à tração é importante, qual você escolheria?

CAPÍTULO 7
Propriedades Mecânicas dos Metais II

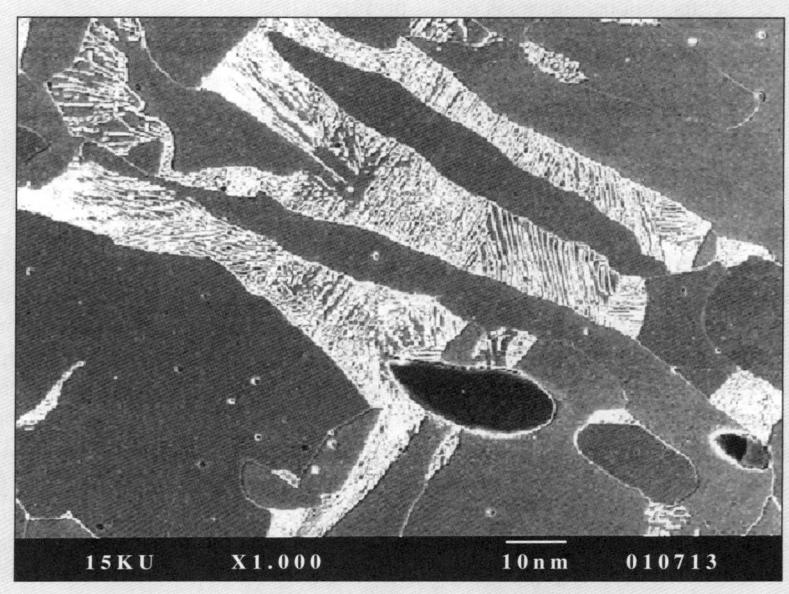

(Cortesia de Stan David and Lynn Boatner, Oak Ridge National Library.)

METAS DE APRENDIZAGEM

Ao final deste capítulo, o aluno será capaz de:

1. Descrever o processo de fratura de metais e diferenciar entre fratura dúctil e frágil.
2. Descrever a transição de dúctil para frágil que pode ocorrer com os metais e quais tipos de metais são mais suscetíveis a esse tipo de transição.
3. Definir a tenacidade à fratura de um material e explicar o porquê de ser utilizada em projetos de engenharia ao invés da tenacidade.
4. Definir o carregamento em fadiga e falha de materiais, descrever os parâmetros que são utilizados para caracterizar tensão variável e enumerar os fatores que afetam a resistência à fadiga dos materiais.
5. Descrever fluência, ensaio de fluência, bem como a utilização do parâmetro de Larsen-Miller no projeto para a determinação do tempo de tensão de ruptura.
6. Explicar porque a análise de falhas de um componente é importante e quais são as etapas nesse processo.
7. Descrever o efeito de um tamanho de grão nanométrico na resistência e na ductilidade de um metal.

Em 12 de abril de 1912, às 11h40min, o Titanic, em sua viagem inaugural, atingiu um grande *iceberg*, danificando seu casco e provocando a ruptura de seus seis compartimentos localizados na parte da frente. A temperatura da água do mar, no momento do acidente, era de –2 °C. A inundação que se seguiu nos compartimentos resultou na fratura completa do casco com a trágica perda de mais de 1.500 vidas.

O Titanic foi encontrado no fundo do oceano em 1º de setembro de 1985, por Robert Ballard. Ele estava a 3,7 km abaixo da superfície do mar. Com base em testes metalúrgicos e mecânicos realizados no aço do Titanic, foi determinado que a temperatura de transição dúctil-frágil do aço utilizado na embarcação era de 32 °C para as amostras longitudinais e 56 °C para amostras transversais da placa do casco. Esses dados revelam que o aço utilizado na construção se comportou de maneira muito frágil quando atingiu o *iceberg*. A microestrutura do aço, conforme a imagem de abertura do capítulo, mostra grãos de ferrita (cinza), colônias de perlita (lamelas claras), e partículas de MnS (escuro)[1].Este capítulo prossegue ainda com um estudo das propriedades mecânicas dos metais. Primeiramente será discutida a fratura de metais. Em seguida, a fadiga e a propagação de trincas de fadiga dos metais e a fluência (deformação dependente do tempo) e a tensão de ruptura serão considerados. Apresenta-se, também, um estudo de caso de fratura de um componente metálico. Finalmente, são explicados os caminhos futuros para a síntese de metais nanoestruturados e suas propriedades.

7.1 FRATURA DOS METAIS

Um dos aspectos importantes e práticos da seleção de materiais no projeto, no desenvolvimento e na produção de novos componentes é a possibilidade de falha do componente em uso. Esta pode ser definida como a *inabilidade* de um material ou componente em: (1) executar a função pretendida, (2) atender critérios de desempenho, embora possa estar ainda em funcionamento, ou (3) funcionamento, de forma segura e confiável, mesmo depois da deterioração. Escoamento, desgaste, flambagem (instabilidade elástica), corrosão e fratura são alguns exemplos de situações em que um componente possa ter falhado.

Engenheiros estão, *a priori*, conscientes sobre as possibilidades de fratura em componentes sob carga e os seus efeitos potencialmente prejudiciais sobre produtividade, segurança, entre outras questões econômicas. Como resultado disso, em todos os projetos e também durante a fabricação, os engenheiros de materiais utilizam fatores de segurança em sua análise inicial para reduzir a possibilidade de ocorrência de fratura. Estes fatores são, essencialmente, o uso de um sobre-projeto (sobrematerial, ou seja, material a mais) do componente ou da máquina. Em muitas áreas, como projeto e fabricação de vasos de pressão, existem códigos e normas que são colocadas em prática por várias agências e que devem ser seguidas por todos os projetistas e fabricantes. Independentemente do cuidado tomado durante o projeto, a fabricação e a seleção de materiais e componentes para máquinas, as falhas são inevitáveis, resultando em perda de propriedades e, por infelicidade, às vezes, até mesmo de vidas. Em resumo: todo o engenheiro deve estar (1) completamente familiarizado com o conceito de fratura ou falha de materiais e (2) capaz de extrair informações de um componente que falhou, no sentido de identificar as causas da falha. Na maioria dessas ocorrências, os pesquisadores e os engenheiros analisam cuidadosamente os componentes que falharam para determinar a causa. A informação obtida é prontamente utilizada com o objetivo de obter avanços para se alcançar um desempenho seguro. E paralelamente a isso, também minimizar a possibilidade de falhas por meio de melhorias no projeto, nos processos de fabricação, na síntese e na seleção de materiais. Do ponto de vista do desempenho mecânico, pura e simplesmente, os engenheiros estão preocupados com a falha por fratura de componentes projetados que são obtidos a partir de metais, cerâmicas, compósitos, polímeros ou mesmo materiais eletrônicos. Nas próximas seções, diferentes tipos de fratura e falhas de metais em operação serão apresentados e discutidos. Nos próximos capítulos, a fratura e a falha de outros materiais também serão analisadas.

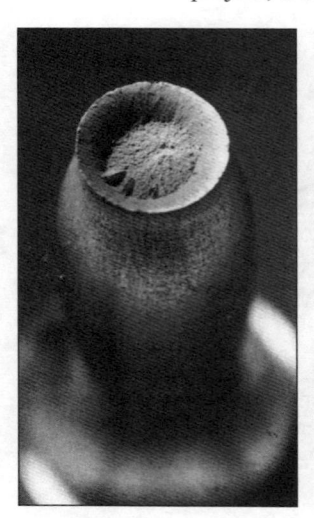

Figura 7.1.
Fratura dúctil (tipo taça-cone) de uma liga de alumínio.
(*ASM Handbook of Failure Analyses and Prevention, vol. 11, 1992. Reimpresso com permissão de ASM International. Todos os direitos reservados. www.asminternational.org.*)

Animação

Fratura é a separação de um sólido sob tensão em duas ou mais partes. Em geral, as fraturas em materiais metálicos podem ser classificadas em dúcteis ou frágeis, mas também podem ser uma mistura dos dois tipos. A **fratura dúctil** ocorre após uma deformação plástica significativa e se caracteriza por lenta

---

[1] www.tms.org/pubs/journals/JOM/9801/Felkins-9801.html#ToC6

propagação das fissuras. A Figura 7.1 apresenta um exemplo de uma fratura dúctil num corpo de prova de uma liga de alumínio. A **fratura frágil**, pelo contrário, ocorre geralmente em planos cristalográficos característicos, denominados planos de clivagem, e apresentam rápida propagação das fissuras. Devido a essa rapidez, fraturas frágeis conduzem, geralmente, a súbitas e inesperadas falhas catastróficas, enquanto a deformação plástica que acompanha a fratura dúctil pode ser detectada antes que a própria fratura ocorra.

7.1.1 Fratura dúctil

A fratura dúctil de um material metálico ocorre após efetiva deformação plástica. Para simplificar, consideremos a fratura dúctil de um corpo de prova de tração redondo (12,7 mm de diâmetro). Se a tensão aplicada ao corpo de prova for superior ao seu limite à tração, e se for mantida durante tempo suficiente, este sofrerá fratura. Podem se distinguir três fases distintas da fratura dúctil: (1) forma-se uma estricção no corpo de prova e surgem espaços vazios no interior da zona que está sofrendo estricção (Figuras 7.2a e b); (2) os vazios da zona da estricção coalescem formando uma fissura no centro do corpo de prova, a qual se propaga em direção à superfície segundo uma direção perpendicular à tensão aplicada (Figura 7.2c); (3) quando se aproxima da superfície, a fissura passa a se propagar segundo uma direção a 45° com o eixo de tração, do que resulta uma fratura do tipo taça-cone (Figuras 7.2d e e). A Figura 7.3 mostra uma micrografia eletrônica de varredura de uma fratura dúctil de uma amostra de aço-mola, e a Figura 7.4 mostra trincas internas na região de pescoço de uma amostra deformada de cobre de alta pureza.

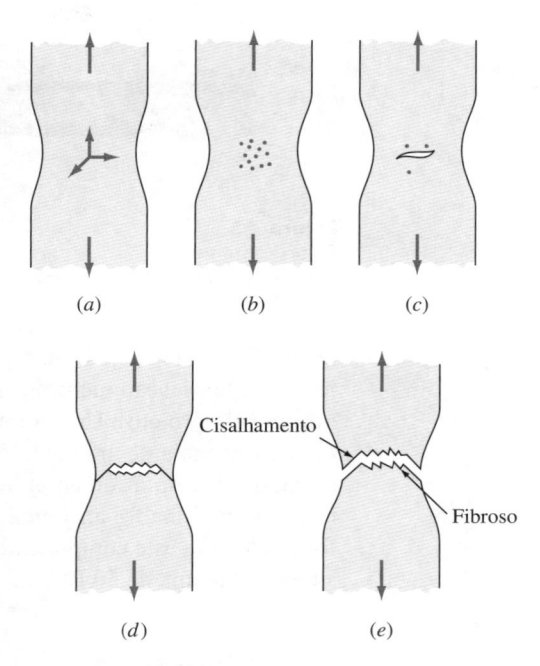

Figura 7.2
Estágios da fratura dúctil tipo taça-cone.
(G. Dieter, "Mechanical Metallurgy", 2. ed., McGraw-Hill, 1976, p. 278.)

Na prática, a fratura dúctil é menos frequente que as fraturas frágeis, sendo que é possível identificar como principal causa para essa ocorrência a sobrecarga dos componentes, que pode ocorrer como

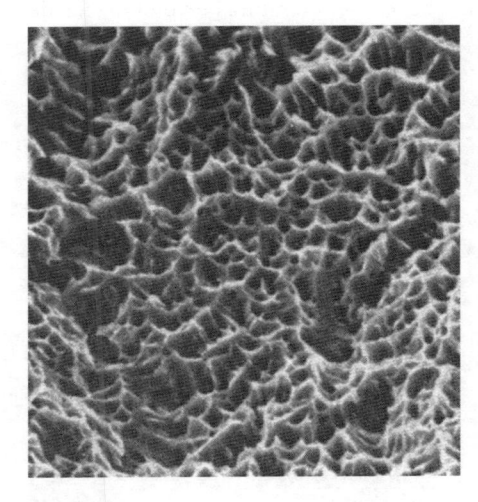

Figura 7.3
Micrografia eletrônica de varredura de "dimples" equiaxiais cônicos produzidos durante a fratura de uma amostra de aço-mola. Estes "dimples", que são formados durante a coalescência (união) dos microvazios na fratura, são indicação de uma fratura dúctil.

(ASM Handbook, vol. 12 – Fractography, p. 14, fig. 21, 1987. Reimpresso com permissão de ASM International. Todos os direitos reservados. www.asminternational.org.)

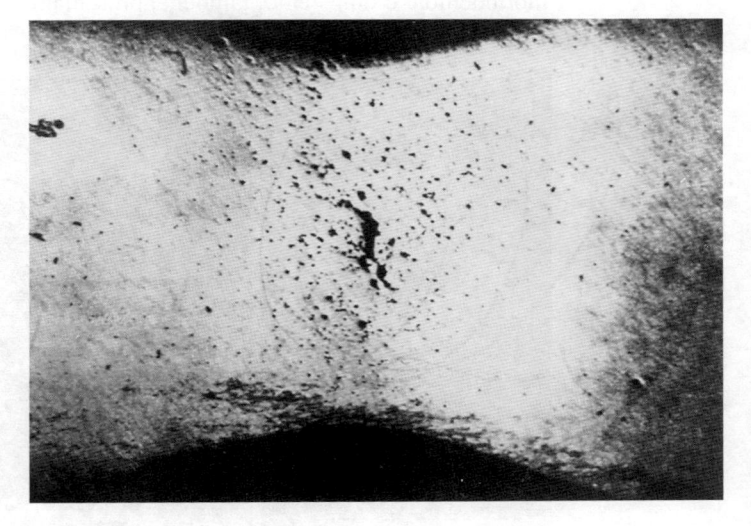

Figura 7.4
Fissura ou trinca interna na zona da estricção de um corpo de prova policristalino de cobre de elevada pureza. (Ampliação 9×.)
(K.E. Puttick, Philos. Mag. 4: 964 (1959).)

Figura 7.5
Falha de eixo traseiro.
(*ASM Handbook of Failure Analysis and Prevention, vol. 11. 1992. Reimpresso com permissão de ASM International. Todos os direitos reservados. www.asminternational.org.*)

resultado de (1) projeto inadequado, incluindo a também inadequada seleção de materiais (subprojeto), (2) fabricação incorreta, ou (3) abuso (componente utilizado sob níveis de carga acima do permitido pelo projeto). Um exemplo de fratura dúctil é apresentado na Figura 7.5, que mostra um eixo traseiro-bengala de um veículo que sofreu torção plástica significativa (observe as marcas de torção no eixo), devido à torção aplicada. Baseados em análises provenientes do campo da engenharia, a causa desta falha foi atribuída à ineficiente escolha do material. Um aço-ferramenta do tipo AISI S7 foi usado para este componente com um nível de dureza baixo de 22-27 RC. O nível de dureza requisitado era acima de 50 RC, geralmente obtido por processos de tratamento térmico (ver Capítulo 9).

7.1.2 Fratura frágil

Muitos metais e ligas fraturam de maneira frágil com muito pouca deformação plástica. A Figura 7.6 apresenta uma amostra de tração que falhou de forma frágil. Comparando esta com a Figura 7.1, se revela uma drástica diferença entre o grau de deformação prévia e a fratura entre as formas dúctil e frágil. Geralmente, a fratura frágil ocorre em planos cristalográficos específicos, designados por *planos de clivagem*, por ação de uma tensão normal sobre o plano de clivagem (ver Figura 7.7). Muitos metais com estrutura cristalina HC apresentam frequentemente fratura frágil devido ao seu número limitado de planos de escorregamento. Por exemplo, um monocristal de zinco sofrerá fratura frágil por ação de uma tensão elevada perpendicular aos planos (0001). Muitos metais CCC, como o ferro-α, o molibdênio e o tungstênio, também apresentam fratura frágil a baixas temperaturas e velocidades de deformação elevadas.

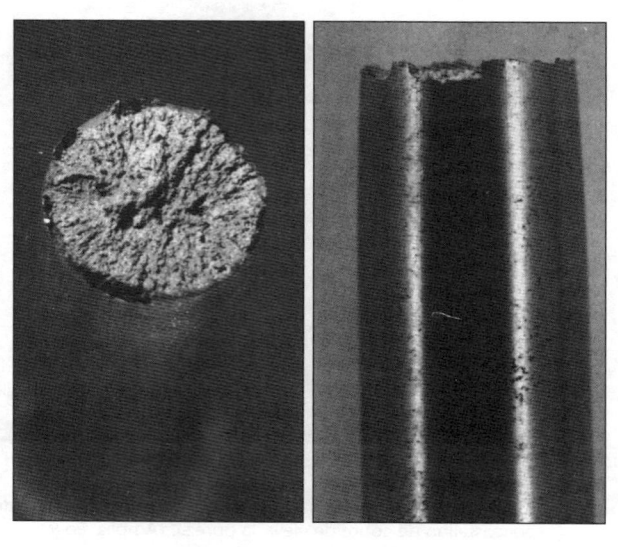

Figura 7.6
Fratura frágil de uma liga metálica mostrando as estrias radiais que emanam do centro da amostra.
(*ASM Handbook of Failure Analysis and Prevention, vol. 11. 1992. Reimpresso com permissão de ASM International. Todos os direitos reservados. www.asminternational.org.*)

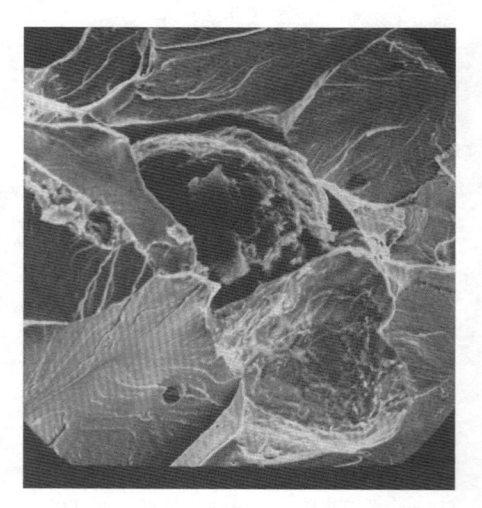

Figura 7.7
Clivagem (trinca) de fratura frágil em ferro fundido maleável ferrítico. (MEV 1.000×.)
(*W.L. Bradkey, Texas A&M University, From ASM Handbook, vol. 12, p. 237, fig. 97.1987. Reimpresso com permissão de ASM International. Todos os direitos reservados. www.asminternational.org.*)

Nos materiais metálicos policristalinos, a maior parte das fraturas frágeis é **transgranular**, isto é, as fissuras se propagam através dos grãos. Contudo, pode ocorrer fratura frágil **intergranular** se os contornos de grão possuírem um filme frágil ou se a região do contorno de grão tiver sido fragilizada pela segregação de elementos prejudiciais.

Acredita-se que nos materiais metálicos, a fratura frágil ocorre em três etapas:

1. A deformação plástica concentra as discordâncias junto a obstáculos nos planos de escorregamento;
2. Desenvolvem-se tensões de cisalhamento nos locais em que as discordâncias estão bloqueadas e, como consequência, ocorre a nucleação de microfissuras;
3. As tensões provocam a propagação das microfissuras, e, com isso, a energia de deformação elástica armazenada pelo material pode também contribuir para essa propagação.

Em muitos casos, a fratura frágil ocorre por causa da existência de defeitos no metal, que são formados durante o estágio de fabricação ou se desenvolvem durante o processo. Defeitos indesejáveis, tais como dobras, grandes inclusões, inadequada orientação de grãos, microestrutura inferior, porosidades, rasgos e trincas podem se formar durante os processos de fabricação tais como forjamento, laminação, extrusão e fundição. Trincas de fadiga, fragilização devido ao hidrogênio atômico (ver Seção 13.5.11) e danos por corrosão muitas vezes resultam em fratura frágil final. Quando a fratura frágil ocorre, consistentemente se inicia num defeito local (*fator de concentração de tensões*), de maneira independente da causa da formação do defeito. Certas imperfeições, baixas temperaturas, ou altas velocidades de deformação podem causar uma fratura frágil em materiais moderadamente dúcteis. A transição do comportamento dúctil para frágil é chamada de **transição dúctil frágil (TDF)**. Então, normalmente, materiais dúcteis podem, sob certas circunstâncias, fraturar de maneira frágil. A Figura 7.8 mostra a fratura frágil de um anel de pressão devido à existência de um canto vivo como defeito (ver a seta na figura); note a fratura estriada (*chevron*) indicando a origem tipicamente encontrada na superfície da fratura frágil).

7.1.3 Tenacidade e teste de impacto

A *tenacidade* é uma medida da quantidade de energia que um material pode absorver antes de fraturar. É relevante para aplicações de engenharia nas quais se considera a capacidade de um material resistir a uma carga de impacto sem se romper. Um dos métodos mais simples para medir a tenacidade é o ensaio de resistência ao impacto. A Figura 7.9 apresenta um esquema de uma máquina simples de testes de impacto. Uma das maneiras de utilizar este aparelho consiste em colocar um corpo de prova tipo Charpy com entalhe em V (representado na parte superior da Figura 7.9) transversalmente aos apoios paralelos da

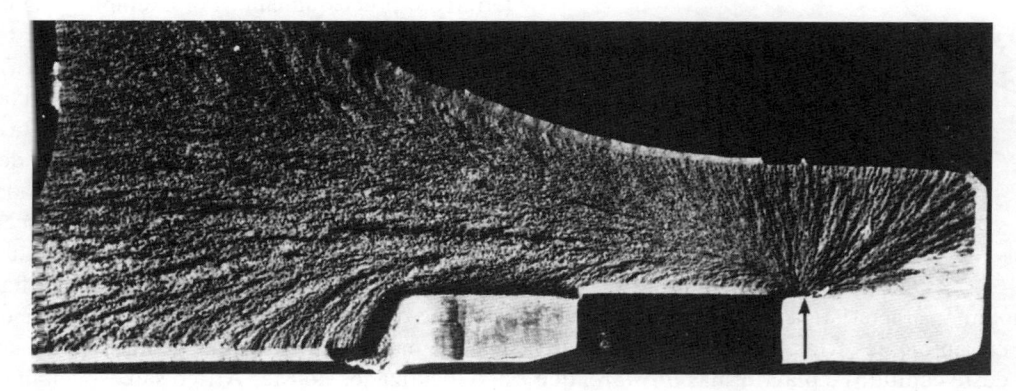

Figura 7.8
Um anel de pressão feito do aço 4335 que fraturou de forma dúctil por causa da existência de um concentrador de tensão.
(*ASM Handbook of Failure Analysis and Prevention, vol. 11, 1992. Reimpresso com permissão de ASM International. Todos os direitos reservados. www.asminternational.org.*)

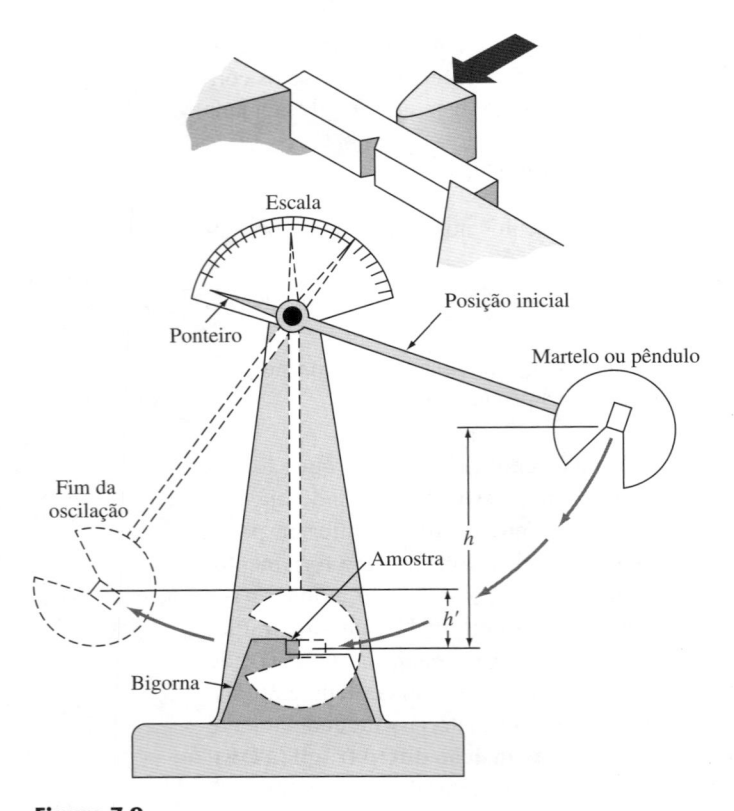

Figura 7.9
Esquema de uma máquina vulgar de ensaios de impacto.
(H.W. Hayden, W.G. Moffatt and J. Wulff, "The Structure and Properties of Materials", vol. III, Wiley, 1965, p. 13.)

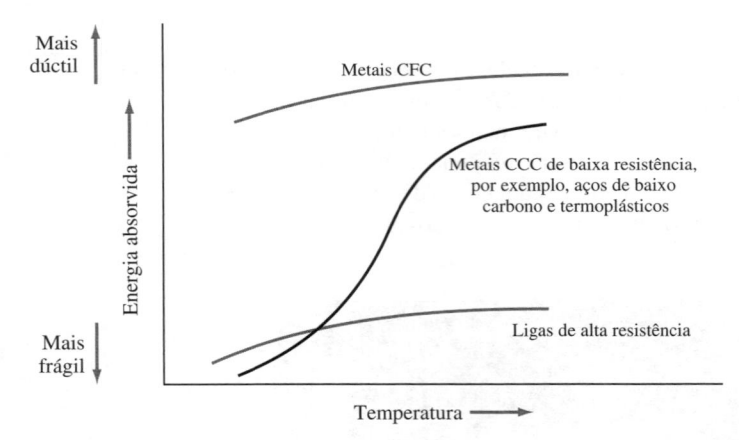

Figura 7.10
Efeito da temperatura na energia absorvida por impacto para diferentes materiais.
(G. Dieter, "Mechanical Metallurgy", 2. ed., McGraw-Hill, 1976, p. 278. Reimpresso com a permissão da McGraw-Hill Companies.)

máquina. No ensaio de impacto, um pêndulo pesado que é solto de uma altura predeterminada choca com a amostra durante o seu balanço descendente, fraturando-a. Conhecendo a massa do pêndulo e a diferença entre as alturas inicial e final, pode-se determinar a energia absorvida pela fratura. Na Figura 7.10, efetua-se a comparação, para alguns tipos de materiais, do efeito da temperatura na energia de impacto.

7.1.4 Temperatura de transição dúctil para frágil

Conforme mencionado acima, sob certas circunstâncias, uma acentuada mudança na resistência à fratura de alguns metais ocorre em uso, isto é, na transição de dúctil para frágil. Baixas temperaturas, altos estados de tensão e alta velocidade de deformação podem levar um material dúctil a um comportamento frágil; entretanto, comumente a temperatura é selecionada como a variável que representa a transição enquanto a taxa de carregamento (de deformação) e de tensão são mantidas constantes. O equipamento para teste de impacto, apresentado na seção anterior, pode ser usado para determinar a faixa de temperatura para a transição de dúctil para frágil. A temperatura da amostra tipo Charpy pode ser obtida usando fornos e refrigeradores. Embora alguns metais apresentem uma temperatura de transição (TDF) definida, para a maioria deles esta transição ocorre sob uma determinada faixa de temperatura (ver Figura 7.10). A Figura 7.10 também mostra que metais com estrutura CFC não sofrem a TDF e, em consequência disso, são adequados para utilização em baixas temperaturas. Fatores que influenciam a temperatura de TDF são a composição da liga, tratamento térmico e processamento. Por exemplo, o teor de carbono de aços recozidos afeta a faixa de temperatura de transição, como mostra a Figura 7.11. Aços com baixo teor de carbono têm uma faixa de temperatura de transição menor e mais estreita que aços com alto teor. Também, com o aumento desse teor do aço recozido, os aços – de uma maneira geral – se tornam mais frágeis e, com isso, menos energia é absorvida durante o impacto da fratura.

A transição de dúctil para frágil se configura como uma característica de especial relevância na seleção de materiais para componentes que operem em ambientes frios. Por exemplo, embarcações que naveguem em águas geladas (ver a abertura deste capítulo) e plataformas *offshore*, que estão localizados no Mar Ártico são especialmente suscetíveis a TDF. Para tais aplicações, os materiais selecionados devem ter uma temperatura TDF significativamente menor que a temperatura de operação ou de serviço.

7.1.5 Tenacidade à fratura

Os testes de impacto, descritos anteriormente, permitem obter valores comparativos muito úteis, recorrendo a corpos de prova e equipamento relativamente simples. Contudo, esses testes não permitem obter valores de propriedades que possam ser utilizados em projeto de peças com fissuras ou feridas. Podem se obter valores desse tipo com base na disciplina da mecânica da fratura, em que é feita a análise teórica e experimental da fratura de materiais estruturais contendo fissuras ou fendas prévias. Neste livro, o foco se direciona sobre a propriedade da mecânica da fratura, conhecida por tenacidade à fratura, e mostraremos como se pode utilizá-la em algumas simples aplicações de projetos.

A fratura de um material metálico tem início num local em que a concentração de tensões é mais elevada, como, por exemplo, a extremidade de uma trinca. Consideremos uma amostra plana, que contém uma trinca superficial (Figura 7.12a) ou uma trinca interna centrada (Figura 7.12b), submetida a uma tração uniaxial. A tensão é máxima na extremidade da trinca, como se indica na Figura 7.12c.

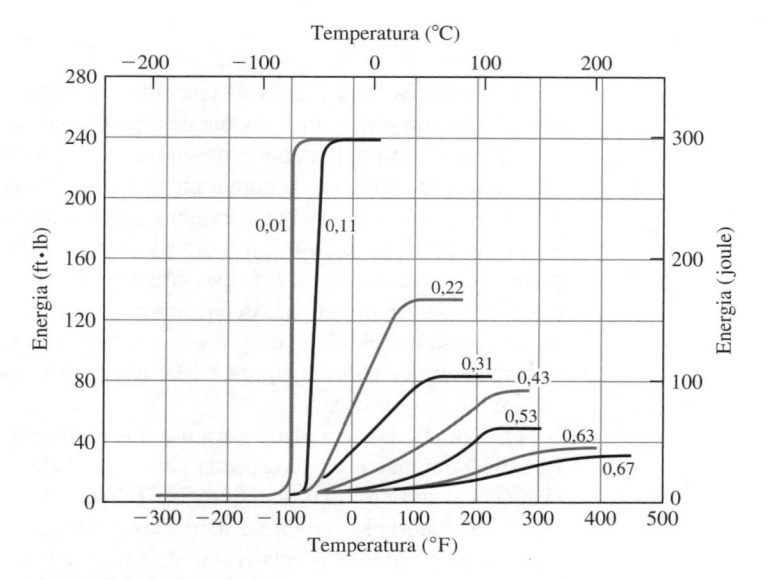

Figura 7.11
Efeito do teor de carbono de aços recozidos nas curvas da energia de impacto em função da temperatura.
(J A. Rinebolt e W. H. Harris, Trans. ASM, 43: 1175 (1951).)

A intensidade da tensão na extremidade da trinca depende da tensão aplicada e do comprimento. Para exprimir a combinação dos efeitos da tensão na extremidade da trinca e do comprimento, utiliza-se o fator de intensidade de tensão K_I. O índice I (lê-se "um") indica o modo I de ensaio, no qual a abertura da trinca é provocada por uma tensão de tração. Experimentalmente, para o caso em que uma chapa metálica com uma trinca, superficial ou interna, é submetida à tração uniaxial (modo I de ensaio), obtém-se

$$K_I = Y\sigma\sqrt{\pi a} \tag{7.1}$$

onde
K_I = fator de intensidade de tensão
σ = tensão nominal aplicada
a = comprimento da trinca superficial ou metade da trinca interna
Y = constante geometria adimensional da ordem de 1

O valor crucial do fator de intensidade de tensão que provoca a fratura da chapa é chamado de *tenacidade à fratura* K_{IC} (lê-se "ca-um-cê") do material. Em termos da tensão de fratura σ, e do comprimento a da trinca superficial (ou metade do comprimento da trinca interna).

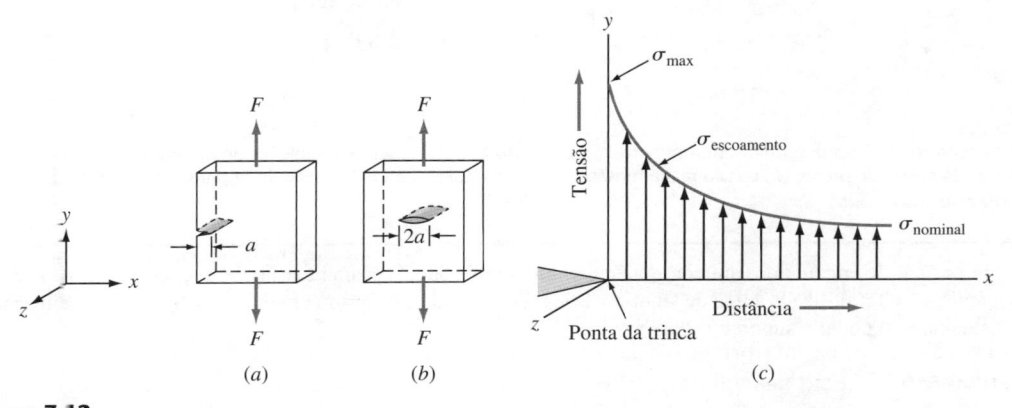

Figura 7.12
Tração uniaxial aplicada a uma chapa de uma liga metálica (a) com uma trinca superficial a, (b) com uma trinca central 2a; (c) distribuição de tensões em função da distância à extremidade da trinca. A tensão é máxima na extremidade da trinca.

$$K_{\text{IC}} = Y\sigma_f \sqrt{\pi a} \qquad (7.2)$$

As unidades MPa√m SI da tenacidade à fratura (K_{IC}) são MPa (e U.S. Customary ksi√pol). A Figura 7.13a apresenta um esquema de um corpo de prova do tipo compacto, utilizado para determinar a tenacidade à fratura. Para obter os valores de K_{IC} a dimensão B do corpo de prova deve ser relativamente grande quando comparada com a profundidade do entalhe a, de modo a que predominem as condições de deformação plana; as quais exigem que, durante o ensaio, não ocorra qualquer deformação segundo a direção do entalhe (isto é, na direção z da Figura 7.13a). Geralmente, as condições de deformação plana prevalecem quando B (espessura do corpo de prova) = 2,5 (K_{IC}/tensão de escoamento)^2. Observe que os corpos de prova para determinação da tenacidade à fratura têm um entalhe usinado e uma trinca de fadiga na extremidade do próprio entalhe, com uma profundidade de cerca de 3 mm, para iniciar a fratura durante o teste. A Figura 7.13b mostra um ensaio real de tenacidade à fratura, no instante em que ocorre a fratura brusca.

Os valores da tenacidade à fratura dos materiais são muito úteis em projetos mecânicos, quando se trabalha com materiais que apresentam tenacidade ou ductilidade limitadas, como o alumínio de alta resistência, o aço e as ligas de titânio. Na Tabela 7.1, estão indicados os valores de K_{IC} para algumas destas ligas. Os materiais que apresentam uma pequena deformação plástica antes da fratura têm valores de tenacidade à fratura K_{IC} relativamente baixos e têm tendência a ser mais frágeis, enquanto os materiais com valores de K_{IC} mais elevados são mais dúcteis. Em projetos mecânicos, os valores da tenacidade à fratura podem ser utilizados para determinar o comprimento crucial da trinca, que é permitido em ligas de ductilidade limitada submetidas a um dado estado de tensão (é aplicado também um fator de segurança). O Exemplo 7.1, ilustra este método.

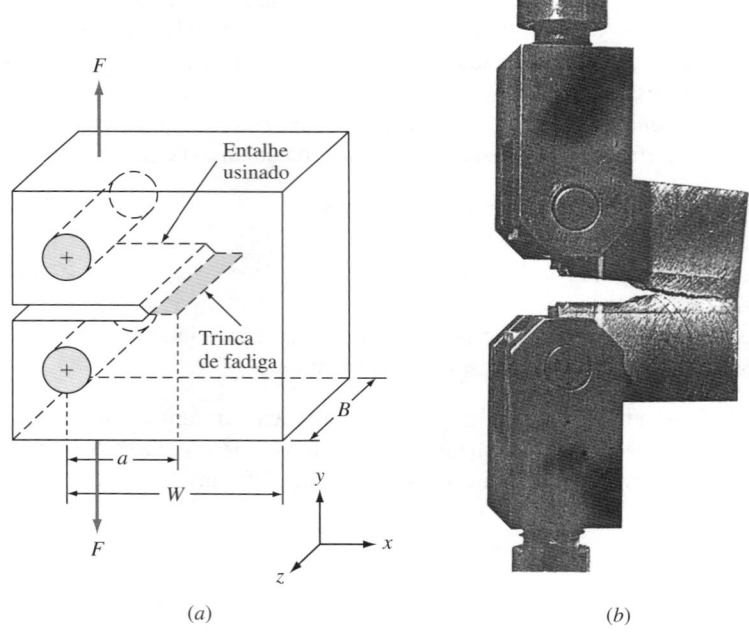

Figura 7.13
Ensaio de tenacidade à fratura, utilizando um corpo de prova do tipo compacto e condições de deformação plana: (a) dimensões do corpo de prova, (b) ensaio real à tensão crítica de fratura, usando um feixe laser para detectar esta tensão. (*Cortesia da White Shell Research.*)

EXEMPLO 7.1

Em um projeto de engenharia, um componente plano tem de suportar uma tensão de tração de 207 MPa. Se, nesta aplicação, for utilizada a liga de alumínio 2024-T851, qual o comprimento máximo de uma trinca interna que este material poderia suportar? (Use Y = 1).

■ **Solução**

$$K_{\text{IC}} = Y\sigma_f \sqrt{\pi a} \qquad (7.2)$$

Usando $Y=1$ e MPa$\sqrt{m}$ da Tabela 7.1,

$$a = \frac{1}{\pi}\left(\frac{K_{IC}}{\sigma_f}\right)^2 = \frac{1}{\pi}\left(\frac{26,4 \text{ MPa}\sqrt{m}}{207 \text{ MPa}}\right)^2 = 0,00518 \text{ m} = 5,18 \text{ mm}$$

Então, o comprimento máximo da trinca interna que esta chapa pode suportar é $2a$, ou seja: (2) (5,18 mm) = 10,36 mm.

Tabela 7.1
Valores típicos da tenacidade à fratura de algumas ligas de Engenharia.

Material	K_{IC}		$\sigma_{escoamento}$	
	MPa$\sqrt{m}$	ksi$\sqrt{pol}$	MPa	ksi
Ligas de alumínio:				
2024-T851	26,4	24	455	66
7075-T651	24,2	22	495	72
7178-T651	23,1	21	570	83
Liga de titânio:				
Ti-6Al-4V	55	50	1035	150
Aços ligados:				
4340 (aço de baixa liga)	60,4	55	1515	220
17-7 pH (endurecido por precipitação)	76,9	70	1435	208
aço maraging 350	55	50	1550	225

Fonte: R.W. Herzberg, "Deformation and Fracture Mechanics of Engineering Materials", 3. ed., Wiley, 1989.

7.2 FADIGA DE METAIS

Em muitos tipos de aplicações, uma peça metálica submetida a tensões repetitivas ou cíclicas sofre fratura (**fadiga**) a tensões muito mais baixas do que poderia suportar quando submetida à tensão estática simples, que são chamadas de fraturas ou **falhas por fadiga**. Exemplos de peças de máquinas em que as fraturas por fadiga são comuns seriam as peças móveis, tais como eixos, barras de ligação e engrenagens. Algumas estimativas indicam que cerca de 80% das rupturas em máquinas são ocasionadas devido à ação direta de fraturas por fadiga.

A Figura 7.14 apresenta uma fratura típica de fadiga em um eixo de aço com entalhe. Geralmente, uma trinca por fadiga se inicia num ponto de concentração de tensão, tal como um canto vivo ou mesmo entalhe (Figura 7.14), ou até inclusão ou ainda "defeito" metalúrgico. Uma vez nucleada, a trinca se propaga por meio da peça submetida a uma tensão cíclica ou repetitiva. Durante essa fase do processo, são criadas estrias ou ondulações (chamadas de marcas de praia), como se mostra na Figura 7.14. Finalmente, a seção restante se torna de tal modo pequena, que já não consegue suportar a carga aplicada e ocorre a fratura completa. Então, geralmente é possível reconhecer duas regiões distintas na superfície de fratura: (1) uma região lisa, resultante da fricção entre as superfícies abertas, que ocorre à medida que a fissura se propaga por meio da seção e (2) uma região áspera, associada à fratura, que ocorre quando a carga aplicada se torna demasiado elevada em relação à seção reta remanescente. Na Figura 7.14, a trinca de fadiga se propagou por meio da maior parte da seção reta, antes de ocorrer a ruptura final.

Utilizam-se vários tipos de testes para determinar a *resistência à fadiga* de um material. O teste de fadiga mais frequentemente utilizado é o de flexão rotativa ou alternada, em que um corpo de prova é submetido a tensões alternadas de mesma amplitude de tração e de compressão enquanto gira (Figura 7.15). A Figura 7.16 apresenta um esquema do corpo de prova que é utilizado no ensaio de fadiga em flexão alternada de R.R. Moore. Os corpos de prova apresentam uma certa conicidade em direção à região central e a sua superfície é cuidadosamente polida. Durante o ensaio de uma amostra de fadiga por este aparato, o centro da amostra está na verdade sob tração na parte inferior e sob contração na superfície superior pelo peso inserido no centro do aparato (Figura 7.15), ampliado na Figura 7.17. Os resultados deste tipo de teste são representados sob a forma de curvas σ–N, em que a tensão S necessária

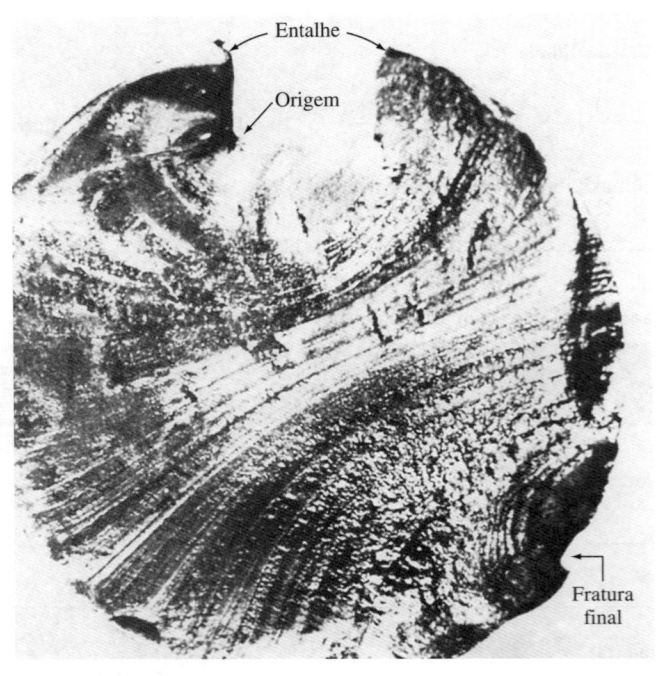

Figura 7.14
Fractografia óptica da superfície de fratura por fadiga de um eixo de aço 1040 (dureza ~ 30 RC) com entalhe. A trinca de fadiga se iniciou no canto inferior esquerdo do rasgo e se propagou praticamente por toda a seção reta antes de ocorrer ruptura final. (Ampliação $1\frac{7}{8}\times$.)
("Metals Handbook", vol. 9, 8. ed., American Society for Metals, 1974, p. 389. Reimpresso com permissão de ASM International. Todos os direitos reservados. www.asminternational.org)

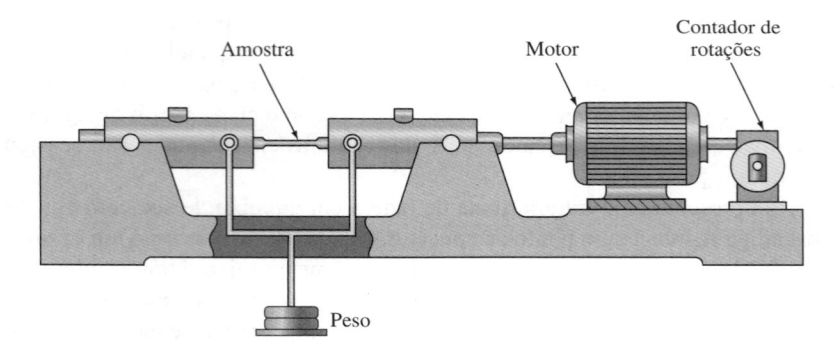

Figura 7.15
Esquema de uma máquina de fadiga por flexão alternada de R.R. Moore.
(H.W. Hayden, W.G. Moffatt and J. Wulff, "The Structure and Properties of Materials", vol. III, Wiley, 1965, p. 15.)

para provocar a fratura é expressa em função do número de ciclos N para o qual ocorreu a fratura. A Figura 7.18 apresenta curvas típicas σ–N de um aço de alto teor de carbono e de uma liga de alumínio de alta resistência. No caso desta última, a tensão que provoca a fratura diminui à medida que o número de ciclos aumenta. No caso do aço-carbono, verifica-se que inicialmente a resistência à fadiga diminui à medida que o número de ciclos aumenta e que, em seguida, existe um patamar na curva, no qual a resistência à fadiga não diminui à medida que o número de ciclos aumenta. Esta parte horizontal do gráfico σ–N é denominada *limite de resistência à fadiga* e se encontra entre 10^6 e 10^{10} ciclos. Muitas ligas ferrosas apresentam um limite de fadiga que é cerca de metade da sua resistência à tração. As ligas não ferrosas, como, por exemplo, as ligas de alumínio, não apresentam uma tensão limite de fadiga e podem apresentar resistência na ordem de um terço da resistência à tração.

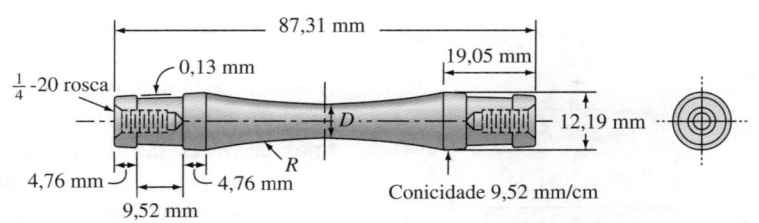

D = 5,1 a 10,2 mm selecionado em função da resistência a tração do material.
R = 8,9 a 25,4 cm.

Figura 7.16
Esquema do corpo de prova de fadiga por flexão rotativa. (tipo R.R. Moore.)
("Manual on Fatigue Testing", American Society for Testing and Materials, 1949.)

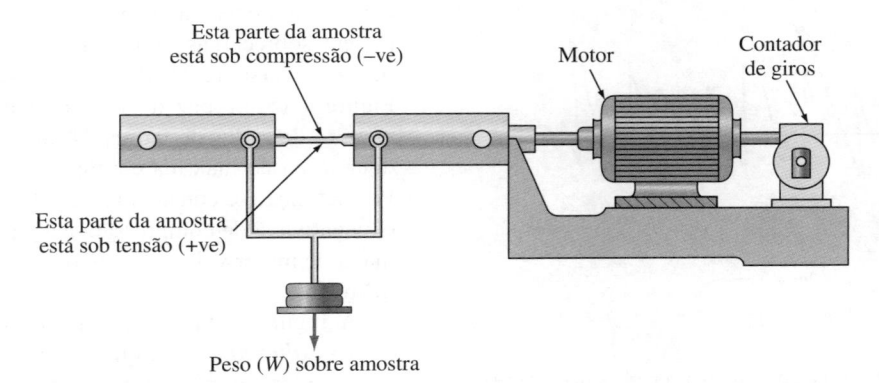

Figura 7.17
Exemplo de flexão ampliado para mostrar que produz forças positivas de tração e negativas de compressão na amostra.
(H.W. Hayden, W.G. Moffatt and J. Wulff, "The Structure and Properties of Materials", vol. III, Wiley, 1965, p. 13.)

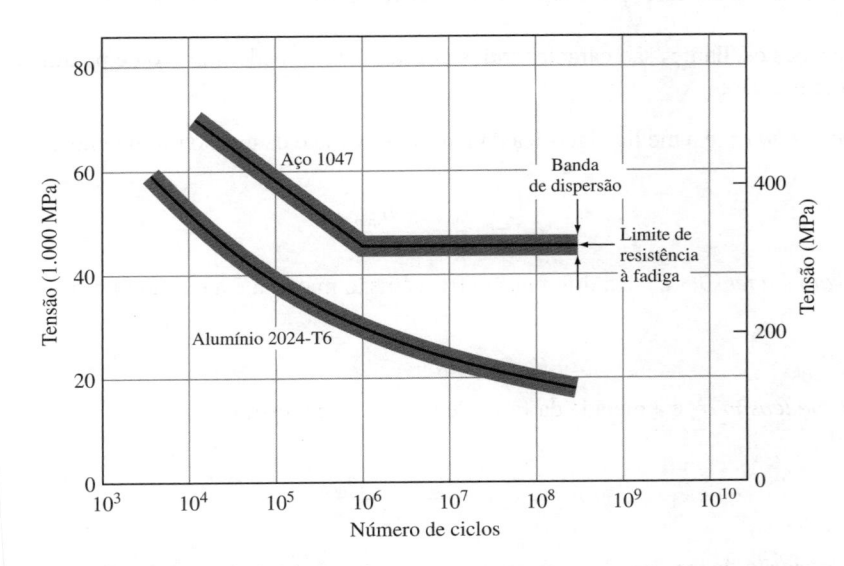

Figura 7.18
Curva tensão em função do número de ciclos ($\sigma-N$) para a fratura por fadiga da liga de alumínio 2014-T6 e do aço de médio teor de carbono 1047.
(H.W. Hayden, W.G. Moffatt and J. Wulff, "The Structure and Properties of Materials", vol. III, Wiley, 1965, p. 15.)

7.2.1 Tensões cíclicas

A tensão de fadiga aplicada pode variar muito entre casos reais e testes de fadiga. Diferentes tipos de testes são usados, tanto na indústria quanto por pesquisadores, e envolvem tensão axial, torsional e flexão. A Figura 7.19 mostra um gráfico de tensão em função do número de ciclos de fadiga para três tipos de ciclos em testes. A Figura 7.19a apresenta uma curva de tensão *versus* o número de ciclos em fadiga para um ciclo de *tensão alternada* (também chamada de alternada ideal) com uma forma senoidal. Este gráfico, típico, é produzido por um eixo em operação sob velocidade constante sem sobrecargas. A máquina de fadiga de flexão reversa R.R. Moore, apresentada na Figura 7.15, produz tensões similares *versus* número de ciclos de fadiga. Neste ciclo de fadiga, a tensão máxima e a mínima são iguais. Por definição, é considerada positiva a tração, e, negativa, a de compressão, e a tensão máxima, a de maior valor numérico, e, a mínima, a de menor.

A Figura 7.19b apresenta um *ciclo com tensões alternadas* na qual a tensão máxima σ_{max} e a tensão mínima σ_{min} são iguais. Neste caso, ambas as tensões, de máximo e de mínimo, são de tração, mas um ciclo de tensão alternada pode também ter sinais opostos, ou

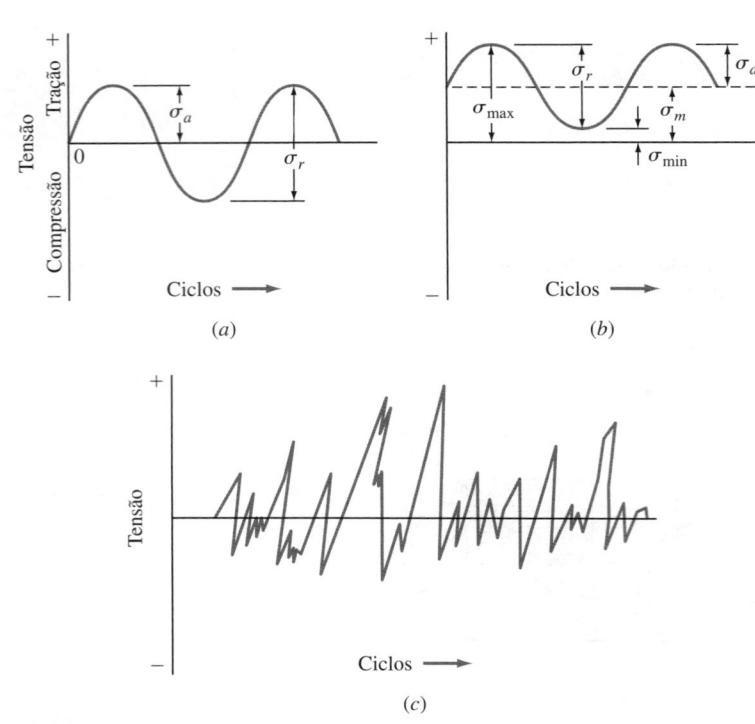

Figura 7.19
Tipos de tensões cíclicas em fadiga: (a) ciclo de tensão completamente reverso ou alternada ideal, (b) ciclo de tensão repetitivo com σ_{max} e σ_{min} iguais ou tensão flutuante e (c) ciclo de tensão randômico ou aleatório.
(J.A. Rinebolt and W.H. Harris, Trans. ASM, 43:1175(1951).)

ainda ambas serem de compressão.

Finalmente, um ciclo de tensão pode variar randomicamente na amplitude e na frequência, como mostra a Figura 7.19c. Neste caso, pode haver um espectro de diferentes gráficos de tensão *versus* ciclos em fadiga.

Ciclos de tensões oscilantes são caracterizados por um determinado número de parâmetros. Alguns dos mais importantes são:

1. A *tensão média* σ_m é a média algébrica da tensão máxima e da tensão mínima no ciclo de fadiga.

$$\sigma_m = \frac{\sigma_{max} + \sigma_{min}}{2} \tag{7.3}$$

2. *O intervalo de tensões* σ_r, é a diferença entre a tensão máxima e a tensão mínima.

$$\sigma_r = \sigma_{max} - \sigma_{min} \tag{7.4}$$

A *amplitude de tensão* σ_a é a metade da faixa de variação de tensões.

$$\sigma_a = \frac{\sigma_r}{2} = \frac{\sigma_{max} - \sigma_{min}}{2} \tag{7.5}$$

A *razão* de variação de tensões R é o quociente entre a tensão máxima e a tensão mínima.

$$R = \frac{\sigma_{min}}{\sigma_{max}} \tag{7.6}$$

7.2.2 Principais alterações estruturais que ocorrem em um metal dúctil durante o processo de fadiga

Quando um corpo de prova de um metal dúctil homogêneo é submetido a tensões cíclicas, ocorrem as seguintes alterações estruturais básicas durante o processo de fadiga:

1. *Nucleação da trinca.* Ocorre a fase inicial de deterioração por fadiga;
2. *Crescimento de bandas de escorregamento ou deslizamento de fadiga.* A nucleação da trinca ocorre porque a deformação plástica não é um processo completamente reversível. A deformação plástica ocorre em uma determinada direção, alternando com a direção contrária, e isso faz com que na superfície do corpo de prova metálico surjam saliências e sulcos designados por extrusões e intrusões de escorregamento, assim como a deterioração no interior do material ao longo de *bandas de escorregamento persistentes* (Figuras 7.20 e 7.21). As irregularidades superficiais, assim como a deterioração em bandas de escorregamento persistentes, originam trincas na superfície ou próximo a ela, as quais se propagam para o interior do corpo de prova, segundo planos submetidos a tensões de cisalhamento elevadas. Este é chamado de estágio I do crescimento de uma trinca de fadiga; a velocidade de crescimento é, normalmente, muito baixa (por exemplo, 10^{-10} m/ciclo);
3. *Crescimento da trinca em planos com tensão de tração elevada.* Durante a fase I num metal policristalino, a trina cresce apenas alguns diâmetros de grão e depois toma a direção perpendicular à da tensão de tração máxima no corpo de prova metálico. Nesse *estágio II de crescimento*, há propagação de uma trinca bem definida com uma velocidade relativamente grande (por exemplo, micrômetros por ciclo) e surgem estrias de fadiga à medida que a trinca avança por meio da seção reta do corpo de prova metálico (Figura 7.14). Estas estrias se revelam úteis para a análise da fratura por fadiga, pois permitem determinar a origem e a direção de propagação das trincas de fadiga;
4. *Fratura dúctil final.* Finalmente, quando a trinca tiver percorrido uma área suficiente e o material, na seção remanescente, não conseguir suportar a carga aplicada, ocorre a ruptura do corpo de prova por fratura dúctil.

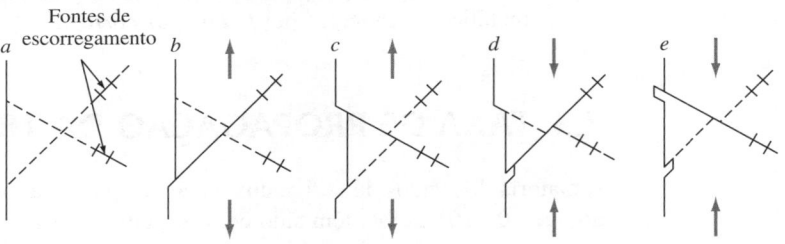

Figura 7.20
Mecanismo de formação de extrusões e intrusões de escorregamento.
(H. Cottrell and D. Hull, Proc. R. Soc. London, 242A: 277-273 (1957).)

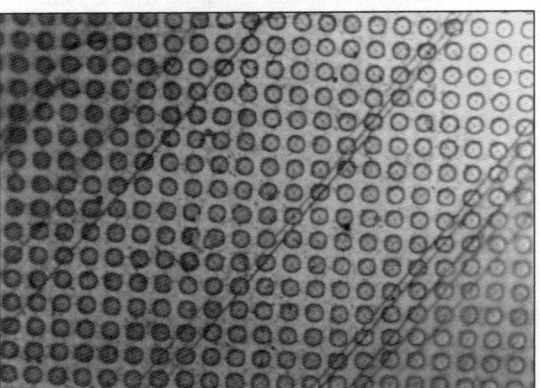

Figura 7.21
(a) Bandas de deslizamento persistentes num monocristal de cobre, (b) os pontos de polímero, depositados sobre a superfície, em muitos casos, são cortados ao meio pelas bandas de escorregamento (linhas escuras na superfície), resultando em deslocamento relativo das duas metades.
(Cortesia de Wency C. Crone, University of Wisconsin.)

7.2.3 Principais fatores que afetam a resistência à fadiga de um metal

Além da composição química, a resistência à fadiga, de um metal ou de uma liga, é afetada por outros fatores. Alguns dos mais importantes são:

1. *Concentração de tensão.* A resistência à fadiga é fortemente reduzida pela presença de concentradores de tensão, tais como entalhes, buracos, rasgos ou variações bruscas da seção reta. Por exemplo, a fratura por fadiga apresentada na Figura 7.14 se iniciou no rasgo do eixo de aço. Esse tipo de fratura pode ser minimizado ao se elaborar um projeto cuidadoso, de modo a evitar, na medida do possível, concentradores de tensão;
2. *Rugosidade superficial.* De um modo geral, quanto mais lisa for a superfície da amostra metálica, maior é a resistência à fadiga. Superfícies rugosas originam concentradores de tensão que facilitam a formação de trincas de fadiga;
3. *Estado da superfície.* Uma vez que a maior parte das fraturas por fadiga se inicia na superfície do material metálico, qualquer alteração em seu estado afetará a resistência à fadiga. Por exemplo, os tratamentos de endurecimento superficial do aço, como a cementação e a nitretação, ao endurecerem a superfície, aumentam a resistência à fadiga do aço. Por outro lado, a descarbonetação amacia a superfície do aço tratado termicamente e diminui a resistência à fadiga. A introdução de um estado favorável de tensões residuais de compressão na superfície do material metálico também aumenta a resistência;
4. *Ambiente.* Se, durante a aplicação das tensões cíclicas ao material metálico, existir um ambiente corrosivo, o ataque químico acelera fortemente a velocidade com que a trinca de fadiga se propaga. A combinação do ataque por corrosão com as tensões cíclicas aplicadas a um material metálico é conhecida por *fadiga por corrosão*.

7.3 TAXA DE PROPAGAÇÃO DA TRINCA

A maioria dos dados de fadiga dos metais e ligas para fadiga de alto ciclo (isto é, vida de fadiga maior do que 10^4–10^5 ciclos) têm sido com respeito à tensão nominal necessária para causar a falha em um determinado número de ciclos, isto é, curvas σ–N como as apresentadas na Figura 7.18. No entanto, para estes testes, são utilizadas, geralmente, amostras lisas ou entalhadas e, portanto, é difícil distinguir entre vida em fadiga para iniciação de trinca e vida em fadiga para a propagação da trinca. Assim, métodos para uma infinidade de testes têm sido desenvolvidos para medir a resistência à fadiga associada a defeitos pré-existentes em um material.

A preexistência de falhas ou trincas dentro de material ou componente reduz ou pode eliminar a etapa de iniciação da trinca da **vida em fadiga** de um componente. Então, a vida em fadiga de um componente com falhas preexistentes pode ser considerada menor do que a vida de um sem defeitos. Nesta seção, utilizaremos a metodologia da mecânica da fratura para desenvolver uma relação para predizer a vida em fadiga de um material com falhas preexistentes e condições de estado de tensões dando a ação de fadiga cíclica.

A montagem experimental de fadiga de alto ciclo para medir a taxa de crescimento de trinca em uma amostra de metal compacta, que contém uma trinca preexistente de comprimento conhecido, é apresentada na Figura 7.22. Nessa montagem, a ação da fadiga cíclica é gerada na direção vertical, para cima e para baixo, e o comprimento da trinca é medido pela variação do potencial elétrico produzido pela trinca, que abre e cresce, pela ação da fadiga.

7.3.1 Correlação entre o comprimento da trinca e sua propagação com a tensão

Vamos agora considerar sob o ponto de vista qualitativo o comprimento da trinca de fadiga que varia com o aumento do número de ciclos de tensão aplicado, utilizando dados obtidos a partir de uma montagem experimental, conforme a Figura 7.22. Vamos utilizar várias amostras de um material, cada uma com uma trinca em um dos seus lados, de acordo com a Figura 7.23a. Agora vamos aplicar uma tensão cíclica de amplitude constante nas amostras e medir o aumento do tamanho da trinca em função

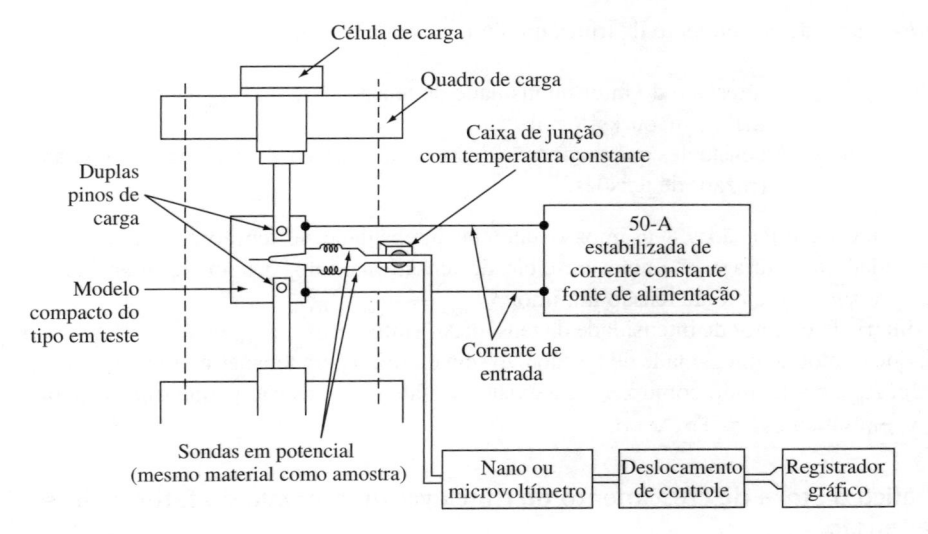

Figure 7.22
Esquema de monitoramento de trinca pelo potencial elétrico de corrente contínua em ensaio de fadiga de alto ciclo para amostra compacta.
("Metals Handbook," vol. 8, 9. ed., American Society for Metals, 1985, p. 388.)

do número de ciclos de tensão aplicada. A Figura 7.23b mostra qualitativamente como se apresenta um gráfico da variação do tamanho da trinca *versus* o número de ciclos de tensão para os dois níveis de tensão para um determinado material, tal como o aço doce.

A análise das curvas da Figura 7.23b indica o seguinte:

1. Quando o comprimento da trinca é pequeno, **a taxa de crescimento da trinca *da/dN*** também é relativamente pequena;
2. A taxa de crescimento da trinca *da/dN* aumenta com o aumento do tamanho da trinca;
3. Um aumento na tensão cíclica σ aumenta a taxa de crescimento da trinca.

Assim, a taxa de crescimento de trinca para materiais sob tensões cíclicas que se comportam conforme indicado na Figura 7.23b apresentam a seguinte relação:

$$\frac{da}{dN} \propto f(\sigma, a) \tag{7.7}$$

onde se lê: "A da taxa de crescimento da trinca *da/dN* varia em função da tensão cíclica aplicada σ e do tamanho da trinca *a*." Depois de muitas pesquisas, ficou comprovado que, para muitos materiais, a taxa de crescimento de trinca é uma função do fator da intensidade de tensão *K* (modo I) de mecânica da fratura, que é uma combinação da tensão e do tamanho da trinca. Para muitas ligas de engenharia, a taxa de crescimento de trinca em fadiga expressa como o diferencial *da/dN* pode ser relacionada ao intervalo do fator de intensidade de tensão ΔK para uma tensão de fadiga com amplitude constante pela equação

$$\frac{da}{dN} = A\Delta K^m \tag{7.8}$$

Figure 7.23
(*a*) Amostra de uma placa fina com uma trinca ao centro sob tensão cíclica. (*b*) Comprimento da trinca *versus* número de ciclos sob tensão σ_1 e σ_2 ($\sigma_2 > \sigma_1$).
(H.W. Hayden, W.G. Moffatt and J. Wulff, "The Structure and Properties of Materials", vol. III, Wiley, 1965, p. 15.)

Onde da/dN = taxa de crescimento da trinca em fadiga, mm/ciclo ou

ΔK = intervalo do fator intensidade de tensão ($\Delta K = K_{max} - K_{min}$), MPa$\sqrt{m}$ ou ksi$\sqrt{pol}$

A, m = constantes que são função do material, ambiente, frequência, temperatura e índice (razão) de tensões.

Observe que na Equação 7.8 usamos o fator de intensidade de tensão K_I (modo I) e não o valor de tenacidade à fratura K_{IC}. Então, no ciclo de tensão máximo, o fator de intensidade de tensão $K_{max} = \sigma_{max}\sqrt{\pi a}$, e no ciclo de tensão mínimo, $\Delta K_{min} = \sigma_{min}\sqrt{\pi a}$.

Para o intervalo do fator de intensidade de tensão, ΔK (intervalo) = $K_{max} - K_{min} = \Delta K = \sigma_{max}\sqrt{\pi a}$

Desde que o fator de intensidade de tensão não seja definido para tensões compressivas σ_{min}, se é em compressão, K_{min} é assumido como zero. Se existe um fator de correção geométrica Y, para a equação $\Delta K = \sigma_r\sqrt{\pi a}$, então $\Delta K = Y\sigma_r\sqrt{\pi a}$.

7.3.2 Gráfico da taxa de crescimento da trinca *versus* intervalo do fator de intensidade de tensão

Geralmente, o comprimento da trinca em fadiga *versus* o intervalo do fator da intensidade de tensão são expressos em log da/dN *versus* log intervalo do fator de intensidade de tensão ΔK. Esses dados estão representados como um gráfico log-log, pois, na maioria dos casos, é obtida uma linha reta ou algo próximo a uma linha reta. A razão básica para representar uma linha reta é que da/dN *versus* ΔK obedece a relação, e, se tirarmos log dos dois lados da equação, obteremos

$$\log \frac{da}{dN} = \log(A\Delta K^m) \quad (7.9)$$

ou

$$\log \frac{da}{dN} = m \log \Delta K + \log A \quad (7.10)$$

Que é uma equação da reta do tipo $y = mx + b$. Então, a representação do log (da/dN) *versus* log ΔK gera uma reta com uma inclinação m.

A Figura 7.24 mostra um gráfico com o logaritmo da taxa de crescimento da trinca *versus* o logaritmo do intervalo do fator de intensidade para um teste de fadiga de um aço ASTM A533 B1. Este gráfico é dividido em três regiões, a saber: a região 1, na qual a taxa de crescimento da trinca de fadiga é muito lenta, a região 2, que é representada por uma linha reta pela lei de potência $y = mx + b$, e a região 3, na qual ocorre um crescimento da trinca rápido e instável, próximo da falha da amostra.

O valor limite de tensão abaixo do qual não existe um crescimento mensurável da trinca é chamado de intervalo do fator de intensidade de trinca limite $da/dn = A \Delta K^m$. Não deve ocorrer o crescimento de trinca abaixo deste nível de intervalo do fator de intensidade de tensão. O valor de m para o crescimento da trinca de fadiga da/dN na região 2 varia geralmente entre 2,5 e 6.

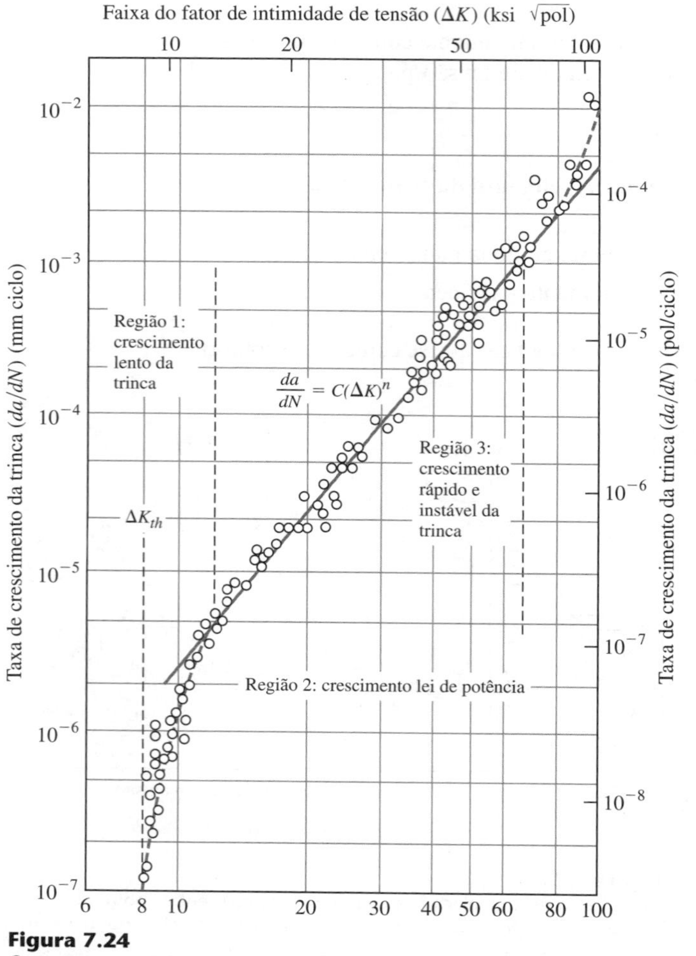

Figura 7.24
Comportamento do crescimento da trinca por fadiga da ASTM A533 B1 aço (limite de escoamento 470 MPa [70 ksi]). Condições de ensaio: $R = 0,10$. Temperatura ambiente, 24 °C.

7.3.3 Cálculos para a vida em fadiga

Às vezes, no projeto de um novo componente de engenharia, utilizando um material especial, é desejável a obtenção de informações sobre a vida de fadiga da peça.

Isso pode ser feito, em muitos casos, pela combinação de dados de tenacidade à fratura e de crescimento de trinca para produzir (gerar) uma equação que pode ser usada para prever a resistência à fadiga.

Um tipo de equação para cálculo da vida de fadiga pode ser desenvolvida por meio da integração da Equação 7.8 entre uma trinca inicial (falha) com tamanho A_0 e a trinca crítica (falha) de tamanho a_f, que é produzido na falha por fadiga após o número de ciclos até a falha N_f.

Partindo da Equação 7.8

$$\frac{da}{dN} = A\Delta K^m \quad (7.11)$$

ainda

$$\Delta K = Y\sigma\sqrt{\pi a} = Y\sigma\pi^{1/2}a^{1/2} \quad (7.12)$$

e segue que

$$\Delta K^m = Y^m \sigma^m \pi^{m/2} a^{m/2} \quad (7.13)$$

Substituindo $Y^m\sigma^m\pi^{m/2} a^{m/2}$ da Equação 7.13 pela Equação 7.11, fica

$$\frac{da}{dN} = A(Y\sigma\sqrt{\pi a})^m = A(Y^m\sigma^m\pi^{m/2}a^{m/2}) \quad (7.14)$$

Depois de reorganizar a Equação 7.14, integramos o tamanho da trinca ao tamanho inicial a_0 até o tamanho final na falha a_f e o número de ciclos de fadiga de zero até o número de falhas por fadiga N_f. Assim,

$$\int_{a_v}^{a_f} da = AY^m\sigma^m\pi^{m/2} \cdot a^{m/2} \int_0^{N_f} dN \quad (7.15)$$

e

$$\int_0^{N_f} dN = \int_{a_v}^{a_f} \frac{da}{A\sigma^m\pi^{m/2}Y^m a^{m/2}} = \frac{1}{A\sigma^m\pi^{m/2}Y^m} \int_{a_v}^{a_f} \frac{da}{a^{m/2}} \quad (7.16)$$

usando a relação

$$\int a^n\, da = \frac{a^{n+1}}{n+1} + c \quad (7.17)$$

integramos a Equação 7.16

$$\int_0^{N_f} dN = N \Big|_0^{N_f} = N_f \quad (7.18a)$$

e, fazendo a letra $n = -m/2$,

$$\frac{1}{A\sigma^m\pi^{m/2}Y^m} \int_{a_v}^{a_f} \frac{da}{a^{m/2}} = \frac{1}{A\sigma^m\pi^{m/2}Y^m}\left(\frac{a^{-(m/2)+1}}{-m/2+1}\right)\Big|_{a_o}^{a_f} \quad (7.18b)$$

Então,

$$N_f = \frac{a_f^{-(m/2)+1} - a_0^{-(m/2)+1}}{A\sigma^m\pi^{m/2}Y^m[-(m/2)+1]} \quad m \neq 2 \quad (7.19)$$

A Equação de 7.19 assume que N_f e que Y é independente do tamanho da trinca, o que não é geralmente o caso. Assim, a Equação 7.19 pode ou não representar o valor verdadeiro para a vida em fadiga de um componente. Para o caso mais geral, $Y = f(a)$, o cálculo do N_f deve levar em conta a variação de Y, e assim ΔK e ΔN devem ser calculados para pequenas quantidades sucessivas do comprimento.

EXEMPLO 7.2

Uma placa de aço é submetida à fadiga cíclica com amplitude constante com tensões trativas e compressivas uniaxiais com magnitudes de 120 e 30 MPa, respectivamente. As propriedades estáticas da placa são um limite de elasticidade de 1.400 MPa e a tenacidade à fratura K_{IC} de 45 MPa. Considerando que a placa contém uma trinca de aresta que atravessa toda a sua espessura com comprimento de 1,00 mm, estime quantos serão os ciclos de fadiga até a fratura. Use a Equação 7.11 Assuma $Y = 1$ na equação de tenacidade à fratura.

■ **Solução**

Podemos assumir para a placa que

$$\frac{da}{dN} \text{(m/ciclo)} = 2{,}0 \times 10^{-12} \, \Delta K^3 \, (\text{MPa}\sqrt{\text{m}})^3$$

Então, $A = 2{,}0 \times 10^{-12}$, $m = 3$, e $\sigma_r = (120 - 0)$ Mpa (desde que as tensões compressivas sejam ignoradas), e $Y = 1$. O comprimento inicial da trinca a_0 é igual a 1,00 mm. O comprimento final da trinca a_f é determinado a partir da equação da tenacidade à fratura

$$a_f = \frac{1}{\pi}\left(\frac{K_{IC}}{\sigma_r}\right)^2 = \frac{1}{\pi}\left(\frac{45 \text{ MPa}\sqrt{\text{m}}}{120 \text{ MPa}}\right)^2 = 0{,}0449 \text{ m}$$

O número de ciclos em fadiga N_f é determinado a partir da Equação 7.19:

$$N_f = \frac{a_f^{-(m/2)+1} - a_0^{-(m/2)+1}}{[-(m/2)+1]A\sigma^m \pi^{m/2} Y^m} \quad m \neq 2$$

$$= \frac{(0{,}0449 \text{ m})^{-(3/2)+1} - (0{,}001 \text{ m})^{-(3/2)+1}}{(-\tfrac{3}{2}+1)(2{,}0 \times 10^{-12})(120 \text{ MPa})^3(\pi)^{3/2}(1{,}00)^3}$$

$$= \frac{-2}{(2 \times 10^{-12})(\pi^{3/2})(120)^3}\left(\frac{1}{\sqrt{0{,}0449}} - \frac{1}{\sqrt{0{,}001}}\right)$$

$$= \frac{-2 \times 26{,}88}{(2 \times 10^{-12})(5{,}56)(1{,}20)^3(10^6)} = 2{,}79 \times 10^6 \text{ ciclos} \blacktriangleleft$$

7.4 FLUÊNCIA E TENSÃO DE RUPTURA DOS METAIS

7.4.1 Fluência de metais

Um metal ou liga metálica submetido a uma carga ou tensão constante pode sofrer uma deformação plástica ao longo do tempo. Esta *deformação ao longo do tempo* chama-se **fluência**. A fluência de metais e ligas é muito importante em alguns tipos de projetos de engenharia, especialmente naqueles que envolvem temperaturas elevadas.

Por exemplo, um engenheiro, ao selecionar uma liga para as pás de uma turbina à gás, deve escolher uma liga com uma velocidade de **taxa de fluência** muito baixa, de modo que as pás se mantenham, durante um longo intervalo de tempo, em serviço até serem substituídas, por terem atingido a deformação máxima admissível. Em muitos projetos de engenharia que envolvem temperaturas elevadas, a fluência dos materiais constitui o fator limitante com relação à temperatura máxima admissível.

Consideremos a fluência de um metal policristalino puro a uma temperatura superior a metade da sua temperatura absoluta de fusão, 0,5 TF (fluência em alta temperatura). Consideremos também um experimento de fluência, em que um corpo de prova de tração de um metal recozido é submetido a uma carga constante, suficiente para originar uma elevada deformação por fluência. Quando se representa a variação de comprimento do corpo de prova ao longo do tempo em função do próprio tempo, obtém-se uma *curva de fluência*, como a que está representada na Figura 7.25.

Na curva de fluência ideal, representada na Figura 7.25, há, inicialmente, um alongamento instantâneo do corpo de prova, a seguir, apresenta fluência primária, na qual a velocidade de fluência diminui ao longo do tempo. A inclinação da curva de fluência ($d\epsilon/dt$ ou $\dot{\epsilon}$) é a *taxa de fluência*. Assim, durante a fluência primária, a taxa diminui continuamente ao longo do tempo. Após a fluência primária, ocorre uma segunda fase de fluência em que a velocidade é praticamente constante e que, por isso, é denominada *fluência estacionária*. Finalmente, ocorre uma terceira fase, ou fluência terciária, em que a velocidade aumenta rapidamente com o tempo até a deformação de fratura. A forma da curva de fluência depende fortemente da carga (tensão) aplicada e da temperatura. Tensões e temperaturas mais elevadas provocam maiores velocidades de fluência.

Durante a fluência primária, o metal encrua até conseguir suportar a carga aplicada e a taxa de fluência diminui com o tempo, à medida que o encruamento torna a fluência mais difícil. Em temperaturas mais altas (isto é, superiores a cerca de 0,5 TF), durante a fluência secundária, os processos de recuperação envolvendo o movimento de discordâncias dificultam o encruamento, de modo que o metal continua a alongar (fluir) com taxa constante (Figura 7.25). A inclinação da curva de fluência ($d\epsilon/dt$ ou $\dot{\epsilon}$) na fase de fluência secundária é chamada de taxa de fluência mínima. Durante a fluência secundária, a resistência à fluência do metal ou liga é máxima. Finalmente, no caso de um corpo de prova submetido à carga constante, a taxa de fluência aumenta na fase terciária não só devido à estricção (empescoçamento) do corpo de prova, como também devido à formação de cavidades, particularmente nos contornos de grão. A Figura 7.26 mostra uma fratura intergranular de um aço inoxidável 304L que sofreu ruptura por fluência.

Em temperaturas baixas (isto é, inferiores a 0,4 TF) e tensões baixas, os metais apresentam fluência primária, mas a fluência secundária é insignificante, já que a temperatura é demasiado baixa para permitir a recuperação por difusão. Contudo, se a tensão aplicada ao metal for superior à tensão máxima, o material alongará, tal como acontece no ensaio de tração habitual. Em geral, à medida que, quer a tensão aplicada ao material, quer a temperatura aumentem, a taxa de fluência também aumentará (Figura 7.27).

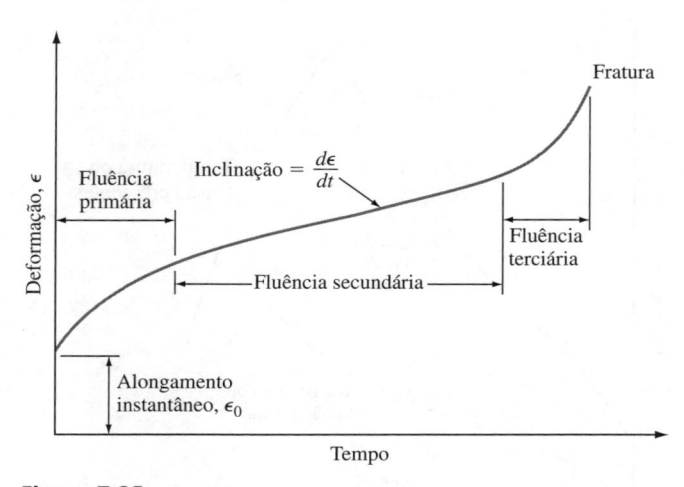

Figura 7.25
Curva de fluência típica do metal. Representa a deformação do metal ou da liga em questão em função do tempo sob a ação de uma carga constante em uma temperatura também constante. A segunda fase de fluência (fluência linear) é de maior importância em engenharia de projeto sempre que, nas condições de operação, ocorre uma grande deformação por fluência.

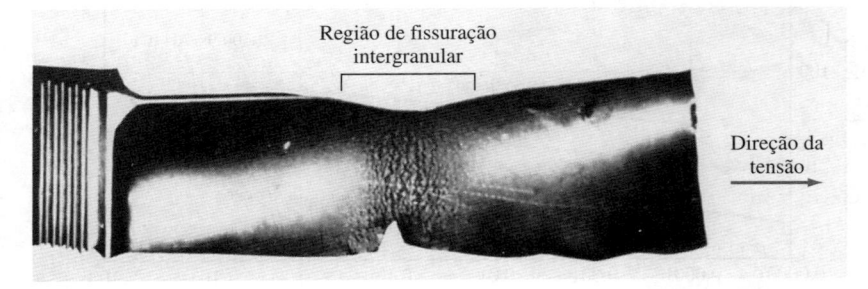

Figura 7.26
Pá de turbina de um motor a jato que sofreu deformação por fluência, com deformação localizada e múltiplas fissuras intergranulares.
(J. Schijive in "Metals Handbook," vol. 10, 8. ed., American Society for Metals, 1975, p. 23. ASM International.)

7.4.2 O teste de fluência

Os efeitos das temperaturas e das tensões sobre a taxa de fluência são determinados pelo teste de fluência. Vários deles são executados usando diferentes níveis de tensão à temperatura constante ou a temperaturas diferentes em um esforço constante, e as curvas de fluência são apresentadas conforme a Figura 7.28. A taxa de fluência mínima ou inclinação da segunda fase da curva de fluência é medida para cada curva, como indicado na Figura 7.28. A tensão para produzir uma taxa de fluência mínima de 10^{-5} percentual/h, a uma dada temperatura é um padrão comum para a resistência à fluência. Na Figura 7.29, a tensão para produzir uma taxa de fluência mínima de 10^{-5} percentual/h para o aço inoxidável tipo 316 pode ser determinada por extrapolação.

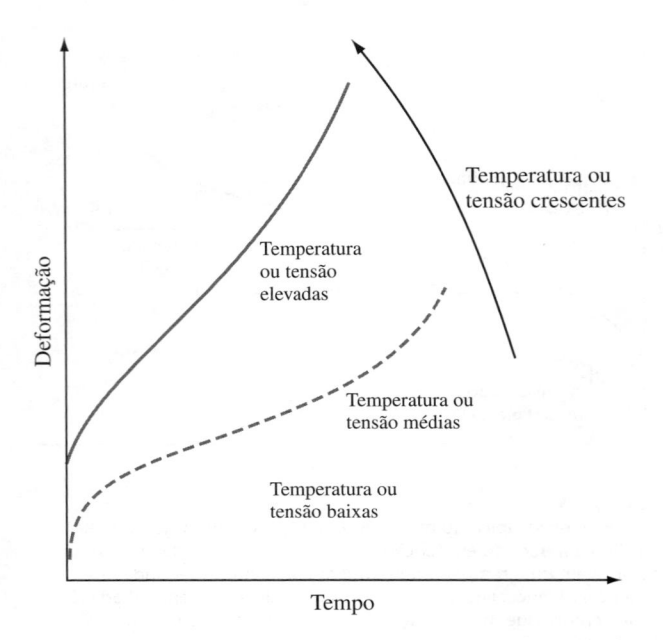

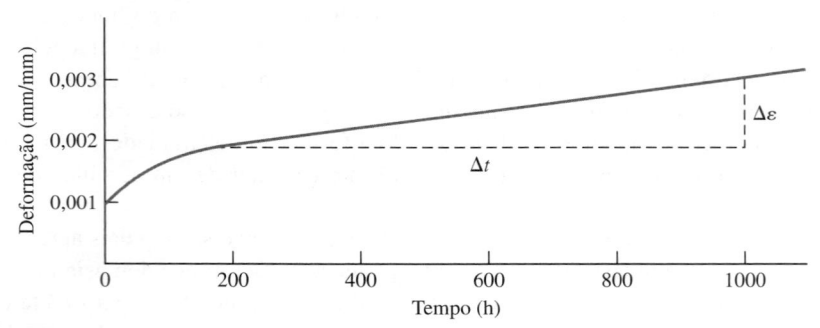

Figura 7.27
Efeito do aumento de tensão na forma da curva de fluência de um metal (esquema). Observe que, à medida que a tensão aumenta, a taxa de deformação igualmente aumenta.

Figura 7.28
Curva de fluência de uma liga de cobre ensaiada a 225 °C e 230 MPa. A inclinação da região linear da curva é a taxa de fluência estacionária.
(A.H. Cottrell and D. Hull, Proc. R. Soc. London, 242A: 211-213 (1957).)

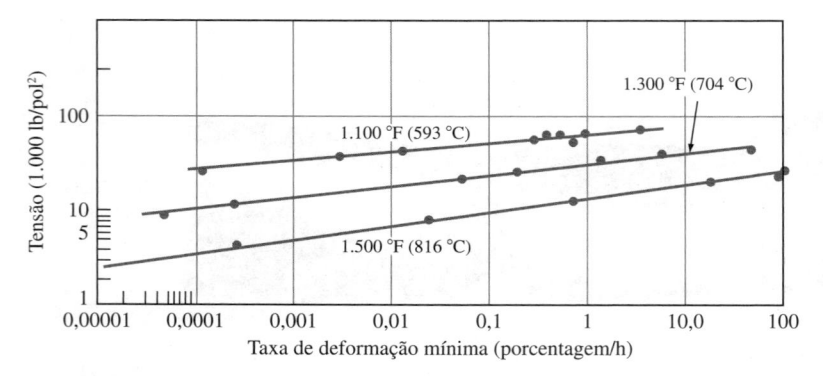

Figura 7.29
Efeito da tensão sobre a taxa de fluência do aço inoxidável 316 (18% Cr–12% Ni–2,5% Mo) em várias temperaturas (593 °C, 704 °C, 816 °C).
(H.E. McGannan (ed.), "The Making, Shaping and Treating ot Steel", 9. ed., United States Steel, 1971, p. 1256.)

> **EXEMPLO 7.3**
>
> Determine a taxa de fluência para o estado estacionário para a liga de cobre, cuja curva de fluência é apresentada na Figura 7.28.
>
> ■ **Solução**
> A taxa de fluência para o estado estacionário desta liga é obtida tomando a inclinação da parte linear da curva, como indicado na figura. Assim,
>
> $$\text{Taxa de fluência} = \frac{\Delta \epsilon}{\Delta t} = \frac{0{,}07 - 0{,}05}{1.000\ \text{h} - 200\ \text{h}} = \frac{0{,}03\ \text{mm/mm}}{800\ \text{h}} = 1{,}2 \times 10^{-6}\ \text{mm/mm/h} \blacktriangleleft$$

7.4.3 Teste de ruptura por fluência

O teste de **ruptura por fluência** ou ruptura sob tensão é, em essência, idêntico ao ensaio de fluência, exceto pelo fato de que as cargas são superiores e o ensaio é levado até à fratura do corpo de prova. Os resultados de ensaios de ruptura sob tensão são representados em gráficos de log (tensão) em função de log (tempo) até à fratura, como se mostra na Figura 7.30. Em geral, o tempo necessário para que ocorra a fratura sob tensão diminui à medida que a tensão aplicada e a temperatura aumentam. Na Figura 7.30, podem se observar variações das inclinações que são provocadas por fatores tais como recristalização, oxidação, corrosão ou transformações de fase.

7.5 REPRESENTAÇÃO GRÁFICA DA FLUÊNCIA E TENSÃO DE RUPTURA TEMPO-TEMPERATURA USANDO O PARÂMETRO DE MILLER LARSEN

Dados de ruptura sob tensão de fluência para ligas resistentes em altas temperaturas são frequentemente representados como log da tensão de ruptura *versus* uma combinação entre tempo de ruptura e temperatura. Um dos parâmetros tempo-temperatura mais comuns para apresentar esse tipo de dados é o **parâmetro Larsen-Miller (L.M.)**, que, em sua forma generalizada

$$P(\text{L.M.}) = T[\log t_r + C] \tag{7.20}$$

onde
  T = temperatura, K ou °R
  t_r = tempo da ruptura por tensão, h
  C = constante, geralmente da ordem de 20

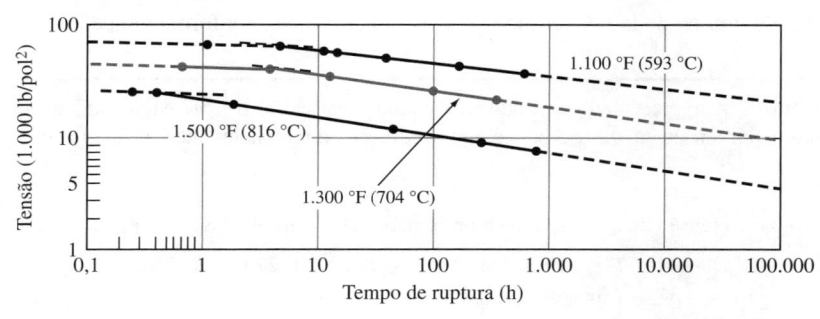

Figura 7.30
Efeito da tensão no tempo até à fratura do aço inoxidável 316 (18% Cr–12% Ni–2,5% Mo) em várias temperaturas (593 °C, 704 °C, 816 °C).

(*"Metals Handbook"*, vol. 8, 9. ed., American Society for Metals, 1985, p. 388. Used by permission of ASM International.)

Parâmetro de Larsen-Miller, $P = [T(°C) + 273][20 + \log(t)] \times 10^{-3}$

Parâmetro de Larsen-Miller, $P = [T(°F) + 460][20 + \log(t)] \times 10^{-3}$

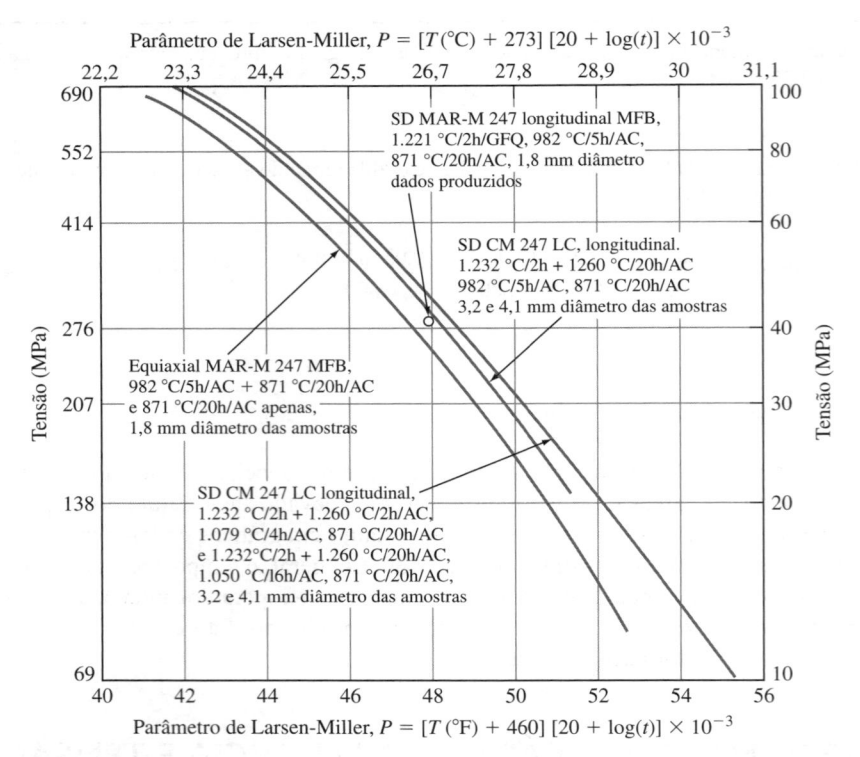

Figura 7.31
Resistência de ruptura a tensão de Larsen-Miller da liga solidificada direcionalmente (DS) CM 247 LC *versus* DS e equiaxial da liga MAR-M 247 MFB: usinada a partir de placa; GFQ: têmpera em gás; AC: resfriado ao ar.
(*"Metals Handbook"*, vol. 1, 10. ed., ASM International, 1990, p. 998.)

Em termos de Kelvin-horas, a equação do parâmetro de Larsen-Miller (L.M.) se torna

$$P(\text{L.M.}) = [T(°C) + 273(20 + \log t_r)] \quad (7.21)$$

Em termos de Rankine-horas, a equação do parâmetro de Larsen-Miller (L.M.) se torna

$$P(\text{L.M.}) = [T(°F) + 460(20 + \log t_r)] \quad (7.22)$$

De acordo com o parâmetro de L.M., para uma dada tensão, o log do tempo de atuação da tensão de ruptura mais uma constante da ordem de 20, multiplicada pela temperatura em Kelvin ou graus Rankine, permanece constante para um determinado material.

A Figura 7.31 compara o parâmetro L.M. em função da tensão para três ligas resistentes à fluência em altas temperaturas tratadas termicamente. Se duas das três variáveis do tempo para ruptura – temperatura durante a tensão e tensão – são conhecidas, então a terceira variável que concorda com o parâmetro L.M. pode ser determinada a partir do gráfico do log da tensão *versus* parâmetro L.M., conforme indicado no Exemplo 7.4.

EXEMPLO 7.4

Usando o parâmetro L.M. representado na Figura 7.31 para uma tensão de 207 MPa (30 ksi), determine o tempo para a ruptura por tensão em 980 °C para a liga solidificada direcionalmente CM 247 (gráfico superior).

▪ Solução

Da Figura 7.31 com uma tensão de 207 MPa, o valor do parâmetro L.M. é $27,8 \times 10^3$ K · h. Assim,

$$P = T(\text{K})(20 + \log t_r) \quad T = 980\,°C + 273 = 1.253\,\text{K}$$
$$27,8 \times 10^3 = 1.253(20 + \log t_r)$$
$$\log t_r = 22,19 - 20 = 2,19$$
$$t_r = 155\,\text{h} \blacktriangleleft$$

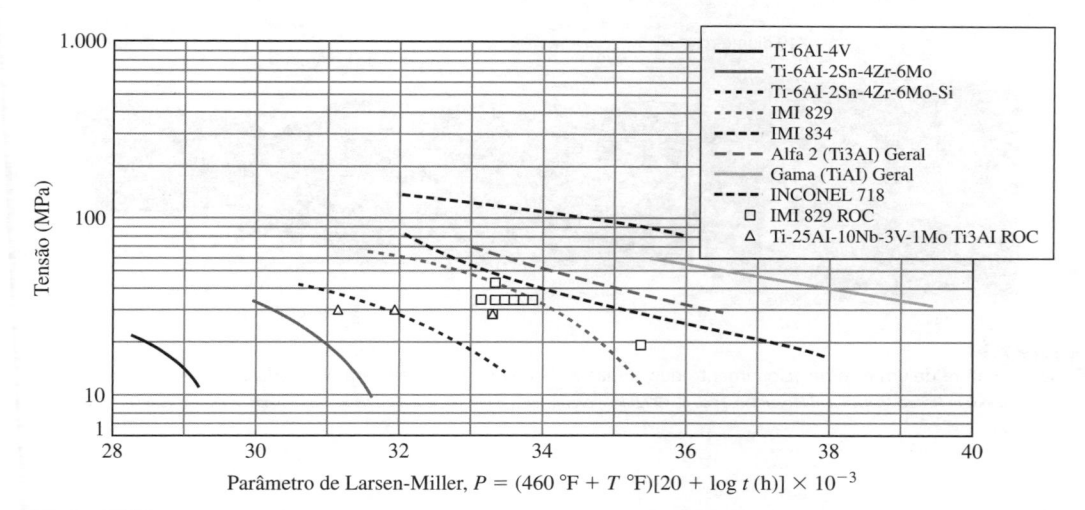

Figure 7.32
Diagrama de tensão de 0,2% Larsen-Miller, comparando ROC e 1M Ti 829 e ROC-25-10-3-1 para várias ligas comerciais importantes alfa e beta. ROC: compactação unidirecional rápida.

(P.C. Paris et al., "Stress Analysis and Growth of Cracks", STP513 ASTM, Philadelphia, 1972, p. 141-176. Copyright ASTM international. Reimpresso com permissão.)

EXEMPLO 7.5

Calcule o tempo para causar 0,2% de deformação à fluência no alumineto de titânio gama (TiAl) com uma tensão de 40 ksi e 1.200 °C a partir da Figura 7.32.

■ **Solução**
Para estas condições, da Figura 7.32, $P = 38.000$. Então,

$$P = 38.000 = (1.200 + 460)(\log t_{0,2\%} + 20)$$
$$22,89 = 20 + \log t$$
$$\log t = 2,89$$
$$t = 776h \blacktriangleleft$$

7.6 ESTUDO DE CASO DE FALHA DE COMPONENTES METÁLICOS

Devido, entre outras coisas, a defeitos no material, a má concepção e a utilização indevida, componentes metálicos ocasionalmente falham por fratura, por fadiga e por fluência. Em alguns casos, estas falhas ocorrem durante os testes de protótipos realizados por fabricantes. Em outros casos, ocorrem depois que o produto foi vendido e está em uso. Em ambos os casos, justifica-se uma análise de falhas para determinar a causa. No primeiro caso, as informações sobre a causa podem ser utilizadas para melhorar o projeto e a seleção de materiais. Neste último caso, a análise de falhas pode ser exigida no caso de responsabilidade pelo produto. Em ambos os casos, os engenheiros utilizam seus conhecimentos sobre o comportamento mecânico de materiais para realizar a análise. Essas análises são semelhantes aos procedimentos forenses: exigem documentação e arquivamento das provas. Um exemplo é dado no estudo de caso a seguir.

O primeiro passo no processo de análise de falhas é determinar a função do componente, as especificações exigidas pelo usuário, e as circunstâncias em que a falha ocorreu. Neste caso, um eixo de acionamento de ventilador deveria ser feito de aço 1040 ou 1045 trefilado a frio, com um limite de elasticidade de 586 MPa. A expectativa de vida do eixo foi estimada em 6.440 km. No entanto, o eixo fraturou depois de apenas 3.600 km de serviço, conforme a Figura 7.33.

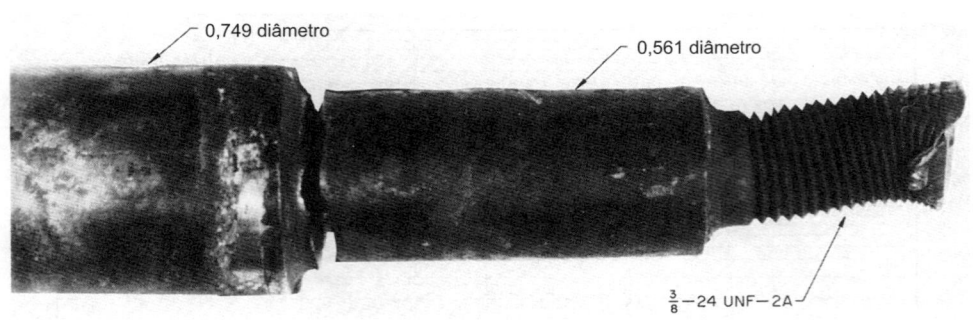

Figure 7.33
Falha prematura de um eixo de acionamento de ventilador. (As dimensões estão em polegadas.)
(*"ASM Handbook of Failure Analysis and Prevention"*, vol. II, 1992. Reimpresso com permissão de ASM International. Todos os direitos reservados. www.asminternational.org.)

Geralmente, a pesquisa começa com o exame visual do componente que falhou. Durante o exame visual preliminar, cuidados devem ser tomados para proteger a superfície de fratura de danos adicionais. Não se deve tentar unir as superfícies de fratura, pois isso poderia apresentar danos superficiais que poderiam influenciar indevidamente qualquer futura análise. No caso do eixo de acionamento do ventilador, as pesquisas revelaram que a fratura se iniciou em dois pontos próximos a um filete (arrendamento de ângulo) devido à mudança abrupta de diâmetros do eixo. Os dois pontos de início da fratura formam aproximadamente 180 °C entre si, de acordo com a Figura 7.34. Com base na análise visual da superfície, os pesquisadores determinaram que fraturas se propagaram a partir dos dois pontos de iniciação em direção ao centro do eixo, ponto em que ocorreu uma fratura final catastrófica. Por causa da simetria dos dois pontos de iniciação e dos padrões de marcas 'praia' observados na superfície, os pesquisadores concluíram que a fratura era típica de fadiga por flexão invertida ou alternada. Uma combinação de flexão cíclica alternada e um raio de filete agudo (concentrador de tensões) foram identificados como a causa da fratura.

Após a inspeção visual e todos os testes não destrutivos serem concluídos, outros mais invasivos e até mesmo destrutivos foram realizadas. Por exemplo, a análise química do material do eixo revelou que realmente era o aço 1040 conforme especificado pelo usuário. Os pesquisadores conseguiram fazer um ensaio de tração com uma amostra fora do centro do eixo fraturado. O ensaio de tração revelou que o limite de resistência à tração e o limite de elasticidade da liga eram de 631 e 369 MPa, respectivamente, com um alongamento à ruptura de 27%. O limite de escoamento do material do eixo (369 MPa) é consideravelmente menor do que a exigida pelo usuário (586 MPa). Um exame metalográfico posterior revelou que a estrutura era predominantemente de grãos equiaxiais. Lembre-se da discussão no capítulo anterior: o trabalho a frio aumenta o limite de escoamento, diminui a ductilidade e, ao mesmo tempo, cria uma estrutura de grãos, que geralmente não é equiaxial, mas alongada. O limite de escoamento menor, a relativamente alta ductilidade, e a natureza equiaxial da microestrutura revelaram que o aço 1040 utilizado na fabricação deste eixo não foi estirado a frio, conforme especificado pelo usuário. De fato, as evidencias sugerem que o material não foi trabalhado a frio.

A utilização de aço laminado a quente (com um limite menor de fadiga), juntamente com o efeito do concentrador de tensões do filete agudo, resultou na falha do componente sob flexão alternada. Se o componente fosse feito de aço 1040 trefilado (com um limite de fadiga 40% maior), a fratura poderia ter sido evitada ou adiada. Este estudo de caso mostra a importância do conhecimento do engenheiro de propriedades dos materiais, técnicas de processamento, tratamento térmico e seleção para o projeto e operação bem-sucedida de componentes.

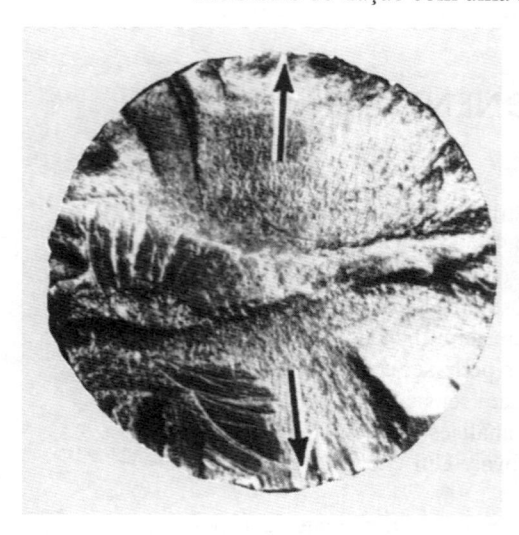

Figura 7.34
Superfície de fratura mostrando as origens da fratura simetricamente posicionadas. Note a região central no qual a fratura final ocorreu.
(*Reimpresso com permissão de ASM International. Todos os direitos reservados. www.asminternational.org.*)

7.7 RECENTES AVANÇOS E FUTURAS DIREÇÕES NO MELHORAMENTO DO DESEMPENHO MECÂNICO DOS METAIS

Nos capítulos anteriores foram brevemente discutidas algumas das características estruturalmente atrativas de materiais nanocristalinos, tais como alta resistência, aumento da dureza e melhor resistência ao desgaste. No entanto, todas essas características melhoradas só teriam valor enquanto dados científicos se a ductilidade, a fratura e a tolerância a danos destes materiais não atendessem aos níveis aceitáveis para aplicações específicas. Nos parágrafos seguintes, o conhecimento atual e os avanços relacionados às propriedades de metais nanocristalinos serão discutidos. Deve-se mencionar que existem apenas informações limitadas sobre o comportamento dos metais nanocristalinos. Muitas pesquisas são necessárias para se chegar a um nível de compreensão comparável à dos metais microcristalinos.

7.7.1 Melhora na ductilidade e na resistência simultaneamente

O cobre puro recozido e com granulação grosseira apresenta ductilidade sob tração superior a 70%, mas muito baixa elasticidade. O cobre puro na forma nanocristalina, com tamanho de grãos inferior a 30 nm, possui um significativamente elevado limite de escoamento, mas com a ductilidade à tração inferior a 5%. Evidências iniciais indicam que esta tendência é típica de metais puros nanocristalinos com estrutura CFC, tais como o cobre e o níquel. Uma tendência semelhante não foi ainda estabelecida para os metais nanocristalinos CCC e HC. Pelo contrário, Co nanocristalino (HC) apresenta um alongamento à tração comparável à do Co microcristalino. Metais nanocristalinos CFC são muito mais frágeis do que seus equivalentes microcristalinos. Conforme ilustrado esquematicamente na Figura 7.35.

Nessa figura, a curva *A* apresenta o comportamento tensão-deformação do cobre microcristalino recozido: observa-se uma tensão de escoamento próxima de 65 MPa e a ductilidade de aproximadamente 70%. A curva *B* apresenta o comportamento para o cobre nanocristalino com tensão de escoamento aumentada para cerca de 400 MPa e uma ductilidade inferior a 5%. A tenacidade de cada metal pode ser determinada pela estimativa da área sob a curva tensão-deformação correspondente. É evidente a partir desta figura que a dureza do cobre nanocristalino é significativamente menor. A redução na ductilidade e, portanto, na tenacidade, tem sido atribuída à formação de bandas de deformação localizadas, chamadas *bandas de cisalhamento*. Na ausência de atividade de deslocamento no nanogrão (devido ao tamanho extremamente pequeno), o grão não se deforma de maneira convencional, em vez disso, a deformação localiza-se (ocorre) em bandas de cisalhamento minúsculas que, eventualmente o grão fratura sem deformação significativa no restante do grão. Consequentemente, os ganhos extraordinários da resistência ao escoamento passam a não apresentar mais nenhum efeito, já que, em níveis baixos de ductilidade, resultam em tenacidade reduzida e, portanto, as aplicações práticas desses materiais são mínimas.

Felizmente, na atualidade, os cientistas têm conseguido produzir cobre nanocristalino com ductilidade comparável ao seu homólogo microcristalino. Conseguiu-se isto por meio de um complexo processo termomecânico que inclui uma série de passes de laminação a frio das amostras à temperatura do nitrogênio líquido, com resfriamento adicional após cada passagem seguida por um processo altamente controlado de recozimento. O material resultante contém cerca de 25% de grãos de tamanho micrométrico em uma matriz de grãos nanométricos e ultrafinos (Figura 7.36).

O processo de laminação a frio, à temperatura do nitrogênio líquido, permite a formação de uma grande densidade de discordâncias. A baixa temperatura não permite a recuperação das discordâncias e, por sua vez, faz a densidade aumentar para níveis superiores aos alcançáveis em temperatura ambiente. Nessa etapa, a amostra severamente deformada tem uma mistura de estrutura de grãos nanocristalinos e ultrafinos. A amostra é então recozida em condições altamente controladas.

O processo de recozimento permite recristalização e crescimento de alguns grãos para uma escala de 1 a 3 μm (chamado de *crescimento anormal de grãos* ou *recristalização secundária*). A existência de grandes grãos permite um elevado nível da atividade de discordância e maclação e, portanto, a deformação global do material, enquanto os grãos predominantemente nanométricos e ultrafinos mantêm o limite de escoamento alto. Esta variante do cobre possui alto limite de escoamento e alta ductilidade e, portanto, alta tenacidade, conforme esquematicamente apresentado na curva *C* na Figura 7.35. Além

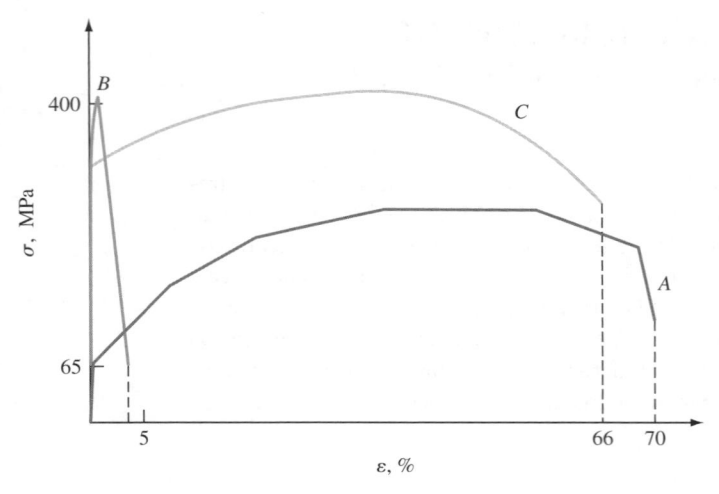

Figura 7.35
Um esquema dos diagramas de tensão deformação para grãos microcristalinos (curva A), grãos nanocristalinos (curva B), e mistos (curva C) do cobre puro.

Figure 7.36
Micrografia obtida por MET mostrando a mistura de grãos de micro, ultrafinos e nanométricos em cobre puro.
(Y.M. Wang, M.W. Chen, F. Zhou, E. Ma, Nature, vol. 419, Oct. 2002: Figura 3b.)

destes novos processos termomecânicos que permitem aumentar a dureza de materiais nanocristalinos, algumas pesquisas têm revelado que a síntese de materiais com duas fases nanocristalinas podem resultar em melhoria de ductilidade e tenacidade. Esses avanços tecnológicos são fundamentais para facilitar a aplicação de nanomateriais em vários campos.

7.7.2 Comportamento em fadiga de metais nanocristalinos

Os primeiros experimentos de fadiga do níquel puro com estruturas nanocristalina (4-20 nm), ultrafinas (300 nm) e microcristalina com uma relação de cargas R zero (zero-tensão-zero) e um ciclo de frequência de 1 Hz mostrou um efeito significativo na sua resposta em fadiga σ–N.

O níquel, tanto com estrutura nanocristalina quanto com estruturas ultrafinas, apresenta um aumento no intervalo (faixa) de tensões (σ_{max}–σ_{min}) no qual o limite de resistência à fadiga (definido como 2 milhões de ciclos) é alcançado, quando comparado ao níquel microcristalino. O níquel nanocristalino mostra um aumento ligeiramente superior à do níquel com grãos ultrafinos. Entretanto, para o níquel com as mesmas granulometrias, experimentos de crescimento de trinca por fadiga utilizando amostras com ponta chanfrada mostram um quadro diferente. Estes experimentos mostram que o crescimento da trinca de fadiga é maior no regime intermediário com a diminuição do tamanho de grãos. Além disso, um de intensidade de trinca limite, K_{ht}, é observado para o metal nanocristalino. Globalmente, os resultados mostram um efeito, ora favorável e ora desfavorável sobre o desempenho à fadiga de materiais na escala de tamanho de grãos nanométricos.

É evidente, a partir desta breve sinopse, que uma grande quantidade de pesquisas precisam ser feitas antes que possamos começar a compreender o comportamento desses materiais para utilizá-los plenamente em aplicações em diferentes segmentos industriais. A promessa extraordinária desses materiais leva a despender esforços para encontrar estas respostas.

7.8 RESUMO

A fratura de componentes metálicos durante a realização de seu desempenho é de grande importância e consequência. A seleção adequada do material em questão para um componente é um passo fundamental para evitar falhas indesejadas. As fraturas de metais podem ser geralmente classificadas como dúctil ou frágil. Isso é facilmente observado por meio da realização de simples testes de tração estática. A fratura dúctil é acompanhada por deformação plástica grave antes da falha. Ao contrário, a fratura frágil mostra pouca ou nenhuma deformação antes da fratura e, portanto, é mais problemática. Em alguns casos, com taxas de carregamento altas, ou baixa temperatura, originalmen-

e materiais dúcteis se comportam de maneira frágil – a chamada transição de dúctil para frágil. Portanto, a seleção de materiais para componentes que operam em baixas temperaturas deve ser feito com cuidado.

Desde defeitos, como microtrincas capazes de enfraquecer um material, engenheiros usam o conceito de tenacidade à fratura com base no pressuposto de preexistência de falhas (mecânica da fratura) para projetar componentes com mais segurança. O conceito de fator de intensidade de tensão, K, em uma ponta da trinca é usado para representar o efeito combinado das tensões na ponta da trinca e do tamanho da trinca.

A falha de componentes metálicos sob carregamento cíclico ou repetitivo, conhecida como falha por fadiga, é de grande importância para os engenheiros. Sua relevância se deve ao baixo nível de tensões em que estas falhas acontecem, a natureza oculta do dano (no interior do material), e sua falha súbita e abrupta. Outra forma de falha, que ocorre em altas temperaturas e com carga constante, é chamada de fluência, que é definida como a deformação plástica progressiva durante um determinado período de tempo. Engenheiros são muito conscientes de tais falhas e usam inúmeros fatores de segurança para se proteger.

Engenheiros e cientistas sempre pesquisam novos materiais que ofereçam maior resistência (à fadiga e às falhas) e maior ductilidade. Os materiais nanocristalinos prometem ser os materiais do futuro, oferecendo uma combinação de propriedades que irá aumentar a resistência de um material à fratura. No entanto, são necessárias mais pesquisas pelos estudiosos do campo de engenharia de materiais para atingir esse objetivo.

7.9 PROBLEMAS

As respostas para os exercícios marcados com um asterisco constam no final do livro.

Problemas de conhecimento e compreensão

7.1 Quais são as características da superfície de uma fratura dúctil de um metal?
7.2 Descreva as três fases da fratura dúctil de um metal.
7.3 Quais são as características da superfície de uma fratura frágil de um metal?
7.4 Descreva as três fases da fratura frágil de um metal.
7.5 O que indicam os padrões *chevron*?
7.6 Por que as fraturas dúcteis são menos frequentes na prática do que fraturas frágeis?
7.7 Diferencie entre fratura transgranular e intergranular.
7.8 Descreva o ensaio de impacto simples que utiliza uma amostra Charpy com entalhe em V.
7.9 Como o teor de carbono de um aço-carbono comum afeta a temperatura de transição dúctil-frágil?
7.10 Descreva uma falha por fadiga em metais.
7.11 Quais são os dois tipos distintos de áreas de superfície geralmente encontrados em uma superfície de falha por fadiga?
7.12 Geralmente, onde se originam falhas por fadiga na seção de metal?
7.13 O que é uma curva σ-N de fadiga, e como são obtidos os dados para a curva σ-N?
7.14 Como é que a curva σ-N de um aço-carbono difere da curva de uma liga de alumínio de alta resistência?
7.15 Descreva as quatro mudanças estruturais básicas que ocorrem quando um metal dúctil homogêneo falha por fadiga sob tensões cíclicas.
7.16 Descreva os quatro principais fatores que afetam a resistência à fadiga de um metal.
7.17 O que é fluência de um metal?
7.18 Para que condições ambientais a fluência de metais é especialmente importante industrialmente?
7.19 Esboce uma curva de fluência típica para um metal sob carga constante em uma temperatura relativamente elevada, e indique os três estágios de fluência.

Problemas de aplicação e análise

*7.20 Determine o comprimento crucial da trinca de uma grossa placa da liga de alumínio 7075-T751 que está sob tensão uniaxial. Para esta liga, e $K_{IC} = 22{,}0 \text{ ksi}\sqrt{\text{pol}}$ Suponha $Y = \sqrt{\pi}$.
7.21 Determine o tamanho da trinca crucial para uma trinca que atravessa a espessura de uma placa da liga de alumínio 7150-T651 sob tensão uniaxial. Para esta liga e $K_{IC} = 25{,}5 \text{ MPa}\sqrt{\text{m}}$. Suponha $Y = \sqrt{\pi}$.
7.22 O valor crucial do fator de intensidade de tensão (K_{IC}) de um material usado num componente de um projeto é 23,0. Qual é a tensão aplicada que irá causar a fratura se o componente tem uma trinca interna de 0,13 polegadas de comprimento? Suponha que Y = 1.
7.23 Qual é o maior tamanho (mm) que uma trinca interna de uma placa grossa de liga de alumínio 7075-T651 pode suportar a uma tensão aplicada de (*a*) ¾ da tensão de escoamento e (*b*) ½ tensão de escoamento? Suponha que Y = 1.
*7.24 A placa da liga Ti-6AI-4V tem uma trinca interna de 1,90 mm. Qual é a maior tensão (MPa) que este material pode suportar sem falha catastrófica? Suponha que $Y = \sqrt{\pi}$.
7.25 Para a liga de alumínio $K_{IC} = \sigma_f \sqrt{\pi a}$, usando a equação, esboce a curva de tensão de fratura (MPa) em função do tamanho da trinca de superfície *a* (mm) para *a*

com valores entre 0,2 a 2,0 mm. Qual é o tamanho mínimo da trinca de superfície que irá causar uma falha catastrófica?

7.26 Determine o comprimento crucial da trinca (mm) por meio da espessura de uma placa da liga 2024-T6 que tem uma tenacidade à fratura $K_{IC} = 23,5$ MPa$\sqrt{m}$ e está sob uma tensão de 300 MPa. Suponha que $Y = \sqrt{\pi}$.

*7.27 Um ensaio de fadiga é realizado com uma tensão máxima de 172 MPa (25 ksi) e uma tensão mínima de $-27,6$ MPa ($-4,00$ ksi). Calcule (a) a variação de tensão, (b) a amplitude de tensão, (c) a tensão média e (d) a relação de tensões.

7.28 Um ensaio de fadiga é realizado com uma tensão média de 120 MPa (l7.500 psi) e uma amplitude de tensão de 165 MPa (24.000 psi). Calcule (a) a tensão máxima e mínima, (b) a relação de tensões, e (c) a gama de estresse.

7.29 Uma grande placa plana esta submetida a tensões uniaxiais cíclicas de amplitude constante de tração e compressão iguais a 120 MPa e 35 MPa, respectivamente. Se antes do ensaio o comprimento da maior trinca de superfície é de 1,00 mm e a tenacidade à fratura K_{IC} da placa é de 35 MPa$\sqrt{m}$, estime a vida em fadiga da chapa em número de ciclos até a falha. Para a placa $m = 3,5$ e $A = 5,0 \times 10^{-12}$ em unidades MPa e m. Suponha que $Y = 1,3$.

*7.30 Com referência ao problema anterior, se o comprimento inicial e o crucial da trinca são, respectivamente, de 1,25 e 12 mm, na placa, e a vida de fadiga é de $2,0 \times 10^6$ ciclos, calcule a tensão máxima de tração, em MPa, que irá produzir esta vida (número de ciclos). Suponha que $m = 3,0$ e $A = 6,0 \times 10^{-13}$ em unidades MPa e m. Suponha que $Y = 1,20$.

7.31 Com relação ao problema 7.29, calcule o comprimento crucial final da trinca de superfície, se a vida em fadiga for de, no mínimo, $7,0 \times 10^5$ ciclos. Suponha que o comprimento inicial da trinca de superfície é de 1,80 mm sob a tensão máxima de tração de 160 MPa. Suponha que $m = 1,8$ e $A = 7,5 \times 10^{-13}$ em unidades MPa e m. Suponha que $Y = 1,25$.

7.32 Com relação ao problema 7.29, calcule o comprimento crucial da trinca de superfície se a vida em fadiga for de $8,0 \times 10^6$ ciclos e a tensão de tração máxima de 21.000 psi, $m = 3,5$ e $A = 4,0 \times 10^{-11}$ em unidades ksi e polegadas. Trinca inicial (borda) é 0,120 polegadas. Suponha $Y = 1,15$.

7.33 Os dados de fluência da tabela abaixo foram obtidos de uma liga de titânio sob 50 ksi e 400 °C. Esboce/desenhe uma curva de deformação sob fluência *versus* tempo (horas), e determine a taxa de fluência de estado estacionário para estas condições de teste.

Deformação (m/m)	Tempo (h)	Deformação (m/m)	Tempo (h)
$0,010 \times 10^{-2}$	2	$0,075 \times 10^{-2}$	80
$0,030 \times 10^{-2}$	18	$0,090 \times 10^{-2}$	120
$0,050 \times 10^{-2}$	40	$0,11 \times 10^{-2}$	160

*7.34 A liga MAR-M 247 com grãos equiaxiais (Figura 7.31) é usada para suportar uma tensão de 276 MPa. Determine o tempo até a ruptura em 850 °C.

7.35 A liga MAR-M 247 SD (Figura 7.31) é utilizada para suportar uma tensão de 207 MPa. A que temperatura (°C) a vida antes da ruptura sob tensão será de 210 h?

7.36 Se a liga CM 247 SD (Figura. 7.31) é submetida a uma temperatura de 960 °C por 3 anos, qual é a tensão máxima que ela pode suportar sem se romper?

7.37 Uma liga Ti-6Al-2Sn-4Zr-6Mo é submetida a uma tensão de 20.000 psi. Quanto tempo a liga pode ser usada sob essa tensão em uma temperatura de 500 °C, para que a deformação sob fluência não supere 0,2%? Use a Figura 7.32.

7.38 Alumineto de titânio Gamma esta submetido a uma tensão de 50.000 psi. Se o material deve ser limitado a deformação à fluência de 0,2%, quanto tempo este material pode ser usado em 1.100 °F? Use a Figura 7.32.

Problemas de síntese e avaliação

*7.39 Um corpo de prova do tipo Charpy com entalhe em V é ensaiado em uma máquina de ensaio de impacto na Figura 7.9. No ensaio, o martelo de 15 kg e com braço de comprimento de 120 cm (medido a partir do ponto de apoio até o ponto de impacto) é levantado a 90° e depois liberado. (a) Qual é a energia potencial armazenada em massa a este ponto? (b) Após a ruptura da amostra, o martelo oscila até 45°. Qual é a energia potencial neste ponto? (c) Quanto de energia foi gasto na fratura da amostra? *Dica*: energia potencial = massa · g · altura.

7.40 Assumindo que o ângulo máximo que o pêndulo no Problema 43 pode chegar é de 120°e se a amostra com entalhe em V necessita/requer 220 J de energia para a fratura. Verifique se o sistema anterior tem capacidade suficiente para fraturar a amostra. Qual seria o aumento no pêndulo para fraturá-la?

*7.41 A tensão circunferencial, σ, (também chamado de tensão de aro) em um vaso de pressão cilíndrico é calculada pela equação $\sigma = Pr/t$, onde P é a pressão interna, r é o raio do vaso de pressão e t, sua espessura. Para que um navio vaso de pressão de 36 de diâmetro, 0,25 de espessura e uma pressão interna de 5.000 psi, qual seria o tamanho da trinca crítica se o vaso de pressão for confeccionado de (a) Al 7178-T651, (b) de aço 17-7 pH? Qual é a sua conclusão? Use a Tabela 6.1 para as propriedades. Use $Y = 1,0$ e assuma a geometria de trinca central.

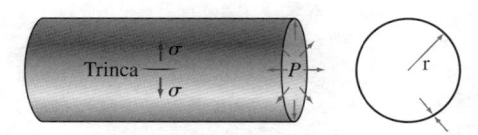

7.42 Para o vaso de pressão do problema anterior, considere que é feito da liga de titânio (Ti-6Al-4V). (*a*) Se trincas de comprimento a = 0,005 polegadas são detectadas no vaso, qual deve ser a pressão de operação segura? (*b*) E se trincas de comprimento a = 0,2 polegadas foram detectadas, qual deve ser a pressão de operação segura? Use Y = 1,0 e assuma geometria de trinca central.

*****7.43** Um equipamento de detecção ultrassônico de trincas usado por uma empresa A pode encontrar trincas de comprimento a = 0,25 polegadas e maiores. Um componente de baixo peso esta projetado, fabricado e inspecionado quanto a trincas com o equipamento acima. A máxima tensão uniaxial aplicada ao componente deverá ser de 60 ksi. Suas opções de metais para o componente são Al 7178 T651, Ti-6Al-4V, aço 4340, conforme lista na Tabela 7.l. (*a*) Quais os metais poderiam ser selecionados para fazer o componente? (*b*) Qual você escolheria levando em consideração segurança e peso? Use Y = 1,0 e assuma geometria trinca central.

7.44 No problema anterior, se você não considerou a existência de trincas em toda a extensão e só considerou o escoamento sob tensão uniaxial como um critério de falha, (*a*) quais os metais que você escolheria para evitar escoamento? (*b*) Qual o metal que você escolheria para evitar escoamento tendo um componente mais leve? (Use dados da Tabela 7.1) É uma prática segura de projeto assumir que não existem trincas iniciais? Explique.

7.45 É uma prática comum na inspeção de pontes (e outras estruturas) que, se uma trinca é encontrada no aço, os engenheiros fazem um furo pequeno à frente da ponta da trinca. Como isso pode ajudar?

7.46 Uma placa de aço é submetida a uma tensão de tração de 120 Mpa. A tenacidade à fratura do material é dada em 45 MPa m$^{1/2}$. (*a*) Determine o comprimento crucial da trinca para assegurar que a placa não vai falhar sob condições de carga estática (assuma Y = 1). (*b*) Considere a mesma placa sob a ação de tensões cíclicas de tração/compressão de 120 e 30 MPa, respectivamente. Sob as condições cíclicas, um comprimento de trinca chegando a 50% do tamanho crítico trinca em condições estáticas (item *a*) seria considerado inaceitável. Se o componente se manter seguro para 3 milhões de ciclos, qual deve ser o maior comprimento de trinca inicial admissível?

7.47 Uma barra cilíndrica feita de liga CM 247 solidificada direcionalmente é carregada com uma carga de 10.000 N, a uma temperatura de 900 °C e por um período de 300h. Usando o gráfico de Larson-Miller da Figura 7.32, projete/dimensione as dimensões apropriadas para a seção transversal.

7.48 Na fabricação de bielas podem ser utilizados aços 4340 tratados até 260 ksi. Existem duas opções para a fabricação do componente, (*i*) tratamento térmico do componente e uso, e (*ii*) o tratamento térmico e retificação da superfície. Qual opção você usaria e por quê?

7.49 Em aplicações em aeronaves, painéis de alumínio são presos com rebites por meio de furos nas placas. É a prática da indústria para expandir plasticamente os furos para o diâmetro desejado à temperatura ambiente (isto introduz tensões compressivas na circunferência do furo). (*a*) Explique por que este processo é feito e como isso beneficia a estrutura. (*b*) Projete um sistema que iria realizar o processo de alargamento a frio eficaz e mais barato. (*c*) Quais são algumas das precauções que devem ser tomadas durante o processo de alargamento a frio?

7.50 Quais fatores você consideraria na seleção de materiais para as moedas? Sugira materiais para esta aplicação.

7.51 Se você tivesse que escolher entre uma liga de alumínio, um aço inoxidável, um aço de baixo teor de carbono comum e um aço de alto teor carbono (todos oferecem a resistência adequada para a aplicação) para uma aplicação estrutural nas regiões do ártico qual você escolheria? Por quê? (O custo não é problema.)

7.52 Examine a superfície de fratura de um tubo de aço fraturado. Como você classificaria essa fratura? Você poderia dizer onde a fratura teve início? Como?

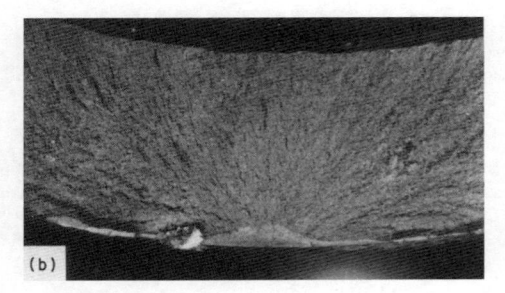

Figura P7.52
(*"ASM Handbook of Failure Analysis and Prevention", vol. 11. p. 21, Figura 3b.*)

7.53 Examine as superfícies de fratura abaixo e discuta as diferenças nas características de superfície. Você consegue identificar o tipo e a natureza da fratura?

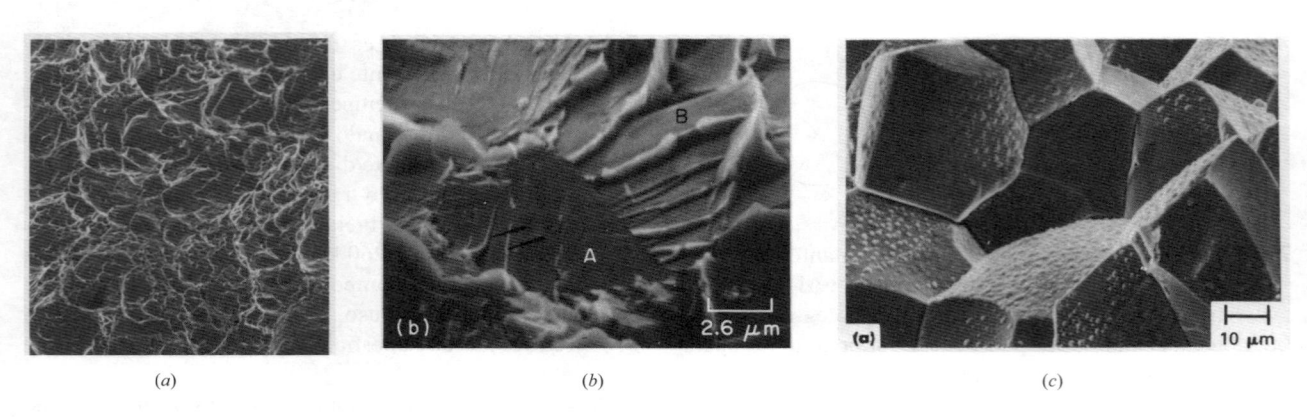

(a) (b) (c)

Figura P7.53
("ASM Handbook of Failure Analysis and Prevention", vol. 11.)

7.54 Os componentes na Figura P7.54 são um eixo de transmissão de um carro de corridas de aço de alta resistência, que é carregado ciclicamente em torção e alguma flexão. Na parte inferior da Figura P7.54a ele está rachado/trincado. A Figura P7.54b mostra uma imagem com maior ampliação do caminho de fratura em torno do eixo. A Figura P7.54c mostra a seção transversal do eixo fraturado. Com base nessas evidências visuais, especule tanto quanto possível sobre o que aconteceu a este eixo e onde foi o início da fratura. Especialmente, liste suas observações com relação a Figura P7.54c.

(a) (b) (c)

Figura P7.54
(Cortesia de Met-Tech.)

CAPÍTULO 8

Diagramas de Fase

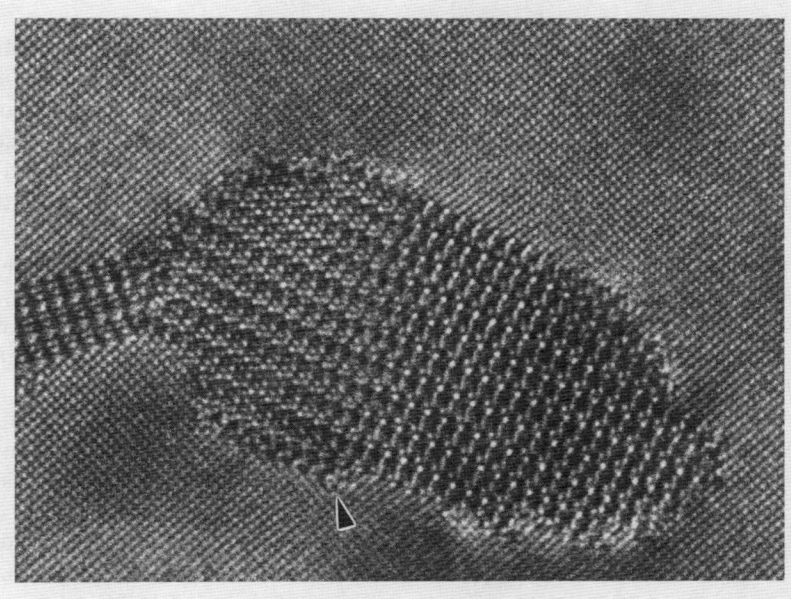

(W.M. Rainforth, "Opportunities and pitfalls in characterization of nanoscale features", Materials Science and Technology, vol. 16 (2000) 1349-1355.)

METAS DE APRENDIZAGEM

Ao final deste capítulo, o aluno será capaz de:

1. Descrever equilíbrio, fase e graus de liberdade para um sistema de materiais.
2. Descrever a aplicação da regra de Gibbs para este mesmo sistema.
3. Descrever curvas de resfriamento, diagramas de fases e o tipo de informações que deles podem ser obtidas.
4. Descrever um diagrama de fases de um sistema binário isomorfo e desenhar e/ou esboçar um diagrama genérico mostrando todas as regiões de fases, bem como as informações relevantes.
5. Ser capaz de aplicar uma linha de amarração e a regra da alavanca em diagramas de fase para determinar a composição das fases e a fração de uma mistura.
6. Descrever a solidificação fora do equilíbrio de metais e explicar as diferenças gerais na microestrutura quando comparadas com a solidificação em equilíbrio.
7. Descrever o diagrama de fases de uma liga binária eutética e ser capaz de desenhar um diagrama genérico mostrando todas as regiões de fases e informações relevantes.
8. Descrever a evolução microestrutural durante o resfriamento em equilíbrio enquanto o metal solidifica em várias regiões do diagrama de fases.
9. Definir as várias reações invariantes.
10. Definir fases compostas intermediárias e intermetálicas.
11. Descrever diagramas de fases ternários.

O endurecimento por precipitação ou por envelhecimento é obtido através de um tratamento térmico que é usado para produzir uma fase dura uniformemente distribuidas em uma matriz dúctil. As fases precipitadas interferem no movimento das discordâncias e o resultado disso é o aumento da resistência mecânica da liga. A figura de abertura do capítulo é uma imagem de alta resolução por Microscopia Eletrônica de Transmissão (MET) da fase Al_2CuMg em uma matriz de alumínio[1].

É chamada de **fase**, em um material metálico, a região que difere em microestrutura e/ou composição de

[1] http://www.shef.ac.uk/unit/academic/D-H/em/research/centres/sobcent.html.

outra região. Os *diagramas de fase* são representações gráficas, as quais estão presentes em um sistema de materiais em várias temperaturas, pressões e composições. A maioria dos diagramas de fases é construída a partir de condições de equilíbrio[2] e são utilizados por engenheiros e pesquisadores para entender e prever muitos aspectos do comportamento dos materiais.

8.1 DIAGRAMAS DE FASE DE SUBSTÂNCIAS PURAS

Uma substância pura, como, por exemplo, a água, pode existir nos estados sólido, líquido ou gasoso, dependendo das condições de temperatura e de pressão em que se encontra. Um exemplo familiar de duas fases de uma substância pura, em **equilíbrio**, é o de um copo de água com cubos de gelo. Nesse caso, a água sólida e a água líquida constituem duas fases distintas, que estão separadas por um limite ou fronteira de fase, que é a superfície dos cubos de gelo. Durante a ebulição, a água líquida e o vapor constituem duas fases em equilíbrio. A Figura 8.1 mostra uma representação gráfica das fases da água que existem em diferentes condições de temperatura e pressão.

No diagrama de *pressão-temperatura* (*PT*) da água existe um ponto triplo a uma pressão baixa (4,579 torr) e temperatura baixa (0,0098 °C), em que coexistem as três fases: sólida, líquida e gasosa. As fases líquida e gasosa coexistem ao longo da linha de vaporização e as fases líquida e sólida ao longo da linha de solidificação, conforme se verifica na Figura 8.1. Essas se configuram como linhas de equilíbrio bifásico.

Também podem ser traçados diagramas de pressão-temperatura para outras substâncias puras. Por exemplo, a Figura 8.2 apresenta o diagrama *PT* do ferro puro. Uma das principais diferenças desse diagrama de fases é que existem três fases sólidas separadas e distintas: o Fe-α (alfa), o Fe-γ (gama) e o Fe-δ (delta). O ferro-α e o ferro-δ têm estrutura CCC, enquanto o ferro-γ tem estrutura CFC. As linhas-limite de fase no estado sólido possuem as mesmas propriedades das linhas-limite de fase *líquido-sólido*. Por exemplo, em condições de equilíbrio à temperatura de 910 °C e à pressão de 1 atm, coexistem as fases ferro-α e ferro-γ. Acima de 910 °C existe apenas a fase γ e, abaixo disso, existe apenas a fase α (Figura 8.2). No diagrama *PT* do ferro, existem ainda três pontos triplos em que coexistem três fases distintas: (1) líquido, vapor e Fe-δ, (2) vapor, Fe-δ e Fe-γ, e (3) vapor, Fe-γ e Fe-α.

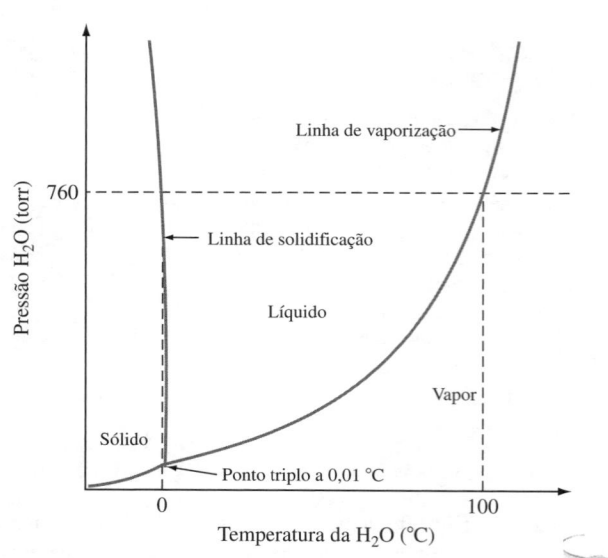

Figura 8.1
Diagrama aproximado de pressão-temperatura *PT* para a água pura (os eixos do diagrama estão ligeiramente distorcidos).

Figura 8.2
Diagrama aproximado pressão-temperatura *PT* para o ferro puro.
(W.G. Moffatt et al., "Structure and Properties of Materials", vol. 1: "Structure," Willey, 1964, p. 151.)

---

[2]**Diagramas de equilíbrio de fases** são determinados usando condições de equilíbrio bem lentas. Na maioria dos casos, o equilíbrio é aproximado, mas nunca alcançado.

8.2 REGRA DAS FASES DE GIBBS

A partir de considerações termodinâmicas, J.W. Gibbs[3] estabeleceu uma equação que permite determinar o número de fases que podem coexistir, em equilíbrio, em um determinado sistema. Esta equação, conhecida como **regra das fases de Gibbs**, é

$$P + F = C + 2 \qquad (8.1)$$

onde
P = número de fases que coexistem em um determinado sistema
C = **número de componentes** do sistema
F = número de graus de liberdade

Geralmente, um componente C é um elemento, um composto ou uma solução presente no sistema. Por outro lado, F representa o número de **graus de liberdade** – o número de variáveis (pressão, temperatura e composição) que podem ser alteradas de modo independente, sem que ocorra no sistema qualquer alteração da fase ou fases em equilíbrio.

Vejamos a aplicação da regra das fases de Gibbs ao diagrama PT da água pura (Figura 8.1). No ponto triplo coexistem três fases em equilíbrio; dado que o **sistema** tem um componente (água), é possível calcular o número de graus de liberdade:

$$P + F = C + 2$$
$$3 + F = 1 + 2$$

ou

$$F = 0 \quad \text{(zero graus de liberdade)}$$

Uma vez que, para manter as três fases em equilíbrio, não se pode alterar nenhuma das variáveis (temperatura ou pressão) e, com isso, o ponto triplo será conhecido por *ponto invariante*.

Em seguida, consideremos um ponto sobre a linha de solidificação líquido-sólido da Figura 8.1. Em qualquer ponto ao longo desta linha, coexistem duas fases. Assim, a partir da regra das fases,

$$2 + F = 1 + 2$$

ou

$$F = 1 \quad \text{(um grau de liberdade)}$$

Esse resultado nos indica que existe um grau de liberdade e, portanto, uma das variáveis (T ou P) pode ser alterada independentemente da outra, ao se manter a coexistência das duas fases do sistema. Assim, para uma determinada pressão, existe apenas uma temperatura para a qual as fases líquida e sólida podem coexistir. Em um terceiro caso, consideremos um ponto do diagrama PT da água, no interior de uma região monofásica. Neste caso, existirá apenas uma fase ($P = 1$) e, por substituição na equação da regra das fases, obtém-se:

$$1 + F = 1 + 2$$

ou

$$N = 2 \quad \text{(dois graus de liberdade)}$$

Esse resultado indica que mesmo alterando, de modo independente, duas variáveis (temperatura e pressão), o sistema continua a ser constituído pela mesma fase.

A maior parte dos diagramas binários, usados em engenharia dos materiais, são diagramas do tipo temperatura-composição nos quais a pressão é mantida de modo constante, geralmente a 1 atm. Neste caso, temos a regra das fases "condensada", que é dada por:

$$P + F = C + 1 \qquad (8.1a)$$

A Equação (8.1a) é aplicável a todos os diagramas de fases binários abordados neste capítulo.

---

[3] Josiah Willard Gibbs (1839-1903). Físico americano; era professor de física matemática na Universidade de Yale e contribuiu grandemente para a termodinâmica, incluindo a regra das fases para sistemas multifásicos.

8.3 CURVAS DE RESFRIAMENTO

As curvas de resfriamento podem ser usadas para determinar as temperaturas de transformação das fases para metais puros e ligas. **A curva de resfriamento** é obtida por meio do registro da temperatura em função do tempo de um metal, durante o seu resfriamento desde uma temperatura na qual ele, fundido, passa pela solidificação até chegar à temperatura ambiente. A curva de resfriamento de um metal puro é apresentada na Figura 8.3. Se o metal for deixado resfriar sob condições de equilíbrio (resfriamento lento), sua temperatura cai de forma contínua ao longo da linha AB da curva. No ponto de fusão (temperatura de transformação líquido/sólido), a solidificação começa e a curva de resfriamento se torna plana (horizontal segmento BC, também chamado de **platô** ou **região de patamar térmico** e permanece plana até que a solidificação esteja completa. Na região do BC, o metal está na forma de uma mistura de fases líquida e sólida. Com a aproximação do ponto C, a fração em massa do sólido na mistura aumenta até que a solidificação se complete. A temperatura permanece constante porque há um equilíbrio entre o calor perdido pelo metal por meio do molde e do calor latente fornecido pelo metal que está em processo de solidificação. Simplesmente, o calor latente mantém a mistura na temperatura de fusão (de transformação líquido/sólido) até que a solidificação completa seja alcançada. Após a solidificação se completar em C, a curva de resfriamento voltará a mostrar uma queda na temperatura com o tempo (CD segmento da curva).

Conforme se discutiu nas seções sobre a solidificação de metais puros no Capítulo 4, um grau de sub-resfriamento (resfriamento abaixo da temperatura de fusão ou de transformação líquido/sólido) se faz necessário para a formação de núcleos sólidos. Esse processo aparece na curva de resfriamento como uma queda abaixo da temperatura de fusão ou de transformação líquido/sólido, conforme mostra a Figura 8.3.

A curva de resfriamento pode também fornecer informações sobre a passagem de estado sólido para a fase líquida de metais. Um exemplo de uma curva de resfriamento seria a de ferro puro, que, sob condições de pressão atmosférica ($P = 1$ atm), mostra uma temperatura de fusão em 1.538 °C, no qual em um ponto de alta temperatura ocorre a formação de uma estrutura sólida chamada ferrita-δ (Figura 8.4) com estrutura CCC. A partir do prosseguimento do resfriamento, a uma temperatura de cerca de 1.394 °C, a curva de resfriamento mostra um segundo platô. Nessa temperatura ocorre a transformação de fase sólido-sólido da ferrita-δ, com estrutura CCC, para um sólido chamado *ferro-γ*, com estrutura CFC, (transformação polimórfica, ver Seção 3.10). Com resfriamento adicional, uma segunda transformação de fase sólido-sólido ocorre a uma temperatura de 912 °C. Nesta transformação, o ferro-γ CFC reverte para uma estrutura de ferro CCC chamada *ferro-α*. Essa transformação sólido-sólido tem importantes implicações tecnológicas em indústrias de processamento de aço e será discutida no Capítulo 9.

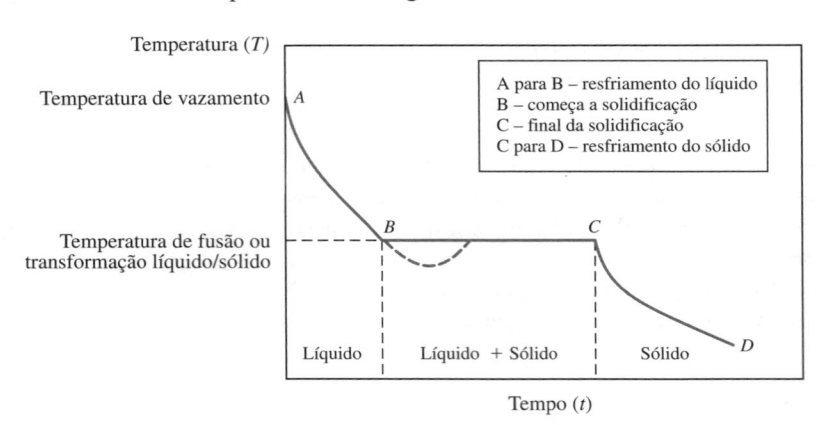

Figura 8.3
Curva de resfriamento para um metal puro.

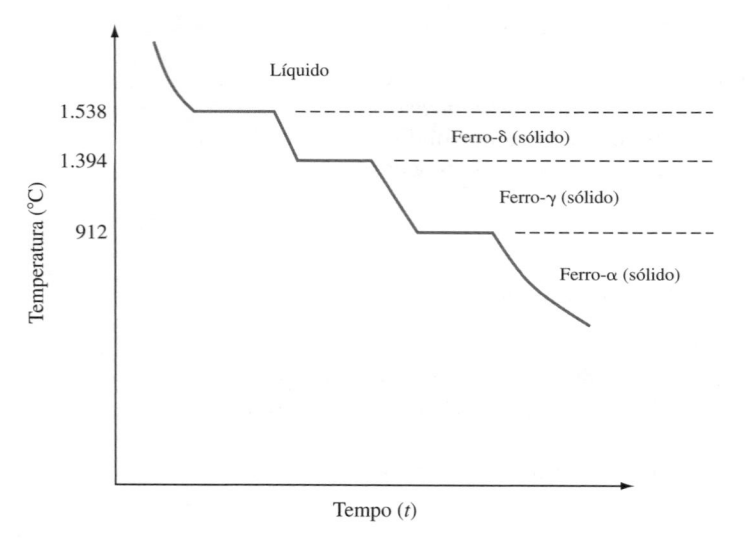

Figura 8.4
Curva de resfriamento do ferro puro na pressão de 1 atm.

8.4 SISTEMAS ISOMORFOS BINÁRIOS

Consideremos, em lugar de substâncias puras, uma mistura ou liga de dois metais. A mistura entre dois metais é conhecida por *liga binária* e constitui um sistema com *dois componentes*, já que cada um dos elementos metálicos da liga é considerado um componente distinto. Assim, o cobre puro constitui um sistema com um só componente, enquanto que uma liga de cobre e níquel constitui um sistema com dois componentes. Por vezes, um composto também é considerado um componente em uma liga. Por exemplo, variados tipos de aço-carbono, que contêm sobretudo ferro e carboneto de ferro, são considerados sistemas com dois componentes.

Em alguns sistemas metálicos binários, os dois elementos são completamente solúveis um no outro, quer no estado líquido, quer no estado sólido. Nestes sistemas, existe apenas uma única estrutura cristalina qualquer que seja a composição e, por esta razão, são denominados **sistemas isomorfos**. Para que dois elementos tenham solubilidade total em estado sólido, devem ser atendidas uma ou mais das seguintes condições, formuladas por Hume-Rothery[4], e conhecidas por regras de Hume-Rothery para a solubilidade em estado sólido:

1. A estrutura cristalina dos dois elementos da solução sólida deve ser a mesma;
2. Os tamanhos dos átomos de cada um dos dois elementos não devem diferir mais do que 15%;
3. Os elementos não devem formar compostos, isto é, as eletronegatividades dos dois elementos não devem ser muito diferentes;
4. Os elementos devem ter a mesma valência.

Nem sempre todas as regras de Hume-Rothery são aplicáveis a todos os pares de elementos que apresentam solubilidade total em estado sólido.

Um exemplo importante de um sistema binário isomorfo é o sistema cobre-níquel. A Figura 8.3 apresenta o diagrama de fases desse sistema, com a temperatura no eixo das ordenadas e a composição química, em porcentagem em peso no eixo das abscissas. Esse diagrama foi determinado à pressão atmosférica, com resfriamento lento, ou seja, em condições de equilíbrio, e não se aplica a ligas rapidamente resfriadas no intervalo de temperatura de solidificação. A região acima da linha superior do diagrama, chamada por **liquidus**, corresponde à região de estabilidade da fase líquida, e a região abaixo da linha inferior, chamada por **solidus**, representa a região de estabilidade da fase sólida. A área entre a *liquidus* e a *solidus* representa uma região bifásica, na qual coexistem as fases líquida e sólida.

Para o diagrama de fases binário da liga isomórfica formada por Cu e Ni, de acordo com a regra das fases de Gibbs ($F = C - P + 1$), no ponto de fusão dos componentes puros, o número de componentes C é 1 (Cu ou Ni) e o número de fases disponíveis P é 2 (líquido e sólido), resultando em um grau de liberdade zero ($F = 1 - 2 + 1 = 0$). Estes pontos são chamados de pontos invariantes ($F = 0$). Isso significa que qualquer mudança na temperatura poderá mudar a microestrutura de sólido para líquido. Consequentemente, nas regiões monofásicas (líquida ou sólida), o número de componentes, C, é 2 e o número de fases disponíveis, P, é 1, resultando em um grau de liberdade 2 ($F = 2 - 1 + 1 = 2$). Isso significa que podemos manter a microestrutura do sistema na região, variando tanto a temperatura ou a composição de forma independente. Na região bifásica, o número de componentes, C, é 2, e o número de fases disponíveis, P, é 2, resultando em um grau de liberdade 1 ($F = 2 - 2 + 1$). Isso significa que apenas uma variável (temperatura ou composição) pode ser alterada independentemente para manter a estrutura de duas fases do sistema. Se a temperatura é alterada, a composição da fase poderá variar.

Para localizar um ponto na região monofásica do diagrama de fases correspondente à solução sólida a, tem de se especificar quer a temperatura, quer a composição da liga. Por exemplo, a temperatura 1.050 °C e 20% Ni especifica o ponto a no diagrama de fases Cu-Ni da Figura 8.5. A esta temperatura e composição, a microestrutura da solução sólida α é idêntica à do metal puro. Isto é, utilizando o microscópio óptico, se observa apenas os contornos de grão. Contudo, como a liga é uma solução sólida com 20% Ni em cobre, apresentará resistência mecânica e resistividade elétrica superiores às do cobre puro.

---

[4]William Hume-Rothery (1899-1968). Metalurgista inglês, que fez importantes contribuições para a metalurgia teórica e experimental e que estudou, durante vários anos, o comportamento das ligas; as suas regras empíricas para a solubilidade no estado sólido foram baseadas no seu trabalho sobre o desenvolvimento de ligas.

Na região entre as linhas *liquidus* e *solidus*, coexistem as fases líquida e sólida. A quantidade de cada uma das fases presentes depende da temperatura e da composição química da liga. Consideremos uma liga com 53% em peso de Ni e 47% em peso de Cu a 1.300 °C da Figura 8.5. Uma vez que a 1.300 °C coexistem as fases líquida e sólida, nenhuma destas fases pode ter a composição média de 53% Ni e 47% Cu. A composição destas duas fases pode ser determinada desenhando uma *linha horizontal* em 1.300 °C entre as linhas *liquidus* e *solidus* e então abaixando linhas verticais até a linha de composição no eixo horizontal. A 1.300 °C, a composição da fase líquida (% em peso) é 45% em peso de Ni e a composição da fase sólida (% em peso) é 58% em peso de Ni, conforme indicado pelos pontos de interseção das linhas verticais tracejadas com o eixo das composições.

Os diagramas de equilíbrio de fases de sistemas binários em que os componentes são completamente solúveis, em estado sólido, podem ser construídos a partir de um conjunto de curvas de resfriamento líquido-sólido, conforme apresentado na Figura 8.6 para o sistema Cu–Ni. As curvas de resfriamento dos metais puros apresentam, à temperatura de solidificação, patamares horizontais, como aparece representado na Figura 8.6a pelos traços *AB* e *CD* para o cobre e o níquel puros. As curvas de resfriamento de soluções sólidas binárias apresentam variações de inclinação nos pontos correspondentes às linhas *liquidus* e *solidus*, conforme a Figura 8.6a para as composições 80% Cu–20% Ni, 50% Cu–50% Ni e 20% Cu–80% Ni. As variações de inclinação em L_1, L_2 e L_3 da Figura 8.6a correspondem aos pontos L_1, L_2 e L_3 da linha *liquidus* da Figura 8.6b. Da mesma forma, as variações de inclinação em S_1, S_2 e S_3 da Figura 8.6a correspondem aos pontos S_1, S_2 e S_3 sobre a linha *solidus* da Figura 8.6b. Pode se obter maior precisão na construção do diagrama de fases Cu–Ni, considerando mais curvas de resfriamento correspondentes a ligas com composições intermediárias.

A curva de resfriamento para as ligas metálicas de sistema isomórfico não contém a região de patamar térmico que se observa na solidificação de um metal puro. Em vez disso, a solidificação começa em uma temperatura específica e termina com uma temperatura mais baixa, tal como representado pelos símbolos *L* e *S* na Figura 8.6. Como resultado, ao contrário dos metais puros, as ligas se solidificam ao longo de um intervalo de temperaturas. Assim, quando nos referimos à temperatura de solidificação de uma liga metálica, nos referimos à temperatura na qual o processo de solidificação se completa.

8.5 REGRA DA ALAVANCA

Em qualquer região bifásica de um diagrama de fases binário, as porcentagens em peso de cada uma das fases podem ser determinadas utilizando a **regra da alavanca**. Por exemplo, utilizando a regra da alavanca, é possível calcular as porcentagens em peso das fases líquida e sólida presentes em uma liga

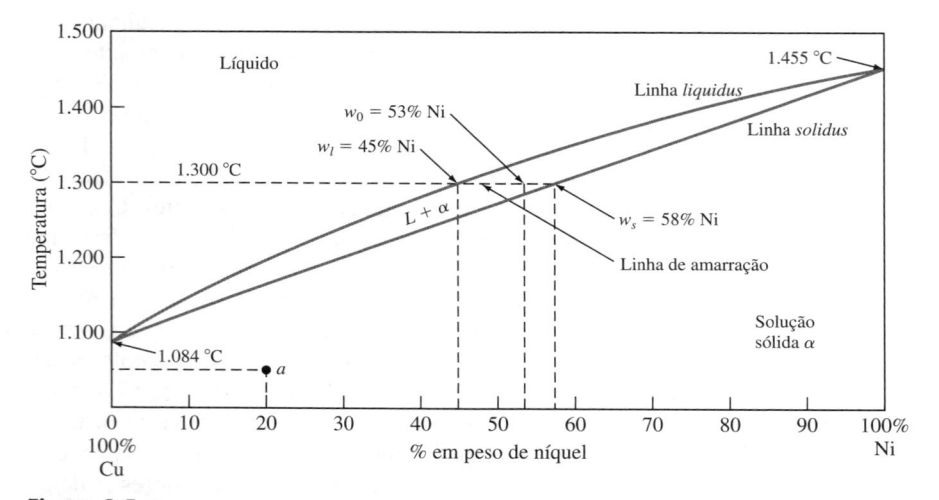

Figura 8.5
Diagrama de fases cobre-níquel. O cobre e o níquel têm solubilidade total no estado líquido e no estado sólido. As soluções sólidas cobre-níquel fundem num intervalo de temperaturas, em vez de fundirem a uma determinada temperatura, como acontece no caso dos metais puros.

(Adaptado de "Metals Handbook", vol. 8, 8. ed., American Society for Metals, 1973, p. 294.)

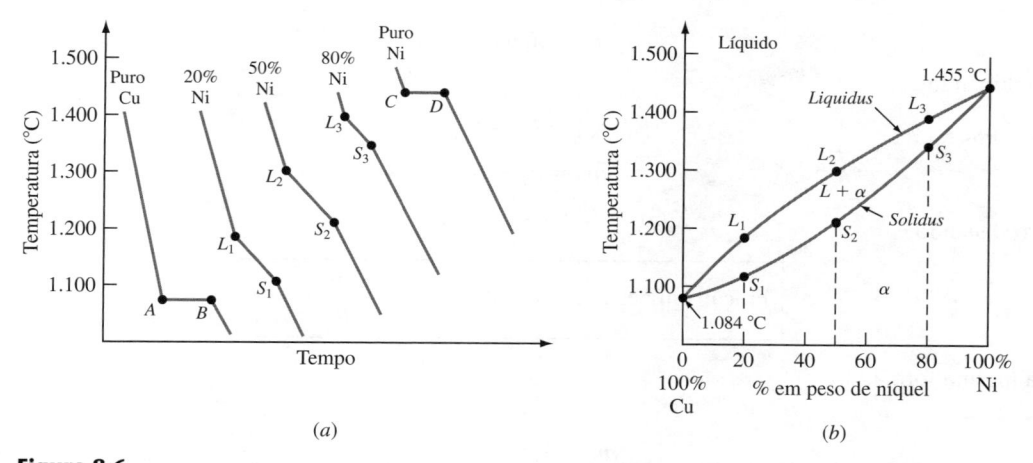

Figura 8.6
Construção do diagrama de equilíbrio de fases Cu-Ni a partir de curvas de resfriamento líquido-sólido.
(a) curvas de resfriamento, (b) diagrama de equilíbrio de fases.
("Metals Handbook", vol. 8, 8. ed, American Society for Metals, 1973, p. 294. Usado com permissão de ASM International.)

com uma determinada composição e a uma determinada temperatura, na região bifásica "líquido mais sólido" do diagrama de fases cobre-níquel da Figura 8.5.

Para deduzir as equações correspondentes à regra da alavanca, consideremos o diagrama binário de equilíbrio de fases, de dois elementos, A e B, que são completamente solúveis um no outro, conforme a Figura 8.7. Chamaremos por x a composição da liga e por w_0 a fração em peso de B em A na liga. Consideremos a temperatura T e tracemos, a essa temperatura, a linha conjugada entre as linhas *liquidus* e *solidus* (linha LS) da *liquidus* do ponto L até a *solidus* no ponto S, formando a linha LOS. À temperatura T, a liga x é constituída por uma mistura de líquido, cuja fração em peso de B é w_l, e, de sólido, cuja fração em peso de B é w_s.

Podem deduzir-se as equações correspondentes à regra da alavanca a partir de balanços mássicos. Uma das equações para a dedução da regra da alavanca é obtida a partir da soma da fração em peso da fase líquida, X_l com a fração em peso da fase sólida, X_s, que tem de ser igual a 1. Assim,

$$X_l + X_s = 1 \qquad (8.2)$$

ou

$$X_l = 1 - X_s \qquad (8.2a)$$

e

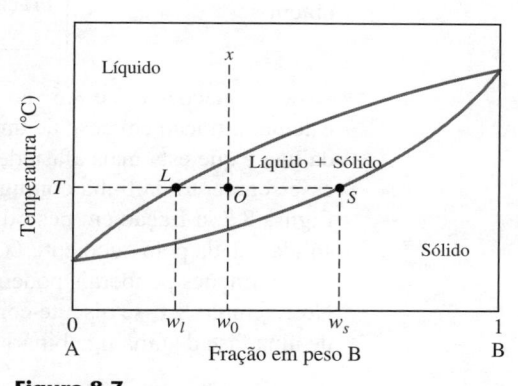

$$X_s = 1 - X_l \qquad (8.2b)$$

Figura 8.7
Diagrama de fases binário de dois metais, A e B, completamente solúveis um no outro, usado para deduzir a equação da regra da Alavanca. Na temperatura T, a composição da fase líquida é w_l e da fase sólida é w_s.

A segunda equação para a dedução da regra da alavanca é obtida pelo balanço mássico de B na liga como um todo e da soma de B nas duas fases. Consideremos 1 g de liga e façamos o seu balanço de massa:

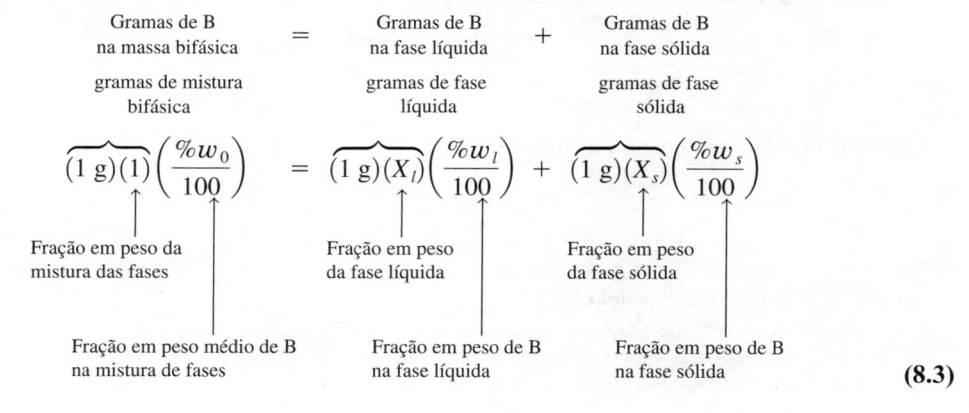

Gramas de B na massa bifásica = Gramas de B na fase líquida + Gramas de B na fase sólida

gramas de mistura bifásica / gramas de fase líquida / gramas de fase sólida

$$\overbrace{(1\,g)(1)}\left(\frac{\%w_0}{100}\right) = \overbrace{(1\,g)(X_l)}\left(\frac{\%w_l}{100}\right) + \overbrace{(1\,g)(X_s)}\left(\frac{\%w_s}{100}\right)$$

Fração em peso da mistura das fases / Fração em peso da fase líquida / Fração em peso da fase sólida

Fração em peso médio de B na mistura de fases / Fração em peso de B na fase líquida / Fração em peso de B na fase sólida

$$(8.3)$$

e
$$w_0 = X_l w_l + X_s w_s \quad (8.4)$$

combinando
$$X_l = 1 - X_s \quad (8.2a)$$

obtém-se
$$w_0 = (1 - X_s) w_l + X_s w_s$$

ou
$$w_0 = w_l - X_s w_l + X_s w_s$$

Reordenando
$$X_s w_s - X_s w_l = w_0 - w_l$$

$$\boxed{\text{Fração em peso da fase sólida} = X_s = \frac{w_0 - w_l}{w_s - w_l}} \quad (8.5)$$

Da mesma forma,

$$w_0 = X_l w_l + X_s w_s \quad (8.4)$$

com
$$X_s = 1 - X_l \quad (8.2b)$$

obtém-se
$$\boxed{\text{Fração em peso da fase líquida} = X_l = \frac{w_s - w_0}{w_s - w_l}} \quad (8.6)$$

As Equações 8.5 e 8.6 são as equações da regra da alavanca, que, em uma mistura bifásica, para calcular a fração em peso de uma fase, devemos utilizar o segmento da linha conjugada no lado oposto da liga e que está mais afastado da fase cuja fração em peso se pretende determinar. O quociente entre esse segmento da linha conjugada e a linha conjugada total dá a fração em peso da fase. Assim, na Figura 8.7, a fração em peso da fase líquida é dada pelo quociente *OS/LS*, e a fração em peso da fase sólida é dada pelo quociente *LO/LS*.

As frações ponderais podem ser convertidas em porcentagens ponderais ao se multiplicar por 100. No Exemplo 8.1, se discute como utilizar a regra da alavanca para determinar a porcentagem ponderal de uma fase de uma liga binária, a uma determinada temperatura.

EXEMPLO 8.1

Deduza a equação da regra da alavanca para o caso da Figura E8.1.

■ Solução

Para deduzir a regra da alavanca, vamos considerar o diagrama de equilíbrio binário de dois elementos, A e B, que são completamente solúveis um no outro, conforme apresentado na Figura E8.1. Seja *x* a composição de liga de interesse e sua fração de peso de B em A w_0. Seja *T* a temperatura de interesse, e vamos construir uma linha de amarração da linha *solidus* no ponto S formando a linha de amarração SOL. Partindo da solução desta equação:

A fração em massa da fase líquida seria igual a

$$\frac{w_0 - w_s}{w_l - w_s} = \frac{SO}{LS}$$

A fração em peso da fase líquida seria igual a

$$\frac{w_l - w_0}{w_l - w_s} = \frac{OL}{LS}$$

O problema é ilustrado no Exemplo 8.3 a 1.200 °C.

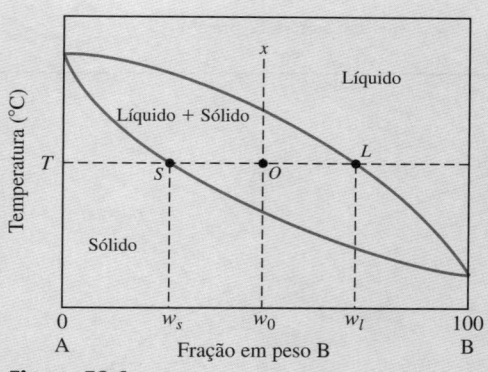

Figura E8.1

Uma liga cobre-níquel contém 47% em peso de Cu e 53% em peso de Ni e encontra-se a 1.300 °C. Utilizando a Figura 8.5, responda às seguintes questões:

a. Quais são as porcentagens ponderais de cobre nas fases líquida e sólida a essa temperatura?
b. Qual a porcentagem em peso da fase líquida e qual a porcentagem em peso da fase sólida?

EXEMPLO 8.2

■ **Solução**

a. Na Figura 8.5, a partir do ponto de interseção da linha conjugada para a temperatura de 1.300 °C com a *liquidus*, obtém-se 55% em peso de Cu na fase líquida; e a partir do ponto de interseção da *solidus* com a linha conjugada, obtém-se 42% em peso de Cu na fase sólida.
b. A partir da Figura 8.5, e aplicando a regra da alavanca à linha conjugada para 1.300 °C:

$$w_0 = 53\% \text{ Ni} \qquad w_l = 45\% \text{ Ni} \qquad w_s = 58\% \text{ Ni}$$

$$\text{A fração em peso da fase líquida} = X_l = \frac{w_s - w_0}{w_s - w_l}$$

$$= \frac{58 - 53}{58 - 45} = \frac{5}{13} = 0{,}38$$

% em peso da fase líquida $= (0{,}38)(100\%) = 38\%$ ◄

$$\text{A fração em peso da fase sólida} = X_s = \frac{w_0 - w_l}{w_s - w_l}$$

$$= \frac{53 - 45}{58 - 45} = \frac{8}{13} = 0{,}62$$

% em peso da fase sólida $= (0{,}62)(100\%) = 62\%$ ◄

Calcule a porcentagem em peso das fases líquida e sólida para a Ag-Pd para o diagrama de fases apresentado na Figura E8.3 a 1.200 °C e 70% em peso de Ag. Assuma $W_L = 74$ em massa Ag e $W_s = 64$ em massa Ag.

EXEMPLO 8.3

■ **Solução**

$$W(\%) \text{ líquido} = \frac{70 - 64}{74 - 64} = \frac{6}{10} = 60\%$$

$$W(\%) \text{ sólido} = \frac{74 - 70}{74 - 64} = \frac{4}{10} = 40\%$$

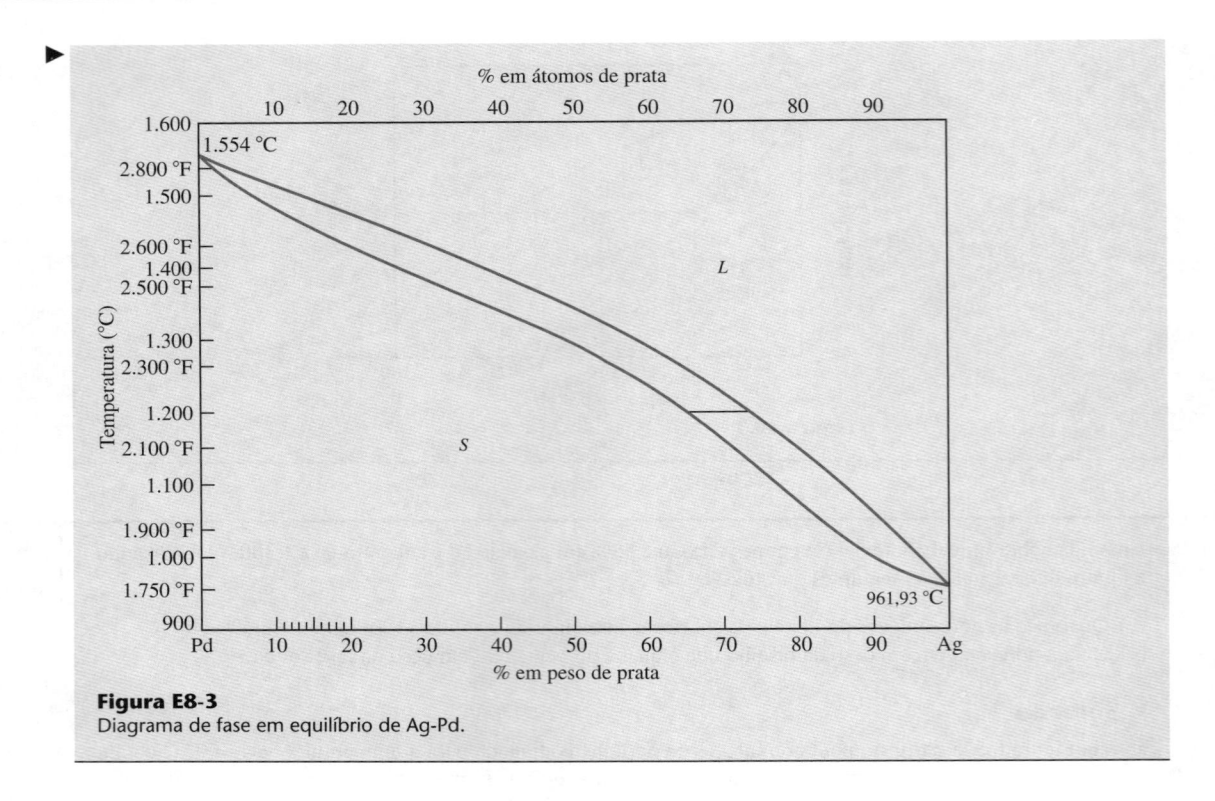

Figura E8-3
Diagrama de fase em equilíbrio de Ag-Pd.

8.6 SOLIDIFICAÇÃO FORA DO EQUILÍBRIO DE LIGAS METÁLICAS

O diagrama de fases do sistema Cu–Ni, apresentado previamente, foi construído em condições de resfriamento muito lento, próximas ao equilíbrio. Isto é, quando as ligas Cu-Ni foram resfriadas na região bifásica com líquido + sólido, à medida que a temperatura diminuiu, as composições das fases líquida e sólida foram se reajustando continuamente, por difusão no estado sólido. Uma vez que a difusão atômica no estado sólido é muito lenta, são necessários intervalos muito longos para eliminar os gradientes de concentração. Por isso, as microestruturas de ligas fundidas e solidificadas lentamente apresentam frequentemente uma **estrutura zonada** (Figura 8.8), resultante de regiões com diferentes composições químicas.

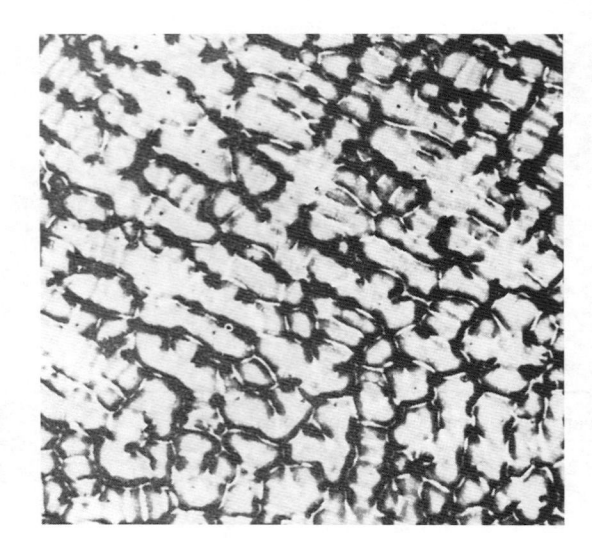

As ligas do sistema cobre-níquel constituem um bom exemplo para descrever o modo como surge uma estrutura zonada. Considere-se uma liga com 70% Ni–30% Cu que é resfriada rapidamente desde a temperatura T_0 (Figura 8.9). O primeiro sólido se forma à temperatura T_1 e tem a composição α_1 (Figura 8.9). No resfriamento rápido até T_2 formam-se camadas adicionais de composição α_2, sem que ocorra grande variação da composição do sólido solidificado inicialmente. À temperatura T_2, a composição média do sólido ficará entre α_1 e α_2 e será denominada por α'_2. Uma vez que a linha conjugada $\alpha'_2 L_2$ é maior do que $\alpha_2 L_2$, existirá, na liga resfriada rapidamente, mais líquido e menos sólido do que existiria, à mesma temperatura, se a liga fosse resfriada em condições de equilíbrio. Quer dizer, a essa temperatura, a solidificação se retarda devido ao resfriamento rápido.

Figura 8.8
Microestrutura de uma liga bruta de fusão ou bruta de solidificação com 70% Cu–30% Ni, mostrando uma estrutura zonada.
(W.G. Moffat et al., "Structure and Properties of Materials", vol. 1, Willey, 1964, p. 177.)

Quando a temperatura baixa para T_3 e T_4, o processo se repete e a composição média do sólido na liga segue a linha *solidus* fora de equilíbrio α_1, α'_2, α'_3 ... . À temperatura T_6, o sólido apresenta menos cobre do que a composição inicial da liga, que é 30% Cu. À temperatura T_7, a composição média do sólido na liga é 30% Cu, e a solidificação estará completa. Haverá, portanto, na microestrutura da liga, regiões com composição variando entre α_1 e α'_7 em uma estrutura zonada formada durante a solidificação (Figura 8.10). A Figura 8.8, apresenta uma microestrutura zonada de uma liga 70% Cu–30% Ni rapidamente solidificada.

A maior parte das microestruturas solidificadas apresenta-se, em maior ou menor grau, zonada, e, por conseguinte, com gradientes de composição. Em muitos casos, esta estrutura não é desejável, sobretudo, se a liga tiver de ser posteriormente trabalhada. Para eliminar a estrutura zonada, os lingotes ou outras peças fundidas são aquecidas a uma temperatura elevada, de modo a acelerar a difusão em estado sólido. Este processo é chamado de **homogeneização**, já que origina uma estrutura homogênea na liga. Esse processo tem de ser realizado a uma temperatura inferior à de fusão do sólido com mais baixo ponto de fusão da liga fundida, pois, caso contrário, ocorrerá a fusão do material. Para homogeneizar a liga 70% Ni–30% Cu anteriormente referida, devemos usar uma temperatura imediatamente abaixo da temperatura T_7 indicada na Figura 8.9. Se a liga for sobreaquecida, ocorrerá uma fusão localizada ou *liquefação*. Quando a fase líquida forma um filme contínuo ao longo dos contornos de grão, a liga perde resistência mecânica e se desagrega durante o processamento posterior. A Figura 8.11 apresenta a liquefação na microestrutura de uma liga 70% Ni–30% Cu.

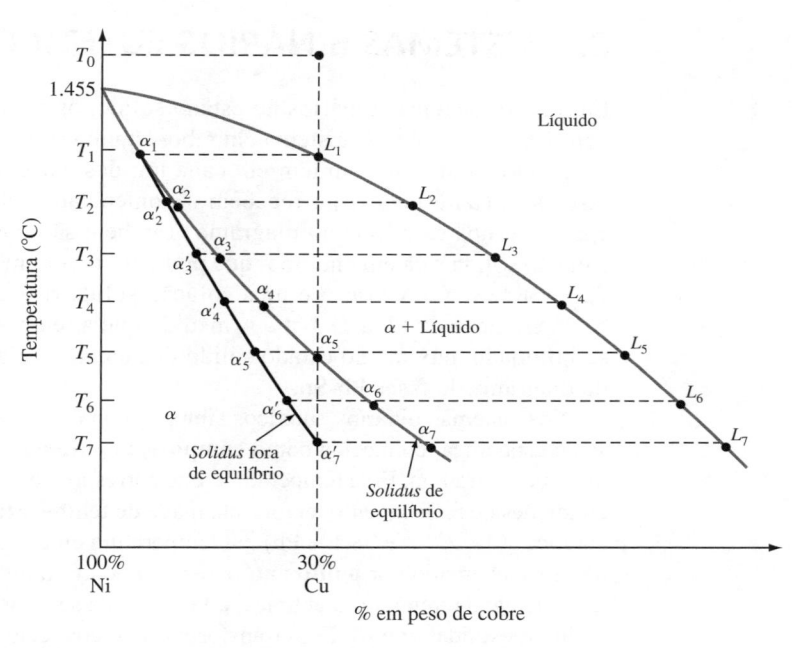

Figura 8.9
Solidificação de não equilíbrio de uma liga com 70% Ni–30% Cu. Com o objetivo de ser mais didático, este diagrama apresenta distorção. Note que a linha *solidus* fora de equilíbrio vai desde α_1 até α'_7. A liga só está completamente solidificada quando o sólido fora de equilíbrio atinge α'_7 à temperatura T_7.

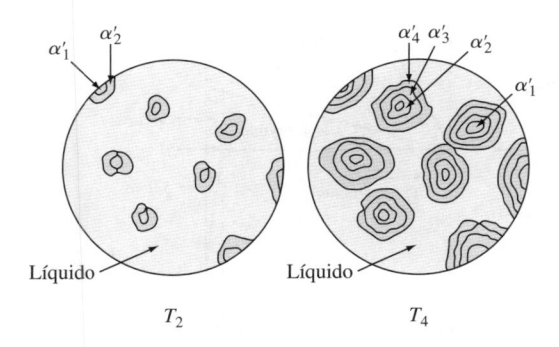

Figura 8.10
Esquemas das microestruturas às temperaturas T_2 e T_4 da Figura 8.9, ilustrando o desenvolvimento de uma estrutura zonada durante a solidificação de fora de equilíbrio da liga 70% Ni–30% Cu.

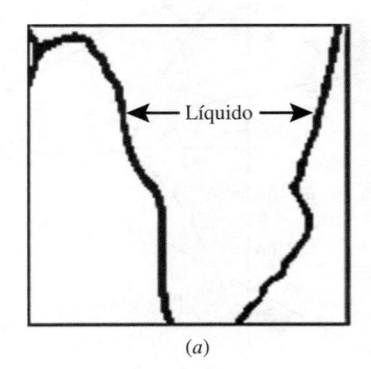

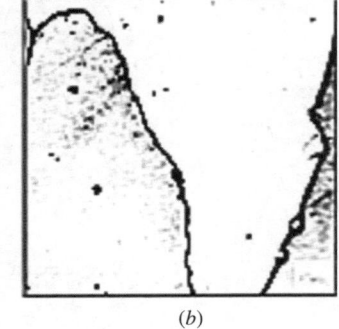

Figura 8.11
Liquefação de uma liga 70% Ni–30% Cu. Quando aquecida a uma temperatura ligeiramente superior à temperatura *solidus*, de modo a apenas iniciar a fusão, origina-se uma estrutura liquefeita, conforme apresentado em (*a*). Em (*b*) ocorreu alguma fusão na região dos contornos de grão; durante a solidificação posterior, ocorre o enriquecimento de cobre na zona fundida, fazendo com que surjam nos contornos de grãos linhas grossas e mais escuras.

(*Cortesia de F. Rhines.*)

8.7 SISTEMAS BINÁRIOS EUTÉTICOS

Em muitos sistemas binários no estado sólido, os componentes são apenas parcialmente solúveis, como, por exemplo, no sistema chumbo-estanho (Figura 8.12). As regiões de solubilidade limitada no estado sólido, que surgem em cada um dos extremos do diagrama Pb-Sn, são conhecidas por fases alfa (α) e beta (β) e recebem a nomenclatura de *soluções sólidas terminais*, uma vez que aparecem nos extremos do diagrama. Também são chamadas de fases primárias. A fase α é uma solução sólida rica em chumbo, que pode dissolver em solução sólida o máximo de 19,2% em peso de Sn a 183 °C. A fase β é uma solução sólida rica em estanho, que pode dissolver no máximo 2,5% em peso de Pb a 183 °C. À medida que a temperatura atinge índices menores que 183 °C, a solubilidade máxima no estado sólido dos elementos de soluto diminui, seguindo as linhas **solvus** do diagrama de fases Pb-Sn.

Nos sistemas binários eutéticos simples, como o sistema Pb-Sn, existe uma liga com uma composição específica, conhecida como **composição eutética**, que solidifica a uma temperatura inferior à de qualquer outra liga. Essa temperatura, que corresponde à mais baixa à qual pode existir a fase líquida em condições de resfriamento lento, é chamada de **temperatura eutética**. No sistema Pb-Sn, a composição eutética (61,9% Sn e 38,1% Pb) e a temperatura eutética (183 °C) determinam um ponto do diagrama de fases, chamado por **ponto eutético**. Quando um líquido com a composição eutética é resfriado lentamente até a temperatura eutética, a fase líquida se transforma simultaneamente em duas fases sólidas (soluções sólidas α e β). Essa transformação é conhecida como **reação eutética** e pode ser escrita sob a forma

$$\text{Líquido} \xrightarrow[\text{resfriamento}]{\text{temperatura eutética}} \text{solução sólida } \alpha + \text{solução sólida } \beta \tag{8.7}$$

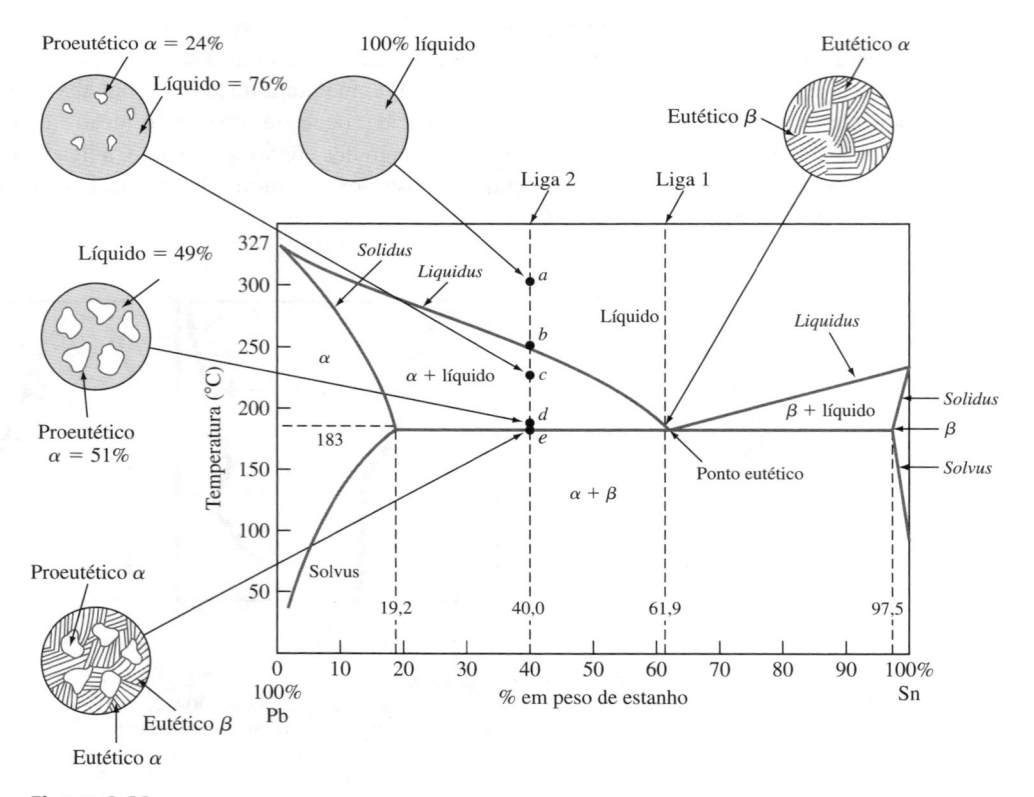

Figura 8.12
Diagrama de fases chumbo-estanho. Este diagrama se caracteriza por apresentar fases terminais (α e β) com solubilidade limitada no estado sólido. A característica mais importante deste sistema é a reação eutética que ocorre a 183 °C para 61,9% Sn. No ponto eutético, podem coexistir as fases α (19,2% Sn), β (97,5% Sn) e líquido (61,9% Sn).

A reação eutética é chamada de **reação invariante**, já que, em condições de equilíbrio, ocorre para temperatura e composição da liga bem definidas (de acordo com a Regra de Gibbs, $F = 0$). Durante a reação eutética, a fase líquida está em equilíbrio com as soluções sólidas α e β, portanto, durante a reação eutética, coexistem três fases em equilíbrio. Já que em um diagrama de fases binário só é possível ter três fases em equilíbrio a uma determinada temperatura, na curva de resfriamento de uma liga com a composição eutética aparece, na temperatura eutética, um patamar isotérmico.

Resfriamento lento de uma liga de Pb–Sn com composição eutética. Considere o resfriamento lento de uma liga de Pb-Sn- (liga 1 da Figura 8.12) de composição eutética de 200 °C até a temperatura ambiente. Durante esta faixa de resfriamento, de 200 °C a 183 °C, a liga permanece líquida. Em 183 °C, que é a temperatura eutética, todo o líquido solidifica por meio da reação eutética formando uma mistura eutética da solução α (19,2% Sn) e β (97,5% Sn) de acordo com a reação

$$\text{Líquido } (61,9 \% \text{ Sn}) \xrightarrow[\text{resfriamento}]{183\ °C} \alpha\ (19,2\%\ \text{Sn}) + \beta\ (97,5\%\ \text{Sn}) \tag{8.8}$$

Após a reação eutética, ainda durante o resfriamento da liga, iniciando em 183 °C até a temperatura ambiente, ocorre uma diminuição da solubilidade do soluto nas soluções sólidas α e β, conforme indicado pelas linhas *solvus*. Contudo, como a difusão é lenta em temperaturas baixas, este processo não atinge normalmente o equilíbrio e, por isso, podem se distinguir ainda, à temperatura ambiente, as soluções sólidas α e β, conforme mostra a microestrutura da Figura 8.13a.

As composições do lado esquerdo do ponto eutético são chamadas de **hipoeutéticas**, Figura 8.13b. Por outro lado, as composições do lado direito do ponto eutético são chamadas de **hipereutetoides**, Figura 8.13d.

Resfriamento lento de uma liga 60% Pb–40% Sn. Em seguida, considere-se o resfriamento lento da liga 40% Sn–60% Pb (liga 2 da Figura 8.12) desde o estado líquido, a 300 °C, até a temperatura ambiente. À medida que a temperatura diminui desde 300 °C (ponto *a*), a liga se mantém líquida até que a linha *liquidus* seja interceptada no ponto *b*, a cerca de 245 °C. A esta temperatura, começa a precipitar, a partir do líquido, a solução sólida a com 12% Sn. O primeiro sólido a se formar neste tipo de liga é denominado por *alfa* (α) **primário** ou **proeutético**. Usa-se o termo "proeutético" para distinguir este constituinte do α que se forma posteriormente, durante a própria reação eutética.

À medida que o líquido resfria, desde 245 °C até ligeiramente acima de 183 °C, por meio da região bifásica líquido + alfa diagrama de fases (pontos *b* e *d*), a composição da fase sólida (α) segue a linha *solidus* e varia desde 12% Sn a 245 °C, até 19,2% Sn a 183 °C. Simultaneamente, a composição da fase líquida varia desde 40% Sn a 245 °C, até 61,9% Sn a 183 °C. Estas variações de composição são possíveis

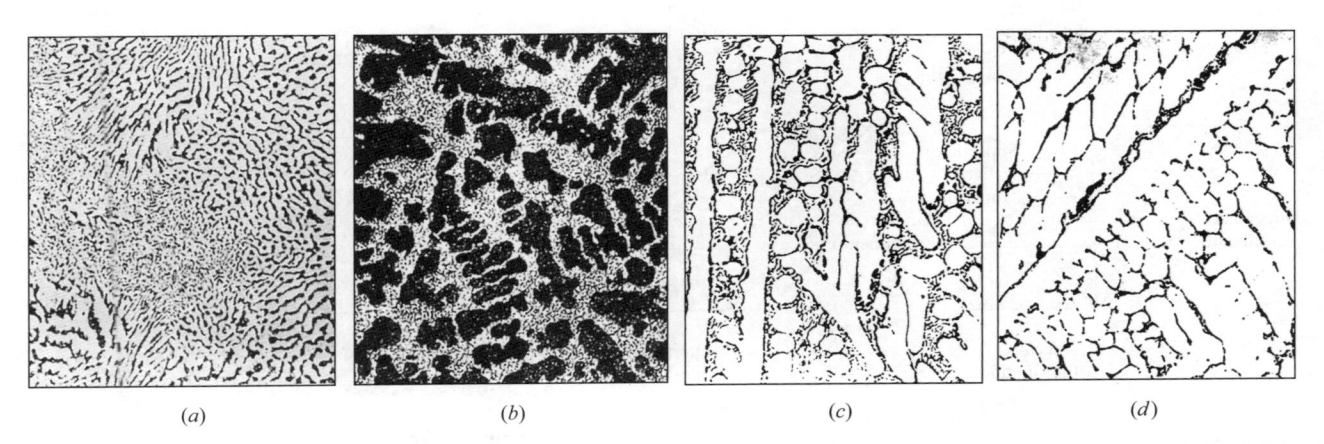

(*a*)   (*b*)   (*c*)   (*d*)

Figura 8.13
Microestruturas de ligas Pb-Sn resfriadas lentamente: (*a*) composição eutética (63% Sn–37% Pb), (*b*) 40% Sn–60% Pb, (*c*) 70% Sn–30% Pb, (*d*) 90% Sn–10% Pb. (Ampliação 75×.)
(J. Nutting and R. G. Baker, "Microstructure of Metals", Institute of Metals, London, 1965, p. 19.)

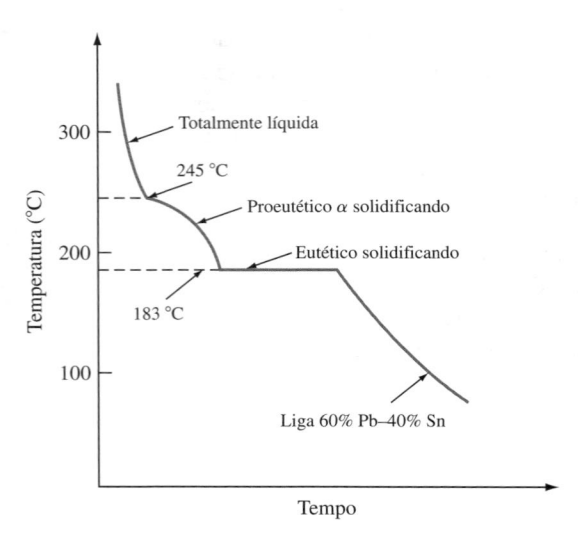

Figura 8.14
Esquema da curva de resfriamento temperatura-tempo da liga 60% Pb–40% Sn.

uma vez que a liga é arrefecida muito lentamente, o que permite a difusão atômica que elimina os gradientes de composição. À temperatura eutética (183 °C), todo o líquido ainda existente se solidifica, de acordo com a reação eutética (Equação 8.8). Depois desta reação, a liga é constituída por α proeutético e uma mistura eutética de α (19,2% Sn) e β (97,5% Sn). O resfriamento posterior desde 183 °C até a temperatura ambiente faz baixar o teor de estanho na fase α e o teor de chumbo na fase β. Contudo, à temperaturas mais baixas, a velocidade de difusão é muito mais baixa e não se atinge o equilíbrio. A Figura 8.13b apresenta a microestrutura de uma liga 40% Sn–60% Pb que foi resfriada lentamente. Podem ser observadas as dendritas – regiões mais escuras que se formam devido ao ataque químico – da fase a rica em chumbo rodeadas pela mistura eutética. A Figura 8.14 apresenta a curva de resfriamento da liga 60% Pb–40% Sn. Note que ocorre uma variação de inclinação ao se atingir a temperatura *liquidus*, a 245 °C, e um patamar isotérmico durante a solidificação da mistura eutética.

Em uma reação eutética binária, as duas fases sólidas (α e β) podem apresentar diferentes morfologias. Na Figura 8.15, apresentam-se esquemas de algumas estruturas eutéticas. A configuração originada depende de muitos fatores. De importância primordial é a minimização da energia livre das interfaces $\alpha - \beta$. Um fator importante que determina o aspecto da mistura eutética é o modo como as duas fases (α e β) são nucleadas e crescem. Por exemplo, aparecem estruturas em barra ou em placa quando, em determinadas direções, não é necessária nucleação alternada das duas fases. A Figura 8.16 apresenta, como exemplo, a *estrutura eutética lamelar* formada durante a reação eutética do sistema Pb-Sn. As estruturas eutéticas lamelares são muito comuns. A Figura 8.13a apresenta uma estrutura eutética, mista e irregular, formada no sistema Pb-Sn.

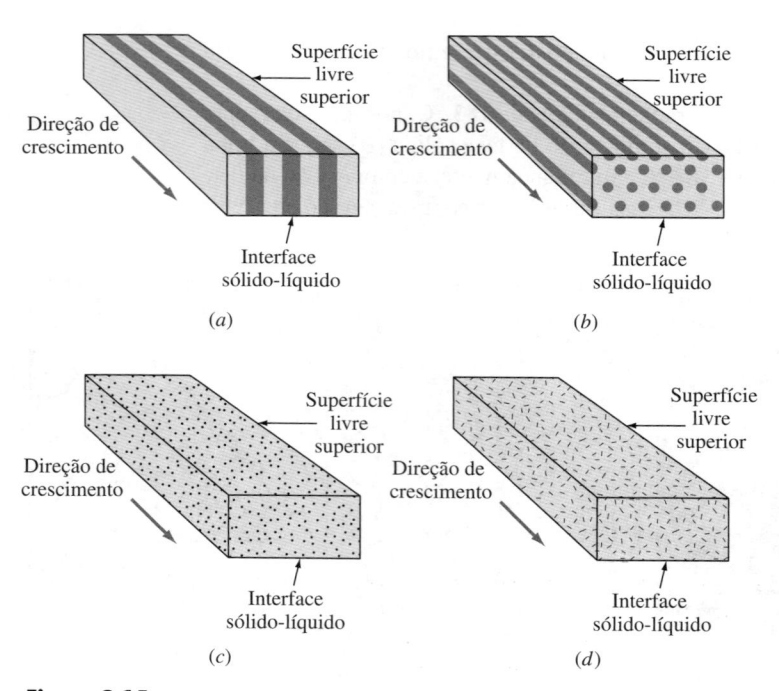

Figura 8.15
Ilustração esquemática de vários tipos de estruturas eutéticas: (a) lamelar, (b) tipo barra/fibra, (c) globular, (d) acicular.
(*W.C. Winegard, "An Introduction to the Solidification of Metals", Institute of Metals, London, 1964.*)

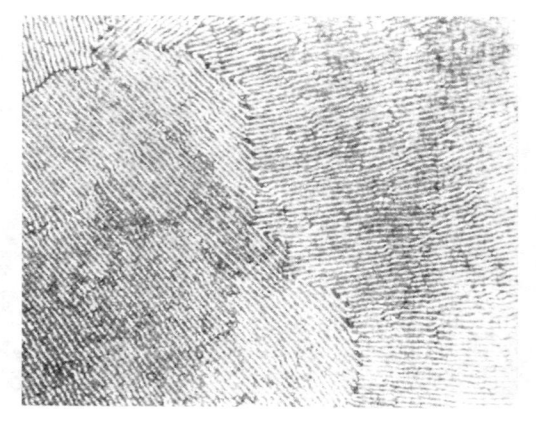

Figura 8.16
Estrutura eutética lamelar formada durante a reação eutética no sistema Pb–Sn. (Ampliação 500×.)
(*W.G. Moffatt et al., "Structure and Properties of Materials", vol. I, Wiley, 1964.*)

Capítulo 8 ▪ Diagramas de Fase   241

EXEMPLO 8.4

Faça uma análise das fases presentes nas ligas chumbo-estanho, solidificadas em condições de equilíbrio (ideais), nos seguintes pontos do diagrama de fases chumbo-estanho da Figura 8.12:

a. Composição eutética, imediatamente abaixo de 183 °C (temperatura eutética)
b. Ponto c, com 40% Sn e a 230 °C
c. Ponto d, com 40% Sn e a 183 °C + ΔT
d. Ponto e, com 40% Sn e a 183 °C − ΔT

▪ **Solução**

a. Na composição eutética (61,9% Sn) imediatamente abaixo de 183 °C:

Fases presentes	= alfa	beta
Composição das fases	= 19,2% Sn na fase alfa	97,5% Sn na fase beta
Quantidade das fases	= % em peso de alfa*	% em peso de beta*
	$= \dfrac{97,5 - 61,9}{97,5 - 19,2}(100\%)$	$= \dfrac{61,9 - 19,2}{97,5 - 19,2}(100\%)$
	= 45,5%	= 54,5%

b. No ponto c, com 40% de Sn e 230 °C:

Fases presentes	= líquido	alfa
Composição das fases	= 48% Sn na fase líquida	15% Sn na fase alfa
Quantidade das fases	= % em peso de líquida	% em peso de alfa
	$= \dfrac{40 - 15}{48 - 15}(100\%)$	$= \dfrac{48 - 40}{48 - 15}(100\%)$
	= 76%	= 24%

c. No ponto d com 40% Sn e 183 °C + Δt:

Fases presentes	= líquido	alfa
Composição das fases	= 61,9% Sn na fase líquida	19,2% Sn na fase alfa
Quantidade das fases	= % em peso de líquida	% em peso de alfa
	$= \dfrac{40 - 19,2}{61,9 - 19,2}(100\%)$	$= \dfrac{61,9 - 40}{61,9 - 19,2}(100\%)$
	= 49%	= 51%

d. No ponto e, com 40% Sn e 183 °C − Δt:

Fases presentes	= alfa	beta
Composição das fases	= 19,2% Sn na fase alfa	97,5% Sn na fase beta
Quantidade das fases	= % em peso de alfa	% em peso de beta
	$= \dfrac{97,5 - 40}{97,5 - 19,2}(100\%)$	$= \dfrac{40 - 19,2}{97,5 - 19,2}(100\%)$
	= 73%	= 27%

*Note que nos cálculos com a regra da alavanca usa-se o quociente entre o comprimento do segmento da linha de amarração mais *afastada* da fase cujo percentual se deseja determinar, e o comprimento total da linha de amarração.

EXEMPLO 8.5

Um quilograma de uma liga com 70% Pb e 30% Sn é resfriado lentamente a partir de 300 °C. Considerando o diagrama de fases chumbo-estanho da Figura 8.12, calcule:

a. As porcentagens em peso das fases líquida e da alfa proeutética a 250 °C.
b. As porcentagens em peso de líquido e de alfa proeutético, imediatamente acima da temperatura eutética (183 °C), assim como o peso, em quilogramas, de cada uma destas fases.
c. O peso em quilogramas, das fases alfa e beta formadas durante a reação eutética.

▶

Solução

a. Da Figura 8.12 a 250 °C:

$$\% \text{ líquido}^* = \frac{30 - 12}{40 - 12}(100\%) = 64\% \blacktriangleleft$$

$$\% \ \alpha \text{ proeutético}^* = \frac{40 - 30}{40 - 12}(100\%) = 36\% \blacktriangleleft$$

b. As porcentagens em peso de líquido e de alfa proeutético, imediatamente acima da temperatura eutética (183 °C), é:

$$\% \text{ em peso de líquido}^* = \frac{30 - 19{,}2}{61{,}9 - 19{,}2}(100\%) = 25{,}3\% \blacktriangleleft$$

$$\% \text{ em peso de } \alpha \text{ proeutético}^* = \frac{61{,}9 - 30{,}0}{61{,}9 - 19{,}2}(100\%) = 74{,}7\% \blacktriangleleft$$

$$\text{Peso da fase líquida} = 1 \text{ kg} \times 0{,}253 = 0{,}253 \text{ kg} \blacktriangleleft$$

$$\text{Peso da fase } \alpha \text{ proeutética} = 1 \text{ kg} \times 0{,}747 = 0{,}747 \text{ kg} \blacktriangleleft$$

c. Em 183 °C – ΔT:

$$\% \text{ em peso de } \alpha \text{ total (proeutético + eutético)} = \frac{97{,}5 - 30}{97{,}5 - 19{,}2}(100\%)$$

$$= 86{,}2\%$$

$$\% \text{ em peso de total } \beta \text{ (eutético } \beta) = \frac{30 - 19{,}2}{97{,}5 - 19{,}2}(100\%)$$

$$= 13{,}8\%$$

$$\text{Peso da fase } \alpha \text{ total} = 1 \text{ kg} \times 0{,}862 = 0{,}862 \text{ kg}$$

$$\text{Peso da fase } \beta \text{ total} = 1 \text{ kg} \times 0{,}138 = 0{,}138 \text{ kg}$$

A quantidade da α proeutético permanecerá a mesma antes e após a reação eutética. Então,

$$\text{Peso de } \alpha \text{ originado pela reação eutética} = \text{total } \alpha - \text{proeutético } \alpha$$

$$= 0{,}862 \text{ kg} - 0{,}747 \text{ kg}$$

$$= 0{,}115 \text{ kg} \blacktriangleleft$$

$$\text{Peso de } \beta \text{ originado pela reação eutética} = \text{total } \beta$$

$$= 0{,}138 \text{ kg} \blacktriangleleft$$

*Ver nota do Exemplo 8.4.

EXEMPLO 8.6

Uma liga chumbo-estanho (Pb-Sn) contém 64% em peso de α proeutético e 36% em peso da mistura eutética ($\alpha + \beta$) a temperatura de 183 °C – ΔT. Calcule a composição média desta liga (ver Figura 8.12).

Solução

Chamaremos de x a porcentagem em peso de Sn na liga. Uma vez que esta contém 64% em peso de α pró-eutético, a liga tem de ser hipoeutética e x ficará entre 19,2 e 61,9% em peso de Sn, conforme indicado na Figura E8.6. Na temperatura de 183 °C + ΔT, e usando a Figura E8.6 e a Regra da Alavanca temos:

$$\% \; \alpha \; \text{proeutético} = \frac{61{,}9 - x}{61{,}9 - 19{,}2} (100\%) = 64\%$$

ou

$$61{,}9 - x = 0{,}64(42{,}7) = 27{,}3$$
$$x = 34{,}6\%$$

Então, a liga contém 34,6% em peso de Sn e 65,4% em peso de Pb.

Note que se usou a Regra da Alavanca imediatamente acima do ponto eutético, já que a porcentagem de α proeutético é a mesma imediatamente acima e imediatamente abaixo da temperatura eutética.

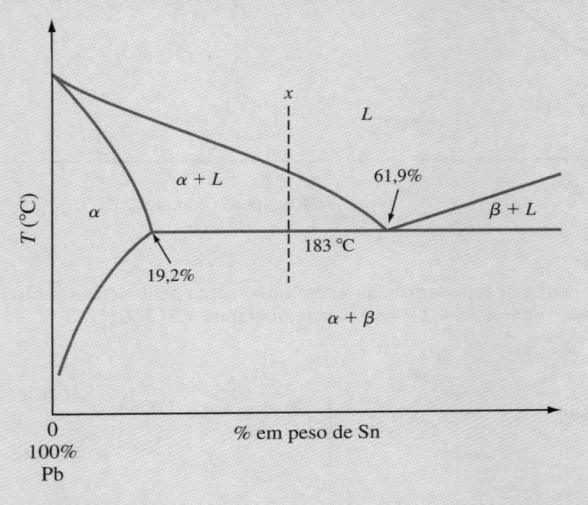

Figura E8.6
Extremidade rica em chumbo do diagrama de fases Pb-Sn.

8.8 SISTEMAS BINÁRIOS PERITÉTICOS

Outro tipo de reação que aparece frequentemente nos diagramas binários de equilíbrio de fases é a **reação peritética**, que está habitualmente presente em diagramas binários de equilíbrio de fases mais complexos, especialmente quando as temperaturas de fusão dos dois componentes são bastante diferentes. Em uma reação peritética, uma fase líquida reage com uma fase sólida, originando uma nova fase sólida diferente da fase sólida reagente. De uma forma geral, a reação peritética pode ser escrita como

$$\text{Líquido} + \alpha \xrightarrow{\text{resfriamento}} \beta \tag{8.9}$$

A Figura 8.17 apresenta uma região do diagrama de fases ferro-níquel onde ocorre uma reação peritética. Neste diagrama, existem fases sólidas (δ e γ) e uma fase líquida. A fase δ é uma solução sólida de níquel em ferro CCC, enquanto que a fase γ é uma solução sólida de níquel em ferro CFC. A temperatura peritética de 1.517 °C e a composição peritética de 4,3% em peso de Ni em ferro definem o ponto peritético c da Figura 8.17. Este ponto é invariante, dado que as três fases δ, γ e líquido coexistem em equilíbrio. De modo que a reação peritética ocorre sempre que uma liga de composição Fe–4,3% em peso de Ni resfriada lentamente atinge a temperatura peritética de 1.517 °C. Esta reação pode ser escrita do seguinte modo

$$\text{Líquido (5,4\% em peso de Ni)} + \delta \; (4{,}0\% \text{ em peso de Ni}) \xrightarrow[\text{resfriamento}]{1.517\,°C} \gamma \; (4{,}3 \text{ em peso de Ni}) \tag{8.10}$$

Para melhor compreender a reação peritética, considere uma liga Fe–4,3% em peso de Ni (composição peritética), que é resfriada lentamente desde 1.550 °C até uma temperatura ligeiramente in-

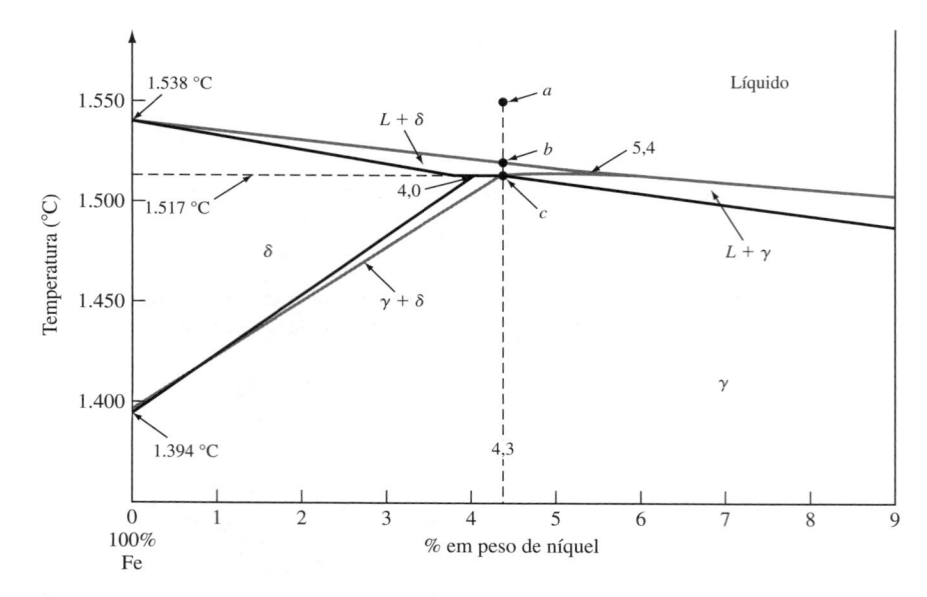

Figura 8.17
Região do diagrama de fases ferro-níquel com uma reação peritética. O ponto peritético é o ponto c, definido pela composição 4,3% Ni e pela temperatura 1.517 °C.

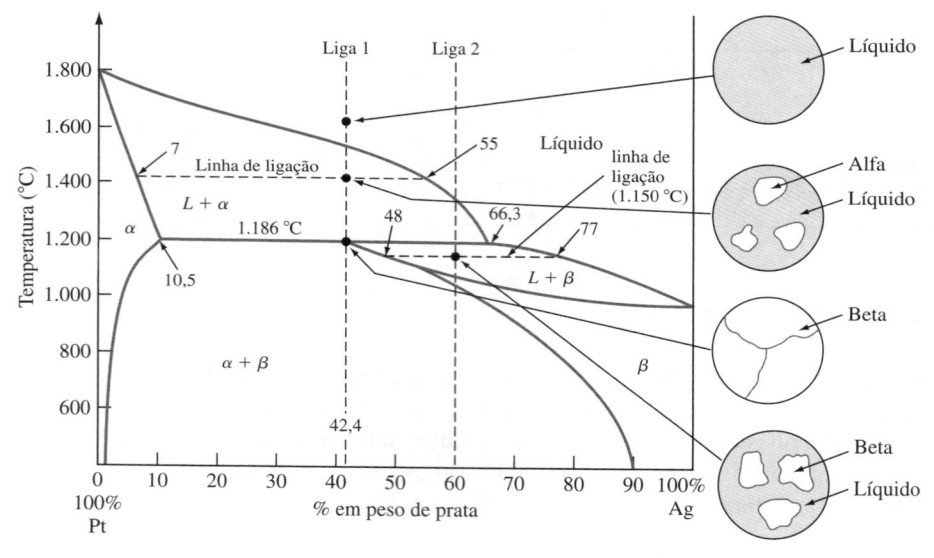

Figura 8.18
Diagrama de fases platina-prata. A característica mais importante deste diagrama é a reação invariante peritética a 42,4% Ag e 1.186 °C. No ponto peritético coexistem as fases líquida (66,3% Ag), alfa (α) (10,5% Ag) e beta (β) (42,4% Ag).

ferior a 1.517 °C (pontos *a* e *c* da Figura 8.17). Desde 1.550 °C até cerca de 1.525 °C (pontos *a* e *b* da Figura 8.17), a liga é constituída por uma fase líquida homogênea de composição Fe–4,3% em peso de Ni. Quando intercepta a linha *liquidus*, a cerca de 1.525 °C (ponto *b*), começa a formar o sólido δ. O resfriamento posterior até ao ponto *c* resulta na formação de cada vez mais δ. À temperatura peritética de 1.517 °C (ponto *c*), estão em equilíbrio o sólido δ com 4,0% Ni e o líquido com 5,4% Ni; a esta temperatura, todo o líquido reage com toda a fase sólida, originando uma nova fase sólida γ com 4,3% Ni, diferente da fase sólida δ. A liga se mantém monofásica, constituída pela solução sólida γ, até que ocorra outra mudança de fase a uma temperatura mais baixa, a qual não iremos abordar. Pode se aplicar a regra da alavanca nas regiões bifásicas do diagrama peritético, tal como foi feito para o diagrama eutético.

Se uma liga do sistema Fe-Ni com um teor de Ni inferior a 4,3% for resfriada lentamente desde o estado líquido, por meio da região líquida + δ, ao final da reação peritética existirá um excesso de fase δ. Da mesma forma que, se uma liga do sistema Fe-Ni com um teor de Ni superior a 4,3%, mas inferior a 5,4%, for resfriada lentamente desde o estado líquido, por meio da região δ + líquido, existirá um excesso de fase líquida após o término da reação peritética.

O diagrama binário de equilíbrio de fases prata-platina constitui um excelente exemplo de um sistema que tem apenas uma reação invariante peritética (Figura 8.18). Neste sistema, a reação peritética $L + \alpha \rightarrow \beta$ ocorre a 42,4% em peso de Ag e a 1.186 °C. A Figura 8.19 ilustra, através de esquemas, o modo como a reação peritética progride isotermicamente no sistema Pt-Ag. No Exemplo 8.7 é feita uma análise das fases presentes em vários pontos do diagrama. Contudo, durante o resfriamento, em condições normais das ligas peritéticas, o afastamento em relação ao equilíbrio é normalmente muito grande devido à velocidade de difusão atômica, relativamente baixa, por meio da fase sólida criada por esta reação.

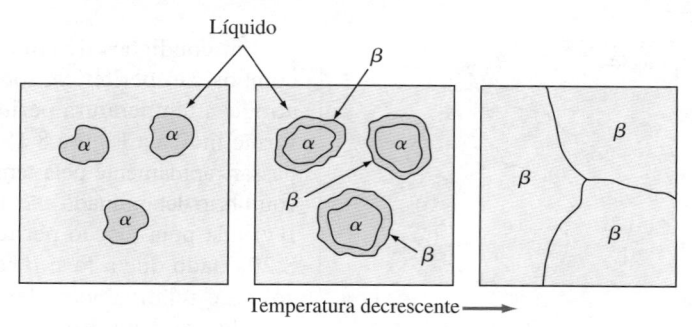

Figura 8.19
Esquema da progressão da reação peritética $L + \alpha \rightarrow \beta$.

EXEMPLO 8.7

Faça a análise das fases presentes nos seguintes pontos do diagrama de equilíbrio de fases platina-prata da Figura 8.18:

a. Ponto com 42,4% em peso de Ag e 1.400 °C
b. Ponto com 42,4% em peso de Ag e 1.186 °C + ΔT
c. Ponto com 42,4% em peso de Ag e 1.186 °C − ΔT
d. Ponto com 60% em peso de Ag e 1.150 °C

■ **Solução**

a. Em 42,4% em peso de Ag e 1.400 °C:

Fases presentes	= líquido	alfa
Composição das fases	= 55% Ag na fase líquida	7% Ag na fase α
Quantidade das fases	= % em peso de líquida	% em peso de α

$$= \frac{42,4 - 7}{55 - 7}(100\%) \qquad = \frac{55 - 42,4}{55 - 7}(100\%)$$

$$= 74\% \qquad\qquad\qquad = 26\%$$

b. Em 42,4% em peso de Ag e 1.186 °C + ΔT:

Fases presentes	= líquido	alfa
Composição das fases	= 66,3% Ag na fase líquida	10,5% Ag na fase α
Quantidade das fases	= % em peso de líquida	% em peso de α

$$= \frac{42,4 - 10,5}{66,3 - 10,5}(100\%) \qquad = \frac{66,3 - 42,4}{66,3 - 10,5}(100\%)$$

$$= 57\% \qquad\qquad\qquad = 43\%$$

c. Em 42,4% em peso de Ag e 1.186 °C − ΔT:

Fases presentes	= beta
Composição da fase	= 42,4% Ag na fase β
Quantidade das fases	= % em peso de β

d. Em 60% em peso de Ag e 1.150 °C:

Fases presentes	= líquido	beta
Composição das fases	= 77% Ag na fase líquida	48% Ag na fase β
Quantidade das fases	= % em peso de líquida	% em peso de α

$$= \frac{60 - 48}{77 - 48}(100\%) \qquad = \frac{77 - 60}{77 - 48}(100\%)$$

$$= 41\% \qquad\qquad\qquad = 59\%$$

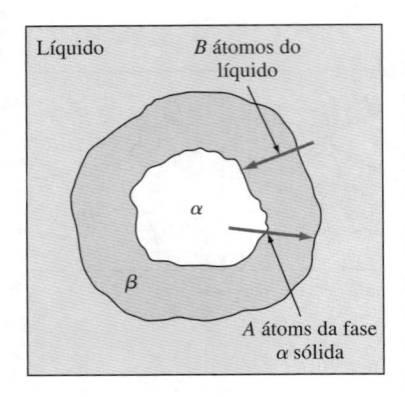

Figura 8.20
Encapsulamento durante a reação peritética. A velocidade relativamente baixa com que os átomos se difundem da fase líquida para a fase α, faz com que a fase α fique encapsulada pela fase β.

Em condições de equilíbrio ou de resfriamento muito lento de uma liga de composição peritética, toda a fase sólida alfa (α) reage com todo o líquido ao atingir a temperatura peritética, originando uma nova fase sólida beta (β), conforme indica a Figura 8.19. Entretanto, se durante a solidificação de uma liga se passar rapidamente pela temperatura peritética, então ocorrerá um fenômeno de não equilíbrio denominado *encapsulamento*. Durante a reação peritética $L + \alpha \rightarrow \beta$, a fase β criada pela reação peritética encapsula a fase primária α, conforme a Figura 8.20. Dado que a fase β resultante é sólida, e uma vez que a difusão no estado sólido é relativamente lenta, a fase β formada em torno da fase α se constitui uma barreira de difusão e a reação peritética prossegue com uma velocidade cada vez menor. Assim, quando uma liga do tipo peritética é solidificada rapidamente, ocorre zonamento durante a formação do α primário (Figura 8.21, desde α_1 até α'_4), e durante a reação peritética ocorre encapsulamento da fase α zonada pela fase β. A Figura 8.22 ilustra esta combinação de estruturas que está fora de equilíbrio também através de esquemas. A Figura 8.23 mostra a microestrutura de uma liga 60% Ag-40% Pt resfriada rapidamente. Esta estrutura apresenta a fase α zonada encapsulada pela fase β.

8.9 SISTEMAS BINÁRIOS MONOTÉTICOS

Outro tipo de reação invariante trifásica, que ocorre em alguns diagramas de fases binários, é a **reação monotética**, na qual uma fase líquida se transforma em uma fase sólida e noutra fase líquida, de acordo com a equação

$$L_1 \xrightarrow{\text{resfriamento}} \alpha + L_2 \qquad (8.11)$$

Em um certo intervalo de composições, os dois líquidos são imiscíveis, tal como o azeite na água, e constituem, portanto, duas fases individualizadas. No sistema cobre-chumbo, surge uma reação deste

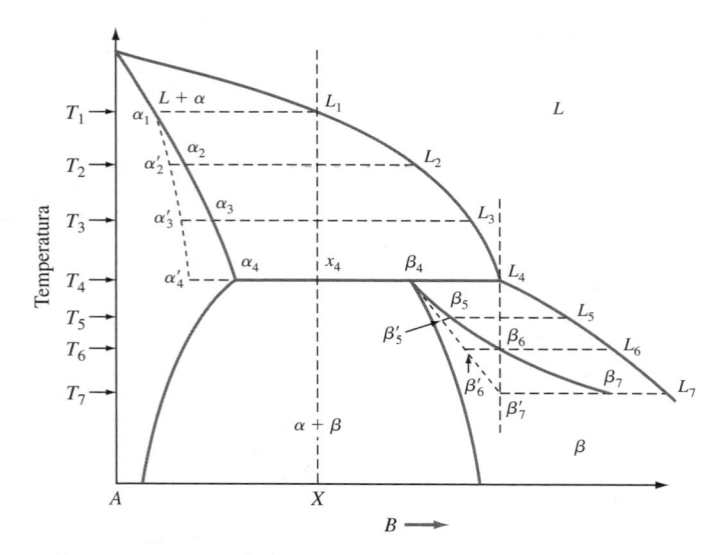

Figura 8.21
Diagrama peritético hipotético para ilustrar como ocorre o zonamento durante a solidificação. O resfriamento rápido desloca as linhas *solidus* de α_1 até α'_4 e de β_4 até β'_7, e faz com que as fases alfa e beta apareçam zonadas. Durante a solidificação rápida das ligas do tipo peritético ocorre também o fenômeno de encapsulamento.

(F. Rhines, "Phase Diagrams in Metallurgy", McGraw-Hill, 1956, p. 86.)

Figura 8.22
Esquema do encapsulamento em uma liga fundida do tipo peritética. A fase α primária zonada residual está representada pelos círculos contínuos concêntricos com os círculos tracejados menores; o encapsulamento da fase α zonada é provocado por uma camada da fase β com a composição peritética. O espaço restante é preenchido com a fase β zonada representada pelas linhas curvas tracejadas.

(F. Rhines, "Phase Diagrams in Metallurgy", McGraw-Hill, 1956, p. 86. Reproduzido com permissão de McGraw-Hil Companies.)

tipo a 995 °C e 36% Pb, conforme apresentado na Figura 8.24. O diagrama de fases cobre-chumbo tem um ponto eutético a 326 °C e 99,94% Pb, resultando daí que, à temperatura ambiente, aparecem duas soluções sólidas terminais que são praticamente chumbo puro (0,007% Cu) e cobre puro (0,005% Pb). A Figura 8.24 apresenta a microestrutura de uma liga monotética Cu-36% Pb bruta de solidificação. Note a separação nítida entre a fase rica em chumbo (escura) e a matriz de cobre (clara).

É comum adicionar pequenas quantidades de chumbo, até cerca de 0,5%, a muitas ligas (por exemplo, aos latões Cu-Zn), a fim de facilitar a usinagem das ligas, por redução controlada da ductilidade, de modo que as aparas de usinagem sejam mais facilmente removidas da peça trabalhada. A adição de uma pequena quantidade de chumbo provoca uma ligeira diminuição da resistência mecânica da liga. As ligas com chumbo são também utilizadas para fabricar rolamentos, já que as pequenas quantidades de chumbo adicionadas lubrificam as superfícies de contato entre o rolamento e o eixo, diminuindo, assim, o atrito.

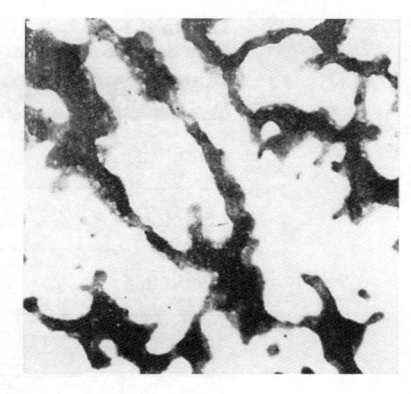

8.10 REAÇÕES INVARIANTES

Foram abordados até agora os três tipos de **reações invariantes** que ocorrem mais frequentemente nos diagramas de fases binários: eutética, peritética e monotética. A Tabela 8.1 resume estas reações e apresenta os seus diagramas de fases

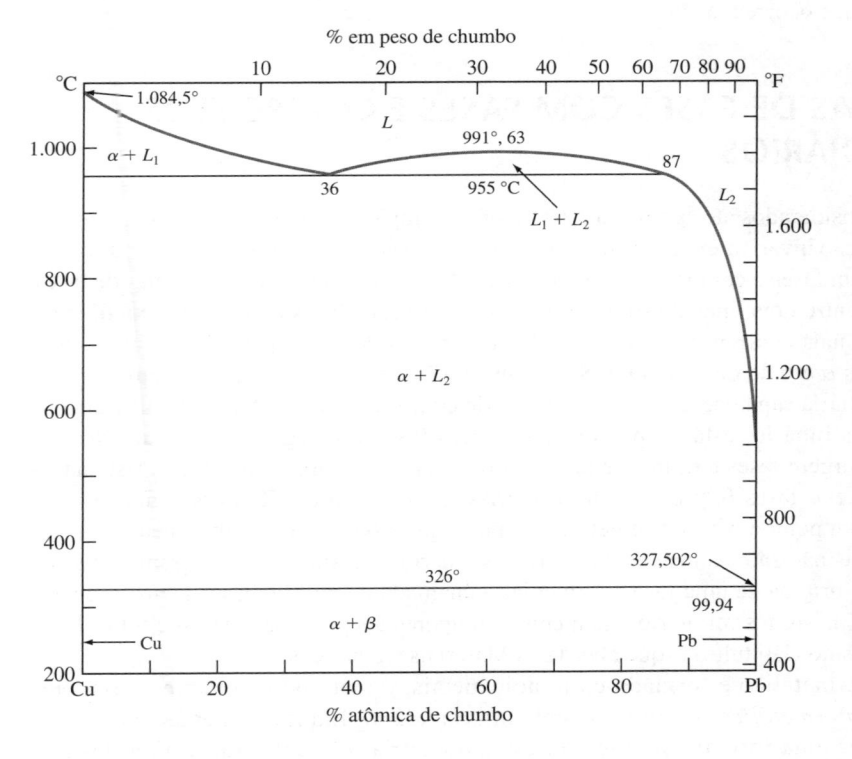

Figura 8.23
Liga hiperperitética 60% Ag–40% Pt solidificada. As regiões brancas e cinzas claras são a fase α zonada residual; as regiões mais escuras com duas tonalidades são a fase β, sendo que as regiões mais exteriores representam a composição peritética enquanto as regiões centrais, mais escuras, são a fase β zonada formada à temperaturas inferiores à da reação peritética. (Ampliação 1.000×.)
(F. Rhines, "Phase Diagrams in Metallurgy", McGraw-Hill, 1956, p. 87. Reproduzido com permissão de McGraw-Hill Companies.)

Figura 8.24
Diagrama de fases cobre-chumbo. A característica mais importante deste diagrama é a reação invariante monotética a 36% Pb e 955 °C. No ponto monotético podem coexistir as fases α (100% Cu), L_1 (36% Pb) e L_2 (87% Pb). Note-se que o cobre e o chumbo são praticamente insolúveis um no outro.
("Metals Handbook", vol. 8: "Metallography, Structures and Phase Diagrams", 8. ed., American Society for Metals, 1973, p. 296.)

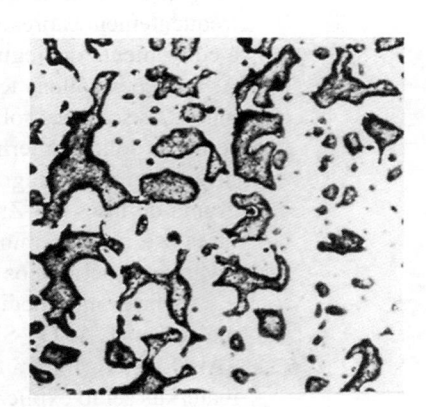

Figura 8.25
Microestrutura da liga monotética Cu–36% Pb fundida. As áreas mais claras são a matriz rica em Cu do constituinte monotético; as áreas mais escuras são a fase rica em Pb, correspondente ao líquido L_2 que existia à temperatura monotética. (Ampliação 100×.)
(F. Rhines, "Phase Diagrams in Metallurgy, "McGraw-Hill, 1956, p. 87. Reproduzido com permissão de McGraw-Hill Companies.)

Tabela 8.1
Tipos de reações trifásicas invariantes em diagramas de fases binários.

Nome da reação	Equação	Diagrama de fases característico
Eutética	$L \xrightarrow{\text{resfriamento}} \alpha + \beta$	
Eutetoide	$\alpha \xrightarrow{\text{resfriamento}} \beta + \gamma$	
Peritética	$\alpha + L \xrightarrow{\text{resfriamento}} \beta$	
Peritetoide	$\alpha + \beta \xrightarrow{\text{resfriamento}} \gamma$	
Monotética	$L_1 \xrightarrow{\text{resfriamento}} \alpha + L_2$	

característicos nos pontos de reação. Outros dois tipos de reações invariantes, que ocorrem em sistemas binários e que são também relevantes, são o tipo *eutetoide* e o tipo *peritetoide*. As reações eutética e eutetoide são semelhantes, já que em ambos os casos se formam duas fases sólidas por resfriamento de outra fase. Contudo, na reação eutetoide a fase que se decompõe é a sólida, enquanto que na reação eutética é a líquida. Na reação peritetoide, duas fases sólidas reagem para originar uma nova fase sólida, enquanto que na reação peritética uma fase sólida reage com uma fase líquida originando uma nova fase sólida. É interessante notar que os diagramas das reações peritética e peritetoide são inversos dos das reações eutética e eutetoide, respectivamente. As temperaturas e as composições das fases são fixas em qualquer dos tipos de reações invariantes. Isto é, de acordo com a regra das fases, existem zero grau de liberdade nos pontos em que ocorre reação.

8.11 DIAGRAMAS DE FASES COM FASES E COMPOSTOS INTERMEDIÁRIOS

Os diagramas de fases considerados até agora são relativamente simples e contêm um pequeno número de fases e apenas uma reação invariante. Muitos diagramas intermediários de equilíbrio são complexos e frequentemente apresentam fases e compostos intermediários. Na terminologia dos diagramas de fases, é conveniente distinguir entre dois tipos de soluções sólidas: **fases terminais** e **fases intermediárias**. As soluções sólidas terminais ocorrem nos extremos dos diagramas de fases, junto aos componentes puros. As soluções sólidas α e β do diagrama Pb–Sn (Figura 8.12) são exemplos de fases terminais. As soluções sólidas intermediárias aparecem em um intervalo de composições no interior do diagrama de fases e, em um diagrama binário, estão separadas das outras fases por regiões bifásicas. No diagrama de fases Cu–Zn, surgem fases terminais e fases intermediárias (Figuras 8.26). Neste sistema, as fases α e η são terminais e as fases β, γ, δ são intermediárias. O diagrama Cu–Zn possui cinco pontos invariantes peritéticos e um ponto invariante eutetoide no ponto mais baixo da fase intermediária δ.

As fases intermediárias não são exclusivas dos sistemas binários metálicos. No diagrama do sistema cerâmico Al_2O_3–SiO_2 origina-se uma fase intermediária chamada de *mulita*, baseada no composto $3Al_2O_3$–SiO_2 (Figura 8.27). Muitos refratários[5] têm como componentes principais Al_2O_3 e SiO_2. Estes materiais serão explicados no Capítulo 11, que aborda os Materiais Cerâmicos.

Se um composto intermetálico é formado entre dois metais, o material resultante é cristalino chamado de *composto intermetálico* ou simplesmente *intermetálico*. Em linhas gerais, compostos intermetálicos podem ter uma fórmula química ou estequiometria diferente (razão fixa dos átomos envolvidos). Entretanto, em muitos casos, certo grau das posições substitucionais acomoda grandes desvios da estequiometria. Em um diagrama de fases, intermetálicos aparecem em uma única linha vertical, significando que a estequiometria natural do componente (ver $TiNi_3$, linha na

---
[5]Refratário é um material cerâmico resistente ao calor.

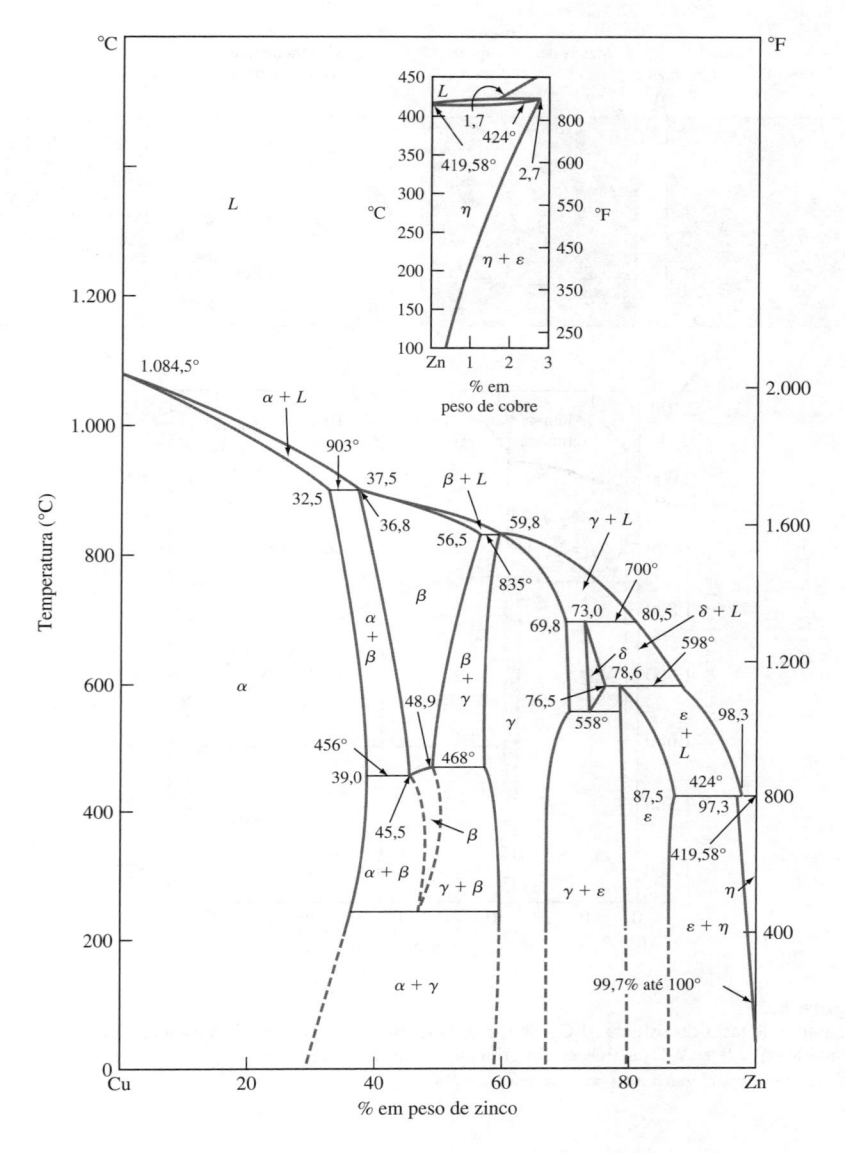

Figura 8.26
Diagrama de fases cobre-zinco. Este diagrama tem as fases terminais α e η e as fases intermediárias β, γ, δ e ε. Existem cinco pontos invariantes peritéticos e um ponto eutetoide.
("Metals Handbook", vol. 8: "Metallography, Structures and Phase Diagrams", 8. ed., American Society for Metals, 1973, p. 301.)

Figura E8.8), ou algumas vezes uma faixa de composições, com significação não estequiométrica (por exemplo, a composição atômica de Cu para Zn ou Zn para Cu nas fases β e γ do diagrama de fases apresentado na Figura 8.26). A maioria dos compostos intermetálicos possui uma mistura de ligações metálicas-iônicas ou metálicas-covalentes. A porcentagem de ligações iônicas e covalentes em compostos intermetálicos depende da diferença das eletronegatividades dos elementos envolvidos (ver Seção 2.4).

No diagrama de fases Mg–Ni, surgem os compostos intermédios Mg_2Ni e $MgNi_2$, cuja ligação é metálica, os quais têm composições fixas e estequiométricas definidas (Figura 8.28). O composto intermetálico $MgNi_2$ é designado por *composto de fusão congruente*, dado que mantém a mesma composição até ao ponto de fusão. Por outro lado, a fase Mg_2Ni se denomina *composto de fusão incongruente*, já

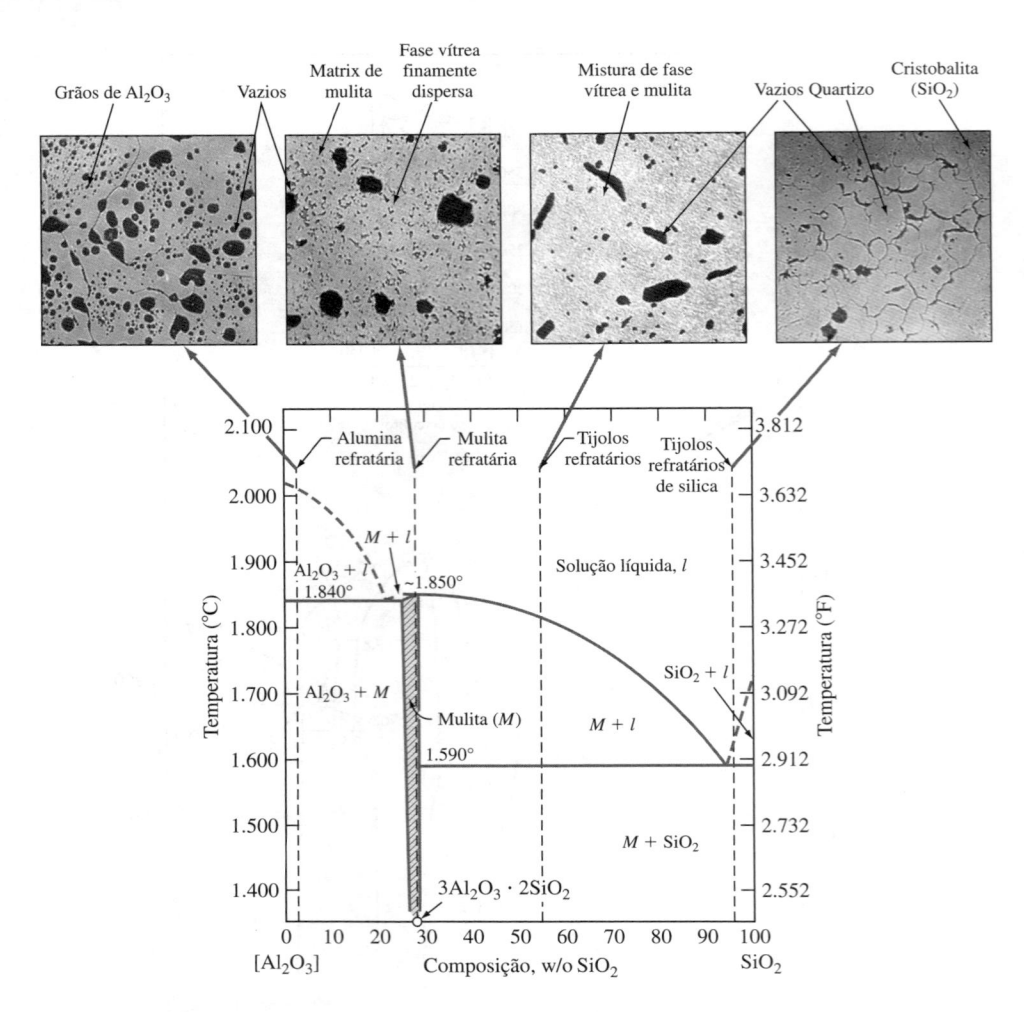

Figura 8.27
Diagrama de fases do sistema Al$_2$O$_3$–SiO$_2$ que tem como fase intermédia a mulita. Típicas composições dos refratários que têm Al$_2$O$_3$ e SiO$_2$ como principais componentes.
(A.G. Guy, "Essentials of Materials Science", McGraw-Hill, 1976.)

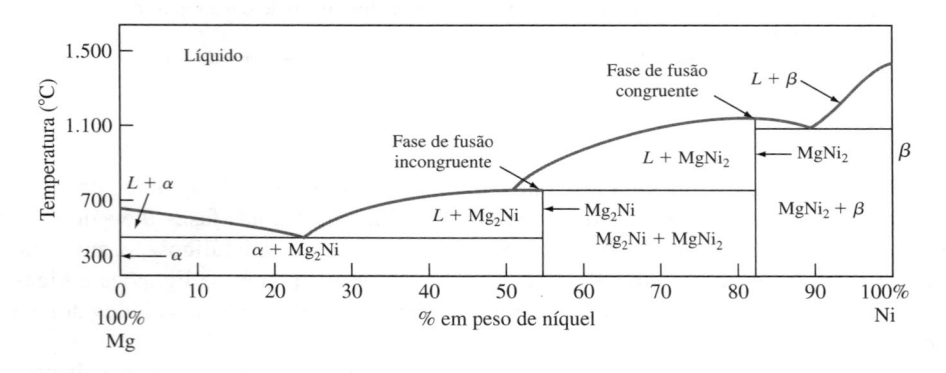

Figura 8.28
Diagrama de fases magnésio-níquel. Neste diagrama, há dois compostos intermetálicos, Mg$_2$Ni e MgNi$_2$.
(A.G. Guy, "Essentials of Materials Science", McGraw-Hill, 1976.)

que, durante o aquecimento, se decompõe periteticamente, a 761 °C, em uma fase líquida e na fase sólida $MgNi_2$. Outros exemplos de compostos intermediários que aparecem nos diagramas de fases são Fe_3C e Mg_2Si. No Fe_3C, a ligação química tem basicamente caráter metálico, mas no Mg_2Si a ligação é covalente de maneira predominante.

EXEMPLO 8.8

Considere o diagrama de fases titânio-níquel (Ti-Ni) da Figura E8.8. Este diagrama de fases tem seis pontos onde coexistem três fases. Para cada um desses pontos trifásicos:

a. Indique as coordenadas de composição (porcentagem em peso) e a temperatura.
b. Escreva a reação invariante que ocorre durante o resfriamento lento da liga Ti-Ni que passa pelo ponto.
c. Indique o nome da reação invariante que ocorre.

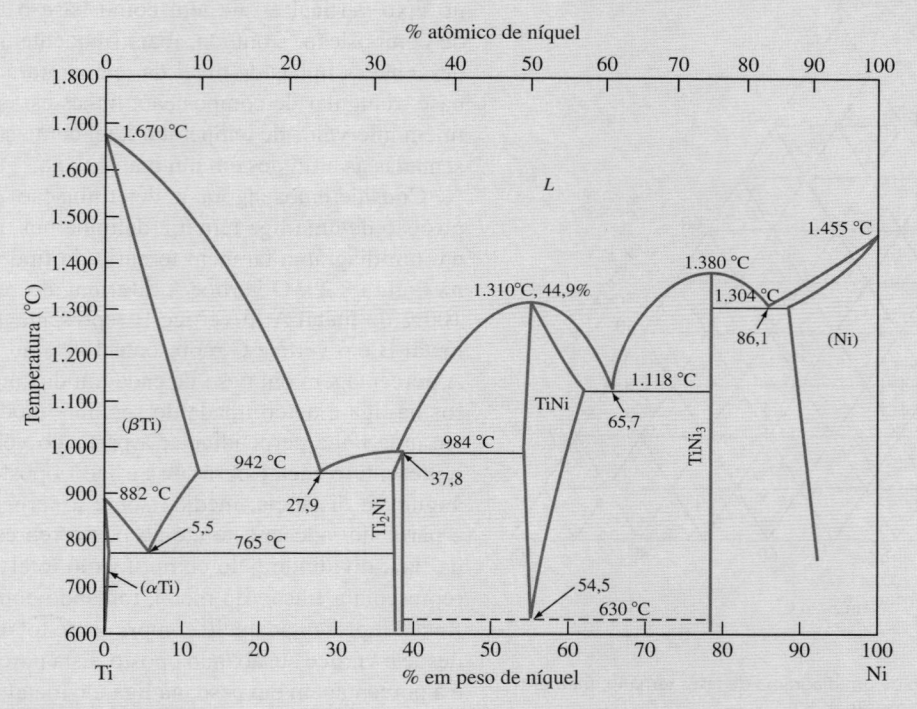

Figura E8.8
Diagrama de fases titânio-níquel.
("Binary Alloy Phase Diagrams", ASM Int., 1986, p. 1768.)

▪ Solução

a. (i) 5,5 em peso de Ni, 765 °C
   (ii) $(\beta Ti) \longrightarrow (\alpha Ti) + Ti_2 Ni$
   (iii) Reação eutetoide

b. (i) 27,9 em peso de Ni, 942 °C
   (ii) $L \longrightarrow (\beta Ti) + Ti_2 Ni$
   (iii) Reação eutética

c. (i) 37,8 em peso de Ni, 984 °C
   (ii) $L + Ti Ni \longrightarrow Ti_2 Ni$
   (iii) Reação peritética

d. (i) 54,5 em peso de Ni, 630 °C
   (ii) $Ti Ni \longrightarrow Ti_2 Ni + Ti Ni_3$
   (iii) Reação eutetoide

e. (i) 65,7 em peso de Ni, 1.118 °C
   (ii) $L \longrightarrow Ti Ni_3$
   (iii) Reação eutética

f. (i) 86,1 em peso de Ni, 1.304 °C
   (ii) $L \longrightarrow Ti Ni_3 + Ni$
   (iii) Reação eutética

8.12 DIAGRAMAS DE FASES TERNÁRIOS

Até agora vimos apenas diagramas de fases binários, nos quais existem dois componentes. Voltaremos agora a nossa atenção para os diagramas de fases ternários, os quais possuem três componentes. Nesses diagramas, as composições são geralmente indicadas usando como base um triângulo equilátero. As composições de sistemas ternários são representadas na base, colocando os componentes puros em cada um dos vértices do triângulo. Na Figura 8.29, está representada a base triangular de composição de um diagrama de fases para uma liga metálica ternária constituída pelos metais puros A, B e C. As composições binárias AB, BC e AC são representadas sobre os três lados do triângulo.

Os diagramas de fases ternários com base triangular de composição geralmente são construídos à pressão constante de 1 atm, se a temperatura for constante em todo o diagrama. Este tipo de diagrama é chamado de *seção isotérmica*. Para representar um intervalo de temperatura e composições variáveis, pode-se construir um diagrama com a temperatura no eixo vertical e que tem como base o triângulo de composição. Contudo, mais frequentemente são desenhadas linhas de nível da temperatura em uma base triangular de composição, linhas essas que definem intervalos de temperatura, tal como são representadas as altitudes em um mapa plano.

Consideremos agora a determinação da composição de uma liga ternária definida por um ponto em um diagrama também ternário do tipo indicado na Figura 8.29. O vértice A do triângulo representa 100% do metal A, o vértice B representa 100% do metal B e o vértice C representa 100% do metal C. A porcentagem em peso de cada um dos metais puros na liga é determinada do seguinte modo: traça-se uma linha perpendicular a partir do vértice que representa o metal puro até ao lado oposto do triângulo; a distância, medida sobre a perpendicular, a partir do lado oposto até ao ponto representativo da liga, dividindo pelo comprimento total da linha, representa a fração do metal, tomando como 100 a fração representada pelo comprimento total da linha desde o vértice até ao lado oposto. Esta porcentagem é a porcentagem em peso, na liga, do metal puro que está representado naquele vértice. No Exemplo 8.9, explica-se este procedimento com mais detalhes.

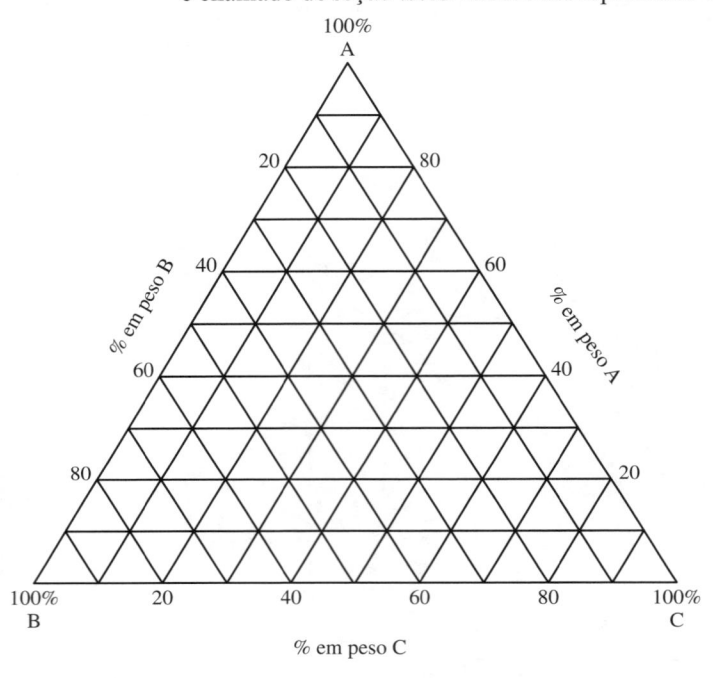

Figura 8.29
Base triangular de composição de um diagrama de fases ternário, para um sistema cujos componentes puros são A, B e C.
(*"Metals Handbook"*, vol. 8, 8. ed., American Society for Metals, 1973, p. 314. Usado com permissão de ASM International.)

EXEMPLO 8.9

Determine as porcentagens em peso dos metais A, B e C na liga ternária ABC representada pelo ponto x no diagrama de fases ternário da Figura E8.9.

■ **Solução**

A composição, em um ponto da base triangular de um diagrama de fases ternário como da Figura E8.9, é estabelecida determinando separadamente as porcentagens de cada um dos metais puros. Para determinar a % A no ponto x da Figura E8.9, traçamos uma linha perpendicular AD a partir do vértice A até ao ponto D sobre o lado do triângulo oposto ao vértice A. O comprimento total da linha de D até A representa 100% A. No ponto D, a porcentagem de A na liga é zero. O ponto x está sobre a linha de isocomposição (mesma composição) a 40% A, e, por conseguinte, a porcentagem de A na liga é 40%. Da mesma forma, traçamos a linha BE e determinamos a porcentagem de B na liga que é também 40%. Desenhando uma terceira linha CF, determina-se a porcentagem de C na liga, que é 20%. Assim, a composição da liga ternária representada pelo ponto x é 40% A, 40% B e 20% C. De fato, apenas é preciso determinar duas porcentagens, uma vez que a terceira pode ser obtida subtraindo a soma das outras duas a 100%.

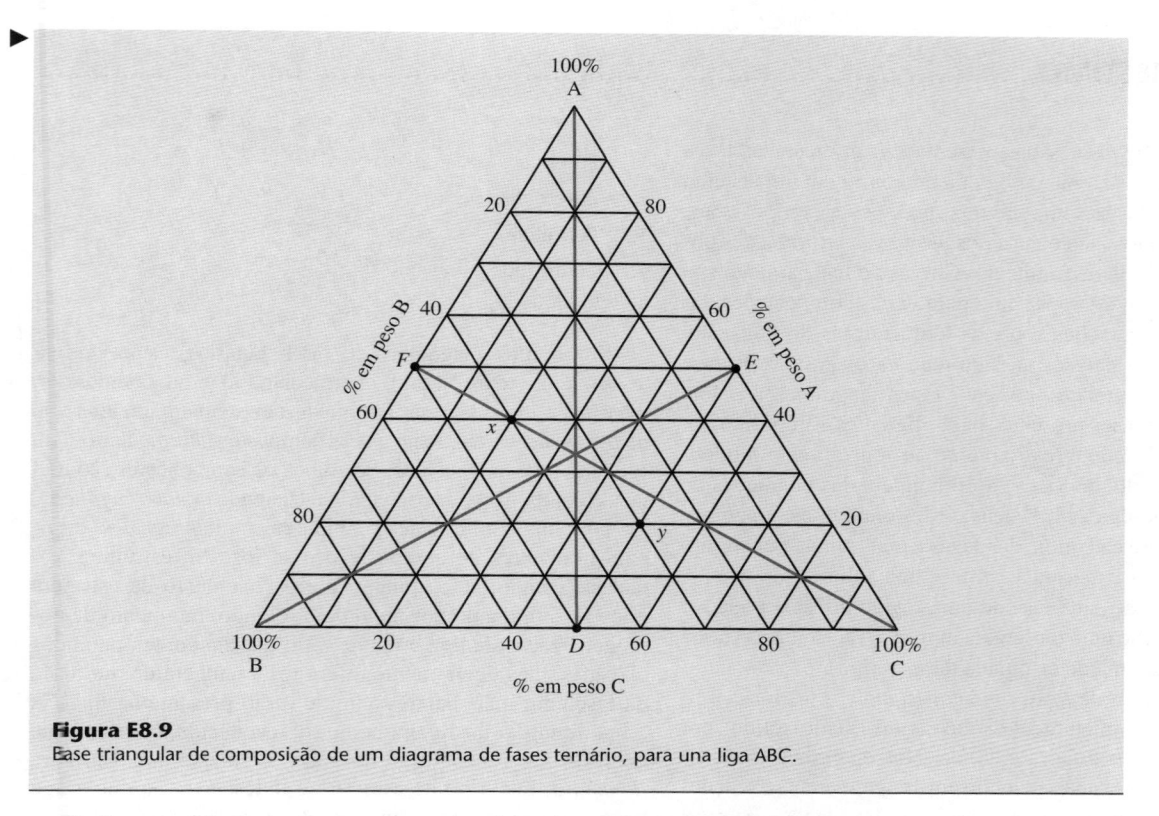

Figura E8.9
Base triangular de composição de um diagrama de fases ternário, para uma liga ABC.

O diagrama de fases ferro-cromo-níquel tem especial interesse porque o aço inoxidável mais importante do ponto de vista comercial tem a composição básica 74% ferro, 18% cromo e 8% níquel. A Figura 8.30, apresenta uma seção isotérmica a 650 °C do sistema ternário ferro-cromo-níquel.

Os diagramas de fases ternários também são importantes no estudo de alguns materiais cerâmicos. A Figura 11.34 apresenta um diagrama de fases ternário para o sistema sílica-leucita-mulita.

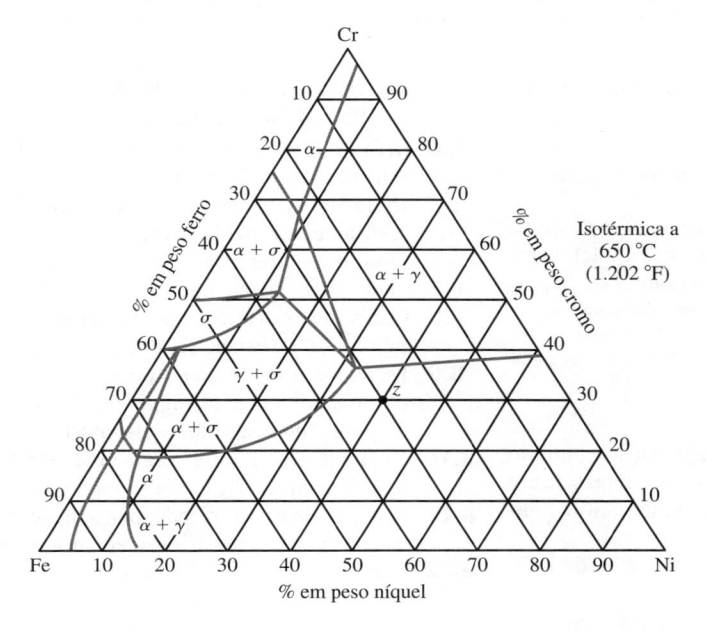

Figura 8.30
Corte isotérmico a 650 °C do diagrama de fases ternário do sistema ferro-cromo-níquel.

("Metals Handbook", vol. 8, 8. ed., American Society for Metals, 1973, p. 425.)

8.13 RESUMO

Os diagramas de fases são representações gráficas das fases presentes em um sistema de liga metálico (ou em um sistema cerâmico) em várias temperaturas, pressões e composições. Diagramas de fase são construídos usando as informações obtidas das curvas de resfriamento. Curvas de resfriamento são gráficos de tempo x temperatura para várias composições das ligas e dão informações sobre as temperaturas de transição. Neste capítulo, a ênfase foi dada para os diagramas de fase binários temperatura-composição. Estes diagramas nos fornecem quais as fases presentes para diferentes composições e temperaturas quando o resfriamento ou aquecimento são lentos o suficiente de modo a se aproximarem das condições de equilíbrio. Nas regiões bifásicas destes diagramas, a composição química de cada uma das fases é determinaa pelo ponto de interseção da isotérmica com as linhas-limite da fase. A fração em peso de cada fase de uma região bifásica pode ser determinada aplicando a regra da alavanca na isoterma (linha de amarração a uma determinada temperatura).

Nos diagramas de *fases binários isomorfos*, os dois componentes são completamente solúveis no estado sólido; por isso, existe apenas uma fase sólida. Nos diagramas de fases de ligas metálicas binárias, ocorrem frequentemente reações invariantes que envolvem três fases. Destas reações, as mais comuns são:

1. Eutética $\qquad L \to \alpha + \beta$
2. Eutetoide $\qquad \alpha \to \beta + \gamma$
3. Peritética $\qquad \alpha + L \to \beta$
4. Peritetoide $\qquad \alpha + \beta \to \gamma$
5. Monotética $\qquad L_1 \to \alpha + L_2$

Em muitos diagramas de fases binários, estão presentes uma ou mais fase(s) intermediária(s) e/ou composto(s) intermediário(s). As fases intermédias existem em um intervalo de composições, enquanto que os compostos intermediários têm somente uma composição. Se ambos os componentes são metais, o componente intermediário é chamado de *intermetálico*.

Durante a solidificação rápida em muitas ligas, se originam gradientes de composição e se formam estruturas zonadas. É importante apontar que o zonamento da estrutura pode ser eliminado por meio de um longo tratamento de homogeneização da liga bruta de solidificação em temperaturas elevadas, mas ligeiramente inferiores à temperatura de fusão da fase com mais baixo ponto de fusão presente na liga. Se a liga fundida for ligeiramente sobreaquecida, de modo que ocorra fusão no contorno do grão, origina-se uma estrutura *liquefeita*. Este tipo de estrutura é indesejável, já que a liga perde resistência mecânica e pode se desintegrar durante o processamento mecânico subsequente.

8.14 PROBLEMAS

As respostas para os exercícios marcados com um asterisco constam no final do livro.

Problemas de conhecimento e compreensão

8.1 Defina (*a*) fase em um material e (*b*) diagrama de fases.

8.2 No diagrama de equilíbrio de fases, pressão-temperatura, da água pura (Figura 8.1), quais são as fases presentes, em equilíbrio, nas seguintes condições:

(*a*) Ao longo da linha de solidificação?

(*b*) Ao longo da linha de vaporização?

(*c*) No ponto triplo?

8.3 Quantos pontos triplos existem no diagrama de equilíbrio de fases pressão-temperatura do ferro puro representado na Figura 8.2? Quais são as fases presentes, em equilíbrio, em cada um desses pontos triplos?

8.4 Escreva a equação da regra das fases de Gibbs, definindo cada um dos termos.

8.5 Em relação ao diagrama de equilíbrio de fases pressão-temperatura para a água pura (Figura 8.1), responda às seguintes questões:

(*a*) Quantos graus de liberdade existem no ponto triplo?

(*b*) Quantos graus de liberdade existem ao longo da linha de solidificação?

8.6 (*a*) O que é curva de resfriamento? (*b*) Que tipo de informações podem ser extraídas de uma curva de resfriamento? (*c*) Desenhe um esquema de uma curva de resfriamento para um metal puro e outro para uma liga. Discuta as diferenças.

8.7 O que é um sistema binário isomorfo?

8.8 Quais são as quatro regras de Hume-Rothery para a solubilidade, no estado sólido, de um elemento em outro?

8.9 Descreva o modo como podem ser determinadas, experimentalmente, as linhas *liquidus* e *solidus* em um diagrama de fases binário isomorfo.

8.10 Explique como pode surgir uma estrutura zonada em uma liga com 70% Cu-30% Ni.

8.11 Como pode ser eliminada, por tratamento térmico, a estrutura zonada de uma liga com 70% Cu-30% Ni?

8.12 Explique o significado do termo *liquefação*. Como se pode originar em uma liga uma estrutura liquefeita? Como é que isto pode ser evitado?

8.13 Descreva o mecanismo que origina o fenômeno do *encapsulamento* em uma liga peritética que é resfriada rapidamente durante a reação peritética.

8.14 Pode ocorrer zonamento e encapsulamento em uma liga peritética resfriada rapidamente? Explique.

8.15 O que é uma reação invariante monotética? Qual é a importância industrial da reação monotética no sistema cobre-chumbo?

8.16 Escreva as equações correspondentes às seguintes reações invariantes: eutética, eutetoide, peritética e peritetoide. Nos diagramas de fases binários, quantos graus de liberdade existem nos pontos de reação invariante?

8.17 O que há de semelhante entre as reações eutética e eutetoide? Qual o significado do sufixo *oide*?

8.18 Diferencie (*a*) fase terminal e (*b*) fase intermediária.

8.19 Diferencie (*a*) fase intermediária e (*b*) composto intermediário.

8.20 Qual é a diferença entre composto de fusão congruente e composto de fusão incongruente?

Problemas de aplicação e análise

***8.21** Considere uma liga com 70% em peso Ni e 30% em peso Cu (ver Figura 8.5).

(*a*) Faça a análise das fases presentes em equilíbrio à temperatura de 1.350 °C. Na análise das fases inclua:

(*i*) Quais são as fases presentes?

(*ii*) Qual é a composição química de cada uma das fases?

(*iii*) Qual é a proporção de cada uma das fases?

(*b*) Faça uma análise semelhante para a temperatura de 1.500 °C.

(*c*) Esboce as microestruturas que a liga apresenta nestas temperaturas, usando um campo circular de observação no microscópio.

8.22 Considere o diagrama de fases binário eutético cobre-prata representado na Figura P8.22. Faça a análise das fases presentes na liga com a composição 88% em peso de Ag – 12% em peso de Cu, às seguintes temperaturas: (*a*) 1.000 °C, (*b*) 800 °C, (*c*) 780 °C + ΔT e (*d*) 780 °C – ΔT. Na análise das fases inclua:

(*i*) As fases presentes.

(*ii*) As composições químicas das fases.

(*iii*) As proporções de cada uma das fases.

(*iv*) Esboços das microestruturas, usando campos circulares com 2 cm de diâmetro.

8.23 Se 500 g de uma liga com 40% em peso de Ag–60% em peso de Cu for resfriada lentamente desde 1.000 °C até uma temperatura imediatamente inferior a 780 °C (ver Figura E8.22):

(*a*) Quantos gramas de líquido e alfa proeutético estão presentes a 850 °C?

(*b*) Quantos gramas de líquido e alfa proeutético estão presentes a 780 °C + ΔT.

(*c*) Quantos gramas de alfa estão presentes na estrutura eutética a 780 °C – ΔT.

(*d*) Quantos gramas de beta estão presentes na estrutura eutética a 780 °C – ΔT.

8.24 Uma liga chumbo-estanho (Pb-Sn) consiste de 60% em peso de β proeutético e 60% $\alpha + \beta$ à temperatura de 183 °C – ΔT. Calcule a composição média desta liga (ver Figura 8.12).

8.25 À temperatura de 70 °C, uma liga Pb-Sn (Figura 8.12) é constituída por 70% em peso de β e 60% em peso de α. Qual é a composição média de Pb e de Sn nessa liga?

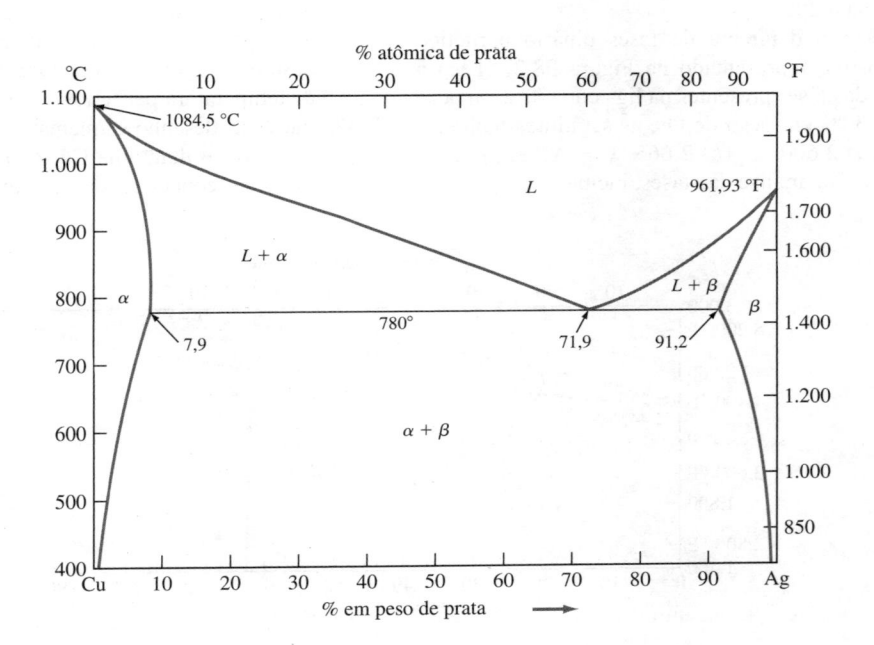

Figura P8.22
Diagrama de fases cobre-prata.
(*"Metals Handbook", vol. 8, 8. ed., American Society for Metals, 1973, p. 253.*)

*8.26 Uma liga com 30% em peso de Pb e 70% em peso de Sn é resfriada lentamente desde 250 °C até 27 °C (ver Figura 8.12).

(a) A liga é hipoeutética ou hipereutética?

(b) Qual é a composição química do primeiro sólido que se forma?

(c) Quais são as composições e proporções de cada uma das fases presentes na liga à temperatura de 183 °C + ΔT?

(d) Quais são as composições e proporções de cada uma das fases presentes na liga à temperatura de 183 °C − ΔT?

(e) Quais são as proporções de cada uma das fases presentes na liga à temperatura ambiente?

8.27 Considere o diagrama de fases binário peritético irídio-ósmio representado na Figura P8.27. Faça a análise das fases presentes na liga com 70% em peso de Ir–30% em peso de Os, às seguintes temperaturas: (a) 2.600 °C, (b) 2.665 °C + ΔT e (c) 2.665 °C − ΔT. Na análise das fases, inclua:

(i) As fases presentes.

(ii) As composições químicas das fases.

(iii) As proporções de cada uma das fases.

(iv) Esboços das microestruturas, usando campos circulares com 2 cm de diâmetro.

8.28 Considere o diagrama de fases binário peritético irídio-ósmio representado na Figura P8.27. Faça a análise das fases presentes na liga com 40% em peso de Ir–60% em peso de Os, às seguintes temperaturas: (a) 2.600 °C, (b) 2.665 °C + ΔT e (c) 2.665 °C − ΔT. Na análise das fases, inclua os itens listados no Problema 8.20.

8.29 Considere o diagrama de fases binário peritético irídio-ósmio representado na Figura P8.27. Faça a análise das fases presentes na liga com 70% em peso de Ir e 30% em peso de Os, às seguintes temperaturas: (a) 2.600 °C, (b) 2.665 °C + ΔT e (c) 2.665 °C − ΔT. Na análise das fases, inclua:

(i) As fases presentes.

(ii) As composições químicas das fases.

(iii) As proporções de cada uma das fases.

(iv) Esboços das microestruturas, usando campos circulares com 2 cm de diâmetro.

*8.30 No sistema cobre-chumbo (Cu–Pb) (Figura 8.24), determine as proporções e composições das fases presentes em uma liga com 10% em peso de Pb, às seguintes temperaturas:

(a) 1.000 °C, (b) 955 °C + ΔT, (c) 955 °C − ΔT (d) 200 °C.

8.31 Determine as proporções e composições das fases presentes em uma liga Cu–Pb (Figura 8.24) com 70% em peso de Pb, às seguintes temperaturas: (a) 955 °C + ΔT, (b) 955 °C − ΔT, e (c) 200 °C.

8.32 Qual é a composição média (porcentagem em peso) de uma liga Cu–Pb que, a 955 °C + ΔT, é constituída por 30% em peso da fase L_1 e 70% em peso da fase α?

8.33 Considere uma liga Fe–Ni com 4,2% em peso de Ni (Figura 8.17) que é resfriada lentamente desde 1.550 °C até 1.450 °C. Qual a porcentagem em peso da liga que solidifica por meio da reação peritética?

*8.34 Considere uma liga Fe–Ni com 5,0% em peso de Ni (Figura 8.17) que é resfriada lentamente desde 1.550 °C até 1.450 °C. Qual é a porcentagem em peso da liga que solidifica por meio da reação peritética?

8.35 Determine a porcentagem, em peso, e as composições (porcentagens em peso) de cada uma das fases presentes na liga Fe–Ni com 4,2% em peso de Ni (Figura 8.17), a 1.517 °C + ΔT.

8.36 Determine a composição (porcentagens em peso) da liga do sistema Fe–Ni (Figura 8.16) que apresenta uma estrutura com 40% em peso de δ e 60% em peso de γ, a uma temperatura imediatamente abaixo da temperatura peritética.

8.37 Faça um desenho esquemático das linhas *solidus* e *liquidus* do diagrama Cu–Zn (Figura 8.26). Mostre todas as concentrações e temperaturas críticas de

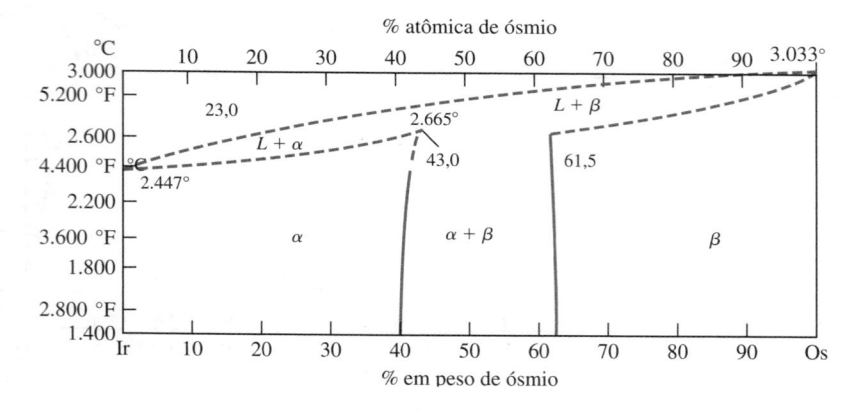

Figura P8.27
O diagrama de fases irídio-ósmio.

("Metals Handbook", vol. 8, 8. ed., American Society for Metals, 1973, p. 425. Usado com permissão da ASM International.)

Zn. Qual destas temperaturas pode ser importante para processos de fabricação metal-mecânico (conformação mecânica)? Por quê?

*8.38 Considere o diagrama de fases Cu–Zn representado na Figura 8.26.

(a) Qual é a solubilidade máxima, em porcentagem em peso, de Zn em Cu na solução sólida terminal α?

(b) Identifique as fases intermédias presentes no diagrama de fases Cu–Zn.

(c) Identifique três reações trifásicas invariantes no diagrama Cu–Zn.

(i) Determine as coordenadas (os valores) de composição e temperatura das reações invariantes.

(ii) Escreva as equações das reações invariantes.

(iii) Indique os nomes das reações invariantes.

8.39 Considere o diagrama de fases alumínio-níquel (Al–Ni) representado na Figura P8.39. Em relação a este diagrama de fases:

(a) Determine as coordenadas (os valores) de composição e temperatura das reações invariantes.

(b) Escreva as equações das reações trifásicas invariantes e indique os respectivos nomes.

(c) Assinale as regiões bifásicas deste diagrama de fases.

8.40 Considere o diagrama de fases níquel-vanádio (Ni–V), representado na Figura P8.40. Em relação a este diagrama, refaça as questões do Problema. 8.38.

8.41 Considere o diagrama de fases titânio-alumínio (Ti–Al), representado na Figura E8.41. Em relação a este diagrama, refaça as questões do Problema 8.38.

8.42 Qual é a composição no ponto y da Figura 8.9?

Problemas de síntese e avaliação

*8.43 Na Figura 8.12, determine o grau de liberdade, F, de acordo com a Regra de Gibbs nos seguintes pontos:

(a) No ponto de fusão do metal estanho puro.

(b) Dentro da região da fase α.

(c) Dentro da região da fase α + líquido.

(d) Dentro da região da fase $\alpha + \beta$.

(e) No ponto eutético.

8.44 No diagrama de fases Pb–Sn (Figura 8.12) responda as seguintes questões:

(a) O que é α (explique em detalhes incluindo estrutura atômica)? O que é β?

(b) Qual é a máxima solubilidade do Sn na fase α? Em qual temperatura?

(c) O que acontece em parte de α se é resfriada até a temperatura ambiente?

(d) Qual é a máxima solubilidade do Sn no metal líquido na menor temperatura possível? Qual é a temperatura?

(e) Qual é o limite de solubilidade do Sn em α quando o líquido está presente? (Pode ser uma faixa.)

8.45 Baseado no diagrama de fases Cu–Ag na Figura P8.22, desenhe uma curva de resfriamento aproximada para as seguintes ligas com as temperaturas aproximadas e explicações:

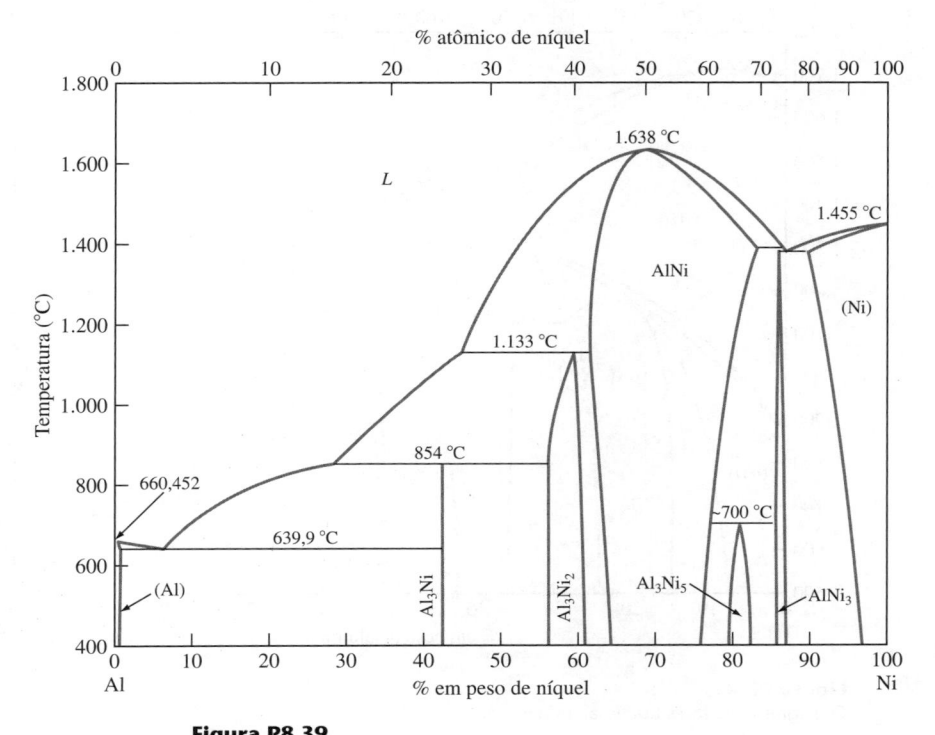

Figura P8.39
O diagrama de fases alumínio-níquel.
("Metals Handbook", vol. 8, 8. ed., American Society for Metals, 1973, p. 253. Usado com permissão da ASM International.)

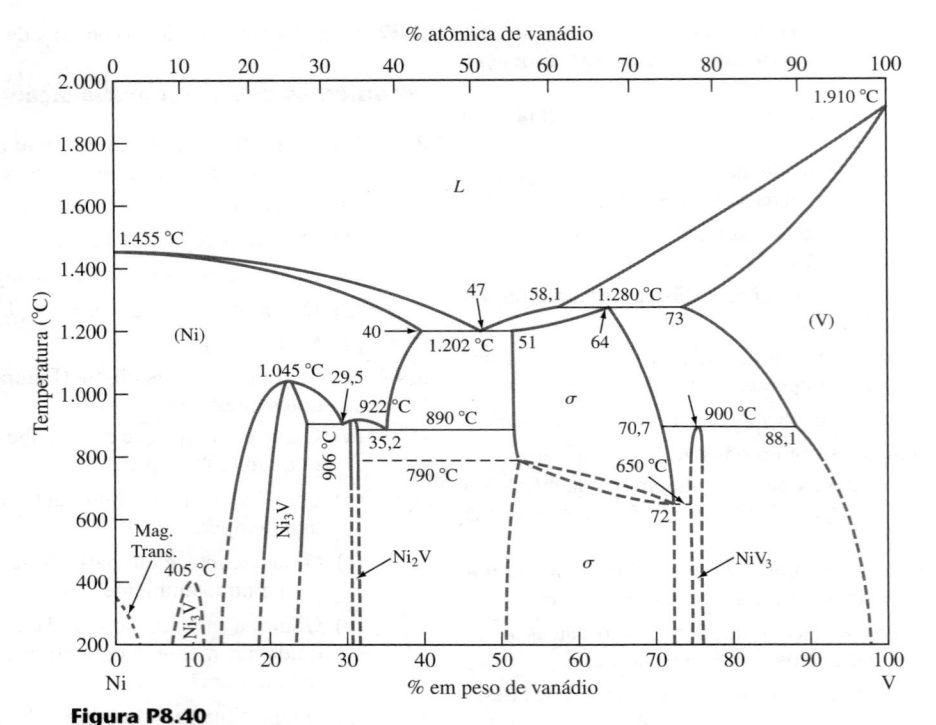

Figura P8.40
O diagrama de fases níquel-vanádio.
("Metals Handbook", vol. 8, 8. ed., American Society for Metals, 1973, p. 332. Usado com permissão da ASM International.)

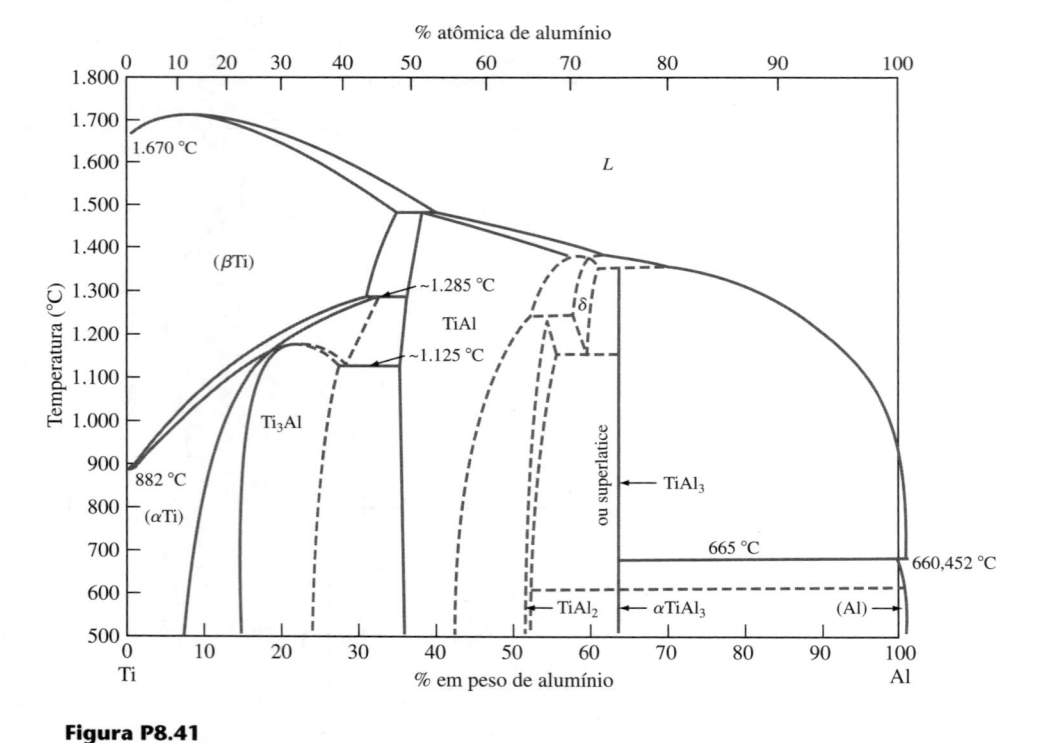

Figura P8.41
O diagrama de fases titânio-alumínio
("Metals Handbook", vol. 8, 8. ed., American Society for Metals, 1973, p. 142. Usado com permissão da ASM International.)

(i) Cobre puro.
(ii) Cu – 10% em peso de Ag.
(iii) Cu – 71,9% em peso de Ag.
(iv) Cu – 91,2% em peso de Ag.

8.46 Baseado no diagrama de fases Pd–Ag na Figura E8.3, desenhe uma curva de resfriamento aproximada para as seguintes ligas com as temperaturas aproximadas e explicações:

(i) Pd puro.
(ii) Pd–30% em peso de Ag.
(iii) Pd–70% em peso de Ag.
(iv) Prata pura.

8.47 Na tabela seguinte estão indicados alguns elementos, assim como as respectivas estruturas cristalinas e raios atômicos. Quais são os pares em relação aos quais é de esperar solubilidade total no estado sólido?

	Estrutura cristalina	Raio atômico (nm)		Estrutura cristalina	Raio atômico (nm)
Prata	CFC	0,144	Chumbo	CFC	0,175
Paládio	CFC	0,137	Tungstênio	CCC	0,137
Cobre	CFC	0,128	Ródio	CFC	0,134
Ouro	CFC	0,144	Platina	CFC	0,138
Níquel	CFC	0,125	Tântalo	CCC	0,143
Alumínio	CFC	0,143	Potássio	CCC	0,231
Sódio	CCC	0,185	Molibdênio	CCC	0,136

8.48 Deduza a Regra da Alavanca que permite determinar a porcentagem em peso de cada uma das fases presentes em uma região bifásica de um diagrama de fases binário. Use um diagrama de fases no qual os dois elementos têm solubilidade total no estado sólido.

8.49 Baseado no diagrama de fases Al–Ni na Figura P8.39, quantos gramas de Ni podem estar ligados com 100 g de Al para sintetizar uma liga da temperatura *liquidus* de aproximadamente 640 °C.

8.50 Uma liga com Al–10% em peso da Ni, Figura P8.39, esta complemente líquida em 800 °C. Quantos gramas de Ni podem ser adicionados nesta liga a 800 °C sem criar uma fase sólida.

8.51 Baseado no diagrama de fases Al_2O_3–SiO_2 na Figura 8.27, determine a porcentagem (%) em peso das fases presentes para Al_2O_3–55% em peso de SiO_2 sobre a faixa de temperatura de 1.900 a 1.500 °C (Use incrementos de 100 °C).

8.52 (a) Projete uma liga Cu–Ni que estará completamente sólida em 1.200 °C (Use a Figura 8.5).
(b) Projete uma liga Cu–Ni que estará completamente líquida em 1.300 °C e torna-se completamente sólida em 1.200 °C.

8.53 (a) Projete uma liga Pb–Sn que tenha 50-50 de frações de sólido e líquido na temperatura de 184 °C.
(b) Quantas gramas de cada componente você deve usar para produzir 100 g da liga geral/global. (Use a Figura 8.12).

8.54 Dado que Pb e Sn tem resistências mecânicas semelhantes, projete uma liga Pb–Sn que, quando fundidas, podem ser mais resistentes (use a Figura 8.12). Explique as razões de sua escolha.

*__8.55__ Considere o diagrama de fase da água com açúcar apresentado na Figura P8.55. (a) Qual % de açúcar você pode dissolver em água na temperatura ambiente? (b) Qual % em peso de açúcar se dissolve na água a 100 °C? (c) Qual você chamaria de curva sólida?

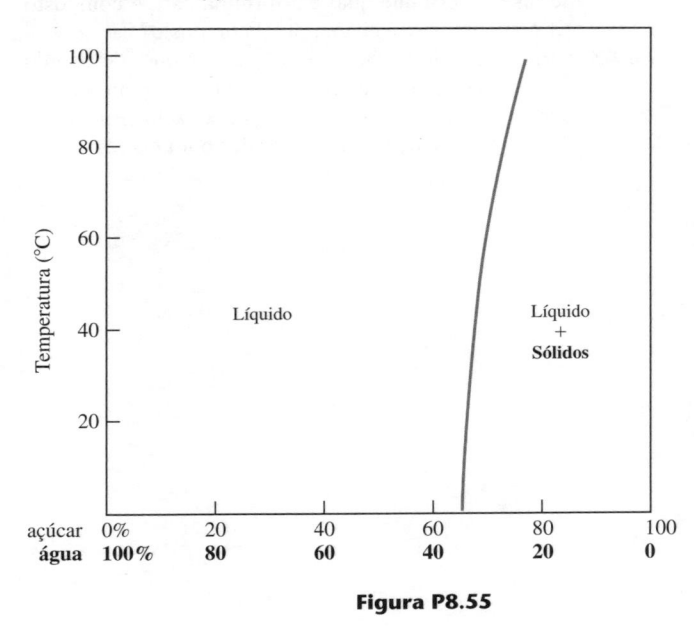

Figura P8.55

8.56 Na Figura P8.55, se 60 g de água e 140 g de açúcar são misturados e agitados na temperatura de 80 °C, (a) esse resultado é uma solução de fase única ou uma mistura? (b) O que acontece se a solução/mistura, em parte, (a) é lentamente resfriada para a temperatura ambiente?

8.57 Na Figura P8.55, se 30 g de água e 170 g de açúcar são misturados e agitado na temperatura de 30 °C, (a) esse resultado é uma solução de fase única ou uma mistura? (b) Se uma mistura, quantas gramas de açúcar sólido poderão existir na mistura. (c) Quantas gramas de açúcar (sólido e dissolvido) poderão existir na mistura?

8.58 A 80 °C, se a % em peso de açúcar é de 80%, (a) Qual é a fração de peso de cada fase? (b) Qual é a % de peso da água?

8.59 (a) Baseado no diagrama de fases da Figura P8.59, explique porque os trabalhadores da cidade jogam sal nas estradas congeladas. (b) Baseado no mesmo diagrama, indique um processo que produza água quase pura a partir da água do mar (3% em peso de sal).

*8.60 Em relação a Figura P8.59, explique o que acontece quando 5% de solução salina é resfriada da temperatura ambiente até –30 °C. Dê explicações/informações sobre fases disponíveis e variações composicionais em cada fase.

8.61 Em relação a Figura P8.59, (a) explique o que acontece quando 23% de solução salina é resfriada da temperatura ambiente até –30 °C. Dê explicações/informações sobre fases disponíveis e variações composicionais em cada fase. (b) Como você chamaria esta reação? Você poderia escrever uma equação para esta reação?

8.62 Usando a Figura P8.39, explique o que o diagrama de fases significa quando a composição geral da liga é Al–43% em peso de Ni (abaixo de 854 °C)? Por que existe uma linha vertical em um ponto do diagrama de fases? Verifique qual é a fórmula para o composto Al_3Ni. Como você chamaria tal composto?

8.63 Usando a Figura P8.39, explique por que, de acordo com o diagrama, o intermetálico Al3Ni é representado por uma única linha vertical enquanto os intermetálicos $Al_3 Ni_2$ e $Al_3 Ni_5$, são representados por uma região.

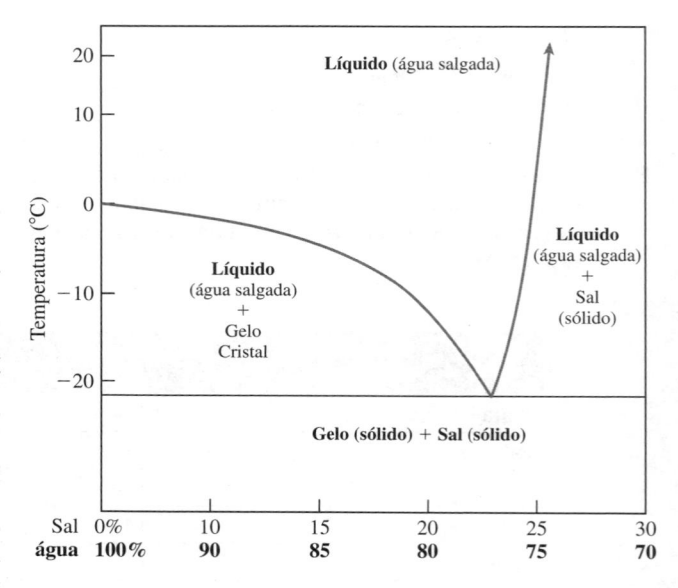

Figura P8.59

8.64 (a) No diagrama de fases do Ti–Al, Figura P8.41, quais fases estão disponíveis para uma composição global da liga de Ti 63% em peso de Al na temperatura abaixo de 1.300 °C? (b) O que significa a linha vertical até a composição da liga? (c) Verifique a fórmula próxima para a linha vertical, (d) Compare o ponto de fusão deste componente com o do Ti e do Al. Qual a sua conclusão?

CAPÍTULO 9
Ligas de Engenharia

(© Transmissão de potência Textron.)

METAS DE APRENDIZAGEM

Ao final deste capítulo, o aluno será capaz de:

1. Descrever siderurgia e tratamento de componentes de aço, diferenciar entre o aço-carbono, aço ligado, ferro fundido e aço inoxidável.
2. Reconstruir o diagrama de fases ferro-carbono, indicando todas as fases essenciais, reações e microestruturas.
3. Descrever o que seriam perlita e martensita, bem como as diferenças entre suas propriedades mecânicas, suas disparidades microestruturais e como são produzidas.
4. Definir transformação isotérmica e transformação por resfriamento contínuo.
5. Descrever os processos de recozimento, normalização, têmpera, revenimento, martêmpera e austêmpera.
6. Descrever a classificação de aços ao carbono e de aços ligados e explicar o efeito de vários elementos de liga sobre as propriedades do aço.
7. Descrever a classificação, o tratamento térmico, a microestrutura e as propriedades gerais das ligas de alumínio, ligas de cobre, aço inoxidável e ferros fundidos.
8. Explicar a importância e as aplicações de intermetálicos, com memória de forma, e de ligas amorfas.

Uma variedade de ligas metálicas, do aço ao carbono, aços-liga, aços inoxidáveis, ferro fundido e ligas de cobre são utilizados na fabricação de diversas engrenagens. Por exemplo, os aços ao cromo são utilizados para engrenagens de transmissão de automóveis, aços ao cromo--molibdênio para engrenagens de aeronaves com turbina a gás, aços ao níquel-molibdênio para equipamentos de terraplenagem e algumas ligas de cobre são usadas para fabricar engrenagens para aplicações com baixos níveis de carga. A escolha do metal da engrenagem e sua fabricação dependem do tamanho, esforços envolvidos, pré--requisitos de energia e do ambiente em que irá operar. As fotos de abertura do capítulo mostram engrenagens de vários tamanhos utilizadas em uma série de indústrias[1].

Os metais e as ligas têm diversas propriedades tecnicamente úteis, justamente por isso encontram vasta aplicação em projetos de engenharia. O ferro e as suas ligas – principalmente o aço – contribuem com cerca de 90% da produção mundial de metais, fundamentalmente devido à combinação de uma boa resistência, tenacidade e ductilidade com um preço relativamente baixo. Cada metal tem propriedades especiais para determinadas aplicações no campo da engenharia e é selecionado depois de uma análise comparativa de custos com outros metais e materiais (ver Tabela 9.1).

As ligas à base de ferro são denominadas *ligas ferrosas* e aquelas à base de outros metais recebem o nome de *ligas não ferrosas*. Neste capítulo, abordaremos diversos aspectos relativos ao processamento, à estrutura e às propriedades de algumas das ligas mais importantes: as *ferrosas* e as *não ferrosas*. As duas últimas seções deste

---
[1] http://www.textronpt.com/cgi-bin/products.cgi?prod=highspeed&group=spcl_

Tabela 9.1
Preços aproximados (US$/kg) de alguns metais a preços de maio de 2001*.

Aço**	0,59	Níquel	6,03
Alumínio	1,32	Estanho	5,06
Cobre	1,67	Titânio***	8,47
Magnésio	7,24	Ouro	6837,60
Zinco	0,99	Prata	114,40
Chumbo	0,48		

* O preço dos metais varia com o tempo.
** Chapa fina de aço-carbono laminada a quente.
*** Esponja de titânio. Preços para grandes quantidades.

capítulo são dedicadas às ligas avançadas e suas aplicações em vários campos, inclusive o campo da biomedicina.

9.1 PRODUÇÃO DE FERRO E AÇO

9.1.1 Produção de gusa em alto-forno

A maior parte do ferro é extraída a partir dos minérios de ferro em altos-fornos (Figura 9.1). Num alto-forno, o coque (carbono) atua como agente redutor dos óxidos de ferro (principalmente Fe_2O_3), originando gusa, que contém cerca de 4% de carbono, juntamente com outras impurezas, de acordo com a reação:

$$Fe_2O_3 + 3CO \longrightarrow 2Fe + 3CO_2$$

A gusa do alto-forno é geralmente transferida no estado líquido para um forno de produção de aço.

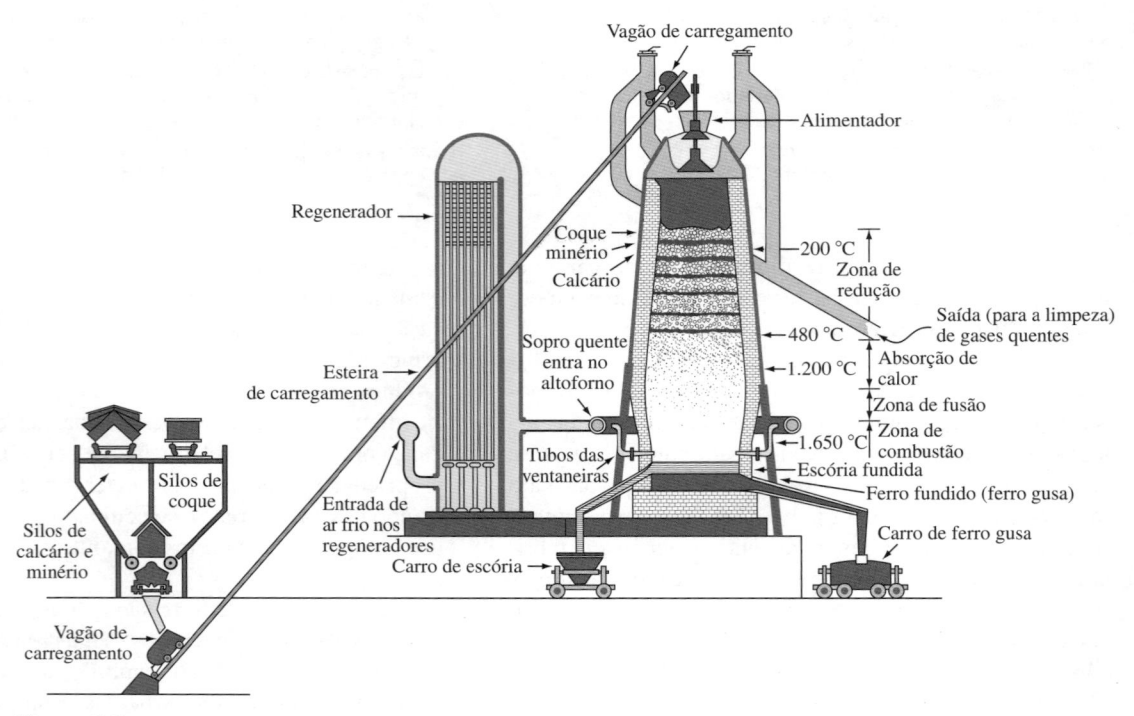

Figura 9.1
Seção transversal mostrando o modo de funcionamento de um alto-forno atual.
(A.G. Guy, "Elements of Physical Metallurgy", 2. ed., © 1959, Addison-Wesley, Figura 2-5, p. 21.)

9.1.2 Produção de aço e processamento dos principais produtos de aço

Os aços-carbono são essencialmente ligas de ferro e carbono com um teor máximo de 1,2% de carbono. Porém, a maior parte dos tipos de aço contém menos do que 0,5% de carbono. São quase sempre produzidas por oxidação do carbono e das outras impurezas contidas no ferro-gusa, até que a quantidade de carbono seja reduzida para os níveis requeridos.

O processo mais vulgarmente usado na conversão da gusa em aço é o de oxidação por oxigênio. Nesse processo, a gusa e um máximo de 30% de sucata de aço são carregadas num conversor em forma de barril, revestido a refratário (tipo LD), no qual é inserida uma lança de oxigênio (Figura 9.2). O oxigênio puro, soprado por meio da lança, reage com o banho líquido e se forma o óxido de ferro. O carbono do aço reage então com o óxido de ferro e se forma monóxido de carbono por meio da reação:

$$FeO + C \longrightarrow Fe + CO$$

Imediatamente antes do início da reação de oxidação, são adicionados, em quantidades controladas, fundentes à base de carbonato de cálcio (calcário). Nesse processo, a quantidade de carbono pode ser reduzida drasticamente em cerca de 22 min, reduzindo-se, simultaneamente, outras impurezas, como o enxofre e o fósforo (Figura 9.3).

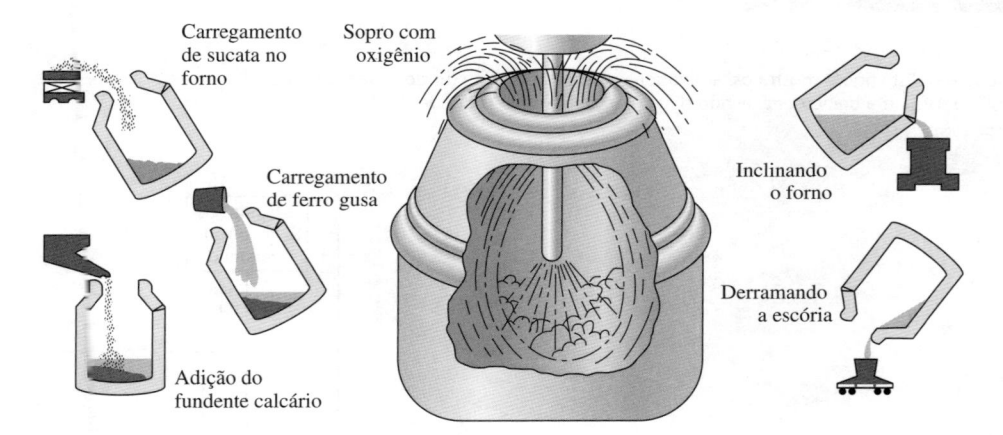

Figura 9.2
Produção de aço em um conversor básico a oxigênio.
(*Cortesia de Inland Steel.*)

O aço fundido que sai do conversor é então vazado em moldes estacionários ou vazado continuamente; os brames são periodicamente cortados. Apenas para se ter uma ideia, atualmente, cerca de 96% do aço produzido nos Estados Unidos é vazado em lingotamento contínuo, com aproximadamente 4.000 lingotes ainda vazados individualmente (lingotamento convencional). No entanto, cerca da metade do aço bruto é produzido por meio da reciclagem de aço velho, tais como sucata e equipamentos antigos[2].

Depois desse processo, os lingotes são aquecidos em um forno de poço (Figura 9.4) e laminados a quente em placas, tarugos ou blocos. As placas são posteriormente laminadas a quente e a frio e com isso, se obtém chapas de aço finas e grossas (Figuras 9.4 e 6.4 a 6.8). Os tarugos são também laminados a quente e a frio, obtendo-se barras e fio, enquanto os blocos são laminados a quente e apenas a frio em perfis em I e trilhos.

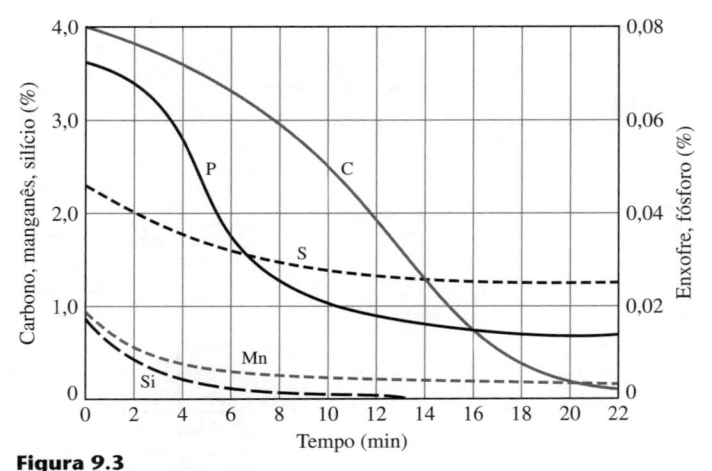

Figura 9.3
Representação esquemática do processo de refino em um conversor de sopro pelo topo.
(*H.E. McGannon (ed.), "The Making, Shaping and Treating of Steel", 9. ed., United States Steel, 1971, p. 494. Cortesia da United States Steel Corporation.*)

---
[2]Tabela 23, pp. 73 a 75 do Annual Statistical Report of the AI&SI.

Figura 9.4
Laminação a quente de tira de aço. Esta figura mostra os laminadores desbastadores ao fundo, e seis laminadores de acabamento em primeiro plano. Uma tira de aço está saindo da laminação e sendo resfriada em água.
(*Cortesia da United States Steel Corporation.*)

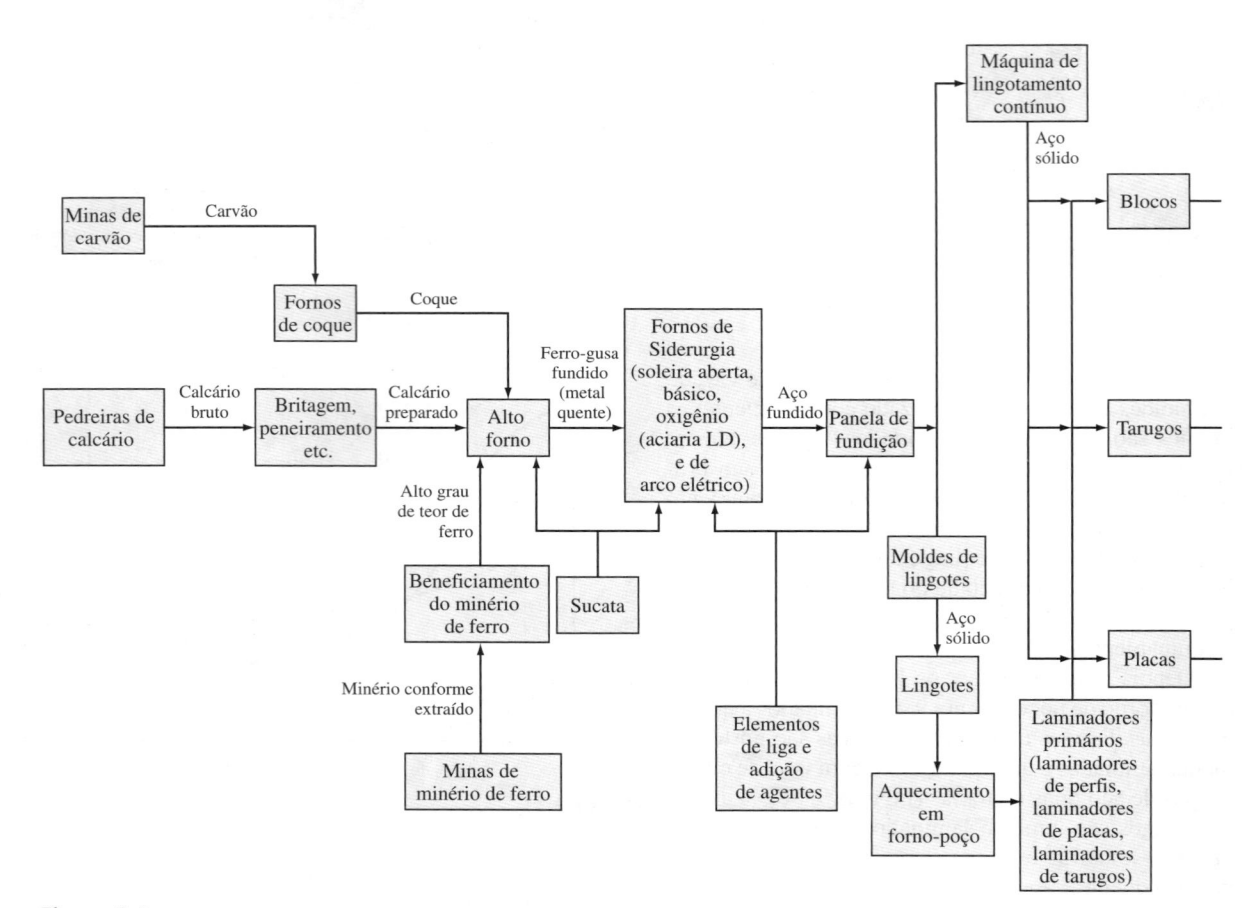

Figura 9.5
Fluxograma do processo de conversão de matérias-primas em produtos acabados, excluindo produtos revestidos.
(*H.E. McGannon (ed.), "The Making, Shaping and Treating of Steel", 9. ed., United States Steel, 1971, p. 2. Cortesia de United States Steel Corporation.*)

A Figura 9.5 é um fluxograma que sintetiza as etapas fundamentais envolvidas na conversão das matérias-primas nos principais produtos de aço.

9.2 O SISTEMA FERRO-CARBONO

Designam-se por *aços-carbono* as ligas ferro-carbono que contêm quantidades de carbono desde valores muito baixos (cerca de 0,03%) até 1,2%, teores de manganês entre 0,25 e 1,00%, e quantidades reduzidas de outros elementos[3]. No entanto, nesta seção do livro, os aços-carbono serão tratados essencialmente como ligas binárias ferro-carbono. O efeito dos elementos de liga nos aços será descrito nas seções seguintes.

9.2.1 O diagrama de fase ferro-carboneto de ferro

As fases presentes, após resfriamento muito lento das ligas ferro-carbono, podem ser identificadas no diagrama de fases Fe-Fe_3C da Figura 9.6, para diferentes temperaturas e composições até 6,67% de carbono. Este não é propriamente um diagrama de equilíbrio, pois o composto que se forma – carboneto de ferro (Fe_3C)

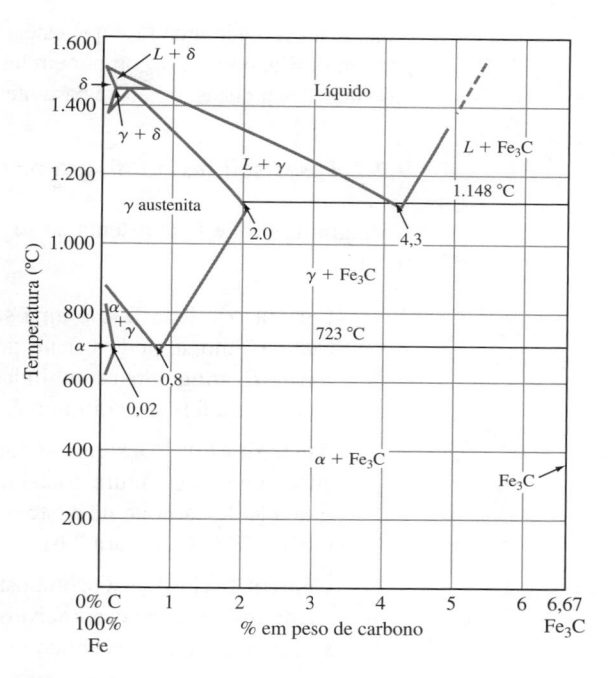

Figura 9.6
Diagrama de fase ferro-carboneto de ferro.

[3] Os aços-carbono também contêm impurezas de silício, fósforo e enxofre, entre outras.

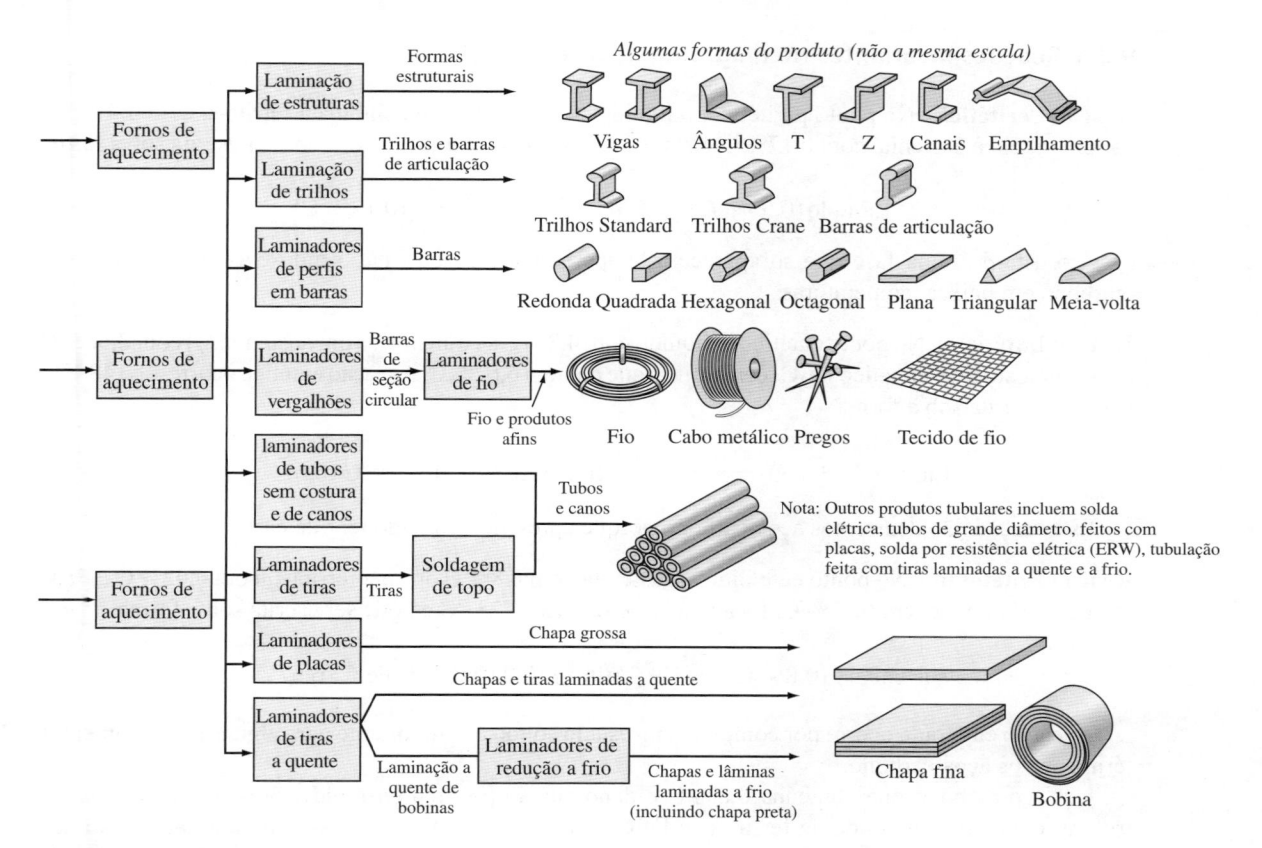

Figura 9.5 (continuação)

– não é, na verdade uma fase que esteja em equilíbrio. Em determinadas circunstâncias, o Fe$_3$C, conhecido por **cementita**, pode se decompor em fases mais estáveis de ferro e carbono (grafita). No entanto, na maioria das situações práticas, o Fe$_3$C é bastante estável e será tratado daqui em diante como uma fase de equilíbrio.

9.2.2 Fases sólidas no diagrama de fase Fe-Fe$_3$C

O diagrama Fe-Fe$_3$C apresenta as seguintes fases sólidas: ferrita-α, austenita (γ), cementita (Fe$_3$C) e ferrita-δ.

Ferrita-α – Esta fase é uma solução sólida intersticial de carbono na rede cristalina do ferro CCC. Como se pode ver no diagrama de fases Fe-Fe$_3$C, o carbono é muito pouco solúvel na ferrita-α, atingindo a solubilidade máxima de 0,02% à temperatura de 723 °C. A solubilidade do carbono na ferrita-α diminui chegando a 0,005% a 0 °C.

Austenita (γ) – Designa-se por *austenita* a solução sólida intersticial de carbono no ferro-γ. A austenita tem estrutura cristalina CFC e dissolve muito mais carbono do que a ferrita-α. A solubilidade do carbono na austenita atinge um máximo de 2,08% a 1.148 °C e diminui chegando a 0,8% a 723 °C (Figura 9.6).

Cementita (Fe$_3$C) – O composto intermetálico Fe$_3$C denomina-se *cementita*, que apresenta limites de solubilidade desprezíveis e possui uma composição de 6,67% C e 93,3% Fe. A cementita se caracteriza por ser um composto duro e frágil.

Ferrita-δ – Denomina-se *ferrita-δ* a solução sólida intersticial de carbono no *ferro CCC*. Tal como a ferrita-α, tem estrutura cristalina CCC, muito embora tenha um parâmetro de rede superior. A solubilidade máxima do carbono na ferrita-δ é 0,09% a 1.465 °C.

9.2.3 Reações invariantes no diagrama de fase Fe-Fe$_3$C

Reação Peritética No ponto peritético, o líquido com 0,53% C se combina à ferrita-α com 0,09% C, dando origem à austenita com 0,17% C. Esta reação, que ocorre a 1.495 °C, pode ser escrita sob a forma

$$\text{Líquido}(0{,}53\%\ C) + \delta\,(0{,}09\%\ C) \xrightarrow{1.495\ °C} \gamma\,(0{,}17\%\ C)$$

A ferrita-δ é uma fase que só aparece a temperaturas elevadas, não sendo encontrada nos aços-carbono em baixas temperaturas.

Reação Eutética No ponto eutético, o líquido com 4,3% C se transforma em austenita (γ) com 2,08% C e no composto intermetálico Fe$_3$C (cementita), que contém 6,67% C. A reação eutética ocorre a 1.148 °C e pode ser escrita sob a forma

$$\text{Líquido}\,(4{,}3\%\ C) \xrightarrow{1.148\ °C} \gamma\ \text{austenita}\,(2{,}08\%\ C) + Fe_3C\,(6{,}67\%\ C)$$

Esta reação não ocorre nos aços-carbono porque apresenta reduzido teor de carbono.

Reação Eutetoide No ponto eutetoide, a austenita com 0,8% C origina ferrita-α com 0,02% C e Fe$_3$C (cementita) que contém 6,67% C. Esta reação se realiza a 723 °C e pode ser escrita sob a forma

$$\text{austenita}\ \gamma\,(0{,}8\%\ C) \xrightarrow{723\ °C} \text{ferrita-}\alpha\,(0{,}02\%\ C) + Fe_3C\,(6{,}67\%\ C)$$

A reação eutetoide ocorre por completo em estado sólido e é importante para alguns dos tratamentos térmicos dos aços-carbono.

Um aço-carbono que contenha 0,8% C é denominado por **aço eutetoide**, pois forma-se uma estrutura totalmente eutetoide de ferrita-α e Fe$_3$C quando a austenita com essa composição é resfriada lentamente abaixo da temperatura eutetoide. Um aço-carbono com teor inferior a 0,8% C é denominado **aço hipoeutetoide**, e um aço com teor superior a esse valor, **aço hipereutetoide**.

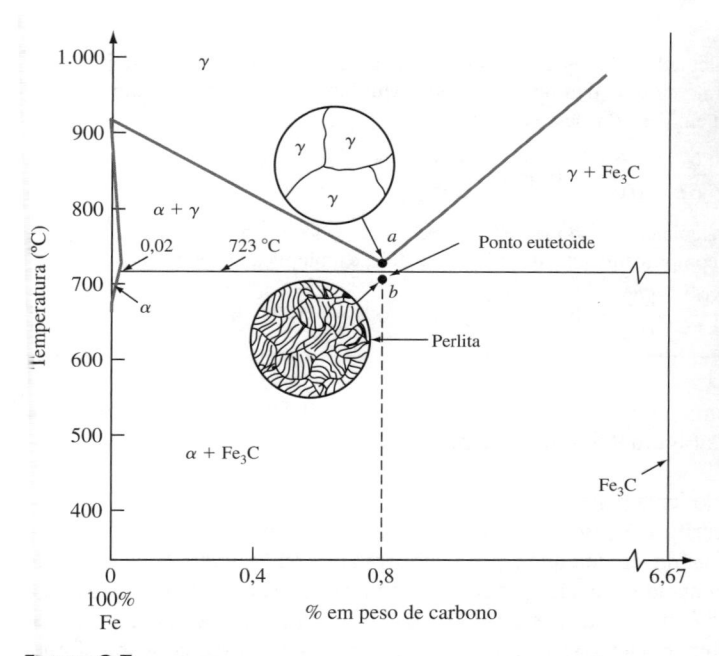

Figura 9.7
Transformação de um aço eutetoide (0,8% C) em resfriamento lento.
(*W.F. Smith, "Structure and Properties of Engineering Alloys", 2. ed., McGraw-Hill, 1993, p. 8. Reproduzido com permissão de The McGraw-Hill Companies.*)

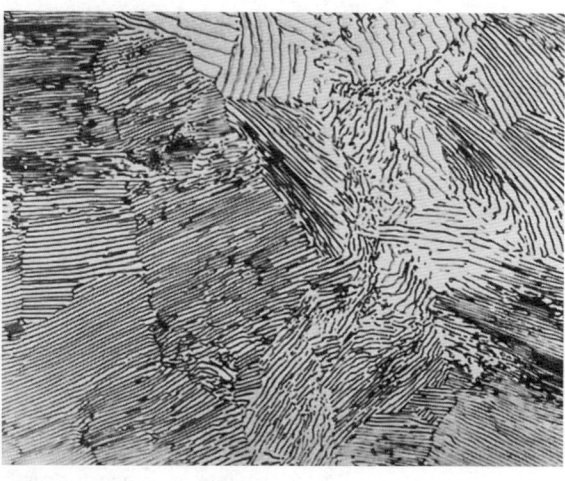

Figura 9.8
Microestrutura de um aço eutetoide resfriado lentamente. Consiste em perlita eutetoide lamelar. A fase que, após o ataque, aparece mais escura é cementita e, a branca, ferrita. (Reagente de ataque: picral; Ampliação 650×.)
(*United States Steel Corp., no "Metals Handbook", vol. 8, 8. ed., American Society for Metals, 1973, p. 188.*)

Virtual Lab

9.2.4 Resfriamento lento dos aços-carbono

Aços-carbono eutetoides Se uma amostra de um aço-carbono com 0,8% (eutetoide) for aquecida a 750 °C e mantida a essa temperatura por tempo suficiente, a sua estrutura será transformada em austenita homogênea. Esse processo se chama **austenitização**. Se o aço eutetoide sofrer, lentamente, posterior resfriamento, a uma temperatura algo acima da eutetoide, a sua estrutura permanecerá austenítica, como se indica no ponto *a* da Figura 9.7. O resfriamento posterior até a temperatura eutetoide, ou a uma temperatura ligeiramente inferior, vai provocar a transformação de toda a austenita em uma estrutura lamelar com placas alternadas de ferrita-α e cementita (Fe_3C). Imediatamente abaixo da temperatura eutetoide, no ponto *b* da Figura 9.7, vai aparecer a estrutura lamelar tal como se observa na Figura 9.8. Esta estrutura eutetoide chama-se **perlita**, porque se assemelha a madre pérola.

Como a solubilidade do carbono na ferrita-α e no Fe_3C varia muito pouco de 723 °C até a temperatura ambiente, a estrutura da perlita se mantém praticamente inalterável neste intervalo de temperatura.

EXEMPLO 9.1

Um aço-carbono eutetoide é resfriado lentamente de 750 °C até uma temperatura imediatamente abaixo de 723 °C. Considerando que a austenita se transforme completamente em ferrita-α e cementita:

a Calcule a proporção em peso de ferrita eutetoide formada.
b Calcule a proporção em peso de cementita eutetoide formada.

■ **Solução**

Recorrendo a Figura 9.6, desenhamos primeiro uma linha conjugada imediatamente abaixo de 723 °C, entre as linhas-limite de fase da ferrita-α e da cementita, e indicamos nessa linha a composição 0,80% C, tal como se mostra na figura abaixo apresentada.

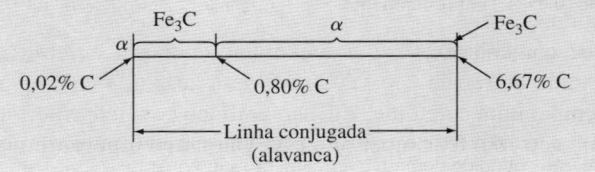

a. A proporção em peso de ferrita é calculada pelo quociente ou razão entre o segmento da linha conjugada para a direita de 0,8% C e o comprimento total da linha conjugada. Multiplicando por 100%, obtém-se a proporção em peso, ou porcentagem em peso (% peso) de ferrita:

$$\% \text{ em peso de ferrita} = \frac{6{,}67 - 0{,}80}{6{,}67 - 0{,}02} \times 100\% = \frac{5{,}87}{6{,}65} \times 100\% = 88{,}3\% \blacktriangleleft$$

b. A proporção em peso de cementita é calculada de modo semelhante, pela razão entre o segmento da linha conjugada para a esquerda de 0,80% C e o comprimento total da linha conjugada, e multiplicando no fim por 100%:

$$\% \text{ em peso de ferrita} = \frac{0{,}80 - 0{,}02}{6{,}67 - 0{,}02} \times 100\% = \frac{0{,}78}{6{,}65} \times 100\% = 11{,}7\% \blacktriangleleft$$

Aços-carbono hipoeutetoides Se uma amostra de um aço-carbono com 0,4% C (hipoeutetoide) for aquecida a cerca de 900 °C (ponto a na Figura 9.9) durante tempo suficiente, a sua estrutura se transforma em austenita homogênea.

Posteriormente, se o aço for resfriado lentamente até a temperatura b da Figura 9.9 (cerca de 775 °C), ocorrem nucleação e crescimento de **ferrita proeutetoide**[4], principalmente nos contornos de grão da austenita. Se esta liga for resfriada lentamente da temperatura b até a temperatura c da Figura 9.9, a quantidade de ferrita proeutetoide formada vai aumentando, até que aproximadamente 50% de austenita tenha se transformado. Enquanto o aço é resfriado de b até c, o teor em carbono da austenita remanescente aumenta de 0,4 para 0,8%. Se as condições de resfriamento lento se mantiverem, a austenita remanescente se transforma isotermicamente à temperatura de 723 °C em perlita, por meio da reação eutetoide: austenita → ferrita + cementita. A ferrita-α da perlita chama-se **ferrita eutetoide** para distinguir da ferrita proeutetoide que se forma inicialmente, acima de 723 °C. A Figura 9.10 é uma fotomicrografia obtida no microscópio óptico, da estrutura de um aço hipoeutetoide com 0,35% C, que foi austenitizado e resfriado lentamente até a temperatura ambiente.

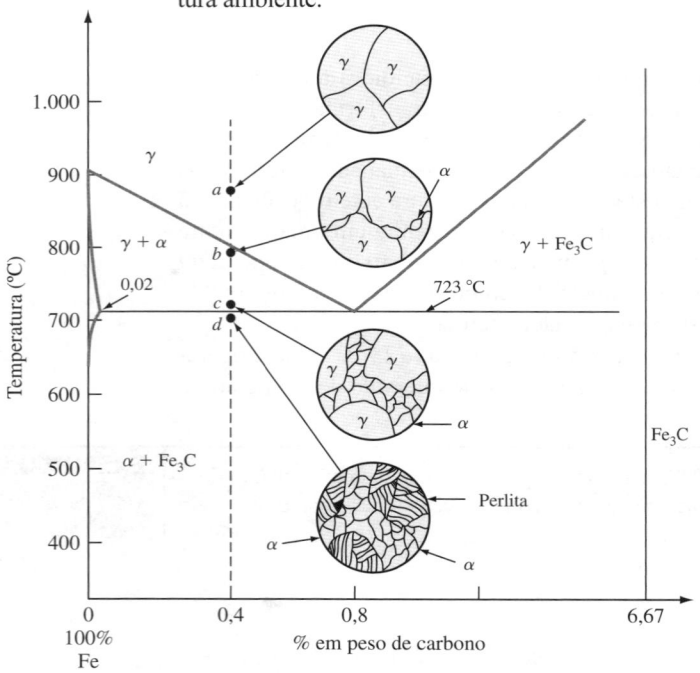

Figura 9.9
Transformação de um aço-carbono hipoeutetoide (0,4% C) em resfriamento lento.
(W.F. Smith, "Structure and Properties of Engineering Alloys," 2. ed., McGraw Hill, 1993, p. 10. Reproduzido com permissão de The McGraw-Hill Companies.)

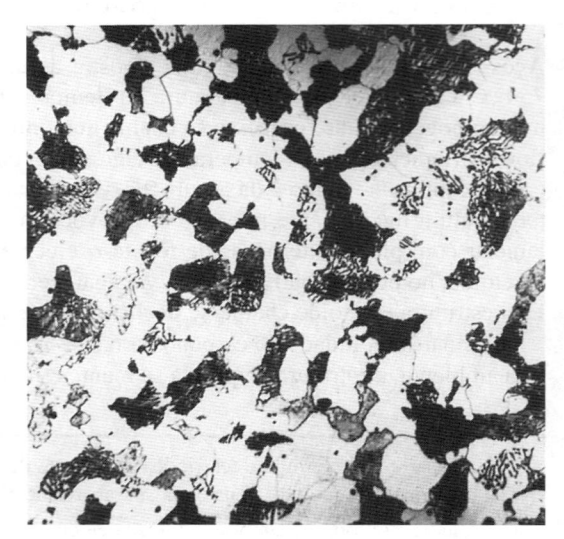

Figura 9.10
Microestrutura de um aço-carbono hipoeutetoide com 0,35% C resfriado lentamente desde o estado austenítico. O constituinte branco é a ferrita proeutetoide; o constituinte escuro é a perlita. (Reagente de ataque: nital 2%; ampliação 500×.)
(W.F. Smith, "Structure and Properties of Engineering Alloys," 2. ed. McGraw-Hill, 1993, p. 11.)

---

[4]O prefixo *pro* significa "antes"; o termo *proeutetoide* é usado para distinguir este constituinte que se forma primeiro da ferrita eutetoide, que se forma na reação eutetoide durante o resfriamento subsequente.

> **EXEMPLO 9.2**
>
> a. Um aço-carbono hipoeutetoide com 0,40% C é resfriado lentamente desde 940 °C até uma temperatura ligeiramente acima de 723 °C.
>   (i) Calcule a proporção em peso de austenita presente no aço.
>   (ii) Calcule a proporção em peso de ferrita proeutetoide presente no aço.
> b. Um aço-carbono hipoeutetoide com 0,40% C é resfriado lentamente desde 940 °C até uma temperatura ligeiramente abaixo de 723 °C.
>   (i) Calcule a proporção em peso de ferrita proeutetoide presente no aço.
>   (ii) Calcule a proporção em peso de ferrita eutetoide e a proporção em peso de cementita eutetoide presentes no aço.
>
> ■ **Solução**
>
> Recorrendo à Figura 9.6 e traçando linhas conjugadas:
>
> a. (i) % em peso de austenita $= \dfrac{0,40 - 0,02}{0,80 - 0,02} \times 100\% = 50\%$ ◄
>
>   (ii) % em peso de ferrita proentetoide $= \dfrac{0,80 - 0,40}{0,80 - 0,02} \times 100\% = 50\%$ ◄
>
> b. (i) A proporção em peso de ferrita proeutetoide presente no aço a uma temperatura imediatamente abaixo de 723 °C vai ser a mesma que ligeiramente acima de 723 °C, ou seja, 50%.
>   (ii) As proporções em peso totais de ferrita e cementita imediatamente abaixo de 723 °C são
>
> $$\% \text{ em peso de ferrita} = \dfrac{6,67 - 0,40}{6,67 - 0,02} \times 100\% = 94,3\%$$
>
> $$\% \text{ em peso de cementita} = \dfrac{0,40 - 0,02}{6,67 - 0,02} \times 100\% = 5,7\%$$
>
> % em peso de ferrita eutetoide = ferrita total − ferrita proeutetoide
> $$= 94,3 - 50 = 44,3\% \blacktriangleleft$$
>
> % em peso de cementita eutetoide = % cementita total $= 5,7\%$ ◄
>
> (Nenhuma cementita proeutetoide foi formada durante o resfriamento.)

Aços-carbono hipereutetoides Se uma amostra de um aço com 1,2% C (aço hipereutetoide) for aquecida a cerca de 950 °C e se for mantida essa temperatura durante tempo suficiente, a sua estrutura se tornará essencialmente austenítica (ponto *a* na Figura 9.11). Se o aço for resfriado lentamente até a temperatura *b* na Figura 9.11, ocorrem nucleação e crescimento de **cementita proeutetoide**, inicialmente nos contornos de grão da austenita. Continuando o resfriamento lento até ao ponto *c* da Figura 9.11, situado imediatamente acima de 723 °C, irá se formar maior quantidade de cementita proeutetoide nos contornos de grão da austenita. Se forem mantidas as condições próximas do equilíbrio, ou seja, se a liga for resfriada lentamente, a quantidade total de carbono na austenita restante da liga varia de 1,2 para 0,8%.

Continuando a resfriar lentamente até 723 °C ou a uma temperatura ligeiramente abaixo, a austenita remanescente vai se transformar em perlita por meio da reação eutetoide, como indicado no ponto *d* da Figura 9.11. A cementita formada na reação eutetoide chama-se **cementita eutetoide**, de modo a distingui-la da cementita proeutetoide formada a temperaturas acima de 723 °C. Do mesmo modo, a ferrita formada na reação eutetoide é conhecida por *ferrita eutetoide*. Na Figura 9.12, é apresentada uma fotomicrografia, obtida no microscópio óptico, da estrutura de um aço hipereutetoide com 1,2% C, que foi austenitizado e posteriormente resfriado lentamente até a temperatura ambiente.

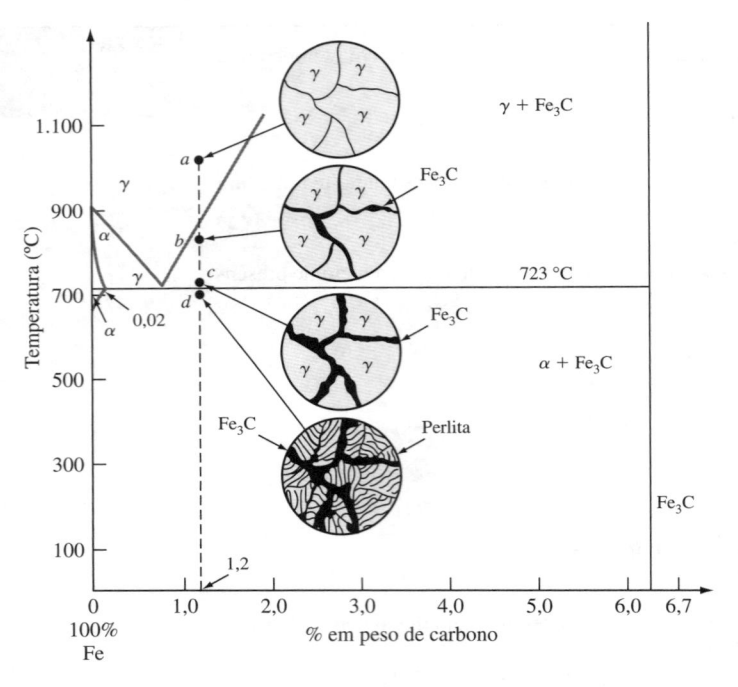

Figura 9.11
Transformação de um aço hipereutetoide com 1,2% C em resfriamento lento.
(W.F. Smith, "Structure and Properties of Engineering Alloys", 2. ed., McGraw-Hill, 1993, p. 12. Reproduzido com permissão de The McGraw-Hill Companies.)

Figura 9.12
Microestrutura de um aço hipereutetoide com 1,2% C resfriado lentamente desde a região austenítica. Nesta estrutura, a cementita proeutetoide aparece como o constituinte branco que foi formado nos contornos de grão da austenita. A estrutura restante é a perlita lamelar grosseira. (Reagente de ataque: picral; ampliação 1000×.)
(Cortesia de United States Steel Corp.)

EXEMPLO 9.3

Um aço-carbono hipoeutetoide que foi resfriado lentamente desde a região austenítica até a temperatura ambiente contém 9,1% (em peso) de ferrita eutetoide. Admitindo que não haja variação da estrutura durante o resfriamento, desde uma temperatura imediatamente abaixo da temperatura eutetoide até a temperatura ambiente, qual é o teor em carbono do aço?

■ Solução

Seja x a proporção em peso de carbono no aço hipoeutetoide. Podemos usar a equação que relaciona a ferrita eutetoide com a ferrita total e com a ferrita proeutetoide, que é:

Ferrita eutetoide = ferrita total − ferrita proeutetoide

Usando a Figura E9.3 e a regra da alavanca, nós podemos montar a equação seguinte:

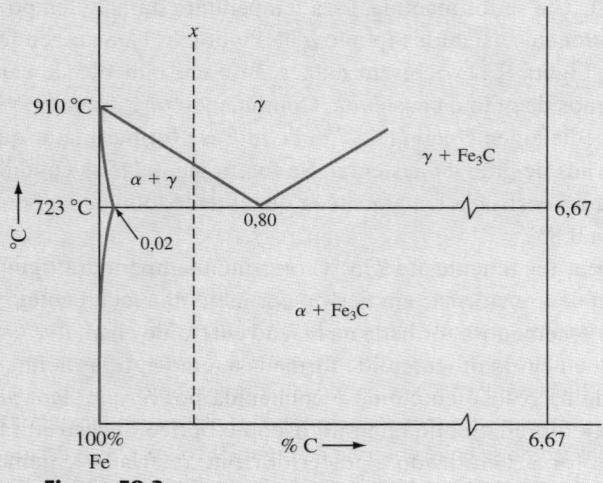

Figura E9.3

$$0,091 = \underbrace{\frac{6,67-x}{6,67-0,02}}_{\text{ferrita eutetoide}} - \underbrace{\frac{0,80-x}{0,80-0,02}}_{\text{ferrita total}} = \frac{6,67}{6,65} - \frac{x}{6,65} - \frac{0,80}{0,78} + \frac{x}{0,78}$$

ou

$$1,28x - 0,150x = 0,091 - 1,003 + 1,026 = 0,114$$

$$x = \frac{0,114}{1,13} = 0,101\% \text{ C} \blacktriangleleft$$

9.3 TRATAMENTOS TÉRMICOS DE AÇOS-CARBONO

Diferentes propriedades dos aços podem ser obtidas por meio da variação do modo como eles são aquecidos e resfriados. Nesta seção, descreveremos algumas das mudanças de estrutura e de propriedades que ocorrem durante os tratamentos térmicos mais importantes dos aços-carbono.

9.3.1 Martensita

Formação de martensita Fe-C por resfriamento rápido Se uma amostra de um aço-carbono austenitizada for resfriada rapidamente até a temperatura ambiente por meio de imersão em água, a sua estrutura vai passar de austenita para **martensita**. É importante pontuar que a martensita nos aços-carbono é uma fase metaestável, que consiste em uma solução sólida supersaturada de carbono dissolvido intersticialmente no ferro cúbico de corpo centrado ou tetragonal de corpo centrado (a tetragonalidade é causada por uma pequena distorção da célula unitária CCC do ferro). A temperatura M_i a que se inicia, no resfriamento, a transformação da austenita em martensita é denominada *temperatura de início de transformação martensítica*, e a temperatura M_f para a qual se completa a transformação é denominada *temperatura final de transformação martensítica*. Nas ligas Fe-C, a temperatura M_i diminui com o aumento da proporção em peso de carbono nas ligas, como se pode observar na Figura 9.13.

Microestrutura das martensitas Fe-C A microestrutura apresentada pela martensita nos aços-carbono depende do teor de carbono dos aços. Se o aço contiver teores inferiores a 0,6% C, a martensita é formada por *domínios* de agulhas de orientações diferentes, mas vizinhas dentro de um mesmo domínio. A estrutura interna das agulhas é bastante distorcida, sendo formada por regiões com elevada densidade de emaranhados de discordâncias. A Figura 9.14a é uma fotomicrografia, obtida no microscópio óptico, de *martensita em agulhas* em uma liga Fe-0,2% C, com uma ampliação de 600×, enquanto que a Figura 9.15 é uma fotomicrografia obtida no microscópio eletrônico com uma ampliação de 60.000×, em que se pode observar a subestrutura da martensita em agulhas na mesma liga. Quando o teor em carbono das martensitas Fe-C aumenta para valores superiores a 0,6% C, começa a se formar outro tipo de martensita, chamada *martensita em placas*. Acima de cerca de 1% C, a estrutura das ligas Fe-C consiste inteiramente de martensita em placas. A Figura 9.14b é uma fotomicrografia da martensita em placas de uma liga com Fe-1,2% C, obtida no microscópio óptico, com ampliação de 60.000×.

Nas martensitas Fe-C com elevados teores de carbono, as placas têm tamanhos diferentes e uma fina estrutura de agulhas paralelas, como se pode observar na Figura 9.16. As placas estão frequentemente rodeadas por elevadas quantidades de austenita não transformada. As martensitas Fe-C com teores em carbono entre 0,6 e 1,0% apresentam microestruturas contendo os dois tipos de martensitas: em agulhas e em placas.

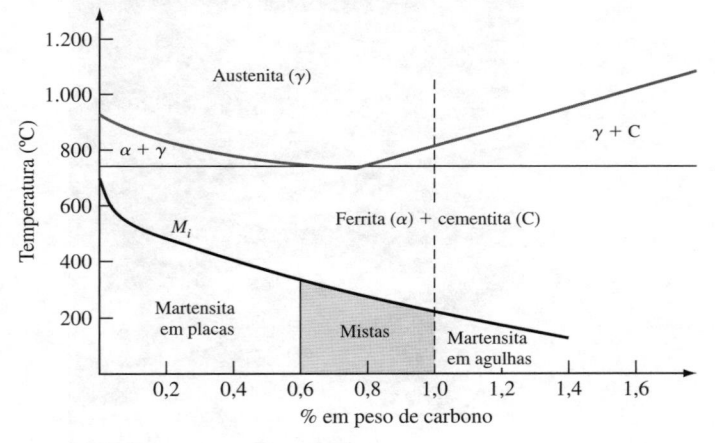

Figura 9.13
Efeito do teor de carbono na temperatura de início de transformação em martensita, para as ligas ferro-carbono.
(A.R. Marder and G. Krauss, como apresentado em "Hardenability Concepts with Applications to Steel", AIME, 1978, p. 238.)

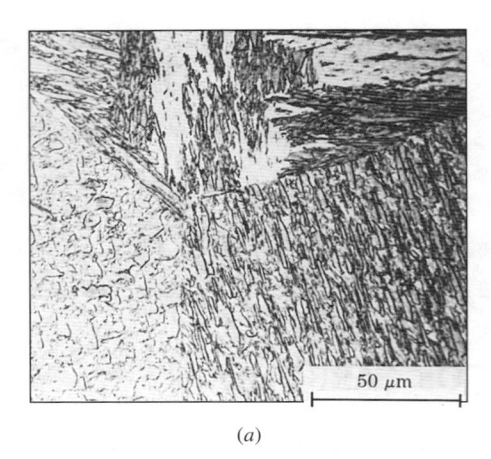

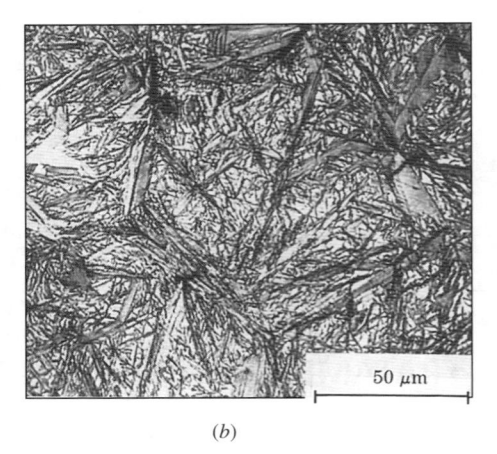

Figura 9.14
Efeito do teor em carbono na estrutura da martensita nos aços-carbono: (*a*) em agulhas e (*b*) em placas. (Reagente de ataque: bisulfito de sódio; micrografias óticas.)
(A.R. Marder e G. Krauss, Trans. ASM, 60:651 (1967). Reproduzido com permissão de ASM International. Todos os direitos reservados. www.asminternational.org)

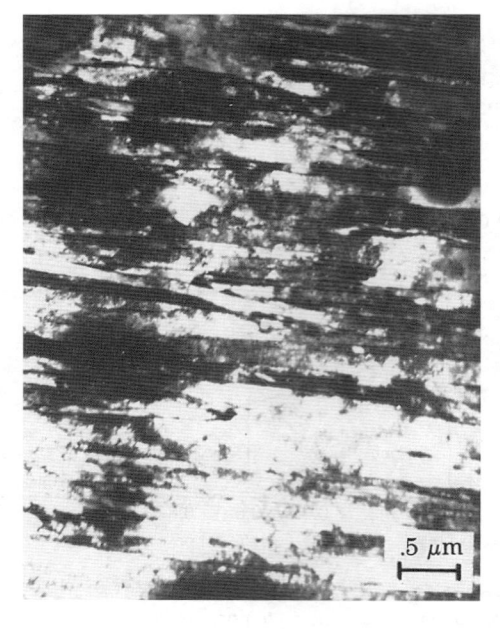

Figura 9.15
Estrutura da martensita em plaquetas em uma liga Fe-0,2% C. (Note-se o alinhamento paralelo das plaquetas).
(A.R. Marder e G. Krauss, Trans. ASM International 60:651(1967). Reproduzido com permissão de ASM International. Todos os direitos reservados. www.asminternational.org)

Figura 9.16
Martensita em agulhas, observando-se aspecto refinado da transformação.
(M. Oka e C.M. Wayman, Trans. ASM, 62: 370(1969). Reproduzido com permissão de ASM International. Todos os direitos reservados. www.asminternational.org)

Estrutura das martensitas Fe-C em escala atômica   Admite-se que a transformação da austenita em martensita nas ligas Fe-C (aços-carbono) ocorra *sem difusão*, porque esse processo ocorre tão rapidamente que os átomos não têm tempo para se misturarem. Parece não haver uma barreira de energia de ativação que impeça a formação da martensita. Admite-se que não ocorra variação de composição da fase-mãe depois da reação e que cada átomo tende a manter os seus vizinhos iniciais. A posição relativa dos átomos de carbono em relação aos de ferro é a mesma, tanto na martensita como na austenita.

Para teores em carbono das martensitas inferiores a cerca de 0,2% C, a austenita se transforma na estrutura cristalina CCC da ferrita-α. Com o aumento do teor em carbono nas ligas Fe-C, a estrutura CCC sofre distorção, resultando em uma estrutura TCC (tetragonal de corpo centrado). O maior vazio

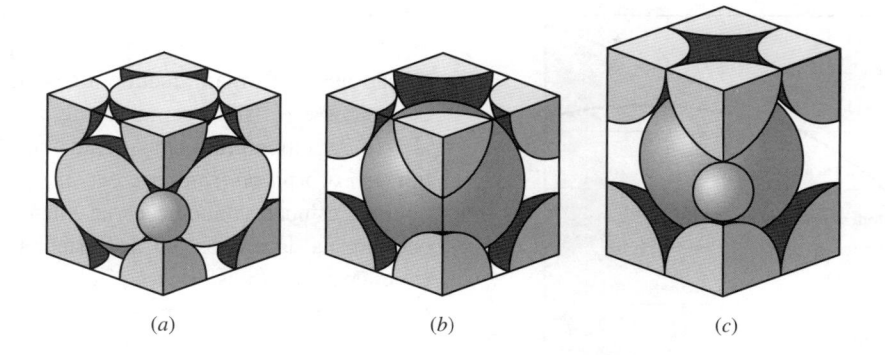

(a) (b) (c)

Figura 9.17
(a) Célula unitária CFC do ferro-γ com um átomo de carbono no maior vazio intersticial situado na aresta da célula cúbica. (b) Célula unitária CCC do ferro-α indicando um menor vazio intersticial entre os átomos da aresta do cubo. (c) Célula unitária TCC (tetragonal de corpo centrado) do ferro resultante da distorção da célula unitária CCC causada pelos átomos de carbono.
(E.R. Parker and V.F. Zackay, "Strong and Ductile Steels", Scientific American, November 1968, p. 42.)

MatVis

intersticial na estrutura CFC do ferro-γ tem um diâmetro de 0,104 nm (Figura 9.17a), enquanto que o maior vazio intersticial na estrutura CCC do ferro-α tem um diâmetro de 0,072 nm (Figura 9.17b). O átomo de carbono tem um diâmetro de 0,154 nm, pelo que o carbono pode ser acomodado mais facilmente na rede CFC do ferro-γ do que na rede CCC. Ao se obterem martensitas Fe-C com teores superiores a 0,2% C, por resfriamento rápido a partir da austenita, e porque o espaçamento intersticial da rede CCC é reduzido, há distorção da rede CCC ao longo do eixo c, de modo a acomodar os átomos de carbono (Figura 9.17c). Na Figura 9.18, indica-se o alongamento do eixo c da rede da martensita Fe-C devido ao aumento do teor em carbono.

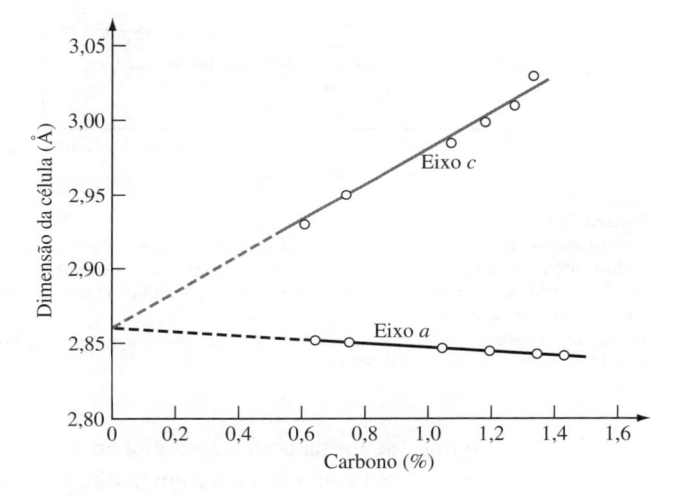

Dureza e resistência mecânica das martensitas Fe-C A dureza e a resistência mecânica das martensitas Fe-C estão diretamente relacionadas ao seu teor em carbono e aumentam quando este teor aumenta (Figura 9.19). No entanto, a ductilidade e a tenacidade diminuem com o aumento da quantidade de carbono, motivo pelo qual muitos dos aços-carbono martensíticos são revenidos por aquecimento e manutenção por um determinado período a temperaturas abaixo da temperatura de transformação, 723 °C.

Figura 9.18
Variação das dimensões dos eixos a e c da rede da martensita Fe-C em função do teor em carbono.
(E.C. Bain and H.W. Paxton, "Alloying Elements in Steel", 2. ed., American Society for Metals, 1996, p. 36. Utilizado com permissão de ASM International.)

As martensitas Fe-C de baixo teor de carbono apresentam resistência mecânica elevada devido à alta concentração de discordâncias que se formam (martensita em agulhas) e ao endurecimento por solução sólida intersticial, resultante dos átomos de carbono. A elevada concentração de discordâncias em "novelos" (martensita em agulhas) torna difícil o movimento de outras discordâncias. Quando o teor de carbono é superior a 0,2% C, o endurecimento por solução sólida intersticial se torna mais importante e a rede CCC do ferro sofre distorção e se torna tetragonal. Porém, nas martensitas Fe-C com elevado teor de carbono, as numerosas interfaces de planos de escorregamento, na martensita em placas, também contribuem para a dureza.

9.3.2 Decomposição isotérmica da austenita

Diagrama de transformação isotérmica para um aço-carbono eutetoide Em seções anteriores, descreveram-se os produtos da reação de decomposição da austenita de aços-carbono eutetoides em

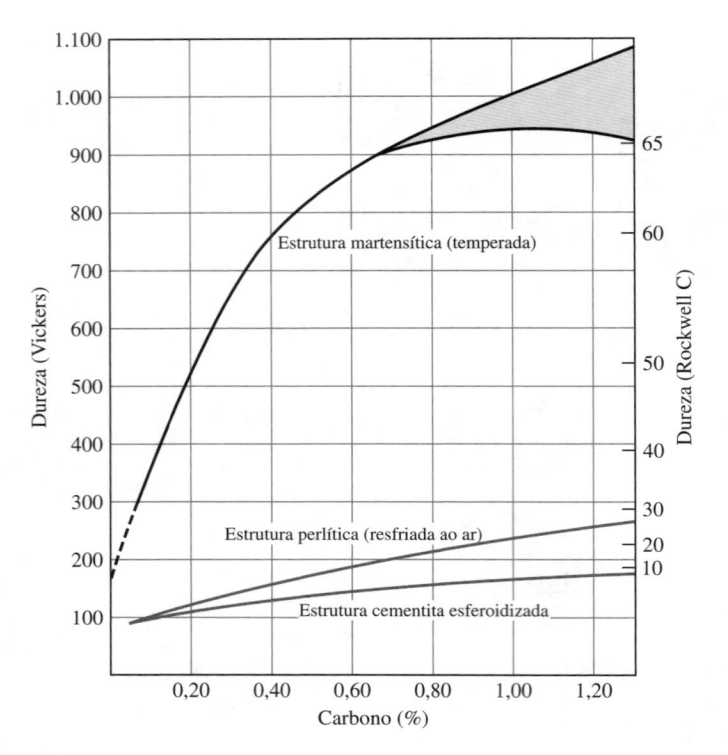

Figura 9.19
Dureza aproximada de aços-carbono martensíticos completamente endurecidos em função do teor de carbono. A região sombreada indica alguma perda possível de dureza devido à austenita residual, que é menos dura do que a martensita.
(E.C. Bain and H.W. Paxton, "Alloying Elements in Steel", 2. ed., American Society for Metals, 1996, p. 37. Utilizado com permissão de ASM International.)

condições tanto de resfriamento muito lento como rápido. Consideremos agora quais os produtos de reação que se formam quando a austenita dos aços eutetoides é resfriada rapidamente, a temperaturas abaixo da temperatura considerada eutetoide, e depois *transformada isotermicamente*.

Para estudar as alterações na microestrutura que ocorrem na decomposição da austenita, realizam-se experiências de transformação isotérmica, usando um determinado número de amostras de pequenas dimensões, cada uma delas do tamanho de uma moeda. As amostras são inicialmente austenitizadas num forno a uma temperatura superior à temperatura eutetoide (Figura 9.20a). Posteriormente, as amostras são resfriadas rapidamente em um banho de sais fundidos até a temperatura pretendida, abaixo da temperatura eutetoide (Figura 9.20b). Após terem permanecido por diferentes períodos de duração no banho de sais, as amostras são removidas do banho, uma de cada vez, e mergulhadas em água (temperadas) à temperatura ambiente (Figura 9.20c). Após o intervalo de tempo de transformação, a microestrutura é examinada à temperatura ambiente.

Consideremos as alterações na microestrutura que ocorrem na transformação isotérmica de um aço-carbono eutetoide a 705 °C, como esquematizado na Figura 9.21. Depois de serem austenitizadas, as amostras são temperadas "a quente" num banho de sais a 705 °C. Passados aproximadamente 6 min., se forma perlita grosseira em pequena quantidade. Após 67 min de permanência, a austenita se transforma completamente em perlita grosseira.

Repetindo o mesmo procedimento para a transformação isotérmica dos aços eutetoide s, a temperaturas sucessivamente mais baixas é possível construir um **diagrama de transformação isotérmica (TI)**, como indicado na Figura 9.22; o qual foi obtido a partir de dados experimentais da Figura 9.23. A curva com a forma de S junto ao eixo da temperatura indica o tempo necessário para que se inicie a transformação isotérmica da austenita, e a segunda curva em S indica o tempo requerido para que a transformação se complete. A transformação isotérmica dos aços eutetoides a temperaturas entre 723 °C e aproximadamente 550 °C dá origem à formação de microestruturas perlíticas. Com a diminuição da temperatura, nesta gama de temperaturas, a perlita passa de grosseira a fina (Figura 9.23). O arrefecimento rápido (têmpera) de um aço eutetoide a temperaturas acima de 723 °C, às quais o aço está na fase austenítica, dá origem à transformação da austenita em martensita, como foi anteriormente explicado.

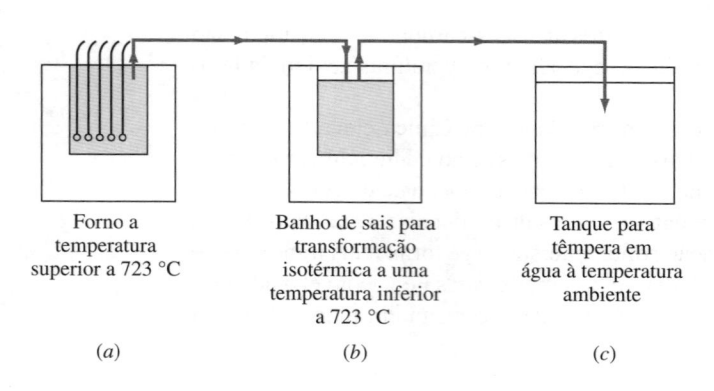

Se os aços eutetoides na fase austenítica forem temperados "a quente", a temperaturas entre 550 e 250 °C, e transformados isotermicamente, forma-se, então, uma estrutura intermediária entre a perlita e

Figura 9.20
Procedimento experimental para determinação das alterações na microestrutura que ocorrem durante a transformação da austenita de um aço-carbono eutetoide.
(W.F. Smith, "Structure and Properties of Engineering Alloys", McGraw-Hill, 1981, p. 14. Reproduzido com permissão de The McGraw-Hill Companies.)

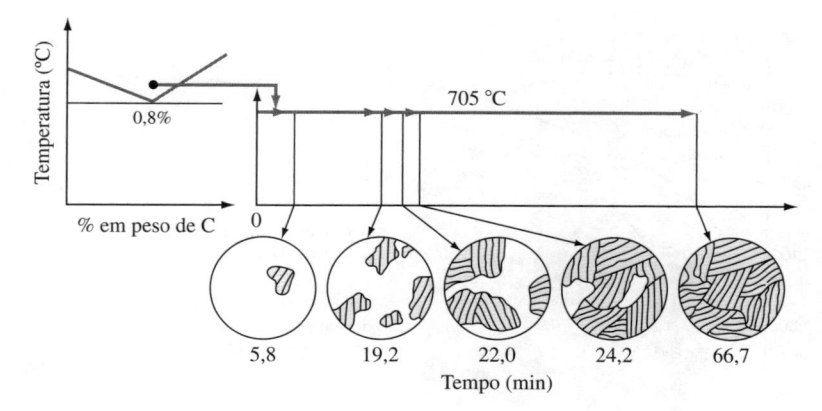

Figura 9.21
Experiências efetuadas para determinação das alterações na microestrutura durante a transformação isotérmica de um aço-carbono a 705 °C. Após a austenitização, as amostras são temperadas em um banho de sais a 705 °C e aí mantidas durante o tempo indicado, sendo depois temperadas em água à temperatura ambiente.
(W.F. Smith, "Structure and Properties of Engineering Alloys", McGraw-Hill, 1981, p. 14. Reproduzido com permissão de The McGraw-Hill Companies.)

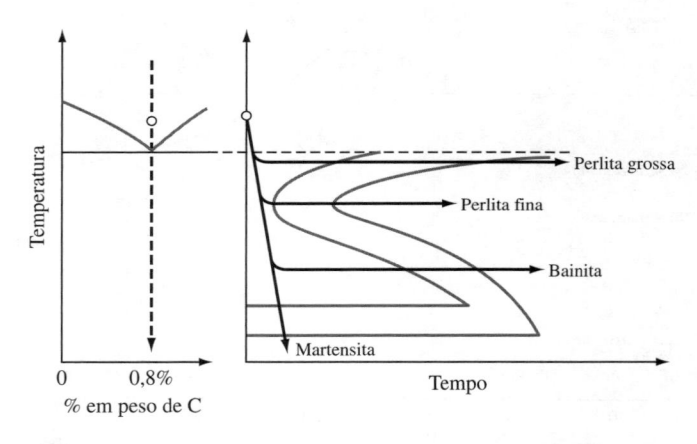

Figura 9.22
Diagrama de transformação isotérmica de um aço-carbono eutetoide, em que se mostra a relação com o diagrama de fases Fe-Fe$_3$C.

a martensita, que se chama ***bainita***[5]; esse composto nas ligas Fe-C pode ser definido como um produto de decomposição da austenita que tem uma estrutura *eutetoide não lamelar* de ferrita-α e cementita (Fe$_3$C). Para os aços-carbono eutetoides, faz-se uma distinção entre *bainita superior*, que se obtém por transformação isotérmica a temperaturas entre 550 e 350 °C, e *bainita inferior*, que se forma entre 350 e 250 °C. A Figura 9.24a apresenta uma fotomicrografia obtida no microscópio eletrônico (método de réplica) da microestrutura da bainita superior de um aço-carbono eutetoide, e na Figura 9.24b é apresentada a microestrutura da bainita inferior. A bainita superior tem regiões de cementita em forma de bastonetes longos, enquanto a bainita inferior tem partículas muito mais finas de cementita. Com a diminuição da temperatura de transformação, os átomos de carbono não podem se difundir facilmente, motivo pelo qual a estrutura da bainita inferior tem partículas menores de cementita.

---

[5]O termo "bainita" deriva de E.C. Bain, metalurgista americano que estudou intensivamente a transformação isotérmica dos aços. [ver E.S. Davenport e E.C. Bain, *Trans. AIME,* 90:117 (1930)].

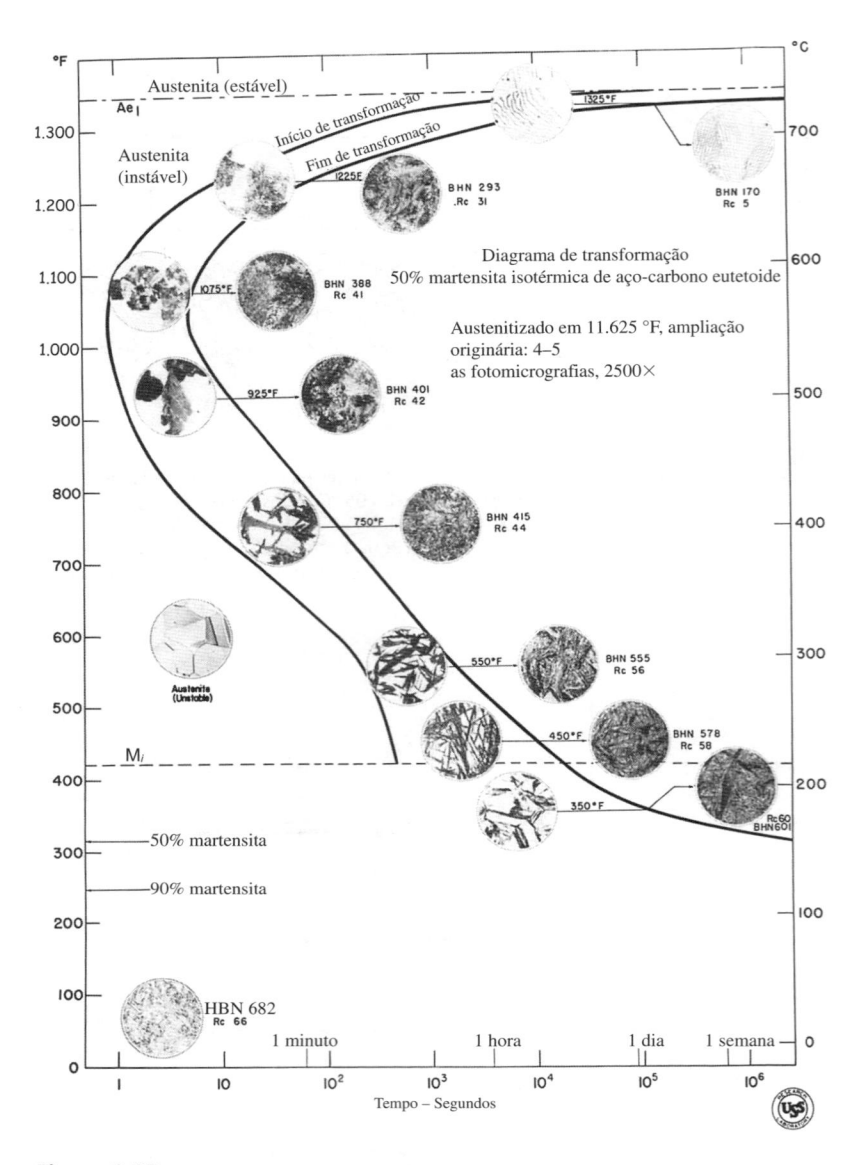

Figura 9.23
Diagrama de transformação isotérmica de um aço eutetoide.
(*Cortesia da United States Steel Corporation.*)

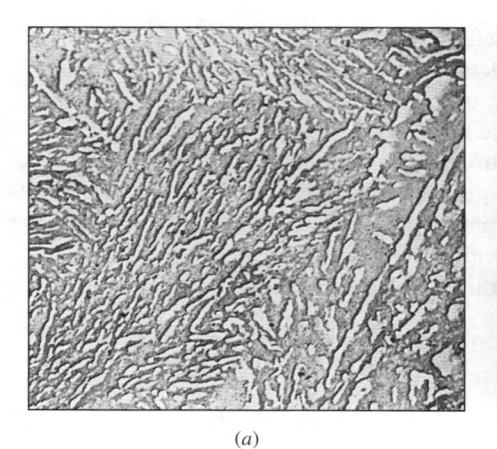

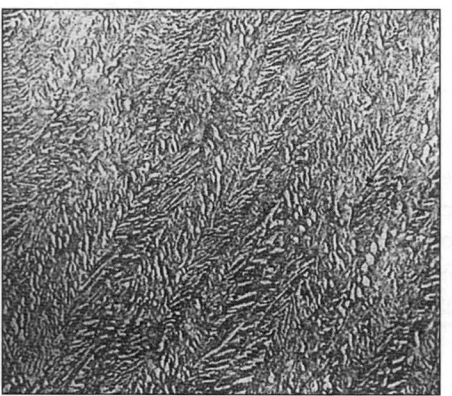

Figura 9.24
(*a*) Microestrutura da bainita superior formada por transformação completa de um aço eutetoide a 450 °C. (*b*) Microestrutura da bainita inferior formada por transformação completa de um aço eutetoide a 260 °C. As partículas brancas são Fe_3C e a matriz escura é Ferrita. (Fotomicrografias em microscópio eletrônico, método de réplica; ampliação 15.000×.)

(*H.E. McGrannon (ed.), "The Making, Shaping and Treating of Steel", 9. ed., United States Steel Corp., 1971.*)

EXEMPLO 9.4

Várias amostras finas de tiras laminadas a quente de um aço 1080, com 0,25 mm de espessura, foram aquecidas durante 1 hora a 850 °C, e depois foram submetidas aos tratamentos térmicos abaixo indicados. Recorrendo ao diagrama de transformação isotérmica da Figura 9.23, determine as microestruturas das amostras após cada um dos tratamentos térmicos.

a. Têmpera em água à temperatura ambiente
b. Têmpera a quente em banho de sais fundidos a 690 °C e manutenção durante 2h; têmpera em água
c. Têmpera a quente a 610 °C e manutenção durante 3 min; têmpera em água
d. Têmpera a quente a 580 °C e manutenção durante 2 s; têmpera em água
e. Têmpera a quente a 450 °C e manutenção durante 1h; têmpera em água
f. Têmpera a quente a 300 °C e manutenção durante 30 min; têmpera em água
g. Têmpera a quente a 300 °C e manutenção durante 5h; têmpera em água

■ **Solução**

As linhas correspondentes aos resfriamentos estão indicadas na Figura E9.4 e as microestruturas obtidas são as seguintes:

a. Totalmente martensítica
b. Totalmente formada por perlita grosseira
c. Totalmente formada por perlita fina
d. Constituída aproximadamente por 50% de perlita fina e 50% de martensita
e. Totalmente formada por bainita superior
f. Constituída aproximadamente por 50% de bainita inferior e 50% de martensita
g. Totalmente formada por bainita inferior

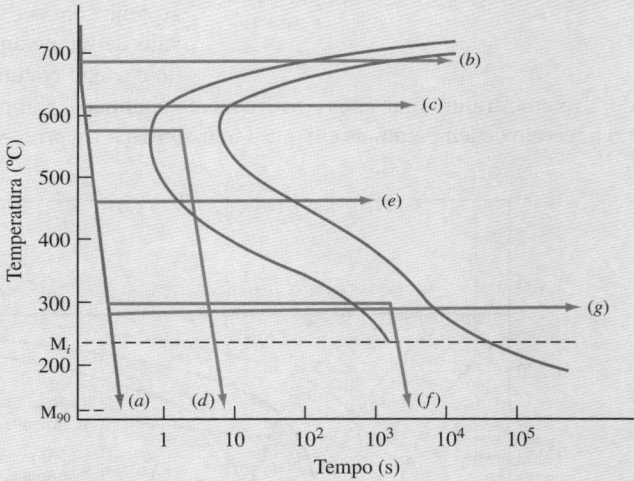

Figura E9.4
Diagrama de transformação isotérmica para um aço-carbono eutetoide onde estão indicadas as várias linhas correspondentes aos diferentes resfriamentos.

Diagramas de transformação isotérmica para aços-carbono não eutetoides Têm sido determinados também diagramas de transformação isotérmica para aços-carbono não eutetoides. Na Figura 9.25, apresenta-se um diagrama TI para um aço-carbono hipoeutetoide com 0,47% C. São evidentes as diferenças entre o diagrama TI de um aço-carbono não eutetoide e o diagrama TI de um aço eutetoide (Figura 9.23). Uma diferença fundamental reside no fato de as curvas em S no aço hipoeutetoide estarem desviadas para a esquerda, de modo que não é possível temperar este aço a partir da região austenítica para obter uma estrutura formada exclusivamente por martensita.

Uma segunda diferença importante é a introdução de outra linha de transformação na zona superior do diagrama TI do aço eutetoide, a qual indica o início de formação da ferrita proeutetoide. Deste modo, a temperaturas entre 723 °C e aproximadamente 765 °C, só se forma ferrita proeutetoide, por transformação isotérmica nesse intervalo de temperaturas.

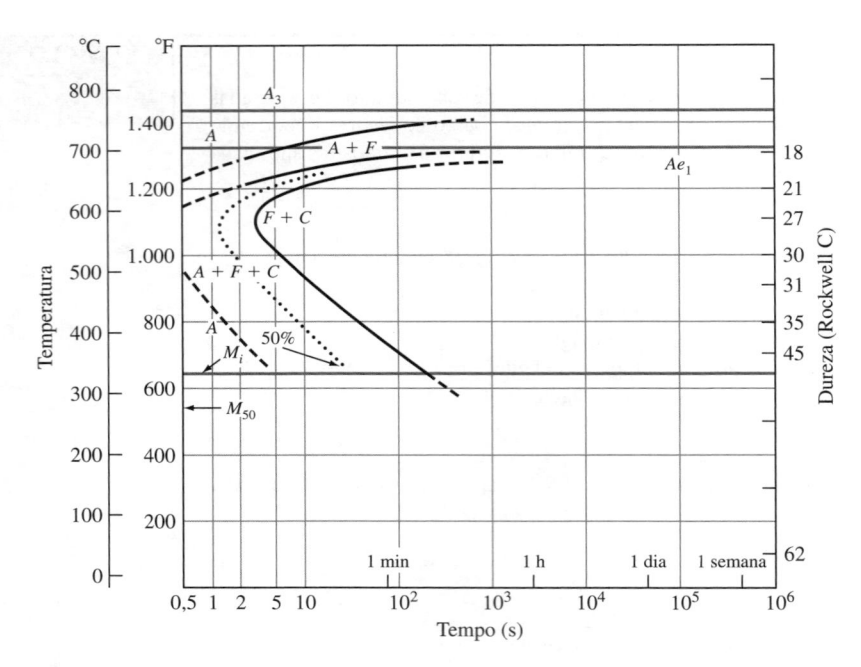

Figura 9.25
Diagrama de transformação isotérmica para um aço hipoeutetoide contendo 0,47% C e 0,57% Mn (Austenitizado a temperatura de 843 °C.)
(R.A. Grange and J.M. Kiefer, adaptado por E.C. Bain and H.W. Paxton, "Alloying Elements in Steel", 2. ed., American Society for Metals, 1966.)

Também têm sido determinados diagramas TI para aços-carbono hipereutetoides. Nesse caso, a linha superior do diagrama corresponde ao início da formação de cementita proeutetoide nesses tipos de aços.

9.3.3 Diagrama de transformação por resfriamento contínuo para aços-carbono eutetoides

Na maior parte dos tratamentos térmicos industriais, um aço não é transformado isotermicamente a uma temperatura acima da temperatura de início de transformação martensítica, mas sim resfriado continuamente desde a temperatura austenítica até a temperatura ambiente.

Durante o resfriamento contínuo de um aço-carbono, a transformação da austenita em perlita ocorre em um intervalo de temperaturas em vez de a uma única temperatura (transformação isotérmica). Como resultado, a microestrutura final após o resfriamento contínuo é complexa, porque a cinética de reação vai variando no intervalo de temperaturas em que a transformação ocorre. A Figura 9.26 apresenta

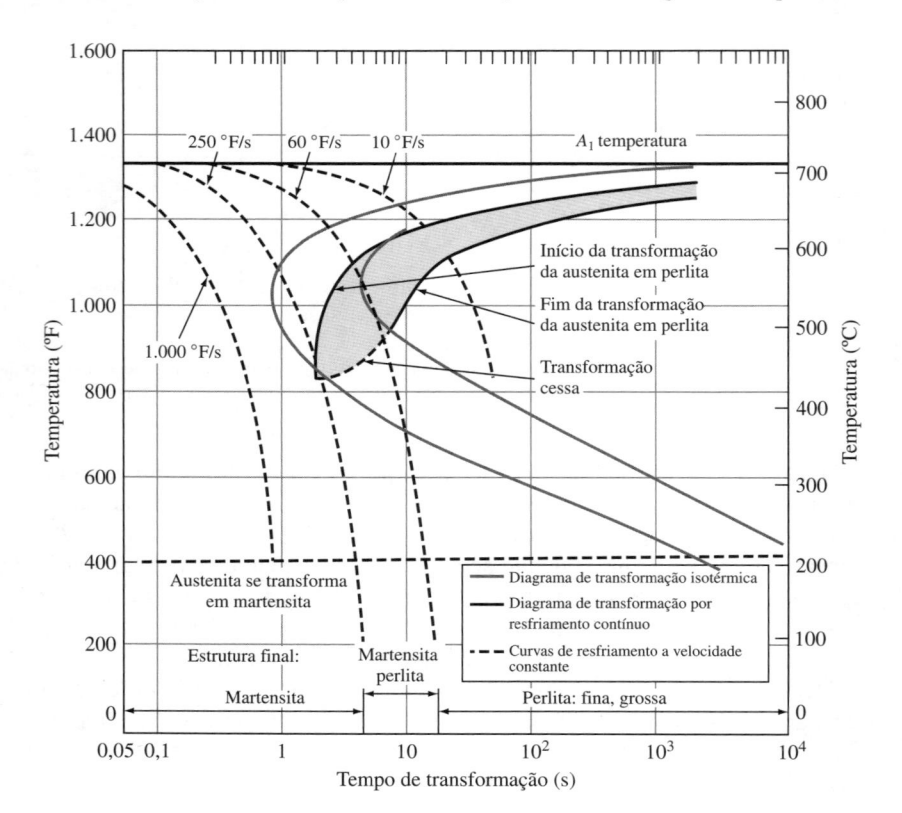

Figura 9.26
Diagrama de resfriamento contínuo de um aço-carbono eutetoide.
(R.A. Grange and J.M. Kiefer, adaptado por E.C. Bain and H.W. Paxton, "Alloying Elements in Steel", 2. ed., American Society for Metals, 1966, p. 254.)

um **diagrama de transformação por resfriamento contínuo** de um aço eutetoide, sobreposto ao diagrama TI do mesmo aço. No diagrama de transformação por resfriamento contínuo, as linhas de início e de fim de transformação estão desviadas para tempos mais longos e temperaturas ligeiramente mais baixas, em relação ao diagrama de transformação isotérmica. Também não há linhas de transformação abaixo de 450 °C para a transformação da austenita em bainita.

Na Figura 9.27, estão indicadas as linhas correspondentes a diferentes velocidades de resfriamento para amostras finas de um aço-carbono eutetoide, resfriadas continuamente desde a região austenítica até a temperatura ambiente. A curva de resfriamento A representa um resfriamento muito lento, tal como o que seria obtido desligando a alimentação de um forno elétrico e deixando que o aço resfrie à medida que o forno resfria. Nesse caso, a microestrutura seria perlita grossa. A curva de resfriamento B corresponde a um resfriamento mais rápido, como o que se obteria se removêssemos o aço austenitizado do forno, deixando-o resfriar ao ar, em temperatura ambiente. Nesse caso, formaria-se, então, uma microestrutura constituída por perlita fina.

A curva de resfriamento C da Figura 9.27 começa com a formação de perlita, não havendo, no entanto, tempo suficiente para se completar a transformação da austenita em perlita. A austenita restante, que a temperaturas mais elevadas não se transformou em perlita, vai se transformar em martensita a temperaturas mais baixas, com início a 220 °C. A este tipo de transformação, que se dá em duas etapas, chama-se *transformação dividida*. A microestrutura deste aço consiste em uma mistura de perlita e de martensita. O resfriamento a velocidades superiores à da curva E da Figura 9.27, que se designa por *velocidade crítica de resfriamento*, produz uma estrutura martensítica completamente endurecida.

Foram também determinados alguns diagramas de resfriamento contínuo para muitos tipos de aços-carbono hipoeutetoides. Estes diagramas são mais complicados porque, durante o resfriamento contínuo, forma-se alguma bainita, a baixas temperaturas. Coloca-se fora dos propósitos deste livro à abordagem destes diagramas.

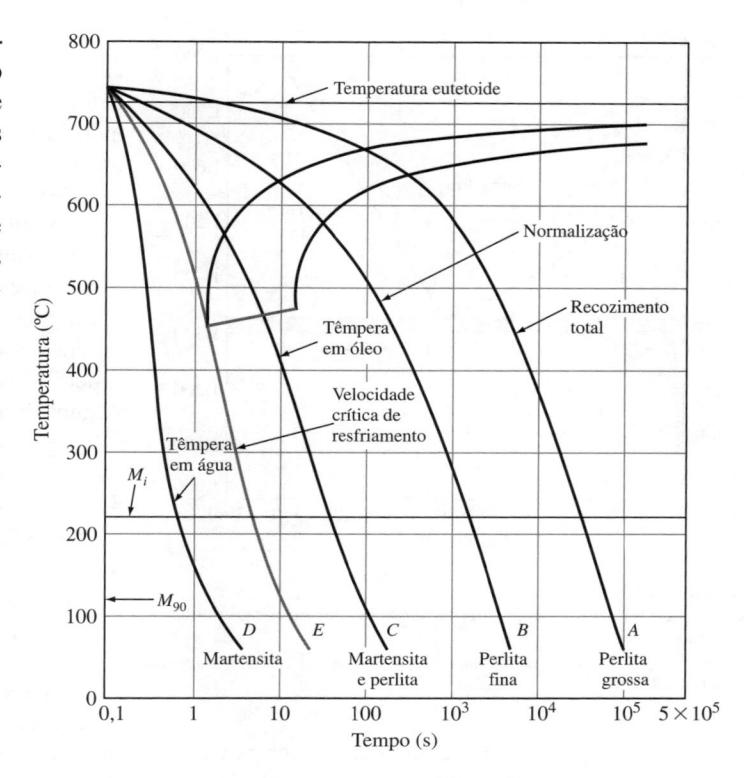

Figura 9.27
Variação da microestrutura de um aço-carbono eutetoide resfriado continuamente a velocidades diferentes.
(R.E. Reed-Hill, "Physical Metallurgy Principles," 2.· ed., D. Van Nostrand Co., 1973 © PWS Publishers.)

9.3.4 Recozimento e normalização dos aços-carbono

No Capítulo 6, foram apresentados os processos de deformação a frio e recozimento de metais, pelo qual se faz referência a esse mesmo capítulo. Os dois tipos mais comuns de recozimentos aplicados aos aços-carbono comerciais são o *recozimento total ou pleno* e o recozimento para *alívio de tensões*.

No recozimento total ou pleno, os aços hipoeutetoides e eutetoides são aquecidos na região austenítica a temperaturas cerca de 40 °C acima da linha fronteira austenita-ferrita (Figura 9.28), mantidos por um tempo necessário a essa temperatura, sendo depois arrefecidos lentamente até a temperatura ambiente, em geral no forno em que foram aquecidos. Quanto aos aços hipereutetoides, é comum austenitizar na região bifásica austenita + cementita (Fe_3C), cerca de 40 °C acima da temperatura eutetoide. A microestrutura dos aços hipoeutetoides após recozimento completo consiste em ferrita proeutetoide e perlita (Figura 9.10).

O recozimento para *alívio de tensões* diminui parcialmente a dureza dos aços com baixo teor de carbono deformados a frio, por meio do alívio das tensões internas induzidas pela deformação a frio. Esse tratamento é normalmente aplicado aos aços hipoeutetoides com teores inferiores a 0,3% C, e é efetuado a temperaturas abaixo da temperatura eutetoide, geralmente entre 550 e 650 °C. (Figura 9.28).

A *normalização* é um tratamento térmico em que o aço é aquecido na região austenítica e depois resfriado ao ar. A microestrutura de seções finas de aços-carbono hipoeutetoides normalizados é constituída por ferrita proeutetoide e perlita fina. Os objetivos da normalização são diversos. Alguns desses objetivos são os seguintes:

1. Refinar o tamanho de grão.
2. Aumentar a resistência mecânica do aço (comparada à resistência do aço recozido).
3. Reduzir segregações de composição resultantes de vazamento ou forjamento, a fim de se obter uma estrutura mais uniforme.

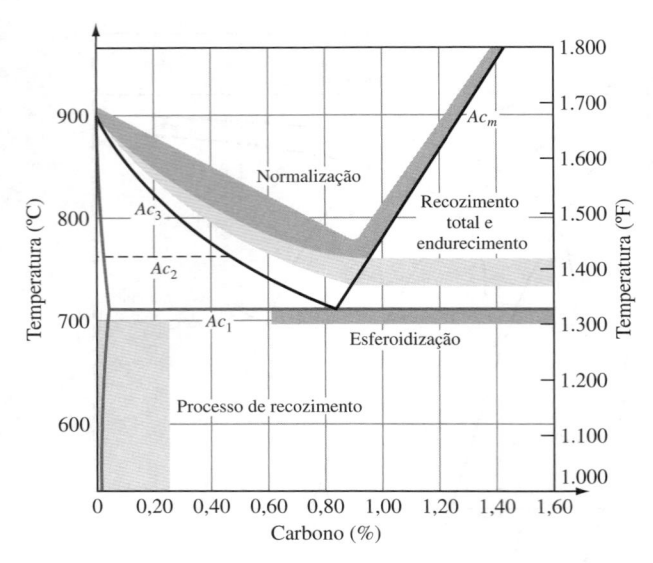

Figura 9.28
Intervalo de temperaturas frequentemente usadas no recozimento de aços-carbono.
(*Para T. G. Digges e outros, "Heat Treatment and Properties of Iron and Steel", NBS Monograph 88, 1966, p. 10.*)

O intervalo de temperaturas de austenitização usada na normalização dos aços-carbono está indicada na Figura 9.28. Esse processo, a normalização, é mais barato do que o recozimento completo, porque não é necessário um forno para controlar a velocidade de resfriamento do aço.

9.3.5 Revenimento dos aços-carbono

O processo de revenido O **revenido** é o tratamento de aquecimento de um aço martensítico a uma temperatura abaixo da temperatura de transformação eutetoide, com o objetivo de tornar o aço mais macio e mais dúctil. A Figura 9.29 ilustra o procedimento habitual de têmpera e revenido para um **aço-carbono**. Conforme indicado na Figura 9.29, o aço é inicialmente austenitizado, após o que é temperado com velocidade elevada de resfriamento, de modo a se obter martensita e a evitar a transformação da austenita em ferrita e cementita. Em seguida, o aço é reaquecido a uma temperatura abaixo da temperatura eutetoide para aliviar as tensões internas da martensita. Caso o tempo de manutenção a esta temperatura for grande, a martensita se transforma em uma estrutura de partículas de carboneto de ferro em uma matriz de ferrita.

Alterações na microestrutura da martensita após o revenido A martensita é uma estrutura metaestável e se decompõe com o reaquecimento. A martensita em agulhas de aços-carbono, que se formam quando o teor de carbono é baixo, possui uma densidade de deslocamentos elevada e estes deslocamentos providenciam locais de menor energia para os átomos de carbono do que as posições intersticiais regulares. Como consequência, quando os aços

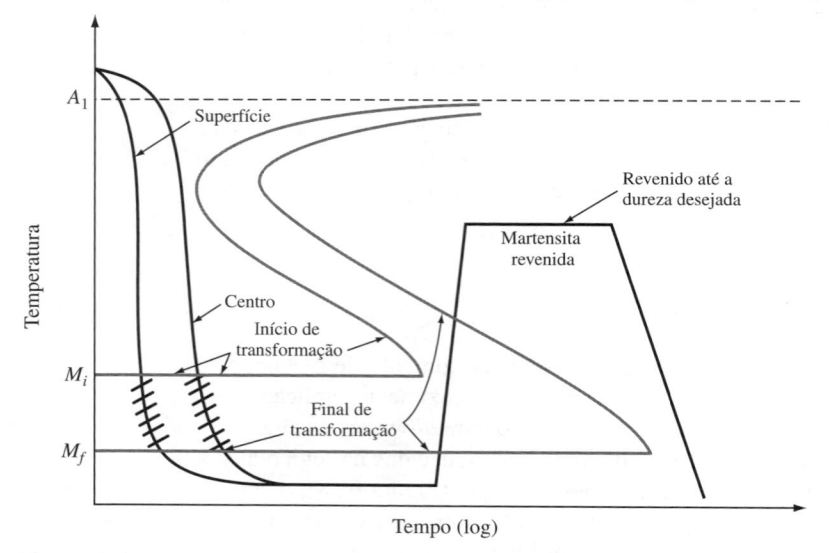

Figura 9.29
Diagrama esquemático que ilustra o procedimento habitual de têmpera e revenido de um aço-carbono.
(*"Suiting the Heat Treatment to the Job", United States Steel Corp., 1968, p. 34. Cortesia de United States Steel Corporation.*)

martensíticos de baixo teor de carbono são inicialmente temperados no intervalo de temperatura de 20 a 200 °C, os átomos de carbono segregam-se para essas posições de menor energia.

Para os aços-carbono martensíticos com teores superiores a 0,2% C, o modo principal de redistribuição do carbono a temperaturas de revenido abaixo de 200 °C é a formação de precipitados. Nesse raio de temperaturas, formam-se precipitados muito pequenos do chamado *carboneto epsilon* (ϵ). O carboneto que se forma quando os aços martensíticos são revenidos entre 200 e 700 °C é a *cementita*, Fe_3C. Quando a temperatura de revenido dos aços se situa entre 200 e 300 °C, os precipitados aparecem sob a forma de hastes (Figura 9.30). Para temperaturas de revenido mais elevadas, de 400 a 700 °C, os carbonetos em forma de hastes coalescem e se formam partículas esféricas. A martensita revenida, que apresenta cementita coalescida ao microscópio óptico, é denominada **esferoidita** (Figura 9.31).

Efeito da temperatura de revenido na dureza dos aços-carbono Na Figura 9.32, pode-se observar o efeito do aumento da temperatura de revenido na dureza de diversos tipos de aços-carbono martensíticos. A dureza diminui gradualmente com o aumento de temperatura a partir de aproximadamente 200 até 700 °C. Essa diminuição gradual da dureza da martensita com o aumento de temperatura deve-se, em essência, à difusão dos átomos de carbono dos seus locais intersticiais para formarem precipitados de uma segunda fase – o carboneto de ferro.

Martêmpera A **martêmpera** é um procedimento modificado de têmpera, utilizado em diversos tipos de aço para minimizar as distorções e a formação de trincas que podem se desenvolver durante o resfriamento desigual do material tratado termicamente. A martêmpera consiste em (1) austenitização do aço, (2) têmpera em óleo quente ou banho de sais a uma temperatura ligeiramente acima (ou abaixo) da temperatura M_i, (3) manutenção do aço no meio de têmpera até que a temperatura seja uniforme em toda a peça, finalizando dessa forma esta etapa isotérmica antes que se inicie a transformação da austenita em bainita, e (4) resfriamento a velocidade moderada, de modo a evitar grandes diferenças de temperatura, até que se atinja a temperatura ambiente. Em seguida, faz-se um revenido do aço, pelo processo convencional. Na Figura 9.33, é indicada a linha de resfriamento correspondente ao processo de martêmpera.

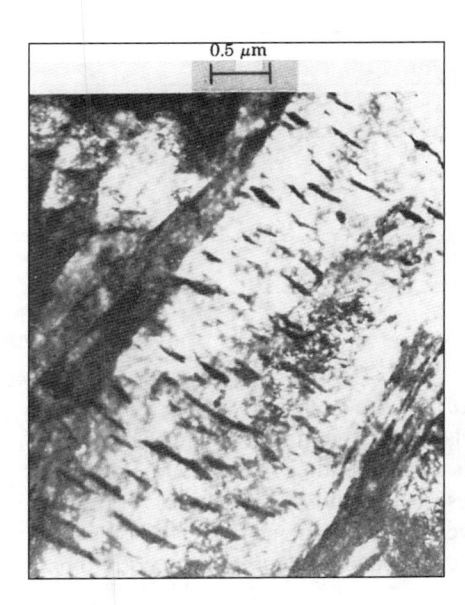

Figura 9.30
Precipitação de Fe_3C na martensita de um aço com Fe-0,39% C revenida durante 1h a 300 °C. (Fotomicrografia obtida em microscópio eletrônico.)
(G.R. Speich and W.C. Leslie, Met. Trans., 31:1043(1972).)

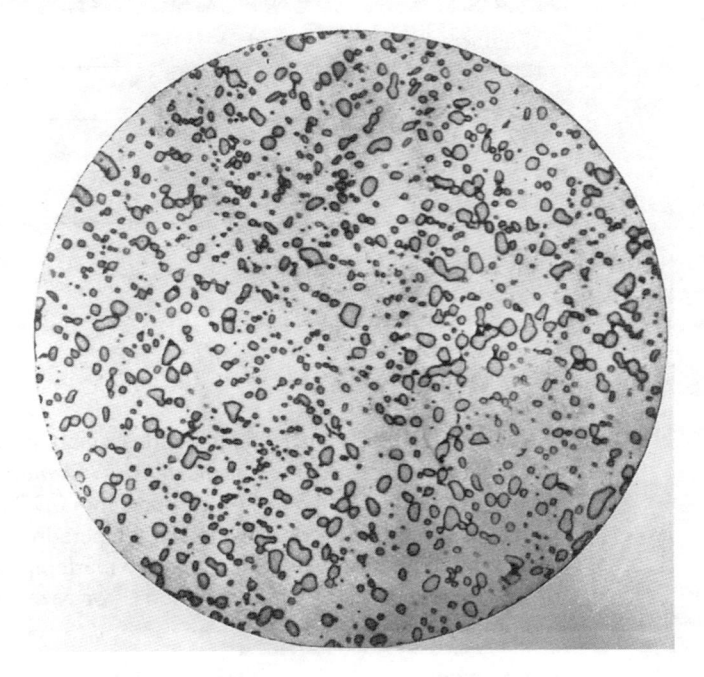

Figura 9.31
Esferoidita num aço hipereutetoide com 1,1% C. (Ampliação 1000×.)
(J. Vilella, E.C. Bain and H.W. Paxton, "Alloying Elements in Steel", 2. ed., American Society for Metals, 1966, p. 101. Reproduzido com permissão de ASM International. Todos os direitos reservados. www.asminternational.org)

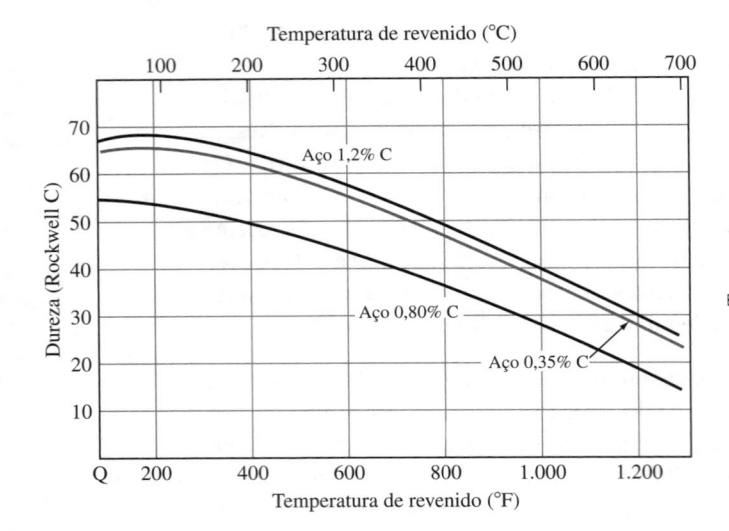

Figura 9.32
Dureza das martensitas ferro-carbono (0,35 a 1,2% C) revenidas durante 1h às temperaturas indicadas.
(E.C. Bain and H.W. Paxton, "Alloying Elements in Steel", 2. ed., American Society for Metals, 1966, p. 38. Utilizado com permissão de ASM International.)

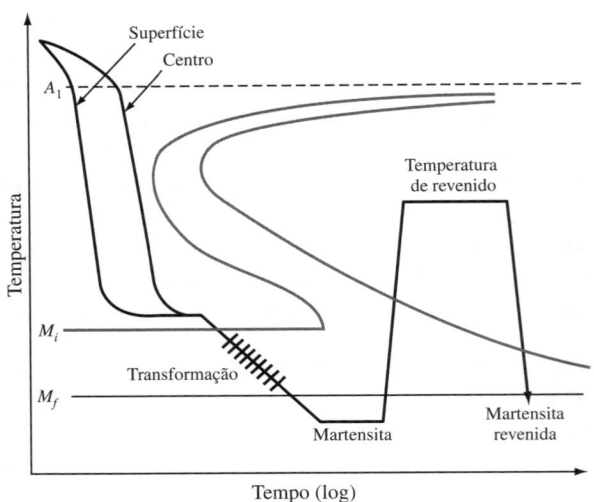

Figura 9.33
Curva de resfriamento correspondente à martêmpera, sobreposta num diagrama TI de um aço-carbono eutetoide. A têmpera interrompida reduz as tensões que surgem no metal durante a têmpera.
("Metals Handbook", vol. 2, 8. ed., American Society for Metals, 1964, p. 37. Utilizado com permissão de ASM International.)

Tabela 9.2
Comparação de algumas propriedades mecânicas (a 20 °C) de um aço 1095 submetido à austêmpera e a outros tratamentos térmicos.

Tratamento térmico	Dureza Rockwell C	Resistência ao impacto, (J)	Alongamento (%)
Têmpera em água e revenido	53,0	16	0
Têmpera em água e revenido	52,5	19	0
Martêmpera e revenido	53,0	38	0
Martêmpera e revenido	52,8	33	0
Austêmpera	52,0	61	11
Austêmpera	52,5	54	8

Fonte: *"Metals Handbook", vol. 2, 8. ed., American Society for Metals, 1964.*

A estrutura obtida em aços submetidos à martêmpera é a *martensita* e a estrutura dos aços, revenidos após a martêmpera, se denomina *martensita revenida*. Na Tabela 9.2 estão indicadas algumas propriedades mecânicas de um tipo de aço-carbono com 0,95% C depois de submetido à martêmpera e revenido, e ainda as propriedades do mesmo aço temperado pelo processo convencional e revenido. A diferença fundamental nas propriedades é que o aço martemperado e revenido apresenta maiores valores de energia de impacto. O termo "mar-revenido", por vezes utilizado, é inadequado; o termo mais correto para este processo é *martêmpera*.

Austêmpera A **austêmpera** é um tratamento isotérmico, em certos aços-carbono, em que se forma bainita. Esse processo é uma alternativa em relação à têmpera e ao revenido para aumentar a tenacidade e a ductilidade de alguns aços. No tratamento de austêmpera, o aço começa pela austenitização, depois é temperado num banho de sais fundidos a uma temperatura ligeiramente acima da temperatura M_i do aço, mantido em temperatura constante para permitir a transformação da austenita em bainita, e posteriormente resfriado ao ar até a temperatura ambiente (Figura 9.34). A estrutura final apresentada por um aço-carbono eutetoide austemperado é a *bainita*.

As vantagens da austêmpera são: (1) o aumento da ductilidade e da resistência ao impacto de alguns tipos de aço em relação aos valores apresentados após têmpera convencional e revenido (Tabela 9.2) e (2) a diminuição da distorção do material temperado. Em relação à têmpera e revenido, a austêmpera tem as seguintes desvantagens: (1) requer um banho especial de sais fundidos e (2) o processo apenas pode ser usado para um número limitado de tipos de aços.

9.3.6 Classificação dos aços-carbono e propriedades mecânicas típicas

De acordo com a nomenclatura AISI-SAE[6], os aços-carbono são designados por quatro algarismos. Os dois primeiros são o número 10 e indicam que se trata de aço-carbono. Os dois últimos algarismos indicam a quantidade de carbono do aço, em porcentagem. Por exemplo, o número AISI-SAE 1030 indica que o aço é um aço-carbono que contém 0,30% de carbono. Todos os aços-carbono contêm manganês como elemento de liga para aumentar a resistência mecânica. A quantidade de manganês nos aços-carbono varia entre 0,30 e 0,95%. Os aços-carbono têm ainda impurezas de enxofre, fósforo, silício e outros elementos.

Na Tabela 9.3 estão indicadas propriedades típicas de alguns aços-carbono AISI-SAE. Os aços-carbono com um teor muito baixo de carbono apresentam resistência mecânica relativamente baixa, no entanto, a ductilidade é elevada. Esses aços são usados no formato de chapas finas para aplicações de deformação, tal como para-lamas e carrocerias de automóveis. Com o aumento do teor de carbono, os aços-carbono se tornam mais resistentes e menos dúcteis. Os aços de médio teor de carbono (1020-1040) têm como aplicações eixos e engrenagens. Os aços de alto teor de carbono (1060-1095) são usados, por exemplo, em molas, partes de moldes para fundição sob pressão, fresas e lâminas de corte.

Figura 9.34
Curvas de resfriamento da austêmpera de um aço-carbono eutetoide. A estrutura resultante desse tratamento é a bainita, que não necessita ser revenida. Comparando-se com o processo convencional indicado na Figura 9.29, M_i e M_f são, respectivamente, as temperaturas de início e de fim da transformação martensítica.
(*"Suiting the Heat Treatment to the Job"*, United States Steel Corp., 1968, p. 34. Cortesia de United States Steel Corporation.)

9.4 AÇOS DE BAIXA LIGA

Os aços-carbono podem ser usados satisfatoriamente em determinadas aplicações, nas quais os requisitos, em termos de resistência mecânica e de outros parâmetros importantes em engenharia, não sejam muito exigentes. Esses aços são relativamente baratos, mas têm algumas limitações que incluem:

1. Os aços-carbono não podem ser endurecidos para resistir a tensões superiores a cerca de 690 MPa, sem que haja perda substancial da ductilidade e resistência ao impacto;
2. Em amostras espessas de aços-carbono, não se consegue obter, em toda a peça, uma estrutura martensítica, isso significa que não são facilmente temperáveis;
3. Os aços-carbono têm baixa resistência à corrosão e à oxidação;
4. Os aços de médio teor de carbono devem ser temperados rapidamente para se obter uma estrutura totalmente martensítica. A têmpera rápida (com velocidade de resfriamento elevada) origina distorções e formação de trincas na peça tratada termicamente;
5. Os aços-carbono têm baixa resistência ao impacto a temperaturas baixas.

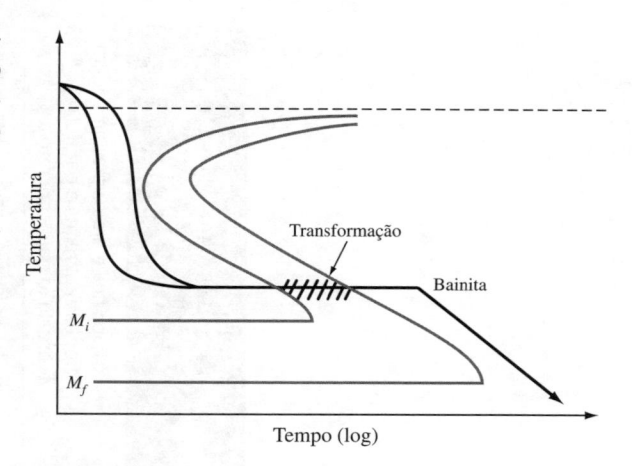

---

[6]AISI = American Iron and Steel Institute; SAE = Society for Automotive Engineers.

Tabela 9.3
Propriedades mecânicas típicas e aplicações de aços-carbono.

Designação AISI-SAE	Composição química (% em peso)	Estado	Estado resistência à tração	Estado resistência MPa	Tensão de escoamento à tração	Tensão de escoamento MPa	Alongamento (%)	Aplicações típicas
1010	0,10 C; 0,40 Mn	Laminado a quente Laminado a frio	40-60 42-58	276-414 290-400	26-48 23-38	179-310 159-262	28-47 30-45	Chapa fina e tira para estampagem, fio, barra. Pregos e parafusos; vergalhão para concreto.
1020	0,20 C; 0,45 Mn	Laminado Recozido	65 57	448 393	48 43	331 297	36 36	Chapa grossa e seções estruturais; eixos, engrenagens.
1040	0,40 C; 0,45 Mn	Laminado Recozido Revenido*	90 75 116	621 517 800	60 51 86	414 3352 593	25 30 20	Eixos, vigas, tubos de resistência elevada, engrenagens.
1060	0,60 C; 0,65 Mn	Laminado Recozido Revenido*	118 91 160	814 628 110	70 54 113	483 483 780	17 22 13	Fio para molas, matrizes de forjamento, rodas de trens.
1080	0,80 C; 0,80 Mn	Laminado Recozido Revenido*	140 89 189	967 614 1304	85 54 142	586 373 980	12 25 12	Cordas musicais, molas helicoidais, formões, matrizes de forjamento.
1095	0,95 C; 0,40 Mn	Laminado Recozido Revenido*	140 95 183	966 655 1263	83 55 118	573 379 814	9 13 10	Moldes, punções, torneiras, fresas, lâminas de corte, arame de elevada resistência à tração.

* Têmpera e revenido a 315 °C.

No sentido de ultrapassar as deficiências dos aços-carbono, desenvolveram-se aços que contêm elementos de liga que melhoram as suas propriedades. Em geral, os aços que apresentam em sua composição determinados tipos de liga, são mais caros que os aços-carbono, mas para algumas aplicações de engenharia são os únicos materiais que satisfazem às exigências predeterminadas. Os principais elementos de liga que se adicionam para produzir os aços com liga são manganês, níquel, cromo, molibdênio e tungstênio. Ocasionalmente, podem ainda ser adicionados vanádio, cobalto, boro, cobre, alumínio, chumbo, titânio e nióbio (colúmbio).

9.4.1 Classificação dos aços com ligas

Os aços com ligas podem conter até 50% de elementos de liga e ainda serem considerados como tal. Neste livro, os aços de baixa liga contendo de 1 a 4% de elementos de liga serão considerados aços ligados. Esses aços são fundamentalmente usados na indústria automobilística e de construção e são, em geral, denominados simplesmente *aços ligados*.

Nos Estados Unidos, os aços ligados são também designados por quatro algarismos, segundo a nomenclatura AISI-SAE. Os dois primeiros indicam os principais elementos de liga ou grupos de elementos de liga no aço, enquanto os dois últimos indicam a porcentagem de carbono no aço. Na Tabela 9.4, indicam-se as composições nominais dos principais tipos de aços com ligas.

9.4.2 Distribuição dos elementos de liga nos aços com ligas

O modo como os elementos de liga se distribuem nos aços depende fundamentalmente da tendência de cada elemento para formar compostos e carbonetos. A Tabela 9.5 apresenta indicações sumárias da

Tabela 9.4
Principais tipos de aços com ligas, segundo as normas.

13xx	Manganês (1,75%)
40xx	Molibdênio (0,20 ou 0,25%) ou Molibdênio (0,25%) e Enxofre (0,042%)
41xx	Cromo (0,50; 0,80 ou 0,95%) e Molibdênio (0,12; 0,20 ou 0,30%)
43xx	Níquel (1,83%), Cromo (0,50 ou 0,80%) e Molibdênio (0,25%)
44xx	Molibdênio (0,53%)
46xx	Níquel (0,85 ou 1,83%) e Molibdênio (0,20 ou 0,25%)
47xx	Níquel (1,05%), Cromo (0,45%) e Molibdênio (0,20 ou 0,35%)
48xx	Níquel (3,50%) e Molibdênio (0,25%)
50xx	Cromo (0,40%)
51xx	Cromo (0,80; 0,88; 0,93; 0,95 ou 1,00%)
51xxx	Cromo (1,03%)
52xxx	Cromo (1,45%)
61xx	Cromo (0,60 ou 0,95%) e Vanádio (0,13 ou 0,15% min.)
86xx	Níquel (0,55%), Cromo (0,50%) e Molibdênio (0,20%)
87xx	Níquel (0,55%), Cromo (0,50%) e Molibdênio (0,25%)
88xx	Níquel (0,55%), Cromo (0,50%) e Molibdênio (0,35%)
92xx	Silício (2,00%) ou Silício (1,40%) e Cromo (0,70%)
50Bxx*	Cromo (0,28 ou 0,50%)
51Bxx*	Cromo (0,80%)
81Bxx*	Níquel (0,30%), Cromo (0,45%) e Molibdênio (0,12%)
94Bxx*	Níquel (0,45%), Cromo (0,40%) e Molibdênio (0,12%)

* B designa aço com boro.
Fonte: "Alloy Steel: Semifinished; Hot-Rolled and Cold-Finished Bars", American Iron and Steel Institute, 1970.

Tabela 9.5
Distribuição aproximada dos elementos de liga nos aços com ligas*.

Elemento	Dissolvido na ferrita	Combinado em carbonetos	Como carbonetos	Compostos	Não combinado (elementar)
Níquel	Ni			Ni_3Al	
Silício	Si			SiO_2; M_xO_y	
Manganês Cromo	Mn ⟷ Cr ⟷	Mn Cr	$(Fe,Mn)_3C$ $(Fe,Cr_3)C$ Cr_7C $Cr_{23}C_6$	MnS; $MnO.SiO_2$	
Molibdênio	Mo ⟷	Mo	Mo_2C		
Tungstênio	W ⟷	W	W_2C		
Vanádio	V ⟷	V	V_4C_3		
Nióbio	Nb ⟷	Nb	NbC		
Alumínio	Al			Al_2O_3; AlN	
Cobre	Cu (pequena quantidade)				
Chumbo					Pb

* As setas indicam a tendência relativa dos elementos para se dissolverem na ferrita ou se combinarem em carbonetos.
Fonte: E.C. Bain and H.W. Paxton, "Alloying Elements in Steel", 2. ed., American Society for Metals, 1966.

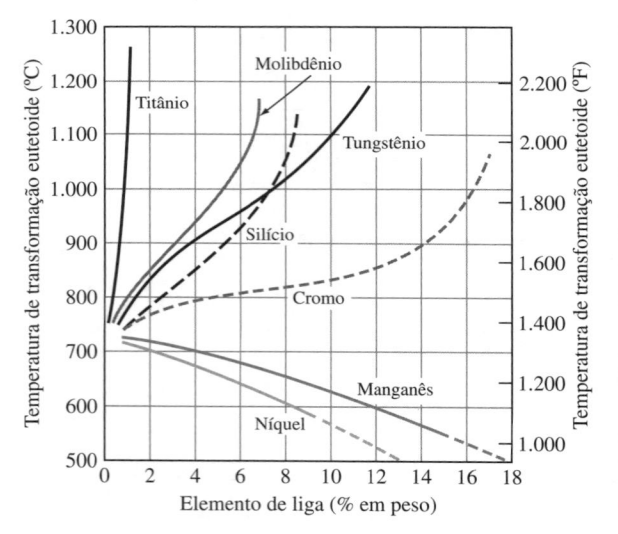

Figura 9.35
O efeito da porcentagem dos elementos de liga na temperatura eutetoide de transformação da austenita em perlita no diagrama de fases Fe-Fe₃C.
("Metals Handbook", vol. 8, 8. ed., American Society for Metals, 1973, p. 191. Utilizado com permissão de ASM International.)

distribuição aproximada da maioria dos elementos de liga presentes nos aços com ligas.

O níquel se dissolve na ferrita-α do aço, porque tem menor tendência para formar carbonetos do que o ferro. O silício pode se combinar, em pequena quantidade, com o oxigênio presente no aço, formando inclusões não metálicas, mas de um modo geral se dissolve na ferrita. A maior parte do manganês adicionado aos aços se dissipa também na ferrita. No entanto, alguma quantidade de manganês pode formar carbonetos e entra usualmente na cementita, resultando $(Fe, Mn)_3C$.

O cromo, que tem maior tendência para formar carbonetos do que o ferro, distribui-se entre as fases ferrita e carbonetos. A distribuição do cromo depende da quantidade de carbono do aço e da ausência de elementos fortemente formadores de carbonetos, como o titânio e o nióbio. O tungstênio e o molibdênio combinam com o carbono, formando carbonetos, se a quantidade de carbono for suficiente e se não estiverem presentes outros elementos mais fortemente formadores de carbonetos, como o titânio e o nióbio. Vanádio, titânio e nióbio são elementos fortemente formadores de carbonetos e estão presentes nos aços, sobretudo, como carbonetos. O alumínio se combina com o oxigênio e o nitrogênio, formando os compostos Al_2O_3 e AlN, respectivamente.

9.4.3 Efeito de elementos de liga na temperatura eutetoide dos aços

Os diferentes elementos de liga podem provocar um aumento ou uma diminuição da temperatura eutetoide do diagrama de fases Fe-Fe₃C (Figura 9.35). O manganês e o níquel fazem baixar a temperatura eutetoide e atuam como *elementos estabilizadores da austenita*, aumentando o domínio austenítico no diagrama de fases Fe-Fe₃C (Figura 9.6). Em alguns aços, com quantidade suficiente de níquel ou manganês, pode-se obter uma estrutura austenítica à temperatura ambiente. Os elementos formadores de carbonetos, como o tungstênio, o molibdênio e o titânio, aumentam a temperatura eutetoide do diagrama de fases Fe-Fe$_3$C e reduzem o domínio austenítico. Esses elementos são denominados *elementos estabilizadores da ferrita*.

9.4.4 Temperabilidade

A **temperabilidade** de um aço é definida como a propriedade que determina a profundidade e a distribuição da dureza obtida por têmpera a partir do estado austenítico. A temperabilidade de um aço depende, fundamentalmente, (1) da composição química do aço, (2) do tamanho de grão austenítico e (3) da homogeneidade da estrutura do aço antes da têmpera. A temperabilidade não deve ser confundida com a *máxima dureza* obtida no aço, que é a resistência à deformação plástica, em geral determinada por um ensaio de penetração.

Na indústria, a temperabilidade é frequentemente determinada por meio do ***ensaio de temperabilidade Jominy***. O corpo de prova para o ensaio de Jominy consiste em uma barra cilíndrica com 2,5 cm de diâmetro e 10 cm de comprimento, com uma entalhe de 0,16 cm em em uma das extremidades (Figura 9.36a). Como a estrutura inicial tem uma importância muito grande na temperabilidade, o corpo de prova é, em geral, normalizado antes do ensaio. No ensaio de Jominy, a amostra depois de austenitizada é colocada em um dispositivo de fixação, conforme mostra a Figura 9.36b, e faz-se incidir rapidamente um jato de água em uma das extremidades da amostra. Depois de resfriar, se faz a usinagem das duas superfícies lisas em lados opostos do corpo de prova e se efetuam medições de dureza Rockwell C ao longo dessas duas superfícies, até 6,3 cm desde a extremidade temperada.

Na Figura 9.37, pode-se observar uma curva de temperabilidade, em que se representa a dureza Rockwell C em função da distância à extremidade temperada, de um aço-carbono eutetoide 1080. Este aço tem uma temperabilidade relativamente baixa, pois a sua dureza diminui de um valor 65 Rc, na extremidade temperada do corpo de prova Jominy, para 50 Rc a uma distância de apenas 0,48 cm a partir dessa extremidade. Por isso, seções espessas desse aço não apresentam uma estrutura totalmente martensítica após têmpera. Na Figura 9.37, estão correlacionados os dados do ensaio

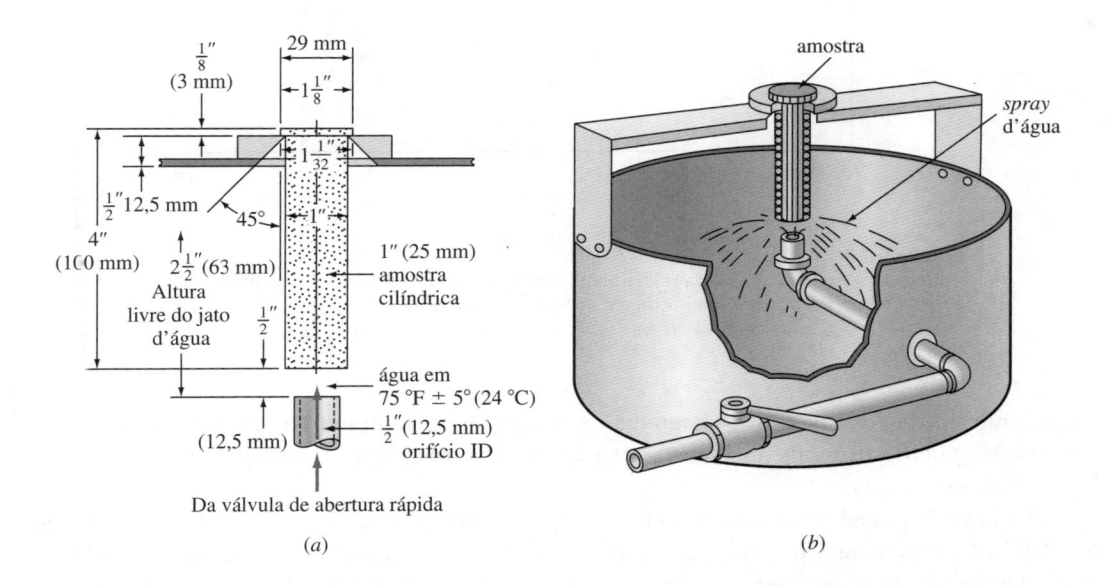

Figura 9.36
(a) Corpo de prova e dispositivo de fixação para o ensaio de temperabilidade Jominy, em que uma das extremidades é temperada.
(M.A. Grossmann and E.C. Bain, "Principles of Heat Treatment," 5. ed., American Society for Metals, 1964, p. 114.)

(b) Esquema do ensaio de temperabilidade Jominy.
(H.E. McGannon (ed.), "The Making, Shaping, and Treating of Steel", 9. ed., United States Steel Corp.,1971, p. 1099.Cortesia de United States Steel Corporation.)

Figura 9.37
Correlação entre o diagrama de resfriamento (transformação) contínuo e os resultados do ensaio de temperabilidade Jominy de um aço-carbono eutetoide.
("Isothermal Transformation Diagrams", United States Steel Corp., 1963, p. 181. Cortesia de United States Steel Corporation.)

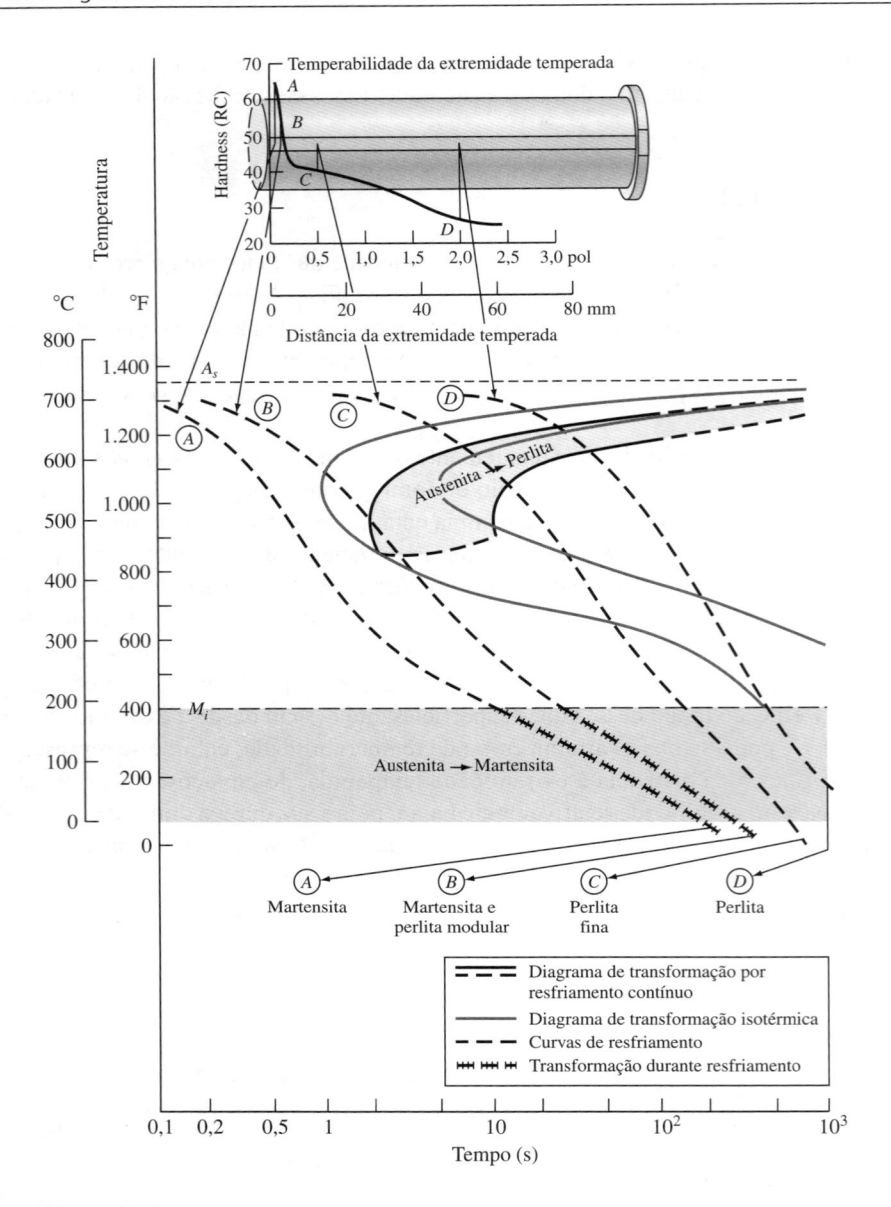

de temperabilidade Jominy com o diagrama de resfriamento contínuo do aço 1080 e indicam-se as alterações microestruturais que ocorrem na barra a quatro distâncias diferentes A, B, C e D da extremidade temperada.

Na Figura 9.38, estão representadas curvas de temperabilidade de alguns tipos de aços com ligas com 0,40% C. O aço com liga 4340 tem uma temperabilidade excepcionalmente elevada, pelo que, quando temperado, pode-se obter uma dureza 40 Rc à distância de 5,0 cm da extremidade temperada do corpo de prova Jominy. Os aços com liga podem, portanto, ser temperados a velocidades baixas e apresentarem, mesmo assim, valores de dureza relativamente elevados.

Alguns aços ligados, como por exemplo o aço 4340, têm temperabilidade elevada, porque em resfriamento a partir do estado austenítico, a decomposição da austenita em ferrita e bainita é retardada e dá-se a decomposição da austenita em martensita mesmo com velocidades de têmpera baixas. Esse atraso na decomposição da austenita em ferrita e em bainita está indicado quantitativamente na curva de resfriamento contínuo da Figura 9.39.

Na maioria dos tipos de aços-carbono e dos aços com liga, uma têmpera normalizada conduz a velocidades de resfriamento idênticas, em posições também idênticas à da seção transversal, de barras de aço de seção circular com o mesmo diâmetro. No entanto, as velocidades de resfriamento diferem (1) para diferentes diâmetros das barras, (2) em diferentes posições na seção transversal da barra, e (3) para diferentes meios de têmpera. Na Figura 9.40, está representado o diâmetro da barra em função da velocidade de resfriamento, para diferentes posições na seção transversal de barras de aço, usando como meios de têmpera (i) água agitada e (ii) óleo agitado. Estes gráficos podem ser utilizados para determinar a velocidade de resfriamento e a correspondente distância à extremidade temperada de um corpo de prova Jominy, para uma barra com um dado diâmetro,

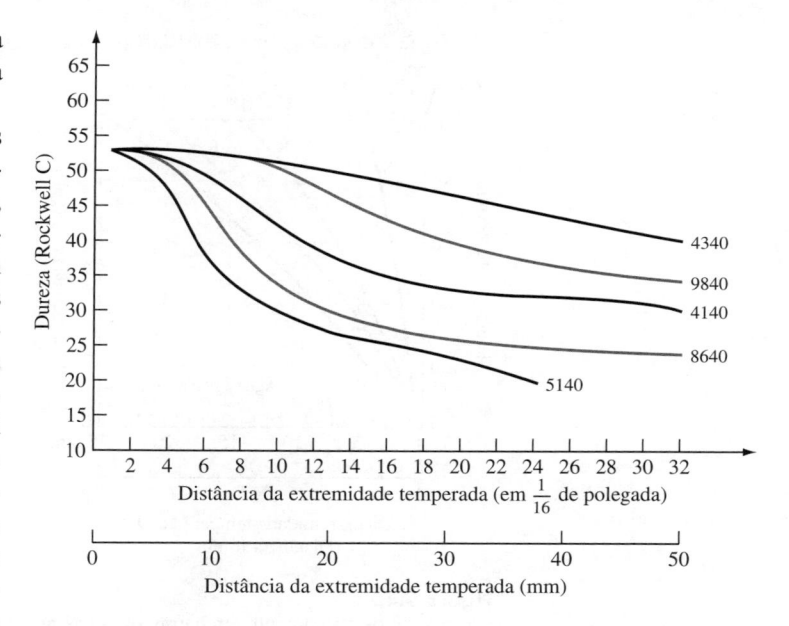

Figura 9.38
Curvas comparativas da temperabilidade de vários aços ligados com 0,40% C.
(H.E. McGannon (ed.), "The Making, Shaping, and Treating of Steel", 9. ed., United States Steel Corp., 1971, p. 1139.)

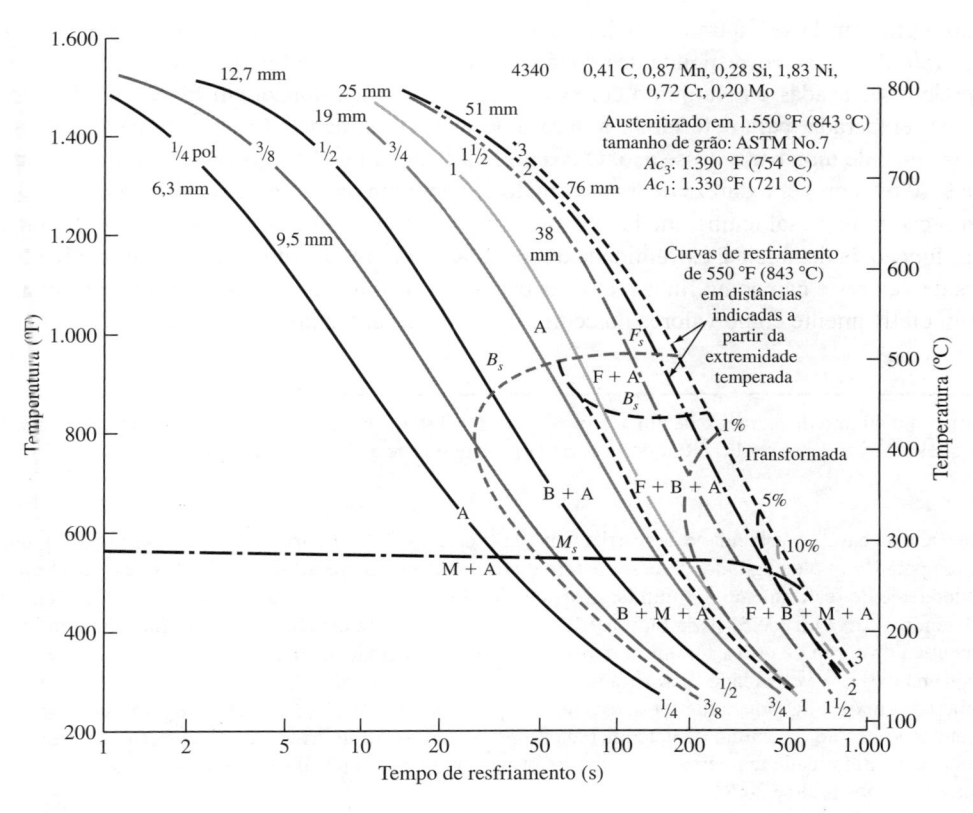

Figura 9.39
Curvas de resfriamento contínuo do aço ligado AISI 4340. A = austenita, F = ferrita, B = bainita, M = martensita.
("Metal Progress", September 1964, p. 106. Utilizado com permissão de ASM International.)

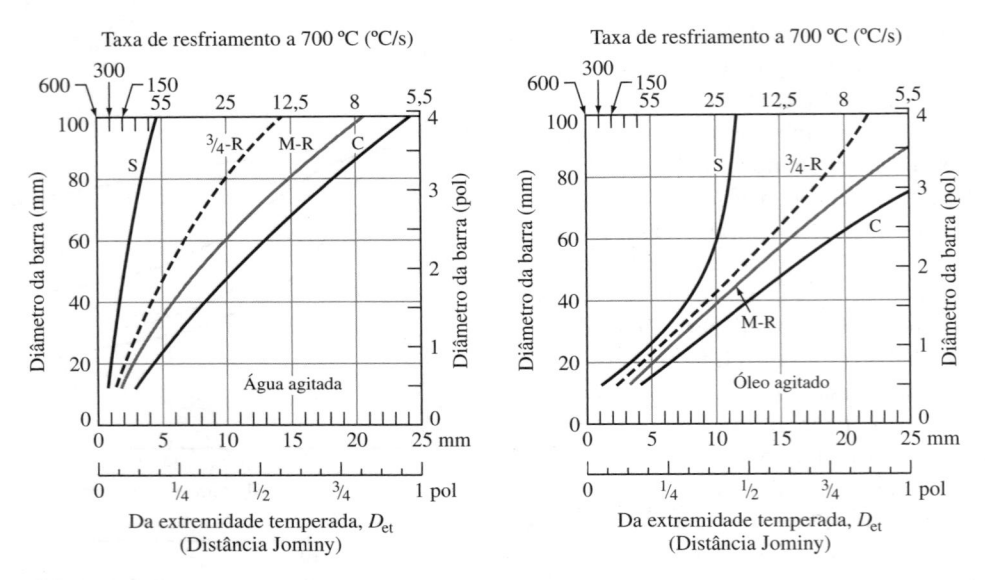

Figura 9.40
Velocidades de resfriamento em barras longas de aço de seção circular, temperadas em (i) água agitada e (ii) óleo agitado. Abscissa superior, velocidades de resfriamento a 700 °C; abscissa inferior, posições equivalentes em um corpo de prova temperado em uma de suas extremidades. (C = centro; M-R = meio-raio; S = superfície; linha tracejada = curva aproximada para posições a $\frac{3}{4}$ do raio na seção transversal da barra.)

(L.H. Van Vlack, "Materials for Engineering: Concepts and Applications", 1. ed., © 1982. Eletronicamente reproduzido com permissão de Pearson Education, Inc., Upper Saddle River, New Jersey.)

num ponto particular da seção transversal, e usando um meio específico de têmpera. Estas velocidades de resfriamento e as correspondentes distâncias à extremidade temperada dos corpos de prova Jominy podem ser usadas em conjunto com as curvas de Jominy, dureza em função da distância à extremidade temperada, para determinar a dureza de um determinado aço em uma dada posição na seção transversal de uma barra desse aço. O Exemplo 9.5 mostra como podem ser usados os gráficos da Figura 9.40 para prever a dureza de uma barra de aço com um dado diâmetro, em uma posição particular da seção transversal temperada num dado meio. Deve-se referir que os gráficos de Jominy, da dureza em função da distância à extremidade temperada, são normalmente representados sob a forma de bandas de valores e não como linhas, através das quais as durezas obtidas por meio das linhas se configuram efetivamente como valores no centro de um intervalo maior de valores.

EXEMPLO 9.5

Uma barra com 40 mm de diâmetro de um aço ligado 5140 no estado austenítico é temperada em óleo agitado. Preveja qual a dureza Rockwell C (RC) desta barra (a) na superfície e (b) no centro.

■ **Solução**

a. Superfície da barra. A velocidade de resfriamento na superfície de uma barra de aço com 40 mm de diâmetro, temperada em óleo agitado, pode ser determinada a partir da parte (ii) da Figura 9.40, e é comparável à velocidade de resfriamento a 8 mm de distância da extremidade temperada do corpo de prova Jominy. Utilizando a curva do aço 5140 da Figura 9.38, verifica-se que, para uma distância de 8 mm à extremidade temperada do corpo de prova Jominy, a dureza da barra é aproximadamente 32 RC.

b. Centro da barra. A velocidade de resfriamento no centro de uma barra de aço com 40 mm de diâmetro, temperada em óleo agitado, pode ser determinada a partir da parte (ii) da Figura 9.40 e corresponde a uma distância de 13 mm da extremidade temperada do corpo de prova Jominy. A dureza correspondente a essa distância à extremidade temperada do corpo de prova Jominy, para o aço 5140, é determinada a partir da Figura 9.38, obtendo-se 26 RC.

9.4.5 Propriedades mecânicas típicas e aplicações dos aços de baixa liga

Na Tabela 9.6, são indicadas algumas aplicações e propriedades mecânicas típicas de alguns aços de baixa liga mais usados. Para certos níveis de resistência mecânica, os aços de baixa liga apresentam uma melhor combinação entre resistência mecânica, tenacidade e ductilidade do que os aços-carbono. No entanto, os aços de baixa liga são mais caros, pelo que são usados apenas quando é imprescindível. Os aços de baixa liga são utilizados em larga escala na fabricação de peças de automóveis e caminhões que requerem resistência mecânica e tenacidade impossível de obterem com os aços-carbono. Aplicações típicas dos aços de baixa liga em automóveis são eixos, engrenagens e molas. Os aços de baixa liga contendo aproximadamente 0,2% C são frequentemente cementados ou tratados superficialmente, de modo a se produzir uma superfície dura e resistente ao desgaste, mantendo um núcleo interior tenaz.

9.5 LIGAS DE ALUMÍNIO

Antes de abordar alguns aspectos importantes da estrutura, propriedades e aplicações das ligas de alumínio, estudaremos o processo de endurecimento por precipitação que é utilizado com o objetivo de aumentar a resistência mecânica de um grande número de ligas de alumínio e de outras ligas metálicas.

9.5.1 Endurecimento por precipitação

Endurecimento por precipitação de uma liga binária O objetivo do endurecimento por precipitação é o de promover, na liga tratada termicamente, a formação de uma dispersão, densa e fina, de partículas de precipitados em uma matriz de metal deformável. As partículas dos precipitados atuam como obstáculos ao movimento das discordâncias e, como consequência, aumentam a resistência mecânica da liga tratada termicamente.

O processo de endurecimento por precipitação pode ser explicado, de um modo geral, recorrendo ao diagrama binário de fases dos metais A e B, representado na Figura 9.41. Para que uma liga com determinada composição possa ser endurecida por precipitação, tem que existir uma solução sólida terminal, cuja solubilidade diminua com a redução de temperatura. O diagrama de fases da Figura 9.41 mostra esta diminuição de solubilidade no estado sólido, apresentada pela solução sólida terminal α desde o ponto a até ao ponto b, ao longo da linha *solvus*.

Consideremos o endurecimento por precipitação de uma liga com composição x_1 do diagrama de fases da Figura 9.41. Escolheu-se a liga com composição x_1, pois para esta composição há uma diminuição acentuada de solubilidade da solução sólida α, com a diminuição da temperatura de T_2 para T_3. O processo de endurecimento por precipitação envolve os três passos seguintes:

1. O *tratamento térmico de solubilização* é o *primeiro passo* do processo de endurecimento por precipitação. Por vezes, este tratamento é referido como *solubilização*. A amostra da liga obtida, quer por fundição, quer por trabalho mecânico, é aquecida e mantida a uma temperatura entre a linha *solvus* e a linha *solidus*, até que se forme uma estrutura uniforme de solução sólida. Para a liga de composição x_1 escolhe-se a temperatura T_1 correspondente ao ponto c da Figura 9.41, porque essa temperatura se situa no ponto médio entre as linhas *solvus* e *solidus* da solução sólida α;

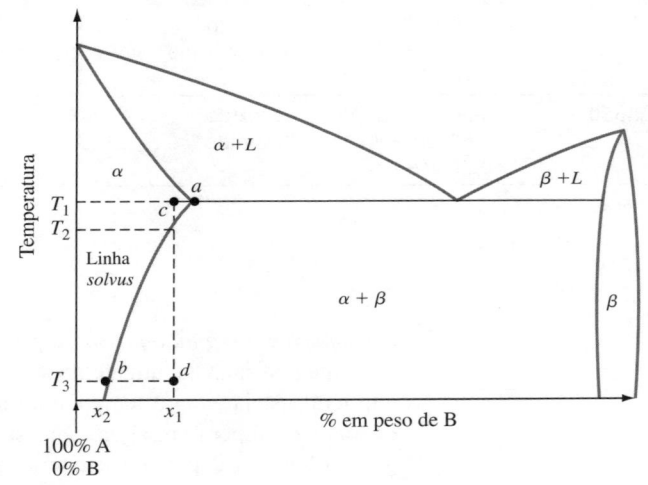

Figura 9.41
Diagrama de fases binário de dois metais A e B, no qual a solução sólida terminal α apresenta uma solubilidade no estado sólido, de B em A, que diminui com a redução da temperatura.

Tabela 9.6
Propriedades mecânicas típicas e aplicações de aços de baixa liga.

Designação AISI-SAE do aço	Composição (% em peso)	Estado	Resistência à tração MPa	Tensão de escoamento MPa	Alongamento %	Aplicações típicas
Aços-manganês						
1340	0,40 C; 1,75 Mn	Recozido	704	435	20	Parafusos de elevada resistência mecânica.
		Revenido*	1587	1421	12	
Aços-cromo						
5140	0,40 C; 0,80 Cr; 0,80 Mn	Recozido	573	297	29	Engrenagens de transmissão para automóveis e molas espirais de automóveis.
		Revenido*	1580	1449	10	
5160	0,60 C; 0,80 Cr; 0,80 Mn	Recozido	725	276	17	
		Revenido*	2000	1173	9	
Aços-cromo-molibdênio						
4140	0,40 C; 1,0 Cr; 0,90 Mn; 0,20 Mo	Recozido	655	421	26	Engrenagens para motores de turbinas a gás, transmissões.
		Revenido*	1550	1433	9	
Aços-molibdênio-níquel						
4620	0,20 C; 1,83 Ni; 0,55 Mn; 0,25 Mo	Recozido	517	373	31	Engrenagens de transmissão, pinos, eixos, esferas de rolamentos.
		Normalizado	573	366	29	
4820	0,20 C; 3,50 Ni; 0,60 Mn;	Recozido	683	462	22	Engrenagens para laminadores de aço, equipamento para papel, equipamentos usados em minas, equipamento para movimento de terras.
		Normalizado	690	483	60	
Aços-cromo-molibdênio-níquel (1,83%)						
4340 (E)	0,40 C; 1,83 Ni; 0,90 Mn; 0,80 Cr; 0,20 Mo	Recozido	745	469	22	Grandes seções, engrenagens, peças de caminhões.
		Revenido*	1725	1587	10	
Aços-cromo-molibdênio-níquel (0,55%)						
8620	0,20 C; 0,55 Ni; 0,50 Cr; 0,80 Mn; 0,20 Mo	Recozido	531	407	31	Engrenagens de transmissão.
		Normalizado	635	359	26	
8650	0,50 C; 0,55 Ni; 0,50 Cr; 0,80 Mn; 0,20 Mo	Recozido	710	386	22	Pequenos eixos de máquinas.
		Revenido*	1725	1522	10	

*Revenido a 315 °C.

2. A *têmpera* é o *segundo passo* do processo de endurecimento por precipitação. A amostra é rapidamente resfriada até uma temperatura mais baixa, normalmente a temperatura ambiente, sendo em geral usada água à temperatura ambiente como meio de resfriamento. A estrutura da liga, depois da têmpera em água, consiste em uma solução sólida supersaturada. A estrutura da liga escolhida x_1 depois da têmpera para a temperatura T_3 correspondente ao ponto d da Figura 9.41, consiste, portanto, em uma solução sólida supersaturada da fase α;

3. O *envelhecimento* é o *terceiro passo* do processo, de endurecimento por precipitação. O envelhecimento da amostra solubilizada e temperada é necessário para que se possam formar precipitados finamente dispersos. A formação desses compostos na liga é o objetivo do processo de

endurecimento por precipitação. Os precipitados finos na liga impedem o movimento das discordâncias durante a deformação, forçando-as a cortar as partículas de precipitados ou a rodear essas partículas. Ao restringir o movimento das discordâncias durante a deformação, a liga fica com maior resistência mecânica.

O envelhecimento das ligas à temperatura ambiente chama-se *envelhecimento natural*, enquanto que o envelhecimento a temperaturas elevadas se designa por *envelhecimento artificial*. A maior parte das ligas requer envelhecimento artificial, sendo em geral a temperatura de envelhecimento aproximadamente 15 a 25% da diferença entre a temperatura ambiente e a de solubilização, acima da temperatura ambiente.

Produtos de decomposição obtidos durante o envelhecimento de uma solução sólida supersaturada Uma liga endurecível por precipitação, no estado de solução sólida supersaturada, está num nível de energia elevado, como o que se indica esquematicamente pelo nível 4 da Figura 9.42. Este estado de nergia é relativamente instável e a liga tende a passar para um estado de menor energia por meio da decomposição espontânea da solução sólida supersaturada em fases metaestáveis ou de equilíbrio. A força motriz para a precipitação de fases metaestáveis ou de equilíbrio é a diminuição de energia do sistema ao se formarem essas tais fases.

Quando a solução sólida supersaturada da liga endurecível por precipitação é envelhecida a uma temperatura relativamente baixa, à qual apenas uma pequena quantidade de energia de ativação está disponível, formam-se núcleos de átomos segregados, chamados *zonas de precipitação ou zonas[7] GP*. No caso da liga A-B da Figura 9.41, estas zonas serão regiões enriquecidas em átomos de B em uma matriz contendo essencialmente átomos de A. A formação destas zonas na solução sólida supersaturada é indicada no nível 3, de mais baixa energia, da Figura 9.42. Com o subsequente envelhecimento, e se houver energia de ativação suficiente (pelo fato de a temperatura de envelhecimento ser suficientemente elevada), estas zonas dão origem, ou são substituídas, por precipitados metaestáveis intermediários mais grossos (partículas de maior tamanho), como se indica no esquema desenhado junto ao nível 2, de mais baixa energia. Finalmente, se o envelhecimento prosseguir (normalmente é necessária uma temperatura mais elevada), e se estiver disponível energia de ativação suficiente, os precipitados intermediários são substituídos pelos precipitados de equilíbrio, indicados no nível 1 de mais baixa energia da Figura 9.42.

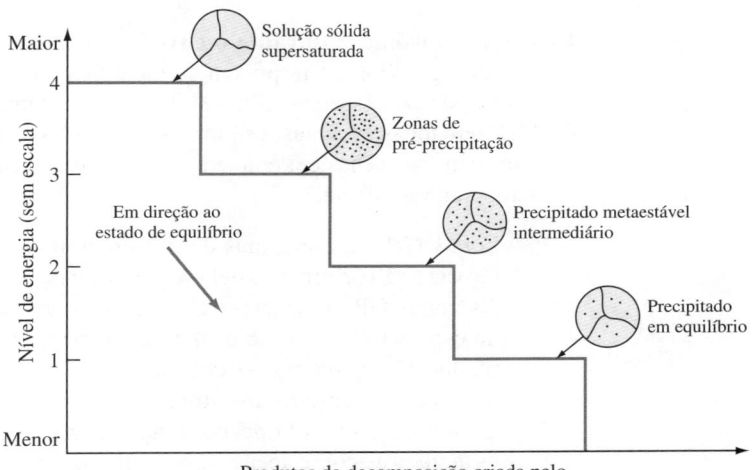

Figura 9.42
Produtos de decomposição formados durante o envelhecimento da solução sólida supersaturada de uma liga endurecível por precipitação. O nível de energia mais elevado é o da solução sólida supersaturada, e o nível mais baixo corresponde aos precipitados de equilíbrio. A liga pode passar espontaneamente de um nível de energia mais elevado para outro mais baixo, se houver energia de ativação suficiente para a transformação e se a cinética for favorável.

Efeito do tempo de envelhecimento na resistência mecânica e na dureza de uma liga endurecível por precipitação, que foi solubilizada e temperada O efeito do tempo de envelhecimento na resistência mecânica de uma liga endurecível por precipitação, previamente solubilizada e temperada, é avaliado normalmente por meio de uma *curva de envelhecimento*. A curva de envelhecimento é uma representação gráfica da resistência mecânica ou da dureza em função do tempo de envelhecimento (usa-se, em geral, uma escala logarítmica) a determinada temperatura. Na Figura 9.43, está representada esquematicamente uma curva de envelhecimento. No instante zero (instante ini-

---

[7]As zonas de pré-precipitação são por vezes referidas como zonas GP, porque foram Guinier e Preston os dois cientistas que primeiro identificaram estas estruturas por difração de raios X.

cial), a resistência mecânica da solução sólida supersaturada é indicada no eixo das ordenadas do gráfico. Quando o tempo de envelhecimento aumenta, se formam zonas de pré-precipitação cujo tamanho vai aumentando, tornando-se a liga mais resistente, mais dura e menos dúctil (Figura 9.43). A resistência mecânica máxima (ponto de envelhecimento máximo) é eventualmente atingida se a temperatura de envelhecimento for suficientemente elevada, estando esta resistência máxima normalmente associada à formação intermediária de um precipitado metaestável. Se o envelhecimento continuar, os precipitados intermediários coalescem e crescem. A liga superenvelhece e torna-se menos resistente em comparação com o ponto de envelhecimento máximo (Figura 9.43).

Endurecimento por precipitação de uma liga Al-4% Cu Examinaremos, em seguida, as variações de estrutura e de dureza que ocorrem durante o tratamento térmico de endurecimento por precipitação de uma liga de alumínio-4% de cobre. A sequência do tratamento térmico de endurecimento por precipitação é a seguinte:

1. Tratamento térmico de solubilização: a liga Al-4% Cu é solubilizada a cerca de 515 °C (ver o diagrama de fases Al-Cu da Figura 9.44);
2. Têmpera: a liga solubilizada é arrefecida rapidamente em água à temperatura ambiente;
3. Envelhecimento: a liga solubilizada e temperada é envelhecida artificialmente no intervalo de temperatura de 130 a 190 °C.

Estruturas formadas durante o envelhecimento da liga Al-4% Cu No endurecimento por precipitação da liga Al-4% Cu, podem-se identificar sequencialmente cinco estruturas: (1) solução sólida supersaturada α, (2) zonas GPl, (3) zonas GP2 (também designadas por θ''), (4) fase θ' e (5) fase θ, $CuAl_2$. Nem todas essas fases se formam em todas as temperaturas de envelhecimento. As zonas GP1 e GP2 formam-se apenas em temperaturas de envelhecimento baixas, enquanto as fases θ' e θ se formam em temperaturas elevadas.

Zonas GP1. Essas zonas de pré-precipitados se formam a temperaturas de envelhecimento baixas e são originadas pela segregação de átomos de cobre da solução sólida supersaturada α. As zonas GP1 consistem em regiões segregadas, com a forma de discos de alguns átomos de espessura (0,4 a 0,6 nm) e aproximadamente 8 a 10 nm de diâmetro, que se formam nos planos {100} da matriz cúbica. Como os átomos de cobre têm um diâmetro cerca de 11% inferior ao diâmetro dos átomos de alumínio, a rede da matriz se apresenta distorcida tetragonalmente ao redor destas zonas. As zonas GP1 são *coerentes* com a rede da matriz, porque os átomos de cobre apenas substituem os átomos de alumínio na estrutura (Figura 9.45). As zonas

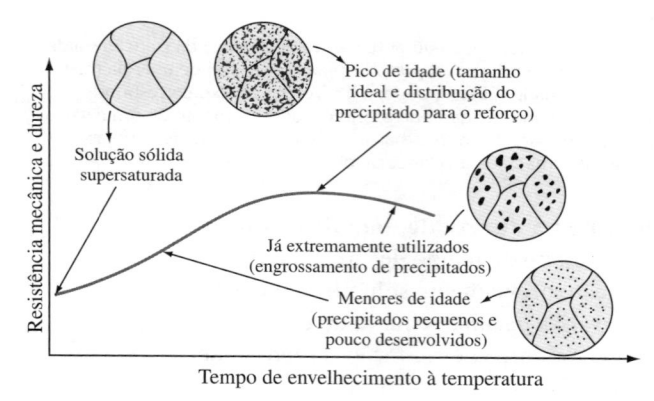

Figura 9.43
Esquema de uma curva de envelhecimento (resistência mecânica ou dureza em função do tempo) a uma determinada temperatura, de uma liga endurecível por precipitação.

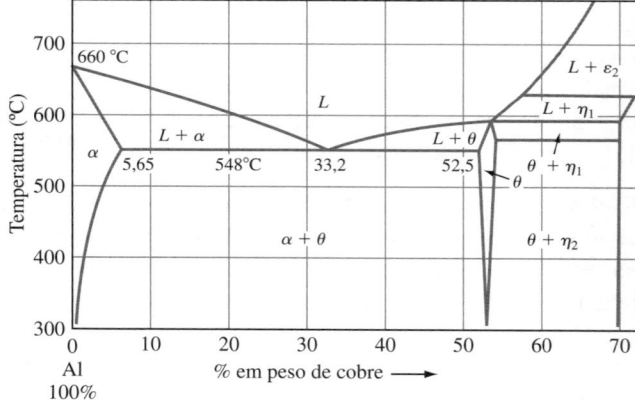

Figura 9.44
Parte terminal (região rica em alumínio) do diagrama alumínio-cobre.
(K.R. Van Horn (ed.), "Aluminium", vol. 1, American Society for Metals, 1967, p. 372. Utilizado com permissão de ASM International.)

GP1 são detectadas no microscópio eletrônico devido ao campo de deformações que geram (Figura 9.46a).

Zonas GP2 (fase θ"). Essas zonas também têm uma estrutura tetragonal e são coerentes com os planos {100} da matriz da liga Al-4% Cu. O tamanho delas varia, com o prosseguimento do envelhecimento, de 1 a 4 nm de espessura e de 10 a 100 nm de diâmetro (Figura 9.46b).

Fase θ'. Essa fase se forma por nucleação heterogênea, especialmente nas discordâncias, e é incoerente com a matriz. (Um *precipitado incoerente* é aquele em que as partículas do precipitado têm uma estrutura cristalina diferente da estrutura da matriz [Figura 9.45a]). A fase θ' tem estrutura tetragonal e espessura de 10 a 150 nm (Figura 9.46c).

Fase θ. A fase de equilíbrio θ é incoerente e tem a composição $CuAl_2$. Ela tem estrutura tetragonal de corpo centrado (a = 0,607 nm e c = 0,487 nm) e se forma a partir da fase θ' ou diretamente a partir da matriz.

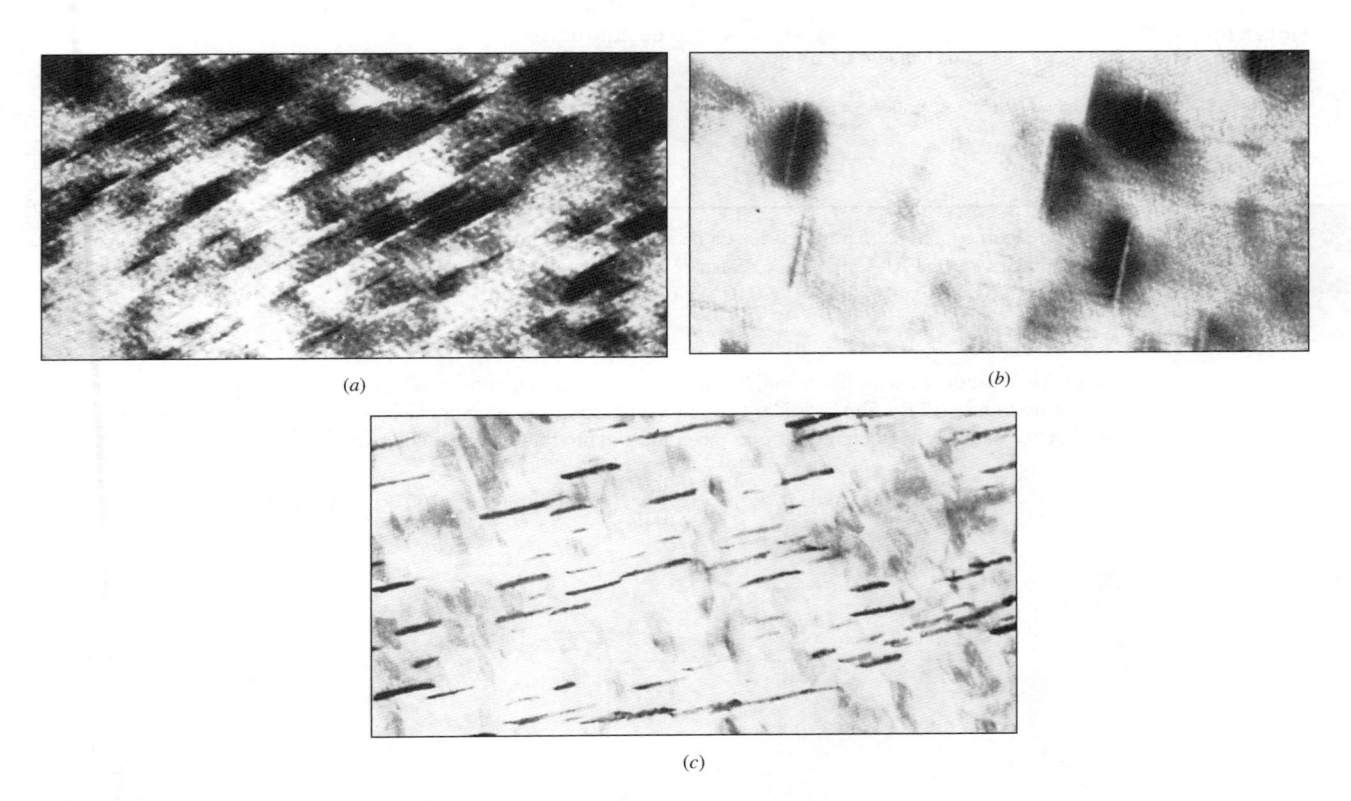

(a) Precipitado coerente

(b) Precipitado incoerente

(Esse tipo de precipitado tem uma estrutura própria)

Figura 9.45
Comparação esquemática da natureza de (a) um precipitado coerente e de (b) um precipitado incoerente. O primeiro está associado a uma elevada energia de deformação e à baixa energia de superfície; o segundo a uma baixa energia de deformação e elevada energia de superfície.

(a)

(b)

(c)

Figura 9.46
Microestruturas das ligas Al-4% Cu envelhecidas. (a) Al-4%Cu aquecida a 540 °C, temperada em água e envelhecida durante 16h a 130 °C. As zonas GP têm a forma de discos, paralelos aos planos {100} da matriz CFC, com alguns átomos de espessura e cerca de 100 Å de diâmetro. São visíveis apenas discos com uma orientação cristalográfica. (Fotomicrografia obtida em microscópio eletrônico; ampliação 1.000.000×.) (b) Al-4%Cu solubilizada a 540 °C, temperada em água e envelhecida durante um dia a 130 °C. Essa fotomicrografia de lâmina fina mostra o campo de deformação gerado pelas zonas coerentes GP2. As regiões escuras que rodeiam essas zonas são causadas pelo campo de deformação. (Fotomicrografia obtida em microscópio eletrônico; ampliação 800.000×.) (c) Liga Al-4% Cu solubilizada a 540 °C, temperada em água e envelhecida durante três dias a 200 °C. Essa fotomicrografia de lâmina fina permite observar a fase incoerente e metaestável θ' que se forma por nucleação heterogênea e crescimento. (Foto micrografia obtida em microscópio eletrônico; ampliação 25.000×.)

(J. Nutting and R.G. Baker, "The Microstructure of Metals", Institute of Metals, 1965, pp. 65 e 67.)

A sequência geral de precipitação em ligas binárias alumínio-cobre pode ser representada por

Solução sólida supersaturada → zonas GP1 → zonas GP2 (fase θ'') → θ' → θ (CuAl$_2$)

Correlação entre a estrutura e a dureza em uma liga Al-4% Cu Na Figura 9.47, estão representadas as curvas de dureza em função do tempo de envelhecimento de uma liga Al-4% Cu envelhecida a 130 e a 190 °C. A 130 °C formam-se zonas GP1 e a dureza da liga aumenta pelo fato de se impedir o movimento de discordâncias. O envelhecimento subsequente a 130 °C produz zonas GP2, responsáveis por um aumento ainda maior da dureza, pois o movimento das discordâncias se torna ainda mais difícil. Atinge-se um máximo de dureza com a continuação do envelhecimento a 130 °C, devido à formação da fase θ'. O envelhecimento para além do ponto de dureza máxima dá origem à dissolução das zonas GP2 e ao crescimento da fase θ', provocando diminuição da dureza da liga. No envelhecimento da liga Al-4% Cu a 190 °C, não se formam zonas de GP1, porque esta temperatura está acima da linha *solvus* de GP1. Para tempos de envelhecimento mais longos, à temperatura de 190 °C, forma-se a fase de equilíbrio θ.

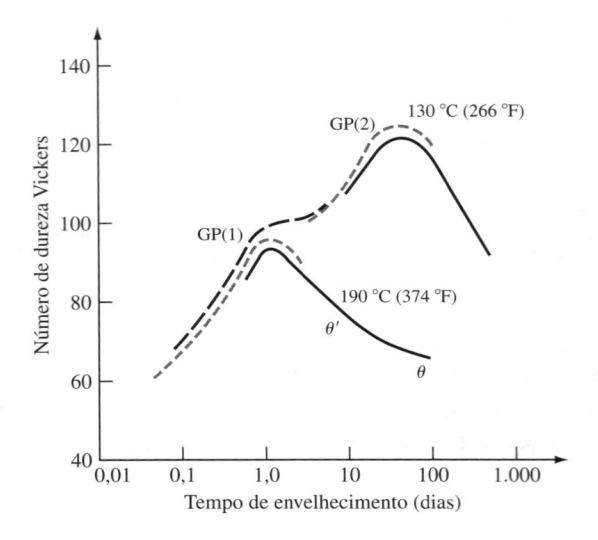

Figura 9.47
Correlação entre as estruturas e dureza da liga Al-4% Cu envelhecida a 130 e 190 °C.

(J.M. Silcock, T.J. Hardy conforme apresentado em K.R. Van Horn (ed.), "Aluminum", vol. 1, American Society for Metals, 1967, p. 123. Utilizado com permissão de ASM International.)

EXEMPLO 9.6

Calcule a porcentagem em peso teórica da fase θ que se podem formar a 27 °C (temperatura ambiente) quando uma amostra da liga Al-4,50% Cu é resfriada muito lentamente desde 548 °C. Admita que a solubilidade no estado sólido do Cu no Al a 27 °C é 0,02% e que a fase θ contém 54,0% Cu.

■ **Solução**

Primeiro, desenha-se uma linha conjugada xy a 27 °C no diagrama Al-Cu, entre as fases α e θ, tal como se indica na Figura E9.6a. Em seguida, marca-se o ponto z com a composição 4,5% Cu. A proporção em peso da fase θ é dada pelo quociente entre xz e o comprimento total da linha conjugada xy (Figura E9.6b). Então,

$$\% \text{ em peso de } \theta = \frac{4,50 - 0,02}{54,0 - 0,02}(100\%) = \frac{4,48}{53,98}(100\%) = 8,3\% \blacktriangleleft$$

Figura E9.6
(a) Diagrama de fases Al-Cu com indicação da linha conjugada xy a 27 °C e do ponto z localizado a 4,5% Cu.
(b) Linha conjugada xy separada do diagrama, indicando-se o segmento xz, que representa a fração em peso da fase θ.

9.5.2 Propriedades gerais e produção do alumínio

Propriedades do alumínio importantes em engenharia O alumínio possui uma combinação de propriedades que o torna um material muito útil para o campo da engenharia. Esse metal tem densidade baixa (2,70 g/cm^2), sendo por isso muito utilizado em produtos manufaturados de transporte. O alumínio tem também boa resistência à corrosão na maioria dos meios naturais, devido à estabilidade do filme de óxido que se forma na sua superfície. Muito embora o alumínio puro apresente baixa resistência mecânica, as ligas de alumínio podem ter resistências até cerca de 690 MPa. O alumínio não é tóxico, sendo extensivamente usado em recipientes e embalagens para alimentos. É muito usado na indústria elétrica devido às suas propriedades elétricas. O preço relativamente baixo do alumínio (2,11 US$/kg, em 1989), aliado às muitas propriedades úteis, faz com que este metal tenha grande importância industrial.

Produção de alumínio O alumínio é o elemento metálico mais abundante na crosta terrestre, aparecendo sempre combinado com outros elementos, como o ferro, o oxigênio e o silício. A bauxita, que consiste essencialmente em óxidos de alumínio hidratados, é o minério comercialmente mais importante na produção de alumínio. No processo Bayer, a bauxita reage com hidróxido de sódio a temperatura elevada e o alumínio do minério é convertido em aluminato de sódio. Depois da separação dos elementos insolúveis, o hidróxido de alumínio é precipitado a partir da solução de aluminato. O hidróxido de alumínio é parcialmente seco e depois calcinado, resultando em óxido de alumínio Al_2O_3.

O óxido de alumínio é dissolvido num banho de criólito (Na_3AlF_6) fundido e eletrolisado em uma célula eletrolítica (Figura 9.48), usando ânodos e cátodos de carbono. No processo de eletrólise, forma-se alumínio metálico no estado líquido que se deposita no fundo da célula e que é periodicamente retirado. O alumínio retirado da célula tem normalmente 99,5 a 99,9% de alumínio, sendo o ferro e o silício as principais impurezas.

O alumínio que sai das células eletrolíticas é colocado em grandes fornos revestidos por refratários, onde é refinado antes do vazamento. Elementos de liga e lingotes de alumínio enriquecidos com elementos de liga podem também ser fundidos e misturados na carga do forno. Na operação de refinamento, o metal líquido é purificado com cloro gasoso, de modo a remover o hidrogênio gasoso dissolvido, seguindo-se a remoção da camada superficial de metal líquido para retirar o metal oxidado. Depois de o material ter sido desgaseificado e removida a camada líquida à superfície, é separado e vazado em lingotes para refusão ou em lingotes nas formas primárias, por exemplo, lingotes para chapa ou extrusão destinados à fabricação posterior.

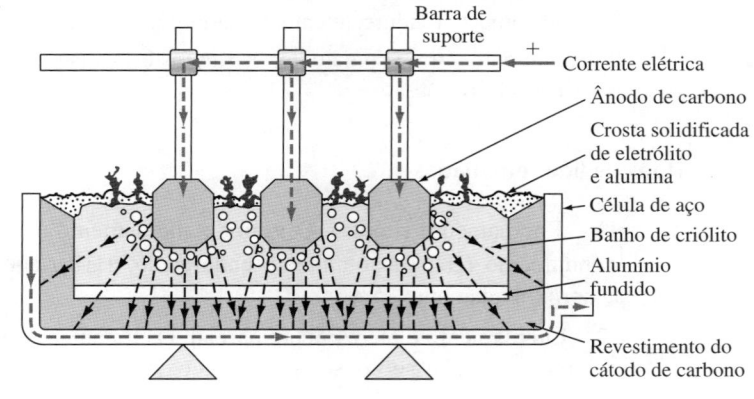

Figura 9.48
Célula eletrolítica usada na produção de alumínio.
(*Cortesia de Aluminum Company of America.*)

9.5.3 Ligas de alumínio para trabalho mecânico

Fabricação primária Os lingotes para chapa e extrusão são, em geral, vazados semicontinuamente pelo *método de fundição direta*. Na Figura 4.8, indica-se esquematicamente como é vazado um lingote de alumínio por este método, e a Figura 4.1 é uma fotografia de um grande lingote vazado semicontinuamente ao ser removido do forno.

No caso dos lingotes para chapa, remove-se cerca de 1,3 cm das superfícies do lingote que irão contatar com os rolos da laminação a quente. Essa operação é denominada *escalpelar* e é feita para assegurar uma superfície limpa e lisa da chapa fina ou grossa. Seguidamente, os lingotes são *pré-aquecidos* ou *homogeneizados* a uma temperatura elevada durante 10 a 24h, para permitir a difusão atômica, de modo a obter uma composição homogênea do lingote. Este pré-aquecimento deve ser feito a uma temperatura abaixo da de fusão do constituinte de menor ponto de fusão.

Após o reaquecimento, os lingotes são *laminados a quente*, usando um trem de laminação reversível de quatro cilindros. Os lingotes são normalmente laminados a quente até uma espessura de 7,7 cm, novamente reaquecidos e laminados a quente, até cerca de 1,9 a 2,5 cm de espessura, num laminador intermediário (Figura 6.3). A redução posterior é levada a cabo em uma série de laminadores a quente, produzindo-se metal com cerca de 0,25 cm de espessura. A Figura 6.6 mostra uma operação típica de laminação a frio. Para produzir chapa fina é, em geral, necessário mais de um recozimento intermediário.

Classificação das ligas de alumínio para trabalho mecânico As ligas de alumínio para trabalho mecânico (por exemplo, chapa fina, chapa grossa, perfil extrudado, barra e fio) são classificadas de acordo com o elemento de liga em maior quantidade. Usa-se uma designação com quatro dígitos para identificar as ligas de alumínio para trabalho mecânico. O primeiro indica o grupo de ligas que contêm elementos específicos. Os dois últimos dígitos identificam a liga de alumínio ou indicam o grau de pureza do mesmo. O segundo indica modificações da liga original ou limites de impurezas. A Tabela 9.7 indica os tipos de ligas de alumínio para trabalho mecânico.

Nomenclatura dos tratamentos térmicos As designações dos tratamentos térmicos das ligas de alumínio para trabalho mecânico são indicadas em seguida à designação da liga, separadas por um traço (por exemplo, 1100-0). As subdivisões de um tratamento térmico básico são indicadas por um ou mais dígitos e aparecem em seguida à letra que designa o tratamento básico (por exemplo, 1100-H14).

Designações básicas dos tratamentos térmicos

F – Tal como fabricado. Sem controle do grau de encruamento (endurecimento por deformação); sem limites para as propriedades mecânicas.

O – Recozimento e recristalização. Tratamento com a menor resistência mecânica e a maior ductilidade.

H – Encruamento (endurecimento por deformação – ver nas seções seguintes as várias subdivisões).

T – Tratamento térmico para obter estruturas estáveis para além de F e O (ver nas seções seguintes as várias subdivisões).

Tipos de ligas encruadas

H1 – Encruamento simples. O grau de encruamento é indicado pelo segundo dígito e varia de $\frac{1}{4}$ endurecido (H12) a totalmente endurecido (H18), que se obtém com uma redução de área de aproximadamente 75%.

H2 – Encruamento e recozimento parcial. Os tratamentos variam entre $\frac{1}{4}$ endurecido e totalmente endurecido, o que se consegue por recozimento parcial de materiais deformados a frio com

Tabela 9.7
Grupos de ligas de alumínio para trabalho mecânico.

Alumínio, 99,00% no mínimo	1xxx
Ligas de alumínio agrupadas conforme os principais elementos de liga:	
Cobre	2xxx
Manganês	3xxx
Silício	4xxx
Magnésio	5xxx
Magnésio e silício	6xxx
Zinco	7xxx
Outros elementos	8xxx
Série livre	9xxx

resistência mecânica inicial maior que a desejada. Os tratamentos são designados por H22, H24, H26 e H28.

H3 – Encruamento e estabilização. Tratamentos para ligas alumínio-magnésio amolecidas por envelhecimento, que são encruadas e posteriormente aquecidas a baixa temperatura para aumentar a ductilidade e estabilizar as propriedades mecânicas. Os tratamentos são designados por H32, H34, H36 e H38.

Tipos de ligas tratadas termicamente

T1 – Envelhecimento natural. O produto é resfriado desde a temperatura elevada a que foi deformado e envelhecido naturalmente até um estado razoavelmente estável.

T3 – Solubilização, deformação a frio e envelhecimento natural para um estado razoavelmente estável.

T4 – Tratamento térmico de solubilização e envelhecimento natural para um estado razoavelmente estável.

T5 – Resfriamento desde a temperatura de desmoldagem (fundição) seguida de envelhecimento artificial.

T6 – Solubilização seguida de envelhecimento artificial.

T7 – Solubilização seguida de estabilização.

T8 – Solubilização, deformação a frio e envelhecimento artificial.

Ligas de alumínio para trabalho mecânico sem tratamento térmico É conveniente dividir as ligas de alumínio para trabalho mecânico em dois grupos: *ligas para tratamento térmico* e *ligas sem tratamento térmico*. As ligas de alumínio sem tratamento térmico não podem ser endurecidas por precipitação, sendo apenas endurecíveis por deformação a frio. Os três grupos principais de ligas de alumínio para trabalho mecânico sem tratamento térmico são os grupos 1xxx, 3xxx e 5xxx. Na Tabela 9.8, indicam-se as composições químicas, propriedades típicas e aplicações de algumas ligas de alumínio para trabalho mecânico com importância industrial.

Ligas 1xxx. Essas ligas têm no mínimo 99,0% de alumínio, sendo o ferro e o silício as principais impurezas (elementos de liga). Adiciona-se 0,12% de cobre para aumentar a resistência mecânica. A liga 1100 tem uma resistência à tração de 90 MPa no estado recozido e é, em geral, usada em chapa fina para trabalho mecânico.

Ligas 3xxx. O *manganês* é o principal elemento de liga desse grupo e aumenta a resistência mecânica do alumínio por meio do endurecimento por solução sólida. A liga mais importante desse grupo é a 3003, que é essencialmente a liga 1100 na que se adicionou 1,25% de manganês. A liga 3003 tem uma resistência à tração de 110 MPa no estado recozido e é usada quando se requer uma liga de aplicabilidade geral com boa capacidade de deformação.

Ligas 5xxx. O *magnésio* é o principal elemento de liga desse grupo e é adicionado em quantidades até 5% para promover o endurecimento por solução sólida. Uma das ligas de maior importância industrial desse grupo é a 5052, que contém cerca de 2,5% de magnésio (Mg) e 0,2% de cromo (Cr). No estado recozido, a liga 5052 tem uma resistência à tração de aproximadamente 193 MPa. Essa liga é também usada em chapas finas para trabalho mecânico, em particular para automóveis, caminhões e aplicações navais.

Ligas de alumínio para trabalho mecânico e tratamento térmico Algumas ligas de alumínio podem ser submetidas a tratamento térmico de endurecimento por precipitação. As ligas de alumínio para trabalho mecânico e tratamento térmico dos grupos 2xxx, 6xxx e 7xxx são endurecidas por precipitação por um mecanismo semelhante ao descrito anteriormente na Seção 9.5 para as ligas alumínio-cobre. Na Tabela 9.8, indicam-se as composições químicas, propriedades mecânicas típicas e aplicações de algumas ligas de alumínio para trabalho mecânico e tratamento térmico, com importância industrial.

Tabela 9.8
Propriedades mecânicas típicas e aplicações das ligas de alumínio.

Designação* da liga	Composição química (% em peso)	Estado***	Resistência à tração MPa	Tensão de escoamento MPa	Alongamento (%)	Aplicações típicas
Ligas para trabalho mecânico						
1100	99,0 Al min.; 0,12 Cu	Recozido (-O) Meio-endurecido (-H14)	89 (med) 124 (med)	24 (med) 97 (med)	25 4	Chapa fina para trabalho mecânico, barras.
3003	1,2 Mn	Recozido (-O) Meio-endurecido (-H14)	117 (med) 159 (med)	34 (med) 159 (med)	23 17	Reservatórios de pressão, equipamento químico, chapa fina para trabalho mecânico.
5052	2,5 Mn; 0,25 Cr	Recozido (-O) Meio-endurecido (-H14)	193 (med) 262 (med)	65 (med) 179 (med)	18 4	Automóveis, caminhões, indústria naval, tubos hidráulicos.
2024	4,4 Cu; 1,5 Mg; 0,6 Mn	Recozido(-O) Tratamento térmico (-T6)	220 (max) 442 (min)	97 (max) 345 (min)	12 5	Estruturas de aviões.
6061	1,0 Mg, 0,6 Si, 0,27 Cu; 0,2 Cr	Recozido (-O) Tratamento térmico (-T6)	152 (max) 290 (min)	82 (max) 241 (min)	16 10	Estruturas de caminhões e navais, oleodutos, trilhos.
7075	5,6 Zn; 2,5 Mg, 1,6 Cu; 0,23 Cr	Recozido (-O) Tratamento térmico (-T6)	276 (max) 504 (min)	145 (max) 428 (min)	10 8	Estruturas de aviões e outras.
Ligas para fundição						
355,0	5 Si; 1,2 Cu; 0,5 Mg	Fundição em areia (-T6) Molde permanente (-T6)	220 (min) 285 (min)	138 (min) 138 (min)	2,0 1,5	Coberturas de bombas, componentes para aviões, manivelas.
356,0	7 Si; 0,3 Mg	Fundição em areia (-T6) Molde permanente (-T6)	207 (min) 229 (min)	138 (min) 152 (min)	3 3	Caixas de transmissão, de eixo e rodas de caminhões.
332,0	9,5 Si; 3 Cu; 1,0 Mg	Molde permanente (-T5)	214 (min)			Pistões de automóveis.
413,0	12 Si; 2 Fe	Fundição sob pressão	297	145 (min)	2,5	Peças vazadas grandes e de forma complicada.

* Número da Aluminum Association.
** Restante de alumínio.
*** O = recozimento e recristalização; H14 = encruamento simples; H34 = encruamento e estabilização;
T5 = resfriamento desde a temperatura de desmoldagem (fundição) e envelhecimento artificial;
T6 = tratamento térmico de solubilização e posterior envelhecimento.

Ligas 2xxx. O principal elemento de liga desse grupo é o *cobre*, mas o magnésio também é adicionado à maioria dessas ligas. São também adicionadas pequenas quantidades de outros elementos. Uma das ligas mais importantes desse grupo é a 2024, que contém cerca de 4,5% de cobre (Cu), 1,5% Mg e 0,6% Mn. A resistência mecânica dessa liga aumenta, sobretudo por efeito de solução sólida e precipitação. O composto intermetálico com composição aproximadamente Al_2CuMg é o principal precipitado responsável pelo endurecimento por precipitação. A liga 2024 nas condições T6 tem uma resistência à tração de 442 MPa, sendo usada, por exemplo, em estruturas de aviões.

Ligas 6xxx. Os principais elementos de liga do grupo 6xxx são o *magnésio* e o *silício,* que se combinam para dar origem a um composto intermetálico, Mg_2Si, cuja precipitação provoca o endurecimento das ligas deste grupo. Uma das ligas mais importantes deste grupo é a liga 6061, que tem a seguinte composição aproximada: 1,0% Mg, 0,6%Si, 0,3% Cu e 0,2% Cr. Nas condições do tratamento térmico T6 esta liga tem uma resistência à tração de 290 MPa e é usada em geral em estruturas.

Ligas 7xxx. Os principais elementos de liga do grupo 7xxx são o *zinco,* o *magnésio* e o *cobre.* O zinco e o magnésio combinam, formando um composto intermetálico, $MgZn_2$, que é o precipitado básico responsável pelo endurecimento destas ligas quando tratadas termicamente. A solubilidade relativamente elevada do zinco e do magnésio no alumínio possibilita o aparecimento de uma grande densidade de precipitados, obtendo-se um aumento considerável de resistência mecânica. A liga 7075 é uma das mais importantes deste grupo e tem a composição aproximada de 5,6% Zn, 2,5% Mg, 1,6% Cu e 0,25% Cr. A liga 7075, quando submetida ao tratamento térmico designado por T6, tem uma resistência à tração de 504 MPa e é usada principalmente em estrutura de aviões.

9.5.4 Ligas de alumínio para fundição

Processos de fundição Os três principais processos de fundição das ligas de alumínio são: fundição em molde de areia, fundição em molde permanente e fundição sob pressão.

A *fundição* em *molde de areia* é o processo de vazamento mais simples e mais versátil das ligas de alumínio. A Figura 9.49 mostra a construção de um molde simples de areia onde se irá proceder ao vazamento. O processo de fundição em molde de areia é geralmente usado na produção de (1) pequenas quantidades de peças fundidas idênticas, (2) peças vazadas complexas, com interiores complicados, (3) peças grandes vazadas e (4) estruturas vazadas.

No *processo de fundição em molde permanente*, o metal líquido é introduzido no molde permanente por gravidade, baixa pressão ou simplesmente por centrifugação. A Figura 6.1 mostra um molde permanente aberto, enquanto que a Figura 6.2*a* mostra o vazamento em molde permanente de dois pistões de automóvel em liga de alumínio. Peças fundidas de uma mesma liga e com a mesma forma, obtidas em molde permanente, têm uma estrutura de grão mais fino e maior resistência mecânica do que aquelas fundidas em molde de areia. A velocidade de resfriamento elevada que se atinge no vazamento em molde permanente conduz a uma estrutura de grão fino. Além disso, o vazamento em molde permanente dá origem a menores contrações e menor porosidade gasosa do que o vazamento em molde de areia. No entanto, os moldes permanentes têm limitações de tamanho, e para peças complexas este tipo de vazamento é difícil ou mesmo impossível.

Na *fundição injetada sob pressão* se atingem taxas de produção máximas no vazamento de peças idênticas, sendo o metal líquido forçado a entrar no molde por ação de uma pressão elevada. As duas metades do molde metálico estão convenientemente fechadas para permitir uma pressão elevada. O alumínio líquido é forçado a preencher as cavidades do molde. Após a solidificação do metal, o molde é aberto de modo a se retirar a peça vazada, ainda quente. As duas metades do molde são novamente fechadas e repete-se o ciclo de vazamento. Algumas das vantagens da fundição sob pressão são: (1) as peças vazadas por injeção estão praticamente acabadas e podem ser produzidas a velocidades elevadas, (2) permite obter peças com tolerâncias dimensionais mais apertadas do que nos outros processos de fundição, (3) obtêm-se superfícies de vazamento lisas, (4) o resfriamento rápido inerente a este processo permite obter uma estrutura de grão fino e (5) o processo pode ser facilmente automatizado.

Composição das ligas de alumínio para fundição As ligas de alumínio para fundição têm sido desenvolvidas com o intuito de melhorar quer as propriedades relacionadas ao vazamento, como a fluidez e a capacidade de alimentação do molde, quer as propriedades como a resistência mecânica, a ductilidade

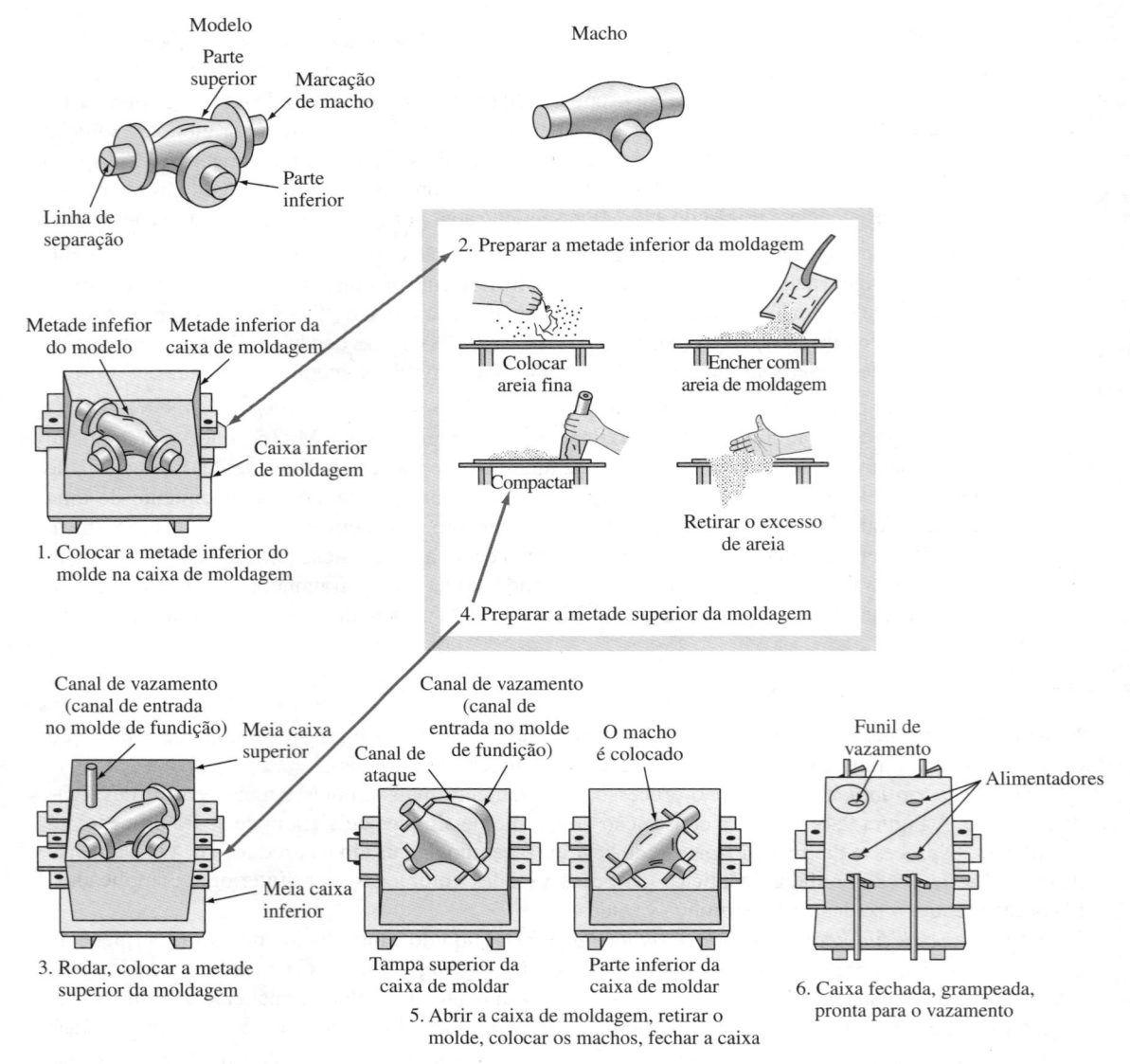

Figura 9.49
Etapas da construção de um molde simples de areia, onde irá ocorrer o vazamento.
(H.F. Taylor, M.C. Flemings and J. Wulff, "Foundry Engineering", Wiley, 1959, p. 20.)

e a resistência à corrosão. Por isso, as composições dessas ligas são muito diferentes das composições das ligas de alumínio para trabalho mecânico. Na Tabela 9.8 estão indicadas as composições químicas, as propriedades mecânicas e as aplicações de algumas ligas de alumínio para fundição; estas últimas são classificadas nos Estados Unidos de acordo com a nomenclatura da Aluminum Association. Nessa classificação, as ligas de alumínio para fundição estão agrupadas segundo os principais elementos de liga que contêm, utilizando-se um número de quatro dígitos com um ponto entre os dois últimos, tal como se indica na Tabela 9.9.

O silício, em quantidades entre 5 e 12%, é o elemento de liga mais importante das ligas de alumínio para fundição, porque aumenta a fluidez do metal líquido e a sua capacidade de alimentação do molde, ao mesmo tempo em que aumenta a resistência mecânica das ligas. O magnésio, em quantidades aproximadas de 0,3 a 1%, é adicionado para aumentar a resistência mecânica, principalmente por meio do tratamento térmico de endurecimento por precipitação. O cobre, em teores entre 1 e 4%, é também adicionado às ligas de alumínio para fundição, para promover o aumento da resistência mecânica, particularmente a temperaturas elevadas. Algumas ligas de alumínio para fundição contêm ainda outros elementos, tais como zinco, estanho, titânio e cromo.

Tabela 9.9
Grupos de ligas de alumínio para fundição.

Alumínio, 99,00% mínimo	1xx,x
Ligas de alumínio agrupadas conforme os principais elementos de liga	
Cobre	2xx,x
Silício, com adição de cobre e/ou magnésio	3xx,x
Silício	4xx,x
Magnésio	5xx,x
Zinco	6xx,x
Estanho	7xx,x
Outros elementos	8xx,x
Série livre	6xx,x

Em certos casos, se a velocidade de resfriamento da peça fundida no molde for suficientemente rápida, pode-se obter uma liga para tratamento térmico no estado de solução sólida supersaturada. Desse modo, as etapas de solubilização e têmpera podem ser eliminadas no endurecimento por precipitação de peças fundidas, sendo apenas necessário fazer o envelhecimento após a peça ter sido removida do molde. Um bom exemplo da aplicação desse tipo de tratamento térmico é a produção de pistões de automóveis endurecidos por precipitação. Os pistões apresentados na Figura 6.2a, depois de serem retirados do molde, requerem apenas um tratamento de envelhecimento para serem endurecidos por precipitação. A designação desse tratamento térmico é T5.

9.6 LIGAS DE COBRE

9.6.1 Propriedades gerais do cobre

O cobre é um metal muito importante em engenharia, sendo extensivamente usado quer como cobre não ligado, quer combinado com outros metais, formando ligas. O cobre que não possui liga apresenta uma combinação extraordinária de propriedades para aplicações industriais. Algumas dessas propriedades são as elevadas condutividades térmica e elétrica, boa resistência à corrosão, facilidade de fabricação, resistência à tração média, propriedades de recozimento controláveis e boas características gerais de brasagem e união. Ligas como os latões e os bronzes permitem atingir resistências mecânicas elevadas, indispensáveis em muitas aplicações de engenharia.

9.6.2 Produção do cobre

A maior parte do cobre é extraída a partir de minérios que contêm sulfuretos de cobre e de ferro. Os concentrados de sulfureto de cobre obtidos a partir de minérios pobres são submetidos à fusão redutora num forno de revérbero para produzir o mate, mistura de cobre e sulfureto de ferro, o qual é separado da escória (material de desperdício). O sulfureto de cobre do mate é depois convertido quimicamente em cobre impuro ou cobre poroso (98% + Cu), por sopragem de ar no mate. O sulfureto de ferro é oxidado e depois escorificado durante esta operação. Subsequentemente, a maior parte das impurezas do cobre poroso é removida sob a forma de escórias num forno de refino. Este cobre refinado chama-se *cobre maleável resistente* e, embora possa ser usado em algumas aplicações, a maior parte é posteriormente refinada eletroliticamente para produzir *cobre eletrolítico maleável resistente (EMR)* (99,95%) ou *cobre EMR (cobre ETP = electrolytic tough-pitch copper)*.

9.6.3 Classificação das ligas de cobre

Nos Estados Unidos, as ligas de cobre são classificadas de acordo com as normas da *Copper Development Association* (CDA). De acordo com estas normas, os números C10100 a C79900 designam as ligas para trabalho mecânico, e os números de C80000 a C99900 designam as ligas para fundição. Na Tabela 9.10, estão indicados os grupos de ligas de maior importância, e na Tabela 9.11 a composição química, propriedades mecânicas típicas e aplicações das principais ligas de cobre.

9.6.4 Ligas de cobre para trabalho mecânico

Cobre sem liga O cobre que não apresenta liga é um metal importante em engenharia e, como possui elevada condutividade elétrica, é usado em larga escala na indústria elétrica. O cobre eletrolítico (EMR) é o mais barato dos cobres industriais e é usado na produção de fio, barra, chapa grossa e tira. O cobre EMR tem uma concentração nominal de oxigênio de 0,04%. O oxigênio é praticamente insolúvel neste tipo de cobre e forma Cu_2O interdendrítico quando o cobre é vazado. Para a maioria das aplicações, o oxigênio no cobre EMR se constitui como impureza sem importância. No entanto, se for aquecido a uma temperatura acima de aproximadamente 400 °C em uma atmosfera contendo hidrogênio, este pode se difundir no cobre sólido e reagir com o Cu_2O disperso internamente, formando-se vapor de água de acordo com a reação

$$Cu_2O + H_2 \text{(dissolvido no cobre)} \rightarrow 2Cu + H_2O \text{ (vapor)}$$

As moléculas grandes de água formadas durante a reação não se difundem rapidamente e formam cavidades internas, em particular nos contornos de grão, o que torna o cobre frágil (Figura 9.50).

Para evitar a fragilização pelo hidrogênio causada pelo Cu_2O, faz-se reagir o oxigênio com o fósforo para formar pentóxido de fósforo (P_2O_5) (liga C12200). Outra maneira de se evitar a fragilização pelo hidrogênio consiste na eliminação do oxigênio do cobre EMR efetuando o vazamento em atmosfera redutora controlada. O cobre produzido por este método chama-se *cobre desoxigenado de elevada condutividade (OFHC = oxygen-free high-conductivity copper)* sendo designado por C10200.

Ligas de cobre-zinco Os latões cobre-zinco são uma família de ligas de cobre com adição de zinco entre 5 e 40%. O cobre forma soluções sólidas substitucionais com o zinco, até um teor de 35% de zinco, como se pode verificar pela região da fase alfa do diagrama de fases Cu-Zn (Figura 8.27). Quando se atingem teores de aproximadamente 40% de zinco, formam-se ligas com duas fases: alfa e beta.

A microestrutura de um latão monofásico alfa consiste em uma solução sólida alfa, como se pode ver na Figura 9.51 para uma liga 70% Cu-30% Zn (C26000, latão para cartuchos). A microestrutura do

Tabela 9.10
Classificação das ligas de cobre (Sistema da Copper Development Association).

Ligas para trabalho mecânico	
C1xxxx	Cobres* e ligas de alto teor em cobre**
C2xxxx	Ligas cobre-zinco (latões)
C3xxxx	Ligas cobre-zinco-chumbo (latões com chumbo)
C4xxxx	Ligas cobre-zinco-estanho (latões com estanho)
C5xxxx	Ligas cobre-estanho (bronzes de fósforo)
C6xxxx	Ligas cobre-alumínio (bronzes de alumínio), ligas de cobre-silício (bronzes de silício) e ligas diversas cobre-zinco
C7xxxx	Ligas cobre-níquel e cobre-níquel-zinco (pratas de níquel)
Ligas para fundição	
C8xxxx	Cobres para fundição, ligas de elevado teor em cobre para fundição, latões para fundição de vários tipos, ligas bronze-manganês para fundição e ligas cobre-zinco-silício para fundição.
C9xxxx	Ligas para fundição cobre-estanho, cobre-estanho-chumbo, cobre-estanho-níquel, cobre-alumínio-ferro, cobre-níquel-ferro e cobre-níquel-zinco.

* "Cobres" têm um teor igual ou superior a 99,3%.
** As ligas com elevado teor em cobre têm teores inferiores a 99,3% Cu, mas superiores a 96%, e não se enquadram nos outros grupos de ligas de cobre.

latão 60% Cu-40% Zn (C28000, metal de Muntz) é formada por duas fases, alfa e beta, como se pode observar na Figura 9.52.

Pequenas quantidades de chumbo (0,5 a 3%) são adicionadas a alguns latões Cu-Zn para melhorar a maquinabilidade. O chumbo é praticamente insolúvel no cobre sólido e distribui-se nos latões com chumbo sob a forma de pequenos glóbulos (Figura 9.53).

As resistências à tração de alguns latões selecionados figuram na Tabela 9.11. Essas ligas têm resistências médias (de 234 a 374 MPa) no estado recozido e podem ser deformadas a frio, de modo a aumentar a resistência.

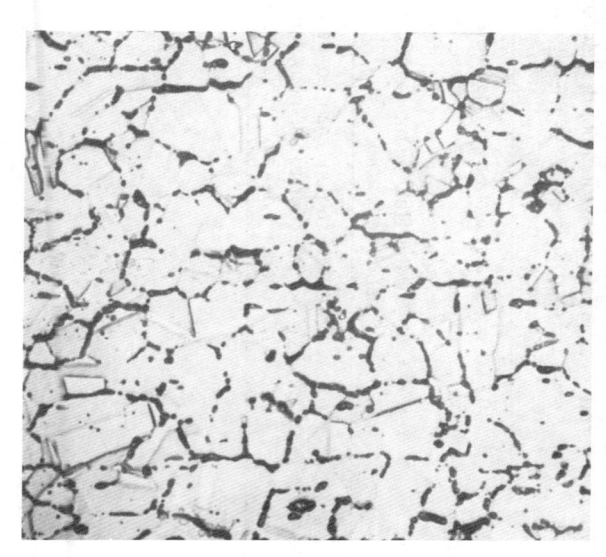

Figura 9.50
Cobre eletrolítico exposto a hidrogênio a 850 °C durante $\frac{1}{2}$ h; a estrutura apresenta cavidades internas formadas por vapor de água, que tornam o cobre frágil. (Reagente de ataque: dicromato de potássio; ampliação 150×.)
(Cortesia de Amax Base Metals Research, Inc.)

Figura 9.51
Microestrutura do latão para cartuchos (70% Cu-30% Zn) no estado recozido. (Reagente de ataque: $NH_4OH + H_2O_2$; ampliação 75×.)
(A.G. Guy, "Essentials of Materials Science", McGraw-Hill, 1976.)

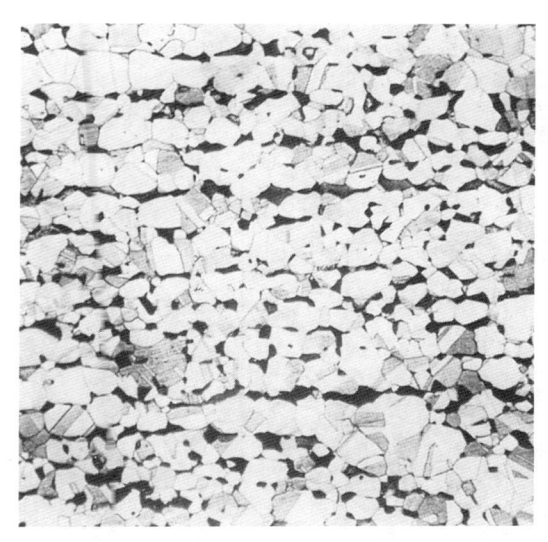

Figura 9.52
Chapa fina de metal de Muntz laminada a quente (60% Cu-40% Zn). A estrutura consiste em fase beta (escura) e fase alfa (clara). (Reagente de ataque: $NH_4OH + H_2O_2$; ampliação 75×.)
(Cortesia de Anaconda American Brass Co.)

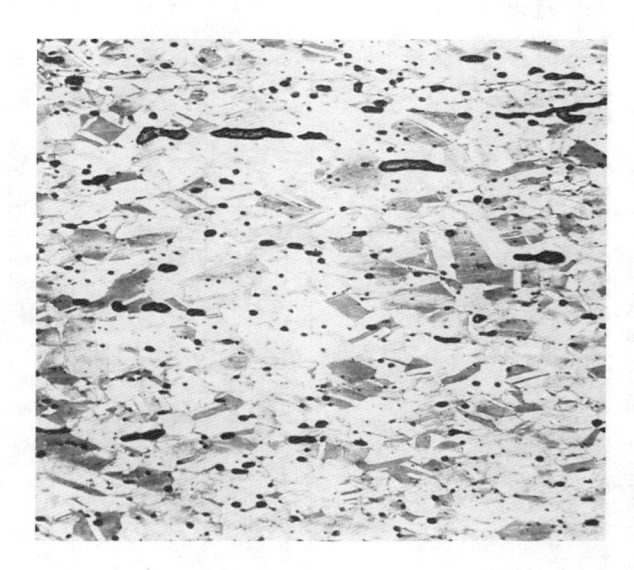

Figura 9.53
Barra extrudada de latão com chumbo em que se podem observar glóbulos alongados de chumbo. O resto da estrutura é a fase α. (Reagente de ataque: $NH_4OH + H_2O_2$; ampliação 75×.)
(Cortesia de Anaconda American Brass Co.)

Tabela 9.11
Propriedades mecânicas típicas e aplicações das ligas de cobre.

Número da liga	Composição química (% em peso)	Condição	Resistência à tração		Tensão de escoamento		Alongamento em 2 pol (%)	Aplicações típicas
			ksi	MPa	ksi	ksi		
				Ligas para trabalho mecânico				
C10100	99,99 Cu	Recozida	32	220	10	69	45	Condutores elétricos, guias de ondas, armaduras elétricas tubulares, fio ligado com chumbo, ânodos para tubos de vácuo, vedantes de vácuo, componentes de transistores, cabos e tubos coaxais, tubos de micro-ondas, retificadores.
		Trabalhada a frio	50	345	45	310	6	
C11000 (ETP)	99,9 Cu; 0,04 O	Recozida	32	220	10	69	45	Calhas, telhados e vedações, radiadores de automóveis, componentes elétricos, pregos, rolos de impressão, rebites, componentes de rádios.
		Trabalhada a frio	50	345	45	310	6	
C26000	70 Cu, 30 Zn	Recozida	47	325	15	105	62	Interiores de radiadores e tanques, corpos de lanterna, casquilhos de lâmpadas, feixes, fechaduras, dobradiças, componentes de munições, acessórios de canalização, pinos, rebites.
		Trabalhada a frio	76	525	63	435	8	
C28000	60 Cu, 40 Zn	Recozida	54	370	21	145	45	Porcas e parafusos grandes, placas de condensação, tubagens de permutadores de calor e condensador.
		Trabalhada a frio	70	485	50	345	10	
C17000	99,5 Cu; 1,7 Be; 0,20 Co	SHT*	60	410	28	190	60	Diafragmas, grampos de detonadores, feixes, fechaduras, molas, partes de circuitos, pinos, válvulas, equipamentos de solda.
		CW, PH*	180	1240	155	1070	4	
C61400	95 Cu, 7 Al, 2 Fe	Recozida	80	550	40	275	40	Porcas, parafusos, longarinas e membros de rosca, resistentes à corrosão, navios e tanques, componentes estruturais, peças de máquinas, tubos de condensador e dos sistemas de tubulações, revestimento de proteção marinha e fixação.
		Trabalhada a frio	89	615	60	415	32	
C71500	70 Cu, 30 Ni	Recozida	55	380	18	125	30	Relés de comunicação, condensadores, placas condensadoras, contatos elétricos, tubos de evaporadores e de trocadores de calor, virolas, resistores.
		Trabalhada a frio	84	580	79	545	3	

		Ligas para fundição				
C80500	99,75 Cu	Bruto de fusão	25	172	9	62	40	Condutores elétricos e térmicos; aplicações em que a resistência, a oxidação e a corrosão são necessárias.
C82400	96,4 Cu; 1,70 Be; 0,25 Co	Bruto de fusão Tratamento térmico	72 150	497 1035	37 140	255 966	20 1	Ferramentas de segurança, moldes para fabricação de componentes plásticos, cames, mancais, rolamentos, válvulas, partes de bombas, engrenagens.
C83600	85 Cu, 5 Sn, 5 Pb, 5 Zn	Bruto de fusão	37	255	17	117	30	Válvulas, flanges, encaixe de tubos, produtos de encanamento, partes fundidas de bombas, injetores e carcaça de bombas de água, itens ornamentais, pequenas engrenagens.
C87200	89 Cu, 4 Si	Bruto de fusão	55	379	25	172	30	Rolamentos, cinturões, injetores de bombas e componentes de válvulas, encaixes de componentes navais, fundidos resistentes à corrosão.
C90300	93 Cu, 8 Sn, 4 Zn	Bruto de fusão	45	310	21	145	30	Rolamentos, mancais, injetores de bombas e componentes de válvulas, anéis de pistão, componentes de válvulas, vedação de anéis, curvas e conexões de encanamento de caldeiras, engrenagens.
C95400	85 Cu, 4 Fe, 11 Al	Bruto de fusão Tratamento térmico	85 105	586 725	35 54	242 373	18 8	Rolamentos, engrenagens, bucha de moça, assentos e guia de válvulas, ganchos de decapagem.
C96400	69 Cu, 30 Ni, 0,9 Fe	Bruto de fusão	68	469	37	255	28	Válvulas, corpo da bomba, flange, curvas usadas para resistência à corrosão em águas do mar.

*SHT = Solution heat-treated (tratado termicamente); CW = cold work (trabalho a frio); PH = precipitation-hardened (endurecido por precipitação)

Bronzes cobre-estanho As ligas cobre-estanho, que são corretamente denominadas por *bronzes de estanho*, (muito embora por vezes sejam chamados bronzes de fósforo), são produzidas por adição de 1 a 10% de estanho ao cobre, formando-se ligas endurecidas por solução sólida. Os bronzes de estanho para trabalho mecânico têm maior resistência que os latões Cu-Zn, especialmente no estado deformado a frio, e melhor resistência à corrosão, mas são mais caros. As ligas Cu-Sn para fundição contêm até cerca de 16% de estanho e são usadas para rolamentos e peças para engrenagens de alta resistência mecânica. Quantidades elevadas de estanho (de 5 a 10%) são adicionadas a essas ligas para obter boa lubrificação em superfícies de rolamentos.

Ligas cobre-berílio As ligas cobre-berílio contêm de 0,6 a 2% Be, sendo adicionado cobalto em quantidades entre 0,2 a 2,5%. Essas ligas endurecíveis por precipitação podem ser tratadas termicamente e deformadas a frio, de modo a obter resistências à tração muito elevadas, por exemplo, 1463 MPa, que é a resistência mais elevada das ligas de cobre para uso comercial. As ligas Cu-Be são usadas em ferramentas para a indústria química que requerem elevada dureza e resistência a descargas elétricas. A excelente resistência à corrosão, as boas propriedades de fadiga e a resistência dessas ligas, estão na origem da sua aplicação em molas, engrenagens, diafragmas e válvulas. Têm, porém, a desvantagem de serem materiais relativamente caros.

9.7 AÇOS INOXIDÁVEIS

Os aços inoxidáveis são selecionados como materiais para engenharia, principalmente devido à sua excelente resistência à corrosão em diversos meios. A resistência à corrosão dos aços inoxidáveis deve-se ao seu elevado teor em cromo. Para conferir a característica de inoxidável ao "aço inoxidável", é necessário que este contenha, no mínimo, um teor de 12% de cromo (Cr). De acordo com a teoria clássica, o cromo forma um óxido superficial que protege da corrosão a liga ferro-cromo que se encontra por debaixo desse óxido. Para que se produza o óxido protetor, o aço inoxidável tem de ser exposto a agentes de oxidação.

De um modo geral, há quatro tipos principais de aços inoxidáveis: ferríticos, martensíticos, austeníticos e endurecidos por precipitação. Apenas os três primeiros tipos serão abordados brevemente nesta seção.

9.7.1 Aços inoxidáveis ferríticos

Os *aços inoxidáveis ferríticos* são essencialmente ligas binárias ferro-cromo, contendo cerca de 12 a 30% Cr. São denominados ferríticos, porque a sua estrutura se mantém essencialmente ferrítica (CCC, do tipo *ferro-*α) após os tratamentos térmicos normais. O cromo, que também tem estrutura CCC como a ferrita-α, alarga a região da fase α e reduz a região da fase γ. Como consequência, forma-se um "anel γ" no diagrama de fases Fe-Cr, que o divide em regiões CFC e CCC (Figura 9.53). Os aços inoxidáveis ferríticos, como contêm teores superiores a 12% de cromo, não sofrem em resfriamento a transformação CFC para CCC, e, por resfriamento desde temperaturas elevadas, obtêm-se soluções sólidas de cromo no ferro-α.

Na Tabela 9.12, indicam-se as composições químicas, propriedades mecânicas típicas e aplicações da alguns aços inoxidáveis, incluindo o tipo ferrítico 430.

Os aços inoxidáveis ferríticos são relativamente baratos, porque não contêm níquel. São usados principalmente como materiais gerais de construção, em que se requer boa resistência à corrosão e ao calor. Na Figura 9.55, pode-se observar a microestrutura de um aço inoxidável ferrítico do tipo 430 recozido. A presença de carbonetos neste aço reduz, de certo modo, a resistência à corrosão. Recentemente, têm sido desenvolvidos novos aços ferríticos, com baixos teores de carbono e de nitrogênio, de modo a aumentar a resistência à corrosão.

9.7.2 Aços inoxidáveis martensíticos

Os aços inoxidáveis martensíticos são fundamentalmente ligas Fe-Cr, contendo 12 a 17% de cromo, com carbono suficiente (0,15 a 1,0%) para que se possa formar uma estrutura martensítica por têmpera da fase austenítica. Essas ligas são denominadas martensíticas, porque têm a capacidade de desenvolver uma estrutura martensítica quando sofrem um tratamento térmico de austenitização e têmpera. Como a composição dos aços inoxidáveis martensíticos é ajustada para otimizar a resistência mecânica e a dureza, a resistência à corrosão desses aços é relativamente baixa quando comparada com a dos aços do tipo ferrítico e austenítico.

Tabela 9.12
Propriedades mecânicas típicas e aplicações dos aços inoxidáveis.

Designação da liga	Composição química (% em peso)*	Estado	Resistência à tração MPa	Tensão de escoamento MPa	Alongamento (%)	Aplicações típicas
Aços inoxidáveis ferríticos						
430	17 Cr; 0,012 C	Recozido	517	345	25	Uso geral em que não se requer endurecimento, capotas de automóveis, equipamentos para restaurantes.
446	25 Cr; 0,20 C		552	345	20	Aplicações a alta temperatura, aquecedores, câmaras de combustão.
Aços inoxidáveis martensíticos						
410	12,5 Cr; 0,15 C	Recozido	517	276	30	Uso geral para tratamento térmico, órgãos de máquinas, eixos de bombas, válvulas.
440A	17 Cr; 0,70 C	Recozido T & R**	724 / 1828	414 / 1690	20 / 5	Cutelaria, rolamentos, instrumentos cirúrgicos.
440C	17 Cr; 1,1 C	Recozido T & R**	759 / 1966	276 / 1897	13 / 2	Esferas, rolamentos, pistas, componentes de válvulas.
Aços inoxidáveis austeníticos						
301	17 Cr; 7 Ni	Recozido	759	276	60	Liga de elevada taxa de encruamento, aplicações estruturais.
304	19 Cr; 10 Ni	Recozido	580	290	55	Equipamento para processamento químico e de alimentos.
304L	19 Cr; 10 Ni; 0,03 C	Recozido	559	269	55	Baixo carbono para melhorar a soldabilidade, reservatórios químicos.
321	18 Cr; 10 Ni; Ti = 5 × % C (min)	Recozido	621	241	45	Estabilizado para facilitar a soldagem, equipamento de processamento.
347	18 Cr; 10 Ni; Nb = 10 × % C (min)	Recozido	655	276	45	Estabilizado para melhorar a soldabilidade, reservatórios de transporte de produtos químicos.
Aços inoxidáveis endurecíveis por precipitação						
17-4EP	16 Cr; 4 Ni; 4 Cu; 0,03 Nb	Endurecido por precipitação	1311	1207	14	Engrenagens, cames, eixos, componentes de aviões e de turbinas.

*Om peso de Fe.
**Temperatura e revenido.

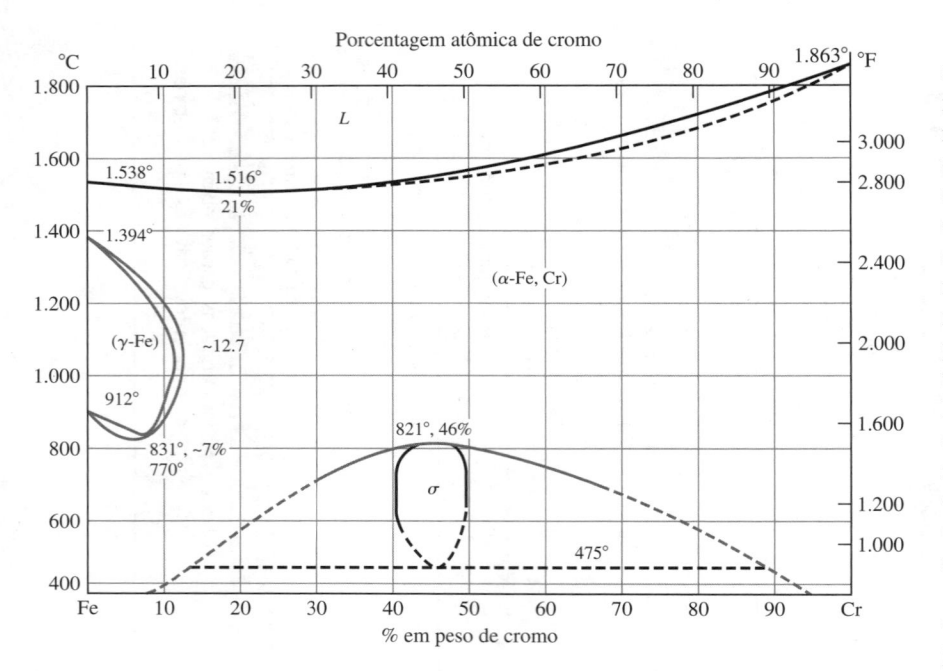

Figura 9.54
Banda de aço inoxidável tipo 430 (ferrítico) recozido a 788 °C. A estrutura consiste em uma matriz de ferrita-α com grãos equiaxiais e partículas de carbonetos dispersas. (Reagente de ataque: picral + HCl; ampliação 100×.)
(*Cortesia de United States Steel Corp., Research Laboratories.*)

O tratamento térmico a que se submetem os aços inoxidáveis martensíticos para aumentar a sua resistência mecânica e tenacidade é essencialmente o mesmo que se efetua para os aços-carbono e para os aços de baixa liga. Isto é, a liga é austenitizada, resfriada rapidamente para se formar uma estrutura martensítica, e depois revenida para aliviar tensões e aumentar a tenacidade. A elevada temperabilidade das ligas de Fe com teores entre 12 e 17% Cr permite eliminar a têmpera em água e permite obter uma estrutura martensítica com menores velocidades de resfriamento.

Na Tabela 9.12 estão indicadas as composições químicas, propriedades mecânicas típicas e aplicações dos aços inoxidáveis martensíticos 410 e 440C. O aço inoxidável 410 com 12% Cr é um aço inoxidável martensítico com baixa resistência mecânica, sendo de utilização geral para tratamento térmico, por exemplo, para órgãos de máquinas, eixos de bombas, parafusos e revestimentos metálicos.

Se o teor em carbono das ligas Fe-Cr aumentar até cerca de 1% C, o domínio α aumenta. Como consequência, as ligas Fe-Cr com cerca de 1% C podem conter aproximadamente 16% Cr sem perder a capacidade de produzir uma estrutura martensítica após austenitização e têmpera. A liga 440C com 16% Cr e 1% C é o aço inoxidável martensítico que tem a maior dureza de todos os aços resistentes à corrosão. A sua elevada dureza se deve à matriz martensítica dura e à presença de elevada concentração de carbonetos primários, tal como se mostra na microestrutura do aço 440C apresentada na Figura 9.56.

9.7.3 Aços inoxidáveis austeníticos

Os aços inoxidáveis austeníticos são essencialmente ligas ternárias ferro-cromo-níquel, contendo cerca de 16 a 25% Cr e 7 a 20% Ni. Essas ligas são designadas austeníticas porque a sua estrutura permanece austenítica (CFC, tipo ferro-γ) às temperaturas normais dos tratamentos térmicos. A presença de níquel, que tem uma estrutura cristalina CFC, permite que a estrutura CFC se mantenha a temperatura ambiente. A elevada capacidade de deformação dos aços inoxidáveis austeníticos se deve à sua estrutura cristalina CFC. Na Tabela 9.12, estão indicadas as composições químicas, propriedades mecânicas típicas e aplicações dos aços inoxidáveis austeníticos 301, 304 e 347.

Os aços inoxidáveis austeníticos possuem normalmente melhor resistência à corrosão do que os aços ferríticos e martensíticos, porque os carbonetos podem ficar retidos em solução sólida, por meio de resfriamento rápido a partir de temperaturas elevadas. No entanto, se essas ligas forem posteriormente soldadas ou resfriadas lentamente, a partir de temperaturas elevadas, no intervalo de 870 a 600 °C, podem se tornar suscetíveis à corrosão intergranular, porque há precipitação de carbonetos com cromo nos contornos de grão. Essa dificuldade pode ser ultrapassada até certo ponto, quer por meio da diminuição do teor de carbono para cerca de 0,03% C (liga tipo 304L), quer por meio da adição de elementos de liga, como o nióbio (liga do tipo 347), que se combinam com o carbono da liga (ver a Seção 12.5 sobre corrosão intergranular). A Figura 9.57 mostra uma microestrutura de um aço inoxidável do tipo 304 que foi recozido a 1.065 °C e resfriado ao ar. Note-se que não há carbonetos visíveis na microestrutura, contrariamente ao que acontece nos aços do tipo 430. (Figura 9.55) e do tipo 440C (Figura 9.56).

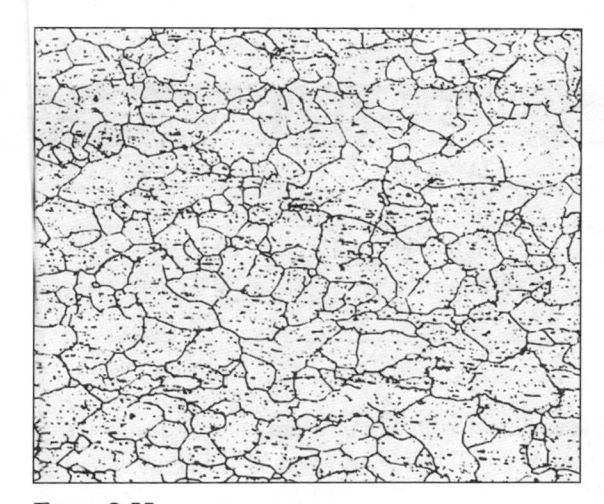

Figura 9.55
Banda de aço inoxidável tipo 430 (ferrítico) recozido a 788 °C. A estrutura consiste numa matriz de ferrita-α com grãos equiaxiais e partículas de carbonetos dispersas. (Reagente de ataque: picral + HCl; ampliação 100×.)
(Cortesia da United States Steel Corp., Research Laboratories.)

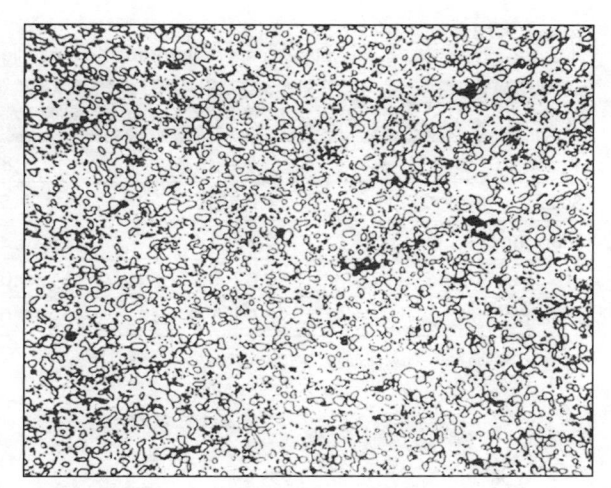

Figura 9.56
Aço inoxidável do tipo 440C (martensítico) endurecido por austenitização a 1.010 °C e resfriado ao ar. A estrutura consiste em carbonetos primários na matriz martensítica. (Reagente de ataque: HCl + picral; ampliação 500×.)
(Cortesia de Allegheny Ludlum Steel Co.)

9.8 FERROS FUNDIDOS

9.8.1 Propriedades gerais

Os ferros fundidos são uma família de ligas ferrosas com uma larga gama de propriedades e, tal como o nome indica, têm o objetivo de ser fundidas na forma desejada, em vez de serem trabalhadas no estado sólido. Contrariamente aos aços, que contêm normalmente teores de carbono inferiores a 1%, os ferros fundidos têm, em geral, de 2 a 4% de carbono e de 1 a 3% de silício. Outros elementos de liga podem estar presentes para controlar ou modificar certas propriedades.

Os ferros fundidos são excelentes ligas para fundição, porque se fundem facilmente, são muito fluidas no estado líquido e não formam filmes superficiais indesejáveis quando vazados. Durante o vazamento e o resfriamento, os ferros fundidos solidificam com contrações baixas a moderadas. Essas ligas têm uma extensa gama de resistências mecânicas e de durezas e, na maior parte dos casos, são fáceis de usinar. Por adição de elementos de liga, pode-se obter excelente resistência ao desgaste, à abrasão e à corrosão. No entanto, os ferros fundidos têm resistência ao impacto e ductilidade relativamente baixas, o que limita a sua utilização em algu-

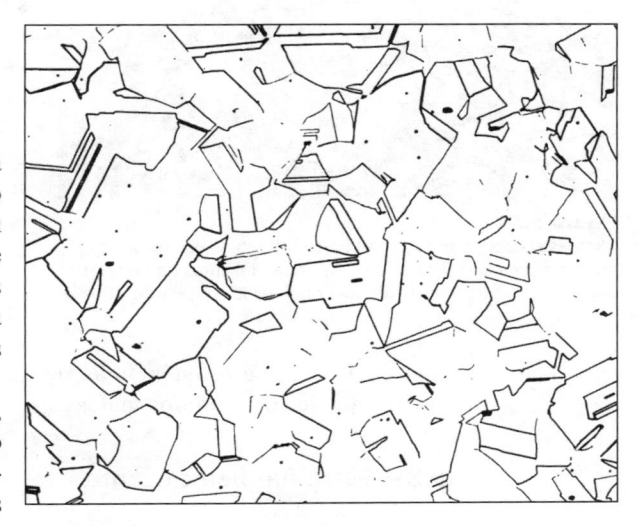

Figura 9.57
Banda de aço inoxidável do tipo 304 (austenítico) recozida durante
5 min. a 1.065 °C e resfriada o ar. A estrutura consiste em grãos equiaxiais de austenita. Notar as estruturas de recozimento. (Reagente de ataque: HNO$_3$ – ácido acético-HCl-glicerol; ampliação 250×.)
(Cortesia de Allegheny Ludlum Steel Co.)

mas aplicações. A vasta utilização industrial dos ferros fundidos deve-se essencialmente ao seu baixo custo, comparado a outros materiais, e à versatilidade das suas propriedades no campo da engenharia.

9.8.2 Tipos de ferros fundidos

Podem-se distinguir quatro tipos ou categorias diferentes de ferros fundidos, conforme a distribuição do carbono na microestrutura: **branco**, **cinzento**, **maleável** e **dúctil**. Os *ferros fundidos de alta liga* são uma quinta categoria de ferros fundidos. Porém, como as composições dos ferros fundidos se sobrepõem, esse material não pode ser distinguido entre si por análise da composição química. Na Tabela 9.13

Tabela 9.13
Faixas de composição química típica para os ferros fundidos não ligados.

Elemento	Ferro fundido cinzento (%)	Ferro fundido branco (%)	Ferro fundido maleável (%)	Ferro fundido dúctil (%)
Carbono	2,5–4,0	1,8–3,6	2,00–2,60	3,0–4,0
Silício	1,0–3,0	0,5–1,9	1,10–1,60	1,8–2,8
Manganês	0,25–1,0	0,25–0,80	0,20–1,00	0,10–1,00
Enxofre	0,02–0,25	0,06–0,20	0,04–0,18	0,03 max
Fósforo	0,05–1,0	0,06–0,18	0,18 max	0,10 max

Fonte: C.F. Walton (ed.), "Iron Castings Handbook", Iron Casting Society, 1981.

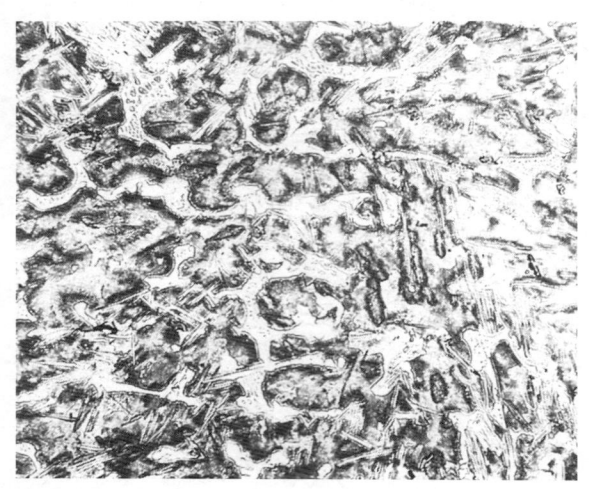

Figura 9.58
Microestrutura de um ferro fundido branco. O constituinte branco é o carboneto de ferro. As áreas cinzentas não nítidas são perlita. (Reagente de ataque: nital a 2%; ampliação 100×.)
(*Cortesia da Central Foundry.*)

estão indicadas as gamas de composição para os quatro ferros fundidos básicos, e a Tabela 9.14 apresenta algumas das suas propriedades mecânicas típicas em tração, e suas aplicações.

9.8.3 Ferro fundido branco

O ferro fundido branco se forma quando parte do carbono da liga fundida forma carboneto de ferro em vez de grafita, após solidificação. No estado vazado, a microestrutura de um ferro fundido branco não ligado contém grandes quantidades de carbonetos de ferro em uma matriz perlítica (Figura 9.58). Os ferros fundidos brancos são assim designados porque, ao fraturarem, originam uma superfície de fratura "branca" ou brilhante. Para que o carbono esteja na forma de carboneto de ferro nos ferros fundidos brancos, é necessário que o teor de carbono e de silício sejam relativamente baixos (isto é, 2,5–3,0% C e 0,5–1,5% Si), e que a velocidade de solidificação seja elevada.

Os ferros fundidos brancos são usados essencialmente pela sua excelente resistência ao desgaste e à abrasão. A grande quantidade de carbonetos de ferro na estrutura é responsável pela boa resistência ao desgaste. Os ferros fundidos brancos são usados como matéria-prima dos ferros fundidos maleáveis.

9.8.4 Ferro fundido cinzento

O ferro fundido cinzento se forma quando o teor de carbono da liga excede a quantidade que se dissolve na austenita, precipitando sob a forma de lamelas de grafita.

Quando uma peça de ferro fundido cinzento fratura, a superfície de fratura aparece cinzenta devido à grafita exposta.

O ferro fundido cinzento é um material importante em engenharia, porque tem baixo custo, bem como propriedades úteis, incluindo usinabilidade excelente e níveis de dureza que permitem boa resistência ao desgaste, resistência a escoriações sob condições de lubrificação deficiente e excelente capacidade de amortecimento de vibrações.

Composição e microestrutura Os ferros fundidos cinzentos não ligados contêm normalmente de 2,5 a 4% C e de 1 a 3% Si, tal como está indicado na Tabela 9.13. Como o silício é um elemento estabilizador da grafita, adicionam-se teores elevados de silício aos ferros fundidos para promover a formação de grafita. A velocidade de solidificação é também um fator importante que determina a quantidade de grafita formada. Velocidades de solidificação moderadas e baixas favorecem a formação de grafita. A velocidade de solidificação afeta também o tipo de matriz formada nos ferros fundidos cinzentos. Velocidades de resfriamento moderadas favorecem a formação da matriz perlítica, enquanto que velocidades de resfriamento baixas favorecem o aparecimento da matriz ferrítica. Para

Tabela 9.14
Propriedades mecânicas típicas e aplicações dos ferros fundidos.

Designação e número da liga	Composição química (% em peso)	Estado	Microestrutura	Resistência à tração MPa	Tensão de escoamento MPa	Alongamento (%)	Aplicações típicas
Ferros fundidos cinzentos							
Ferrítico (G2500)	3,4 C; 2,2 Si; 0,7 Mn	Recozido	Matriz ferrítica	179	...	...	Cilindros pequenos, cabeças de cilindros, discos de embreagens.
Perlítico (G3500)	3,2 C; 2,0 Si; 0,7 Mn	Fundido	Matriz perlítica	252	...	...	Cilindros para caminhões e tratores, caixas de engrenagens para serviços pesados.
Perlítico (G4000)	3,3 C; 2,2 Si; 0,7 Mn	Fundido	Matriz perlítica	293	...	...	Fundidos para motores *diesel*.
Ferros fundidos maleáveis							
Ferrítico (32510)	2,2 C; 1,2 Si; 0,04 Mn	Recozido	Carbono revenido e ferrita	345	224	10	Utilizações gerais de engenharia com boa usinabilidade.
Perlítico (45008)	2,4 C; 1,4 Si; 0,75 Mn	Recozido	Carbono revenido e ferrita	440	310	8	Utilizações gerais de engenharia com tolerâncias dimensionais especificadas.
Martensítico (M7002)	2,4 C; 1,4 Si; 0,75 Mn	Temperado e revenido	Martensita revenida	621	438	2	Peças com elevada resistência mecânica; bielas e juntas de transmissão homocinéticas.
Ferros fundidos dúcteis							
Ferrítico (60-40-18)	3,5 C; 2,2 Si	Recozido	Ferrítica	414	276	18	Peças vazadas sob pressão, como válvulas e carcaças de bombas.
Perlítico	3,5 C; 2,2 Si	Fundido	Ferrítica-perlítica	552	379	6	Eixos de manivelas, engrenagens e esferas de rolamentos.
Martensítico (120-90-02)	3,5 C; 2,2 Si	Temperado e revenido	Martensítica	828	621	2	Rodas dentadas, engrenagens, esferas de rolamentos e guias.

Figura 9.59
Ferro fundido cinzento da classe 30, tal como vazado num molde de areia. A estrutura contém lamelas de grafita do tipo A em uma matriz com 20% de ferrita "limpa" (constituinte claro) e 80% de perlita (constituinte escuro). (Reagente de ataque: nital a 3%; ampliação 100×.)

("Metals Handbook", vol. 7, 8. ed., American Society for Metals, 1972, p. 82. Reproduzido com permissão de ASM International. Todos os direitos reservados. www.asminternational.org)

se obter matriz totalmente ferrítica num ferro cinzento sem liga, o ferro fundido é geralmente recozido para permitir que o carbono que permaneceu na matriz se deposite nas lamelas de grafita, deixando a matriz completamente ferrítica.

A Figura 9.59 é uma microestrutura de um ferro fundido cinzento sem liga, após vazamento, em que se podem observar lamelas de grafita em uma matriz de ferrita e perlita misturadas. Na Figura 9.60, apresenta-se uma fotomicrografia obtida no microscópio eletrônico de varredura de um ferro fundido cinzento hipereutético com a matriz removida por ataque químico.

9.8.5 Ferro fundido dúctil

Os ferros fundidos dúcteis (por vezes chamados ferros fundidos com *grafita nodular* ou *esferoidal*) combinam as vantagens de processamento dos ferros fundidos cinzentos com as propriedades de engenharia dos aços. O ferro fundido dúctil apresenta boa fluidez, boa capacidade ao vazamento, excelente usinabilidade e boa resistência ao desgaste. Adicionalmente, o ferro fundido dúctil tem algumas propriedades semelhantes às dos aços, como elevada resistência mecânica, tenacidade, ductilidade, deformabilidade a quente e temperabilidade.

Composição e microestrutura As propriedades excepcionais de engenharia dos ferros fundidos dúcteis se devem à presença de nódulos esféricos de grafita na sua estrutura interna, tal como se pode observar nas microestruturas das Figuras 9.61 e 9.62. A existência de uma matriz relativamente dúctil entre os nódulos permite que ocorra uma deformação significativa sem fratura.

A composição dos ferros fundidos dúcteis sem liga é semelhante à composição dos ferros cinzentos, no que diz respeito aos teores de carbono e silício. Como se pode verificar na Tabela 9.13, o teor de carbono do ferro dúctil não ligado varia entre 3,0 a 4,0% C, e o teor de silício varia entre 1,8 a 2,8% Si. Os teores de enxofre e fósforo nos ferros dúcteis de alta qualidade devem ser man-

Figura 9.60
Fotomicrografia obtida no microscópio eletrônico de varredura de um ferro fundido cinzento hipereutético com a matriz removida por ataque químico, permitindo ver o arranjo espacial da grafita do tipo B. (Reagente de ataque: 3: 1 metil acetato-bromo líquido; ampliação 130×.)

("Metals Handbook", vol. 7, 8. ed., American Society for Metals, 1972, p. 82. Reproduzido com permissão de ASM International. Todos os direitos reservados. www.asminternational.org)

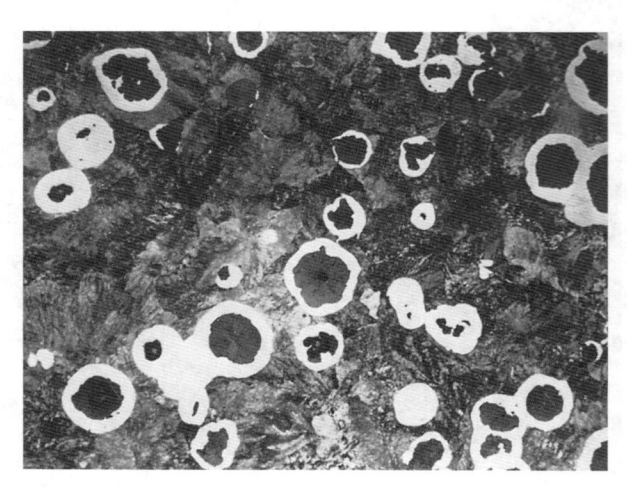

Figura 9.61
Ferro dúctil perlítico da classe 80-55-06 tal como vazado. Nódulos de grafita (esferulitas) envolvidos por ferrita "limpa" (estrutura de olho-de-boi) em uma matriz de perlita. (Reagente de ataque: nital a 3%; ampliação 100×.)

("Metals Handbook", vol. 7, 8. ed., American Society for Metals, 1972, p. 88. Reproduzido com permissão de ASM International. Todos os direitos reservados. www.asminternational.org)

tidos com valores muito baixos, no máximo 0,03% S e 0,1 % P, o que é aproximadamente 10 vezes inferior aos níveis máximos nos ferros fundidos cinzentos. Outras impurezas devem também ser mantidas a níveis baixos, porque interferem na formação dos nódulos de grafita nos ferros fundidos dúcteis.

Os nódulos esféricos do ferro fundido dúctil formam-se durante a solidificação a partir do ferro líquido, porque os níveis de enxofre e oxigênio do ferro são reduzidos a valores muito baixos, por meio da adição de magnésio ao metal, antes de este ser vazado. O magnésio reage com o enxofre e com o oxigênio, pelo que estes elementos não podem interferir na formação dos nódulos esféricos.

A microestrutura dos ferros fundidos dúcteis sem liga é geralmente do tipo olho-de-boi, como a da Figura 9.61. Essa estrutura consiste em nódulos "esféricos" de grafita rodeada por ferrita "limpa", em uma matriz de perlita. Outras estruturas de vazamento podem ser obtidas, com matrizes totalmente ferríticas ou perlíticas, por adição de elementos de liga. Também se podem efetuar tratamentos térmicos subsequentes para alterar a estrutura vazada de olho-de-boi e consequentemente as propriedades mecânicas dos ferros fundidos dúcteis vazados, como se indica na Figura 9.63.

Figura 9.62
Fotomicrografia obtida no microscópio eletrônico de varredura de um ferro dúctil perlítico, vazado, com a matriz removida por ataque químico de modo a poder se ver a grafita secundária e a ferrita olho-de-boi que rodeia os nódulos primários de grafita. (Reagente de ataque: 3: 1 metil-acetato-bromo líquido; ampliação 130×.)
("Metals Handbook", vol. 7, 8. ed., American Society for Metals, 1972, p. 88. Reproduzido com permissão de ASM International. Todos os direitos reservados. www.asminternational.org)

9.8.6 Ferro fundido maleável

Composição e microestrutura Os ferros fundidos maleáveis são inicialmente vazados como ferros fundidos brancos, os quais contêm grandes quantidades de carbonetos de ferro e não têm grafita. As composições químicas dos ferros fundidos maleáveis estão, portanto, restringidas às composições que formam ferros fundidos brancos. Os teores de carbono e silício dos ferros fundidos maleáveis variam entre 2,0 e 2,6% C com 1,1 a 1,6% Si, como se indica na Tabela 9.13.

Para se obter uma estrutura de ferro maleável, aquecem-se as peças fundidas frias de ferro fundido branco num forno de maleabilização, para transformar o carboneto de ferro do ferro fundido branco em grafita e ferro. No ferro fundido maleável, a grafita tem a forma de agregados irregulares de nódulos, a que se chama *carbono de revenido*. A Figura 9.64 é uma microestrutura de um ferro fundido maleável ferrítico, em que se pode observar carbono de revenido em uma matriz de ferrita.

Os ferros fundidos maleáveis são materiais de engenharia importantes, porque apresentam propriedades atrativas, tais como facilidade ao vazamento, usinabilidade, resistência mecânica moderada, tenacidade, resistência à corrosão para certas aplicações e ainda uniformidade, já que todas as peças vazadas são tratadas termicamente.

Tratamento térmico O tratamento térmico dos ferros brancos para obter ferros fundidos maleáveis é constituído por duas etapas:

1. *Grafitização*. Nesta etapa, as peças fundidas (vazadas) de ferro branco são aquecidas acima da temperatura eutetoide, em geral a cerca de 940 °C, mantendo-se a essa temperatura durante 3 a 20 h, dependendo da composição, estrutura e tamanho da peça vazada. Neste estágio, o carboneto de ferro do ferro fundido branco transforma-se em "carbono de revenido" (grafita) e austenita.

2. *Resfriamento*. Nesta etapa, a austenita do ferro fundido pode se transformar num dos três tipos básicos de matriz: ferrita, perlita e martensita.

    Ferro maleável ferrítico. Para que se obtenha uma matriz ferrítica, a peça vazada, após ter sido aquecida na primeira etapa, é resfriada rapidamente até 740 a 760 °C, e depois resfriada lentamente com velocidade entre 3 a 11 °C por hora. Durante o resfriamento, a austenita se transforma em ferrita e grafita, depositando-se a grafita nas partículas já existentes de carbono de "revenido".

    Ferro maleável perlítico. Este ferro é produzido por meio do resfriamento lento das peças vazadas, até cerca de 870 °C, seguido de resfriamento ao ar. Neste caso, o resfriamento rápido transforma a austenita em perlita, pelo que se forma ferro maleável perlítico, que consiste em nódulos de carbono de revenido em uma matriz de perlita.

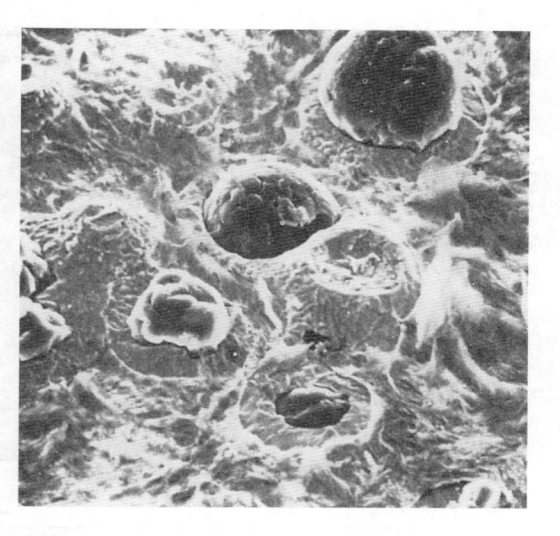

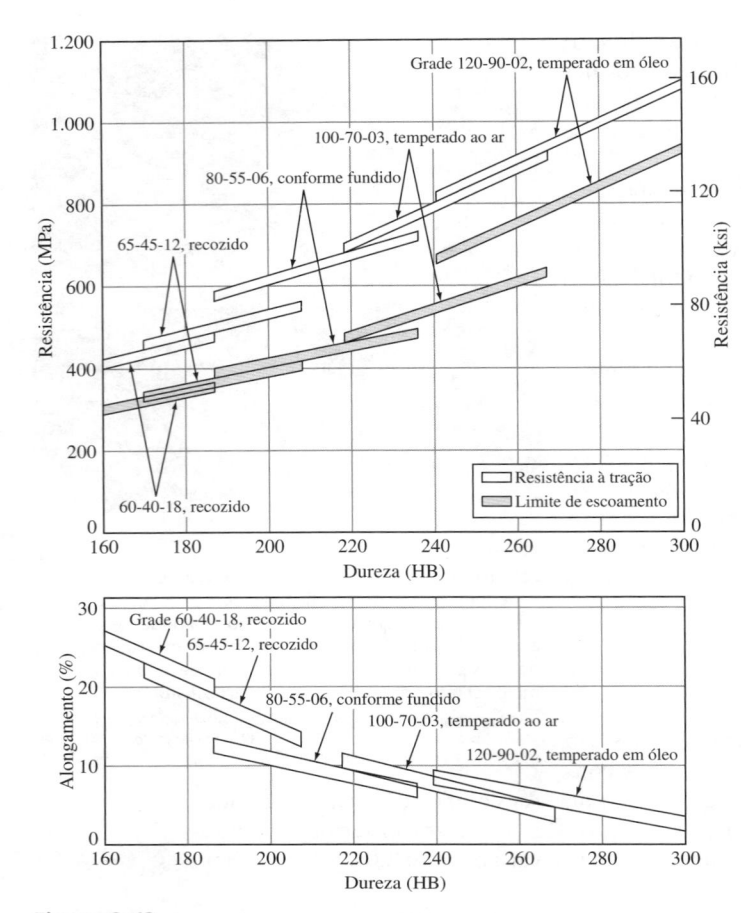

Figura 9.63
Propriedades de resistência à tração e alongamento de ferros fundidos dúcteis em função da dureza.
(*"Metals Handbook"*, vol. 1, 9. ed., American Society for Metals, 1978, p. 36. Utilizado com permissão de ASM International.)

Figura 9.64
Microestrutura de um ferro fundido maleável ferrítico (classe M32101) recozido em duas etapas: 4h de permanência a 954 °C, resfriamento a 700 °C durante 6h e resfriamento ao ar. Nódulos de grafita (carbono de revenido) em uma matriz de ferrita granular. (Reagente de ataque: nital a 2%; ampliação 100×.)
(*"Metals Handbook"*, vol. 7, 8. ed., American Society for Metals, 1972, 95. Reproduzido com permissão de ASM International. Todos os direitos reservados. www.asminternational.org)

Ferro maleável martensítico revenido. Este tipo de ferro maleável é obtido por resfriamento no forno das peças vazadas até uma temperatura de têmpera de 845 a 870 °C, com manutenção durante 15 a 30 min para permitir a homogeneização, e têmpera em óleo agitado para se obter uma matriz martensítica. Finalmente, as peças fundidas são revenidas a uma temperatura entre 590 e 725 °C para que se obtenham as propriedades mecânicas desejadas. A microestrutura final é, portanto, formada por nódulos de carbono de revenido em uma matriz de martensita revenida.

9.9 LIGAS DE MAGNÉSIO, TITÂNIO E NÍQUEL

9.9.1 Ligas de magnésio

O Magnésio é um metal leve (densidade = 1,74 g/cm^2) que disputa com o alumínio (densidade = 2,70 g/cm^2) a utilização em aplicações que requerem metais com densidade baixa. Porém, o magnésio e as suas ligas têm muitas desvantagens, o que limita uma utilização mais ampla. Em primeiro lugar, o magnésio é mais caro do que o alumínio (7,25 US$/kg para o Mg contra 1,47 US$/kg para o Al, em 2001, ver Tabela 9.1). O magnésio é difícil de vazar, porque, no estado fundido, ao ar, se queima; por isso, têm de ser usados fluxos protetores durante o vazamento. Da mesma forma, o magnésio tem resistência mecânica relativamente baixa e também baixa resistência à fluência, à fadiga e ao desgaste. Acrescente-se ainda que, como o magnésio tem estrutura cristalina HC, a deformação à temperatura ambiente é difícil, porque só há três sistemas de escorregamento principais. Não obstante, como as ligas de magnésio têm densidade muito baixa, são usadas vantajosamente em aplicações aeroespaciais e em equipamento para manuseio de materiais, por exemplo. Na Tabela 9.15, comparam-se algumas propriedades físicas e preços do magnésio com os de outros metais usados no campo da engenharia.

Classificação das ligas de magnésio Há dois tipos principais de ligas de magnésio: *ligas para trabalho mecânico*, geralmente sob a forma de chapa fina, chapa grossa, extrudados e forjados, e *ligas para fundição*. Os dois tipos de ligas subdividem-se em ligas para tratamento térmico e ligas sem tratamento térmico.

As ligas de magnésio são, em geral, designadas por duas letras maiúsculas, seguidas por dois ou três dígitos. As letras indicam os dois principais elementos da liga: a primeira letra indica o elemento com maior concentração e a segunda o elemento com a segunda maior concentração. O primeiro número define a porcentagem em peso correspondente ao elemento da primeira letra (se apenas houver dois números) e o segundo define a porcentagem em peso do elemento da segunda letra. Se, a seguir aos números, aparecer uma letra A, B etc., significa que

Tabela 9.15
Algumas propriedades físicas e custo de alguns metais usados em engenharia.

Metal	Densidade a 20 °C (g/cm³)	Ponto de fusão (°C)	Estrutura cristalina	Custo (US$/kg) (1989)
Magnésio	1,74	651	HC	3,59
Alumínio	2,70	660	CFC	2,17
Titânio	4,54	1.675	HC ⇌ CCC*	11,57-12,12***
Níquel	8,90	1.453	CFC	15,43
Ferro	7,87	1.535	CCC ⇌ CFC**	0,44
Cobre	8,96	1.083	CFC	3,20

* Transformação ocorre à 883 °C.
** Transformação ocorre à 910 °C.
*** Esponja de titânio. O preço é de cerca de 50 toneladas.

houve modificação do tipo A, B etc., na liga. Algumas das letras usadas para designar os elementos de liga presentes nas ligas de magnésio são:

A = alumínio   K = zircônio   M = manganês
E = terras raras   Q = prata   S = silício
H = tório   Z = zinco   T = estanho

As designações dos tratamentos térmicos das ligas de magnésio são as mesmas dos tratamentos das ligas de alumínio e foram indicadas na Seção 9.5.

EXEMPLO 9.7

Explique o significado das designações das ligas de magnésio:
(a) HK31A-H24 e (b) ZH62A-T5.

- **Solução**
a. A designação HK31A-H24 significa que a liga de magnésio contém uma porcentagem nominal de 3% em peso de tório e 1% em de zircônio, e que a liga sofreu a modificação A. A designação H24 significa que a liga foi laminada a frio e parcialmente recozida até ao estado de meio-dura.
b. A designação ZH62A-T5 significa que a liga de magnésio contém uma porcentagem nominal de 5% em peso de zinco e 2% em peso de tório e sofreu a modificação A. T5 significa que a liga foi envelhecida artificialmente após o vazamento.

Estrutura e propriedades O magnésio tem a estrutura HC, pelo que o trabalho a frio das ligas de magnésio apenas pode ser feito dentro de certos limites. A temperaturas elevadas, tornam-se ativos no magnésio outros planos de escorregamento além dos planos basais. Desse modo, as ligas de magnésio são geralmente trabalhadas a quente ou a temperaturas intermediárias, em vez de serem trabalhadas a frio.

O alumínio e o zinco são frequentemente adicionados ao magnésio para formar ligas de magnésio para trabalho mecânico. Tanto o alumínio como o zinco aumentam a resistência mecânica deste, através do endurecimento por solução sólida.

A maior parte das ligas estruturais de magnésio é produzida no estado vazado, essencialmente devido a dificuldades de trabalhá-las a frio. O alumínio e o zinco são adicionados ao magnésio, sobretudo para promover o endurecimento por solução sólida. O alumínio também combina com magnésio para formar o precipitado $Mg_{17}Al_{12}$, que pode ser usado para endurecer por envelhecimento as ligas de Mg--Al. Tório e zircônio também formam precipitados com o magnésio e são utilizados para fabricar as ligas que podem ser usadas em temperaturas elevadas de até cerca de 427 °C.

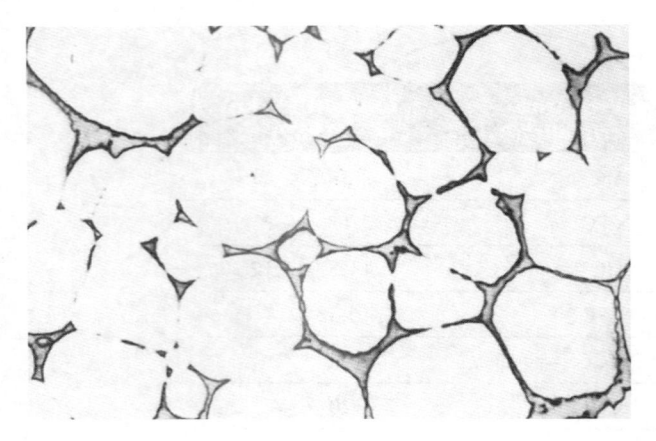

Figura 9.65
Microestrutura da liga de magnésio EZ33A tal qual foi vazada, em que se pode observar composto maciço Mg_9TR (terra rara) nos contornos de grão. (Reagente de ataque: glicol; ampliação 500×.)
(*Cortesia de Dow Chemical Co.*)

As ligas de magnésio para fundição são à base de alumínio e zinco, pois esses elementos contribuem para a resistência da solução sólida. Liga de magnésio com metais de terras raras, principalmente cério, produz um composto resistente e duro nos limites do contorno de grão, conforme apresentado na Figura 9.65. Na tabela 9.16, indicam-se sumariamente as composições químicas, propriedades mecânicas e aplicações de algumas ligas de magnésio.

9.9.2 Ligas de titânio

O titânio é um metal relativamente leve (densidade = 4,54 g/cm^3), mas possui elevada resistência mecânica (662 MPa para 99,0% Ti), motivo pelo qual o titânio e as suas ligas podem competir favoravelmente com as ligas de alumínio em algumas aplicações aeroespaciais, muito embora o titânio seja mais caro (8,43 US$/kg para o Ti[8] contra 1,47 US$/kg para o Al, em 2001). O titânio é também usado em aplicações em que é necessária elevada resistência à corrosão em diversos meios químicos, como soluções de cloro e de cloretos inorgânicos.

O titânio é caro devido à dificuldade da extração, no estado puro, a partir dos seus compostos. A temperaturas elevadas, o titânio se combina com o oxigênio, nitrogênio, hidrogênio, carbono e ferro, por esse motivo são usadas técnicas especiais para fundir e trabalhar este metal.

À temperatura ambiente, o titânio tem estrutura cristalina HC (alfa), a qual se transforma na estrutura CCC (beta) à temperatura de 883 °C. Elementos como o alumínio e o oxigênio estabilizam a fase a e aumentam a temperatura de transformação da fase a na fase β. Outros elementos, como o vanádio e o molibdênio, estabilizam a fase beta e diminuem a temperatura para a qual a fase β é estável. Outros elementos ainda, como o cromo e o ferro, reduzem a temperatura de transformação à qual a fase β é estável, porque provocam uma reação eutetoide, que origina uma estrutura com duas fases à temperatura ambiente.

Na Tabela 9.16, são apresentadas as propriedades mecânicas típicas e aplicações para o titânio comercialmente puro (99,0% Ti) e também para várias ligas de titânio. A liga de titânio mais usada é a Ti-6 Al-4 V, pelo fato de combinar elevada resistência mecânica à boa deformabilidade. Por meio de tratamento térmico de solubilização e envelhecimento, essa liga pode atingir uma resistência à tração de 1.170 MPa.

9.9.3 Ligas de níquel

O níquel é um metal importante em engenharia, sobretudo porque possui excelente resistência à corrosão e à oxidação a altas temperaturas. O níquel também tem estrutura CFC, o que o torna facilmente deformável, mas é relativamente caro (15,43 US$/kg, em 1989) e a sua densidade é elevada (8,9 g/cm^3), o que limita a sua utilização.

Níquel comercial e ligas monel O níquel comercialmente puro é usado em componentes elétricos e eletrônicos, devido à sua boa resistência mecânica e condutividade elétrica; é também usado em equipamento de processamento de alimentos, devido a sua boa resistência à corrosão. O níquel e o cobre são completamente solúveis um no outro, no estado sólido, para todas as composições, pelo que há muitas ligas de níquel e cobre endurecidas por solução sólida. Adicionando ao níquel 32% de cobre, obtém-se a liga Monel 400 (Tabela 9.16), que tem resistência mecânica relativamente elevada, boa soldabilidade e excelente resistência à corrosão em diversos meios. A adição de 32% de cobre aumenta um pouco a resistência do níquel e reduz o preço. A adição de cerca de 3% de alumínio e 0,6% de titânio aumenta

---

[8]Esponja de titânio vem em quantidades de cerca de 50 t.

Tabela 9.16
Propriedades mecânicas típicas e aplicações de algumas ligas de magnésio, titânio e níquel.

Designação e número da liga	Composição química (% em peso)	Condição*	Resistência à tração MPa	Tensão de escoamento MPa	Alongamento (%)	Aplicações típicas
Ligas de magnésio para trabalho mecânico						
AZ31B	3 Al; 1 Zn; 0,2 Mn	Recozida H24	228 248	--- 159	11 7	Equipamento de carga aérea, rack e prateleiras.
HM21A	2 Th; 0,8 Mn	T8	228	138	6	Folha e placa de míssil e aeronaves de uso até 427 °C.
ZK60	6 Zn; 0,5 Zr	T5	310	235	5	Usos aeroespaciais altamente solicitados, extrudados e forjados.
Ligas de magnésio para fundição						
AZ63A	6 Zn; 3 Al; 0,15 Mn	Conforme fundida T6	179 235	76 110	4 3	Carcaças fundidas em areia que necessitam de boa resistência à temperatura ambiente.
EZ33A	3 TR; 3 Zn; 0,7 Zr	T5	138	96	2	Fundição sob pressão em molde permanente e em molde de areia para aplicações a 150-260 °C.
Ligas de titânio						
	99,0% Ti (estrutura α)	Recozida	662	586	20	Uso químico e marinho, estruturas e peças para motores de aeronaves.
	Ti-5 Al-2 Sn (estrutura α)	Recozida	862	807	16	Ligas soldáveis para a construção de peças e chapas metálicas.
Ligas de níquel						
Níquel 200	99,5 Ni	Recozida	483	152	48	Processamento químico e de alimentos e componentes eletrônicos.
Monel 400	66 Ni; 32 Cu	Recozida	552	262	45	Processamento químico e óleo e serviço marítimo.
Monel K500	66 Ni; 30 Cu; 2,7 Al; 0,6 Ti	Envelhecida	1035	759	25	Válvulas, bombas, molas, sistemas de lubrificação para furação de poços.

* H24 = Trabalhado a frio e parcialmente recozido até ¼ de duro; T5 = resfriamento desde a temperatura de desmoldagem (fundição) e envelhecimento artificial; T6 = Solubilização seguida de envelhecimento artificial; T8 = Solubilização, deformação a frio e envelhecimento artificial.

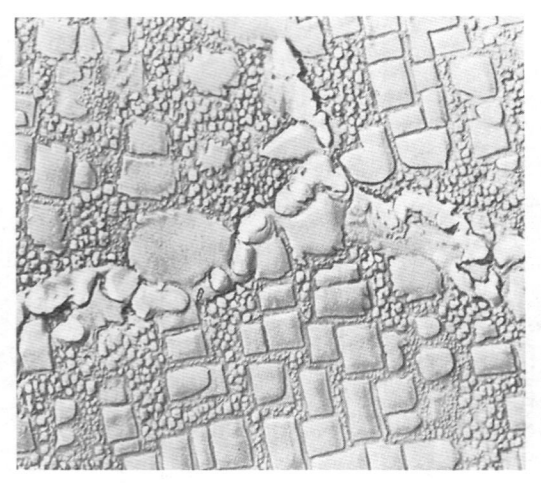

Figura 9.66
Liga *Astroloy* forjada, após tratamento térmico de solubilização durante 4h a 1.150 °C, resfriamento ao ar, envelhecimento a 1.079 °C durante 4h, têmpera em óleo, envelhecimento a 843 °C durante 4h, resfriamento ao ar, envelhecimento a 760 °C durante 16h, resfriamento ao ar. Formaram-se precipitados intergranulares da fase gama-linha (γ') a 1.079 °C, e precipitados finos de γ' a 843 °C e 760 °C. Também há partículas de carboneto nos contornos de grão. A matriz é gama (γ). (Reagente eletrolítico: H2S04, H3PO4, HN03; ampliação 10.000×.)

(*"Metals Handbook"*, vol. 7, 8. ed., American Society for Metals, 1972, p. 171. Reproduzido com permissão de ASM International. Todos os direitos reservados. www.asminternational.org)

consideravelmente a resistência mecânica da liga Monel (66% Ni-30% Cu), devido ao endurecimento por precipitação. Os precipitados responsáveis pelo endurecimento por precipitação são Ni_3Al e Ni_3Ti.

Superligas à base de níquel Foi desenvolvida uma vasta gama de superligas à base de níquel, usadas principalmente em peças de turbinas de gás, as quais têm de suportar temperaturas elevadas e condições de oxidação graves, além de apresentar boa resistência à fluência. A maior parte das superligas para trabalho mecânico à base de níquel contém cerca de 50 a 60% de níquel, 15 a 20% de cromo e 15 a 20% de cobalto. Pequenas quantidades de alumínio (0,5 a 4%) e de titânio (1 a 4%) são adicionadas para promover o endurecimento por precipitação. As superligas à base de níquel consistem fundamentalmente em três fases: (1) uma matriz de austenita gama, (2) uma fase com os precipitados Ni_3Al e Ni_3Ti chamada *gama – linha (γ')*, e (3) partículas de carbonetos (devido à adição de cerca de 0,01 a 0,04% C). A fase gama – linha é a responsável pela resistência mecânica a alta temperatura e pela estabilidade destas ligas, enquanto que os carbonetos estabilizam os contornos de grão a temperaturas elevadas. A Figura 9.66 mostra uma microestrutura de uma superliga à base de níquel após tratamento térmico. Nessa microestrutura é claramente visível a fase gama – linha, bem como as partículas de carbonetos.

9.10 LIGAS PARA FINS ESPECIAIS E APLICAÇÕES

9.10.1 Intermetálicos

Intermetálicos (ver Seção 8.11) constituem uma classe de materiais metálicos que possuem uma combinação única de propriedades atraente para muitos tipos de indústrias. Exemplos de aplicações estruturais em alta temperatura, como motores de aviões a jato, os intermetálicos atraíram muito a atenção, principalmente os aluminetos de níquel (Ni_3Al e $NiAl$), aluminetos de ferro (Fe_3Al e $FeAl$) e aluminetos de titânio (Ti_3Al e $TiAl$). Esses intermetálicos contém alumínio, pois este pode formar uma fina película apassivadora de alumina (Al_2O_3) num ambiente oxidante que serve para proteger a liga de danos de corrosão. As densidades desses intermetálicos são baixas se comparadas a outras ligas para altas temperaturas como as superligas de níquel e, portanto, são muito adequadas para aplicações aeroespaciais. Essas ligas também têm relativamente alto ponto de fusão e boa resistência às altas temperaturas. O fator que limita a aplicação desses metais é sua natureza frágil às temperaturas ambientes. Alguns aluminetos, por exemplo, Fe_3Al, também apresentam essa fragilidade à temperatura ambiente. Isso se deve à reação do vapor d'água no ambiente com elementos como alumínio para formar hidrogênio atômico, o qual se difunde no metal e causa redução da ductilidade e fratura prematura (ver Seção 13.5.11 em danos do hidrogênio).

O alumineto Ni_3Al é de especial interesse por causa de sua resistência mecânica e sua resistência à corrosão às altas temperaturas. Esse alumineto tem sido utilizado também como um constituinte finamente disperso nas superligas à base de níquel para aumentar a resistência. A adição de cerca de 0,1% em peso de boro no Ni_3Al (com menos de 25% atômica de Al) tem mostrado a eliminação da fragilidade da liga; de fato, a adição melhora sua ductilidade pela redução em até 50% da fragilidade causada pelo hidrogênio. Essa liga também apresenta uma interessante e útil anomalia de aumentar o limite de escoamento com o aumento da temperatura. Se forem adicionados de 6 a 9% de cromo juntamente ao boro, reduz-se a fragilidade da liga a elevadas temperaturas; Zr é adicionado para melhorar a resistência por meio do endurecimento por solução sólida e Fe para melhorar a soldabilidade. Além de cada impureza aumentar a complexidade do diagrama, dificulta também a posterior análise das fases. Além das aplicações em motor de avião, este intermetálico é usado para fabricar partes de forno, prendedores de aeronaves, pistões, válvulas e ferramentas. Todavia, a aplicação de intermetálicos não é limitada a usos estruturais. Por exemplo, Fe_3Si tem sido utilizado em aplicações magnéticas por causa de sua elevada propriedade magnética e resistência ao desgaste; $MoSi_2$ tem sido utilizado em elementos de aquecimento nos fornos de alta temperatura devido a sua elevada condutividade térmica e elétrica; NiTi (nitinol) é usado como uma liga com memória de forma em aplicações médicas.

9.10.2 Ligas com memória de forma

Propriedades gerais e características das ligas com memória de forma SMAs têm a capacidade de recuperar uma forma previamente definida quando submetidas a um processo de tratamento térmico adequado. Ao voltar às suas formas originais, elas podem inclusive aplicar força. Existe um número de ligas metálicas que apresentam tal comportamento, dentre elas as ligas de Au-Cd, Cu-Zn-Al, Cu-Al-Ni e Ni-Ti. As aplicações práticas são baseadas naquelas SMAs que tem a capacidade para recuperar uma quantidade significativa de tensão (superelasticidade) ou naquelas que aplicam grandes forças quando voltam a suas formas originais.

Fabricação de SMAs e mecânica do comportamento A liga SMA pode ser fabricada utilizando tanto processos de deformação a quente como de deformação a frio, tais como forjamento, laminação, extrusão e trefilação para produzir fitas, tubos, arames, chapas ou molas. Para divulgar a memória da forma desejada, a liga é tratada termicamente a uma temperatura de 500 a 800 °C. Durante o processo de tratamento térmico, a SMA é treinada novamente para o formato desejado. A esta temperatura, o material tem uma estrutura cúbica bem ordenada chamada austenita (fase-mãe) (Figura 9.67a). Quando o material é resfriado, sua estrutura muda para uma altamente torcida ou cortada alternadamente por uma estrutura de plaquetas chamada martensita (Figura 9.67b). A estrutura cortada alternadamente funciona como tesouras opostas e como consequência mantém a forma geral do cristal, conforme apresenta a Figura 9.68 (atual microestrutura é mostrada na Figura 9.68c). O efeito de recuperação de forma em SMAs é um resultado de transformação de fase sólido-sólido entre duas estruturas dos materiais, ou seja, austenita e martensita. No estado martensítico, a SMA é muito fácil de se deformar pela aplicação de tensão por causa da propagação pelo contorno (Figura 9.69). Se, neste estágio, a carga é removida, a deformação da martensita permanece, dando a aparência de uma deformação plástica. No entanto, após deformação do estado martensítico, o aquecimento causará a transformação da martensita em austenita com o componente retornando a sua forma original (Figura 9.70). A mudança na estrutura não ocorre a temperaturas baixas, mas acima do intervalo de temperaturas que depende da liga segundo o esquema da Figura 9.71. Após resfriamento, a transformação começa na linha M_i (100% de austenita) e termina na linha M_f (0% de austenita), enquanto que, no aquecimento, a transformação começa na linha A_i (100% de martensita) e termina na linha A_f (0% de martensita). Adicionalmente, a transformação durante o resfriamento e o aquecimento não se sobrepõem, ou seja, o sistema apresenta histerese (Figura 9.71).

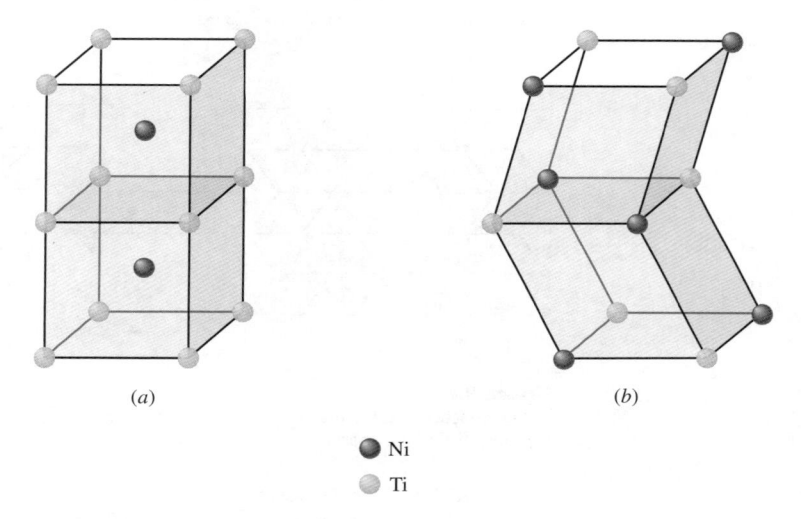

Figura 9.67
As estruturas na liga Ni-Ti: (a) austenítica e (b) martensítica.

Quando a SMA está a temperatura acima de A_f (100% de austenita), aplicada a tensão, ela pode se deformar e se transformar para o estado martensítico. Se neste ponto a carga é removida, a fase martensítica torna-se termodinamicamente instável (devido à alta temperatura) e recupera sua estrutura e forma original de maneira elástica. Esta é a base do comportamento superelástico das SMAs. A transformação, uma vez que foi alcançada em uma temperatura constante e sob carga, é chamada *tensão induzida*.

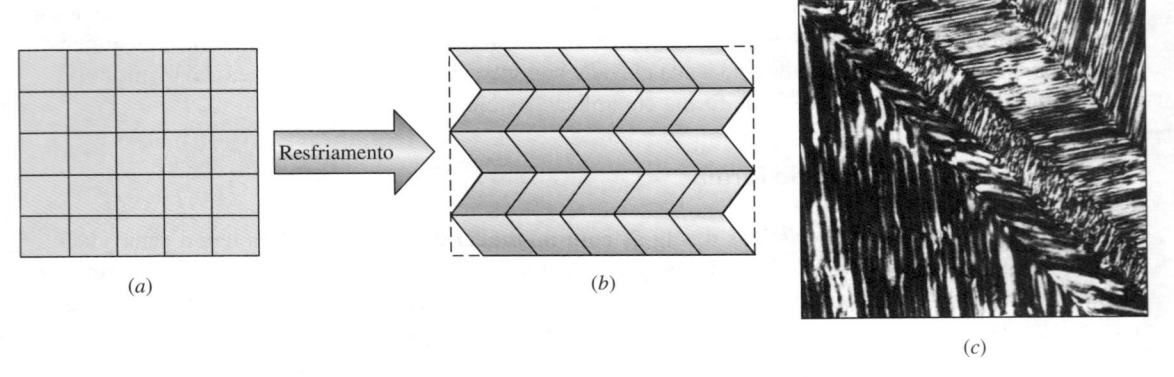

Figura 9.68
A transformação da austenita em martensita no resfriamento mantendo a forma geral do cristal. (*a*) cristal de austenita, (*b*) martensita altamente geminada e (*c*) martensita mostrando estrutura alternadamente cisalhada.
(*"Metals Handbook", 2. ed., ASM International, 1998. Reproduzido com permissão de ASM International. Todos os direitos reservados. www.asminternational.org*)

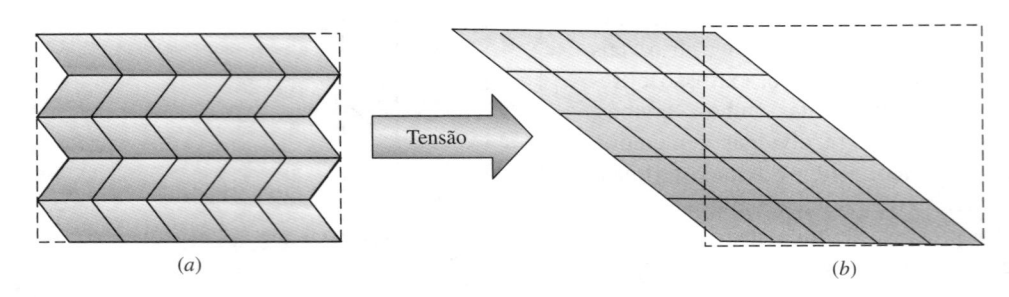

Figura 9.69
A deformação da estrutura de martensita, devido à tensão aplicada. (*a*) Martensita geminada, (*b*) martensita deformada.

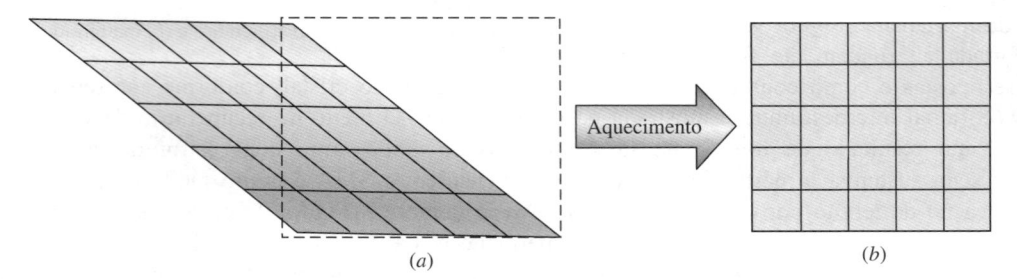

Figura 9.70
Transformação da martensita deformada em austenita mediante aquecimento. (*a*) Martensita deformada e (*b*) austenita.

Aplicações das SMAs O intermetálico Ni-Ti (nitinol) é um dos mais comuns usados em SMAs com composição na faixa de Ni-49% Ti a Ni-51% Ti. O nitinol tem uma tensão de memória de forma por volta de 8,5%, é não magnético, tem excelente resistência à corrosão e a mais alta ductilidade dentre todas as SMAs (conforme a Tabela 9.17). As aplicações do nitinol incluem dispositivos de acionamentos, no qual o material (1) tem a capacidade para voltar à sua forma original livremente, (2) é totalmente limitado, para a recuperação de forma, ele exerce uma grande força sobre a estrutura ou (3) é parcialmente limitado pelo material circundante deformável, caso em que a SMA realiza trabalho. Exemplos práticos de dispositivos de acionamentos são molas vasculares, termostatos de cafeteiras e acoplamentos de tubos hidráulicos. Outros componentes, como armações de óculos e arcos ortodônticos, são exemplos nos

Tabela 9.17
Algumas propriedades do nitonol.

Propriedades	Valor da propriedade
Temperatura de fusão, °C (°F)	1.300 (2.370)
Densidade, g/cm³ (lb/pol³)	6,45 (0,233)
Resistividade, $\mu\Omega \cdot$ cm	
Austenita	~100
Martensita	~70
Condutividade térmica, W/m · °C (Btu/ft · h · °F)	
Austenita	18 (10)
Martensita	8,5 (4,9)
Resistência à corrosão	Similar a liga da série dos aços inoxidáveis 300 ou ligas de titânio
Módulo de Young, GPa (10⁶ psi)	
Austenita	~83 (~12)
Martensita	~28–41 (~4–6)
Limite de escoamento, MPa (ksi)	
Austenita	195–690 (28–100)
Martensita	70–140 (10–20)
Limite de resistência à tração, MPa (ksi)	895 (130)
Temperaturas de transformação, °C (°F)	–200 to 110 (–325 to 230)
Histeresis Δ °C (Δ°F)	~30 (~55)
Calos latentes de transformação, kJ/kg · atom (cal/g · atom)	167 (40)
Deformação efeito memória	8,5% máximo

Fonte: "Metals Handbook," 2d ed., ASM International, 1998.

quais a superelasticidade do material é a propriedade desejada. Além disso, a fase martensítica tem excelente capacidade de absorção de energia e de resistência à fadiga por causa de sua estrutura acicular. Então, a fase martensítica é usada como um amortecedor de vibração e em instrumentos cirúrgicos flexíveis para tratamento cirúrgico, por exemplo, extracorpórea. Na seleção desses materiais para aplicações específicas, deve-se observar as temperaturas de operação em comparação com as temperaturas de transformação.

9.10.3 Metais amorfos

Propriedades gerais e características De um modo geral, os termos *metal*

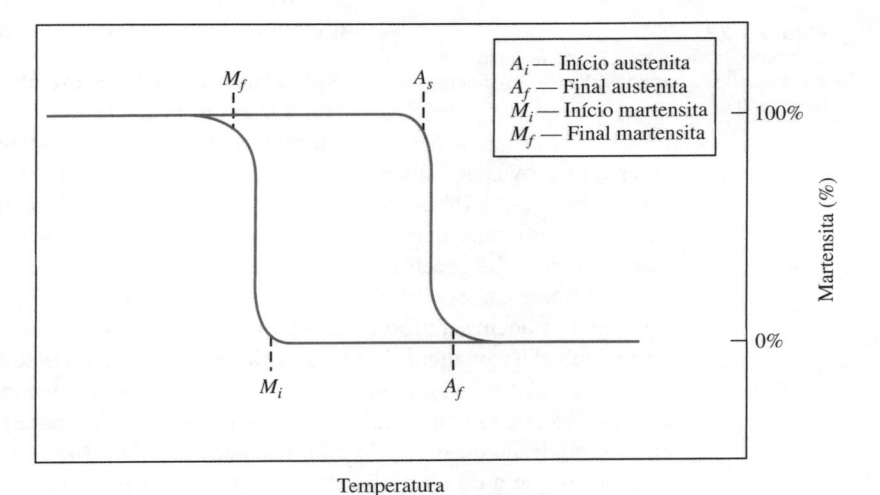

Figura 9.71
Um diagrama típico temperatura-transformação para uma amostra tensionada quando é aquecida e resfriada.

A_i — Início austenita
A_f — Final austenita
M_i — Início martensita
M_f — Final martensita

e *amorfo* parecem contraditórios. Nos capítulos anteriores, quando os conceitos de estrutura cristalina e solidificação dos metais foram apresentados, era comum afirmar que os metais têm uma tendência elevada para formar estruturas cristalinas com ordenação de longo alcance. Todavia, conforme discutido brevemente no Capítulo 3, sob certas condições, inclusive metais não cristalinos, altamente desordenados, amorfos ou estruturas vítreas (chamadas também de *vidro metálico*) em que os átomos estão arranjados de maneira aleatória (randômica). A Figura 9.72a mostra o esquema de um sólido cristalino (note as características ordenada e paralela) enquanto a Figura 9.72b mostra a estrutura atômica amorfa ou vítrea. Pode-se facilmente observar a natureza amorfa da liga vítrea quando comparada à estrutura cristalina.

Produção de metais amorfos e comportamento mecânico O conceito de um metal amorfo não é novo e seu estudo é datado de meados dos anos 1960. Metais amorfos foram inicialmente desenvolvidos por meio da aplicação de metal fundido a uma superfície que se move rapidamente e é, então, resfriado nessa superfície. Isso resulta em uma têmpera rápida do metal a uma taxa de 10^5 C/s. O processo rápido de têmpera das ligas propicia um tempo muito pequeno para o metal fundido se solidificar. Neste pequeno período de tempo, não há oportunidade para a difusão dos átomos e a formação dos cristais; como resultado, um sólido com um estado vítreo é formado. Realizar uma têmpera tão rápido não é fácil. Por causa da má condutividade térmica dos vidros metálicos, somente chapas, fios ou na forma de pó (produtos com pelo menos uma dimensão muito pequena) desses materiais puderam ser desenvolvidos recentemente.

Por causa do arranjo aleatório dos átomos nos metais amorfos, atividades de deslocamentos são mínimas e, como resultado, os metais que são formados desta maneira são muito duros. Estes metais não deixam de endurecer, mas se comportam de modo elástico, perfeitamente de maneira plástica (a região plástica da curva de tensão-deformação é plana). A deformação plástica nos vidros metálicos é totalmente heterogênea e se localiza em bandas de cisalhamento intenso. Portanto, a estrutura, mecanismos de deformação e propriedades de tais metais são completamente diferentes daquelas dos metais cristalinos.

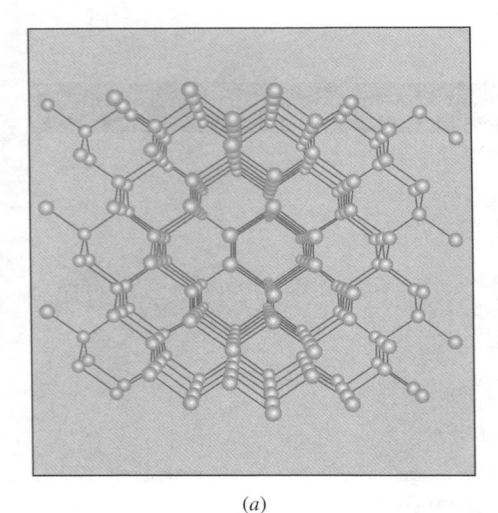

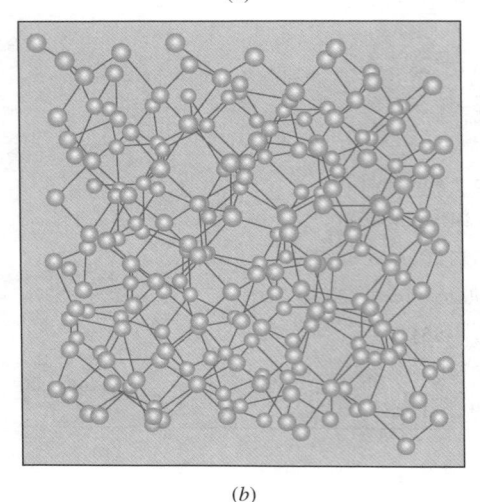

Figura 9.72
Comparação de ordenação atômica em (a) cristalina (liga à base de Zr) e (b) vítrea (liga à base de Zr).

Aplicações dos vidros metálicos Recentemente, tornou-se possível a fabricação em pequena escala de peças pequenas de ligas amorfas com altas taxas de resfriamento, algumas das quais estão agora disponíveis no mercado. Novas descobertas mostraram que os metais de raios atômicos consideravelmente diferentes como Ti, Cu, Zr, Be ou Ni podem ser misturados para formar uma liga, a cristalização é dificultada e o sólido resultante tem uma estrutura amorfa. Como tais ligas, ao solidificar, não encolhem significativamente, alta precisão dimensional pode ser alcançada. Como resultado, ao contrário dos metais convencionais, as superfícies metálicas afiadas, tais como aqueles encontrados em facas e instrumentos cirúrgicos podem ser produzidas sem nenhum processo adicional ou operações de acabamento. Uma das principais desvantagens do vidro metálico é que ele é metaestável, ou seja, se a temperatura aumenta até um nível crucial, o metal volta ao estado cristalino e recupera suas características normais.

Um exemplo comercial de vidro metálico é a liga para fundição Vit-001 (à base de Zr) que tem alto módulo de elasticidade, alta resistência (1.900 MPa) e é resistente à corrosão. Sua densidade é maior do que a do alumínio e a do titânio, mas menor do que a do aço. Ela pode sofrer uma deformação recuperável de cerca de 2%, significativamente maior do que os metais convencionais. Devido a esse limite de tensão elástica elevada e dureza, os pedidos iniciais de metais vítreos foram de indústrias de equipamentos esportivos, como o golfe. Quanto mais dura e mais elástica for a cabeça fabricada com o vidro metálico, mais longas serão as viagens da tacada no clube de golfe. Com melhores técnicas de processamento para a produção em massa de metais amorfos, o número de novas aplicações também irá crescer.

As ligas de engenharia podem ser convenientemente subdivididas em dois tipos: ferrosas e não ferrosas. As ligas ferrosas têm o ferro como principal elemento de liga, enquanto que nas ligas não ferrosas o principal elemento de liga é outro metal que não o ferro. Os aços, que são ligas ferrosas, são, sem dúvida, as ligas metálicas mais importantes, principalmente pelo seu baixo custo e vasta gama de propriedades mecânicas. Essas propriedades mecânicas dos aços-carbono podem ser alteradas consideravelmente por deformação a frio e recozimento. Quando o teor em carbono dos aços aumenta acima de aproximadamente 0,3%, os aços podem ser tratados termicamente por têmpera e revenimento, de modo a obter-se elevada resistência mecânica com ductilidade razoável. Elementos de liga como o níquel, o cromo e o molibdênio são adicionados aos aços-carbono para produzir aços de baixa liga, que possuem uma boa combinação de elevada resistência mecânica e tenacidade, sendo usados em larga escala na indústria automobilística, em aplicações como engrenagens e eixos.

9.11 RESUMO

As ligas de alumínio são as ligas não ferrosas mais importantes, principalmente devido à sua leveza, deformabilidade, resistência à corrosão e custo relativamente baixo. O cobre sem liga é muito usado por ter elevada condutividade elétrica, resistência à corrosão, deformabilidade e custo relativamente baixo. O cobre ligado com o zinco dá origem a uma série de ligas designadas por latões, que têm resistência mecânica superior à do cobre sem liga.

Os aços inoxidáveis são ligas ferrosas importantes pela sua elevada resistência à corrosão em meios oxidantes. Para que um aço inoxidável se torne realmente "inoxidável", deve conter, no mínimo, 12% de cromo.

Os ferros fundidos são outra família industrialmente importante de ligas ferrosas. Os ferros fundidos têm um preço baixo e possuem propriedades especiais, como facilidade de fundição, boa resistência ao desgaste e durabilidade. O ferro fundido cinzento tem muito boa usinabilidade e capacidade de absorção de vibrações, devido à presença de lamelas de grafita na sua estrutura.

Outras ligas não ferrosas descritas sumariamente neste capítulo são as ligas de magnésio, de titânio e de níquel. As ligas de magnésio são excepcionalmente leves e têm aplicações aeroespaciais, sendo também usadas em equipamento de manuseio de materiais. As ligas de titânio são caras, mas têm uma combinação de resistência mecânica com peso baixo, que não se encontra noutras ligas metálicas, motivo pelo qual são largamente usadas em estruturas de aviões. As ligas de níquel têm elevada resistência à corrosão e à oxidação, e por isso são usadas frequentemente nas indústrias química e petrolífera. O níquel, quando ligado com o cromo e o cobalto, constitui a base das superligas à base de níquel, necessárias para turbinas a gás em aviões a jato e em equipamento de produção de eletricidade.

Neste capítulo, abordou-se, ainda que de maneira limitada, a estrutura, as propriedades e as aplicações de algumas das ligas mais importantes em engenharia.

Foram também introduzidas as ligas para fins especiais que estão crescendo em importância e aplicação em diversos setores das indústrias. De particular importância é o uso de intermetálicos, metais amorfos e superligas avançadas em vários campos. Estes materiais têm propriedades superiores às ligas convencionais.

9.12 PROBLEMAS

As respostas para os exercícios marcados com um asterisco constam no final do livro.

Problemas de conhecimento e compreensão

9.1 (a) Como é o gusa extraído do minério de ferro? (b) Escreva a reação química típica para a redução do óxido de ferro (Fe_3O_4) pelo monóxido de carbono para o ferro metálico. (c) Descreva o processo de conversão do gusa em aço.

9.2 (a) Por que o diagrama de fase Fe-Fe_3C é um diagrama metaestável ao invés de ser um diagrama de fase de verdadeiro equilíbrio? (b) Defina as seguintes fases que existem no diagrama de fase Fe-Fe_3C: (i) austenita, (ii) ferrita-α, (iii) cementita, (iv) ferrita-δ. (c) Escreva no diagrama de fase: (i) a austenita, (ii) ferrita-α, (iii) cementita, (iv) ferrita-δ. Escreva as reações para as três invariantes reações que ocorrem no diagrama de fase Fe-Fe_3C.

9.3 (a) O que é uma estrutura perlítica? (b) Faça um desenho esquemático apresentando as fases presentes em uma perlita.

9.4 Em que difere as três fases em um aço-carbono: (a) eutetoide, (b) hipoeutetoide e (c) hipereutetoide.

9.5 Em que difere uma ferrita proeutetoide e a ferrita eutetoide.

9.6 (a) Defina martensita. (b) Descreva os seguintes tipos de martensitas que podem ocorrer em um aço-carbono (i) placas de martensita e em (ii) agulhas de martensita.

(c) Descreva algumas características da transformação martensítica que ocorre em aço-carbono. (d) O que causa a forma tretagonal desenvolvida na rede cristalina CCC quando o teor de carbono excede 0,20%. (e) O que causa a alta dureza e resistência desenvolvida na martensita de aço-carbono mediante o aumento do teor de carbono?

9.7 (a) O que é uma transformação isotérmica no estado sólido? (b) Desenhe um diagrama de transformação isoterma para um aço-carbono eutetoide e indique os produtos de decomposição. Como pode tal diagrama se construído por meio de uma série de experimentos?

9.8 Como um diagrama de transformação isotérmica de um aço hipoeuteoide difere de um para o aço eutetoide?

9.9 Desenhe um diagrama de transformação de resfriamento contínuo para um aço-carbono. Como esse diagrama difere de um diagrama de transformação isotérmico para um aço-carbono?

9.10 (a) Descreva o tratamento de recozimento pleno para um aço-carbono. (b) Quais os tipos de microestruturas que podem ser produzidas pelo recozimento pleno para um aço (i) eutetoide e (ii) hipoeutetoide?

9.11 Descreva o tratamento térmico de recozimento para um aço-carbono hipoeutetoide com menos do que 0,3% de carbono.

9.12 O que é o tratamento térmico de normalização para o aço e quais são alguns dos seus objetivos?

9.13 Descreva o processo de tempera para um aço-carbono.

9.14 (a) Descreva o processo de "mar-revenimento" para um aço-carbono. (b) Desenhe a curva de resfriamento para o tratamento térmico de "mar-revenimento" de um aço-carbono eutetoide austenitizado usando o digrama de transformação isoterma. (c) Qual é o tipo de microestrutura que é produzida após o "mar-revenimento" desse aço? (d) Quais são as vantagens do "mar-revenimento"? (e) Qual é o tipo de microestrutura esperada após temperar um aço "mar-revenido"? (f) O que é o termo "mar-revenimento" de um termo impróprio. Sugira um termo impróprio.

9.15 (a) Descreva o processo de austempera para um aço-carbono. Desenhe a curva de resfriamento para um aço-carbono austenitizado austemperado usando a curva de transformação isoterma. (b) Qual é a microestrutura produzida após a austempera de um aço-carbono eutetoide. (c) Um aço austemperado necessita ser revenido? Explique. (d) Quais são as vantagens de um processo de austempera? (e) E suas desvantagens?

9.16 (a) Explique o sistema de numeração adotado pela AISI e SAE para aços-carbono. (b) O que é o sistema AISI-SAE para designação de aço liga?

9.17 (a) Quais são algumas das limitações dos aços-carbono para projeto de engenharia? (b) Quais são os principais elementos de liga adicionados aos aços-carbono para tornarem-se aço baixa liga? (c) Quais elementos dissolvem primariamente na ferrita dos aços-carbono? (d) Coloque em ordem crescente aqueles elementos que têm mais tendência de formação de carbetos entre os elementos: titânio, cromo, molibdênio, vanádio e tungstênio.

9.18 (a) Quais compostos que o alumínio pode formar nos aços? (b) Cite dois elementos estabilizadores da austenita no aços. (c) Cite quatro elementos estabilizadores da ferrita nos aços.

9.19 Quais elementos aumentam a temperatura eutetoide no diagrama de fase Fe-Fe$_3$C?

9.20 (a) Defina a temperabilidade do aço. (b) Defina a dureza de um aço. (c) Descreva o ensaio de temperabilidade Jominy. (d) Explique como os dados de um ensaio de temperabilidade Jominy é obtido e como a curva é construída. (e) Qual uso industrial pode se ter com a curva de temperabilidade Jominy?

9.21 (a) Explique como ligas endurecíveis por precipitação têm sua resistência mecânica aumentada por tratamento térmico. (b) Qual tipo de diagrama de fase é necessário ter para que uma liga binária seja endurecível por precipitação? (c) Quais são os três passos básicos em um tratamento térmico para ter uma liga endurecível por precipitação? (d) Em qual faixa de temperatura uma liga binária endurecível por precipitação deve ser aquecida para o passo de tratamento térmico de solubilização? (e) Por que a liga endurecível por precipitação é relativamente fraca logo após o tratamento térmico de solubilização e revenimento?

9.22 (a) Diferencie entre envelhecimento natural e envelhecimento artificial para as ligas endurecíveis por precipitação. (b) Qual é a força que controla a decomposição de solução sólida supersaturada de uma liga endurecível por precipitação? (c) Qual é o primeiro produto da decomposição de uma liga endurecível por precipitação em uma solução sólida super-saturada na condição após ter sido envelhecida a baixas temperaturas? (d) O que é zona GP?

9.23 (a) O que é uma curva de envelhecimento para ligas endurecíveis por precipitação? (b) Quais tipos de precipitados são desenvolvidos em uma liga que é considerável parcialmente envelhecida a baixas temperaturas? (c) Quase tipos são desenvolvidos em liga superenvelhecida?

9.24 Qual é a diferença entre um precipitado coerente e um incoerente?

9.25 Descreva as quatro microestruturas resultantes da decomposição de uma solução sólida supersaturada de uma liga de Al com 4% de Cu após ser envelhecida.

9.26 (a) Quais são algumas das propriedades que fazem do alumínio extremamente útil como material de engenharia? (b) Como é o óxido de alumínio extraído do minério de bauxita? (c) Como o alumínio é obtido do óxido de alumínio puro? (d) Como as ligas de alumínio forjadas podem ser classificadas? (e) Quais são as designações básicas de tempera para as ligas de alumínio?

9.27 (a) Entre os alumínios da série forjados, quais não podem ser tratados termicamente? (b) Quais são tratados termicamente? (c) Quais são os precipitados básicos endurecedores para as ligas de alumínio forjadas tratadas termicamente?

9.28 (a) Descreva os três principais processos de fundição usados para ligas de alumínio? (b) Como as ligas de alumínios fundidas podem ser classificadas? (c) Qual é o mais importante elemento de liga para as ligas de alumínio fundidas? Por quê?

9.29 (a) Quais são algumas das mais importantes propriedades do cobre não ligado que fazem dele um importante metal para uso na indústria? (b) Como é o cobre extraído a partir do concentrado minério de sulfeto de cobre? (c) Como são as ligas de cobre classificada pela "Copper Development Association Systems"?

9.30 Por que um cobre eletrolítico maleável resistente (EMR) (99,95%) ou cobre ETP não pode ser usado para aplicações as quais este é aquecido acima de 400 °C em uma atmosfera contendo hidrogênio?

9.31 Como pode a fragilização por hidrogênio ser evitada? (Apresente dois métodos).

9.32 (a) Quais são os elementos de liga e quanto deles em peso é necessário para fazer um aço inoxidável verdadeiramente inoxidável? (b) Qual tipo de superfície protege os aços inoxidáveis? (c) Quais são os 4 tipos básicos de aços inoxidáveis?

9.33 (a) Qual é o "loop gama" no diagrama de fase Fe-Cr? (b) É o cromo um elemento estabilizante da região austenítica ou ferrítica para os aços? Explique sua resposta.

9.34 (a) Qual é a composição básica de um aço inoxidável ferrítico? (b) Por que os aços inoxidáveis ferríticos são considerados não tratáveis termicamente? (c) Quais são algumas aplicações para os aços ferríticos?

9.35 (a) Qual é a composição básica dos aços inoxidáveis martensítico? (b) Por que esses aços são tratáveis termicamente? (c) Quais são as principais aplicações para os aços inoxidáveis martensíticos?

9.36 (a) O que são os ferros fundidos? (b) Qual é sua faixa básica de composição química? (c) Quais são as principais propriedades mecânicas que fazem dos ferros fundidos importantes materiais para o campo da engenharia? (d) Quais são algumas de suas aplicações? (e) Quais são os 4 principais tipos de ferro fundido?

9.37 (a) Descreva a microestrutura bruta de fusão das ligas de ferro fundido branco a $100\times$ de aumento. (b) Por que a superfície de fratura destes materiais apresentam-se "branca"?

9.38 (a) Descreva a microestrutura da classe 30 do ferro fundido cinzento na condição bruta de fusão a $100\times$ de aumento. (b) Por que a fratura de um ferro fundido cinzento tem uma aparência cinzenta? (c) Quais são algumas de suas principais aplicações?

9.39 (a) Qual a faixa de composição química do carbono e do silício nos ferro fundidos cinzentos? (b) Por que o ferro fundido tem relativa alta quantidade de silício? (c) Quais são as condições de fundição que favorecem a do ferro fundido cinzento?

9.40 Como pode uma matriz com 100% ferrita ser produzida em um ferro fundido cinzento bruto de fusão após ter sido fundido?

9.41 (a) Quais são as faixas de composição de carbono e silício no ferro fundido dúctil? (b) Descreva a microestrutura de um ferro fundido dúctil bruto de fusão grau 80-55-06 a $100\times$ de aumento. (c) Quais são as causas da microestrutura de olho-de-boi? (d) Por que um ferro fundido dúctil é mais dúctil que um ferro fundido cinzento? (e) Quais são algumas das aplicações de ferro fundido dúctil?

9.42 Por que a grafita forma nódulos esféricos no ferro fundido dúctil em vez de flocos como no ferro fundido cinzento?

9.43 (a) Quais são as faixas de composição do carbono e silício no ferro fundido maleável? (b) Descreva a microestrutura do ferro fundido maleável ferrítico (grau M3210) a $100\times$ de aumento. (c) Como o ferro fundido maleável é produzido? (d) Quais são algumas das propriedades que podem ser consideradas como vantagens dos ferros fundidos maleável? (e) Quais são algumas das aplicações para o ferro fundido maleável?

9.44 (a) Quais são as vantagens das ligas de magnésio que permitem seu uso como material de engenharia? (b) Como são as ligas de magnésio fabricadas? (c) Quais elementos de liga são adicionados ao magnésio para aumentar a resistência por solução sólida? (d) Por que é tão difícil trabalhar a frio as ligas de magnésio? (e) Quais elementos são adicionados ao magnésio para dar melhor resistência a altas temperaturas?

9.45 Explique o que a designação das ligas abaixo quer dizer: (a) ZE63A-T6, (b) ZK51A-T5 e (c) AZ31B-H24

9.46 (a) Por que o titânio e suas ligas são de especial importância para aplicações aeroespacial? (b) Por que o titânio metal é tão caro? (c) Qual a mudança estrutural que ocorre no titânio a 883 °C? (d) Quais são os dois elementos que estabilizam a fase alfa no titânio? (e) Quais são os dois elementos que estabilizam a fase beta no titânio? (f) Qual é a mais importante liga de titânio? (g) Cite algumas aplicações para o titânio e suas ligas.

9.47 (a) Por que o níquel é um importante metal de engenharia? (b) Quais são suas vantagens? (c) E desvantagens?

9.48 (a) O que são as ligas MONEL? (b) Cite algumas de suas aplicações. (c) Quais são os tipos de precipitados usados para aumentar a resistência da liga endurecível por precipitação monel K500?

9.49 (a) Por que as ligas a base de níquel são consideradas "superligas"? (b) Qual é a composição básica da maioria das superligas a base de níquel? (c) Quais as três principais fases presentes na superliga a base de níquel?

9.50 (a) O que é um intermetálico (dê alguns exemplos)? (b) Cite algumas aplicações para os intermetálicos. (c) Quais são as vantagens dos intermetálicos sobre outras ligas destinadas a uso a alta temperatura? (d) E as desvantagens? (e) Qual é a regra do aluno nos intermetálicos tais como aluminatos de níquel e aluminatos de titânio?

9.51 (a) Quais são as ligas com memória de forma (SMAs). (b) Cite algumas aplicações para SMAs e dê alguns exemplos de SMAs. (c) Como são os SMAs produzidos? (d) Explique, usando um desenho esquemático, como SMAs funcionam.

9.52 (a) O que é um metal amorfo? (b) Como são os metais amorfos produzidos? (c) Quais algumas das características especiais e aplicações de um metal amorfo? (d) Explique, usando um desenho esquemático, como SMA funciona.

Problemas de aplicação e análise

9.53 Descreva a alteração estrutural que ocorre quando um aço-carbono eutetoide é lentamente resfriado a partir da região austenítica logo acima da temperatura eutetoide.

9.54 Descreva a alteração estrutural que ocorre quando um aço-carbono com 0,4% de C é lentamente resfriado a partir da região austenítica logo acima da temperatura superior de transformação.

* 9.55 Se uma amostra fina de um aço-carbono eutetoide é temperado a partir da região austenítica e mantido a 700 °C até que a transformação seja completa, qual será sua microestrutura.

9.56 Se uma amostra fina de um aço-carbono eutetoide é resfriado e temperado em água a partir da região austenítica até a temperatura ambiente, qual será sua microestrutura?

9.57 (*a*) Quais tipos de microestruturas são produzidas pelo revenimento de um aço-carbono com mais do que 0,2% de C na faixa de temperatura de: (*i*) 20 a 250 °C (*ii*) 250 a 350 °C e (*iii*) 400 a 600 °C? (*b*) Qual é a causa da redução da dureza durante o revenimento de um aço-carbono?

* 9.58 Um aço-carbono 0,65% de C hipoeutetoide é resfriado lentamente a partir de cerca de 950 °C a uma temperatura levemente acima de 723 °C. Calcule a porcentagem em peso de austenita e de ferrita proeutetoide neste aço.

9.59 Um aço-carbono 0,25% de C hipoeutetoide é resfriado lentamente a partir de cerca de 950 °C a uma temperatura levemente acima de 723 °C. (*a*) Calcule a porcentagem de peso de ferrita proeutetoide no aço. (*b*) Calcule a porcentagem de ferrita eutetoide e cementita eutetoide no aço.

9.60 Um aço-carbono que contém 93% de ferrita e 7% de Fe_3C. Qual é seu teor médio de carbono?

9.61 Um aço-carbono que contém 45% de ferrita proeutetoide. Qual é seu teor médio de carbono?

9.62 Um aço-carbono que contém 5,9% de ferrita hipoeutetoide. Qual é seu teor médio de carbono?

9.63 Um aço-carbono hipereutetoide com teor de carbono de 0,90% é resfriado lentamente a partir de cerca de 900 °C a uma temperatura levemente acima de 723 °C. Calcule a porcentagem em peso de cementita proeutetoide e de austenita neste aço.

9.64 Um aço-carbono hipereutetoide com 1,10% de C é resfriado lentamente a partir de cerca de 950 °C a uma temperatura levemente abaixo de 723 °C. (*a*) Calcule a porcentagem em peso de cementita proeutetoide neste aço. (*b*) Calcule a porcentagem de cementita eutetoide e ferrita eutetoide presente neste aço.

* 9.65 Se um aço-carbono hipereutetoide contém 4,7% de cementita proeutetoide, qual é o teor médio de carbono?

9.66 Se um aço-carbono hipereutetoide contém 10,7% de cementita eutetoide, qual é o teor médio de carbono?

9.67 Um aço-carbono 20,0% de ferrita proeutetoide. Calcule a porcentagem de carbono neste aço.

9.68 Um aço-carbono hipoeutetoide com 0,55% de C é resfriado lentamente a partir de cerca de 950 °C a uma temperatura levemente abaixo de 723 °C. (*a*) Calcule a porcentagem em peso de ferrita proeutetoide neste aço. (*b*) Calcule a porcentagem de ferrita eutetoide e cementita eutetoide presente neste aço.

9.69 Um aço-carbono hipoeutetoide 44,0% de ferrita eutetoide. Calcule a porcentagem de carbono neste aço.

9.70 Um aço hipoeutetoide 24,0% de ferrita eutetoide. Calcule a porcentagem de carbono neste aço.

* 9.71 Um aço-carbono hipereutetoide com 1,10% de C é resfriado lentamente a partir de cerca de 900 °C a uma temperatura levemente abaixo de 723 °C. (*a*) Calcule a porcentagem em peso de cementita proeutetoide neste aço. (*b*) Calcule a porcentagem de cementita eutetoide e ferrita eutetoide presente neste aço.

9.72 Desenhe a curva de resfriamento tempo-temperatura para um aço 1080 no diagrama de transformação isoterma que produzirá as seguintes microestruturas. Inicia-se com o aço na condição austenítica no tempo = 0 e temperatura = 850 °C. (*a*) 100% martensita, (*b*) 50% martensita e 50% perlita grosseira, (*c*) 100% de perlita fina, (*d*) 50% martensita e 50% bainita superior, (*e*) 100% bainita superior e (*f*) 100% bainita inferior.

9.73 Desenhe a curva de resfriamento tempo-temperatura para um aço 1080 no diagrama de transformação resfriamento contínuo que produzirá as seguintes microestruturas. Inicia-se com o aço na condição austenítica no tempo = 0 e temperatura = 850 °C. (*a*) 100% martensita, (*b*) 50% perlita fina e 50% martensita, (*c*) 100% de perlita grosseira e (*d*) 100% perlita fina superior.

* 9.74 Amostras de 0,3 mm de espessura de tiras laminadas a quente de aço 1080 são tratadas termicamente nas seguintes formas. Use o diagrama de transformação isotérmica da Figura 9.23 e outros conhecimentos para determinar a microestrutura de amostras de aços após cada tratamento térmico.

(*a*) Aquecida durante 1h a 860 °C, temperada em água.

(*b*) Aquecida durante 1h a 860 °C, temperada em água, reaquecida durante 1h a 350 °C. Qual o nome deste tratamento térmico?

(*c*) Aquecida durante 1h a 860 °C, temperada em sais fundidos a 700 °C e mantido por 2h, e temperada em água.

(*d*) Aquecida durante 1h a 260 °C, temperada em sais fundidos a 260 °C e mantido por 1 min, e resfriado no ar. Qual o nome deste tratamento térmico?

(*e*) Aquecida durante 1h a 860 °C, temperada em sais fundidos a 350 °C e mantido por 1h, e resfriado no ar. Qual o nome deste tratamento térmico?

(*f*) Aquecida durante 1h a 860 °C, temperada em água, reaquecida durante 1h a 700 °C.

* 9.75 Uma barra de aço 9840 de 55 mm de diâmetro austenitizada é temperada em óleo agitada. Estime a dureza Rockwell C a $\frac{3}{4}R$ a partir (*a*) do centro da barra, e (*b*) da superfície da barra.

9.76 Uma barra de aço 4140 austenitizada de 60 mm de diâmetro é temperada em água agitada. Estime a dureza Rockwell C na (a) sua superfície e (b) no centro.

9.77 Uma barra de aço 4140 austenitizada de 50 mm de diâmetro é temperada em óleo agitado. Estime a dureza Rockwell C da barra (a) na sua superfície e (b) no meio de sua superfície e o centro (meio raio).

9.78 Uma barra de aço 4340 austenitizada de 80 mm de diâmetro é temperada em água agitada. Estime a dureza Rockwell C da barra (a) na sua superfície e (b) no seu centro.

9.79 Uma barra de aço 4340 austenitizada de 50 mm de diâmetro é temperada em água agitada. Estime a dureza Rockwell C da barra (a) na sua superfície e (b) no seu centro.

*9.80 Uma barra de aço 4140 austenitizada e temperada tem 40 HRc (Rockwell C) na superfície. Qual taxa de resfriamento sofreu a barra neste ponto?

9.81 Uma barra de aço 8640 austenitizada e temperada tem 35 HRc (Rockwell C) na superfície. Qual taxa de resfriamento sofreu a barra neste ponto?

9.82 Uma barra de aço 5140 austenitizada e temperada tem 35 HRc (Rockwell C) na superfície. Qual taxa de resfriamento sofreu a barra neste ponto?

9.83 Uma barra de aço 4340 austenitizada de 40 mm de diâmetro é temperada em água agitada. Trace o gráfico de dureza Rockwell C *versus* distância a partir da superfície de uma das superfícies da barra ao longo do diâmetro da barra nos seguintes pontos: superfície, $\frac{3}{4}R$, $\frac{1}{2}R$ (meio raio) e centro. Este tipo de gráfico é chamado perfil de dureza ao longo do diâmetro da barra. Assuma que o perfil de dureza é simétrico a partir do centro da barra.

9.84 Uma barra de aço 9840 austenitizada de 50 mm de diâmetro é temperada em óleo agitado. Repita o perfil de dureza do Problema 9.75 para este aço.

9.85 Uma barra de aço 8640 austenitizada de 60 mm de diâmetro é temperada em óleo agitado. Repita o perfil de dureza do Problema 9.75 para este aço.

9.86 Uma barra de aço 8640 austenitizada de 60 mm de diâmetro é temperada em água agitada. Repita o perfil de dureza do Problema 9.75 para este aço.

*9.87 Uma barra de aço austenitizado de aço 4340 é resfriada a uma taxa de 5º C/s (51 mm a partir da extremidade temperada da barra Jominy). Quais serão os constituintes da microestrutura da barra a 200 ºC? (ver Figura 9.39)

9.88 Uma barra de aço austenitizado de aço 4340 é resfriada a uma taxa de 8º C/s (19 mm a partir da extremidade temperada da barra Jominy). Quais serão os constituintes da microestrutura da barra a 200 ºC? (Ver Figura 9.39.)

9.89 Uma barra de aço austenitizado de aço 4340 é resfriada a uma taxa de 50º C/s (9,5 mm a partir da extremidade temperada da barra Jominy). Quais serão os constituintes da microestrutura da barra a 200 ºC? (Ver Figura 9.39.)

9.90 Descreva a microestrutura resultante das ligas de bronze Cu-Zn a 75× de aumento: (a) 70% Cu-30% Zn (cartucho de bronze de armas de fogo), na condição recozida e (b) 60% Cu-40% Zn (Metal Muntz) na condição laminada a quente.

9.91 Calcule a porcentagem em peso de θ de uma liga Al-5,0% Cu que é resfriada lentamente a partir de 548 ºC até 27 ºC. Assuma que a solubilidade sólida do Cu a 27 ºC é 0,02% em peso e que a fase θ contém 54,0% de Cu.

9.92 Uma liga binária Al-8,5% Cu é lentamente resfriada a partir de 700 ºC até logo abaixo de 548 ºC (temperatura eutética).
(a) Calcule a porcentagem da fase proeutética α logo acima de 548 ºC.
(b) Calcule a porcentagem da fase eutética α logo abaixo de 548 ºC.
(c) Calcule a porcentagem da fase θ logo abaixo de 548 ºC.

Problemas de síntese e avaliação

9.93 (a) Para um aço-carbono com 1% de carbono a 900 ºC, em média, quantos átomos se pode ter em 100 células unitárias? (b) Se essa liga for resfriada até logo abaixo 723 ºC, em média, quantos átomos se pode ter em 100 células unitárias na ferrita-α? (c) Se, a temperatura ambiente, o teor de carbono de ferrita cai para 0,0005%, em média, quantas células unitárias teria que ter para um átomo de carbono? Explique a diferença entre as três respostas deste item.

9.94 Na Figura 9.19, considere um aço-carbono com 1,2% de carbono. Com este teor de carbono, ache, usando a figura, a dureza do aço martensítico, aço perlítico, e do aço esferoidizado. Qual é a razão para diferença tão drástica na dureza quando eles têm a mesma composição? Explique em detalhes.

9.95 Para o aço eutetoide, Figura 9.24, a microestrutura bainita superior (produzida a temperatura de transformação isotérmica de 350 a 550 ºC) tem maior região de Fe_3C do que bainita inferior (produzida a temperatura de transformação isotérmica de 250 a 350 ºC). Explique.

9.96 De acordo com a Figura 9.25, é possível formar 100% de aço martensítico a partir de um aço hipoeutetoide (0,47% de C). Explique isso.

9.97 Como seria o digrama esquemático da transformação isoterma de um aço-carbono de 1,1% de C diferente daquele obtido para o aço eutetoide ilustrado na Figura 9.23? Explique esquematicamente essa diferença.

9.98 A microestrutura de aço-carbono fundido (0,4% de carbono) é observada como sendo grosseira, não homogênea e macia. Como poderia este grão ser refinado sem significante alteração de sua ductilidade?

9.99 Quando a temperatura de revenimento de um aço-carbono martensitico aumenta, a dureza gradualmente reduz (ver Figura 9.32). Explique o porquê, considerando uma escala atômica.

9.100 Na Figura 9.33, se a curva de resfriamento relativa ao centro da amostra for invertida para à direita, a partir de sua posição original na figura, isso acarretará uma pequena interseção na curva S. Como a microestrutura no interior da amostra será alterada?

9.101 A liga de aço 4340 é altamente endurecível por causa da decomposição da austenita em ferrita e a formação bainita é atrasada. Explique, em termos de curva de resfriamento, como isso afeta a endurecibilidade. Use a Figura 9.39 para responder esta questão.

9.102 Estime a taxa de resfriamento entre 400 e 600 °C a (a) distância de 6,3 mm a partir da extremidade temperada, (b) 19 mm a partir da extremidade temperada e (c) 51 mm a partir da extremidade temperada. O que a comparação entre as taxas de resfriamento pode te dizer sobre o resultado?

9.103 Refira a Tabela 9.12 e compare as composições dos aços inoxidáveis austenítico, ferrítico e martensítico. (a) Poderia explicar por que o aço inoxidável austenítico é mais resistente a corrosão do que o aço inoxidável ferrítico e martensítico? (b) Por que um aço inoxidável martensítico pode ser tratado termicamente para mais altas resistência do que um ferrítico e austenítico?

9.104 Ambos os aços ligas 4140 e 4340 podem ser revenidos para alcançar limite de resistência de 200 ksi. Quais deles poderia ser usados para fabricar engrenagens de trem de aterrissagem de avião. Quais dos dois poderia ser usado para fabricar engrenagens para cargas pesadas? Explique suas respostas.

9.105 Ferro fundido dúctil (temperado & revenido) e liga de alumínio 7075 (T6) podem ambas ser aplicadas em componentes de suspensão de automóveis. Quais seriam as vantagens de usar cada liga dessa nessa aplicação?

9.106 A fuselagem de uma aeronave é feita de liga de alumínio 2024 (T6) ou 7075 (T6). Quais são as vantagens de usar essas ligas quando comparadas com outros metais? Quais fatores devem ser considerados nesta seleção?

9.107 Quais são as ligas de cobre comerciais de mais alta resistência mecânica? Qual tipo de tratamento térmico e método de fabricação fazem dessas ligas resistentes?

9.108 Por que um precipitado em equilíbrio não precipita diretamente a partir de solução sólida supersaturada de uma liga endurecível por precipitação, se a temperatura de envelhecimento é baixa? Como pode um precipitado em equilíbrio ser formado a partir de uma solução sólida supersaturada?

9.109 O que faz ser possível um aço inoxidável ter uma estrutura austenítica a temperatura ambiente?

9.110 (a) O que permite que aços inoxidáveis austeníticos quando resfriados lentamente na faixa de temperatura de 870 a 600 °C torne susceptível a corrosão intergranular? (b) Como pode a susceptibilidade a corrosão intergranular de um aço inoxidável austenítico ser evitada?

9.111 Considere um composto intermetálico NiAl. O que você pode escrever sobre a natureza das ligações entre o Ni e o Al? Como você pode argumentar sua resposta?

9.112 Aço-carbono e aços ligados são largamente usados na fabricação de porcas e parafusos. Dê algumas razões para isso.

9.113 Para evitar uma superfície de engrenagens utilizadas para suportar altas cargas com "*pitting*" (devido a alta pressão de contato e fadiga), qual desses metais pode ser selecionado na fabricação dessas engrenagens: aço 4140 ou ferro fundido? Por quê?

9.114 (a) Dê exemplos de componentes ou produtos que foram originalmente feitas de aços ligados e hoje são fabricados de liga de alumínio. (b) Em cada caso dê razões para que essa troca tenha ocorrido.

9.115 É dado a você um material para ser usado em um componente identificado somente como aço-carbono e é pedido a você que aumente a dureza deste material a 60 HRc. Contudo, nenhum tratamento térmico atinge esse valor. O que você pode concluir desse material?

9.116 Baseado no diagrama de transformação isotérmica de um aço-carbono eutetoide, especifique um tratamento térmico que resultaria em um metal (a) maior do que 66 HRc, (b) aproximadamente 44 HRc e (c) 5 HRc. Use a Figura 9.23.

9.117 A usinagem de uma barra cilíndrica de aço 1080 é realizada para a fabricação de um parafuso. Essa operação é realizada cuidadosamente para se ter a certeza de que determinada porca possa ser rosqueada nesse parafuso. Foi realizado um tratamento térmico de austenitização e em seguida foi temperado e revenido, com a finalidade de se alcançar uma dureza alta. (a) Após os tratamentos realizados, não foi possível rosquear a porca nesse parafuso. Explique o porquê. (b) Como esse problema pode ser evitado?

CAPÍTULO 10
Materiais Poliméricos

(© Shaun Botterill Getty.) 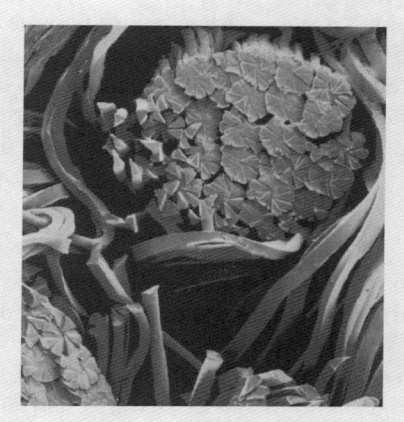 (© Science Photo Library/Photo Researchers, Inc.)  (© Eye of Science/Photo Researches Inc.)

METAS DE APRENDIZAGEM

Ao final deste capítulo, o aluno será capaz de:

1. Definir e classificar os polímeros, incluindo os termofixos, termoplásticos, e os elastômeros.
2. Descrever várias reações de polimerização e as suas etapas.
3. Descrever termos tais como funcionalidade, vinil, vinilideno, homopolímero e copolímero.
4. Descrever vários métodos industriais de polimerização.
5. Descrever a estrutura dos polímeros e compará-los com os metais.
6. Descrever a temperatura de transição e as devidas mudanças para a estrutura e propriedades dos materiais poliméricos em torno dessa temperatura.
7. Descrever vários processos de fabricação usados na produção de componentes feitos de termoplásticos e termofixos.
8. Ser capaz dar nomes a um número razoável de termoplásticos, termofixos, elastômeros e suas aplicações.
9. Ser capaz de explicar a deformação, o aumento da resistência, a redução de tensão e o mecanismo de fratura nos polímeros.
10. Descrever os biopolímeros e seu uso em aplicações biomédicas.

Microfibras são fibras produzidas pelo homem e são significativamente menores do que o cabelo humano (mais finas do que fibras de seda) e dividido várias vezes em forma de v (veja a figura central acima). Fibras convencionais podem ser produzidas a partir de uma variedade de polímeros, incluindo poliéster, nylon e acrílico. Tecidos feitos de microfibras possuem significativamente maior área de superfície devido a fibras menores e fendas em forma de v que podem reter o líquido e sujeira. A água e a sujeira são realmente retidas nas fendas em forma de v das fibras ao invés de serem simplesmente afastadas pelas fibras convencionais que são sólidas e circulares. Então, tecidos fabricados com microfibras são mais macios e, ao passar a mão, parece seda (importante na indústria de vestuário), e absorve água e sujeira a quantidades consideráveis (importante para a indústria de material de limpeza). As características acima citadas fazem dos tecidos de microfibras muito populares em vestuários esportivos e indústria de material de limpeza. As duas principais microfibras são poliéster (material para limpeza por esfregamento) e poliamida (material absorvente).

10.1 INTRODUÇÃO

A palavra polímero, literariamente, significa "muitas partes". Um material polimérico sólido pode ser considerado aquele que contém muitas partes quimicamente ligadas ou unidades que são ligadas para formar um sólido. Neste capítulo, nós estudaremos alguns aspectos da estrutura, propriedades, processamento e aplicações dos materiais poliméricos mais importantes na indústria: plásticos e elastômeros. Plásticos[1] consistem de um grande e variado grupo de materiais sintéticos que são processados por conformação ou moldagem em formas. Como existem muitos tipos de metais, tais como alumínio e cobre, nós temos muitos tipos de plásticos, tais como polietileno e nylon. Plásticos podem ser divididos em duas classes, **termoplásticos** e **termofixos**, dependendo de como são ligados quimicamente e estruturalmente. Elastômeros ou borrachas podem ser elasticamente deformados em grande quantidade quando uma força lhes é aplicada, podendo retornar a sua forma original (ou quase) quando a força é liberada.

10.1.1 Termoplásticos

Termoplásticos requerem calor para fazê-los moldáveis e, após o resfriamento, retêm a forma na qual foram modelados. Esses materiais podem ser reaquecidos e moldados novamente em novas formas, em um número sucessivo de vezes, sem troca significante nas suas propriedades mecânicas. A maioria dos termoplásticos consiste de uma cadeia longa principal de átomos de carbono covalentemente ligados. Algumas vezes nitrogênio, oxigênio ou átomos de enxofre estão também ligados a tal cadeia molecular principal por meio de ligações covalentes. Nos termoplásticos, as longas cadeias moleculares são ligadas umas às outras por ligações secundárias.

10.1.2 Plásticos termofixos (termorrígidos)

Plásticos termofixos desenvolvidos em formas permanentes e curados ou "unidos" por reações químicas não podem ser refundidos e remoldados em outras formas, pois se degradam ou se decompõem quando aquecidos a temperaturas muito altas. Desse modo, plásticos termofixos não podem ser reciclados. O termo *termofixo* implica que o aquecimento (a expressão grega para aquecimento é *termo*) é necessário para fixar permanentemente o plástico. Há também, contudo, muitos plásticos, geralmente chamados de termofixos, que se fixam à temperatura ambiente por apenas uma reação química. Muitos dos plásticos termofixos consistem de uma rede de átomos de carbono ligados covalentemente formando um sólido rígido. Algumas vezes átomos de nitrogênio, oxigênio, enxofre ou outros, são também unidos por ligação covalente à estrutura de rede dos termofixos.

Plásticos são importantes materiais para a engenharia por muitas razões. Eles possuem uma ampla faixa de propriedades, algumas das quais não podem ser obtidas em quaisquer outros materiais, e podem ser relativamente baratos. O uso de plásticos para projetos de engenharia mecânica oferece muitas vantagens, incluindo a eliminação de partes por meio do projeto de engenharia de plásticos, eliminação de muitas operações de acabamento, simplificação da montagem, redução de peso, redução de ruídos e, em alguns casos, eliminação da necessidade de lubrificação de alguns segmentos. Plásticos também são muito úteis para muitos projetos de engenharia elétrica, principalmente devido a sua excelente capacidade isolante. Aplicações eletroeletrônicas para plásticos incluem conectores, tomadas, relés, componentes de sintonizadores de TV, formas de bobinas, placas de circuitos integrados e componentes de computadores. A Figura 10.1 mostra alguns exemplos do uso de materiais plásticos em projetos de engenharia.

A quantidade de plásticos utilizada pela indústria cresceu consideravelmente. Um bom exemplo desse uso crescente industrial de plásticos é o processo de manufatura de automóveis. Engenheiros projetando o Cadillac 1959 ficaram fascinados ao descobrir que haviam utilizado 12 kg de plásticos neste veículo. Em 1980, a média utilizada de plásticos em um veículo era de 91 kg. Em 1990 era de 136 kg por carro. Certamente nem todas as indústrias haviam aumentado o uso de plásticos na indústria

---

[1] A palavra "plástico" possui vários significados. Como um nome, plástico se refere a uma classe de material que pode ser moldado em formas. Como um adjetivo, plástico pode significar aquilo capaz de ser modelado. Outro uso de plástico como adjetivo é para descrever uma deformação permanente contínua do metal sem ruptura, como na "deformação plástica dos metais".

(a) (b) (c)

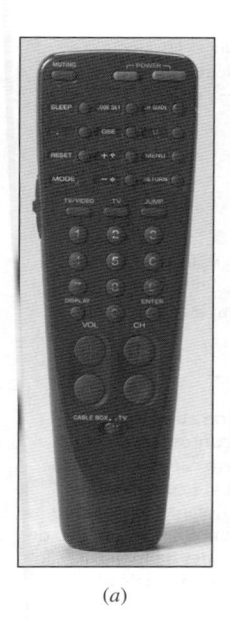

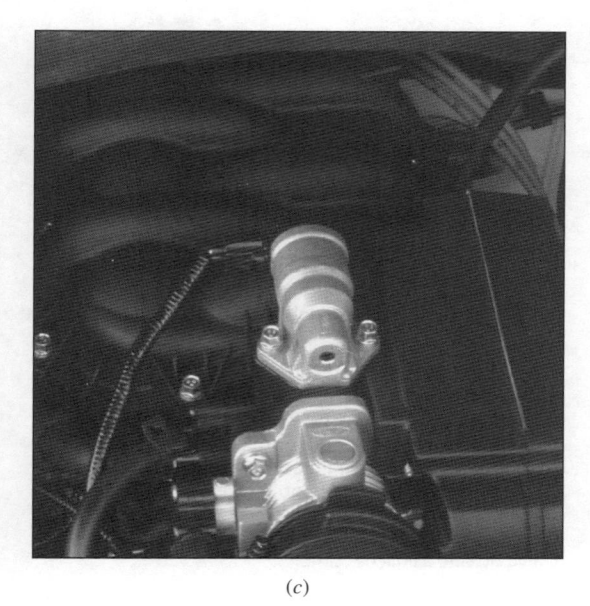

Figura 10.1
Algumas aplicações de plásticos na engenharia. (a) Controle remoto da TV usa resina estirênica avançada, de modo a preencher os requisitos de brilho, tenacidade e resistência a queda. (b) Bolachas semicondutoras em rede feitas do termoplástico *Vitrex PEEK* (poliéster). (c) Nylon termoplástico reforçado com 30% de fibra de vidro para substituir alumínio no coletor de admissão de ar do motor turbo diesel do "Ford Transit" (DSM Plásticos de Engenharia, Holanda).
((c) © CORBIS/RF, (b) © CORBIS/RF, (c) © Tom Pantages.)

automotiva, mas houve um aumento global de seu uso nas mais recentes décadas. Observaremos em detalhes a estrutura, propriedades e aplicações dos plásticos e elastômeros.

10.2 REAÇÕES DE POLIMERIZAÇÃO

Muitos dos termoplásticos são sintetizados pelo processo de polimerização de crescimento em cadeia. Neste processo, muitas (podem ser milhares) pequenas moléculas são ligadas covalentemente de modo a formar longas cadeias moleculares. As moléculas simples que são unidas por ligação covalente são chamadas **monômeros** (do grego, mono significa "um(a)", e meros, "parte"). A longa cadeia molecular formada a partir das unidades dos monômeros é chamada **polímero** (do grego, a palavra polys significa "muitas", e meros, "parte").

10.2.1 Estrutura de ligação covalente de uma molécula de etileno

A molécula de etileno, C_2H_4, é quimicamente unida por uma ligação covalente dupla entre os átomos de carbono, e quatro ligações covalentes simples entre os átomos de hidrogênio (Figura 10.2). Uma molécula que contém carbono e que possui uma ou mais ligações duplas carbono-carbono é dita ser uma molécula não saturada. Dessa forma, o etileno é uma *molécula insaturada* que contém carbono, uma vez que contém apenas uma ligação dupla carbono-carbono.

10.2.2 Estrutura de ligação covalente de uma molécula de etileno ativada

Quando uma molécula de etileno é ativada de modo que a ligação dupla entre os dois átomos de carbono é rompida, a ligação covalente dupla é substituída por uma ligação covalente simples, conforme mostrado na Figura 10.3. Como resultado da ativação, cada átomo de carbono da molécula de etileno formada tem um elétron livre para ligar covalentemente com outro elétron livre de outra molécula. Na discussão

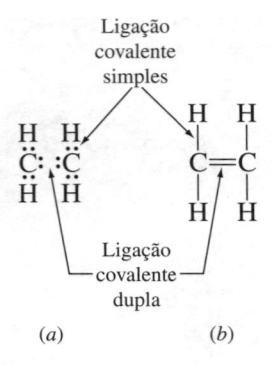

Figura 10.2
Ligação covalente na molécula de etileno ilustrada por (a) notação de elétrons por pontos (pontos representam elétrons de valência) e (b) notação de linha reta. Há uma ligação dupla covalente carbono-carbono e quatro ligações covalentes simples carbono-hidrogênio na molécula de etileno. A ligação covalente dupla é quimicamente mais reativa do que a ligações simples.

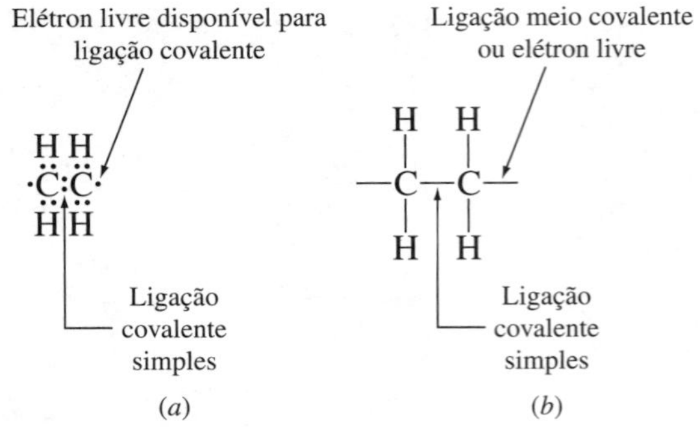

Figura 10.3
Estrutura de ligação covalente de uma molécula de etileno ativada. (a) Notação de elétrons por pontos (na qual os pontos representam elétrons de valência). Elétrons livres são criados em cada extremidade da molécula que podem ser ligados covalentemente com elétrons livres de outras moléculas. Note que a ligação covalente dupla entre os átomos de carbono foi reduzida a uma ligação simples. (b) Notação de linha reta. Os elétrons livres criados nas extremidades da molécula são indicados por meios traços, ligados apenas a um átomo de carbono.

seguinte, podemos ver como a molécula de etileno é ativada e, como resultado, quantas unidades monoméricas de etileno podem ser covalentemente unidas para formar um polímero. Este é o processo de **polimerização em cadeia**. O polímero produzido pela polimerização do etileno é chamado *polietileno*.

10.2.3 Reação geral para a polimerização do polietileno e o grau de polimerização

A reação geral para a polimerização em cadeia dos monômeros de etileno em polietileno pode ser escrita como:

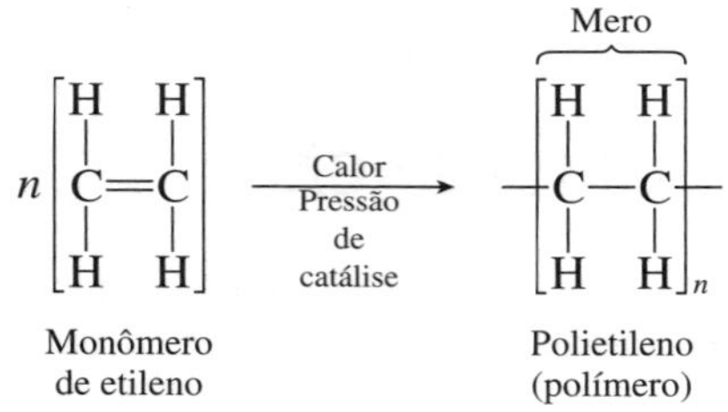

A subunidade repetida na cadeia polimérica é chamada um **mero**. O mero para o polietileno é o $+CH_2-CH_2+$ e é indicado pela equação precedente. O n na equação é conhecido como o **grau de polimerização** (GP) da cadeia polimérica e é igual ao número de subunidades ou meros na cadeia molecular polimérica. A média do GP para o polietileno fica entre 3.500 e 25.000, correspondente a uma massa molecular variando entre 100.000 e 700.000 g/mol.

EXEMPLO 10.1

Se um tipo particular de polietileno possui uma massa molecular de 150.000 g/mol, qual seu grau de polimerização?

■ **Solução**

A unidade repetente ou mero para o polietileno é $+CH_2-CH_2+$. Este mero tem uma massa de 4 átomos × 1g = 4 g para os átomos de hidrogênio mais uma massa de 2 átomos × 12 g = 24 g para os átomos de carbono, perfazendo um total de 28 g para cada mero do polietileno.

$$DP = \frac{\text{massa molecular do polímero (g/mol)}}{\text{massa molecular de um mero (g/mer)}} \qquad (10.1)$$

$$= \frac{150.000 \text{ g/mol}}{28 \text{ g/mer}} = 5.357 \text{ meros/mol} \blacktriangleleft$$

10.2.4 Passos para a polimerização em cadeia

As reações para a polimerização em cadeia de monômeros como o etileno em polímeros lineares e como o polietileno podem ser divididas nos seguintes passos: (1) iniciação, (2) propagação, e (3) conclusão.

Iniciação Para a polimerização em cadeia do etileno, um dos muitos tipos de catalisadores pode ser usado. Nesta abordagem, vamos considerar o uso de peróxidos orgânicos que agem com formadores de radicais livres. Um *radical livre* pode ser definido como um átomo que muitas vezes parte de um grupo maior, que possui em elétron não pareado (elétron livre) que pode ser covalentemente ligado a um elétron não pareado (elétron livre) de outro átomo ou molécula.

Consideremos primeiramente como uma molécula de peróxido de hidrogênio, H_2O_2, pode se decompor em dois radicais livres, conforme mostrado nas equações seguintes. Usando a notação de elétrons por pontos para as ligações covalentes,

$$H:\ddot{O}:\ddot{O}:H \xrightarrow{calor} H:\ddot{O}\cdot + \cdot\ddot{O}:H$$

Peróxido de hidrogênio → Radicais livres

Usando a notação de linhas retas para as ligações covalentes,

$$H-O-O-H \xrightarrow{calor} 2H-O\cdot$$

Peróxido de hidrogênio → Radicais livres (Elétrons livres)

Na polimerização em cadeia de radicais livres do etileno, um peróxido orgânico pode se decompor do mesmo modo que o peróxido de hidrogênio. Se R—O—O—R representa um peróxido orgânico, onde R é um grupo químico, então, após aquecimento, esse peróxido pode se decompor em dois radicais livres de uma maneira similar àquela do peróxido de hidrogênio, como

$$R-O-O-R \longrightarrow 2R-O\cdot$$

Peróxido orgânico → Radicais livres (Elétrons livres)

Peróxido de benzoíla é um peróxido orgânico usado para iniciar algumas reações de polimerização em cadeia. Ele se decompõe em radicais livres conforme mostrado abaixo:[2]

Peróxido de benzoíla → 2 Radicais livres (Elétron livre)

Um dos radicais livres criados pela decomposição do peróxido orgânico pode reagir com uma molécula de etileno formando um novo radical livre de cadeia maior, como mostrado pela reação

R—O· (Radical livre) + CH₂=CH₂ (Etileno) ⟶ R—O—CH₂—CH₂· (Radical livre, Elétron livre)

---

[2] O anel hexagonal representa a estrutura do benzeno, conforme indicado abaixo. (Ver também Seção 2.6.)

O radical livre orgânico nesse modo age como um primeiro catalisador para a polimerização do etileno.

Propagação O processo de extensão da cadeia polimérica por adições sucessivas de unidades monoméricas é chamado *propagação*. A ligação dupla na extremidade de um monômero de etileno pode ser "rompida" por radicais livres aumentados e unida por ligação covalente ao monômero. Assim, a cadeia polimérica é depois estendida pela reação

$$R\text{—}CH_2\text{—}CH_2^{\bullet} + CH_2\text{=}CH_2 \longrightarrow R\text{—}CH_2\text{—}CH_2\text{—}CH_2\text{—}CH_2^{\bullet}$$

As cadeias poliméricas na polimerização em cadeia continuam a aumentar espontaneamente porque a energia do sistema químico é diminuída pelo processo de polimerização em cadeia. Isto é, a soma das energias dos polímeros produzidos é menor que a soma das energias dos monômeros que produzem os polímeros. Os graus de polimerização dos polímeros produzidos por polimerização em cadeia variam de acordo com o material polimérico. Igualmente, o grau de polimerização médio varia dentre os materiais poliméricos. Para o polietileno comercial, o GP médio geralmente se encontra em uma escala entre 3.500 e 25.000.

Conclusão Pode ocorrer pela adição de um radical livre concluinte ou quando duas cadeias se combinam. Outra possibilidade é que traços de impurezas podem terminar a cadeia polimérica. A terminação por acoplamento de duas cadeias pode ser representada pela reação

$$R(CH_2\text{—}CH_2)_m^{\bullet} + R'(CH_2\text{—}CH_2)_n^{\bullet} \longrightarrow R(CH_2\text{—}CH_2)_m\text{—}(CH_2\text{—}CH_2)_nR'$$

10.2.5 Peso molecular médio para termoplásticos

Termoplásticos consistem em cadeias de polímeros de variados comprimentos, cada qual com seu peso molecular e grau de polimerização. Assim, devemos mencionar uma média de pesos moleculares quando nos referirmos ao peso molecular de um material termoplástico.

A média do peso molecular de um termoplástico pode ser determinada utilizando técnicas físico-químicas especiais. Um método comumente utilizado para esta análise é determinar as frações de peso dentro da faixa de peso molecular. A média dos pesos moleculares do termoplástico é então a soma dos pesos das frações, multiplicada pelo seu peso molecular médio, para cada intervalo particular, dividido pela soma dos pesos das frações. Assim,

$$\overline{M}_m = \frac{\sum f_i M_i}{\sum f_i} \tag{10.2}$$

onde $\overline{M}_m$ = média dos pesos moleculares termoplástico
M_i = peso molecular médio para cada intervalo de peso molecular selecionado
f_i = fração de peso do material contendo pesos moleculares do intervalo de peso molecular selecionado

EXEMPLO 10.2

Calcule a média do peso molecular $\overline{M}_m$ para um material termoplástico que possui as frações de peso molecular média f_i para o intervalo de pesos moleculares listadas na Tabela abaixo:

Intervalo de peso molecular, g/mol	M_i	f_i	$f_i M_i$
5.000 – 10.000	7.500	0,11	825
10.000 – 15.000	12.500	0,17	2125
15.000 – 20.000	17.500	0,26	4550
20.000 – 25.000	22.500	0,22	4950
25.000 – 30.000	27.500	0,14	3850
30.000 – 35.000	32.500	0,10	3250
		$\sum = 1,00$	$\sum = 19,550$

▪ Solução

Primeiro determine os valores médio para o intervalo de pesos moleculares e, após, liste este valores, como mostrado na coluna M_i da tabela. Então, multiplique f_i por M_i para obter os valores de $f_i M_i$. A média dos valores do peso molecular para este termoplástico é

$$\overline{M}_m = \frac{\sum f_i M_i}{\sum f_i} = \frac{19.550}{1,00} = 19.550 \text{ g/mol} \blacktriangleleft$$

10.2.6 Funcionalidade de um monômero

Para um monômero polimerizar, ele deve ter pelo menos duas ligações químicas ativas. Quando isso acontece, ele pode reagir com outros dois monômeros e, por repetição da ligação, outros monômeros do mesmo tipo podem formar uma longa cadeia ou um polímero linear. Quando um monômero possui mais de duas ligações ativas, a polimerização pode ocorrer em mais de duas direções e, então, uma rede de moléculas em três dimensões pode ser construída.

O número de ligações ativas de um monômero é chamado **funcionalidade** do monômero. Um monômero que usa duas ligações ativas para a polimerização de longas cadeias é chamado bifuncional. Daí, o etileno é um exemplo de um monômero bifuncional. Um monômero que utiliza três ligações ativas para formar a rede de material polimérico é chamado trifuncional. O fenol, C_6H_5OH, é um exemplo de um monômero trifuncional e é usado na polimerização do fenol e do formaldeído, os quais serão discutidos mais adiante.

10.2.7 Estrutura de polímeros lineares não cristalinos

Se nós examinarmos microscopicamente um pequeno trecho de uma cadeia do polietileno, veremos que ela se organiza em uma configuração em ziguezague (Figura 10.4) uma vez que o ângulo da ligação covalente entre os carbonos da ligação é de 109°. Contudo, em uma escala maior, as cadeias poliméricas no polietileno não cristalino estão randomicamente emaranhadas como espaguete jogado em uma vasilha. Este emaranhado da cadeia polimérica está ilustrado na Figura 10.5. Para alguns materiais poliméricos, dos quais o polietileno é um deles, pode haver tanto regiões cristalinas quanto não cristalinas. Este assunto será mais bem tratado na Seção 10.4.

As ligações entre as longas cadeias poliméricas consistem em fracas ligações covalentes secundárias permanentes. Contudo, o entrelaçamento físico das longas cadeias moleculares também contribui para a resistência desse tipo de material polimérico. Ramos laterais podem também ser formados, o que causa perda do empacotamento da cadeia molecular e, consequentemente, favorece a formação de estruturas não cristalinas. Então, ramos de polímeros lineares enfraquecem as ligações secundárias entre as cadeias e diminuem a tensão à tração da maioria dos materiais poliméricos.

10.2.8 Polímeros vinil e vinilideno

Figura 10.4
A estrutura molecular de um trecho de uma cadeia polimérica. Os átomos de carbono estão arranjados em uma estrutura na forma de ziguezague, pois todas as ligações covalentes carbono-carbono estão a 109° entre si.
(Extraído de W.G. Moffat, G.W. Pearsall, and J. Wulff, "The Structure and Properties of Materials", vol. 1: "Structure", Wiley, 1965, p. 65.)

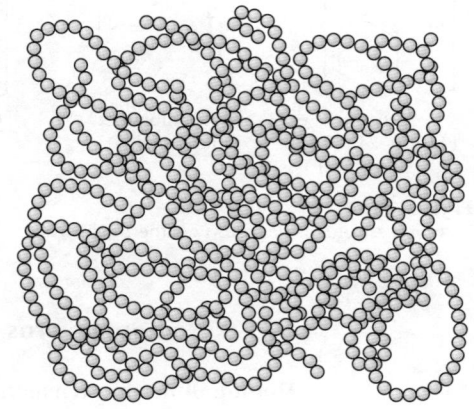

Figura 10.5
Uma representação esquemática de um polímero. As esferas representam as unidades de repetição da cadeia polimérica, não especificamente átomos.
(Extraído de W.G. Moffat, G.W. Pearsall, and J. Wulff, "The Structure and Properties of Materials", vol. 1: "Structure", Wiley, 1965, p. 104.)

Muitos materiais poliméricos de adição (cadeias) úteis que possuem a estrutura da cadeia principal de carbono similar a do polietileno podem ser sintetizados substituindo um ou mais dos átomos de hidrogênio do etileno por outros tipos de átomos ou grupos de átomos. Se apenas um átomo de hidrogênio do monômero do etileno é substituído por outro átomo ou grupo de átomo, o polímero então polimerizado é chamado de polímero vinil. Exemplos de polímeros vinil são o cloreto de polivinila, polipropileno, poliestireno, acrilonitrila e acetato de polivinila. A reação geral para a polimerização do polímero vinil é onde R_1 pode ser outro tipo de átomo ou grupo de átomos. A Figura 10.6 mostra a ligação estrutural de alguns polímeros vinílicos.

$$n \begin{bmatrix} H & H \\ | & | \\ C=C \\ | & | \\ H & R_1 \end{bmatrix} \longrightarrow \begin{bmatrix} H & H \\ | & | \\ -C-C- \\ | & | \\ H & R_1 \end{bmatrix}_n$$

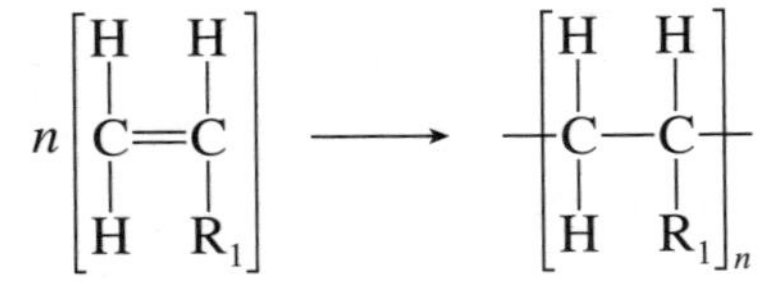

Se ambos os átomos de hidrogênio em um dos átomos de carbono do monômero do etileno são substituídos por outros átomos ou grupo de átomos, o polímero polimerizado é então chamado polímero vinilideno. A reação geral para a polimerização dos polímeros vinilideno é onde R_2 e R_3 podem ser outros tipos de átomos ou grupos atômicos. A Figura 10.7 ilustra a ligação estrutural para dois polímeros vinilidênicos.

$$n \begin{bmatrix} H & R_2 \\ | & | \\ C=C \\ | & | \\ H & R_3 \end{bmatrix} \longrightarrow \begin{bmatrix} H & R_2 \\ | & | \\ -C-C- \\ | & | \\ H & R_3 \end{bmatrix}_n$$

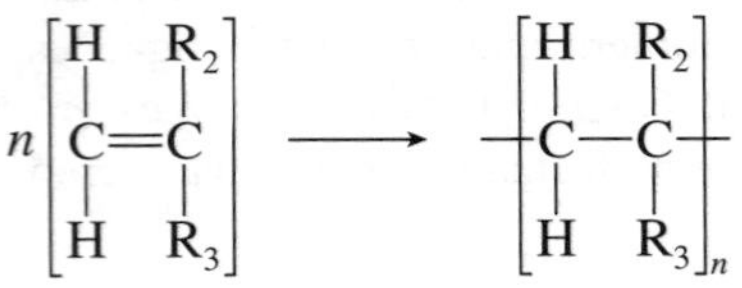

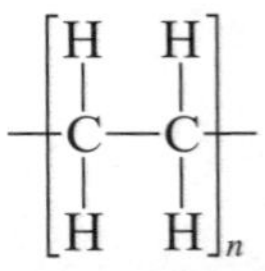

Polietileno
PF: 110–137 °C
(230–278 °F)

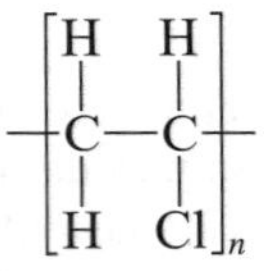

Cloreto de polivinila
PF: ~204 °C
(~400 °F)

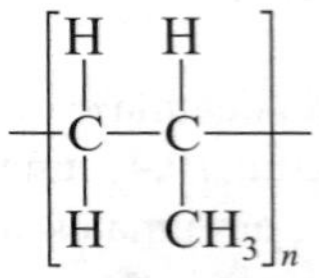

Polipropileno
PF: 165–177 °C
(330–350 °F)

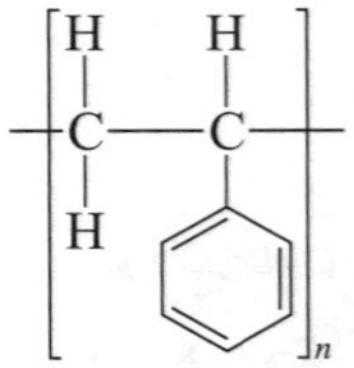

Poliestireno
PF: 150–243 °C
(330–470 °F)

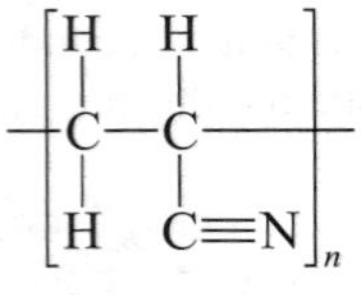

Poliacrilonitrila
(não fundido)

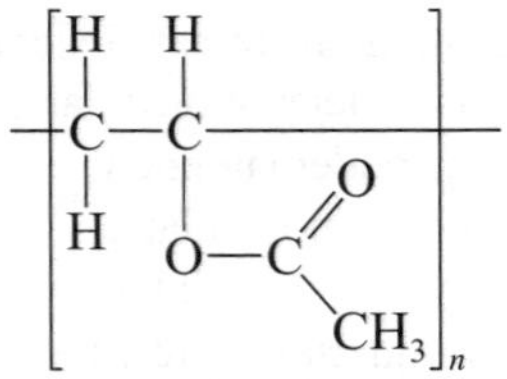

Cloreto de polivilideno
PF: 177 °C (350 °F)

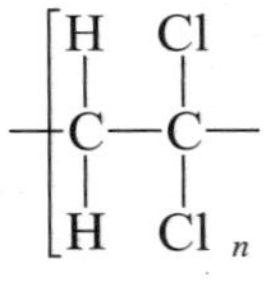

Cloreto de polivilideno
PF: 177 °C (350 °F)

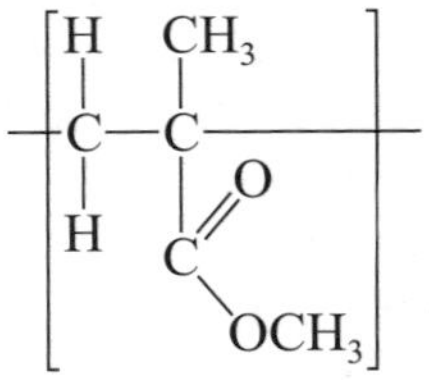

Metacrilato de polimetil
PF: 160 °C (320 °F)

Figura 10.6
Fórmulas estruturais de alguns polímeros vinílicos.

Figura 10.7
Fórmulas estruturais de alguns polímeros vinilidênicos.

10.2.9 Homopolímeros e copolímeros

Homopolímeros são materiais poliméricos que consistem em cadeias feitas de unidades simples repetidas. Isto é, se A é uma unidade de repetição, uma cadeia homopolimérica terá a sequência AAAAAAAA··· ao longo de sua formação. **Copolímeros**, em contraste, consistem de cadeias poliméricas feitas de duas ou mais unidades de repetição quimicamente diferentes, que podem ser sequenciadas de forma diversa.

Embora os monômeros na maioria dos copolímeros estejam randomicamente arranjados, quatro tipos distintos de copolímeros foram identificados: aleatório, alternado, em bloco e em enxerto (Figura 10.8).

Copolímeros aleatórios: Diferentes monômeros são aleatoriamente posicionados ao longo da cadeia polimérica. Se A e B são monômeros diferentes, então um arranjo pode ser (Figura 10.8*a*)

AABABBBBAABABAAB···

Copolímeros alternantes: Diferentes monômeros estão posicionados em alternância como (Figura 10.8*b*)

ABABABABABAB···

Copolímeros em bloco: Diferentes monômeros na cadeia são arranjados em longos blocos de cada monômeros como em (Figura 10.8*c*)

AAAAA—BBBBB—···

Copolímeros enxertados: Apêndices de um tipo de monômero estão enxertados a longa cadeia de outro monômero, como em (Figura 10.8*d*)

```
AAAAAAAAAAAAAAAAAAAAAA
      B           B
      B           B
      B           B
```

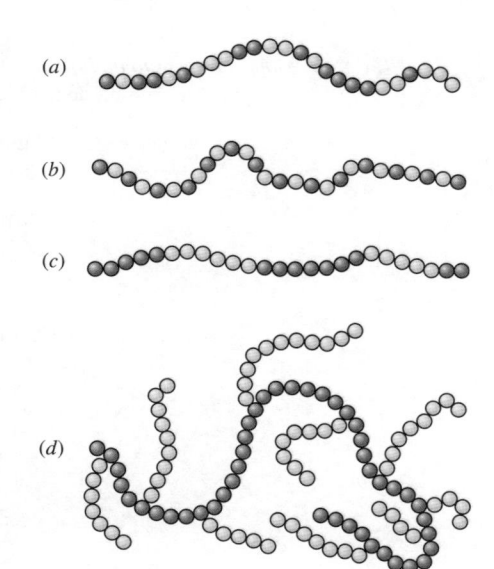

Figura 10.8
Arranjos de copolímeros. (*a*) Um copolímero no qual diferentes unidades estão aleatoriamente distribuídas ao longo da cadeia. (*b*) Um copolímero no qual diferentes unidades se alternam regularmente. (*c*) Um copolímero em bloco. (*d*) Um copolímero enxertado.
(*Extraído de W.G. Moffat, G.W. Pearsall, and J. Wulff, "The Structure and Properties of Materials", vol. 1: "Structure", Wiley, 1965, p. 108.*)

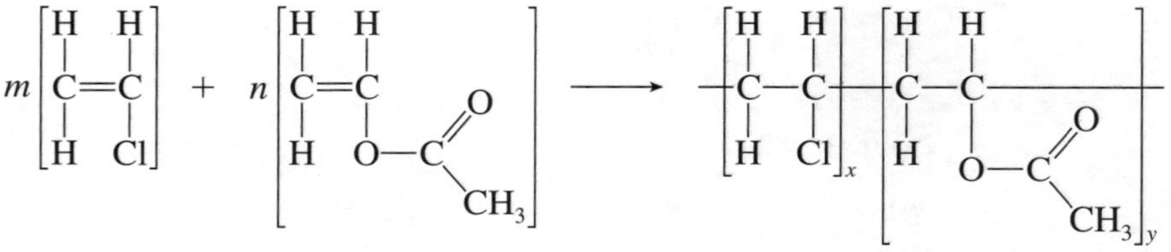

Monômero do cloreto de vinila   Monômero do acetato de vinila   Copolímero de cloreto de polivinila-acetato de polivinila

Figura 10.9
Reação de polimerização generalizada dos monômeros de cloreto de vinila e do acetato de vinila para produzir um copolímero de cloreto de polivinila-acetato de polivinila.

A reação de polimerização em cadeia pode ocorrer entre dois ou mais tipos diferentes de monômeros se eles puderem entrar nas cadeias crescentes ao mesmo nível de energia relativa e taxa. Um exemplo de um importante copolímero industrialmente é aquele formado com cloreto de polivinila e acetato de polivinila, o qual é utilizado como material de revestimento para cabos, piscinas e latas. Uma reação de polimerização generalizada deste copolímero é dada na Figura 10.9.

EXEMPLO 10.3

Um copolímero consiste de 15% (em massa) de acetato de polivinila (PVA) e 85% (em massa) de cloreto de polivinila (PVC). Determine a fração molar de cada componente.

■ **Solução**

Seja a base de 100 g para o copolímero; portanto, temos 15 g de PVA e 85 g de PVC. Primeiramente, determinamos o número de moles de cada componente que temos, e, então, calculamos a fração molar de cada um deles.

▶

Moles do Acetato de Polivinila: O peso de um mero do PVA é obtido somando as massas atômicas dos átomos da fórmula estrutural de um mero do PVA. (Figura EP10.3a)

$$4 \text{ átomos de C} \times 12 \text{ g/mol} + 6 \text{ átomos de H} \times 1 \text{ g/mol} + 2 \text{ átomos de O} \times 16 \text{ g/mol} = 86 \text{ g/mol}$$

$$\text{Número de moles do PVA em 100 g de copolímero} = \frac{15 \text{ g}}{86 \text{ g/mol}} = 0{,}174$$

Moles do cloreto de polivinila: O peso molecular de um mero de PVC é obtido da Figura E10.3b.

$$2 \text{ átomos C} \times 12 \text{ g/mol} + 3 \text{ átomos H} \times 1 \text{ g/mol} + 1 \text{ átomo Cl} \times 35{,}5 \text{ g/mol} = 62{,}5 \text{ g/mol}$$

$$\text{Número de moles do PVC em 100 g de copolímero} = \frac{85 \text{ g}}{62{,}5 \text{ g/mol}} = 1{,}36$$

$$\text{Fração molar do PVA} = \frac{0{,}174}{0{,}174 + 1{,}36} = 0{,}113$$

$$\text{Fração molar do PVC} = \frac{1{,}36}{0{,}174 + 1{,}36} = 0{,}887$$

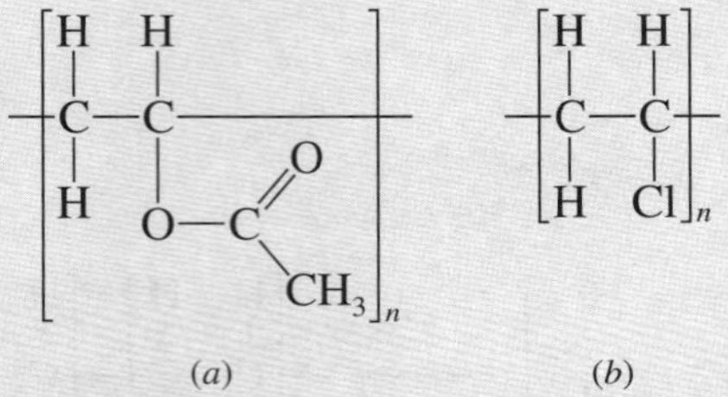

Figura E10.3
Fórmulas estruturais dos meros do (a) acetato de polivinila e (b) cloreto de polivinila.

EXEMPLO 10.4

Determine as frações molares do cloreto de vinila e do acetato de vinila em um copolímero de peso molecular 10.520 g/mol e GP de 160.

- **Solução**

Do problema exemplo 10.3, o peso de um cloreto de polivinil molecular do mero do PVC é 62,5 g/mol e o do mero do PVA é 86 g/mol.
Como a soma das frações molares, f_{cv} e acetato de polivinil $f_{av} = 1$, $f_{av} = 1 - f_{cv}$. Então, a média do peso molecular de um mero do copolímero é

$$\text{PM}_{av}(\text{mero}) = f_{cv}\text{PM}_{cv} + f_{av} \cdot \text{PM}_{av} = f_{cv}\text{PM}_{cv} + (1 - f_{cv})\text{PM}_{av}$$

A média do peso molecular de um mero do polímero é também

$$\text{PM}_{av}(\text{mero}) = \frac{\text{PM}_{av}(\text{polímero})}{\text{GP}} = \frac{10{,}520 \text{ g/mol}}{160 \text{ meros}} = 65{,}75 \text{ g/(mol} \cdot \text{mero)}$$

O valor de f_{cv} pode ser obtido equacionando ambas as expressões de PM_{av} (mero):

$$f_{cv}(62{,}5) + (1 - f_{cv})(86) = 65{,}75 \quad \text{ou} \quad f_{cv} = 0{,}86$$
$$f_{av} = (1 - f_{cv}) = 1 - 0{,}86 = 0{,}14$$

EXEMPLO 10.5

Se um copolímero de acetato de cloreto de vinila tem uma taxa de 10:1 de cloreto de vinila para acetato de vinila, e peso molecular de 16.000 g/mol, qual o seu grau de polimerização?

- **Solução**

$$PM_{av}(\text{mero}) = \tfrac{10}{11}PM_{cv} + \tfrac{1}{11}PM_{av} = \tfrac{10}{11}(62,5) + \tfrac{1}{11}(86) = 64,6 \text{ g/(mol} \cdot \text{mero)}$$

$$GP = \frac{16.000 \text{ g/mol (polímero)}}{64,6 \text{ g/(mol} \cdot \text{mer)}} = 248 \text{ meros}$$

10.2.10 Outros métodos de polimerização

Polimerização em etapas Na **polimerização em etapas**, monômeros reagem quimicamente entre si para produzir polímeros lineares. A reatividade dos grupos funcionais nas extremidades de um monômero na polimerização em etapas é assumida como aproximadamente a mesma para polímeros de qualquer tamanho. Então, unidades monoméricas podem reagir entre si ou produzir polímeros de qualquer tamanho. Em muitas reações de polimerização em etapas, uma pequena molécula é produzida como um subproduto, daí esse tipo de reações é às vezes chamada de reação de polimerização e condensação. Um exemplo dessas reações de polimerização em etapas é a reação da hexametileno diamina com ácido adípico para produzir nylon-6,6 e água como subprodutos, conforme mostrado na Figura 10.10 para a reação de uma molécula de hexametileno diamina com outra de ácido adípico.

Polimerização em rede Para algumas reações de polimerização que envolve um reagente químico com mais de duas posições de ligação, um material plástico em rede tridimensional pode ser produzido. Este tipo de polimerização ocorre na cura de plásticos termofixos como os fenólicos, epóxis e alguns poliésteres. A reação de polimerização de duas moléculas de fenol e uma molécula de formaldeído é mostrada na Figura 10.11. Note que a molécula de água é formada como um subproduto da reação. A molécula de fenol é trifuncional, e na presença de um devido catalisador e suficiente calor e pressão, pode ser polimerizada com formaldeído em uma rede de material plástico termofixo fenólico, que é comumente chamado pelo nome comercial de *Baquelite*.

10.3 MÉTODOS DE POLIMERIZAÇÃO INDUSTRIAL

Neste estágio, certamente você deve estar se perguntando como materiais plásticos são produzidos industrialmente. A resposta a esta questão não é simples, uma vez que muitos processos diferentes são

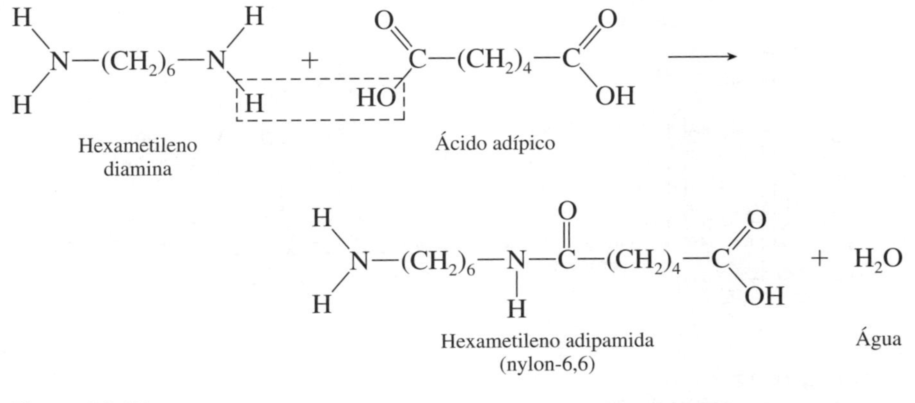

Figura 10.10
Reação de polimerização do hexametileno diamina com ácido adípico para produzir uma unidade de nylon-6,6.

Figura 10.11
Reação de polimerização do fenol (asteriscos representam regiões de ligação) com formaldeído para produzir uma unidade de ligação da resina fenólica.

usados e novos estão em constante desenvolvimento. Para começar, matérias-primas básicas, como gás natural, petróleo e carvão são usadas para produzir os produtos químicos básicos para os processos de polimerização. Esses produtos químicos são então polimerizadas por diferentes processos em materiais plásticos, como grânulos, pelotas, pó ou líquidos que serão então processados em produtos finais. Os processos de polimerização químicos usados para produzir plásticos são complexos e diversos. O engenheiro químico possui um papel fundamental no desenvolvimento e utilização industrial dessas polimerizações. Alguns dos mais importantes métodos de polimerização estão destacados nos próximos parágrafos e ilustrados nas Figuras 10.12 e 10.13.

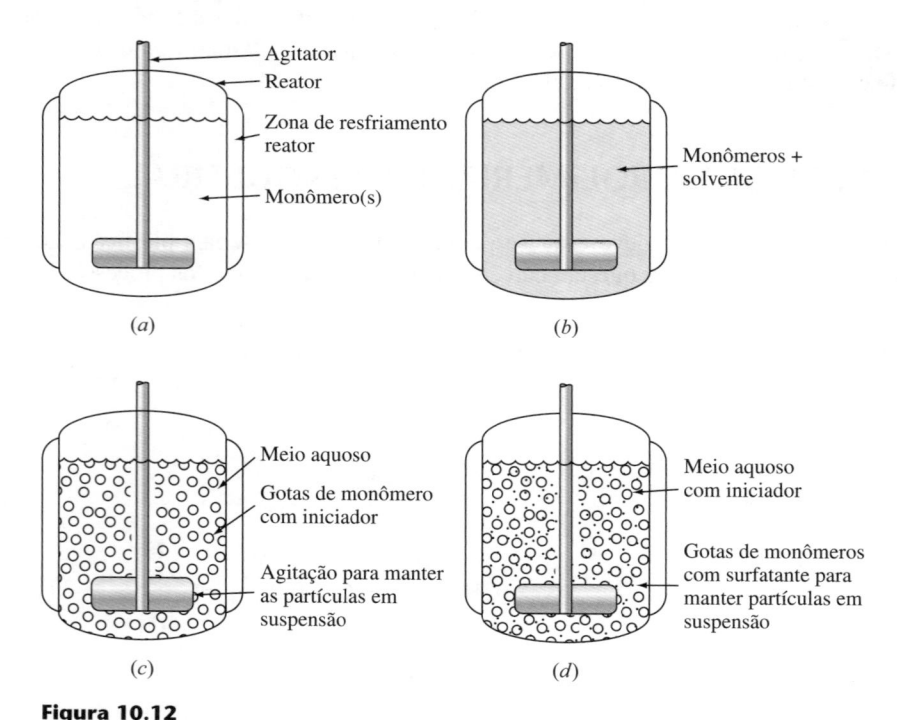

Figura 10.12
Ilustração esquemática de alguns processos de polimerização comumente utilizados industrialmente: (*a*) em massa, (*b*) em solução, (*c*) por suspensão, e (*d*) por emulsão.
(Extraído de W.E. Driver, "Plastics Chemistry and Technology", Van Nostrand Reinhold, 1979, p. 19.)

Polimerização a granel (Figura 10.12a). O monômero e o ativador são misturados em um reator que é aquecido e resfriado conforme necessário. Este processo é utilizado extensivamente para a polimerização por condensação, processo no qual um monômero pode ser carregado no reator e outro adicionado gradualmente. O processo de polimerização a granel pode ser usado para diversas reações de polimerização por condensação devido ao seu baixo calor de reação.

Polimerização por solução (Figura 10.12b). O monômero é dissolvido em um solvente não reativo que contém um catalisador. O calor liberado pela reação é absorvido pelo solvente, e assim a taxa de reação é diminuída.

Polimerização por suspensão (Figura 10.12c). O monômero é misturado com um catalisador e então dispersado como suspensão em água. Nesse processo, o calor liberado pela reação é absorvido pela água. Após a polimerização, o produto polimerizado é separado e secado. Esse processo é geralmente utilizado para produzir muitos dos polímeros do tipo vinil, como o cloreto de polivinila, poliestireno, poliacrilo nitrila e o metacrilato de polimetil.

Polimerização por emulsão (Figura 10.12d). Esse processo de polimerização é similar ao processo de suspensão, uma vez que também é realizado em água. Contudo, um emulsificador é adicionado para dispersar o monômero em partículas muito pequenas.

Além dos processos em lote descritos anteriormente, outros tipos de polimerização contínua em massa foram desenvolvidos, e a pesquisa e desenvolvimento nesta área ainda continua. Um processo de grande importância é o processo de fase gasosa Union Carbide Unipol para produção de polietileno de baixa densidade[3]. Nesse processo, o monômero do etileno gasoso, juntamente com outros comonômeros são continuamente alimentados em um reator de leito fluidizado no qual um catalisador especial é adicionado (Figura 10.13). As vantagens para esse processo são a baixa temperatura para polimerização (100 °C, ao invés dos 300 °C necessários nos antigos processos) e baixa pressão (100 psi, ao invés dos 300 psi necessários nos antigos processos). Muitas indústrias já utilizam o processo Unipol.

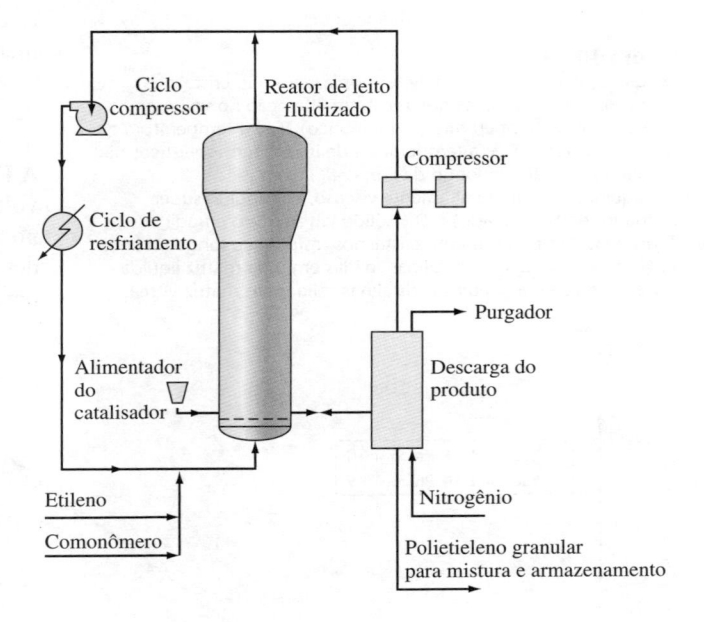

Figura 10.13
Processo de polimerização em fase gasosa para polietileno de baixa densidade. Diagrama de fluxo destacando os passos básicos do processo.
(Extraído de "Chemical Engineering", December 3, 1979, pp. 81, 83.)

10.4 CRISTALINIDADE E ESTEREOISOMERIA EM ALGUNS TERMOPLÁSTICOS

Um termoplástico, quando solidificado do estado líquido, forma ou um sólido não cristalino ou um sólido parcialmente cristalino. Investiguemos algumas das solidificações e características estruturais desses materiais.

10.4.1 Solidificação de termoplásticos não cristalinos

Consideremos a solidificação e o resfriamento lento para baixas temperaturas de um termoplástico não cristalino. Quando termoplásticos não cristalinos solidificam, não há decrescimento rápido do volume específico (volume por unidade de massa) enquanto a temperatura é diminuída (Figura 10.14). O líquido, sob solidificação, converte-se para um líquido super resfriado que está no estado sólido e mostra um

---
[3] "Chemical Engineering", December 3, 1979, p. 80.

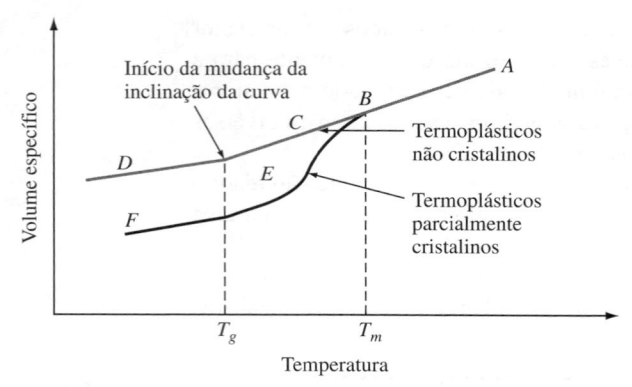

Figura 10.14
Solidificação e resfriamento de termoplásticos não cristalinos e parcialmente cristalinos que mostram alteração no volume específico com temperatura (esquemático). T_g é a temperatura de transição vítrea e T_m é a temperatura de fusão. Termoplásticos não cristalinos resfriam ao longo da linha ABCD, onde A = líquido, B = líquido altamente viscoso, C = líquido super resfriado (emborrachado) e D = sólido vítreo (duro e frágil). Termoplásticos parcialmente cristalinos resfriam ao longo da linha ABEF, onde E = regiões cristalinas sólidas em uma matriz líquida super resfriada e F = regiões cristalinas sólidas em matriz vítrea.

decrescimento gradual no volume específico com a redução de temperatura, conforme indicado ao longo da linha ABC na Figura 10.14.

Resfriando esse material a menores temperaturas, uma mudança na inclinação da curva de volume específico *versus* temperatura ocorre como indicado por C e D da curva $ABCD$ da Figura 10.14. A temperatura média na estreita faixa de temperatura em que a inclinação da curva se altera é chamada **temperatura de transição vítrea** T_g. Acima da T_g, termoplásticos não cristalinos mostram comportamento viscoso (de borracha ou couro flexível), e, abaixo de T_g, esses materiais apresentam comportamento de vidro frágil. De alguns modos, T_g pode ser considerado a temperatura de transição dúctil-frágil. Abaixo de T_g, o material tem característica de vidro-frágil porque o movimento de sua cadeia molecular é muito restrito. A Figura 10.15 apresenta os resultados experimentais do volume específico *versus* a temperatura para polipropileno não cristalino que indica a mudança de inclinação da T_g desse material a –12 °C. A Tabela 10.1 lista valores de T_g para alguns termoplásticos.

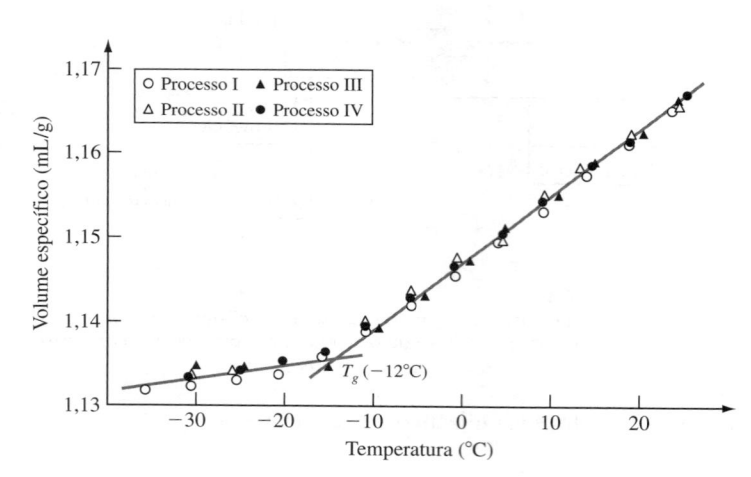

10.4.2 Solidificação de termoplásticos parcialmente cristalinos

Consideremos agora a solidificação e resfriamento para baixas temperaturas de um termoplástico parcialmente cristalino. Quando esse material solidifica e resfria, ocorre uma repentina diminuição do volume específico, como indicado pela linha BE na Figura 10.14. Este decréscimo do volume específico é causado pelo empacotamento mais eficiente das cadeias poliméricas nas regiões cristalinas. A estrutura do termoplástico parcialmente cristalino no ponto E será então aquela das regiões cristalinas na matriz não cristalina do líquido super resfriado (sólido viscoso). Como o resfriamento é contínuo, a transição vítrea ocorre conforme indicado pela mudança da inclinação do volume específico *versus* a temperatura na Figura 10.14, entre E e F. Ao passar pela transição vítrea, a matriz do líquido super resfriado se transforma no estado

Figura 10.15
Dados experimentais do volume específico *versus* a temperatura para a determinação da temperatura de transição vítrea do polipropileno atático. T_g a –12 °C.
(Extraído de D.L. Beck, A.A. Hiltz and J.R. Knox, Soc. Plast. Eng. Trans. 3:279(1963), usado com permissão.)

vítreo e, então, a estrutura do termoplástico em F consiste de regiões cristalinas em uma matriz vítrea não cristalina. Um exemplo de um termoplástico que solidifica para formar uma estrutura parcialmente cristalina é o polietileno.

10.4.3 Estrutura de materiais termoplásticos parcialmente cristalinos

A forma exata na qual as moléculas poliméricas estão arranjadas na estrutura cristalina ainda é uma dúvida, e mais pesquisas são necessárias nessa área. A maior dimensão das regiões cristalinas ou de cristalitos em materiais poliméricos policristalinos é de aproximadamente 5 a 50 nm, que é uma pequena porcentagem do comprimento de uma molécula polimérica estendida, que pode ser próximo de 5.000 nm.

Tabela 10.1
Temperatura de transição vítrea T_g* (°C) para alguns termoplásticos.

Polietileno	–110	(nominal)
Polipropileno	–18	(nominal)
Acetato de polivinila	29	
Cloreto de polivinila	2	
Poliestireno	75–100	
Metacrilato de polimetila	72	

* Note que a T_g de um termoplástico não é uma constante física como a temperatura de fusão de um sólido cristalino, mas depende de certo modo de variáveis como o grau de **cristalinidade**, peso molecular médio das cadeias poliméricas e taxa de resfriamento do termoplástico.

Um modelo mais antigo, chamado de *modelo de franjas-micelas*, retrata longas cadeias de polímeros de cerca de 5.000 nm, vagando sucessivamente por uma série de regiões ordenadas e desordenadas ao longo do comprimento da molécula do polímero (Figura 10.16a). Um mais novo modelo, chamado de *modelo de cadeia dobrada*, retrata seções de cadeias moleculares dobrando-se para que a transição de regiões cristalinas para não cristalinas possa ser formada (Figura 10.16b).

Houve um intensivo estudo ao longo dos últimos anos de termoplásticos parcialmente cristalinos, especialmente o polietileno. Acredita-se que o polietileno cristaliza em uma estrutura de cadeia dobrada com célula ortorrômbica, como mostrado na Figura 10.17. Cada comprimento da cadeia entre os espaços é de aproximadamente 100 átomos de carbono, com cada camada da estrutura sendo referida como *lamela*. Sob condições laboratoriais, o polietileno de baixa densidade cristaliza em uma estrutura do tipo esferulítica, como mostrada na Figura 10.18. As regiões esferulíticas, que consistem de lamelas cristalinas, são as áreas escuras, e as regiões entre as estruturas esferulíticas são áreas brancas não cristalinas. A estrutura esferulítica mostrada na Figura 10.18 cresce somente sob condições laboratoriais cuidadosas de livre tensão.

O grau de cristalinidade em materiais poliméricos lineares parcialmente cristalizados varia de 5 a 95% de seu volume total. A cristalização completa não é atingível mesmo com materiais poliméricos que são altamente cristalizáveis, devido ao seu arranjo molecular, emaranhado e cruzado. A quantidade de material cristalino em um termoplástico afeta na resistência à tração. Em geral, quando o grau de cristalinidade aumenta, a resistência do material também aumenta.

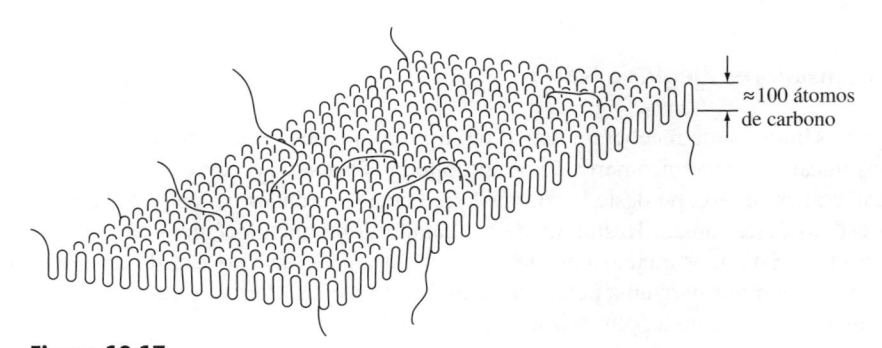

Figura 10.16
Dois arranjos cristalinos para materiais termoplásticos parcialmente cristalinos: (a) Modelo de franjas-micelas e (b) modelo de cadeia dobrada.
(Direito de cópia de 1982 de F. Rodriguez, "Principles of Polymer Systems", 2. ed., p. 42. Reproduzido com permissão de Routledge/Taylos & Francis Group, LLC.)

Figura 10.17
Estrutura esquemática de cadeia dobrada de uma lamela de polietileno de baixa densidade.
(Extraído de R.L. Boysen, "Olefin Polymers (High-pressure Polyethelene)", in "Kirk-Othmer Encyclopedia of Chemical Technology", vol. 16, Wiley, 1981, p. 405. Reimpresso com permissão de John Wiley & Sons, Inc.)

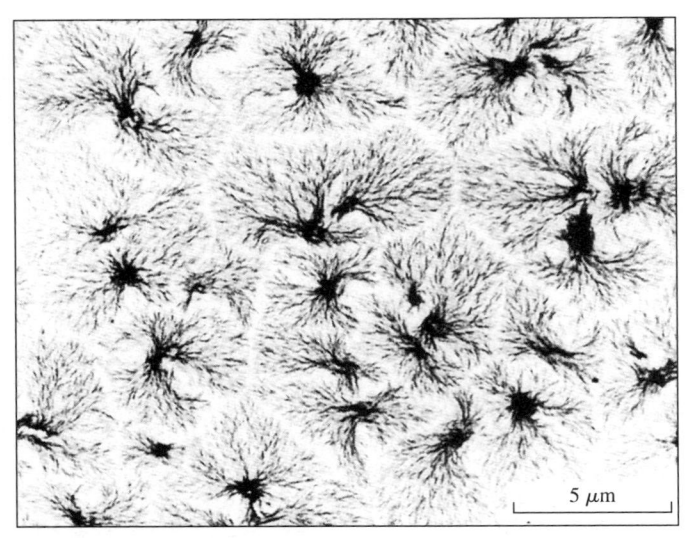

Figura 10.18
Estrutura esferulítica de filme fundido de um polietileno de baixa densidade, 0,92 g/cm³.

(*Extraído de R.L. Boysen, "Olefin Polymers (High-pressure Polyethelene)", in "Kirk-Othmer Encyclopedia of Chemical Technology", vol. 16, Wiley, 1981, p. 406. Reimpresso com permissão de John Wiley & Sons, Inc.*)

10.4.4 Estereisomeria em termoplásticos

Estereoisômeros são compostos moleculares que possuem a mesma composição química, mas diferentes arranjos estruturais. Alguns termoplásticos, tais como o polipropileno, podem existir em três diferentes formas esteroisoméricas:

1. **Estereoisômero atático:** o grupo metil suspenso do polipropileno é randomicamente alocado no outro lado da cadeia principal de carbono (Figura 10.19a).
2. **Estereoisômero isotático:** o grupo metil suspenso está sempre no mesmo lado da cadeia principal de carbono (Figura 10.19b).
3. **Estereoisômero sindiotático:** o grupo suspenso regularmente altera de um lado da cadeia principal de carbono para o outro lado (Figura 10.19c).

A descoberta de um catalisador que tornou possível a polimerização industrial de polímeros isotáticos lineares foi um grande avanço para a indústria de plásticos. Com um **catalisador estereoespecífico**, polipropileno isotático pode ser produzido em escala comercial. Polipropileno isotático é um material polimérico altamente cristalino com ponto de fusão de 165 a 175 °C. Devido a essa alta cristalinidade, o propileno isotático possui maior resistência e maior temperaturas de deflexão de calor que o polipropileno atático.

10.4.5 Catalisadores Ziegler e Natta

Karl Ziegler e Giulio Natta receberam, em 1963, o Prêmio Nobel (em conjunto)[4] pelo seu trabalho em polietilenos lineares e estereoisômeros do polipropileno. Uma série de livros abordam este assunto, e os detalhes estão além do escopo deste livro, mas referências são dadas para aqueles que desejarem prosseguir no estudo deste tópico. Resumidamente, catalisadores metalocênicos são usados em conjunto com este produto. Então, os metalocenos não são catalisadores reais no sentido de que tomam parte na reação, e são consumidos para uma pequena extensão de reações. Portanto, catalisadores metalocênicos iniciaram uma nova era para a polimerização da poliolefina.

---

[4]Os indicados ao Prêmio Nobel de 1963 foram Karl Ziegler e Giulio Natta pelo seu trabalho em polimerização controlada de hidrocarbonetos por meio do uso de novos catalisadores organometálicos.

10.5 PROCESSAMENTO DE MATERIAIS PLÁSTICOS

Diferentes processos são utilizados para transformar grãos e pelotas plásticas em produtos como folhas, hastes, seções extrudadas, tubos ou peças moldadas acabadas. O processo utilizado depende de certo modo da característica do plástico, sendo ele do tipo termoplástico ou do tipo termofixo. Termoplásticos são geralmente aquecidos para uma condição mais macia, e então moldados antes do resfriamento. Por outro lado, materiais termofixos, não tendo sido completamente polimerizados antes de processados para seu formato final, usam um processo no qual uma reação química ocorre nas cadeias de polímeros de ligação cruzada em uma rede de material polimérico. A polimerização final pode ocorrer pela aplicação de calor e pressão, ou por adição de catalisador à temperatura ambiente ou a altas temperaturas.

Nesta seção, nós discutiremos alguns dos processos mais importantes usados para materiais termoplásticos e termofixos.

10.5.1 Processos usados para materiais termoplásticos

Moldagem por injeção A **moldagem por injeção** é um dos mais importantes métodos de processamento utilizados para a conformação de materiais termoplásticos. A máquina de injeção por moldagem moderna usa um mecanismo de parafuso de rosca alternante para o derretimento do plástico e injeção dentro do molde (Figuras 10.20 e 10.21). A máquina de moldagem por injeção mais antiga utiliza um pistão para a injeção do plástico derretido. Uma das principais vantagens do método da rosca alternante em relação ao do pistão é que o método mais atual libera um fundido mais homogêneo para a injeção.

No processo de moldagem por injeção, plásticos em forma de pelotas são adicionados a partir de um funil de carga na abertura do cilindro de injeção na superfície superior da rosca rotativa, a qual os carregam em direção ao molde (Figura 10.22a). A rotação da rosca força as pelotas contra as paredes aquecidas do cilindro, fundindo-os devido ao calor de compressão, fricção e as paredes aquecidas do cilindro (Figura 10.22b). Quando suficiente material plástico é derretido na extremidade da rosca onde fica o molde, a rosca para e, pelo movimento do êmbolo, injeta-se uma quantidade de plástico derretido por meio de um sistema de porta-corrediça dentro das cavidades do molde fechado (Figura 10.22c). O eixo do parafuso de rosca mantém pressão no material plástico alimentado dentro do molde por um pequeno período de tempo, de modo a permitir que este não solidifique e se retraia. O molde é resfriado por água, garantindo resfriamento rápido da parte plástica. Finalmente, o molde é aberto e o produto é extraído por pinos ejetores de mola ou por ar comprimido (Figura 10.22d). O molde é então fechado e está pronto para o próximo ciclo.

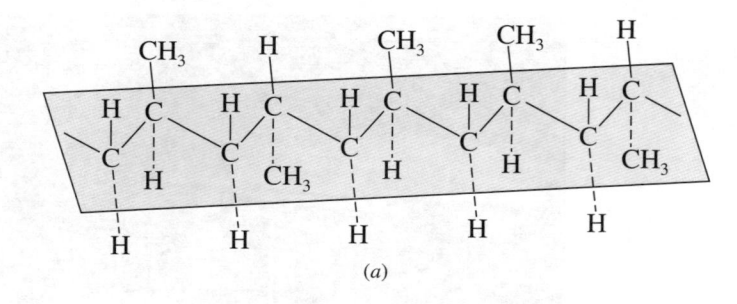

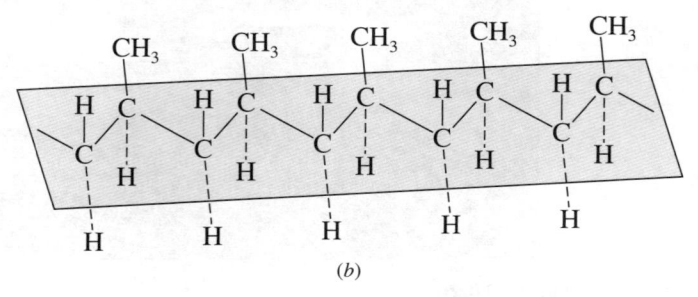

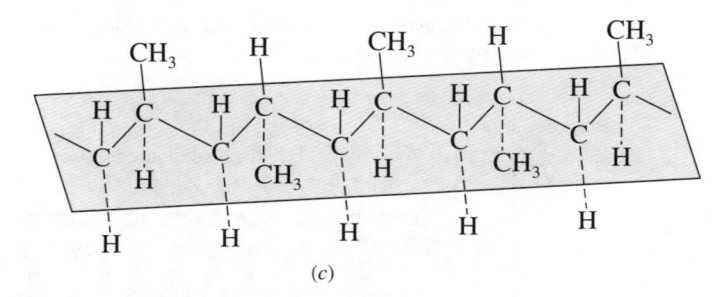

Figura 10.19
Estereoisômeros de polipropileno. (a) Isômero atático no qual os grupos suspensos CH_3 estão aleatoriamente arranjados no mesmo lado da cadeia principal de carbono. (b) Isômero isotático no qual os grupos suspensos de CH_3 estão todos do mesmo lado da cadeia principal de carbono. (c) Isômero sindiotático no qual os grupos suspensos de CH_3 se alternam regularmente de um lado para o outro da cadeia principal de carbonos.
(Extraído de G. Crespi and L. Luciani, "Olefin Polymers (Polyethylene), in "Kirk-Othmer Encyclopedia of Chemical Technology", vol. 16, Wiley, 1982, p. 454. Reimpresso com permissão de John Wiley & Sons, Inc.)

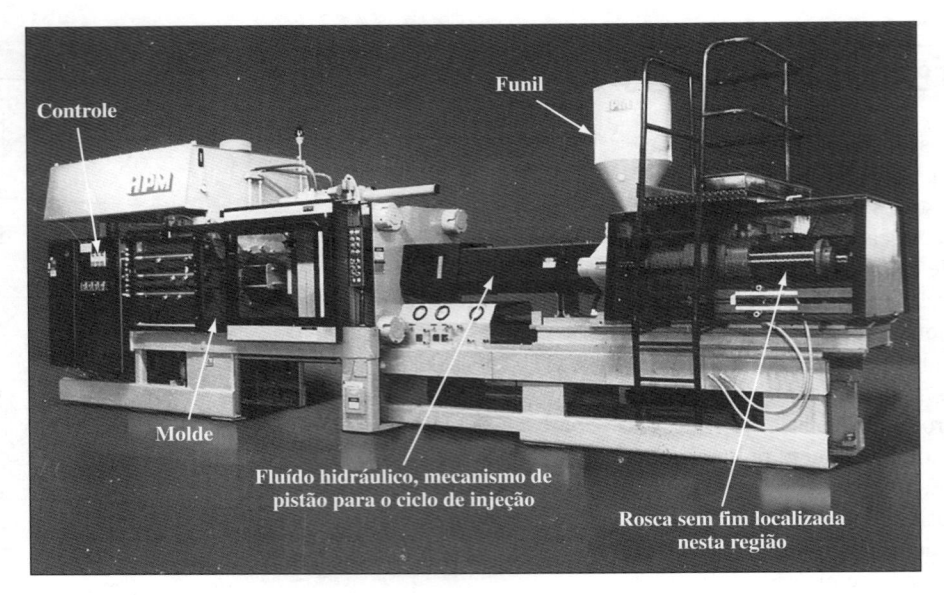

Figura 10.20
Vista de frente de uma máquina de injeção-moldagem de 500 t de fuso alternante para materiais plásticos.
(*Cortesia da HPM Corporation.*)

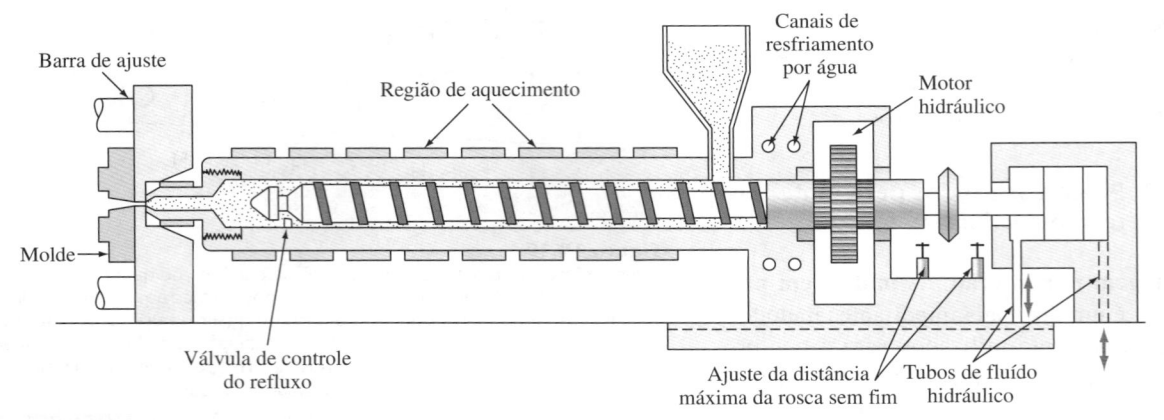

Figura 10.21
Seção transversal de uma máquina de injeção-moldagem de 500 t de fuso alternante para materiais plásticos.
(*Extraído de J. Brown, "Injection Molding of Plastic Components", McGraw-Hill, 1979, p. 28.*)

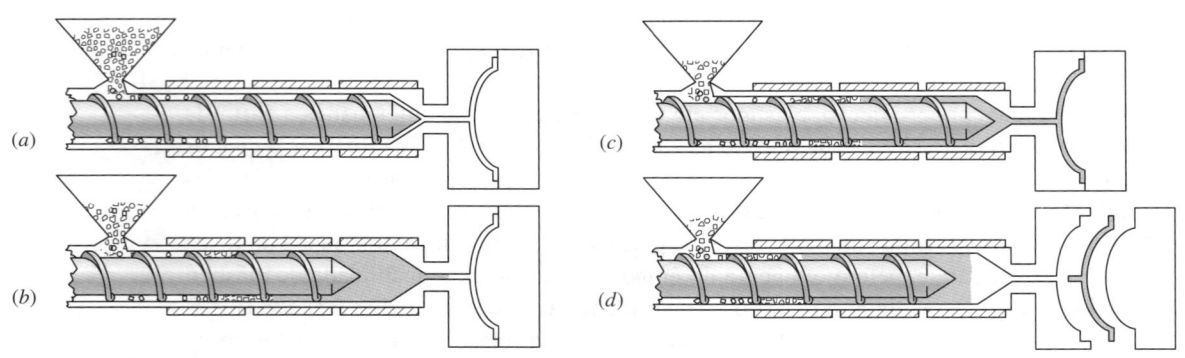

Figura 10.22
Sequência de operações para o processo de injeção-moldagem de fuso alternante para materiais plásticos. (*a*) Grãos plásticos são entregues por um tambor de armazenamento. (*b*) Grãos plásticos são derretidos ao longo da sua trajetória pelo fuso alternante, e, quando há material derretido suficiente na extremidade do fuso, este para de rotacionar. (*c*) O tambor do fuso é então empurrado com um movimento de êmbolo e injeta o plástico derretido em uma abertura do sistema de porta-corredor e, então, em uma cavidade de molde fechada. (*d*) O tambor do fuso é retraído e o produto final da injeção é extraído.

As principais vantagens do processo de moldagem por injeção são:

1. Produtos de alta qualidade podem ser produzidos a uma alta taxa de produção.
2. O processo possui relativo baixo custo de operação.
3. Bom acabamento superficial pode ser garantido no produto moldado.
4. O processo pode ser altamente automatizado.
5. Formas intrínsecas podem ser produzidas.

As principais desvantagens desse processo são:

1. Alto custo da máquina. Isso significa que um grande volume de produtos deve ser produzido de modo a pagar pelo investimento.
2. O processo deve ser controlado de perto para garantir um produto de qualidade.

Extrusão Outro importante método de processamento usado para termoplásticos. Alguns dos produtos manufaturados pelo processo de extrusão são os tubos, hastes, filmes plásticos, folhas plásticas e formas de todos os tipos. A máquina de extrusão também é usada para fazer compostos de materiais plásticos para a produção de formas-primas, tais como pelotas, e para a recuperação de materiais termoplásticos sucateados.

No processo de extrusão, a resina termoplástica é alimentada em um cilindro aquecido, e o plástico derretido é forçado por um fuso rotativo por meio de uma abertura (ou aberturas) em uma matriz precisa para formar formas contínuas (Figura 10.23). Após sair da matriz, a parte extrudada deve ser resfriada abaixo de sua temperatura de transição vítrea para garantir estabilidade dimensional. O resfriamento é geralmente feito com jatos de ar ou por intermédio de um sistema de resfriamento por água.

Moldagem por sopro e termoconformação Outros importantes métodos de processamento para termoplásticos são a moldagem por sopro e termoconformação de folhas. No processo de **moldagem por sopro**, um cilindro ou tubo de plástico aquecido chamado de *parison* é posicionado entre as garras de um molde (Figura 10.24a). O molde é então fechado para "beliscar" as extremidades do cilindro (Figura 10.24b), e ar comprimido é injetado, forçando o plástico contra as paredes do molde (Figura 10.24c). Na termoconformação, uma folha de plástico aquecido é forçada contra os contornos de um molde por pressão. Pressão mecânica pode ser utilizada com matrizes acoplantes, ou vácuo pode ser utilizado para puxar a folha aquecida para uma matriz aberta. Pressão de ar pode também ser usada para a mesma finalidade.

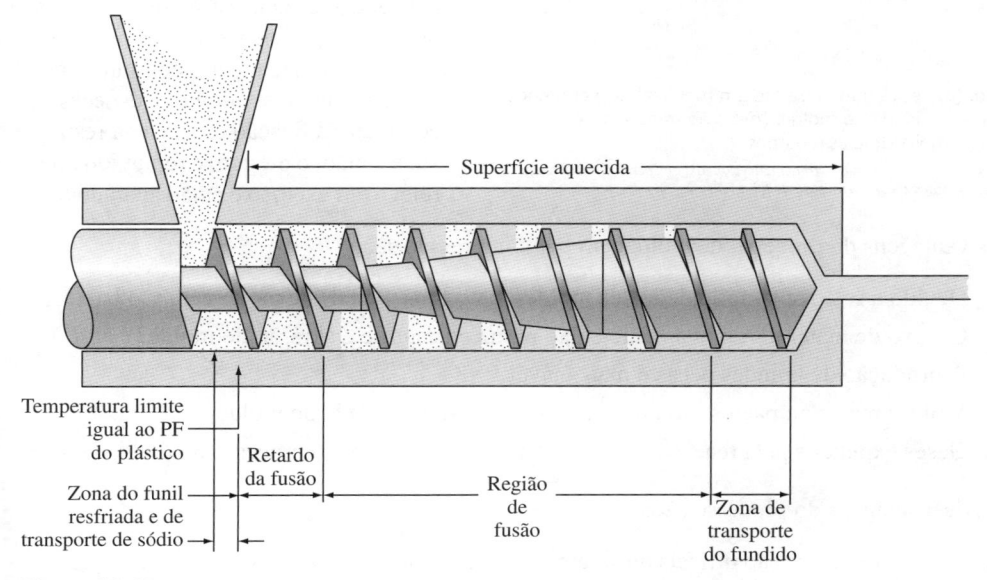

Figura 10.23
Desenho esquemático de uma extrusora mostrando as várias zonas funcionais: funil de carga, zona de transporte sólido, atraso no início do derretimento e zona de bombeamento do derretido.
(H.S. Kaufman and J.J. Falcetta (eds.), "Introduction to Polymer Science and Technology", Society of Plastic Engineers, Wiley, 1977, p. 462, Reimpresso com permissão de Dr. Herman S. Kaufman.)

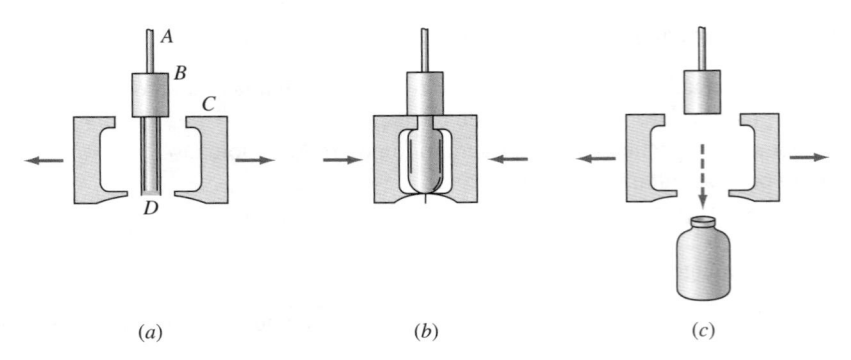

Figura 10.24
Sequência de passos para a moldagem por sopro de uma garrafa plástica. (*a*) Uma seção do tubo é introduzida no molde. (*b*) O molde é fechado, e a parte de baixo do tubo é pinçada pelo molde. (*c*) Ar comprimido é injetado no molde pelo tubo, que expande, de modo a preenchê-lo, e o produto é resfriado sob injeção de ar. *A* = entrada de ar injetado, *B* = matriz, *C* = molde, *D* = seção do tubo.
(*Extraído de P.N. Richardson, "Plastics Processing", in "Kirk-Othmer Encyclopedia of Chemical Technology", vol. 18, Wiley, 1982, p. 198. Reimpresso com permissão de John Wiley & Sons, Inc.*)

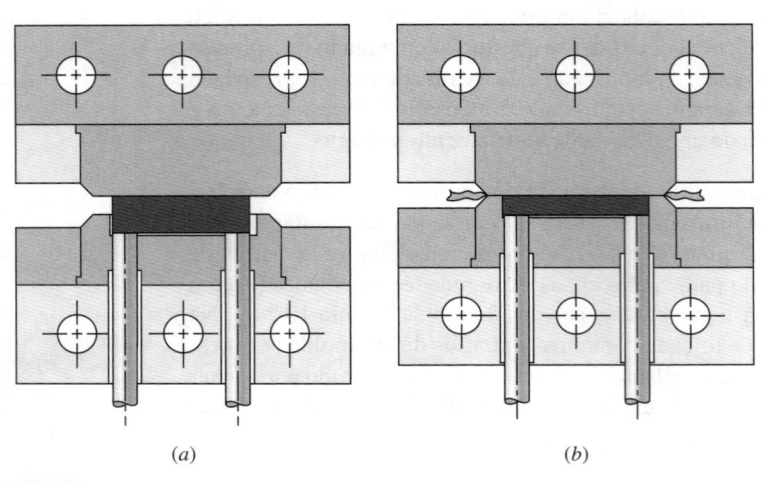

10.5.2 Processos usados para materiais termofixos

Moldagem por compressão Muitas resinas termofixas como a fenol-formaldeído, ureia formaldeído, e melamina-formaldeído são transformadas em produtos sólidos pelo processo de moldagem por compressão. Neste processo, a resina plástica, que pode ser pré-aquecida, é carregada em um molde aquecido contendo uma ou mais cavidades (Figura 10.25*a*). A parte superior do molde é forçada contra a resina plástica, e a pressão e o calor aplicado derretem-na e forçam o plástico liquefeito a preencher a(s) cavidade(s) (Figura 10.25*b*). Aquecimento contínuo (geralmente por um ou dois minutos) é necessário para completar a ligação cruzada da resina termofixa, e, então, o produto é removido do molde. O relevo em excesso é então aparado do produto.

Figura 10.25
Moldagem por compressão. (*a*) Seção transversal de um molde aberto contendo a forma pré-moldada em pó na cavidade do molde. (*b*) Seção transversal do molde fechado mostrando o modelo moldado e as rebarbas.
(*Extraído de R.B. Seymour, "Plastics Technology" in "Kirk-Othmer, Encyclopedia of Chemical Technology", vol. 15, Interscience, 1968, p. 802. Reimpresso com permissão de John Wiley & Sons, Inc.*)

As vantagens do processo de moldagem por compressão são:

1. Devido à relativa simplicidade dos moldes, os custos iniciais de moldagem são baixos.
2. O fluxo de material relativamente baixo reduz o desgaste e abrasão do molde.
3. A produção de grandes peças é mais viável.
4. Moldes mais compactos são possíveis devido à simplicidade do molde.
5. Gases expelidos pela reação de cura podem escapar durante o processo de moldagem.

As desvantagens do processo são:

1. Peças complexas são difíceis de serem fabricadas com esse processo.
2. Difícil precisão dimensional com tolerâncias baixas em inserções.
3. Rebarbas devem ser aparadas das partes moldadas.

Moldagem por transferência Esse processo é também utilizado para moldar plásticos termofixos como os fenólicos, ureias, melaminas, e resinas alquídicas. A moldagem por transferência difere do processo de moldagem por compressão na maneira como o material é introduzido nas cavidades do molde. Na moldagem por transferência, a resina plástica não é alimentada diretamente na cavidade do molde, mas em uma câmara fora dessas cavidades (Figura 10.26a). Nela, quando o molde é fechado, um pistão força a resina plástica (que é usualmente pré-aquecida) da câmara exterior, por meio um sistema de portas e corredores para as cavidades do molde (Figura 10.26b). Após o material moldado ter tido tempo de cura, de modo que um material polimérico rígido tenha se formado, a parte moldada é ejetada do molde (Figura 10.26c).

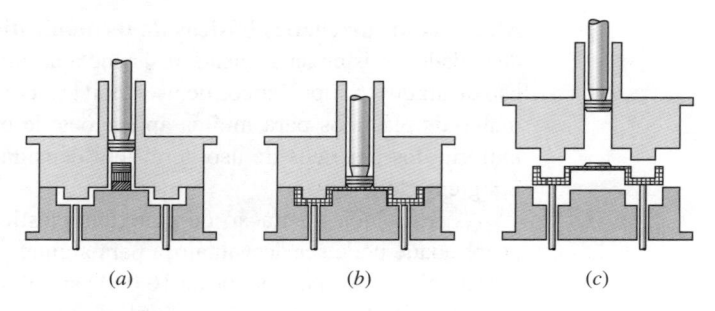

Figura 10.26
Moldagem por transferência. (a) Uma forma plástica pré-formada é forçada por um pistão em um molde pré-fechado. (b) É aplicada pressão na forma plástica, e o plástico é forçado por um sistema de canais e portas para as cavidades do molde. (c) Após a cura do plástico, o pistão é removido e a cavidade do molde é aberta. A peça é então ejetada.

As vantagens desse processo são:

1. A moldagem por transferência tem vantagem sobre a compressão no fato de que não há formação de rebarbas, daí as partes moldadas requererem menos acabamento.
2. Utilizando um sistema de canais, muitas peças podem ser feitas ao mesmo tempo.
3. Moldagem por transferência é especialmente útil para a produção de pequenas e complexas peças que seriam de difícil produção pelo processo de compressão.

Moldagem por injeção Utilizando de tecnologia moderna, alguns compostos termofixos podem ser moldados por injeção através de máquinas de moldagem por injeção de parafuso de rosca alternante. Revestimentos especiais de aquecimento e resfriamento foram adicionados às máquinas comuns de moldagem por injeção de modo que a resina possa ser curada no processo. Boa ventilação das cavidades do molde é necessária para algumas resinas termofixas que geram produtos de reações durante a sua cura. No futuro, a moldagem por injeção provavelmente se tornará mais importante para a produção de peças de plásticos termofixos devido a eficiência desse processo.

10.6 TERMOPLÁSTICOS DE USO GENERALIZADO

Nesta seção, serão discutidos alguns importantes aspectos da estrutura, processamento químico, propriedades e aplicações dos seguintes termoplásticos: polietileno, cloreto de polivinila, polipropileno, poliestireno, ABS, metacrilato de polimetila, acetado celulósico e materiais relacionados, e politetrafluoretileno.

Examinemos, contudo, primeiramente, a quantidade de venda, preços e algumas importantes características desses materiais.

Tonelagem de venda mundial e lista de preços a granel para alguns termoplásticos de uso geral
Baseado na tonelagem de venda mundial de certos termoplásticos em 1998, juntamente com sua lista de preços de venda a granel de 2000, quatro principais materiais plásticos – polietileno, cloreto de polivinila, polipropileno e poliestireno – representavam a maioria dos materiais plásticos vendidos. Estes materiais possuem um custo relativamente baixo, de aproximadamente 50 centavos/libra (preços do ano de 2000), o que, sem dúvida, representa parte da razão do seu amplo uso na indústria e em muitas aplicações de engenharia. Contudo, quando propriedades especiais são requeridas e não encontradas em termoplásticos mais baratos, materiais plásticos mais caros são utilizados. Por exemplo, o politetrafluoretileno (Teflon), que possui propriedades de alta temperatura e de lubrificação, custava US$ 0,13/Kg no ano 2000.

Algumas propriedades básicas de termoplásticos de uso geral selecionados A Tabela 10.2 lista a densidade, resistência à tração, resistência ao impacto, resistência dielétrica e temperatura máxima de uso de alguns termoplásticos de uso geral selecionados. Uma das mais importantes vantagens de muitos materiais plásticos para muitas aplicações de engenharia é a sua densidade relativamente baixa. A maioria dos plásticos de uso geral tem densidade de aproximadamente 1 g/cm³ comparada com os 7,8 g/cm³ do ferro.

As resistências à tração de materiais plásticos são relativamente baixas, e, como resultado, esta propriedade pode ser desvantajosa para alguns projetos de engenharia. Muitos materiais plásticos têm resistência a tração de menos de 10.000 psi (69 MPa) (Tabela 10.2). O teste de resistência à tração para os materiais plásticos é realizado utilizando o mesmo equipamento utilizado para metais (Figura 6.18).

O teste de impacto geralmente utilizado para materiais plásticos é o teste de entalho Izod. Nesse teste, uma amostra de dimensões 3,175 × 12,7 × 63,5 mm (Figura 10.27) é normalmente utilizada e presa à base de uma máquina de teste por pêndulo. A quantidade de energia absorvida por unidade de comprimento do entalhe quando o pêndulo colide com a amostra é medida e chamada de *resistência ao impacto em entalhe* do material. Essa energia é geralmente obtida em pés.lb/polegadas ou J/m. A resistência ao impacto do entalhe de materiais plásticos de uso comum listados na Tabela 10.2 varia de 21,35 a 747,4 J/m.

Materiais plásticos são geralmente bons isolantes elétricos. A resistência ao isolamento elétrico de materiais plásticos é geralmente medida pela sua resistência dielétrica, que pode ser definida como o gradiente de tensão que produz a ruptura do material. A resistência dielétrica é geralmente medida em volts por milha ou volts por milímetro. A resistência dielétrica de materiais plásticos listados na Tabela 10.2 varia de 15,17 a 69,94 v/m.

A temperatura máxima de uso para a maioria dos materiais plásticos é relativamente baixa, e varia de 130 a 300 °F (54 a 149 °C) para a maioria dos materiais termoplásticos. Contudo, alguns termoplásticos podem ser usados em maiores temperaturas. Como exemplo, o politetrafluoretileno pode suportar temperaturas superiores a 550 °F (288 °C).

Tabela 10.2
Algumas propriedades de alguns termoplásticos de uso geral.

Material	Densidade (g/cm³)	Resistência à tração (× 1.000 Mpa)	Resistência ao impacto (J/m)	Resistência dielétrica (V/mm)	Temperatura máxima de uso (sem carga) (°F)	Temperatura máxima de uso (sem carga) (°C)
Polietileno de baixa densidade	0,92-0,93	6,21-17,24		18912-0	180-212	82-100
Polietileno de alta densidade	0,95-0,96	20,00-37,23	21,35-747,40	18912-0	175-250	80-120
PVC clorado rígido	1,49-1,58	51,71-62,06	53,39-298,96	0-0	230	110
Polipropileno de uso geral	0,90-0,91	33,10-37,92	21,35-117,45	25610-0	225-300	107-150
Acrilonitrila-estireno (SAN)	1,08	68,95-82,74	21,35-26,69	69935-0	140-220	60-104
ABS de uso geral	1,05-1,07	40,68-0,00	320,31-0,00	15169-0	160-200	71-93
Acrílico de uso geral	1,11-1,19	75,85-0,00	122,79-0,00	17730-19700	130-230	54-110
Acetato celulósico	1,2-1,3	20,69-55,16	58,72-363,02	9850-23640	140-220	60-104
Politetra-fluoretileno	2,1-2,3	6,90-27,58	133,46-213,54	15760-19700	550	288

Fonte: "Materials Engineering", May 1972.

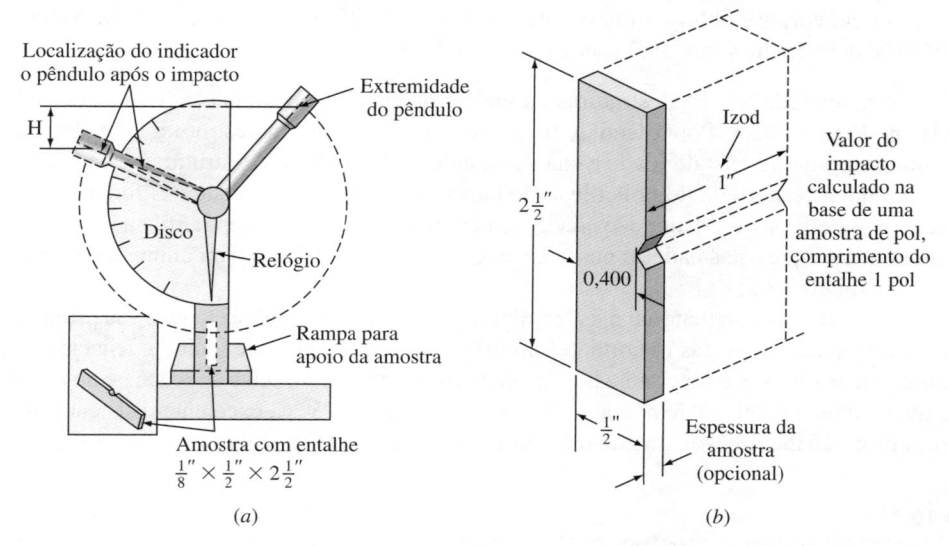

Figura 10.27
(a) Teste de Impacto Izod. (b) Amostra utilizada para materiais plásticos no ensaio de impacto Izod.
(Extraído de W.E. Driver, "Plastics Chemistry and Technology", Van Nostrand Reinhold, 1979, pp. 196-197.)

10.6.1 Polietileno

Polietileno (PE) é um material termoplástico claro esbranquiçado e translúcido, e é geralmente fabricado em finos filmes claros. Seções mais grossas são translúcidas e possuem uma aparência de cera. Com o uso de corantes, uma variedade de produtos coloridos pode ser obtida.

Unidade estrutural de repetição química

$$\left[\begin{array}{cc} H & H \\ | & | \\ -C-C- \\ | & | \\ H & H \end{array}\right]_n \quad \begin{array}{l}\text{Polietileno}\\ \text{PF: } 110-137\ °C \\ (230-278\ °F)\end{array}$$

Tipos de polietileno De modo geral, há dois tipos de polietileno: o de *baixa-densidade* (LDPE) e o de *alta densidade* (HDPE). O polietileno de baixa densidade possui uma estrutura de cadeia ramificada (Figura 10.28b), enquanto o de alta densidade possui essencialmente uma estrutura de cadeia linear (Figura 10.28a).

Polietileno de baixa densidade foi primeiramente produzido no Reino Unido em 1939 utilizando reatores de autoclave (ou tubulares), requerendo pressão em excesso de 14.500 psi (100 MPa) e uma temperatura de aproximados 300 °C. Polietileno de alta densidade foi inicialmente produzido pelos processos de Phillips e Ziegler utilizando catalisadores especiais em 1956-1957. Nestes processos, a pressão e a temperatura necessárias para a reação de conversão do etileno para o polietileno são consideravelmente baixos. Por exemplo, o processo Phillips opera entre 100 e 150 °C e 290 a 580 psi (2 a 4 MPa) de pressão.

Em torno de 1976, um novo processo simplificado de baixa pressão foi desenvolvido para produzir polietileno, que usa temperatura entre 100 e 300 psi (0,7 a 2,0 MPa) e temperatura em torno de 100 °C. O polietileno produzido é descrito como *polietileno linear de baixa densidade* (LLDPE), e possui uma estrutura de

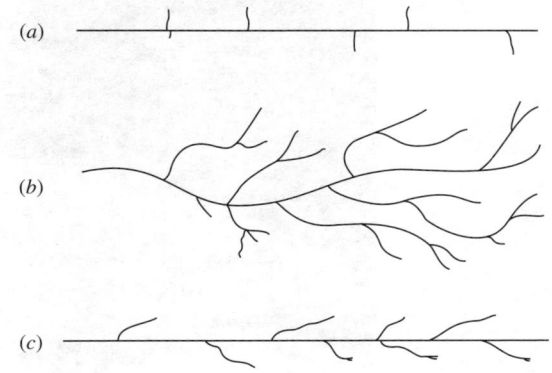

Figura 10.28
Estrutura em cadeia de diferentes tipos de polietileno: (a) alta densidade, (b) baixa densidade, e (c) baixa densidade linear.

cadeia linear com curtos e oblíquos ramos laterais (Figura 10.28c). Um processo utilizado na produção de LLDPE foi descrito na seção 10.3 (ver Figura 10.13).

Estrutura e propriedades As estruturas da cadeia do polietileno de baixas e altas densidades são mostradas na Figura 10.28. Polietileno de baixa densidade possui uma estrutura de cadeia ramificada que diminui seu grau de cristalinidade e sua densidade (Tabela 10.2). A estrutura de cadeia ramificada também diminui a resistência do polietileno de baixa densidade porque reduz as forças de ligação intermoleculares. Polietileno de alta densidade, em contraste, possui poucas ramificações na sua cadeia principal, de modo que estas cadeias possam se agrupar mais próximas para aumentar a cristalinidade e resistência (Tabela 10.3).

Polietileno é, de longe, o material plástico mais utilizado. A principal razão pela sua primeira posição é que é barato e possui diversas importantes propriedades industriais, que incluem tenacidade a temperatura ambiente e a baixas temperaturas, resistência suficiente para muitas aplicações, boa flexibilidade comparada com uma escala de temperaturas mesmo abaixo de –73 ºC, excelente resistência a corrosão, excelentes propriedades de isolamento, é inodoro e insípido, e possui baixa transmissão vapor-água.

Tabela 10.3
Algumas propriedades do polietileno de baixa e alta densidade.

Propriedade	Polietileno de baixa densidade	Polietileno linear de baixa densidade	Polietileno de alta densidade
Densidade (g/cm^3)	0,92–0,93	0,922–0,926	0,95–0,96
Resistência à tração ($\times$ 1.000 Mpa)	6,21–17,24	12,41–20,00	20,00–37,23
Alongamento (%)	550–600	600–800	20–120
Cristalinidade (%)	65	...	95

Figura 10.29
Trabalhadores instalando polietileno de alta densidade em forro de lagoa. Folhas individuais podem medir metade de um acre em área e pesar até 5 t.
(Cortesia de Schlegel Linin Technology Inc.)

Aplicações As aplicações do polietileno incluem recipientes, isolamento elétrico, tubulação química, utilidades domésticas e garrafas moldadas por sopro. O uso de filmes de polietileno inclui filmes para embalagem e manipulação de materiais e revestimentos para fundos de tanques de água (Figura 10.29).

10.6.2 Cloreto de polivinila e copolímeros

O *cloreto de polivinila* (PVC) é um plástico sintético amplamente utilizado que possui a segunda maior tonelagem de venda no mundo. A vasta utilização do PVC é atribuída, principalmente, a sua alta resistência química e a sua habilidade única de ser misturado com aditivos para produzir um amplo número de compostos com vasto intervalo de propriedades químicas e físicas.

Unidade estrutural de repetição química

$$\left[\begin{array}{cc} H & H \\ | & | \\ C - C \\ | & | \\ H & Cl \end{array} \right]_n \quad \text{Cloreto de polivinila} \quad \text{PF: } -204\ °C\ (-400\ °F)$$

Estrutura e propriedades A presença de um grande átomo de cloro junto de cada átomo de carbono da cadeia principal do cloreto de polivinila produz um material polimérico que é essencialmente amorfo e que não recristaliza. As fortes forças coesivas entre as cadeias poliméricas do PVC se dão principalmente aos fortes momentos dipolares causados pelos átomos de cloro. A alta negatividade dos átomos de cloro, contudo, causa impedimento estérico e repulsão eletrostática, o que reduz a flexibilidade da cadeia polimérica. Esta imobilidade molecular resulta na dificuldade do processamento do homopolímero, e o PVC pode ser usado somente em algumas aplicações, sem que nele seja adicionado aditivo, de modo que seja possível seu processamento e conversão em futuros produtos.

O homopolímero de PVC possui uma relativa alta resistência (7,5 a 9,0 ksi) juntamente com fragilidade. O PVC possui uma média temperatura de deflexão de calor (57 a 82 °C [135 a 180 °F] a 66 psi), boas propriedades elétricas (resistência elétrica de 425 a 1.300 V/mil), e alta resistência a solventes. A grande quantidade de cloro presente no PVC produz resistência química e à chama.

Composição do cloreto de polivinila O cloreto de polivinila somente pode ser usado em algumas aplicações sem que seja necessária a adição de outros componentes químicos ao material básico, de modo que possa ser processado e convertido em um produto final. Os componentes adicionados ao PVC incluem estabilizadores de calor, lubrificantes, pigmentos, enchimentos e plastificantes.

Plastificantes garantem flexibilidade ao material polimérico. São geralmente, compostos de alto peso molecular, selecionados para serem completamente miscíveis e compatíveis com o material básico. Para o PVC, ésteres fitalatos são comumente utilizados como plastificantes. O efeito de alguns plastificantes na resistência à tração do PVC são mostrados na Figura 10.30.

Estabilizadores de calor são adicionados ao PVC para prevenir degradação térmica durante o processamento e por ainda ajudar estender a vida útil do produto final. Estabilizadores típicos utilizados podem ser orgânicos ou inorgânicos, mas são geralmente compostos organometálicos baseados em estanho, chumbo, bário-cádmio, cálcio e zinco.

Lubrificantes ajudam o derretimento do PVC durante o processamento e evitam a adesão nas superfícies metálicas. Ceras, ésteres graxos e sabões metálicos são os lubrificantes mais utilizados.

Enchimentos como o carbonato de cálcio são adicionados ao PVC para diminuir o seu custo.

Pigmentos, tanto orgânicos quanto inorgânicos, são usados para dar cor, opacidade e resistência a intempéries ao PVC.

Cloreto de polivinila rígido O cloreto de polivinila sozinho pode ser usado para algumas aplicações, mas é de difícil processamento e possui baixa resistência ao impacto. A adição de resinas emborrachadas

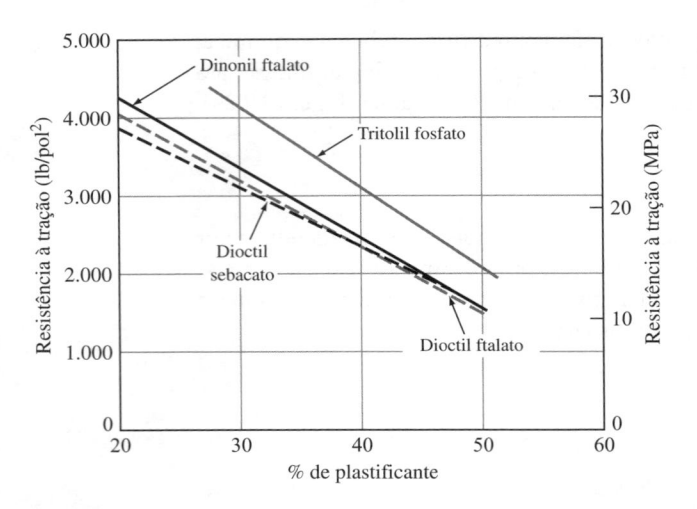

Figura 10.30
Efeitos de diferentes plastificantes na resistência à tração do cloreto de polivinila.
(Extraídos de C.A. Brighton, "Vinyl Chloride Polymers (Compouding)". In "Enciclopedia of Polymer Science and Technology", vol. 14, Intersciente, 1971, p. 398. Reimpresso de John Wiley & Sons Inc.)

pode aumentar sua fluidez durante o processamento formando uma dispersão de pequenas partículas emborrachadas e macias na matriz rígida do PVC. O material emborrachado serve para absorver e dispersar energia de impacto, de modo a aumentar a resistência ao impacto do material. Com melhores propriedades, o PVC rígido é usado para muitas outras aplicações. Na construção civil, PVC rígido é usado em encanamentos, tapumes, molduras de janelas, calhas e moldagem e angulação de interiores. PVC também é utilizado para conduítes elétricos.

Cloreto de polivinila plastificado A adição de plastificantes ao PVC gera tenacidade, flexibilidade e extensibilidade. Estas propriedades podem variar em uma ampla escala pelo ajuste da taxa polímero/plastificante. Cloreto de polivinila plastificado é usado em diversas aplicações como borrachas, indústria têxtil e do papel. PVC plastificado é usado em móveis e estofamento de automóveis, revestimentos de paredes, capas de chuvas, sapatos e cortinas de banheiro. Em transporte, PVC plastificado é usado em coberturas de automóveis, isolantes de fios, tapete e frisos da porta do automóvel. Outras aplicações incluem mangueiras de jardinagem, vedação de refrigeradores, componentes de aparelhos diversos e utensílios domésticos.

10.6.3 Polipropileno

O polipropileno é o terceiro mais importante plástico em uma classificação por vendas, e é um dos que possui o menor custo, uma vez que pode ser produzido com materiais petroquímicos de baixo custo, utilizando um catalisador do tipo Ziegler.

Unidade estrutural de repetição química

$$\begin{bmatrix} H & H \\ | & | \\ -C-C- \\ | & | \\ H & CH_3 \end{bmatrix}_n \quad \text{Polipropileno} \\ \text{PF: 165–177 °C} \\ \text{(330–350 °F)}$$

Estrutura e propriedades Saindo do polietileno para o polipropileno, a substituição de um grupo metil em cada carbono secundário da cadeia polimérica principal restringe a rotação das cadeias, produzindo um material mais forte, porém menos flexível. A presença do grupo metil também aumenta a temperatura de transição vítrea, fazendo com que o polipropileno tenha maiores temperaturas de fusão e deflexão de calor quando comparado com o polietileno. Com o uso de catalisadores estereoespecíficos, o polipropileno isotático pode ser sintetizado com ponto de fusão de 165 a 177 °C (330 a 350 °F). Este material pode ser submetido a temperaturas de aproximadamente 120 °C (250 °F) sem deformação.

O polipropileno possui um bom equilíbrio de propriedades para a produção de bens manufaturados. Estas propriedades incluem resistência química à umidade e ao calor, juntamente de baixa densidade (0,900 a 0,910 g/cm³), boa dureza superficial e estabilidade dimensional. O polipropileno possui ainda ótima vida útil quando sujeito a torção, e pode ser utilizado em produtos com dobradiças. Além do baixo custo do seu monômero, o polipropileno é um material termoplástico muito competitivo.

Aplicações As maiores aplicações para o polipropileno são os utensílios domésticos, partes de montagem, embalagens, artigos de laboratório, e garrafas de vários tipos. Na indústria dos transportes, copolímeros de polipropileno de alto impacto substituíram borracha dura para gaiolas de baterias. Resinas similares são usadas em linhas de para-choques e saias. Polipropileno enchido é aplicado em proteções dos ventiladores e dutos de aquecimento em automóveis, onde a alta resistência à deflexão de calor é necessária. Ainda, o homopolímero de polipropileno é extensivamente utilizado em revestimentos protetores de carpete e como material de tecido em sacas, transportadas na indústria naval. Na indústria dos filmes e películas, o polipropileno é utilizado como sacos e invólucro de bens não duráveis devido ao seu brilho e boa resistência. Nas embalagens, o polipropileno é usado para o encerramento de parafusos, cases e "contêineres".

10.6.4 Poliestireno

O poliestireno é o quarto termoplástico mais vendido. O homopolímero do poliestireno é claro, inodoro, insípido e relativamente frágil, caso não haja modificação da sua estrutura química. Além do poliestireno cristalino, outros importantes tipos são o modificado com borracha, resistente ao impacto, e o poliestireno expansível. O estireno é também utilizado para produzir outros importantes copolímeros.

Unidade estrutural de repetição química

Poliestireno
PF: 150–243 °C
(330–470 °F)

Estrutura e propriedades A presença do anel fenilênico em carbonos alternados na cadeia polimérica principal do poliestireno produz uma rígida e volumosa configuração com suficiente impedimento estérico para tornar o polímero muito inflexível à temperatura ambiente. O homopolímero é caracterizado pela sua rigidez, clareza e facilidade de processamento, mas tende a ser frágil. As propriedades de impacto do poliestireno podem ser melhoradas pela copolimerização com o elastômero polibutadieno, que possui a seguinte estrutura química:

Polibutadieno

Copolímeros do estireno de impacto geralmente possuem níveis de borracha entre 3 e 12%. A adição da borracha ao poliestireno reduz a rigidez e a deflexão por calor do homopolímero.

De modo geral, poliestirenos possuem boa estabilidade dimensional e pequeno encolhimento de molde, e são facilmente processados com baixo custo. Contudo, eles possuem fraca resistência a intempéries e são atacados quimicamente por solventes orgânicos e óleos. Poliestirenos possuem boas propriedades de isolamento elétrico e adequadas propriedades mecânicas em operações a temperaturas limite.

Aplicações Aplicações típicas incluem partes do interior dos automóveis, caixas de aparelhos eletrodomésticos, teclas de aparelhos celulares e utensílios domésticos.

10.6.5 Poliacrilonitrila

Este material polimérico do tipo acrílico é frequentemente utilizado na forma de fibras, e devido a sua resistência e estabilidade química, é também utilizado como comonômero em alguns termoplásticos de engenharia.

Unidade estrutural de repetição química

$$\left[\begin{array}{cc} H & H \\ -C-C- \\ H & C\equiv N \end{array} \right]_n$$ Poliacrilonitrila (não fundi)

Estrutura e propriedades A alta eletronegatividade do grupo nitrila em cada átomo de carbono alternado da cadeia principal exerce repulsão elétrica mútua, fazendo com que as cadeias moleculares sejam forçadas em estruturas rígidas, prolongadas como hastes. A regularidade da estrutura em haste permite que elas se orientem de modo a produzir fibras fortes, pela ligação de hidrogênio entre as cadeias poliméricas. Como resultado, as fibras de acrilonitrila têm alta resistência à tração e boa resistência a umidade e solventes.

Aplicações A acrilonitrila é utilizada na forma de fibra para a indústria têxtil, em suéteres e cobertores. É também utilizada como comonômero na produção de copolímeros de estireno-acrilonitrila (resinas SAN) e *terpolímeros estireno-butadieno-acrilonitrila* (resinas ABS).

10.6.6 Estireno-acrilonitrila (SAN)

Termoplásticos de estireno-acrilonitrilas são compostos da família do estireno e apresentam alto rendimento.

Estrutura e propriedades Resinas SAN são copolímeros aleatórios e amorfos de estireno e acrilonitrila. Esta copolimerização cria polaridade e forças de atração das pontes de hidrogênio entre as cadeias poliméricas. Como resultado, resinas SAN têm melhor resistência química, mais alta temperatura de deflexão de calor, tenacidade, e características de carga que o poliestireno sozinho. Termoplásticos SAN são rígidos e duros, facilmente processáveis e possuem o brilho e clareza do poliestireno.

Aplicações As principais aplicações das resinas SAN incluem lentes de instrumentos de automóveis, painéis de suporte de enchimento com vidro; botões, copos de liquidificadores e bacias de batedeiras, seringas médicas e aspiradores de sangue; vidros de proteção para construções, e copos e canecas de utilidades domésticas.

10.6.7 ABS

ABS é o nome dado a família de termoplásticos. O acrônimo é derivado dos três monômeros usados na sua produção: *acrilonitrila*, *butadieno* e *estireno*. Materiais de ABS são notáveis pelas suas características de engenharia, como boa resistência ao impacto e mecânica, combinadas com fácil processamento.

Unidades estruturais químicas

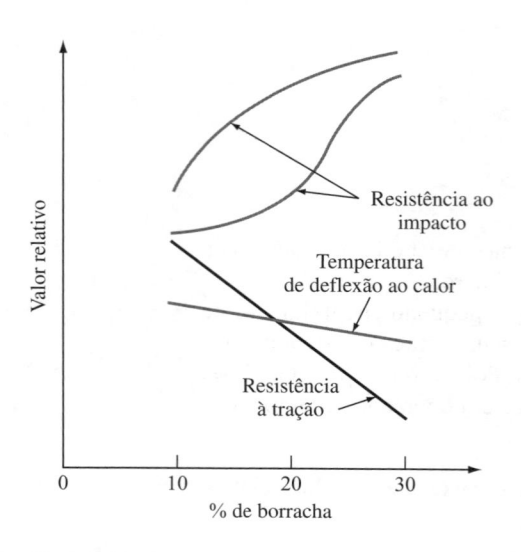

$$\left[\begin{array}{cc} H & H \\ -C-C- \\ H & C\equiv N \end{array} \right]_x \quad \left[\begin{array}{cccc} H & H & H & H \\ -C-C=C-C- \\ H & & & H \end{array} \right]_y \quad \left[\begin{array}{cc} H & H \\ -C-C- \\ H & C_6H_5 \end{array} \right]_z$$

A: poliacrilonida   B: polibutadieno   S: poliestireno

Figura 10.31
Porcentagem de borracha *versus* algumas das propriedades do ABS.
(*Extraído de G.E. Teer, "ABS and Related Multipolymers", in "Modern Plastics Encyclopedia", McGraw-Hill, 1981-1982. Reimpresso com autorização de Modern Plastics.*)

Estrutura e propriedades do ABS A vasta escala de propriedades úteis na engenharia demonstrada pelo ABS é devida as propriedades combinadas de cada componente. A acrilonitrila contribui com a melhora da resistência química e ao calor e também aumenta à resistência a tenacidade; o butadieno contribui com melhora da resistência ao impacto e baixa propriedade de retenção; e o estireno fornece o brilho

Tabela 10.4
Algumas típicas propriedades dos plásticos ABS a 23 °C.

	Alto impacto	Médio impacto	Baixo impacto
Resistência ao impacto (Izod) em ft.lb/in	7-12	4-7	2-4
Resistência ao impacto (Izod) em J/m	375-640	215-375	105-320
Resistência à tração × 1.000 psi	4,8-6,0	6,0-7,0	6,0-7,5
Resistência à tração MPa	33-41	41-48	41-52
Alongamento (%)	15-70	10-50	5-30

superficial, rigidez e facilidade de processamento. A resistência ao impacto dos plásticos ABS é aumentada com o acréscimo da porcentagem de borracha, porém consequentemente as propriedades de resistência à tração e deflexão de calor são reduzidas (Figura 10.31). A Tabela 10.4 apresenta alguns valores de alto, médio e baixa resistência ao impacto para os polímeros ABS.

A estrutura do ABS pode ser considerada um tipo de copolímero vítreo (estireno-acrilonitrila) de domínio de borracha (primariamente um polímero de butadieno ou copolímero). Simplesmente com a mistura de borracha ao copolímero vítreo não há produção de propriedades ótimas de impacto. A melhor resistência ao impacto é obtida quando a matriz copolimérica de estireno-acrilonitrila é enxertada ao domínio de borracha de modo a produzir uma estrutura bifásica (Figura 10.32).

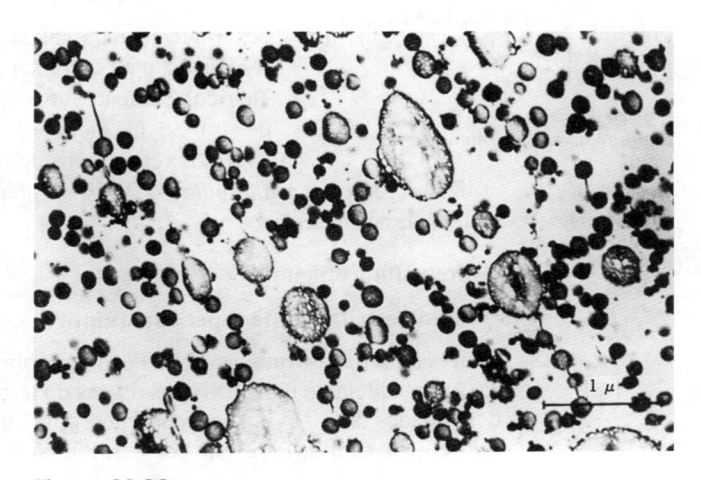

Figura 10.32
Micrografia eletrônica de uma seção ultrafina de um tipo G de resina de ABS mostrando as partículas de borracha em um copolímero de estireno-acrilonitrila.
(M. Matsuo, Polym. Eng. Sci., 9:206 (1969).)

Aplicações A principal utilização do ABS é em tubulações e acessórios, particularmente nos de drenagem de resíduos e de ventilação em construções. Outros usos do ABS são para partes automotivas, peças de aparelhos como forros de porta e dobradiças de refrigeradores, máquinas de escritório, gabinetes de computadores e capas, gabinetes de telefones, conduítes elétricos e instrumentos de bloqueio de interferência de rádio frequência.

10.6.8 Metacrilato de polimetila (PMMA)

O *metacrilato de polimetila* (PMMA) é um termoplástico duro, rígido e transparente e possui resistência a intempéries e é mais resistente ao impacto que o vidro. Esse material é mais conhecido pelo seu nome comercial Plexiglas ou Lucite, e é o mais importante material do grupo dos termoplásticos conhecido como *acrílicos*.

Unidade estrutural de repetição química

Polimetilmetacrilato
PF: 160 °C (320 °F)

Estrutura e propriedades A substituição dos grupos metil e metacrilato em carbonos alternados fornecem considerável impedimento estérico e então torna o PMMA rígido e relativamente forte. A configuração aleatória dos átomos de carbono de forma assimétrica produz uma estrutura completamente amorfa que possui alta transparência a luz visível. O PMMA possui também boa resistência química a ambientes externos.

Aplicações O PMMA é usado para vidros de aeronaves e barcos, claraboias, iluminação ao ar livre e placas de propagandas. Outros usos incluem lentes traseiras de lanternas de automóveis, escudos de proteção, óculos de proteção, botões e alças.

10.6.9 Fluoroplásticos

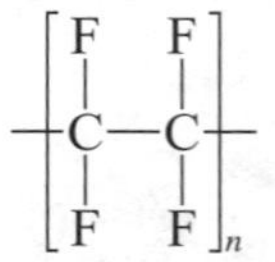

$$\begin{bmatrix} F & F \\ | & | \\ -C-C- \\ | & | \\ F & F \end{bmatrix}_n$$

Politetrafluoretileno
macios à 370 °C (700 °F)

Figura 10.33
Estrutura do politetrafluoretileno.

Esses materiais são plásticos ou polímeros feitos de monômeros contendo um ou mais átomos de flúor. Os fluoroplásticos possuem uma combinação de propriedades especiais para aplicações de engenharia. Como uma classe, eles possuem alta resistência para enfrentar ambientes químicos e ótimas propriedades de isolamento elétrico. Contendo uma grande porcentagem de flúor, possuem baixos coeficientes de atrito, o que garante a eles propriedades autolubrificantes e não aderentes.

Há diversos tipos de fluoroplásticos produzidos, mas os dois mais amplamente utilizados, o *politetrafluoretileno* (PTFE) (Figura 10.33) e o *policlorotrifluoretileno* (PCTFE), serão discutidos nesta subseção.

Politetrafluoretileno

Unidade estrutural de repetição química

Processamento químico O PTFE é um polímero completamente fluoretado, formado pela polimerização da cadeia de radicais livres do gás do tetrafluoretileno para produzir uma cadeia polimérica linear de unidades de $-CF_2-$. A descoberta original da polimerização do gás do tetrafluoretileno em politetrafluoretileno (Teflon) foi feita por R.J. Plunkett em 1938 em um laboratório da Du Pont.

Estrutura e propriedades O PTFE é um polímero cristalino com ponto de fusão cristalino de 327 °C (620 °F). O tamanho pequeno do átomo de flúor e a regularidade da cadeia de carbono fluoretinada resultam em um material polimérico cristalino de alta densidade. A densidade do PTFE é alta para materiais plásticos, entre 2,13 e 2,19 g/cm³.

O PTFE possui uma excepcional resistência a químicos e é insolúvel em todos os solventes orgânicos, com exceção de alguns fluoretados. Ele possui propriedades mecânicas úteis a temperaturas criogênicas (–200 °C [–330 °F]) a –260 °C (550 °F). Sua resistência ao impacto é alta, mas sua resistência à tração, ao desgaste e à fluência são baixas quando comparadas com outros plásticos de engenharia. Enchimentos como fibras de vidro podem ser utilizados para aumentar as resistências. O PTFE é escorregadio, de aparência encerada e possui baixo coeficiente de atrito.

Processamento Uma vez que o PTFE possui alta viscosidade na fusão, extrusão convencional e moldagem por injeção não podem ser usados como processos de fabricação. As partes são moldadas por compressão de grãos à temperatura ambiente e entre 2.000 e 10.000 psi (14 a 69 MPa). Após a compressão, o material é sinterizado entre 360 e 380 °C (680 a 716 °F).

Aplicações O PTFE é utilizado para encanamentos que necessitem de resistência química e partes de bombas hidráulicas, isolamento de cabos de alta temperatura, componentes elétricos moldados, fitas e revestimentos antiaderentes. Compostos de PTFE enchidos são usados para buchas, embalagens, juntas, selos, anéis e rolamentos.

Policlorotrifluoretileno

Unidade estrutural de repetição química

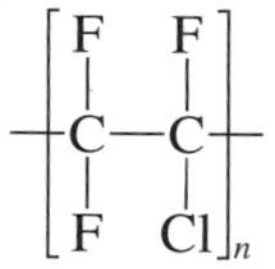

$$\begin{bmatrix} F & F \\ | & | \\ -C-C- \\ | & | \\ F & Cl \end{bmatrix}_n$$

Policlorotrifluoretileno
PF: 218 °C (420 °F)

Estrutura e propriedades A substituição de um átomo de cloro para cada quatro átomos de flúor produz algumas irregularidades na cadeia polimérica, tornando o material menos cristalino e mais moldável. Daí, o PCTFE possui um menor ponto de fusão (218 °C (420 °F)) do que o PTFE e pode ser extrudado e moldado pelos processos convencionais.

Aplicações Produtos de PCTFE extrudados, moldados e usinados são usados para equipamentos de processamento químico e aplicações elétricas. Outras aplicações incluem juntas, anéis, selos e componentes elétricos.

10.7 TERMOPLÁSTICOS DE ENGENHARIA

Nesta seção, serão discutidos alguns importantes aspectos de estrutura, propriedades e aplicações de termoplásticos de engenharia. A definição de um plástico de engenharia é arbitrária, uma vez que não há plástico algum que possa ser considerado de engenharia. Neste livro, um termoplástico será considerado um termoplástico de engenharia se possuir um equilíbrio de propriedades que o torna especial para seu uso em aplicações de engenharia. Nesta discussão, as seguintes famílias de termoplásticos foram selecionadas como termoplásticos de engenharia: poliamidas (nylons), policarbonatos, resinas fenilênicas baseadas em óxidos, acetais, poliésteres termoplásticos, polisulfona, sulfeto de polifenileno e polieterimida.

A venda de termoplásticos de engenharia são relativamente pequenas em porcentagem quando comparadas com os plásticos de uso geral. Uma exceção pode ser os nylons, devido a suas especiais propriedades. Contudo, os valores não estão disponíveis e então não serão citados. A lista de preços a granel está disponível.

Algumas propriedades básicas de termoplásticos de engenharia selecionados A Tabela 10.5 lista as densidades, resistência à tração, resistência ao impacto, resistência dielétrica e temperatura de máximo uso para alguns termoplásticos de engenharia selecionados. As densidades dos termoplásticos de engenharia listados na tabela 10.5 são relativamente baixas, variando de 1,06 a 1,42 g/cm³. A baixa densidade desses materiais é uma importante propriedade, vantajosa para muitos projetos de engenharia. Como para quase todos os materiais plásticos, a sua resistência à tração é relativamente baixa, variando entre 8.000 e 12.000 psi (55 a 83 MPa). Essa baixa resistência é normalmente uma desvantagem para o projeto de engenharia. No caso da resistência ao impacto, o policarbonato possui um incrível desempenho,

Tabela 10.5
Algumas propriedades de termoplásticos de engenharia selecionados.

Material	Densidade	Resistência à tração (× 1.000 psi)*	Resistência ao impacto Izod (ft.lb/pol)**	Resistência dielétrica (V/mil)***	Temperatura máxima de uso (sem carga) em °F	Temperatura máxima de uso (sem carga) em °C
Nylon-6,6	1,13-1,15	9-12	2,0	385	180-300	82-150
Poliacetal, homo.	1,42	10	1,4	320	195	90
Policarbonato	1,2	9	12-16	380	250	120
Poliéster-PET	1,37	10,4	0,8	...	175	80
Poliéster-PBT	1,31	8,0-8,2	1,2-1,3	590-700	250	120
Óxido de Polifenileno	1,06-1,10	7,8-9,6	5,0	400-500	175-220	80-105
Polisulfona	1,24	10,2	1,2	425	300	150
Sulfeto de Polifenileno	1,34	10	0,3	595	500	260

* 1.000 psi = 6,9 MPa.
** Teste Izod Entalhado: 1 ft.lb/pol = 53,38 J/m.
*** 1 V/mil = 39,4 V/mm.

variando seus valores entre 12 e 16 ft.lb/pol. Os baixos valores entre 1,4 e 2,0 ft.lb/pol para o poliacetal e para o nylon-6,6 são um tanto enganosos, uma vez que estes materiais são "resistentes" materiais plásticos, mas sensíveis ao entalhe, conforme indicado pelo ensaio de impacto Izod.

As resistências de isolamento elétrico de termoplásticos de engenharia listados na Tabela 10.5 são altas, como é o caso de muitos plásticos e variam de 320 a 700 V/mil. A temperatura de uso máximo listada na Tabela 10.5 varia de 180 a 500 °F (82 a 260 °C). Dos materiais da Tabela 10.5, o sulfeto de polifenileno possui a mais alta temperatura de uso máximo, sendo ela 500 °F (260 °C).

Há diversas outras propriedades dos termoplásticos de engenharia que os tornam industrialmente importantes. Eles são relativamente fáceis de processar em formas finais ou formas próximas a final desejada, e seu processamento pode ser automatizado na maioria dos casos. Os termoplásticos de engenharia possuem boa resistência a corrosão em diversos ambientes. Em alguns casos, possuem melhor resistência a ataque químico, como é o exemplo do sulfeto de polifenila que não possui solventes conhecidos abaixo de 400 °F (204 °C).

10.7.1 Poliamidas (nylons)

Poliamidas ou *nylons* são termoplásticos de fusão processável cuja estrutura da cadeia principal incorpora um grupo amida repetindo-se. Os nylons são membros da família de plásticos de engenharia e oferecem maior capacidade de carga a temperaturas elevadas, boa tenacidade, propriedades de baixo atrito e boa resistência química.

Acoplamento de repetição química Há diferentes tipos de nylon, e a unidade de repetição é diferente para cada um deles. Todos eles, contudo, possuem o acoplamento da amida em comum

$$\begin{array}{cc} O & H \\ \parallel & \mid \\ -C-N- \end{array} \quad \text{Radical amida}$$

Processamento químico e reações de polimerização Alguns tipos de nylon são produzidos por polimerização em etapas do ácido orgânico dibásico com uma diamina. O nylon-6,6[5], que é o mais importante da família do nylon, é produzido pela reação de polimerização entre a diamina hexametilêno e o ácido adípico para produzir diamina polihexametilêno (Figura 10.10). A unidade estrutural de repetição química para o nylon-6,6 é

$$\begin{bmatrix} H & & O & O \\ | & & \parallel & \parallel \\ N-(CH_2)_6-N-C-(CH_2)_4-C \\ & | & \\ & H & \end{bmatrix}_n \quad \begin{array}{l} \text{Nylon-6,6} \\ \text{PF: 250–266 °C} \\ \text{(482–510 °F)} \end{array}$$

Outros importantes nylons produzidos pelo mesmo tipo de reação são o nylon-6,9, nylon-6,10 e nylon-6,12, que são feitos com diamina hexametileno e ácido azelaico (9 carbonos), ácido sebácico (10 carbonos) ou ácido dodecanediódico (12 carbonos), respectivamente.

Nylons podem também ser produzidos pela polimerização em cadeia de componentes em anel que contém tanto ácidos orgânicos quanto grupos amina. Por exemplo, o nylon-6,6 pode ser polimerizado pela ε-caprolactamo (6 carbonos) como mostrado no diagrama seguinte:

$$\varepsilon\text{-caprolactamo} \xrightarrow{\text{calor}} \begin{bmatrix} H & & & & & O \\ | & & & & & \parallel \\ N-CH_2-CH_2-CH_2-CH_2-CH_2-C \end{bmatrix}_n$$

Nylon-6
PF: 216–225 °C (420–435 °F)

---

[5]A designação 6,6 do nylon-6,6 se refere ao fato de que há 6 átomos de carbono na diamina que reage (diamina hexametilênica) e também 6 átomos de carbono no ácido orgânico reagente (ácido adípico).

Estrutura e propriedades Nylons são materiais poliméricos altamente cristalinos devido à estrutura regular simétrica de suas cadeias principais poliméricas. A alta cristalinidade dos nylons é aparente pelo fato de que esferolitos podem ser produzidos sob solidificação controlada. A Figura 10.34 mostra um excelente exemplo da formação de uma complexa estrutura esferolítica no nylon-9,6, crescido a 210 °C.

A alta resistência dos nylons é parcialmente devida às ligações de hidrogênio entre as cadeias moleculares (Figura 10.35). A ligação da amida possibilita um tipo NHO de ligação de hidrogênio entre as cadeias. Como resultado, as poliamidas do nylon possuem alta resistência, alta temperatura de deflexão de calor e boa resistência química. A flexibilidade das cadeias de carbono gera flexibilidade molecular, o que leva a baixa viscosidade de fusão e fácil processamento. A flexibilidade das cadeias de carbono contribui a alta lubrificação, baixo atrito de superfície, e boa resistência ao desgaste. Contudo, a polaridade e a ligação de hidrogênio entre os grupos amida causam absorção de água, o que resulta em alterações dimensionais com aumento da umidade do componente. Nylons-11 e 12, com suas maiores cadeias de carbono entre os grupos amida, são menos sensíveis a absorção de água.

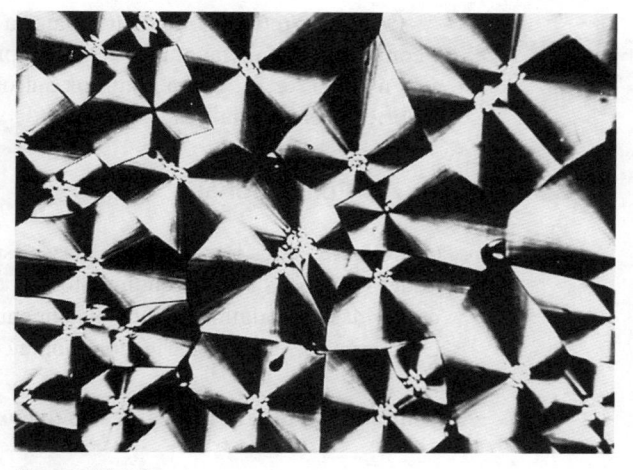

Figura 10.34
Complexa estrutura esferolítica do nylon-9,6 que cresce a 210 °C. O fato desses esferolitos crescerem no nylon enfatiza a capacidade do nylon de cristalizar.
(Cortesia de J.H. Magill, University of Pittsburgh.)

Processamento Muitos dos nylons são processados pelo processo de moldagem por injeção convencional, ou por métodos de extrusão.

Aplicações As aplicações do nylon podem ser encontradas na diferentes indústrias. Usos típicos são para engrenagens não lubrificadas, rolamentos e partes anti-fricção, partes mecânicas que devem trabalhar a altas temperaturas e resistentes a hidrocarbonetos e solventes, partes elétricas sujeitas a altas temperaturas, e partes de grande impacto que requerem resistência e rigidez. Aplicações de automóveis incluem velocímetros, engrenagens de limpador de para-brisa e presilhas plásticas. Nylon reforçado com vidro é usado em pás de ventiladores, reservatórios de fluido de freio e direção hidráulica, protetores de válvulas e invólucros da coluna de direção. Aplicações elétricas e/ou eletrônicas incluem conectores, plugues, isolamento das conexões de fios, montagens das antenas e terminais. O nylon também é usado em embalagens e aplicações gerais.

Figura 10.35
Representação esquemática das ligações de hidrogênio entre duas cadeias moleculares.
(M.I. Kohan (ed), "Nylon Plastics", Wiley, 1973, p. 274. Reimpresso com autorização do Dr. Melvin I. Kohan.)

Os nylons-6,6 e 6 compõem a maioria de vendas de nylon nos Estados Unidos, uma vez que ofertam a combinação mais favorável de preço, propriedades e processamento. Contudo, os nylon-6,10 e 6,12, e os nylon-11 e 12, assim como os outros, são produzidos e vendidos a preços especiais quando suas propriedades especiais são exigidas.

10.7.2 Policarbonato

Os policarbonatos formam outra classe especial de termoplásticos de engenharia devido as suas características especiais de alto rendimento, tais como a alta resistência, tenacidade e estabilidade dimensional, requeridas para alguns projetos de engenharia. As resinas do policarbonato são produzidas nos Estados Unidos pela General Eletric, com nome comercial de Lexan, e pela Mobay, com o nome de Merlon.

Unidade estrutural básica de repetição química

Policarbonato
mp: 270 °C (520 °F)

Ligação de carbonato

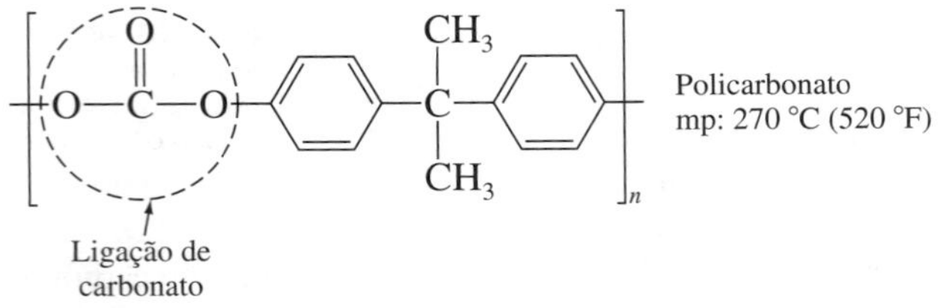

Figura 10.36
Estrutura do termoplástico policarbonato.

Estrutura e propriedades Os dois grupos fenil e metil ligados ao mesmo átomo de carbono na estrutura repetida (Figura 10.36) produzem considerável impedimento estérico e tornam a estrutura molecular muito "dura". Contudo, as ligações simples carbono-oxigênio na ligação do carbonato provêm alguma flexibilidade para a estrutura molecular de forma geral, o que produz alta energia de impacto. As resistências à tração dos policarbonatos à temperatura ambiente são relativamente altas, a aproximadamente 9 ksi (62 MPa), e suas resistências ao impacto são bem altas, de 12 a 16 ft.lb/pol (640 a 854 J/m) medidas pelo ensaio Izod. Outras importantes propriedades dos policarbonatos para projetos de engenharia são as altas temperaturas de deflexão de calor, boas propriedades de isolamento elétrico e transparência. A resistência à fluência desses materiais é também considerada boa. Os policarbonatos são resistentes a uma variedade de químicos, mas são atacados por solventes. Sua alta estabilidade dimensional permite que sejam usados em componentes de engenharia de precisão, nos quais há a exigência de tolerâncias apertadas.

Aplicações As aplicações típicas dos policarbonatos incluem escudos de proteção, cames e engrenagens, capacetes, invólucros de relés elétricos, componentes aeronáuticos, motores náuticos, invólucros de semáforos e suas lentes, vidrarias para janelas e coletores solares, e invólucros para ferramentas de potência manuais, pequenos aparelhos e terminais de computadores.

10.7.3 Resinas fenilênicas baseadas em óxido

As resinas fenilênicas baseadas em óxido formam uma classe de material termoplástico de engenharia.

Unidade estrutural básica de repetição química

Óxido de polifenileno

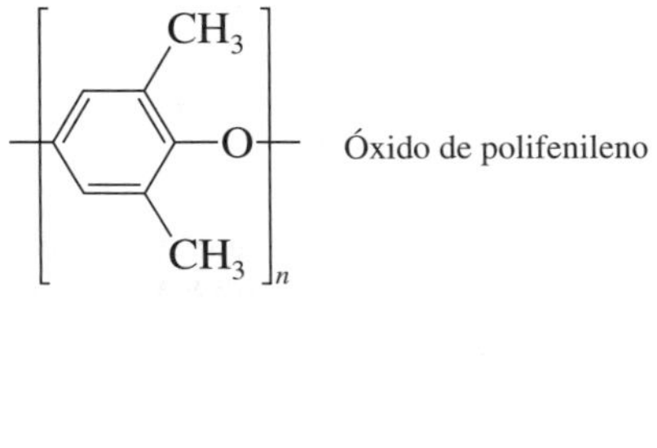

Processamento químico Um processo patenteado da junção oxidativa dos monômeros fenólicos é usado para produzir resinas termoplásticas fenilênicas baseadas em óxido, de nome comercial Noryl (pela Genral Eletric).

Estrutura e propriedades Os anéis fenilênicos repetidos[6] criam um impedimento estérico a rotação da molécula do polímero e atração eletrônica devido aos elétrons ressonantes nos anéis benzênicos das moléculas adjacentes. Esses fatores levam a um material polimérico com alta rigidez, resistência à tração, resistência química a muitos ambientes, estabilidade dimensional e alta temperatura de deflexão de calor.

Há diferentes tipos de escalas para estes materiais de modo a obter as exigências de uma ampla variedade de projetos de engenharia. Entre as principais vantagens de design das reinas de óxido polifenilênico, estão as excelentes propriedades mecânicas entre as temperaturas de –40 a 150 °C (–40 a 302 °F), excelente estabilidade dimensional com baixa fluência, módulo elevado, baixa absorção de água, boas propriedades dielétricas, excelentes propriedades de impacto e excelente resistência a ambientes químicos aquosos.

Aplicações Aplicações típicas para as resinas de óxido polifenilênico são conectores elétricos, sintonizadores de TV e componentes de deflexão do cabeçote, pequenos aparelhos e máquinas de escritório, painéis automotivos, churrasqueiras e partes exteriores do corpo.

10.7.4 Acetais

Os acetais são um tipo de material termoplástico de alto rendimento. Estão entre os mais fortes (resistência à tração de 10 ksi [68,9 MPa]) e duros (módulo de flexão de 410 ksi [2.820 MPa]) termoplásticos e possuem ótima resistência à fadiga e estabilidade dimensional. Outras características importantes incluem baixos coeficientes de atrito, bom processamento, boa resistência a solventes e alta resistência ao calor, em torno de 90 °C (195 °F) sem cargas.

Unidade estrutural básica de repetição química

$$\left[\begin{array}{c} H \\ | \\ C-O \\ | \\ H \end{array} \right]_n \quad \text{Polioximetileno} \quad PF: 175\ °C\ (347\ °F)$$

Tipos de acetais Atualmente há dois tipos básicos de acetais: um homopolímero (Delrin da Du Pont) e o copolímero (Celcon da Celanese).

Estrutura e propriedades A regularidade, simetria e flexibilidade das moléculas poliméricas de acetal produzem um material polimérico com alta regularidade, resistência à tração e temperatura de deflexão de calor. Os acetais possuem excelentes propriedades de carga a longo prazo e estabilidade dimensional, e podem ser utilizados para peças de precisão como engrenagens, cames e rolamentos. O homopolímero é mais duro e mais rígido, e possui mais alta resistência à tração e flexão que o copolímero. O copolímero é mais estável para aplicações de alta temperatura com grande tempo de uso e possui maior alongamento.

A baixa absorção de umidade de um homopolímero não modificado de acetal lhe fornece boa estabilidade dimensional. Ainda, as baixas características de atrito e desgaste do acetal o tornam útil para partes móveis. Em todas estas, a excelente resistência à fadiga do acetal é uma importante propriedade. Contudo, os acetais são inflamáveis, o que torna seu uso em elétrica e/ou eletrônica limitado.

---

[6]Um arel fenilênico é um anel benzênico quimicamente ligado a outros átomos, por exemplo.

Aplicações Devido ao seu baixo custo, os acetais substituíram muitos fundidos de metais, como o zinco, bronze e alumínio, e estampas de aço. Onde a maior resistência à tração dos metais não é necessária, custos de operação de montagem e acabamento podem ser reduzidos ou eliminados utilizando os acetais em diversas aplicações.

Em automóveis, os acetais são utilizados nos componentes do sistema de combustível, cintos de segurança e maçanetas de janelas. Aplicações em máquinas para os acetais incluem acoplamentos mecânicos, impulsores da bomba, engrenagens, cames e invólucros. Os acetais são também utilizados em uma ampla variedade de produtos de consumo, como os zíperes, carretilhas de pesca e canetas.

10.7.5 Poliésteres termoplásticos

Teraftalato de polibutileno e teraftalato de polietileno Dois importantes poliésteres termoplásticos de engenharia são o *teraftalato de polibutileno* (PBT) e o *teraftalato de polietileno* (PET). O PET é amplamente utilizado para filmes de embalagem de conserva de alimentos e como fibra para vestimentas, forros e cordas. Desde 1977, o PET tem sido usado como resina de recipiente. O PBT, que possui uma unidade de repetição de maior peso molecular na suas cadeias poliméricas, foi introduzido em 1969 como material substituinte para algumas aplicações nas quais eram utilizadas plásticos termofixos e metais. O uso do PBT ainda continua se expandindo devido a suas propriedades e relativo baixo custo.

Unidades estruturais de repetição química

Polietileno teraftalato

Polibutileno teraftalato

Estrutura e propriedades Os anéis de fenileno, juntamente com os grupos carbonilas (C = O) no PBT, formam unidades largas, achatadas e volumosas nas cadeias poliméricas. Esta estrutura regular cristaliza bem rápido apesar do seu volume. A estrutura do anel fenilênico provê rigidez ao material, e as unidades de butileno fornecem alguma mobilidade molecular no processo de fusão. O PBT possui boa resistência à tração (7,5 ksi [52 MPa] para redes não reforçadas e 19 ksi [131 MPa] para redes reforçadas com 40% de fibra de vidro). Resinas de poliéster também possuem características de baixa absorção de umidade. A estrutura cristalina do PBT o torna resistente para a maioria dos químicos. Muitos dos compostos orgânicos fazem pouco efeito no PBT a temperaturas moderadas. O PBT também possui boas propriedades de isolamento elétrico que são praticamente independentes da temperatura e umidade.

Aplicações Aplicações eletroeletrônicas para o PBT incluem conectores, switches, relés, componentes de sintonizadores de TV, componentes de alta-voltagem, placas de terminais, placas de circuitos integrados, mancais das escovas de motores e utensílios domésticos. Usos industriais para o PBT incluem impulsores de bombas, suportes e invólucros, válvulas de irrigação, câmaras de medidores de água e seus componentes. Aplicações no setor automotivo incluem grandes componentes do exterior do chassi, rotores e cápsulas de ignição de alta energia, cápsulas de roscas de ignição, roscas de bobinas, controles de injeção de combustível, engrenagens e espelhos dos velocímetros.

Polisulfona

Unidade estrutural de repetição química

Polisulfona
PF: 315 °C (600 °F)

Estrutura e propriedades Os anéis de fenileno da unidade de repetição da polisulfona restringem a rotação das cadeias poliméricas e criam forte atração intermolecular para oferecer grande resistência à tração e rigidez ao material. Um átomo de oxigênio na posição para[7] do anel fenilênico com respeito ao grupo sulfona, fornece alta estabilidade a oxidação dos polímeros de sulfona. Os átomos de oxigênio entre os anéis fenilênicos asseguram flexibilidade da cadeia e resistência ao impacto.

Propriedades da polisulfona de especial significância para projetos de engenharia são sua alta temperatura de deflexão de calor de 174 °C (345 °F) a 245 psi (1,68 MPa) e sua habilidade para ser usada por longos períodos entre 150 e 174 °C (300 a 345 °F). A polisulfona possui uma alta resistência à tração (para termoplásticos) de 10,2 ksi (70 MPa) e baixa tendência à fluência. As polisulfonas resistem à hidrólise em ambientes ácidos aquosos e alcalinos devido ao fato de que as ligações de oxigênio entre os anéis fenilênicos são hidroliticamente estáveis.

Aplicações As aplicações eletroeletrônicas incluem conectores, roscas de bobinas e de núcleos, componentes de televisões, filmes capacitores e estruturas de placas de circuito. A resistência da polisulfona a esterilização em autoclave a torna muito utilizável em instrumentos médicos e bandejas. Em equipamentos de processamento químico e controle de poluentes, a polisulfona é usada em tubulações que necessitem de resistência à corrosão, bombas, embalagens de torres e módulos de filtragem, além de pratos de suporte.

10.7.6 Sulfeto de polifenileno

O *sulfeto de polifenileno* (PPS) é um termoplástico de engenharia caracterizado por sua incrível resistência química, juntamente com suas boas propriedades mecânicas e rigidez a altas temperaturas. O PPS foi produzido pela primeira vez em 1973 e é atualmente produzido pela Phillips Chemical Co. com o nome comercial de Ryton.

Unidade estrutural de repetição química O sulfeto de polifenileno possui uma unidade estrutural de repetição na sua cadeia polimérica principal de anéis de benzeno para-substituídos e átomos de enxofre bivalentes.

Sulfeto de polifenileno
PF: 288 °C (550 °F)

Estrutura e propriedades A compacta estrutura simétrica dos anéis de fenileno separados por átomos de enxofre produz um material polimérico rígido e forte. A estrutura molecular compacta também promove um alto grau de cristalinidade. Devido a presença dos átomos de enxofre, o PPS é altamente resistente ao ataque de químicos. De fato, nenhum reagente químico que dissolve o PPS abaixo de 200 °C (392 °F) ainda foi descoberto. Mesmo a altas temperaturas, poucos materiais realmente reagem quimicamente ele.

O PPS não reforçado possui uma resistência à tração de 9,5 ksi (65 MPa) à temperatura ambiente, enquanto o reforçado com 40% de fibra de vidro tem sua resistência aumentada para 17 ksi (120 MPa). Devido a sua estrutura cristalina, a perda de resistência com o aumento da temperatura é gradual, e mesmo a 200 °C (392 °F), ainda é encontrada resistência considerável.

Aplicações Aplicações industriais-mecânicas incluem equipamentos de processamento químico como bombas submersíveis, centrífugas de palhetas e de engrenagens. Componentes de PPS são especificados para muitas aplicações automotivas "sobre o capô" como sistemas de controle de emissão, pois são impermeáveis aos efeitos de corrosão dos gases de exaustão do motor, assim como à gasolina e outros fluidos automotivos. Aplicações eletroeletrônicas incluem componentes de computadores como conectores, formas de roscas e bobinas. Revestimentos resistentes à corrosão e termicamente estáveis de PPS são usados em tubulações de óleo em campo, válvulas, acessórios, juntas e outros equipamentos nas indústrias química e de petróleo.

---

[7]As posições para são aquelas nos extremos opostos do anel benzênico.

10.7.7 Polieterimida

O polieterimida é um dos mais novos termoplásticos de engenharia amorfos de alta performance. Foi introduzido no mercado em 1982 e é comercialmente disponível pela General Eletric Co. com o nome comercial de Ultem. Possui a seguinte estrutura química

Polieterimida   Ligação de imida

A estabilidade da ligação imida gera ao material alta resistência ao calor, à fluência e alta rigidez. A ligação éter entre os anéis fenílicos promove o grau correto de flexibilidade da cadeia requerido para bom processamento e características de fusão. Este material possui boas propriedades de isolamento elétrico que são estáveis em diversas temperaturas e frequências. Os usos da polieterimida incluem eletroeletrônicos, indústria automotiva, aeroespacial, e aplicações específicas. Aplicações eletroeletrônicas incluem invólucros do circuito de corte de alta tensão, conectores de pino, bobinas de alta temperatura e blocos de fusíveis. Placas de circuito impresso feitas de polieterimida reforçada oferecem estabilidade dimensional durante a soldagem que envolva vapores.

10.7.8 Ligas Poliméricas

Ligas poliméricas consistem de misturas de diferentes homopolímeros ou copolímeros. Em ligas de polímeros termoplásticos, diferentes tipos de cadeias moleculares poliméricas são unidas por forças intermoleculares secundárias do tipo dipolo. Em contraste, em um copolímero, dois monômeros estruturalmente diferentes são unidos em uma cadeia molecular por fortes ligações covalentes. Os componentes de uma liga polimérica devem possuir algum grau de compatibilidade ou adesão, de modo a prevenir separação de fases durante o processamento. Ligas poliméricas estão se tornando mais importantes, uma vez que materiais plásticos com características específicas podem ser criados, e custos e rendimento podem ser otimizados.

Algumas das antigas ligas poliméricas eram feitas adicionando polímeros de borracha como o ABS a polímeros rígidos como cloreto de polivinila. Os materiais emborrachados melhoravam a tenacidade do material rígido. Hoje em dia, mesmo os mais novos termoplásticos são adicionados juntos em ligas. Por exemplo, o teraftalato de polibutileno é ligado como algum teraftalato de polietileno para melhorar o brilho superficial e reduzir seu custo. A Tabela 10.6 lista algumas ligas poliméricas comerciais.

Tabela 10.6
Algumas ligas poliméricas comerciais.

Liga polimérica	Nome comercial do material	Fabricante
ABS/Policarbonato	Bayblend MC2500	Mobay
ABS/Cloreto de Polivinila	Cycovin K-29	Borg-Warner Chemicals
Acetal/Elastômero	Celcon C-400	Celanese
Policarbonato/Polietileno	Lexan EM	General Eletric
Policarbonato/PBT/Elastômero	Xenoy 1000	General Eletric
PBT/PET	Valox 815	General Eletric

Fonte: "Modern Plastics Encyclopedia", 1984-85, McGraw-Hill.

10.8 PLÁSTICOS TERMOFIXOS (TERMORRÍGIDOS)

Plásticos termofixos ou termorrígidos são formados por uma cadeia molecular estrutural de ligações covalentes primárias. Para alguns termofixos, as ligações cruzadas ocorrem devido ao calor ou uma combinação de calor e pressão. Para outros, as ligações cruzadas podem ocorrer por uma reação química à temperatura ambiente (termofixos de ligações cruzadas frias). Embora as partes curadas feitas de termofixos possam se tornar mais macias com o calor, suas ligações covalentes de ligações cruzadas previnem que sejam restauradas ao estado de fluidez que existia antes que a resina plástica fosse curada. Termofixos, no entanto, não podem ser reaquecidos e remoldados como podem os termoplásticos. Esta é uma desvantagem dos termofixos, visto que as rebarbas produzidas durante o processamento não podem ser recicladas e reutilizadas.

De modo geral, as vantagens dos plásticos termofixos para aplicações em projetos de engenharia são uma ou mais das listadas abaixo:

1. Alta estabilidade térmica
2. Alta rigidez
3. Alta estabilidade dimensional
4. Resistência a fluência e deformações quando submetidos a cargas
5. Baixo peso
6. Alta propriedade de isolamento elétrico e térmico

Plásticos termofixos geralmente são processados usando compressão ou moldagem por transferência. Contudo, em alguns casos, técnicas de injeção em moldes têm sido desenvolvidas de forma a diminuir o custo.

Muitos termofixos são usados na forma de moldes compostos constituídos de dois ingredientes principais: (1) resina contendo agentes de cura, endurecedores, e plastificantes e (2) preenchedores e/ou materiais de reforço que podem ser materiais orgânicos ou inorgânicos. Pó de madeira, mica, vidro, e celulose são frequentemente usados como materiais de preenchimento.

Vamos primeiramente à lista de preços a granel nos Estados Unidos e algumas das propriedades importantes de alguns dos materiais termofixos selecionados com o propósito de comparação.

Lista de preços a granel de alguns plásticos termofixos A lista de preços a granel dos termofixos comumente usados está na faixa de custo baixo e médio dos plásticos, variando de US$ 0,55 a US$ 1,26 (preços do ano 2000). De todos os termofixos listados, os fenólicos são os de menor preço e têm a maior margem de venda. Poliésteres Insaturados também são relativamente baratos e possuem uma grande margem de venda. As resinas epóxi, as quais possuem propriedades especiais para muitas aplicações industriais, possuem os menores preços.

Algumas propriedades básicas dos plásticos termofixos selecionados A Tabela 10.7 lista a densidade, resistência à tração, resistência ao impacto, tensão dielétrica, e as temperaturas máximas de uso de alguns dos plásticos termofixos selecionados. A densidade dos plásticos termofixos tende a ser um pouco maior do que a maioria dos materiais plásticos; dos listados na Tabela 10.7, variam de 1,34 a 2,3 g/cm^3. A resistência à tração da maioria dos termofixos é relativamente baixa, com a maioria das resistências variando de 4.000 a 15.000 psi (28 a 103 MPa). Contudo, com uma alta quantia de enchimento de vidro, as resistências à tração de alguns termofixos pode atingir valores altos, próximos a 30.000 psi (207 MPa). Termofixos com preenchimento de vidro possuem alta resistência ao impacto, como indicado na Tabela 10.7. Os termofixos também possuem boa tensão dielétrica, variando de 140 a 650 V/mil. Como todos os materiais plásticos, contudo, a máxima temperatura de uso é limitada. As temperaturas máximas de uso para os termofixos listados na Tabela 10.7 variam de 170 a 550 °F (77 a 288 °C).

Vamos agora examinar alguns aspectos importantes da estrutura, propriedades, e aplicações dos seguintes termofixos: fenólicos, resinas epóxi, poliésteres insaturados, e resinas amino.

Tabela 10.7
Propriedades de alguns plásticos termofixos selecionados.

Material	Densidade (g/cm³)	Resistência à tração (× 1.000 psi)*	Resistência ao impacto Izod (ft.lb/pol)**	Tensão dielétrica (V/mil)***	Temperatura máxima de uso (sem carregamento) °F	Temperatura máxima de uso (sem carregamento) °C
Fenólicos:						
Preenchimento de pó de madeira	1,34-1,45	5-9	0,2-0,6	260-400	300-350	150-177
Preenchimento de mica	1,65-1,92	5,5-7	0,3-0,4	350-400	250-300	120-150
Preenchimento de vidro	1,69-1,95	5,18	0,3-18	140-400	350-550	177-288
Poliéster:						
Preenchimento de vidro SMC	1,7-2,1	8-20	8-22	320-400	300-350	150-177
Preenchimento de vidro BMC	1,7-2,3	4-10	15-16	300-420	300-350	150-177
				350-400	250	
				300-330	250	
				170-300	300-400	
Melamina:						
Preenchimento de celulose	1,45-1,52	5-9	0,2-0,4			120
Preenchimento de floco	1,50-1,55	7-9	0,4-0,5			120
Preenchimento de vidro	1,8-2,0	5-10	0,6-18			150-200
Ureia, Preenchimento de celulose	1,47-1,52	5,5-13	0,2-0,4	300-400	170	77
Alquídica:						
Preenchimento de vidro	2,12-2,15	4-9.5	0,6-10	350-450	450	230
Preenchimento de mineral	1,60-2,30	3-9	0,3-0,5	350-450	300-450	150-230
Epóxi (bis A):						
Sem preenchimento	1,06-1,40	4-13	0,2-10	400-650	250-500	120-260
Preenchimento de mineral	1,6-2,0	5-15	0,3-0,4	300-400	300-500	150-260
Preenchimento de vidro	1,7-2,0	10-30	...	300-400	300-500	150-260

* 1.000 psi = 6,9 Mpa.
** Teste de entalho Izod: 1ft · lb/pol = 53,38 J/m.
*** 1 V/mil = 39,4 V/mm
Fonte: "Materials Engineering", May 1972.

10.8.1 Fenólicos

Materiais termofixos fenólicos foram os principais materiais plásticos primeiramente usados pela indústria. As patentes originais para a reação de fenol com formaldeído para produzir o plástico Baquelítico Fenólico foram obtidas pela L.H. Baekeland em 1909. Plásticos fenólicos ainda são usados hoje porque apresentam baixo custo e possuem boas propriedades de isolamento elétrico e térmico, juntamente com boas propriedades mecânicas. São facilmente moldados, mas possuem limitação quanto suas cores (geralmente preto ou marrom).

Química Resinas fenólicas são geralmente produzidas pela reação de fenol com formaldeído por polimerização por condensação, tendo água como subproduto. No entanto, quase qualquer fenol reativo ou aldeído pode ser usado. Resinas fenólicas de duas fases (novolac) são geralmente produzidas por conveniência para moldagem. Na primeira fase, uma resina termoplástica frágil é produzida, tal que pode ser fundida, mas não se consegue formar por ligações cruzadas uma rede sólida. Esse material é preparado reagindo menos de um mol de formaldeído com um mol de fenol na presença de um ácido catalisador. A reação de polimerização é apresentada na Figura 10.11.

A adição de *hexametilenotetramina* (hexa), o qual é um catalisador básico, à primeira fase de resina fenólica permite criar ligação cruzada de metileno para formar o material termofixo. Quando calor e pressão são aplicados a resina novolac hexa, o hexa se decompõe, produzindo amônia, a qual fornece ligações cruzadas de metileno para formar uma rede estrutural.

A temperatura necessária para a ligação cruzada (cura) de resina novolac varia de 120 a 177 °C (250 a 350 °F). Compostos para moldagem são feitos ao combinar a resina com vários preenchedores, em que algumas vezes representa de 50 a 80% do peso total do composto de moldagem. Os preenchedores reduzem a contração durante a moldagem, baixo custo, e melhoram a resistência. Também podem ser usados para aumentar as propriedades de isolamento elétrico e térmico.

Estrutura e propriedades A alta ligação cruzada de estruturas aromáticas (Figura 10.37) produz alta dureza, rigidez, e resistência combinada com boa propriedade de isolamento elétricos e térmico e resistência química.

Alguns dos vários tipos de composto de moldagem fenólica produzidos são:

1. *Compostos de finalidade-geral.* Estes materiais geralmente são preenchidos com pó de madeira para aumentar a resistência ao impacto e diminuir o custo.
2. *Compostos de alta resistência ao impacto.* Estes compostos são preenchidos com celulose (flocos de lã e tecido picado), mineral, e fibra de vidro para fornecer resistência ao impacto até 18 ft.lb/in. (961 J/m).
3. *Compostos de alto isolamento elétrico.* Estes materiais são preenchidos por minerais – (ex.: mica) para aumentar a resistência elétrica.
4. *Compostos de resistência ao calor.* Estes são preenchidos por minerais – (ex.: amianto) e são capazes de suportar um longo período de exposição à temperatura de 150a 180 °C (300 a 350 °F).

Aplicações Compostos fenólicos são muito usados em dispositivos de fiação, aparelhagem elétrica, conectores, e sistemas de transmissão telefônicos. Engenheiros automotivos usam os compostos fenólicos de moldagem para os componentes auxiliares de freios e partes de transmissão. Fenólicos são vastamente usados para maçanetas, botões, e extremidade de painéis para pequenos aparelhos.

Por serem bons adesivos de alta temperatura e resistência à umidade, resinas fenólicas são usadas na laminação de alguns tipos de madeiras compensadas e painéis de madeira. Grandes quantidades de resinas fenólicas também são usadas como material de atadura para areias na fundição e para *shell molding*.

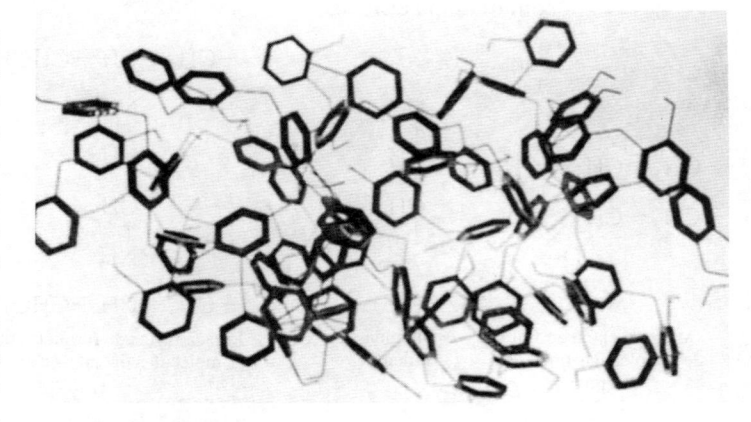

Figura 10.37
Modelos tridimensionais de resina fenólica polimerizada.
(*Extraído de K. Pritchett, in "Encyclopedia of Polymer Science and Technology", vol. 10, Wiley, 1969, p. 30.*)

10.8.2 Resinas epóxi

As resinas epóxi são uma família de materiais poliméricos termofixos que não formam produtos de reação quando são tratados (ligação cruzada) e então possuem baixa contração. Também possuem boa adesão em outros materiais, boa resistência química e ambiental, boas propriedades mecânicas, e boas propriedades de isolamento elétrico.

Química As resinas epóxi são caracterizadas por terem dois ou mais grupos epóxi por molécula. A estrutura química de um grupo epóxi é

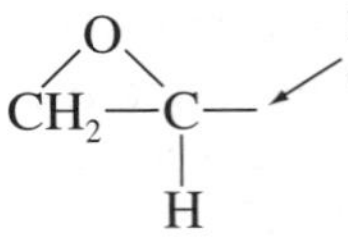

$$CH_2\!-\!\!\overset{O}{\overset{|}{C}}\!-\!\!\underset{H}{}$$ Ligação metade covalente disponível para ligação

A maioria das resinas epóxi comerciais possuem a seguinte estrutura química geral

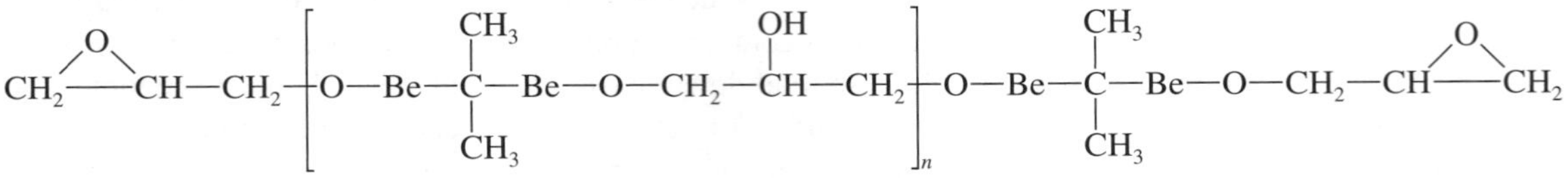

$$CH_2\!-\!\!\overset{O}{\underset{}{}}\!\!-\!CH\!-\!CH_2\!\left[\!-\!O\!-\!Be\!-\!\overset{CH_3}{\underset{CH_3}{C}}\!-\!Be\!-\!O\!-\!CH_2\!-\!\overset{OH}{\underset{}{CH}}\!-\!CH_2\!\right]_n\!\!-\!O\!-\!Be\!-\!\overset{CH_3}{\underset{CH_3}{C}}\!-\!Be\!-\!O\!-\!CH_2\!-\!CH\!-\!\overset{O}{\underset{}{}}\!\!CH_2$$

em que Be = anel de benzeno. Para líquidos, o n na estrutura geralmente é menor do que 1. Para resinas sólidas, n é igual a 2 ou maior. Há também muitos outros tipos de resina epóxi que possuem estruturas diferentes das mostradas aqui.

Para formar materiais termofixos sólidos, as resinas epóxi devem ser tratadas usando agentes de ligação cruzada e/ou catalisadores para desenvolverem as propriedades desejadas. Os grupos epóxi e hidroxila (-OH) são os locais para as ligações cruzadas. Os agentes de ligações cruzadas incluem aminas, anidridos, e produtos de condensação de aldeído.

Para cura na temperatura ambiente, na qual os requisitos de calor para materiais sólidos de epóxi são baixos (abaixo de 100 °C), aminas, tais como triamina dietileno e tetramina trietileno são usados como agentes de cura. Algumas resinas epóxi são unidas por ligações cruzadas usando um reagente de cura, enquanto outras podem reagir com seu próprio local de reação se um catalisador apropriado estiver presente. Em uma reação epóxi, o anel epóxido é aberto e o doador hidrogênio a partir, por exemplo, de uma amina ou um grupo de hidroxila, se une com um átomo de oxigênio de um grupo epóxido. A Figura 10.38 mostra a reação de grupos epóxidos no final de duas moléculas lineares epóxi com diamina etileno.

Na reação da Figura 10.38, os anéis epóxi são abertos e átomos de hidrogênio da diamina formam grupos de –OH, os quais são locais de ocorrência de ligações cruzadas posteriores. Uma característica importante desta reação é que nenhum subproduto é desprendido. Muitos diferentes tipos de aminas podem ser usados para ligações cruzadas de resinas epóxi.

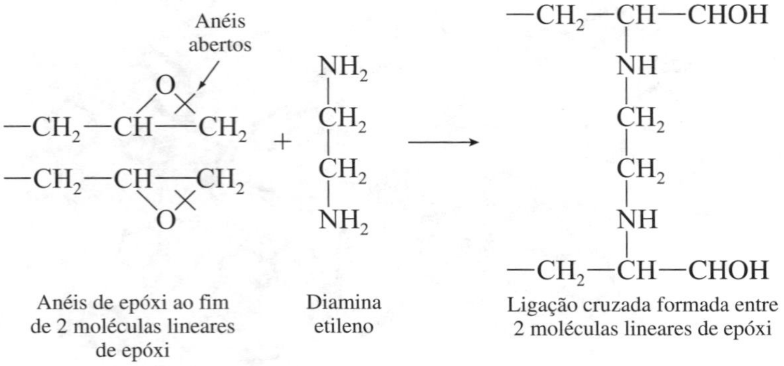

Figura 10.38
Reação de anéis de epóxi no final de duas moléculas lineares de epóxi com diamina etileno para formar a ligação. Note que nenhum subproduto é desprendido.

Estrutura e propriedades O baixo peso molecular de resinas epóxi não tratadas no estado líquido lhes fornece uma excepcional mobilidade durante o tratamento. Esta propriedade permite às resinas líquidas de epóxi penetrar as superfícies de modo completo e rápido. Esta ação de penetração é importante para epóxis usadas em materiais de reforço e adesivos. A capacidade de ser vazada na forma final também é importante para envasamento elétrico e encapsulamento. A alta reatividade dos grupos epóxi com agentes de cura, como as aminas, proporciona um alto grau de ligações cruzadas e produz boa dureza, resistência mecânica e química. Uma vez que nenhum subproduto é desprendido durante a reação de tratamento, existe baixa contração durante o endurecimento.

Aplicações As resinas epóxi são muito usadas em uma variedade de revestimentos de proteção e decorativo por causa de sua boa adesão e boa resistência mecânica e química. Um uso típico está em latas e forros de bumbos de bateria, *primers* automotivo e de ferramentas, e revestimento de fios. Na indústria elétrica e eletrônica, as resinas epóxi são usadas devido a sua tensão dielétrica, baixa contração e defumação, boa adesão, e capacidade de manter as propriedades no meio de diversos tipos de ambientes, como ambientes molhados e com condições de alta umidade. Aplicações típicas incluem isolantes de alta voltagem, botões, e encapsulamento de transistores. As resinas epóxi também são usadas em laminados e em materiais de matrizes de fibra reforçada. Resina epóxi é o material predominante para matrizes de componentes de alto desempenho, tais como aqueles feitos com fibras de alto módulo (ex.: grafita).

10.8.3 Poliésteres insaturados

Os poliésteres insaturados possuem ligações covalentes duplas de carbono-carbono que podem ser unidos por ligações cruzadas para formar materiais termofixos. Em combinação com fibra de vidro, poliésteres insaturados podem ser unidos por ligações cruzadas para formarem materiais compósitos reforçados de alta resistência.

$$R-\underset{\text{Ácido orgânico}}{\overset{O}{\underset{\|}{C}}-O(H)} + \underset{\text{Álcool}}{R'(OH)} \xrightarrow{\text{calor}} R-\underset{\text{Éster}}{\overset{O}{\underset{\|}{C}}-O-R'} + \underset{\text{Água}}{H_2O}$$

$$R \text{ e } R' = CH_3-, C_2H_5-, \ldots$$

A resina básica de poliéster insaturado pode ser formada ao reagir diol (álcool com dois grupos de –OH) com diácido (ácido com dois grupos de –COOH), que contem ligação reativa de duplo carbono-carbono. Resinas comerciais podem conter misturas diferentes de diols e diácidos para obter propriedades especiais, por exemplo, etilenoglicol pode reagir com ácido maleico para formar um poliéster linear:

$$\underset{\substack{\text{Etileno glicol}\\\text{(álcool)}}}{HO-\overset{H}{\underset{H}{C}}-\overset{H}{\underset{H}{C}}-OH} + \underset{\substack{\text{Ácido maleico}\\\text{(ácido orgânico)}}}{HO-\overset{O}{\underset{\|}{C}}-\overset{H}{\underset{}{C}}=\overset{H}{\underset{}{C}}-\overset{O}{\underset{\|}{C}}OH} \longrightarrow$$

$$\underset{\text{Poliéster linear}}{\left[O-\overset{H}{\underset{H}{C}}-\overset{H}{\underset{H}{C}}-O-\overset{O}{\underset{\|}{C}}-\overset{H}{\underset{}{C}}=\overset{H}{\underset{}{C}}-\overset{O}{\underset{\|}{C}}\right]_n} + H_2O$$

(Ligação de éster; Ligação dupla reativa)

Os poliésteres insaturados lineares são geralmente ligados com moléculas do tipo vinil, tais como estireno na presença de radicais livres de agentes de cura. Agentes de peróxido para cura são frequentemente usados, com peróxido de *metiletilcetona* (MEK), sendo geralmente usados na cura à temperatura ambiente dos poliésteres. A reação é comumente ativada com uma pequena quantia de naftanato de cobalto.

$$\left[-O-\underset{\underset{H}{|}}{\overset{\overset{H}{|}}{C}}-\underset{\underset{H}{|}}{\overset{\overset{H}{|}}{C}}-O-\overset{\overset{O}{\|}}{C}-C=C-\overset{\overset{O}{\|}}{C}- \right]_n + \underset{\underset{H}{|}}{\overset{\overset{H}{|}}{C}}=\underset{\underset{C_6H_5}{|}}{\overset{\overset{H}{|}}{C}} \xrightarrow[\text{ativador}]{\text{catálise do peróxido}}$$

Poliéster linear   Estireno

(estrutura do poliéster de ligação cruzada)

Poliéster de ligação cruzada

Estrutura e propriedades As resinas de poliéster insaturado são materiais de baixa viscosidade que podem ser misturados com alta quantidade de preenchedores e reforços. Por exemplo, poliéster insaturado pode conter até 80% do peso de reforço da fibra de vidro. Poliéster insaturado de fibra de vidro reforçado, quando curado, adquire resistência notável, de 25 a 50 ksi (172 a 344 MPa), e boa resistência ao impacto e resistência química.

Processamento As resinas de poliéster insaturado podem ser processadas por um grande número de métodos, mas, na maioria dos casos, são moldadas de alguma forma. Técnicas de moldes abertos em *lay-up* ou *spray-up* são usadas para diversos pequenos volumes de partes. Para partes de grandes volume, tais como painéis de automóveis, a moldagem por compressão é geralmente usada. Nos últimos anos, os *compósitos de sheet-molding* (SMCs), que combinam resina reforçada e outros aditivos, têm sido produzidos para acelerar a alimentação do material às prensas das correspondentes matrizes.

Aplicações Os poliésteres insaturados com reforço de vidro são usados para fabricar painéis automotivos e peças de lataria. Este material também é usado para cascos de pequenos barcos e na indústria de construção civil para fabricação de painéis e componentes de banheiros. Os poliésteres insaturados reforçados também são usados para tubulações, tanques e dutos, nos quais uma boa resistência à corrosão é necessária.

10.8.4 Resinas de amino (ureias e melaminas)

As resinas de amino são materiais poliméricos termofixos formados pela reação controlada de formaldeído com vários compostos que contêm o grupo de amina $-NH_2$. Os dois tipos mais importantes de resinas de amino são o formaldeído de ureia e o formaldeído de melamina.

Química Tanto ureia quanto melamina reagem com formaldeído por reações de polimerização condensada que produzem água como um subproduto. A reação de condensação de ureia com formaldeído é

$$\text{Ureia} + \text{Formaldeído} + \text{Ureia} \xrightarrow{\text{catálise com calor}}$$

$$\text{Molécula ureia-formaldeído} + H_2O$$

O grupo de amina no final da molécula mostrada na figura anterior reagem com mais moléculas de formadeído para produzir uma estrutura de alta rigidez de rede polimérica. Já no caso das resinas fenólicas, a ureia e o formadeído são primeiramente parcialmente polimerizados para produzir um polímero de baixo peso molecular que é moído e combinado com os preenchedores, pigmentos e catalisadores. O composto de moldagem pode então ser moldado por compressão e adquirir sua forma final ao aplicar calor (127 a 171°C [260 a 340 °F]) e pressão (2 a 8 ksi [14 a 55 MPa]).

A melamina também reage com formaldeído por uma reação de condensação, resultando em moléculas polimerizadas de melamina-formaldeído e água desprendendo como um subproduto[8].

$$\text{Melamina} + \text{Formaldeído} + \text{Melamina} \xrightarrow{\text{calor}}$$

$$\text{Molécula melamina-formaldeído} + H_2O$$

Estrutura e propriedades A alta reatividade da ureia-formaldeído e da molécula de pré-polímeros de baixo peso molecular de melamina-formaldeído permite um alto número de ligações cruzadas que resultam em termofixos. Quando essas resinas são combinadas com preenchedores de celulose (pó de madeira), produtos de baixo custo são obtidos e possuem boa rigidez, resistência à tração, e resistência ao impacto. A ureia-formaldeído custa menos que a melamina-formaldeído, mas não tem elevada resistência ao calor e dureza superficial como a melamina.

Aplicações Compostos preenchidos de celulose de moldagem de ureia-formaldeído são usados para painéis elétricos de parede, recipientes, maçanetas e alças. Aplicações para compostos celulósicos de melamina incluem talheres moldados, botões, botões de controle, e maçanetas. Ambas as resinas de

---

[8]Somente um átomo de hidrogênio é removido de cada grupo de NH_2 e um átomo de oxigênio da molécula de formaldeído para formar a molécula de H_2O.

ureia e melamina solúveis em água são aplicadas como adesivos e resinas, junção de aglomerado de madeira, madeira compensada, cascos de barcos, pavimentação, e conjunto de móveis. A resina de amino também é usada em junções de fundição e cascas de moldes.

10.9 ELASTÔMEROS (BORRACHAS)

Elastômeros, ou borrachas, são materiais poliméricos cujas dimensões podem ser altamente modificadas quando submetidas a esforços e retornam as suas dimensões originais (ou quase) quando os esforços são eliminados. Há vários tipos de materiais elastômeros, mas somente os seguintes serão discutidos: borracha natural, poli-isopreno sintético, borracha estireno-butadieno, borracha de nitrilo, policloropreno, e os silicones.

10.9.1 Borracha natural

Produção A borracha natural é produzida comercialmente do látex da árvore *Hevea brasiliensis*, a qual é cultivada em plantações principalmente nas regiões tropicais do sudeste da Ásia, especialmente na Malásia e Indonésia. A fonte natural da borracha é um líquido leitoso conhecido como *látex*, a qual é uma suspensão contendo partículas muito pequenas de borracha. O látex líquido é coletado das árvores e levado a um centro de processamento, em que o látex é diluído até por volta de 15% de conteúdo de borracha e coagulado com ácido fórmico (um ácido orgânico). O material coagulado é então comprimido por rolos para remover a água e produzir uma lâmina de material. As lâminas são secas por correntes de ar quente ou pelo calor da fumaça do fogo (lâminas de borracha enfumaçada). As lâminas enroladas e outros tipos de borrachas cruas são moídas entre rolos pesados na qual a ação do cisalhamento mecânico quebra algumas das cadeias poliméricas compridas e reduz seu peso molecular médio. A produção natural de borracha em 1980 representava em torno de 30% de todo mercado mundial de borracha.

Estrutura A borracha natural é principalmente a ***cis*-1,4 poli-isopreno**, misturada com pequenas quantias de proteínas, lipídios, sal inorgânico, e outros numerosos componentes. *Cis*-1,4 poli-isopreno é um polímero de cadeia comprida (peso molecular médio de 5×10^5 g/mol) que tem a formula estrutural a seguir

cis-1,4 poli-isopreno
Unidade estrutural repetitiva de borracha natural

O prefixo *cis*- indica que o grupo metil e um átomo de hidrogênio estão no mesmo lado da ligação dupla de carbono-carbono, como circulado pela linha pontilhada na fórmula. O 1,4 indica que as unidades químicas repetidas da cadeia polimérica se ligam covalentemente no primeiro e quarto átomos de carbono. As cadeias poliméricas da borracha natural são compridas, emaranhadas, enroladas, e na temperatura ambiente estão no estado de agitação contínua. A flexão e enrolamento das cadeias poliméricas da borracha natural são atribuídos a estéreo-química do grupo metil e do átomo de hidrogênio do mesmo lado da ligação dupla de carbono-carbono. O arranjo das ligações covalentes da cadeia polimérica da borracha natural é mostrado esquematicamente a seguir:

Cadeia polimérica de segmento de borracha natural

Existe outro isômero estrutural[9] de poli-isopreno, ***trans*-1,4 poli-isopreno**[10], chamado de *gutta-percha*, a qual não é um elastômero. Nesta estrutura, o grupo metil e o hidrogênio ligado a ligação dupla de carbono-carbono estão em lados opostos da ligação dupla da unidade de repetição de poli-isopreno, como circulado pela linha pontilhada no diagrama a seguir:

trans-1,4 poli-isopreno
Unidade estrutural de repetição da *gutta-percha*

Nesta estrutura, o grupo metil e o hidrogênio ligado a dupla ligação não interferem uns com os outros, e, como resultado, a molecula de *trans*-1,4 poli-isopreno é mais simétrica e pode se cristalizar em um material rígido.

Segmento da cadeia polimérica *gutta-percha*

Vulcanização É o processo químico no qual as moléculas poliméricas são unidas ao se conectarem a moléculas maiores para restringir o movimento molecular. Em 1839, Charler Goodyear[11] descobriu o processo de vulcanização de borracha ao usar enxofre e carbonato de chumbo básico.

Goodyear descobriu que quando uma mistura de borracha natural, enxofre, e carbonato de chumbo eram aquecidas, a borracha mudava de um termoplástico para um material elastômero. Embora, mesmo atualmente, a reação de enxofre com borracha seja complexa e não compreendida totalmente, como resultado final algumas das ligações duplas nas moléculas de poli-isopreno se abrem e formam ligações cruzadas com o átomo de enxofre, como mostrado na Figura 10.39.

A Figura 10.40 mostra esquematicamente como as ligações dos átomos de enxofre oferecem rigidez para as moléculas de borracha, e a Figura 10.41 mostra como a resistência à tração da borracha natural aumenta com a vulcanização. Borracha e enxofre reagem muito lentamente mesmo em temperatura

Figura 10.39
Ilustração esquemática da vulcanização de borracha. Neste processo, átomos de enxofre podem se ligar entre as cadeias de 1,4-poli-isopreno. (*a*) Cadeia do *cis*-1,4 poli-isopreno antes da ligação de enxofre. (*b*) Cadeia de *cis*-1,4 poli-isopreno após a ligação de enxofre e a ligação dupla ativa.

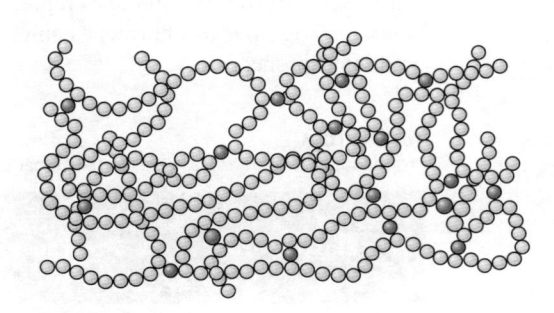

Figura 10.40
Modelo de ligação da cadeia de *cis*-1,4 poli-isopreno com átomos de enxofre (círculos escuros).
(*De W.G. Moffat, G.W. Pearsall, and J. Wulff, "The Structure and Properties of Materials", vol. 1: "Structure", Wiley, 1965, p. 109.*)

---

[9]Isômeros estruturais são moléculas que possuem a mesma fórmula molecular mas diferentes arranjos estruturais de seus átomos.
[10]O prefixo *trans*- vem do latin, significando "transversalmente".
[11]Charles Goodyear (1800-1860). Inventor americano que descobriu o processo de vulcanização para borracha natural ao usar enxofre e chumbo carbonado como reagentes químicos. U.S. Patent 3633 foi concedida a Charles Goodyear no dia 15 de junho de 1844, por "Melhoria nas fábricas de borracha na Índia".

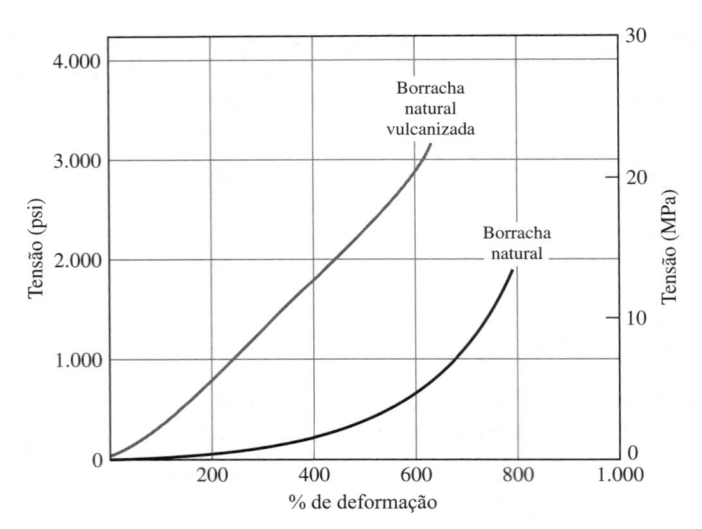

Figura 10.41
Diagrama de tensão-deformação para borracha natural vulcanizada e não vulcanizada. A ligação entre átomos de enxofre e a cadeia polimérica do *cis*-1,4 poli-isopreno por vulcanização aumenta a resistência da borracha vulcanizada.

(*Eisenstadt, M., "Introduction to Mechanical Properties of Material: An Ecological Approach", 1. ed., © 1971. Re-impresso com permissão da Pearson Education, Inc., Upper Saddle River, NJ.*)

elevada, de modo a diminuir o tempo de cura; aceleradores químicos geralmente acompanham a borracha junto com outros aditivos, como os preenchedores, plastificantes e antioxidantes.

Geralmente, borrachas macias vulcanizadas contêm em torno de 3% em peso de enxofre e são aquecidas na faixa de 100 a 200 °C para vulcanização ou cura. Se o conteúdo de enxofre for aumentado, as ligações cruzadas que ocorrem também aumentarão, produzindo um material mais duro e menos flexível. Uma estrutura de borracha dura inteiramente rígida pode ser produzida com perto de 45% de enxofre.

Oxigênio ou ozônio também irão reagir com as ligações duplas de carbono das moléculas de borracha de maneira semelhante à reação de enxofre de vulcanização e causarão a fragilização da borracha. Essa reação de oxidação pode ser retardada até certo ponto, adicionando antioxidantes enquanto a borracha está sendo formada.

O uso de preenchedores pode diminuir o custo do produto de borracha e também fortalecer o material. O carbono negro é frequentemente usado como um preenchedor para borracha e, no geral, quanto mais fina a partícula do carbono negro, maior será a sua resistência à tração. Ele também aumenta a resistência ao cisalhamento e a abrasão da borracha. Sílica (por exemplo, silicato de cálcio) e a argila modificada quimicamente também são usadas como preenchedores para reforçar a borracha.

Propriedades A Tabela 10.8 compara as propriedades de resistência à tração, alongamento, e densidade de borracha natural vulcanizada com alguns dos outros tipos de elastômeros sintéticos. Note que, como esperado, a resistência a tração destes materiais é relativamente baixa e seus alongamentos extremamente altos.

10.9.2 Borracha sintética

Em 1980, as borrachas sintéticas representavam cerca de 70% do fornecimento mundial de materiais de borracha. Algumas das borrachas sintéticas importantes são estireno-butadieno, borrachas de nitrilo, e o policloroprene.

Tabela 10.8
Propriedades de alguns elastômeros selecionados.

Elastômero	Resistência à tração (ksi)**	Alongamento (%)	Densidade (g/cm³)	Temperatura recomendada de operação	
				°F	°C
Borracha natural* (*cis*-poli-isopreno)	2,5-3,5	750-850	0,93	–60 a 180	–50 a 82
SBR ou Buna S* (butadieno-estireno)	0,2-3,5	400-600	0,94	–60 a 180	–50 a 82
Nitrilo ou Buna N* (butadieno-acrilonitrila)	0,5-0,9	450-700	1,0	–60 a 250	–50 a 120
Neoprene* (policloropreno)	3,0-4,0	800-900	1,25	–40 a 240	–40 a 115
Silicone (polisiloxano)	0,6-1,3	100-500	1,1-1,6	–178 a 600	–115 a 315

* Propriedade de goma pura vulcanizada.
** 1.000 psi = 6,89 MPa.

Borracha de estireno-butadieno A borracha sintética mais importante e a mais usada é a *borracha estireno-butadieno* (SBR), um copolímero de butadieno-estireno. Após a polimerização, este material contém de 20 a 30% de estireno. A estrutura básica da SBR é apresentada na Figura 10.42.

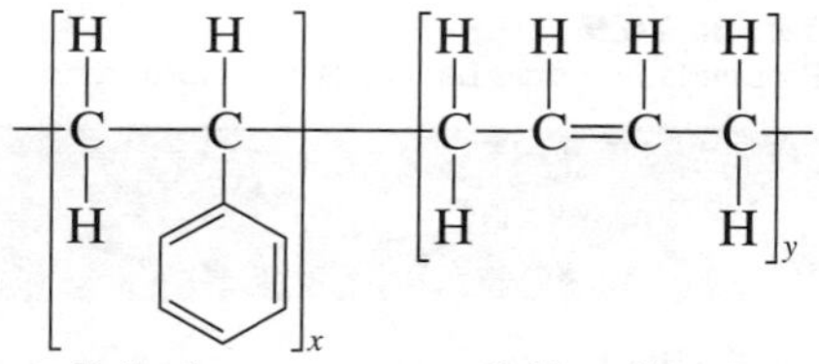

Como o radical butadieno contém ligações duplas, este copolímero pode ser vulcanizado com enxofre por ligações cruzadas. O butadieno por si só, quando sintetizado com um catalisador estéreo específico para produzir isômero *cis*, tem maior elasticidade do que a borracha natural, visto que o grupo metil ligado a dupla ligação na borracha natural está ausente no mero de butadieno. A presença de estireno no copolímero produz uma borracha mais resistente e forte. O lado do grupo fenil de estireno, que está disperso ao longo da cadeia principal do copolímero, reduz a tendência do polímero de cristalizar sob alta tensão. A borracha SBR tem um custo mais baixo do que a borracha natural e então é usada em muitas aplicações. Por exemplo, em bandas de rolamento de pneus, a borracha SBR tem maior resistência ao desgaste, contudo gera mais calor. Uma desvantagem da SBR e a natural é que elas absorvem solventes orgânicos como a gasolina e óleo e também se expandem.

Figura 10.42
Estrutura química do copolímero sintético de borracha estireno-butadieno.

Borracha de nitrilo As borrachas de nitrilo são copolímeros de butadieno e acrilonitrila com a proporção variando de 55 a 82% de butadieno e 45 a 18% de acrilonitrila. A presença dos grupos de nitrila aumenta o grau de polaridade na cadeia principal e das ligações de hidrogênio entre as cadeias adjacentes. O grupo de nitrila fornece boa resistência a óleos e solventes, assim como uma melhor abrasão e resistência ao calor. Por outro lado, a flexibilidade molecular é reduzida. As borrachas de nitrilo são mais caras que as borrachas comuns, dessa forma estes copolímeros são limitados a aplicações especiais como mangueiras de combustível e juntas, onde alta resistência a óleos e solventes são necessárias.

Policloropreno (neoprene) As borrachas de policloropreno ou neoprene são similares a isopreno, exceto o grupo de metil com ligação dupla de carbono, que é substituído pelo átomo de cloro

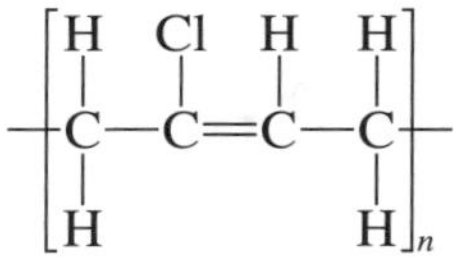

Unidade estrutural do policloropreno (neoprene)

A presença do átomo de cloro aumenta a resistência das ligações duplas insaturadas ao ataque de oxigênio, ozônio, calor, luz, e intemperes. O neoprene também tem certa resitência ao combustível e óleo, e aumenta a resistência sobre as borrachas comuns. No entanto, eles possuem pior flexibilidade a baixa temperatura e apresentam maior custo. Como resultado, os neoprenes são usados especialmente em aplicações especiais, tais como em revestimentos de fios e cabos, mangueiras industriais, cintos, lacres e diafragmas automotivos.

10.9.3 Propriedades dos elastômeros de policloropreno

O neoprene é vendido aos fabricantes como matéria-prima básica (cru). Antes que seja convertido em produto aplicável, deve ser ligada a produtos químicos selecionados, preenchedores, e processada. O composto resultante da mistura é então conformado ou moldado e vulcanizado. As propriedades do produto acabado depende da quantidade de neoprene cru e dos seus aditivos. A Tabela 10.9 lista algumas propriedades físicas básicas do policloropreno como borracha crua, goma vulcanizada, e carbono negro preenchido vulcanizado.

10.9 4 Vulcanização dos elastômeros de policloropreno

A vulcanização dos elastômeros de policloropreno depende dos óxidos metálicos ao invés do enxofre, o qual é usado para muitos elastômeros. Os óxidos de zinco e magnésio são usados com maior frequência. Acredita-se que o processo de vulcanização acontece pela seguinte reação:

Tabela 10.9
Propriedades físicas básicas do policloropreno

Propriedades	Polímero base (cru)	Vulcanizantes	
		Goma	Carbono negro
Densidade (g/cm^3)	1.23	1,32	1,42
Coeficiente de vol. Exp. $\beta = 1/v.\ \delta v/\delta T,\ k^{-1}$	600 × 10^{-6}	610 720 × 10^{-6}	
Propriedades térmicas			
Temperatura de transição de cristalização, K(°C)	228 (–45)	228 (–45)	230 (–43)
Capacidade Calorífica, Cp [kJ/(kg · K)^b]	2,2	2,2	1,7–1,8
Condutividade Térmica [W/(m · K)]	0,192	0,192	0,210
Elétrica			
Constante dielétrica (1kHz)		6,5–8,1	
Fator de dissipação (1 kHz)		0,031–0,086	
Condutividade (pS/m)		3 a 1.400	
Mecânica			
Alongamento último (%)		800–1.000	500–600
Resistência à tração, MPa (ksi)		25–38 (3,6–5,5)	21–30 (3,0–4,3)
Módulo de Young, MPa (psi)		1,6 (232)	3–5 (435–725)
Resiliência (%)		60–65	40–50

Fonte: Extraído de "Neoprene Synthetic Elastomers", Ency. Chem. & Tech., 3. ed., vol. 8 (1979), Wiley, p. 516.

$$\sim CH_2-C\sim \atop {\overset{\|}{C}-H \atop CH_2Cl}$$

$$\sim CH_2-\underset{H}{\overset{Cl}{C}}=C-CH_2\sim \quad \xrightarrow[Cl^-]{ZnO} \quad \sim CH_2-C\sim \atop CH \atop \sim CH_2-\underset{H}{\overset{Cl}{C}}-\overset{CH_2}{CH}-CH_2\sim \quad + ZnCl_2$$

Possível reação química durante a vulcanização do policloropreno

O cloreto de zinco formado é um catalisador ativo para a vulcanização, e a menos que seja removido, isto pode gerar problemas durante os próximos processos. MgO pode atuar como estabilizador para retirar o ZnCl$_2$, como:

$$2\ ZnCl_2 + MgO \xrightarrow{H_2O} 2\ Zn{\overset{OH}{\underset{Cl}{\diagup\diagdown}}} + MgCl_2$$

Borrachas de silicone O átomo de silicone, como o carbono, tem uma valência igual a 4 e é capaz de formar moléculas poliméricas por ligação covalente. No entanto, o polímero de silicone tem unidades repetitivas de silicone e oxigênio, como mostrado no diagrama a seguir

$$\left[\begin{array}{c} X \\ | \\ Si-O \\ | \\ X' \end{array} \right]_n$$

Unidade estrutural repetitiva básica
para o polímero de silicone

em que X e X′ podem ser átomos ou grupos de hidrogênio, tais como o metil (CH$_3$–) ou fenil (C$_6$H$_5$–). Os polímeros de silicone baseados em silicone e oxigênio na cadeia principal são chamados *silicones*. Dos muitos elastômeros de silicone, o tipo mais comum é aquele em que o X e X′ da unidade repetitiva são grupos de metil

$$\left[\begin{array}{c} CH_3 \\ | \\ Si-O \\ | \\ CH_3 \end{array} \right]_n$$

Unidade estrutural repetitiva para
o polidimetil siloxano

Este polímero é chamado *polidimetil siloxano* e ocorre com uma ligação cruzada à temperatura ambiente pela adição de um iniciador (ex.: peróxido de benzoíla), o qual reage com os dois grupos de metil juntamente com a eliminação de gás hidrogênio (H$_2$) para formar pontes de Si – CH$_2$ – CH$_2$ – Si. Outros tipos de silicone podem ser curados a temperaturas mais elevadas (ex.: 50 a 150 ºC), dependendo do produto e intenção de uso.

As borrachas de silicone possuem uma grande vantagem de serem usadas em um grande intervalo de temperatura (isto é, –100 a 205 ºC). As aplicações para as borrachas de silicone incluem os selantes, juntas, isolação elétrica, cabo de ignição de automóveis, e vela de ignição.

EXEMPLO 10.6

Quanto de enxofre deve ser adicionado a 100 g de borracha poli-isopreno para unir 5% dos meros por ligação cruzada? Assuma que todo enxofre disponível é usado e somente um átomo de enxofre é envolvido em cada ligação cruzada.

- **Solução**

Como mostrado na Figura 10.39b, em média um átomo de enxofre será envolvido com um mero de poli-isopreno na ligação cruzada. Primeiro, nós determinamos a massa molecular do poli-isopreno.

Peso Molecular (poli-isopreno) = 5 átomos de C × 12 g/mol + 8 átomos de H × 1g/mol = 68,0 g/mol

Portanto, com 100 g de poli-isopreno, temos 100 g/(68,0 g/mol) = 1,47 mol de poli-isopreno. Para 100% de ligação cruzada com enxofre, precisamos de 1,47 mol de S ou

1,47 mol × 32 g/mol = 47,0 g de enxofre

$$\begin{array}{c} H \quad CH_3 \quad H \quad H \\ | \quad\quad | \quad\quad | \quad | \\ -C-C=C-C- \\ | \quad\quad\quad\quad\quad | \quad | \\ H \quad\quad\quad\quad\quad H \quad H \end{array}$$

Mero de
poli-isopropeno

Para 5% de ligações cruzadas, precisamos apenas de

0,05 × 47,0 g S = 2,35 g S ◀

EXEMPLO 10.7

Uma borracha de butadieno estireno é feita polimerizando um monômero de estireno com oito monômeros de butadieno. Se 20% dos locais de ligações cruzadas devem ser ligadas com exofre, qual porcentagem de enxofre é necessária?

▶

Solução

Base: 100 g de copolimero
No copolimero temos um mol de estireno combinado com oito mols de polibutadieno. Portanto, tendo a massa como base:

$$8 \text{ mol de polibutadieno} \times 54 \text{ g/mol} = 432 \text{ g}$$
$$1 \text{ mol de poliestireno} \times 104 \text{ g/mol} = \underline{104 \text{ g}}$$
$$\text{Massa total do copolimero} = 536 \text{ g}$$

A razão de massa de polibutadieno e o copolimero = 432/536 = 0,806
Portanto, em 100 g de copolimero temos 100 g × 0,806 = 80,6 g de butadieno ou 80,6 g/54 g = 1,493 mol de polibutadieno.

Gramas de S para 20% de ligação cruzada = (1,493 mol)(32 g/mol)(0,20) = 9,55 g S.

$$\% \text{ de massa de S} = \left(\frac{9,55 \text{ g}}{100 \text{ g} + 9,55 \text{ g}}\right)100\% = 8,72\% \blacktriangleleft$$

EXEMPLO 10.8

A borracha de butadieno acrilonitrila é feita por polimerização de um monômero de acrilonitrila com três monômeros de butadieno.
Quanto de enxofre é necessário para reagir 100 kg desta borracha, unindo por ligação cruzada, 20% dos sítios de ligações cruzadas?

Solução

Base: 100 g de copolimero

$$3 \text{ mol de polibutadieno} \times 54 \text{ g} = 162 \text{ g}$$
$$1 \text{ mol de poliacrilonitrila} \times 53 \text{ g} = \underline{53 \text{ g}}$$
$$\text{Massa total do copolimero} = 215 \text{ g}$$

A razão de massa de polibutadieno e o copolimero = 162 g/215 g = 0,7535
Em 100 g de copolimero temos 100 g × 0,7535 g = 75,35 g ou 75,35 g/54 g/mol = 1,395 mol
Massa de S para 20% de ligação cruzada = (1,395 mol)(32 g/mol)(0,20) = 8,93 g de S ou 8,93 Kg.

10.10 DEFORMAÇÃO E REFORÇO DE MATERIAIS PLÁSTICOS

10.10.1 Mecanismos de deformação para termoplásticos

A deformação de materiais termoplásticos pode ser primariamente elástica, plástica (permanente), ou uma combinação dos dois tipos. Abaixo de suas temperaturas de transição vítrea (T_g), os termoplásticos deformam primariamente por deformação elástica, como indicado na faixa de –40 e 68 °C do gráfico de tensão-deformação (Figura 10.43) para polimetil metacrilato. Acima de suas temperaturas de transição vítrea, os termoplásticos se deformam primariamente por deformação plástica, como indicado na faixa de 122 e 140 °C do gráfico de tensão-deformação para PMMA, Figura 10.43. Portanto, os termoplásticos passam por uma transição de frágil – dúctil ao serem aquecidos pela temperatura de transição vítrea. O PMMA passa por uma transição de frágil – dúctil entre 86 e 104 °C, porque a T_g do PMMA está nessa faixa de temperatura.

A Figura 10.44 ilustra esquematicamente os principais mecanismos atômicos e moleculares que ocorrem durante a deformação de cadeias longas de polímeros em um material termoplástico. Na Figura 10.44a, a deformação elástica é representada se alongando fora das ligações covalentes no interior da cadeia molecular. Na Figura 10.44b, a deformação elástica e plástica é representada pelo desenrolamento dos polímeros lineares. Finalmente, na Figura 10.44c, a deformação plástica é representada pelo deslizamento das cadeias moleculares entre si quando as forças de ligação dipolo secundário são quebradas e refeitas.

10.10.2 Reforçando os termoplásticos

Vamos agora olhar os seguintes fatores, cada um dos quais determina em parte a resistência dos termoplásticos: (1) massa molecular média da cadeia polimérica, (2) o grau de cristalizações, (3) o efeito do lado de maior densidade da cadeia principal, (4) o efeito de átomos altamente polares na cadeia principal, (5) o efeito dos átomos de oxigênio, nitrogênio e enxofre na cadeia principal de carbono, (6) o efeito de anéis de fenil nas cadeias principais, e (7) a adição de reforço de fibra de vidro.

Reforço devido a massa molecular média da cadeia polimérica A resistência do material termoplástico é diretamente dependente da sua massa molecular média, visto que sua polimerização até certo intervalo de massa molecular é necessária para produzir um sólido estável. No entanto, esse método não é normalmente usado para controlar as propriedades de resistência, visto que em muitos casos, após o intervalo crucial de massa molecular ser alcançado, aumentar a massa molecular média do material termoplástico não aumenta consideravelmente sua resistência. A Tabela 10.10 lista o intervalo de massa molecular e o grau de polimerização para alguns termoplásticos.

Reforço ao aumentar a cristalinidade no material termoplástico A quantidade de cristalinidade em um termoplástico pode afetar fortemente sua resistência à tração. De modo geral, ao aumentar o grau de cristalinidade do termoplástico, a resistência à tração, módulo de elasticidade, e a densidade do material aumentam.

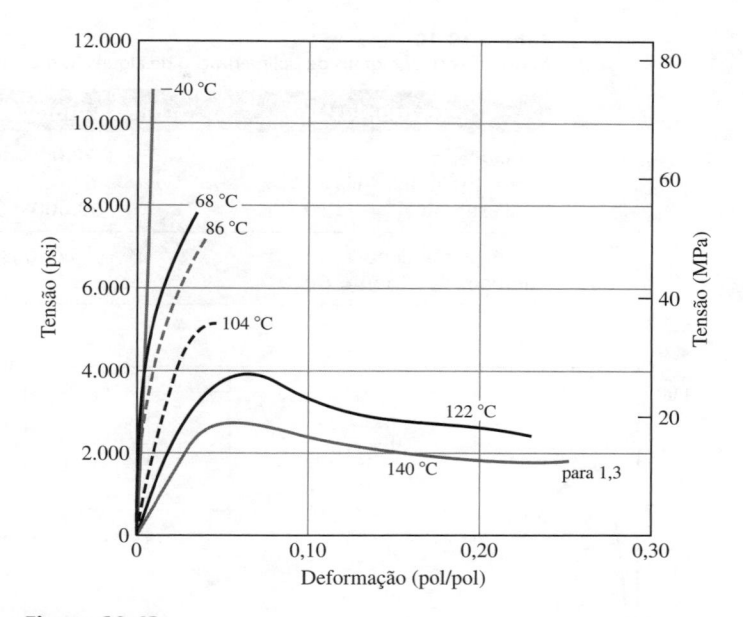

Figura 10.43
Curvas de tensão-deformação para o polimetil metacrilato a várias temperaturas. A transição de frágil-dúctil ocorre entre 86 e 104 °C.
(Extraído de T. Alfrey, "Mechanical Behavior of High Polymers", Wiley-Interscience, 1967. Reimpresso com permissão de John Wiley & Sons, Inc.)

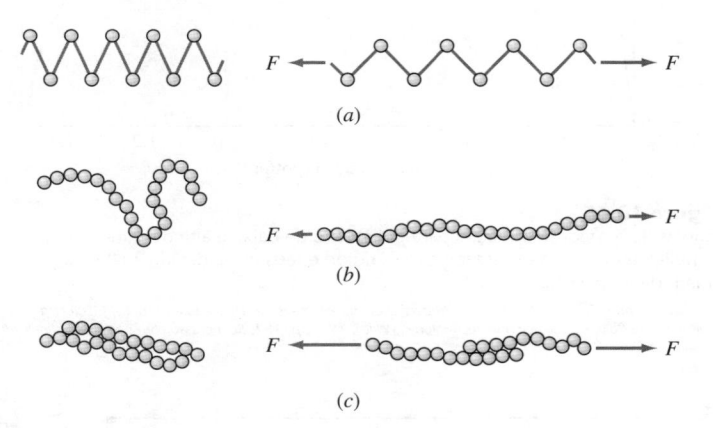

Figura 10.44
Mecanismos de deformação em materiais poliméricos: (a) deformação elástica por extensão das ligações covalentes de carbono da cadeia principal, (b) deformação elástica e plástica por desenrolamento da cadeia principal, e (c) deformação plástica por deslizamento de cadeias.
(Eisenstadt, M., "Introduction to Mechanical Properties of Materials: An Ecological Approach", 1. ed., 1971. Reimpresso com permissão de Pearson Education, Inc., Upper Saddle River, NJ.)

Os termoplásticos que podem cristalizar durante a solidificação possuem estrutura simétrica simples ao longo de sua cadeia molecular. Os polietilenos e nylons são exemplos de termoplásticos que podem se solidificar com uma quantia considerável de cristalização em sua estrutura. A Figura 10.45 compara o diagrama tensão-deformação de engenharia para polietilenos de baixa e alta densidade. O polietileno de baixa densidade possui menor quantidade de cristalinidade e, portanto, possui menor resistência mecânica módulo de Young em relação ao polietileno de alta densidade. Visto que as cadeias moleculares no polietileno de baixa densidade são mais ramificadas e afastadas entre si, a força de ligação entre as cadeias são menores, e, portanto o polietileno de mais baixa densidade tem menor resistência mecânica. Os picos de escoamentos nas curvas tensão-deformação são devidos ao empescoçamento da seção transversal dos corpos de prova durante os testes de resistência.

Tabela 10.10
Massa molecular e graus de polimerização de alguns termoplásticos.

Termoplástico	Massa molecular (g/mol)	Grau de polimerização
Polietileno	28.000–40.000	1.000–1.500
Cloreto de polivinila	67.000 (média)	1.080
Poliestireno	60.000–500.000	600–6.000
Polihexametileno adipamida (nylon-6,6)	16.000–32.000	150–300

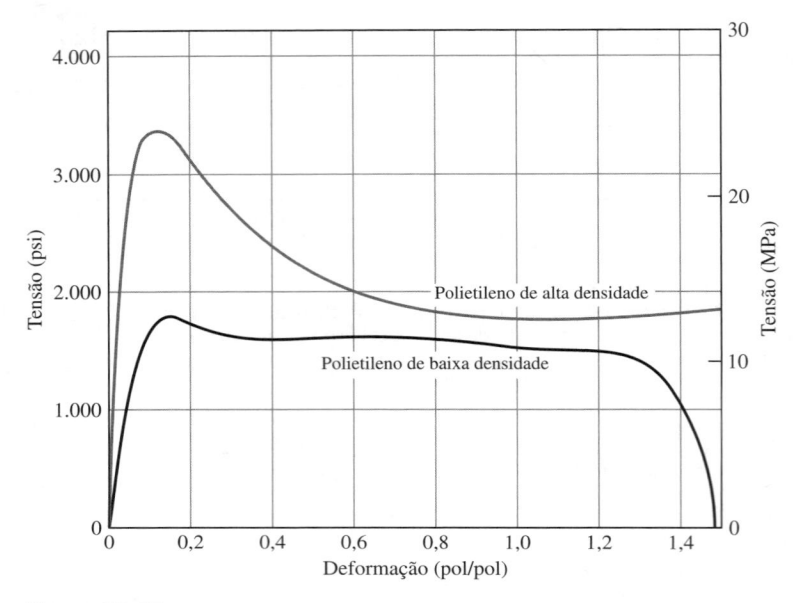

Figura 10.45
Curvas de tensão-deformação para polietileno de baixa e alta densidade. O polietileno de alta densidade é mais rígido e resistente, devido à alta quantidade de cristalinidade.
(J.A. Sauer and K.D. Pae, "Mechanical Properties of Hig Polymers" in H.S. Kaufman and J.J. Falcetta (eds.), "Introduction to Polymer Science and Technology", Wiley, 1977, p. 397. Reimpresso com permissão de Dr. Herman S. Kaufman.)

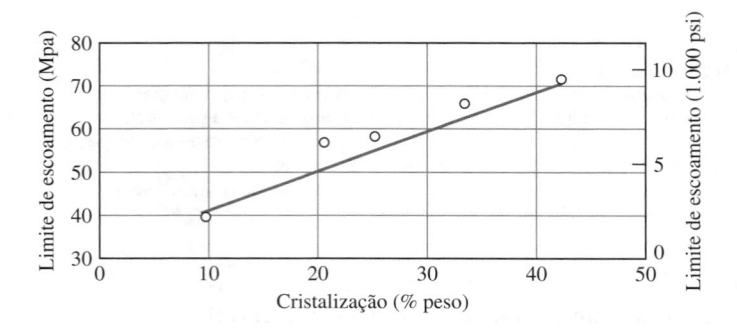

Figura 10.46
Pontos de escoamento de poliamida seca (nylon-6,6) em função da cristalinidade.
(Extraído de "Kirk/Encyclopedia of Chemical Technology", vol. 18, Wiley, 1982, p. 331. Reimpresso com permissão de John Wiley & Sons, Inc.)

Outro exemplo do efeito de aumento de cristalinidade na tensão de escoamento do material termoplástico é apresentado na Figura 10.46 para o nylon-6,6. O aumento de resistência do material mais cristalizado é devido ao maior empacotamento das cadeias poliméricas, o que leva a uma maior força de ligação intermoleculares entre as cadeias.

Reforçando o termoplástico pela introdução de grupos atômicos pendentes na cadeia principal de carbono O escorregamento das cadeias durante a deformação permanente em termoplásticos pode ser dificultado ao introduzir os grupos dos lados mais volumosos na cadeia principal de carbono. Este método de reforço em termoplásticos é usado, por exemplo, para polipropileno e poliestireno. Os módulos de Young, os quais são medidas de rigidez do material, são elevados de um intervalo de 0,6 a 1,5 × 10^5 psi para polietileno de alta densidade para 1,5 a 2,2 × 10^5 psi para polipropileno, que possui grupos metil pendentes ligados a cadeia principal de carbono. O módulo de elasticidade do polietileno é ainda elevado a um intervalo de 4 a 5 × 10^5 psi com introdução de mais volumosos anéis pendentes de fenil a cadeia principal de carbono para se fazer poliestireno. Contudo, o alongamento até a fratura é drasticamente reduzido de 100 a 600% para polietileno de alta densidade, e de 1 a 2,5% de poliestireno. Assim, o lado de grupos mais volumosos da cadeia principal de carbono dos termoplásticos aumenta a rigidez e resistência mecânica, mas reduz sua ductilidade.

Reforçando o termoplástico ligando átomos de alta polaridade na cadeia principal de carbono Um considerável aumento na resistência do polietileno pode ser atingido pela introdução de um átomo de cloro em cada átomo de carbono na cadeia principal para fazer cloreto de polivinila. Neste caso, o átomo de cloro grande e de alta polaridade aumenta consideravelmente as forças de ligação entre as cadeias do polímero. O cloreto de polivinila rígido possui resistência à tração de 6 a 11 ksi, o que é consideravelmente maior que a resistência de 2,5 a 5 ksi do polietileno. A Figura 10.47 apresenta o diagrama de tensão-deformação para um corpo de prova de cloreto de polivinila que possui tensão de escoamento máxima de 8 ksi. O pico de escoamento na curva é devido ao empescoçamento da parte central do corpo de prova durante o ensaio.

Reforçando o termoplástico ao introduzir átomos de oxigênio e nitrogênio na cadeia principal de carbono Introduzindo o acoplamento de éter, apresentado na fórmula química em (*a*) na cadeia principal de carbono, aumenta-se a rigidez dos termoplásticos, como no caso de polioximetileno (acetal), a qual possui a unidade química repetitiva da fórmula química apresentada em (*b*). A resistência à tração deste material está no intervalo de 9 a 10 ksi, o que é consideravelmente maior que a resistência de 2,5 a 5,5 ksi de polietileno de alta densidade. Os átomos de oxigênio na cadeia principal de carbono também aumentam a ligação de dipolo permanente entre as cadeias do polímero.

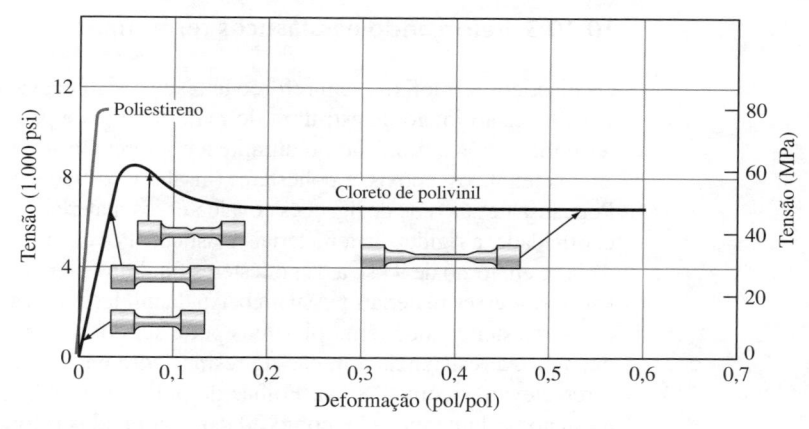

Figura 10.47
Dados de tensão-deformação para o termoplástico amorfo de cloreto de polivinila (PVC) e poliestireno (PS). O esboço mostra os modos de deformação da amostra em vários pontos na curva tensão-deformação.
(*J.A. Sauer and K.D. Pae, "Mechanical Properties of Hig Polymers" in H.S. Kaufman e J.J. Falcetta (eds.), "Introduction to Polymer Science and Technology", Wiley, 1977, p. 331. Reimpresso com permissão de Dr. Herman S. Kaufman.*)

Introduzindo nitrogênio na cadeia principal dos termoplásticos, como no caso do acoplamento de amida, conforme apresentado na fórmula química a seguir, em (*c*), as forças de dipolo permanente entre as cadeias do polímero são consideravelmente aumentadas devido a ligação de hidrogênio (Figura 10.35). A resistência a tração relativamente alta de 9 a 12 ksi de nylon-6,6 é resultado da ligação de hidrogênio entre as ligações de amida da das cadeias do polímero.

éter
(*a*)

polioximetileno
(*b*)

amida
(*c*)

Reforçando os termoplásticos ao introduzir anéis de fenileno na cadeia principal do polímero na combinação com outros elementos como O, N, e S na cadeia principal de carbono Um dos métodos mais importantes para reforçar os termoplásticos é a introdução de anéis de fenileno na cadeia principal de carbono. Esse método de reforço é comumente usado para plásticos de engenharia de alta resistência. Os anéis de fenileno causam impedimento à rotação dentro da cadeia do polímero e atração elétrica de elétrons ressonantes entre as moléculas adjacentes. Exemplos de materiais poliméricos que contêm anéis de fenileno são os materiais polifenilênicos de base óxida, que possuem resistência à tração no intervalo de 7,8 a 9,6 ksi, poliésteres termoplásticos, que possuem resistência à tração de cerca de 10 ksi, e policarbonatos, que possuem resistência à tração de cerca de 9 ksi.

Reforçando os termoplásticos pela adição de fibras de vidro Alguns termoplásticos são reforçados com fibra de vidro. O conteúdo da maioria dos termoplásticos com preenchimento de fibra de vidro varia de 20 a 40% em massa. A porcentagem de vidro ideal é função da resistência desejada, custo global, e facilidade de processamento. Os termoplásticos comumente reforçados por fibra de vidro incluem os nylons, policarbonatos, óxidos de polifenileno, sulfeto de polifenileno, polipropileno, ABS, e poliacetal. Por exemplo, a resistência à tração do nylon-6,6 pode ser aumentada de 12 a 30 ksi com um conteúdo de fibra de 40%, mas seu alongamento é reduzido de cerca de 60 a 2,5% pela adição de fibra de vidro.

10.10.3 Reforçando os plásticos termofixos

Os plásticos termofixos sem reforço têm sua resistência aumentada pela criação de uma rede de ligações covalentes ao longo da estrutura do material. Esta é produzida pela reação química dentro do material termofixo após a fundição ou durante a compressão sob condições de pressão e temperatura.

Os fenólicos, epóxis, e poliésteres (insaturados) são exemplos de materiais reforçados por este método. Por causa de sua rede de ligações covalentes, os materiais possuem relativamente alta resistência, módulo de elasticidade, e rigidez para materiais plásticos. Por exemplo, a resistência à tração de resinas fenólicas moldadas é em torno de 9 ksi, a de poliésteres fundidos é em torno de 10 ksi, e a de resinas epóxi em torno de 12 ksi. Todos esses materiais possuem baixa ductilidade por causa de estrutura de rede de ligações covalentes.

A resistência dos termoplásticos pode ser consideravelmente aumentada adicionando reforços. Por exemplo, a resistência à tração de resinas com enchimento de fibra de vidro pode ser aumentada a valores elevados como 18 ksi. Folhas de poliéster moldadas, reforçadas com vidro, atingem resistência à tração bastante elevada, como 20 ksi. Laminados reforçados unidirecional de matriz epóxi e fibra de carbono atingem um limite de resistência à tração na direção da fibra de 200 ksi (valor bastante elevado). Materiais reforçados de alta resistência deste tipo serão discutidos no Capítulo 11.

10.10.4 O efeito da temperatura na resistência dos materiais plásticos

Uma característica dos termoplásticos é a de que eles amolecem gradualmente ao se elevar a temperatura. A Figura 10.48 apresenta esse comportamento para um grupo de termoplásticos. Ao elevar a temperatura, as forças das ligações secundárias entre as cadeias moleculares se tornam mais fracas e a resistência do termoplástico diminui. Quando um material termoplástico é aquecido acima da sua temperatura de transição vítrea T_g, sua resistência diminui consideravelmente devido a uma nítida redução das forças de ligações secundárias. A Figura 10.43 mostra esse efeito para o polimetil metacrilato, o qual tem a T_g de cerca de 100 °C. A resistência a tração de PMMA é em torno de 7 ksi a 86 °C, que está abaixo de sua T_g, e diminui para aproximadamente 4 ksi a 122 °C, a qual é acima de sua T_g. As temperaturas máximas de uso para alguns termoplásticos estão listadas na Tabela 10.2 e 10.5.

Os plásticos termofixos também se tornam mais frágeis quando aquecidos, mas como seus átomos estão ligados primariamente com fortes ligações covalentes em uma rede, não se tornam viscosos em altas temperaturas, mas se degradam e queimam acima da temperatura máxima de uso. Em geral, os termofixos são mais estáveis em alta temperatura que os termoplásticos, mas existem alguns termoplásticos que possuem estabilidade marcante em alta temperatura. As temperaturas máximas de uso para alguns termofixos estão listadas na Tabela 10.7.

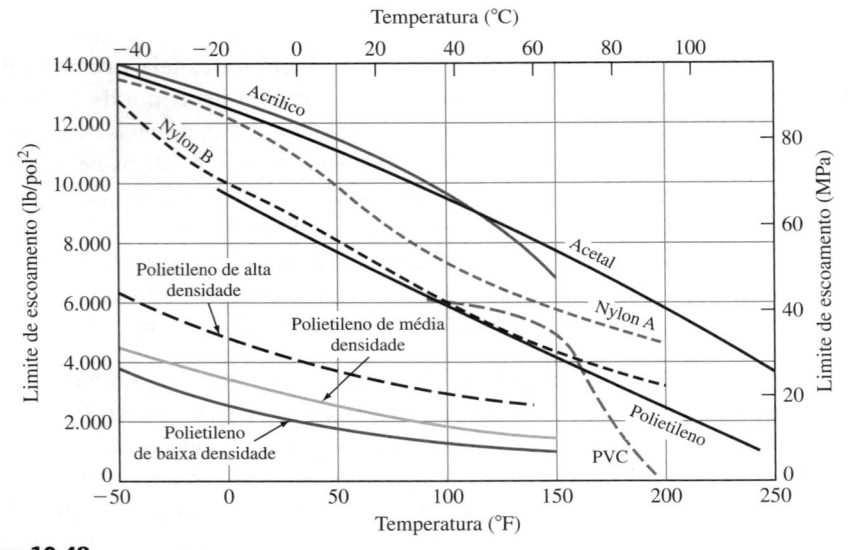

Figura 10.48
Efeito da temperatura na tensão de escoamento de alguns termoplásticos.
(Extraído de H.E. Barker and A.E. Javitz, "Plastic Molding Materials for Structural and Mechanical Applications", Electr. Manuf., May 1960.)

10.11 FLUÊNCIA E FRATURA DOS MATERIAIS POLIMÉRICOS

10.11.1 Fluência dos materiais poliméricos

Os materiais poliméricos sujeitados a um carregamento podem sofrer fluência. Isto é, sua deformação sob um carregamento constante aplicado em temperatura constante contínua a aumentar com o tempo. A magnitude do incremento da tensão aumenta com a elevação da carga aplicada e da temperatura. A Figura 10.49 mostra como a carga de fluência do poliestireno aumenta sob cargas de tensão de 1.760 a 4.060 psi (12,1 a 30 MPa) a 77 °F.

A temperatura na qual ocorre a fluência do material polimérico é também um fator importante para determinar a razão de fluência. Em temperaturas abaixo da temperatura de transição vítrea para termoplásticos, a razão de fluência é relativamente baixa, devido à restrição da mobilidade da cadeia molecular. Acima da temperatura de transição vítrea, os termoplásticos se deformam mais facilmente por uma combinação de deformação elástica e plástica na qual é referida como *comportamento viscoelástico*. Acima da temperatura de transição de cristalização, as cadeias moleculares deslizam entre si mais facilmente, e então esse tipo mais fácil de deformação é muitas vezes referida como *fluxo viscoso*.

Na indústria, a fluência dos materiais poliméricos é medida pelo módulo de fluência, que é simplesmente a razão da tensão inicialmente aplicada, σ_0, e a solicitação de fluência, $\varepsilon(t)$, após um tempo determinado e em uma temperatura constante de teste. Um valor alto para o módulo de fluência do material implica, portanto, em uma baixa razão de fluência. A Tabela 10.11 lista os módulos de fluência para vários plásticos em vários níveis de tensão dentro do intervalo de 1.000 a 5.000 psi. Esta tabela mostra o efeito do lado dos grupos volumosos e intensas forças intermoleculares na redução da taxa fluência dos materiais poliméricos. Por exemplo, a 73 °F o polietileno tem um módulo de fluência de 62 ksi em um nível de tensão de 1.000 psi por 10h, enquanto o PMMA tem um módulo muito maior de fluência de 410 ksi no mesmo nível de tensão durante o mesmo intervalo de tempo.

Reforçando os plásticos com fibra de vidro, aumenta grandemente seus módulos de fluência e reduz as razões de fluência. Por exemplo, nylon-6,6 não reforçado tem um módulo de fluência de 123 ksi após 10h a 1.000 psi, mas quando reforçado como 33% de fibra de vidro, seu módulo de fluência aumenta para 700 ksi após 10h a 4.000 psi. A adição de fibra de vidro à materiais plásticos é um método importante para aumentar a resistência à fluência, assim como reforçá-los.

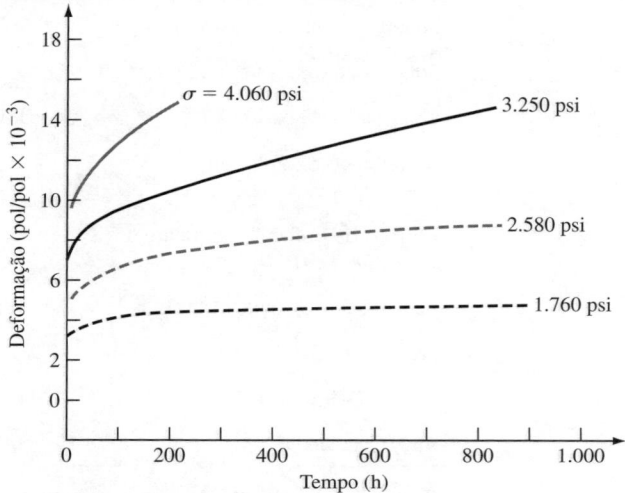

Figura 10.49
Curvas de fluência para o poliestireno a várias solicitações de tensões a 77 °F.
(*Extraído de J.A. Sauer, J. Marin, and C.C. Hisao, J. Appl. Phys., 20:507 (1949).*)

10.11.2 Relaxamento de tensão dos materiais poliméricos

O relaxamento de tensão dos materiais poliméricos tensionados abaixo de uma tensão constante resulta em um decréscimo na tensão com o tempo. A causa do relaxamento de tensão é de que o fluxo viscoso na estrutura interna dos materiais poliméricos ocorre pelo deslizamento lento das cadeias entre si e a quebra e reformulação das ligações secundárias entre as cadeias, e pelo desembaraçamento e desenrolamento mecânico das cadeias. O relaxamento de tensão permite ao material atingir espontaneamente um baixo nível de energia se houver energia de ativação suficiente para o processo ocorrer. O relaxamento de tensão dos materiais poliméricos é, portanto, dependente da temperatura e associado à energia de ativação.

A razão pela qual o relaxamento de tensão ocorre depende do *tempo de relaxamento* τ, o qual é uma propriedade do material que é definido como o tempo necessário para a tensão (σ) diminuir para 0,37 ($1/e$) da tensão inicial σ_0. O decréscimo na tensão com o tempo t é dado por

$$\sigma = \sigma_0 e^{-t/\tau} \tag{10.3}$$

em que σ = tensão após o tempo t, σ_0 = tensão inicial, e τ = tempo de relaxamento.

Tabela 10.11
Módulos de fluência dos materiais poliméricos a 73 °F (23 °C).

	Tempo de teste (h)			Nível de tensão (psi)
	10	100	1.000	
	módulo de fluência (ksi)			
Materiais não reforçados:				
Polietileno, Amoco 31-360B1	62	36		1.000
Polipropileno, Profax 6323	77	58	46	1.500
Poliestireno, FyRid KS1	310	290	210	Impacto modificado
Metacrilato de Polimetila, Plexiglas G	410	375	342	1.000
Cloreto de polivinil, Baquelite CMDA 2201	...	250	183	1.500
Policarbonato, Lexan 141-111	335	320	310	3.000
Nylon-6,6, Zytel 101	123	101	83	1.000, equil. a 50% RH
Acetal, Delrin 500	360	280	240	1.500
ABS, Cycolac DFA-R	340	330	300	1.000
Materiais reforçados:				
Acetal, Thermocomp KF-1008, 30% de fibra de vidro	1320	...	1150	5.000, 75 °F (24 °C)
Nylon-6,6, Zytel 70G-332, 33% fibra de vidro	700	640	585	4.000, equil. a 50% RH
Composto termofixo de poliéster moldado, Cyglas 303	1310	1100	930	2.000
Poliestireno, Thermocomp CF-1007	1800	1710	1660	5.000, 75 °F (24 °C)

Fonte: "Modern Plastics Encylopedia", 1984-85, McGraw-Hill.

EXEMPLO 10.9

Uma tensão de 1.100 psi (7,6 MPa) é aplicada a um material elastômero com carregamento constante. Após 40 dias a 20 °C, a tensão diminui para 700 psi (4,8 Mpa). (a) Qual a constante de relaxamento para este material? (b) Qual será a tensão após 60 dias a 20 °C?

- **Solução**

a. Como $\sigma = \sigma_0 e^{-t/\tau}$ [Equação (10.3)] ou $\ln(\sigma/\sigma_0) = -t/\tau$, em que $\sigma = 700$ psi, $\sigma_0 = 1.100$ psi, e $t = 40$ dias,

$$\ln\left(\frac{700 \text{ psi}}{1.100 \text{ psi}}\right) = -\frac{40 \text{ dias}}{\tau} \qquad \tau = \frac{-40 \text{ dias}}{-0{,}452} = 88{,}5 \text{ dias} \blacktriangleleft$$

b. $\ln\left(\dfrac{\sigma}{1.100 \text{ psi}}\right) = -\dfrac{60 \text{ dias}}{88{,}5 \text{ dias}} = -0{,}678$

$\dfrac{\sigma}{1.100 \text{ psi}} = 0{,}508 \qquad \text{ou} \qquad \sigma = 559 \text{ psi} \blacktriangleleft$

Como o tempo de relaxamento τ é o recíproco da razão, podemos relaciona-lo com a temperatura em kelvins pela equação de Arrhenius (ver Equação 5.5), como

$$\frac{1}{\tau} = Ce^{-Q/RT} \qquad (10.4)$$

em que C = constante independente da temperatura, Q = energia de ativação para o processo, T = temperatura em kelvins, e R = constante molar dos gases = 8,314 J/(mol.K). O Exemplo 10.10 mostra como a Equação 10.4 pode ser usada para determinar a energia de ativação para um material elastômero submetido à tensão de relaxamento.

EXEMPLO 10.10

O tempo de relaxamento para um elastômero a 25 °C é 40 dias, enquanto a 35 °C o tempo de relaxamento é de 30 dias. Calcule a energia de ativação para este processo de relaxamento de tensão.

- **Solução**

Usando a Equação 10.4, $1/\tau = Ce^{-Q/RT}$. Para $\tau = 40$ dias,

$$T_{25\,°C} = 25 + 273 = 298\text{ K} \qquad T_{35\,°C} = 35 + 273 = 308\text{ K}$$

$$\frac{1}{40} = Ce^{-Q/RT_{298}} \qquad (10.5)$$

e

$$\frac{1}{30} = Ce^{-Q/RT_{308}} \qquad (10.6)$$

Dividindo a Equação 10.5 pela Equação 10.6, resulta

$$\frac{30}{40} = \exp\left[-\frac{Q}{R}\left(\frac{1}{298} - \frac{1}{308}\right)\right] \quad \text{ou} \quad \ln\left(\frac{30}{40}\right) = -\frac{Q}{R}(0{,}003356 - 0{,}003247)$$

$$-0{,}288 = -\frac{Q}{8{,}314}(0{,}000109) \quad \text{ou} \quad Q = 22.000\text{ J/mol} = 22{,}0\text{ kJ/mol} \blacktriangleleft$$

10.11.3 Fratura dos materiais poliméricos

Como no caso dos metais, a fratura dos materiais poliméricos pode ser considerada como sendo frágil ou dúctil, ou intermediária entre os dois extremos. De modo geral, os plásticos termofixos não reforçados podem fraturar principalmente na forma frágil. Os termoplásticos, por outro lado, podem se fraturar principalmente de maneira frágil ou dúctil. Se a fratura dos termoplásticos ocorrer abaixo da temperatura de transição vítrea, então a forma de fratura será principalmente frágil, enquanto que se ocorrer acima, seu modo de fratura será dúctil. Portanto, a temperatura pode afetar consideravelmente a forma de fratura dos termoplásticos. Os plásticos termofixos aquecidos acima da temperatura ambiente se tornam mais fracos e fraturam em um nível de tensão baixo, mas ainda se fratura principalmente na forma frágil, pois a rede de ligações covalentes é retida a uma temperatura elevada. A razão de tensão é também um fator importante no comportamento de fratura dos termoplásticos, com baixa razão de tensão favorecendo a fratura de modo dúctil, pois a baixa razão de tensão permite realinhamento na cadeia molecular.

Fratura frágil dos materiais poliméricos A energia superficial para fraturar um material amorfo frágil vítreo de material polimérico, tal como o poliestireno ou polimetil metacrilato, é em torno de 1.000 vezes maior que o necessário se a fratura envolvida em um plano de fratura for uma simples quebra de ligações carbono-carbono. Assim, materiais poliméricos vítreos, tal como o PMMA são bem mais tenazes que vidros "inorgânicos". A energia extra necessária para fraturar um termoplástico vítreo é muito maior, uma vez que regiões distorcidas localizadas, chamadas de *fendilhas*, se formam antes que

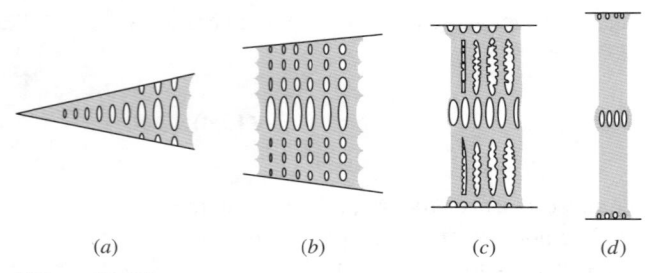

Figura 10.50
Desenho esquemático da mudança na microestrutura de uma fenda em um termoplástico vítreo à medida que se torna mais espessa.
(P. Beaham, M. Bevis, D. Hull, and J. Mater. Sci., 8:162 (1972). Reimpresso com permissão de "The Journal of Materials Education".)

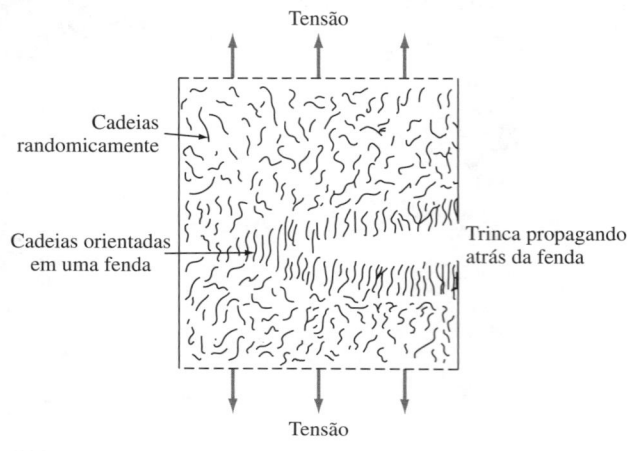

Figura 10.51
Ilustração esquemática da estrutura de uma fendilha próxima ao final da trinca em um termoplástico vítreo.

a fratura venha a ocorrer. Uma fendilha em um termoplástico vítreo é formada em uma região de alta tensão de um material e consiste de um alinhamento de cadeias moleculares combinadas com uma alta densidade de vazios intercalados.

A Figura 10.50 é um desenho esquemático da mudança na estrutura molecular em uma fendilha de um termoplástico vítreo, tal como o PMMA. Se a tensão for intensa o suficiente, uma trinca se forma por meio da fendilha, como mostrado na Figura 10.51 e na foto da Figura 10.52. À medida que a trinca se propaga ao longo da fendilha, a concentração de tensão na ponta da trinca se estende ao longo do comprimento desta. O trabalho feito em alinhar as moléculas poliméricas no interior da fendilha é o motivo da quantia relativamente alta de trabalho necessária para a fratura de materiais poliméricos vítreos. Isso explica o porquê das energias de fratura do poliestireno e do PMMA serem entre 300 e 1.700 J/m^2 ao invés de em torno de 0,1 J/m^2, o qual é o nível de energia esperado se somente ligações covalentes fossem quebradas no processo de fratura.

Fratura dúctil dos materiais poliméricos Os termoplásticos aquecidos acima de suas temperaturas de transição vítrea podem exibir escoamento plástico antes da fratura. Durante o escoamento plástico, as cadeias moleculares lineares se desenrolam e deslizam uma sobre as outras, gradativamente se alinhando mais próximas na direção da tensão aplicada (Figura 10.53).

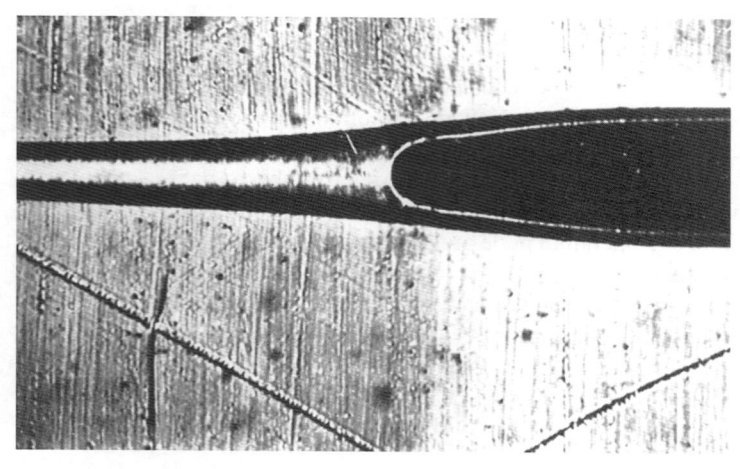

Figura 10.52
Foto de uma trinca passando pelo centro de uma fendilha em um termoplástico vítreo.
(Extraído de D. Hull, "Polymeric Materials", American Society of Metals, 1975 p. 511. Reimpresso com permissão de ASM International. Todos os direitos reservados. www.asminternational.org)

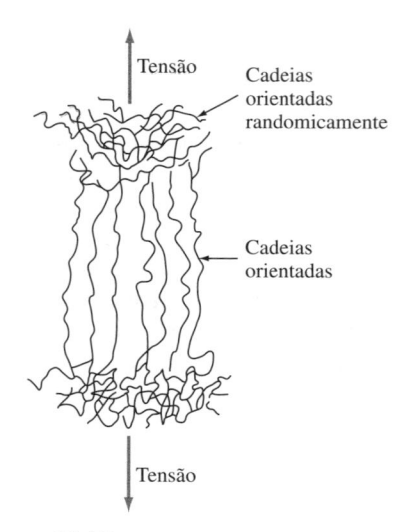

Figura 10.53
Escoamento plástico de termoplásticos de material polimérico sob tensão. As cadeias moleculares são desenroladas e deslizam uma sobre as outras de forma a se alinharem na direção da tensão. Se a tensão é muito alta, as cadeias moleculares se quebram, causando fratura do material.

Eventualmente, quando a tensão nas cadeias se torna muito alta, as ligações covalentes da cadeia principal se quebram e a fratura ocorre no material. Os materiais elastômeros se deformam essencialmente da mesma forma, exceto quando eles têm suas cadeias muito mais desenroladas (deformação elástica). Mas, eventualmente, se a tensão no material for muito alta e a extensão de suas cadeias moleculares forem bastante grandes, as ligações covalentes das cadeias principais irão quebrar, causando a fratura do material.

10.12 RESUMO

Os plásticos e os elastômeros são materiais importantes para a engenharia basicamente por suas amplas variedades de propriedades, relativa facilidade de conformar nas formas desejadas, e relativo baixo custo. Os materiais plásticos podem ser convenientemente divididos em duas classes: *termoplásticos* e *plásticos termofixos* (*termofixos*). Os termoplásticos necessitam de calor para os tornarem formáveis, e, após o resfriamento, mantêm a forma original. Esses materiais podem ser reaquecidos e reutilizados repetidamente. Os plásticos termofixos são geralmente conformados na forma permanente por calor e pressão durante o tempo na qual uma reação química acontece ligando os átomos para formar um sólido rígido. No entanto, algumas reações termofixas não podem ser reamolecidas após estarem "completas" ou "curadas", e, sob o aquecimento a uma temperatura alta, eles se degradam e se decompoem.

A química necessária para produzir plásticos é derivada principalmente de petróleo, gás natural e carvão. Os materiais plásticos são produzidos pela polimerização de várias moléculas pequenas chamadas de *monômeros* em grande moléculas chamadas de *polímeros*. Os termoplásticos são compostos por longas cadeias moleculares de polímeros, com as forças de ligações entre as cadeias sendo do tipo secundário de dipolo permanente. Os plásticos termofixos são ligados covalentemente por meio de fortes ligações covalentes entre todos os átomos.

O método de modo geral usado para processar os termoplásticos é por moldagem por *injeção*, *extrusão* e *moldagem por sopro*, enquanto os métodos mais comuns usados para os plásticos termofixos são a *moldagem por compressão*, *moldagem por trasferência* (RTM) e *fundição*.

Existem muitas famílias de termoplásticos e plásticos termofixos. Exemplos de termoplásticos de uso geral são os polietilenos, cloreto de polivinila, polipropileno, e poliestireno. Exemplos de plásticos de engenharia são as poliamidas (nylons), poliacetal, policarbonato, poliéster saturado, óxido de polifenileno, e polisulfona. (Note que a separação do termoplástico em plásticos de finalidade geral e de engenharia é arbritária.) Exemplos de plásticos termofixos são os fenólicos, poliéster insaturado, melamina e os epóxis.

Os *elastômeros* ou *borrachas* formam uma grande subdivisão de materiais poliméricos e são de grande importância para a engenharia. A borracha natural é obtida por meio de plantações de árvores e ainda está em alta demanda (em torno de 30% do fornecimento mundial de borracha) por causa de suas propriedades elásticas superiores. As borrachas sintéticas representam em torno de 70% do fornecimento mundial de borracha, tendo o butadieno estireno como o tipo mais comum usado. Outras borrachas sintéticas, como as nitrilas e policloropropeno (neoprene), são usadas em aplicações em que propriedades especiais como a resistência a óleos e solventes são necessárias.

Os termoplásticos *possuem a temperatura de transição vítrea* acima da qual esses materiais se comportam como sólidos viscosos e borrachosos; e abaixo, comportam-se de modo frágil, sólidos semelhantes a vidro. Acima da temperatura de transição vítrea, a deformação permanente ocorre pelo deslizamento das cadeias moleculares uma sobre as outras, quebrando e formando ligações secundárias. Os termoplásticos usados acima da temperatura de transição vítrea podem ser reforçados por forças de ligações intermoleculares ao usar átomos de polaridade pendente como o cloro no cloreto de polivinila ou pelas ligações de hidrogênio, como no caso dos nylons. Os plásticos termofixos, por serem completamente ligados covalentemente, permitem pouca deformação antes da fratura.

10.13 PROBLEMAS

As respostas para os exercícios marcados com um asterisco constam no final do livro.

Problemas de conhecimento e compreensão

10.1 Defina e diferencie polímeros, plásticos e elastômeros.

10.2 (a) Descreva o arranjo estrutural atômico dos termoplásticos. (b) Que tipos de átomos são ligados entre si em cadeias moleculares de termoplásticos? (c) Quais são as valências destes átomos nas cadeias poliméricas?

10.3 O que é um átomo ou um grupo de átomos suspenso?

10.4 (a) Qual tipo de ligação existe nas cadeias moleculares de termoplásticos? (b) Qual tipo de ligação existe entre as cadeias moleculares de termoplásticos?

10.5 (a) Defina plásticos termofixos. (b) Descreva o arranjo estrutural atômico de plásticos termofixos.

10.6 Defina os seguintes itens: (a) polimerização em cadeia, (b) monômero e (c) polímero.

10.7 Descreva as estruturas de ligação em uma molécula de etileno usando (a) a notação de elétron por ponto e (b) a notação de elétrons ligantes por traço reto.

10.8 (a) Como é chamada a unidade estrutural de repetição química de uma cadeia polimérica? (b) Qual a unidade de repetição estrutural química do polietileno? (c) Defina grau de polimerização para uma cadeia polimérica.

10.9 (a) Quais são as três maiores reações que ocorrem durante a polimerização em cadeia? (b) Qual a função do catalisador de iniciação para a polimerização em cadeia? (c) Quais são os dois métodos pelos quais uma reação de polimerização em cadeia linear pode terminar?

10.10 O que é um radical livre? Escreva a equação química para a formação de dois radicais livres de uma molécula de peróxido de hidrogênio utilizando (a) a notação de elétron por ponto, e (b) a notação de elétrons ligantes por traço reto.

10.11 (a) Por que devemos considerar o grau médio de polimerização e o peso molecular médio de um material termoplástico? (b) Defina o peso molecular médio de um termoplástico.

10.12 Os que é a funcionalidade de um monômero? Distinga este conceito para um monômero bifuncional e um trifuncional.

* **10.13** Escreva as fórmulas estruturais para os meros dos seguintes polímeros vinílicos: (a) polietileno, (b) cloreto de polivinila, (c) polipropileno, (d) poliestireno, (e) poliacrilonitrila, (f) acetato de polivinila.

* **10.14** Escreva as fórmulas estruturais para os meros dos seguintes polímeros vinilidênicos: (a) cloreto de polivinilideno, (b) metacrilato de polimetila.

10.15 Diferencie um homopolímero de um copolímero.

10.16 Ilustre os seguintes tipos de copolímeros utilizando círculos cheios e abertos para os seus meros: (a) aleatório, (b) alternado, (c) em bloco, (d) por enxerto.

10.17 Defina polimerização em etapas de polímeros lineares. Quais subprodutos são comumente produzidos nesse tipo de polimerização?

10.18 Quais são os três tipos de matérias primas usadas na produção de químicos básicos necessários para a polimerização de materiais plásticos?

10.19 Descreva e ilustre os seguintes processos de polimerização: (a) a granel, (b) em solução, (c) em suspensão, (d) em emulsão.

10.20 Descreva o processo Unipol para produção de polietileno de baixa densidade. Quais são as vantagens desse processo?

10.21 (a) Defina temperatura de transição vítrea T_g para um termoplástico. (b) Quais são os valores medidos de T_g para o (i) polietileno, (ii) cloreto de polivinila, e (iii) metacrilato de polimetila. Esses valores são constantes?

10.22 Descreva e ilustre os modelos de franjas miceladas e da cadeia dobrada para a estrutura de termoplásticos parcialmente cristalinos.

10.23 Descreva a estrutura esferolítica encontrada em alguns termoplásticos parcialmente cristalinos.

10.24 (a) O que são os estereoisômeros a respeito de moléculas químicas? (b) Descreva e desenhe modelos estruturais para os seguintes estereoisômeros do polipropileno: (i) atático, (ii) isotático, e (iii) sindiotático.

10.25 O que é um catalisador estereoespecífico? Como o desenvolvimento de um catalisador estereoespecífico para a polimerização do polipropileno afetou a usabilidade do polipropileno comercial?

10.26 De modo geral, como o processamento de termoplásticos em formas desejadas difere do processamento de plásticos termofixos?

10.27 (a) Descreva o processo de moldagem por injeção para os termoplásticos. (b) Descreva a operação da máquina de moldagem por injeção de fuso alternante. (c) Cite algumas vantagens e desvantagens do processo de moldagem por injeção para moldagem de termolásticos. (d) Quais são as vantagens da máquina de moldagem por injeção de fuso alternante em relação ao antigo tipo de pistão?

10.28 Descreva o processo de extrusão para o termolplásticos de processamento.

10.29 Descreva o processo de moldagem por sopro de processos de termoformação para termoplásticos de formação.

10.30 (a) Descreva o processo de moldagem por compressão para plásticos termofixos. (b) Quais são as vantagens e desvantagens desse processo?

10.31 (a) Descreva o processo de moldagem por transferência para plásticos termofixos. (b) Quais são as vantagens e desvantagens desse processo?

10.32 Quais são os quatro principais materiais termoplásticos que correspondem a 60% de vendas em tonelagem de materiais plásticos nos Estados Unidos? Quais eram seus preços por libra em 1988? E no ano 2000? E no ano 2009?

10.33 Defina um termoplástico de engenharia. Por que essa definição é arbitrária?

10.34 Qual é a fórmula estrutural para a ligação amida nos termoplásticos? Qual é o nome comum para termoplásticos de poliamida?

10.35 (a) Na designação nylon-6,6, o que significa o "6,6"? Qual a unidade estrutural de repetição do nylon-6,6? Como os nylon-6,9, 6,10 e 6,12 podem ser sintetizados?

10.36 Qual é a unidade básica estrutural de repetição química para o policarbonato? Qual é a ligação carbonato? Quais são os nomes comerciais para o policarbonato?

10.37 Qual é a unidade básica estrutural de repetição química para as resinas oxi-baseadas de polifenileno? Quais são os nomes comerciais para essas resinas?

10.38 Qual é a unidade básica estrutural de repetição química para o termoplásticos acetais de engenharia de alta performance? Quais são os dois principais tipos de acetais e quais são os seus nomes comerciais?

10.39 Quais são os dois mais importantes poliésteres de engenharia? Quais são as suas unidades estruturais de repetição química?

10.40 Qual é a estrutura química de uma união estérica?

10.41 Qual é a unidade estrutural de repetição química para a polisulfona?

10.42 (a) Qual é a unidade estrutural de repetição química para o sulfeto de polifenileno? Qual termoplástico de engenharia possui estrutura similar? Qual o nome comercial para o sulfeto de polifenileno?

10.43 (a) Qual a estrutura química da polieterimida? (b) Qual o seu nome comercial?

10.44 (a) O que são ligas poliméricas? Como sua estrutura difere da dos copolímeros? (c) Qual tipo de liga polimérica é o (i) Xenoy 1000, (ii) Valox 815, e (iii) Bayblend MC2500?

10.45 (a) Quais são os principais métodos de processamento usados para termofixos? (b) Quais são os dois maiores ingredientes de compostos de moldagem de termofixos?

10.46 O que são elastômeros? Cite alguns desses materiais.

10.47 De qual árvore é obtida a borracha mais natural? Quais países possuem vastas plantações dessas árvores?

10.48 O que é o látex natural da borracha? Descreva brevemente como a borracha natural é produzida na forma a granel.

10.49 Do que é majoritariamente feita a borracha natural? Quais outros componentes estão presentes na borracha natural?

10.50 A qual arranjo estrutural o embobinamento das cadeias poliméricas da borracha natural é atribuído? O que é o impedimento estérico?

10.51 O que são isômeros estruturais químicos?

10.52 O que é a gutta-percha ? Qual a sua unidade estrutural de repetição química?

10.53 A que se refere o prefixo trans em *trans*-1,4 poli-isopreno?

10.54 O que é o processo de vulcanização para a borracha natural? Quem descobriu esse processo e quando ele foi descoberto? Ilustre a ligação cruzada do *cis*-1,4 poli-isopreno com átomos de enxofre bivalentes.

10.55 Quais materiais são usados na composição da borracha, e qual a função de cada um deles?

10.56 O que é a borracha estireno-butadiênica (SBR)? Que porcentagem em peso dessa borracha é estireno? Quais são as unidades estruturais de repetição química para a SBR?

10.57 O que são os silicones? Qual a unidade geral de repetição química para os silicones?

10.58 O que é um elastômero de silicone? Qual a unidade estrutural de repetição química do mais comum tipo de borracha de silicone? Qual o seu nome técnico?

10.59 Descreva o comportamento de deformação comum de um plástico termoplástico acima e abaixo da sua temperatura de transição vítrea.

10.60 Quais mecanismos de deformação estão envolvidos durante a deformação plástica e elástica de termoplásticos?

10.61 Qual o comportamento viscoelástico dos materiais plásticos?

10.62 Defina o módulo de fluência de um material plástico.

10.63 O que é uma fenda em um termoplástico vítreo?

10.64 Descreva a estrutura de uma fenda em um termoplástico.

10.65 Descreva as variações estruturais moleculares que ocorrem durante a fratura dúctil de um termoplástico.

Problemas de aplicação e análise

* 10.66 Um polietileno de alto peso molecular tem um peso molecular médio de 410.000 g/mol. Qual seu grau médio de polimerização?

10.67 Se um tipo de polietileno possui um grau médio de polimerização de 10.000, qual seu peso médio molecular?

10.68 Um nylon-6,6 possui um peso molecular médio de 12.000 g/mol. Calcule seu grau médio de polimerização (veja sua estrutura do mero na Seção 10.7, peso molecular de 226 g/mol).

10.69 Um material de policarbonato produzido por moldagem por injeção tem um peso molecular médio de 25.000 g/mol. Calcule seu grau de polimerização (veja a estrutura do mero do policarbonato na Seção 10.7, peso molecular de 254 g/mol).

* 10.70 Calcule o peso molecular médio M_m para um termoplástico. Considere a tabela a seguir para as frações em massa e os valores de peso molecular:

Variação do peso molecular (g/mol)	f_i	Variação do peso molecular (g/mol)	f_i
0–5.000	0,01	20.000–25.000	0,19
5.000–10.000	0,01	25.000–30.000	0,21
10.000–15.000	0,16	30.000–35.000	0,15
15.000–20.000	0,17	35.000–40.000	0,07

10.71 Um copolímero consiste em 70% em peso de poliestireno e de 30% em peso de poliacrilonitrila. Calcule a fração molar de cada componente deste material.

10.72 Um copolímero ABS consiste em 25% em peso de poliacrilonitrila, 30% em peso de polibutadieno e 45% em peso de poliestireno. Calcule a fração molar de cada componente neste material.

*__10.73__ Determine as frações molares de cloreto de polivinila e do acetato de polivinila em um copolímero cujo peso molecular é 11.000 g/mol e grau de polimerização é 150.

10.74 Qual é a fração de enxofre deve ser adicionado a 70 g de borracha de butadieno para fazer ligações cruzadas em 3,0% de seus meros? (Assuma que todo enxofre será usado para fazer as ligações cruzadas dos meros e que apenas um átomo de enxofre será usado em cada ligação cruzada.)

10.75 Se 5 g de enxofre são adicionados a 90 g de borracha de butadieno, qual a máxima fração de posições para ligação cruzadas que podem ser conectadas?

*__10.76__ Quanto de enxofre deve ser adicionado para fazer ligações cruzadas em 10% dos sítios de 90 g de borracha de poli-isopreno?

10.77 Quantos quilogramas de enxofre são necessários para efetuar ligações cruzadas em 15% dos sítios de 200 kg de borracha de poli-isopreno?

10.78 Se 3 kg de enxofre são adicionados a 300 kg de borracha de butadieno, qual fração de ligações cruzadas é efetuada?

10.79 Uma borracha de butadieno-estireno é feita pela polimerização de um monômero de estireno com sete monômeros de butadieno. Se 20% dos sítios de ligação cruzada serão ligados com enxofre, qual a porcentagem em peso necessária de enxofre? (Veja o Problema Exemplo 10.7.)

10.80 Qual é a porcentagem em peso de enxofre que deve ser adicionado ao polibutadieno para fazer ligação cruzada de 20% dos possíveis sítios de ligação cruzada?

*__10.81__ Uma borracha de butadieno-acrilonitrila é feita pela polimerização de um monômero de acrilonitrila com cinco monômeros de butadieno. Quanto enxofre é necessário para reagir com 200 kg desta borracha para efetuar ligações cruzadas de 22% dos sítios disponíveis?

10.82 Se 15% dos sítios para ligação cruzada em uma borracha de isopreno estão ligados, qual peso em porcentagem de enxofre esta borracha deve conter?

*__10.83__ Uma tensão de 9,0 MPa é aplicada a um material elastômero de modo constante, a 20 °C. Após 25 dias, a tensão diminui para 6,0 MPa. (a) Qual o tempo de relaxação τ para este material? (b) Qual será a tensão após 50 dias?

10.84 Um material polimérico possui um tempo de relaxação de 60 dias a 27 °C quando uma tensão de 7,0 MPa é aplicada. Quantos dias serão necessários para reduzir a tensão para 6,0 MPa?

10.85 Uma tensão de 1.000 psi é aplicada a um elastômero a 27 °C, e, após 25 dias, a tensão é reduzida para 750 psi por relaxamento de tensão. Quando a temperatura é aumentada para 50 °C, a tensão é reduzida de 1.100 psi para 400 psi em 30 dias. Calcule a energia de ativação para este processo de relaxamento pela equação da taxa do tipo Arrhenius.

10.86 A tensão em uma amostra de material de borracha a estresse constante e 27 °C diminui de 6,0 para 4,0 MPa em três dias. (a) Qual o tempo de relaxação τ para este material? (b) Qual será a tensão neste material após (i) 15 dias e (ii) 40 dias?

*__10.87__ Um material polimérico possui um tempo de relaxamento de 100 dias a 27 °C quando uma tensão de 6,0 MPa é aplicada. (a) Quantos dias serão necessários para reduzir a tensão para 4,2 MPa? (b) Qual o tempo de relaxamento a 40 °C se a energia de ativação para esse processo é de 25 KJ/mol?

10.88 Qual é a diferença entre uma molécula insaturada que contém carbono e uma molécula saturada do mesmo tipo?

10.89 Descreva a estrutura de ligação de uma molécula ativada de etileno que está pronta para ligação covalente com outra molécula ativada usando (a) a notação de elétron por pontos e ( ) a notação de linha reta para elétrons de ligação.

10.90 Escreva a reação química geral para a polimerização em cadeia de um monômero de etileno em polietileno linear.

*__10.91__ Escreva a equação para a formação de dois radicais livres de uma molécula de peróxido benzoílico usando a notação de linha reta para os elétrons ligantes.

10.92 Escreva a equação para a reação de um radical livre orgânico (RO) com uma molécula de etileno para formar um novo radical livre de cadeia maior.

10.93 Escreva a reação para o radical livre $R-CH_2-CH_2$ com uma molécula de etileno para estender o radical livre. Qual esse tipo de reação?

10.94 (a) O que causa a configuração ziguezague em uma cadeia molecular de polietileno? (b) Qual tipo de ligação química há entre as cadeias poliméricas de polietileno? (c) Como os ramos laterais das cadeias principais do polietileno afetam o empacotamento das cadeias poliméricas em um polímero sólido? (*d*) Como os ramos do polímero afetam a resistência à tração de polímero sólido?

10.95 Escreva a reação geral de polimerização de um polímero do tipo vinílico.

10.96 Escreva a reação geral de polimerização de um polímero do tipo vinílidênico.

10.97 Escreva a reação geral de polimerização para a formação do cloreto de polivinila e do copolímero de acetato vinílico.

10.98 Escreva a equação para a reação de uma molécula de diamina hexametileno com uma de ácido adípico para produzir uma molécula de nylon-6,6. Qual é o subproduto desta reação?

10.99 Escreva a reação de polimerização em etapas de duas moléculas fenólicas com uma de formaldeído para produzir uma molécula de formaldeído fenólico.

10.100 (*a*) Por que a cristalinidade completa é impossível em termoplásticos? (*b*) Como o grau de cristalinidade em um termoplástico afeta (*i*) sua densidade e (*ii*) sua resistência à tração? Explique.

10.101 Como a estrutura de cadeia molecular difere nos diferentes tipos de polietileno: (*a*) baixa densidade, (*b*) alta densidade, e (*c*) baixa densidade linear.

10.102 Como os ramos de cadeia afetam nas seguintes propriedades do polietileno: (*a*) grau de cristalinidade, (*b*) resistência, e (*c*) alongamento?

10.103 (*a*) Escreva a reação geral para a polimerização do cloreto de polivinila. (*b*) Como a alta resistência do cloreto de polivinila quando comparado com o polietileno pode ser explicada?

10.104 (*a*) Escreva a reação geral de polimerização do estireno em poliestireno. (*b*) Qual efeito a presença de um grupo fenílico em cada carbono da cadeia principal causa nas propriedades de impacto do poliestireno? (*c*) Como a resistência de baixo impacto do polietileno pode ser aumentada pela copolimerização? (*d*) Cite algumas aplicações para o poliestireno.

10.105 (*a*) Como a presença de um átomo de cloro em alguns carbonos da cadeia principal do policlorotrifluoretileno modifica a cristalinidade e moldabilidade do politetrafluoretileno? (*b*) Cite algumas importantes aplicações do policlorotrifluoretileno.

10.106 Escreva a reação química para uma molécula de ácido dibásico com diamina para formar uma ligação amida. Qual é o subproduto desta reação?

10.107 Escreva a reação química para uma molécula de ácido adípico e uma de diamina hexametilênica para formar uma ligação amida.

10.108 Escreva a reação de polimerização do nylon-6,6 a partir do e-caprolactamo.

10.109 Ilustre a ligação entre as cadeias poliméricas do nylon-6,6. Por que esta ligação é particularmente forte? (Ver Figura 10.35.)

10.110 Qual é a parte da estrutura do policarbonato que a torna uma molécula dura? Qual parte do policarbonato o provê flexibilidade?

10.111 Qual parte do da estrutura do óxido polifenilênico provê sua alta resistência? Qual parte o provê flexibilidade?

10.112 Qual parte do acetal que o provê alta resistência?

10.113 Qual parte da estrutura de poliésteres provê a rigidez? Qual parte provê mobilidade molecular?

10.114 Qual parte da estrutura da polisulfona provê sua alta resistência? Qual parte provê a flexibilidade da cadeia e resistência ao impacto? E a alta estabilidade à oxidação?

10.115 Qual a parte da estrutura do PPS provê sua rigidez e resistência? Qual parte provê alta resistência química?

10.116 Qual é a função da ligação éter na polieterimida?

10.117 Quais são algumas das vantagens de plásticos termofixos de engenharia em projetos? Qual a maior desvantagem que os termofixos possuem, mas que não está presente nos termoplásticos?

10.118 Usando fórmulas estruturais escreva a reação para o fenol com formaldeído para formar uma molécula de fenol-formaldeído (use duas moléculas de fenol e uma de formaldeído). Qual tipo de molécula é condensada nesta reação?

10.119 Por que grandes percentuais de enchimentos são usados em compostos fenólicos moldados? Quais tipos de enchimentos são usados e com qual propósito?

10.120 Escreva a fórmula estrutural para o grupo epóxi e a unidade de repetição de uma resina epóxica comercial.

10.121 Quais são os dois tipos de sítios de reação que são ativos nas ligações cruzadas de resinas epóxicas comerciais?

10.122 Escreva a reação para a ligação cruzada de duas moléculas de epóxi com diamina etileno.

10.123 O que tona uma resina poliestérica "insaturada"?

10.124 Como são ligados de forma cruzada poliésteres lineares? Escreva uma reação química de fórmulas estruturais para ilustrar a ligação cruzada de um poliéster insaturado.

10.125 Escreva a fórmula do *cis*-1,4 poli-isopreno. O que significa o prefixo *cis*-? Qual o significado do 1,4 nessa molécula?

10.126 Por que o isômero trans leva a um maior grau de cristalinidade que o isômero *cis* no poli-isopreno?

10.127 Como a ligação cruzada com enxofre afeta na resistência à tração da borracha natural? Por que é usado somente 3% em peso de enxofre neste processo?

10.128 Como átomos de oxigênio podem fazer a ligação cruzada com moléculas de borracha? Como este processo pode ser retardado?

10.129 O SBR pode ser vulcanizado? Explique.

10.130 Qual a composição de borrachas nitrílicas? Qual efeito o grupo nitrila causa na cadeia principal na borracha de nitrila?

10.131 Escreva a unidade estrutural química de repetição para o policloropreno. Que nome comumente é dado para a borracha de policloropreno. Como a presença do átomo de cloro no policloropreno afeta alguma das suas propriedades.

10.132 Como os materiais elastômeros de policloropreno são vulcanizados?

10.133 Como uma borracha de silicone pode fazer ligação cruzada à temperatura ambiente?

10.134 Como o peso molecular médio de um termoplástico afeta sua resistência a tração?

10.135 Como o grau de cristalinidade de um material termoplástico afeta (*a*) sua resistência, (*b*) seu módulo de tensão de elasticidade e (*c*) sua densidade?

10.136 Explique por que polietileno de baixa densidade é mais fraco que polietileno de alta densidade.

10.137 Explique por que grupos laterais em granel aumentam a resistência de termoplásticos.

10.138 Explique por que átomos muito polares ligados a cadeia principal aumentam a resistência de termoplásticos. Dê exemplos.

10.139 Explique por que átomos de oxigênio ligados covalentemente à cadeia principal aumentam a resistência de termoplásticos. Dê exemplos.

10.140 Explique por que anéis fenilênicos ligados covalentemente à cadeia principal aumentam a resistência de termoplásticos. Dê exemplos.

10.141 Explique por que plásticos termofixos possuem em geral alta resistência e baixa ductilidade.

10.142 Como os preços de plásticos de engenharia se comparam com os de plásticos de commodity como o polietileno e cloreto de polivinila e polipropileno?

10.143 Como as densidades e resistências de plásticos de engenharia se comparam com essas características em plásticos como polietileno e cloreto de polivinila?

10.144 Como o aumento de temperatura de termoplásticos afeta a sua resistência? Quais mudanças nas estruturas de ligação ocorrem conforme os termoplásticos são aquecidos?

10.145 Por que plásticos termofixos curados não se tornam viscosos e fluidos a altas temperaturas?

10.146 Como o aumento na tensão e temperatura afetam a resistência a fluência dos termoplásticos?

10.147 (*a*) O que são fluoroplásticos? (*b*) Quais são as unidades estruturais de repetição química para o politetrafluoretileno e para o policlorotrifluoretileno? (*c*) Quais são algumas das importantes propriedades e aplicações do politetrafluoretileno?

10.148 Como pode ser aumentado o módulo de fluência de um termoplástico?

10.149 Como pode ser explicada a energia extra requerida para fraturar termoplásticos vítreos quando comparados com vidros inorgânicos?

10.150 Como é possível para uma cadeia polimérica como o polietileno, continuar crescendo espontaneamente durante a polimerização?

10.151 Durante a solidificação dos termoplásticos, como a curva do volume específico *versus* temperatura difere dos termoplásticos não cristalinos e parcialmente cristalinos?

10.152 (*a*) Quais são as propriedades que tornam o polietileno um importante material plástico industrial? (*b*) Cite algumas aplicações industriais desse plástico.

10.153 (*a*) Como aumentar a flexibilidade do cloreto de polivinila a granel? (*b*) Quais são as propriedades que tornam o cloreto de polivinila um importante plástico industrial?

10.154 (*a*) O que são os plastificantes? (*b*) Por que são utilizados em alguns materiais poliméricos? (*c*) Como os plastificantes afetam a resistência e flexibilidade de materiais poliméricos? (*d*) Que tipos de plastificantes são normalmente utilizados para o PVC?

10.155 (a) Como a processabilidade do PVC é aumentada para produzir PVC rígido? Quais são algumas aplicações para o PVC plastificado?

10.156 (*a*) O que são resinas SAN? (*b*) Quais propriedades desejáveis as resinas SAN possuem? (*c*) Quais são algumas das aplicações para os termoplásticos SAN?

10.157 (*a*) O que significam as letras A, B e S no plástico ABS? (*b*) Por que o ABS é geralmente referido como termopolímero? (*c*) Com qual propriedade cada componente do ABS contribui? (*d*) Descreva a estrutura do ABS. (*e*) Como as propriedades de impacto do ABS podem ser melhoradas? (*f*) Cites algumas das aplicações do ABS.

10.158 (*a*) Qual é a unidade estrutural de repetição química para o metacrilato? (*b*) Quais os nomes comerciais do PMMA? (*c*) Quais são algumas das propriedades importantes do PMMA que o tornam um importante plástico industrial?

10.159 Quais propriedades dos nylons os tornam úteis para a engenharia? Cite uma propriedade indesejável do nylon.

10.160 Cite algumas das aplicações de engenharia para o nylon.

10.161 Cite algumas das aplicações de engenharia para o policarbonato.

10.162 Quais são as propriedades dos policarbonatos que os tornam úteis para a engenharia?

10.163 Cite algumas das aplicações de engenharia para as resinas óxido-polifenilênicas.

10.164 Quais são algumas das propriedades importantes das resinas óxido-polifenilênicas que as tornam importantes plásticos de engenharia?

10.165 Quais são algumas das propriedades importantes dos acetais que os tornam importantes plásticos de engenharia?

10.166 Qual incrível propriedade os acetais têm de vantagem sobre os nylons?

10.167 Cite algumas das aplicações de engenharia para os acetais.

10.168 Que tipos de materiais os acetais têm substituído?

10.169 Quais são algumas das propriedades importantes dos poliésteres que os tornam importantes plásticos de engenharia?

10.170 Cite algumas das aplicações de engenharia para o PBT.

10.171 Quais são algumas das propriedades importantes das polisulfonas que as tornam importantes plásticos de engenharia?

10.172 Cite algumas das aplicações de engenharia para a polisulfona.

10.173 Quais são algumas das propriedades importantes dos plásticos PPS que os tornam importantes plásticos de engenharia?

10.174 Cite algumas das aplicações de engenharia para o PPS.

10.175 Quais importantes propriedades a polieterimida possui para (a) projetos de engenharia elétrica e (b) projetos de engenharia mecânica?

10.176 Cite algumas das aplicações para a poliéterimida.

10.177 Por que as ligas poliméricas possuem grande importância para aplicações de engenharia?

10.178 Quais são as principais vantagens dos plásticos fenólicos para aplicações industriais?

10.179 Cite algumas das aplicações para os compostos fenólicos.

10.180 Quais são algumas das vantagens das resinas epóxi? Quais são algumas de suas aplicações?

10.181 Como a maioria dos poliésteres insaturados é reforçada?

10.182 Cite algumas das aplicações para o poliésteres reforçados.

10.183 Cite algumas das aplicações para as borrachas nitrílicas.

10.184 Cite algumas das aplicações de engenharia para as borrachas neoprênicas.

10.185 Cite algumas das aplicações de engenharia para as borrachas de silicone.

10.186 Quais são algumas das vantagens e desvantagens da SBR? E da borracha natural?

Problemas de síntese e avaliação

10.187 Selecione o material que serve como capa isolante para um cabo condutor de cobre em um motor automobilístico. Que fatores devem ser levados em consideração na sua seleção? Qual a melhor escolha? Use as tabelas deste capítulo e os apêndices do livro quando necessário.

10.188 Usando a Figura 10.47, (a) estime e compare o módulo de elasticidade do polietileno de baixas e altas densidades, (b) estime e compare a dureza dos dois, e (c) explique o que causa essa diferença.

10.189 Alguns polímeros como os *trans*-poliacetilenos podem conduzir eletricidades (similar a um semicondutor). A estrutura da molécula é dada a seguir. Sugira, teoricamente, como a condutividade elétrica pode ser conduzida nesta cadeia única.

10.190 (a) Crie uma lista das propriedades requeridas dos materiais a serem selecionados no projeto e montagem de uma grande mala de viagens. (b) Proponha um número de materiais candidatos. (c) Identifique sua melhor opção e explique o por quê. Use as tabelas do capítulo e o apêndice quando necessários.

10.191 Sugira um modo de fazer um polímero regular autolubrificante.

10.192 Um engenheiro identificou o epóxi como um bom candidato para aplicações especiais em condições úmidas e ligeiramente corrosivas. Contudo, a baixa rigidez ou o baixo módulo de elasticidade são problemas potenciais. Você pode oferecer uma solução para este caso?

10.193 Em cirurgias de troca de quadris, a cabeça do fêmur é substituída por um componente metálico, geralmente uma liga Co-Cr, e a taça do acetábulo é substituída com polietileno de alto peso molecular (PAPM – polímero de alto peso molecular). (a) Estude este material e apresente argumentos para o uso do PAPM nesta aplicação em vez da taça metálica. (b) Qual a vantagem do PAPM sobre o de baixo peso molecular?

10.194 (a) Selecionando materiais para garrafas de leite infantis, que fatores devem ser levados em consideração? (b) O poliestireno seria uma boa escolha? (c) Qual material você escolheria neste caso? Use as tabelas do capítulo e o apêndice do livro quando necessário.

10.195 Explique por que o PMMA é um bom material para resinar barcos. Qual o motivo desta operação?

10.196 PTFE é usado na culinária como uma proteção não aderente. Examine suas propriedades na Tabela 10.2. Os fabricantes devem dar algum aviso aos consumidores?

10.197 (a) Selecionado materiais para CD's, quais fatores devem ser considerados? (b) Qual material você selecionaria para esta aplicação? Use as tabelas do capítulo e o apêndice do livro quando necessário.

10.198 (a) Selecionado materiais para luvas cirúrgicas, quais fatores devem ser considerados? (b) Qual material você selecionaria para esta aplicação? Use as tabelas do capítulo e o apêndice do livro quando necessário.

10.199 (a) Selecionado materiais para teclados de computador, terminais e outros equipamentos computacionais que abrigam os componentes eletrônicos, quais fatores devem ser considerados? (b) Qual material você selecionaria para esta aplicação? Use as tabelas do capítulo e o apêndice do livro quando necessário.

10.200 (a) Selecionado materiais para capacetes de futebol, quais fatores devem ser considerados? (b) Qual material você selecionaria para esta aplicação? Use as tabelas do capítulo e o apêndice do livro quando necessário.

10.201 (a) Selecionado materiais para cordas de bungee-jump, quais fatores devem ser considerados? (b) Qual material você selecionaria para esta aplicação? Use as tabelas do capítulo e o apêndice do livro quando necessário.

10.202 Investigue o papel dos polímeros na indústria de manufatura de lentes oftalmológicas. Quais polímeros são usados, e quais suas características?

10.203 Investigue o papel dos polímeros nas cirurgias de substituição de válvulas cardíacas. Quais polímeros são usados, e quais suas características?

10.204 Nas aplicações ortopédicas relacionadas a substituição de joelhos e quadris, é comum o uso de cimento cirúrgico para oferecer adesão entre o osso e o implante. Qual é este adesivo?

CAPÍTULO 11
Cerâmica

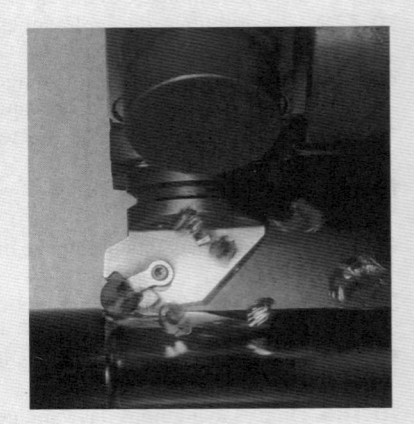

(Cortesia de Kennametal)

METAS DE APRENDIZAGEM

Ao final deste capítulo, o aluno será capaz de:

1. Definir e classificar materiais cerâmicos, incluindo as cerâmicas tradicionais e as de engenharia.
2. Descrever várias estruturas cristalinas cerâmicas.
3. Descrever o carbono e seus alótropos.
4. Descrever vários métodos de processamento para as cerâmicas.
5. Descrever as propriedades mecânicas das cerâmicas e seus correspondentes mecanismos de deformação, tenacificação e falha das cerâmicas.
6. Descrever as propriedades térmicas das cerâmicas.
7. Descrever os vários tipos de vidros cerâmicos, temperatura de transição vítrea, métodos de formação e a estrutura do vidro.
8. Descrever diversos revestimentos cerâmicos e suas aplicações.

Devido a características desejáveis, como elevada dureza, resistência ao desgaste, estabilidade química, resistência a alta temperatura e baixo coeficiente de expansão térmica, as cerâmicas avançadas vêm sendo selecionadas como os materiais preferidos para muitas aplicações. As principais aplicações encontram-se em processamento mineral, retentores, válvulas, trocadores de calor, matrizes de conformação metálica, motores adiabáticos a diesel, turbinas a gás, produtos médicos e ferramentas de corte.

As ferramentas de corte cerâmicas possuem diversas vantagens quando comparadas às metálicas, incluindo estabilidade química, maior resistência ao desgaste, maior dureza a alta temperatura e melhor dispersão de calor durante o processo de desbaste. Alguns exemplos de materiais cerâmicos que são usados na fabricação de ferramentas de corte são os compósitos de óxidos metálicos (70% Al_2O_3 – 30% TiC), oxinitreto de silício-alumínio (sialons) e nitreto bórico cúbico. Estas ferramentas são fabricadas pelo processo de metalurgia do pó, no qual partículas cerâmicas são densificadas em um formato final por meio de compactação e sinterização. As imagens de abertura do capítulo são exemplos de vários tipos de produtos de remoção de metais feitos de cerâmicas avançadas.[1]

---
[1] "Ceramics Engineered Materials Handbook", vol. 1, ASM International.

11.1 INTRODUÇÃO

Materiais cerâmicos são materiais inorgânicos e não metálicos que consistem em elementos metálicos e ametálicos unidos em essência por ligações iônicas e/ou covalentes. As composições químicas de materiais cerâmicos variam consideravelmente de simples compostos a misturas de muitas e complexas fases unidas.

As propriedades dos materiais cerâmicos também variam bastante devido às diferenças nas ligações. De modo geral, materiais cerâmicos são rígidos e quebradiços, com baixa resistência mecânica e ductilidade. Cerâmicas são boas isolantes elétricas e térmicas devido à ausência de elétrons de condução. Materiais cerâmicos geralmente possuem alta temperatura de fusão e alta estabilidade química em muitos ambientes hostis devido à estabilidade de suas fortes ligações químicas. Graças a essas propriedades, materiais cerâmicos são indispensáveis para muitas aplicações no campo da engenharia. Dois exemplos da importância estratégica desses na nova alta tecnologia são apresentados na Figura 11.1.

(a)

(b)

(c)

Figura 11.1
(a) Cadinhos de zircônia (dióxido de zircônio) são usados no derretimento de superligas. (b) As linhas de produtos de grãos grossos de zircônia incluem bicos, cadinhos, blocos queimadores, placas de ajuste e discos.

((a) e (b) provém do American Ceramic Bulletin, september 2001. Cortesia da foto de Zircoa, Inc.)

(c) O rolamento de esferas de alta performance Ceratec e suas pistas são feitos de titânio e matérias-primas de nitreto de carbono por meio da tecnologia da metalurgia do pó.

(©David A. Tietz/Editorial Image, LLC.)

De modo geral, materiais cerâmicos usados nas aplicações de engenharia podem ser divididos em dois grupos: materiais cerâmicos tradicionais e os materiais cerâmicos de engenharia. As cerâmicas tradicionais são obtidas a partir de três componentes básicos: argila, sílica (sílex) e feldspato. Exemplos de cerâmicas tradicionais são as telhas, os vidros e os tijolos usados nas indústrias de construção civil e também as porcelanas elétricas na indústria elétrica. As cerâmicas voltadas à engenharia, em contraste, consistem em compostos puros ou praticamente puros como o óxido de alumínio (Al_2O_3), carbeto de silício (SiC), e nitreto de silício (Si_3N_4). Exemplos do uso de cerâmicas de engenharia na alta tecnologia são os carbetos de silício em áreas sujeitas a elevadas temperaturas na turbina automotiva experimental a gás AGT-100 e o óxido de alumínio de base do suporte dos circuitos integrados em módulos de condução térmica.

Neste capítulo, examinaremos, em primeiro lugar, algumas simples estruturas cristalinas cerâmicas, e então verificaremos algumas das estruturas cerâmicas de silicato mais complexas. Então, exploraremos alguns dos métodos usados no processamento de materiais cerâmicos, e, em seguida, estudaremos algumas das propriedades térmicas e mecânicas dos materiais cerâmicos. Devemos examinar mais alguns aspectos da estrutura e das propriedades dos vidros, revestimentos e superfícies cerâmicos e o uso das cerâmicas em aplicações biomédicas. Finalmente, exploraremos a nanotecnologia e as cerâmicas.

11.2 ESTRUTURAS CRISTALINAS CERÂMICAS SIMPLES

11.2.1 Ligações covalentes e iônicas em compostos cerâmicos simples

Consideremos primeiramente algumas estruturas cerâmicas cristalinas simples. Alguns compostos cerâmicos com estrutura cristalina relativamente simples estão listados na Tabela 11.1, juntamente com os seus pontos de fusão.

Nos compostos cerâmicos listados, a ligação atômica é uma mistura de tipos covalentes e iônicos. Valores aproximados para as porcentagens das características iônicas e covalentes das ligações entre os átomos destes compostos pode ser obtida considerando as diferenças de eletronegatividade entre os diferentes tipos de átomos dos compostos utilizando a equação de Pauling para caráter percentual atômico (Equação 2.11). A Tabela 11.2 mostra que o caráter percentual iônico ou covalente varia consideravelmente nos compostos cerâmicos simples. A quantidade de ligações covalentes ou iônicas entre os átomos destes compostos é importante, uma vez que determina, em certa medida, que tipo de estrutura cristalina será formada no composto cerâmico em volume.

Tabela 11.1
Alguns compostos de cerâmicas simples com seus pontos de fusão.

Composto cerâmico	Fórmula	Ponto de fusão (°C)	Composto cerâmico	Fórmula	Ponto de fusão (°C)
Carbeto de háfnio	HfC	4.150	Carbeto de boro	B_4C_3	2.450
Carbeto de titânio	TiC	3.120	Óxido de alumínio	Al_2O_3	2.050
Carbeto de tungstênio	WC	2.850	Dióxido de silício**	SiO_2	1.715
Óxido de magnésio	MgO	2.798	Nitreto de silício	Si_3N_4	1.700
Dióxido de zircônio	ZrO_2*	2.750	Dióxido de titânio	TiO_2	1.605
Carbeto de silício	SiC	2.500			

* Acredita-se que possui estrutura cristalina monoclínica de fluorita (distorcida) quando fundida.
** Cristobalita.

Tabela 11.2
Percentual das ligações iônicas e covalentes em alguns compostos cerâmicos.

Composto cerâmico	Átomos ligantes	Diferença de eletronegatividade	Caráter percentual iônico	Caráter percentual covalente
Dióxido de Zircônio, ZrO_2	Zr-O	2,3	73	27
Óxido de Magnésio, MgO	Mg-O	2,2	69	31
Óxido de Alumínio, Al_2O_3	Al-O	2,0	63	37
Dióxido de Silício, SiO_2	Si-O	1,7	51	49
Nitreto de Silício, Si_3N_4	Si-N	1,3	34,5	65,5
Carbeto de Silício, SiC	Si-C	0,7	11	89

11.2.2 Arranjos iônicos simples encontrados em sólidos ionicamente ligados

Em sólidos iônicos (cerâmicos), o empacotamento dos íons é determinado primariamente pelos seguintes fatores:

1. O tamanho relativo dos íons no sólido iônico (assuma que os íons sejam esferas rígidas com raio definido);
2. A necessidade do balanço eletrostático de cargas para manter a neutralidade elétrica no sólido iônico.

Quando a ligação iônica entre os átomos ocorre no estado sólido, as energias são reduzidas pela formação dos íons e suas ligações formando um sólido iônico. Estes tendem a possuir íons empacotados juntos o mais densamente possível, de modo a diminuir a energia total do sólido tanto quanto possível. As limitações do empacotamento denso são os tamanhos relativos dos íons e a sua necessidade de manter a neutralidade das cargas.

Limitações de tamanho no empacotamento denso para íons em um sólido iônico Sólidos iônicos consistem em cátions e íons. Na ligação iônica, alguns átomos perdem seus elétrons de valência para se tornarem *cátions*, e outros ganham elétrons de valência para se tornarem *ânions*. Então, cátions normalmente são menores que os ânions, aos quais se ligam. O número de ânions circundantes a um cátion central em um sólido iônico é chamado **número de coordenação (NC)** e corresponde ao número de vizinhos mais próximos circundando um cátion em posição central. Para que a estabilidade ocorra, a maior quantidade possível de ânions deve circundar o cátion que está em posição central. Contudo, os ânions devem manter contato com o cátion posicionado ao centro, e a neutralidade de cargas deve ser mantida.

A Figura 11.2 mostra duas configurações estáveis para a coordenação de ânions em torno de um cátion em posição central em um sólido iônico. Se os ânions não tocarem o cátion central, a estrutura se torna instável devido ao fato deste cátion central poder se "agitar em torno da sua gaiola de ânions" (terceiro diagrama, Figura 11.2). A razão entre o raio do cátion central e dos ânions que o circundam é chamada **razão de raios**, $r_{cátion}/r_{ânion}$. A razão de raios quando os ânions somente se tocam entre si e contatam o cátion em posição central é chamada **razão de raios crítica (mínima)**. Razões de raios permissíveis para sólidos iônicos com números de coordenação 3, 4, 6 e 8, estão listadas na Figura 11.3, juntamente com as ilustrações que mostram as coordenações.

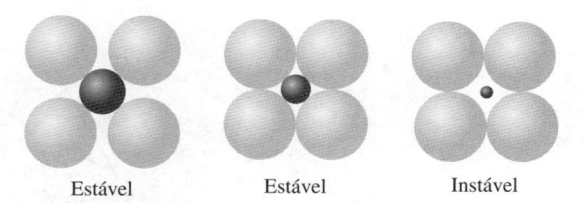

Estável   Estável   Instável

Figura 11.2
Configurações estáveis e instáveis para a coordenação de sólidos iônicos.
(De W.D. Kingery, H.K. Bowen, and D.R. Uhlmann, "Introduction to Ceramics", 2. ed., Wiley, 1976. Reimpresso com permissão de John Wiley & Sons, Inc.)

Localização dos íons em torno do íon central	NC	Faixa de relação de raios de cátion e ânions
Vértices do cubo	8	≥0,732
Vértices do octaédro	6	≥0,414
Vértices do tetraedro	4	≥0,225
Vértices do triângulo	3	≥0,155

NC = número de coordenação

Figura 11.3
Razões de raios para números de coordenação de 8, 6, 4 e 3 ânions circundando um cátion central em sólidos iônicos.
(*Extraído de W.D. Kingery, H.K. Bowen and D.R. Uhlmann, "Introduction to Ceramics", 2. ed., Wiley, 1976. Reimpresso com permissão de John Wiley & Sons, Inc.*)

EXEMPLO 11.1

Calcule a razão de raios crítica (mínima) $\frac{r}{R}$ para a coordenação triangular (NC = 3) dos três ânions do raio R circundando um cátion central de rádio r em um sólido iônico.

■ **Solução**

A Figura E11.1a ilustra três grandes ânions de raio R circundando e apenas tocando um cátion central de raio r. O triângulo ABC é equilátero (seus ângulos medem 60° cada), e a linha AD é bissetriz do ângulo CAB. Então, o ângulo $DAE = 30°$. Para encontrar a relação entre R e r, construímos o triângulo ADE, conforme mostra a Figura E11.1b. Daí,

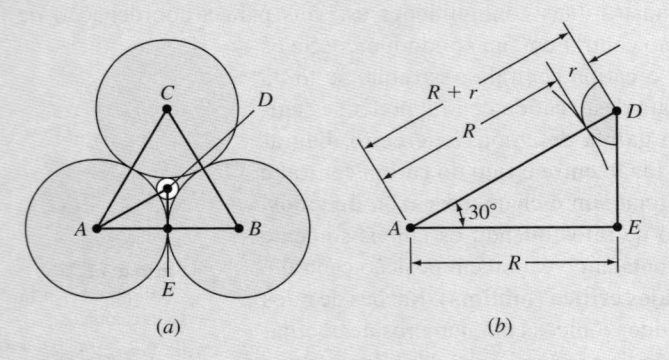

Figura E11.1
Diagrama para coordenação triangular.

$$AD = R + r$$

$$\cos 30° = \frac{AE}{AD} = \frac{R}{R + r} = 0{,}866$$

$$R = 0{,}866(R + r) = 0{,}866R + 0{,}866r$$

$$0{,}866r = R - 0{,}866R = R(0{,}134)$$

$$\frac{r}{R} = 0{,}155 \blacktriangleleft$$

EXEMPLO 11.2

Calcule o número de coordenação para os sólidos iônicos CsCl e NaCl. Use os seguintes raios iônicos para os seus cálculos:

$$Cs^+ = 0{,}170 \text{ nm} \qquad Na^+ = 0{,}102 \text{ nm} \qquad Cl^- = 0{,}181 \text{ nm}$$

- **Solução**

A razão de raios para o CsCl é

$$\frac{r(Cs^+)}{R(Cl^-)} = \frac{0{,}170 \text{ nm}}{0{,}181 \text{ nm}} = 0{,}94$$

Uma vez que a razão é maior que 0,732, o CsCl deve apresentar coordenação cúbica (NC = 8), o que é verdade. A razão de raios para o NaCl é

$$\frac{r(Na^+)}{R(Cl^-)} = \frac{0{,}102 \text{ nm}}{0{,}181 \text{ nm}} = 0{,}56$$

Uma vez que a razão é maior que 0,414, porém menor que 0,732, o NaCl deve apresentar coordenação octaédrica (NC = 6), o que é verdade.

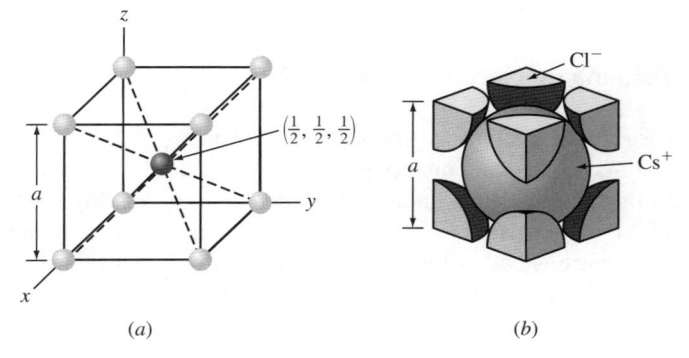

Figura 11.4
A célula unitária estrutural cristalina do cloreto de césio (CsCl). (*a*) Célula unitária de posição iônica. (*b*) Célula unitária de esfera rígida. Nesta estrutura cristalina, oito íons de cloreto circundam um cátion em posição central com coordenação cúbica (NC = 8). Nesta célula unitária, há um íon Cs⁺ e um íon Cl⁻.

11.2.3 Estrutura cristalina de cloreto de césio (CsCl)

A fórmula química do cloreto de césio sólido é CsCl, e, uma vez que sua estrutura é, sobretudo, ionicamente ligada, há quantidades iguais de íons de Cs⁺ e Cl⁻. Devido a razão de raios para o CsCl ser

0,94 (ver Exemplo 11.2), o cloreto de césio possui uma coordenação cúbica (NC = 8), conforme ilustra a Figura 11.4. Então, oito íons de cloreto circundam um cátion central de césio na posição ($\frac{1}{2}, \frac{1}{2}, \frac{1}{2}$) da célula unitária. Os compostos iônicos que também possuem a estrutura cristalina do CsCl são o CsBr, TlCl e TlBr. Os compostos intermetálicos AgMg, LiMg, AlNi e β–Cu–Zn também possuem esta estrutura. A estrutura do CsCl não é de grande importância para os materiais cerâmicos, mas ilustra que, quanto maior a razão entre os raios, maior será o número de coordenação nas estruturas cristalinas iônicas.

EXEMPLO 11.3

Calcule o fator de empacotamento iônico para o CsCl. Os raios iônicos são $Cs^+ = 0{,}170$ nm e $Cl^- = 0{,}181$ nm.

■ **Solução**

Os íons se tocam transversalmente na diagonal do cubo da célula unitária do CsCl, de acordo com a Figura E11.3. Assumindo que r = íon Cs^+ e R = íon Cl^-, então:

$$\sqrt{3}a = 2r + 2R$$
$$= 2(0{,}170 \text{ nm} + 0{,}181 \text{ nm})$$
$$a = 0{,}405 \text{ nm}$$

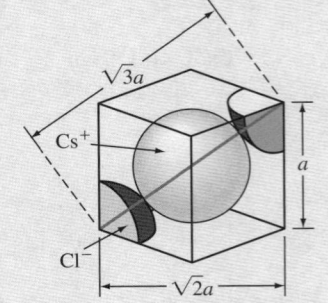

Figura E11.3

$$\text{Fator de empacotamento iônico para o CsCl} = \frac{\frac{4}{3}\pi r^3 (1 \text{ } Cs^+ \text{ íon}) + \frac{4}{3}\pi R^3 (1 \text{ } Cl^- \text{ íon})}{a^3}$$

$$= \frac{\frac{4}{3}\pi (0{,}170 \text{ nm})^3 + \frac{4}{3}\pi (0{,}181 \text{ nm})^3}{(0{,}405 \text{ nm})^3}$$

$$= 0{,}68 \blacktriangleleft$$

11.2.4 Estrutura cristalina do cloreto de sódio (NaCl)

O cloreto de sódio ou estrutura cristalina de pedras de sal é formado por ligações iônicas fortes e possui a fórmula química NaCl. Assim, há um número igual de íons Na^+ e Cl^- para manter a neutralidade das cargas. A Figura 11.5a ilustra uma célula unitária de uma rede local, e a Figura 2.18b, um modelo de célula unitária de esfera rígida de NaCl. A Figura 11.5a possui ânions Cl^- ocupando interstícios do retículo atômico do CFC e cátions Na^+ ocupando os espaços intersticiais entre os sítios atômicos do CFC. Os centros no Na^+ e do Cl^- ocupam as seguintes posições no sítio do retículo, que são indicadas na Figura 11.5a:

$$Na^+: \quad (\tfrac{1}{2}, 0, 0) \quad (0, \tfrac{1}{2}, 0) \quad (0, 0, \tfrac{1}{2}) \quad (\tfrac{1}{2}, \tfrac{1}{2}, \tfrac{1}{2})$$
$$Cl^-: \quad (0, 0, 0) \quad (\tfrac{1}{2}, \tfrac{1}{2}, 0) \quad (\tfrac{1}{2}, 0, \tfrac{1}{2}) \quad (0, \tfrac{1}{2}, \tfrac{1}{2})$$

Uma vez que cada cátion central Na^+ esteja circundado por seis ânions Cl^-, a estrutura possuirá coordenação octaédrica (que significa NC = 6), conforme ilustra a Figura 11.5b. Este tipo de coordenação é prevista pelo cálculo da razão de raios $\frac{r_{Na^+}}{R_{Cl^-}} = 0{,}102 \text{ nm}/0{,}181 \text{ nm} = 0{,}56$, que é maior que 0,414, ainda assim menor que 0,732. Outros exemplos de compostos cerâmicos que possuem a mesma estrutura do NaCl incluem o MgO, CaO, NiO e FeO.

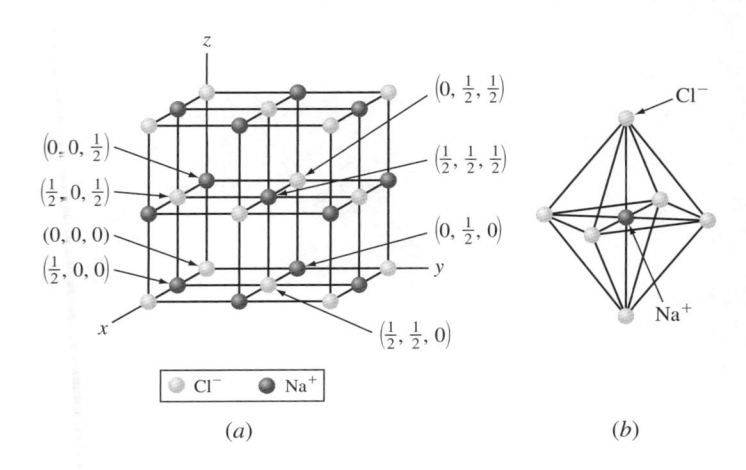

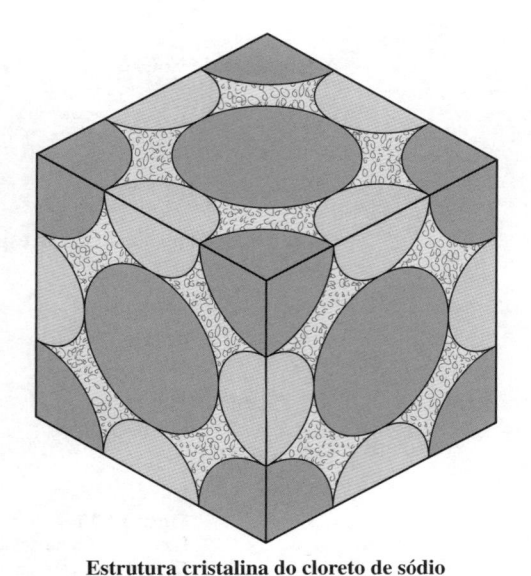

Figura 11.5
(a) Célula unitária do sítio do retículo do NaCl indicando as posições dos íons Na⁺ (raio = 0,102 nm) e Cl⁻ (raio = 0,181 nm).
(b) Octaedro ilustrando a coordenação octaédrica de seis ânions Cl⁻ em torno de um cátion Na⁺. (c) Célula unitária de NaCl truncada.

Estrutura cristalina do cloreto de sódio
NaCl
(Cor clara) íons de sódio — (raio 0,102 nm)
(Cor escura) íons de cloreto — (raio 0,181 nm) $\dfrac{r_{Na^+}}{R_{Cl^-}} = 0,56$

EXEMPLO 11.4

Calcule a densidade do NaCl a partir das informações sobre a sua estrutura cristalina (Figura 11.5a), dos raios iônicos dos íons Na⁺ e Cl⁻, das massas atômicas do Na e do Cl. O raio iônico do Na⁺ é 0,102 nm e do Cl⁻ é 0,181 nm. As massas atômicas do Na e do Cl são respectivamente 22,99 g/mol e 35,45 g/mol.

▪ Solução

Conforme ilustrado na Figura 11.5a, os íons Cl⁻ na célula unitária do NaCl formam um retículo atômico do tipo CFC, e os íons Na⁺ ocupam os espaços intersticiais entre os íons de Cl⁻. Existe um equivalente do íon Cl⁻ nos ângulos da célula unitária de NaCl, e, desse modo, 8 ângulos × $\frac{1}{8}$ íon = 1 íon; existe ainda o equivalente de três íons de Cl⁻ nas faces da célula unitária do NaCl, e desse modo, 6 faces × $\frac{1}{2}$ íon = 3 Cl⁻, perfazendo um total de quatro íons Cl⁻ por célula unitária de NaCl. Para manter a neutralidade de cargas na célula unitária do NaCl, deve haver também o equivalente a quatro íons Na⁺ na célula unitária. Então, há quatro pares iônicos Na⁺Cl⁻ na célula unitária do NaCl.

Para calcular a densidade da célula unitária do NaCl, devemos primeiramente determinar a massa de uma célula unitária de NaCl e então o volume. Conhecendo estas duas quantidades, podemos calcular a densidade m/V.

A massa de uma célula unitária de NaCl é

$$= \frac{(4Na^+ \times 22,99 \text{ g/mol}) + (4Cl^- \times 35,45 \text{ g/mol})}{6,02 \times 10^{23} \text{ átomos (íons)/mol}} = 3,88 \times 10^{-22} \text{ g}$$

O volume da célula unitária de NaCl é igual a a^3, onde a é a constante do retículo da célula unitária do NaCl. Os íons Na⁺ e Cl⁻ se tocam ao longo das bordas do cubo da célula unitária, conforme a Figura E11.4, e, então

$$a = 2(r_{Na^+} + R_{Cl^-}) = 2(0,102 \text{ nm} + 0,181 \text{ nm}) = 0,566 \text{ nm}$$
$$= 0,566 \text{ nm} \times 10^{-7} \text{ cm/nm} = 5,66 \times 10^{-8} \text{ cm}$$
$$V = a^3 = 1,81 \times 10^{-22} \text{ cm}^3$$

▶

A densidade do NaCl é

$$\rho = \frac{m}{V} = \frac{3{,}88 \times 10^{-22} \text{ g}}{1{,}81 \times 10^{-22} \text{ cm}^3} = 2{,}14 \frac{\text{g}}{\text{cm}^3} \blacktriangleleft$$

O valor apontado pela literatura especializada para a densidade do NaCl é 2,16 g/cm³.

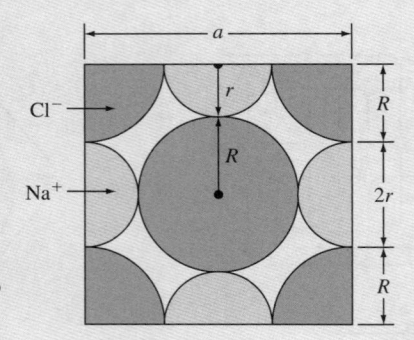

Figura E11.4
Face do cubo da célula unitária do NaCl. Os íons se tocam ao longo das bordas do cubo, e então $a = 2r + 2R = 2(r + R)$.

EXEMPLO 11.5

Calcule a densidade linear dos íons Ca^{2+} e O^{2-} em íons por nanômetro na direção [110] do CaO, que possui a estrutura do NaCl. (Raio iônico: Ca^{2+} = 0,106 nm e O^{2-} = 0,132 nm).

■ **Solução**

Na Figura 11.5 e na Figura E11.5, podemos ver que a direção [110] passa por dois diâmetros de íons O^{2-} transversalmente das posições iônicas (0, 0, 0) a (1, 1, 0). O comprimento da distância [110] ao longo da base da face de uma unidade cúbica é $\sqrt{2}a$, no qual a é o comprimento de um lado do cubo ou a constante do retículo. Na Figura E11.4 da face do cubo da célula unitária do NaCl, podemos ver que $a = 2r + 2R$. Então, para o CaO

$$a = 2(r_{Ca^{2+}} + R_{O^{2-}})$$
$$= 2(0{,}106 \text{ nm} + 0{,}132 \text{ nm}) = 0{,}476 \text{ nm}$$

A densidade linear dos íons O^{2-} na direção [110] é

$$\rho_L = \frac{2O^{2-}}{\sqrt{2}a} = \frac{2O^{2-}}{\sqrt{2}(0{,}476 \text{ nm})} = 2{,}97 O^{2-}/\text{nm} \blacktriangleleft$$

A densidade linear dos íons Ca^{2+} na direção [110] é também 2,97 Ca^{2+}/nm, se transportarmos a origem da direção [110] do ponto (0, 0, 0) para (0, $\frac{1}{2}$, 0). Então, a solução para o problema é que há 2,97(Ca^{2+} ou O^{2-})/nm na direção [110].

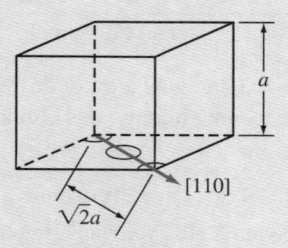

Figura E11.5

> **EXEMPLO 11.6**
>
> Calcule a densidade planar dos íons Ca^{2+} e O^{2-} em íons por nanômetro quadrado no plano (111) do CaO, que possui a estrutura do NaCl. (Raio iônico: $Ca^{2+} = 0{,}106$ nm e $O^{2-} = 0{,}132$ nm).
>
> ■ **Solução**
>
> Se considerarmos os ânions (íons O^{2-}) a serem locados nas posições do CFC em uma célula unitária cúbica conforme apresentado para os íons Cl^- na Figura 11.5 e na Figura E11.6, então o plano (111) contém o equivalente a dois ânions. [$3 \times 60° = 180° = \frac{1}{2}$ ânion + ($3 \times \frac{1}{2}$) ânions em cada ponto médio dos lados do triângulo plano (111) da Figura E11.6 = um total de 2 ânions no triângulo (111)]. A constante do retículo para a célula unitária $a = 2(r + R) = 2(0{,}106 \text{ nm} + 0{,}132 \text{ nm}) = 0{,}476$ nm. A área planar $A = \frac{1}{2}bh$, onde $h = \frac{\sqrt{3}}{2}a^2$. Então,
>
> $$A = \left(\frac{1}{2}\sqrt{2}a\right)\left(\sqrt{\frac{3}{2}}a\right) = \frac{\sqrt{3}}{2}a^2 = \frac{\sqrt{3}}{2}(0{,}476 \text{ nm})^2 = 0{,}196 \text{ nm}^2$$
>
> A densidade planar para os ânions de O^{2-} é
>
> $$\frac{2(O^{2-} \text{ íons})}{0{,}196 \text{ nm}^2} = 10{,}2 O^{2-} \text{ íons/nm}^2 \blacktriangleleft$$
>
> A densidade planar para os cátions Ca^{2+} é a mesma se considerarmos o Ca^{2+} pode ser locado nos pontos do retículo da célula unitária do CFC, e então
>
> $$\rho_{planar}(CaO) = 10{,}2(Ca^{2+} \text{ ou } O^{2-})/\text{nm}^2 \blacktriangleleft$$
>
> **Figura E11.6**

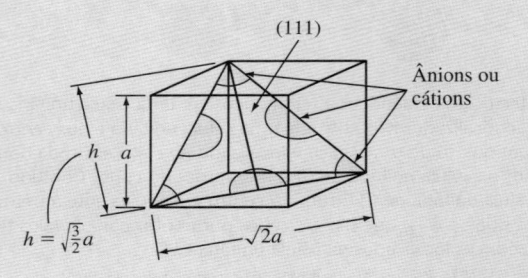

11.2.5 Espaços intersticiais nos retículos cristalinos CFC e HC

Há espaços ou lacunas entre os átomos ou íons que estão empacotados em um retículo de uma estrutura cristalina. Esses espaços vazios são *espaços intersticiais* nos quais átomos ou íons, além dos formadores do retículo podem se encaixar. Nas estruturas cristalinas CFC e HC, que são estruturas de empacotamento fechado, há dois tipos de espaços intersticiais: o **octaédrico** e o **tetraédrico**. No espaço octaédrico, há seis átomos ou íons equidistantes do centro do espaço vazio, conforme indica a Figura 11.6a. Este espaço é chamado *octaédrico* porque os átomos ou íons no entorno do centro do espaço vazio formam um octaedro (oito lados). No espaço tetraédrico há quatro átomos ou íons equidistantes do centro do espaço vazio, conforme ilustra a Figura 11.6b. Um tetraedro regular é formado quando os centros dos quatro átomos circundantes ao vazio se reúnem.

No retículo da estrutura cristalina CFC, os espaços intersticiais octaédricos estão localizados no centro na célula unitária e nas bordas do cubo, segundo a Figura 11.7. Há o equivalente a quatro espaços intersticiais octaédricos por célula unitária de CFC. Uma vez que haja quatro átomos por célula unitária de CFC, haverá um espaço intersticial octaédrico por átomo no retículo de corpo centrado. A Figura 11.8a indica as posições no retículo para os espaços intersticiais octaédricos em uma célula unitária CFC.

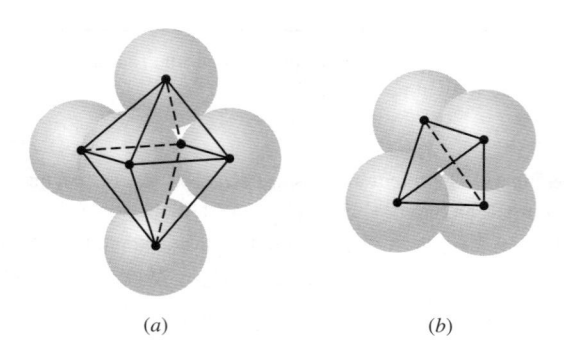

Figura 11.6
Espaços intersticiais em retículos estruturais cristalinos de CFC e HC. (*a*) Espaço intersticial octaédrico formado ao centro, onde seis átomos se tangenciam. (*b*) Espaço intersticial tetraédrico formado ao centro, onde quatro átomos se tangenciam.
(*W.D. Kingery, H.K. Bowen, and D.R. Uhlmann, "Introduction to Ceramics", 2. ed., Wiley, 1976. Reimpresso com permissão de John Wiley & Sons, Inc.*)

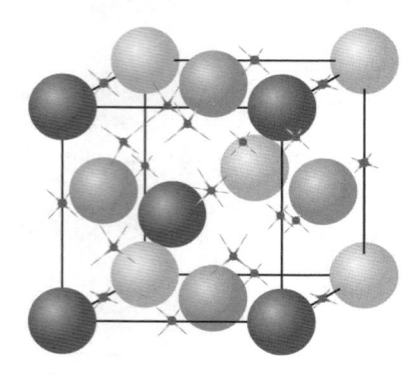

Figura 11.7
Localização de espaços vazios intersticiais octaédricos e tetraédricos em uma célula unitária estrutural cristalina iônica de CFC. Os espaços octaédricos estão localizados no centro de uma célula unitária e nos centros das bordas dos cubos. Uma vez que há 12 bordas de cubo, um quarto de um espaço é localizado no cubo em cada borda. Então, há o equivalente a $12 \times \frac{1}{4} = 3$ voids espaços vazios na célula unitária de CFC nas bordas do cubo. Contudo, há o equivalente a quatro espaços vazios octaédricos por célula unitária de CFC (um no centro e o equivalente a três nas bordas do cubo). Os espaços tetraédricos estão localizados nos sítios $\frac{1}{4}, \frac{1}{4}, \frac{1}{4}$, que são indicados por pontos com os raios tetraédricos direcionados. Então, há um total de oito espaços tetraédricos localizados na célula unitária CFC.
(*W.D. Kingery, "Introduction to Ceramics", Wiley, 1976. Reimpresso com permissão de John Wiley & Sons, Inc.*)

Os espaços tetraédricos no retículo CFC estão localizados na posição $(\frac{1}{4}, \frac{1}{4}, \frac{1}{4})$, como indica a Figura 11.7 e 11.8*b*. Na célula unitária CFC, há oito espaços vazios tetraédricos por unidade celular ou duas por átomo da origem da célula unitária CFC. Na estrutura cristalina HC, devido ao empacotamento similar ao da estrutura CFC, há também o mesmo número de espaços intersticiais octaédricos e de átomos na célula unitária de HC, e o dobro de espaços tetraédricos quando comparados ao número de átomos.

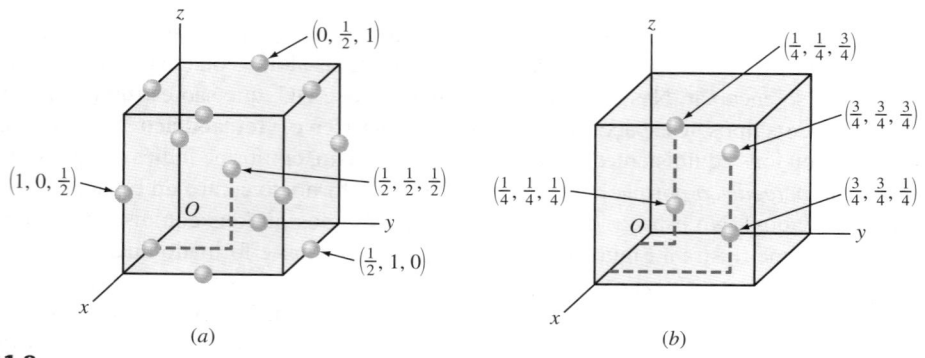

Figura 11.8
Localização dos espaços intersticiais na célula unitária atômica do CFC. (*a*) Os espaços tetraédricos na célula unitária do CFC estão alocados no centro da célula unitária e nos centros das bordas dos cubos. (*b*) Os espaços tetraédricos na célula unitária de CFC estão alocados nas posições das células unitárias indicadas. Apenas as posições representativas são apresentadas na figura.

11.2.6 Estrutura cristalina da blenda de sulfeto de zinco (ZnS)

A estrutura da blenda de sulfeto de zinco possui a fórmula estrutural ZnS, e sua célula unitária, Figura 11.9 (ou S ou Zn) possui o equivalente a quatro átomos de zinco e quatro de enxofre. Um determinado tipo de átomo ocupa os pontos da rede cristalina em uma célula unitária CFC e outro tipo (ou S ou Zn) ocupa a metade dos espaços intersticiais tetraedral da célula unitária CFC. Em ambos os casos esses átomos podem ser tanto o zinco quanto o enxofre. Na célula unitária de estrutura cristalina do ZnS, apresentada na Figura 11.9, os átomos de enxofre ocupam as posições dos átomos da célula unitária CFC, conforme indicado pelos círculos mais claros, e os átomos de Zn ocupam metade das posições intersticiais tetraédricas da célula unitária CFC, segundo o indicado pelos círculos mais escuros. As posições coordenadas dos átomos de S e Zn na estrutura cristalina do ZnS podem ser, então:

átomos S: $(0, 0, 0)$ $(\frac{1}{2}, \frac{1}{2}, 0)$ $(\frac{1}{2}, 0, \frac{1}{2})$ $(0, \frac{1}{2}, \frac{1}{2})$

átomos Zn: $(\frac{3}{4}, \frac{1}{4}, \frac{1}{4})$ $(\frac{1}{4}, \frac{1}{4}, \frac{3}{4})$ $(\frac{1}{4}, \frac{3}{4}, \frac{1}{4})$ $(\frac{3}{4}, \frac{3}{4}, \frac{3}{4})$

De acordo com a equação de Pauling (Equação 2.11), a ligação Zn-S possui 87% de caráter covalente, o que significa que a estrutura cristalina do cristal de ZnS deve ser formada essencialmente por ligações covalentes. Como resultado, a estrutura do ZnS é constituída por ligações tetraédricas covalentes e os átomos de Zn e S possuem um número de coordenação 4. Muitos dos componentes semicondutores como o CdS, InAs, InSb e o ZnSe possuem a estrutura cristalina do ZnS.

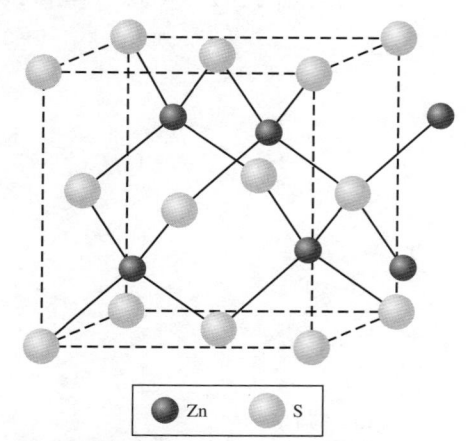

Figura 11.9
Estrutura cristalina da blenda de sulfeto de zinco (ZnS). Nesta célula unitária os átomos de enxofre ocupam os sítios atômicos das células unitárias CFC (equivalente a quatro átomos). Os átomos de zinco ocupam metade dos sítios tetraédricos intersticiais (quatro átomos). Cada átomo de Zn ou S possui um número de coordenação de 4 e é ligado covalentemente aos outros átomos.
(Extraído de W.D. Kingery, H.K Bowen, and D.R. Uhlmann, "Introduction to Ceramics", 2. ed., Wiley, 1976. Reimpresso com permissão de John Wiley & Sons, Inc.)

MatVis

EXEMPLO 11.7

Calcule a densidade da blenda de sulfeto de zinco (ZnS). Assuma que a estrutura seja constituída por íons e que o raio iônico do $Zn^{2+} = 0,060$ nm e que o do $S^{2-} = 0,174$ nm.

- **Solução**

$$\text{Densidade} = \frac{\text{massa da célula unitária}}{\text{volume da célula unitária}}$$

Há quatro íons de zinco e quatro íons de enxofre por célula unitária. Então,

$$\text{Massa da célula unitária} = \frac{(4Zn^{2+} \times 65,37 \text{ g/mol}) + (4S^{2-} \times 32,06 \text{ g/mol})}{6,02 \times 10^{23} \text{ átomos/mol}}$$

$$= 6,47 \times 10^{-22} \text{ g}$$

Da Figura E11.7,

$$\frac{\sqrt{3}}{4}a = r_{Zn^{2+}} + R_{S^{2-}} = 0,060 \text{ nm} + 0,174 \text{ nm} = 0,234 \text{ nm}$$

$$a = 5,40 \times 10^{-8} \text{ cm}$$

$$a^3 = 1,57 \times 10^{-22} \text{ cm}^3$$

Então,

$$\text{Densidade} = \frac{\text{massa}}{\text{volume}} = \frac{6{,}47 \times 10^{-22} \text{ g}}{1{,}57 \times 10^{-22} \text{ cm}^3} = 4{,}12 \text{ g/cm}^3$$

O valor que a literatura especializada aponta para a densidade do ZnS (cúbico) é 4,10 g/cm³.

Figura E11.7
A estrutura da blenda de sulfeto de zinco mostrando a relação entre a constante do interstício a da célula unitária e o raio atômico dos íons de zinco e enxofre.

$$\frac{\sqrt{3}}{4}a = r_{Zn^{2+}} + R_{S^{2-}}$$

ou

$$a = \frac{4}{\sqrt{3}}(r + R)$$

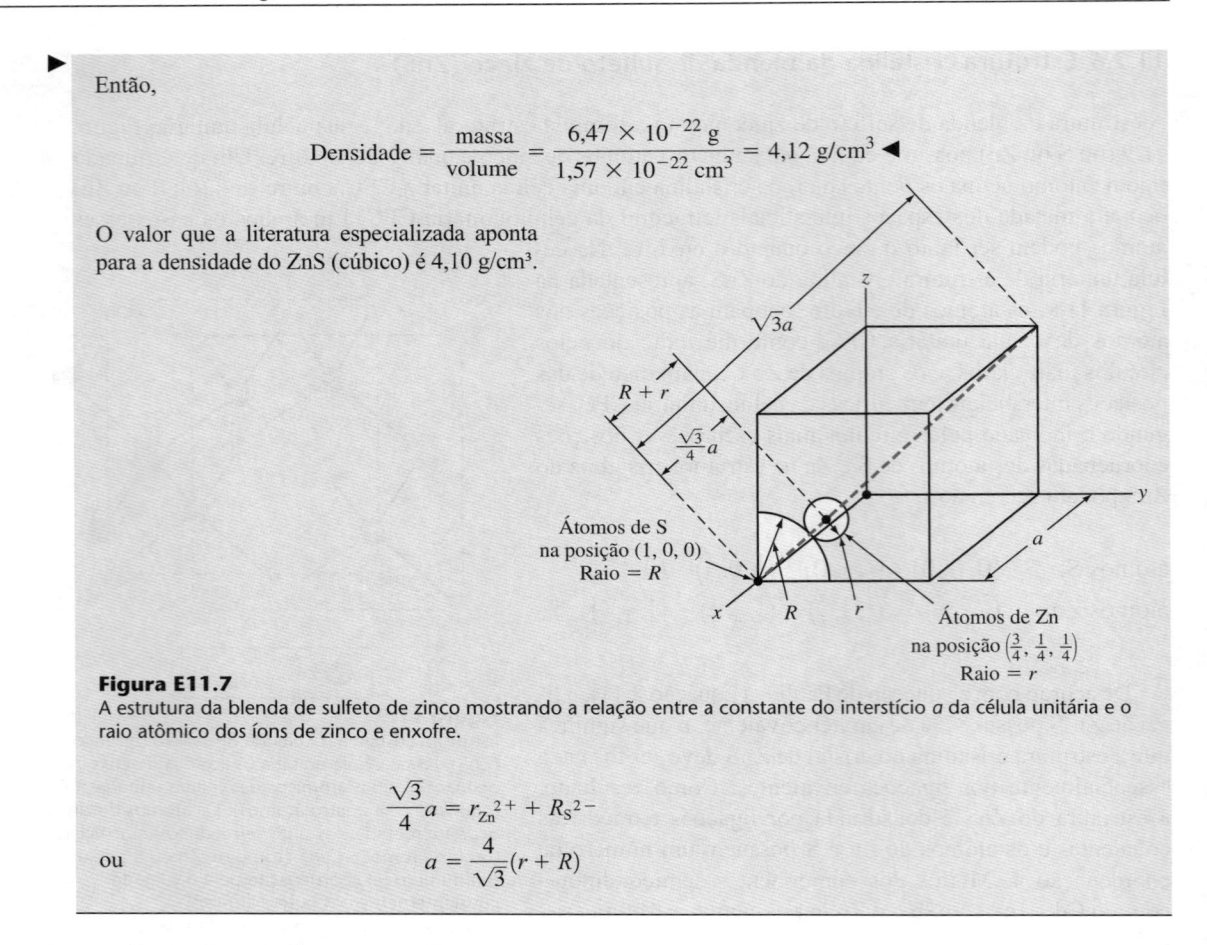

11.2.7 Estrutura cristalina do fluoreto de cálcio (CaF$_2$)

A estrutura do fluoreto de cálcio possui a fórmula química CaF$_2$ e a célula unitária apresentada na Figura 11.10. Nesta célula unitária, os íons de Ca^{2+} ocupam os sítios intersticiais da estrutura cristalina CFC, enquanto os íons de F$^-$ estão alocados nos oito sítios tetraédricos. Os quatro sítios tetraédricos restantes na matriz CFC permanecem vazios. Então, há quatro íons Ca^{2+} e oito íons F$^-$ por célula unitária. Exemplos de compostos que possuem esta estrutura são o UO$_2$, BaF$_2$, AuAl$_2$ e o PbMg$_2$. O composto ZrO$_2$ possui uma estrutura distorcida (monoclínica) do CaF$_2$. O maior número de interstícios octaédricos

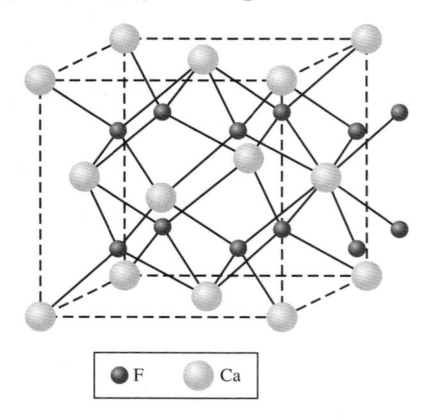

Figura 11.10
Estrutura cristalina do fluoreto de cálcio (CaF$_2$ – também chamada de *estrutura fluorítica*).
Nessa célula unitária, os íons de Ca^{2+} estão alocados nos sítios da célula unitária de CFC (quatro íons).
Os íons fluoreto ocupam todos os sítios tetraédricos intersticiais.
(*Extraído de W.D. Kingery, H.K Bowen, and D.R. Uhlmann, "Introduction to Ceramics", 2. ed., Wiley, 1976. Reimpresso com permissão de John Wiley & Sons, Inc.*)

> **EXEMPLO 11.8**
>
> Calcule a densidade do óxido de urânio (UO_2) que possui a estrutura do fluoreto de cálcio (CaF_2). (Raios iônicos U^{4+} = 0,150 nm e do O^{2-} = 0,132 nm).
>
> ■ **Solução**
>
> $$\text{Densidade} = \frac{\text{massa/célula unitária}}{\text{volume/célula unitária}}$$
>
> Há quatro íons de urânio e oito íons de óxido por célula unitária (do tipo do CaF_2). Então,
>
> $$\text{Massa da célula unitária} = \frac{(4U^{4+} \times 238 \text{ g/mol}) + (8O^{2-} \times 16 \text{ g/mol})}{6{,}02 \times 10^{23} \text{ íons/mol}}$$
>
> $$= 1{,}794 \times 10^{-21} \text{ g}$$
>
> Volume da célula unitária = a^3
>
> Da Figura E11.7,
>
> $$\frac{\sqrt{3}}{4}a = r_{U^{4+}} + R_{O^{2-}}$$
>
> $$a = \frac{4}{\sqrt{3}}(0{,}105 \text{ nm} + 0{,}132 \text{ nm}) = 0{,}5473 \text{ nm} = 0{,}5473 \times 10^{-7} \text{ cm}$$
>
> $$a^3 = (0{,}5473 \times 10^{-7} \text{ cm})^3 = 0{,}164 \times 10^{-21} \text{ cm}^3$$
>
> $$\text{Densidade} = \frac{\text{massa}}{\text{volume}} = \frac{1{,}79 \times 10^{-21} \text{ g}}{0{,}164 \times 10^{-21} \text{ cm}^3} = 10{,}9 \text{ g/cm}^3 \blacktriangleleft$$
>
> O valor que a literatura especializada encontra para a densidade do UO_2 é 10,96 g/cm³.

não ocupados no UO_2 permite que esse material seja usado como combustível nuclear, uma vez que as fissões produzidas podem ser acomodadas nestas posições vazias.

11.2.8 Estrutura cristalina da antifluorita

A estrutura cristalina da antifluorita consiste em uma célula unitária CFC com ânions (por exemplo, íons O^{2-}) ocupando os pontos do interstício da CFC. Cátions (por exemplo, íons Li^+) ocupam os oito espaços tetraédricos na matriz CFC. Exemplos de compostos com esta estrutura são o LiO_2, Na_2O, K_2O e o $MgSi_2$.

11.2.9 Estrutura cristalina do coríndon (Al_2O_3)

Na estrutura do coríndon (Al_2O_3), os íons de oxigênio estão localizados nos espaços da matriz de uma célula unitária hexagonal de estrutura fechada, conforme ilustra a Figura 11.11. Na estrutura cristalina HC, assim como na estrutura CFC, há tantos espaços intersticiais octaédricos quanto átomos na célula unitária. Contudo, devido ao fato do alumínio possuir uma valência de +3 e o oxigênio uma valência de –2, só podem haver *dois* íons de Al^{3+} para cada três íons O^{2-}, de modo que se mantenha a neutralidade elétrica. Então, os íons de alumínio podem apenas ocupar dois terços dos espaços octaédricos da matriz hexagonal do Al_2O_3, o que leva a certa distorção dessa estrutura.

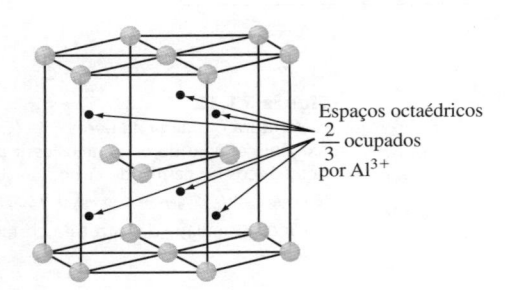

Figura 11.11
Estrutura cristalina do coríndon (Al_2O_3). Os íons de oxigênio (O^{2-}) ocupam os espaços da célula unitária HCC. Os íons de alumínio (Al^{3+}) ocupam apenas dois terços dos espaços intersticiais octaédricos, de modo a manter a neutralidade elétrica.

11.2.10 Estrutura cristalina da espinela ($MgAl_2O_4$)

Um certo número de óxidos possuem a estrutura $MgAl_2O_4$, também conhecida como espinela, que possui a fórmula geral AB_2O_4, sendo que A é um íon metálico com valência +2 e B é um íon metálico com valência

+3. Na estrutura da espinela, os íons de oxigênio formam uma matriz CFC, e o íons A e B ocupam espaços intersticiais tetraédricos e octaédricos, dependendo de qual tipo se trata a espinela. Compostos com essa estrutura são muito utilizados para materiais magnéticos não metálicos voltados a aplicações eletrônicas; e serão estudados mais detalhadamente no Capítulo 16, sobre propriedades e materiais magnéticos.

11.2.11 Estrutura cristalina da perovskita (CaTiO$_3$)

Na estrutura da perovskita (CaTiO$_3$), os íons Ca^{2+} e O^{2-} formam uma célula unitária CFC com os íons Ca^{2+} alocados nos ângulos da célula unitária e os íons O^{2-} nos centros das faces da célula (Figura 11.12). Os íons Ti^{+4} altamente carregados estão localizados no espaço intersticial octaédrico, no centro da célula unitária, e são coordenados a seis íons O^{2-}. O BaTiO$_3$ possui a estrutura da perovskita acima de 120 °C, porém, abaixo desta temperatura, sua estrutura se altera ligeiramente. Outros compostos que possuem esta estrutura são o SrTiO$_3$, CaZrO$_3$, SrZrO$_3$, LaAlO$_3$, entre outros. Esta estrutura é especialmente relevante para os materiais piezoelétricos. (Ver Seção 14.8.)

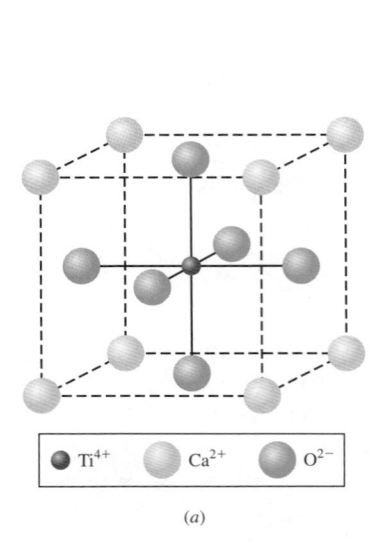

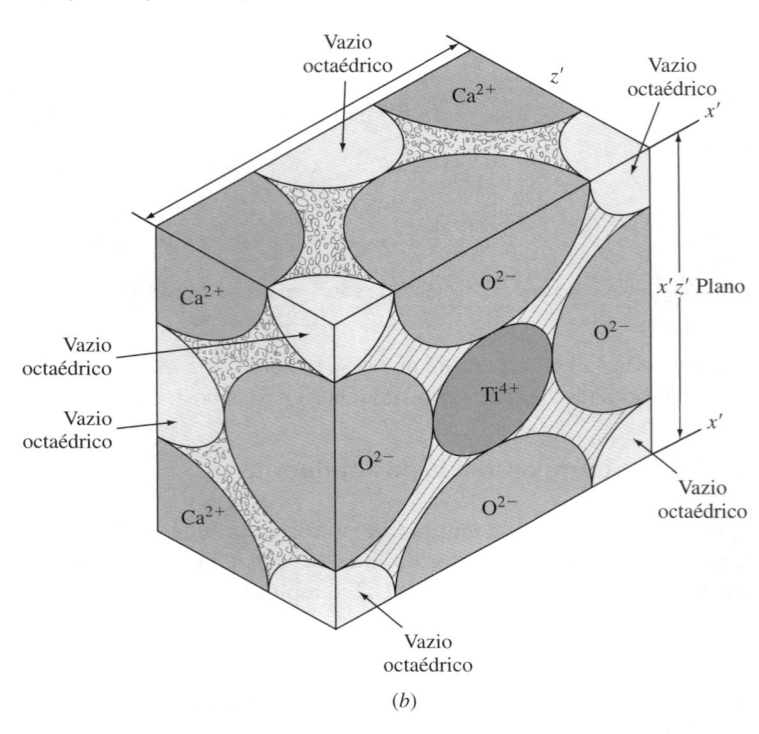

Figura 11.12
A estrutura cristalina da perovskita (CaTiO$_3$). (*a*) Íons de cálcio ocupando os ângulos da célula unitária CFC, e os íons oxigênio ocupando os espaços centrados da face da célula unitária. O íon de titânio ocupando os espaços intersticiais octaédricos no centro do cubo.
(*Extraído de W.D. Kingery, H.K Bowen, and D.R. Uhlmann, "Introduction to Ceramics", 2. ed., Wiley, 1976. Reimpresso com permissão de John Wiley & Sons, Inc.*)
(*b*) Seção mediana da estrutura cristalina da perovskita (CaTiO$_3$ – truncada).

11.2.12 O carbono e seus alótropos

O carbono possui muitos alótropos, isto é, pode existir em diversas formas cristalinas. Estes alótropos possuem diferentes estruturas cristalinas e têm propriedades substancialmente diferentes. O carbono e seus polimorfos não pertencem diretamente a nenhuma das classes convencionais de materiais, mas devido ao fato de que a grafita algumas vezes é considerada um material cerâmico, a discussão da sua estrutura, bem como de alguns polimorfos, estão incluídas nesta seção, que abordará a estrutura e as propriedades da grafita, do diamante, do fulereno e dos nanotubos de carbono (*buckytube*), de modo que todos os alótropos do carbono serão discutidos.

Grafita A palavra "grafita" deriva da palavra grega *graphein*. A grafita é formada por causa das suas ligações trigonais sp² de átomos de carbono. Relembrando a discussão dos orbitais hibridizados sp³ (Capítulo 2), os orbitais híbridos sp² se formam apenas quando um dos elétrons 2s é promovido com dois outros elétrons 2p, formando três orbitais sp². O elétron restante forma um orbital p livre não hibridizado. Os três orbitais sp² estão no mesmo plano, fazendo um ângulo de 120° entre si. O orbital devido ao elétron *p* deslocado não hibridizado é diretamente perpendicular ao plano dos orbitais dos três sp² hibridizados. Do mesmo modo, a grafita possui uma estrutura estratificada na qual os átomos de carbono nas camadas estão fortemente ligados (por meio de orbitais sp²) em arranjos hexagonais, conforme mostra a Figura 11.13. As camadas são formadas por ligações secundárias fracas e podem deslizar umas sobre as outras facilmente. O elétron livre pode facilmente transladar de um lado da camada para o outro, porém não translada com a mesma facilidade entre as camadas.

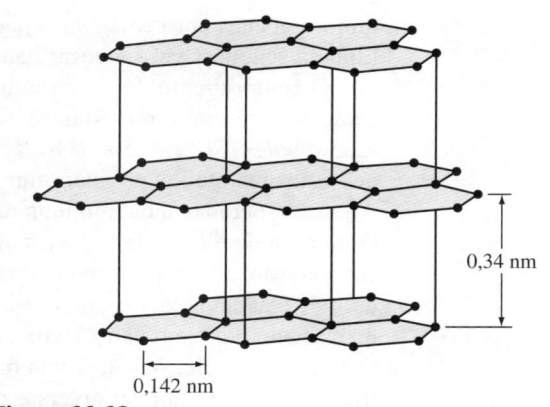

Figura 11.13
A estrutura da grafita cristalina. Átomos de carbono formam camadas de fortes matrizes hexagonais ligadas. Há ligações secundárias fracas entre as camadas.

Desse modo, a grafita é conhecida como a *anisotrópica* (ou seja, suas propriedades são dependentes da direção). Este material possui baixa densidade (2,26 g/cm³), é um bom condutor térmico no plano da base, mas não perpendicular a esse plano, e é bom condutor elétrico (do mesmo modo, somente no plano da base, mas não no plano perpendicular). A grafita pode ser produzida de modo a formar longas fibras para materiais compósitos e pode também ser utilizada como lubrificante.

MatVis

Diamante A estrutura do diamante é explicada em detalhes no Capítulo 2. Possui uma estrutura cúbica (Figura 2.23) que é baseada nos orbitais sp³ hibridizados ligados covalentemente. Suas propriedades são significantemente diferentes das da grafita. Diferentemente deste outro material, o diamante é isotrópico e possui maior densidade, na faixa de 3,51 g/cm³. É considerado o material natural mais rígido, mais duro e de menor compressibilidade. Ele possui altíssima condutividade térmica (similar à grafita), porém valores mínimos de condutividade elétrica (é, em essência, um excelente isolante). Impurezas como o nitrogênio, contudo, afetam negativamente suas propriedades. O diamante natural é extremamente caro e tem valor de joia. Contudo, diamantes sintéticos (fabricados artificialmente) possuem comparável dureza, são mais baratos e utilizados como ferramentas de corte, revestimentos e abrasivos.

Fulereno Buckminster (*Buckyball*) Em 1985, cientistas descobriram a presença de agrupamentos de átomos de carbono na faixa molecular do C_{30} ao C_{100}. Em 1990, outros cientistas puderam sintetizar esta forma molecular do carbono em laboratório. A nova estrutura possui forma similar às estruturas em treliça geodésicas desenvolvidas pelo arquiteto mundialmente renomado Buckminster Fuller. Como resultado, o novo polimorfo foi chamado de *fulereno* ou **buckyball**. A *buckyball* é muito similar a uma bola de futebol, que é feita de 12 pentágonos e 20 hexágonos. Em cada ponto de junção, um átomo de carbono é ligado covalentemente a três outros átomos, conforme mostra esquematicamente a Figura 11.14*a*. A imagem feita por microscopia por tunelamento de parte de uma molécula de C_{60} é apresentada na Figura 11.14*b*. A estrutura consiste de um total de 60 átomos de carbono; a molécula resultante é então a C_{60}. Desde 1990, outras formas desta molécula, como a C_{70}, C_{76} e C_{78}, foram também identificadas. Estas várias formas são coletivamente chamadas de *fulereros*. O diâmetro do fulereno C_{60} é 0,710 nm e é então classificada como um *nanoagrupamento*. A forma agregada dessa molécula possui uma estrutura CFC com uma molécula C_{60} em cada interstício da CFC. As moléculas nessa estrutura são ligadas pelas Forças de Van der Waals. Desse modo, o C_{60} agregado e a grafita possuem aplicações de lubrificação similares. Os fulerenos estão sendo estudados para possíveis aplicações nas indústrias eletrônicas e em células de combustível, lubrificantes e supercondutores.

Nanotubos de carbono Outro polimorfo de carbono recentemente identificado é o interessante nanotubo de carbono. Considere o rolamento de uma única camada atômica de grafita (um grafeno) com a convencional estrutura hexagonal em tubo, garantindo que os hexágonos das bordas se encontrem em uma estruturação perfeita. Então, fechando as extremidades do tubo com dois semifulerenos constituídos apenas por pentágonos, pode-se obter a estrutura de um nanotubo de carbono (Figura 11.15). Embora seja possível sintetizar nanotubos de vários diâmetros, o diâmetro mais encontrado é o de 1,4 nm. O comprimento de um nanotubo pode estar na faixa de micrômetros ou até de milímetros (uma característica muito importante). Os nanotubos podem ser sintetizados na forma de *nanotubo de parede simples (SWNT – Small Wall Nanotube)* ou *nanotubo de múltiplas paredes (MWNT)*. Acredita-se que estes nanotubos possuam uma resistência à tração 20 vezes maior do que os mais fortes aços. Algumas medidas mostram uma resistência à tração de 45 Gpa na direção do comprimento do tubo. O módulo de elasticidade destes nanotubos foi estimado em 1,3Tpa (T = Tera = 10^{12}). Para efeitos de comparação, a fibra de carbono comercial mais resistente apresenta o índice de 7 Gpa, e o maior módulo de elasticidade disponível está próximo de 800 Gpa. Além disso, nanotubos produzidos a partir do carbono possuem não só baixa densidade, como também alta condutividade térmica, além de alta condutividade eletrônica. Ainda mais importante: podem-se formar estruturas como cordas, fibras e filmes finos ao se alinhar diversos desses nanotubos. A combinação destas características e propriedades convenceu muitos cientistas de que nanotubos de carbono serão utilizados em muitas descobertas

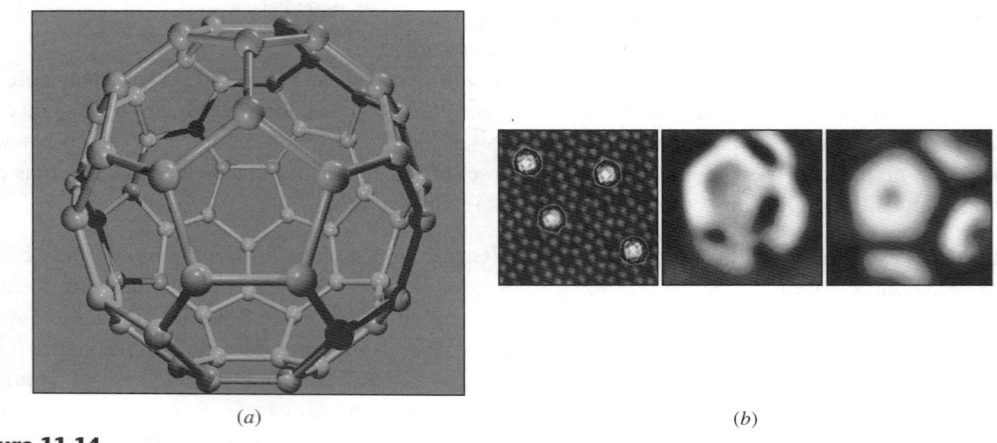

(a) (b)

Figura 11.14
(a) Esquema de uma molécula de C_{60}. (b) Uma série de imagens obtidas por microscopia de tunelamento mostrando a molécula de C_{60} (as imagens ao centro e a esquerda são imagens reais da microscopia de tunelamento, e, à direita, uma imagem simulada).

((a) © Tim Evans/Photo Researchers, Inc. (b) Omicron NanoTechnology GmbH.)

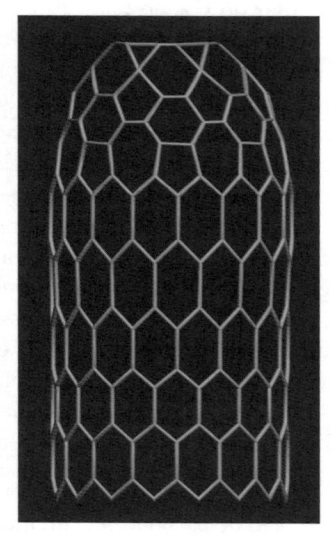

Figura 11.15
Um esquema de um nanotubo mostrando padrões hexagonais no tubo e padrões pentagonais nas extremidades.
(Extraído de *Eisenstadt, M., "Introduction to Mechanical Properties of Materials: An Ecological Approach", 1. ed., ©1971. Reimpresso com permissão de Pearson Education, Inc., Upper Saddle River, NJ.*)

tecnológicas neste século. Algumas das aplicações recentes são decorrentes dos resultados da microscopia de tunelamento devido a sua rigidez e esbelteza, emissores de campo em *displays* de painéis planos (ou qualquer aparelho que requeira um cátodo de produção eletrônica), sensores químicos e materiais fibrosos para compósitos.

11.3 ESTRUTURAS DE SILICATO

Muitos materiais cerâmicos contêm estruturas de silicatos, que consistem em átomos de silício e de oxigênio (íons) ligados em várias disposições. Vários minerais naturais como a argila, feldspatos e micas se enquadram na categoria de silicatos, uma vez que o silício e o oxigênio são os dois mais abundantes elementos na crosta terrestre. Muitos silicatos são úteis para materiais de engenharia devido ao seu baixo custo, disponibilidade e propriedades especiais. Estruturas sílicas são particularmente importantes para os materiais de construção de engenharia: vidro, cimento *portland* e tijolos. Muitos materiais isolantes elétricos também são feitos de silicatos.

11.3.1 Unidade estrutural básica das estruturas de silicato

O grupo básico que compõe o grupo dos silicatos é, primeiramente, o silicato tetraédrico (SiO_4^{4-}, Figura 11.16). A ligação Si–O na estrutura do SiO_4^{4-} é aproximadamente 50% covalente e 50% iônica, de acordo com os cálculos da equação de Pauling (Equação 2.11). A coordenação tetraédrica do SiO_4^{4-} satisfaz as condições básicas direcionais da ligação covalente e também aquelas básicas da razão dos raios para a ligação iônica. A razão de raios da ligação Si–O é 0,29, que está na faixa de coordenação tetraédrica para o empacotamento fechado de íon estável. Devido ao diminuto e altamente carregado íon Si^{4+}, forças de ligação intensas são criadas entre os tetraedros de SiO_4^{4-}, e, como resultado, as unidades de SiO_4^{4-} são normalmente ligadas entre os ângulos, e raramente entre as extremidades.

11.3.2 Estruturas em ilha, cadeia e anel dos silicatos

Uma vez que cada átomo de oxigênio do tetraedro do silicato possui um elétron disponível para ligação, muitos tipos diferentes de estruturas de silicatos podem ser produzidas. As estruturas em formato de ilha dos silicatos são produzidas quando íons positivos se ligam a oxigênios do tetraedro do SiO_4^{4-}. Como exemplo, íons Fe^{2+} e Mg^{2+} combinam com o SiO_4^{4-} para formar a olivina, que possui a fórmula estrutural química básica $(Mg,Fe)_2SiO_4$.

Se dois ângulos de cada tetraedro de SiO_4^{4-} se unirem aos ângulos de outro tetraedro, uma cadeia (Figura 11.17a) ou estrutura em cadeia com a fórmula química unitária SiO_3^{2-} é formada. O mineral enstatita ($MgSiO_3$) possui uma estrutura de silicato, e o mineral berilo $[Be_3Al_2(SiO_3)_6]$ possui uma estrutura em anel de silicato.

11.3.3 Estruturas em folha de silicatos

Estruturas em formato de folha de silicatos se formam quando três ângulos no mesmo plano de um tetraedro de silicato se ligam aos ângulos de três outros tetraedros de silicato, conforme ilustra a Figura 11.17b. Esta estrutura possui a fórmula química unitária do $Si_2O_5^{2-}$. Estas folhas de silicatos podem ser unidas a outros tipos de folhas estruturais, uma vez que há, pelo menos, um átomo de oxigênio sem ligação em cada tetraedro de silicato (Figura 11.17b). Por exemplo, a folha de silicato carregada negativamente pode ser unida a uma folha de $Al_2(OH)_8^{2+}$ positivamente carregada para formar uma folha compósita de caulinita, conforme o esquema na Figura 11.18. O mineral caulinita consiste (em sua forma pura) de placas planas muito pequenas, de formato quase hexagonal, com tamanho médio de 0,7 μm de diâmetro e 0,05 μm de espessura (Figura 11.19). As placas cristalinas são feitas de uma série (até 50) de folhas paralelas unidas por ligações secundárias fracas. Muitas argilas de alta qualidade consistem principalmente em mineral caulinita.

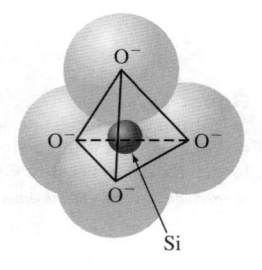

Figura 11.16
O arranjo de ligação atômica (iônica) do tetraedro do SiO_4^{4-}. Nesta estrutura, quatro átomos de oxigênio circundam um átomo central de silício. Cada átomo de oxigênio possui um elétron extra, e então uma carga negativa para ligar a outro átomo.

(Extraído de Eisenstadt, M., "Introduction to Mechanical Properties of Materials: An Ecological Approach", 1. ed., 1971. Reimpresso com permissão de Pearson Education, Inc., Upper Saddle River, NJ.)

Outro exemplo de uma folha de silicato é o mineral esteatite, no qual uma folha de $Mg_3(OH)_4^{2+}$ se liga a duas folhas de camadas externas de $Si_2O_5^{2-}$ (uma em cada lado) para formar uma folha de compósito com a fórmula química unitária $Mg_3(OH)_2(Si_2O_5)_2$. As folhas do compósito esteatite se unem através de ligações secundárias fracas, e, assim, este arranjo estrutural permite às folhas de esteatite deslizarem umas sobre as outras facilmente.

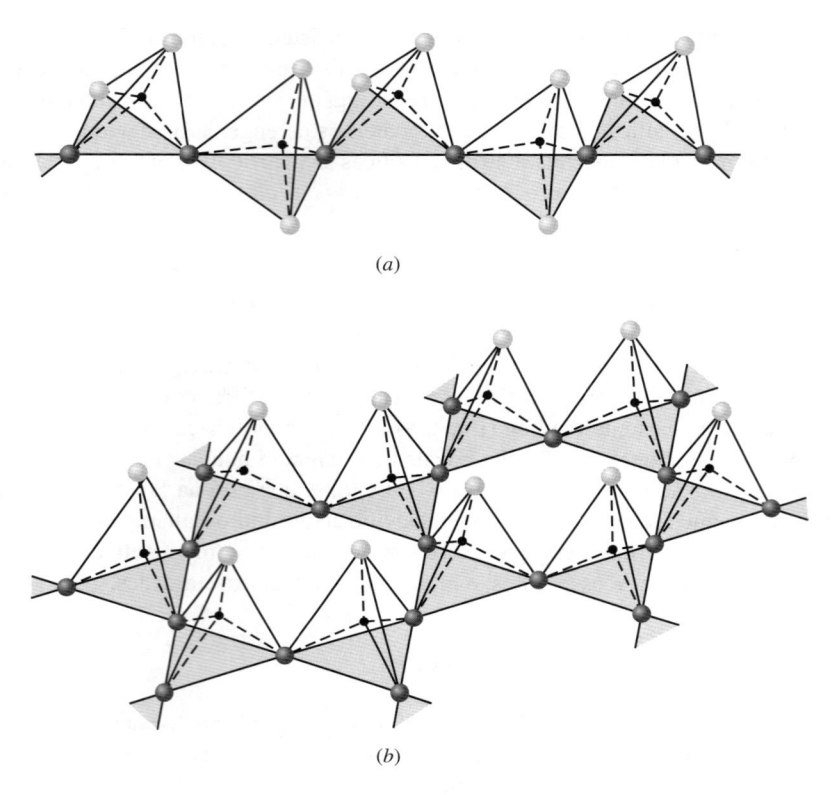

(a)

(b)

Figura 11.17
(a) Estrutura em cadeia do silicato. Dois dos quatro átomos de oxigênio do tetraedro do SiO_4^{4-} se ligam a outro tetraedro para formar cadeias de silicatos. (b) Estrutura em folha de silicatos. Três dos quatro átomos de oxigênio do tetraedro de SiO_4^{4-} se ligam a outro tetraedro para formar folhas de silicatos. Os átomos de oxigênio não ligados estão representados como esferas claras.
(Extraído de Eisenstadt, M., "Mechanical Properties of Materials, 1971, p. 82.)

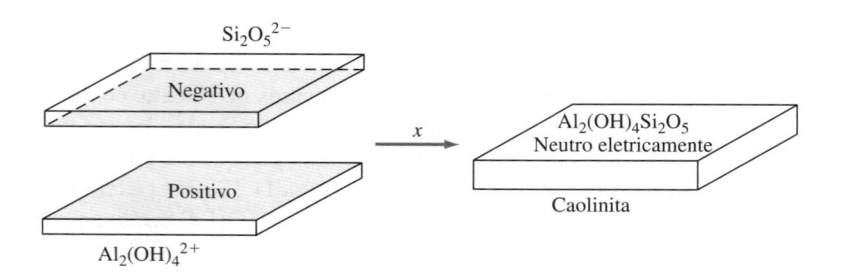

Figura 11.18
Diagrama esquemático da formação da caulinita a partir de folhas de $Al_2(OH)_4^{2+}$ e $Si_2O_5^{2-}$. Todas as ligações primárias dos átomos na folha de caulinita são satisfeitas.
(Extraído de W.D. Kingery, H.K Bowen, and D.R. Uhlmann, "Introduction to Ceramics", 2. ed., Wiley, 1976. Reimpresso com permissão de John Wiley & Sons, Inc.)

Figura 11.19
Cristais de caulinita como observado pelo microscópio eletrônico.
(F.H. Norton, "Elements of Ceramics," 2. ed., ©1974. Reimpresso com a permissão de Pearson Education Inc., Upper Saddle River, NJ.)

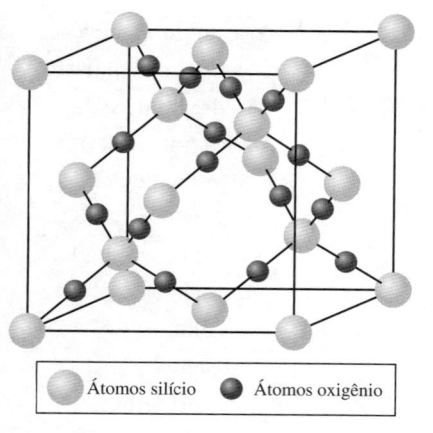

Figura 11.20
Estrutura da alta cristobalita, que é uma forma de sílica (SiO_2). Note que cada átomo de silício é circundado por quatro átomos de oxigênio e que cada átomo de oxigênio forma parte de dois tetraedros SiO_4.
(Reimpresso de "Treatise in Materials Science and Technology", vol. 9, J.S. Reed and R.B. Runk, "Ceramic Fabrication Processes", p. 74, Copyright 1976, com permissão de Elsevier.)

11.3.4 Cadeias de silicatos

Sílica Quando todos os quatro ângulos do tetraedro de SiO_4^{4-} compartilham átomos de oxigênio, uma rede de SiO_2, chamada *sílica*, é produzida (Figura 11.20). Sílica cristalina existe em diversas formas polimórficas que correspondem a diferentes disposições, nas quais o tetraedro de sílica passa a assumir rearranjos em que todos os ângulos estejam compartilhados. Há três estruturas básicas de sílica: *quartzo*, *tridimita* e *cristobalita*, sendo que cada uma dessas possui duas ou três modificações. As formas mais estáveis da sílica e as faixas de temperatura nas quais elas existem à pressão atmosférica são as seguintes: para o quartzo inferior, abaixo de 573 °C; entre 573 e 867 °C para o quartzo superior; entre 867 e 1.470 °C para a tridimita e entre 1.470 e 1.710 °C para a cristobalita (Figura 11.20). Acima de 1.710 °C, a sílica é líquida. A sílica é um importante componente de muitas cerâmicas tradicionais e diversos tipos de vidro.

Feldspatos Há diversas ocorrências naturais de silicatos que possuem infinitas redes silicosas tridimensionais. Entre os silicatos industrialmente importantes estão os feldspatos, que também se encontram entre os principais componentes das cerâmicas. Na rede estrutural do silicato de feldspato, alguns íons Al^{3+} substituem alguns íons Si^{4+} para formar uma rede carregada negativamente. Esta carga negativa é balanceada com grandes íons alcalinos terrosos como o Na^+, K^+, Ca^{2+} e Ba^{2+}, que se encaixam em posições intersticiais. A Tabela 11.3 resume as composições ideais de alguns silicatos minerais.

Tabela 11.3
Composições ideais de silicatos minerais.

Sílica	
Quartzo	
Tridimita	Fases cristalinas comuns do SiO_2
Cristobalita	
Silicato de alumina:	
Caulinita (argila chinesa)	$Al_2O_3 \cdot 2SiO_2 \cdot 2H_2O$
Pirofilita	$Al_2O_3 \cdot 4SiO_2 \cdot 2H_2O$
Metacaulinita	$Al_2O_3 \cdot 2SiO_2$
Silimanita	$Al_2O_3 \cdot SiO_2$
Mulita	$3Al_2O_3 \cdot 2SiO_2$

Silicato de alumina alcalina:	
Feldspato de potassa	$K_2O \cdot Al_2O_3 \cdot 6SiO_2$
Feldspato de soda	$Na_2O \cdot Al_2O_3 \cdot 6SiO_2$
Mica (muscovita)	$K_2O \cdot 3Al_2O_3 \cdot 6SiO_2 \cdot 2H_2O$
Montmorilonita	$Na_2O \cdot 2MgO \cdot 5Al_2O_3 \cdot 24SiO_2 \cdot (6+n)H_2O$
Leucita	$K_2O \cdot Al_2O_3 \cdot 4SiO_2$
Silicato de magnésio:	
Cordierita	$2MgO \cdot 5SiO_2 \cdot 2Al_2O_3$
Esteatite	$3MgO \cdot 4SiO_2$
Esteatite	$3MgO \cdot 4SiO_2 \cdot H_2O$
Crisotila (asbesto)	$3MgO \cdot 2SiO_2 \cdot 2H_2O$
Forsterita	$2MgO \cdot SiO_2$

Fonte: O.H. Wyatt and D. Dew-Hudges, *"Metals, Ceramics and Polymers"*, Cambridge, 1974.

11.4 PROCESSAMENTO DE CERÂMICAS

Muitos produtos cerâmicos tradicionais e de engenharia são obtidos pela compactação de pós ou partículas em formas que são subsequentemente aquecidas a temperaturas altas o suficiente para que essas partículas se aglutinem. As etapas básicas no processamento das cerâmicas por aglomeração de partículas são (1) preparação do material, (2) formação ou moldagem e (3) tratamento térmico para secagem (o que, em geral, não é necessário) e **cozimento** pelo aquecimento da forma cerâmica até temperaturas suficientemente altas também para unir as partículas.

11.4.1 Preparação do material

Muitos dos produtos cerâmicos são obtidos pela aglomeração de partículas[2]. A matéria-prima desses produtos varia, dependendo das propriedades requeridas da peça cerâmica finalizada. As partículas e outros componentes, como os ligantes e lubrificantes, podem ser misturados a seco ou em meio úmido. Para produtos cerâmicos que não possuam propriedades muito "críticas", como os tijolos convencionais, tubulações de esgoto e outros produtos argilosos, a mistura dos componentes com água se tornou prática comum. Para alguns outros produtos cerâmicos, as matérias-primas são presas secas juntamente com os ligantes e outros aditivos. Algumas vezes o processamento a seco e a úmido se reúnem. Por exemplo, para produzir um tipo de isolante de alumina superior (Al_2O_3), as matérias-primas particuladas são moídas com água em conjunto com uma cera encapada, de modo a formar uma espécie de lama que é, logo em seguida, borrifada a seco, de modo a formar pelotas esféricas e pequenas (Figura 11.21).

11.4.2 Formação

Produtos cerâmicos obtidos pela aglomeração de partículas podem ser formados por uma variedade de métodos a seco, em plásticos ou em condições líquidas. Processos de formação a frio são predominantes na indústria cerâmica, no entanto os processos de formação a quente também não deixam de ser utilizados. Prensamento, barbotina e extrusão são métodos de formação cerâmicos comumente utilizados.

Prensamento Partículas de matérias-primas podem ser pressionadas em condições secas, plásticas ou úmidas, de modo a formar produtos perfilados.

Prensamento a seco Este método é usado comumente para produtos como refratários estruturais (materiais resistentes a altas temperaturas) e componentes eletrônicos cerâmicos. **Prensamento a seco** pode

---

[2] A produção de vidro e concreto são as duas maiores exceções.

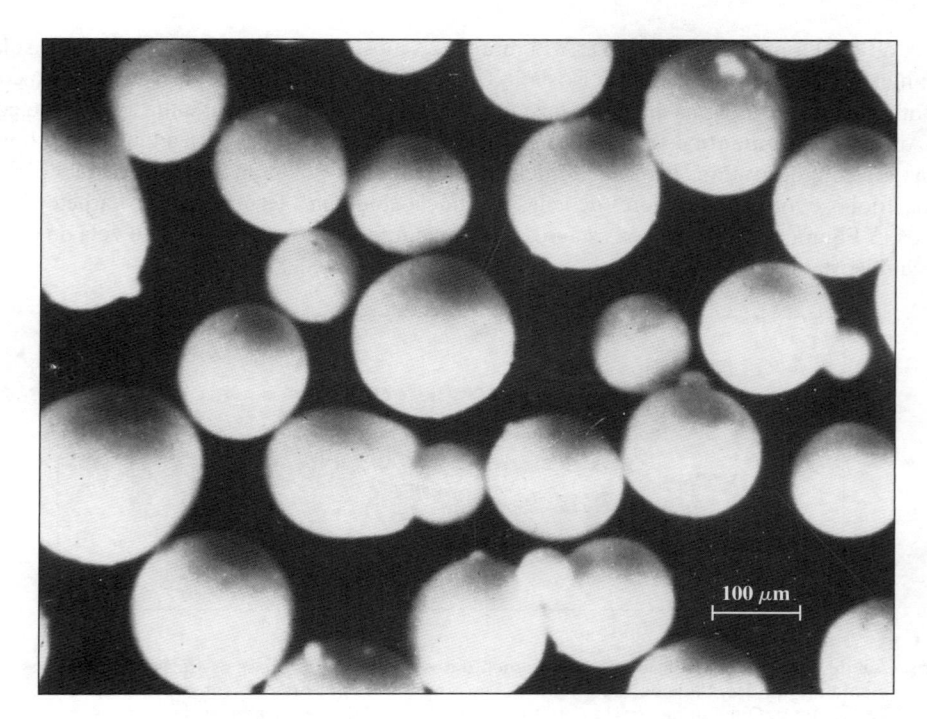

Figura 11.21
Pelotas borrifadas a seco de um corpo cerâmico de alumina.
(*Extraído de J.S. Owens et al., American Ceramic Society Bulletin, 56:437(1977)*.)

ser definido como compactação simultânea uniaxial e formatação de pó granular juntamente com pequenas quantidades de água e/ou ligantes orgânicos em um molde. A Figura 11.22 mostra uma série de operações para o prensamento a seco de pós cerâmicos em uma forma simples. Após o prensamento a frio, as partes são geralmente cozidas (sinterizadas) para obter a resistência planejada e as propriedades microestruturais. O processo de prensamento a seco é largamente utilizado devido ao fato de se poder formar uma grande variedade de formas rapidamente com uniformidade até para reduzida tolerância. Por exemplos, aluminas, titanatos e ferritas podem ser prensadas a seco em formas, desde milésimos até algumas polegadas em dimensões lineares, em uma taxa de até 5.000 por minuto.

Prensamento isostático Neste processo, o pó cerâmico é carregado em um invólucro flexível (geralmente borracha) e hermético chamado bolsa, que se localiza na parte interna de uma câmara de fluido

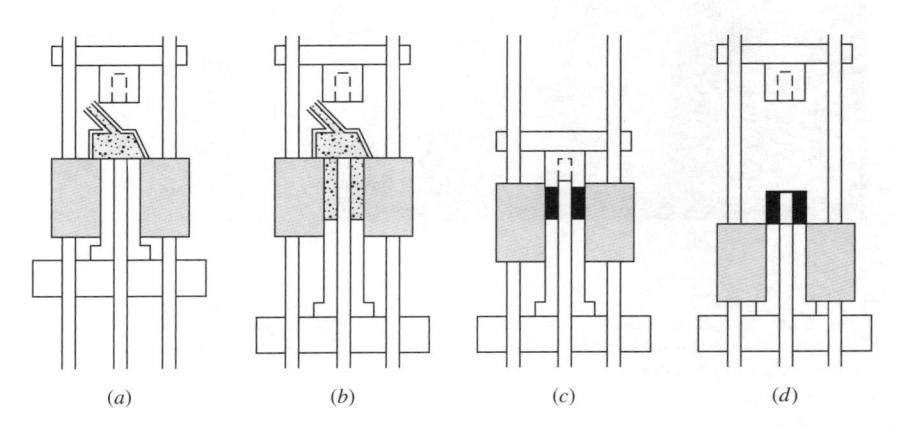

Figura 11.22
Prensamento a seco de partículas cerâmicas: (*a*) e (*b*) enchimento, (*c*) prensamento e (*d*) ejeção.
(*Extraído de J.S. Reed and R.B. Runk, "Ceramic Fabrication Processes", vol. 9: "Treatise in Materials Science and Technology", Academic, 1976, p. 74.*)

hidráulico, ao qual a pressão é aplicada. A Figura 11.23 mostra a seção transversal de um isolador de vela de ignição em um molde de prensa isostático. A força correspondente a pressão aplicada compacta o pó uniformemente em todas as direções, fazendo com que o produto final assuma a forma do contêiner flexível. Após o **prensamento a frio**, a peça deve ser cozida (sinterizada) para adquirir as propriedades requeridas e a microestrutura. Peças cerâmicas manufaturadas por prensamento isostático abrangem refratários, tijolos e formas, isoladores de velas de ignição, redomas, ferramentas de carbeto, cadinhos e rolamentos. A Figura 11.24 mostra os estágios para a manufatura de um isolador de vela de ignição por prensamento isostático.

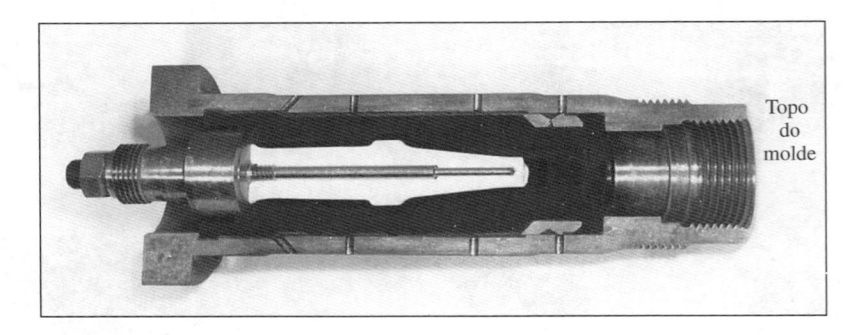

Figura 11.23
Seção transversal de um isolador fabricado por prensamento isostático. Pelotas quase esféricas borrifadas a seco (Figura 11.21) são alimentadas por gravidade no topo do molde e comprimidas por prensamento isostático, normalmente na faixa de 3.000 a 6.000 psi. O fluido hidráulico entra pela porção lateral do molde através dos orifícios apresentados na seção transversal.
(*Cortesia de Champion Spark-Plug Co.*)

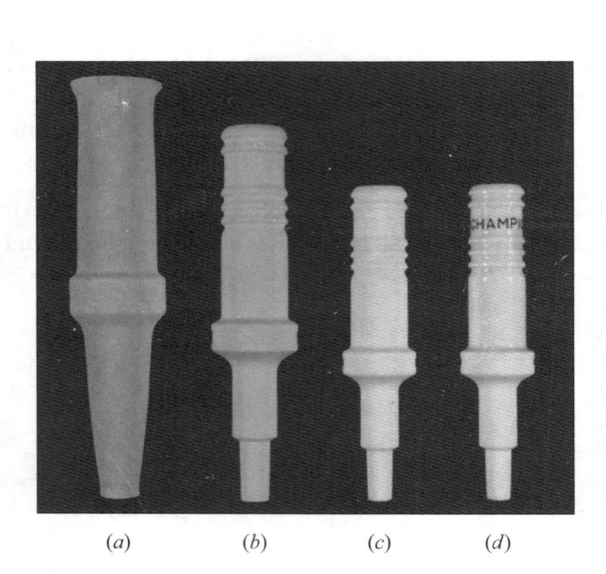

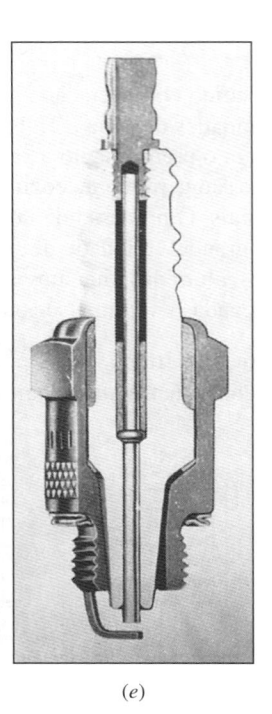

(*a*)   (*b*)   (*c*)   (*d*)   (*e*)

Figura 11.24
Estágios de fabricação por prensamento isostático do isolamento de uma vela de ignição. (*a*) Modelo. (*b*) Isolador rosqueado. (*c*) Isolador cozido. (*d*) Isolador esmaltado e finalizado com acabamento. (*e*) Seção transversal de uma vela de ignição mostrando a posição do isolador.
(*Cortesia de Champion Spark-Plug Co.*)

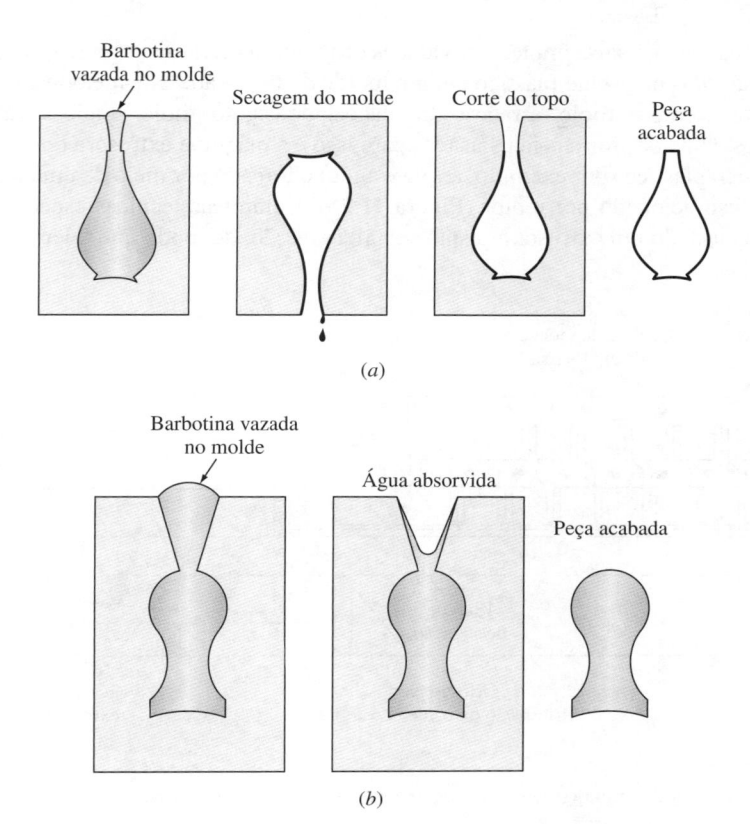

Figura 11.25
Fundição com barbotina de formas cerâmicas. (*a*) Fundição a seco em gesso poroso com molde. (*b*) Fundição sólida.
(*Extraído de J.H. Brophy, R.M. Rose and J. Wulff, "The Structure and Properties of Materials", vol. II: "Thermodynamics of Structure", Wiley, 1964, p. 139.*)

Prensamento a quente Neste processo, partes cerâmicas de alta densidade e melhores propriedades mecânicas são obtidas combinando prensamento e operações de cozimento. Tanto o método uniaxial quanto o isostático são utilizados.

Fundição com barbotina Formas cerâmicas podem ser fundidas usando um processo único chamado **fundição com barbotina**, ilustrado na Figura 11.25. As principais etapas da fundição com barbotina são:

1. Preparação de um material cerâmico em pó em um líquido (usualmente argila e água) em uma suspensão estável chamada *barbotina*.
2. Vazando a barbotina em um molde poroso, que é geralmente feito de gesso, e permitindo que a porção líquida da barbotina seja parcialmente absorvida pelo molde. Conforme o líquido é removido da barbotina, uma camada de material semiduro é formada contra a superfície do molde.
3. Quando uma espessura suficiente da parede está formada, o processo de fundição é interrompido e a barbotina em excesso é vazada para fora da cavidade (Figura 11.25*a*). Esta etapa é conhecida como *fundição a seco*. Como alternativa, pode se formar um sólido permitindo que a fundição continue até que toda a cavidade do molde seja preenchida, conforme a Figura 11.25*b*. Este tipo de fundição com barbotina é chamada *fundição sólida*.
4. Ao material no molde é permitida a secagem de modo a oferecer a resistência adequada para o manuseio e a subsequente remoção da peça do molde.
5. Finalmente, a parte fundida é cozida para atingir as propriedades e a microestrutura desejadas.

A fundição com barbotina é vantajosa para a formação de paredes finas e formas complexas de espessura constante. Esse processo é especialmente econômico para o desenvolvimento de partes e pequenas produções. Diversas novas variações dessa etapa de fundição com barbotina são: fundição em pressão e em vácuo, nos quais a barbotina é conformada sob pressão ou vácuo.

Extrusão Seções transversais simples e cavidades de materiais cerâmicos podem ser produzidas ao se extrudar estes materiais no estado plástico em um molde de fundição. Este método é comumente usado para produzir, por exemplo, tijolo refratário, tubulações de esgoto, tijolo furado, cerâmicas técnicas e isolantes elétricos. Uma das formas mais usadas para isso é a máquina extrusora de vácuo-fuso, na qual o material cerâmico plástico (por exemplo, argila e água) é forçado por meio de uma matriz de aço duro ou liga por um fuso acionado por motor (Figura 11.26). Cerâmicas técnicas especiais são frequentemente produzidas usando um extrusor a pistão sob alta pressão, de modo que tolerâncias mais precisas possam ser obtidas.

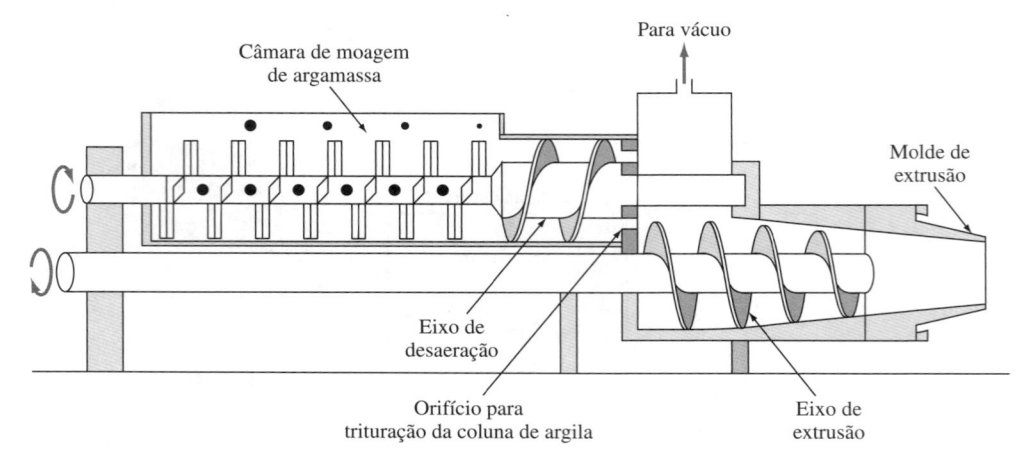

Figura 11.26
Seção transversal do moedor de mistura (moinho de argamassa) para materiais cerâmicos e máquina extrusora de vácuo-fuso.
(*Extraído de W.D. Kingery, "Introduction to Ceramics", Wiley, 1960.*)

11.4.3 Tratamentos térmicos

O tratamento térmico é uma etapa essencial na manufatura de diversos produtos cerâmicos. Nesta subseção consideraremos os seguintes tratamentos térmicos: secagem, sinterização e vitrificação.

Secagem e remoção blinder O propósito da secagem das cerâmicas é remover a água do corpo da cerâmica plástica antes de ser cozida a altas temperaturas. De modo geral, a secagem para remover a água é realizada a 100 °C ou a temperaturas inferiores, e pode levar até 24h para uma peça cerâmica de grandes proporções. A corpulência dos ligantes orgânicos pode ser removida das peças cerâmicas por meio do aquecimento na faixa de temperaturas de 200 a 300 °C, embora alguns resíduos de hidrocarbonetos requeiram aquecimento a temperaturas muito mais elevadas.

Sinterização Este processo pelo qual pequenas partículas de um material são unidas pela difusão em estado sólido é chamado **sinterização**. Na manufatura cerâmica, este tratamento térmico resulta na transformação de um compacto poroso em um produto denso e conciso. A sinterização é comumente utilizada para produzir formas cerâmicas feitas de, por exemplo, alumina, berília, ferritas e titanatos.

No processo de sinterização, as partículas são coalescidas pelo processo de difusão em estado sólido a altíssimas temperaturas, porém abaixo do ponto de fusão do composto que sofre a sinterização. Como exemplo, o isolador de vela de ignição de alumina apresentado na Figura 11.24a é sinterizado a 1.600 °C (o ponto de fusão da alumina é 2.050 °C). Na sinterização, a difusão atômica ocorre entre as superfícies de contato das partículas de modo que elas se tornem quimicamente ligadas (Figura 11.27). Conforme o processo se desenrola, maiores partículas são formadas às custas das menores, conforme a ilustração da sinterização do MgO na Figura 11.28a, b e c. Conforme as partículas se tornam maiores com o tempo de sinterização, a porosidade do compacto decresce (Figura 11.29). Finalmente, no final do processo, o equilíbrio de tamanho de grãos é atingido (Figura 11.28d). A força direcional do processo é a menor das energias do sistema. A alta energia de superfície, associada às reduzidas partículas originais, é substituída pela menor energia geral das superfícies dos contornos dos grãos do produto sinterizado.

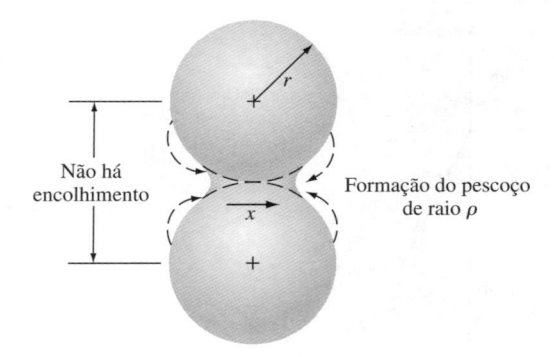

Figura 11.27
Formação do empescoçamento durante a sinterização de duas finas partículas. A difusão atômica ocorre nas superfícies, o que aumenta a área de contato para a formação do pescoço.
(Extraído de B. Wong and J.A. Pask, J. Am. Ceram. Soc. 62:141 (1979). Reimpresso com a permissão de Blackwell Publishing.)

Figura 11.28
Micrografias de escaneamento eletrônico de superfícies fraturadas de compactos de MgO (pó comprimido) sinterizado a 1.430 °C em ar estático por (*a*) 30 min (porosidade fracional = 0,39); (*b*) 303 min (p.f. = 0,14); (*c*) 1.110 min (p.f. = 0,09); como superfície recozida de (*c*) é mostrada em (*d*).
(Extraído de B. Wong and J.A. Pask, Journal of American Ceramics Society 62:141 (1997).)

Vitrificação Alguns produtos cerâmicos como a porcelana, produtos estruturais de argila e alguns componentes eletrônicos contêm uma fase vítrea. Esta fase serve como meio de reação pelo qual a difusão pode ocorrer a menores temperaturas do que no restante dos materiais cerâmicos sólidos. Durante o cozimento destes tipos de materiais cerâmicos, um processo chamado **vitrificação** ocorre, no qual a fase vítrea se liquefaz e preenche os espaços porosos do material. Esta fase de vidro líquido pode também reagir como alguns dos materiais refratários restantes. Sob resfriamento, a fase líquida solidifica, formando uma matriz vítrea que une as partículas não fundidas.

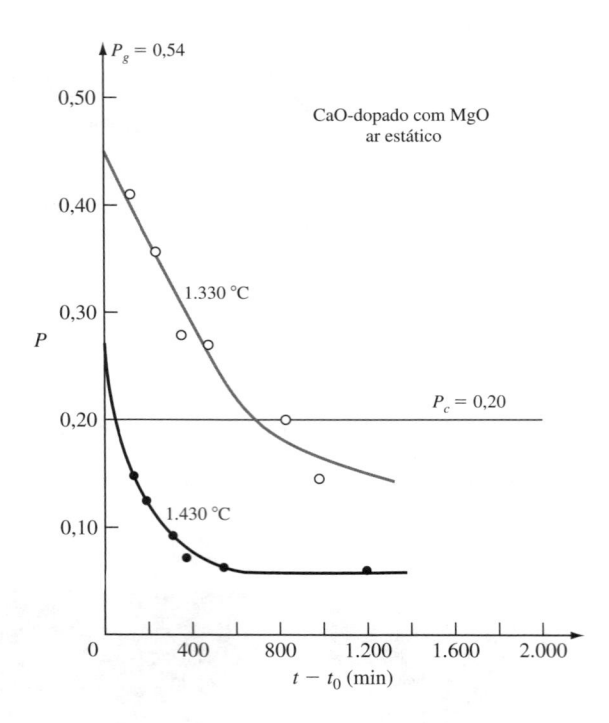

Figura 11.29
Porosidade *versus* tempo para compactos de MgO dopados com 0,2% p.p. de CaO e sinterizados em ar estático a 1.330 e 1.430 °C. Note que a maior temperatura de sinterização produz um decaimento mais rápido na porosidade e um nível menor de porosidade.
(*Extraído de B. Wong and J.A. Pask, J. Am. Ceram. Soc. 62:141 (1979).*)

11.5 CERÂMICAS TRADICIONAIS E DE ENGENHARIA

11.5.1 Cerâmicas tradicionais

Cerâmicas tradicionais são feitas a partir de três componentes básicos: *argila*, *sílica* (sílex) e *feldspato*. A argila consiste principalmente de silicatos hidratados de alumínio ($Al_2O_3 \cdot SiO_2 \cdot H_2O$) com pequenas quantidade de outros óxidos como TiO_2, Fe_2O_3, MgO, CaO, Na_2O e K_2O. A Tabela 11.4 lista as composições químicas de diversas argilas industriais.

A argila nas cerâmicas tradicionais confere propriedades que facilitam o trato com o material antes do cozimento de endurecimento, e constitui a maior parte do material que compõe o corpo. A sílica (SiO_2), também chamada de sílex ou quartzo, possui uma alta temperatura de fusão e é o componente refratário das cerâmicas tradicionais. Feldspato de potassa (potássio), que possui a composição básica $K_2O \cdot Al_2O_3 \cdot 6SiO_2$, apresenta uma baixa temperatura de fusão e cria o vidro quando a mistura cerâmica é cozida. Ele une os componentes refratários.

Tabela 11.4
Composições químicas de algumas argilas.

Tipo da cerâmica	% em peso da maioria dos óxidos									Perda de ignição
	Al_2O_3	SiO_2	Fe_2O_3	TiO_2	CaO	MgO	Na_2O	K_2O	H_2O	
Caulina	37,4	45,5	1,68	1,30	0,004	0,03	0,011	0,005	13,9	
Argila Tenn Ball	30,9	54,0	0,74	1,50	0,14	0,20	0,45	0,72	...	11,4
Argila Ky. Ball	32,0	51,7	0,90	1,52	0,21	0,19	0,38	0,89	...	12,3

Fonte: P.W. Lee, "*Ceramics*", Reinhlod, 1961.

Produtos de argila estrutural como tijolos de construção, tubulações de esgoto, telhas de dreno, telhas para telhado e porcelana para piso são feitos de argila natural, que contêm todos os três componentes básicos. Produtos de louça branca como porcelana elétrica, porcelana chinesa de jantar e louça sanitária são obtidos de componentes da argila, sílica e feldspato, para os quais a composição é controlada. A Tabela 11.5 lista as composições químicas de algumas louças brancas *triaxiais*. O termo "triaxial" é usado uma vez que há três materiais principais na sua composição.

Faixas de composições típicas para diferentes louças brancas são apresentadas no diagrama ternário sílica-leucita-mulita da Figura 11.30. As faixas de composição de algumas louças brancas são indicadas pelas áreas circundadas.

As mudanças ocorridas na estrutura de corpos triaxiais durante o cozimento ainda não foram completamente explicadas devido a sua complexidade. A Tabela 11.6 é um resumo aproximado do que provavelmente ocorre durante o cozimento de um corpo de louça branca.

A Figura 11.31 é uma micrografia eletrônica da microestrutura de uma porcelana de isolamento elétrica. Conforme se observa nesta micrografia, a estrutura é bem heterogênea. Grandes grãos de quartzo são circundados por uma solução de contorno de vidro de sílica superior. Agulhas de mulita que cruzam os relictos de feldspato e as misturas refinadas de vidro-mulita estão presentes.

Porcelanas triaxiais são isoladores satisfatórios para usos em frequências de 60 Hz, mas em altas frequências, as perdas dielétricas se tornam muito altas. As consideráveis quantidades de álcalis derivadas do feldspato, usadas como fluxo, aumentam a condutividade elétrica e as perdas dielétricas de porcelanas triaxiais.

11.5.2 Cerâmicas de engenharia

Em contraste com as cerâmicas tradicionais, que são principalmente constituídas de argila, as cerâmicas técnicas ou de engenharia são principalmente compostos puros ou quase puros de óxidos, carbetos ou nitretos. Algumas das importantes cerâmicas de engenharia são a alumina (Al_2O_3), nitreto de silício (Si_3N_4), carbeto de silício (SiC) e a zircônia (ZrO_2), combinados com outros óxidos refratários. As temperaturas de fusão de algumas dessas cerâmicas estão listadas na Tabela 11.1, e as propriedades mecânicas de alguns desses materiais constam na Tabela 11.7. Uma breve descrição de algumas das propriedades, processos e aplicações de algumas cerâmicas importantes de engenharia são listadas na sequência.

Tabela 11.5
Algumas composições químicas triaxiais de louça branca.

Tipo do corpo	Argila chinesa	Argila ball	Feldspato	Sílex	Outros
Porcelana dura	40	10	25	25	
Louça de isolamento elétrico	27	14	26	33	
Louça vítrea sanitária	30	20	34	18	
Isolantes elétricos	23	25	34	18	
Telha vítrea	26	30	32	12	
Louça branca semivítrea	23	30	25	21	
Ossos de china	25	...	15	22	Cinzas de 38 ossos
China hotel	31	10	22	35	2 $CaCO_3$
Porcelana dentária	5	...	95		

Fonte: Extraído de W.D. Kingery, H.K Bowen, and D.R. Uhlmann, "Introduction to Ceramics", 2. ed., Wiley, 1976, p. 532.

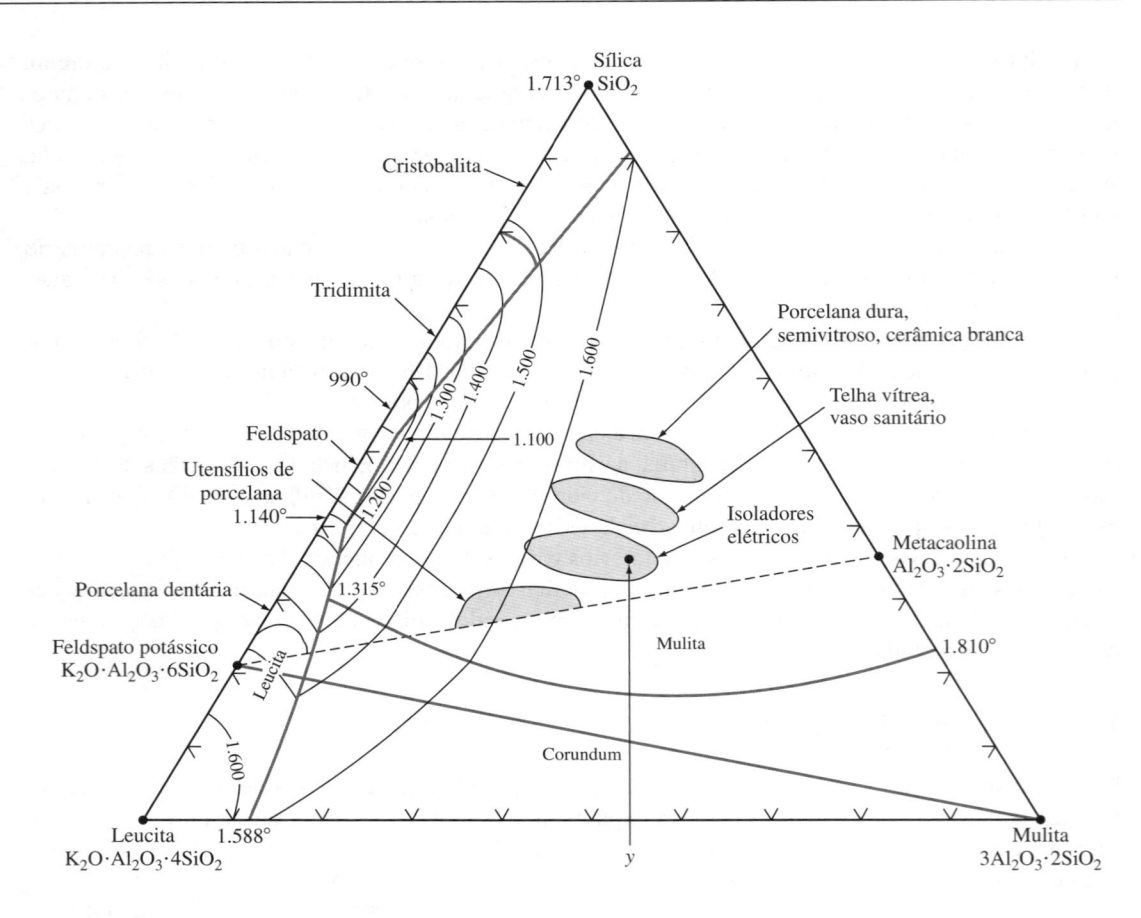

Figura 11.30
Áreas das composições da louça branca triaxial mostradas do diagrama de equilíbrio de fase da sílica-leucita-mulita.
(W.D. Kingery, H.K Bowen, and D.R. Uhlmann, "Introduction to Ceramics", 2. ed., Wiley, 1976, p. 533.)

Tabela 11.6
História de vida de um corpo triaxial.

Temperatura (°C)	Reações
Até 100	Perda da umidade
100 – 200	Remoção da água absorvida
450	Desidroxilação
500	Oxidação da matéria orgânica
573	Inversão do quartzo para a forma superior. Pequenos danos ao volume total
980	Formação de espinelas na argila; início do encolhimento
1.000	Formação da mutila primária
1.050 – 1.100	Vidro se forma do feldspato, mulita cresce, encolhimento continua
1.200	Mais vidro, mulita cresce, poros fechando, alguma solução de quartzo
1.250	60% de vidro, 21% mulita, 19% quartzo, poros ao mínimo

Fonte: F. Norton, "Elements of Ceramics", 2. ed., Addison-Wesley, 1974, p. 140.

Alumina (Al_2O_3) A alumina foi originalmente desenvolvida para tubulações refratárias e cadinhos de alta pureza sob altas temperaturas, e atualmente possui uma utilização mais ampla. Um clássico exemplo da aplicação da alumina é no material do isolador de vela de ignição (Figura 11.24). Óxido de alumínio é geralmente potencializado com óxido de magnésio, prensado a frio e sinterizado, produzindo o tipo de microestrutura apresentado na Figura 11.32. Note a uniformidade da estrutura do grão de alumina quando comparado a microestrutura da porcelana elétrica da Figura 11.31. A alumina é usada com frequência para aplicações elétricas de alta qualidade, nas quais se fazem necessárias a baixa perda dielétrica e a alta resistividade.

Nitrito de silício (Si_3N_4) De todas as cerâmicas de engenharia, o nitreto de silício possui, provavelmente, a combinação de propriedades de engenharia mais útil. O Si_3N_4 se dissocia de forma significativa a temperaturas acima de 1.800 °C e, portanto, não pode ser diretamente sinterizado. O Si_3N_4 pode ser processado pela ligação de reação na qual um compacto de pó de silício é nitretizado em um fluxo de gás nitrogênio. Este processo produz um Si_3N_4 microporoso com moderada resistência (Tabela 11.7). O Si_3N_4 mais resistente e não poroso é produzido pelo prensamento a quente com 1 a 5% de MgO. O Si_3N_4 tem sido explorado para o uso em peças de motores avançados (Figura 1.9a).

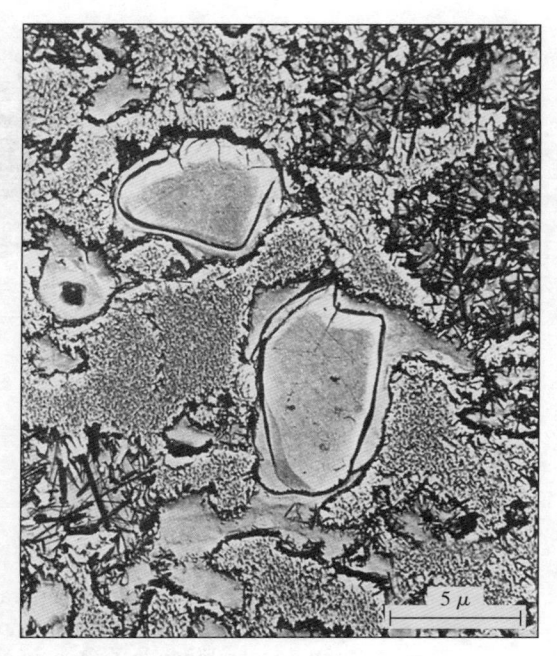

Figura 11.31
Micrografia eletrônica de um isolante elétrico de porcelana (gravados 10 s, 0 °C, 40% HF, réplica de sílica.)
(S.T. Lundin, conforme mostrado em W.D. Kingery, H.K Bowen, and D.R. Uhlmann, "Introduction to Ceramics", 2. ed., Wiley, 1976, p. 539.)

Carbeto de silício (SiC) O carbeto de silício é um tipo de carbeto duro e refratário, com incrível resistência a oxidação a altas temperaturas. Apesar de não ser um óxido, o SiC a altas temperaturas forma uma camada protetora de SiO_2 junto ao corpo principal. O SiC pode ser sinterizado a 2.100 °C com 0,5 a 1% de B como produto auxiliar da sinterização. O SiC é comumente usado como reforço fibroso para matrizes metálicas e cerâmicas de materiais compósitos.

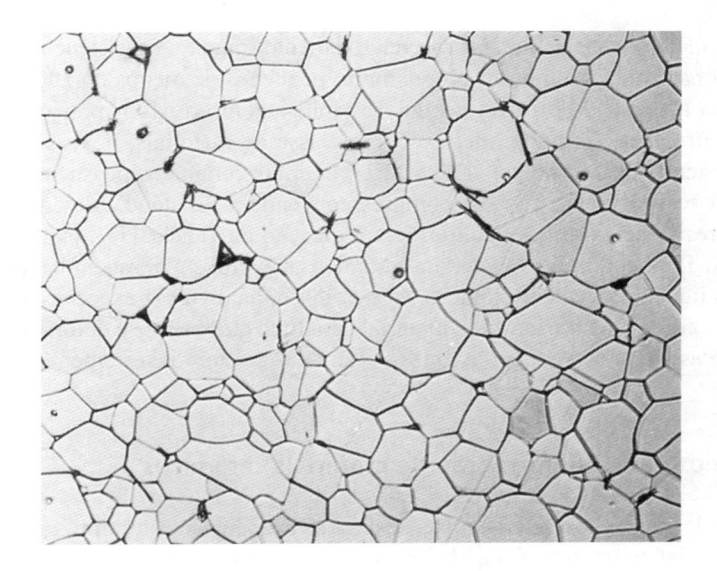

Figura 11.32
Microestrutura do sinterizado, óxido de alumínio em pó potencializado com óxido de magnésio. A temperatura de sinterização foi de 1.700 °C. A microestrutura é quase livre de poros, contendo alguns somente entre os grãos. (Aumento de 500×.)
(Cortesia de C. Greskovich and K.W. Lay.)

Tabela 11.7
Propriedades mecânicas de materiais cerâmicos de engenharia selecionados.

Material	Densidade (g/cm³)	Resistência à compressão		Resistência à tração		Resistência à flexão		Resistência à fratura	
		MPa	ksi	MPa	ksi	MPa	ksi	MPa	ksi
Al_2O_3 (99%)	3,85	2585	375	207	30	345	50	4	3,63
Si3N4 (prensado a quente)	3,19	3450	500	...	...	690	100	6,6	5,99
Si_3N_4 (ligado por reação)	2,8	770	112	...	...	255	37	3,6	3,27
SiC (sinterizado)	3,1	3860	560	170	25	550	80	4	2,63
ZrO_2, 9% MgO (parcialmente estabilizado)	5,5	1860	270	...	...	690	100	8+	7,26+

Zircônia (ZrO_2) A zircônia pura é polimórfica e se transforma da estrutura tetragonal para monoclínica a aproximados 1.170 °C, acompanhada de expansão volumétrica, estando sujeita, portanto, a fratura. Contudo, combinando ZrO_2 com outros óxidos refratários como o CaO, MgO e Y_2O_3, a estrutura cúbica pode ser estabilizada a temperatura ambiente e utilizada em algumas aplicações. Combinando ZrO_2 com 9% de MgO e usando tratamentos térmicos especiais, a zircônia parcialmente estabilizada pode ser produzida com alta resistência à fratura, o que levou a novas aplicações dessas cerâmicas. (Ver Seção 11.6 de resistência a fratura de cerâmicas para mais detalhes.)

11.6 PROPRIEDADES MECÂNICAS DAS CERÂMICAS

11.6.1 Generalidades

Enquanto classe de materiais, as cerâmicas são relativamente frágeis. A resistência à tração observada nas cerâmicas varia bastante, assumindo valores muito pequenos de menos de 100 psi (0,69 MPa) até aproximados 10^6 psi (7×10^3 MPa) para cerâmicas rápidas como o Al_2O_3 preparadas sob condições cuidadosamente controladas. Contudo, mesmo como classe de materiais, poucas cerâmicas possuem resistência à tração acima de 25.000 psi (172 MPa). Materiais cerâmicos possuem também uma vasta diferença entre suas resistências à tração e compressão, sendo a resistência de compressão de 5 a 10 vezes maior que a resistência à tração, conforme a indicação na Tabela 11.7, para 99% dos materiais cerâmicos de Al_2O_3. Também, muitos materiais cerâmicos são duros e possuem baixa resistência a impacto devido a suas ligações covalente-iônicas. Apesar disso, há diversas exceções a estas observações gerais. Por exemplo, argila plastificada é um material cerâmico que é tenaz e deformável com facilidade devido às fracas forças ligantes secundárias entre as camadas de átomos fortemente unidos por ligações iônico-covalentes.

11.6.2 Mecanismos para a deformação de materiais cerâmicos

A falta de plasticidade em cerâmicas cristalinas se deve as suas ligações químicas iônicas e covalentes. Nos metais, o fluxo plástico ocorre principalmente pelo movimento das falhas em linha (discordâncias) na estrutura cristalina sobre planos cristalinos de escorregamento especiais (ver Seção 6.5). Nos metais, as discordâncias se movem sob relativa pequena tensão devido à natureza não direcional da ligação metálica e também porque os átomos envolvidos nesta ligação possuem cargas negativas distribuídas igualmente nas suas superfícies. Isto é, não há cargas negativas ou positivas envolvidas no processo de ligação metálica.

Nos cristais covalentes e cerâmicas covalentemente ligadas, a ligação entre átomos é específica e direcional, envolvendo a troca de cargas elétricas entre pares de elétrons. Então, quando cristais covalentes são tensionados de maneira suficiente, eles exibem fratura frágil devido à separação das ligações de pares de elétrons sem a sua subsequente reformação. Cerâmicas covalentemente ligadas, contudo, são frágeis em ambos os estados, mono e policristalino.

A deformação de cerâmicas com ligação iônica primária é diferente. Monocristais de sólidos ligados ionicamente com o óxido de magnésio e o cloreto de sódio mostram considerável deformação plástica sob tensões de compressão a temperatura ambiente. Cerâmicas policristalinas ligadas ionicamente, contudo, são frágeis, com fraturas sendo formadas nos contornos de grãos.

Examinemos de forma concisa algumas condições sob as quais um cristal iônico pode ser deformado, conforme a Figura 11.33. O escorregamento de um plano sobre outro envolve íons de diferentes cargas entrando em contato, e então forças de atração e repulsão podem ser produzidas. Muitos cristais ligados de forma iônica possuindo a estrutura do tipo Na-Cl escorregam nos sistemas $\{1\bar{1}0\}\langle 10\rangle$ porque o processo de escorregamento na família de planos $\{110\}$ envolve somente íons de cargas desiguais, e justamente por isso esses planos de escorregamento permanecem atraídos aos outros por forças coulombianas durante esse processo. O escorregamento do tipo $\{110\}$ é indicado pela linha AA' na Figura 11.33. Contudo, o escorregamento nas famílias de planos do tipo $\{100\}$ é raramente observada, porque os íons de mesma carga entram em contato, o que tenderá à separação dos planos que estão escorregando uns sobre os outros. Este tipo de escorregamento $\{100\}$ é indicado pela linha BB' na Figura 11.33. Muitos materiais cerâmicos na forma monocristalina demonstram aparente plasticidade. Contudo, em cerâmicas policristalinas, grãos adjacentes devem mudar durante a deformação. Uma vez que haja limitados sistemas de escorregamento em sólidos ionicamente unidos, a fratura ocorrerá nos contornos de grão e a fratura frágil consequentemente também ocorrerá. Pelo fato da maioria dos mais importantes tipos de cerâmicas industriais ser policristalino, grande parte dos materiais cerâmicos tendem a se quebrar.

11.6.3 Fatores que afetam a resistência de materiais cerâmicos

A falha mecânica de materiais cerâmicos ocorre principalmente por defeitos estruturais. A principal fonte de fratura em policristais cerâmicos inclui quebra superficial produzida durante o acabamento superficial, vazios (porosidade), inclusões, e grandes grãos produzidos durante o processamento[3].

Poros em materiais cerâmicos frágeis figuram como regiões nas quais há concentração de tensão, e quando a tensão em um poro atinge um valor crítico, forma-se uma fenda e esta se propaga, uma vez que não há grandes processos de absorção de energia nestes materiais, como aqueles que operam em metais dúcteis durante a deformação. Com isso, uma vez que uma fenda comece a se propagar, ela continuará a crescer até que a fratura ocorra. Poros também são determinantes para a resistência dos materiais cerâmicos, porque eles diminuem a área da seção transversal sobre a qual um carregamento é aplicado, e é então menor a tensão que este material poderá suportar. Assim, o tamanho e a fração volumétrica dos poros em materiais cerâmicos são importantes fatores que afetam sua resistência. A Figura 11.34 mostra como um aumento da fração volumétrica dos poros diminui a tensão transversal da alumina.

Falhas em cerâmicas processadas podem também ser críticas na determinação da resistência à fratura de materiais cerâmicos. Uma grande falha pode ser o maior fator que afeta a resistência da cerâmica. Em materiais cerâmicos totalmente densos, nos quais não haja grandes poros, o tamanho da falha é usualmente relacionado ao tamanho do grão. Em cerâmicas livres de porosidade, a resistência de um material puramente cerâmico ocorre em função do tamanho do grão, com as cerâmicas com menores tamanhos possuindo falhas de menores tamanhos em seus contornos de grão e, então, sendo mais resistentes do que as cerâmicas de grãos maiores.

A resistência de um material cerâmico policristalino é então determinado por muitos fatores que incluem a composição química, a microestrutura e a condição superficial como principais fatores. A temperatura e as condições ambientes são também importantes, assim como o tipo de tensão aplicada e como essa aplicação ocorre. Porém, o desempenho ruim da maioria dos materiais cerâmicos à temperatura ambiente se inicia, geralmente, na maior falha.

---

[3] A.G. Evans, J. Am. Ceram. Soc., **65**:127(1982).

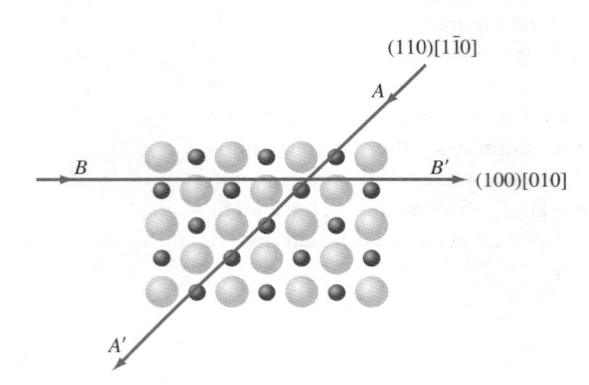

Figura 11.33
Vista do topo de uma estrutura cristalina de NaCl indicando (a) escorregamento no plano (110) na direção [110] (linha AA') e (b) escorregamento no plano (100) na direção [010] (linha BB').

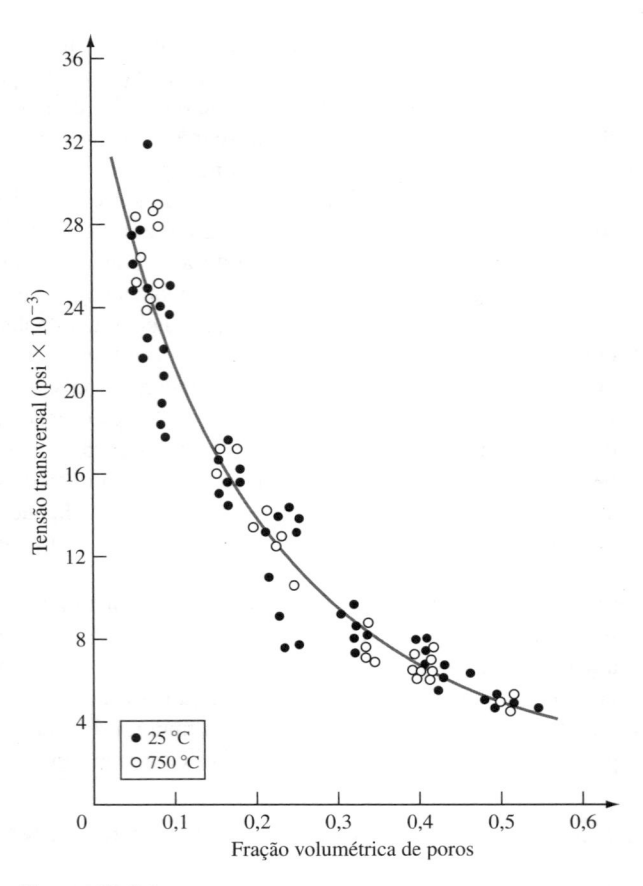

Figura 11.34
O efeito da porosidade na resistência transversal da alumina pura.
(Extraído de R.L. Coble and W.D Kingery, J. Am. Cer. Soc., **39**:377(1956).)

11.6.4 Resistência de materiais cerâmicos

Os materiais cerâmicos, devido à combinação de ligações covalente-iônicas, possuem baixa resistência considerável. Uma grande quantidade de pesquisas tem sido realizada nos últimos anos para melhorar a resistência dos materiais cerâmicos. Pelo uso de processos como o prensamento a quente com aditivos e ligantes reativos, cerâmicas de engenharia com melhor resistência têm sido produzidas (Tabela 11.7).

Testes de resistência à fratura podem ser realizados em cerâmicas para determinar os valores de K_{IC} de maneira similar aos testes de resistência à fratura comumente feitos em metais (ver Seção 7.3). Os valores de K_{IC} para os materiais cerâmicos são geralmente obtidos a partir de um teste de quatro pontos de curvatura com aresta única ou feixe entalhado Chevron (Figura 11.35). A equação da resistência à fratura é:

$$K_{IC} = Y\sigma_f\sqrt{\pi a} \tag{11.1}$$

e relaciona os valores da resistência à fratura K_{IC}, à tensão de fratura e a maiores rasgos podem também ser utilizados para os materiais cerâmicos. Na Equação 11.1, K_{IC} é medido em MPa $\sqrt{m}$ (ksi $\sqrt{pol}$), a tensão de fratura em MPa (ksi) e a (metade do tamanho do maior rasgo interno) em metros (polegadas). Y é uma constante adimensional igual a aproximadamente 1. O Exemplo 11.9 mostra como esta equação pode ser usada para determinar o maior rasgo que uma dada cerâmica de engenharia, de uma conhecida resistência a fratura e força, é capaz de tolerar sem fraturar.

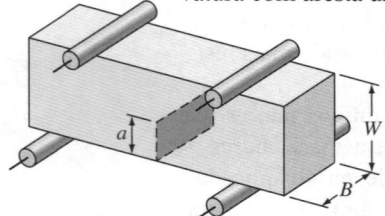

Figura 11.35
Montagem do teste de fratura-resistência de quatro pontos de curvatura para um material cerâmico usando entalhe único.

> **EXEMPLO 19.9**
>
> Uma cerâmica de nitreto de silício ligada por reação possui uma resistência de 300 MPa e uma resistência à fratura de 3,6 MPa $\sqrt{m}$. Qual é o maior rasgo interno que este material pode suportar sem fraturar? Adote $Y = 1$ na equação da resistência à fratura.
>
> ■ **Solução**
>
> $$\sigma_f = 300 \text{ MPa} \quad K_{IC} = 3{,}6 \text{ MPa-}\sqrt{m} \quad a = ? \quad Y = 1$$
>
> $$K_{IC} = Y\sigma_f \sqrt{\pi a}$$
>
> ou
>
> $$a = \frac{K_{IC}^2}{\pi \sigma_f^2} = \frac{(3{,}6 \text{ MPa-}\sqrt{m})^2}{\pi (300 \text{ MPa})^2}$$
>
> $$= 4{,}58 \times 10^{-5} \text{ m} = 45{,}8 \text{ μm}$$
>
> Então, o maior rasgo interno $= 2a = 2(45{,}8) = 91{,}6$.

11.6.5 Transformação de endurecimento da zircônia parcialmente estabilizada

Recentemente se descobriu que a transformação de fase na zircônia combinada com alguns outros óxidos refratários (isto é, CaO, MgO ou Y_2O_3) podem produzir materiais cerâmicos com resistência à fratura excepcionalmente alta. Vamos agora estudar os mecanismos que produzem a transformação de endurecimento em um material cerâmico de MgO com 9% de ZrO_2. A zircônia pura existe em três diferentes estruturas cristalinas: *monoclínica*, a temperatura ambiente até 1.170 °C, *tetragonal*, de 1.170 até 2.370 °C e *cúbica* (a estrutura da fluorita da Figura 11.10) acima de 2.370 °C.

A transformação do ZrO_2 puro da estrutura tetragonal para a monoclínica é martensítica e não pode ser impedida por resfriamento rápido. Essa transformação é também acompanhada por um aumento volumétrico de aproximadamente 9%, e então é impossível se fabricar artigos de zircônia pura. Contudo, pela adição de 10% em mol de outros óxidos refratários como o CaO, MgO ou Y_2O_3, a forma cúbica da zircônia é estabilizada de modo que possa existir à temperatura ambiente no estado metaestável, e artigos possam ser fabricados deste material. O ZrO_2 cúbico combinado com óxidos estabilizantes, de modo que estes retenham a estrutura cúbica à temperatura ambiente, é conhecido como *zircônia totalmente estabilizada*.

Recentes evoluções nas descobertas das pesquisas produziram materiais cerâmicos de óxidos de zircônia refratários com tenacidade e resistência melhoradas, utilizando como vantagem suas transformações de fase. Um dos compostos cerâmicos de zircônia mais importantes é a zircônia parcialmente estabilizada (PSZ), que contém 9% em mol de MgO. Se uma mistura de MgO com 9% em mol de ZrO_2 é sinterizada a aproximadamente 1.800 °C, como indicado no diagrama de fases ZrO_2-MgO da Figura 11.36a, e então rapidamente resfriada a temperatura ambiente, ela estará toda na estrutura metaestável cúbica. Porém, se este material for reaquecido até 1.400 °C e mantido assim por tempo suficiente, um fino precipitado metaestável submicroscópico se forma, de acordo com a Figura 11.36b. Este material é conhecido como *zircônia parcialmente estabilizada* (PSZ). Sob a ação de tensões que causam pequenas trincas no material cerâmico, a fase tetragonal se transforma para fase monoclínica, causando expansão volumétrica do precipitado que retarda a propagação da trinca por um tipo de mecanismo de fechamento de trincas. Impedindo o avanço das trincas, a cerâmica é "temperada" (Figura 11.36c). A zircônia parcialmente estabilizada possui uma resistência à fratura de 8 + MPa $\sqrt{m}$, que é mais elevada que a resistência à fratura de todos os outros materiais cerâmicos de engenharia listados na Tabela 11.7.

11.6.6 Falha das cerâmicas por fadiga

As falhas por fadiga nos metais ocorrem por tensões provindas de repetições de ciclos devido à nucleação e ao crescimento de trincas em uma área endurecida por constante trabalho. Por causa da ligação iônico--covalente dos átomos em um material cerâmico, há ausência de plasticidade em cerâmicas durante o estresse cíclico. Como resultado, a fratura por fadiga em cerâmicas é rara. Recentemente, foram apresentados resultados sobre o crescimento estável das trincas por fadiga em placas entalhadas de alumina, à temperatura ambiente, sob condições de estresse cíclico de compressão. Uma trinca reta por fadiga foi produzida após 79 mil ciclos de compressão (Figura 11.37a). A propagação de microfissuras ao longo dos contornos de grão provocou falhas por fadiga intergranular (Figura 11.37b). Uma série de pesquisas têm sido desenvolvidas para tornar as cerâmicas mais resistentes, ao ponto em que possam suportar estresses cíclicos, para aplicações que exigem robustez, como rotores de turbinas.

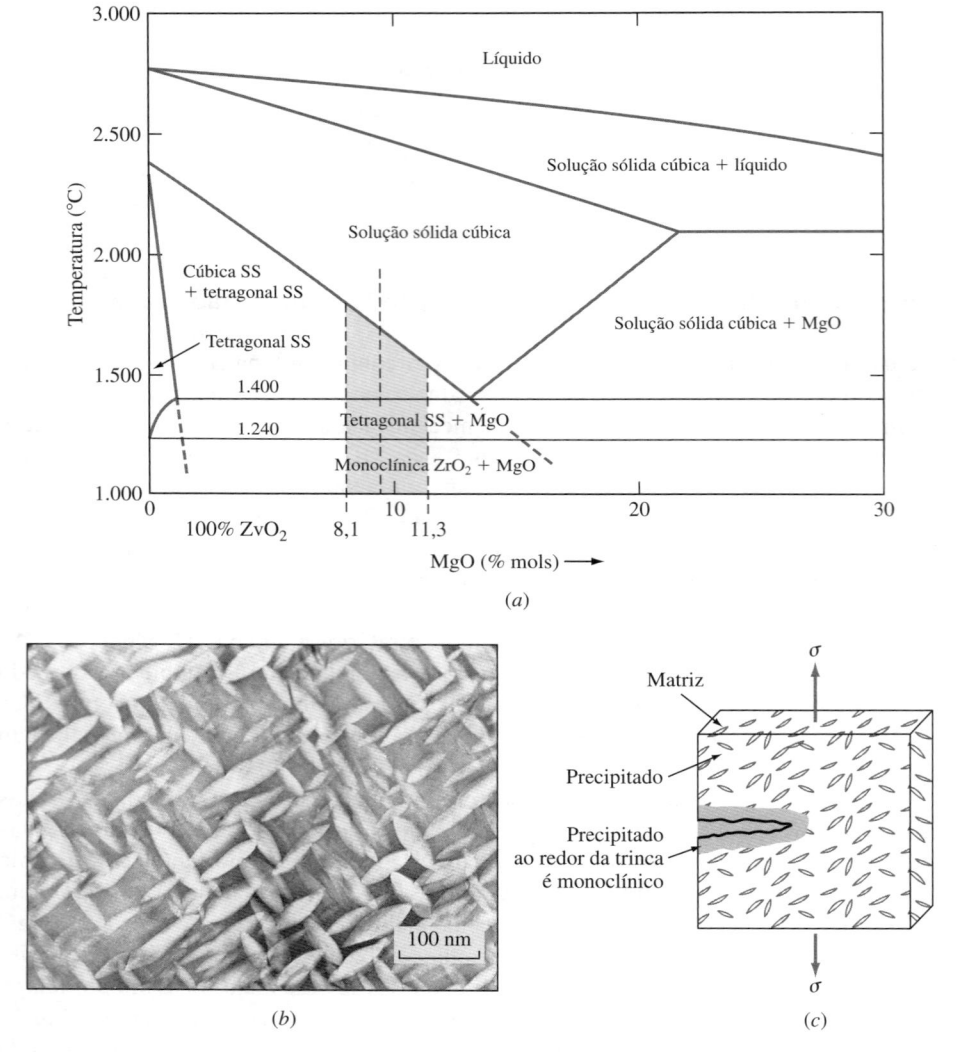

Figura 11.36
(a) Diagrama de fases para a parte de ZrO_2 do diagrama de fases binário ZrO_2-MgO. A área sombreada representa a região usada para combinar MgO com ZrO_2, cujo intuito será produzir zircônia parcialmente estabilizada.
(Extraído de A.H. Heuer, "Advances in Ceramics", vol. 3, "Science and Technology of Zirconia", American Ceramic Society, 1981.)

(b) Micrografia de transmissão eletrônica de ZrO_2 parcialmente estabilizado com MgO envelhecido de forma ótima, que apresenta o precipitado esferoide oblato tetragonal. Com aplicação de tensão suficiente, estas partículas se transformam para a fase monoclínica com expansão volumétrica.
(Cortesia de A.H. Heuer.)

(c) Diagrama esquemático ilustrando a transformação do precipitado tetragonal para a fase monoclínica em torno de uma trinca em uma espécie de cerâmica de ZrO_2 com 9% em mol de MgO.

Figura 11.37
Trinca por fadiga de alumina policristalina sob compressão cíclica. (*a*) Micrografia óptica mostrando a falha por fadiga (o eixo de compressão é vertical). (*b*) Fractografia de escaneamento eletrônico da área de fadiga da mesma espécie na qual o modo intergranular da falha é evidente.

11.6 7 Materiais cerâmicos abrasivos

A elevada dureza de alguns materiais cerâmicos os torna úteis como materiais abrasivos para corte, moagem e polimento de outros materiais com menor dureza. Alumina fundida (óxido de alumínio) e carbeto de silício são duas das mais comuns cerâmicas abrasivas manufaturas utilizadas para este fim. Produtos abrasivos como folhas e discos são feitos pela ligação individual de partículas cerâmicas. Materiais ligantes incluem cerâmicas cozidas, resinas orgânicas e borrachas. As partículas cerâmicas devem ser duras com pontas afiadas. O produto abrasivo deve também apresentar um determinado índice de porosidade, com o intuito de oferecer canais de fluxo para o ar ou os líquidos penetrarem na estrutura. Grãos de óxido de alumínio são mais resistentes que os de carbeto de silício, no entanto, não são tão duros, de forma que o carbeto de silício é normalmente usado para endurecer materiais.

Combinando óxido de zircônio com óxido de alumínio, melhores abrasivos foram desenvolvidos[4], os quais agora apresentam maior resistência, dureza e agudeza que o óxido de alumínio isoladamente. Uma dessas ligas de cerâmicas contém 25% de ZrO_2 e 75% de Al_2O_3 e outros 40% de ZrO_2 e 60% de Al_2O_3. Outra importante cerâmica abrasiva é o nitreto cúbico de boro, que recebe o nome comercial de Borazon[5]. Esse material é quase tão duro quanto o diamante, mas possui melhor estabilidade térmica do que este.

11.7 PROPRIEDADES TÉRMICAS DAS CERÂMICAS

De modo geral, a maioria dos materiais cerâmicos possui baixas condutividades térmicas devido a suas fortes ligações iônico-covalentes e são bons isolantes térmicos. A Figura 11.38 compara as condutividades térmicas de muitos materiais cerâmicos em função da temperatura. Devido à alta resistência térmica, materiais cerâmicos são usados como **refratários**, que são materiais que resistem à ação de ambientes quentes, tanto líquidos quanto gasosos. Refratários são largamente usados pelas indústrias metalúrgica, química, cerâmica e vítrea.

11.7.1 Materiais refratários cerâmicos

Diversos compostos cerâmicos puros com altos pontos de fusão como o óxido de alumínio e o óxido de magnésio puderam ser usados como materiais refratários industriais, apesar de serem caros e difíceis

---
[4]ZrO_2-Al_2O_3 ligas de cerâmicas abrasivas foram desenvolvidas pela Norton Co., nos anos 1960.
[5]Borazon, um produto da General Eletric Co., foi desenvolvido na década de 1950.

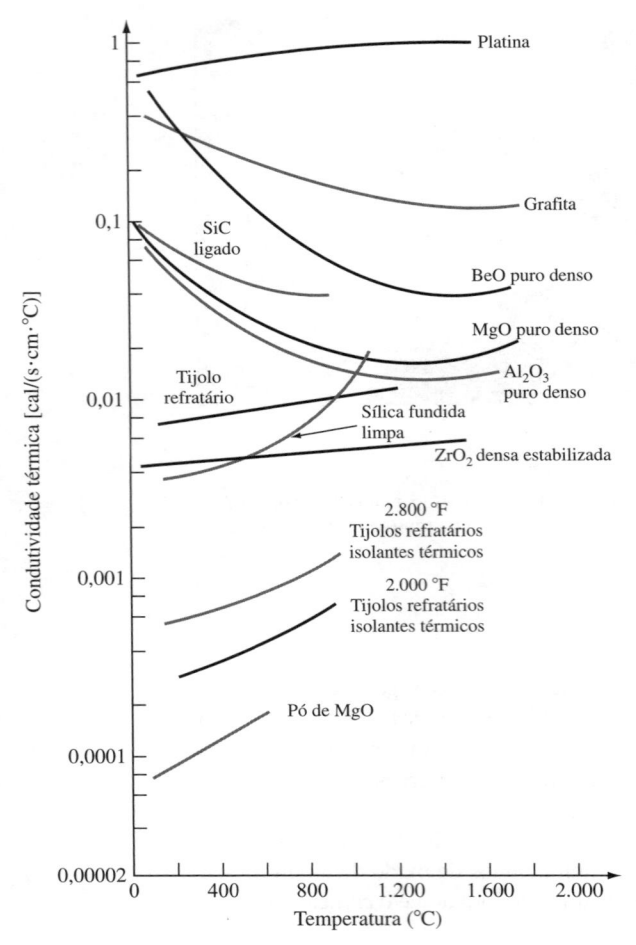

Figura 11.38
Condutividade térmica (escala logarítmica) de materiais cerâmicos em uma longa faixa de temperatura.
(*Cortesia da NASA.*)

de moldar. Assim, a maioria dos refratários industriais é feita de misturas de componentes cerâmicos. A Tabela 11.8 lista as composições de alguns tijolos refratários e fornece algumas de suas aplicações.

Importantes propriedades de materiais cerâmicos refratários são resistência a altas e baixas temperaturas, densidade a granel e porosidade. Muitos refratários cerâmicos possuem densidades a granel que variam de 2,1 a 3,3 g/cm^3 (132 a 206 lb/ft^3). Refratários densos com baixa porosidade possuem maior resistência a corrosão, erosão e penetração por líquidos e gases. Contudo, para refratários isolantes, uma grande quantidade de porosidade é desejável. Refratários isolantes são principalmente usados como apoio para tijolos ou materiais refratários de maior densidade e refratariedade.

Materiais cerâmicos refratários industriais são comumente divididos em tipos acídicos e básicos. Refratários acídicos seriam principalmente de SiO_2 e Al_2O_3 e os básicos de MgO, CaO e Cr_2O_3. A Tabela 11.8 lista a composição de muitos tipos de refratários industriais e fornece algumas de suas aplicações.

11.7.2 Refratários acídicos

Refratários de sílica possuem alta refratariedade, grande resistência mecânica e rigidez a temperaturas próximas a de seus pontos de fusão.

Os *refratários* se baseiam em uma mistura de refratário plástico, argila de sílex e argila (partículas grosseiras). Na condição não cozida (verde), estes refratários consistem em uma mistura de partículas que variam de grosseiras até extremamente finas. Após o cozimento, as partículas finas formam uma ligação cerâmica entre as partículas maiores.

Refratários de alumina superior contêm entre 50 a 99% de alumina e possuem temperaturas de fusão mais elevadas do que tijolos de refratários. Eles podem ser usados para condições de fornos mais severas e as mais altas temperaturas do que os tijolos de refratários, contudo apresentam maior custo.

11.7.3 Refratários básicos

Refratários básicos consistem principalmente em magnésia (MgO), cal (CaO), minério de cromo, ou misturas de dois ou mais desses materiais. Como grupo, refratários básicos possuem alta densidade a granel, altas temperaturas de fusão e também boa resistência ao ataque químico por escórias básicas e óxidos, mas são mais caros. Os refratários básicos que contém um alto percentual (92 a 95%) de magnésia são maciçamente usados para forros no processo básico com oxigênio na produção de aços.

11.7.4 Ladrilhos cerâmicos de isolamento para o ônibus espacial de órbita

O desenvolvimento de sistemas de proteção térmica para o ônibus espacial de órbita é um excelente exemplo de como modernos materiais tecnológicos são aplicados a projetos de engenharia. Para que o ônibus espacial pudesse ser usado em pelo menos 100 missões, novos ladrilhos isolantes cerâmicos tiveram de ser desenvolvidos.

Tabela 11.8
Composições e aplicações de alguns tijolos de materiais refratários.

	Composição (% em peso)			
	SiO$_2$	Al$_2$O$_3$	MgO	Outros
Tipos Acídicos				
Tijolo de sílica	95–99			
Tijolo refratário de Supertrabalho	53	42		
Tijolo refratário de Alto Trabalho	51–54	37–41		
Tijolo de alumina superior	0–50	45–99+		
Tipos básicos				
Magnesita	0,5–5		91–98	0,6–4 CaO
Cromo-magnesita	2–7	6–13	50–82	18–24 Cr$_2$O$_3$
Dolomita (cozida)			38–50	38–58 CaO
Tipos especiais				
Zircônia	32			66 ZrO$_2$
Carbeto de silício	6	2		91 SiC

Aplicações para alguns refratários:
Tijolos refratários supertrabalho: guarnições para fusão de superfícies de alumínio, fornos rotativos, fornos e panelas de transferência de metal quente.
Tijolos refratários de alto trabalho: guarnições para fornos de cimento e cal, altos fornos e incineradores.
Tijolos de alumina superior: fornalhas de caldeiras, fornos de regeneração de ácido gasto, fornos de fosfato, paredes do tanque refinador de vidro, fornos de carbono negro, fundição contínua de revestimento, revestimentos de reatores de gaseificação de carvão e fornos de coque de petróleo.
Tijolo de sílica: Forros de reatores químicos, partes de tanques de vidros, fornos de cerâmica, e fornos de coque.
Tijolo de magnesita: forros de fornos de processos básicos com oxigênio para fabricação de aço.
Tijolo de zircônia: pavimentação da parte de baixo de tanques de vidro e bicos de fundição contínua.

Fonte: *Harbison-Walker Handbook of Refractory Practice,* Harbison-Walker Refractories, Pittsburgh, 1980.

Cerca de 70% da superfície externa do ônibus é protegida do calor por aproximadamente 24 mil ladrilhos cerâmicos individuais feitos de um composto de fibra sílica. A Figura 11.39 mostra a microestrutura do material de isolamento reutilizável *contra altas temperaturas da superfície* (CATS), e a Figura 11.40 indica a área superficial na qual os ladrilhos são encaixados ao corpo do ônibus. Este material possui uma densidade de apenas 4 kg/ft³ (9 lb/ft³) e pode suportar temperaturas tão altas quanto 1.260 °C (2.300 °F). A efetividade deste material isolante é indicada pela habilidade técnica de se segurar uma peça do ladrilho cerâmico apenas 10 s após este ser retirado de um forno a 1.260 °C (2.300 °F).

11.8 VIDROS

Os vidros possuem propriedades especiais não encontradas em outros materiais no campo da engenharia. A combinação de transparência e dureza a temperaturas ambientes juntamen-

Figura 11.39
Microestrutura de isolamento reutilizável contra altas temperaturas LI900 (ladrilho cerâmico usado no ônibus espacial); a estrutura consiste de 99,7% de pura fibra sílica. (Aumento de 1.200×.)
(*Cortesia de Lockheed Martin Missiles and Space Co.*)

te de suficiente robustez e excelente resistência à corrosão, à maioria dos ambientes regulares, torna os vidros indispensáveis para muitas aplicações, como a construção civil e os vidros de carros. Na indústria elétrica, o vidro é essencial para vários tipos de lâmpadas por causa de suas propriedades isolantes e sua habilidade de oferecer um invólucro fechado a vácuo. Na indústria eletrônica, tubos de elétrons também requerem o invólucro fechado a vácuo provido pelo vidro juntamente com suas propriedades isolantes para conectores de plugue. A alta resistência química do vidro o torna útil em aparatos de laboratório e para tubulações resistentes à corrosão, além de recipientes para reações na indústria química.

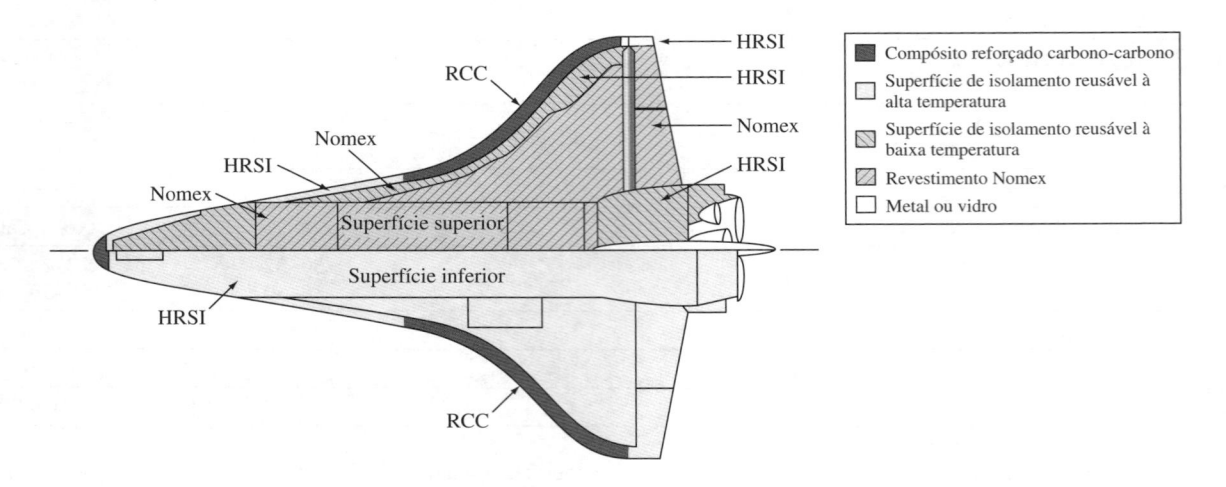

Figura 11.40
Sistemas de proteção térmica do ônibus espacial.
(*Cortesia da Corning Incorporated.*)

11.8.1 Definição de vidro

Vidro é um material cerâmico, feito de materiais inorgânicos a altas temperaturas. Contudo, se distingue das outras cerâmicas, pois seus constituintes são aquecidos até a fusão e então resfriados para o estado sólido rígido sem cristalização. Assim, o **vidro** pode ser definido como um *produto inorgânico da fusão, que resfriou a uma condição rígida sem cristalização*. Uma característica de um vidro é que ele possui uma estrutura não cristalina ou amorfa. As moléculas em um vidro não estão arranjadas em uma ordem regular repetida em cadeia longa como ocorre em sólidos cristalinos. No vidro, as moléculas mudam sua orientação de maneira aleatória por meio do material sólido.

11.8.2 Temperatura de transição vítrea

O comportamento de solidificação do vidro é diferente do comportamento de um sólido cristalino, conforme ilustra a Figura 11.41, que é uma plotagem do volume específico (recíproco da densidade) *versus* a temperatura para estes dois tipos de materiais. Um líquido que forma um sólido cristalino sob solidificação (isto é, um metal puro), normalmente cristalizará no seu ponto de fusão com significante redução do volume específico, como indicado pela linha *ABC* na Figura 11.41. Em contraste, um líquido que forma o vidro sob resfriamento não cristaliza, mesmo assim segue uma linha como a *AD* da Figura 11.41. Líquidos deste tipo se tornam mais viscosos conforme se diminui sua temperatura e passam a um estado emborrachado, de plástico mole para um estado rígido, vítreo frágil em uma estreita faixa de temperatura na qual a inclinação da curva do volume específico *versus* temperatura é marcadamente decrescente. O ponto de interseção das duas curvaturas dessa curva define um ponto de transformação chamado **temperatura de transição vítrea** T_g. Este ponto é sensitivo à estrutura, com maiores taxas de resfriamento produzindo maiores valores de T_g.

11.8.3 Estrutura dos vidros

Óxidos de formação vítrea Muitos vidros orgânicos se constituem de **óxido de formação vítrea**, a sílica, SiO_2. A unidade fundamental nos vidros formados de sílica é o tetraedro SiO_4^{4-}, no qual um átomo de silício (íon, Si^{4+}) no tetraedro é ligado a quatro átomos (íons) de oxigênio por ligação iônica-covalente, conforme a Figura 11.42a. Na sílica cristalina, por exemplo, a cristobalita, o tetraedro Si–O, é unido ângulo a ângulo em um arranjo regular, produzindo uma ordem de longo alcance, como idealizado na Figura 11.42b. Em um vidro simples de sílica, os tetraedros são ligados ângulo a ângulo, formando uma *rede frouxa* sem ordem de longo alcance (Figura 11.42c).

O óxido de boro, B_2O_3, é também um óxido de formação vítrea e, por si só, forma subunidades que são triângulos planos com o átomo de boro ligeiramente fora do plano dos átomos de oxigênio. Contudo, em vidros de borossilicatos, que possuem adições de álcali ou óxidos alcalinos provenientes do solo, os triângulos de BO_3^{3-} podem ser convertidos a tetraedros de BO_4^{4-}, com o álcali ou os cátions alcalinos responsáveis por prover a eletronegatividade necessária. O óxido de boro figura como importante adição a diversos tipos de vidros comerciais, como os vidros de borossilicatos e aluminoborossilicatos.

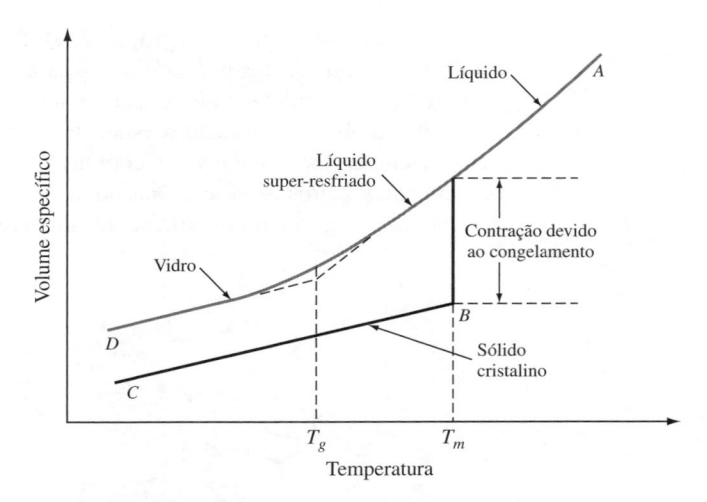

Figura 11.41
Solidificação de materiais cristalinos e vítreos (amorfos) mostrando variações no volume específico. T_g é a temperatura de transição vítrea do material vítreo. T_m é a temperatura de fusão do material cristalino.
(O.H. Wyatt and D. Dew-Hughes, "Metals, Ceramics and Polymers", Cambridge University Press, 1974, p. 263. Reimpresso com a permissão da Cambridge University Press.)

Óxidos de modificação vítrea Óxidos que rompem a rede vítrea são conhecidos como **modificadores vítreos**. Óxidos álcalis como o Na_2O e o K_2O e óxidos alcalinos como o CaO e o MgO são adicionados ao vidro de sílica para diminuir a viscosidade, de modo que possa ser trabalhado e manipulado mais facilmente. Os átomos de oxigênio destes óxidos entram na rede de sílica se unindo ao tetraedro e rompendo a rede, produzindo átomos de oxigênio com um elétron não compartilhado (Figura 11.43a). Os íons Na^+ e K^+ do Na_2O e do K_2O não adentram a rede, mas permanecem como íons metálicos ionicamente ligados aos interstícios da rede. Preenchendo alguns desses interstícios, esses íons promovem a cristalização do vidro.

Óxidos intermediários nos vidros Alguns óxidos não podem formar uma rede vítrea sozinhos, mas podem se juntar a uma rede previamente existente. Estes óxidos são conhecidos como **óxidos intermediários**. Por exemplo, o óxido de alumínio, Al_2O_3, pode adentrar a rede de sílica como um tetraedro de

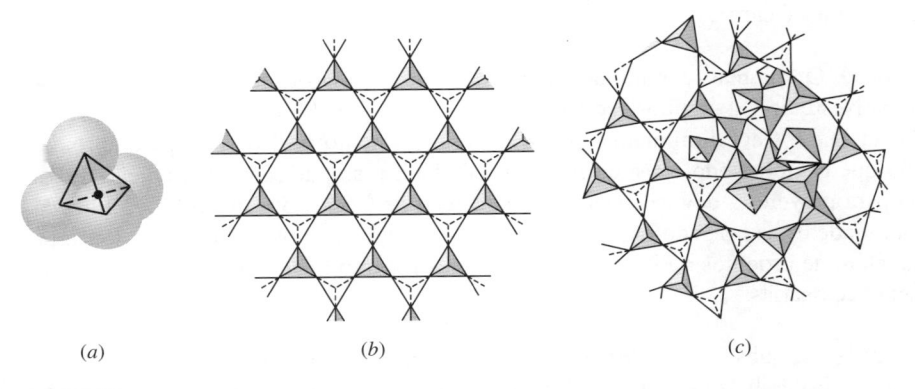

(a)   (b)   (c)

Figura 11.42
Representação esquemática de (a) tetraedro de silício-oxigênio, (b) sílica cristalina ideal (cristobalita), na qual o tetraedro não possui ordem de longo alcance, e (c) um vidro de sílica simples, no qual o tetraedro não possui ordem de longo alcance.
(O.H. Wyatt and D. Dew-Hughes, "Metals, Ceramics and Polymers", Cambridge University Press, 1974, p. 259. Reimpresso com a permissão da Cambridge University Press.)

AlO_4^{4-}, substituindo alguns dos grupos SiO_4^{4-} (Figura 11.43b). Contudo, uma vez que a valência do alumínio seja +3 em vez dos necessários +4 para o tetraedro, cátions álcali devem suprir os outros elétrons para produzir neutralidade eletrônica. Óxidos intermediários são adicionados ao vidro de sílica com o intuito de se obter propriedades especiais. Por exemplo, vidros de aluminossilicatos podem suportar maiores temperaturas que o vidro comum. Óxido de chumbo é outro óxido intermediário que é adicionado a alguns vidros de sílica. Dependendo da composição do vidro, os óxidos intermediários podem, algumas vezes agir como modificadores de rede e também fazer parte da rede vítrea.

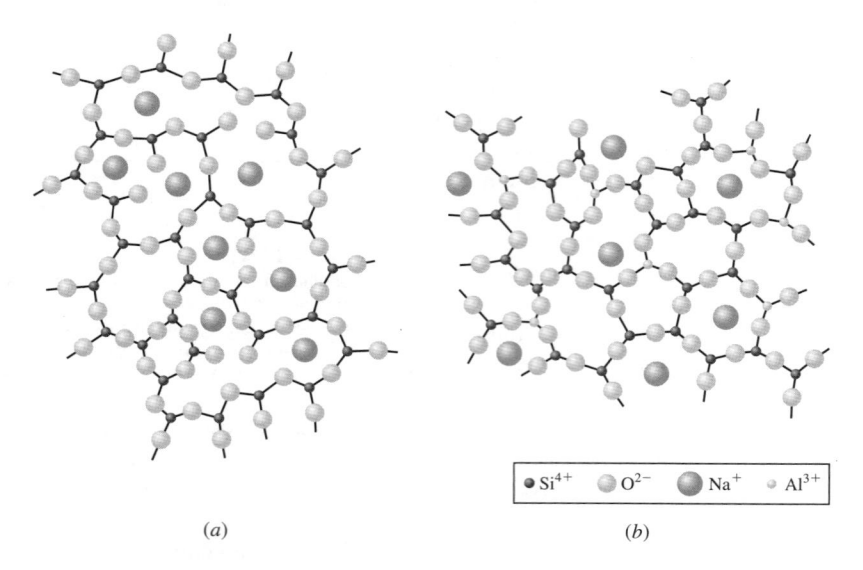

Figura 11.43
(a) Vidro de rede modificada (vidro sodo-cálcico); note que os íons metálicos Na⁺ não fazem parte da rede; (b) Vidro de óxido intermediário (alumina-sílica); note que os pequenos íons metálicos Al³⁺ formam parte da rede.
(O.H. Wyatt and D. Dew-Hughes, "Metals, Ceramics and Polymers", Cambridge University Press, 1974, p. 263.)

11.8.4 Composições do vidro

A composição de alguns importantes tipos de vidros está listada na Tabela 11.9, juntamente com alguns comentários sobre suas propriedades especiais e aplicações. Vidro fundido de sílica, que é o mais importante vidro de componente único, possui uma alta transmissão vítrea e não está sujeito a danos por radiação, o que geralmente causa escurecimento em outros vidros. É, portanto, o vidro ideal para janelas de veículos espaciais, janelas de túneis de vento e sistemas ópticos em aparelhos espectrofotométricos. Contudo, o vidro de sílica é caro e de difícil processamento.

Vidro sodo-cáustico O tipo mais comum de vidro produzido é o sodo-cáustico, que contabiliza 90% da produção vítrea. Neste tipo, a composição básica é de 71 a 73% de SiO_2, 12 a 14% de Na_2O e 10 a 12% de CaO. O Na_2O e o CaO diminuem o ponto de amolecimento de 1.600 °C para aproximados 730 °C, de modo que o vidro sodo-cáustico seja de mais fácil manipulação. Uma adição de 1 a 4% de MgO é usada para prevenir a devitrificação, e uma adição de 0,5 a 1,5% de Al_2O_3 é utilizada para aumentar a durabilidade. O vidro sodo-cáustico é usado para vidros planos, contêineres, louça pressurizada e soprada, além de produtos de iluminação, nos quais a durabilidade química e a resistência ao calor não se fazem necessárias.

Vidros borossilicatos A substituição dos óxidos álcalis pelos óxidos bóricos nas redes vítreas de sílica produzem um vidro de baixa expansão. Quando o B_2O_3 adentra a rede sílica, ele enfraquece sua estrutura e diminui consideravelmente o ponto de amolecimento do vidro de sílica. O efeito de enfraquecimento é atribuído à presença dos boros planares de coordenação tripla. O vidro borossilicato (vidro pirex) é usado em equipamentos de laboratório, tubulação de louça e faróis selados.

Tabela 11.9
Composição de alguns vidros.

Vidro	SiO$_2$	Na$_2$O	K$_2$O	CaO	B$_2$O$_3$	Al$_2$O$_3$	Outros	Comentários
1. Sílica fundida	99,5+							Difícil de fundir e fabricar, mas utilizável até 1.000 °C. Baixíssima expansão e alta resistência térmica ao choque.
2. 96% sílica	96,3	<0,2	<0,2		2,9	0,4		Fabricado com vidros borossilicatos relativamente macios; aquecimento para separar a fases SiO$_2$ e B$_2$O$_3$; lixiviação ácida na fase B$_2$O$_3$; aquecimento para consolidar os poros.
3. Sodo-cálcico: vidro plano	71–73	12–14		10–12		0,5–1,5	MgO, 1–4	Facilmente fabricável. Amplamente utilizado para graus ligeiramente diferentes de janelas, contêineres e bulbos elétricos.
4. Silicato de chumbo: elétrico	63	7,6	6	0,3	0,2	0,6	PbO, 21 MgO, 0,2	Fusão imediata e fabricada com atrativas propriedades elétricas.
5. Alto chumbo	35		7,2				PbO, 58	Absorve raios X; alta refração usada em lentes acromáticas. Vidros decorativos de cristais.
6. Borossilicato: baixa expansão	80,5	3,8	0,4		12,9	2,2		Baixa expansão, boa resistência térmica ao choque e estabilidade química. Amplamente utilizada na indústria química.
7. Baixa perda elétrica	70,0		0,5		28,0	1,1	PbO, 1,2	Baixa perda dielétrica.
8. Aluminoborossilicato: aparato padrão	74,7	6,4	0,5	0,9	9,6	5,6	B$_2$O, 2,2	Aumento da alumina e diminuição do óxido de boro; melhora a durabilidade química.
9. Baixo álcali (E-glass)	54,5	0,5		22	8,5	14,5		Amplamente utilizado nas fibras em compósitos de resinas vítreas.
10. Aluminossilicato	57	1,0		5,5	4	20,5	MgO, 12	Resistência a altas temperaturas.
11. Vidro cerâmico	40–70					10–35	MgO, 10–30 TiO$_2$, 7–15	Cerâmica cristalina feita por devitreamento do vidro. Fácil fabricação (como vidro), boas propriedades. Vários vidros e catalisadores.

Fonte: O. H. Wyatt and D. Dew-Hughes, Metals, Ceramics, and Polymers, Cambridge, 1974, p. 261.

Vidro de chumbo O vidro de chumbo é geralmente um agente modificador na rede sílica, mas pode também agir como um formador de rede. Vidros de chumbo com alto teor de óxido apresentam baixo derretimento e são úteis para vidros de solda de vedação. Vidros de alto teor de chumbo são também utilizados para blindagem de alta energia radioativa, e são usados em vidros de radiação, invólucros de lâmpadas fluorescentes e bulbos de televisões. Devido ao seu alto poder refrativo, vidros de chumbo são usados em algumas aplicações ópticas e como vidros de decoração.

11.8.5 Deformação viscosa de vidros

Um vidro se comporta como um líquido viscoso (super-resfriado) acima de sua temperatura de transição vítrea. Sob tensão, grupos de átomos de silicatos (íons) podem escorregar uns sobre os outros, o que permite deformação permanente no vidro. Forças de ligação interatômicas têm caráter resistivo acima da temperatura de transição vítrea, mas não previnem o fluxo viscoso do vidro se a tensão aplicada for suficientemente alta. Conforme a temperatura do vidro é progressivamente aumentada acima da temperatura de transição vítrea, a viscosidade do vidro diminui e o fluxo viscoso se torna mais fácil de se manipular. O efeito da temperatura na viscosidade do vidro segue uma equação do tipo de Arrhenius, exceto pelo fato de que o sinal do termo exponencial é positivo ao invés de negativo, como é geralmente o caso (ou seja, para a difusividade, a equação do tipo de Arrhenius é $D = D_0 e^{(-Q/RT)}$. A equação que relaciona a viscosidade à temperatura para o fluxo viscoso em um vidro é

$$\eta^* = \eta_0 e^{+Q/RT} \tag{11.2}$$

onde η = viscosidade do vidro, em P ou Pa · s[6]; η_0 = constante pré-exponencial, em P ou Pa · s; Q = energia de ativação molar para o fluxo viscoso; R = constante universal molar do gás; e T = temperatura absoluta. O Exemplo 11.10 mostra como um valor para a energia de ativação para um fluxo viscoso em um vidro pode ser determinado a partir dessa equação usando dados de viscosidade e temperatura.

O efeito da temperatura na viscosidade de alguns tipos comerciais de vidros é mostrado na Figura 11.44. Para a comparação entre os vários tipos de vidro, alguns pontos de viscosidade referência são usados, indicados pelas linhas horizontais da Figura 11.44. Esses são os pontos de trabalho, de amolecimento, recozimento e tensão. Suas definições são:

1. **Ponto de trabalho:** viscosidade = 10^4 Poiseuille (10^3 Pa · s). Nesta temperatura, operações de fabricação de vidro podem ser feitas;
2. **Ponto de amolecimento:** viscosidade = 10^8 Poiseuille (10^7 Pa · s). Nesta temperatura, o vidro fluirá em uma taxa considerável sob a ação de seu próprio peso. Contudo, este ponto não pode ser definido pela precisão da viscosidade, uma vez que ele depende da densidade e da tensão superficial do vidro;
3. **Ponto de recozimento:** viscosidade = 10^{13} Poiseuille (10^{12} Pa · s). Tensões internas podem ser aliviadas nesta temperatura;
4. **Ponto de tensão:** viscosidade = $10^{14,5}$ Poiseuille ($10^{13,5}$ Pa · s). Abaixo desta temperatura o vidro é rígido, e o alívio de tensões pode ocorrer somente a uma taxa baixa. O intervalo entre o recozimento e a tensão é comumente considerado a faixa de recozimento do vidro.

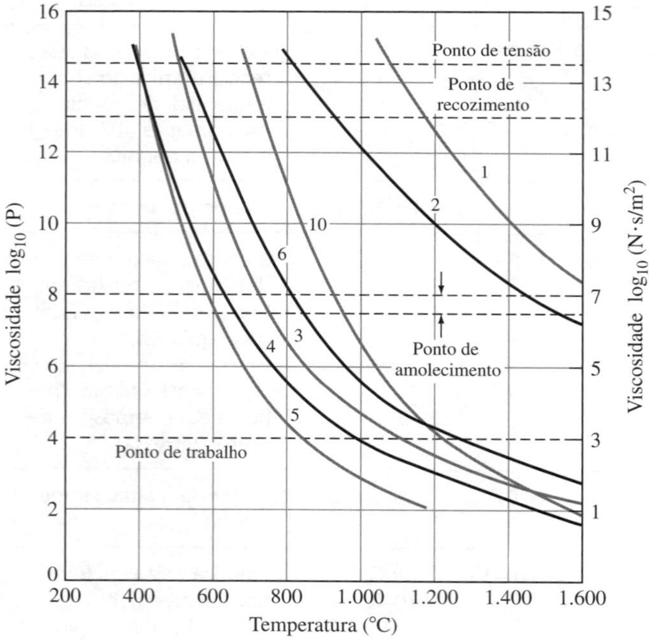

Figura 11.44
Efeito da temperatura nas viscosidades de vários tipos de vidros. Os números nas curvas se referem às composições na Tabela 10.11.
(Extraído de O.H. Wyatt and D. Dew-Hughes, "Metals, Ceramics and Polymers", Cambridge, 1974, p. 259.)

---

* η = Letra Grega *eta*, pronunciada "éta".
[6]P (Poiseuille) = 1 dina · s/cm²;
1Pa · s (Pascal-segundo) = 1N · s/m²; 1 P = 0,1Pa · s

Vidros são geralmente fundidos a uma temperatura que corresponda à viscosidade de aproximadamente 10^2 Poiseuille (Pa · s). Durante a formação, a viscosidade dos vidros é comparada quantitativamente. Um *vidro rígido* possui um alto ponto de amolecimento, enquanto um *vidro mole* possui um baixo ponto. Isto é, o vidro rígido solidifica mais devagar que o vidro mole, conforme se diminui a temperatura.

EXEMPLO 11.10

Um vidro com 96% de sílica possui uma viscosidade de 10^{13} P à sua temperatura de recozimento, 940 °C, e uma viscosidade de 10^8 P à sua temperatura de amolecimento, 1.470 °C. Calcule a energia de ativação em KJ/mol para o fluxo viscoso deste vidro nesta faixa de temperatura.

▪ Solução

Ponto de recozimento do vidro = T_{pr} = 940 °C + 273 = 1.213 K $\eta_{pr} = 10^{13}$ P
Ponto de amolecimento do vidro = T_{pa} = 1.470 °C + 273 = 1.743 K $\eta_{pa} = 10^8$ P
R = constante do gás = 8,314 J/(mol · K)   Q = ? J/mol

Usando a Equação 11.2

$$\begin{aligned}\eta_{pr} &= \eta_0 e^{Q/RT_{pr}} \\ \eta_{pa} &= \eta_0 e^{Q/RT_{pa}}\end{aligned} \quad \text{ou} \quad \frac{\eta_{pr}}{\eta_{pa}} = \exp\left[\frac{Q}{R}\left(\frac{1}{T_{pr}} - \frac{1}{T_{pa}}\right)\right] = \frac{10^{13}\,\text{P}}{10^8\,\text{P}} = 10^5$$

$$10^5 = \exp\left[\frac{Q}{8,314}\left(\frac{1}{1.213\,\text{K}} - \frac{1}{1.743\,\text{K}}\right)\right]$$

$$\ln 10^5 = \frac{Q}{8,314}(8,244 \times 10^{-4} - 5,737 \times 10^{-4}) = \frac{Q}{8,314}(2,507 \times 10^{-4})$$

$$11,51 = Q(3,01 \times 10^{-5})$$

$$Q = 3,82 \times 10^5 \text{ J/mol} = 382 \text{ kJ/mol} \blacktriangleleft$$

11.8.6 Métodos de formação para vidro

Produtos de vidro são feitos, em primeiro lugar, aquecendo o vidro a uma elevada temperatura, de modo a produzir um líquido viscoso, e então moldando, desenhando ou conformando o material de acordo com a forma desejada.

Produção de vidros em folhas e placas   Aproximadamente 85% dos vidros planos produzidos nos Estados Unidos são pelo **processo de vidro flutuante**, no qual uma fita de vidro se move para fora do forno de derretimento e flutua sobre a superfície de um banho de estanho fundido sob atmosfera controlada quimicamente (Figura 11.45). Quando suas superfícies estão suficientemente duras, a folha de vidro é removida do forno sem ser marcada pelos rolos e passa por meio de um longo forno de recozimento chamado *Lehr*, no qual tensões residuais são removidas.

Sopramento, prensamento e moldagem do vidro   Produtos profundos como garrafas, jarras e invólucros de bulbos de lâmpadas são geralmente fabricados pelo sopramento de ar em moldes de vidro fundido (Figura 11.46). Itens planos como lentes ópticas e lentes seladas são feitas prensando um pistão em um molde contendo vidro fundido.

Muitos artigos podem ser fabricados ao se moldar o vidro em um molde aberto. Um grande espelho de telescópio de borossilicato de 6 m de diâmetro foi feito dessa forma. Peças em forma de funil, como tubos de televisão, são formados por moldagem por meio de centrifugação. Gotas de vidro fundido são derramadas por um alimentador em um molde girante que faz com que o vidro flua para cima, de modo que se obtém um produto com espessura aproximadamente constante.

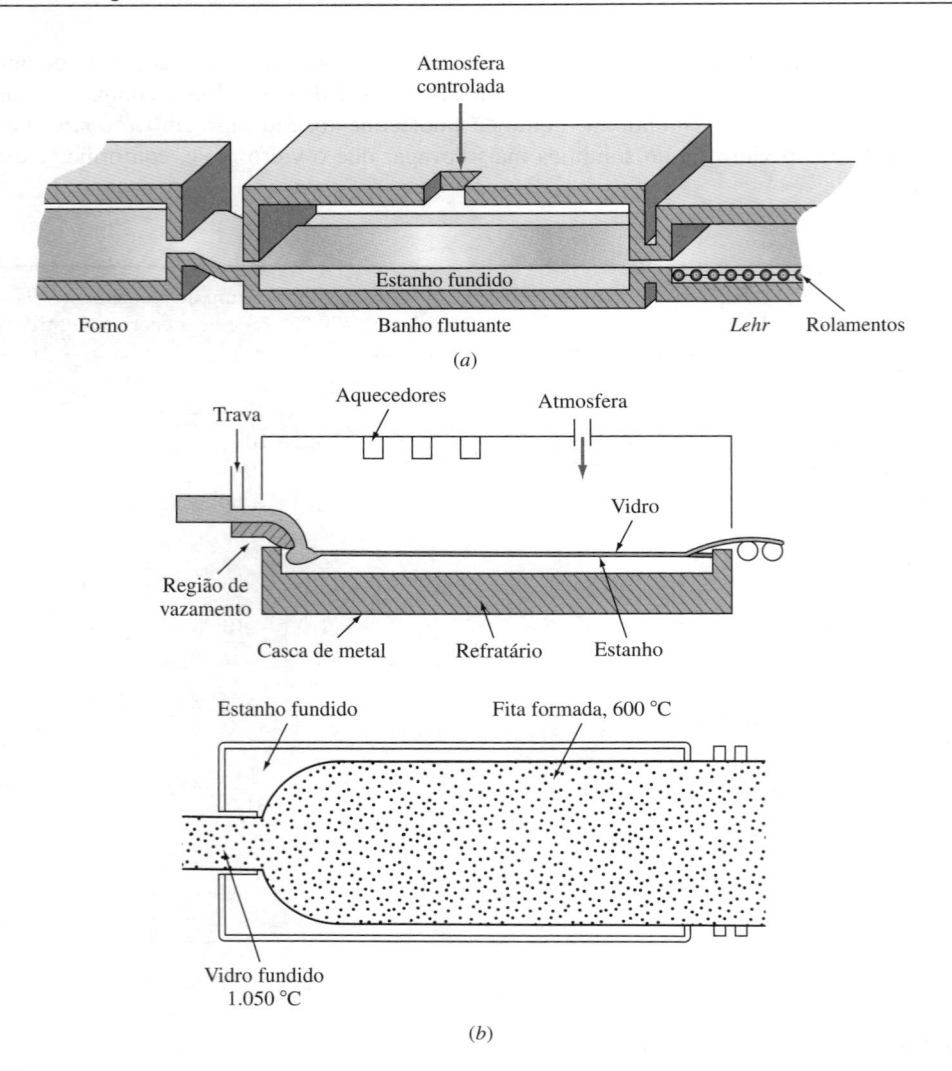

Figura 11.45
(*a*) Diagrama do processo de vidro flutuante.
(*Extraído de D.C. Boyd and D.A. Thompson, "Glass", vol. II: "Kirk-Ohtmer Encyclopedia of Chemical Technology", 3. ed., Wiley, 1980, p. 862.*)
(*b*) Vistas esquemáticas lateral e superior do processo de vidro flutuante.

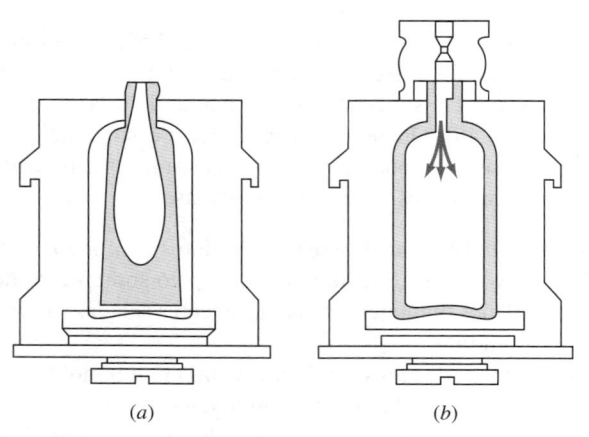

FIGURA 11.46
(*a*) Reaquecimento e (*b*) etapa final do sopramento de um vidro produzido em uma máquina de sopragem.
(*Extraído da p. 270. E.B. Shand, "Glass Engineering", vol. 6: Modern Materials, Academic, 1968.*)

11.8.7 Vidro temperado

Esse tipo de vidro tem sua resistência aumentada por resfriamento rápido de ar na sua superfície, após ter sido aquecido até um nível próximo de seu ponto de amolecimento. A superfície do vidro resfria primeiro e contrai, enquanto o interior está quente e se reajusta dimensionalmente com pequena tensão (Figura 11.47a). Quando o interior resfria e contrai, a superfície está rígida e então tensões de estresse são criadas no interior do vidro, e tensões de compressão na superfície (Figuras. 11.47b e 11.48). Esse tratamento de "têmpera" aumenta a resistência do vidro porque tensões aplicadas deverão agora superar as tensões de compressão na superfície, antes da fratura ocorrer. O vidro temperado possui uma resistência maior ao impacto do que o vidro recozido, e é aproximadamente quatro vezes mais forte. Vidros de janelas de automóveis e vidros de segurança para portas se afiguram como itens que são temperados termicamente.

11.8.8 Vidro reforçado quimicamente

A resistência de um vidro pode ser aumentada por tratamentos químicos específicos. Por exemplo, se um vidro de sódio aluminossilicato é imerso em um banho de nitreto de potássio a uma temperatura 50 °C menor do que seu ponto de tensão (~500 °C) por um período de 6 a 10 h, os íons menores de sódio próximos à superfície do vidro serão substituídos pelos íons maiores de potássio. A introdução de maiores íons de potássio na superfície do vidro produz tensões compressivas na própria superfície e tensões de tração no centro. Este processo de têmpera química pode ser usado em seções transversais mais finas do que o processo de têmpera térmica, pois a camada compressiva é muito mais fina, conforme mostra a Figura 11.48. Vidro reforçado quimicamente é usado para vitreamento de aeronaves supersônicas e lentes oftalmológicas.

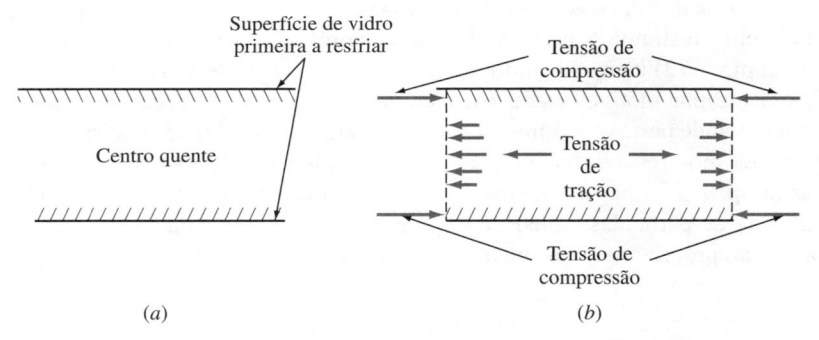

Figura 11.47
Seção transversal de um vidro temperado (a) após a superfície ter sido resfriada partindo de altas temperaturas, próximas a temperatura de amolecimento do vidro, e (b) após o centro ter sido resfriado.

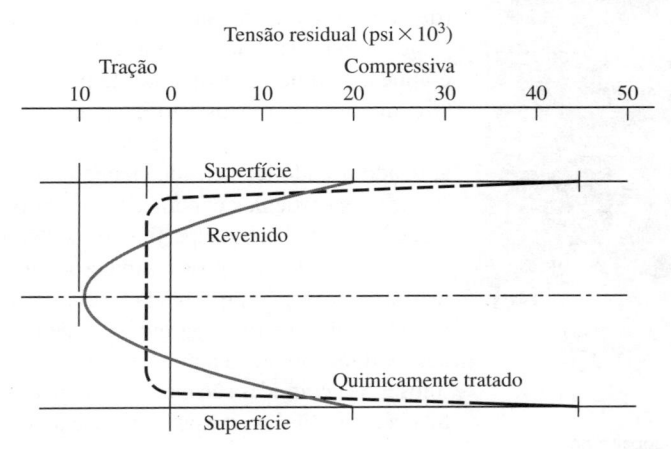

Figura 11.48
Distribuição das tensões residuais por meio das seções do vidro **temperado termicamente** e **reforçado quimicamente**.
(E.B. Shand, "Engineering Glass", vol. 6, "Modern Materials", Academic, 1968, p. 270.)

11.9 REVESTIMENTOS CERÂMICOS E ENGENHARIA DE SUPERFÍCIE

A superfície de um componente é suscetível a interações mecânicas (fricção e desgaste), químicas (corrosão), elétricas (condutividade ou isolamento), ópticas (refletividade) e térmicas (danos por alta temperatura). Como resultado, qualquer projetista em qualquer área da engenharia deve considerar a qualidade e a proteção da superfície de qualquer componente como um importante critério de projeto, ou seja, a engenharia de superfícies desempenha um papel preponderante na estruturação dos mais variados projetos. Um possível método de proteção da superfície de um componente seria por meio da aplicação de revestimentos. Os materiais de revestimento podem ser metálicos, como no chapeamento de cromo das guarnições de um automóvel; poliméricos, como as tintas resistentes à corrosão e também cerâmicos. Vários materiais cerâmicos são usados como revestimentos em aplicações nas quais existem ambientes com alta temperatura ou desgaste prematuro. Revestimentos cerâmicos oferecem características físicas ao substrato do material que não possui de forma inerente. Estes revestimentos podem transformar a superfície de um substrato em outra superfície quimicamente inerte, resistente à abrasividade, de baixa fricção e de fácil limpeza ao longo de uma faixa de temperaturas. Elas podem também oferecer resistência elétrica e prevenir a difusão do hidrogênio (uma grande fonte de danos em muitos metais). Exemplos de materiais de revestimentos cerâmicos incluem os vidros, óxidos, carbetos, silicatos, boretos e nitretos.

11.9.1 Vidros de silicatos

Revestimentos de vidros de silicatos possuem extensas aplicações industriais. Um revestimento de vidro aplicado a (1) um substrato cerâmico é chamado **esmalte**, (2) uma superfície metálica é chamada **esmalte da porcelana**, e (3) a um substrato vítreo é chamado **esmalte vítreo**. Estes revestimentos são usados principalmente por motivos estéticos, mas também propiciam proteção contra elementos do meio ambiente, em grande parte pela diminuição da sua permeabilidade. Aplicações específicas incluem dutos de exaustão de motores, aquecedores espaciais e radiadores. Estes revestimentos são aplicados usando técnicas de *spray* ou imersão. A superfície de um componente a ser envidraçado ou esmaltado deve ser limpa (livre de partículas e óleo), e as pontas que estiverem afiadas devem ser arredondadas para garantir a adesão própria do revestimento (ou seja, evitar descamação).

11.9.2 Óxidos e carbetos

Revestimentos óxidos proveem proteção contra oxidação e danos a elevadas temperaturas, enquanto revestimentos de carbeto (devido a sua dureza) são usados em aplicações nas quais desgaste e vedação são importantes. Por exemplo, a zircônia (ZrO_2) é aplicada como revestimento de partes móveis de motores. A zircônia protege o substrato metálico (liga de Al ou Fe) contra danos feitos por alta temperatura. O revestimento é geralmente aplicado usando técnicas de chama ou de *spray* térmico. Nesta técnica, as partículas cerâmicas (óxidos ou carbetos) são aquecidas e borrifadas na superfície do substrato. A microestrutura do revestimento, que possui uma espessura de aproximadamente 100 mícrons, é apresentada na Figura 11.49. A proteção por revestimento dos rolos na indústria de processamento de papel é importante devido à natureza altamente ácida ou básica da celulose. As cerâmicas são os únicos materiais que oferecem resistência à abrasão e corrosão em tão ásperos ambientes. Contudo, quaisquer fraturas na camada de revestimento quebradiço que alcança o substrato irão se propagar destes pontos, resultando, eventualmente, na falha deste componente.

Figura 11.49
A microestrutura do revestimento de cromo-cobalto do carboneto de tungstênio no substrato.
(*Cortesia de TWI Ltd.* (*The Welding Institute, Granta Park, Great Abington, Cambridge, UK*).)

11.10 NANOTECNOLOGIA E CERÂMICAS

Considerando a faixa e a variedade das aplicações dos materiais cerâmicos, nota-se que seu potencial não pode ser plenamente explorado por causa de uma de suas maiores desvantagens, isto é, sua natureza quebradiça e, portanto, a baixa tenacidade decorrente disso. Cerâmicas nanocristalinas podem melhorar a fraqueza inerente destes materiais. Os parágrafos que seguem têm intenção de descrever o estado da arte na produção de cerâmicas nanocristalinas a granel.

Cerâmicas nanocristalinas são produzidas usando as técnicas metalúrgicas do pó padrão descritas na Seção 11.4. A diferença é que o pó inicial do processo está em escala nanométrica, sendo menor que 100 nm. Contudo, o pó cerâmico nanocristalino tem a tendência de se juntar química ou fisicamente para formar partículas maiores chamadas *aglomerados* ou *agregados*. Pó aglomerado, mesmo em escala nanométrica ou próxima desta, não se aglomeram, assim como o pó não aglomerante. Após a compressão, em um pó não aglomerante, os tamanhos dos poros disponíveis estão entre 20 a 50% do tamanho do nanocristal. Devido ao tamanho dos poros, o estágio de sinterização e densificação procede rapidamente e a baixas temperaturas. Por exemplo, no caso de TiO_2 não aglomerado (tamanho do pó menor que 40 nm), o compacto se densifica a quase 98% da densidade teórica a aproximadamente 700 °C, com tempo de sinterização de 120 min. Reciprocamente para um pó aglomerado de tamanho médio de 80 nm, consistindo de cristalitas de 10 a 20 nm, o compacto se densifica a 98% da densidade teórica a 900 °C, com tempo de sinterização de 30 min. O maior motivo para a diferença na temperatura de sinterização é a existência de poros maiores no compacto aglomerado. Pelo fato de temperaturas mais altas de sinterização serem requeridas, as nanocristalitas compactadas eventualmente crescem para uma escala microcristalina, que é indesejável. O crescimento do grão é drasticamente influenciado pela temperatura de sinterização, e apenas de forma modesta pelo tempo. Assim, a maior questão na produção de cerâmicas nanocristalinas a granel de forma bem-sucedida é começar com pó não aglomerado e otimizar o processo de sinterização. Contudo, isso é de difícil obtenção.

Como solução para a dificuldade de produção desse tipo de cerâmica, os engenheiros estão utilizando a sinterização assistida por pressão, um processo de sinterização com pressão aplicada externamente, similar ao *prensamento isostático a quente (HIP)*, extrusão a quente e forjamento de sínter (ver Seção 11.4). Nestes processos, o compacto cerâmico é deformado e densificado simultaneamente. A primeira vantagem do forjamento para o sínter na produção da cerâmica nanocristalina é no seu mecanismo de encolhimento de poros. Como discutido na Seção 11.4.3, em cerâmicas microcristalinas convencionais, o processo de encolhimento de poros é baseado na difusão atômica. Sob o forjamento de sínter, o encolhimento de poros do compacto nanocristalino é não difuso e baseado na deformação plástica dos cristais. Cerâmicas nanocristalinas são mais dúcteis a temperaturas elevadas (em torno de 50% da temperatura de fusão) que nos homólogos microcristalinos. Acredita-se que cerâmicas nanocristalinas são mais dúcteis por resultado da deformação superplástica. Como discutido nos capítulos anteriores, a superplasticidade ocorre devido ao escorregamento e rotação dos grãos sob alta carga e temperatura. Pelo fato deles serem capazes de se deformar plasticamente, os poros são bem fechados pelo fluxo plástico, conforme mostra a Figura 11.50, em vez do que seriam por difusão.

Graças a essa habilidade de fechar grandes poros, mesmo pós-aglomerados, podem se densificar até próximo a seus valores teóricos. Ainda, a aplicação de pressão previne os grãos de crescer acima da sua região nanométrica. Por exemplo, forjamento de sínter de TiO_2 por 6 h a uma pressão de 60 MPa e a uma temperatura de 610 °C produz uma distensão de 0,27 (extremamente alta para cerâmicas), densidade de 91% do valor teórico, e um tamanho médio do grão de 87 nm. O mesmo pó, quando sinterizado sem pressão, requer uma temperatura de sinterização de 800 °C para alcançar a mesma densidade, enquanto produz um tamanho médio do grão de 380 nm (não nanocristalino). É importante notar que a deformação superplástica em cerâmicas nanocristalinas ocorre em uma faixa limitada de pressões e temperaturas, devendo-se atentar a esta faixa. Se o tratamento ocorre fora desta faixa, o mecanismo difusivo do encolhimento dos poros pode assumir o controle, resultando em um produto microcristalino com baixa densidade.

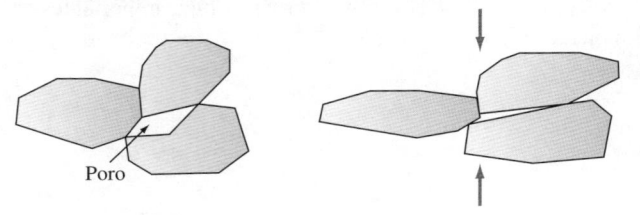

Figura 11.50
Ilustração esquemática mostrando o encolhimento do poro por meio do fluxo plástico (escorregamento dos contornos de grão) em cerâmicas nanocristalinas.

Como conclusão, os avanços na nanotecnologia levarão potencialmente à produção de cerâmicas nanocristalinas com excepcionais níveis de resistência e ductilidade e, portanto, melhor tenacidade. Especificamente neste caso, a melhora na ductilidade permite melhores ligações entre as cerâmicas e os metais em tecnologias de revestimentos, e a maior tenacidade permite melhor resistência ao desgaste. Tais avanços podem revolucionar o uso das cerâmicas fazendo com que sejam empregadas em uma ampla variedade de aplicações.

11.11 RESUMO

Materiais cerâmicos são inorgânicos e não metálicos consistindo em elementos metálicos e ametálicos ligados primariamente por ligações iônicas e/ou covalentes. Como resultado, as composições químicas e estruturas dos materiais cerâmicos variam consideravelmente. Eles podem consistir em compostos simples como, por exemplo, óxido de alumínio puro, ou podem ser compostos de uma mistura de diversas fases complexas como a mistura argila, sílica e feldspato de porcelana elétrica.

As propriedades dos materiais cerâmicos também variam bastante devido às diferenças das ligações. De modo geral, muitos materiais cerâmicos são duros e quebradiços, com baixa resistência ao impacto e à ductilidade. Consequentemente, em muitos projetos de engenharia, altas tensões em materiais cerâmicos são evitadas, especialmente se forem tensões de tração. Materiais cerâmicos são geralmente bons isolantes elétricos e térmicos devido à ausência de elétrons de condução, e então muitas cerâmicas são usadas para isolamento elétrico e refratários. Alguns materiais cerâmicos podem ser altamente polarizados com cargas elétricas e serem empregados como materiais dielétricos para capacitores. A polarização permanente de alguns materiais cerâmicos produz propriedades piezoelétricas que permitem a estes materiais que sejam usados como transdutores eletromecânicos. Outros materiais cerâmicos, como por exemplo o Fe_3O_4, são semicondutores e são utilizados em termistores para medição de temperatura. A grafita, o diamante, as *buckyballs* e os *buckytubes* são todos alótropos do carbono e são discutidos nesse capítulo porque a grafita é algumas vezes considerado um material cerâmico. Estes alótropos possuem significantes diferentes propriedades que são diretamente relacionadas a diferenças na estrutura atômica e posicionamento. As *buckyballs* e os *buckytubes* estão se tornando mais importantes nas aplicações nanotecnológicas.

O processamento dos materiais cerâmicos geralmente envolve a aglomeração de pequenas partículas por uma variedade de métodos nos estados líquidos, seco ou plástico. Processos de formação a frio predominam na indústria cerâmica, mas os processos de formação a quente também são utilizados. Após a formação, os materiais cerâmicos são geralmente tratados termicamente por sinterização ou vitrificação. Durante a sinterização, as pequenas partículas do artigo formado são ligadas pela difusão em estado sólido a altas temperaturas. Na vitrificação, uma fase vítrea serve como meio de reação para unir as partículas não fundidas.

Os vidros são produtos cerâmicos inorgânicos oriundos da fusão, que são resfriados até um estado sólido sem cristalização. Muitos vidros inorgânicos se baseiam em uma rede de sílica tetraédrica (SiO_2) ligada iônico e covalentemente. Adições de outros óxidos como o Na_2O e o CaO modificam a rede sílica garantindo ao vidro maior capacidade de ser manipulado. Outras adições ao vidro criam um espectro de propriedades. Os vidros possuem propriedades especiais como a transparência, dureza a temperatura ambiente e excelente resistência a muitos ambientes, o que os tornam importantes para muitos projetos de engenharia. Uma das aplicações importantes das cerâmicas é no revestimento de superfícies de componentes, protegendo-as da corrosão ou desgaste. Vidros, óxidos e carbetos são todos utilizados como materiais de revestimento para várias aplicações. A pesquisa nanotecnológica promete melhorias no maior dos defeitos das cerâmicas: sua fragilidade. Pesquisas recentes mostram que cerâmicas nanocristalinas possuem maior ductilidade. Isto pode permitir uma produção de menor custo de peças cerâmicas de maior complexidade.

11.12 PROBLEMAS

As respostas para os exercícios marcados com um asterisco constam no final do livro.

Problemas de conhecimento e compreensão

11.1 Defina material cerâmico.
11.2 Quais são algumas das propriedades comuns da maioria dos materiais cerâmicos?
11.3 Distinga os materiais cerâmicos tradicionais e de engenharia e dê exemplos de cada.
11.4 Quais dois principais fatores afetam o empacotamento de íons em sólidos iônicos?
11.5 Defina (a) número de coordenação e (b) razão de raios crítica para o empacotamento de íons em sólidos iônicos.
11.6 O que é a estrutura cristalina espinela?
11.7 Desenhe a célula unitária para o BaF_2, que possui a estrutura cristalina da fluorita (CaF_2). Se os íons Ba^{2+} ocupassem os sítios intersticiais do CFC, quais sítios os íons F^- ocupariam?
11.8 Qual fração dos sítios intersticiais do octaedro está ocupada na estrutura do CaF_2?
11.9 O que é a estrutura antifluorita? Quais componentes iônicos esta estrutura possui? Que fração dos sítios intersticiais do tetraedro está ocupada pelos cátions?
11.10 Descreva a estrutura da perovskita. Que fração dos sítios intersticiais do octaedro está ocupada pelo cátion tetravalente?
11.11 Desenhe uma seção da estrutura da grafita. Por que as camadas da grafita podem escorregar umas sobre as outras facilmente?
11.12 Descreva e ilustre as seguintes estruturas de silicatos: (a) ilha, (b) cadeia e (c) folha.
11.13 Descreva a estrutura de uma folha de caulinita.
11.14 Descreva o arranjo de ligação da estrutura da rede de cristobalita (sílica).
11.15 Descreva a estrutura da rede do feldspato.
11.16 Quais são os passos básicos no processamento de produtos cerâmicos pela aglomeração de partículas?
11.17 Que tipos de ingredientes são adicionados às partículas cerâmicas na preparação de matérias-primas cerâmicas para processamento?
11.18 Descreva dois métodos na preparação de matérias-primas cerâmicas para o processamento.
11.19 Descreva o método de prensagem a seco para produção de matérias-primas cerâmicas como compostos cerâmicos técnicos e refratários estruturais. Quais são as vantagens do prensamento a seco nos materiais cerâmicos?
11.20 Descreva o método de prensamento isostático para produção de produtos cerâmicos.
11.21 Descreva os quatro estágios na manufatura de um isolador de vela de ignição.
11.22 Quais são as vantagens do prensamento a quente nos materiais cerâmicos?
11.23 Descreva os passos do processo de barbotina nos materiais cerâmicos.
11.24 Qual a diferença entre o processo de barbotina (a) seco e (b) sólido?
11.25 Quais são as vantagens do processo de barbotina?
11.26 Quais tipos de produtos cerâmicos são produzidos por extrusão? Quais são as vantagens desse processo? E as limitações?
11.27 Quais são os usos de produtos cerâmicos secos antes do cozimento?
11.28 O que é o processo de sinterização? O que ocorre com as partículas cerâmicas durante a sinterização?
11.29 O que é o processo de vitrificação? Em qual tipo de materiais cerâmicos a vitrificação acontece?
11.30 Quais são os três componentes básicos da cerâmica tradicional?
11.31 Qual a composição aproximada da argila caulinita?
11.32 Qual o papel da argila nas cerâmicas tradicionais?
11.33 O que é o sílex? Qual o papel que ele possui nas cerâmicas tradicionais?
11.34 O que é o feldspato? Que papel ele desempenha nas cerâmicas tradicionais?
11.35 Liste alguns exemplos de produtos de cerâmica branca.
11.36 Por que o termo "triaxial" é usado para descrever algumas cerâmicas brancas?
11.37 Quais são os dois abrasivos industriais mais importantes?
11.38 Quais são as propriedades importantes dos abrasivos industriais?
11.39 Por que a maioria das cerâmicas possui baixa condutividade térmica?
11.40 O que são os refratários? Quais são algumas de suas aplicações?
11.41 Quais sãos os tipos principais de materiais refratários?
11.42 Dê a composição de algumas aplicações para os seguintes refratários: (a) sílica, (b) argila cozida e (c) alumina superior.
11.43 Em que consiste a maioria dos refratários básicos? Quais são algumas propriedades importantes dos refratários básicos? Qual seria a principal aplicação para esses materiais?
11.44 Qual a composição do isolante de superfície reutilizável de alta temperatura que pode suportar temperaturas tão altas quanto 1.260 °C?
11.45 Defina vidro.
11.46 Quais são algumas das propriedades dos vidros que os tornam indispensáveis para alguns projetos de engenharia?
11.47 Como um vidro se distingue dos outros materiais cerâmicos?
11.48 Defina temperatura de transição vítrea.
11.49 Nomeie dois óxidos de formação vítrea. Quais são as suas subunidades fundamentais e seu formato?
11.50 O que é vidro fundido de sílica? Quais são algumas de suas vantagens e desvantagens?

11.51 Qual a composição básica do vidro sodo-cálcico? Quais são algumas das suas desvantagens e vantagens? Quais são algumas aplicações do vidro sodo-cálcico?

11.52 Defina os seguintes pontos de referência de viscosidade: ponto de trabalho, ponto de amolecimento, ponto de recozimento e ponto de tensão.

11.53 Descreva o processo de vidro flutuante para a produção de produtos feitos com esse tipo de vidro. Qual a maior desvantagem?

11.54 O que é um vidro temperado? Como ele é produzido? Por que o vidro temperado é consideravelmente mais resistente em tração do que o vidro recozido? Quais são algumas aplicações para o vidro temperado?

11.55 O que é um vidro reforçado quimicamente? Por que o vidro reforçado quimicamente é mais resistente em tração do que o vidro recozido?

11.56 O que é um alótropo? Nomeie quantos alótropos do carbono puder.

11.57 O que é um fulereno Buckyminster? Quais são algumas de suas propriedades? Desenhe um esquema.

11.58 O que é nanotubo de carbono? Quais são algumas de suas propriedades? Nomeie algumas aplicações para os nanotubos.

11.59 Nomeie cinco grupos de materiais de revestimentos cerâmicos.

11.60 Defina os seguintes itens: (a) esmalte, (b) esmalte de porcelana e (c) esmalte de vidro.

11.61 Como os revestimentos de vidro são aplicados a vários componentes?

11.62 Defina aglomerados ou agregados na produção nanocerâmica.

Problemas de aplicação e análise

11.63 Usando a equação de Pauling (Equação 2.11), compare o caráter percentual covalente dos seguintes compostos: carbeto de háfnio, carbeto de titânio, carbeto de tântalo, carbeto de boro e carbeto silício.

*__11.64__ Usando a Figura 11.51, calcule a razão crítica de raios para a coordenação octaédrica.

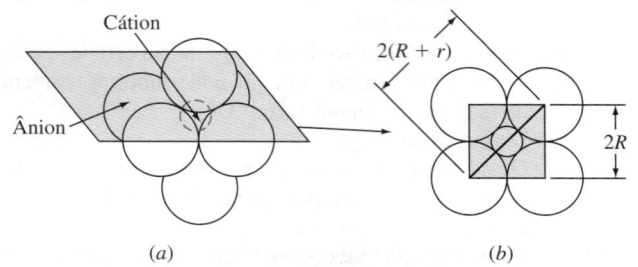

Figura 11.51
(a) Coordenação octaédrica de seis ânions (raio = R) em torno de um cátion central de raio r.
(b) Seção horizontal no centro de (a).

11.65 Preveja o número de coordenação para o (a) BaO e para o (b) LiF. Os raios iônicos são $Ba^{2+} = 0,143$ nm, $O^{2-} = 0,132$ nm, $Li^+ = 0,078$ nm e $F^- = 0,133$ nm.

*__11.66__ Calcule a densidade em gramas por centímetro cúbico do CsI, que possui a estrutura do CsCl. Os raios iônicos são $Cs^+ = 0,165$ nm e $I^- = 0,220$ nm.

11.67 Calcule a densidade em gramas por centímetro cúbico do CsBr, que possui a estrutura do CsCl. Os raios iônicos são $Cs^+ = 0,165$ nm e $Br^- = 0,196$ nm.

11.68 Calcule as densidades lineares em íons por nanômetro nas direções [110] e [111] para o (a) NiO e (b) CdO. Os raios iônicos são $Ni^{+2} = 0,078$ nm, $Cd^{+2} = 0,103$ nm e $O^{2-} = 0,132$ nm.

*__11.69__ Calcule as densidades planares em íons por nanômetro quadrado nos planos (111) e (110) para o (a) CoO e (b) LiCl. Os raios iônicos são $Co^{2+} = 0,082$ nm, $O^{2-} = 0,132$ nm, $Li^+ = 0,078$ nm e $Cl^- = 0,181$ nm.

11.70 Calcule a densidade em gramas por centímetro cúbico do (a) SrO e (b) VO. Os raios iônicos são $V^{2+} = 0,065$ nm, $Co^{2+} = 0,082$ nm e $O^{2-} = 0,132$ nm.

11.71 Calcule o fator de empacotamento iônico para o (a) MnO e (b) SrO. Os raios iônicos são $Mn^{2+} = 0,091$ nm, $Sr^{2+} = 0,127$ nm e $O^{2-} = 0,132$ nm.

11.72 O ZnTe possui a estrutura cristalina do zinco blenda. Calcule a densidade do ZnTe. Os raios iônicos são $Zn^{2+} = 0,083$ nm e $Te^{2-} = 0,211$ nm.

11.73 O BeO possui a estrutura cristalina do zinco blenda. Calcule a densidade do BeO. Os raios iônicos são $Be^{2+} = 0,034$ nm e $O^{2-} = 0,132$ nm.

*__11.74__ Calcule a densidade em gramas por centímetro cúbico do ZrO_2, que possui a estrutura cristalina do CaF_2. Os raios iônicos são $Zr^{4+} = 0,087$ nm e $O^{2-} = 0,132$ nm.

*__11.75__ Calcule a densidade linear em íons por nanômetro nas direções [111] e [110] para o CeO_2, que possui a estrutura da fluorita. Os raios iônicos são $Ce^{4+} = 0,102$ nm e $O^{2-} = 0,132$ nm.

11.76 Calcule a densidade planar em íons por nanômetros quadrados nos planos (111) e (110) para o ThO_2, que possui a estrutura da fluorita. Os raios iônicos são $Th^{4+} = 0,110$ nm e $O^{2-} = 0,132$ nm.

11.77 Calcule o fator de empacotamento iônico para o SrF_2, que possui a estrutura da fluorita. Os raios iônicos são $Sr^{2+} = 0,127$ nm e $F^- = 0,133$ nm.

11.78 Por que apenas dois terços dos sítios intersticiais octaédricos do Al_2O_3 estão preenchidos por Al^{3+} quando os íons de oxigênio ocupam os sítios intersticiais da estrutura HC?

11.79 Calcule o fator de empacotamento iônico para o $CaTiO_3$, que possui a estrutura da perovskita. Os raios iônicos são $Ca^{2+} = 0,106$ nm, $Ti^{4+} = 0,064$ nm e $O^{2-} = 0,132$ nm. Assuma a constante do interstício como $a = 2(r_{Ti}^{4+} + r_O^{2-})$.

11.80 Calcule a densidade em gramas por centímetro cúbico para o $SrSnO_3$, que possui a estrutura da perovskita. Os raios iônicos são $Sr^{2+} = 0,127$ nm, $Sn^{4+} = 0,074$ nm e $O^{2-} = 0,132$ nm. Assuma a constante do interstício como $a = 2(r_{Sn}^{4+} + r_O^{2-})$.

11.81 Determine a composição do composto ternário no ponto y da Figura 11.30.

11.82 Por que as porcelana triaxiais não são satisfatórias para uso em alta frequência?

11.83 Que tipos de íons causam um aumento na condutividade de porcelana elétrica?

11.84 Qual a composição da maioria das cerâmicas técnicas?

11.85 Como as partículas das cerâmicas técnicas de composto único são processadas para produzir um produto sólido? Dê um exemplo.

11.86 O que causa a falta de plasticidade em cerâmicas cristalinas?

11.87 Explique o mecanismo de deformação plástica para alguns sólidos iônicos unicristalinos como o NaCl e o MgO. Qual o sistema de escorregamento preferido?

11.88 Quais defeitos estruturais são a principal causa dos materiais cerâmicos policristalinos?

11.89 Como a (*a*) porosidade e (*b*) tamanho de grão afetam a resistência à tração dos materiais cerâmicos?

11.90 Uma cerâmica de nitreto de silício ligada por reação possui uma resistência de 250 MPa e uma resistência à fratura de 3,4. Qual é a maior fenda interna possível que este material pode suportar sem fraturar? (Use $Y = 1$ na equação de resistência à fratura).

*11.91 A máxima fenda interna em um carbeto de silício prensado a quente é 25 μm. Se este material possui uma resistência a fratura de 3,7 MPa · $\sqrt{m}$, qual a tensão máxima que este material pode suportar? (Use $Y = \sqrt{\pi}$).

11.92 Uma cerâmica avançada de zircônia parcialmente estabilizada possui uma resistência de 352 MPa e uma resistência à fratura de 7,5MPa. Qual a máxima fenda interna (expressa em micrômetros) que este material pode suportar? (Use $Y = \sqrt{\pi}$).

11.93 Uma amostra cúbica policristalina de ZrO_2 totalmente estabilizada possui uma resistência à fratura $K_{IC} = 3,8$ MPa · $\sqrt{m}$ quando submetida a um teste de curvatura de quatro apoios.

(*a*) Se a amostra falha a uma tensão de 450 MPa, qual a fenda interna máxima suportada? Assuma $Y = \sqrt{\pi}$.

(*b*) O mesmo teste é realizado com uma espécie de ZrO_2 parcialmente estabilizada. Este material é reforçado por transformação e possui um $K_{IC} = 12,5$ MPa · $\sqrt{m}$. Se este material possui a mesma distribuição de fenda que a amostra totalmente estabilizada, qual tensão deve ser aplicada para causar fratura?

11.94 Como o gráfico de volume específico *versus* a temperatura para um vidro difere de um gráfico de um material cristalino quando estes materiais são resfriados do estado líquido?

11.95 Como a rede da sílica de um vidro de sílica simples difere da sílica cristalina (cristobalita)?

11.96 Como é possível que os triângulos de BO_3^{3-} sejam convertidos em tetraedros de BO_4^{4-} e mantenham neutralidade em alguns vidros borossilicatos?

11.97 O que são modificadores de redes vítreas? Como eles afetam a rede de vidro sílica? Por que são adicionados ao vidro sílica?

11.98 O que são os óxidos intermediários de vidro? Como eles afetam a rede de vidro sílica? Por que são adicionados ao vidro sílica?

11.99 Qual a razão da adição de (*a*) MgO e (*b*) Al_2O_3 ao vidro sodo-cáustico?

11.100 Distinga vidros moles e duros e vidros longos e curtos.

*11.101 Um vidro plano sodo-cáustico entre 500 °C (ponto de tensão) e 700 °C (ponto de amolecimento) possui viscosidade entre $10^{14,2}$ e $10^{7,5}$ P, respectivamente. Calcule o valor da energia de ativação nesta faixa de temperaturas.

11.102 Um vidro sodo-cáustico possui uma viscosidade de $10^{14,6}$ P a 560 °C. Qual será a viscosidade a 675 °C se a energia de ativação do fluxo viscoso é 430 kJ/mol?

11.103 Um vidro sodo-cáustico possui uma viscosidade de $10^{14,3}$ P a 570 °C. A qual temperatura a sua viscosidade será de $10^{9,9}$ P se a energia de ativação utilizada no processo é de 430 kJ/mol?

11.104 Um vidro de borossilicato entre 600 °C (ponto de tensão) e 800 °C (ponto de recozimento) possui uma viscosidade de $10^{12,5}$ P e $10^{7,4}$ P, respectivamente. Calcule o valor da energia de ativação para o fluxo viscoso nesta região, assumindo que a equação seja válida.

11.105 Discuta as propriedades mecânicas, elétricas e térmicas do diamante. Em cada caso, explique o comportamento em termos da sua estrutura atômica.

11.106 Discuta os desafios na produção de cerâmicas nanocristalinas a granel.

11.107 Por que o processo HIP é mais adequado para a sinterização de cerâmicas nanocristalinas?

Problemas de síntese e análise

11.108 Dados de propriedades de tensão de materiais cerâmicos mostram mais dispersão do que nos metais. Como você pode explicar esse fato?

11.109 (*a*) Discuta as vantagens e desvantagens de usar cerâmicas avançadas na estrutura interna de motores de combustão. (*b*) Proponha alguns métodos de superar as deficiências das cerâmicas nesta aplicação.

11.110 Pesquise a aplicação de cerâmicas na indústria eletrônica. (*a*) Quais são essas aplicações? (*b*) Por que as cerâmicas são selecionadas?

11.111 Para propósitos de isolamento, você gostaria de cobrir a superfície de um substrato com uma camada extremamente fina de Si_3N_4. (*a*) Proponha um processo que possa garantir isso. (*b*) O processo proposto pode ser usado para objetos grandes, com formatos complexos? Explique.

11.112 Explique, a partir do ponto de vista da estrutura atômica, porque metais podem ser deformados plasticamente de modo a obter formas grandes e complexas enquanto as cerâmicas não podem ser manufaturas por esta técnica.

11.113 Alumina (Al_2O_3) e óxido de cromo (Cr_2O_3) são materiais cerâmicos que formam um diagrama de fases isomorfo. (*a*) O que este fato lhe diz sobre o limite de solubilidade de um componente no outro? (*b*) Que tipo de solução sólida é formada? (*c*) Explique que substituição ocorre.

11.114 (*a*) Como as telhas cerâmicas usadas em sistemas de proteção térmica do ônibus espacial são presas a estrutura? (*b*) Por que o sistema de proteção térmica do ônibus espacial é feito de pequenas telhas (de 15 a 20 cm de largura) e não é de telhas grandes, mas sim de mais contornadas?

11.115 O radome e as pontas das asas do ônibus espacial podem atingir temperatura tão altas quanto 1.650 °C. (*a*) O composto de fibra sílica (HRSI) seria um candidato aplicável para essas seções do ônibus espacial? (*b*) Se não, selecione um material adequado para estas localizações. (*c*) Investigue as propriedades importantes do material selecionado que satisfaça as necessidades do projeto.

11.116 Carbono e compósitos de carbono possuem propriedades desejáveis a altas temperaturas que os tornam materiais adequados em muitas aplicações aeroespaciais. Contudo, o carbono no material pode reagir com o oxigênio da atmosfera a temperaturas acima de 450 °C formando gases óxidos. Desenvolva soluções para este problema.

11.117 Baixa resistência é um dos maiores problemas de muitas estruturas cerâmicas. Diversas ferramentas de corte são feitas de cerâmica com melhoras na sua resistência. Por exemplo, as partículas de carbeto de tungstênio (WC) são envolvidas em um molde metálico como níquel ou cobalto. (*a*) Explique como este fato melhora a resistência da ferramenta. (*b*) Como a escolha do material da matriz é importante (ou seja, alumínio poderia ser utilizado na matriz?)

11.118 É muito difícil conformar componentes cerâmicos para um formato desejado. Isso ocorre porque as cerâmicas são duras e quebradiças. As tensões produzidas devido às forças de corte podem criar trincas superficiais e outros danos que, por sua vez, enfraquecem o componente. Proponha uma técnica que reduzirá as forças de corte e a possibilidade de trinca durante a operação de corte das cerâmicas.

11.119 O concreto é um importante material de construção que é classificado como material cerâmico (ou compósito cerâmico). Ele possui excelentes características de resistência na compressão, mas é extremamente frágil na tensão. (*a*) Proponha formas de melhorar as características de tensão do concreto. (*b*) Quais problemas você pode antecipar no seu processo?

11.120 Reveja a Figura 11.48, na qual placas de vidro são reforçadas induzindo tensões compressivas na superfície. Sugira uma maneira de produzir tensão compressiva na superfície de uma laje de concreto usando meios mecânicos. Mostre esquematicamente como isso irá ajudar.

11.121 Torneiras convencionais são propensas ao vazamento porque os vedadores de borracha são susceptíveis ao desgaste, e o assento de metal (latão) é susceptível à corrosão por *pite*. (*a*) Qual classe de materiais seria adequada para repor a combinação metal/borracha que reduziria o problema de vazamento? (*b*) Selecione um material específico para este problema. (*c*) Quais problemas você anteciparia usando ou manufaturando esses componentes?

11.122 Um grandeper problema na seleção de materiais cerâmicos para várias aplicações é a resistência ao choque térmico (rápida mudança de temperatura similar a reentrada ou frenagem). (*a*) Quais fatores controlam a resistência ao choque térmico de um material? (*b*) Quais cerâmicas específicas possuem a melhor resistência ao choque térmico?

11.123 Dê exemplos de aplicações nas quais um material cerâmico deve se aliar a um metal. Como você uniria uma cerâmica a um metal?

11.124 (*a*) Selecionando um material para o para-brisa de um automóvel, que tipo de vidro você escolheria? Proponha um processo que não dispersaria os cacos se o vidro se romper.

11.125 Em que aplicação de revestimento você escolheria a cerâmica em vez de revestimento metálico ou polimérico? Por quê? Dê exemplos específicos.

11.126 Revestimentos óxidos são geralmente usados para proteção de oxidação e danos a elevadas temperaturas, e carbetos são usados para proteção contra desgaste. Você consegue explicar esse fato? Dê exemplos.

11.127 Durante uma inspeção, uma pequena trinca é achada em um revestimento cerâmico de um componente. Você se preocuparia com esta falha?

11.128 Devido ao impacto do granizo, há um pequeno defeito circular na superfície do para-brisa de um automóvel. (*a*) O que ocorre se este pequeno defeito for ignorado? (*b*) Como você consertaria esse defeito sem trocar o para-brisa?

11.129 Se houver uma trinca de uma polegada no para-brisa de seu automóvel e você quiser diminuir a sua taxa de propagação, o que você faria?

CAPÍTULO 12
Materiais Compósitos

(Foto cedida por Stan David and Lynn Boatner, Oak Ridge National Library.)

METAS DE APRENDIZAGEM

Ao final deste capítulo, o aluno será capaz de:

1. Definir um material compósito, os componentes principais e as várias classificações.
2. Descrever a função do material particulado (fibra) e da matriz (resina) e o nome das várias formas de cada um.
3. Definir um compósito laminado multidirecionalmente e suas vantagens em relação aos compósitos laminados unidirecionalmente.
4. Descrever como seriam estimadas as propriedades do material compósito reforçado com fibra baseado nas propriedades dos materiais e na fração em volume de ambos os constituintes: matriz e fibra.
5. Descrever os processos utilizados para produzir vários componentes feitos de materiais compósitos.
6. Descrever as propriedades, as características e as classificações de asfalto, concreto e madeira, materiais compósitos que são amplamente utilizados em aplicações estruturais e de construção.
7. Definir uma estrutura sanduíche.
8. Definir compósitos com matriz de polímero, matriz de metal e matriz de cerâmica, e enumerar vantagens e desvantagens de cada um.

Compósitos carbono-carbono têm uma combinação de propriedades que os tornam excepcionalmente superiores para trabalharem em temperaturas tão elevadas quanto 2.800 °C. Por exemplo, compósitos de carbono-carbono da superfície tratada apresentam um alto módulo unidirecional, [55% (em volume) de fibra], têm um módulo de elasticidade de 180 GPa à temperatura ambiente e de 175 GPa a 2.000 °C. A resistência à tração também é notavelmente constante, variando de 950 MPa à temperatura ambiente até 1.100 MPa a 2.000 °C. Além disso, algumas propriedades, como a alta condutividade térmica e o baixo coeficiente de dilatação térmica, em conjunto com a alta resistência e o alto módulo de elasticidade, indicam um material resistente ao choque térmico. A combinação dessas propriedades torna este material adequado para aplicações de reentrada de foguetes na atmosfera, motores de foguetes e freios de aeronaves.

A aplicação comercial mais representativa deste material seriam as pastilhas de freio de carros de corrida[1].

12.1 INTRODUÇÃO

O que é um **material compósito**? Infelizmente não existe uma definição unanimemente aceita. O termo "compósito" deriva de "composto", ou seja, qualquer coisa formada por partes (ou constituintes) diferentes. À escala atômica, algumas ligas metálicas e alguns materiais poliméricos também podem ser considerados materiais compósitos, uma vez que são formados por agrupamentos atômicos diferentes. À escala atômica (entre aproximadamente 10^{-4} e 10^{-2} cm), uma liga metálica, como, por exemplo, um aço-carbono formado por ferrita e perlita, pode ser considerada um material compósito, uma vez que a ferrita e a perlita são constituintes que se distinguem facilmente quando observados por microscopia óptica. À escala da macroestrutura (cerca de 10^{-2} cm ou maior), um plástico reforçado com fibras de vidro, no qual as fibras de vidro são facilmente detectadas a olho nu, pode ser também considerado um material compósito. Podemos agora compreender que a dificuldade em estabelecer uma definição para material compósito reside nas limitações dimensionais impostas aos constituintes que formam o material. Em termos de engenharia, um material compósito é geralmente entendido como um material cujos constituintes são distinguidos à escala da microestrutura (grão) ou, de preferência, à escala da macroestrutura. Neste livro, adaptaremos a seguinte definição para material compósito:

> Um *material compósito* é formado por uma mistura ou combinação de dois ou mais micro ou macro constituintes que diferem na forma e na composição química e que, em sua essência, são insolúveis uns nos outros.

A importância dos compósitos no campo da engenharia se deve ao fato de que, ao combinar dois ou mais materiais diferentes, pode-se obter um material compósito cujas propriedades são superiores, ou até mesmo melhores, em alguns aspectos, às propriedades de cada um dos componentes. Pertencem, portanto, a esta categoria uma enorme quantidade de materiais, e uma abordagem de todos os tipos de materiais compósitos está além do âmbito deste livro. Neste capítulo, serão focados apenas alguns dos materiais compósitos mais importantes com larga utilização para a engenharia. Assim, abordaremos os plásticos reforçados por fibras, o concreto, o asfalto, a madeira, bem como vários outros tipos de materiais compósitos. Na Figura 12.1, são apresentados alguns exemplos de utilização de materiais compósitos em estruturas de aviões.

12.2 PLÁSTICOS REFORÇADOS POR FIBRAS

Nos Estados Unidos, os três principais tipos de fibras sintéticas usadas para reforçar materiais plásticos são: as fibras de vidro, as fibras de aramida[2] e as fibras de carbono. As fibras de vidro são, de longe, o reforço mais usado e o mais barato. As fibras de aramida e as fibras de carbono apresentam elevada resistência mecânica e baixa densidade, e, justamente por isso, apesar de seu preço mais elevado, são utilizadas em diversas aplicações, especialmente na indústria aeronáutica e aeroespacial.

12.2.1 Fibras de vidro para reforçar resinas plásticas

As fibras de vidro são usadas para reforçar matrizes plásticas, de modo a se obter compósitos estruturais e componentes moldados. Os compósitos de matriz plástica reforçados por fibras de vidro apresentam as seguintes características favoráveis: elevada razão (quociente) resistência/peso; boa estabilidade dimensional; boa

---

[1] *"ASM Engineered Materials Handbook", Composites, vol. 1, ASM International, 1991.*
[2] A fibra de aramida é uma fibra polimérica de poliamida aromática com uma estrutura molecular muito rígida.

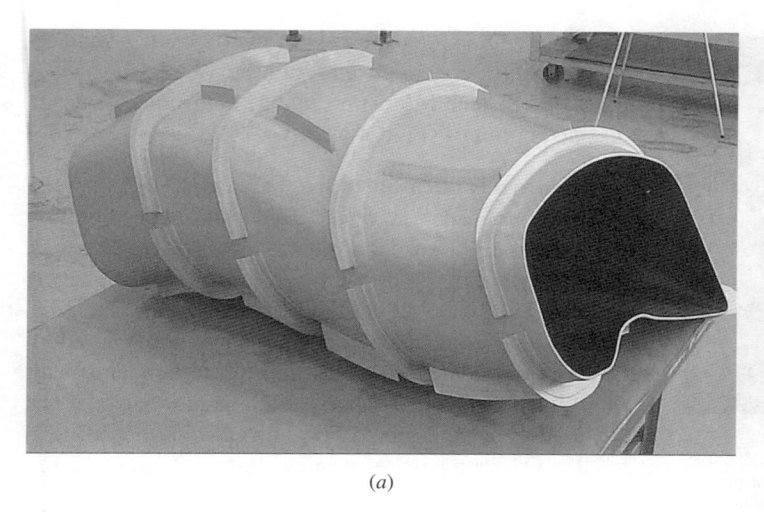

(a)

Figura 12.1
(a) Um componente de duto após teste final, com flanges curvados.
(*Etapa 7, p. 37, Revista High-Performance Composites Magazine, jan. 2002.*)

(b) Utilização de fibra de carbono ganhou um papel fundamental no avião de caça de ataque conjunto de Lockheed-Martin-×-35. O duto de entrada com fibra de carbono é fabricado quatro vezes mais rápido do que a peça convencional com um número de prendedores significativamente menor.
(*Capa da Revista High-Performance Composites Magazine, jan. 2002.*)

(b)

resistência ao calor, às baixas temperaturas, à umidade e à corrosão; boas propriedades de isolamento elétrico; facilidade de fabricação e custo relativamente baixo.

Os dois tipos de vidro mais importantes usados na produção de fibras de vidro para compósitos são o *vidro E* (*elétrico*) e o *vidro S* (*elevada resistência mecânica*).

O **vidro E** é o mais requisitado para obtenção de fibras contínuas. Basicamente, o vidro E é um vidro de boro-silicato, alumínio e cálcio, isento, ou com muito baixos teores de sódio e potássio. Sua composição básica situa-se entre 52-56% SiO_2, 12-16% Al_2O_3, 16-25% CaO e 8-13% B_2O_3. Logo após a fabricação, o vidro E apresenta uma resistência à tração de cerca de 3,44 GPa e um módulo de elasticidade de 72,3 GPa.

O **vidro S** tem uma relação resistência/peso mais elevada, e é mais caro do que o vidro E, sendo geralmente utilizado em aplicações militares e aeroespaciais. A resistência à tração do vidro S é superior a 4,48 GPa, e o seu módulo de elasticidade é aproximadamente 85,4 GPa. O vidro S tem uma composição do tipo 65% SiO_2, 25% Al_2O_3 e 10% MgO.

Fabricação de fibras de vidro e de materiais de reforço em fibra de vidro As fibras de vidro são fabricadas por meio da trefilação de monofilamentos de vidro, a partir de um forno que contém o vidro fundido, seguindo-se a junção de um grande número destes filamentos, de modo a formar um feixe de fibras de vidro (Figura 12.2).

Portanto, as mantas de fibra de vidro (Figura 12.3) que apresentam a mesma finalidade podem ser constituídas por feixes contínuos (Figura 12.3*a*) ou por feixes não contínuos (Figura 12.3*c*). Os feixes

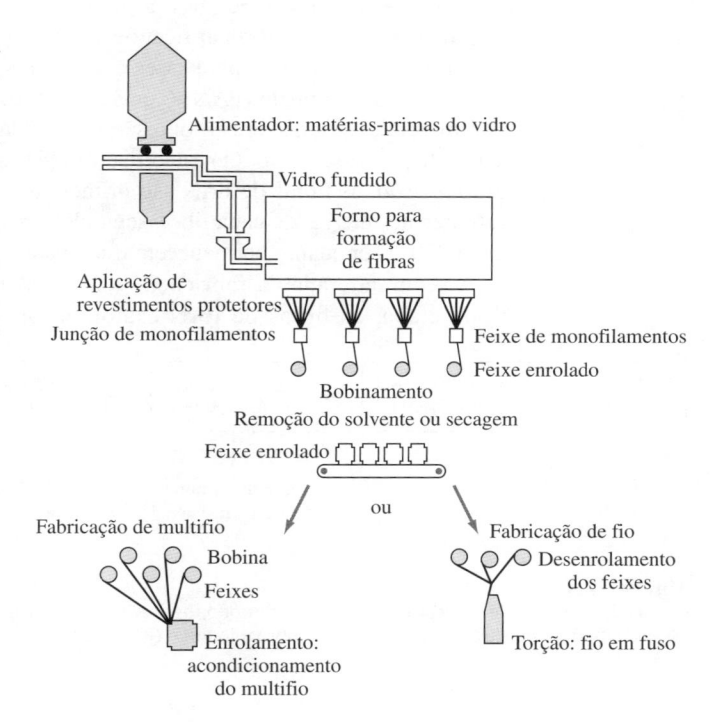

Figura 12.2
Processo de fabricação de reforços em fibra de vidro.
(*M.M. Schwartz, "Composite Materials Handbook", McGraw-Hill, 1984, p. 2-24. Reproduzido com a permissão de The McGraw-Hill Companies.*)

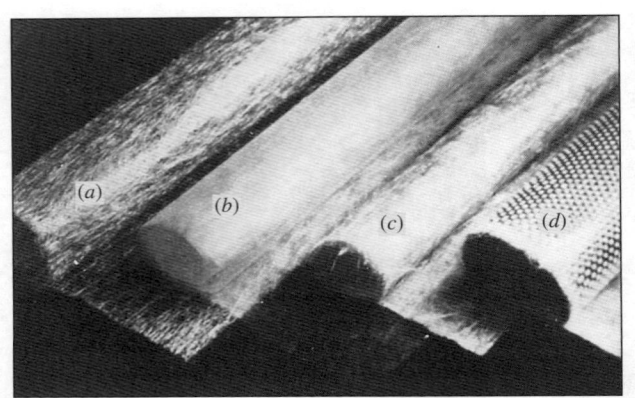

Figura 12.3
Mantas de fibra de vidro para reforço: (a) manta de feixes contínuos, (b) manta superficial, (c) manta de feixes não contínuos e (d) tela resultante da combinação de um tecido (do tipo tafetá) com manta de feixes não contínuos.
(*Cortesia da Owens/Corning Fiberglass Co.*)

são normalmente unidos entre si por meio de um ligante resinoso. Existem também as telas, que são obtidas por união química de um tecido (do tipo tafetá) com uma manta de feixes não contínuos (Figura 12.3d).

Propriedades das fibras de vidro Na Tabela 12.1, compararam-se as propriedades em tração e a densidade das fibras de vidro E com as propriedades das fibras de carbono e de aramida. Note-se que as fibras de vidro têm uma menor resistência à tração e um módulo de elasticidade mais baixo do que as de carbono e de aramida, embora apresentem um maior alongamento. A densidade das fibras de vidro é também maior do que as das mencionadas fibras. No entanto, devido à sua versatilidade e baixo custo, as fibras de vidro são, de longe, o material mais usado para reforçar os plásticos (Tabela 12.1).

12.2.2 Fibras de carbono para reforçar plásticos

Os materiais compósitos constituídos por fibras de carbono a reforçar matriz polimérica, por exemplo, de resina epóxi, são caracterizados por apresentarem uma combinação de baixo peso, resistência mecânica muito elevada e alta rigidez (módulo de elasticidade). Essas propriedades fazem com que os materiais compósitos – de matriz polimérica reforçados por fibras de carbono – sejam especialmente atrativos para aplicações aeroespaciais. Por questões alheias, o relativo alto custo das fibras de carbono faz com que a sua utilização seja limitada em muitas outras aplicações, como, por exemplo, na indústria automobilística.

As fibras de carbono, para esses compósitos, são fabricadas principalmente a partir de dois *precursores*, o poliacrilonitrilo (PAN) (ver Seção 10.6) e o piche.

Em geral, as fibras de carbono são produzidas a partir das fibras do precursor PAN por meio de três etapas de processamento: (1) estabilização, (2) carbonização e (3) grafitização (Figura 12.4). Na etapa de *estabilização*, as fibras de PAN são primeiramente esticadas para se conseguir o alinhamento das redes fibrilares no interior de cada fibra, segundo o respectivo eixo; em seguida, são oxidadas ao ar a cerca de 200 a 220 °C enquanto permanecem tracionadas.

A segunda etapa da fabricação das fibras de carbono de elevada resistência é a *carbonização*. Nesta etapa, as fibras de PAN estabilizadas são aquecidas até que se transformem em fibras de carbono por eliminação de O, H e N da fibra do precursor. O tratamento térmico (isto é, a pirólise) para a carbonização é geralmente realizado em uma atmosfera inerte, a uma temperatura entre 1.000 e 1.500 °C. Durante o processo de carbonização, no interior de cada fibra, formam-se fibrilas ou fitas com a estrutura da grafita, as quais fazem aumentar bastante a resistência à tração do material.

A terceira etapa, ou *tratamento de grafitização*, é adequada caso se deseje aumentar o

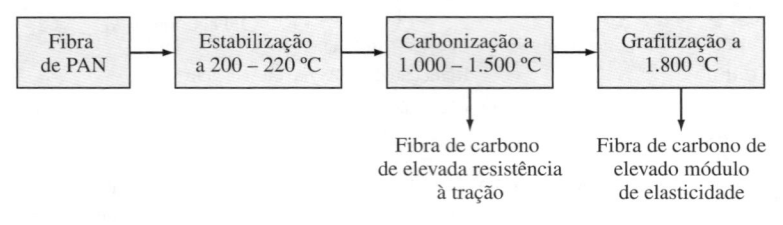

Figura 12.4
Etapas do processo de fabricação de fibras de carbono, de elevada resistência e de elevado módulo de elasticidade, a partir de poliacrilonitrilo (PAN) como material precursor.

Fibra de PAN → Estabilização a 200 – 220 °C → Carbonização a 1.000 – 1.500 °C (Fibra de carbono de elevada resistência à tração) → Grafitização a 1.800 °C (Fibra de carbono de elevado módulo de elasticidade)

Tabela 12.1
Propriedades de fios de fibras para reforço plástico.

Propriedade	Vidro E	Carbono (HT)	Aramida (Kevlar 49)
Resistência à tração, MPa	3.100	3.450	3.600
Módulo de elasticidade, GPa	76	228	131
Alongamento na ruptura (%)	4,5	1,6	2,8
Densidade (g/cm³)	2,54	1,8	1,44

módulo de elasticidade, embora tal procedimento resulte em uma diminuição da resistência à tração. Durante esse processo, realizado acima de 1.800 °C, intensifica-se a orientação preferencial dos cristais de grafita no interior de cada fibra.

As fibras de carbono, obtidas a partir do material precursor de PAN, apresentam uma resistência à tração que varia entre cerca de 3,10 e 4,45 MPa, e um módulo de elasticidade à tração que varia entre cerca de 193 e 241 GPa. Em geral, as fibras de maior módulo de elasticidade têm menor resistência à tração e vice-versa.

A densidade das fibras de PAN, depois de carbonizadas e grafitizadas, situa-se geralmente entre 1,7 e 2,1 g/cm^3, sendo o seu diâmetro final em cerca de 7 a 10 μm. A Figura 12.5 apresenta uma fotografia de um grupo com cerca de 6.000 fibras de carbono, chamado **molho**.

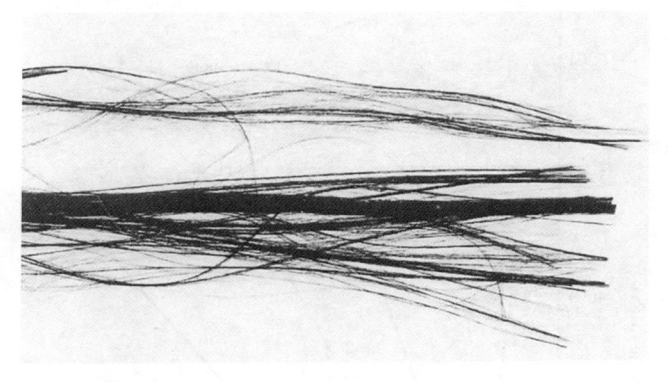

Figura 12.5
Fotografia de um molho com cerca de 6.000 fibras de carbono.
(*Cortesia de Fiberite Co., Winona, Minn.*)

12.2.3 Fibras de aramida para reforçar plásticos

Fibras de aramida (ou fibras aramídicas) é a designação genérica dada às fibras de poliamida aromática. As fibras de aramida foram introduzidas no comércio em 1972 pela Du Pont, sob o nome comercial de Kevlar, e até a presente data existem dois tipos comerciais: o Kevlar 29 e o Kevlar 49. O Kevlar 29 é uma fibra de aramida de elevada resistência mecânica e baixa densidade, concebida para determinadas aplicações, como, por exemplo, para proteção balística, cordas e cabos. Por outro lado, o Kevlar 49 é caracterizado por possuir resistência mecânica e módulo de elasticidade elevados, assim como baixa densidade. As propriedades do Kevlar 49 fazem com que as suas fibras sejam utilizadas para reforçar matrizes poliméricas em compósitos com aplicação nas indústrias aeroespacial, marítima, automobilística, entre outras.

A unidade química de repetição na cadeia do polímero de Kevlar se constitui em uma poliamida aromática, conforme mostra a Figura 12.6. Existem ligações de hidrogênio que unem as cadeias poliméricas entre si na direção transversal. Deste modo, estas fibras apresentam resistência mecânica elevada segundo a direção longitudinal e resistência mecânica fraca segundo a direção transversal. Os anéis aromáticos conferem elevada rigidez às cadeias poliméricas, dando-lhes uma estrutura parecida com a de um rodlike (varão, haste).

As fibras de Kevlar são apropriadas para compósitos de elevada exigência, para aplicações em que se requer baixo peso, grande resistência mecânica e grande rigidez, resistência à deterioração e à fadiga. Tem especial interesse o material feito com fibras de Kevlar em matriz epoxídica, cuja utilização contempla vários componentes do transporte espacial.

Figura 12.6
Unidade química de repetição da estrutura das fibras de Kevlar.

12.2.4 Comparação de propriedades mecânicas de fibras de carbono, de aramida e de vidro utilizadas para reforçar plásticos

Na Figura 12.7, comparam-se os diagramas de tensão-deformação típicos das fibras de carbono, de aramida e de vidro, no qual pode se observar que a resistência à tração das fibras varia entre cerca de 1.720 e 3.440 MPa, enquanto a extensão até a ruptura varia entre 0,4 e 4,0%. O **módulo de elasticidade** em tração destas fibras varia entre 68,9 e 413 GPa. As fibras de carbono são as que apresentam a melhor combinação de elevada resistência mecânica, elevada rigidez (elevado módulo de elasticidade) e baixa densidade, mas são as que têm menores alongamentos. As fibras aramídicas de Kevlar 49 apresentam uma combinação de elevada resistência mecânica, elevado módulo de elasticidade (no entanto, não tão elevado como o das fibras de carbono), baixa densidade e grande alongamento (resistência ao impacto). As fibras de vidro apresentam resistências mecânicas e módulos de elasticidade mais baixos; no entanto,

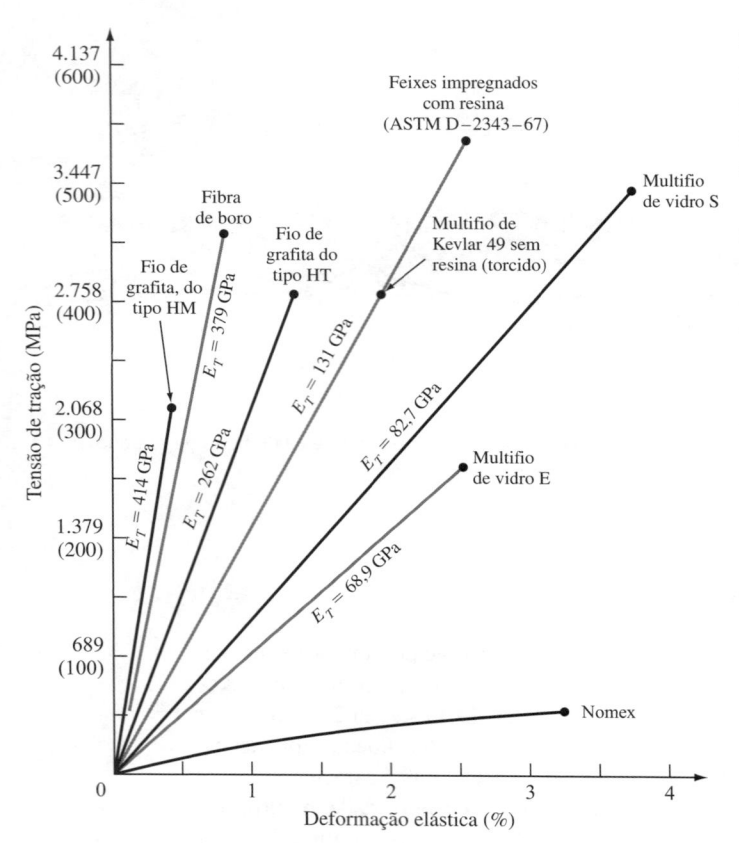

Figura 12.7
Comportamento tensão-deformação de vários tipos de fibras de reforço.
(*"Kevlar 49 Data Manual"*, E. I. du Pont de Nemours & Co., 1974.)

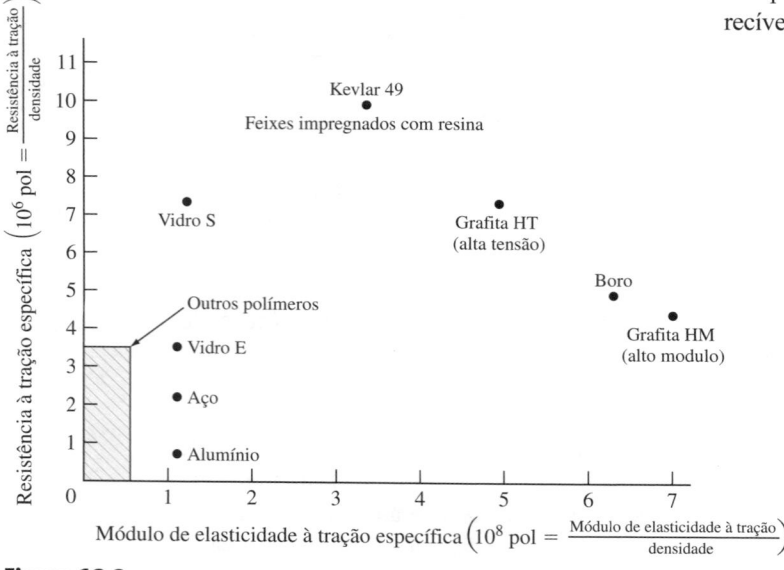

Figura 12.8
Resistência específica à tração (razão entre resistência à tração e densidade) e **módulo de elasticidade específico** (razão entre o módulo de elasticidade em tração e a densidade) para vários tipos de fibras de reforço.
(*Por cortesia da E. I. du Pont de Nemours & Co., Wilmington, Del.*)

maiores densidades (Tabela 12.1). As fibras de vidro S têm maiores resistências mecânicas e maiores alongamentos do que as fibras de vidro E. Uma vez que as fibras de vidro são muito menos dispendiosas, são usadas em larga escala.

Na Figura 12.8, são comparadas as relações resistência/densidade e rigidez (módulo em tração)/densidade de várias fibras de reforço. Esta comparação evidencia as excelentes relações resistência/peso e rigidez/peso das fibras de carbono e das fibras de aramida (Kevlar 49) quando comparadas com as de aço e de alumínio. Devido a estas propriedades favoráveis, os compósitos com fibras de carbono e fibras de aramida substituíram os materiais metálicos em muitas aplicações aeronáuticas e aeroespaciais.

12.3 MATERIAIS COMPÓSITOS PLÁSTICOS REFORÇADOS POR FIBRAS

12.3.1 Materiais para a matriz de plásticos reforçados por fibras

As duas resinas plásticas mais importantes, que são usadas como matriz para a obtenção de plásticos reforçados por fibras, são as resinas de poliéster insaturado e as resinas epoxídicas. As reações químicas responsáveis pelas ligações cruzadas nestas resinas termoendurecíveis foram descritas anteriormente na Seção 10.8.

Na Tabela 12.2 estão indicadas algumas propriedades das resinas de poliéster e epoxídicas, após cura e ainda não reforçadas. As resinas de poliéster são mais baratas, mas não são normalmente tão resistentes como as resinas epoxídicas. Os poliésteres insaturados são usados em larga escala como matrizes de materiais plásticos reforçados por fibras. As aplicações destes materiais incluem cascos de barcos, painéis de construção e painéis estruturais de automóveis, de aviões e de vários tipos de aparelhos domésticos. As resinas epoxídicas são mais caras, mas apresentam vantagens especiais, como, por exemplo, adequadas e favoráveis propriedades de resistência mecânica e menor contração após cura do que as resinas de poliéster. As resinas epoxídicas são normalmente usadas como material para a matriz de compósitos de fibras de carbono e de aramida.

Tabela 12.2
Algumas propriedades das resinas de poliéster e epoxídicas não reforçadas.

	Poliéster	Epoxídicas
Resistência à tração, MPa	40–90	55–130
Módulo de elasticidade em tração, GPa	2,0–4,4	2,8–4,2
Resistência à flexão, MPa	60–160	125
Resistência ao impacto (corpo de prova Izod com entalhe), J/m	10,6–21,2	5,3–53
Densidade, g/cm^3	1,10–1,46	1,2–1,3

12.3.2 Materiais compósitos plásticos reforçados por fibras

Resinas de poliéster reforçadas por fibras de vidro A resistência mecânica dos plásticos reforçados por fibras de vidro está principalmente relacionada à quantidade de vidro presente no material e à disposição das fibras de vidro. Em geral, quanto maior é a porcentagem em peso de vidro no compósito, mais resistente este será. Quando os feixes de fibras de vidro são paralelos, como no caso em que se usa fibra de vidro na forma de fio bobinado, a porcentagem de fibras contidas no compósito pode atingir valores de 80% em peso, o que faz com que o compósito apresente valores muito elevados de resistência mecânica. A Figura 12.9 mostra uma fotomicrografia de uma seção transversal de um material compósito de resina de poliéster com fibras de vidro unidirecionais.

Qualquer desvio ao alinhamento paralelo das fibras de vidro faz reduzir a resistência mecânica do compósito. Assim, os compósitos que incorporam fibra de vidro na forma de um tecido, devido ao entrelaçamento das fibras, apresentam menor resistência do que no caso em que todas as fibras são paralelas (Tabela 12.3). No caso de se usar fibras não contínuas e dispostas de modo aleatório, a resistência é mais baixa e igual em todas as direções (Tabela 12.3).

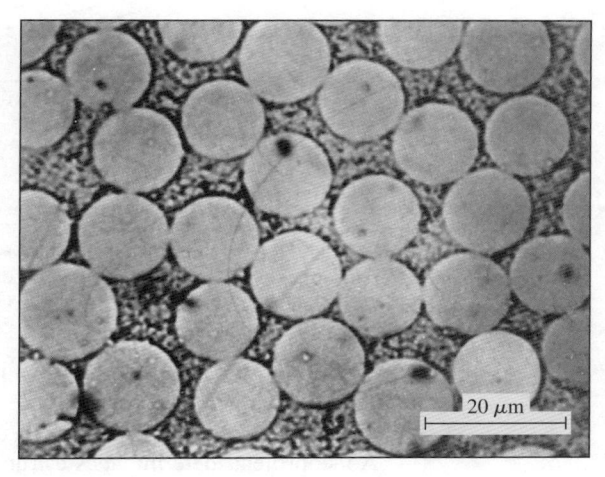

Figura 12.9
Fotomicrografia de uma seção de um material compósito de poliéster com fibras de vidro unidirecionais.
(D. Hull, "An Introduction to Composite Materials", Cambridge, 1981, p. 63. Reproduzida com permissão de Cambridge University Press.)

Tabela 12.3
Algumas propriedades mecânicas de compósitos de poliéster e fibra de vidro.

	Tecido de fibras	Fibras não contínuas	Folha de moldagem SMC
Resistência à tração, MPa	206–344	103–206	55–138
Módulo de elasticidade em tração, GPa	103–310	55–138	
Resistência ao impacto (corpo de prova Izod com entalhe), J/m	267–1600	107–1070	374–1175
Densidade, g/cm^3	1,5–2,1	1,35–2,30	1,65–2,0

Tabela 12.4
Algumas propriedades mecânicas de um compósito comercial do tipo laminado unidirecional com fibras de carbono (62% em volume) e resina epoxídica.

Propriedades	Longitudinal (0°)	Transversal (90°)
Resistência à tração, MPa	1.860	65
Módulo de elasticidade em tração, GPa	145	9,4
Deformação na ruptura à tração, %	1,2	0,70

Fonte: Hercules, Inc.

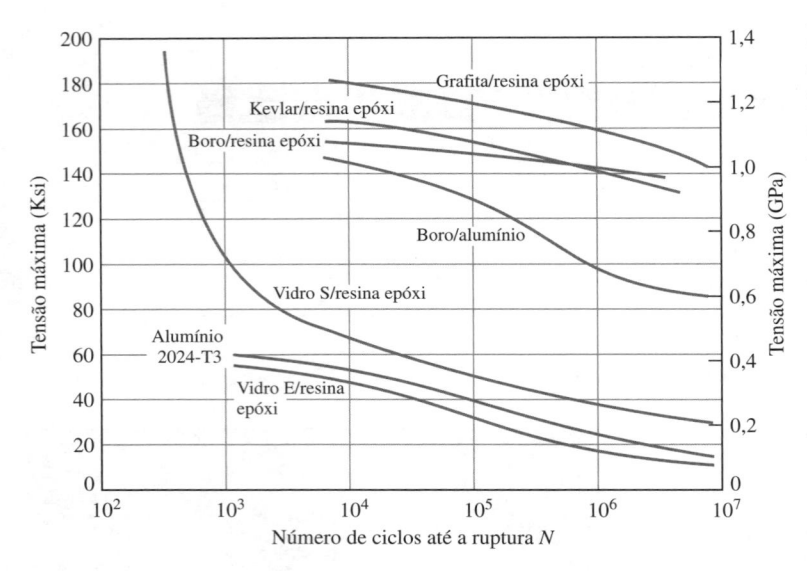

Figura 12.10
Propriedades de fadiga (tensão máxima em função do número de ciclos até a ruptura) de um material compósito unidirecional de carbono (grafita) e resina epoxídica, comparadas às de alguns outros materiais compósitos e de uma liga de alumínio 2024-T3. R (razão entre a tensão mínima e a tensão máxima num ciclo de tração-tração) = 0,1 à temperatura ambiente.
(*Cortesia de Hercules, Inc.*)

Resinas epoxídicas reforçadas por fibras de carbono Nos materiais compósitos com fibras de carbono, estas contribuem para as excelentes propriedades de rigidez e resistência à tração, enquanto a matriz permite o alinhamento das fibras e contribui para a resistência ao impacto. As resinas epoxídicas são, de longe, as matrizes mais usadas para as fibras de carbono, mas outras resinas, como as poliamidas, os sulfuretos de polifenileno ou as polissulfonas, podem também ser utilizadas para certas aplicações.

A principal vantagem das fibras de carbono resulta do fato de apresentarem valores muito elevados de resistência e de módulo de elasticidade (Tabela 12.1) associados à baixa densidade. Por esta razão, os compósitos de fibras de carbono estão substituindo os metais em algumas aplicações aeronáuticas e aeroespaciais, nas quais a redução de peso é importante (Figura 12.1). Na Tabela 12.4 são apresentadas algumas propriedades mecânicas de um tipo de compósito de fibra de carbono e resina epoxídica que contém 62% em volume de fibras de carbono. A Figura 12.10 mostra as excepcionais propriedades de resistência à fadiga de um material compósito de resina epoxídica com fibras de carbono (grafita) unidirecionais, comparativamente às propriedades de uma liga de alumínio 2024-T3.

Ao se projetar determinadas estruturas, o material de fibra de carbono e resina epoxídica pode ser usado na forma de **laminados** criteriosamente preparados, sendo assim possível satisfazer diferentes exigências de resistência (Figura 12.11). A Figura 12.12 mostra uma fotomicrografia de um material compósito bidirecional de fibra de carbono e resina epoxídica, constituído por cinco camadas.

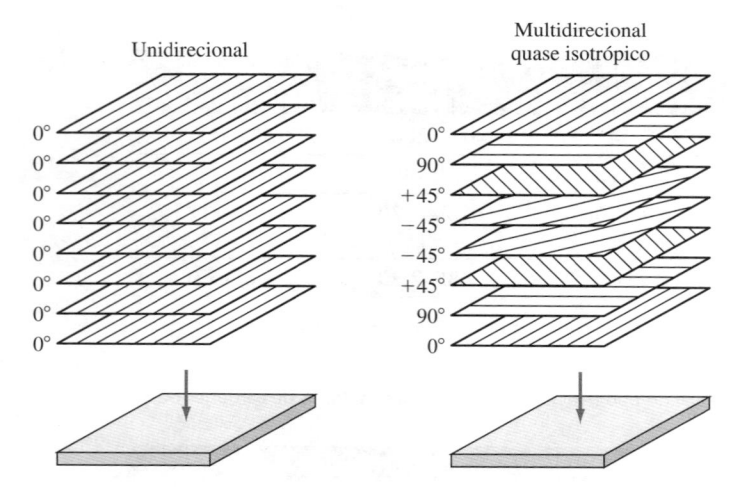

Figura 12.11
Arranjos unidirecional e **multidirecional** para um compósito do tipo laminado, com várias camadas.
(*Cortesia de Hercules, Inc.*)

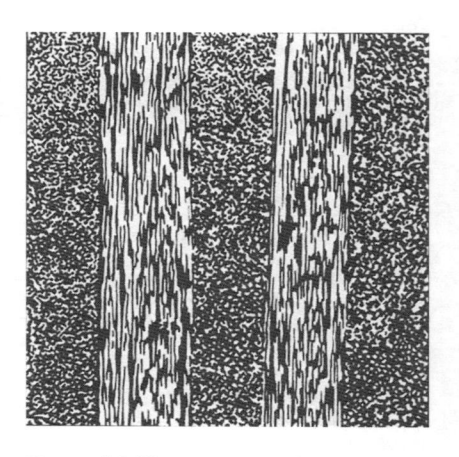

Figura 12.12
Fotomicrografia de um material compósito bidirecional de fibra de carbono e resina epoxídica, constituído por cinco camadas.
(*J.J. Dwyer, Composites, Am. Mach., July 13, 1979, pp. 87-96.*)

> **EXEMPLO 12.1**
>
> Um compósito unidirecional de fibra de Kevlar 49 e resina epoxídica contém 60% em volume de fibras e 40% de resina. A densidade das fibras de Kevlar 49 é 1,48 Mg/m^3 e a da resina epoxídica é 1,20 Mg/m^3. (*a*) Quais são as porcentagens em peso de Kevlar 49 e de resina epoxídica no material compósito. (*b*) Qual é a densidade média do compósito?
>
> ■ **Solução**
>
> Consideremos 1 m^3 de material compósito. Nele teremos 0,60 m^3 de Kevlar 49 e 0,40 m^3 de resina epoxídica. Densidade = massa/volume, ou
>
> $$\rho = \frac{m}{V} \quad \text{e} \quad m = \rho V$$
>
> a. Massa de Kevlar 49 $= \rho V = (1{,}48 \text{ Mg/m}^3)(0{,}60 \text{ m}^3) = 0{,}888 \text{ Mg}$
>   Massa de resina epóxi $= \rho V = (1{,}20 \text{ Mg/m}^3)(0{,}40 \text{ m}^3) = \underline{0{,}480 \text{ Mg}}$
>
>   Massa total $= 1{,}368$ Mg
>
> $$\% \text{ em peso de Kevlar 49} = \frac{0{,}888 \text{ Mg}}{1{,}368 \text{ Mg}} \times 100\% = 64{,}9\%$$
>
> $$\% \text{ em peso de epoxídica} = \frac{0{,}480 \text{ Mg}}{1{,}368 \text{ Mg}} \times 100\% = 35{,}1\%$$
>
> b. A densidade média do compósito é
>
> $$\rho_c = \frac{m}{V} = \frac{1{,}368 \text{ Mg}}{1 \text{ m}^3} = 1{,}37 \text{ Mg/m}^3 \blacktriangleleft$$

12.3.3 Equações para o módulo de elasticidade de um compósito de fibras contínuas e matriz plástica, do tipo laminado, em condições de isodeformação e de isotensão

Condições de isodeformação Consideremos um corpo de prova de um compósito hipoteticamente formado por camadas alternadas de fibras contínuas e de material da matriz, conforme se mostra na Figura 12.13. Neste caso, a tensão aplicada ao material provoca uma deformação uniforme em todas as camadas do compósito. Vamos admitir que a ligação entre as camadas permanece intacta durante a aplicação da tensão. Este tipo de carregamento a que o corpo de prova do compósito foi submetido é denominado *condição de isodeformação*.

Podemos agora deduzir uma equação que relaciona o módulo de elasticidade do compósito aos módulos de elasticidade da fibra e da matriz, e às respectivas porcentagens em volume. Em primeiro lugar, a força aplicada ao corpo de prova do compósito é igual à soma da força aplicada às camadas de fibra com a força aplicada às camadas da matriz, ou seja,

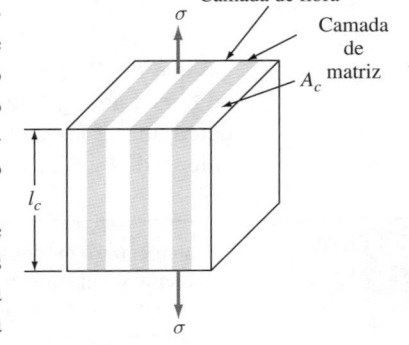

$$P_c = P_f + P_m \tag{12.1}$$

Uma vez que $\sigma = P/A$, ou $P = \sigma A$,

$$\sigma_c A_c = \sigma_f A_f + \sigma_m A_m \tag{12.2}$$

Figura 12.13 Estrutura de um compósito hipoteticamente formado por camadas de fibra e camadas de matriz, submetido a um carregamento em condições de isodeformação. (Volume do compósito V_c = área A_c × Comprimento l_c.)

onde σ_c, σ_f e σ_m representam as tensões e A_c, A_f e A_m representam as áreas, respectivamente, do compósito da fibra e da matriz. Uma vez que os comprimentos das camadas de matriz e de fibra são iguais às áreas A_c, A_f e A_m na Equação (12.2) podem ser substituídas pelas frações em volume V_c, V_f e V_m, respectivamente

$$\sigma_c V_c = \sigma_f V_f + \sigma_m V_m \tag{12.3}$$

Como a fração em volume do compósito é 1, então $V_c = 1$, a Equação (12.3) pode ser escrita na forma

$$\sigma_c = \sigma_f V_f + \sigma_m V_m \tag{12.4}$$

Em condições de isodeformação e considerando boa ligação entre as camadas do compósito,

$$\epsilon_c = \epsilon_f = \epsilon_m \tag{12.5}$$

Dividindo a Equação (12.4) pela Equação (12.5), uma vez que todas as extensões sejam iguais, obtém-se

$$\frac{\sigma_c}{\epsilon_c} = \frac{\sigma_f V_f}{\epsilon_f} + \frac{\sigma_m V_m}{\epsilon_m} \tag{12.6}$$

Podemos agora substituir pelo módulo de elasticidade E_c por σ_c/ϵ_c, E_f e σ_f/ϵ_f por σ_m/ϵ_m, resultando

$$E_c = E_f V_f + E_m V_m \tag{12.7}$$

Esta equação é conhecida como a *regra das misturas para compósitos binários* e permite fazer uma estimativa do valor do módulo de elasticidade de um compósito, uma vez que se conheça os módulos de elasticidade da fibra e da matriz, e as respectivas porcentagens em volume.

Equações para cálculo das forças nas regiões de fibra e nas regiões da matriz, para um compósito do tipo laminado, submetido a condições de isodeformação A razão entre a força aplicada nas regiões de fibra e a força aplicada nas regiões da matriz de um material compósito binário, submetido a condições de isodeformação, pode ser obtida a partir da razão entre os correspondentes valores de $P = \sigma A$. Assim, uma vez que $\sigma = E\epsilon$ e $\epsilon_f = \epsilon_m$,

$$\frac{P_f}{P_m} = \frac{\sigma_f A_f}{\sigma_m A_m} = \frac{E_f \epsilon_f A_f}{E_m \epsilon_m A_m} = \frac{E_f A_f}{E_m A_m} = \frac{E_f V_f}{E_m V_m} \tag{12.8}$$

Caso se conheça a carga total aplicada a um corpo de prova sujeito a condições de isodeformação, então podemos partir da seguinte equação:

$$P_c = P_f + P_m \tag{12.9}$$

em que P_c, P_f, e P_m representam respectivamente as forças exercidas em todo o compósito, na região de fibra e na região de matriz. Por meio da combinação da Equação 12.9 com a Equação 12.8, pode-se determinar a força suportada pela região de fibra e pela região de matriz, desde que se conheçam os valores de E_f, E_m e V_f, V_m e P_c.

EXEMPLO 12.2

Calcule: (*a*) o módulo de elasticidade, (*b*) a resistência à tração e (*c*) a fração da carga suportada pelas fibras do material compósito que é descrito em seguida, quando submetido a condições de isodeformação. O compósito é constituído por resina epoxídica reforçada com 60% em volume de fibras contínuas de vidro E, as quais têm um módulo de elasticidade $E_f = 10{,}5 \times 10^6$ GPa e uma resistência à tração de 2,41 GPa; enquanto a resina epoxídica (não reforçada) apresenta, após endurecimento, um módulo $E_m = 3{,}1$ GPa e uma resistência à tração de 62 MPa.

■ **Solução**

a. O módulo de elasticidade do compósito é dado por

$$E_c = E_f V_f + E_m V_m \tag{12.7}$$

$$= (10{,}5 \times 10^6 \text{ psi})(0{,}60) + (0{,}45 \times 10^6 \text{ psi})(0{,}40)$$

$$= 6{,}30 \times 10^6 \text{ psi} + 0{,}18 \times 10^6 \text{ psi}$$

$$= 6{,}48 \times 10^6 \text{ psi } (44{,}6 \text{ GPa}) \blacktriangleleft$$

b. A resistência à tração do compósito é dada por

$$\sigma_c = \sigma_f V_f + \sigma_m V_m \quad (12.4)$$
$$= (350.000 \text{ psi})(0,60) + (9.000 \text{ psi})(0,40)$$
$$= 210.000 + 3.600 \text{ psi}$$
$$= 214.000 \text{ psi ou } 214 \text{ ksi}(1,47 \text{ GPa}) \blacktriangleleft$$

c. A fração da carga suportada pelas fibras é dada por

$$\frac{P_f}{P_c} = \frac{E_f V_f}{E_f V_f + E_m V_m}$$
$$= \frac{(10,5 \times 10^6 \text{ psi})(0,60)}{(10,5 \times 10^6 \text{ psi})(0,60) + (0,45 \times 10^6 \text{ psi})(0,40)}$$
$$= \frac{6,30}{6,30 + 0,18} = 0,97 \blacktriangleleft$$

Condições de isotensão Consideremos agora o caso de um compósito do tipo laminado, hipoteticamente formado por camadas de fibra e camadas de matriz, orientadas perpendicularmente em relação à direção da tensão aplicada, conforme se mostra na Figura 12.14. Neste caso, a tensão é igual em todas as camadas, pelo que estamos em uma *condição de isotensão*.

Para deduzir uma equação que permita calcular o módulo de elasticidade de um compósito com várias camadas, submetido a este tipo de carregamento, teremos de começar por escrever as relações de igualdade entre a tensão no compósito, nas camadas de fibra e nas camadas de matriz. Assim,

$$\sigma_c = \sigma_f = \sigma_m \quad (12.10)$$

A extensão total do compósito, na direção da tensão aplicada é igual à soma das extensões das camadas de fibra e de matriz,

$$\epsilon_c = \epsilon_f + \epsilon_m \quad (12.11)$$

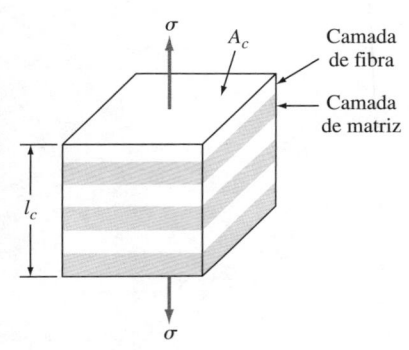

Figura 12.14
Estrutura de um compósito hipoteticamente formado por camadas de fibra e camadas de matriz, submetido a um carregamento em condições de isotensão. (Volume do compósito V_c = área A_c × Comprimento l_c.)

Considerando que a área perpendicular à tensão não varia após esta ser aplicada, e que o compósito tem um comprimento unitário após ter sido deformado, teremos

$$\epsilon_c = \epsilon_f V_f + \epsilon_m V_m \quad (12.12)$$

em que V_f e V_m representam, respectivamente, as frações em volume de fibra e de matriz.

Partindo do princípio de que, durante o carregamento, a lei de Hooke é válida, teremos

$$\epsilon_c = \frac{\sigma}{E_c} \qquad \epsilon_f = \frac{\sigma}{E_f} \qquad \epsilon_m = \frac{\sigma}{E_m} \quad (12.13)$$

Substituindo na Equação 12.13 os valores obtidos na Equação 12.12, obtém-se

$$\frac{\sigma}{E_c} = \frac{\sigma V_f}{E_f} = \frac{\sigma V_m}{E_m} \quad (12.14)$$

Dividindo cada termo da Equação 12.14 por σ, obtém-se

$$\frac{1}{E_c} = \frac{V_f}{E_f} + \frac{V_m}{E_m} \quad (12.15)$$

Por redução ao mesmo denominador, obtém-se

$$\frac{1}{E_c} = \frac{V_f E_m}{E_f E_m} + \frac{V_m E_f}{E_m E_f} \tag{12.16}$$

Rearranjando,

$$\frac{1}{E_c} = \frac{V_f E_m + V_m E_f}{E_f E_m}$$

ou

$$E_c = \frac{E_f E_m}{V_f E_m + V_m E_f} \tag{12.17}$$

EXEMPLO 12.3

Calcule o módulo de elasticidade de um material compósito formado por 60% em volume de fibra contínua de vidro E e por 40% de resina epoxídica como matriz, quando submetido a *condições de isotensão* (isto é, o material é solicitado na direção perpendicular às fibras contínuas). O módulo de elasticidade do vidro E é 72,3 GPa e o da resina epoxídica é 3,1 GPa.

▪ Solução

$$E_c = \frac{E_f E_m}{V_f E_m + V_m E_f} \tag{12.17}$$

$$= \frac{(10,5 \times 10^6 \text{ psi})(0,45 \times 10^6 \text{ psi})}{(0,60)(0,45 \times 10^6) + (0,40)(10,5 \times 10^6)}$$

$$= \frac{4,72 \times 10^{12} \text{ psi}^2}{0,27 \times 10^6 \text{ psi} + 4,20 \times 10^6 \text{ psi}}$$

$$= 1,06 \times 10^6 \text{ psi } (7,30 \text{ GPa}) \blacktriangleleft$$

Note que, no caso de se solicitar este material compósito formado por 60% de fibra de vidro E e 40% de resina epoxídica, em condições de isotensão, obtém-se um módulo de elasticidade que é cerca de seis vezes inferior ao que é obtido quando o material é solicitado em condições de isodeformação.

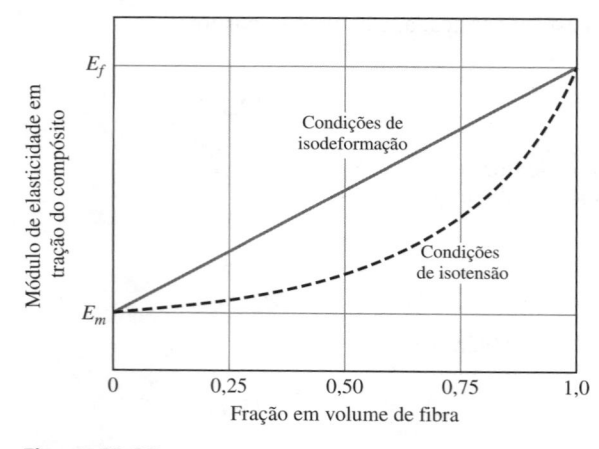

Figura 12.15
Representação esquemática da variação do módulo de elasticidade em fração em volume de fibra, num compósito do tipo laminado, de matriz plástica reforçada por fibras unidirecionais, em condições de isodeformação e de isotensão. O material solicitado em condições de isodeformação apresenta um módulo mais elevado.

Na Figura 12.15, faz-se uma comparação entre as condições de isodeformação e de isotensão num compósito do tipo laminado, constatando-se que, para igual volume de fibras, são os carregamentos em condições de isodeformação que conferem os maiores valores ao módulo de elasticidade.

12.4 PROCESSOS DE MOLDE ABERTO PARA MATERIAIS COMPÓSITOS PLÁSTICOS REFORÇADOS POR FIBRAS

Existem muitos métodos de *molde aberto* utilizados para produzir plásticos reforçados por fibras. Alguns dos mais importantes serão agora apresentados de modo sucinto.

12.4.1 Processo de deposição manual

Esse é o método mais simples para a fabricação de uma peça reforçada com fibras.

Para se fabricar uma peça por este processo, usando fibras de vidro e poliéster, aplica-se em primeiro lugar um revestimento de gel ao molde aberto (Figura 12.16). O reforço de fibras de vidro, o qual consiste normalmente num tecido ou manta, é em seguida colocado manualmente no molde. A resina plástica misturada aos catalisadores e aceleradores é então vazada ou aplicada com o auxílio de um pincel grosso, ou pulverizada (*spray*). Por meio da passagem de rolos, faz-se com que a resina molhe completamente o reforço, removendo-se o ar que possa ter ficado aprisionado. Para se aumentar as espessuras da parede da peça que se quer produzir, adicionam-se mais camadas de manta ou tecido de fibra de vidro e de resina. Com este método, podem se fabricar cascos de barcos, tanques, coberturas e painéis para construção.

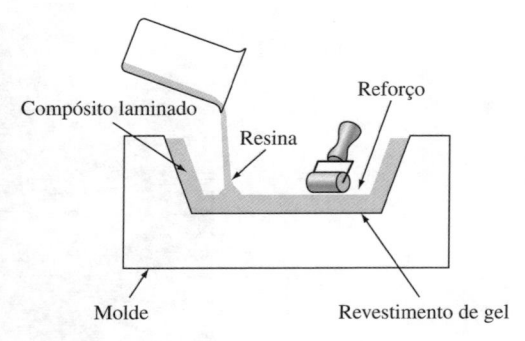

Figura 12.16
Método de deposição manual para a moldagem de materiais compósitos de matriz plástica reforçada por fibras. Vazamento da resina sobre o reforço no interior do molde.
(*Cortesia de Owens/Corning Fiberglass Co.*)

12.4.2 Processo de *spray*

O método de *spray* ou pulverização, para a fabricação de placas ou camadas em plástico reforçado por fibras, é semelhante ao método de deposição manual, e pode ser usado para se obter cascos de barcos, banheiras e bases de chuveiro, e outras formas de médio ou grande tamanho. Caso se use fibra de vidro, este processo consiste na deposição simultânea, sobre um molde de resina (com catalisadores) e de pedaços de feixes de fibras, usando-se para tal uma pistola de corte e projeção, a qual é alimentada por **multifio** de feixes contínuos (Figura 12.17). A camada depositada sobre o molde passa, em seguida, pelo processo de densificação, por meio da passagem de um rolo que remove o ar que possa estar aprisionado e que assegura a impregnação das fibras de reforço pela resina. Podem se adicionar várias camadas, a fim de se obter a espessura desejada. A cura é normalmente realizada à temperatura ambiente, mas pode ser acelerada por aquecimento a uma temperatura moderada.

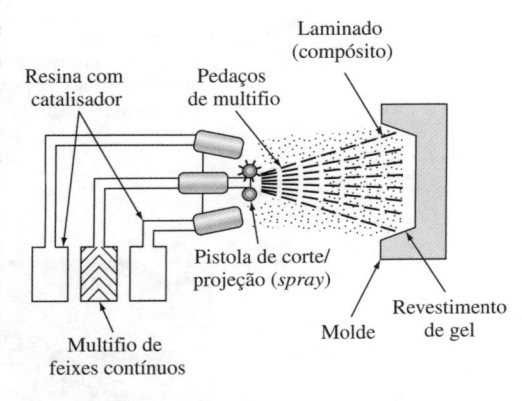

12.4.3 Processo de autoclave em embalagem a vácuo

Figura 12.17
Método de *spray* para moldagem de materiais compósitos de matriz plástica reforçada por fibras; as vantagens deste método derivam do fato de se poderem moldar peças com formas mais complexas e do processo poder ser automatizado.
(*Cortesia de Owens/Corning Fiberglass Co.*)

O processo de **moldagem em embalagem a vácuo** é usado na fabricação de laminados de elevado desempenho, geralmente em sistemas de fibra-resina epoxídica. Os materiais compósitos fabricados por meio deste método são especialmente importantes em aplicações aeronáuticas e aeroespaciais.

Vamos agora analisar as várias etapas necessárias à fabricação de um dado componente a partir desse processo. Em primeiro lugar, uma folha fina e comprida, com uma largura que pode atingir cerca de 150 cm, de material denominado *pré-impregnado*, de fibra de carbono-resina epoxídica, é colocada sobre uma mesa comprida (Figura 12.18). Esse material pré-impregnado é formado por longas fibras unidirecionais de carbono no seio de uma matriz de resina epoxídica parcialmente curada. Em seguida, a folha de pré-impregnado é cortada em peças que são colocadas umas sobre as outras num molde com a forma desejada, obtendo-se o laminado (Figura 13.20). As várias camadas de folha de pré-impregnado podem ser colocadas em diferentes direções, de modo a se alcançar o tipo de resistência desejado, uma vez que a máxima resistência de cada camada reside na direção paralela às fibras (Figura 12.11).

Após se ter construído o laminado, este é fechado em conjunto com o molde em uma embalagem a vácuo, justamente com o intuito de remover o ar que está aprisionado no interior da peça de laminado. Finalmente, a embalagem a vácuo, que contém o laminado e o molde, é colocada no interior de uma autoclave para se fazer a cura final da resina epoxídica (Figura 12.19). As condições para a cura dependem do tipo de material; por exemplo, para o material compósito de fibra de carbono e resina epoxídica o processo se realiza normalmente a cerca de 190 °C e a uma pressão de aproximadamente 690 Pa. Após ter sido retirada da autoclave, a peça de compósito é separada do molde e está pronta para as operações de acabamento final.

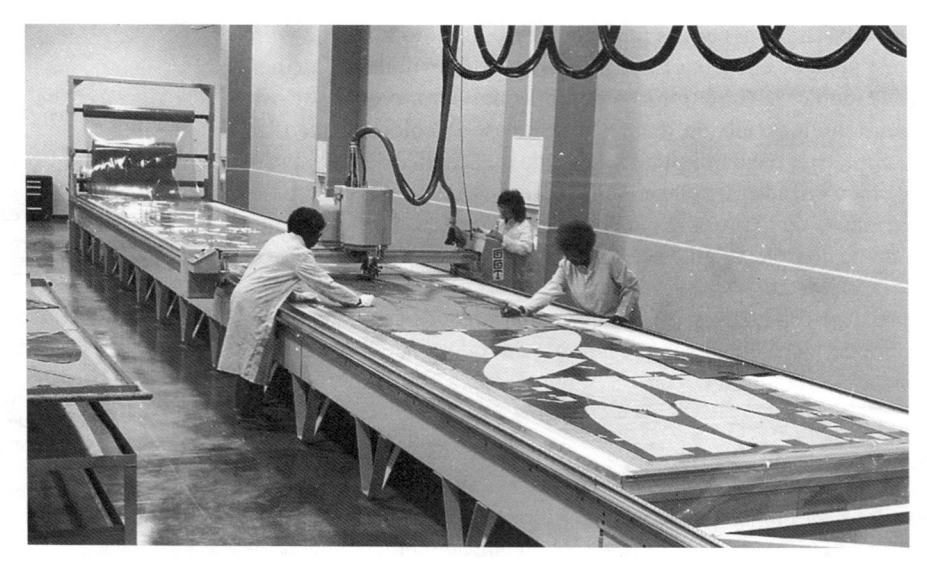

Figura 12.18
Folha de pré-impregnado de fibra de carbono-resina epoxídica a ser cortada por uma máquina comandada por computador, na fábrica de compósitos da McDonnel Douglas.
(Cortesia de McDonnel Douglas Corp.)

Figura 12.19
Laminado de fibra de carbono-resina epoxídica da asa do AV-8B e o respectivo molde a serem colocados no interior da autoclave, na fábrica da McDonnel Aircraft Co.
(Cortesia de McDonnel Douglas Corp.)

Os materiais compósitos de fibra de carbono e resina epoxídica são usados principalmente na indústria aeroespacial, na qual se tira todo o partido da elevada resistência mecânica e rigidez, bem como do baixo peso do material. Por exemplo, este material é usado em asas de aviões, em lemes de profundidade e de direção, e nas portas do compartimento de carga do transporte espacial. São aspectos relativos aos custos que têm impedido que a utilização deste material se estenda também à indústria automobilística.

12.4.4 Processo de enrolamento de fio

Outro processo de molde aberto, importante para a fabricação de tubos cilíndricos de elevada resistência, é o processo de **enrolamento de fio**. Nesse processo, a fibra é alimentada através de um banho de resina e enrolada em volta de um mandril de dimensões adequadas (Figura 12.20). Após ter se aplicado o número de camadas considerado suficiente, o enrolamento realizado sobre o mandril é sujeito a cura, realizada à temperatura ambiente ou a uma temperatura mais elevada, em uma estufa. A peça moldada é depois extraída do mandril.

O elevado grau de orientação das fibras e o grande conteúdo em fibras, conseguidos por meio deste método, permitem obter resistência à tração extremamente elevada nestes tubos cilíndricos. Assim, este processo permite fabricar reservatórios para armazenagem de combustíveis e de produtos químicos, bem como vasos de pressão, e invólucros para motores de foguetes e mísseis.

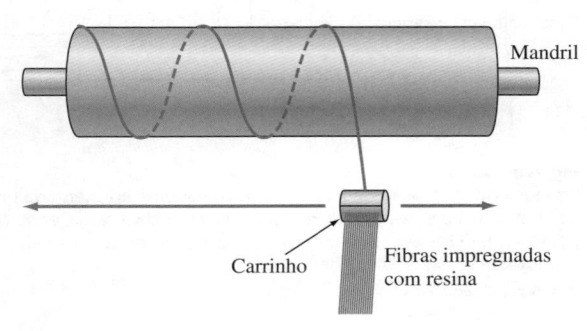

Figura 12.20
Processo de enrolamento de fio para a fabricação de materiais compósitos de matriz plástica reforçada por fibras. As fibras são primeiramente impregnadas com resina plástica e, em seguida, enroladas em volta de um mandril em rotação. O carrinho com as fibras impregnadas de resina se move transversalmente durante a bobinagem, distribuindo as fibras ao longo do mandril.
(H.G. DeYoung, "Plastic Composites Fight for Status", High Technl, October 1983, p. 63.)

12.5 PROCESSOS DE MOLDE FECHADO PARA PLÁSTICOS REFORÇADOS POR FIBRAS

Existem diversos processos de *molde fechado* que se utilizam para a fabricação de materiais plásticos reforçados por fibras. Alguns dos mais importantes serão agora descritos de um modo sucinto.

12.5.1 Moldagem por compressão e moldagem por injeção

Estes são dois dos processos mais importantes, em termos de volume de material produzido, que utilizam moldes fechados para a obtenção de plásticos reforçados por fibras. Esses processos são essencialmente iguais aos que foram anteriormente apresentados na Seção 10.5 para os plásticos, exceto em que, antes de se dar início ao processo, o reforço de fibra é misturado à resina.

12.5.2 O processo MF ou de moldagem de folha

O processo MF (derivado do termo em inglês SMC – Sheet Molding Compound), ou de *moldagem de folha*, é um dos mais recentes processos de molde fechado usado para a fabricação de peças de plásticos reforçados por fibras, especialmente para a indústria automobilística. Esse processo permite um eficiente controle da resina e a obtenção de atrativas propriedades de resistência mecânica (Tabela 12.3), facilitando a produção em quantidade de peças de grande dimensão e muito uniformes.

A folha de MF usada para a moldagem é normalmente obtida por meio de um processo contínuo altamente automatizado. Um multifio de feixes contínuos de fibra de vidro é cortado em comprimentos de cerca de 5 cm, os quais são depositados sobre uma camada de pasta formada pela mistura de uma resina e respectiva "carga" (isto é, materiais de enchimento), a qual passa sobre um filme de polietileno (Figura 12.21).

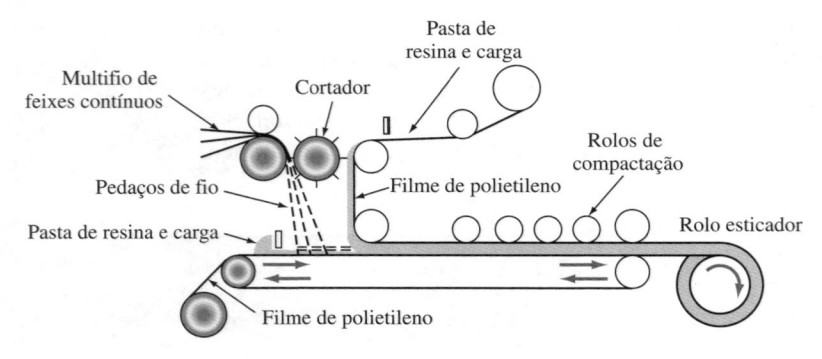

Figura 12.21
Processo de fabricação da folha de MF. A máquina apresentada produz um sanduíche de fibra de vidro e de pasta de resina com a respectiva carga, entre dois filmes finos de polietileno. O MF tem que ser envelhecido antes de ser comprimido no molde do produto final.
(*Cortesia de Owens/Corning.*)

A seguir, deposita-se outra camada da mistura de resina e carga sobre a camada anterior, de modo a se obter um sanduíche contínuo de fibra de vidro e pasta de resina com a respectiva carga. Este sanduíche, com a parte de cima e a parte de baixo cobertas por polietileno, é compactado e enrolado (Figura 12.21).

Os rolos de folha de MF são, em seguida, armazenados em uma câmara de envelhecimento, durante cerca de 1 a 4 dias, para que a folha possa absorver bem as fibras de vidro. Os rolos de MF são então deslocados para junto de uma prensa e cortados em pedaços com a forma adequada para a peça, colocando-se as folhas de MF no interior de um molde metálico aquecido (150 °C). Uma vez fechado o molde, aplica-se pressão (7 kPa) pela prensa hidráulica e o MF flui de modo uniforme por meio do molde, obtendo-se a peça final. Às vezes, no meio da operação de prensagem, injeta-se através do molde um revestimento para melhorar a qualidade da superfície da peça em MF.

O processo MF apresenta vantagens em relação aos processos de deposição manual e de *spray*, uma vez que permite uma produção mais eficiente de grandes quantidades e melhor qualidade superficial e uniformidade dos produtos. A utilização de MF é especialmente vantajosa na indústria automobilística, para a fabricação de painéis frontais e de grelhas, painéis da carroçaria e capô. Por exemplo, o capô do Chevrolet Corvette de 1984 é feito de MF. Este capô foi feito por meio de ligação adesiva do painel interno (0,20 cm) com molde revestido do painel externo (0,25 cm).

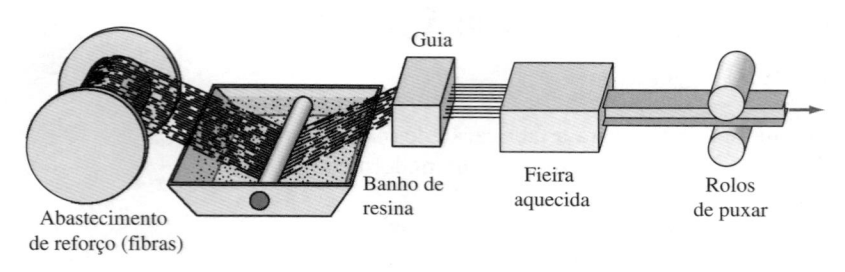

Figura 12.22
Processo de pultrusão para a fabricação de materiais compósitos de matriz plástica reforçada por fibras. As fibras impregnadas de resina são obrigadas a passar por uma fieira aquecida e, em seguida, são ligeiramente estiradas, obtendo-se um material compósito curado, com uma seção transversal constante.
(*H.G. De Young, "Plastic Composites Fight for Status," High Technol., Outubro 1983, p. 63.*)

12.5.3 Processo de pultrusão contínua

A **pultrusão** contínua é um processo que se usa para a fabricação de plásticos reforçados por fibras, com a forma de perfis de seção constante, tais como vigas, calhas, tubos cilíndricos ou com outras seções. Neste processo, usam-se fibras contínuas que passam por um banho de resina, sendo a seguir trefiladas por meio de uma fieira aquecida, a qual determina a forma que terá a seção da peça final (Figura 12.22). Com estes materiais, obtêm--se resistências mecânicas muito elevadas, devido à grande concentração de fibras e à sua orientação paralela ao comprimento das peças trefiladas.

12.6 CONCRETO

O concreto é o principal material no campo da engenharia usado em construções. Os engenheiros civis usam esse material, por exemplo, na construção de pontes, edifícios, barragens, barreiras e muros de suporte, e em pavimentos de estradas. Em 1982, produziram-se nos Estados Unidos cerca de 50×10^7 toneladas de concreto, o que é consideravelmente superior às 6×10^7 toneladas de aço que se produziram no mesmo ano. Como material de construção, o concreto oferece muitas vantagens, incluindo, por exemplo, flexibilidade na escolha das formas (uma vez que pode ser vazado), economia, durabilidade, resistência ao fogo, possibilidade de ser fabricado no local e aparência estética. Do ponto de vista da engenharia, as principais desvantagens do concreto residem na sua baixa resistência à tração, baixa ductilidade e alguma contração.

O **concreto** é um compósito cerâmico formado por uma mistura de um material granular (o **agregado**), constituído por pedras (brita) e grãos de areia, embebida em uma matriz dura obtida a partir da pasta de um cimento (o *ligante*), constituída normalmente por cimento *portland*[3] misturado com água. O concreto pode ter composições variadas, no geral contém (em volume) entre 7 e 15% de cimento *portland*, 14 a 21% de água, 0,5 a 8% de ar, 24 a 30% de agregados finos e 31 a 51% de agregados grossos. A Figura 12.23 mostra uma seção polida de uma amostra de concreto após endurecimento. No concreto, a pasta de cimento atua como uma "cola" que liga entre si as partículas do agregado neste tipo de material compósito. Vamos agora analisar algumas das características dos constituintes do concreto e examinar algumas de suas propriedades.

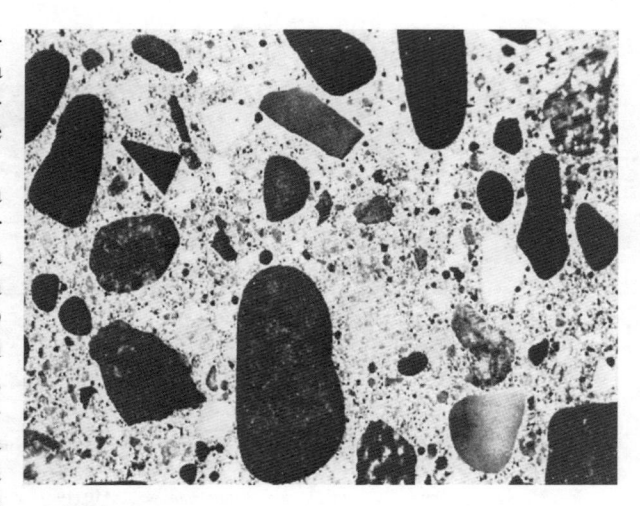

Figura 12.23
Seção de um betão após endurecimento. A mistura de cimento e água envolve completamente cada uma das partículas do agregado, preenchendo os espaços entre elas e dando origem a um compósito cerâmico.
(*"Design and Control of Concrete Mixtures", 12. ed., Portland Cement Association, 1979.*)

12.6.1 Cimento *portland*

Produção de cimento *portland* As matérias-primas básicas do cimento *portland* são a cal (CaO), a sílica (SiO_2), a alumina (Al_2O_3) e o óxido de ferro (Fe_2O_3). Estes componentes são reunidos em frações apropriadas aos vários tipos de cimento *portland*. As matérias-primas selecionadas são trituradas, moídas e pesadas, de modo a obter-se a composição desejada, e posteriormente são misturadas. A mistura é então introduzida num forno rotativo, onde é aquecida a temperaturas entre 1.400 e 1.650 °C. Por meio deste processo, a mistura é convertida quimicamente em clínquer de cimento, o qual é, em seguida, resfriado e reduzido a pó. Adiciona-se ao cimento uma pequena quantidade de gesso ($CaSO_4 \cdot 2H_2O$) a fim de se controlar o tempo de cura do concreto.

Composição química do cimento *portland* Do ponto de vista prático, considera-se o cimento *portland* como tendo quatro constituintes principais, os quais são:

Constituinte	Fórmula química	Abreviatura
Silicato tricálcico	$3CaO \cdot SiO_2$	C_3S
Silicato dicálcico	$2CaO \cdot SiO_2$	C_2S
Aluminato tricálcico	$3CaO \cdot Al_2O_3$	C_3A
Alumino ferrita tetracálcica	$4CaO \cdot Al_2O_3 \cdot Fe_2O_3$	C_4AF

Tipos de cimento *portland* São produzidos vários tipos de cimento *portland*, fazendo variar as porcentagens dos constituintes acima indicados. Em termos gerais, existem cinco tipos principais, cujas composições químicas genéricas são apresentadas na Tabela 12.5.

Tipo I é o do cimento *portland* de aplicação genérica. É usado quando o concreto não vai ser exposto a um ataque forte por sulfatos provenientes do solo ou da água, ou quando não há objeção ao aumento da temperatura resultante do calor gerado pela hidratação do cimento. O concreto com cimento do tipo I

---

[3]A designação *portland* deriva do nome da pequena península na Costa Sul da Inglaterra onde o calcário tem uma composição semelhante à do cimento com este nome.

Tabela 12.5
Composições típicas do cimento *portland*.

Tipo de cimento	Designação ASTM C150	Composições (% em peso)*			
		C_3S	C_2S	C_3A	C_4AF
Normal	I[†]	55	20	12	9
Aquecimento ligeiro na hidratação, moderada resistência aos sulfatos	II	45	30	7	12
Endurecimento rápido	III	65	10	12	8
Pequeno aquecimento por hidratação	IV	25	50	5	13
Resistente aos sulfatos	V	40	35	3	14

* As porcentagens restantes são de gesso e de compostos de pequeno teor, tais como MgO, sulfatos alcalinos etc.
[†] Esse é o mais usado de todos os tipos de cimento.
Fonte: J. F. Young, *J. Educ. Module Mater. Sci.*, 3:410 (1981). Com permissão de *Journal of Materials Education*, University Park, PA.

é usado, geralmente, em calçamentos, edifícios em concreto armado, pontes, bueiros e tanques, e em reservatórios (açudes).

O cimento *portland* do *Tipo II* é usado quando se está sujeito ao ataque por sulfatos, como, por exemplo, em estruturas de drenagem em que as concentrações de sulfatos nas águas subterrâneas são maiores do que o normal. Em climas quentes, o cimento do Tipo II é habitualmente usado em grandes estruturas, como, por exemplo, em plataformas de cais e em grandes muros de sustentação, visto que este cimento tem um aquecimento moderado durante a hidratação.

O cimento *portland* do *Tipo III* é de endurecimento rápido; apresenta elevada resistência mecânica ao fim de um período relativamente curto. É usado sempre que as formas de concreto têm de ser removidas rapidamente de uma estrutura que tem de ficar pronta em um curto espaço de tempo.

O *Tipo IV* é um cimento *portland* de baixo calor de hidratação, que se usa sempre que se tem de minimizar a velocidade de aquecimento e a temperatura. O cimento do Tipo IV é usado em estruturas de concreto muito espessas, como, por exemplo, em grandes barragens, nas quais o calor gerado durante a cura presa do cimento constitui um fator crítico.

O *Tipo V* é um cimento resistente aos sulfatos, usado quando o concreto está exposto a um forte ataque por sulfatos, como, por exemplo, em concreto em contacto com solos e águas subterrâneas que contêm um teor elevado em sulfatos.

Endurecimento do cimento *portland* O cimento *portland* endurece devido a reações com a água, denominadas **reações de hidratação**. Estas reações são complexas e não foram completamente elucidadas. O silicato tricálcico (C_3S) e o silicato dicálcico (C_2S) constituem cerca de 75% do peso do cimento *portland*; quando estes compostos reagem com a água durante o endurecimento do cimento, o principal produto da hidratação é o *silicato tricálcico hidratado*. Este material aparece como partículas extremamente pequenas (inferiores a 1 μm) e constitui um *gel* coloidal. Na hidratação do C_3S e do C_2S se forma também hidróxido de cálcio, que é um material cristalino. As reações são:

$$2C_3S + 6H_2O \rightarrow C_3S_2 \cdot 3H_2O + 3Ca(OH)_2$$
$$2C_2S + 4H_2O \rightarrow C_3S_2 \cdot 3H_2O + Ca(OH)_2$$

O silicato tricálcico (C_3S) endurece rapidamente e é o principal responsável pelo primeiro aumento da resistência mecânica do cimento *portland* (Figura 12.24). A maior parte da hidratação do C_3S realiza-se em cerca de 2 dias, pelo que os cimentos *portland* de endurecimento rápido contêm sempre elevadas quantidades de C_3S.

O silicato dicálcico (C_2S) tem uma reação de hidratação lenta e passa a ser o principal responsável pelo aumento da resistência mecânica ao fim de 1 semana (Figura 12.24). O aluminato tricálcico (C_3A) hidrata-se rapidamente, com uma grande velocidade de liberação de calor. O C_3A contribui ligeiramente para o primeiro aumento da resistência mecânica do cimento (Figura 12.24), sendo sempre mantido em porcentagem baixa nos cimentos resistentes aos sulfatos (tipo V). A alumino ferrita tetracálcica é adicionada para reduzir a temperatura de formação do clínquer durante o processo de obtenção do cimento.

A resistência e a durabilidade de um concreto dependem do grau em que ocorrem as reações de hidratação. Após a colocação de um concreto fresco, a hidratação se realiza de modo relativamente rápido durante os primeiros dias. É importante que a água fique retida no concreto durante o primeiro espaço tempo de endurecimento, pelo que se deve evitar reduzir a sua evaporação.

A Figura 12.25 mostra como a resistência à compressão de concretos, fabricados com diferentes tipos ASTM de cimento, aumenta em função do tempo. A maior parte da resistência à compressão dos concretos é atingida ao fim de aproximadamente 28 dias, mas o aumento da resistência pode continuar durante anos.

12.6.2 Água de mistura para o concreto

A generalidade das águas naturais potáveis pode ser usada como água de mistura para a fabricação de concreto. Alguns tipos de águas não potáveis podem também ser utilizados na fabricação de cimento, mas, se o seu teor em impurezas atingir determinados níveis, devem ser submetidos a testes, a fim de se determinar o seu efeito sobre a resistência mecânica do concreto.

12.6.3 Agregados para o concreto

Os agregados constituem normalmente cerca de 60 a 80% do volume do concreto e afetam muitíssimo as suas propriedades. As partículas dos agregados são geralmente classificadas em finas e grossas. As partículas finas consistem em grãos de areia com uma granulometria inferior a 6 mm, enquanto as partículas grossas são as que ficam retidas em uma peneira nº 16 (abertura de 1,18 mm). Assim, existe alguma sobreposição entre os intervalos de tamanho das partículas finas e grossas. As partículas grossas são geralmente pedaços de rochas (pedras), enquanto as partículas finas são normalmente fragmentos de minerais (areia).

12.6.4 Aprisionamento de ar

Fabricam-se **concretos de ar aprisionado**, tanto com o objetivo de melhorar a resistência do concreto à formação de gelo e posterior degelo, como também para melhorar a manipulação de alguns concretos. A alguns tipos de cimento *portland* adicionam-se agentes que favoreçam o aprisionamento do ar, e esses cimentos são classificados com a letra A seguida do número que indica o tipo de cimento, como, por exemplo, Tipo IA e Tipo IIA. Os aditivos que favorecem o aprisionamento do ar contêm agentes tensoativos, que fazem baixar a tensão superficial da interface ar-água, de modo a formarem-se bolhas de ar extremamente pequenas (90% delas são inferiores a 100 μm) (Figura 12.26). Para que a proteção contra o congelamento seja satisfatória, os concretos de ar aprisionado devem conter entre 4 e 8% em volume de ar.

Figura 12.24
Resistência à compressão de pastas dos constituintes puros do cimento, em função do tempo de endurecimento. $C\bar{S}H_2$ é a abreviatura da fórmula do $CaSO_4 \cdot 2H_2O$.
(J.F. Young, J. Educ. Module Mater. Sci., 3:420 (1981). Com permissão de Journal of Materials Education.)

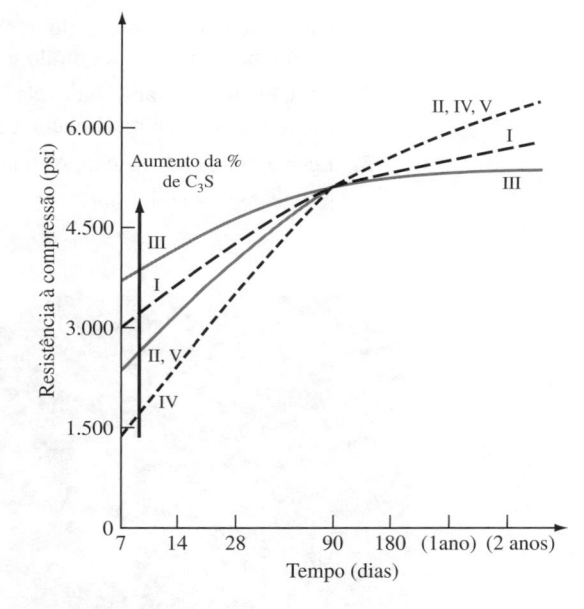

Figura 12.25
Resistências à compressão de concretos fabricados com diferentes tipos ASTM de cimento *portland*, em função do tempo.
(J.F. Young, J. Educ. Module Mater. Sci., 3:420 (1981). Com permissão de Journal of Materials Education.)

12.6.5 Resistência à compressão do concreto

O concreto, que é fundamentalmente um compósito cerâmico, apresenta resistência à compressão muito superior à resistência à tração. Por isso, nos projetos de engenharia, o concreto é solicitado fundamentalmente em compressão. A capacidade do concreto para suportar esforços de tração pode ser aumentada com o reforço de vergalhões de aço. Este assunto será abordado mais adiante.

Conforme se mostra na Figura 12.25, a resistência mecânica do concreto varia ao longo do tempo, uma vez que a sua resistência se desenvolve por meio das reações de hidratação, as quais levam tempo a completar-se. A resistência à compressão do concreto depende também muito da relação água/cimento, verificando-se que, com maiores valores dessa relação, obtêm-se concretos com menor resistência (Figura 12.27). Contudo, há um limite mínimo para a relação água/cimento, uma vez que, com pouca água, torna-se mais difícil trabalhar o concreto e fazer com que ele preencha totalmente os moldes ou cofragens. Com o ar aprisionado, o concreto é mais fácil de se trabalhar, pelo que se pode usar uma relação água/cimento mais baixa.

Os corpos de prova de ensaio para determinação da resistência à compressão dos concretos são normalmente cilindros com 150 mm de diâmetro e 300 mm de altura. No entanto, podem-se extrair outros tipos de corpos de prova (cilíndricos ou com outra forma) de estruturas de concreto já existentes.

12.6.6 Dosagem das misturas de concreto

A preparação das misturas para obtenção de concreto deve levar em consideração os seguintes fatores:

1. **Facilidade de utilização do concreto.** O concreto deverá ter suficiente fluidez para poder ser vazado e compactado, de modo a adquirir a forma do molde ou cofragem;
2. **Resistência e durabilidade.** Na maioria das aplicações, o concreto tem de satisfazer determinadas especificações de resistência e durabilidade;
3. **Economia na fabricação.** Na maior parte das aplicações, o custo é um fator importante e, por isso, tem de ser considerado.

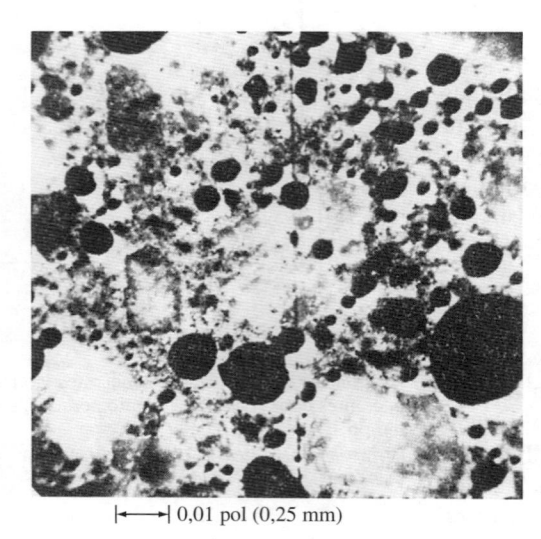

Figura 12.26
Seção polida de um concreto com ar aprisionado observada por microscopia ótica. A maior parte das bolhas de ar nesta amostra tem diâmetros com cerca de 0,1 mm.
(*"Design and Control of Concrete Mixtures", 12. ed., Portland Cement Association, 1979.*)

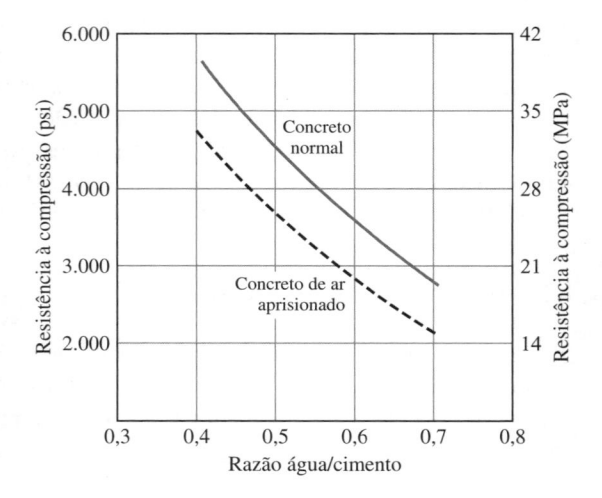

Figura 12.27
Efeito da relação em peso água/cimento sobre a resistência à compressão de um concreto normal e de um concreto de ar aprisionado.
(*"Design and Control of Concrete Mixtures", 14. ed., Portland Cement Association, 2002, p. 151.*)

Desde o método volumétrico de 1:2:4 para as razões entre cimento, inertes finos e inertes grossos, que se usava no início do século, tem-se assistido a uma evolução dos métodos de preparação das misturas para concreto. Hoje em dia existem métodos, quer ponderais, quer volumétricos, para dosagem de misturas, estabelecidos por órgãos especializados, como, por exemplo, o Instituto Americano de Concreto (American Concrete Institute). O Exemplo 12.4 descreve um método para a determinação das quantidades necessárias de cimento, inertes finos e inertes grossos, e de água, a fim de se obter um determinado volume de concreto, a partir das frações ponderais dos vários componentes, as respectivas densidades e o volume de água necessário por unidade de peso de cimento.

A Figura 12.28 apresenta a gama de dosagens dos materiais usados no concreto, pelo método do volume absoluto, quer em misturas para concreto normal, quer em misturas para concreto de ar aprisionado. O concreto normal tem entre 7 e 15% (em volume) de cimento, entre 25 e 30% de inertes finos, entre 31 e 51% de inertes grossos e entre 16 e 21% de água. A porcentagem em volume de ar varia entre 0,5 e 3%, enquanto que no concreto de ar aprisionado varia entre 4 e 8%. Como se disse anteriormente, a relação água/cimento é um fator determinante da resistência à compressão do concreto. Relações água/cimento superiores a aproximadamente 0,4 fazem diminuir de modo significativo a resistência à compressão do concreto (Figura 12.27).

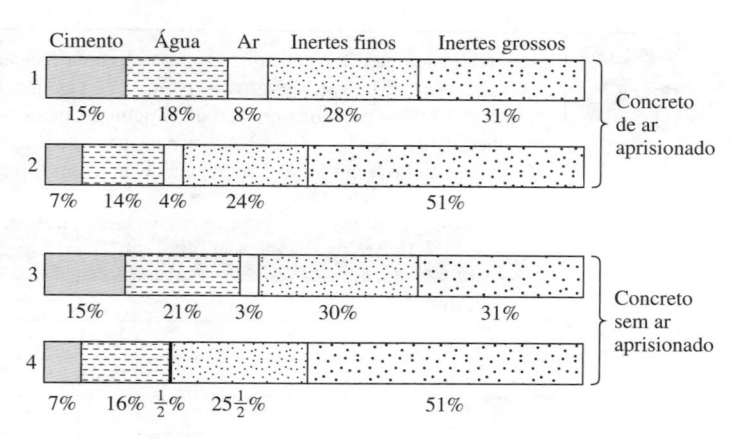

Figura 12.28
Intervalos de dosagem, em porcentagem do volume absoluto, dos componentes do concreto. As misturas 1 e 3 têm maiores porcentagens de água e de inertes finos; as misturas 2 e 4 têm menores porcentagens de água e maiores porcentagens de inertes grossos.
(*"Design and Control of Concrete Mixtures", 14. ed., Portland Cement Association, 2002, p. 1.*)

12.6.7 Concreto armado e concreto protendido

Uma vez que a resistência à tração do concreto é cerca de dez a quinze vezes inferior à sua resistência à compressão, o concreto é maciçamente utilizado nesse processo nos projetos de engenharia. No entanto, quando uma peça está sendo submetida a forças de tração, como, por exemplo, no caso de uma viga, o concreto é normalmente vazado de modo a conter no seu interior vergalhões de aço como reforço, conforme mostra a Figura 12.29. Neste concreto reforçado, os esforços de tração são transferidos do concreto para os vergalhões de aço, graças à aderência entre o aço e o concreto. O concreto reforçado por aço, na forma de vergalhões, redes ou outras armaduras criteriosamente colocadas, recebe a denominação de **concreto armado**.

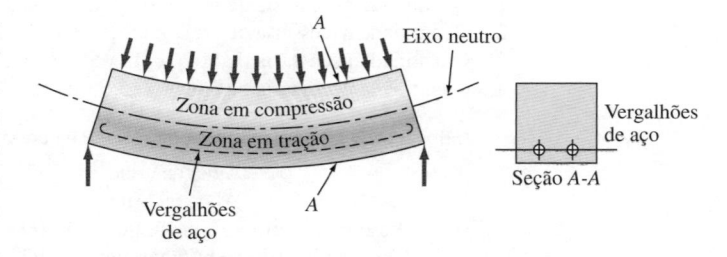

Figura 12.29
Efeito exagerado de um carregamento muito intenso sobre uma viga de concreto armado. Os vergalhões de aço estão colocados na zona em tração, a fim de absorverem as tensões.
(*Wynne, George B., "Reinforced Concrete", 1. ed., © 1981. Com permissão de Pearson Education, Inc. Upper Saddle River, NJ.*)

12.6.8 Concreto protendido

A resistência à tração do concreto armado pode ser ainda melhorada por introdução de tensões compressivas no concreto, por meio de pré ou pós-tensionamento, usando cabos ou vergalhões de aço. Estes estão sujeitos à tração. A vantagem do concreto protendido deriva do fato de que as tensões compressivas introduzidas pelos cabos ou vergalhões de aço têm de ser ultrapassadas para que o concreto fique sujeito a tensões de tração.

EXEMPLO 12.4

Pretende-se obter 2 m³ de concreto, usando uma relação de 1:1,8:2,8 (em peso), entre o cimento, a areia (inertes finos) e a brita (inertes grossos). Quais são as quantidades necessárias dos vários constituintes no caso de se usar 25 litros de água por saco de cimento? Considere que os teores de umidade livre da areia e da brita são, respectivamente, 5 e 0,5%. Dê as respostas para as seguintes unidades: a quantidade de cimento em sacos, a de areia e a de brita em quilogramas, e a de água em litros. Use os dados indicados a seguir:

Constituinte	Densidade	Superfície saturada – densidade a seco (lb/ft³)*
Cimento	3,14	$3,15 \times 62,4$ lb/ft³ = 197
Areia	2,65	$2,65 \times 62,4$ lb/ft³ = 165
Brita	2,65	$2,65 \times 62,4$ lb/ft³ = 165
Água	1,00	$1,00 \times 62,4$ lb/ft³ = 62,4

* Superfície saturada – densidade a seco em lb/ft³ = densidade $\times$ peso de 1 ft³ de água = densidade $\times$ 62,4 lb/ft³. Um saco de cimento pesa 50 kg.

Em primeiro lugar, iremos calcular o volume absoluto dos vários constituintes do concreto por saco de cimento. A seguir, calcularemos o peso de areia e o peso de brita quando secas, fazendo depois a correção, atendendo aos teores de umidade da areia e da brita.

Constituinte	Relação em peso	Peso	Volume absoluto por saco de cimento
Cimento	1	1×50 kg = 50 kg	50 kg/3,15 g/cm³ = 15.873 cm³
Areia	1,8	$1,8 \times 50$ kg = 90 kg	90 kg/2,65 g/cm³ = 33.962 cm³
Brita	2,8	$2,8 \times 50$ kg = 140 kg	140 kg/2,65 g/cm³ = 52.830 cm³
Água	(25 litros)		25.000 cm³
		Volume absoluto total por saco de cimento	127.665 cm³

Assim, considerando a areia e a brita secas, obtém-se 0,1277 m³ de concreto por saco de cimento. Nesta base, para se obterem 2 m³ de concreto, são necessárias as seguintes quantidades:

1. Quantidade necessária de cimento = 2 m³/(0,1277 m³/saco de cimento) = 15,66 sacos
2. Quantidade necessária de areia = (15,66 sacos) (50 kg/saco) (1,8) = 1.409 kg
3. Quantidade necessária de brita = (15,66 sacos) (50 kg/saco) (2,8) = 2.192 kg
4. Quantidade necessária de água = (15,66 sacos) (25 l/saco) = 391,5 litros

Fazendo a correção para a umidade presente na areia e na brita,

Água na areia = (1.409 kg)(0,05) = 70,5 kg de água
Água na brita = (2.192 kg)(0,005) = 11 kg de água
Peso necessário de areia úmida = 1.409 kg + 70,5 kg = 1.479,5 kg
Peso necessário de brita úmida = 2.192 kg + 11 kg = 2.203 kg

A quantidade de água necessária será igual à quantidade que foi calculada, considerando a areia e a brita secas, menos a quantidade de água presente nestes dois constituintes. Assim,

Total de litros de água na areia e na brita = (70,5 kg + 11 kg)/(1 kg/l) = 81,5 litros

Portanto, a água necessária, considerando a areia e a brita, ou seja, a umidade de ambas, será:

391,5 litros – 81,5 litros = 310 litros ◄

Concreto protendido por pré-tensionamento Nos Estados Unidos, a maior parte do concreto protendido é obtida por pré-tensionamento. Neste método, usam-se geralmente cabos multiaxiais, que são esticados entre um ponto de ancoragem e um suporte ajustável que funciona como um macaco para aplicação da tração (Figura 12.30a). O concreto é vazado sobre os cabos quando estes já estão tracionados. Quando o concreto atinge a resistência necessária, a força de tração aplicada aos cabos é retirada.

Os cabos de aço procuram recuperar elasticamente o seu comprimento inicial, mas não o podem fazer, uma vez que estão aderentes ao concreto. Deste modo, são introduzidas tensões compressivas no concreto.

Concreto protendido por pós-tensionamento Neste processo, os cabos de aço estão geralmente no interior de tubagens colocadas no molde ou cofragem (por exemplo, de uma viga) antes do concreto ser vazado (Figura 12.30b). Podem também ser utilizados feixes de arames paralelos ou vergalhões maciços de aço, colocados no interior das tubagens. O concreto é depois vazado e, quando apresenta uma resistência suficiente, cada um dos cabos é preso em uma das extremidades, enquanto que na outra se aplica uma tração por meio de um macaco. Quando a força exercida por essa ferramenta for suficientemente alta, o macaco é substituído por uma fixação que mantém a força de tração no cabo. No espaço entre o cabo e a tubagem, injecta-se, então, normalmente, uma calda de cimento por meio de uma das extremidades da tubagem. No caso de uma viga de concreto, a calda de cimento, uma vez endurecida, bloqueia em definitivo cada um dos cabos e faz aumentar a capacidade de resistência à flexão da viga.

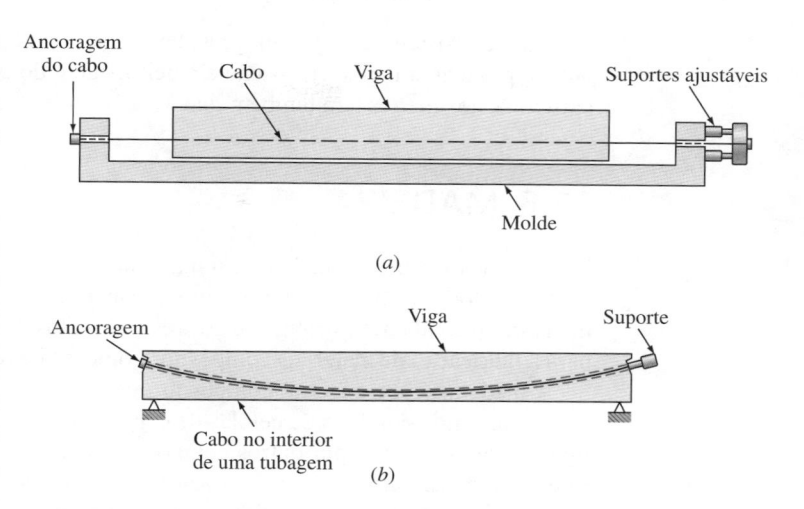

Figura 12.30
Representação esquemática mostrando a montagem para obtenção de (a) uma viga de concreto pré-tensionado e (b) uma viga de concreto pós-tensionado.
(A.H. Nilson, "Design of Prestressed Concrete", Wiley, 1978, pp. 14 e 17. Reproduzido com permissão de John Wiley & Sons, Inc.)

12.7 ASFALTO E MISTURAS ASFÁLTICAS

O **asfalto** é um *betume,* constituído, basicamente, por um hidrocarboneto com algum oxigênio, enxofre e algumas impurezas, e que apresenta as características mecânicas de um material polimérico termoplástico. A maior parte do asfalto é obtida a partir da refinação do petróleo, mas existem também outros asfaltos que são obtidos diretamente a partir de rochas contendo asfalto (pedra de asfalto) e de depósitos sedimentares superficiais (asfalto dos lagos). O teor de asfalto nos petróleos não refinados (ou crus) varia normalmente entre cerca de 10 e 60%. Nos Estados Unidos, cerca de 75% do consumo de asfalto é para pavimentos de estradas, enquanto que o restante é usado principalmente para impermeabilização de telhados e em obras de construção civil.

Quimicamente, os asfaltos contêm entre 80 e 85% de carbono, 9 a 10% de hidrogênio, 2 a 8% de oxigênio, 0,5 a 7% de enxofre, e pequenas quantidades de nitrogênio, bem como vestígios de metais. Os constituintes dos asfaltos são complexos e podem variam muito. Vão desde polímeros de baixo peso molecular até polímeros de elevado peso molecular, e produtos de condensação constituídos por cadeias de hidrocarbonetos, estruturas em anel e estruturas de anéis condensados.

O asfalto é usado principalmente como um ligante betuminoso que serve de aglomerante de agregados de modo a obter-se uma **mistura asfáltica**, que é usada predominantemente para pavimentação de estradas. Nos Estados Unidos, o Instituto do Asfalto estabeleceu oito tipos de mistura para pavimentação com base na porcentagem de partículas que passam por meio de uma peneira nº 8[4]. Por exemplo, uma mistura asfáltica do tipo IV para pavimentação de estradas tem uma composição de 3,0 a 7,0% de asfalto e os inertes para esta mistura contém uma porcentagem entre 35 e 50% de partículas que passam por meio de uma peneira nº 8.

As misturas asfálticas mais estáveis são as que se obtém com partículas angulosas densamente compactadas e com a quantidade de asfalto apenas suficiente para envolver as partículas. Se a porcentagem de asfalto for demasiado elevada pode, em dias de clima quente, concentrar-se na superfície da estrada

---

[4] Uma peneira nº 8 tem uma abertura nominal de 2,36 mm.

e reduzir a resistência às derrapagens. Partículas angulosas, difíceis de polir e que "engatam" umas nas outras, produzem melhor resistência à derrapagem do que as partículas macias, facilmente polidas. As partículas dos inertes têm também que estar bem ligadas ao asfalto, a fim de evitar a sua separação.

12.8 MADEIRA

Nos Estados Unidos, a madeira é o material de construção mais usado, com uma produção anual que ultrapassa todos os outros materiais de engenharia, incluindo o concreto e o aço (Figura 1.14). Além de a madeira ser usada nas estruturas e nos revestimentos de casas, edifícios, pontes etc., é também utilizada para a fabricação de materiais compósitos como, por exemplo, aglomerados, painéis reforçados e papel.

A madeira é um material compósito que ocorre na natureza e que é formado, fundamentalmente, por um arranjo complexo de células de celulose reforçadas por uma substância polimérica denominada **lignina** (ou lenhina) e por outros compostos orgânicos. Ao abordarmos a madeira nesta seção, iremos estudar, em primeiro lugar, a macroestrutura da madeira e, posteriormente, analisaremos de modo sucinto a microestrutura de madeiras macias (ou moles) e de madeiras rijas (ou duras). Por fim, faremos a correlação entre algumas das propriedades das madeiras e a sua estrutura.

12.8.1 Macroestrutura da madeira

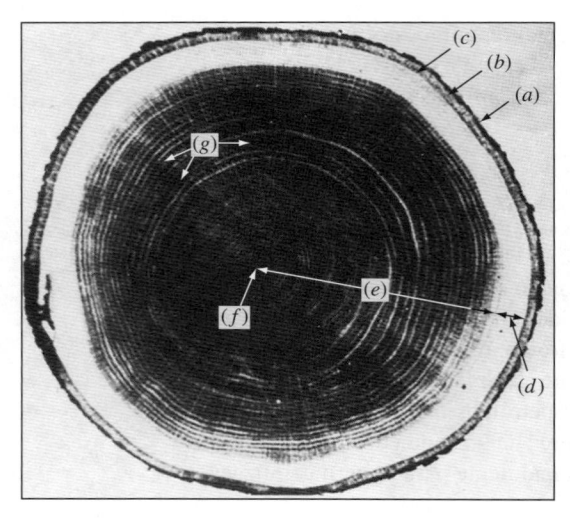

Figura 12.31
Corte transversal de uma árvore. (*a*): casca exterior; (*b*): casca interior; (*c*): câmbio; (*d*): lenho ativo; (*e*): lenho inativo; (*f*): medula; (*g*): raios do lenho.
(*"U.S. Department of Agriculture Handbook" n° 72, revisto em 1974, p. 2-2.*)

A madeira é um produto natural com uma estrutura complexa e, por isso, não podemos esperar que com elas se possa obter um produto homogêneo, como é, por exemplo, uma barra de aço ligado, ou uma peça de um termoplástico moldado por injeção. Como sabemos, a resistência mecânica da madeira é altamente anisotrópica, sendo a sua resistência à tração muito maior segundo a direção paralela ao tronco da árvore.

Camadas na seção transversal de uma árvore Examinando um corte transversal feito em uma árvore, como o da Figura 12.31, podemos identificar as regiões importantes da estrutura em camadas, indicadas pelas letras de *a* a *f*. A seguir, indica-se o nome e a função de cada uma destas regiões.

1. *Casca exterior* (ou *ritidoma*), formada por tecido morto e seco, protege a árvore do meio exterior;
2. *Casca interior* (ou *feloderme*), úmida e macia, transporta os alimentos desde as folhas até todas as partes em crescimento na árvore;
3. *Câmbio*, camada de tecido entre a casca e o lenho, responsável pela formação quer das células do lenho, quer das células da casca;
4. *Lenho ativo* (ou *alburno*), zona do lenho com cor mais clara, constituída pelas camadas mais exteriores. O lenho ativo contém algumas células vivas, que armazenam alimentos e que transportam a seiva desde as raízes até as folhas da árvore;
5. *Lenho inativo* (ou *cerne*), região interior mais antiga do tronco da árvore, formada por células mortas; as camadas do cerne são geralmente mais escuras do que as do lenho ativo e conferem resistência à árvore;
6. *Medula*, tecido macio no centro do tronco da árvore, em volta do qual se realiza seu primeiro crescimento.

Na Figura 12.31, também indicam-se os raios lenhosos que ligam as camadas do tronco, desde a medula até a casca, e que armazenam e transportam os alimentos.

Madeiras macias e madeiras rijas As árvores são classificadas em dois grandes grupos denominados: **lenho macio** (gimnospérmicas) e **lenho rijo** (angiospérmicas). A base botânica para a sua classificação é a seguinte: se a semente da árvore estiver exposta, a árvore tem um lenho do tipo macio; e se a semente estiver coberta, a árvore tem um lenho do tipo rijo. Embora existam algumas exceções, em linhas gerais uma árvore de lenho macio mantém as suas folhas; uma árvore de lenho rijo perde as suas folhas anualmente. As árvores de lenho macio têm folhas *persistentes* e, por isso, estão sempre verdes, enquanto que as árvores de lenho rijo têm folhas *caducas*. Em geral, as madeiras de árvores gimnospérmicas são, de fato, fisicamente macias e a maioria das madeiras de árvores angiospérmicas são, de fato, fisicamente rijas (duras), mas, como se disse, existem exceções. No que diz respeito às árvores típicas dos Estados Unidos, os vários tipos de abetos, o pinheiro e o cedro constituem exemplos de árvores de lenho macio, enquanto que o carvalho, o ulmeiro (ou olmo), o ácer, a bétula (ou vidoeiro) e a cerejeira são exemplos de árvores de lenho rijo.

Anéis de crescimento anual Cada ano, durante as estações de crescimento (geralmente na primavera e no outono), forma-se uma nova camada de lenho no tronco da árvore. Estas camadas são denominadas *anéis de crescimento anual* e são especialmente visíveis nos cortes transversais das árvores de lenho macio (Figura 12.32). Cada anel tem dois subanéis: o *lenho de primavera* (ou *lenho inicial*) e o *lenho tardio* (ou *de outono*). Nas madeiras de lenho macio, o lenho de primavera tem uma cor mais clara e o tamanho das células é maior.

Eixos de simetria da madeira É importante saber relacionar a microestrutura da madeira às direções no tronco da árvore. Para esse efeito, escolheu-se o conjunto de eixos (ou direções) que está representado na Figura 12.33. Ao eixo paralelo ao tronco da árvore dá-se o nome de *eixo longitudinal* (L) (ou axial), enquanto que o eixo perpendicular aos anéis de crescimento anual é designado por *eixo radial* (R). O terceiro eixo, o *eixo tangencial* (T), é paralelo aos anéis de crescimento anual e perpendicular aos outros dois eixos.

12.8.2 Microestruturas de madeiras macias

A Figura 12.34 mostra a microestrutura de um pequeno bloco de madeira macia com 75× de ampliação, pode-se observar três anéis completos de crescimento anual. Nesta micrografia, é facilmente visível o maior tamanho das células do lenho da primavera. A madeira de tipo macio é formada fundamentalmente por células tubulares, longas e de parede fina, denominadas **traqueídes**, as quais podem ser observadas na Figura 12.34. O grande espaço aberto no centro das células designa-se por **lúmen** e é usado para a condução da água. O comprimento de um traqueíde longitudinal é de cerca de 3 a 5 mm e o seu diâmetro é de cerca de 20 a 80 μm. Pequenos orifícios ou picadas nas extremidades das células permitem ao líquido passar de uma célula para outra. Os traqueídes longitudinais constituem cerca de 90% do volume da madeira de tipo macio. As células do lenho de primavera têm um diâmetro relativamente grande, paredes finas e um lúmen de grandes dimensões. As células do lenho tardio têm um diâmetro menor e paredes espessas, com um lúmen menor do que o das células do lenho de primavera.

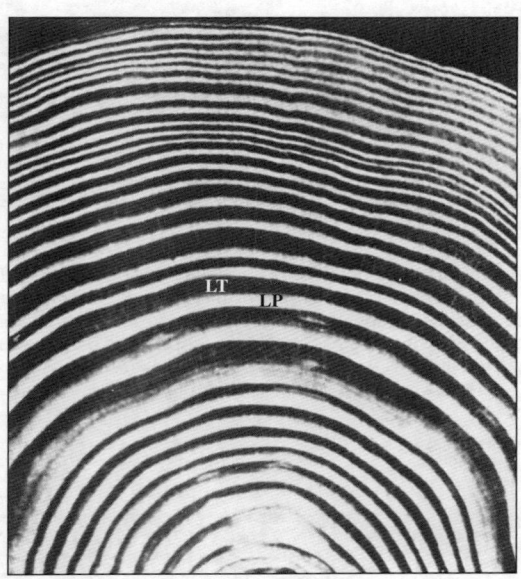

Figura 12.32
Anéis de crescimento anual em uma árvore de lenho macio. Em cada anel anual, o lenho de primavera (LP) apresenta uma cor mais clara do que o lenho tardio (LT).

(R.J. Thomas, J. Educ. Module Mater. Sci., 2:56(1980). Com autorização de Journal of Materials Education, University Park, Pa., EUA.)

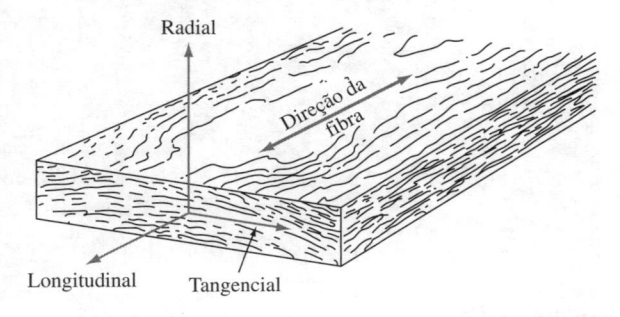

Figura 12.33
Eixos na madeira. O eixo longitudinal (ou axial) é paralelo ao grão, o eixo tangencial é paralelo aos anéis de crescimento anual e o eixo radial é perpendicular aos anéis de crescimento anual.

("U.S. Department of Agriculture Handbook N° 72", revisto em 1974, p. 4-2.)

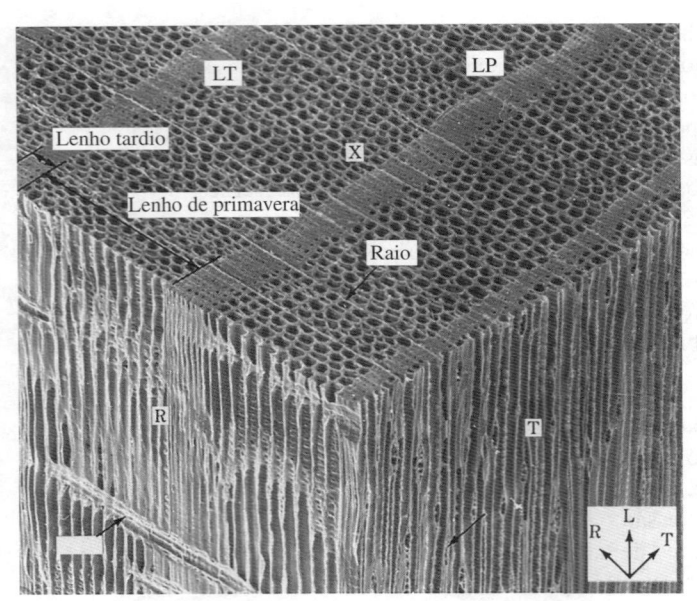

Figura 12.34
Fotomicrografia obtida por microscopia eletrônica de varredura das seções de um bloco de madeira macia (pinheiro-do-norte). Observam-se três anéis de crescimento anual. As células são maiores no lenho de primavera (LP) do que no lenho tardio (LT). Os raios dispõem-se perpendicularmente à direção longitudinal e segundo a direção radial. (Ampliação 75×.)
(Cortesia de N C. Brown Center for Ultrastructure Studies, SUNY College of Environmental Science and Forestry.)

Os **raios da madeira** que se dispõem, segundo a direção transversal, do centro da árvore até a casca, são constituídos por um agregado de pequenas células de **parênquima** com a forma de tijolos. As células de parênquima, usadas para armazenar alimentos, estão ligadas entre si, ao longo dos raios da madeira, por meio de pequenos orifícios.

12.8.3 Microestrutura de madeiras rijas

Contrariamente às madeiras macias, as madeiras rijas possuem **vasos** de grande diâmetro para a condução dos fluidos. Os vasos são estruturas de parede fina, constituídas por elementos individuais, e formam-se segundo a direção longitudinal do tronco da árvore.

A madeira rija pode ser classificada como *de porosidade em anel* ou *de porosidade difusa*, dependendo de como os vasos estão dispostos nos anéis de crescimento. Em uma madeira rija de porosidade em anel, os vasos que se formam no lenho de primavera são maiores do que os que se formam no lenho tardio (Figura 12.35). Já em uma madeira rija de porosidade difusa, os diâmetros dos vasos são praticamente iguais ao longo de todo o anel de crescimento (Figura 12.36).

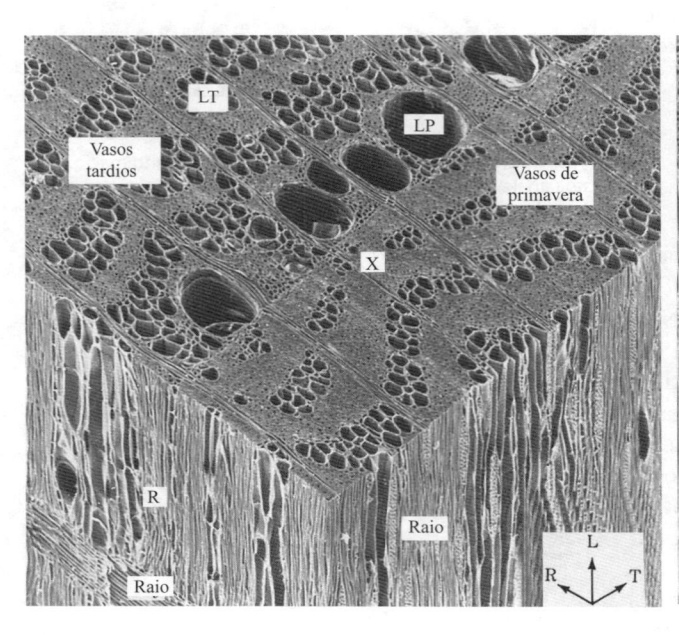

Figura 12.35
Fotomicrografia obtida por microscopia de um bloco de madeira rija e seus anéis de porosidade, mostrando a mudança abrupta de diâmetro dos vasos de primavera e dos vasos tardios, como observados em um corte na superfície.
(Cortesia de N. C. Brown Center for Ultrastructure Studies, SUNY College of Environmental Science and Forestry.)

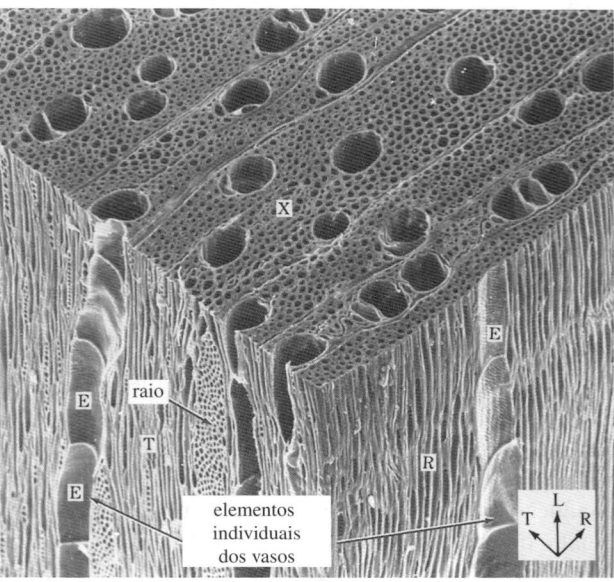

Figura 12.36
Fotomicrografia obtida por microscopia eletrônica de varredura de um bloco de madeira rija de porosidade difusa (*Acer sacarino*), mostrando os diâmetros bastante uniformes dos vasos nos anéis de crescimento. A formação dos vasos a partir de elementos individuais é facilmente visível. (Ampliação 100×.)
(Cortesia de N. C. Brown Center for Ultrastructure Studies, SUNY College of Environmental Science and Forestry.)

As células longitudinais responsáveis pela sustentação do tronco das árvores de madeira rija são as fibras. Nas árvores de madeira rija, essas fibras são células alongadas com extremidades aguçadas e com paredes geralmente espessas. O comprimento das fibras varia entre 0,7 e 3 mm e, em média, o seu diâmetro é inferior a cerca de 20 μm. Nas madeiras rijas, o volume de lenho constituído por fibras varia muito. Por exemplo, o volume de fibras em uma *sweetgum*[5] da América do Norte é 26%, enquanto que em uma nogueira são 67%.

Nas madeiras rijas, as células de armazenagem de alimentos são as dos raios (transversais), e as células **parenquimatosas** longitudinais, as que têm a forma de tijolos ou caixas. Os raios das madeiras rijas são normalmente muito maiores do que os das madeiras macias, possuindo muitas células ao longo da sua espessura.

12.8.4 Estrutura da parede celular

Vamos agora examinar a estrutura de uma célula do lenho com grande ampliação, como se mostra na Figura 12.37. A primeira parede da célula que se forma, quando ocorre a divisão da célula durante o período de crescimento, denomina-se *parede primária*. Durante o seu crescimento, a parede primária alarga-se segundo a direção transversal e longitudinal; após atingir o seu tamanho máximo, forma-se então a *parede secundária* em camadas concêntricas, que crescem para o centro da célula (Figura 12.37).

Os principais constituintes das células de lenho são a *celulose*, a *hemicelulose*, e a *lenhina*. As moléculas de celulose cristalina constituem entre 45 e 50% do material sólido do lenho. A celulose é um polímero linear formado por unidades de glicose (Figura 12.38) com um grau de polimerização que varia entre 5.000 e 10.000. As ligações covalentes, no interior e entre as unidades de glicose, dão origem a uma molécula muito organizada e rígida, com grande resistência à tração. As ligações laterais entre as moléculas de celulose se efetuam por meio de ligações de hidrogênio e dipolares permanentes. As hemiceluloses constituem entre 20 e 25% do peso do material sólido do lenho, e são moléculas amorfas ramificadas, contendo vários tipos de unidades de açúcar. As moléculas de hemicelulose têm um grau de polimerização entre 150 e 200. O terceiro constituinte principal das células do lenho é a lenhina, a qual constitui cerca de 20 a 25% em peso do material sólido. As lenhinas são materiais poliméricos muito complexos, com ligações cruzadas de tipo tridimensional, formadas a partir de unidades fenólicas.

A parede celular é formada principalmente por **microfibrilas** ligadas entre si por um "cimento" de lenhina. Acredita-se que as microfibrilas são formadas por um núcleo cristalino de celulose, rodeado por uma região amorfa de hemicelulose e lenhina. A disposição e a orientação das microfibrilas variam nas diferentes camadas da parede celular, conforme indicado na Figura 12.37. As lenhinas fornecem rigidez às paredes celulares e permitem que estas

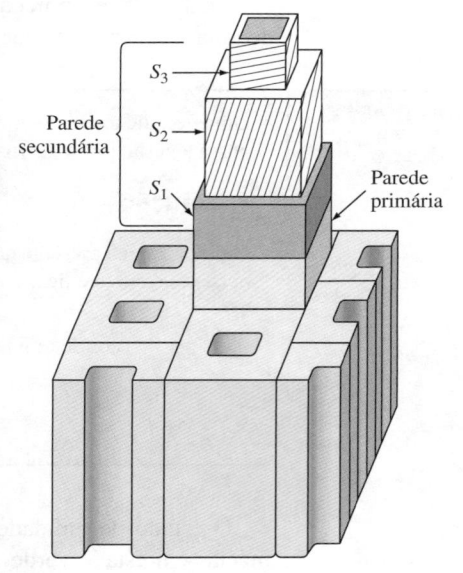

Figura 12.37
Desenho esquemático de uma célula do lenho, no interior de uma estrutura de várias células, decomposta nos seus elementos, mostrando a relação entre as espessuras das paredes primária e secundária. Os traços nas paredes primárias e secundárias indicam as orientações das microfibrilas.
(R.J. Thomas, J. Educ. Module Mater. Sci., 2:85(1980). Com autorização de Journal of Materials Education.)

Figura 12.38
Estrutura de uma molécula de celulose.
(J.D. Wellons, "Adhesive Bonding of Woods and Other Structural Materials", University Park, Pa., Materials Education Council, 1983. Reproduzido com permissão.)

---

[5]N. de T.: Árvore da América do Norte *(Liquidambar styraciflua)* cuja madeira é usada para a fabricação de móveis.

possam resistir a forças de compressão. Além dos materiais sólidos, as células do lenho podem absorver água até cerca de 30% do seu peso.

12.8.5 Propriedades das madeiras

Teor de umidade As madeiras, a não ser que sejam secas em estufa até ficarem com um peso constante, contêm sempre alguma umidade. A água nas madeiras pode estar, ou adsorvida nas paredes das fibras das células, ou no lúmen como água não ligada. Por convenção, a porcentagem de água nas madeiras é definida pela seguinte equação:

$$\text{Teor de umidade da madeira (\% em peso)} = \frac{\text{peso de água da amostra}}{\text{peso da amostra seca}} \times 100\% \qquad (12.18)$$

Uma vez que a porcentagem de água é calculada em relação a uma amostra seca, o teor de umidade de uma madeira pode por vezes exceder 200%.

EXEMPLO 12.5

Uma peça de madeira úmida pesa 165,3 g e, após ter sido seca em uma estufa até ficar com um peso constante, passa a pesar 147,5 g. Qual é o seu teor de umidade?

■ **Solução**

O peso da água presente na amostra de madeira é igual ao peso da amostra da madeira úmida, menos o seu peso após secagem, até ficar com peso constante. Assim,

$$\text{Teor de umidade (\%)} = \frac{\text{peso da madeira úmida} - \text{peso da madeira seca}}{\text{peso da madeira seca}} \times 100\% \qquad (12.18)$$

$$= \frac{165,3 \text{ g} - 147,5 \text{ g}}{147,5 \text{ g}} \times 100\% = 12,1\% \blacktriangleleft$$

O estado de umidade da madeira de uma árvore viva denomina-se *estado verde*. Nas madeiras macias em estado verde, o teor médio de umidade do lenho ativo é de cerca de 150%, enquanto que no lenho inativo é de cerca de 60%. Nas madeiras rijas em estado verde, a diferença entre os teores de umidade do lenho ativo e do lenho inativo é geralmente muito menor, possuindo ambos em média cerca de 80% de umidade.

Resistência mecânica Na Tabela 12.6 estão apresentadas algumas propriedades mecânicas de diversos tipos de madeiras características dos Estados Unidos. Em geral, as madeiras das árvores que botanicamente são classificadas como gimnospérmicas são macias, e as madeiras das árvores classificadas como angiospérmicas são rijas, embora existam algumas exceções. Por exemplo, a madeira da balsa, que botanicamente é uma angiospérmica, é realmente macia.

A resistência à compressão da madeira na direção paralela ao grão é cerca de dez vezes superior à resistência à compressão segundo uma direção perpendicular ao grão. Por exemplo, a resistência à compressão do pinheiro-branco do leste, depois de seco (teor de umidade de 12%), é 33 MPa na direção paralela aos grãos, enquanto que é apenas 3 MPa na direção perpendicular ao grão. A razão para esta diferença resulta do fato de que, na direção longitudinal, a resistência da madeira é devida fundamentalmente às fortes ligações covalentes das microfibrilas de celulose, as quais estão orientadas principalmente segundo a direção longitudinal. A resistência da madeira perpendicularmente ao grão é muito menor, porque depende da resistência das ligações de hidrogênio, mais fracas, que ligam lateralmente as moléculas de celulose.

Conforme se pode observar na Tabela 12.6, a madeira no estado verde é menos resistente do que quando seca. A razão para esta diferença deriva do fato de que a remoção de água das regiões menos ordenadas da celulose das microfibrilas permite que a estrutura molecular das células se torne mais compacta, formando-se pontes internas, por meio de ligações de hidrogênio. Assim, ao perder umidade, a madeira se contrai, e se torna mais densa e mais resistente.

Tabela 12.6
Propriedades mecânicas de algumas madeiras dos Estados Unidos, importantes sob o ponto de vista comercial.

Espécies	Condição	Densidade	Flexão estática		Compressão paralela ao grão; tensão de esmagamento (MPa)	Compressão perpendicular ao grão; tensão limite de proporcionalidade (MPa)	Esforço de corte paralelo ao grão; tensão de corte máxima (MPa)
			Tensão de ruptura MPa	Módulo de elasticidade (GPa)			
Madeiras rijas:							
Ulmeiro americano	Em verde	0,46	49,6	7,65	20,0	2,5	6,9
	Seca em forno*	0,50	81,3	9,23	38,0	4,8	10,4
Nogueira do sul	Em verde	0,60	67,5	9,44	27,5	5,4	10,2
	Seca em forno*	0,66	94,4	11,92	54,1	11,9	14,3
Ácer vermelho	Em verde	0,49	53,0	9,58	22,6	2,8	7,9
	Seca em forno*	0,54	92,3	11,30	45,1	6,9	12,7
Carvalho branco	Em verde	0,60	57,2	8,61	24,5	4,6	8,6
	Seca em forno*	0,68	104,7	12,26	51,3	7,4	13,8
Madeiras macias:							
Abeto douglas costeiro	Em verde	0,45	53,0	10,75	26,0	2,6	6,2
	Seca em forno*	0,48	85,4	13,44	49,9	5,5	7,8
Cedro vermelho do oeste	Em verde	0,31	35,8	6,48	19,1	1,6	5,3
	Seca em forno*	0,32	51,7	7,65	31,4	3,2	6,8
Pinheiro branco do leste	Em verde	0,34	33,4	6,82	16,8	1,5	4,7
	Seca em forno*	0,35	59,2	8,54	33,1	3,0	6,2
Pau roxo novo	Em verde	0,34	40,6	6,61	21,4	1,9	6,1
	Seca em forno*	0,35	54,4	7,58	36,0	3,6	7,6

* Secagem em forno até se atingir um teor de umidade de 12%.
Fonte: "The Encyclopedia of Wood", Sterling Publishing Co., 1980, pp. 68-75.

Contração A madeira em estado verde se contrai à medida que a umidade é eliminada, o que provoca a distorção das peças de madeira, conforme se mostra na Figura 12.39, para a direção radial e tangencial num corte transversal de uma árvore. A madeira se contrai bem mais na direção transversal do que na direção longitudinal, sendo a contração transversal normalmente entre 10 e 15%, enquanto a contração longitudinal é apenas de cerca de 0,1%.

Quando a água é eliminada das regiões amorfas da parte exterior das microfibrilas, estas se aproximam umas das outras e a madeira se torna mais densa. A madeira se contrai principalmente nas direções transversais, porque a maioria das microfibrilas tem o seu comprimento orientado segundo a direção longitudinal do tronco da árvore.

12.9 ESTRUTURAS EM SANDUÍCHE

Em estruturas de engenharia, usam-se frequentemente materiais compósitos constituídos por um material central, ensanduichado entre duas camadas exteriores mais finas. Os dois principais tipos destes materiais são (1) as estruturas em sanduíche de ninho de abelha (ou favo de mel) e (2) os materiais revestidos (ou *clads*).

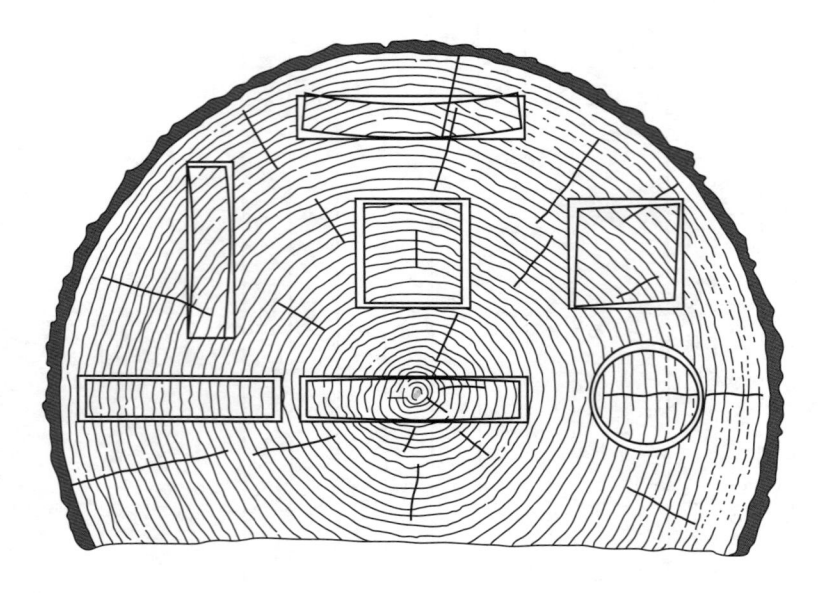

Figura 12.39
Corte transversal do tronco de uma árvore, mostrando a contração e a distorção da madeira nas direções tangencial e radial, juntamente com a localização dos anéis de crescimento anual.
(*R.T. Hoyle, J. of Educ. Modul Mater. Sci, 4:88(1982). Com autorização de Journal of Materials Education.*)

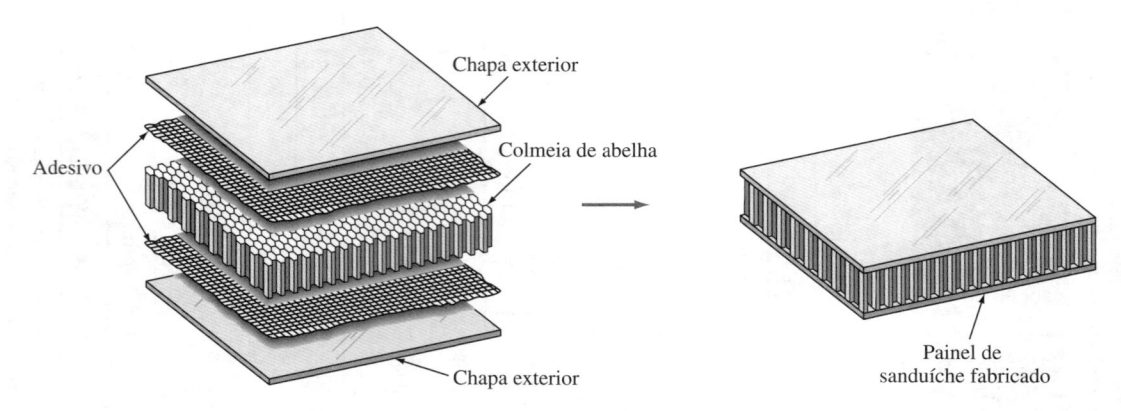

Figura 12.40
Painel em sanduíche fabricado por colagem de chapas de alumínio a um núcleo em colmeia de abelha, também em liga de alumínio.
(*Cortesia de Hexcel Corporation.*)

12.9.1 Estrutura em sanduíche de colmeia de abelha

As estruturas em sanduíche de colmeia de abelha têm sido usadas na indústria aeronáutica, há mais de trinta anos, como um dos principais materiais de construção. A maioria dos aviões que estão voando nos nossos dias usa este material de construção. A maior parte das "colmeias de abelhas" que se usam hoje em dia é fabricada com ligas de alumínio, como, por exemplo, a 5052 e a 2024, ou com polímeros fenólicos e poliésteres reforçados com fibra de vidro, ou materiais reforçados com fibras aramídicas.

Os painéis de colmeia de abelha em alumínio são fabricados por colagem de chapas exteriores, de liga de alumínio, a uma placa central em colmeia de abelha, também de liga de alumínio, conforme mostra a Figura 12.40. Este tipo de construção permite obter um painel em sanduíche, bastante rígido, resistente e leve.

12.9.2 Materiais metálicos revestidos

A disposição em sanduíche é usada também para se obter *clads*, isto é, compósitos com um núcleo metálico revestido por camadas exteriores de outro metal ou metais (Figura 12.41). Na maioria dos casos, as camadas metálicas exteriores são pouco espessas e aderem por laminação a quente ao material metálico do núcleo, e, com isso, formam-se ligações metalúrgicas (por difusão atômica) entre os metais das camadas exteriores e do núcleo central. Este tipo de material compósito tem muitas aplicações na indústria. Por exemplo, as ligas de alumínio de alta resistência, como a 2024 e a 7075, possuem uma resistência à corrosão relativamente fraca, mas podem ser protegidas por uma camada fina de revestimento em alumínio macio e muito resistente à corrosão. Outra aplicação dos metais revestidos consiste na utilização de metais relativamente caros na proteção de um metal mais barato. Por exemplo, nos Estados Unidos, as moedas de 10 centavos e as moedas de 25 centavos possuem um revestimento em liga de Cu-25% Ni que protege o núcleo da moeda, o qual é obtido a partir de cobre mais barato.

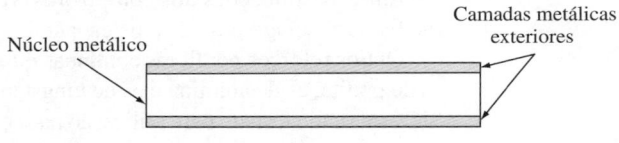

Figura 12.41
Seção transversal de um material metálico revestido (*Clad.*)

12.10 COMPÓSITOS DE MATRIZ METÁLICA E COMPÓSITOS DE MATRIZ CERÂMICA

12.10.1 Compósitos de matriz metálica (CMMs)

Os materiais compósitos de matriz metálica têm sido pesquisados intensamente durante os últimos anos, de tal modo que se produziram muitos materiais novos com elevada relação resistência/peso. A maioria destes materiais tem sido desenvolvida para a indústria aeroespacial, mas alguns estão sendo usados noutras aplicações, como, por exemplo, em motores de automóveis. Em termos genéricos, de acordo com o tipo de reforço que é utilizado, os três tipos principais de CMMs são: de fibras contínuas, de fibras descontínuas e de partículas.

CMMs reforçados por fibras contínuas Os filamentos contínuos são os que provocam os maiores aumentos de rigidez (módulo de elasticidade em tração) e de resistência mecânica nos CMMs. Um dos primeiros CMMs com fibras contínuas que foi desenvolvido era um material com matriz de liga de alumínio reforçado por fibras de boro. A fibra de boro para este compósito é obtida depositando boro por CVD (deposição química em fase de vapor) sobre um fio de tungstênio que funciona como substrato (Figura 12.42a). O compósito de Al-B (alumínio-boro) é obtido prensando a quente as camadas de fibras de B colocadas entre folhas de alumínio, de tal modo que as folhas se deformam em volta das fibras e se ligam umas às outras. A Figura 12.42b mostra a seção transversal de um compósito de matriz de liga de alumínio com fibras contínuas de boro. A Tabela 12.7 apresenta algumas propriedades mecânicas de compósitos de liga de alumínio reforçada com fibras de B. Com a adição de 51% em volume de B, a resistência à tração da liga de alumínio 6061 aumenta de 310 para 1.417 MPa, enquanto que o módulo de elasticidade em tração aumenta de 69 para 231 GPa.

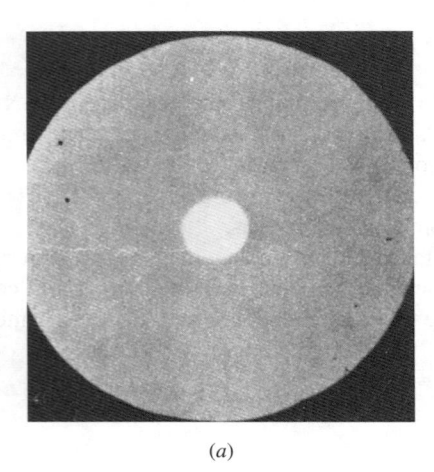

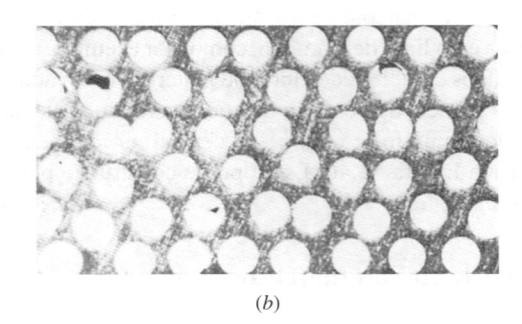

Figura 12.42
(a) Fibra de boro com 100 μm de diâmetro contendo um filamento central de tungstênio com 12,5 μm de diâmetro. (b) Fotomicrografia de uma seção transversal de um compósito de boro e liga de alumínio. (Ampliação 40×.)
("Engineered Materials Handbook", vol. 1, ASM International, 1987, p. 852. Reproduzido com permissão de ASM International. Todos os direitos reservados. www.asminternational.org).

Entre as aplicações dos compósitos Al-B, incluem-se alguns dos elementos estruturais da zona intermédia da fuselagem do ônibus espacial.

Outros reforços por fibras contínuas que têm sido usados nos CMMs são as fibras de carboneto de silício, as de grafita, as de alumina e as de tungstênio. Um compósito de Al 6061 reforçado com fibras contínuas de SiC está sendo testado para utilização na seção vertical da cauda de um moderno avião de combate. Temos especial interesse em afirmar que no avião hipersônico do programa aeroespacial norte-americano (Figura 1.1) está prevista a utilização de reforço por fibras contínuas de SiC em uma matriz de aluminato de titânio.

CMMs reforçados por fibras descontínuas e reforçados por partículas Têm sido produzidos muitos tipos diferentes de CMMs reforçados por fibras descontínuas e por partículas. As vantagens práticas destes materiais são a sua maior resistência mecânica, maior rigidez e melhor estabilidade dimensional, comparativamente às ligas metálicas não reforçadas. Nesta breve abordagem dos CMMs, iremos focar apenas os CMMs de liga de alumínio.

Nos *CMMs reforçados por partículas*, utiliza-se uma liga de alumínio de baixo preço, partículas de alumina e de carboneto de silício com forma irregular e com diâmetros que variam entre cerca de 3 e 200 μm. As partículas, às quais, por vezes, dá-se um determinado revestimento, podem ser misturadas com a liga de alumínio fundida; a mistura é posteriormente vazada na forma de lingotes para refusão ou de biletes para posterior extrusão. A Tabela 12.7 mostra que a tensão de ruptura da liga Al 6061 pode ser aumentada de 310 para 496 MPa por adição de 20% de SiC, enquanto o módulo de elasticidade em tração pode ser aumentado de 69 para 103 GPa. As aplicações deste material incluem equipamentos esportivos e componentes de motores de automóveis.

Os *CMMs reforçados por fibras descontínuas* são obtidos principalmente por metalurgia do pó e por processos de infiltração de um material fundido. No processo de metalurgia do pó, pode-se misturar pós-metálicos com agulhas (*whiskers*)* de carboneto de silício com a forma de agulhas com cerca de 1 a 3 μm de diâmetro e 50 a 200 μm de comprimento (Figura 12.43); esta mistura é consolidada por meio de prensagem a quente, e posteriormente extrudada ou forjada, de modo a se obter a forma final pretendida. A Tabela 12.7 mostra que a tensão de ruptura da liga Al 6061 pode ser aumentada de 310 para 410 MPa com a adição de 20% de agulhas de SiC, enquanto que o módulo de elasticidade em tração pode sofrer um aumento de 69 para 115 GPa. Embora com as adições de agulhas se possam obter maiores aumentos na resistência e na rigidez do que com o reforço na forma de partículas, os processos de metalurgia do pó e de infiltração de material fundido são mais dispendiosos. Entre as aplicações dos CMMs de liga de

---

* N. de T.: Os *whiskers* são cristais capilares, geralmente monocristalinos, obtidos por técnicas de solidificação controlada.

Tabela 12.7
Propriedades mecânicas de materiais compósitos de matriz metálica.

	Resistência à tração (MPa)	Módulo de elasticidade (GPa)	Alongamento na ruptura (%)
CMMs de fibras contínuas:			
Al 2024-T6 (45% B) (axial)	1.458	220	0,810
Al 6061-T6 (51% B) (axial)	1.417	231	0,735
A16061-T6 (47% SiC) (axial)	1.462	204	0,89
CMMs de fibras descontínuas:			
Al 2124-T6 (20% SiC)	650	127	2,4
A16061-T6 (20% SiC)	480	115	5
CMMs com partículas:			
Al 2124 (20% Si C)	552	103	7,0
Al 6061 (20% Si C)	496	103	5,5
Sem reforço:			
A12124-F	455	71	9
A16061-F	310	68,9	12

alumínio reforçada por fibras descontínuas, incluem-se componentes para guiar mísseis e pistões para motores de automóvel.

12.10.2 Compósitos de matriz cerâmica (CMCs)

Recentemente, têm sido desenvolvidos compósitos de matriz cerâmica, cujas propriedades mecânicas como a resistência e a tenacidade, são bastante melhores do que quando o material cerâmico da matriz não está reforçado. Os três principais tipos de compósitos, de acordo com o tipo de reforço usado, são: os de fibras contínuas, os de fibras descontínuas e os reforçados por partículas.

CMCs reforçados por fibras contínuas As duas principais variedades de fibras contínuas que têm sido usadas nos CMCs são as de carboneto de silício e as de óxido de alumínio. Num dos processos de fabricação de CMCs, as fibras de SiC são entrelaçadas de modo a se obter uma manta ou um tecido do tipo tafetá, usando-se a seguir o processo de deposição química em fase de vapor (CVD) para impregnar SiC entre essas fibras da manta ou do tecido. Noutro processo, as fibras de SiC são embebidas num vitrocerâmico (ver Exemplo12.8). Entre as aplicações para estes compósitos, incluem-se tubos de permutadores de calor, sistemas de proteção térmica e materiais resistentes às condições de corrosão-erosão.

CMCs reforçados por fibras descontínuas (agulhas) e por partículas As agulhas cerâmicas (Figura 12.43) podem aumentar significativamente a tenacidade à fratura dos cerâmicos monolíticos (Tabela 12.8). Uma adição de 20% (em volume) de agulhas de SiC à alumina faz com que a tenacidade à fratura passe de cerca de 4,5 para 8,5 MPa . Os materiais de matriz cerâmica reforçados por fibras curtas e por partículas apresentam a vantagem de poderem ser fabricados pelos processos cerâmicos usuais, como, por exemplo, prensagem isostática a quente.

Tabela 12.8
Propriedades mecânicas à temperatura ambiente de compósitos de matriz cerâmica reforçados por agulhas de SiC.

Matriz	Teor em agulhas de SiC (% vol.)	Resistência à flexão (MPa)	Tenacidade à fratura (MPa)
Si_3N_4	0	400-650	5-7
	10	400-500	6,5-9,5
	30	350-450	7,5-10
Al_2O_3	0	...	4,5
	10	400-510	7,1
	20	520-790	7,5-9,0

Fonte: "*Engineered Materials Handbook*", vol. 1, Composites, ASM International, 1987, p. 942.

Figura 12.43
Fotomicrografias de agulhas monocristalinos de carboneto de silício usados para reforçar compósitos de matriz metálica. As agulhas têm um diâmetro entre 1 e 3 μm e comprimento entre 50 e 200 μm.
(Cortesia de American Matrix Corp.)

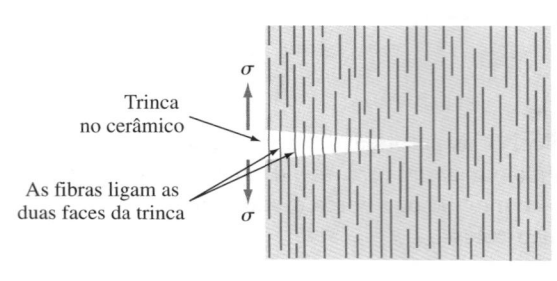

Figura 12.44
Representação esquemática de como as fibras de reforço podem inibir a propagação de uma trinca em materiais de matriz cerâmica, formando pontes no interior da fenda e absorvendo a energia derivada da extração das fibras da matriz.

É geralmente aceito que existem três mecanismos principais, pelos quais se podem aumentar a tenacidade à fratura dos compósitos de matriz cerâmica. Todos eles resultam da interferência das fibras de reforço com as trincas que se propagam no cerâmico. Os mecanismos são:

1. *Deflexão da trinca.* Ao encontrar o reforço, a trinca sofre uma deflexão (isto é, muda de direção), pelo que a sua propagação se passa a fazer segundo um percurso sinuoso. Deste modo, são necessárias maiores tensões para propagar a trinca;

2. *Formação de pontes no interior da fenda.* As fibras ou agulhas podem formar pontes que ligam as duas faces ou lábios da trinca e ajudam o material a se manter unido, pelo que é necessário aumentar o nível de tensão para que a trinca continue a avançar (Figura 12.44);

3. *Extração das fibras.* O atrito deriva do fato de que as fibras ou agulhas, para serem extraídas da matriz em fissuração, absorvem energia e, consequentemente, é necessário maior tensão para provocar mais fissuração. Deste modo, para que o compósito apresente maior resistência mecânica, é necessário que haja uma boa ligação na interface entre as fibras e a matriz. Caso o material seja utilizado em altas temperaturas é necessário que haja uma boa aproximação entre os valores dos coeficientes de expansão térmica das fibras e da matriz.

EXEMPLO 12.6

Um compósito de matriz metálica é formado por uma liga de alumínio reforçada por fibras de boro (B), conforme mostra a Figura E12.6. Para se obter a fibra de boro, um filamento de tungstênio (W) de raio $r = 10$ μm é revestido com boro, até se obter uma fibra com um raio final de 75 μm. A liga de alumínio é então colocada em volta das fibras de boro, resultando num compósito com 65% em volume de liga de alumínio. Admitindo que a regra das misturas binárias (Equação 12.7) se aplica também a misturas ternárias, calcule o módulo de elasticidade em tração do material compósito, em condições de isodeformação. Dados: $E_W = 410$ GPa; $E_B = 379$ GPa; $E_{Al} = 68,9$ GPa.

■ **Solução**

$$E_{comp} = f_W E_W + f_B E_B + f_{Al} E_{Al} \qquad f_{W+B} = 0,35$$

$$f_W = \frac{\text{área de filamento de tungstênio}}{\text{área de fibra de boro}} \times f_{W+B}$$

$$f_W = \frac{\pi(10\ \mu m)^2}{\pi(75\ \mu m)^2} \times 0{,}35 = 6{,}22 \times 10^{-3} \qquad f_{Al} = 0{,}65$$

$$f_B = \frac{\text{área de fibra de boro} - \text{área de filamento tungstênio}}{\text{área de fibra de boro}} \times f_{W+B}$$

$$= \frac{\pi(75\ \mu m)^2 - \pi(10\ \mu m)^2}{\pi(75\ \mu m)^2} \times 0{,}35 = 0{,}344$$

Observe que o módulo de Young (*Stiffness*) do compósito é cerca de 2,5 vezes do obtido para a liga de alumínio sem esforço.

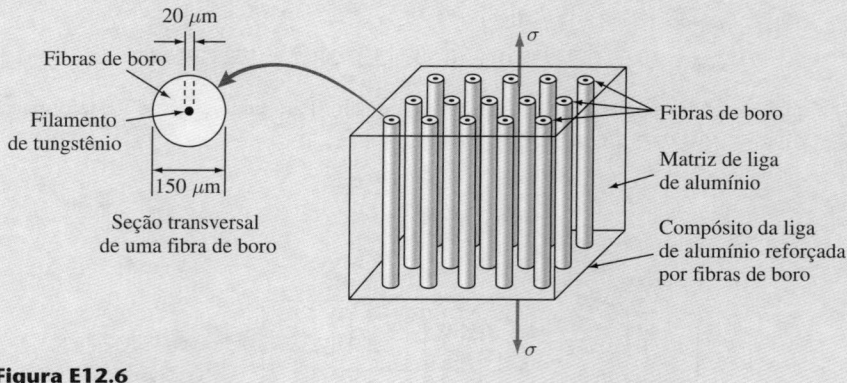

Figura E12.6

EXEMPLO 12.7

Um compósito de matriz metálica é constituído por 80% em volume de liga de alumínio 2124-T6 e 20% em volume de agulhas de SiC. A densidade da liga 2124-T6 é 2,77 g/cm³ e a das agulhas é 3,10 g/cm³. Calcule a densidade média do material compósito.

■ **Solução**

Considerando 1 m³ de material, temos 0,80 m³ de liga 2124 e 0,20 m³ de fibras de SiC.

$$\text{Massa de liga 2124 em 1 m}^3 = (0{,}80\ m^3)(2{,}77\ Mg/m^3) = 2{,}22\ Mg$$
$$\text{Massa das agulhas de SiC em 1 m}^3 = (0{,}20\ m^3)(3{,}10\ Mg/m^3) = \underline{0{,}62\ Mg}$$
$$\text{Massa total em 1 m}^3 \text{ de compósito} = 2{,}84\ Mg$$

$$\text{Densidade média} = \frac{\text{massa}}{\text{volume}} = \frac{\text{massa total de material em 1 m}^3}{1\ m^3} = 2{,}84\ Mg/m^3 \blacktriangleleft$$

EXEMPLO 12.8

Um compósito de matriz cerâmica é constituído por fibras contínuas de SiC embebidas em uma matriz de um vitrocerâmico (Figura E12.8). (a) Calcule o módulo de elasticidade em tração do compósito, em condições de isodeformação. (b) Calcule a tensão σ à qual as trincas iniciam o seu crescimento. Os dados do problema são os seguintes:

Matriz de vitrocerâmico:
$E = 94$ GPa
$K_{IC} = 2{,}4$ MPa $\sqrt{m}$
O maior defeito interno tem 10 μm de diâmetro.

Fibras de SiC:
$E = 350$ GPa
$K_{IC} = 4{,}8$ MPa $\sqrt{m}$
As maiores fendas superficiais tem 5 μm de profundidade.

■ **Solução**

a. Cálculo de E para o compósito. Admitindo-se que a Equação 12.7 é válida para condições de isodeformação.

$$E_{comp} = f_{VC}E_{VC} + f_{SiC}E_{SiC}$$

Uma vez que todas as fibras têm o mesmo comprimento, podemos calcular a fração em volume de fibras de SiC através da determinação da fração em área ocupada pelas fibras em uma das superfícies do compósito. No caso do material representado na Figura E12.8, cada fibra com 50 μm de diâmetro encontra-se no interior de uma área de 80 μm $\times$ 80 μm. Assim,

$$f_{SiC} = \frac{\text{área da fibra}}{\text{área total selecionada}} = \frac{\pi(25\ \mu m)^2}{(80\ \mu m)(80\ \mu m)} = 0{,}307$$

$$f_{VC} = 1 - 0{,}307 = 0{,}693$$

$$E_{comp} = (0{,}693)(94\ \text{GPa}) + (0{,}307)(350\ \text{GPa}) = 172\ \text{GPa} \blacktriangleleft$$

b. Tensão na qual as fendas começam a crescer no compósito. Para condições de isodeformação, $\epsilon_{comp} = \epsilon_{VC} = \epsilon_{SiC}$. Uma vez que $\sigma = E\epsilon$ e $\epsilon = \sigma/E$,

$$\frac{\sigma_{comp}}{E_{comp}} = \frac{\sigma_{VC}}{E_{VC}} = \frac{\sigma_{SiC}}{E_{SiC}}$$

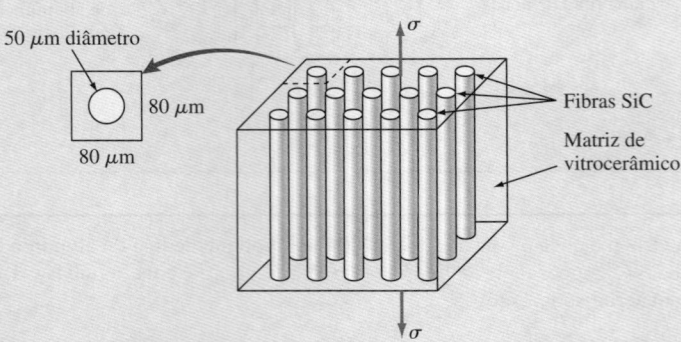

Figura E12.8

A fratura inicia-se em um dado constituinte do compósito quando $\sigma = K_{IC}/\sqrt{\pi a}$ (Equação 11.1), considerando $Y = 1$. Vamos então calcular, para cada um dos dois constituintes do compósito, o valor da tensão mínima necessária para ocorrer fissuração e, posteriormente, iremos comparar os resultados. Será o constituinte que fissura com um valor mais baixo de tensão aquele que determinará a fissuração do compósito.

(i) Vitrocerâmico. O maior defeito interno pré-existente nesse material tem 10 μm de diâmetro. Esse valor corresponde a $2a$ na Equação 11.1, pelo que $a = 5\ \mu$m.

$$\frac{\sigma_{comp}}{E_{comp}} = \frac{\sigma_{VC}}{E_{VC}} = \left(\frac{K_{IC,VC}}{\sqrt{\pi a}}\right)\left(\frac{1}{E_{VC}}\right)$$

$$\sigma_{comp} = \left(\frac{E_{comp}}{E_{VC}}\right)\left(\frac{K_{IC,VC}}{\sqrt{\pi a}}\right) = \left(\frac{172\ \text{GPa}}{94\ \text{GPa}}\right)\left[\frac{2{,}4\ \text{MPa}\ \sqrt{\text{m}}}{\sqrt{\pi(5\times 10^{-6}\ \text{m})}}\right] = 1109\ \text{MPa}$$

(ii) Fibras de SiC. Nesse material, as fendas superficiais têm $a = 5\ \mu$m.

$$\sigma_{comp} = \left(\frac{E_{comp}}{E_{SiC}}\right)\left(\frac{K_{IC,SiC}}{\sqrt{\pi a}}\right) = \left(\frac{172\ \text{GPa}}{350\ \text{GPa}}\right)\left[\frac{4{,}8\ \text{MPa}\ \sqrt{\text{m}}}{\sqrt{\pi(5\times 10^{-6}\ \text{m})}}\right] = 596\ \text{MPa}$$

Consequentemente, será nas fibras de SiC do material compósito que se iniciará a fissuração, quando a tensão aplicada for de 596 MPa. ◀

12.10.3 Compósitos cerâmicos e nanotecnologia

Recentemente, a nanotecnologia tem desenvolvido pesquisas de compósitos de matriz cerâmica com melhores propriedades mecânicas, químicas e elétricas, integrando os nanotubos de carbono na microestrutura da alumina convencional. Este é um novo desenvolvimento que aumenta ainda mais a importância da nanotecnologia na ciência dos materiais. Pesquisas foram capazes de criar um compósito de cerâmica de alumina com 5 a 10% de nanotubos de carbono e 5% de nióbio finamente moído. O compactado foi sinterizado e densificado para produzir um sólido que possui uma tenacidade à fratura até cinco vezes maior do que a alumina pura. O novo material também pode conduzir eletricidade com uma taxa dez trilhões de vezes superior a da alumina pura. Finalmente, ele pode conduzir o calor (se os nanotubos são alinhados paralelamente à direção do fluxo de calor) e atua como uma barreira de proteção térmica (se os nanotubos são alinhados perpendicularmente ao sentido do fluxo de calor). Isso faz do novo material uma cerâmica de excelente qualidade para aplicações de revestimento de proteção térmica.

12.11 RESUMO

Em termos de engenharia de materiais e ciência, um material compósito pode ser definido como uma mistura ou combinação de dois ou mais micro ou macro constituintes, que diferem na forma e na composição química e que, em sua essência, são insolúveis entre si.

Alguns materiais (compósitos) de plástico reforçado por fibras são fabricados usando fibras sintéticas, nomeadamente, de vidro, de carbono e de aramida. Destes três tipos de fibras, as fibras de vidro são as mais baratas e, comparativamente às outras, têm uma resistência mecânica intermediária e maior densidade. As fibras de carbono apresentam elevada resistência mecânica, elevado módulo de elasticidade e baixa densidade, mas são caras e, por isso, só são usadas em aplicações em que se exige uma elevada relação resistência/peso. As fibras aramídicas possuem elevada resistência mecânica e baixa densidade, mas não são tão rígidas como as fibras de carbono. As fibras de aramida são também relativamente caras e, por isso, são aplicadas onde, além de uma elevada relação resistência/peso, exige-se também melhor flexibilidade do que a das fibras de carbono. Nos plásticos reforçados por fibras de vidro, as matrizes mais usadas são os poliésteres, enquanto que, nos plásticos reforçados por fibras de carbono, as matrizes mais usadas são as de resinas epoxídicas. Os materiais compósitos de resina epoxídica reforçados por fibras de carbono são usados em larga escala em aplicações aeronáuticas e aeroespaciais. Os materiais compósitos de matriz de poliéster reforçada por fibras de vidro têm uma utilização muito mais genérica, encontrando aplicação nas indústrias de construção civil, de transportes, naval e aeronáutica.

O concreto é um material compósito cerâmico, formado por partículas de material inerte (isto é, areia e brita) no seio de uma matriz de cimento endurecido, comumente chamado cimento *portland*. Como material de construção, o concreto tem várias vantagens, entre as quais se incluem uma adequada resistência à compressão, economia, possibilidade de ser vazado no local, durabilidade, resistência ao fogo e aspecto estético. A fraca resistência à tração do concreto pode ser aumentada significativamente por meio de reforço com vergalhões de aço. São possíveis maiores aumentos na resistência à tração do concreto por introdução de tensões residuais compressivas, o que se consegue por meio de elementos de aço que aplicam um pré-esforço e que são colocados em posições onde existem grandes esforços de tração.

A madeira é um material compósito natural, formado essencialmente por fibras de celulose, ligadas entre si por uma matriz de material polimérico constituído fundamentalmente por lenhina. Em termos de macroestrutura, a madeira é formada por lenho ativo, o qual é constituído fundamentalmente por células vivas que transportam os nutrientes, e por lenho inativo, que é composto por células mortas. As madeiras são classificadas em dois grandes tipos: as das gimnospérmicas (madeiras macias) e as das angiospérmicas (madeiras rijas). As gimnospérmicas apresentam sementes expostas e possuem folhas estreitas do tipo agulha, enquanto que as angiospérmicas têm as sementes cobertas e possuem folhas largas e caducas. Em termos de microestrutura, a madeira consiste em arranjos de células orientadas fundamentalmente na direção longitudinal do tronco da árvore. As madeiras macias contêm células tubulares longas e de parede fina, denominadas traqueídos, enquanto que as madeiras rijas têm uma estrutura celular densa, apresentando no seu interior vasos largos para a condução dos fluidos. Como material de construção, a madeira apresenta várias vantagens, entre as quais uma resistência mecânica adequada, economia, facilidade de ser trabalhada e durabilidade, se protegida convenientemente.

12.12 PROBLEMAS

As respostas para os exercícios marcados com um asterisco constam no final do livro.

Problemas de conhecimento e compreensão

12.1 Defina material compósito no que diz respeito a um sistema de materiais.

12.2 Quais são os três principais tipos de fibras sintéticas utilizadas para a fabricação de plásticos reforçados por fibras?

12.3 Quais são as principais vantagens dos plásticos reforçados por fibra de vidro?

12.4 Quais são as diferenças de composição entre os vidros E e S? Qual deles é mais resistente mecanicamente e mais caro?

12.5 Como são fabricadas as fibras de vidro? O que é um multifio de fibra de vidro?

12.6 Quais são as propriedades que fazem com que as fibras de carbono sejam importantes para o reforço de plásticos?

12.7 Indique dois materiais usados como precursores para a produção de fibras de carbono.

12.8 Quais são as etapas de processamento para a produção de fibras de carbono a partir de fibras de poliacrilonitrilo (PAN)? Que reações ocorrem em cada etapa?

12.9 Em que consiste um molho de fibras de carbono?

12.10 Quais os procedimentos que devem ser efetuados, caso se pretenda obter fibra de carbono com elevada resistência? Quais são os procedimentos que devem ser efetuados, caso se pretenda obter fibra de carbono com elevado módulo de elasticidade?

12.11 O que é uma fibra de aramida? Indique dois tipos de fibras de aramida disponíveis no mercado.

12.12 Descreva o processo de deposição manual para a produção de uma peça reforçada com fibra de vidro. Quais são as vantagens e desvantagens desse método?

12.13 Descreva o processo de *spray* ou pulverização para a produção de uma peça reforçada com fibra de vidro. Quais são as vantagens e desvantagens desse método?

12.14 Descreva o processo de autoclave em embalagem a vácuo para a produção de uma peça de fibra de carbono reforçado com epóxi para uma aeronave.

12.15 Descreva o processo de enrolamento de fio. Qual é a grande vantagem desse processo do ponto de vista de projeto de engenharia?

12.16 Descreva o processo de moldagem de folha. Quais são as vantagens e as desvantagens desse processo?

12.17 Descreva o processo de pultrusão para a fabricação de plásticos reforçados com fibras. Quais são as vantagens desse processo?

12.18 Quais são os principais componentes da maioria dos concretos?

12.19 Quais são as matérias-primas básicas do cimento *portland*? Qual é a razão da designação *portland*?

12.20 Quais são os nomes, as fórmulas químicas e as respectivas abreviaturas dos quatro constituintes principais do cimento *portland*?

12.21 Enuncie os cinco principais tipos ASTM de cimento *portland* e apresente as condições gerais em que cada um deles é usado, assim como as respectivas aplicações.

12.22 O que seria asfalto? Onde o asfalto é obtido?

12.23 Quais são os intervalos de composição química dos asfaltos?

12.24 Em que consiste uma mistura asfáltica? Qual é a porcentagem de asfalto em uma mistura asfáltica do tipo IV para pavimentação de estradas?

12.25 Descreva as diferentes camadas existentes em um corte transversal do tronco de uma árvore. Enuncie também as funções de cada camada.

12.26 O que são os subanéis dos anéis de crescimento anual das árvores?

12.27 Como se designa o eixo paralelo aos anéis de crescimento anual? Como se designa o eixo perpendicular aos anéis de crescimento anual?

12.28 Descreva a microestrutura de uma madeira de tipo macio.

12.29 Descreva a microestrutura de uma madeira de tipo rijo. Qual é a diferença entre as microestruturas de uma madeira de porosidade em anel e de uma madeira de porosidade difusa?

12.30 Descreva a estrutura da parede de uma célula do lenho.

12.31 Descreva os constituintes de uma célula do lenho.

Problemas de aplicação e análise

12.32 Que tipo de ligação química existe no interior das fibras de aramida? Que tipo de ligação química existe entre as fibras de aramida?

12.33 De que modo o tipo de ligação química, no interior das fibras de aramida e entre as fibras de aramida, afeta as suas propriedades de resistência mecânica?

12.34 Compare a resistência à tração, o módulo de elasticidade em tração, o alongamento até a ruptura e a densidade das fibras de vidro, de carbono e de aramida (Tabela 12.1 e Figura 12.8).

12.35 Por que razão se concebem materiais compósitos do tipo laminado, de fibra de carbono e resina epoxídica, com as fibras de carbono orientadas segundo diferentes direções em cada uma das camadas?

12.36 Defina resistência específica à tração e módulo de elasticidade específico. Quais são os tipo de fibras de reforço, entre as que são apresentadas na Figura 12.8, que têm maior módulo de elasticidade específico; quais são os tipos de fibras que têm maior resistência específica à tração?

12.37 Enuncie dois dos mais importantes plásticos que são usados como matriz para a obtenção de compósitos de reforço por fibras. Quais são as principais vantagens de cada um deles?

12.38 Em que sentido a porcentagem e a disposição das fibras afetam a resistência mecânica dos plásticos reforçados por fibras de vidro?

12.39 Quais são as principais contribuições das fibras para as propriedades dos plásticos reforçados por fibras de carbono? Quais são as principais contribuições do material da matriz para as propriedades desse tipo de compósitos?

*12.40 Um compósito unidirecional de fibra de carbono e resina epoxídica contém 68% em volume de fibras e 32% de resina. A densidade das fibras de carbono é 1,79 g/cm^3 e a da resina epoxídica é 1,20 g/cm^3. (a) Quais são as porcentagens em peso de fibra de carbono e de resina epoxídica no material compósito? (b) Qual é a densidade média do compósito?

12.41 A densidade média de um compósito de fibra de carbono e resina epoxídica é 1,615 g/cm^3. A densidade da resina epoxídica é 1,21 g/cm^3 e a das fibras de carbono é 1,74 g/cm^3. (a) Qual é a porcentagem em volume de fibras de carbono no compósito? (b) Quais são as porcentagens em peso de resina epoxídica e de fibra de carbono no compósito?

12.42 Deduza uma equação para o módulo de elasticidade de um compósito do tipo laminado com fibras unidirecionais e matriz polimérica, solicitado em condições de isodeformação.

*12.43 Calcule o módulo de elasticidade em tração de um compósito do tipo laminado constituído por 64% em volume de fibras de carbono unidirecionais e por uma matriz de resina epoxídica, e que é solicitado em condições de isotensão. Os módulos de elasticidade em tração das fibras de carbono e da resina epoxídica são, respectivamente, 350 GPa e 4,6 GPa.

12.44 A resistência à ruptura das fibras de carbono (64% em volume) do compósito de fibra de carbono e resina epoxídica do material do Problema 12.43 é 0,31 × 10^6 psi e da resina epoxídica é 9,20 × 10^3 psi, calcule a resistência do material compósito em psi. Que fração da carga é suportada pelas fibras de carbono?

12.45 Calcule o módulo de elasticidade em tração de um compósito do tipo laminado, constituído por 63% em volume de fibras unidirecionais de Kevlar 49 e por uma matriz de resina epoxídica, que é solicitado em condições de isotensão. Os módulos de elasticidade em tração das fibras de Kevlar 49 e da resina epoxídica são, respectivamente, 175 GPa e 3,8 GPa.

12.46 A resistência à ruptura do Kevlar 49 é 0,550 × 10^6 psi e da resina epoxídica 11,0 × 10^3 psi, calcule a resistência do material compósito do Problema 12.45. Que fração da carga é suportada pelas fibras de Kevlar?

12.47 Deduza uma equação para o módulo de elasticidade de um compósito do tipo laminado com fibras unidirecionais e matriz polimérica, solicitado em condições de isodeformação.

*12.48 Calcule o módulo de elasticidade em tração de um compósito do tipo laminado constituído por 62% em volume de fibras de carbono unidirecionais e por uma matriz de resina epoxídica, e que é solicitado em condições de isotensão. Os módulos de elasticidade em tração das fibras de carbono e da resina epoxídica são, respectivamente, 340 GPa e 4,50 × 10^3 MPa.

12.49 Calcule o módulo de elasticidade em tração de um compósito do tipo laminado constituído por 62% em volume de fibras de Kevlar 49 unidirecionais e por uma matriz de resina epoxídica, e que é solicitado em condições de isotensão. Os módulos de elasticidade em tração das fibras de Kevlar 49 é 170 GPa e da resina epoxídica é 3,70 × 10^3 MPa.

12.50 Sobre o material compósito, quais as vantagens e as desvantagens que o concreto oferece?

12.51 Como se fabrica o cimento *portland*? Por que razão se adiciona uma pequena quantidade de gesso ao cimento *portland*?

12.52 Que tipo de reações químicas ocorre durante o endurecimento do cimento *portland*?

12.53 Escreva as reações químicas do C_3S e C_2S com a água.

12.54 Qual é o constituinte do cimento *portland* que endurece rapidamente e é o principal responsável pelo primeiro aumento da resistência mecânica?

12.55 Qual é o constituinte do cimento *portland* que reage lentamente e, após cerca de 1 semana, se torna o principal responsável pelo aumento da resistência mecânica?

12.56 Qual é o constituinte que é mantido em porcentagem baixa nos cimentos *portland* resistentes aos sulfatos?

12.57 Por que se adiciona C_4AF ao cimento *portland*?

12.58 Por que razão, durante os primeiros dias de endurecimento do cimento, é importante evitar a evaporação da água por meio da superfície?

12.59 Que método é usado para fabricar um concreto de ar aprisionado? Que porcentagem volumétrica de ar se usa, para que o concreto fique protegido contra o congelamento?

12.60 Em que sentido a relação água/cimento (em peso) afeta a resistência à compressão do betão? Qual o quociente água/cimento que origina uma resistência à compressão de cerca de 5.500 psi num concreto normal? Qual é a desvantagem de usar uma relação água/cimento demasiadamente elevada? E de uma relação água/cimento demasiadamente baixa?

12.61 Quais são os principais fatores que devem ser considerados na preparação das misturas para obtenção de concreto?

12.62 Quais são os intervalos de porcentagem do volume absoluto que se usam para os principais componentes do concreto normal?

*12.63 Pretende-se obter 100 (pés)^3 de concreto usando uma razão de 1:1,9:3,8 (em peso), respectivamente entre o cimento, a areia, e a brita. Quais são as quantidades necessárias dos vários componentes no caso de se usar 5,5 galões de água por saco de cimento? Assuma que os teores de umidade livre da areia e da brita são, respectivamente, 3 e 0%. As densidades específicas do cimento, da areia e da brita são, respectivamente, 3,15, 2,65 e 2,65 [1 saco de cimento pesa 94 lb e 1 (pé)^3 água = 7,84 galões].

Dê as respostas nas seguintes unidades: a quantidade de cimento em sacos, a de areia e a de brita em libras e a de água em galões.

12.64 Pretende-se obter 1,5 m³ de concreto usando uma razão de 1:1,9:3,2 (em peso) respectivamente entre o cimento, a areia e a brita. Quais são as quantidades necessárias dos vários componentes no caso de se usar 25 litros de água por saco de cimento? Assuma que os teores de umidade livre da areia e da brita são, respectivamente, 4 e 0,5%. As densidades do cimento, da areia, e da brita são, respectivamente, 3,15, 2,65 e 2,65. (l saco de cimento pesa 50 kg). Dê as respostas nas seguintes unidades: a quantidade de cimento em sacos, a de areia e a de brita em quilogramas, e a de água em litros.

12.65 Por que nos projetos de engenharia o concreto é principalmente usado em compressão?

12.66 O que é concreto armado? Como se fabrica?

12.67 Qual é a principal vantagem do concreto protendido?

12.68 Descreva o modo como se introduzem tensões compressivas no concreto protendido por pré-tensionamento?

12.69 Descreva o modo como se introduzem tensões compressivas no concreto protendido por pós-tensionamento?

12.70 Quais são as características desejáveis das partículas dos inertes em uma mistura asfáltica para pavimentação de estradas?

12.71 Qual é a diferença entre árvores de lenho macio e árvores de lenho rijo? Dê vários exemplos de ambas. Todas as madeiras de árvores angiospérmicas são de fato fisicamente rijas (isto é, duras)?

12.72 Quais são as funções dos raios no tronco de uma árvore?

12.73 Uma peça de madeira úmida pesa 210 g e, após ter sido seca em uma estufa até ficar com um peso constante, passa a pesar 125 g. Qual é o seu teor de umidade?

12.74 Uma peça de madeira contém 15% de umidade. Após ter sido seca em uma estufa, até ficar com um peso constante, a peça passou a pesar 125 g, Qual era o seu peso inicial?

12.75 Uma peça de madeira contém 45% de umidade. Se a peça pesar 165 g, qual é o seu peso final após ter sido seca em uma estufa?

12.76 Qual é razão para que a resistência mecânica da madeira, segundo a direção longitudinal do tronco da árvore, seja relativamente grande em relação à resistência mecânica segundo a direção transversal?

12.77 O que é uma madeira em estado verde? Por que a madeira no estado verde é menos resistente do que seca?

12.78 Por que a madeira se contrai bem mais na direção transversal do que na direção longitudinal?

*12.79 Um compósito de matriz metálica (CMM) é constituído por uma matriz de liga Al 6061 e por fibras contínuas de boro. As fibras de boro são fabricadas a partir de um filamento de tungstênio com um diâmetro de 12,5 μm, revestido com boro até se obter uma fibra com um diâmetro final de 105 μm. O compósito é do tipo unidirecional e contém 51% vol. de fibras de boro. Usando a regra das misturas para condições de isodeformação, calcule o módulo de elasticidade em tração do compósito quando solicitado segundo a direção das fibras. Dados: $E_B = 370$ GPa, $E_W = 410$ GPa e $E_{Al} = 70,4$ GPa.

12.80 Um novo compósito de matriz metálica, que está sendo desenvolvido pelo Programa Aeroespacial Americano, é constituído por uma matriz de alumineto de titânio (Ti_3Al) e por fibras contínuas de carboneto de silício. O compósito é do tipo unidirecional (isto é, as fibras contínuas de SiC estão todas em uma única direção). Se o módulo do compósito for 220 GPa, $E_{(SiC)} = 390$ GPa, $E_{(Ti3Al)} = 145$ GPa, e se as condições forem de isodeformação, qual deve ser a porcentagem volumétrica de fibras de SiC no compósito?

12.81 Um compósito de matriz metálica é constituído por uma matriz de liga Al 6061 e por 47% vol. de fibras Al_2O_3 todas em uma única direção. Se prevalecerem condições de isodeformação, qual é o módulo de elasticidade em tração do compósito quando solicitado segundo a direção das fibras? Dados: $E_{(SiC)} = 395$ GPa e $E_{(Al\ 6061)} = 68,9$ GPa.

12.82 Um CMM é constituído por uma matriz de liga Al 2024 e por 20% vol. de agulhas de SiC. Se a densidade do compósito for 2,90 g/cm³ e a das fibras de SiC for 3,10 g/cm³, qual é a densidade da liga Al 2024?

*12.83 Um compósito de matriz cerâmica (CMC) é constituído por fibras contínuas de SiC embebidas em uma matriz de nitreto de silício obtido por sinterização reativa (RBSN – *Reaction-Bonded Silicon Nitride*), estando todas as fibras alinhadas segundo uma única direção. Assumindo condições de isodeformação, qual é a fração volumétrica de fibras de SiC no compósito se o módulo de elasticidade em tração do compósito, for 250 GPa? Dados: $E_{(SiC)} = 400$ GPa e $E_{(RBSN)} = 160$ GPa.

12.84 O maior defeito interno preexistente na matriz de RBSN do compósito do problema anterior (12.83) tem 6,0μm de diâmetro e a maior fenda superficial nas fibras de SiC tem 3,5μm de profundidade. Calcule o valor da tensão à qual as fendas iniciam o seu crescimento no compósito quando a tensão é aplicada de modo lento, segundo a direção das fibras, e em condições de isodeformação. Dados: $K_{1C(RBSN)} = 3,5$ MPa e $K_{1c(SiC)} = 4,8$ MPa.

12.85 Um compósito de matriz cerâmica é constituído por uma matriz de óxido de alumínio (Al_2O_3) com um reforço por fibras contínuas de carboneto de silício, estando todas as fibras alinhadas segundo uma única direção. O compósito consiste de 30% em volume de fibras de SiC. Assumindo condições de isodeformação, calcule o módulo de elasticidade em tração do compósito segundo a direção das fibras. Se for aplicada ao compósito uma força de 8 MN, distribuída sobre uma área de 55 cm² e segundo a direção das fibras, qual é o valor da extensão elástica no compósito? Dados: $E_{(Al2O3)} = 350$ GPa e $E_{(SiC)} = 340$ GPa.

*12.86 No caso do Problema 12.85, a matriz de Al_2O_3 apresenta defeitos internos cujo diâmetro não excede

10 μm e a maior fenda superficial nas fibras de SiC tem 4,5 μm de profundidade.

(a) A fissuração do compósito será iniciada pela matriz ou pelas fibras?

(b) Qual o valor da tensão no compósito, segundo a direção das fibras, que provoca o início do crescimento de uma fenda? Dados: $K_{1C\,(Al2O3)} = 3,8$ MPa e $K_{1C(SiC)} = 4,6$ MPa.

Problemas de síntese e avaliação

12.87 Partindo da Figura 12.7, estime a quantidade de energia necessária para romper cada fibra. Ordene seus resultados para o aumento da dureza. Discuta as suas conclusões.

12.88 Se a maioria da força e da rigidez de compósitos reforçados por fibras vem da fibra, que papel(éis) desempenha(m) o material de matriz?

12.89 As raquetes de tênis originais eram feitas de madeira natural. Como você orientaria a direção da fibra da madeira (direção do grão), paralelamente ao eixo da raquete ou perpendicular a ele? Explique.

12.90 Atualmente, materiais compósitos, como fibra de carbono reforçado com resina epóxi, é o material utilizado para raquetes de tênis. Explique como as propriedades desse material são importantes na concepção de um quadro de raquete de tênis. Quais são as vantagens dos materiais utilizados na estrutura da raquete de tênis atual?

12.91 A resistência à tração do vidro de boro silicato (em dimensões normais) é de 57 MPa. A resistência à tração da fibra do vidro correspondente (com diâmetros variando de 3-20μm) é de 3,4 GPa. Você pode explicar por quê?

12.92 Qual você acha que tem uma maior resistência à tração, o aço 1040 estirado a frio ou a fibra de vidro E? Verifique sua resposta. Discuta possíveis razões.

12.93 Determine a resistência à tração específica (resistência à tração/densidade) e módulo de elasticidade específico (módulo de elasticidade/densidade) para o aço liga 4340, liga de alumínio 2024-T6, liga de titânio laminada e carbono reforçado com fibra-epóxi (Tabela 12.4). Faça um gráfico semelhante à Figura 12.9 e analise seus resultados.

12.94 Uma viga de seção transversal retangular ($b = 0,3$ pol e $h = 0,6$ pol) é feito de aço 1040 recozido. (a) Calcule o produto EI chamado de rigidez à flexão da viga, onde E é o módulo de elasticidade e I é o momento de inércia transversal ($I = bh^3/12$ para seções transversais retangulares). (b) Se você fosse fabricar essa viga em alumínio 6061-T6 com a mesma rigidez à flexão EI, considerando que o valor de b não pode mudar, que valor de h você escolheria? (c) Se você fizesse essa viga em compósito com feixe de fibra de carbono unidirecional (utilize a Tabela 12.4), qual poderia ser o valor de h? (d) Em todos os três casos, calcule o peso da viga, sendo dado o comprimento igual 6 pés (analise seus resultados).

12.95 (a) No Problema 12.94 (dada a mesma restrição quanto à largura b, se a viga estiver sob flexão pura, M, de 400 lb · pol e tensão normal, σ, que atua sobre a seção transversal, não superior a 30 ksi, desenhe a seção transversal para a carga ($\sigma = 6M/bh^2$). (b) Determine o peso da viga para cada material candidato. (c) Determine o custo do material de cada viga. Analise seus resultados.

12.96 (a) No Problema 12.94, se todas as três vigas devem ter a mesma área transversal, compare os seus fatores de rigidez à flexão. (b) Qual material nos dá o maior EI?

12.97 Um componente de rolamento é feito de alumínio 2024-T4. A empresa gostaria de reduzir o peso deste componente, fabricando-o com compósito de fibra de carbono laminado unidirecional (sem alterar suas dimensões). (a) Projete a matriz e respectiva fração volumétrica da fibra desse laminado tal que seu módulo de elasticidade seja comparável à do alumínio. (b) Quantos quilos você vai economizar? (Assuma condições de isodeformação e material isento de defeitos).

12.98 Se você usar exatamente a mesma fração volumétrica de fibra encontrada no Problema 12.93, qual será o módulo de elasticidade do compósito, assumindo condições de isodeformação? Compare os resultados obtidos com os do Problema 12.93. Como você explica essa discrepância?

12.99 Ao projetar uma vara de pesca tubular, deve-se considerar a força aro (para evitar o efeito colapso de palha) e a rigidez axial da haste (para evitar deformação elástica excessiva na haste). (a) Proponha um processo para fazer uma seção tubular das varas de pesca de compósitos reforçados com fibras. (b) Que medidas você tomaria para assumir que (i) as tensões no aro estejam devidamente apoiadas e (ii) que a rigidez axial seja suficiente? (c) Sugira um material adequado para esta aplicação.

12.100 (a) Ao projetar o eixo de um *driver* de um clube de golfe, que condições de carga mecânica devemos considerar? (b) Como podem os compósitos reforçados com fibras suportar estas condições de carregamento (propor um processo)? (c) Identificar as vantagens da substituição do eixo de aço inoxidável por eixos de compósitos.

12.101 (a) Compare e contraste as propriedades dos seguintes materiais compósitos reforçados com fibras: Kevlar 49-epóxi, vidro S-epóxi, a SiC-tugstênio compósitos carbono-carbono. (b) Dê uma aplicação geral para cada material.

12.102 Em que aspecto o concreto e a fibra de carbono reforçada com resina epóxi são similares? Em que eles são diferentes?

12.103 Referindo-se a Tabela 12.4, explicar por que a resistência à tração e o módulo de elasticidade do compósito é consideravelmente menor no sentido transversal em relação ao sentido longitudinal. O que nós podemos dizer desse comportamento de muitos materiais? Desenhe um esquema para explicar.

12.104 Você está equipado com 0° lonas de um peso leve, compósito reforçado com fibra para a fabricação de um vaso de pressão cilíndrico. Sugira maneiras de usar a 0° lonas para suportar as tensões no vaso de pressão. Lembre-se que em um vaso pressurizado, ambos os arcos (axial e circunferencial), sofrerão esforços desenvolvidos. Desenhe um esquema para explicar.

12.105 Na artroplastia total do quadril, a maioria dos cirurgiões prefere a cabeça femoral cerâmica em um copo de polímero em oposição a uma cabeça de liga de titânio no copo de polímero. Especule sobre as razões para isso. Realize uma pesquisa na *web* e descubra o motivo. A resposta o surpreendeu?

CAPÍTULO 13
Corrosão

(© AP/Wide World Photos.)

METAS DE APRENDIZAGEM

Ao final deste capítulo, o aluno será capaz de:

1. Definir corrosão e as reações eletroquímicas correspondentes associadas.
2. Classificar a reatividade (cátodo *versus* ânodo) de alguns metais puros baseada no potencial padrão.
3. Definir uma pilha galvânica, seus elementos importantes, o papel do eletrólito, e várias circunstâncias nas quais uma pilha galvânica é criada na vida real.
4. Explicar os aspectos básicos da cinemática da corrosão e definir polarização, passivarão e as séries galvânicas.
5. Definir vários tipos de corrosão e as circunstâncias nas quais esta ocorre no dia a dia.
6. Definir oxidação e como ela pode proteger os metais.
7. Nomear várias maneiras de evitar corrosão.

Em 28 de abril de 1988, um Boeing 737 da Aloha Airline perdeu uma grande parte de uma fuselagem durante um voo a 24.000 pés[1]. O piloto conseguiu pousar com sucesso sem outros danos catastróficos à estrutura do avião. Os painéis da fuselagem que estavam unidos ao longo de juntas sobrepostas utilizando rebites sofreram corrosão, resultando na quebra e descolagem ao longo da vida da aeronave (19 anos, neste caso). Como resultado, ocorreu uma falha estrutural na fuselagem durante um voo devido a corrosão acelerada por fadiga[2].

---
[1] http://www.aloha.net/~icarus/
[2] http://www.corrosion-doctors.org

13.1 GERAL

Corrosão pode ser definida como a deterioração de um material, resultado de ataque químico proveniente do ambiente. Já que a corrosão é causada por reação química, a taxa de quanto a corrosão acontece depende também da temperatura e da concentração dos reagentes e produtos. Outros fatores como a tensão mecânica e a erosão também podem contribuir com a corrosão.

Quando falamos de corrosão, normalmente nos referimos a um ataque eletroquímico em metais. Esse tipo de material é suscetível a esse ataque porque eles possuem elétrons livres que podem formar pilhas eletroquímicas dentro de suas estruturas. A maioria dos metais são corroídos também pela água e pela atmosfera. Também podem ser corroídos por meio de ataque químico direto de soluções químicas e até mesmo metais líquidos.

A corrosão de metais pode ser considerada uma extração metalúrgica reversa. A maioria dos metais, que existe na natureza, estão combinados, por exemplo, em forma de óxidos, sulfitos, carbonatos ou silicatos. Nesses estados combinados, as energias dos metais são mais baixas. No estado metálico, as energias são mais altas e, assim, há uma espontaneidade dos metais reagirem para formar compostos. Por exemplo, óxidos de ferro existem comumente na natureza e são reduzidos termicamente a ferro, que é um estado de energia mais alto. Existe, todavia, uma tendência do ferro metálico de retornar espontaneamente a óxido de ferro por meio da corrosão (ferrugem), então ele também pode existir num estado de energia mais baixo (Figura 13.1).

Materiais não metálicos como as cerâmicas e polímeros não sofrem ataque eletroquímico, mas podem ser deteriorados por meio de ataque químico direto. Por exemplo, materiais cerâmicos refratários podem ser quimicamente atacados em altas temperaturas por sais fundidos. Polímeros orgânicos podem ser deteriorados por meio de ataque por solventes orgânicos. Água é absorvida por alguns polímeros orgânicos que causam mudanças nas dimensões ou nas propriedades. A ação combinada de oxigênio e radiação ultravioleta deteriorará alguns polímeros mesmo na temperatura ambiente.

Corrosão, portanto, é um processo destrutivo de preocupação para a Engenharia e representa uma perda econômica grande. Assim, não é surpresa que os engenheiros com o controle e prevenção da corrosão. O propósito deste capítulo é de servir como uma introdução a este importante assunto.

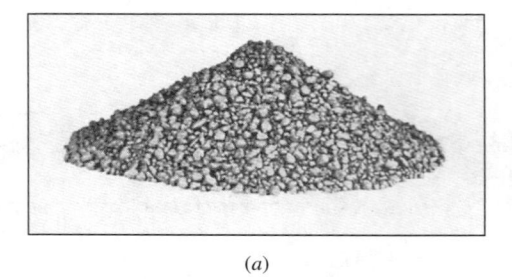

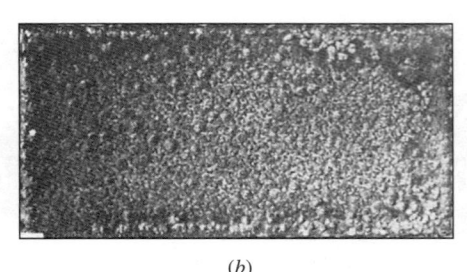

(a) (b)

Figura 13.1
(*a*) Minério de ferro (óxido de ferro). (*b*) Produtos de corrosão na forma de ferrugem (óxido de ferro) em uma amostra de aço que foi exposta à atmosfera. Enferrujando, o ferro metálico presente no aço voltou ao seu estado original num estado de energia mais baixo.
(*Cortesia de LaQue Center for Corrosion Technology, Inc.*)

13.2 CORROSÃO ELETROQUÍMICA DE METAIS

13.2.1 Reações de óxido-redução

Já que a maioria das reações de corrosão são eletroquímicas por natureza, é importante compreender seus princípios básicos. Considerando uma amostra de zinco metálico colocado em um béquer de acido clorídrico, conforme a Figura 13.2. O zinco é dissolvido ou corroído no ácido, e são produzidos cloreto de zinco e hidrogênio, como mostra a reação química a seguir:

Figura 13.2
Reação do acido clorídrico com zinco para produzir gás hidrogênio.

$$Zn + 2HCl \rightarrow ZnCl_2 + H_2 \qquad (13.1)$$

Esta reação pode ser escrita em sua forma iônica simplificada, omitindo os íons de cloreto:

$$Zn + 2H^+ \rightarrow Zn^{2+} + H_2 \qquad (13.2)$$

Esta equação consiste em duas meias-reações: uma para a oxidação do zinco e outra para redução dos íons de hidrogênio para a forma gasosa. Estas podem ser escritas como

$$Zn \rightarrow Zn^{2+} + 2e^- \quad \text{(reação de oxidação de meia célula)} \qquad (13.3a)$$

$$2H^+ + 2e^- \rightarrow H_2 \quad \text{(reação de redução de meia célula)} \qquad (13.3b)$$

Alguns pontos importantes sobre as meias-pilhas são:

1. *Reação de oxidação.* A reação de oxidação na qual os metais formam íons que entram em uma solução aquosa é chamada reação *anódica*, e as regiões locais na superfície do metal onde a oxidação acontece é chamada de **ânodo** *local*. Na reação anódica, são produzidos elétrons que permanecem no metal, e os átomos do metal formam cátions (por exemplo, $Zn \rightarrow Zn^{2+} + 2e^-$).

2. *Reação de redução.* A reação de redução, na qual o metal ou não metal é reduzido na carga de valência, é chamada reação *catódica*. As regiões locais na superfície do metal, onde os íons metálicos ou não metálicos são reduzidos, são chamadas **cátodos** *locais*. Nessa reação há *consumo de elétrons*.

3. Reações de corrosão eletroquímica envolvem reações de oxidação que produzem elétrons e reações de redução que consumem elétrons. Ambas reações devem acontecer ao mesmo tempo e na mesma taxa para prevenir a formação de carga elétrica no metal.

13.2.2 Potenciais dos eletrodos da meia-pilha padrão para metais

Todo metal tem uma tendência à corrosão, que difere em ambientes particulares. Por exemplo, zinco é atacado quimicamente ou corroído por acido clorídrico diluído, sendo que ouro não. Um método para comparar as tendências dos metais para formação de íon em soluções aquosas é comparar os potenciais de suas meias-pilhas de oxidação ou redução (voltagem) aos potenciais da meia-pilha

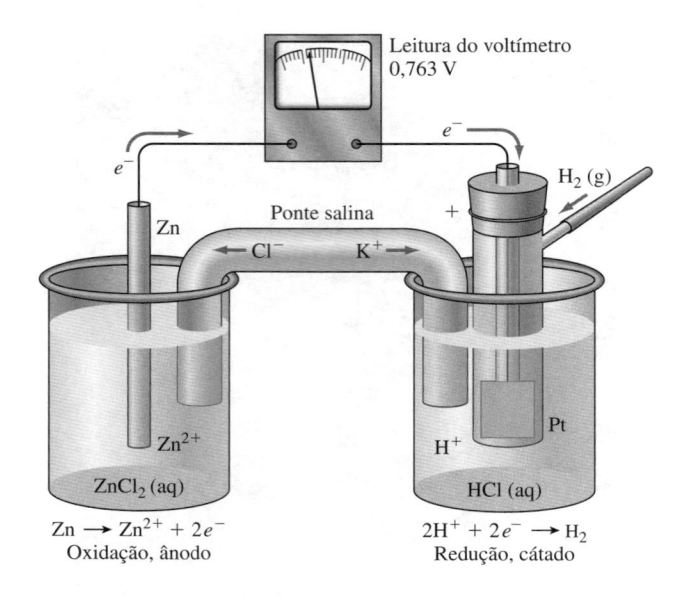

Figura 13.3
Configuração experimental para determinar a força eletromotriz padrão do zinco. Em um béquer, um eletrodo de Zn é colocado em uma solução de 1 M de íons de Zn^{2+}. No outro, temos um eletrodo de hidrogênio referência que consiste em um eletrodo de platina imerso em uma solução de 1 M de íons H^+ que contém gás H^2 a 1 atm. A equação geral que ocorre quando os dois eletrodos estão conectados por um fio externo é

$$Zn(s) + 2H^+(aq) \rightarrow Zn^{2+}(aq) + H_2(g)$$

(R.E. Davis, K.D. Gailey, e K.W. Whitten, "Principles of Chemistry", Saunders College Publishing, 1984, p. 635.)

padrão hidrogênio – íon de hidrogênio. A Figura 13.3 mostra uma configuração experimental para determinação dos potenciais dos eletrodos da meia-pilha padrão.

Para isto, são necessários dois béqueres com solução aquosa separados por uma ponte salina para que a mistura mecânica das soluções seja evitada (Figura 13.3). Em um béquer, um eletrodo do metal cujo potencial padrão será determinado é imerso em 1 M de solução de íons a 25 °C. Na Figura 13.3, um eletrodo de Zn é imerso em uma solução de 1 M de íons Zn^{2+}. No outro béquer, um eletrodo de platina é imerso em uma solução de 1 M de íons H^+ na qual o hidrogênio na forma gasosa é borbulhado. Um fio em série, junto com um interruptor e um voltímetro conecta os dois eletrodos.

Quando o interruptor é fechado, a voltagem entre as meias-pilhas é medida. O potencial devido a reação da meia-pilha de hidrogênio $H_2 \rightarrow 2H^+ + 2e^-$ é arbitrariamente assimilado a voltagem zero. Assim, a voltagem da reação da meia-pilha do metal (zinco) $Zn \rightarrow Zn^{2+} + 2e^-$ é medida diretamente. Como indicado na Figura 13.3, o potencial padrão do eletrodo da meia-pilha para a $Zn \rightarrow Zn^{2+} + 2e^-$ reação é –0,763 V.

A Tabela 13.1 lista os potenciais padrões das meias-pilhas de alguns metais. Estes metais, que são mais reativos que o hidrogênio, levam o potencial negativo e são chamados de *agentes redutores*. No experimento mostrado na Figura 13.3, estes metais são oxidados para formarem íons e os íons de hidrogênio são reduzidos para formar gás hidrogênio. As equações para as reações envolvidas são

$$M \rightarrow M^{n+} + ne^- \quad \text{(metais oxidados para íons)} \qquad (13.4a)$$

$$2H^+ + 2e^- \rightarrow H_2 \quad \text{(íons de hidrogênio)} \qquad (13.4b)$$

Esses metais que são menos reativos que o hidrogênio levam o potencial positivo e são chamados *agentes oxidantes*. No experimento da Figura 13.3, os íons são reduzidos ao seu estado atômico e o gás hidrogênio é oxidado em íons de hidrogênio. As equações envolvidas são

$$M^{n+} + ne^- \rightarrow M \quad \text{(íons metálicos reduzidos a átomos)} \qquad (13.5a)$$

$$H_2 \rightarrow 2H^+ + 2e^- \quad \text{(gás de hidrogênio oxidado para íons de hidrogênio)} \qquad (13.5b)$$

Tabela 13.1
Potenciais dos eletrodos padrão a 25 °C.*

	Reação oxidação (corrosão)	Potencial padrão ($E°$) (volts *versus* potencial padrão de hidrogênio)
Mais catódica (menor tendência a corroer) ↑	$Au \rightarrow Au^{3+} + 3e^-$	+1,498
	$2H_2O \rightarrow O_2 + 4H^+ + 4e^-$	+1,229
	$Pt \rightarrow Pt^{2+} + 2e^-$	+1,200
	$Ag \rightarrow Ag^+ + e^-$	+0,799
	$2Hg \rightarrow Hg_2^{2+} + 2e^-$	+0,788
	$Fe^{2+} \rightarrow Fe^{3+} + e^-$	+0,771
	$4(OH)^- \rightarrow O_2 + 2H_2O + 4e^-$	+0,401
	$Cu \rightarrow Cu^{2+} + 2e^-$	+0,337
	$Sn^{2+} \rightarrow Sn^{4+} + 2e$	+0,150
	$H_2 \rightarrow 2H^+ + 2e$	0,000
Mais anódica (maior tendência a corroer) ↓	$Pb \rightarrow Pb^{2+} + 2e^-$	–0,126
	$Sn \rightarrow Sn^{2+} + 2e^-$	–0,136
	$Ni \rightarrow Ni^{2+} + 2e^-$	–0,250
	$Co \rightarrow Co^{2+} + 2e^-$	–0,277
	$Cd \rightarrow Cd^{2+} + 2e^-$	–0,403
	$Fe \rightarrow Fe^{2+} + 2e^-$	–0,440
	$Cr \rightarrow Cr^{3+} + 3e^-$	–0,744
	$Zn \rightarrow Zn^{2+} + 2e^-$	–0,763
	$Al \rightarrow Al^{3+} + 3e^-$	–1,662
	$Mg \rightarrow Mg^{2+} + 2e^-$	–2,363
	$Na \rightarrow Na^+ + e^-$	–2,714

* As reações são escritas com meia-célula anódica. Quanto mais negativa a reação de meia-célula, mais anódica é a reação e maior a tendência para sofrer corrosão ou oxidação).

13.3 PILHAS GALVÂNICAS

13.3.1 Pilhas galvânicas macroscópicas com eletrólitos molares

Já que a maioria das corrosões metálicas envolvem reações eletroquímicas, é importante entender os princípios de operação de um **par galvânico (pilha)**. Uma pilha galvânica macroscópica pode ser construída com dois eletrodos metálicos diferentes imersos em uma solução de seus próprios íons. Uma pilha galvânica deste tipo é apresentada na Figura 13.4, na qual há um eletrodo de zinco imerso em uma solução de 1 M de Zn^{2+} e um eletrodo de cobre imerso em uma solução de 1 M de Cu^{2+} sendo que as soluções encontram-se a 25 °C. Ambas encontram-se separadas por uma parede porosa para evitar mistura mecânica das soluções e um fio externo em série com um interruptor e um voltímetro conecta os eletrodos. Quando o interruptor é fechado, elétrons passam do eletrodo de zinco para o eletrodo de cobre por meio do fio, e a voltagem de –1,10 V é mostrada no voltímetro.

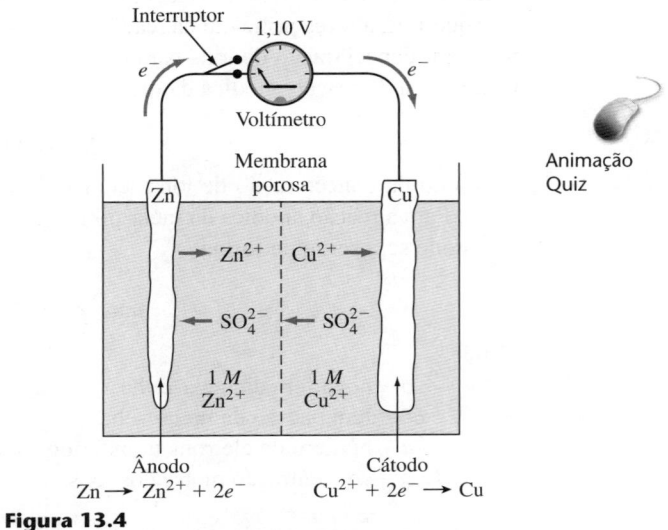

Figura 13.4
Uma pilha galvânica macroscópica com eletrodos de zinco e cobre. Quando o interruptor é fechado e os elétrons são transferidos, uma diferença de potência de –1,10 V é mostrada. O eletrodo de zinco é o ânodo da pilha e sofre corrosão.

Em uma reação eletroquímica de um par galvânico para dois metais imersos em uma solução de 1 M de seus próprios íons, o eletrodo que tiver mais potencial de oxidação negativo será o eletrodo oxidado. Uma reação de redução acontece no eletrodo que tiver potencial mais positivo. Assim, para a pilha galvânica Zn-Cu ilustrada na Figura 13.4, o eletrodo de Zn será oxidado para íons Zn^{2+} e os íons Cu^{2+} serão reduzidos para Cu no eletrodo de cobre.

Calculemos agora o potencial eletroquímico da pilha galvânica Zn-Cu quando o interruptor é fechado. Primeiro, escrevemos as reações de oxidação da meia-pilha de zinco e de cobre, usando a Tabela 13.1:

$$Zn \rightarrow Zn^{2+} + 2e^- \quad E° = -0{,}763 \text{ V}$$
$$Cu \rightarrow Cu^{2+} + 2e^- \quad E° = +0{,}337 \text{ V}$$

Vemos que a reação da meia-pilha de zinco tem potencial mais negativo (–0,763 V para o Zn contra +0,337 V para o Cu). Assim, o eletrodo de Zn será oxidado a íons Zn^{2+} e os íons Cu^{2+} serão reduzidos a Cu no eletrodo de Cu. A potência eletroquímica total da pilha, a **força eletromotriz (fem)**, é obtida somando os potenciais de oxidação e a redução das meias-pilhas. Observe que o sinal do potencial de oxidação da meia-pilha deve ser mudado para a polaridade oposta quando a reação da meia-pilha é escrita como uma reação de oxidação.

Oxidação: $\quad Zn \rightarrow Zn^{2+} + 2e^- \quad\quad E° = -0{,}763$ V

Redução: $\quad Cu^{2+} + 2e^- \rightarrow Cu \quad\quad E° = -0{,}337$ V

Reação total: $\quad Zn + Cu^{2+} \rightarrow Zn^{2+} + Cu \quad E°_{pilha} = -1{,}100$ V

(Observe a troca de sinais)

Para um par galvânico, o eletrodo que é oxidado é chamado *ânodo* e o eletrodo onde a redução acontece é chamado *cátodo*. No ânodo, *são produzidos íons metálicos e elétrons*, e como os elétrons permanecem no eletrodo metálico, o *ânodo leva a polaridade negativa*. No cátodo, *os elétrons são consumidos*, e recebe então polaridade positiva. No caso da pilha de Zn-Cu antes descrita, átomos de cobre se acoplam no cátodo de cobre.

13.3.2 Pilhas galvânicas com eletrólitos não molares

A maioria dos eletrólitos para corrosão real de pilhas galvânicas geralmente são soluções diluídas que têm muito menos de 1 M. Se a concentração de íons em um eletrólito que rodeia um eletrodo anódico é menor que 1 M, a força principal da reação para dissolver ou corroer o ânodo é muito maior já que existe uma menor concentração de íons para causar a reação inversa. Assim, existirá uma força eletromotriz mais negativa da reação anódica da meia-pilha:

$$M \rightarrow M^{n+} + ne^- \tag{13.6}$$

O efeito da concentração de íon metálico C_{ion} na fem padrão $E°$ a 25 °C é dada pela *equação de Nernst*[3]. Para a reação anódica da meia-pilha na qual somente um tipo de íon é produzida, a equação de Nernst pode ser escrita na forma

$$E = E° + \frac{0{,}0592}{n} \log C_{ion} \tag{13.7}$$

Onde:
$\quad E$ = nova fem da meia-pilha
$\quad E°$ = fem padrão da meia-pilha
$\quad n$ = número de elétrons transferido (por exemplo, $M \rightarrow M^{n+} + ne^-$)
$\quad C_{ion}$ = concentração molar dos íons

---

[3]Walter Hermann Nernst (1864-1941). Químico e físico alemão que realizou trabalhos fundamentais em soluções eletrolíticas e na termodinâmica.

EXEMPLO 13.1

Uma pilha galvânica consiste em um eletrodo de zinco em uma solução de 1 M de ZnSO$_4$ e outro de níquel em uma solução de 1 M de NiSO$_4$. Os eletrodos estão separados por uma parede porosa para evitar mistura entre as soluções. Um fio externo com um interruptor conecta os dois eletrodos. Quando o interruptor é fechado:

a. Em qual eletrodo se realiza a oxidação?
b. Qual eletrodo é o ânodo da pilha?
c. Qual eletrodo corrói?
d. Qual é a fem da pilha-galvânica quando o interruptor é fechado?

■ **Solução**

As reações de meias-pilhas são:

$$Zn \rightarrow Zn^{2+} + 2e^- \quad E° = -0,763 \text{ V}$$
$$Ni \rightarrow Ni^{2+} + 2e^- \quad E° = -0,250 \text{ V}$$

a. A oxidação acontece no eletrodo de zinco já que a reação do zinco tem potencial mais negativo de –0,763 V se comparado a –0,250 V da reação do zinco.
b. O eletrodo de zinco é o ânodo já que a oxidação acontece no ânodo.
c. O eletrodo de zinco é corroído já que é o ânodo da pilha galvânica quem sofre corrosão.
d. A fem da pilha é obtida quando somamos os potenciais da reação:

Reação no ânodo:	$Zn \rightarrow Zn^{2+} + 2e$	$E° = -0,763$ V
Reação no cátodo:	$Ni^{2+} + 2e^- \rightarrow Ni$	$E° = +0,250$ V
Reação geral:	$Zn + Ni^{2+} \rightarrow Zn^{2+} + Ni$	$E°_{pilha} = -0,513$ V ◀

EXEMPLO 13.2

Uma pilha galvânica a 25 °C em um eletrodo de zinco com solução 0,10 M de ZnSO$_4$ e outro de níquel em uma solução de 0,05 M de NiSO$_4$. Os dois eletrodos estão separados por uma parede porosa e ligados por um fio. Qual é a força eletromotriz da pilha quando o interruptor é ligado?

■ **Solução**

Primeiro, assumiremos que a dissolução de 1 M das soluções não afetarão a ordem dos potenciais de Zn e Ni na série de potencial padrão. Assim, o zinco com um potencial mais negativo de – 0,763V será o ânodo da pilha Zn-Ni e o níquel será o cátodo. Depois, a equação de Nernst será usada para modificar os potenciais padrões de equilíbrio.

$$E_{pilha} = E° + \frac{0,0592}{n} \log C_{íon}$$

$$\text{Reação no ânodo:} \quad E_A = -0,763 \text{ V} + \frac{0,0592}{2} \log 0,10$$
$$= -0,763 \text{ V} - 0,0296 \text{ V} = -0,793 \text{ V}$$

$$\text{Reação no cátodo:} \quad E_C = -\left(-0,250 \text{ V} + \frac{0,0592}{2} \log 0,05\right)$$
$$= +0,250 \text{ V} + 0,0385 \text{ V} = +0,288 \text{ V}$$

$$\text{Fem da pilha:} \quad = E_A + E_C = -0,793 \text{ V} + 0,288 \text{ V} = -0,505 \text{ V} \blacktriangleleft \quad (13.7)$$

Para a reação do cátodo o sinal da fem final é invertido. O Exemplo 13.2 mostra como a fem em uma pilha galvânica macroscópica na qual os eletrólitos não se encontram em soluções molares pode ser calculada utilizando a equação de Nernst.

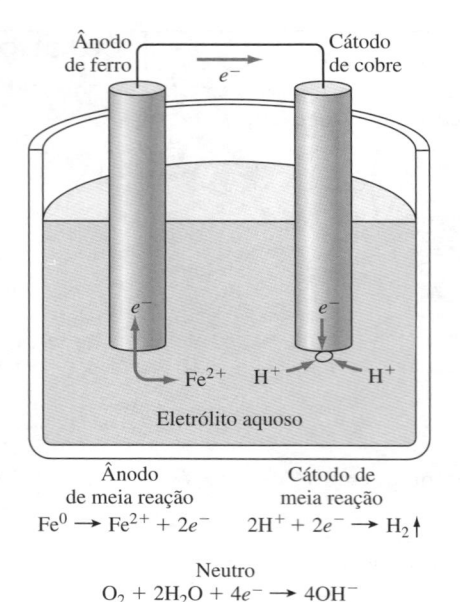

Figura 13.5
Reações no eletrodo de uma pilha-galvânica ferro-cobre na qual não existem íons metálicos presentes no eletrólito inicialmente.
(De Wuff et al., "Structure and Properties of Materials", vol. II, Wiley, 1964, p. 164.)

Ânodo de meia reação
$Fe^0 \rightarrow Fe^{2+} + 2e^-$

Cátodo de meia reação
$2H^+ + 2e^- \rightarrow H_2 \uparrow$

Neutro
$O_2 + 2H_2O + 4e^- \rightarrow 4OH^-$

13.3.3 Pilhas galvânicas com ácidos ou eletrólitos alcalinos sem íons metálicos presentes

Consideremos uma pilha galvânica na qual eletrodos de ferro e cobre são imersos em uma solução eletrolítica ácida na qual não temos metais presentes inicialmente. Os eletrodos estão conectados por um fio, como mostra a Figura 13.5. O potencial padrão do eletrodo para o ferro oxidar é –0,440 V e para o cobre oxidar é +0,337 V. Portanto, neste par, o ferro será o ânodo e oxidará, uma vez que apresenta o potencial de oxidação mais negativo. A reação da meia-pilha para o ferro ânodo é

$$Fe \rightarrow Fe^{2+} + 2e^- \quad \text{(reação anódica da meia-pilha)} \quad (13.8a)$$

Já que não existem íons de cobre no eletrólito para serem reduzidos a átomos de cobre para a reação catódica, os íons de hidrogênio na solução ácida serão reduzidos a átomos de hidrogênio que subsequentemente combinarão para formar gás hidrogênio diatômico (H_2). A reação no cátodo é

$$2H^+ + 2e^- \rightarrow H_2 \quad \text{(reação catódica da meia-pilha)} \quad (13.8b)$$

Contudo, se o eletrólito também contiver um agente oxidante, a reação catódica será

$$O_2 + 4H^+ + 4e^- \rightarrow 2H_2O \quad (13.8c)$$

$$O_2 + 2H_2O + 4e^- \rightarrow 4OH^- \quad (13.8d)$$

A Tabela 13.2 mostra quatro reações comuns que acontecem em pilhas galvânicas aquosas.

Tabela 13.2
Algumas reações catódicas comuns para pilhas galvânicas aquosas.

Reação no cátodo	Exemplo
1. Deposição de metal: $M^{n+} + ne^- \rightarrow M$	Par galvânico Fe-Cu em solução aquosa com íons Cu^{2+}; $Cu^{2+} + 2e^- \rightarrow Cu$
2. Hidrogênio: $2H^+ + 2e^- \rightarrow H_2$	Par galvânico Fe-Cu em solução ácida sem a presença de íons de cobre
3. Redução do Oxigênio (soluções ácidas): $O_2 + 4H^+ + 4e^- \rightarrow 2H_2O$	Par galvânico Fe-Cu em solução oxidante ácida sem a presença de íons de cobre
4. Redução do oxigênio (soluções neutras): $O_2 + 2H_2O + 4e^- \rightarrow 4OH^-$	Par galvânico Fe-Cu em uma solução neutra ou alcalina sem a presença de íons de cobre

Se o eletrólito é neutro ou básico e o oxigênio está presente, as moléculas de oxigênio e da água reagirão para formar o íon hidroxila, com a reação catódica virando

13.3.4 Corrosão microscópica de pilhas galvânicas de um eletrodo

Se um único eletrodo for colocado em uma solução de ácido diluída e sem ar, será corroída eletroquimicamente já que ânodos e cátodos microscópicos locais se desenvolverão na superfície devido às heterogeneidades na estrutura e composição (Figura 13.6a). A reação de oxidação que ocorrerá no ânodo local será

$$Zn \rightarrow Zn^{2+} + 2e^- \quad \text{(reação anódica)} \quad (13.9a)$$

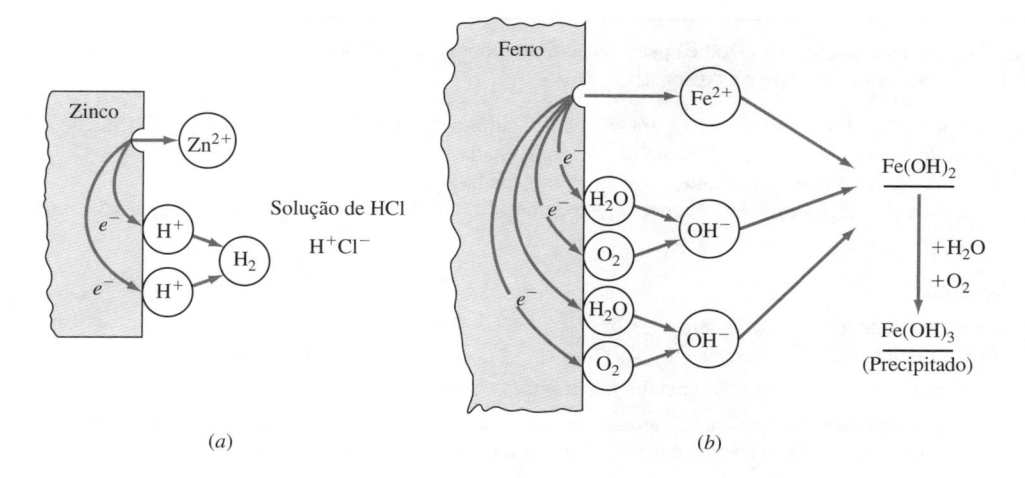

Figura 13.6
Reação eletroquímica para (a) zinco imerso em ácido clorídrico diluído e (b) ferro imerso em solução de água oxigenada neutra.

e a reação de redução que ocorrerá no cátodo local será

$$2H^+ + 2e^- \rightarrow H_2 \quad \text{(reação catódica)} \quad (13.9b)$$

Ambas reações ocorrerão simultaneamente e na mesma proporção na superfície do metal.

Outro exemplo de corrosão de um único eletrodo é o *ferro enferrujando*. Se um pedaço de ferro é imerso em água oxigenada, hidróxido férrico [Fe(OH)$_3$] será formado em sua superfície como indicado na Figura 13.6b. A reação de oxidação que ocorre no ânodo microscópico local é

$$Fe \rightarrow Fe^{2+} + 2e^- \quad \text{(reação anódica)} \quad (13.10a)$$

Já que o ferro está imerso em água oxigenada neutra, a reação de redução ocorrendo no cátodo local é

$$O_2 + 2H_2O + 4e^- \rightarrow 4OH^- \quad \text{(reação catódica)} \quad (13.10b)$$

A equação geral é obtida somando as duas reações das Equações 13.10a e 13.10b.

$$2Fe + 2H_2O + O_2 \rightarrow 2Fe^{2+} + 4OH^- \rightarrow \underset{\text{Precipitado}}{2Fe(OH)_2 \downarrow} \quad (13.10c)$$

O hidróxido ferroso, Fe(OH)$_2$, precipita da solução, já que este composto é insolúvel em solução aquosa oxigenada. É depois então oxidado a hidróxido férrico, Fe(OH)$_3$, que possui uma coloração rubra de ferrugem. A reação para a oxidação do hidróxido ferroso a férrico é

$$2Fe(OH)_2 + H_2O + \tfrac{1}{2}O_2 \rightarrow \underset{\text{Precipitado (ferrugem)}}{2Fe(OH)_3 \downarrow} \quad (13.10d)$$

13.3 5 Pilhas galvânicas de concentração

Pilhas de concentração de íons Considere uma **pilha de concentração de íons** consistente de dois eletrodos de ferro, um imerso em um eletrólito diluído de Fe^{2+} e o outro em um eletrólito concentrado de Fe^{2+}, como mostra a Figura 13.7. Nesta pilha galvânica, o eletrodo no eletrólito diluído será o ânodo já que segundo a equação de Nernst, este eletrodo terá mais potencial negativo que o outro.

Por exemplo, comparemos o potencial da meia-pilha de um eletrodo de ferro imerso em um eletrólito diluído de 0,001 M de Fe^{2+} com o potencial de outro eletrodo de ferro imerso em um eletrólito mais concentrado de 0,01 M de Fe^{2+}. Os dois eletrodos são conectados por um fio externo, como mostra a

EXEMPLO 13.3

Escreva as reações anódica e catódica para as seguintes condições eletrodo-eletrólito. Utilize os valores de E^o da Tabela 13.1 como base para as respostas.

a. Eletrodos de cobre e zinco imersos em solução de sulfato cúprico ($CuSO_4$) diluído.
b. Eletrodo de cobre imerso em solução de água oxigenada.
c. Eletrodo de ferro imerso em solução de água oxigenada.
d. Eletrodos de magnésio e ferro conectados por um fio externo, imersos em uma solução oxigenada 1% NaCl.

■ **Solução**

a. Reação no ânodo: $Zn \rightarrow Zn^{2+} + 2e^-$ $E^o = -0{,}763$ V (oxidação)
   Reação no cátodo: $Cu^{2+} + 2e^- \rightarrow Cu$ $E^o = -0{,}337$ V (redução)
   Comentário: O zinco tem o potencial mais negativo e será então o ânodo. Será, portanto, oxidado.

b. Pouca ou praticamente nenhuma corrosão acontece já que a diferença de potencial entre a oxidação do cobre (0,337 V) e a formação de água a partir dos íons de hidroxila (0,401 V) é tão pequena.

c. Reação no ânodo: $Fe \rightarrow Fe^{2+} + 2e^-$ $E^o = -0{,}440$ V (oxidação)
   Reação no cátodo: $O_2 + 2H_2O + 4e^- \rightarrow 4OH^-$ $E^o = -0{,}401$ V
   Comentário: Fe tem o potencial mais negativo e então é o ânodo. Fe é, portanto, oxidado.

d. Reação no ânodo: $Mg \rightarrow Mg^{2+} + 2e^-$ $E^o = -2{,}36$ V
   Reação no cátodo: $O_2 + 2H_2O + 4e^- \rightarrow 4OH^-$ $E^o = -0{,}401$ V
   Comentário: Magnésio tem um potencial de oxidação mais negativo e é, portanto, o ânodo. Mg, então, oxida.

Figura 13. A equação geral de Nernst para reação de oxidação da meia-pilha $Fe \rightarrow Fe^{2+} + 2e^-$, já que $n = 2$ é

$$E_{Fe^{2+}} = E^o + 0{,}0296 \log C_{íon} \tag{13.11}$$

Para solução 0,001 M: $E_{Fe^{2+}} = -0{,}440 \text{ V} + 0{,}0296 \log 0{,}001 = -0{,}529 \text{ V}$

Para solução 0,01 M: $E_{Fe^{2+}} = -0{,}440 \text{ V} + 0{,}0296 \log 0{,}01 = -0{,}499 \text{ V}$

Já que –0,529 V é mais negativo que – 0,499 V, o eletrodo de ferro na solução mais diluída será o ânodo da pilha eletroquímica e, por isso, será oxidado e corroído. Assim, as pilhas de concentração de íons produzem corrosão na região do eletrólito mais diluído.

Pilhas de concentração de oxigênio Pilhas de concentração de oxigênio podem ser desenvolvidas quando existe uma diferença na concentração de oxigênio na superfície úmida de um metal oxidável. Essas pilhas, em particular, são importantes na corrosão de metais facilmente oxidáveis como o ferro, que não forma um filme de óxido de proteção.

Considere uma pilha de concentração de oxigênio que consiste em dois eletrodos de ferro, um em água eletrolítica com pouca concentração de oxigênio e outro em um eletrólito com alta concentração de oxigênio, como mostra a Figura 13.8. O ânodo e o cátodo dessa pilha serão

Reação no ânodo: $$Fe \rightarrow Fe^{2+} + 2e^- \tag{13.12a}$$

Reação no cátodo: $$O_2 + 2H_2O + 4e^- \rightarrow 4OH^- \tag{13.12b}$$

Qual eletrodo é o ânodo nessa pilha? Já que a reação no cátodo requer oxigênio e elétrons, a alta concentração de oxigênio deve estar no cátodo. Também, já que os elétrons são necessários no cátodo, eles devem ser produzidos pelo ânodo que terá a menor concentração de oxigênio.

Portanto, em geral, para uma pilha de concentração de oxigênio, as regiões com menos oxigênio serão anódicas às regiões com alta concentração desse mesmo elemento. Assim, a corrosão será acelerada nas regiões da superfície metálica onde o nível de oxigênio é relativamente pequeno como em trincas e fendas e embaixo de depósitos na superfície. Os efeitos das pilhas de concentração de oxigênio serão discutidas mais adiante na Seção 13.5, que aborda diferentes tipos de corrosão.

13.3.6 Pilhas galvânicas criadas por diferenças na composição, na estrutura e na tensão

Pilhas galvânicas microscópicas podem existir em metais ou ligas por causa da diferença na composição, estrutura e concentração de tensão. Estes fatores metalúrgicos podem afetar seriamente a resistência à corrosão de metais e ligas. Eles criam regiões anódicas e catódicas de várias dimensões que podem causar corrosão por pilha-galvânica. Alguns dos relevantes fatores metalúrgicos que afetam a resistência à corrosão são:

1. Contorno de grão.
2. Múltiplas fases.
3. Impurezas.

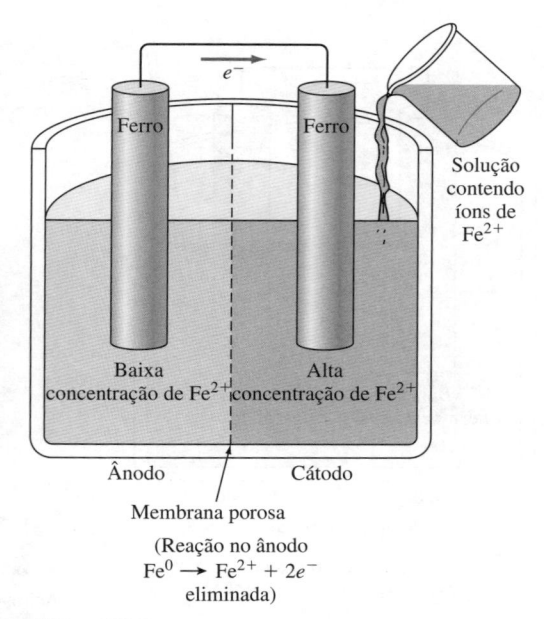

Figura 13.7
Uma pilha galvânica de concentração de íons composta por dois eletrodos de ferro. Quando o eletrólito possui diferentes concentrações em cada eletrodo, o eletrodo no eletrólito mais diluído é o ânodo.
(De Wulff et al., "Structure and Properties of Materials", vol. II, Wiley, 1964, p. 163.)

Pilhas eletroquímicas do contorno de grão Na maioria dos metais e ligas, regiões de contorno de grão são mais quimicamente ativas (anódicas) que a matriz do grão. Assim, os contornos de grão são corroídos ou quimicamente atacados como ilustra a Figura 13.9a. A razão do comportamento anódico é a energia mais alta devido à desordem nesta área e também por causa da segregação do soluto e da migração das impurezas para a região do contorno. Para algumas ligas, a situação é invertida e a segregação química causa um enobrecimento do contorno de grão comparado às regiões adjacentes. Essas condições causam uma maior corrosão nas regiões adjacentes que nos contornos de grão, como ilustra a Figura 13.9b.

Pilhas eletroquímicas de múltiplas fases Na maioria dos casos, uma liga monofásica possui uma resistência à corrosão maior que uma liga multifásica já que pilhas eletroquímicas são criadas em ligas multifásicas devido a uma fase ser mais anódica em relação a outra que age como cátodo. Por isso,

---

EXEMPLO 13.4

Um fio de ferro está imerso em um eletrólito 0,02 M de Fe^{2+} de um lado e um eletrólito 0,005 M de Fe^{2+} de outro. Os dois eletrólitos estão separados por uma parede porosa.

a Qual lado do fio irá corroer?
b Qual será a diferença de potencial entre as duas pontas do fio quando estiver imerso nos eletrólitos?

■ **Solução**

a. A ponta do fio que corroerá será a que está imersa no eletrólito mais diluído, que é o de 0,005 M. Então, o lado do fio imerso na solução de 0,005 M será o ânodo.
b. Usando a equação de Nernst com $n = 2$ (Equação 13.11) vem

$$E_{Fe^{2+}} = E° + 0{,}0296 \log C_{íon} \qquad (13.11)$$

Para solução 0,005 M $\quad E_A = -0{,}440 \text{ V} + 0{,}0296 \log 0{,}005$
$\quad\quad\quad\quad\quad\quad\quad\quad\quad = -0{,}508 \text{ V}$

Para solução 0,02 M $\quad E_C = -(-0{,}440 \text{ V} + 0{,}0296 \log 0{,}02)$
$\quad\quad\quad\quad\quad\quad\quad\quad\quad = +0{,}490 \text{ V}$

$$E_{pilha} = E_A + E_C = -0{,}508 \text{ V} + 0{,}490 \text{ V} = -0{,}018 \text{ V} \blacktriangleleft$$

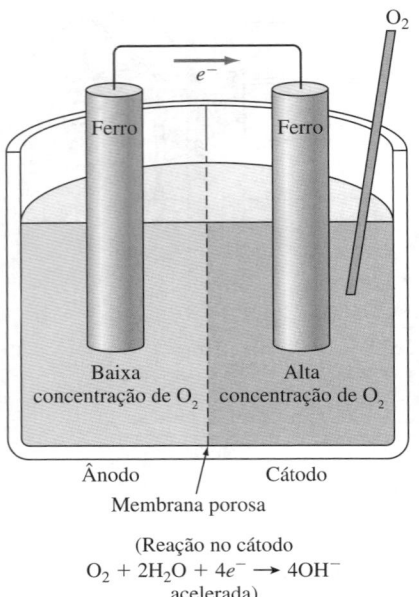

Figura 13.8
Uma pilha de concentração de oxigênio. O ânodo nesta pilha é o eletrodo que tem baixa concentração de oxigênio ao seu redor.

(Reação no cátodo
$O_2 + 2H_2O + 4e^- \rightarrow 4OH^-$
acelerada)

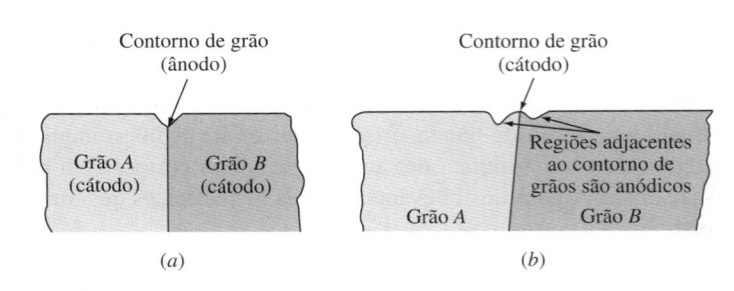

Figura 13.9
Corrosão na região do contorno do grão. (a) O contorno do grão é o ânodo da pilha galvânica e corrói. (b) O contorno de grão é o cátodo e as regiões adjacentes aos contornos funcionam como ânodo.

taxas de corrosão são mais altas em ligas multifásicas. Um exemplo clássico de corrosão galvânica de múltiplas fases pode ocorrer no ferro fundido cinzento perlítico. A microestrutura desse tipo de ferro fundido consiste em flocos de grafita em uma matriz perlítica (Figura 13.10). Já que a grafita é muito mais catódica (mais nobre) que a matriz perlítica ao redor, pilhas galvânicas altamente ativas são criadas entre os flocos de grafita e a matriz perlítica anódica. Em um caso extremo de corrosão galvânica de ferro fundido cinzento perlítico, a matriz pode corroer tanto que o ferro fundido fica como uma rede de flocos de grafita interconectados (Figura 13.11).

Outro exemplo de efeitos de segunda fase na redução da resistência à corrosão de uma liga é o efeito de têmpera na resistência à corrosão de 0,95% de aço-carbono. Quando o aço está na condição martensítica

Figura 13.10
Ferro fundido cinza classe 30. Estrutura consiste em flocos de grafita na matriz de perlita (alternando lamelas de ferritas e cementitas).
("*Metals Handbook*", vol. 7, 8. ed., American Society for Metals, 1972, p. 83. Reimpresso com permissão de ASM International. Todos os direitos reservados. www.asminternational.org)

Figura 13.11
Resíduo de grafita remanescente como resultado da corrosão do cotovelo de ferro fundido.
(Cortesia de LaQue Center for Corrosion Technology Inc.)

depois da têmpera, a taxa é relativamente pequena (Figura 13.12) porque a martensita é uma solução sólida supersaturada monofásica de carbono em posições intersticiais de uma grade tetragonal de corpo centrado de ferro. Após temperar de 200 a 500 ºC, um precipitado fino de carboneto e cementita Fe₃C é formado. Essa estrutura bifásica constitui pilhas galvânicas que aceleram a taxa de corrosão do aço, como observado na Figura 13.12. Em temperaturas maiores acima de 500 ºC, a cementita coalesce em partículas mais largas e a taxa de corrosão diminui.

Impurezas Impurezas metálicas em um metal ou uma liga podem levar à precipitação de fases metálicas que têm diferentes potenciais de oxidação que a matriz do metal. Assim, pequenas regiões anódicas ou catódicas são criadas que podem levar à corrosão galvânica quando juntas à matriz metálica. Maior resistência a corrosão é obtida com metais mais puros. Todavia, a maioria dos metais e ligas para Engenharia contêm um certo nível de elementos de impurezas já que é muito cara a total remoção dos mesmos.

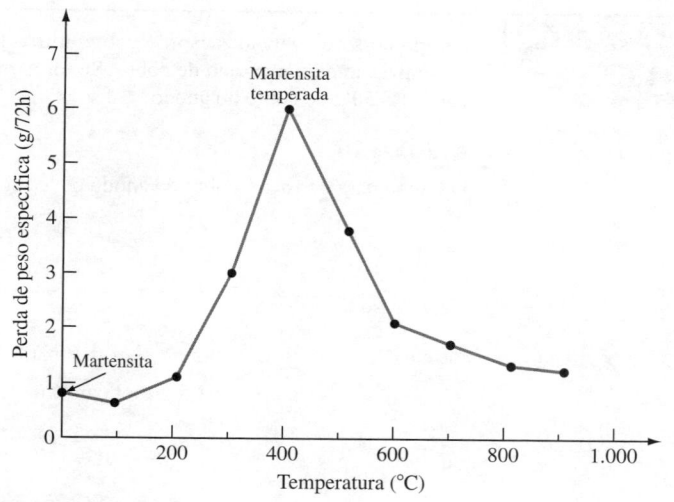

Figura 13.12
Efeito do tratamento térmico na corrosão de 0,95% de aço-carbono em 1% H₂SO₄. Espécimes polidos 2,5 × 2,5 × 0,6 cm, com tempo de têmpera de 2 horas.
(Cortesia de *Heyn e Bauer*.)

13.4 TAXAS DE CORROSÃO (CINEMÁTICA)

Até agora nossos estudos se concentraram nas condições de equilíbrio e *tendência* dos metais corroerem, que estão relacionados ao potencial padrão dos eletrodos metálicos. Todavia, sistemas em corrosão *não estão em equilíbrio*, e assim os potencias termodinâmico não nos dizem as taxas das reações de corrosão. A cinemática dos sistemas corrosivos é muito complexa e ainda não foi compreendida em sua totalidade. Nesta seção, examinaremos alguns aspectos básicos da cinemática da corrosão.

13.4.1 Taxa da corrosão uniforme ou galvanização de um metal em solução aquosa

A quantidade de metais uniformemente corroídos de um ânodo ou galvanizado em um cátodo em solução aquosa em um período pode ser determinada utilizando a equação de Faraday[4] da Química, que diz

$$w = \frac{ItM}{nF} \quad (13.13)$$

onde w = Peso do metal, g, corroído ou galvanizado em solução aquosa no tempo t, s
I = Fluxo de corrente, A
M = Massa atômica do metal, g/mol
n = Número de elétrons/átomos produzidos ou consumidos no processo
F = Constante de Faraday = 96.500 C/mol ou 96.500 A.s/mol

Às vezes, a corrosão aquosa uniforme de um metal é expressa em termos de densidade de corrente i, na qual é comumente expressa em amperes por centímetro quadrado. Trocando I por iA temos

$$w = \frac{iAtM}{nF} \quad (13.14)$$

---

[4]Michael Faraday (1791-1867). Cientista inglês que realizou experimentos em eletricidade e magnetismo. Ele realizou experimentos para mostrar como os íons de um composto migram sobre a influência de uma corrente elétrica aplicada a eletrodos de diferentes polaridades.

EXEMPLO 13.5

Um processo de galvanização do cobre utiliza 15 A de corrente por meio da corrosão do ânodo de cobre e galvanização de um cátodo de cobre. Se for assumido que não há outra reação, quanto tempo demorará para corroer 8,50 g de cobre no ânodo?

▪ Solução

O tempo para corroer o cobre do ânodo pode ser determinado pela Equação 13.13

$$w = \frac{ItM}{nF} \quad \text{ou} \quad t = \frac{wnF}{IM}$$

Nesse caso

$w = 8,5$ g $\quad n = 2$ para Cu $\rightarrow$ Cu^{2+} + 2e^- $\quad F = 96.500$ A · s/mol

$M = 63,5$ g/mol para Cu $\quad I = 15$ A $\quad t = ?$ s

ou

$$t = \frac{(8,5 \text{ g})(2)(96.500 \text{ A} \cdot \text{s/mol})}{(15 \text{ A})(63,5 \text{ g/mol})} = 1.722 \text{ s ou } 28,7 \text{ min} \blacktriangleleft$$

---

onde i = densidade de corrente, A/cm^2, e A = área, cm^2, se o centímetro for usado no comprimento. As outras variáveis serão as mesmas, como na Equação 13.13.

No caso da corrosão, em trabalho experimental, a corrosão uniforme de uma superfície metálica exposta a um meio corrosivo é medido de várias maneiras. Um método comum é medir a perda de peso de uma amostra exposta a um meio particular e, depois de um período, expressar a taxa de corrosão como uma perda de peso por unidade de área da superfície exposta por unidade de tempo. Por exemplo, corrosão uniforme de uma superfície é, geralmente, expressa como *miligrama de peso perdido por decímetro quadrado por dia* (mdd). Outro método comum utilizado é expressar a taxa de corrosão em termos de perda na profundidade do material por unidade de tempo. Exemplos de taxa de corrosão neste sistema são milímetros por ano (mm/ano) e mils por ano (mils/ano)[5]. Para corrosão eletroquímica uniforme em meios aquosos, a taxa de corrosão deverá ser expressa como uma corrente de densidade (ver Exemplo 13.8).

13.4.2 Reações de corrosão e polarização

Deixe-nos, agora, considerar a cinética do eletrodo da reação de corrosão do zinco que está sendo dissolvido por ácido clorídrico, como indicado pela Figura 13.13. O ânodo da reação de meia-pilha para essa reação eletroquímica é:

$$Zn \rightarrow Zn^{2+} + 2e^- \quad \text{(reação no ânodo)} \quad (13.15a)$$

A cinética do eletrodo para essa equação pode ser representado por um determinado potencial eletroquímico E (volts) *versus* a densidade da corrente na base logarítma, como mostra a Figura 13.14. O eletrodo de zinco em equilíbrio com seus íons pode ser representado por um ponto que representa seu potencial de equilíbrio $E^0 = 0,763$ V e uma densidade de corrente trocada $i_0 = 10^{-7}$ A/cm^2 (ponto A na Figura 13.14). A densidade da corrente trocada i_0 é a taxa de reações de oxidação e redução no eletrodo de equilíbrio expresso em termos da densidade da corrente. Densidade da corrente trocada deve ser determinada experimentalmente quando não há rede de corrente. Cada eletrodo com seu com seu eletrólito específico terá seu próprio valor i_0.

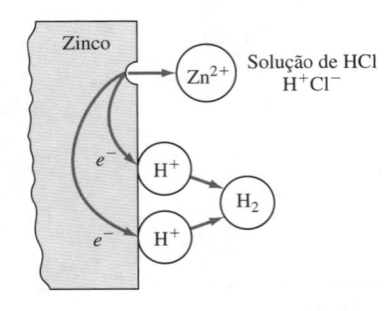

Figura 13.13
Dissolução eletroquímica do zinco em ácido clorídrico.
Zn $\rightarrow$ Zn^{+2} + 2e^- (reação anódica)
2H$^+$ + 2e^- $\rightarrow$ H$_2$ (reação catódica)

---

[5] 1 mil = 0,0254 mm.

EXEMPLO 13.6

Um tanque cilíndrico de aço-massivo com 1 m de altura e 50 cm de diâmetro contém água gaseificada até o nível de 60 cm e mostra uma perda em peso devido à corrosão de 304 g depois de seis semanas. Calcule (a) a corrente de corrosão e (b) a densidade da corrente envolvida na corrosão do tanque. Assuma corrosão uniforme na superfície interna do tanque e que o aço seja corroído da mesma maneira que o ferro puro.

- **Solução**

a. Nós vamos utilizar Equação 13.13 para resolver a corrente de corrosão:

$$I = \frac{wnF}{tM}$$

$w = 304$ g $n = 2$ para o Fe → $Fe^{+2} + 2e^-$ $F = 96.500$ A · s/mol

$M = 55,85$ g/mol para Fe $t = 6$ semanas $I = ?$ A

Nós devemos converter o tempo, seis semanas, em segundos e, depois, poderemos substituir todos os valores na Equação 13.13:

$$t = 6 \text{ semanas} \left(\frac{7 \text{ dias}}{\text{semanas}}\right)\left(\frac{24 \text{ h}}{\text{dia}}\right)\left(\frac{3600 \text{ s}}{\text{h}}\right) = 3.63 \times 10^6 \text{ s}$$

$$I = \frac{(304 \text{ g})(2)(96.500 \text{ A} \cdot \text{s/mol})}{(3,63 \times 10^6 \text{ s})(55.85 \text{ g/mol})} = 0,289 \text{ A} \blacktriangleleft$$

b. A densidade da corrente é:

$$i \text{ (A/cm}^2\text{)} = \frac{I \text{ (A)}}{\text{área (cm}^2\text{)}}$$

A área da superfície corroída do tanque = área dos lados + área do fundo

$$= \pi Dh + \pi r^2$$
$$= \pi(50 \text{ cm})(60 \text{ cm}) + \pi(25 \text{ cm})^2$$
$$= 9,420 \text{ cm}^2 + 1,962 \text{ cm}^2 = 11,380 \text{ cm}^2$$

$$i = \frac{0,289 \text{ A}}{11,380 \text{ cm}^2} = 2,53 \times 10^{-5} \text{ A/cm}^2 \blacktriangleleft$$

A reação catódica de meia-pilha para a reação de corrosão do zinco que está sendo dissolvido em ácido clorídrico é:

$$2H^+ + 2e^- \rightarrow H_2 \quad \text{(reação no cátodo)} \tag{13.15b}$$

A reação hidrogênio-eletrodo ocorrida na superfície do zinco sobre condições de equilíbrio pode também ser representada pelo potencial hidrogênio-eletrodo reversível $E^o = 0,00$ V, e a correspondente densidade da corrente trocada para esta reação em uma superfície de zinco é 10^{-10} A/cm² (ponto B na Figura 13.14).

Quando o zinco começa a reagir com o ácido clorídrico (início da corrosão), como este elemento zinco é um bom condutor elétrico, sua superfície deve estar a um potencial constante. Este potencial é E_{corr} (Figura 13.14, ponto C). Assim, quando o zinco começa a corroer, o potencial de áreas catódicas deverá tornar-se mais negativo para alcançar cerca de –0,5 V (E_{corr}) e o potencial das áreas anódicas mais positivos para alcançar –0,5 V(E_{corr}). No ponto C na Figura 13.14, a taxa de dissolução do zinco é igual à taxa de evolução de hidrogênio. A densidade da corrente correspondente a esta taxa da reação é chamada i_{corr} e, portanto, é igual à taxa de dissolução de zinco ou corrosão. Exemplo 13.8 mostra como

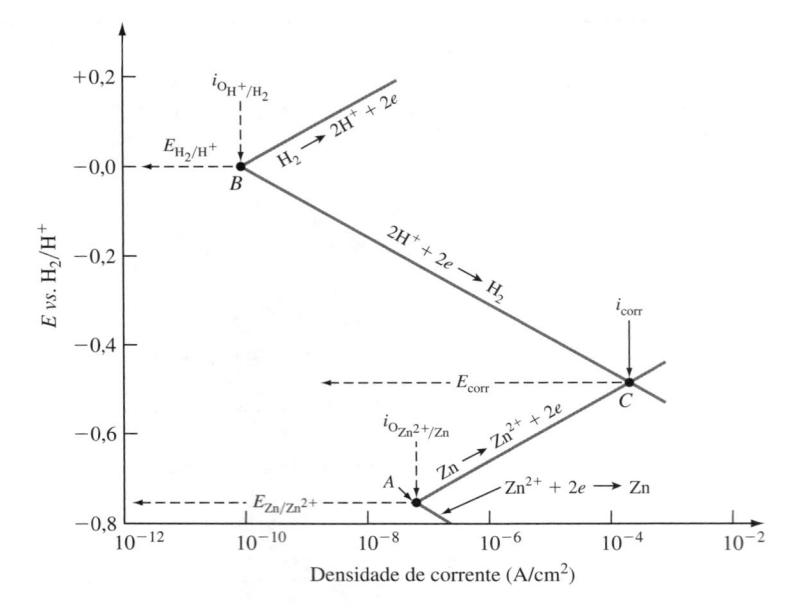

Figura 13.14
O comportamento da cinética do eletrodo de zinco puro em solução acida (esquemático).
(De M.G. Fontana e N.D. Greene, "Corrosion Engineering", 2. ed., McGraw-Hill, 1978, p.314. Reproduzido com permissão de McGraw-Hill Companies.)

Animação

EXEMPLO 13.7

A parede de um tanque de ferro contendo água gaseificada está corroendo à taxa de 54,7 mdd. Quanto tempo levará para a espessura da parede diminuir em 0,5 mm?

▪ Solução

A taxa de corrosão é 54,7 mdd, ou 57,7 mg do metal é corroído em cada decímetro quadrado da superfície por dia.

$$\text{Taxa de corrosão em g/(cm}^2 \cdot \text{dia)} = \frac{54{,}7 \times 10^{-3}\,\text{g}}{100\,(\text{cm}^2 \cdot \text{dia})} = 5{,}47 \times 10^{-4}\,\text{g/(cm}^2 \cdot \text{dia)}$$

A densidade do Fe = 7,87g/cm³. Dividindo a taxa de corrosão em g/(cm² × dia) pela densidade encontra-se a profundidade da corrosão por dia como:

$$\frac{5{,}47 \times 10^{-4}\,\text{g/(cm}^2 \cdot \text{dia})}{7{,}87\,\text{g/cm}^3} = 0{,}695 \times 10^{-4}\,\text{cm/dia}$$

O número de dias necessários para a diminuição em 0,5 mm pode ser obtido por taxa como:

$$\frac{x\,\text{dias}}{0{,}50\,\text{mm}} = \frac{1\,\text{dia}}{0{,}695 \times 10^{-3}\,\text{mm}}$$

$$x = 719\,\text{dias} \blacktriangleleft$$

a densidade da corrente para a superfície uniformemente corroída pode ser expressa em termos de uma certa perda de peso por unidade de área por unidade de tempo (por exemplo, unidades mdd).

Assim, quando um metal é corroído por um curto-circuito pela ação da pilha-galvânica microscópica, as reações de oxidação e redução da rede ocorrem na superfície do metal. Os potencias das regiões anódicas e catódicas não mais estão em equilíbrio, antes mudam seus potenciais para alcançar um valor constante imediato de E_{corr}. O deslocamento do potencial dos eletrodos do valor de seu

EXEMPLO 13.8

Uma amostra de zinco corrói uniformemente com uma corrente de densidade de $4{,}27 \times 10^{-7}$ A/cm^2 em uma solução aquosa. Qual é a taxa de corrosão do zinco em miligramas por decímetro por dia? A reação para a oxidação do zinco é: $Zn \rightarrow Zn^{+2} + 2e^-$.

▪ Solução

Fazer a conversão da corrente de densidade para mdd, nós utilizaremos a equação de Faraday (Equação 13.14) para calcular as miligramas de zinco corroídas em uma área de 1 dm^2/dia(mdd).

$$w = \frac{iAtM}{nF} \quad (13.14)$$

w (mg)

$$= \left[\frac{(4{,}27 \times 10^{-7} \text{ A/cm}^2)(100 \text{ cm}^2)(24 \text{ h} \times 3600 \text{ s/h})(65{,}38 \text{ g/mol})}{(2)(96.500 \text{ A} \cdot \text{s/mol})}\right]\left(\frac{1000 \text{ mg}}{\text{g}}\right)$$

$= 1{,}25$ mg de zinco, o qual é corrido em uma área de 1 dm^2 em 1 dia ou a taxa de corrosão é 1,25 mdd. ◄

---

equilíbrio para um potencial constante de alguns valores intermediários e a criação de uma rede de fluxo de corrente são chamados de **polarização**. O fenômeno conhecido por polarização da reação eletroquímica pode convenientemente ser dividida em dois tipos: *ativação da polarização* e *concentração da polarização*.

Ativação da polarização Ativação da polarização se refere a reações eletroquímicas que são controladas por um passo lento em uma sequência em uma interface eletrólito-metal. Isto é, há uma crítica ativação de energia necessária para superar a barreira energética associada ao passo mais lento. Este tipo de ativação de energia é ilustrado ao considerar a redução catódica de hidrogênio na superfície de um metal, $2H^+ + 2e^- \rightarrow H_2$. A Figura 13.15 mostra esquematicamente alguns dos passos intermediários possíveis na redução do hidrogênio na superfície do zinco. Neste processo, os íons de hidrogênio deverão migrar para a superfície do zinco, e depois os elétrons deverão combinar para formar moléculas de hidrogênio diatômicas que, em turnos, deverão combinar para formar bolhas de gás de hidrogênio. O mais lento desses passos controlará a reação anódica da meia-pilha. Há também uma barreira de ativação-polarização para a reação anódica da meia-pilha que é a barreira para átomos de zinco deixarem a superfície do metal para formar íons de zinco e se alojarem no interior do eletrólito.

Concentração de polarização Concentração de polarização é associado a reações eletroquímicas controladas pela difusão de íons no eletrólito. Este tipo de polarização é ilustrado ao considerar a difusão de íons de hidrogênio para um metal superfície para formar gás hidrogênio pela reação catódica $2H^+ + 2e^- \rightarrow H_2$, conforme mostrado na Figura 13.16. Nesse caso, a concentração de íons de hidrogênio é baixa, e então a taxa de redução dos íons hidrogênio na superfície metálica é controlada pela difusão destes íons na superfície metálica.

Para a polarização por concentração, quaisquer mudanças no sistema que aumentam a taxa de difusão dos íons no eletrólito, diminuirão os efeitos de polarização por concentração e aumentar a taxa de reação. Então, alterações no eletrodo diminuirão o gradiente de concentração de íons positivos e aumentará a taxa de reação. Aumentar a temperatura também aumentará a taxa de difusão dos íons e, portanto, a taxa de reação também aumentará.

A polarização total no eletrodo em uma reação eletroquímica é igual à soma dos efeitos da polarização por ativação e polarização por concentração. A polarização por ativação é geralmente o fator de controle em pequenas taxas de reação, e a polarização por concentração em taxas de reação maiores. Quando

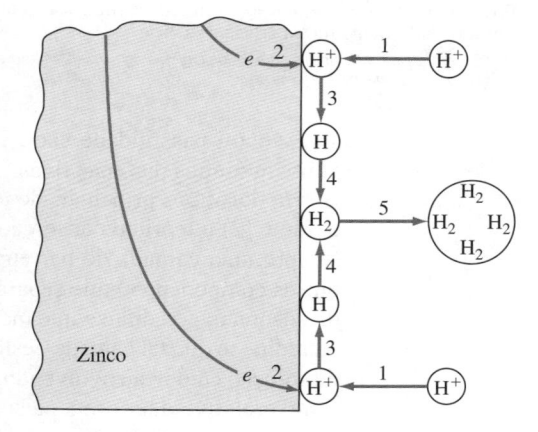

Figura 13.15
Reação de redução do hidrogênio em um cátodo de zinco sob ativação por polarização. As etapas na formação do gás hidrogênio no cátodo são: (1) migração dos íons de hidrogênio para a superfície do zinco, (2) fluxo de elétrons para os íons de hidrogênio, (3) formação de um hidrogênio atômico, (4) formação de moléculas de hidrogênio diatômicas e (5) formação da bolha de gás hidrogênio que rompe longe da superfície de zinco. A mais lenta das etapas acima será a etapa de limitação da velocidade deste processo de ativação por polarização.
(M.G. Fontana and N.D. Greene, "Corrosion Engineering", 2. ed., McGraw-Hill, 1978, p. 15. Reproduzido com permissão de McGraw-Hill Companies.).

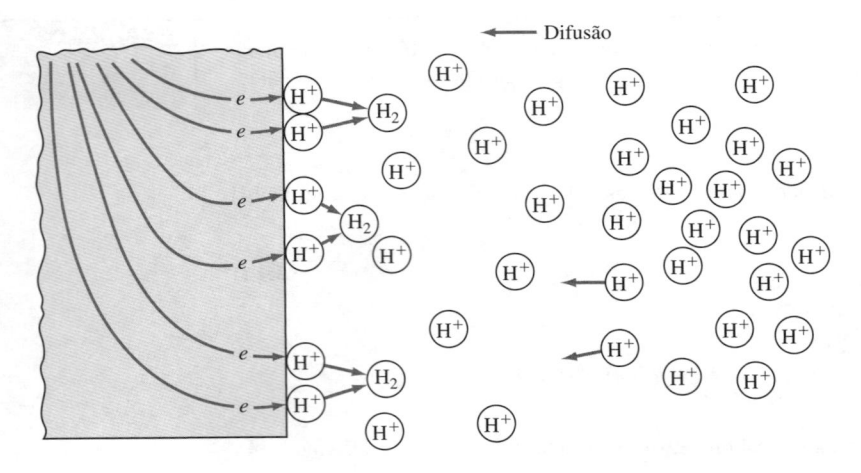

Figura 13.16
Polarização por concentração durante uma redução catódica de íons de hidrogênio do tipo 2H⁺ + 2e^- → H_2. A reação na superfície metálica é controlada pela taxa de difusão dos íons hidrogênio na superfície metálica.
(M.G. Fontana and N.D. Greene, "Corrosion Engineering", 2. ed., McGraw-Hill, 1978, p. 15. Reproduzido com permissão de McGraw-Hill Companies.)

a polarização ocorre principalmente no ânodo, a taxa de corrosão é dita *controlada anódicamente*, e quando a polarização ocorre principalmente no cátodo, a taxa de corrosão é dita *controlada catodicamente*.

13.4.3 Passivação

A **passivação** de um metal como uma parte da corrosão, se refere a formação de uma camada de superfície protetiva oriunda de um produto de reação que inibe algumas futuras reações. Em outras palavras, a passivação se refere à perda de reatividade química na presença de uma condição ambiente específica. Muitos dos metais e ligas importantes de engenharia se tornam passivos e por isso, muito resistentes à corrosão em ambientes moderadamente a muito oxidantes. Exemplos de metais e ligas que apresentam passividade são aços inoxidáveis, níquel e muitas das suas ligas, titânio e alumínio e também muitas das suas ligas.

Há dois tipos principais de teoria que explicam a natureza dos filmes passivos: (1) a teoria do filme óxido e (2) a teoria da adsorção. Para a teoria do filme óxido, acredita-se que o filme de passivação é sempre uma camada de barreira de difusão de produtos de reação (por exemplo, óxidos metálicos e outros componentes) que separam o metal de seu ambiente e diminuem a taxa de reação. Para a teoria de adsorção, acredita-se que metais passivos são cobertos por filmes de absorção química do oxigênio. Acredita-se que tal camada desloca as moléculas normalmente absorvidas de H_2O e diminuem a taxa da dissolução catódica envolvendo a hidratação de íons metálicos. As duas teorias possuem em comum um filme protetivo que forma na superfície metálica para criar um estado passivo, que resulta no aumento da resistência à corrosão.

A passivação dos metais em termos da taxa de corrosão pode ser ilustrada pela curva de polarização que mostra como o potencial de um metal varia com a densidade de corrente, conforme ilustra a Figura 13.17. Consideremos o comportamento de passivação de um metal M como a densidade de corrente. Em um ponto A na Figura 13.17, o equilíbrio metálico está em seu equilíbrio de potencial E, e na alteração da densidade de corrente i_0. Conforme o potencial do eletrodo se torna mais positivo, o metal em questão se comporta como um metal ativo, e a densidade de corrente assim como sua taxa de dissolução aumenta exponencialmente.

Quando o potencial se torna mais positivo e alcança o potencial E_{pp}, o potencial primário passivo, a densidade de corrente e a taxa de corrosão diminuem a um valor baixo indicado como $i_{passivo}$. No potencial E_{pp}, o metal forma um filme protetivo na sua superfície que é responsável pela diminuição da reatividade. Como o potencial se torna ainda mais positivo, a densidade de corrente permanece na $i_{passivo}$ na região passiva. Um aumento maior ainda no potencial, além da região passiva, torna o metal ativo novamente, e a densidade de corrente aumenta na região transpassiva.

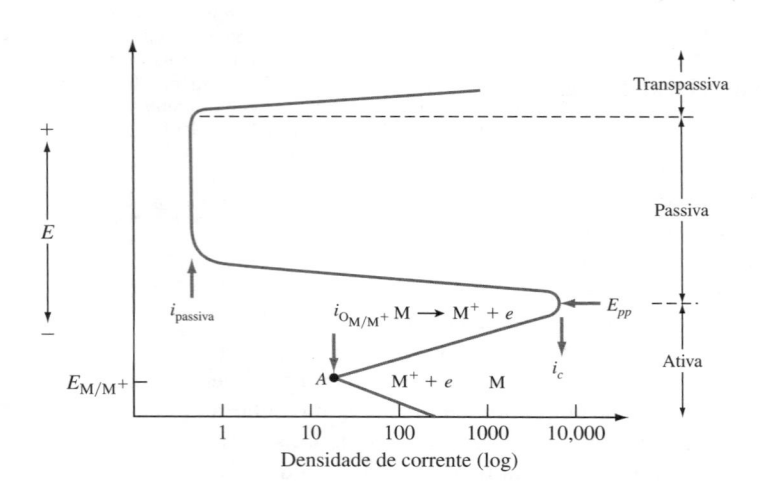

Figura 13.17
Curva de polarização de um metal passivo.
(Extraído de M.G. Fontana and N.D. Greene, "Corrosion Engineering", 2. ed., McGraw-Hill, 1978, p. 321. Reproduzido com permissão de McGraw-Hill Companies.)

13.4.4 Séries galvânicas

Uma vez muitos metais de engenharia de grande importância formam filmes de passivação, eles não se comportam como células galvânicas, como os potenciais dos eletrodos padrão indicariam. Assim, para aplicações práticas, entre as quais corrosão é um importante fator, um novo tipo de série chamada **séries galvânicas** foi desenvolvida para relações anódico-catódicas. Desse modo, uma série galvânica deve ser determinada experimentalmente para cada ambiente corrosivo. Uma série galvânica para metais e ligas, exposta à água do mar corrente é listada na Tabela 13.3. Os diferentes potenciais para condições ativas e passivas de alguns aços inoxidáveis são também apresentados. Na tabela a seguir, o zinco é

Tabela 13.3
Séries galvânicas na água do mar.

**Potenciais de corrosão em água do mar corrente
(8 a 13 ft/s), em uma faixa de temperatura de 50 a 80 °F**

Eletrodo de Referência meia-célula de Calomel Saturado

Potencial (V)	Material
−1,6	Magnésio
−1,0	Zinco
−1,0	Berílio
−0,9	Ligas de alumínio
−0,7	Cádmio
−0,7	Aço doce, ferro fundido
−0,6	Aço de baixo elemento de liga
−0,6	Ferro fundido com níquel austenítico
−0,4	Alumínio Bronze
−0,4	Latão naval, latão amarelo, latão vermelho
−0,3	Estanho
−0,3	Cobre/liga
−0,3	Liga de Pb-Sn para solda (50/50)
−0,3	Latão almirantado, latão com alumínio
−0,3	Liga de bronze de manganês
−0,3	Liga de bronze de silício
−0,3	Liga de bronze ao estanho (G&M)
−0,3	Aço inoxidável – Tipos 410, 416
−0,2	Níquel Prata
−0,2	90-10 Cobre-Níquel
−0,2	80-20 Cobre-Níquel
−0,2	Aço inoxidável Tipo 430
−0,2	Chumbo
−0,2	70-30 Cobre-Níquel
−0,2	Níquel-Alumínio bronze
−0,1	Liga níquel-cromo 600
−0,1	Ligas de prata para brasagem
−0,1	Níquel 200
−0,1	Prata
0,0	Aço oxidável – Tipos 302, 304, 321, 347
0,0	Monel liga Ni-Cu série K-500
0,0	Aço inoxidável – Tipos 316, 317
0,0	Aço inoxidável "20", fundido e forjado
0,0	Liga "825" Ni–G–Fe
0,0	Hastelloy B (aço ligado Ni-Cr-Mo-Cu-Si)
0,0	Titânio
+0,1	Hastelloy C (Aço ligado Ni-Cr-Mo)
+0,2	Platina
+0,2	Grafita

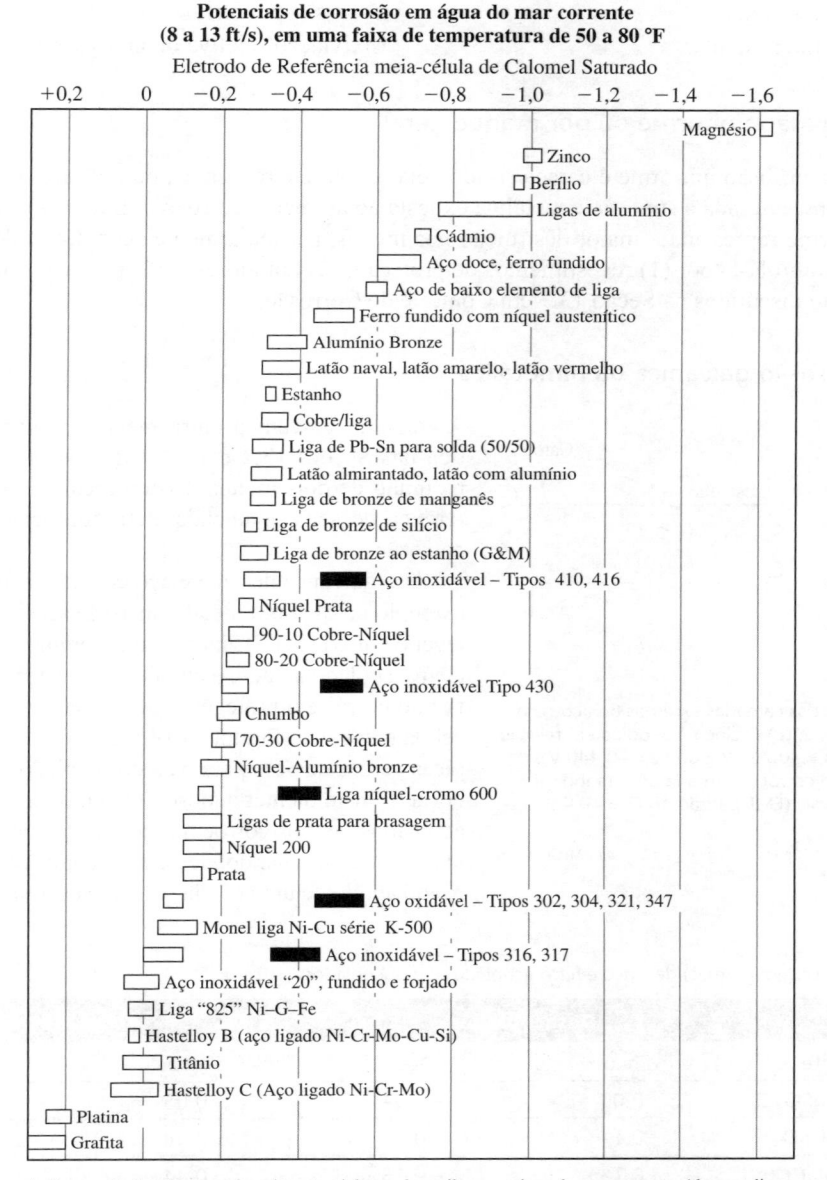

As ligas estão listadas na ordem do potencial que eles exibem em água do mar corrente. Algumas ligas são indicadas pelo símbolo ■ em corrente de água de baixa velocidade ou de pobre aeração, e em áreas blindadas, podem se tornar ativas e exibir potencial próximo de − 0,5 V.

Fonte: Cortesia de LaQue Center for Corrosion Technology, Inc.

mostrado como mais ativo do que ligas de alumínio, que é o oposto do comportamento mostrado em potenciais de eletrodos-padrão da Tabela 13.1.

13.5 TIPOS DE CORROSÃO

Os tipos de corrosão podem ser classificadas, por questões didáticas, de acordo com a aparência do metal corroído. Muitas formas podem ser identificadas, mas todas são inter-relacionadas de vários modos. Esses incluem:

- Corrosão uniforme ou de ataque geral
- Corrosão galvânica ou bimetálica
- Corrosão por *pite*
- Corrosão por fenda
- Corrosão intergranular
- Corrosão por tensão
- Corrosão por erosão
- Danos por cavitação
- Corrosão por atrito
- Lixiviação seletiva ou de ligação

13.5.1 Corrosão uniforme ou por ataque geral

O ataque por corrosão uniforme é caracterizado pela reação eletroquímica ou química que procede de forma uniforme em toda a superfície metálica exposta ao ambiente corrosivo. Em uma base mássica, o ataque uniforme representa a maior destruição nos metais, particularmente aços. Contudo, é relativamente fácil controlá-la por (1) revestimentos de proteção, (2) inibidores, e (3) proteção catódica. Estes métodos serão discutidos na Seção 13.7 em Controle de Corrosão.

13.5.2 Corrosão galvânica ou bimetálica

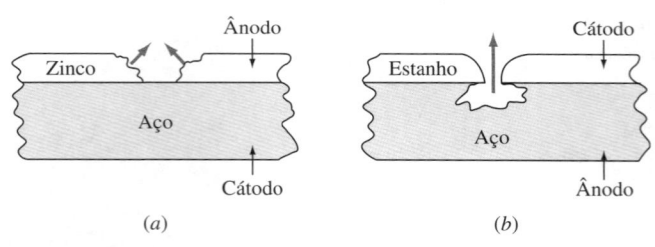

Figura 13.18
Comportamento anódico-catódico das camadas externas do aço com zinco e estanho expostas à atmosfera. (*a*) O zinco é anódico em relação ao aço e corrói (EMF padrão do Zn = –0,763 V e do Fe = –0,440 V). (*b*) O aço é anódico ao estanho e o corrói (a camada de estanho foi perfurada antes da corrosão começar) (EMF padrão do Fe = –0,440 V e do Sn = –0,136 V).

(*Extraído de M.G. Fontana and N.D. Greene, "Corrosion Engineering", 2. ed., McGraw-Hill, 1978. Reproduzido com permissão de McGraw-Hill Companies*).

A corrosão galvânica entre metais similares foi discutida nas Seções 13.2 e 13.3. Cuidado deve ser tomado na união de dois metais dissimilares uma vez que a diferença de seus potenciais eletroquímicos pode causar corrosão.

Aço galvanizado, que é aço coberto com zinco, é um exemplo no qual um metal (zinco) é sacrificado para proteger o outro (aço). O zinco, que é mergulhado a quente ou eletroacoplado ao aço, é anódico em relação a este e com isso, o corrói e o protege; o zinco é ainda o cátodo nesta célula galvânica (Figura 13.18*a*). A Tabela 13.4 mostra típicas perdas de peso para o zinco acoplado e desacoplado em aço em ambientes aquosos. Quando o zinco e o aço são acoplados, ambos corroem a aproximadamente a mesma taxa. Contudo, quando eles estão acoplados, o zinco corrói no ânodo de uma célula galvânica e assim o protege.

Tabela 13.4
Mudança no peso (em gramas) de zinco e ferro acoplados e desacoplados.

Ambiente	Desacoplados		Acoplados	
	Zinco	Aço	Zinco	Aço
0,05 M MgSO$_4$	0,00	–0,04	–0,05	+0,02
0,05 M Na$_2$SO$_4$	–0,17	–0,15	–0,48	+0,01
0,05 M NaCl	–0,15	–0,15	–0,44	+0,01
0,005 M NaCl	–0,06	–0,10	–0,13	+0,02

Fonte: M.G. Fontana and N.D. Greene, "*Corrosion Engineering*", 2. ed., McGraw-Hill, 1978.

Outro caso do uso de dois metais dissimilares em um produto industrial é na placa de estanho utilizada em latas. Muitas das placas de estanho são produzidas pela eletrodeposição de uma fina camada de estanho em uma folha de aço. A natureza não tóxica dos sais de estanho torna a placa de estanho útil para materiais utilizados na indústria alimentícia. O estanho (fem padrão de – 0,136 V) e o ferro (fem padrão de – 0,441 V) são próximos no comportamento eletroquímico. Pequenas mudanças na disponibilidade de oxigênio e na concentração de íons que construirão a superfície irão alterar a sua polaridade relativa. Sob condições de exposição atmosférica, o estanho é normalmente catódico ao aço. Então, se o exterior de uma peça recoberta de estanho é perfurada e exposta à atmosfera, o aço irá corroer e não o estanho (Figura 13.18b). Contudo, se na ausência de oxigênio atmosférico, o estanho é anódico ao aço, o que o torna um útil contêiner de material para comidas e bebidas. Como pode ser visto neste exemplo, a disponibilidade de oxigênio é um importante fator na corrosão galvânica.

Outra importante consideração na corrosão galvânica bimetálica é a razão entre as áreas anódicas e catódicas. Este fato é chamado *efeito de áreas*. Uma razão catódico-anódica desfavorável, consiste em uma grande área catódica e uma pequena área anódica. Com certa quantidade de fluxo de corrente para um par metálico, eletrodos de cobre e de ferro de diferentes tamanhos, a densidade de corrente é muito maior para o eletrodo menor do que para o maior. Assim, o menor eletrodo anódico irá sofrer corrosão mais rapidamente. A Tabela 13.5 lista que conforme razão catódico-anódica para um par ferro-cobre foi aumentada de 1 para 18,5, a perda mássica do ferro no ânodo aumentou de 0,23 g para 1,25 g. Esse efeito de área é também ilustrado na Figura 13.19 para pares de cobre-aço imersos em água do mar. Rebites de cobre (cátodos) com menor área causaram apenas um pequeno aumento na corrosão de placas de aço (Figura 13.19a). Em contraposição, placas de cobre (cátodos) causaram corrosão grave de rebites de aço (ânodos), como mostra a Figura 13.19b. Deste modo, uma razão de grande área catódica em relação a uma pequena área anódica deve ser evitada.

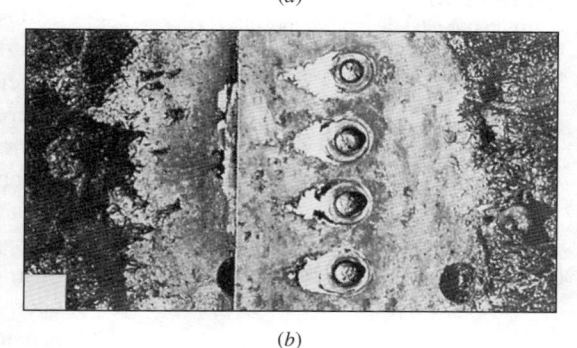

Figura 13.19
Efeito da relação de área entre o cátodo e ânodo para um par cobre-aço imerso em água do mar. (*a*) Cátodos pequenos (rebites de cobre) e ânodos grandes (placas de aço) causam somente danos ao aço. (*b*) Pequeno ânodo (rebites de aço) e grandes cátodos (placas de cobre) causam corrosão grave dos rebites de aço.
(*Cortesia de LaQue Center for Corrosion Technology, Inc.*)

13.5.3 Corrosão por *pite*

Pite é uma forma de ataque de corrosão localizada que produz *orifícios* ou *pites* em um metal. Essa forma de corrosão é muito destrutiva para as estruturas de engenharia caso ela cause perfuração do metal.

Tabela 13.5
Efeito da área em uma corrosão galvânica do par acoplado ferro-cobre em cloreto de sódio 3%.

Área relativa		Perda do ânodo (ferro) em g*
Cátodo	Ânodo	
1,01	1	0,23
2,97	1	0,57
5,16	1	0,79
8,35	1	0,94
11,6	1	1,09
18,5	1	1,25

* Testes realizados a 86 °F em solução aerada e agitada por aproximadamente 20 h. A área do ânodo era de 14 cm².

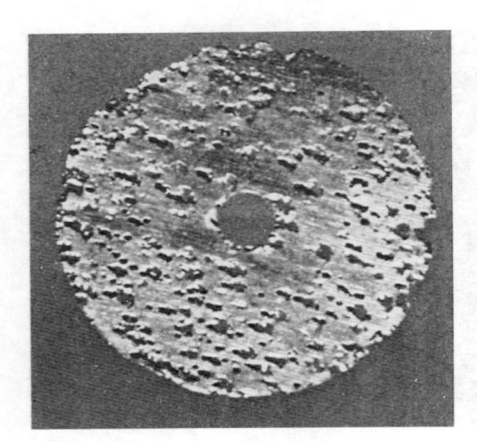

Figura 13.20
Corrosão por *pites* de um aço inoxidável em um ambiente corrosivo e agressivo
(Cortesia de LaQue Center for Corrosion Technology, Inc.)

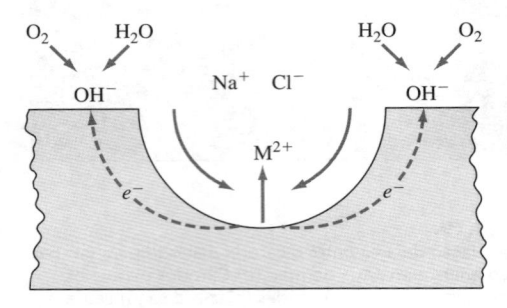

Figura 13.21
Diagrama esquemático do crescimento de um *pite* em um aço inoxidável em solução salina aerada.
(M.G. Fontana and N.D. Greene, "Corrosion Engineering", 2. ed., McGraw-Hill, 1978. Reproduzido com permissão de McGraw-Hill Companies).

Contudo, se a perfuração não ocorrer, um mínimo de *pite* é comumente aceito nos equipamentos de engenharia. O *Pite* é geralmente de difícil detecção uma vez que pequenos orifícios podem ser cobertos por produtos da corrosão. O número e a profundidade dos pequenos buracos podem variar e a extensão dos danos causados pelo *pite* pode ser de difícil avaliação. Como resultado, o *pite*, devido a sua natureza localizada, pode resultar em falhas inesperadas.

A Figura 13.20 mostra um exemplo de *pite* em aço inoxidável exposto a um ambiente agressivo e corrosivo. O *pite* nesse exemplo foi acelerado, mas em muitas das condições, o *pite* requer meses ou anos para perfurar a seção de um metal. O *pite* usualmente requer um período de iniciação, mas uma vez iniciado, o orifício cresce a uma taxa muito alta. Muitos *pites* se desenvolvem e crescem na direção da gravidade nas superfícies inferiores de equipamentos de engenharia.

Os *pites* (orifícios) são iniciados em locais nos quais há aumento da taxa de corrosão. Inclusões, outras heterogeneidades estruturais e composicionais na superfície metálica são locais de comum início dos *pites*. Diferenças na concentração iônica e de oxigênio geram células de concentração que também podem iniciar a corrosão por *pite*. Acredita-se que a propagação do orifício envolve a dissolução do metal nesse, enquanto é mantido alto grau de acidez na parte de baixo do *pite*. O processo de propagação para um *pite* em um ambiente com água aerada do mar está ilustrado na Figura 13.21 para um metal ferroso. A reação anódica que ocorre na superfície do metal ao *longo do pite* é a reação $M \to M^{n+} + ne^-$. A reação catódica que ocorre na superfície do metal circundando o *pite* e é a reação do oxigênio com a água e os elétrons a parir da reação anódica: $O_2 + 2H_2O + 4e^- \to 4OH^-$. Desse modo, o metal que circunda o *pite* é catódicamente protegido. O aumento da concentração de íons metálicos no *pite* atrai íons cloreto para manter a neutralidade de cargas. O cloreto metálico então reage com água produzindo o hidróxido metálico e ácido livre como em

$$M^+Cl^- + H_2O \to MOH + H^+Cl^- \tag{13.16}$$

Desta maneira, uma alta concentração ácida aumenta na parte inferior do *pite*, o que faz com que a taxa de reação anódica aumente, e todo o processo se torne *autocatalítico*.

Para evitar corrosão por *pite* no projeto de equipamentos de engenharia, devem ser usados materiais que não apresentam tendências a corrosão por *pite*. Porém, se isso não for possível para alguns projetos, então materiais com melhores resistências à corrosão devem ser usados. Por exemplo, se aço inoxidável deve ser usado na presença de íons cloreto, a liga 316 com 2% de Molibdênio, 18% de Cromo e 8% de Níquel possui melhor resistência ao *pite* que a liga 304, que possui apenas 18% de Cromo e 8% de Níquel, assim como os outros elementos característicos da liga. Um guia qualitativo para pedidos de materiais resistentes à corrosão por *pite* é listado na Tabela 13.6. Contudo, é recomendável que os testes de corrosão sejam feitos com várias ligas antes da seleção final da liga resistente à corrosão.

Tabela 13.6
Resistência relativa ao *pite* de algumas ligas resistentes à corrosão.

Liga	
Aço inoxidável tipo 304	
Aço inoxidável tipo 316	
Hastelloy F, Nionel, ou Durimet 20	Aumento da resistência por *pite* ↓
Hastelloy C ou Clorimetos 3	
Titânio	

Fonte: M.G. Fontana and N.D. Greene, *"Corrosion Engineering"*, 2. ed., McGraw-Hill, 1978.

13.5.4 Corrosão por frestas

A corrosão por frestas é uma forma localizada de corrosão eletroquímica que pode ocorrer em frestas e em superfícies protegidas, onde soluções estagnadas podem existir. A corrosão por frestas é de importância da engenharia quando ela ocorre sob juntas, rebites e parafusos, entre discos de válvulas e assentos, sob depósitos porosos e em muitas outras situações. A corrosão por fresta ocorre em muitos sistemas de ligas como aços inoxidáveis e ligas de titânio, alumínio e de cobre. A Figura 13.22 mostra um exemplo de ataque por corrosão por frestas em um galhardete de amarração.

Para que a corrosão por fresta ocorra, uma fresta deve ser ampla o suficiente para permitir a entrada de um líquido, mas estreita o suficiente para manter esse líquido estagnado. Portanto, a corrosão por frestas geralmente ocorre em uma abertura de alguns micrômetros (*mils*) ou menos em largura. Juntas fibrosas que podem agir como pavios para absorver uma solução eletrolítica e mantê-la em contato com a superfície do metal são locais ideais para a corrosão por frestas.

Fontana e Greene[6] propuseram um mecanismo para a corrosão por frestas similar ao proposto por eles para corrosão por *pite*. A Figura 13.23 ilustra este mecanismo para a corrosão por frestas de um aço inoxidável em solução de cloreto de sódio aerada. O mecanismo assume que inicialmente as reações anódicas e catódicas na superfície da fresta são:

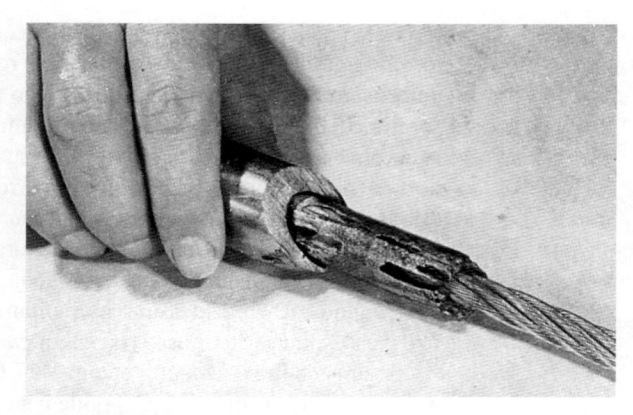

Figura 13.22
Corrosão por frestas em um galhardete de amarração.
(*Cortesia de LaQue Center for Corrosion Technology, Inc.*)

$$\text{Reação no ânodo:} \quad M \rightarrow M^+ + 4e^- \quad (13.17a)$$

$$\text{Reação no cátodo:} \quad O_2 + 2H_2O + 4e^- \rightarrow 4OH^- \quad (13.17b)$$

Uma vez que a solução na fresta esteja estagnada, o oxigênio necessário para a reação catódica é usado e não reposto. Contudo, a reação anódica $M \rightarrow M^+ + e^-$ continua a ocorrer, criando uma alta concentração de íons carregados positivamente. Para balancear as cargas positivas, íons negativos, principalmente íons cloreto, migram para a fresta, formando M^+Cl^-. Este cloreto é hidrolisado pela água para formar o hidróxido metálico e ácido livre, como em:

$$M^+Cl^- + H_2O \rightarrow MOH + H^+Cl^- \quad (13.18)$$

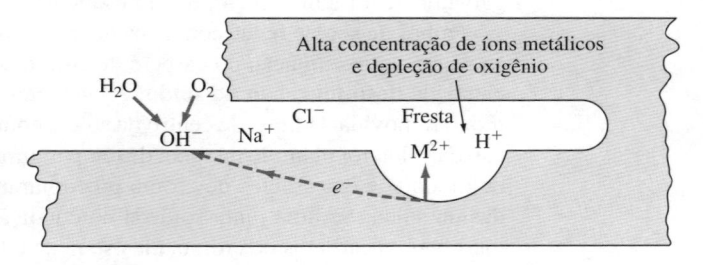

Figura 13.23
Diagrama esquemático do mecanismo de corrosão por frestas.
(*M.G. Fontana and N.D. Greene, "Corrosion Engineering", 2. ed., McGraw-Hill, 1978. Reproduzido com permissão de McGraw-Hill Companies.*)

Este conjunto de ácido quebra o filme passivo e causa o ataque de corrosão, que é autocatalíptico, como no caso previamente discutido para a corrosão por *pite*.

Para o aço inoxidável 304 (18%Cr-8%Ni), Peterson et al.[7] concluíram a partir de seus testes que a acidificação na fresta se dá provavelmente pela hidrólise dos íons cromo como em:

$$Cr^{3+} + 3H_2O \rightarrow Cr(OH)_3 + 3H^+ \quad (13.19)$$

uma vez que foram somente achados traços de Fe^{3+} na fresta.

Para prevenir ou minimizar a corrosão por frestas em projetos de engenharia, os métodos e procedimentos que seguem podem ser utilizados.

1. Usar juntas de topo soldadas em vez de aparafusadas ou rebitadas em estruturas de engenharia;
2. Projetar formas de drenagem completa em locais onde soluções estagnadas podem se acumular;
3. Usar juntas não absorventes, como teflon, se possível.

13.5.5 Corrosão intergranular

A **corrosão intergranular** é um ataque de corrosão localizada e/ou adjacente aos contornos de grão de uma liga. Sob condições comuns, se um metal corrói de maneira uniforme, os contornos de grão se

---
[6]"Corrosion Engineering", 2. ed., McGraw-Hill, 1978.
[7]M.H. Peterson, T.J. Lennox, and R.E. Groover, *Mater. Prot.*, January 1970, p. 23.

tornarão apenas um pouco mais reativas que a matriz. Contudo, sob outras condições, as regiões de contorno de grão podem se tornar bastante reativas, resultando em corrosão intergranular que causa perda de resistência da liga e até desintegração na região do contorno de grão.

Por exemplo, muitas das ligas de alumínio, de alta resistência, e algumas de cobre que têm fases precipitadas para aumento da resistência, estão suscetíveis a corrosão intergranular sob certas condições. Contudo, um dos mais importantes exemplos de corrosão intergranular ocorre em alguns aços inoxidáveis austeníticos (18%Cr-8%Ni) que são aquecidos até, ou resfriados a partir da faixa de temperaturas entre 500 a 800 °C (950 a 1.450 °F). Nesta faixa de temperaturas chamada *faixa de temperaturas de sensitização*, os carbetos de cromo ($Cr_{23}C_6$) podem precipitar nos contornos de grão, como mostra a Figura 13.24a.

Quando carbetos de cromo precipitam ao longo dos contornos de grão em aços inoxidáveis austeníticos, essas ligas são ditas estarem em *condições sensitizadas*.

Se um aço inox austenítico com 18% Cr e 8% de níquel contém mais de 0,02% em peso de carbono, os carbetos de cromo ($Cr_{23}C_6$) podem se precipitar nos contornos de grão da liga, se aquecida na faixa de 500 a 800 °C por tempo suficiente. O aço inoxidável 304 é um aço austenítico com 18% Cr-8%Ni e entre 0,06 e 0,08% em peso de carbono. Esta liga, se aquecida entre 500 e 800 °C por tempo suficiente, estará na condição sensitizada e suscetível à corrosão intergranular. Quando os carbetos de cromo se formam nos contornos de grão, eles esgotam o cromo das regiões adjacentes aos contornos, de modo que a quantidade de cromo dessa região diminua para menos que os 12% necessários para o comportamento passivo ou inoxidável. Assim, quando, por exemplo, um aço inoxidável 304 sensitizado é exposto a ambiente corrosivo, as regiões próximas aos contornos de grão serão severamente atacadas. Essas áreas se tornam anódicas em relação ao resto do corpo do grão, que estão catódicas, criando assim áreas galvânicas. A Figura 13.24b ilustra esquematicamente esse fato.

Falhas de soldas feitas com aços inoxidáveis 304 ou ligas similares podem ocorrer pelo mesmo mecanismo de precipitação do carbeto de cromo como previamente descrito. Esse tipo de falha de solda é chamada **desintegração da solda**, e é caracterizada por uma zona de desintegração da solda de algum modo removida da linha de centro da solda, como mostra a Figura 13.25. O metal na zona de desintegração da solda foi mantido na faixa de temperatura para sensitização (500 a 800 °C) por tempo demasiado, de modo que os carbetos de cromo precipitaram nos contornos de grão das zonas termicamente afetadas da solda. Se uma junta soldada na condição sensitizada não é subsequentemente reaquecida para dissolver os carbetos de cromo, ela estará sujeita à corrosão intergranular quando expostas a ambientes corrosivos, e a solda poderá falhar.

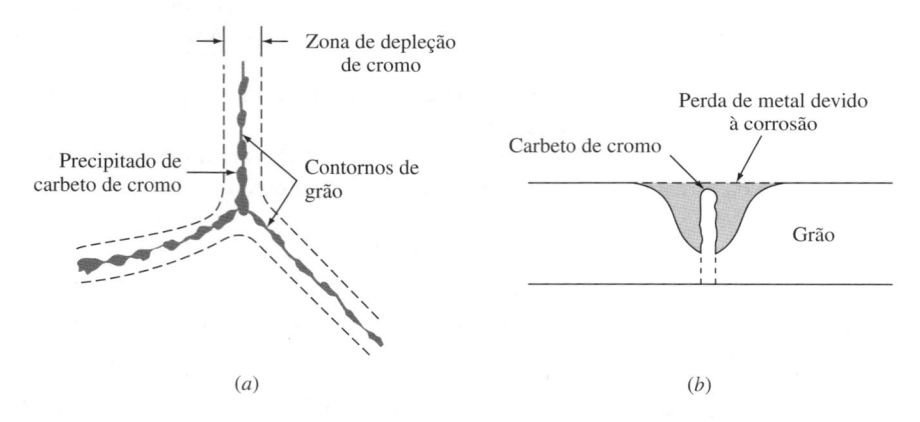

Figura 13.24
(a) Representação esquemática da precipitação do carbeto de cromo nos contornos de grão em um aço inoxidável sensitizado do tipo 304. (b) Seção transversal do contorno de grão mostrando ataque de corrosão intergranular adjacente aos contornos.

A corrosão intergranular de aços inoxidáveis austeníticos pode ser controlada pelos seguintes métodos:

1. Uso de um tratamento térmico por solução de alta temperatura após a solda. Aquecendo a junta soldada entre 500 e 800 °C seguida de têmpera com água, os carbetos de cromo podem ser redissolvidos e retornam à solução sólida.

2. Adição de um elemento que irá combinar com o carbono no aço de modo que os carbetos de cromo não sejam formados. São usadas adições de nióbio e titânio em ligas do tipo 347 e 321, respectivamente. Esses elementos possuem grande afinidade com o carbono e com o cromo. Ligas com adições de Ti ou Cb são ditas na *condição estabilizada*.

3. Diminuição do conteúdo de carbono a aproximados 0,03% em peso ou menos de modo que significantes quantidades de carbetos de cromo não possam precipitar. O aço inoxidável do tipo 304L, por exemplo, possui carbono em nível muito baixo.

13.5.6 Corrosão por tensão

Fratura por corrosão por tensão (SCC – *Stress-corrosion craking*) de metais se refere à fratura causada pela combinação de efeitos da tensão de tração e um específico ambiente corrosivo agindo no metal. Durante a fratura por corrosão por tensão, a superfície do metal é geralmente atacada de forma branda, enquanto trincas altamente localizadas se propagam por entre a seção do metal, como mostra a Figura 13.26. As tensões que causam a fratura podem ser residuais ou aplicadas. Altas tensões residuais que causam a fratura podem resultar, por exemplo, de tensões térmicas introduzidas por taxas de resfriamento indevidas, projeto malsucedido com relação às tensões experimentadas, transformações de fases durante tratamento térmico, trabalho a frio e soldagem.

Apenas algumas combinações específicas de ligas e ambientes causarão a fratura por corrosão por tensão. A Tabela 13.7 lista alguns dos sistemas ligas-ambientes nos quais ocorre esse tipo de fratura. Não há aparente padrão para ambientes que produzam este tipo de corrosão em ligas. Por exemplo, aço inoxidável trinca em ambientes com cloretos, mas não em ambientes que contenham amônia. Em contraste, latão (ligas Cu-Zn) trincam em ambientes que contenham amônia, mas não nos que contêm cloretos. Novas combinações de ligas e ambientes que causam a fratura por corrosão por tensão estão em contínuo desenvolvimento.

Mecanismos das trincas por corrosão por tensão Os mecanismos envolvidos na fratura por corrosão por tensão não são completamente entendidos uma vez que há tantos sistemas diferentes liga-ambiente, envolvendo diferentes mecanismos. Muitos destes mecanismos envolvem a iniciação da trinca e estágios de propagação. Em muitos casos, a trinca se inicia em um *pite* ou outra descontinuidade da superfície metálica. Após a trinca ter se iniciado, ela pode avançar, conforme ilustra a Figura 13.27. Alta tensão aumenta na ponta da trinca devido à tensão de tração agindo no metal. Dissolução anódica do metal ocorre por corrosão eletroquímica localizada na ponta da trinca conforme ela avança. A fratura aumenta em um plano perpendicular à tensão de tração até que haja a fratura do metal.

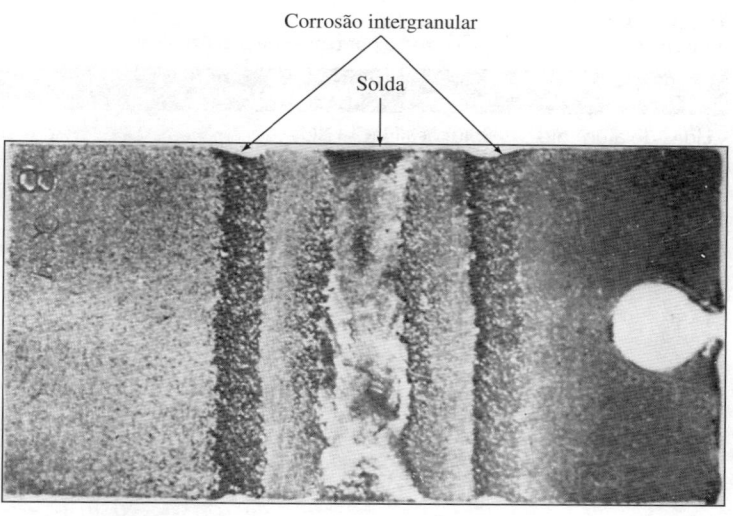

Figura 13.25
Corrosão intergranular de uma solda de aço inoxidável. As zonas de desintegração da solda foram mantidas à faixa de temperaturas críticas necessárias para precipitação de carbetos de cromo durante o resfriamento.
(*Extraído de H.H. Uhlig, "Corrosion and Corrosion Control", Wiley, 1963, p. 267.*)

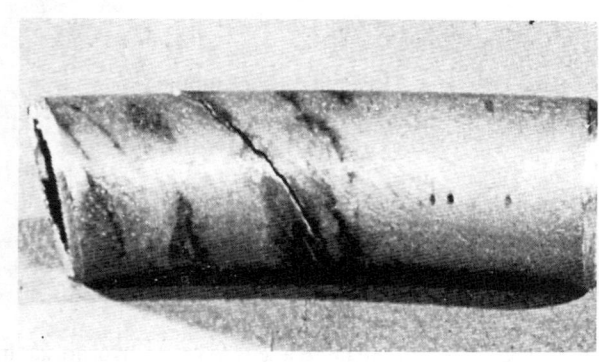

Figura 13.26
Corrosão por tensão em um cano.
(*Cortesia de LaQue Center for Corrosion Techonolgy, Inc.*)

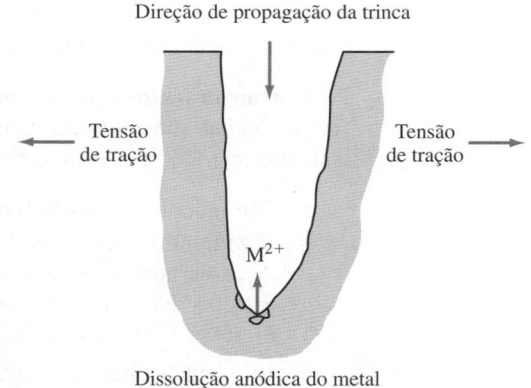

Figura 13.27
Desenvolvimento de uma trinca gerada por corrosão sob tensão em um metal a partir da dissolução anódica.
(*Cortesia de R.W.Taehle.*)

Tabela 13.7
Ambientes que podem causar corrosão por tensão de metais e ligas.

Material	Ambiente	Material	Ambiente
Ligas de alumínio	Soluções NaCl-H_2O_2	Aços comuns	Soluções de NaOH
	Soluções NaCl		Soluções de NaOH-Na_2SiO_3
	Água do Mar		Soluções de nitrato de sódio, de cálcio e de amônio
	Ar, vapor d'água		Ácidos mistos (H_2SO_4-HNO_2)
Ligas de cobre	Vapores e soluções de amônia		Soluções de HCN
	Aminas		Soluções de H_2S acídicas
	Água, vapor d'água		Água do mar
Ligas de ouro	Soluções de $FeCl_2$		Ligas Na-Pb fundidas
	Soluções salinas de ácido acético		Soluções ácido-clorídricas como $MgCl_2$ e $BaCl_2$
Inconel	Soluções de soda cáustica		Soluções NaCl-H_2O_2
Chumbo	Soluções de acetato de chumbo		Água do mar
Ligas de magnésio	Soluções NaCl-K_2CrO_4	Aços inoxidáveis	H_2S
	Atmosferas litorâneas e rurais		Soluções NaOH-H_2S
	Água destilada		Vapor condensado de água cloradas
Monel	Soda cáustica fundida	Ligas de titânio	Ácido nítrico vermelho fumegante
	Ácido hidrofluorídrico		Água do mar, N_2O_4
	Ácido hidrofluosílico		Metanol, HCl
Níquel	Soda cáustica fundida		

Fonte: M.G. Fontana and N.D. Greene, "Corrosion Engineering", 2. ed., McGraw-Hill, 1978, p. 100.

Se tanto a tensão ou a corrosão são impedidas, a trinca para de se propagar. Um experimento clássico foi feito por Priest et al.,[8] que mostrou que uma trinca em avanço poderia ser detida por proteção catódica. Quando a proteção catódica era removida, a trinca cessava o seu crescimento novamente.

Tensões de tração são necessárias tanto para a iniciação quanto propagação das trincas e são importantes na ruptura de filmes de superfície. Diminuindo o nível de tensão, há o aumento do tempo necessário para a trinca novamente ocorrer. A temperatura e as condições ambientais também são fatores importantes para a fratura por corrosão sob tensão.

Prevenção da fratura por corrosão sob tensão Uma vez que os mecanismos de fratura por corrosão sob tensão não são completamente entendidos, os métodos de prevenção são gerais e empíricos. Um ou mais dos métodos abaixo irão prevenir ou reluzi-la nos metais.

1. Diminuir a tensão da liga a um nível abaixo daquele que causa a trinca. Isso pode ser feito diminuindo a tensão na liga ou sujeitando o material a um recozimento para alívio de tensões. Aços-carbono simples podem ser recozidos a uma faixa de temperaturas de 600 a 650 °C (1.100 a 1.200 °F), e aços inoxidáveis austeníticos podem ser recozidos entre a faixa de 815 a 925 °C (1.500 a 1.700 °F).
2. Eliminar o ambiente prejudicial.
3. Trocar a liga se nenhuma das opções acima puder ser concluída. Por exemplo, usar titânio em vez de aços inox em trocadores de calor em contato com água do mar.

---

[8]D.K. Priest, F.H. Beck, and M.G. Fontana, *Trans. ASM,* **47**:473 (1955).

4. Aplicar proteção catódica usando um ânodo de sacrifício com uma fonte de energia (ver Seção 13.7).
5. Adicionar inibidores, se possível.

13.5.7 Erosão-corrosão

A *erosão-corrosão* pode ser definida como a aceleração na taxa de ataque da corrosão em um metal devido ao movimento relativo do fluido corrosivo e da superfície do metal. Quando o movimento relativo do fluido corrosivo é rápido, os efeitos do desgaste mecânico e da abrasão são severos. A corrosão erosão é caracterizada pelo aparecimento de estrias na superfície do metal, vales, *pites*, furos arredondados e outras configurações de dano superficial que geralmente ocorrem na direção do escoamento do fluido corrosivo.

Os estudos da ação da erosão-corrosão do lodo de areia de sílica em dutos de aço-acalmado levaram os pesquisadores a acreditar que o aumento da taxa de corrosão da ação do lodo se deve à remoção da ferrugem superficial e dos filmes de sal pela ação abrasiva das partículas de sílica do lodo, consequentemente permitindo um acesso muito mais fácil do oxigênio dissolvido na superfície em corrosão. A Figura 13.28 mostra padrões graves de desgaste causados pela erosão-corrosão da seção experimental de um duto de aço-acalmado.

13.5.8 Dano por corrosão

Este tipo de erosão-corrosão é causado pela formação e colapso de bolhas de ar ou cavidades preenchidas por vapor no líquido próximo à superfície metálica. O dano da cavitação ocorre nas superfícies metálicas onde o escoamento à alta velocidade e às mudanças na pressão existem, tais como as que são encontradas nos rotores da bomba e nas hélices dos navios. Os cálculos indicam que o colapso rápido das bolhas de vapor podem produzir pressões localizadas de até 60.000 psi. Com o colapso repetitivo das bolhas de vapor, um dano considerável pode ser realizado na superfície do metal. Pela remoção dos filmes superficiais e das partículas de metal sendo arrancadas da superfície do metal, o dano por cavitação pode aumentar a taxa de corrosão e causar desgaste superficial.

13.5.9 Corrosão por atrito

A corrosão por atrito ocorre nas interfaces entre materiais carregados sujeitos à vibração e ao deslizamento. A corrosão por atrito aparece na forma de estrias ou *pites, ambos* cercados por produtos corrosivos. No caso da corrosão por atrito dos metais, os fragmentos metálicos entre as superfícies atritadas são oxidadas e alguns filmes de óxido são arrancados pelo desgaste. Como resultado, existe uma acumulação dessas partículas que atuam como um abrasivo entre as superfícies atritadas. A corrosão por atrito geralmente

(a)   (b)

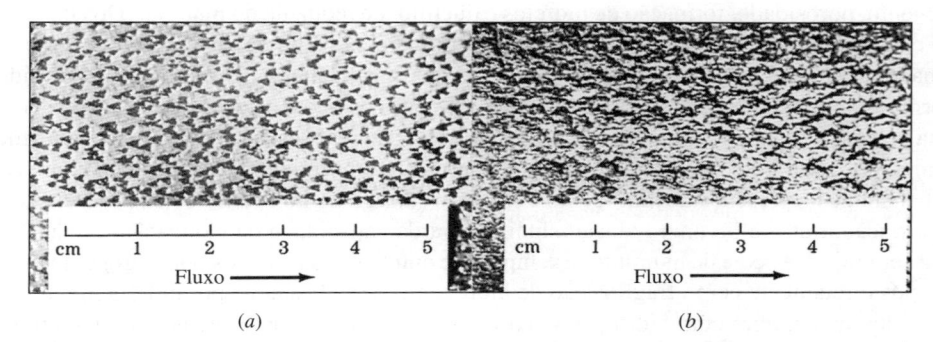

Figura 13.28
O padrão de desgaste da erosão-corrosão causada pelo lodo de sílica em um duto de aço acalmado, mostrando (*a*) o *pite* depois de 21 dias e (*b*) o padrão ondular irregular depois de 42 dias; a velocidade do lodo é 3,5 m/s.
(*J.Postlethwaite et al., Corrosion,* **34**:245 (1978).)

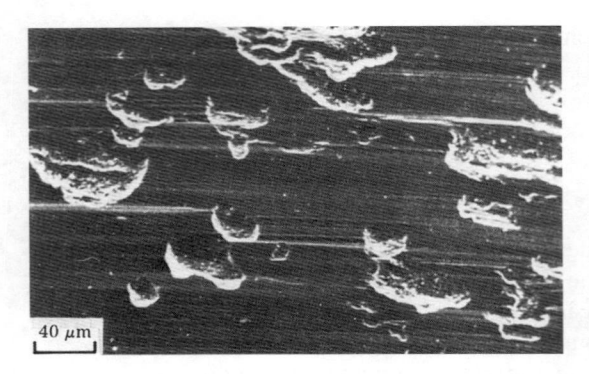

Figura 13.29
Micrografia por varredura eletrônica mostra a corrosão por atrito na superfície de uma liga Ti-6 Al-4 V desenvolvida a 600 °C usando uma configuração esférica-achatada com amplitude de 40 m e escorregamento depois de 3.5×10^6 ciclos.
(M.M. Hamdy and R.B Waterhouse, Wear, 71:237(1981).)

ocorre entre superfícies bem apertadas tais como as que são encontradas entre eixos e mancais ou em luvas. A Figura 13.29 mostra os efeitos da corrosão por atrito na superfície de uma liga Ti-6 Al-4 V.

13.5.10 Lixiviação seletiva

A **lixiviação seletiva** é a forma preferencial de remoção de um elemento de uma liga sólida por um processo de corrosão. O exemplo mais comum deste tipo de corrosão é a dezincificação, onde a lixiviação seletiva do zinco, do cobre em bronze ocorre. Processos similares também podem ocorrer em outros sistemas de ligas tais como a perda de níquel, estanho e cromo das ligas de cobre, ferro a partir do ferro fundido, níquel a partir das ligas de aço, e cobalto da estelita.

Na dezinficação do bronze 70% Cu-30% Zn, por exemplo, o zinco é preferencialmente removido do bronze, deixando uma matriz de cobre fraca e esponjosa. O mecanismo de dezinficação envolve as três etapas seguintes:[9]

1. O cobre e o zinco são dissolvidos pela solução aquosa.
2. Os íons de cobre são relocados no bronze.
3. Os íons de zinco na solução.

Uma vez que o cobre residual não possui a mesma resistência que o bronze, a resistência da liga é consideravelmente reduzida.

A dezinficação pode ser minimizada ou prevenida alterando o bronze para uma liga que possua menor teor de zinco (isto é, bronze 85% Cu-15% Zn) ou para uma liga cupro-níquel (70% para 90% Cu-10% para 30% Ni). Outras possibilidades são mudar o ambiente corrosivo ou usar proteção catódica.

13.5.11 Dano causado por hidrogênio

O dano por hidrogênio refere-se àquelas situações onde a valência de um componente metálico é reduzida devido à interação com o hidrogênio atômico (H) ou com o hidrogênio molecular (H_2), geralmente em conjunção com os esforços de tração residuais ou aplicados externamente. Por causa da disponibilidade do hidrogênio, um dos elementos mais abundantes, sua interação com o metal pode ocorrer durante a produção, o processamento, ou serviço e sobre uma grande variedade de ambientes e circunstâncias. Muitos metais – como o os aços ligados e de baixo carbono, martensitico e aços inoxidáveis sendo endurecidos por precipitação, ligas de alumínio e ligas de titânio – são susceptíveis ao dano por hidrogênio em vários graus. Os efeitos do dano por hidrogênio podem se manifestar de vários modos incluindo craqueamento, porosidade, formação de hidretos e ductilidade reduzida do material. Dos inúmeros tipos de dano causado por hidrogênio, três se relacionam diretamente à perda da ductilidade e são, portanto denominados **fragilização por hidrogênio**. Entre os quais se incluem: (1) fragilização por hidrogênio, que ocorre durante a deformação plástica dos metais como os aços, os aços inoxidáveis, e as ligas de titânio na presença de gases portadores de hidrogênio (H_2) ou reações corrosivas; (2) craqueamento por hidrogênio, que é definido como a fratura frágil de um material originalmente dúctil tal como carbono e aços de baixa liga na presença de hidrogênio e sujeito a carregamento contínuo; (3) perda na ductilidade durante a tração, trata-se de uma redução significativa da capacidade de elongação e redução de área observada em ligas de aço e de alumínio. Exemplos de outros tipos de danos por hidrogênio que não são classificados diretamente como fragilização de hidrogênio são: (1) ataque por hidrogênio, um modo de ataque de alta temperatura cujo hidrogênio entra nos metais tais como os aços e reage com o carbono (disponível na forma de solução-sólida na forma de carboneto) para produzir gás metano, resultando na

---

[9]M.G. Fontana and N.D. Greene, "Corrosion Engineering", 2. ed., McGraw-Hill, 1978.

formação de trincas ou descaburização; e (2) **empolamento**, que ocorre quando o hidrogênio atômico se difunde pelos defeitos internos das ligas de aço de baixa resistência – cobre e alumínio – e precipita como hidrogênio molecular. O gás precipitado produz elevada pressão interna resultando na deformação plástica local e no empolamento que frequentemente resulta em ruptura.

A difusão do hidrogênio no metal pode ocorrer quando a corrosão está ocorrendo e a reação parcial catódica é a redução do íon do hidrogênio. Também pode ocorrer quando o metal for exposto a água do mar, para o sulfeto de hidrogênio (frequentemente ocorre durante a perfuração de óleo e de gás), e nos processos de decapagem e galvanoplastia. No processo de decapagem, os óxidos da superfície são removidos do ferro e do aço por meio de imersão nos ácidos sulfúricos (H_2SO_4) e hidroclorídrico (HCL).

O dano por hidrogênio é um problema sério e causa muitas falhas em vários componentes. Consequentemente, um projetista deve estar bem atento a este tipo de dano, bem como aos metais que estão mais susceptíveis a isso. A contaminação reversa de hidrogênio, um processo conhecido como *bakeout* (tratamento térmico) é aplicado ao componente que promove a difusão do hidrogênio em direção ao plano externo do composto metálico.

13.6 OXIDAÇÃO DOS METAIS

Até agora nós estivemos preocupados com as condições de corrosão onde um liquido eletrólito foi uma parte integral dos mecanismos de corrosão. Os metais e as ligas, entretanto, também reagem com o ar para formar óxidos externos. A oxidação de alta temperatura dos metais é particularmente importante no projeto de uma turbina a gás, motores-foguetes e equipamento petroquímico de alta temperatura.

13.6.1 Filmes óxidos de proteção

A capacidade de proteção de um filme de óxido depende de muitos fatores, entre os quais:

1. A razão volumétrica de óxido do metal depois da oxidação deve estar próxima de 1:1.
2. O filme deve ter boa aderência.
3. O ponto de fusão do óxido deve ser alto.
4. O filme de óxido deve ter uma pressão de vapor baixa.
5. O filme de óxido deve ter um coeficiente de expansão quase igual ao do metal.
6. O filme deve ter plasticidade a alta temperatura para prevenir fratura.
7. O filme deve possuir baixa condutividade e baixo coeficiente de difusão para os íons metálicos e oxigênio.

O cálculo da razão em volume de óxido para metal depois da oxidação é o primeiro passo para se descobrir se o óxido de um metal pode atuar como proteção. Esta é chamada de razão de **Pilling-Bedworth (P.B.)**[10] e pode ser expresso na forma de equação como:

$$\text{Relação P.B.} = \frac{\text{volume do óxido produzido pela oxidação}}{\text{volume do metal consumido pela oxidação}} \quad (13.20)$$

Se o metal possui uma razão P.B. menor que 1, como é o caso dos metais alcalinos (por exemplo, Na possui uma razão P.B. de 0,576), o óxido do metal será poroso e não protetor. Se a razão P.B. é maior que 1, como é o caso do Fe(Fe_2O_3 possui uma razão P.B. de 2,15), tensões compressivas estarão presentes e o óxido tenderá a fraturar e separar. Se a razão P.B. é próxima de 1, o óxido pode ser protetor, mas

---

[10] N.B. Pilling e R.E. Bedworth, *J. Inst. Met.*, 29:529 (1923).

EXEMPLO 13.9

Calcule a razão volumétrica de óxido para volume do metal (razão Pilling-Bedworth) para a oxidação do alumínio em óxido de alumínio, Al_2O_3. A massa específica do alumínio = 2,70 g/cm³ e para o óxido de alumínio = 3,70 g/cm³.

■ **Solução**

$$\text{Relação P.B.} = \frac{\text{volume do óxido produzido pela oxidação}}{\text{volume do metal consumido pela oxidação}} \quad (13.20)$$

Assumindo que 100 g de alumínio são oxidados,

$$\text{Volume do alumínio} = \frac{\text{massa}}{\text{densidade}} = \frac{100 \text{ g}}{2,70 \text{ g/cm}^3} = 37,0 \text{ cm}^3$$

Para encontrar o volume de Al_2O_3 associado à oxidação de 100 g de Al, nós primeiramente encontramos a massa de Al_2O_3 produzida pela oxidação de 100 g de Al, usando a seguinte equação:

$$\begin{array}{ccc} 100 \text{ g} & & X \text{ g} \\ 4Al + 3O_2 & \rightarrow & 2Al_2O_3 \\ 4 \times \dfrac{26,98 \text{ g}}{\text{mol}} & & 2 \times \dfrac{102,0 \text{ g}}{\text{mol}} \end{array}$$

ou

$$\frac{100 \text{ g}}{4 \times 26,98} = \frac{X \text{ g}}{2 \times 102}$$

$$X = 189,0 \text{ g } Al_2O_3$$

Então encontramos o volume associado a 189,0 g de Al_2O_3 usando a relação volume = massa/massa específica. Portanto,

$$\text{Volume de } Al_2O_3 = \frac{\text{massa de } Al_2O_3}{\text{densidade de } Al_2O_3} = \frac{189,0 \text{ g}}{3,70 \text{ g/cm}^3} = 51,1 \text{ cm}^3$$

Então,

$$\text{Relação P.B.} = \frac{\text{volume de } Al_2O_3}{\text{volume de Al}} = \frac{51,1 \text{ cm}^3}{37,0 \text{ cm}^3} = 1,38 \blacktriangleleft$$

Comentário:
A razão 1,38 está próxima de 1, então Al_2O_3 possui um P.B. favorável que pode ser um óxido protetor. Al_2O_3 é um óxido de proteção uma vez que forma um filme de alumínio. Algumas das moléculas de Al_2O_3 na interface óxido-metal penetram no metal de alumínio, e vice-versa.

---

alguns dos outros fatores previamente listados devem ser satisfeitos. Consequentemente, a razão P.B. por si só não determina se o óxido é protetor. O Exemplo 13.9 mostra como a razão P.B. para o alumínio pode ser calculada.

13.6.2 Mecanismo da oxidação

Quando um filme de óxido se forma no metal pela oxidação do próprio metal pelo oxigênio gasoso, isto ocorre devido ao processo eletroquímico e não simplesmente por uma combinação química de metal e oxigênio como $M + \frac{1}{2}O_2 \rightarrow MO$. As reações parciais de oxidação e redução para a formação dos íons bivalentes são:

$$\text{Reação parcial de oxidação:} \quad M \rightarrow M^{2+} + 2e^- \quad (13.21a)$$

$$\text{Reação parcial de redução:} \quad \tfrac{1}{2}O_2 + 2e^- \rightarrow O^{2-} \quad (13.21b)$$

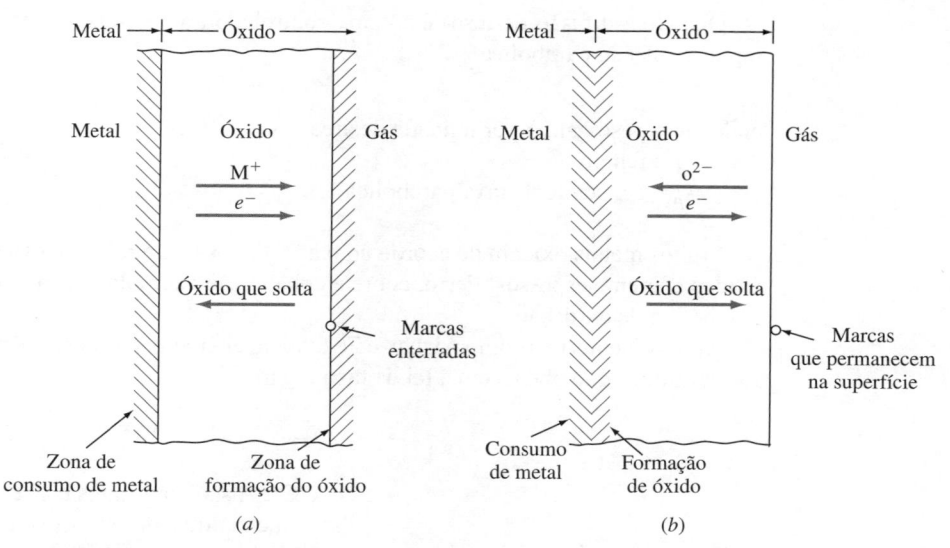

Nos estágios iniciais da oxidação, a camada de óxido é descontínua e começa por uma extensão lateral do núcleo discreto de óxido. Depois que o núcleo entrelaça, o transporte de massa dos íons ocorrem normalmente em direção à superfície (Figura 13.30). Na maioria dos casos, o metal se difunde como cátions e elétrons por todo o filme de óxido, conforme indica a Figura 13.30a. Nesse mecanismo, o oxigênio é reduzido apenas a íons na interface de óxido-gás, e a zona de formação de óxido está nessa superfície (difusão de cátion). Em alguns outros casos, por exemplo, para alguns óxidos de metais pesados, o oxigênio pode se difundir com os íons na interface de óxido-metal e os elétrons difundirem para a interface óxido-gás, como mostra a Fig 13.30b. Nesse caso, o óxido forma na interface metal-óxido (Figura 13.30b). Essa é a difusão de ânion. Os movimentos de óxido indicados na Figura 13.30 são determinados principalmente pelo movimento de marcadores inertes na interface de óxido-gás. No caso da difusão de cátions, os marcadores estão enterrados no óxido, quando é o caso de difusão de ânions, os marcadores permanecem na superfície do óxido.

O mecanismo detalhado da oxidação dos metais e ligas pode ser muito complexo, particularmente quando camadas de diferentes composições e estruturas defeituosas são produzidas. Ferro, por exemplo, quando oxidado em altas temperaturas, forma uma serie de óxidos de ferro: FeO, Fe_3O_4 e Fe_2O_3. A oxidação das ligas é ainda mais complicada pela interação de elementos de liga.

Figura 13.30
Oxidação de superfícies planas dos metais. (a) quando os cátions se difundem, os óxidos inicialmente formados se movimentam em direção ao metal. (b) Quando os ânions se difundem, o óxido se movimenta na direção oposta.
(De L.L. Shreir (ed.), "Corrosion", vol. 1, 2. ed., Newnes-Butterworth, 1976, p. 1:242.)

13.6.3 Taxa de oxidação (Cinética)

Do ponto de vista da engenharia, a taxa em que os metais e as ligas oxidam é muito importante uma vez que a taxa de oxidação de muitos metais e ligas determinam a vida útil do equipamento. A taxa de oxidação dos metais e das ligas é geralmente medida e expressada como o peso adquirido por unidade de área. Durante a oxidação de diferentes metais, várias leis empíricas de taxas foram observadas; algumas das mais comuns são apresentadas na Figura 13.31.

A taxa de oxidação mais simples obedece a lei linear

$$w = k_L t \tag{13.22}$$

onde w = peso ganho por unidade de área
 t = tempo
 k_L = constante da taxa de variação linear

O comportamento de oxidação linear é apresentado por metais que possuem poros ou filme de óxidos craqueados, e consequentemente os íons reagentes ocorrem a taxas mais rápidas que a reação química. Exemplos dos metais que se oxidam linearmente são: potássio, que possui uma razão volumétrica óxido-metal de 0,45, e o tântalo, que possui uma razão de 2,50.

Quando a difusão de ferro é a etapa controladora na oxidação dos metais, os metais puros devem seguir a relação parabólica.

$$w^2 = k_p t + C \quad (13.23)$$

onde w = peso ganho por unidade de área
 t = tempo
 k_p = constante da taxa parabólica

Muitos metais oxidam de acordo com a lei da taxa parabólica, e esses geralmente estão associados a óxidos coerente espessos. Ferro, cobre e cobalto são exemplos de metais que mostram comportamento parabólico de oxidação.

Alguns metais tais como Al, Cu, e Fe oxidam em temperatura ambiente ou ligeiramente elevada para formar filmes que obedecem à lei da taxa logarítmica

$$w = k_e \log(Ct + A) \quad (13.24)$$

onde C e A são constantes e k_e é a constante da taxa logarítmica. Esses metais quando expostos ao oxigênio e à temperatura ambiente oxidam muito rapidamente no início, mas depois da exposição de alguns dias, a taxa diminui para um valor muito baixo.

Alguns metais que exibem um comportamento de taxa linear tendem a oxidar catastroficamente em altas temperaturas devido às rápidas reações exotérmicas nas suas superfícies. Como resultado, a reação em cadeia ocorre em suas superfícies, causando o aumento da temperatura e da taxa de reação. Metais como o molibdênio, o tungstênio e o vanádio que possuem óxidos voláteis podem oxidar catastroficamente. Também, as ligas contendo molibdênio e vanádio mesmo em pequenas quantidades frequentemente mostram catastrófica oxidação que limita seu uso em atmosferas oxidantes de alta temperatura. A adição de grandes quantidades de cromo e níquel nas ligas de ferro melhora sua resistência à oxidação e retardam os efeitos da oxidação catastrófica devido a alguns outros elementos.

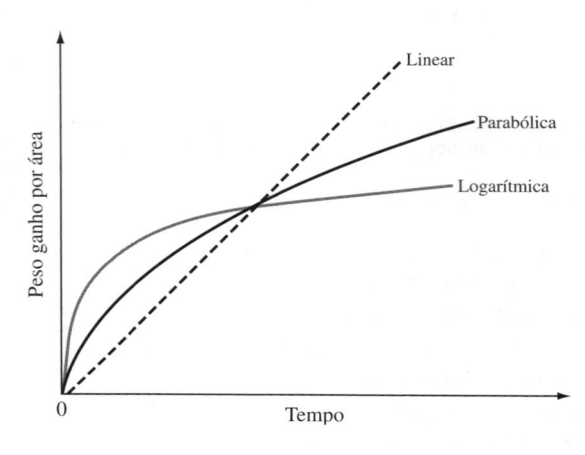

Figura 13.31
Leis da taxa de oxidação.

EXEMPLO 13.10

Uma amostra de 1 cm² de 99,94% de peso de Níquel, de espessura 0,75mm, é oxidada em oxigênio a pressão de 1 atm a 600 °C. Depois de 2h, a amostra apresenta um ganho em massa de 70 $\mu g/cm^2$. Se esse material mostra um padrão parabólico de oxidação, qual será o ganho em massa depois de 10h? (Use a Equação 13.23 com C = 0).

■ **Solução**

Primeiro, devemos determinar a constante da taxa de variação parabólica k_p, da equação da taxa de oxidação parabólica $y^2 = k_p t$, onde y é a espessura do óxido produzido no tempo t. Uma vez que o ganho em massa da amostra durante a oxidação é proporcional ao crescimento da espessura do óxido e pode ser medido com maior precisão, iremos substituir y, a espessura de óxido, com x, a massa ganha por unidade de área da amostra durante a oxidação. Consequentemente, $x^2 = k'_p t$ e

$$k'_p = \frac{x^2}{t} = \frac{(70 \ \mu g/cm^2)^2}{2h} = 2{,}45 \times 10^3 \ \mu g^2/(cm^4 \cdot h)$$

Para o tempo $t = 10h$, a massa ganha em miligramas por centímetro quadrado é

$$x = \sqrt{k'_p t} = \sqrt{[2{,}45 \times 10^3 \ (\mu g^2/(cm^4 \cdot h))](10 \ h)}$$
$$= 156 \ \mu g/cm^2 \blacktriangleleft$$

13.7 CONTROLE DE CORROSÃO

A corrosão pode ser controlada ou prevenida por vários métodos diferentes. Do ponto de vista industrial, a economia da situação geralmente dita os métodos a serem usados. Por exemplo, um engenheiro terá que determinar se será mais econômico substituir certo equipamento ou fabricá-lo com materiais que são altamente resistentes à corrosão, entretanto mais caros, de modo que durarão mais. Alguns dos métodos mais comuns de controle de corrosão ou prevenção são apresentados na Figura 13.32.

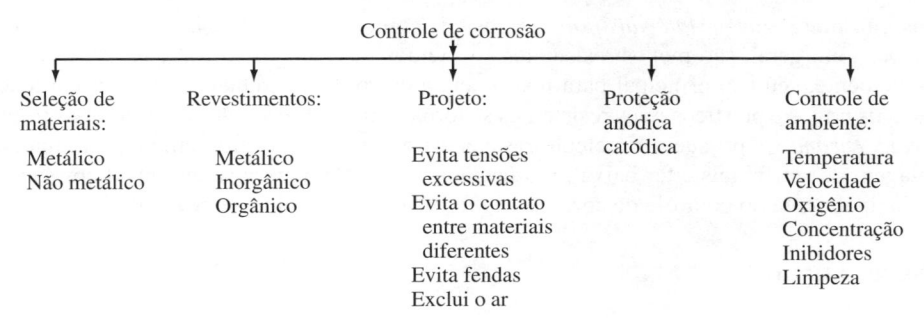

```
                        Controle de corrosão
    ┌───────────┬──────────────┬──────────┬──────────────┬──────────────┐
Seleção de   Revestimentos:  Projeto:   Proteção       Controle de
materiais:                              anódica        ambiente:
                                        catódica
Metálico     Metálico        Evita tensões             Temperatura
Não metálico Inorgânico      excessivas                Velocidade
             Orgânico        Evita o contato           Oxigênio
                             entre materiais           Concentração
                             diferentes                Inibidores
                             Evita fendas              Limpeza
                             Exclui o ar
```

Figura 13.32
Métodos comuns de controle de corrosão.

13.7.1 Seleção de material

Materiais metálicos Um dos métodos mais comuns de controle de corrosão é o uso de materiais que são resistentes à corrosão para um determinado ambiente em particular. Quando a seleção de materiais para um projeto de engenharia, para o qual à resistência à corrosão dos materiais é importante, os manuais de corrosão devem ser consultados para se ter certeza de que o material apropriado será utilizado. Além disso, também seria útil consultar especialistas em corrosão nas empresas que produzem materiais específicos para essa utilização, a fim de garantir que as melhores escolhas sejam feitas.

Existem, entretanto, algumas regras gerais que são razoavelmente precisas e podem ser aplicadas durante a seleção de metais resistentes à corrosão e ligas para aplicações em engenharia a saber:[11]

1. Para condições redutoras ou não oxidantes tais como ácidos livres de ar e soluções aquosas, as ligas de níquel e cobre são geralmente usadas.
2. Para condições oxidantes, usam-se ligas contendo cromo.
3. Para condições extremamente oxidantes, titânio e suas ligas são geralmente usados.

Algumas das combinações "naturais" de ambientes corrosivos para metais que garantem boa resistência à corrosão com baixo custo estão listadas na Tabela 13.8.

Tabela 13.8
Combinações de metais e ambientes que dão boa resistência à corrosão em proporção ao custo.

1.	Ações inoxidáveis – ácido nítrico
2.	Níquel e ligas de níquel – cáustica
3.	Monel – ácido hidro-fluorídrico
4.	Hastelloy (Clorimetos) – ácido hidro-clorídrico a quente
5.	Chumbo – ácido sulfúrico diluído
6.	Alumínio – exposição a atmosfera não mancha
7.	Estanho – água destilada
8.	Titânio – soluções oxidantes quentes
9.	Tântalo – resistência ultima
10.	Aço – ácido sulfúrico concentrado

Fonte: M.G. Fontana e N.D. Greene, "Corrosion Engineering", 2. ed., McGraw-Hill, 1978.

---

[11]Depois M.G. Fontana e N.D. Greene, "Corrosion Engineering", 2. ed., McGraw-Hill, 1978.

Um material, que é frequentemente mal usado pelos fabricantes, que não estão familiarizados com as propriedades de corrosão dos metais, é o aço inoxidável, que não é uma liga específica. O termo genérico é usado para uma grande classe de aços contendo cromo acima de 12%. Os aços inoxidáveis são comumente usados para ambientes corrosivos que são oxidantes moderados, por exemplo, o ácido nítrico. Entretanto, os aços inoxidáveis são menos resistentes às soluções contendo cloreto e são mais susceptíveis às fraturas por corrosão por tensão que o aço estrutural ordinário. Consequentemente, se deve tomar muito cuidado para se ter certeza que os aços inoxidáveis não são usados em aplicações para as quais não estão aptos.

Materiais não metálicos *Materiais poliméricos* tais como os plásticos e borrachas são mais fracos, mais macios e, em geral, são menos resistentes aos ácidos inorgânicos fortes, que os metais e ligas e, consequentemente, seu uso principal para resistência à corrosão é limitado. Entretanto, à medida que materiais mais novos e plásticos mais resistentes se tornam disponíveis, irão se tornar mais importantes. Os *materiais cerâmicos* possuem excelente resistência à corrosão e a alta temperatura, mas possuem a desvantagem de ser frágeis e ter baixa resistência à tração. Os materiais não metálicos são, portanto usados principalmente no controle de corrosão na forma de forros, juntas e revestimentos.

13.7.2 Revestimento

Revestimentos metálicos, inorgânicos e orgânicos são aplicados aos metais para prevenir ou reduzir a corrosão.

Revestimentos metálicos Os revestimentos metálicos que diferem de um metal a ser protegido são aplicados como revestimentos finos com o intuito de separar o ambiente corrosivo do metal. Os revestimentos metálicos são geralmente aplicados de modo que eles possam servir como ânodos de sacrifício, ou seja, podem corroer em vez do metal adjacente. Por exemplo, o revestimento de zinco no aço para o aço galvanizado é anódico ao aço e se corrói sacrificialmente.

Muitas partes metálicas são protegidas pela galvanoplastia para produzir uma fina camada de proteção do metal. Nesse processo, a parte a ser galvanizada é transformada no cátodo de uma célula eletrolítica. O eletrólito é a solução de sal do metal a ser galvanizado; aplica-se uma corrente direta na parte a ser galvanizada entre o outro eletrodo.

A galvanização de uma fina camada de estanho em uma chapa de aço para produzir uma placa de estanho para latas é um exemplo da aplicação deste método.

A galvanização pode ter também várias camadas, como é o caso da placa de cromo usado em automóveis. Essa galvanização consiste em três camadas: (1) uma cintilação interior de cobre para adesão da galvanização ao aço, (2) uma camada intermediária de níquel para boa resistência à corrosão, e (3) uma fina camada de cromo principalmente por motivos estéticos.

Algumas vezes uma fina camada de metal é enrolada na superfície do metal a ser protegido. A fine camada exterior do metal promove resistência à corrosão ao núcleo do metal interior. Por exemplo, alguns aços são "vestidos" com uma fina camada de aço inoxidável. O processo de revestimento é também usado para promover a algumas ligas de alumínio de alta resistência, uma camada exterior resistente à corrosão. Para estas ligas *Alclad*, como elas são chamadas, uma fina camada de alumínio relativamente puro é revestido a outra superfície da liga de alta resistência.

Revestimentos inorgânicos (cerâmicas e vidros) Para algumas aplicações é desejável que uma capa de aço com revestimento cerâmico tenha um acabamento suave e durável. O aço é comumente revestido com porcelana, que consiste em uma fina camada de vidro fundido à superfície do aço para aderir bem e possuir um coeficiente de expansão ajustado ao metal de base. Os vasos de aço revestido em vidro são usados em algumas industriais químicas por causa de sua facilidade para limpar e resistência à corrosão.

Revestimentos orgânicos Pinturas, vernizes, lacas, e muito outros materiais orgânicos poliméricos são comumente usados para proteger metais de ambientes corrosivos. Esses materiais fornecem barreiras finas, firmes e duráveis aos ambientes corrosivos. Em uma base de massa, os usos de revestimentos orgânicos protegem mais os metais da corrosão que qualquer outro método. Entretanto, o revestimento apropriado deve ser selecionado e aplicado propriamente em superfícies bem preparadas. Em muitos casos, o baixo desempenho das pinturas, por exemplo, podem ser atribuídas à aplicação pobre e preparação das superfícies. Deve-se também tomar cuidado para não aplicar revestimento orgânico em aplicações onde o metal substrato pode ser rapidamente atacado se o filme de revestimento falhar.

13.7.3 Design

O projeto de engenharia adequado pode ser tão importante para a prevenção de corrosão quanto a seleção dos materiais adequados. O engenheiro deve considerar os materiais juntamente com os requerimentos mecânicos, elétricos e térmicos. Todas essas considerações devem ser balanceadas com as limitações econômicas. No projeto de um sistema, os problemas específicos de corrosão podem requerer o conselho de especialista em corrosão. Entretanto, seguem-se algumas regras gerais de projeto:[12]

1. Isto é especialmente importante para dutos e tanques contendo líquidos.
2. Soldagem em vez de contêiner rebitado para reduzir a corrosão por fendas. Se rebites forem usados, escolha aqueles que são catódicos ao material ao qual será unido.
3. Se possível, use materiais galvanicamente similares para toda a estrutura. Evite materiais diferentes que podem causar corrosão galvânica. Se os metais galvanicamente diferentes são aparafusados, use forros não metálicos e lavadores para prevenir o contato elétrico entre os metais.
4. Evitar tensões excessivas e concentração de tensão em ambientes corrosivos para prevenir o craqueamento por corrosão por tensão. Isto é especialmente importante quando usarmos aços inoxidáveis, latão, e outros materiais susceptíveis ao craqueamento por corrosão por tensão em certos ambientes corrosivos.
5. Evitar curvas acentuadas nos sistemas de tubulação onde o escoamento ocorra. As áreas onde a direção do fluido muda acentuadamente promovem erosão-corrosão.
6. Projete tanques e outros contêineres para fácil drenagem e limpeza. Poças estagnadas de líquidos corrosivos representam concentração de substâncias que promovem corrosão.
7. Projete sistemas para fácil remoção e substituição de peças que se espera que falharão rapidamente em serviço. Por exemplo, as bombas em plantas químicas devem ser de fácil remoção.
8. Projete sistemas de aquecimento de modo que locais quentes não ocorram. Trocadores de calor, por exemplo, devem ser projetados para se ter uniformes gradientes de temperatura.

Em resumo, projete sistemas com condições as mais uniformes possíveis e evite heterogeneidade.

13.7.4 Alteração do ambiente

As condições ambientais podem ser muito importantes na determinação da gravidade da corrosão. Os métodos importantes para se reduzir a corrosão das mudanças ambientais são (1) redução de temperatura, (2) diminuição da velocidade dos líquidos, (3) remoção do oxigênio dos líquidos, (4) redução da concentração de íons e (5) adição de inibidores aos eletrólitos.

1. A redução de temperatura do sistema geralmente reduz a corrosão, devido à taxa mais baixa de reação em baixas temperaturas. Entretanto, existem algumas exceções onde ocorre o oposto. Por exemplo, a água salgada efervescente é menos corrosiva que a água salgada quente por causa da diminuição da solubilidade do oxigênio com o aumento da temperatura.
2. A diminuição da velocidade do fluido corrosivo reduz a erosão-corrosão. Entretanto, para metais e ligas que são passivadas, as soluções estagnadas devem ser evitadas.
3. Remoção de oxigênio das soluções aquosas é algumas vezes útil na redução de corrosão. Por exemplo, água de aquecedor é desaerada para reduzir corrosão. Entretanto, para os sistemas que dependem do oxigênio para passivação, a desaeração é indesejável.
4. A redução da concentração dos íons corrosivos na solução que está corroendo um metal pode diminuir a taxa de corrosão do metal. Por exemplo, a redução da concentração dos íons clorídrico em uma solução de água irá reduzir o ataque corrosivo nos aços inoxidáveis.
5. A adição de *inibidores* ao sistema pode diminuir a corrosão. Os inibidores são essencialmente catalisadores retardantes. A maioria dos inibidores foi desenvolvido por experimentos empíricos e muitos são encontrados na natureza. Suas ações também variam consideravelmente. Por exemplo, os *inibidores do tipo absorção* são absorvidos na superfície e formam um filme protetivo. O *tipo de inibidor desoxidante* reage para remover os agentes de corrosão tais como o oxigênio de uma solução.

---
[12] M.G. Fontana e N.D. Greene, "Corrosion Engineering", 2. ed., McGraw-Hill, 1978.

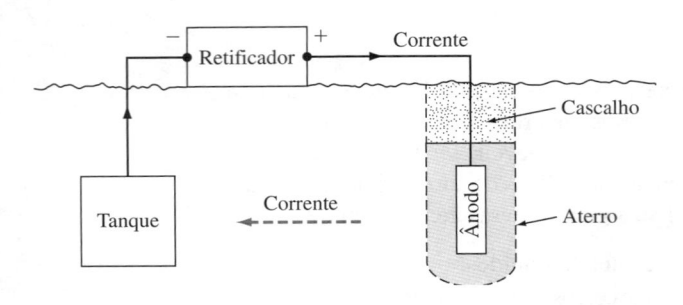

Figura 13.33
A proteção catódica de um tanque subterrâneo usando correntes impressas.
(M.G. Fontana e N.D. Greene, "Corrosion Engineering", 2. ed., McGraw-Hill, 1978, p. 207. Reproduzido com permissão de Mc-GrawHill Companies.)

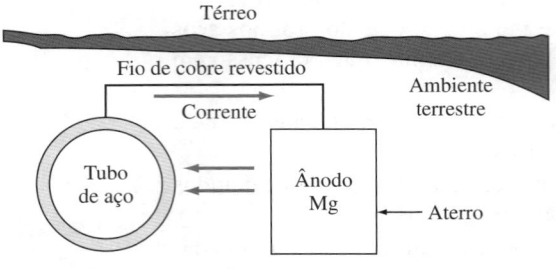

Figura 13.34
Proteção de uma tubulação subterrânea com ânodo de Mg.
(M.G. Fontana and N.D. Greene, "Corrosion Engineering," 2. ed., McGraw-Hill, 1978, p. 207. Reproduzido com permissão de McGraw-Hill Companies.)

13.7.5 Proteção anódica e catódica

Proteção catódica O controle de corrosão pode ser conseguido pelo método chamado de **proteção catódica**[13] onde os elétrons são fornecidos pela estrutura do metal a ser protegido. Por exemplo, a corrosão da estrutura de aço em um ambiente ácido envolve as seguintes equações eletroquímicas:

$$Fe \rightarrow Fe^{2+} + 2e^-$$
$$2H^+ + 2e^- \rightarrow H_2$$

Se os elétrons forem fornecidos a estrutura de aço, a dissolução do metal (corrosão) pode ser suprimida e a taxa de evolução do hidrogênio aumenta. Consequentemente, se os elétrons são continuamente fornecidos a estrutura de aço, a corrosão será suprimida. Os elétrons para a proteção catódica podem ser fornecidos por (1) uma fonte de potência externa de DC, como mostra a Figura 13.33, ou por (2) um conjugado orgânico com mais de um metal anódico que o que está sendo protegido. A proteção catódica de um duto de aço por um acoplamento galvânico a um ânodo de magnésio é ilustrado na Figura 13.34. Ânodos de magnésio que se corroem no lugar do metal a ser protegido são os de modo geral usados para proteção catódica devido ao seu elevado potencial negativo e densidade de corrente.

Proteção anódica É relativamente nova e consiste na formação de um filme de proteção passivo na superfície externa do metal e de sua ligas, via a aplicação de correntes anódicas. Correntes anódicas são aplicadas cuidadosamente para proteger o metal que pode passivar, como os aços inoxidáveis austeníticos, usando um equipamento chamado potenciostato. Esse processo reduz a taxa de corrosão em um ambiente corrosivo[14]. Uma das vantagens da proteção anódica é que ela pode ser aplicada em condições fracas e extremamente corrosivas, além de utilizar correntes elétricas muito pequenas. Podemos dizer que uma desvantagem desse processo é a utilização de uma instrumentação complexa com alto custo de instalação.

EXEMPLO 13.11

Um ânodo de sacrifício de magnésio de 2,2 kg é preso ao casco de um navio. Se o ânodo for completamente corroído em 100 dias, qual é a corrente média produzida pelo ânodo neste período?

■ **Solução**

A corrosão do magnésio segue a reação $Mg \rightarrow Mg^{2+} + 2e^-$. Nós usaremos a Equação 13.13 e resolveremos para 1, a corrente média de corrosão em amperes:

$$w = \frac{ItM}{nF} \quad \text{ou} \quad I = \frac{wnF}{tM}$$

$$w = 2,2 \text{ kg}\left(\frac{1.000 \text{ g}}{\text{kg}}\right) = 2.200 \text{ g} \quad n = 2 \quad F = 96.500 \text{ A} \cdot \text{s/mol}$$

$$t = 100 \text{ dias}\left(\frac{24\text{h}}{\text{dia}}\right)\left(\frac{3.600 \text{ s}}{\text{h}}\right) = 8,64 \times 10^6 \text{ s} \quad M = 24,31 \text{ g/mol} \quad I = ? \text{ A}$$

$$I = \frac{(2.200 \text{ g})(2)(96.500 \text{ A} \cdot \text{s/mol})}{(8,64 \times 10^6 \text{ s})(24,31 \text{ g/mol})} = 2,02 \text{ A} \blacktriangleleft$$

---

[13]Para um interessante artigo sobre a aplicação de proteção catódica para a preservação de aço enterrado no Golfo Arábico, veja R.N. Duncan and G.A. Haines, "Forty Years of Successful Cathodic Protection in the Arabian Gulf", *Mater. Perform.*, **21**:9 (1982).

[14]S. J. Acello and N. D. Greene, *Corrosion*, **18**:286 (1962).

13.8 RESUMO

A corrosão pode ser definida como a deterioração do material resultando do ataque químico em seu ambiente. A maioria da corrosão nos materiais envolve o ataque químico dos metais por células eletroquímicas. Pelo estudo das condições de equilíbrio, as tendências do metal puro para corroer em um ambiente aquoso comum podem ser relacionadas ao potencial do eletrodo padrão dos metais. Entretanto, uma vez que os sistemas de corrosão não estão em equilíbrio, a cinética das reações de corrosão também deve ser estudada. Alguns exemplos dos fatores cinéticos que afetam as taxas de reação de corrosão são a polarização das reações de corrosão e a formação dos filmes passivadores nos metais.

Existem muitos tipos de corrosão. Alguns dos tipos mais importantes discutidos são: corrosão uniforme e ataque geral, corrosão galvânica, corrosão por *pite*, corrosão por fendas, corrosão intergranular, corrosão por tensão, erosão-corrosão, dano por cavitação, corrosão por atrito, lixiviamento seletivo ou desligamento e fragilização por hidrogênio.

A oxidação dos metais e ligas é também importante para alguns projetos de engenharia tais como turbinas a gás, motores-foguetes e instalações petroquímicas de alta temperatura. O estudo das taxas de oxidação dos metais para algumas aplicações é muito importante. Em altas temperaturas, deve-se tomar cuidado para evitar oxidação catastrófica.

A corrosão pode ser controlada ou prevenida por vários métodos diferentes. Para evitar a corrosão, os materiais que são resistentes à corrosão para um determinado ambiente particular deve ser usada quando praticável. Para muitos casos a corrosão pode ser prevenida pelo uso de revestimentos orgânicos, inorgânicos e metálicos. O projeto de engenharia adequado de engenharia pode ser muito importante para muitas situações. Para alguns casos especiais, a corrosão pode ser controlada pelo uso de sistemas de proteção catódica ou anódica.

13.9 PROBLEMAS

As respostas para os problemas marcados com asterisco constam no final do livro.

Problemas de conhecimento e compreensão

13.1 Defina corrosão no âmbito dos materiais.

13.2 Quais são alguns dos fatores que afetam a corrosão dos metais?

13.3 Qual é o estado de menor energia: (*a*) ferro elementar ou Fe_2O_3 (óxido de ferro)?

13.4 Dê vários exemplos de deterioração ambiental de (*a*) materiais cerâmicos e (*b*) materiais poliméricos.

13.5 Qual é o potencial padrão de redução-oxidação de meia-célula?

13.6 Descreva o método usado para determinar o potencial de oxidação-redução de meia célula de um metal pelo uso de meia-célula de hidrogênio.

13.7 Liste cinco metais que são catódicos ao hidrogênio, e de seu potencial de oxidação padrão. Liste cinco metais que são anódicos ao hidrogênio, e de seus potenciais padrões de oxidação.

13.8 Qual é a densidade de troca de corrente? Qual é a corrente de corrosão i_{corr}?

13.9 Defina e dê um exemplo de (*a*) ativação por polarização e (*b*) concentração de polarização.

13.10 Defina a passivação de um metal ou liga. Dê exemplos de alguns metias e ligas que apresentam passividade.

13.11 Descreva brevemente as seguintes teorias da passivação dos metais: (*a*) a teoria dos óxidos e (*b*) a teoria da adsorção.

13.12 Desenhe a curva de polarização de um metal passivo e indique nela (*a*) a tensão passiva primária E_{pp} e (*b*) a corrente passiva Ip.

13.13 Descreva o comportamento da corrosão de um metal passivo em (*a*) na região ativa, (*b*) na região passiva, e (*c*) na região transpassiva da curva de polarização. Explique as razões dos comportamentos diferentes em cada região.

13.14 O que é a corrosão por fendas? Descreva o mecanismo eletroquímico da corrosão por fendas do aço inoxidável em uma solução arejada de cloreto de sódio.

13.15 O que é corrosão intergranular? Descreva a condição metalúrgica para a corrosão por fendas de um aço inoxidável austenitico.

13.16 Para um aço austenitico inoxidável, faça a distinção entre (*a*) a condição sensitizada e (*b*) a condição estabilizada.

13.17 Descreva três métodos de se evitar a corrosão intergranular em aços inoxidáveis austeníticos.

13.18 O que é o craqueamento da corrosão por tensão (SCC)? Descreva o mecanismo.

13.19 O que é erosão-corrosão? O que é dano por cavitação?

13.20 Descreva corrosão por atrito.

13.21 O que é a lixiviamento seletivo de uma liga? Quais os tipos de liga especialmente susceptíveis a esse tipo de corrosão.

13.22 Descreva o mecanismo de dezinficação de um bronze 70-30.

13.23 Descreva os mecanismos de difusão de cátion e ânion da formação de óxidos nos metais.

13.24 Quais são os tipos de ligas usadas para condições moderadas de oxidantes contra resistência à corrosão.

13.25 Quais são os tipos de ligas usadas para resistência à corrosão contra condições altamente oxidantes.

13.26 Dê seis combinações de metais e ambientes que possuam boa resistência à corrosão.

13.27 Liste seis combinações de metais e ambientes que possuam boa resistência à corrosão.

13.28 O que são ligas *Alclad*?

Problemas de aplicação e análise

13.29 Como é chamada a reação de oxidação, cujos metais formam íons que vão para a solução aquosa em uma reação de corrosão eletroquímica? Quais tipos de íons são produzidos por esta reação? Escreva as reações de oxidação de meia-célula para a oxidação do metal zinco puro na solução aquosa.

13.30 Como é chamada a reação de redução em que o metal ou não metal tem sua valência reduzida em uma reação de corrosão eletroquímica? Os elétrons são produzidos ou consumidos por essa reação?

13.31 Considere uma célula ferro-magnésio galvânica consistindo de um eletrodo de magnésio em uma solução de 1 M $MgSO_4$ e um eletrodo de ferro na solução de 1 M $FeSO_4$. Cada eletrodo e seu eletrólito são separados por uma parede porosa, e a célula inteira está a 25 °C. Ambos os eletrodos são conectados com um fio de cobre.
 (*a*) Qual eletrodo é o ânodo?
 (*b*) Qual eletrodo se corrói?
 (*c*) Em qual direção os elétrons fluem?
 (*d*) Em qual direção os ânions na solução irão se mover?
 (*e*) Em qual direção os cátions na solução irão se mover?
 (*f*) Escreva a equação para a reação de meia-célula no ânodo.
 (*g*) Escreva a equação para a reação de meia-célula no cátodo.

13.32 Uma célula galvânica tem eletrodos de zinco e estanho. Qual eletrodo é o ânodo? Qual eletrodo se corrói? Qual é a fem da célula?

13.33 Uma célula galvânica padrão tem eletrodos de ferro e chumbo. Qual eletrodo é o ânodo? Qual eletrodo se corrói? Qual é a fem da célula?

*** 13.34** A fem de uma célula padrão galvânica Ni-Cd é −0,153 V. Se a fem de meia-célula para a oxidação do Ni é −0,250 V, qual é a fem padrão da meia-célula do cádmio se o este é um ânodo?

13.35 Qual é a fem em relação ao eletrodo padrão hidrogênio do eletrodo de cádmio que está totalmente imerso em um eletrólito de 0,04 M $CdCl_2$? Suponha que a reação de meia-célula do cádmio seja $Cd \rightarrow Cd^{2+} + 2e^-$.

13.36 Uma célula galvânica consiste em um eletrodo de níquel em uma solução 0,04 M de $NiSO_4$ e um eletrodo de cobre em uma solução 0,08 M de $CuSO_4$ a 25 °C. Os dois eletrodos estão separados por uma parede porosa. Qual é a fem da célula?

13.37 Uma célula galvânica consiste em um eletrodo de zinco a uma solução de 0,03 M de $ZnSO_4$ e o eletrodo de cobre a uma solução de 0,06 M $CuSO_4$ a 25 °C. Qual é a fem da célula?

*** 13.38** Um eletrodo de níquel é imerso em uma solução de $NiSO_4$ a 25 °C. Qual deve ser a molaridade da solução se o eletrodo mostra um potencial de −0,2842 V em relação ao eletrodo padrão de hidrogênio?

13.39 Um eletrodo de cobre é imerso em uma solução de $CuSO_4$ em 25 °C. Qual deve ser a molaridade da solução se o eletrodo mostra um potencial de +0,2985 V em relação ao eletrodo padrão de hidrogênio?

13.40 Uma das extremidades de um fio de zinco é imersa em um eletrólito de 0,07 M íons de Zn^{2+} e o outro em um de 0,002 M de íons Zn^{2+}, com os dois eletrólitos sendo separadas por uma parede porosa.
 (*a*) Qual extremidade do fio irá se corroer?
 (*b*) Qual será a diferença de potencial entre as duas extremidades dos fios quando está imersa nos eletrólitos?

13.41 As concentrações de magnésio (Mg^{2+}) de 0,04 M e 0,007 M ocorrem em um eletrólito em extremidades opostos de um fio de magnésio a 25 °C.
 (*a*) Qual extremidade do fio irá se correr?
 (*b*) Qual será a diferença de potencial entre as extremidades do fio?

13.42 Considere uma célula de oxigênio concentrado consistindo em dois eletrodos de zinco. Um deles está imerso em uma solução de água com baixa concentração de oxigênio e a outra em solução de água com alta concentração de oxigênio. Os eletrodos de zinco estão conectados por um fio de cobre externo.
 (*a*) Qual eletrodo irá se corroer?
 (*b*) Escreva as reações de meia-célula para a reação anódica e a reação catódica.

13.43 Em metais, qual região é quimicamente mais reativa (anódica), a matriz de grãos ou as regiões de contornos de grãos? Por quê?

13.44 Considere um aço-carbono de 0,95%. Em quais condições esse aço é mais resistente à corrosão: (*a*) martensítico ou (*b*) martensítico temperado com ϵ carboneto e Fe_3C formado no intervalo de 200 a 500 °C. Explique.

13.45 Por que os metais puros em geral são mais resistentes à corrosão que os impuros?

13.46 Um processo de eletrogalvanização usa uma corrente de 15 A para corroer quimicamente (dissolver) um ânodo de cobre. Qual é a taxa de corrosão do ânodo em gramas por hora?

***13.47** O processo de galvanoplastia do cádmio usa 10 A de corrente e corrói quimicamente o ânodo do cádmio. Quanto tempo irá demorar a corroer 8,2 g de cádmio do ânodo?

13.48 Um tanque de aço acalmado tem 60 cm de altura com um fundo quadrado de 30 cm × 30 cm são preenchidos com água gaseificada de até 45 cm de nível e mostra uma perda de corrosão de 350 g sobre um período de quatro semanas. Calcule (a) a corrosão e (b) a densidade de corrosão associada à corrosão. Assuma que a corrosão é uniforme sobre todas as superfícies e que o aço acalmado corrói do mesmo modo que o ferro puro.

13.49 Um tanque de aço cilíndrico é revestido com uma camada espessa de zinco na parte de dentro. O tanque tem 50 cm de diâmetro, 70 cm de altura, e até preenchido com 45 cm de água gaseificada. Se a corrosão atual é de $5,8 \times 10^{-5}$ A/cm², quanto zinco em gramas por minuto está sendo corroído?

13.50 Um tanque aço acalmado contem água e está se corroendo a taxa de 90mdd. Se a corrosão é uniforme, quanto tempo ira demorar a corroer 0,40 mm da parede do tanque?

*13.51 Um tanque de aço acalmado contém uma solução de nitrato de amônio e está se corroendo a uma taxa de 6000 mdd. Se a corrosão no interior da superfície é uniforme, quanto tempo irá levar para corroer 1,05mm a parede do tanque?

13.52 Um superfície de estanho é corroída uniformemente a uma taxa de 2,40 mdd. Qual é a densidade de corrente associada à taxa de corrosão?

13.53 Uma superfície de cobre está sendo corroída em água salgada uma densidade de corrente de $2,30 \times 10^{-6}$ A/cm². Qual é a taxa de corrosão em mdd?

13.54 Uma superfície de zinco está sendo corroída em água salgada em uma densidade de corrente de $3,45 \times 10^{-7}$ A/cm². Qual é a espessura do metal que será corroída em 210 dias?

13.55 Uma chapa de aço (revestido em zinco) é encontrado a corroer uniformemente a uma taxa de $12,5 \times 10^{-3}$ mm/ano. Qual é a densidade da corrente média associada à corrosão desse material?

13.56 Uma chapa de aço (revestido em zinco) é encontrado a corroer uniformemente a uma taxa de $1,32 \times 10^{-7}$ A/cm². Quantos anos serão necessários para corroer uniformete a espessura de 0,030 mm do revestimento de zinco.

*13.57 Um novo contêiner de alumínio desenvolve *pites* por meio de suas paredes em 350 dias por corrosão por *pite*. Se o *pite* em média tem 0,170 mm em diâmetro e a parede do contêiner tem 1,00 mm de espessura, qual é a corrente média associada à formação de um único *pite*? Qual é a densidade de corrente para esta corrosão usando a área superficial do *pite* para este cálculo? Assuma que os *pites* possuam forma cilíndrica.

13.58 Um novo contêiner de alumínio desenvolve *pites* por meio de suas paredes com uma densidade de corrente média de $1,30 \times 10^{-4}$ A/cm². Se o *pite* em media tem 0,70 mm em diâmetro e a parede de alumínio tem espessura 0,90 mm, quantos dias serão necessários para que o *pite* corroa por meio da parede? Assuma que o *pite* tem uma forma cilíndrica e que a corrosão atua uniformemente sobre a área superficial do *pite*.

13.59 Explique a diferença no comportamento de corrosão (a) um grande cátodo e um pequeno ânodo, e (b) um grande ânodo e um pequeno cátodo. Qual das duas condições é mais favorável do ponto de vista de prevenção da corrosão e por quê?

13.60 Explique o comportamento eletroquímico no exterior e no interior de uma placa de estanho usada como contêiner para armazenar alimentos.

13.61 O que é corrosão por *pite*? Como os *pites* são iniciados geralmente? Descreva um mecanismo eletroquímico para o crescimento de *pite* em um aço inoxidável imerso em uma solução de ácido clorídrico gaseificado.

13.62 Quais fatores são importantes se o metal deve formar um óxido de proteção?

13.63 Usando as equações descreva o seguinte comportamento de oxidação dos metais: (a) linear, (b) parabólico, e (c) logarítmico. Dê exemplos.

*13.64 A1-cm², espessurra 0,75 mm e 99,9% (em peso) de Ni é oxidado no oxigênio a uma pressão de 1 atm a 500 °C. Após 7h, a amostra apresenta um ganho em peso de 60 μg/cm². Se o processo de oxidação seguir um comportamento parabólico, qual será o ganho de peso após 20h de oxidação?

13.65 Uma amostra de ferro puro oxida de acordo com a lei de oxidação linear. Depois de 3h a 720 °C, uma amostra de 1-cm² mostra um ganho em massa de 7 μg/cm². Quanto tempo uma oxidação ira levar para a amostra apresentar um ganho em massa de 55 μg/cm²?

13.66 O que é oxidação catastrófica? Quais metais estão sujeitos a esse comportamento? Quais metais são adicionados a liga de ferro para retardar esse comportamento?

13.67 Qual é a função de cada uma das três camadas da "placa de cromo"?

13.68 Descreva oito regras de projeto de engenharia que podem ser importantes para reduzir ou prevenir corrosão.

13.69 Descreva quatro métodos de alterar o ambiente para prevenir ou reduzir corrosão.

13.70 Descreva dois métodos pelos quais a proteção catódica pode ser usada para proteger da corrosão um duto de aço.

13.71 Se o ânodo de sacrifício de zinco mostra uma perda por corrosão de 1,05 kg em 55 dias, qual é a corrente média produzida pelo processo de corrosão neste período?

13.72 Se o magnésio ânodo de sacrifício corrói com uma corrente média de 0,80 A por 100 dias, qual deve ser a perda de metal pelo ânodo neste período?

13.73 O que é proteção anódica? Para quais metais as ligas podem ser usadas? Quais são algumas de suas vantagens e desvantagens?

13.74 O que é a fragilização por hidrogênio? Quais são as várias formas em que a fragilização por hidrogênio pode ocorrer? Nomeie alguns metais que são susceptíveis à fragilização por hidrogênio.

13.75 Explique os processos e materiais que podem ser a fonte de fragilização por hidrogênio dos metais. Como se proteger contra o dano por hidrogênio?

Problemas de síntese e avaliação

13.76 Do ponto de vista da engenharia, quais metais deveriam ser usados onde a resistência ao *pite* é importante?

13.77 Do ponto de vista da engenharia, o que deveria ser feito para prevenir ou minimizar a corrosão por fendas?

13.78 Do ponto de vista da engenharia, o que deve ser feito para evitar ou minimizar a falha por corrosão-tensão?

13.79 Calcule as razões volumétricas óxido-por-metal (Pilling-Bedworth) para a oxidação dos metais listados na tabela seguinte, e comente quando seus óxidos podem ser protetores ou não.

Metal	Óxido	Densidade do metal (g/cm³)	Densidade do óxido (g/cm³)
Tungstênio, W	WO_3	19,35	12,11
Sódio, Na	Na_2O	0,967	2,27
Háfnio, Hf	HfO_2	13,31	9,68
Cobre, Cu	CuO	8,92	6,43
Manganês, Mn	MnO	7,20	5,46
Estanho, Sn	SnO	6,56	6,45

13.80 Um tanque de armazenamento de água feito de aço forjado a quente tem uma pequena fratura em sua parede interior submersa em água. Testes ultrassônicos mostram que a fratura está crescendo com o tempo. Você pode dar as razões para este crescimento de fratura considerando que as cargas externas atuantes são baixas?

13.81 As placas de bronze deve ser presas usando parafusos e usadas em um ambiente marinho. Você iria selecionar parafusos feitos de aço ou parafusos feitos de níquel? Por quê?

13.82 Você deve selecionar o material para uma barra que será usada em um ambiente aquoso, e sua preocupação principal é a corrosão. Você tem três opções para sua escolha.: Cu-20% Zn recozido, 30% Cu-20% Zn trabalhado a frio, e Cu-50% Zn. Qual metal você selecionaria e por que? (consulte a Figura 8.25 para sua resposta.)

13.83 Dependendo da qualidade do concreto é possível que as barras de aço reforçado possam ser corroídas por água e cloretos oriundos do ambiente por meio de pequenos poros no concreto. Proponha uma forma de proteger o reforço da corrosão.

13.84 A erosão-corrosão ocorre em dutos (em torno das regiões dos cotovelos) carregando água em algumas regiões do país. Quais tipos de proteção você pode oferecer para reduzir a erosão-corrosão em dutos?

13.85 A corrosão é observada na raiz dos parafusos e em outras áreas com cantos abruptos. Você pode explicar isso?

13.86 A fadiga dos componente é significativamente reduzida quando o componente opera em um ambiente corrosivo. Este fenômeno é chamado de *fadiga por corrosão*. (*a*) Você pode dar algum exemplo dessa situação? (*b*) Liste os fatores importantes que influenciam a propagação da fratura por fadiga por corrosão.

13.87 (*a*) Explique porque a mufla de um sistema de exaustão de um automóvel é especialmente susceptível à corrosão. (*b*) Qual material você selecionaria na manufatura do sistema de exaustão?

13.88 Como a indústria automotiva protege os painéis do corpo feitos em aço da corrosão? O que você pode fazer para proteger seu carro da corrosão?

13.89 Os aços inoxidável ferríticos que contém pequenas quantidades de carbono ou nitrogênio são mais susceptíveis à corrosão intergranular. Explique como o carbono e o nitrogênio causam isso. (Dica: lembre-se que o cromo é o elemento protetor)

13.90 É possível a diminuição da corrosão intergranular no aço ferrítico pela adição de pequenas quantidade de titânio ou nióbio, um processo chamado de *estabilização*. Explique como a adição dessas impurezas ajuda a reduzir a corrosão.

13.91 Classifique a resistência à corrosão das seguintes ligas em um ambiente de água salgada. (do maior para o menor): (*i*) ligas de Al, (*ii*) aços-carbonos, (*iii*) ligas de níquel, e (*iv*) aço inoxidável. Dê as razões para sua seleção.

13.92 Classifique a resistência à corrosão dos seguintes materiais em ambientes fortemente ácidos (do maior para o menor): (*i*) Alumina Al_2O_3, (*ii*) Nylons, (*iii*) PVC, e (*iv*) ferro fundido. Dê as razões para sua seleção.

13.93 Classifique a resistência à corrosão das seguintes classes de materiais quando expostos a ambientes UV (do maior para o menor), (*i*) cerâmicas, (*ii*) polímeros, e (*iii*) metais. Dê as razões para sua seleção.

13.94 Na soldagem dos materiais, quais os fatores gerais que você deveria considerar para minimizar as chances de corrosão?

13.95 Geralmente é uma boa ideia evitar regiões ou pontões de concentração de tensão no projeto uma vez que essas regiões são mais susceptíveis à corrosão. Dê exemplos de algumas medidas que podem ser adotadas para evitar aumentadores de tensão.

13.96 O sal (NaCl) é guardado em um contêiner de alumínio. O contêiner é usado repetitivamente em uma região de alta umidade. (*a*) Existe a possibilidade de uma reação catódica ou anódica acontecer? (*b*) Se sim, identifique a reação.

13.97 Investigue quais metais são usados na estrutura da Estátua da Liberdade. Por que a estátua é verde?

13.98 Um vaso de pressão de aço baixo carbono (armazenando um líquido não corrosivo) é fraturado subitamente em uso. O vaso está ao ar livre e exposto à água de chuva diariamente. Depois de investigar a causa do dano, foi determinado que a dutibilidade do aço diminui significativamente durante os anos de operação. Você pode especular o que causou essa redução na ductilidade?

CAPÍTULO 14
Propriedades Elétricas dos Materiais

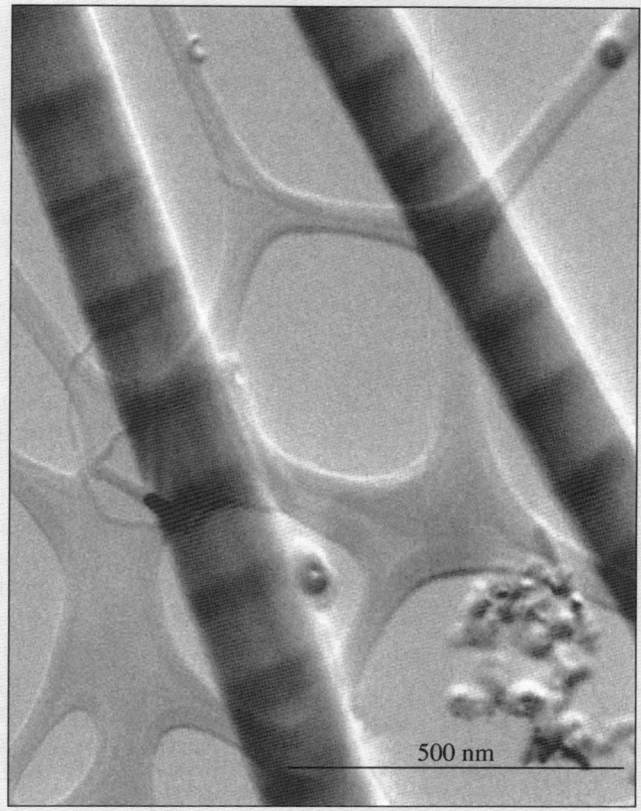

(© Peidong Yang/UC Berkeley.)

METAS DE APRENDIZAGEM

Ao final deste capítulo, o aluno será capaz de:

1. Definir condutividade, semicondutividade e propriedades isolantes de materiais, bem como classificar, de maneira geral, cada classe de materiais (isto é, metais, cerâmicas, polímeros) em função de suas propriedades elétricas.
2. Explicar os conceitos de condutividade elétrica, resistividade, velocidade de deriva e caminho livre médio em metais, bem como descrever o efeito da temperatura crescente ou decrescente sobre cada um destes parâmetros.
3. Descrever o modelo de bandas de energia e definir propriedades elétricas de metais, polímeros, cerâmicas e materiais eletrônicos com base neste modelo.
4. Definir semicondutores intrínsecos e extrínsecos e descrever como cargas elétricas são transportadas nestes materiais.
5. Definir semicondutores do tipo n e do tipo p e explicar o efeito da temperatura sobre o seu comportamento elétrico.
6. Citar o maior número possível de dispositivos semicondutores (ou seja, LEDs, retificadores, transistores) e, em cada caso, explicar como funciona o dispositivo.
7. Definir microeletrônica e explicar os vários passos para a produção de circuitos integrados.
8. Explicar, em detalhes, as propriedades elétricas de materiais cerâmicos no contexto de dielétricos, isolantes, capacitores, ferroeletricidade e efeito piezelétrico.
9. Divisar tendências futuras na produção de computadores e pastilhas eletrônicas.

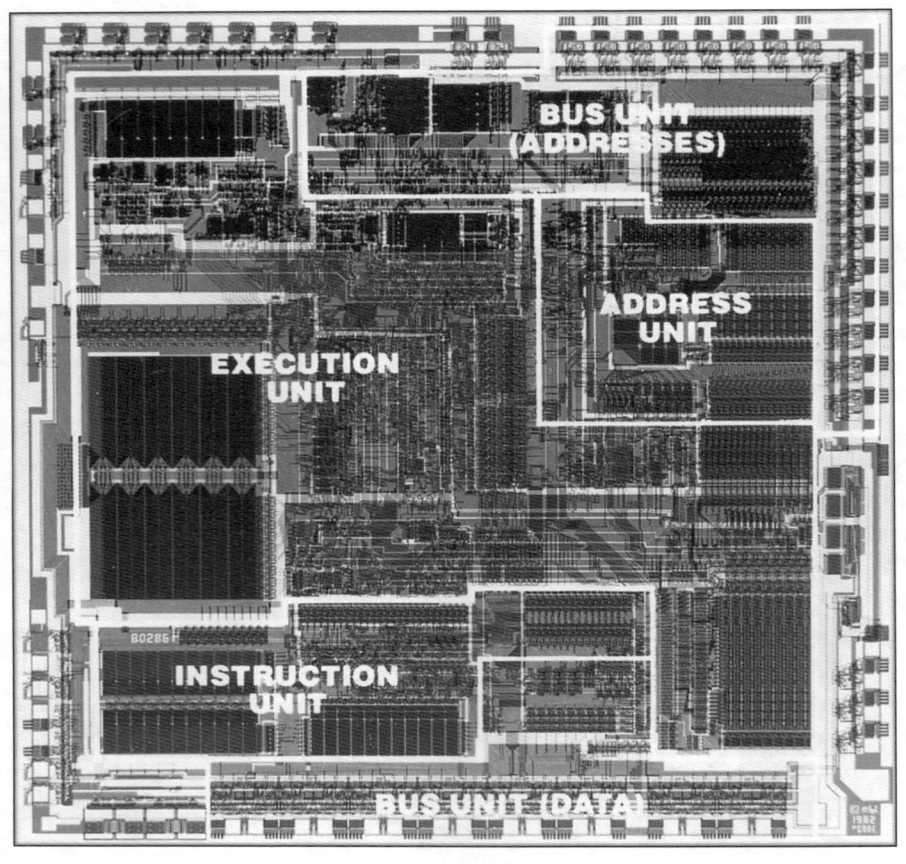

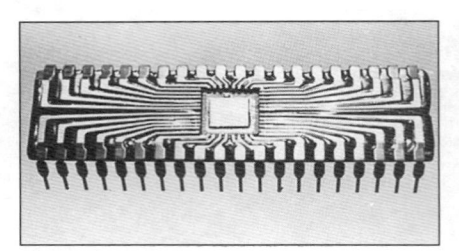

Figura 14.1
(a) O microprocessador ou "computador em uma pastilha" (*computer on a chip*) foi ampliado cerca de seis vezes e incorpora aproximadamente 3,1 milhões de transistores em uma única pastilha de silício de 17,2 mm de lado. Este microprocessador é o Intel Pentium e utiliza tecnologia BICMOS com dimensão mínima de projeto de 0,8 μm.
(b) Microprocessador, reduzido à metade do tamanho real, montado em um circuito, mostrando-se as conexões elétricas.
(*Cortesia da Intel Corporation, Santa Clara, Califórnia.*)

Pesquisadores estão constantemente tentando encontrar maneiras de fabricar pastilhas eletrônicas cada vez menores e com mais dispositivos integrados. O foco da indústria atualmente é o desenvolvimento da nanotecnologia, necessária para a fabricação de dispositivos eletrônicos em um nanofio com diâmetro de aproximadamente 100 nm.

A foto de abertura deste capítulo é a imagem do microscópio de transmissão eletrônica de dois nanofios heterogêneos com camadas alternadas entre regiões escuras (silício/germânio) e claras (silício).[1]

Neste capítulo, primeiramente é considerada a condução elétrica em metais. São discutidos os efeitos de impurezas, da adição de ligas e da temperatura sobre a condutividade elétrica dos metais. O modelo de bandas de energia para a condução elétrica em metais é então considerado. Em seguida, são considerados os efeitos de impurezas e da temperatura sobre a condutividade elétrica de materiais semicondutores. Finalmente, são examinados os princípios de operação de alguns dispositivos semicondutores básicos, apresentando-se então alguns dos processos de fabricação empregados para se produzir os modernos circuitos eletrônicos. Um exemplo da complexidade dos recentes circuitos integrados microeletrônicos é mostrado na Figura 14.1.

14.1 CONDUÇÃO ELÉTRICA NOS METAIS

14.1.1 O modelo clássico da condução elétrica nos metais

Nos metais sólidos, os átomos são dispostos em uma estrutura cristalina (por exemplo, CFC, CCC e HC) e mantidos juntos pelos seus elétrons de valência externa em ligações metálicas (ver Seção 2.5.3). As ligações metálicas em metais sólidos tornam possível a livre movimentação dos elétrons de valência, uma vez que estes são compartilhados por muitos átomos, não sendo presos a nenhum em particular. Algumas vezes, os elétrons de valência são visualizados como formando uma nuvem de carga eletrônica, conforme mostrado na Figura 14.2a. Outras vezes, os elétrons de valência são considerados como elétrons livres

---

[1]http://www.berkeley.edu/news/media/releases/2002/02/05_wires.html

individuais, não associados a qualquer átomo em particular, conforme ilustrado na Figura 14.2b.

No modelo clássico da condução elétrica em metais sólidos, os elétrons de valência externa são admitidos como completamente livres para se moverem entre os centros de íons positivos (átomos sem os elétrons de valência) na rede metálica. À temperatura ambiente, os centros de íons positivos possuem energia cinética e oscilam em torno de sua posição na rede. Com o aumento da temperatura, estes íons oscilam com amplitudes ainda maiores, havendo uma troca constante de energia entre os centros de íons e os seus elétrons de valência. Na ausência de qualquer potencial elétrico, a movimentação dos elétrons de valência é aleatória e limitada, de modo que não haja nenhum fluxo líquido de elétrons em qualquer direção e, portanto, nenhuma corrente elétrica. Ao se aplicar um potencial elétrico, os elétrons atingem uma *velocidade de deriva* direcionada proporcional ao campo elétrico aplicado, porém em sentido contrário.

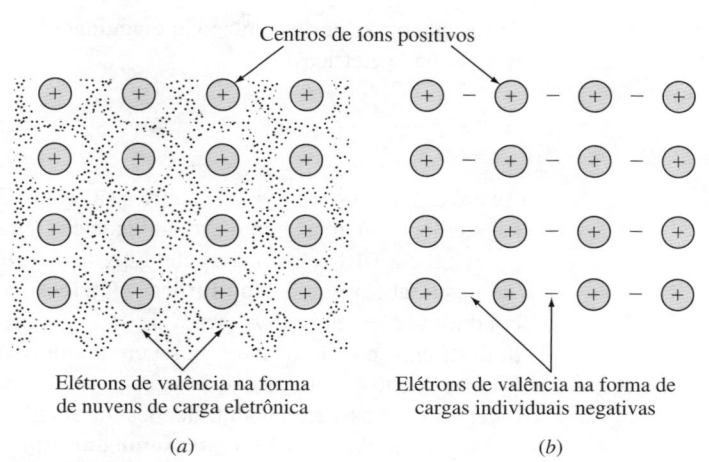

Figura 14.2
Configuração esquemática dos átomos em um plano de um metal monovalente, tal como cobre, prata e sódio. (a) Elétrons de valência representados como um "gás eletrônico" e (b) visualizados como elétrons livres de carga unitária.

14.1.2 A lei de Ohm

Seja um segmento de um fio de cobre cujas extremidades são conectadas a uma bateria, conforme mostrado na Figura 14.3. Se uma diferença de potencial V for aplicada ao fio, circulará uma corrente i proporcional à resistência R do fio. De acordo com a *lei de Ohm*, a **corrente elétrica** circulada i é proporcional à voltagem aplicada, V, e inversamente proporcional à resistência do fio, isto é,

$$i = \frac{V}{R} \quad (14.1)$$

onde i = corrente elétrica, A (amperes)
   V = diferença de potencial, V (volts)
   R = resistência do fio, Ω (ohms)

A **resistência elétrica**, R, de um condutor elétrico, como a amostra de fio metálico da Figura 14.3, é diretamente proporcional ao seu comprimento, l, e inversamente proporcional à área de sua seção transversal, A. Estas quantidades são correlacionadas por meio de uma constante do material denominada **resistividade elétrica**, ρ, da seguinte maneira,

$$R = \rho \frac{l}{A} \quad \text{ou} \quad \rho = R \frac{A}{l} \quad (14.2)$$

As unidades de resistividade elétrica, que é um valor constante para um dado material a uma dada temperatura, são

$$\rho = R \frac{A}{l} = \Omega \frac{m^2}{m} = \text{ohm-metro} = \Omega \cdot m$$

Muitas vezes, é mais conveniente raciocinar em termos da passagem da corrente elétrica em vez

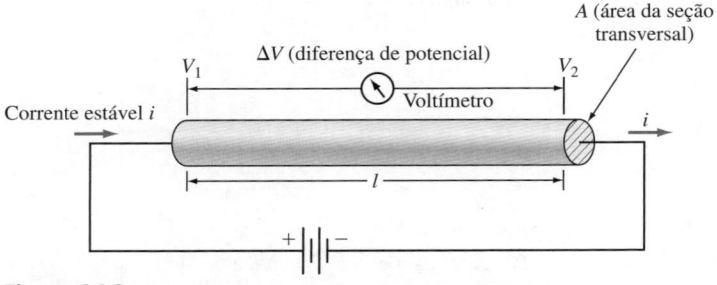

Figura 14.3
Diferença de potencial ΔV aplicada a uma amostra de fio metálico de seção transversal A.

da resistência e, por esta razão, a quantidade **condutividade elétrica**, σ^*, é definida como o inverso da resistividade elétrica

$$\sigma = \frac{1}{\rho} \qquad (14.3)$$

As unidades de condutividade elétrica são $(\text{ohm-metro})^{-1} = (\Omega \cdot \text{m})^{-1}$. A unidade SI do recíproco do ohm é o siemens (S), mas, como esta unidade é raramente utilizada, ela não será usada neste livro.

A Tabela 14.1 relaciona as condutividades elétricas de alguns metais e não metais importantes. Vê-se nesta tabela que os **condutores elétricos**, como os metais puros prata, cobre e ouro, possuem as condutividades mais altas, cerca de 10^7 $(\Omega \cdot \text{m})^{-1}$. Os **isolantes elétricos**, tais como o polietileno e o poliestireno, por outro lado, possuem condutividades elétricas muito baixas, aproximadamente 10^{-14} $(\Omega \cdot \text{m})^{-1}$, isto é, cerca de 10^{20} vezes menor do que aquela dos metais altamente condutores. O silício e o germânio, possuem condutividades intermediárias entre aquelas dos metais e dos isolantes, e são, por conseguinte, classificados como **semicondutores**.

Tabela 14.1
Condutividades elétricas de alguns metais e não metais à temperatura ambiente.

Metais e ligas	σ $(\Omega \cdot \text{m})^{-1}$	Não metais	σ $(\Omega \cdot \text{m})^{-1}$
Prata	$6,3 \times 10^7$	Grafita	10^5 (média)
Cobre, pureza comercial	$5,8 \times 10^7$	Germânio	2,2
Ouro	$4,2 \times 10^7$	Silício	$4,3 \times 10^{-4}$
Alumínio, pureza comercial	$3,4 \times 10^7$	Polietileno	10^{-14}
		Poliestireno	10^{-14}
		Diamante	10^{-14}

EXEMPLO 14.1

Um fio de diâmetro 0,20 cm deve transportar uma corrente de 20 A. A máxima potência dissipada ao longo do fio é 4 W/m (watts por metro). Calcular a condutividade mínima permitida para o fio em $(\text{ohm-metro})^{-1}$ nesta aplicação.

■ Solução

Potência $P = iV = i^2 R$ onde i = corrente, A R = resistência, Ω

V = voltagem, V P = potência, W (watts)

$R = \rho \dfrac{l}{A}$ onde ρ = resistividade, $\Omega \cdot \text{m}$

l = comprimento, m

A = área da seção transversal do fio, m^2

Combinando-se estas duas equações, resulta

$$P = i^2 \rho \frac{l}{A} = \frac{i^2 l}{\sigma A} \quad \text{uma vez que} \quad \rho = \frac{1}{\sigma}$$

Rearranjando, obtém-se

$$\sigma = \frac{i^2 l}{PA}$$

e

$P = 4$ W (em 1 m) $i = 20$ A $l = 1$ m

logo

$$A = \frac{\pi}{4}(0{,}0020 \text{ m})^2 = 3{,}14 \times 10^{-6} \text{ m}^2$$

Portanto, para esta aplicação, a condutividade σ do fio deve ser igual ou maior do que $3{,}18 \times 10^7$ $(\Omega \cdot \text{m})^{-1}$.

---

* N. de R.T.: Letra grega sigma.

> **EXEMPLO 14.2**
>
> Se um fio de cobre de pureza comercial deve conduzir 10 A de corrente com uma queda de voltagem máxima de 0,4 V/m, qual deve ser o seu diâmetro mínimo? [σ (cobre de pureza comercial) = $5{,}85 \times 10^7$ $(\Omega \cdot m)^{-1}$.]
>
> ▪ **Solução**
>
> Lei de Ohm:
> $$V = iR \quad \text{e} \quad R = \rho \frac{l}{A}$$
>
> Combinando-se estas duas equações, resulta
> $$V = i\rho \frac{l}{A}$$
>
> e rearranjando-as
> $$A = i\rho \frac{l}{V}$$
>
> Substituindo $(\pi/4)d^2 = A$ e $\rho = 1/\sigma$, vem
> $$\frac{\pi}{4}d^2 = \frac{il}{\sigma V}$$
>
> obtendo-se então
> $$d = \sqrt{\frac{4il}{\pi\sigma V}}$$
>
> Sabendo-se que $i = 10$ A, $V = 0{,}4$ para 1 m de fio, $l = 1{,}0$ m (cálculo por comprimento unitário do fio), e condutividade do fio de cobre igual a $\sigma = 5{,}85 \times 10^7$ $(\Omega \cdot m)^{-1}$, vem
>
> $$d = \sqrt{\frac{4il}{\pi\sigma V}} = \sqrt{\frac{4(10\text{ A})(1{,}0\text{ m})}{\pi[5{,}85 \times 10^7\ (\Omega \cdot m)^{-1}](0{,}4\text{ V})}} = 7{,}37 \times 10^{-4} \text{ m} \blacktriangleleft$$
>
> Portanto, para esta aplicação, o fio de cobre deve ter diâmetro de $7{,}37 \times 10^{-4}$ m ou maior.

A Equação 14.1 é chamada de *forma macroscópica* da lei de Ohm uma vez que os valores de i, V e R são dependentes da forma geométrica do condutor elétrico em questão. A lei de Ohm pode também ser expressa em *forma microscópica*, que é independente do formato do condutor elétrico, isto é,

$$\mathbf{J} = \frac{\mathbf{E}}{\rho} \quad \text{ou} \quad \mathbf{J} = \sigma\mathbf{E} \tag{14.4}$$

na qual $\mathbf{J}$ = densidade de corrente, A/m² $\quad\quad \rho$ = resistividade elétrica, $\Omega \cdot m$
$\mathbf{E}$ = campo elétrico, V/m $\quad\quad \sigma$ = condutividade elétrica, $(\Omega \cdot m)^{-1}$

A **densidade de corrente**, $\mathbf{J}$, e o campo elétrico, $\mathbf{E}$, são quantidades vetoriais com magnitude e direção. As formas macroscópica e microscópica da lei de Ohm são comparadas na Tabela 14.2.

Tabela 14.2
Comparação das formas macroscópica e microscópica da lei de Ohm.

Forma macroscópica da lei de Ohm	Forma microscópica da lei de Ohm
$i = \dfrac{V}{R}$	$\mathbf{J} = \dfrac{\mathbf{E}}{\rho}$
onde i = corrente, A V = voltagem, V R = resistência, Ω	onde $\mathbf{J}$ = densidade de corrente, A/m² $\mathbf{E}$ = campo elétrico, V/m ρ = resistividade elétrica, $\Omega \cdot m$

14.1.3 Velocidade de deriva de elétrons em um metal condutor

À temperatura ambiente, os centros de íons positivos na rede cristalina de condutor metálico vibram em torno de posições neutras e, por conseguinte, possuem energia cinética. Os elétrons livres continuamente trocam energia com os íons da rede por meio de colisões elásticas e inelásticas. Uma vez que não há um campo elétrico externo, o movimento dos elétrons é aleatório e, não havendo movimento resultante em qualquer direção, não há corrente elétrica resultante.

Se um campo elétrico uniforme de intensidade E for aplicado ao condutor, os elétrons serão acelerados com uma velocidade determinada na direção oposta ao campo elétrico. Os elétrons colidirão periodicamente com os centros de íons na rede e perderão sua energia cinética. Após uma colisão, os elétrons estarão livres novamente para se acelerar na direção do campo aplicado e, consequentemente, a velocidade dos elétrons variará com o tempo segundo um perfil do tipo "dentes de serrote", conforme mostrado na Figura 14.4. O tempo médio entre as colisões é 2τ, sendo τ o *tempo de relaxamento*.

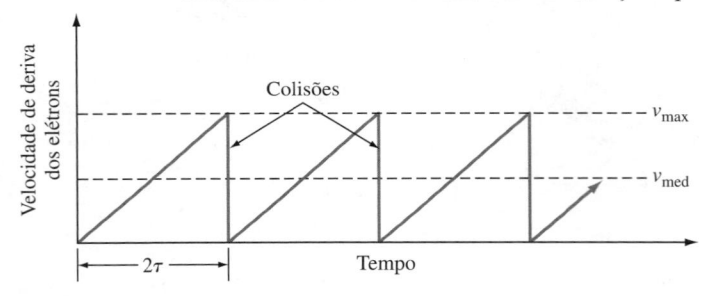

Figura 14.4
Velocidade de deriva do elétron em função do tempo no modelo clássico da condutividade elétrica de um elétron livre em um metal.

Os elétrons, portanto, adquirem uma velocidade média de deriva $\mathbf{v}_d$ que é diretamente proporcional ao campo elétrico aplicado E. A relação entre a velocidade de deriva e o campo aplicado é

$$\mathbf{v}_d = \mu \mathbf{E} \tag{14.5}$$

onde a constante de proporcionalidade μ [m²/(V · s)] é a mobilidade eletrônica.

Seja o fio mostrado na Figura 14.5 com densidade de corrente J fluindo na direção mostrada. A densidade de corrente, por definição, é igual à taxa a qual cargas atravessam qualquer plano perpendicular a J, isto é, certo número de amperes por metro quadrado ou coulombs por segundo por metro quadrado através daquele plano.

O fluxo de elétrons em um fio metálico sujeito a uma diferença de potencial depende do número de elétrons por unidade volumétrica, da carga eletrônica $-e$ ($-1{,}60 \times 10^{-19}$ C) e da velocidade de deriva dos elétrons, $\mathbf{v}_d$. A taxa de escoamento de carga por unidade de área é $-ne\,\mathbf{v}_d$. Entretanto, por convenção, a corrente elétrica é considerada como escoamento de carga positiva e, logo, a densidade de corrente elétrica, J, é dada com sinal positivo. Em formulação matemática, tem-se

$$\mathbf{J} = ne\mathbf{v}_d \tag{14.6}$$

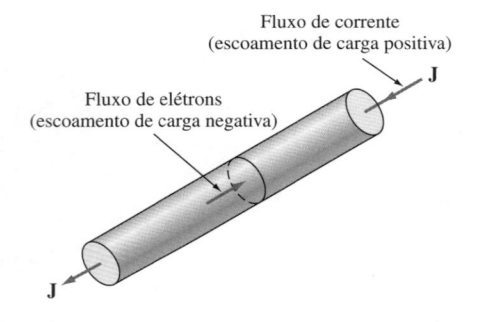

Figura 14.5
A diferença de potencial ao longo de um fio de cobre gera um fluxo de elétrons, conforme indicado no desenho. Devido à carga negativa do elétron, o sentido do fluxo de elétrons é contrário àquele convencionado para a corrente elétrica, que admite fluxo de carga positiva.

14.1.4 Resistividade elétrica dos metais

A resistividade elétrica de um metal puro pode ser aproximada pela soma de dois termos, um componente térmico, ρ_T, e um componente residual, ρ_r.

$$\rho_{total} = \rho_T + \rho_r \tag{14.7}$$

O componente térmico resulta da vibração dos centros de íons positivos em torno de suas posições de equilíbrio na rede cristalina metálica. À medida que a temperatura aumenta, os centros de íons vibram mais e mais e um grande número de ondas elásticas excitadas termicamente (denominadas *fônons*) dispersa os elétrons condutores e reduzem o caminho livre médio bem como o tempo de relaxamento entre as colisões. Por essa razão, à medida que a temperatura aumenta, a resistividade elétrica de metais puros também aumenta, conforme mostrado na Figura 14.6. O componente residual da resistividade elétrica de metais puros é pequeno e é causado por imperfeições estruturais, tais como discordâncias, contornos de grão e átomos de impurezas que dispersam os elétrons. O componente residual é praticamente independente da temperatura e se torna importante somente a baixas temperaturas (Figura 14.7).

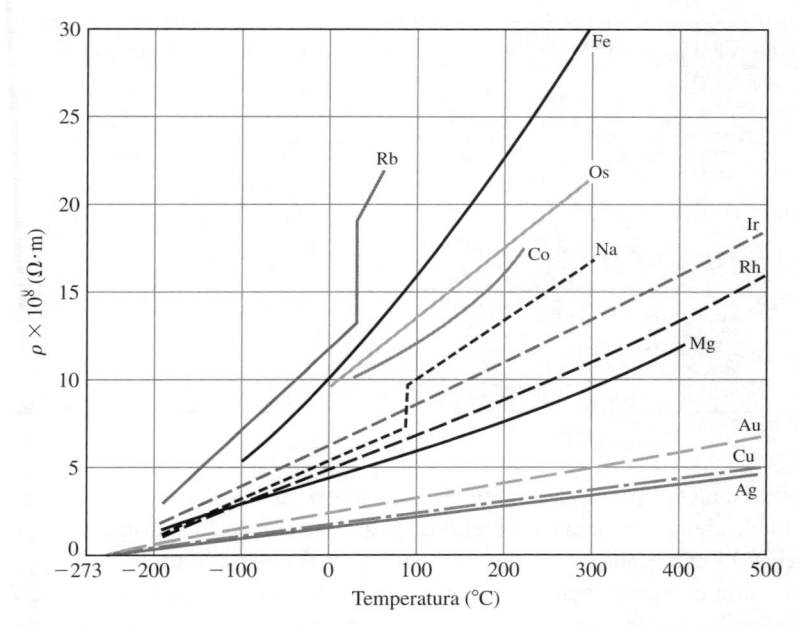

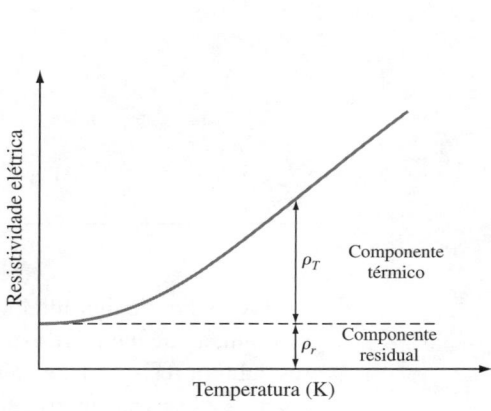

Figura 14.6
O efeito da temperatura sobre a resistividade elétrica de alguns metais. Observar que há uma dependência quase linear entre a resistividade e a temperatura (°C).
(De Zwikker, "Physical Properties of Solid Materials", Pergamon, 1954, pp. 247, 249.)

Figura 14.7
Variação esquemática da resistividade elétrica de um metal em função da temperatura absoluta. Observar que, a altas temperaturas, a resistividade elétrica é a soma de um componente residual, ρ_r, e de um componente térmico, ρ_T.

Para a maioria dos metais a temperaturas acima de aproximadamente –200 °C, a resistividade elétrica varia quase linearmente com a temperatura, conforme mostrado na Figura 14.6. Logo, a resistividade elétrica de muitos metais pode ser aproximada pela equação

$$\rho_T = \rho_{0\,°C}(1 + \alpha_T T) \qquad (14.8)$$

onde $\rho_{0\,°C}$ = resistividade elétrica a 0 °C
α_T = coeficiente térmico de resistividade, °C^{-1}
T = temperatura do metal, °C

A Tabela 14.3 relaciona os valores do coeficiente térmico de resistividade para alguns metais. Para estes metais, α_T vai de 0,0034 a 0,0045 °C^{-1}.

Tabela 14.3
Coeficientes térmicos de resistividade.

Metal	Resistividade elétrica a 0 °C ($\mu\Omega \cdot$ cm)	Coeficiente térmico de resistividade α_T (°C^{-1})
Alumínio	2,7	0,0039
Cobre	1,6	0,0039
Ouro	2,3	0,0034
Ferro	9	0,0045
Prata	1,47	0,0038

EXEMPLO 14.3

Calcular a resistividade elétrica do cobre puro a 132 °C usando o coeficiente térmico de resistividade para o cobre dado na Tabela 14.3.

■ **Solução**

$$\rho_T = \rho_{0\,°C}(1 + \alpha_T T) \quad (14.8)$$
$$= 1{,}6 \times 10^{-6}\,\Omega \cdot \text{cm}\left(1 + \frac{0{,}0039}{°C} \times 132\,°C\right)$$
$$= 2{,}42 \times 10^{-6}\,\Omega \cdot \text{cm}$$
$$= 2{,}42 \times 10^{-8}\,\Omega \cdot \text{m} \blacktriangleleft$$

Elementos de liga adicionados a metais puros causam uma dispersão extra dos elétrons condutores e, assim, aumentam a resistividade elétrica do metal. O efeito de pequenas adições de vários elementos sobre a resistividade elétrica do cobre puro à temperatura ambiente é mostrado na Figura 14.8. Deve-se observar que o efeito varia consideravelmente de um elemento a outro. Para os elementos mostrados e para a mesma quantidade adicionada, a prata é a que menos aumenta a resistividade enquanto o fósforo é o que mais a aumenta. A adição de grandes quantidades de elementos de liga ao cobre como, por exemplo, entre 5 e 35% de zinco para a fabricação de latão de cobre-zinco aumenta a resistividade elétrica e, portanto, diminui muito a condutividade elétrica do cobre puro, conforme mostrado na Figura 14.9.

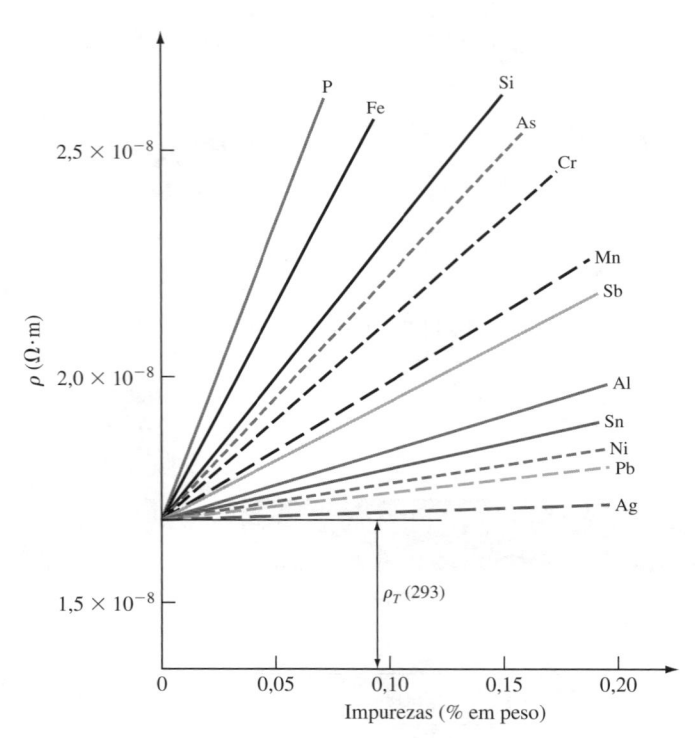

Figura 14.8
O efeito da adição de pequenas quantidades de vários elementos sobre o coeficiente de resistividade elétrica do cobre à temperatura ambiente.
(De F. Pawlek and K. Reichel, Z. Metallkd., 47:347 (1956). Usado com permissão.)

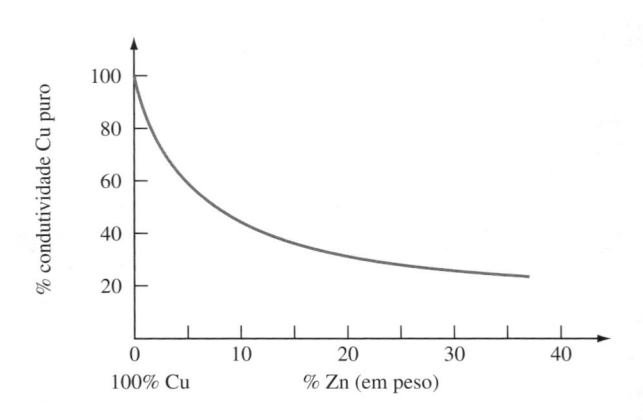

Figura 14.9
O efeito da adição de zinco ao cobre puro na redução da condutividade elétrica do cobre.
(Segundo dados da ASM.)

14.2 MODELO DE BANDAS DE ENERGIA DE CONDUÇÃO ELÉTRICA

14.2.1 Modelo de bandas de energia para metais

Será considerado agora o **modelo de bandas de energia** para os elétrons em um metal sólido uma vez que este modelo é útil para a compreensão do mecanismo de condução elétrica em metais. Será tomado como exemplo o sódio metálico para explicar o modelo de bandas de energia porque o átomo de sódio possui uma estrutura eletrônica relativamente simples.

Os elétrons de átomos isolados são ligados aos seus núcleos e somente podem atingir níveis de energia *claramente definidos* tais como os estados $1s^1$, $1s^2$, $2s^1$, $2s^2$, ... conforme estabelecido pelo princípio de Pauli. Caso contrário, seria impossível para qualquer elétron em um átomo descer ao estado de energia mínima, $1s^1$! Logo, os onze elétrons no átomo de sódio neutro ocupam dois estados $1s$, dois estados $2s$, seis estados $2p$ e um estado $3s$, conforme na Figura 14.10a. Os elétrons nos níveis mais baixos ($1s^2$, $2s^2$, $2p^6$) são firmemente ligados e constituem os *elétrons centrais ou internos* do átomo de sódio (Figura 14.10b). O elétron mais externo $3s^1$ pode participar de ligações com outros átomos e é denominado *elétron de valência*.

Em um bloco de metal sólido, os átomos estão muito próximos e se tocam. Os elétrons de valência deslocalizados (Figura 14.11a) interagem entre si e se misturam de maneira que seus níveis atômicos de energia, originalmente bem definidos, ampliam-se em faixas mais largas, chamadas *bandas de energia* (Figura 14.11b). Os elétrons mais internos, uma vez que são protegidos dos elétrons de valência, não formam estas faixas.

Cada elétron de valência em um bloco de sódio metálico, por exemplo, deve possuir níveis de energia ligeiramente diferentes segundo o princípio da exclusão de Pauli. Por conseguinte, se existirem N átomos de sódio em um bloco de sódio, podendo N ser muito grande, haverá N distintos, mas apenas ligeiramente diferentes, níveis de energia $3s^1$ na *banda* de energia $3s$. Cada nível de energia é chamado um *estado*. Na banda de energia de valência, os níveis de energia são tão próximos que eles formam uma banda contínua de energia.

A Figura 14.12 mostra parte do diagrama de bandas de energia para o sódio metálico em função do espaçamento interatômico. No sódio metálico sólido, as bandas de energia $3s$ e $3p$ se superpõem (Figura 14.12). Entretanto, uma vez que há apenas um elétron $3s$ no átomo de sódio, a faixa $3s$ é apenas parcialmente preenchida (Figura. 14.13a). Consequentemente, muito pouca energia é requerida para excitar os elétrons no sódio dos estados preenchidos mais altos aos estados vazios mais baixos. O sódio é, portanto, um bom condutor, já que muito pouca energia é requerida para produzir nele um fluxo de elétrons. O cobre, a prata e o ouro também possuem bandas s mais externas apenas parcialmente preenchidas.

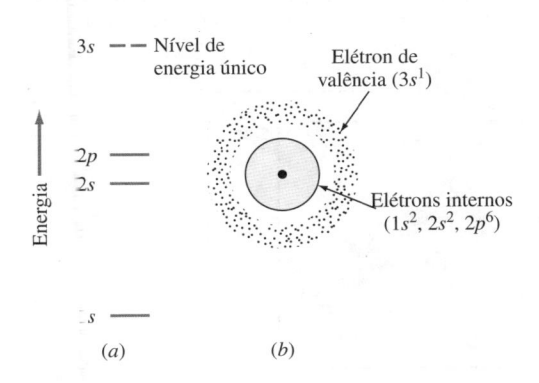

Figura 14.10
(a) Níveis de energia em um único átomo de sódio.
(b) Configuração eletrônica em um átomo de sódio. O elétron de valência externo $3s^1$ é apenas fracamente preso, livre então para participar de ligações metálicas.

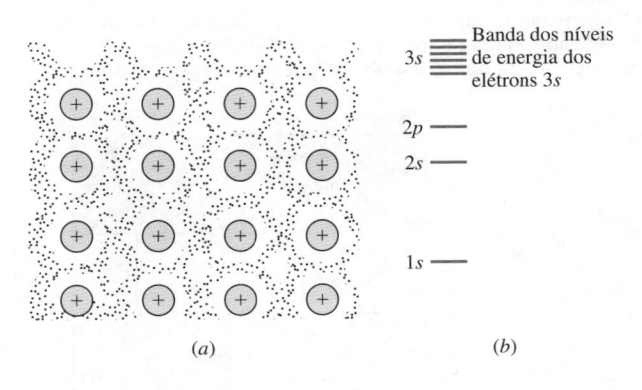

Figura 14.11
(a) Elétrons de valência externa deslocalizados em um bloco de sódio metálico. (b) Níveis de energia em um bloco de sódio metálico; observar que o nível $3s$ foi expandido em uma banda de energia e que a banda $3s$ é mostrada mais próxima do nível $2p$, uma vez que a ligação causou um rebaixamento dos níveis $3s$ dos átomos de sódio isolados.

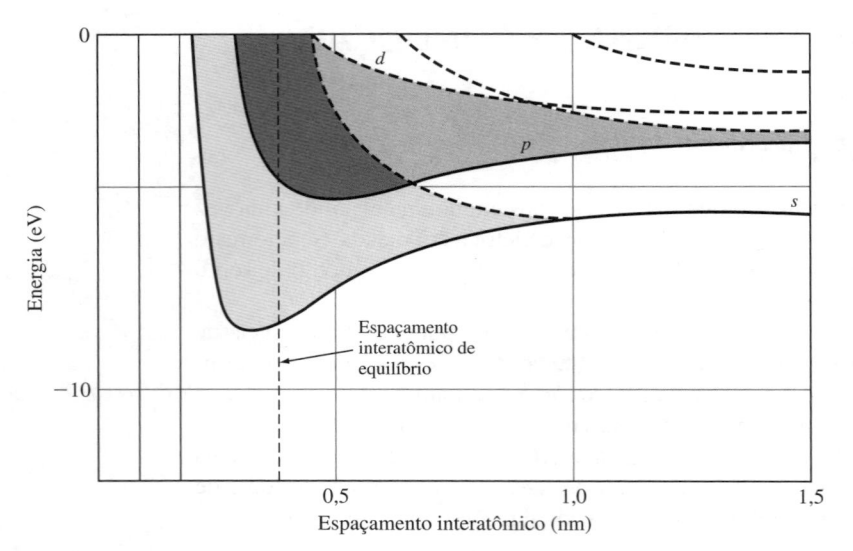

Figura 14.12
Bandas de energia de valência no sódio metálico. Observar a divisão dos níveis s, p e d.
(*Reproduzido de J. C. Slater, Phys. Rev., **45**:794 (1934) com autorização. Direitos autorais de 1934 da American Physical Society.*)

No magnésio metálico, ambos os estados 3s são preenchidos. Todavia, a banda 3s se superpõe à banda 3p e permite a entrada de elétrons, criando assim uma banda combinada 3sp parcialmente preenchida (Figura 14.13b). Por este motivo, apesar da banda 3s preenchida, o magnésio é um bom condutor. Analogamente, o alumínio, que possui ambos os estados 3s e um estado 3p preenchidos, é também um bom condutor, porque a banda 3p parcialmente preenchida se superpõe à 3s preenchida (Figura 14.13c).

14.2.2 Modelo de bandas de energia para isolantes

Em isolantes, os elétrons são firmemente ligados aos seus respectivos átomos por meio de ligações iônicas ou covalentes e não estão "livres" para conduzir eletricidade, exceto quando altamente energizados. O modelo de bandas de energia para isolantes consiste em uma **banda de valência** inferior preenchida e de uma **banda de condução** superior vazia. Estas bandas são separadas por uma diferença de energia E_g relativamente grande (Figura 14.14). A fim de libertar um elétron para o processo de condução, o elétron deve ser energizado a ponto de poder "saltar" por esta lacuna de energia, o que pode requerer até 6 ou 7 eV, por exemplo, no diamante puro. No diamante, os elétrons são firmemente presos pela ligação covalente tetraédrica sp^3 (Figura 14.15).

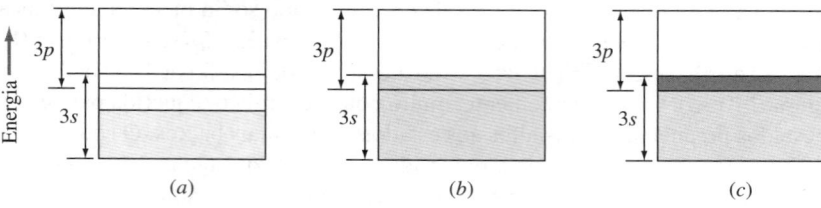

Figura 14.13
Diagramas esquemáticos de bandas de energia para vários condutores metálicos. (a) Sódio, $3s^1$: a faixa 3s é apenas parcialmente preenchida já que há apenas um elétron $3s^1$. (b) Magnésio, $3s^2$: a banda 3s é preenchida e se superpõe à banda vazia 3p. (c) Alumínio, $3s^2 3p^1$: a banda 3s é preenchida e se superpõe à banda 3p parcialmente preenchida.

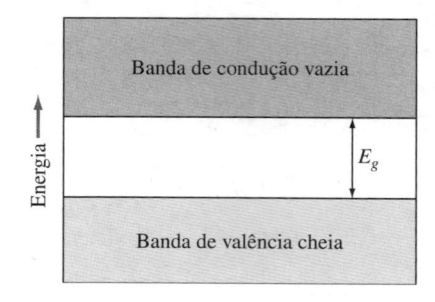

Figura 14.14
Diagrama de bandas de energia para um isolante. A banda de valência é completamente preenchida e é separada da banda de condução vazia por uma grande lacuna de energia E_g.

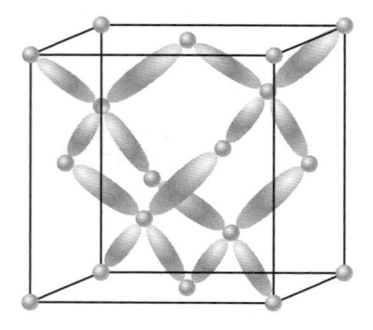

Figura 14.15
Estrutura cristalina cúbica do diamante. Os átomos nesta estrutura são mantidos juntos por ligações covalentes sp^3. O diamante (carbono), o silício, o germânio e o estanho cinza (polimorfo do estanho, estável abaixo de 13 °C) possuem todos esta estrutura. Há oito átomos em cada célula unitária: $\frac{1}{8} \times 8$ nos cantos, $\frac{1}{2} \times 6$ nas faces e 4 no interior do cubo unitário.

14.3 SEMICONDUTORES INTRÍNSECOS

14.3.1 Mecanismos de condução elétrica em semicondutores intrínsecos

Semicondutores são materiais cujas condutividades elétricas são intermediárias entre aquelas dos metais altamente condutores e dos isolantes (maus condutores). **Semicondutores intrínsecos** são semicondutores puros cuja condutividade elétrica é determinada por suas propriedades condutivas inerentes. O silício e o germânio elementares puros são materiais semicondutores intrínsecos. Estes elementos, que pertencem ao grupo IVA da tabela periódica, possuem a estrutura cúbica do diamante com ligações covalentes altamente direcionais (Figura 14.15). Os orbitais de ligações híbridas tetraédricas sp^3 constituídos de pares eletrônicos mantêm os átomos juntos na rede cristalina. Nesta estrutura, cada átomo de silício ou germânio contribui com quatro elétrons de valência.

A condutividade elétrica de semicondutores puros tais como o Si e o Ge podem ser descritas qualitativamente considerando-se a representação pictórica bidimensional da rede cristalina cúbica do diamante mostrada na Figura 14.16. Os círculos nessa ilustração indicam os *centros de íons positivos* de átomos de Si ou Ge, e as linhas duplas de conexão indicam os *elétrons de valência* para ligação. Os elétrons de valência são impedidos de se mover através da rede cristalina e, por esta razão, são incapazes de conduzir eletricidade a menos que energia suficiente lhes seja fornecida para energizá-los para além de suas posições de ligação. Quando uma quantidade crítica de energia é fornecida a um elétron de valência de modo a energizá-lo para longe de sua posição de ligação, ele se torna um elétron livre para conduzir e deixa atrás de si uma "lacuna" na rede cristalina carregada positivamente (Figura 14.16).

14.3.2 Transporte de cargas elétricas na rede cristalina do silício puro

No processo de condução elétrica em um semicondutor como o silício puro ou o germânio, tanto os elétrons como as lacunas são portadores de carga e se movem sob a ação de um campo elétrico aplicado. Os **elétrons** condutores possuem carga negativa e são atraídos pelo terminal positivo de um circuito elétrico (Figura 14.17). As **lacunas**, por outro lado, se comportam com cargas positivas e são atraídas pelo terminal negativo do circuito elétrico (Figura 14.17). Uma lacuna possui uma carga positiva igual em magnitude à carga do elétron.

O movimento de uma "lacuna" em um campo elétrico pode ser visualizado referindo-se à Figura 14.18. Seja uma lacuna no átomo A no qual falta um elétron de valência, conforme mostrado na Figura 14.18a.

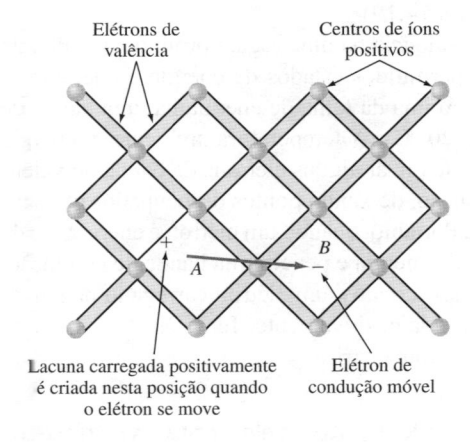

Figura 14.16
Representação bidimensional da rede cúbica do diamante para o silício e para o germânio mostrando os centros de íons positivos e os elétrons de valência. O elétron inicialmente em uma ligação em A foi energizado e se moveu para o ponto B.

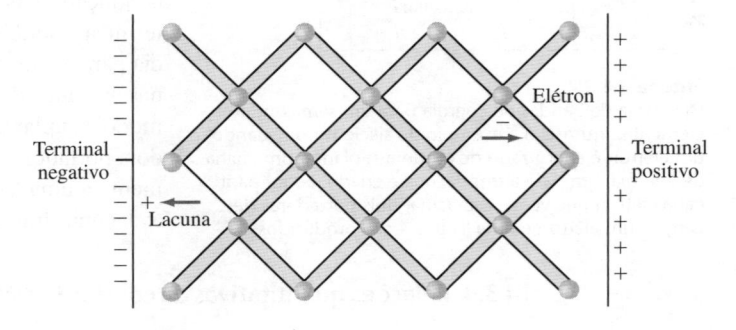

Figura 14.17
Condução elétrica em um semicondutor como o silício mostrando a migração de elétrons e lacunas no campo elétrico aplicado.

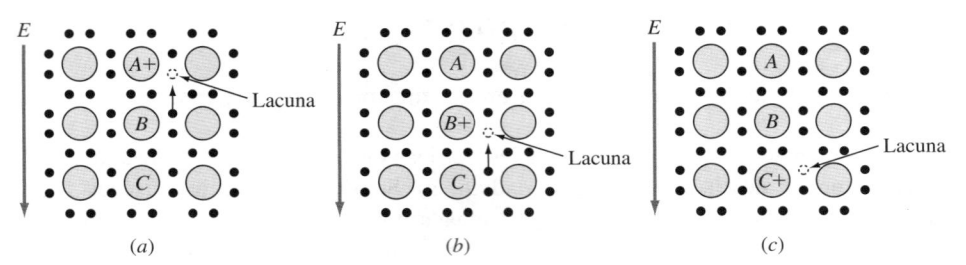

Figura 14.18
Vista esquemática do movimento de lacunas e elétrons no silício semicondutor puro durante a condução elétrica causada pela aplicação de um campo elétrico.
(Segundo S.N. Levine, "Principles of Solid State Microelectronics", Holt. 1963.)

Quando um campo elétrico é aplicado na direção mostrada na Figura 14.18a, uma força é exercida sobre os elétrons de valência do átomo B e um dos elétrons de valência deste átomo se libertará do seu orbital de ligação e ocupará a vaga no orbital de ligação do átomo A. A lacuna agora aparecerá no átomo B e, na realidade, terá se movido de A para B no sentido do campo aplicado (Figura 14.18b). Por um mecanismo semelhante, a lacuna se moverá do átomo B para o C devido ao movimento de um elétron de C para B (Figura 14.18c). O resultado final desse processo é o transporte de um elétron de C para A, que se dá no sentido contrário do campo aplicado, e o transporte de uma lacuna de A para C, que se dá no mesmo sentido do campo aplicado. Logo, durante a condução elétrica em um semicondutor puro como o silício, elétrons carregados negativamente se movem no sentido contrário ao campo aplicado (sentido convencional da corrente elétrica) em direção ao terminal positivo, enquanto lacunas carregadas positivamente se movem no sentido do campo aplicado em direção ao terminal negativo.

14.3.3 Diagramas de bandas de energia para semicondutores elementares intrínsecos

Os diagramas de bandas de energia são outra maneira de descrever a energização dos elétrons de valência para se tornarem elétrons condutores em materiais semicondutores. Nesta representação, é considerada somente a energia requerida para o processo de condução e não é dada nenhuma ilustração física dos elétrons se movendo na rede cristalina. No diagrama de bandas de energia para semicondutores elementares intrínsecos (por exemplo, Si ou Ge), os elétrons de valência presos no cristal ligado covalentemente ocupam os níveis de energia da camada de valência mais baixa, quase completamente preenchida a 20 °C (Figura 14.19).

Acima da camada de valência há uma região proibida de falha de energia na qual não são permitidos estados de energia e que, para o silício, é 1,1 eV a 20 °C. Acima da falha de energia há uma banda de condução quase vazia (a 20 °C). À temperatura ambiente, a energia térmica é suficiente para energizar alguns elétrons da banda de valência para a banda de condução, deixando pontos desocupados ou lacunas na banda de valência. Portanto, quando um elétron é energizado de modo a suplantar a falha de energia e penetrar na banda de condução, dois portadores de carga são criados, um elétron carregado negativamente e uma lacuna carregada positivamente. Tanto os elétrons como as lacunas transportam corrente elétrica.

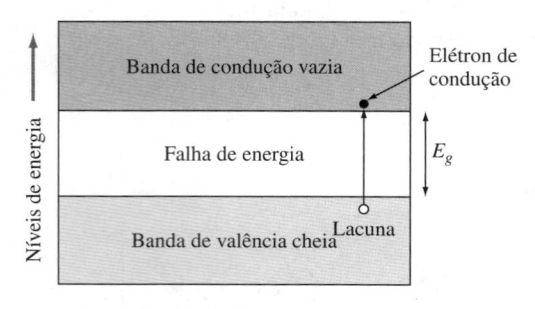

Figura 14.19
Diagrama de bandas de energia para um semicondutor elementar intrínseco a exemplo do silício puro. Quando um elétron é energizado de modo a suplantar uma falha de energia, um par elétron-lacuna é criado. Logo, para cada elétron que vence esta falha, dois portadores de carga – um elétron e uma lacuna – são produzidos.

14.3.4 Relações quantitativas da condução elétrica em semicondutores elementares intrínsecos

Durante a condução elétrica em semicondutores intrínsecos, a densidade de corrente **J** é igual à soma da condução efetuada pelos elétrons e pelas lacunas. Partindo da Equação 14.16,

$$\mathbf{J} = nq\mathbf{v}_n^* + pq\mathbf{v}_p^* \qquad (14.9)*$$

---

*Subscrito n (de negativo) refere-se aos elétrons e o subscrito p (de positivo) refere-se às lacunas.

onde n = número de elétrons condutores por unidade volumétrica
 p = número de lacunas condutoras por unidade volumétrica
 q = valor absoluto da carga de um elétron ou de uma lacuna, $1{,}60 \times 10^{-19}$ C
v_n, v_p = velocidade de deriva dos elétrons e das lacunas, respectivamente

Dividindo-se ambos os lados da Equação 14.9 pelo campo elétrico **E** e usando a Equação 14.4, $\mathbf{J} = \sigma\mathbf{E}$,

$$\sigma = \frac{\mathbf{J}}{\mathbf{E}} = \frac{nq\mathbf{v}_n}{\mathbf{E}} + \frac{pq\mathbf{v}_p}{\mathbf{E}} \qquad (14.10)$$

As quantidades $v_n/\mathbf{E}$ e $v_p/\mathbf{E}$ são chamadas de *mobilidade dos elétrons* e *mobilidade das lacunas*, respectivamente, pois elas medem o quão rapidamente os elétrons e as lacunas nos semicondutores derivam sob a ação de um campo elétrico. Os símbolos μ_n e μ_p são usados para a mobilidade dos elétrons e das lacunas, respectivamente. Introduzindo esses símbolos para $v_n/\mathbf{E}$ e $v_p/\mathbf{E}$ na Equação 14.10, a condutividade elétrica de um semicondutor é expressa como

$$\sigma = nq\mu_n + pq\mu_p \qquad (14.11)$$

As unidades para a mobilidade μ são:

$$\frac{v}{\mathbf{E}} = \frac{\text{m/s}}{\text{V/m}} = \frac{\text{m}^2}{\text{V} \cdot \text{s}}$$

Nos semicondutores elementares intrínsecos, os elétrons e as lacunas são criados em pares; logo, o número de elétrons condutores é igual ao número de lacunas condutoras, isto é,

$$n = p = n_i \qquad (14.12)$$

onde n = concentração de portadores intrínsecos, isto é, portadores/unidade volumétrica.
A Equação 14.11 reduz-se, então, a

$$\sigma = n_i q(\mu_n + \mu_p) \qquad (14.13)$$

A Tabela 14.4 lista algumas das propriedades importantes do silício e do germânio intrínsecos a 300 K.
A mobilidade dos elétrons é sempre maior do que aquela das lacunas. Para o silício intrínseco, a mobilidade dos elétrons é 0,135 m²/(V · s), que é 2,81 vezes maior do que a mobilidade das lacunas, igual a 0,048 m²/(V · s) a 300 K (Tabela 14.4). A razão mobilidade dos elétrons/mobilidade das lacunas para o germânio intrínseco é 2,05 a 300 K.

Tabela 14.4
Algumas propriedades físicas do silício e do germânio a 300 K.

	Silício	Germânio
Falha de energia, eV	1,1	0,67
Mobilidade dos elétrons μ_n, m²/(V · s)	0,135	0,39
Mobilidade das lacunas μ_p, m²/(V · s)	0,048	0,19
Densidade de portadores intrínseco n_i, portadores/m³	$1{,}5 \times 10^{16}$	$2{,}4 \times 10^{19}$
Resistividade intrínseca ρ, $\Omega \cdot$ m	2300	0,46
Densidade, g/m³	$2{,}33 \times 10^6$	$5{,}32 \times 10^6$

Fonte: Segundo E.M. Conwell, "Properties of Silicon and Germanium II", *Proc. IRE*, june 1958, p. 1281.

EXEMPLO 14.4

Calcular o número de átomos de silício por metro cúbico. A densidade do silício é 2.330 kg/m³ (2,33 g/cm³) e sua massa atômica é 28,08 g/mol.

- **Solução**

$$\frac{\text{Si átomos}}{\text{m}^3} = \left(\frac{6{,}023 \times 10^{23}\ \text{átomos}}{\text{mol}}\right)\left(\frac{1}{28{,}08\ \text{g/mol}}\right)\left(\frac{2{,}33 \times 10^6\ \text{g}}{\text{m}^3}\right)$$

$$= 5{,}00 \times 10^{28}\ \text{átomos/m}^3 \blacktriangleleft$$

EXEMPLO 14.5

Calcular a resistividade elétrica do silício intrínseco a 300 K. Para o Si a 300 K, $n_i = 1{,}5 \times 10^{16}$ portadores/m³, $q = 1{,}60 \times 10^{-19}$ C, $\mu_n = 0{,}135$ m²/(V · s) e $\mu_p = 0{,}048$ m²/(V · s).

- **Solução**

$$\rho = \frac{1}{\sigma} = \frac{1}{n_i q (\mu_n + \mu_p)} \quad (\text{recíproco da Equação 14.13})$$

$$= \frac{1}{\left(\frac{1{,}5 \times 10^{16}}{\text{m}^3}\right)(1{,}60 \times 10^{-19}\ \text{C})\left(\frac{0{,}135\ \text{m}^2}{\text{V}\cdot\text{s}} + \frac{0{,}048\ \text{m}^2}{\text{V}\cdot\text{s}}\right)}$$

$$= 2{,}28 \times 10^3\ \Omega \cdot \text{m} \blacktriangleleft$$

As unidades do inverso da Equação 14.13 são ohm-metro, conforme mostrado pela seguinte conversão de unidades:

$$\rho = \frac{1}{n_i q (\mu_n + \mu_p)} = \frac{1}{\left(\frac{1}{\text{m}^3}\right)(\text{C})\left(\frac{1\ \text{A}\cdot\text{s}}{1\ \text{C}}\right)\left(\frac{\text{m}^2}{\text{V}\cdot\text{s}}\right)\left(\frac{1\ \text{V}}{1\ \text{A}\cdot\Omega}\right)} = \Omega \cdot \text{m}$$

14.3.5 O efeito da temperatura sobre a semicondutividade intrínseca

A 0 K, as bandas de valência de semicondutores intrínsecos como o silício e o germânio estão completamente preenchidas e suas bandas de condução, completamente vazias. À temperaturas acima de 0 K, alguns dos elétrons de valência são ativados termicamente e energizados de modo a superar a falha de energia e penetrar na banda de condução, criando assim pares elétron-lacuna. Consequentemente, contrariamente aos metais, cujas condutividades diminuem com o aumento da temperatura, a condutividade dos semicondutores *aumenta* com a temperatura ao longo da faixa de temperaturas na qual este processo predomina.

Uma vez que os elétrons são termicamente ativados até a banda de condução dos semicondutores, a concentração de elétrons termicamente ativados em semicondutores exibe uma dependência com a temperatura semelhante àquela de muitos outros processos ativados termicamente. Por analogia à Equação 5.1, a concentração de elétrons com energia térmica suficiente para adentrar a banda de condução (e assim criar a mesma concentração de lacunas na banda de valência), n_i, varia de acordo com

$$n_i \propto e^{-(E_g - E_{\text{av}})/kT} \tag{14.14}$$

onde E_g = falha na banda de energia
 E_{av} = energia média da falha
  k = constante de Boltzmann
   T = temperatura, K

Para semicondutores intrínsecos como o germânio e o silício puros, E_{av} é igual à metade da falha na banda de energia, isto é, $E_g/2$. Portanto, a Equação 14.14 se torna

$$n_i \propto e^{-(E_g - E_g/2)/kT} \qquad (14.15a)$$

ou

$$n_i \propto e^{-E_g/2kT} \qquad (14.15b)$$

Uma vez que a condutividade σ de um semicondutor intrínseco é proporcional à concentração de portadores de cargas elétricas, n_i, a Equação 14.15b pode ser expressa como

$$\sigma = \sigma_0 e^{-E_g/2kT} \qquad (14.16a)$$

ou, aplicando-se o logaritmo natural,

$$\ln \sigma = \ln \sigma_0 - \frac{E_g}{2kT} \qquad (14.16b)$$

na qual σ_0 é uma constante geral que depende sobretudo da mobilidade dos elétrons e das lacunas. A ligeira dependência de σ_0 com a temperatura será desprezada neste livro.

Uma vez que a Equação 14.16b é a equação de uma linha reta, o valor de $E_g/2k$ e, portanto, de E_g, pode ser determinado da inclinação da reta no gráfico $\ln \sigma$ versus $1/T$, K^{-1}, para o silício intrínseco. A Figura 14.20 mostra um gráfico de $\ln \sigma$ em função de $1/T$, K^{-1}, para o silício intrínseco.

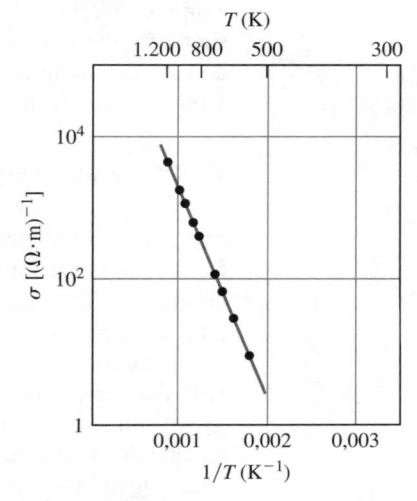

Figura 14.20
Condutividade elétrica em função do inverso da temperatura absoluta para o silício intrínseco.
(De C.A. Wert and R.M. Thomson, "Physics of Solids", 2. ed., McGraw-Hill, 1970, p. 282. Reproduzido com autorização de The McGraw-Hill Companies.)

EXEMPLO 14.6

A resistividade elétrica do silício puro é $2,3 \times 10^3 \, \Omega \cdot m$ à temperatura ambiente de 27 °C (300 K). Calcular sua condutividade elétrica a 200 °C (473 K). Admitir que E_g para o silício seja 1,1 eV; $k = 8,62 \times 10^{-5}$ eV/K.

▪ Solução

Para este problema, será usada a Equação 14.16a, obtendo-se um conjunto de duas equações simultâneas. Será então eliminado σ_0 dividindo-se a primeira equação pela segunda.

$$\sigma = \sigma_0 \exp \frac{-E_g}{2kT} \qquad (14.16a)$$

$$\sigma_{473} = \sigma_0 \exp \frac{-E_g}{2kT_{473}}$$

$$\sigma_{300} = \sigma_0 \exp \frac{-E_g}{2kT_{300}}$$

Dividindo-se a primeira equação pela segunda para eliminar σ_0, resulta

$$\frac{\sigma_{473}}{\sigma_{300}} = \exp\left(\frac{-E_g}{2kT_{473}} + \frac{E_g}{2kT_{300}}\right)$$

$$\frac{\sigma_{473}}{\sigma_{300}} = \exp\left[\frac{-1,1 \text{ eV}}{2(8,62 \times 10^{-5} \text{ eV/K})}\left(\frac{1}{473 \text{ K}} - \frac{1}{300 \text{ K}}\right)\right]$$

$$\ln \frac{\sigma_{473}}{\sigma_{300}} = 7,777$$

$$\sigma_{473} = \sigma_{300}(2385)$$

$$= \frac{1}{2,3 \times 10^3 \, \Omega \cdot m}(2385) = 1,04 \, (\Omega \cdot m)^{-1} \blacktriangleleft$$

A condutividade elétrica do silício aumentou cerca de 2.400 vezes ao se elevar a temperatura de 27 para 200 °C.

14.4 SEMICONDUTORES EXTRÍNSECOS

Semicondutores extrínsecos são soluções sólidas muito diluídas nas quais os átomos do soluto possuem características de valência diferentes daquelas da rede atômica do solvente. As concentrações dos átomos de impurezas adicionados a estes semicondutores estão normalmente na faixa de 100 a 1.000 partes por milhão (ppm).

14.4.1 Semicondutores extrínsecos do tipo *n* (tipo negativo)

Seja o modelo bidimensional das ligações covalentes da rede cristalina do silício mostrada na Figura 14.21a. Se um átomo de impureza de um elemento do grupo VA, tal como o fósforo, entrar no lugar de um átomo de silício, que é um elemento do grupo IVA, haverá um elétron a mais dos quatro necessários para a ligação covalente tetraédrica na rede do silício. A ligação entre este elétron extra e o núcleo do átomo de fósforo carregado positivamente é fraca, possuindo energia de ligação de 0,044 eV a 27 °C. Esta energia é cerca de 5% daquela requerida para um elétron condutor superar a falha de energia de 1,1 eV do silício puro. Ou seja, somente 0,044 eV de energia é requerido para desprender o elétron excedente do seu núcleo parental de maneira que ele possa participar do processo de condução elétrica. Quando sob a ação de um campo elétrico, o elétron extra se torna um elétron livre disponível para a condução e o átomo de fósforo remanescente se torna ionizado e adquire uma carga positiva (Figura 14.21b).

Átomos intersticiais do grupo VA, como P, As e Sb, quando adicionados ao silício ou ao germânio, fornecem elétrons facilmente ionizados para a condução elétrica. Uma vez que os átomos de impurezas do grupo VA cedem elétrons para condução quando presentes em cristais de silício ou germânio, eles são denominados *átomos de impureza doadores*. Os semicondutores silício e germânio contendo átomos de impurezas do grupo V são chamados **semicondutores extrínsecos do tipo *n* (tipo negativo)**, pois os portadores de carga majoritários são elétrons.

Em termos do diagrama de bandas de energia para o silício, o elétron extra de um átomo de impureza do grupo VA ocupará um nível de energia na falha proibida logo abaixo da banda de condução vazia, conforme mostrado na Figura 14.22. Um nível de energia como este é chamado de **nível do doador**, pois está associado a um átomo de impureza doador. Um átomo de impureza doador do grupo VA, uma vez tendo perdido seu elétron excedente, torna-se ionizado e adquire carga positiva. Os níveis de energia para os átomos de impureza doadores do grupo VA (Sb, P e As) no silício são mostrados na Figura 14.23.

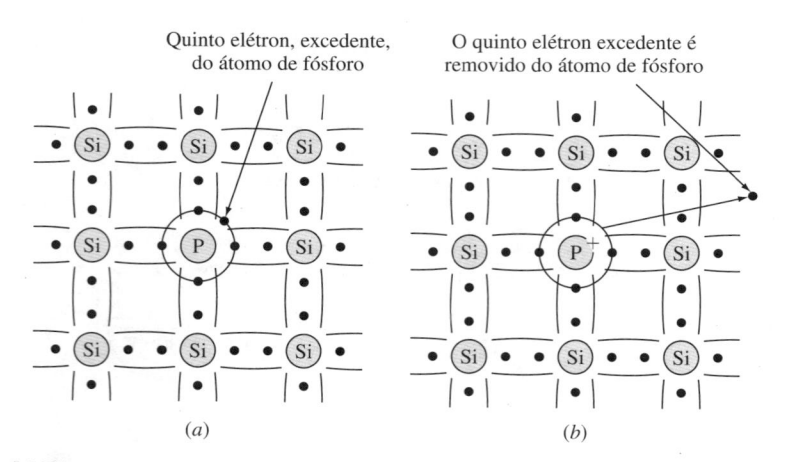

Figura 14.21
(a) A adição de um átomo de impureza de fósforo pentavalente à rede de silício tetravalente provê um quinto elétron fracamente ligado ao átomo de fósforo parental. Apenas uma pequena quantidade de energia (0,044 eV) torna este elétron móvel e condutor. (b) Sob a ação de um campo elétrico, o elétron excedente se torna condutor e é atraído para o terminal positivo do circuito elétrico. Com a perda do elétron excedente, o átomo de fósforo é ionizado e adquire a carga +1.

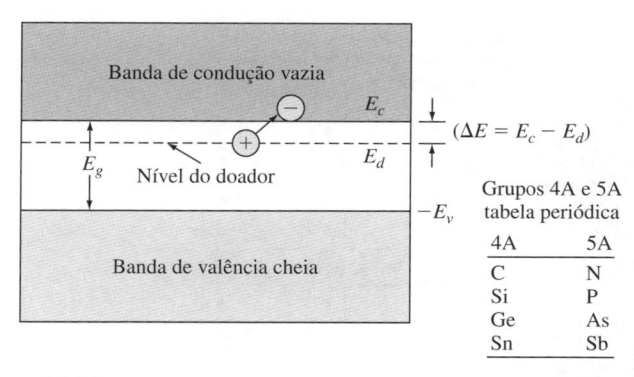

Figura 14.22
Diagrama de bandas de energia para um semicondutor extrínseco do tipo n mostrando a posição do nível do doador do elétron extra para um elemento do grupo VA (por exemplo, P, As e Sb) contidos na rede cristalina do silício (Figura 14.21a). Os elétrons nos níveis de energia do doador requerem somente uma pequena quantidade de energia ($\Delta E = E_c - E_d$) para serem energizados até a banda condutora. Quando o elétron extra no nível de energia do doador salta para a banda condutora, um íon positivo imóvel é deixado para trás.

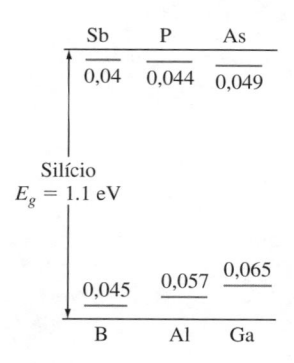

Figura 14.23
Energias de ionização (em elétrons volts) para várias impurezas no silício.

14.4.2 Semicondutores extrínsecos do tipo p (tipo positivo)

Quando um elemento trivalente do grupo IIIA, como o boro, é introduzido como substituinte na rede de ligações tetraédricas do silício, um dos orbitais de ligação está ausente e uma lacuna aparece na estrutura de ligações do silício (Figura 14.24a). Se um campo elétrico externo for aplicado ao cristal de silício, um dos elétrons adjacentes de outra ligação tetraédrica pode adquirir energia suficiente para se desprender de sua ligação e se deslocar até a ligação ausente (lacuna) do átomo de boro (Figura 14.24b). Quando a lacuna associada ao átomo de boro é preenchida com um elétron de um átomo de silício adjacente, o átomo de boro se torna ionizado e adquire a carga negativa –1. A energia de ligação associada à remoção de um elétron do átomo de silício, criando assim uma lacuna, e a subsequente transferência do elétron ao átomo de boro é de apenas 0,045 eV. Essa quantidade de energia é pequena se comparada aos 1,1 eV requeridos para transferir um elétron da banda de valência para a banda de condução. Sob a ação de um campo elétrico, a lacuna criada pela ionização do átomo de boro se comporta como um portador de carga positiva e migra pela rede do silício em direção ao terminal negativo, conforme ilustrado na Figura 14.17.

Em termos do diagrama de bandas de energia, o átomo de boro provê um nível de energia denominado **nível do receptor**, que é ligeiramente maior ($\approx$ 0,045 eV) do que o nível máximo de toda a banda de valência do silício (Figura 14.25). Quando um elétron de valência de um átomo de silício próximo a um átomo de boro preenche a lacuna deixada pelo elétron ausente em uma ligação de valência boro-silício (Figura 14.24b), este elétron ascende ao nível do receptor e cria um íon negativo de boro. Neste processo, uma lacuna eletrônica é criada na rede do silício que age como um portador de carga positiva. Átomos de elementos do grupo IIIA como B, Al e Ga promovem a formação de níveis de receptores em semicondutores de silício, sendo então denominados *átomos receptores*. Uma vez que os portadores majoritários nestes semicondutores extrínsecos são lacunas na estrutura de ligações de valência, eles são chamados de **semicondutores extrínsecos do tipo p (tipo positivo)**.

14.4.3 Dopagem de materiais semicondutores de silício extrínseco

O processo de adição de pequenas quantidades de átomos substitucionais de impurezas ao silício, a fim de se produzir um material semicondutor de silício extrínseco, é chamado *dopagem*, sendo os átomos de impureza propriamente denominados *dopantes*. O método geralmente usado para a dopagem de semicondutores de silício é o *processo planar*. Neste processo, átomos de dopante são introduzidos em determinadas áreas superficiais do silício, de modo a formar regiões de material do tipo *p* ou do tipo *n*. As lâminas têm normalmente quatro polegadas (10 cm) de diâmetro e algumas centenas de micra[2] de espessura.

---

[2] 1 mícron (μm) = 10^{-4} cm = 10^4 Å.

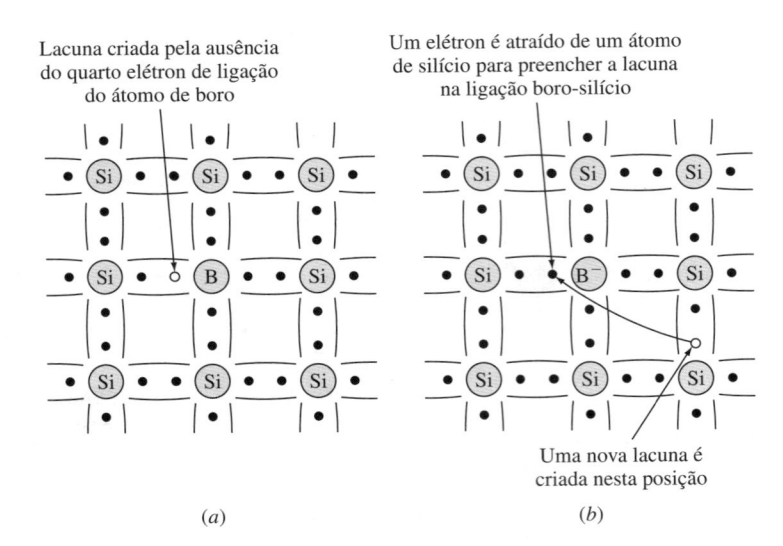

Figura 14.24
(a) A adição de um átomo de impureza de boro trivalente na rede tetravalente cria uma lacuna em uma das ligações silício-boro, uma vez que fica faltando um elétron. (b) Sob um campo elétrico, somente uma pequena quantidade de energia (0,045 eV) é suficiente para atrair um elétron de um átomo de silício adjacente para preencher esta lacuna, criando, assim, um íon de boro imóvel com carga –1. A nova lacuna criada na rede de silício age como um portador de carga positiva e é atraída para o terminal negativo de um circuito elétrico.

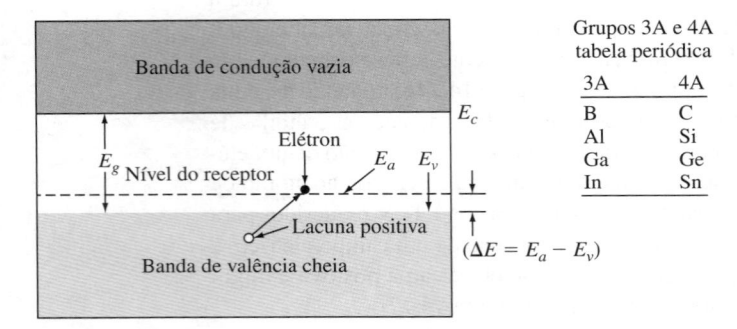

Figura 14.25
Diagrama de bandas de energia para um semicondutor extrínseco do tipo *p* mostrando a posição do nível do receptor criado pela adição de um átomo de um elemento do grupo IIIA tal como Al, B ou Ga para substituir o átomo de silício na rede (Figura 14.24). Apenas uma pequena quantidade de energia ($\Delta E = E_a - E_v$) é necessária para energizar um elétron de uma banda de valência ao nível do receptor, criando dessa maneira uma lacuna eletrônica (portador de carga) na banda de valência.

No processo de difusão para dopagem de lâminas de silício, os átomos dopantes são normalmente depositados sobre ou próximos à superfície da placa em uma etapa de deposição gasosa, seguida da difusão dos átomos dopantes para o interior da placa. Esse processo de difusão requer temperaturas elevadas, cerca de 1.100 °C. Mais detalhes desse processo serão dados na Seção 14.6 sobre microeletrônica.

14.4.4 Efeito da dopagem sobre as concentrações de portadores em semicondutores extrínsecos

A lei da ação das massas Em semicondutores como o silício e o germânio, os elétrons e as lacunas móveis são constantemente gerados e recombinados. À temperatura constante e sob condições de equilíbrio, o produto das concentrações de elétrons negativos e lacunas positivas é constante. A relação geral é

$$np = n_i^2 \qquad (14.17)$$

na qual n_i é a concentração intrínseca de portadores em um semicondutor, que é constante a uma dada temperatura. Esta relação é válida tanto para condutores intrínsecos como extrínsecos. Em um semicondutor extrínseco, o aumento de um tipo de portador (*n* ou *p*) reduz a concentração do outro tipo devido à recombinação de modo que o produto dos dois (*n* e *p*) permanece constante a uma dada temperatura.

Em semicondutores extrínsecos, os portadores de maior concentração são designados **portadores majoritários** e aqueles de menor concentração são denominados **portadores minoritários** (Tabela 14.5). A concentração de elétrons em um semicondutor do tipo *n* é indicada por n_n ao passo que a concentração de lacunas é indicada por p_n. Analogamente, a concentração de lacunas em um semicondutor do tipo *p* é indicada por p_p ao passo que a concentração de elétrons é indicada por n_p.

Tabela 14.5
Resumo das concentrações de portadores em semicondutores extrínsecos.

Semicondutor	Concentrações de portadores majoritários	Concentrações de portadores minoritários
Tipo n	n_n (concentração de elétrons em materiais do tipo n)	p_n (concentração de lacunas em materiais do tipo n)
Tipo p	p_p (concentração de lacunas em materiais do tipo p)	n_p (concentração de elétrons em materiais do tipo p)

Densidades de carga em semicondutores extrínsecos Uma segunda relação básica para semicondutores extrínsecos é obtida com base no fato de que o cristal como um todo deve ser eletricamente neutro. Isso significa que a densidade de carga em cada elemento volumétrico deve ser zero. Há dois tipos de partículas carregadas em semicondutores extrínsecos como Si e Ge: íons imóveis e portadores de carga móveis. Os íons imóveis se originam da ionização de átomos de impurezas doadoras ou receptoras no Si ou no Ge. A concentração de íons doadores positivos é denotada por N_d e aquela de íons receptores negativos por N_a. Os portadores de carga móveis se originam, sobretudo, da ionização de átomos de impurezas no Si e no Ge, e suas concentrações são designadas por n, referindo-se a elétrons carregados negativamente, e, por p, referindo-se a lacunas carregadas positivamente.

Uma vez que o semicondutor deve ser eletricamente neutro, a magnitude da densidade total de carga negativa deve ser igual à magnitude da densidade total de carga positiva. A densidade total de carga negativa é igual à soma dos íons receptores negativos N_a e dos elétrons, isto é, $N_a + n$. A densidade total de carga positiva é igual à soma dos íons doadores positivos N_d e das lacunas, ou seja, $N_d + p$. Logo,

$$N_a + n = N_d + p \qquad (14.18)$$

Em um semicondutor do tipo n criado pela adição de átomos de impurezas doadores ao silício intrínseco, $N_a = 0$. Uma vez que o número de elétrons é muito maior do que o número de lacunas em semicondutores do tipo n (isto é, $n \gg p$), então a Equação 14.18 se reduz a

$$n_n \approx N_d \qquad (14.19)$$

Portanto, em um semicondutor do tipo n a concentração de elétrons livres é aproximadamente igual à concentração de átomos doadores. A concentração de lacunas em um semicondutor do tipo n é obtida da Equação 14.17. Logo,

$$p_n = \frac{n_i^2}{n_n} \approx \frac{n_i^2}{N_d} \qquad (14.20)$$

As equações correspondentes para semicondutores do tipo p de silício e germânio são

$$p_p \approx N_a \qquad (14.21)$$

e

$$n_p = \frac{n_i^2}{p_p} \approx \frac{n_i^2}{N_a} \qquad (14.22)$$

Concentrações de portadores típicos em semicondutores intrínsecos e extrínsecos Para o silício a 300 K, a concentração de portadores intrínsecos, n_i, é igual a $1,5 \times 10^{16}$ portadores/m³. Para o silício extrínseco dopado com arsênico a uma concentração típica de 10^{21} átomo de impureza/m³,

Concentração de portadores majoritários, $n_n = 10^{21}$ elétrons/m³
Concentração de portadores minoritários, $p_n = 2,25 \times 10^{11}$ lacunas/m³

Logo, para semicondutores extrínsecos a concentração de portadores majoritários é normalmente muito maior do que aquela de portadores minoritários. O Exemplo 14.7 mostra como as concentrações de portadores majoritários e minoritários pode ser calculada para um semicondutor de silício extrínseco.

EXEMPLO 14.7

Uma lâmina de silício é dopada com 10^{21} átomos de fósforo/m³. Calcule (a) a concentração de portadores majoritários, (b) a concentração de portadores minoritários e (c) a resistividade elétrica do silício dopado à temperatura ambiente (300 K). Admita ionização completa dos átomos dopantes: $n_i(\text{Si}) = 1,5 \times 10^{16}$ m⁻³, $\mu_n = 0,135$ m²/(V · s) e $\mu_p = 0,048$ m²/(V · s).

■ Solução

Uma vez que o silício é dopado com fósforo, um elemento do grupo V, o silício dopado é do tipo n.

a. $n_n = N_d = 10^{21}$ elétrons/m³ ◀

b. $p_n = \dfrac{n_i^2}{N_d} = \dfrac{(1,5 \times 10^{16}\ \text{m}^{-3})^2}{10^{21}\ \text{m}^{-3}} = 2,25 \times 10^{11}$ lacunas/m³ ◀

c. $\rho = \dfrac{1}{q\mu_n n_n} = \dfrac{1}{(1,60 \times 10^{-19}\ \text{C})\left(0,135\ \dfrac{\text{m}^2}{\text{V}\cdot\text{s}}\right)\left(\dfrac{10^{21}}{\text{m}^3}\right)}$

$= 0,0463\ \Omega \cdot \text{m}^*$ ◀

---
*Ver conversão de unidades no Exemplo 14.5.

EXEMPLO 14.8

Uma lâmina de silício dopada com fósforo possui resistividade elétrica de $8,33 \times 10^{-5}\ \Omega \cdot \text{m}$ a 27 °C. Admita que as mobilidades dos portadores de carga sejam constantes e iguais a 0,135 m²/(V · s) para os elétrons e 0,048 m²/(V · s) para as lacunas.

a. Qual é a concentração de portadores majoritários (portadores por metro cúbico) se for admitida ionização completa?
b. Qual é a razão entre átomos de fósforo e átomos de silício neste material?

■ Solução

a. O fósforo produz um semicondutor de silício do tipo n. Por conseguinte, a mobilidade dos portadores de carga admitida será aquela dos elétrons no silício a 300 K, igual a 0,1350 m²/(V · s). Logo,

$$\rho = \dfrac{1}{n_n q \mu_n}$$

ou $n_n = \dfrac{1}{\rho q \mu_n} = \dfrac{1}{(8,33 \times 10^{-5}\ \Omega \cdot \text{m})(1,60 \times 10^{-19}\ \text{C})[0,1350\ \text{m}^2/(\text{V}\cdot\text{s})]}$

$= 5,56 \times 10^{23}$ elétrons/m³ ◀

b. Admitindo que cada átomo de fósforo fornece um elétron portador de carga, haverá $5,56 \times 10^{23}$ átomos de fósforo/m³ no material. O silício puro contém $5,00 \times 10^{28}$ átomos/m³ (Exemplo 14.4). Portanto, a razão entre átomos de fósforo e de silício será

$$\dfrac{5,56 \times 10^{23}\ \text{P átomos/m}^3}{5,00 \times 10^{28}\ \text{Si átomos/m}^3} = 1,11 \times 10^{-5}\ \text{átomos de P para um átomo de Si.} \blacktriangleleft$$

14.4.5 Efeito da concentração total de impurezas ionizadas sobre a mobilidade dos portadores de carga no silício à temperatura ambiente

A Figura 14.26 mostra que as mobilidades dos elétrons e lacunas no silício à temperatura ambiente passam por um máximo a concentrações baixas de impurezas e então decrescem com o aumento desta concentração, atingindo um mínimo a concentrações altas. O Exemplo 14.9 mostra como a neutralização de um tipo de portador de carga por outro leva a uma mobilidade menor dos portadores majoritários.

14.4.6 Efeito da temperatura sobre a condutividade elétrica de semicondutores extrínsecos

A condutividade elétrica de um semicondutor extrínseco como o silício contendo átomos de impureza dopados é afetada pela temperatura conforme mostrado na esquematicamente na Figura 14.27. Em temperaturas mais baixas, o número de átomos de impurezas ativados (ionizados) por unidade volumétrica determina a condutividade elétrica do silício. À medida que a temperatura aumenta, mais e mais átomos de impurezas são ionizados e, assim, a condutividade elétrica do silício extrínseco aumenta com a temperatura na faixa extrínseca (Figura 14.27).

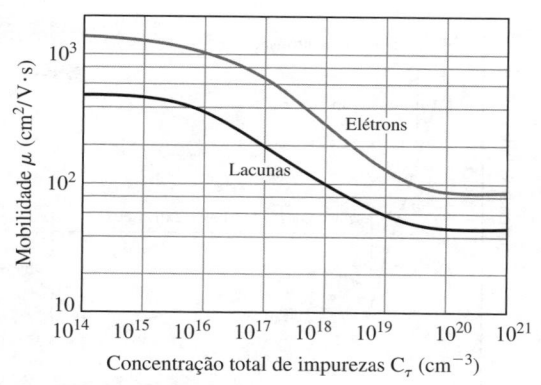

Figura 14.26
O efeito da concentração total de impurezas ionizadas sobre a mobilidade dos portadores de carga no silício à temperatura ambiente.
(De A.S. Grove, "Physics and Technology of Semiconductor Devices", Wiley, 1967, p. 110. Reproduzido com autorização de John Wiley & Sons, Inc.)

EXEMPLO 14.9

Um semicondutor de silício a 27 °C é dopado com $1{,}4 \times 10^{16}$ átomos de boro/cm³ mais $1{,}0 \times 10^{16}$ átomos de fósforo/cm³. Calcule (a) as concentrações de equilíbrio de elétrons e lacunas, (b) a mobilidade dos elétrons e das lacunas e (c) a resistividade elétrica. Admita ionização completa dos átomos dopantes, $n_i(\text{Si}) = 1{,}5 \times 10^{10}$ cm⁻³.

■ **Solução**

Concentração de portadores majoritários: a concentração líquida de íons imóveis é igual à concentração de íons receptores menos a concentração de íons doadores. Logo,

$$p_p \simeq N_a - N_d = 1{,}4 \times 10^{16} \text{ B átomos/cm}^3 - 1{,}0 \times 10^{16} \text{ P átomos/cm}^3$$
$$\simeq N_a \simeq 4{,}0 \times 10^{15} \text{ lacunas/cm}^3 \blacktriangleleft$$

Concentração de portadores minoritários: os elétrons são portadores minoritários. Portanto,

$$n_p = \frac{n_i^2}{N_a} = \frac{(1{,}50 \times 10^{10} \text{ cm}^{-3})^2}{4 \times 10^{15} \text{ cm}^{-3}} = 5{,}6 \times 10^4 \text{ elétrons/cm}^3 \blacktriangleleft$$

Mobilidade de elétrons e lacunas: para os elétrons, usando a concentração total de impurezas $C_T = 2{,}4 \times 10^{16}$ íons/cm³ e a Figura 14.26,

$$\mu_n = 900 \text{ cm}^2/(\text{V} \cdot \text{s}) \blacktriangleleft$$

Para as lacunas, usando $C_T = 2{,}4 \times 10^{16}$ íons/cm³ e a Figura 14.26,

$$\mu_p = 300 \text{ cm}^2/(\text{V} \cdot \text{s}) \blacktriangleleft$$

Resistividade elétrica: o semicondutor dopado é do tipo p,

$$\rho = \frac{1}{q\mu_p p_p}$$
$$= \frac{1}{(1{,}60 \times 10^{-19} \text{ C})[300 \text{ cm}^2/(\text{V} \cdot \text{s})](4{,}0 \times 10^{15}/\text{cm}^3)}$$
$$= 5{,}2 \, \Omega \cdot \text{cm} \blacktriangleleft$$

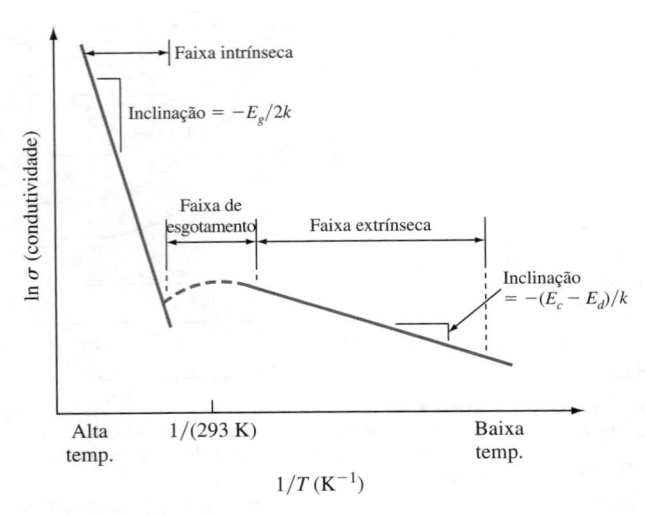

Figura 14.27
Gráfico esquemático de ln σ (condutividade) versus $1/T$ (K^{-1}) para um semicondutor extrínseco do tipo n.

Nessa faixa extrínseca, somente uma quantidade relativamente pequena de energia ($\approx$ 0,04 eV) é requerida para ionizar átomos de impurezas. A quantidade de energia requerida para energizar um elétron doador até a banda de condução no silício do tipo n é $E_c - E_d$ (Figura 14.22). Logo, a inclinação da reta ln σ versus $1/T$ (K^{-1}) para o silício do tipo n é $-(E_c - E_d)/k$. Analogamente, a quantidade de energia requerida para energizar um elétron no silício do tipo p até um nível receptor e, assim, criar uma lacuna na banda de valência é $E_a - E_v$. Logo, a inclinação da reta ln σ versus $1/T$ (K^{-1}) para o silício do tipo p é $-(E_a - E_v)/k$ (Figura 14.27).

Para certa faixa de temperaturas acima daquela requerida para completa ionização, um aumento em temperatura não altera significativamente a condutividade elétrica de um semicondutor extrínseco. Para um semicondutor do tipo n, essa faixa de temperatura é chamada de *faixa de esgotamento*, pois os átomos doadores se tornam completamente ionizados após a perda de seus elétrons doadores (Figura 14.27). Para semicondutores do tipo p, essa faixa é denominada *faixa de saturação*, pois os átomos receptores se tornam completamente ionizados com os elétrons recebidos. A fim de se criar uma faixa de esgotamento à temperatura ambiente (300 K), o silício dopado com arsênico requer 10^{21} portadores/m^3 (Figura 14.28a). As faixas de temperaturas para o esgotamento de doadores e para a saturação de receptores são importantes para dispositivos semicondutores, pois propiciam faixas de temperatura para operação com condutividades elétricas praticamente constantes.

À medida que a temperatura aumenta para além da faixa de esgotamento, entra-se na faixa intrínseca. As temperaturas mais altas fornecem energia de ativação suficiente para os elétrons vencerem a falha de energia nos semicondutores (1,1 eV para o silício) de modo que a condução intrínseca se torna dominante. A curva ln σ versus $1/T$ (K^{-1}) se torna muito mais inclinada, sendo sua inclinação dada por $-E_g/2k$. Para semicondutores de silício com falha de energia de 1,1 eV, a condução extrínseca

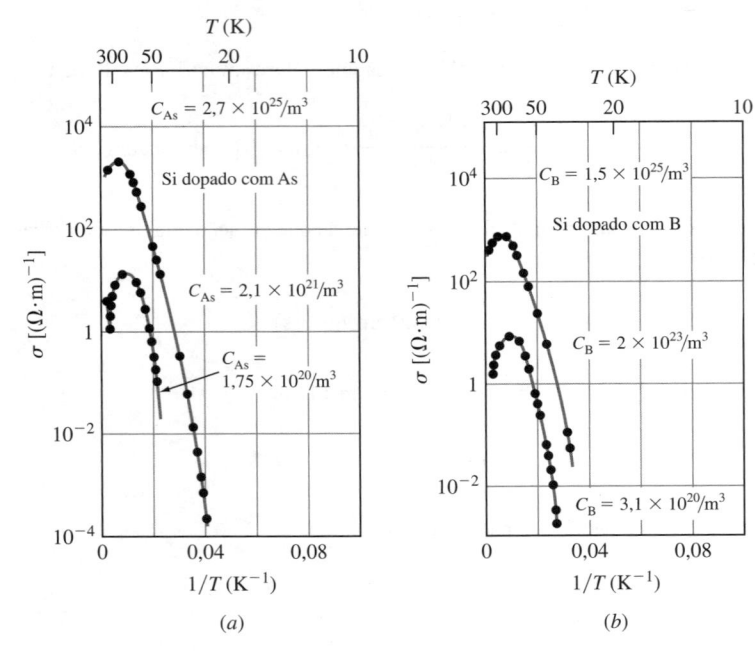

Figura 14.28
(a) Gráfico de ln σ versus $1/T$ (K^{-1}) para o Si dopado com As. No nível mais baixo de impureza, a contribuição intrínseca é ligeiramente visível às temperaturas mais altas e a inclinação da curva a 40 K resulta em E_i = 0,048 eV. (b) Gráfico de ln σ versus $1/T$ (K^{-1}) para o Si dopado com B. A inclinação da curva abaixo de 50 K fornece E_i = 0,043 eV.

(De C.A. Wert and R.M. Thomson, "Physics of Solids", 2. ed., McGraw-Hill, 1970, p. 282. Reproduzido com autorização de The McGraw-Hill Companies.)

pode ser usada para temperaturas de até 200 °C. O limite superior para o uso da condução extrínseca é determinado pela temperatura a qual a condutividade intrínseca se torna importante.

14.5 DISPOSITIVOS SEMICONDUTORES

O uso de semicondutores na indústria eletrônica tem-se tornado cada vez mais importante. A capacidade que fabricantes de semicondutores têm de colocar circuitos elétricos extremamente complexos em uma única pastilha de silício de 1 cm² ou menor e espessura de cerca de 200 μm revolucionou o projeto e a fabricação de inúmeros produtos. Um exemplo dos complexos circuitos que podem ser colocados em uma pastilha de silício pode ser visto na Figura 14.1, que mostra um microprocessador avançado ou "computador em uma pastilha". O microprocessador constitui a base para muitos dos produtos mais recentes que fazem uso da miniaturização contínua da tecnologia de semicondutores de silício.

Nesta seção, serão estudadas primeiramente as interações elétron-lacuna em uma junção *p-n* e, em seguida, será examinada a operação de diodos de junção *p-n*. Então, serão estudadas algumas aplicações de diodos de junção *p-n*. Finalmente, será examinada brevemente a operação de transistores de junções bipolares.

14.5.1 A junção *p-n*

As características da maioria dos dispositivos semicondutores mais comuns dependem das propriedades da fronteira entre os materiais dos tipos *p* e *n* e, assim sendo, serão examinadas algumas das características desta fronteira. Um diodo de junção *p-n* pode ser produzido desenvolvendo-se um cristal único de silício intrínseco e dopando-o primeiramente com um material do tipo *n* e depois com um material do tipo *p* (Figura 14.29a). Mais comumente, entretanto, a junção *p-n* é produzida pela difusão no estado sólido de um tipo de impureza (por exemplo, tipo *p*) no interior de um material do tipo *n* (Figura 14.29b).

O diodo de junção *p-n* no equilíbrio Seja o caso ideal em que semicondutores de silício dos tipos *p* e *n* são unidos para formar uma junção. Antes de serem unidos, ambos os condutores são eletricamente neutros. No material do tipo *p*, as lacunas são os portadores majoritários e os elétrons são os portadores minoritários. No material do tipo *n*, os elétrons são os portadores majoritários e as lacunas são os portadores minoritários.

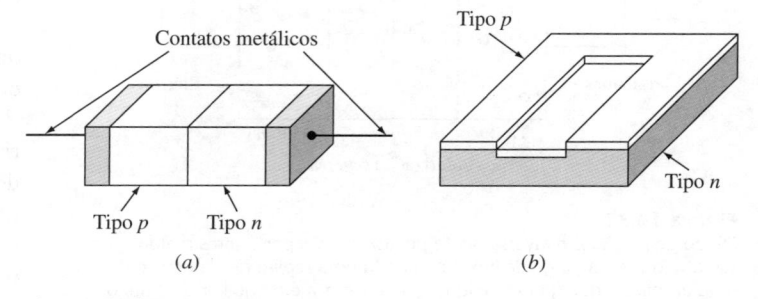

Figura 14.29
(*a*) Diodo de junção *p-n* produzido na forma de uma barra de cristal única.
(*b*) Junção *p-n* plana formada pela difusão seletiva de uma impureza do tipo *p* no interior de um cristal semicondutor do tipo *n*.

Após a união dos materiais dos tipos *p* e *n* (isto é, após a formação de uma **junção *p-n*** no processo real de fabricação), os portadores majoritários próximos à junção se difundem através da junção e se recombinam (Figura 14.30a). Uma vez que os íons remanescentes próximos à junção são fisicamente maiores e mais pesados do que os elétrons e lacunas, eles permanecem em suas posições na rede do silício (Figura 14.30b). Após umas poucas recombinações de portadores majoritários na junção, o processo cessa porque os elétrons que cruzam a junção para o interior do material do tipo *p* são repelidos pelos grandes íons negativos. Analogamente, as lacunas cruzam a junção pelos grandes íons positivos no material do tipo *n*. Os íons imóveis na junção criam uma região exaurida de portadores majoritários chamada *região de esgotamento*. Sob condições de equilíbrio (ou seja, para o circuito aberto), haverá uma diferença de potencial ou barreira ao fluxo de portadores majoritários. Logo, não haverá corrente resultante sob condições de circuito aberto.

O diodo de junção *p-n* inversamente polarizado Quando uma voltagem externa é aplicada a uma junção *p-n*, diz-se que a junção encontra-se **polarizada**. Com relação ao efeito da aplicação de uma voltagem externa a uma junção *p-n*, a junção é dita **inversamente polarizada** se o material do tipo *n* da junção for conectado ao terminal positivo da bateria e se o material do tipo *p* for conectado ao

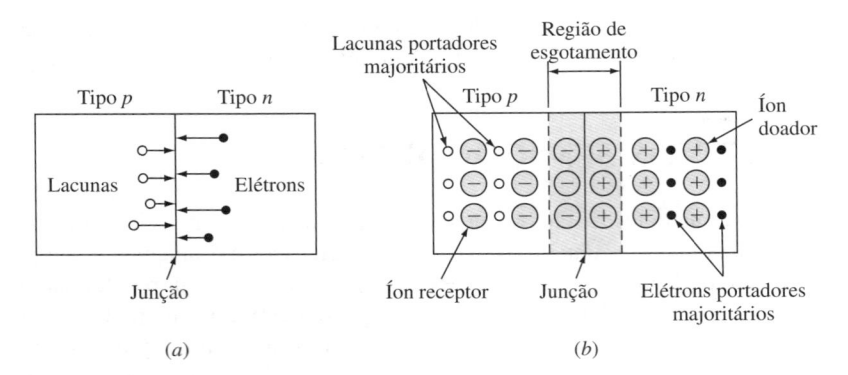

Figura 14.30
(a) Diodo de junção p-n mostrando os portadores majoritários (lacunas no material do tipo p e elétrons no material do tipo n) difundindo-se em direção à junção. (b) Formação de uma região de esgotamento envolvendo a junção p-n devido ao desaparecimento dos portadores majoritários nesta região por recombinação. Nessa região, somente íons permanecem nas suas posições na estrutura cristalina.

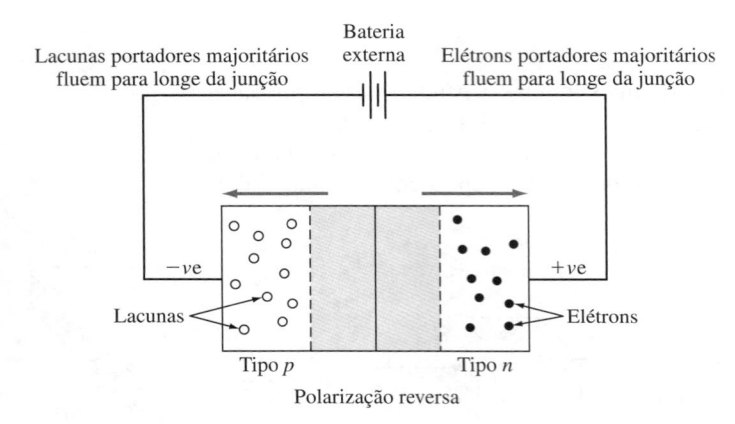

Figura 14.31
Diodo de junção p-n inversamente polarizado. Os portadores majoritários são atraídos para longe da junção, criando uma região de esgotamento mais ampla do que quando a junção se encontra em equilíbrio. O fluxo de corrente associado aos portadores majoritários é reduzido a quase zero. Entretanto, os portadores minoritários são diretamente polarizados, gerando uma pequena corrente de fuga conforme mostrado na Figura 14.32.

terminal negativo (Figura 14.31). Nesta disposição, os elétrons (portadores majoritários) do material do tipo n são atraídos para o terminal positivo da bateria, longe da junção, e as lacunas (portadores majoritários) do material do tipo p são atraídas para o terminal negativo da bateria, também longe da junção (Figura 14.31). O movimento dos portadores majoritários (elétrons e lacunas) para longe da junção aumenta a espessura da barreira e, como consequência, a corrente associada aos portadores majoritários não fluirá. Todavia, portadores minoritários gerados termicamente (lacunas no material do tipo n e elétrons no material do tipo p) serão impulsionados em direção à junção de maneira que eles possam combinar-se e, assim, gerar uma corrente muito pequena sob condições de polarização reversa. Essa corrente minoritária ou *corrente de fuga* é normalmente da ordem de microamperes (μA) (Figura 14.32).

O diodo de junção *p-n* diretamente polarizado O diodo de junção p-n é dito **diretamente polarizado** se o material do tipo n da junção for conectado ao terminal negativo de uma bateria externa (ou outra fonte de tensão qualquer) e se o material do tipo p for conectado ao terminal positivo (Figura 14.33). Nesta configuração, os portadores majoritários são repelidos em direção à junção e podem se combinar, isto é, os elétrons são repelidos para longe do terminal negativo da bateria em direção à junção enquanto as lacunas são repelidas para longe do terminal positivo em direção à junção.

Sob polarização direta – isto é, polarização direta relativa aos portadores majoritários –, a barreira de energia na junção é reduzida de modo que alguns elétrons e lacunas conseguem atravessar a junção e posteriormente recombinar-se. Durante a polarização direta de uma junção p-n, os elétrons da bateria entram no terminal negativo do diodo (Figura 14.33). Para cada elétron que cruza a junção e se recombina com uma lacuna, outro elétron entra na bateria. Além disso, para cada lacuna que se recombina com um elétron em um material do tipo n, uma nova lacuna é formada toda vez que um elétron deixa o material do tipo p e flui em direção ao terminal positivo da bateria. Uma vez que a barreira de energia ao fluxo de elétrons é reduzida quando a junção p-n é diretamente polarizada, uma corrente considerável pode fluir conforme indicado na Figura 14.32. O fluxo de elétrons (e, portanto, o fluxo de corrente) se mantém enquanto a junção p-n for mantida diretamente polarizada e a bateria fornecer elétrons.

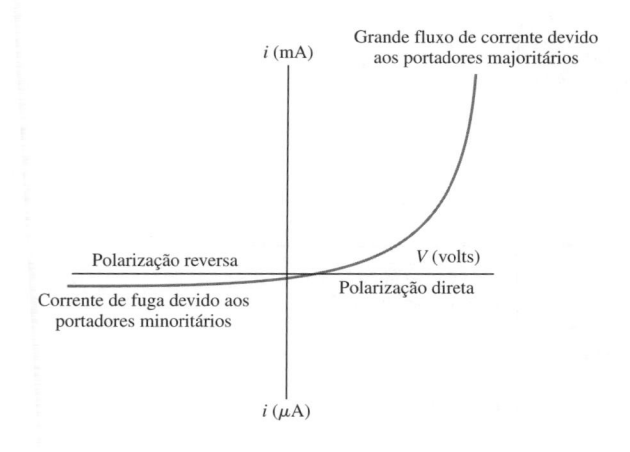

Figura 14.32
Vista esquemática das características corrente-voltagem de um diodo de junção p-n. Quando o diodo de junção p-n é inversamente polarizado, é gerada uma corrente de fuga devido à combinação dos portadores minoritários. Quando a junção p-n é diretamente polarizada, uma grande corrente flui devido à recombinação dos portadores majoritários.

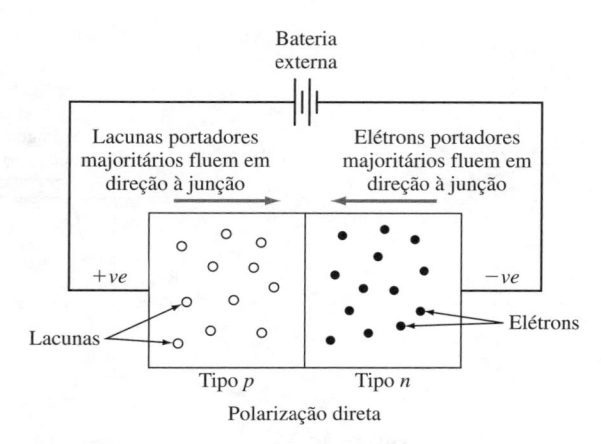

Figura 14.33
Diodo de junção p-n diretamente polarizado. Os portadores majoritários são repelidos em direção à junção e a atravessam a fim de se recombinarem, o que leva a um grande fluxo de corrente.

14.5.2 Algumas aplicações de diodos de junção p-n

Diodos retificadores Uma das aplicações mais importantes de diodos de junções p-n é na conversão de voltagem alternada em voltagem contínua, um processo conhecido como *retificação*. Os diodos usados neste processo são chamados **diodos retificadores**. Quando um sinal CA é aplicado a um diodo de junção p-n, o diodo permitirá a condução elétrica somente quando uma voltagem positiva for aplicada à região p relativa à região n. Consequentemente, ocorrerá a retificação de meia onda conforme mostrado na Figura 14.34. Este sinal de saída pode ser uniformizado por meio de outros dispositivos e circuitos eletrônicos de maneira a se produzir um sinal CC estável. Os retificadores de silício de estado sólido são usados em uma ampla faixa de aplicações que requerem desde décimos de ampere a várias centenas de amperes ou mais. As voltagens também podem atingir 1.000 V ou mais.

Diodos de ruptura Os diodos de ruptura, ou *diodos zener*, como são algumas vezes chamados, são retificadores de silício nos quais a corrente reversa (*corrente de fuga*) é pequena. Porém, um ligeiro acréscimo da voltagem de polarização reversa é suficiente para se atingir uma voltagem de ruptura caracterizada por um aumento muito rápido da corrente reversa (Figura 14.35). Na assim chamada ruptura zener, o campo elétrico no diodo se torna suficientemente intenso para extrair elétrons diretamente da rede cristalina ligada covalentemente. Os pares elétron-lacuna criados então produzem uma alta corrente reversa. Para voltagens reversas maiores do que a voltagem de ruptura zener, ocorre um efeito avalanche e a corrente reversa se torna muito alta. Uma teoria para explicar este efeito avalanche é que os elétrons ganham energia suficiente entre as colisões para golpear mais elétrons das ligações covalentes, que então alcançam valores de energia suficientemente altos para conduzir eletricidade. Os diodos de ruptura podem ser fabricados com voltagens de ruptura de uns poucos a centenas de volts e são usados em aplicações de limitação e estabilização de voltagem sob condições de corrente altamente variável.

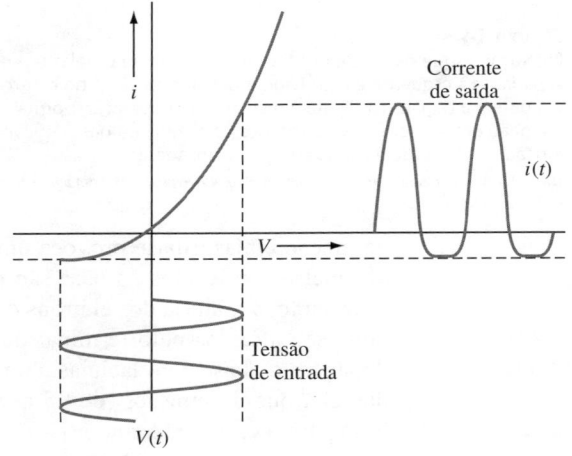

Figura 14.34
Diagrama voltagem-corrente ilustrando a ação retificadora de um diodo de junção p-n que converte corrente alternada (CA) em corrente contínua (CC). A corrente de saída não é integralmente corrente contínua, mas é primordialmente positiva. Este sinal CC pode ser uniformizado pelo uso de outros dispositivos eletrônicos.

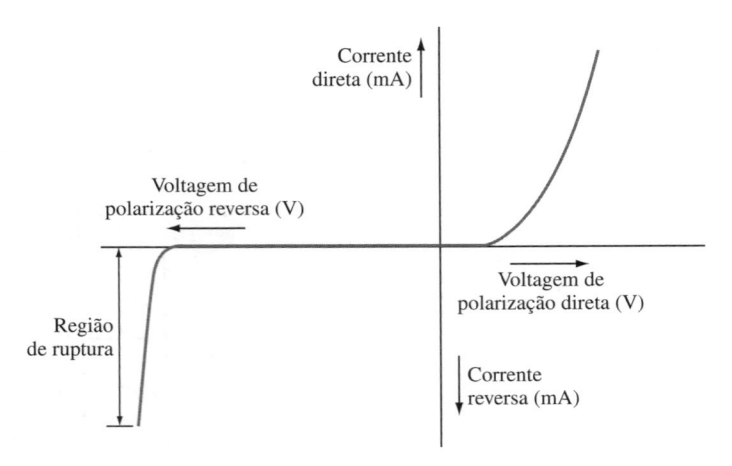

Figura 14.35
Curva característica do diodo zener (avalanche). Uma grande corrente reversa é produzida na região da voltagem de ruptura.

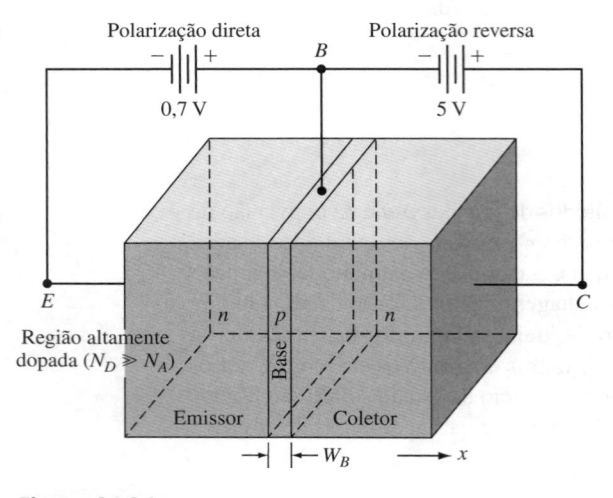

14.5.3 O transistor de junção bipolar

Um **transistor de junção bipolar** (TJB) é um dispositivo eletrônico que pode funcionar como um amplificador de corrente. Esse dispositivo consiste em duas junções *p-n* que aparecem sequencialmente em um cristal único de material semicondutor como o silício. A Figura 14.36 mostra esquematicamente um transistor de junção bipolar do tipo *n-p-n* com suas três porções principais: *emissor*, *base* e *coletor*. O emissor do transistor emite portadores de carga. Uma vez que o emissor do transistor *n-p-n* é do tipo *n*, ele emite elétrons. A base do transistor controla o fluxo de portadores de carga e é do tipo *p* para o transistor *n-p-n*. A base é muito fina (cerca de 10^{-3} cm de espessura) e é levemente dopada de maneira que somente uma pequena fração dos portadores de carga do emissor se recombinará com os portadores majoritários de carga oposta na base. O coletor do TJB acumula principalmente portadores de carga do emissor. Como o coletor do transistor *n-p-n* é do tipo *n*, ele coleta principalmente elétrons do emissor.

Em operação normal do transistor *n-p-n*, a junção emissor-base é diretamente polarizada e a junção coletor-base é inversamente polarizada (Figura 14.36). A polarização direta da junção emissor-base provoca uma injeção de elétrons do emissor na base (Figura 14.37). Alguns dos elétrons injetados na base são perdidos devido à recombinação com lacunas na base do tipo *p*. Entretanto, a maioria dos elétrons do emissor atravessa sem obstáculos a fina base e adentra o coletor, onde são atraídos pelo terminal positivo deste. A forte dopagem do emissor com elétrons, a fraca dopagem da base com lacunas e uma base muito fina são fatores que contribuem para que a maioria dos elétrons do emissor (de 95 a 99%) consiga chegar ao coletor. Pouquíssimas lacunas fluem da base para o emissor. A maior parte da corrente do terminal da base para a base propriamente dita é o fluxo de lacunas para substituir aquelas perdidas por recombinação com elétrons. O fluxo de corrente para a base é pequeno, representando cerca de 1 a 5% do fluxo de elétrons do emissor para o coletor. Sob alguns aspectos, o fluxo de corrente para a base pode ser interpretado como uma válvula de controle, pois a pequena corrente da base pode ser usada para controlar a corrente do coletor, que é muito maior. O transistor bipolar é assim denominado porque ambos os tipos de portadores de carga (elétrons e lacunas) participam de seu funcionamento.

Figura 14.36
Ilustração esquemática de um transistor de junção bipolar *n-p-n*. A região *n* à esquerda é o emissor, a delgada região *p* no centro é a base e a região *n* à direita é o coletor. Em operação normal, a junção emissor-base é diretamente polarizada ao passo que a junção coletor-base é inversamente polarizada.
(De C.A. Holt, "Electronic Circuits", Wiley, 1978, p. 49. Reproduzido com autorização de John Wiley & Sons, Inc.)

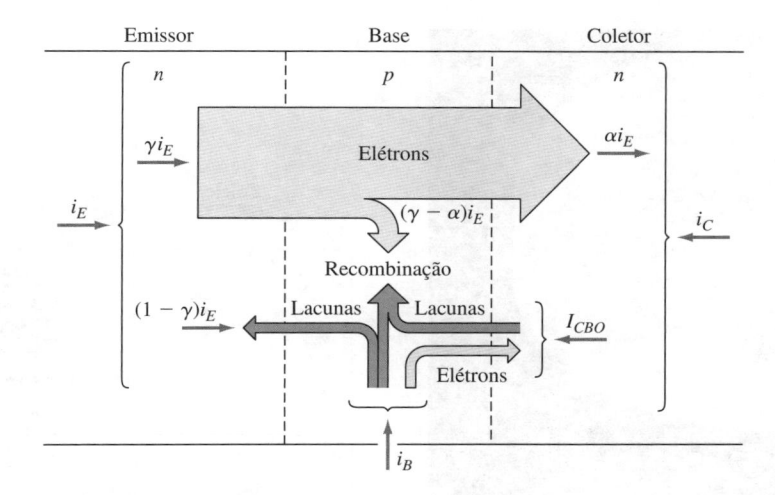

Figura 14.37
Movimentação dos portadores de carga durante a operação normal de um transistor n-p-n. A maior parte da corrente consiste em elétrons do emissor que atravessam diretamente a base do coletor. Alguns dos elétrons, de 1 a 5%, recombinam-se com lacunas da corrente da base. Pequenas correntes reversas associadas aos portadores gerados termicamente estão também presentes, conforme indicado.
(De R.J. Smith, "Circuits, Devices, and Systems", 3. ed, Wiley, 1976, p. 343. Reproduzido com autorização de John Wiley & Sons, Inc.)

14.6 MICROELETRÔNICA

A moderna tecnologia de semicondutores tornou possível colocar milhares de transistores em uma "pastilha" de silício de aproximadamente 5 mm^2 de área e 0,2 mm de espessura. Essa capacidade de incorporar números muito grandes de elementos eletrônicos em pastilhas de silício aumentou enormemente a capacidade dos sistemas eletrônicos (Figura 14.1).

A *integração em larga escala* (LSI) de circuitos microeletrônicos é realizada iniciando-se com uma placa de cristal único de silício (tipo p ou n) de 100 a 125 mm de diâmetro e 0,2 mm de espessura. A superfície da placa deve ser altamente polida e isenta de defeitos em um dos lados já que os dispositivos semicondutores são fabricados nesta superfície polida. A Figura 14.38 mostra uma lâmina de silício depois que os circuitos microeletrônicos foram fabricados em sua superfície. Aproximadamente 100 a 1.000 pastilhas (dependendo do seu tamanho) podem ser fabricadas a partir de uma placa.

Primeiramente, será examinada a estrutura de um transistor bipolar do tipo planar fabricado na superfície de uma lâmina de silício. Em seguida, será estudada brevemente a estrutura de um tipo mais compacto de transistor chamado MOSFET, ou transistor de efeito de campo de semicondutor de óxido *metálico*, usado em muitos sistemas modernos de dispositivos semicondutores. Finalmente, serão delineados alguns dos procedimentos básicos utilizados na manufatura de modernos circuitos microeletrônicos.

14.6.1 Transistores microeletrônicos bipolares planos

Transistores microeletrônicos bipolares planares são fabricados na superfície de uma placa de cristal único de silício por uma série de operações que requerem acesso somente a uma das superfícies desta placa. A Figura 14.39 mostra um diagrama esquemático da seção transversal de um transistor bipolar planar n-p-n. Na sua fabricação, forma-se primeiramente uma ilha relativamente grande de silício do tipo n em uma base ou substrato de silício do tipo p. Então, ilhas menores de silício dos tipos p e n são criadas na ilha maior do tipo n (Figura 14.39). Desta maneira, as três partes básicas do transistor bipolar n-p-n, ou seja, o emissor, a base e o coletor, são formadas em uma configuração planar. Como no caso de transistores bipolares n-p-n individuais descritos na Seção 14.5 (ver Figura 14.36), a junção emissor-base é diretamente polarizada e a junção base-coletor é inversamente polarizada. Logo, quando elétrons de um emissor são injetados na base, a maior parte deles adentra o coletor e somente uma pequena porcentagem (~ 1 a 5%) se recombina com lacunas oriundas do terminal da base (ver Figura 14.37). O transistor microeletrônico bipolar planar pode, portanto, funcionar como um amplificador de corrente da mesma maneira que o transistor bipolar macroeletrônico individual.

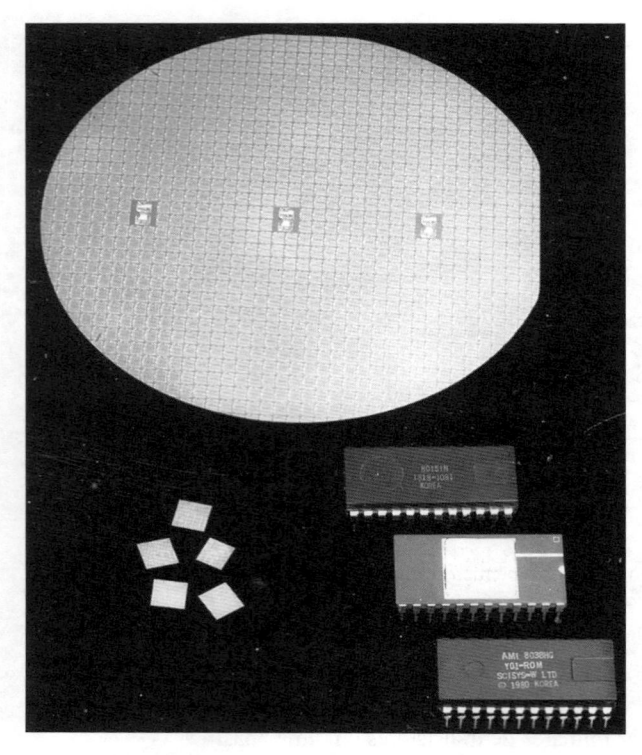

Figura 14.38
Esta fotografia mostra uma placa, circuitos integrados individuais e três pastilhas eletrônicas (a pastilha central é cerâmica e as outras duas são plásticas). Os três dispositivos maiores ao longo da linha de centro da placa são *monitores controladores de processos* (PCMs), destinados a monitorar a qualidade técnica dos cubos na placa.
(Cortesia de ON Semiconductor.)

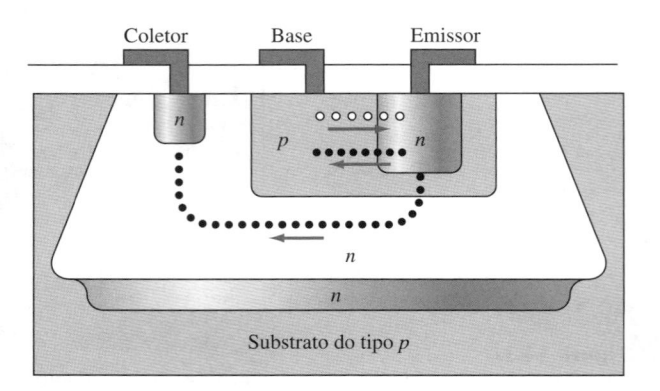

Figura 14.39
Transistor bipolar planar *n-p-n* microeletrônico fabricado em um cristal único de silício por uma série de operações que requerem acesso a somente uma superfície da pastilha de silício. A pastilha inteira é dopada com impurezas do tipo *p*, formando-se então ilhas de silício do tipo *n*. Áreas menores dos tipos *p* e *n* são criadas em seguida no interior destas ilhas a fim de se estabelecer os três elementos essenciais do transistor: o emissor, a base e o coletor. Neste transistor bipolar microeletrônico, a junção emissor-base é diretamente polarizada enquanto a junção coletor-base é reversamente polarizada, como no caso do transistor *n-p-n* individual da Figura 14.36. O dispositivo exibe ganho porque um pequeno sinal aplicado à base pode controlar um sinal maior no coletor.
(De J.D. Meindl, "Microelectronic Circuit Elements", Scientific American, September 1977, p. 75. Ilustração © Gabor Kiss. Reproduzido com autorização de Gabor Kiss.)

14.6.2 Transistores microeletrônicos planos de efeito de campo

Em muitos dos atuais sistemas microeletrônicos, outro tipo de transistor chamado *transistor de efeito de campo* é usado por seu baixo custo e compacidade. O transistor de efeito de campo mais comum usado nos Estados Unidos é o transistor de efeito de campo de semicondutor de óxido metálico. No MOSFET do tipo *n*, ou NMOS, duas ilhas de silício do tipo *n* são criadas em um substrato de silício do tipo *p*, conforme mostrado na Figura. 14.40. No dispositivo NMOS, o terminal de entrada dos elétrons é chamado *fonte* e o terminal de saída é chamado *dreno*. Entre o silício do tipo *n* da fonte e do dreno, existe uma região de silício do tipo *p* em cuja superfície uma fina camada de dióxido de silício é formada e age como isolante. Sobre o dióxido de silício, outra camada de polisilício (ou metal) é depositada de modo a formar o terceiro terminal do transistor, chamado *porta*. Por ser o dióxido de silício um excelente isolante, o terminal da porta não está em contato elétrico direto com o material do tipo *p* sob o óxido.

Em um tipo mais simples de NMOS, quando nenhuma tensão é aplicada à porta, o material do tipo *p* sob a porta contém lacunas como portadores majoritários e somente uns poucos elétrons são atraídos para o dreno. Contudo, quando uma voltagem positiva é aplicada à porta, seu campo elétrico atrai elétrons das regiões adjacentes da fonte n^+ e do dreno para a delgada camada sob a superfície do dióxido de silício, exatamente abaixo da porta, de modo que essa região se torna silício do tipo *p* com elétrons como portadores majoritários (Figura 14.41). Quando os elétrons estão presentes neste canal, um caminho de condução existe entre a fonte e o dreno. Portanto, elétrons fluirão entre a fonte e o dreno se houver uma diferença de voltagem positiva entre eles.

O MOSFET, como o transistor bipolar, também é capaz de amplificação de corrente. O ganho em dispositivos MOSFET é normalmente medido em termos de um quociente de voltagens em vez de um quociente de correntes, como no caso do transistor bipolar. Dispositivos MOSFET do tipo *p* com lacunas como portadores majoritários podem ser fabricados de maneira semelhante usando-se ilhas do tipo *p* como fonte e dreno em um substrato do tipo *n*. Uma vez que, nos dispositivos NMOS, os transportadores de corrente são elétrons e, nos dispositivos PMOS, são lacunas, eles são conhecidos como *dispositivos de portadores majoritários*.

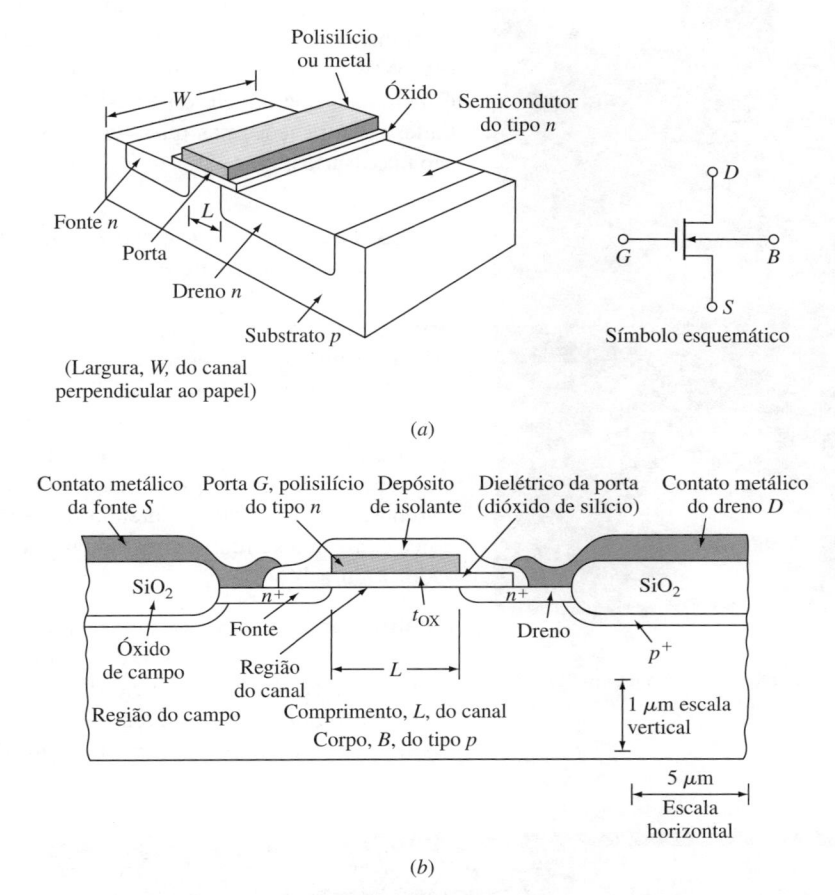

Figura 14.40
Diagrama esquemático de um transistor de efeito de campo NMOS: (*a*) estrutura geral e (*b*) vista da seção transversal.
(De D.A. Hodges and H.G. Jackson, "Analysis and Design of Digital Integrated Circuits", McGraw-Hill, 1983, p. 40. Reproduzido com autorização de The McGraw-Hill Companies.)

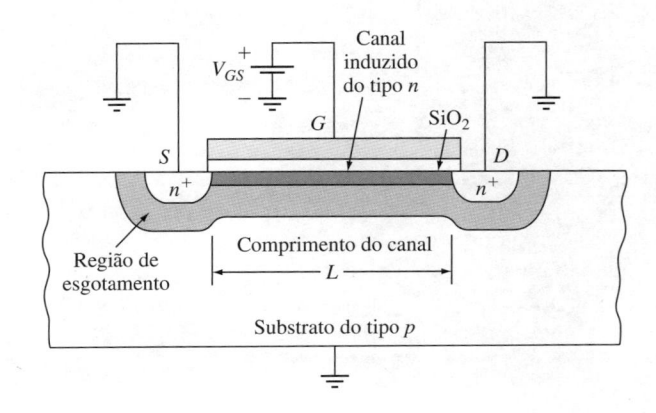

Figura 14.41
Seção transversal idealizada de um dispositivo NMOS com voltagem porta-fonte positiva (V_{GS}), mostrando as regiões de esgotamento e o canal induzido.
(De D.A. Hodges and H.G. Jackson, "Analysis and Design of Digital Integrated Circuits", McGraw-Hill, 1983, p. 43. Reproduzido com autorização de The McGraw-Hill Companies.)

Figura 14.42
Engenheiro procedendo ao traçado da rede de circuito integrado.
(*Cortesia de Harris Corporation.*)

A tecnologia MOSFET é a base para a maioria dos circuitos integrados de memória digital de larga escala, sobretudo porque dispositivos MOSFET requerem menos área na pastilha de silício do que o transistor bipolar e, assim sendo, podem ser obtidas densidades maiores de transistores. Além disso, o custo de fabricação de dispositivos MOSFET com integração em larga escala é menor do que aquele do transistor bipolar. Não obstante, há aplicações nas quais os transistores bipolares são necessários.

14.6.3 Fabricação de circuitos integrados microeletrônicos

A configuração de um circuito integrado microeletrônico é primeiramente esboçada em uma escala muito maior, normalmente com o auxílio de computadores a fim de se chegar à configuração mais compacta possível (Figura 14.42). No processo de fabricação mais comum, o esboço é então usado para se preparar um conjunto de fotomáscaras, cada qual contendo o desenho para uma única camada do circuito integrado multicamadas finalizado (Figura 14.43).

Fotolitografia O processo pelo qual se transfere um padrão geométrico microscópico de uma fotomáscara para a superfície da lâmina de silício do circuito integrado é chamado *fotolitografia*. A Figura 14.44 mostra os passos necessários para se formar uma camada isolante de

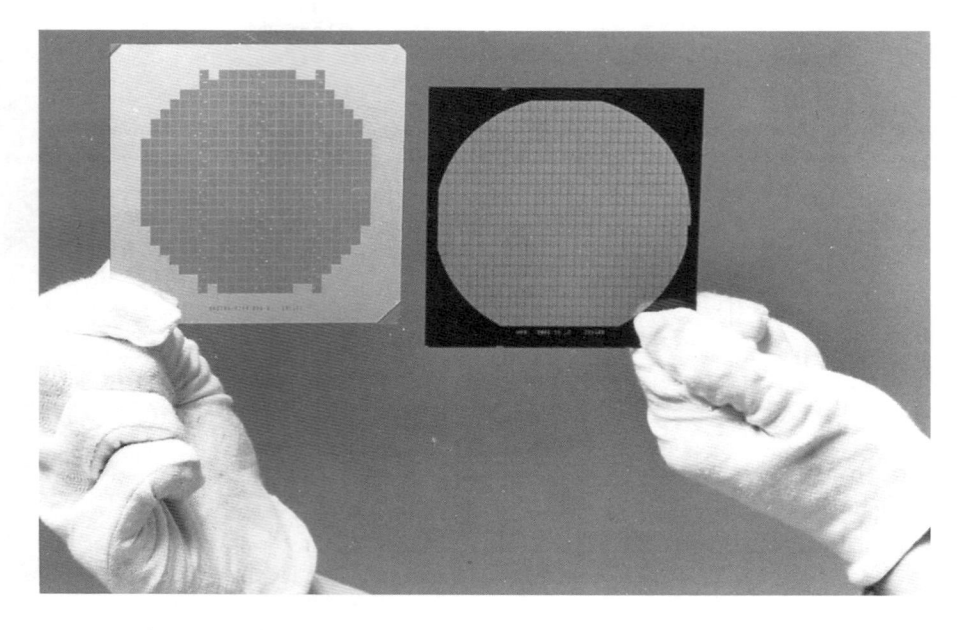

Figura 14.43
Esta fotografia mostra dois tipos de máscaras fotolitográficas usadas na confecção de circuitos integrados. À esquerda, vê-se a máscara de cromo, mais durável, usada em longas jornadas de produção e que pode ser usada para se produzir máscaras de emulsão, como aquela mostrada à direita. Máscaras de emulsão são menos dispendiosas e tendem a ser usadas em jornadas mais curtas, como ocorre na fabricação de protótipos.
(*Cortesia de ON Semiconductor.*)

dióxido de silício na superfície do silício, que contém um padrão geométrico de regiões expostas do substrato de silício. Em um tipo de processo fotolitográfico, ilustrado no passo 2 da Figura 14.44, uma placa oxidada é primeiramente recoberta com uma camada de *photoresist* (fotorresiste), material polimérico sensível à luz. A propriedade importante do fotorresiste é que sua solubilidade em certos solventes é fortemente afetada pela exposição à radiação *ultravioleta* (UV). Após a exposição à radiação UV (passo 3 da Figura 14.44) e subsequente revelação, um padrão de fotorresiste permanece onde quer que a máscara seja transparente à radiação UV (passo 4 da Figura 14.44). A lâmina de silício é então imersa em uma solução de ácido hidrofluórico, que ataca somente o dióxido de silício exposto e não o fotorresiste (passo 5 da Figura 14.44). Na etapa final do processo, o padrão de fotorresiste é removido por meio de outro tratamento químico (passo 6 da Figura 14.44). O processo fotolitográfico foi aprimorado de maneira que agora é possível resolução de cerca de 0,5 μm na reprodução de padrões superficiais.

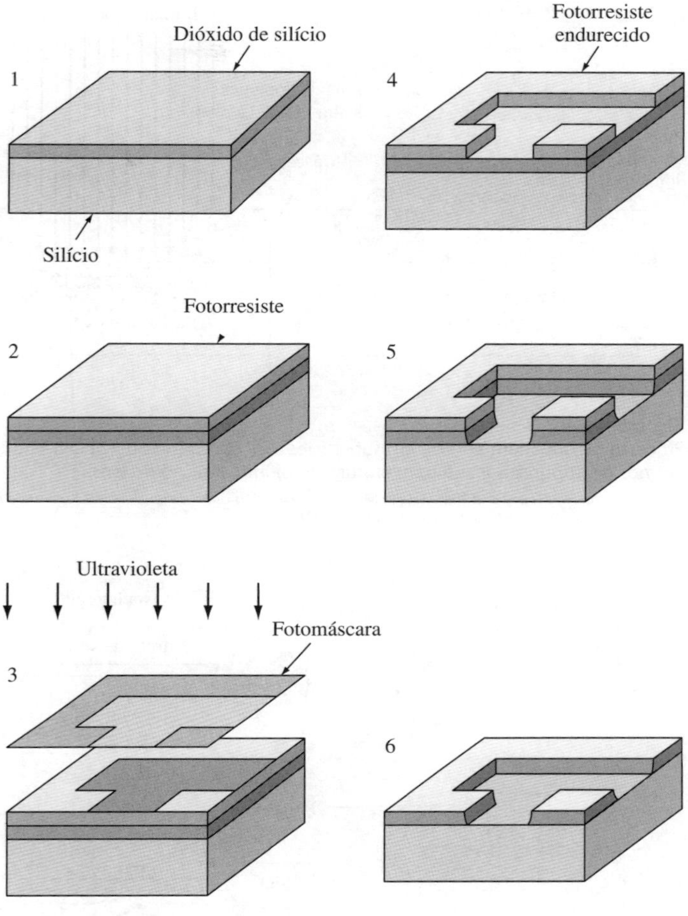

Difusão e implantação de íons de dopantes na superfície de lâminas de silício A fim de formar elementos de circuitos ativos tais como transistores MOS e bipolares em circuitos integrados, é necessário introduzir seletivamente impurezas (dopantes) no substrato de silício para criar regiões delimitadas dos tipos *n* e *p*. Há duas técnicas principais para a introdução de dopantes em lâminas de silício: (1) *difusão* e (2) *implantação de íons*.

A técnica da difusão Conforme descrito previamente na Seção 5.3, os átomos de impureza são difundidos nas lâminas de silício a altas temperaturas, entre aproximadamente 1.000 e 1.100 °C. Átomos de dopantes como boro e fósforo movimentam-se muito mais lentamente através do dióxido de silício do que através da rede cristalina do silício. Finos padrões geométricos de dióxido de silício podem atuar como máscaras impedindo a entrada de átomos dopantes no silício (Figura 14.45a). Logo, uma pilha de lâminas de silício pode ser colocada em uma fornalha de difusão entre 1.000 e 1.100 °C em uma atmosfera contendo fósforo (ou boro), por exemplo. Os átomos adentrarão a superfície desprotegida do silício e lentamente se difundirão para o interior da lâmina, conforme mostrado na Figura 14.45a.

Figura 14.44
As etapas do processo fotolitográfico. Neste processo, um padrão geométrico microscópico pode ser transferido de uma fotomáscara para uma camada de material em um circuito real. Nesta ilustração, mostra-se um padrão geométrico sendo erodido na camada de dióxido de silício na superfície da lâmina. A lâmina oxidada (1) é primeiramente recoberta com uma camada de material fotossensível chamada *photoresist* e, então, (2) exposta à luz ultravioleta através da fotomáscara. (3) Esta exposição torna a fotomáscara insolúvel em uma solução de revelação fotográfica; portanto, um padrão geométrico de fotorresiste permanece onde quer que a máscara seja transparente (4). A lâmina é em seguida imersa em uma solução de ácido hidrofluórico, que ataca apenas o dióxido de silício, (5) deixando intactos o padrão de fotorresiste e o substrato de silício. (6) Na etapa final, o padrão de fotorresiste é removido por outro tratamento químico.
(© *George V. Kelvin. Reproduzido com autorização.*)

As variáveis importantes que controlam a concentração e a profundidade de penetração são a *temperatura* e o *tempo*. A fim de se obter o controle máximo da concentração, muitas operações de difusão são executadas em duas etapas. Na primeira, ou pré-depósito, uma concentração relativamente alta de átomos dopantes é depositada próximo à superfície da lâmina. Após a etapa de pré-depósito, as lâminas são colocadas em outro forno, normalmente a temperaturas mais elevadas, para a etapa de *difusão forçada*, que atinge a concentração necessária de átomos dopantes a uma dada profundidade abaixo da superfície da lâmina de silício.

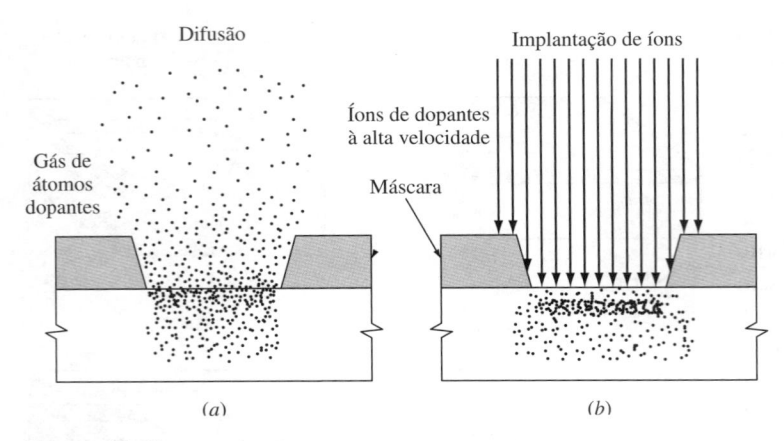

Figura 14.45
Processo de dopagem seletiva em superfícies expostas de silício: (a) Difusão de átomos de impurezas à alta temperatura; e (b) implantação de íons.
(De S. Triebwasser, "Today and Tomorrow in Microelectronics" nos anais de um congresso realizado pela NSF em Arlie, Virgínia, EUA, de 19 a 22 de novembro de 1978.)

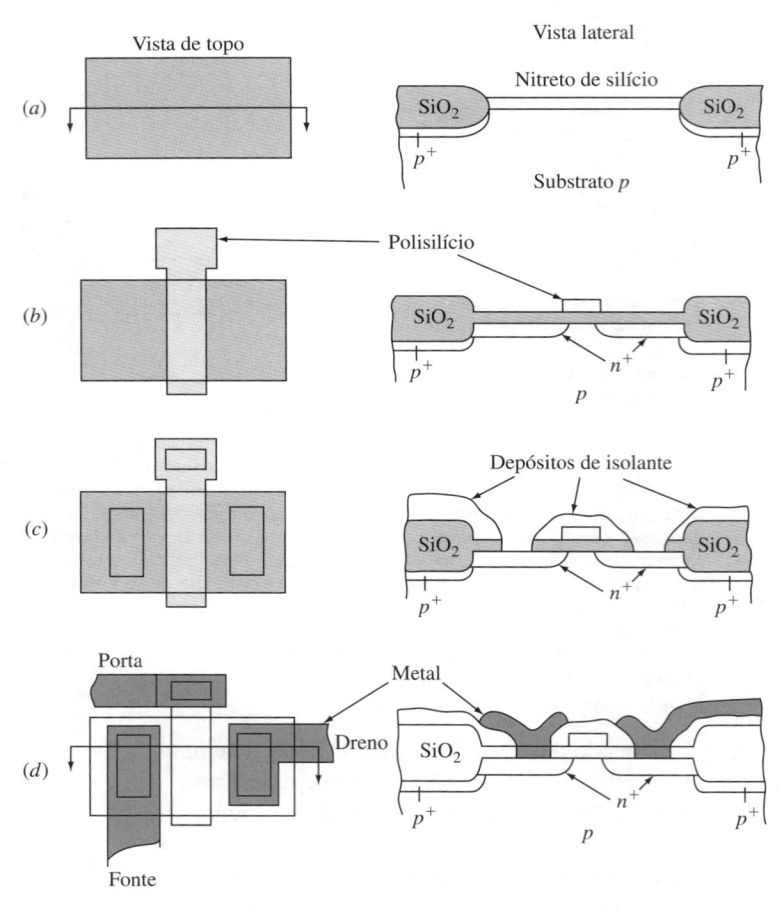

Figura 14.46
Etapas na fabricação de um transistor de efeito de campo NMOS: (a) primeira máscara; (b) segunda máscara: difusão da porta de polisilício e da fonte-dreno; (c) terceira máscara: áreas de contato; e (d) quarta máscara: padrão geométrico metálico.
(De D.A. Hodges and H.G. Jackson, "Analysis and Design of Digital Integrated Circuits", McGraw-Hill, 1983, p. 17. Reproduzido com autorização de The McGraw-Hill Companies.)

A técnica da implantação de íons Outro processo de dopagem seletiva de lâminas de silício para circuitos integrados é a técnica de implantação de íons (Figura 14.45b), que apresenta a vantagem de que as impurezas dopantes podem ser implantadas à temperatura ambiente. Nesse processo, os átomos de dopante são ionizados (elétrons são removidos dos átomos para formar íons) e os íons são acelerados a altos valores de energia percorrendo uma alta diferença de potencial de 50 a 100 kV. Quando os íons colidem com a lâmina de silício, eles atingem profundidades variáveis dependendo de sua massa e energia, bem como do tipo de proteção na superfície do silício. Um padrão geométrico de fotorresiste ou dióxido de silício pode encobrir regiões da superfície nas quais a implantação de íons não é desejada. Os íons acelerados causam danos à rede cristalina do silício, mas a maior parte destes danos pode ser corrigida por recozimento a temperaturas moderadas. A implantação de íons é útil toda vez que for necessário o controle preciso do nível de dopagem. Outra vantagem importante da implantação de íons é sua capacidade de introduzir impurezas dopantes por meio de uma fina camada de óxido. Essa técnica possibilita ajustar as voltagens limites de transistores MOS. Por meio da implantação de íons, tanto transistores NMOS como PMOS podem ser fabricados em uma mesma lâmina de silício.

Tecnologia de fabricação de circuitos integrados MOS Há muitos procedimentos diferentes para a fabricação de circuitos integrados MOS. Novas descobertas e inovações para o aprimoramento do projeto de equipamentos e processamento dos circuitos integrados (CIs) ocorrem constantemente nesta tecnologia que progride rapidamente. A sequência geral de processamento de um método de produção de circuitos integrados NMOS é descrita pelos seguintes passos[3] e ilustrada nas Figuras 14.46 e 14.47.

1. (Ver Figura 14.46a) Um processo de **deposição química de vapor** (CVD) é empregado para se depositar uma fina camada de nitreto de silício (Si_3N_4) sobre toda a superfície da lâmina. O primeiro processo litográfico define áreas onde transistores devem ser formados.

---

[3]Segundo D.A. Hodges and H.G. Jackson, "Analysis and Design of Digital Integrated Circuits", McGraw-Hill, 1983, pp. 16-18.

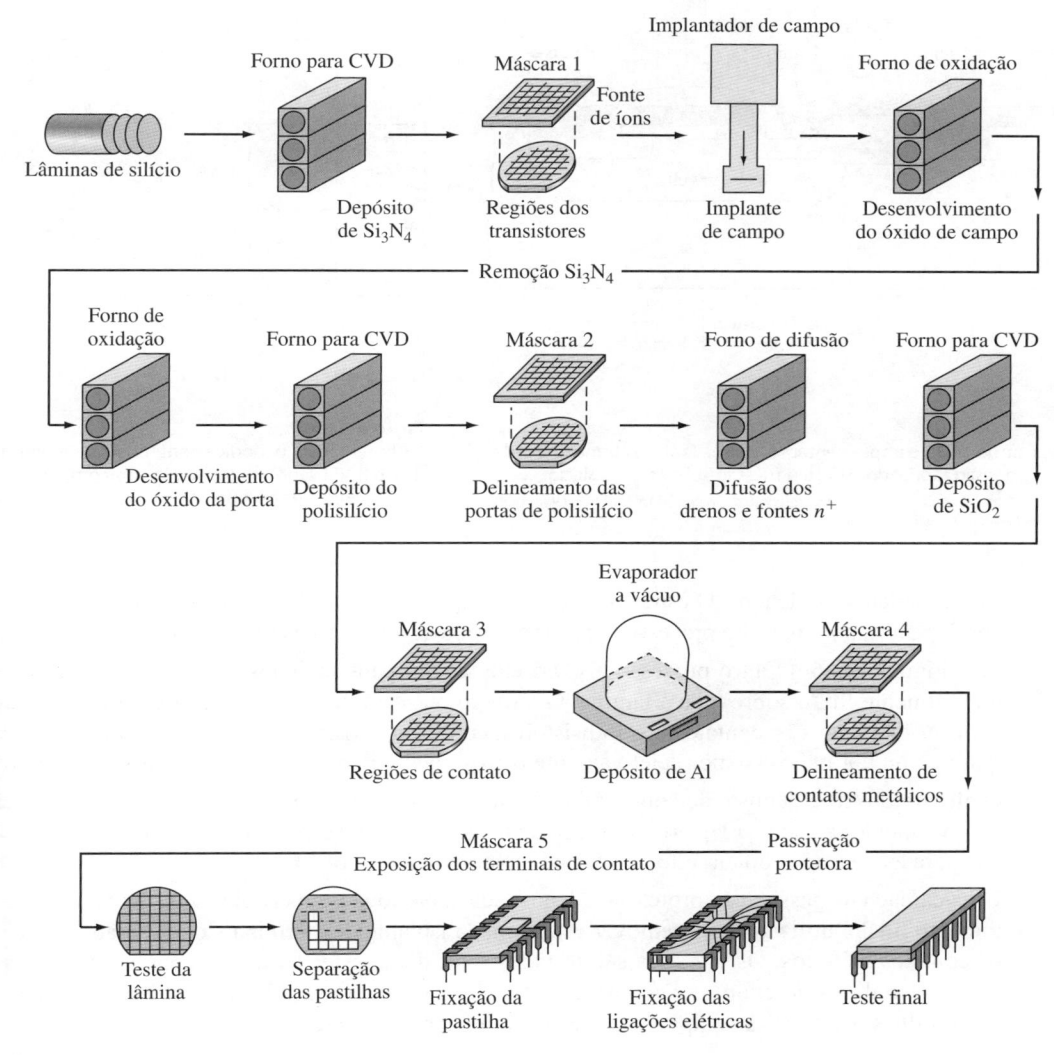

Figura 14.47
Processo de fabricação de circuitos integrados de portas de silício NMOS. (Os processos empregados para a fabricação de circuitos integrados NMOS variam consideravelmente de uma companhia a outra. Esta sequência é dada como um arcabouço.)
(Reproduzido com autorização de Chipworks.)

Nas demais regiões, o nitreto de silício é removido por ataque químico. Íons de boro (tipo p) são implantados nas regiões expostas a fim de evitar a condução indesejada entre áreas de transistores. Em seguida, uma camada de dióxido de silício (SiO_2) com aproximadamente 1 μm de espessura é desenvolvida termicamente nessas regiões (ou campos) inativas, pela exposição da lâmina ao oxigênio em um forno elétrico. Esse processo é conhecido como oxidação *seletiva* ou *local*. O Si_3N_4 é impermeável ao oxigênio e, assim, inibe o crescimento da camada de óxido nas regiões dos transistores.

2. (Ver Figura 14.46b) O Si_3N_4 é então removido por um agente químico que não ataca o SiO_2. Desenvolve-se termicamente uma limpa camada de óxido com cerca de 0,1 μm de espessura nas áreas dos transistores, novamente por exposição ao oxigênio em um forno. Outro processo CVD é empregado agora para se depositar uma camada de silício policristalino (Si-poli) sobre toda a lâmina. O segundo passo litográfico delineia os padrões geométricos desejados para os eletrodos da porta. O Si-poli indesejado é removido por ataque químico ou por plasma (gás reativo). Um dopante do tipo n (fósforo ou arsênico) é introduzido nas regiões que se tornarão as fontes e os drenos dos transistores. Para este processo de dopagem, pode ser utilizada seja a difusão térmica

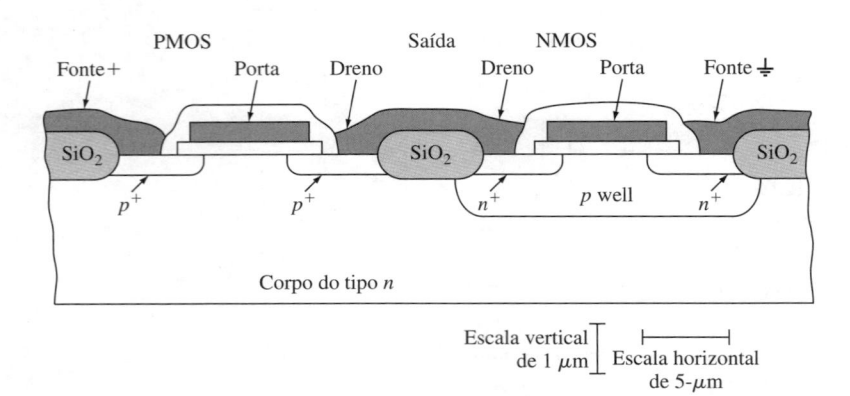

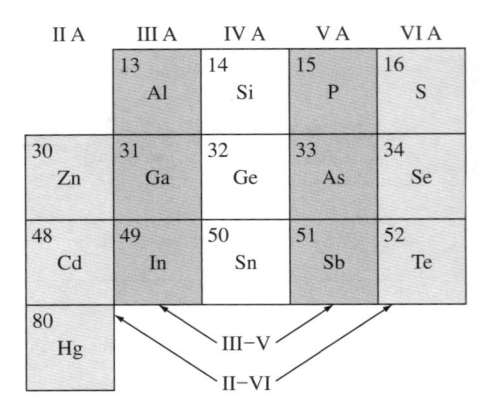

Figura 14.48
Transistores de efeito de campo MOS complementar (CMOS). Tanto os transistores do tipo *n* como aqueles do tipo *p* são fabricados sobre o mesmo substrato de silício.
(De D.A. Hodges and H.G. Jackson, "Analysis and Design of Digital Integrated Circuits", McGraw-Hill, 1983, p. 42. Reproduzido com autorização de The McGraw-Hill Companies.)

Figura 14.49
Parte da tabela periódica contendo os elementos III-V e II-VI usados na formação dos compostos semicondutores do tipo MX.

seja a implantação de íons. O espesso óxido de campo e as portas de Si-poli agem como barreiras aos dopantes, porém, nesse processo, o próprio Si-poli se transforma em tipo *n* fortemente dopado.

3. (Ver Figura 14.46c) Outro processo CVD é empregado para se depositar um camada isolante, normalmente SiO_2, sobre toda a lâmina. O terceiro mascaramento define as áreas nas quais devem ser fabricados os contatos dos transistores, conforme mostrado na Figura 14.46c. O ataque químico ou por plasma expõe seletivamente o próprio silício ou o Si-poli nas áreas de contato.

4. O alumínio (Al) é depositado sobre toda a lâmina por evaporação de um cadinho aquecido em um evaporador a vácuo. O quarto processo de mascaramento dá forma aos padrões de Al desejados para as conexões do circuito, conforme mostrado na Figura 14.46d.

5. Uma camada de passivação protetora é depositada sobre toda a superfície. Uma etapa de mascaramento final é utilizada para remover esta camada isolante dos terminais onde serão efetuados os contatos elétricos. Os circuitos são testados tocando-se estes terminais com sondas do tipo agulha. Unidades defeituosas são marcadas e a lâmina é então cortada em pastilhas individuais. As pastilhas perfeitas são empacotadas e encaminhadas para o teste final.

Este é o processo mais simples para a fabricação de circuitos NMOS e é resumido esquematicamente na Figura 14.47. Processos mais avançados para a fabricação de circuitos NMOS requerem etapas adicionais de mascaramento.

Dispositivos semicondutores complementares de óxido metálico (CMOS) É possível fabricar uma pastilha contendo ambos os tipos de MOSFETs (NMOS e PMOS), mas somente à custa de um aumento na complexidade do circuito e uma diminuição na densidade dos transistores. Circuitos contendo simultaneamente dispositivos NMOS e PMOS são chamados *circuitos complementares*, ou CMOS, e podem ser fabricados, por exemplo, isolando-se todos os dispositivos NMOS com ilhas de material do tipo *p* (Figura 14.48). Uma vantagem dos circuitos CMOS é que os dispositivos MOS podem ser dispostos de modo a se reduzir a potência consumida. Dispositivos CMOS são utilizados em inúmeras aplicações. Por exemplo, circuitos CMOS integrados em larga escala são usados em praticamente todos os modernos relógios digitais e calculadoras. Além disso, a tecnologia CMOS vem se tornando cada vez mais importante na fabricação de microprocessadores e memórias de computador.

14.7 COMPOSTOS SEMICONDUTORES

Há muitos compostos de diferentes elementos que são semicondutores. Entre os tipos principais de compostos semicondutores estão os MX, onde M é um elemento mais eletropositivo e X é um elemento mais eletronegativo. Entre os compostos semicondutores MX, dois grupos importantes são os compostos III-V e II-VI formados por elementos vizinhos do grupo IVA da tabela periódica (Figura 14.49). Os compostos semicondutores III-V consistem em elementos do grupo M-III, tais como Al, Ga e In combinados com elementos do grupo X-V, como P, As e Sb. Os compostos II-VI consistem em elementos do grupo M-II, tais como Zn, Cd e Hg combinados com elementos do grupo X-VI, como S, Se e Te.

Tabela 14.6
Propriedades elétricas de compostos semicondutores intrínsecos à temperatura ambiente (300 K).

Grupo	Material	E_g eV	μ_n m²/(V · s)	μ_p m²/(V · s)	Constante da rede	n_i portadores/m³
IVA	Si	1,10	0,135	0,048	5,4307	$1,50 \times 10^{16}$
	Ge	0,64	0,390	0,190	5,257	$2,4 \times 10^{19}$
IIIA–VA	GaP	2,25	0,030	0,015	5,450	
	GaAs	1,47	0,720	0,020	5,653	$1,4 \times 10^{12}$
	GaSb	0,68	0,500	0,100	6,096	
	InP	1,27	0,460	0,010	5,869	
	InAs	0,36	3,300	0,045	6,058	
	InSb	0,17	8,000	0,045	6,479	$1,35 \times 10^{22}$
IIA–VIA	ZnSe	2,67	0,053	0,002	5,669	
	ZnTe	2,26	0,053	0,090	6,104	
	CdSe	2,59	0,034	0,002	5,820	
	CdTe	1,50	0,070	0,007	6,481	

Fonte: W.R. Runyun e S.B. Watelski in C.A. Harper (ed.), "Handbook of Materials and Processes for Electronics", McGraw-Hill, New York, 1970.

A Tabela 14.6 lista algumas propriedades elétricas de alguns compostos semicondutores importantes. As seguintes tendências podem ser observadas nesta tabela:

1. Quando a massa molecular de um composto no interior de uma família aumenta ao se deslocar para baixo nas colunas da tabela periódica, a falha de energia diminui, a mobilidade dos elétrons aumenta (exceções são GaAs e GaSb) e a constante da rede aumenta. Os elétrons dos átomos maiores e mais pesados têm, em geral, mais liberdade para se mover e são menos firmemente presos aos seus núcleos; portanto, tendem a ter menores falhas de energia e maiores mobilidades dos elétrons.

2. Ao se mover horizontalmente na tabela periódica dos elementos do grupo IVA para os materiais III-V e II-VI, o aumento do caráter de ligação iônica faz com que as falhas de energia aumentem e as mobilidades eletrônicas diminuam. O caráter de ligação iônica fortalecido leva a ligações mais fortes dos elétrons aos seus centros de íons positivos e, por esta razão, compostos II-VI possuem falhas de energia maiores do que compostos similares III-V.

O arsenieto de gálio é o mais importante de todos os compostos semicondutores, sendo usado em muitos dispositivos eletrônicos. O GaAs já vem sendo usado há muito tempo em componentes individuais de circuitos de micro-ondas. Atualmente, muitos circuitos integrados digitais são feitos com GaAs. Os *transistores de efeito de campo metal-semicondutor* de GaAs (MESFETs) são os transistores de GaAs de uso mais amplo (Figura 14.50).

Os MESFETs de GaAs exibem algumas vantagens com relação ao silício para aplicação em circuitos integrados digitais de alta velocidade. Algumas destas vantagens são:

1. Os elétrons se deslocam mais rapidamente no GaAs-*n*, conforme evidenciado por sua maior mobilidade no GaAs do que no Si [μ_n = 0,720 m²/(V · s) para o GaAs contra 0,135 m²/(V · s) para o Si–.

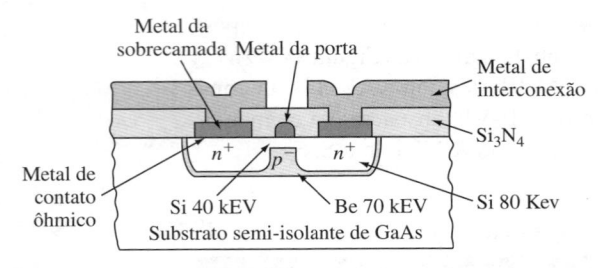

Figura 14.50
Vista da seção transversal de um MESFET de GaAs.
[De A.N. Sato et al., IEEE Electron. Devices Lett., **9**(5):238 (1988). Direitos autorais de 1988. Usado com autorização do IEEE.]

2. Devido à sua maior falha de energia (1,47 eV) e à ausência de um óxido de porta crítica, os dispositivos de GaAs parecem exibir maior resistência à radiação. Este é um fator importante em aplicações militares e espaciais.

Infelizmente, a grande limitação da tecnologia do GaAs é o rendimento muito baixo na produção de complexos circuitos integrados comparado àquele para o silício. Isso se deve ao fato de que o GaAs contém mais imperfeições no material do substrato do que o silício. O custo de produção do material do substrato é também maior para o GaAs do que para o silício. De qualquer modo, o uso dele vem se expandindo e muitas atividades de pesquisa vêm sendo realizadas neste assunto.

EXEMPLO 14.10

a. Calcule a condutividade elétrica intrínseca do GaAs a (1) temperatura ambiente e (2) 70 °C.
b. Que fração da corrente é transportada pelos elétrons no GaAs intrínseco a 27 °C?

■ **Solução**

a. (1) σ a 27 °C:

$$\sigma = n_i q(\mu_n + \mu_p)$$
$$= (1,4 \times 10^{12} \text{ m}^{-3})(1,60 \times 10^{-19} \text{ C})[0,720 \text{ m}^2/(\text{V} \cdot \text{s}) + 0,020 \text{ m}^2/(\text{V} \cdot \text{s})]$$
$$= 1,66 \times 10^{-7} \, (\Omega \cdot \text{m})^{-1} \blacktriangleleft$$

(2) σ a 70 °C:

$$\sigma = \sigma_0 e^{-E_g/2kT} \tag{14.16a}$$

$$\frac{\sigma_{343}}{\sigma_{300}} = \frac{\exp\{-1,47 \text{ eV}/[(2)(8,62 \times 10^{-5} \text{ eV/K})(343 \text{ K})]\}}{\exp\{-1,47 \text{ eV}/[(2)(8,62 \times 10^{-5} \text{ eV/K})(300 \text{ K})]\}}$$

$$\sigma_{343} = \sigma_{300} e^{3,56} = 1,66 \times 10^{-7} \, (\Omega \cdot \text{m})^{-1} (35,2)$$
$$= 5,84 \times 10^{-6} \, (\Omega \cdot \text{m})^{-1} \blacktriangleleft$$

b. $\dfrac{\sigma_n}{\sigma_n + \sigma_p} = \dfrac{n_i q \mu_n}{n_i q(\mu_n + \mu_p)} = \dfrac{0,720 \text{ m}^2/(\text{V} \cdot \text{s})}{0,720 \text{ m}^2/(\text{V} \cdot \text{s}) + 0,020 \text{ m}^2/(\text{V} \cdot \text{s})} = 0,973 \blacktriangleleft$

14.8 PROPRIEDADES ELÉTRICAS DE MATERIAIS CERÂMICOS

Materiais cerâmicos são usados em muitas aplicações elétricas e eletrônicas. Vários tipos de materiais cerâmicos são utilizados como isolantes elétricos em aplicações envolvendo correntes de alta e baixa tensão. Esses materiais são também aplicados em vários tipos de capacitores, especialmente quando se requer miniaturização. Outros tipos de materiais cerâmicos chamados *piezelétricos* podem converter sinais fracos de pressão em sinais elétricos e vice-versa.

Antes de examinar as propriedades elétricas de vários tipos de materiais cerâmicos, serão discutidas primeiramente algumas das propriedades básicas de isolantes, ou **dielétricos**, como são algumas vezes chamados.

14.8.1 Propriedades básicas dos materiais dielétricos

Há três propriedades importantes comuns a todos os isolantes ou dielétricos: (1) a *constante dielétrica*, (2) a tensão de *ruptura do dielétrico* e (3) o fator de perda.

Constante dielétrica Seja um **capacitor**[4] simples de placas paralelas com placas metálicas de área A separadas pela distância d, conforme ilustrado na Figura 14.51. Seja primeiramente o caso em que o espaço entre as placas é evacuado. Se uma voltagem V for aplicada às placas, uma das placas ficará carregada com uma carga líquida $+q$ e a outra com uma carga líquida $-q$. Observa-se que a carga q é diretamente proporcional à voltagem aplicada V da seguinte forma:

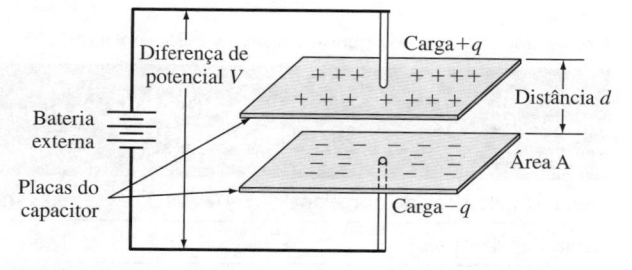

$$q = CV \quad \text{ou} \quad C = \frac{q}{V} \quad (14.23)$$

Figura 14.51
Capacitor de placas paralelas simples.

na qual C é uma constante de proporcionalidade denominada **capacitância** do capacitor. A unidade SI da capacitância é coulombs por volt (C/V) ou *farad* (F). Logo,

$$1 \text{ farad} = \frac{1 \text{ coulomb}}{\text{volt}}$$

Por ser o farad uma unidade de capacitância muito maior do que as capacitâncias normalmente encontradas em circuitos elétricos, as unidades frequentemente usadas na prática são o *picofarad* (1 pF = 10^{-12} F) e o *microfarad* (1 μF = 10^{-6} F).

A capacitância de um capacitor é uma medida de sua capacidade para armazenar carga elétrica. Quanto mais carga for armazenada nas placas inferior e superior de um capacitor, maior é a sua capacitância.

A capacitância C de um capacitor de placas paralelas cujas dimensões das placas são muito maiores do que a distância que as separa é dada por

$$C = \epsilon_0 \frac{A}{d} \quad (14.24)$$

onde ϵ_0 = permissividade do vácuo = $8{,}854 \times 10^{-12}$ F/m.

Quando um dielétrico (isolante elétrico) ocupa o espaço entre as placas (Figura 14.52), a capacitância do capacitor é aumentada por um fator k, chamado **constante dielétrica** do material dielétrico. Para um capacitor de placas paralelas com um material dielétrico entre as placas,

$$C = \frac{\kappa \epsilon_0 A}{d} \quad (14.25)$$

A Tabela 14.7 lista as constantes dielétricas de alguns materiais isolantes cerâmicos.

A energia armazenada em um capacitor de um dado volume a uma dada voltagem é aumentada por um fator igual à constante dielétrica quando o material dielétrico estiver presente. Pela utilização de materiais com valores muito altos da constante dielétrica, podem ser obtidos capacitores muito pequenos de altas capacitâncias.

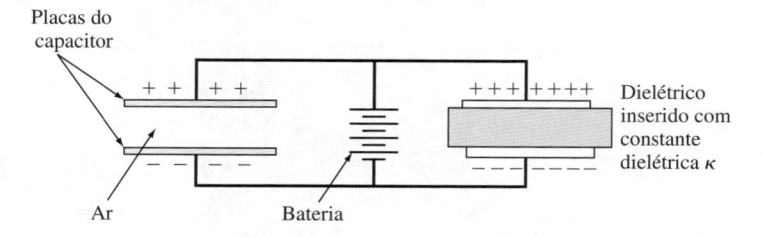

Figura 14.52
Dois capacitores de placas paralelas submetidos à mesma voltagem. O capacitor à direita possui um dielétrico (isolante inserido entre as placas) e, como consequência, a carga nas placas é aumentada de um fator k com relação àquela nas placas do capacitor sem o dielétrico.

Rigidez dielétrica Outra propriedade importante para a caracterização de dielétricos, além da constante dielétrica, é a **rigidez dielétrica**. Esta quantidade é uma medida da capacidade do material de reter energia a altas voltagens. A rigidez dielétrica é definida como a voltagem por unidade de comprimento (campo elétrico ou gradiente de voltagem) a qual ocorre a falha do dielétrico, isto é, trata-se do campo elétrico máximo que o dielétrico consegue suportar sem ruptura do material isolante.

A rigidez dielétrica é de modo geral medida em volts por mil (1 mil = 0,001 polegada) ou kilovolts por milímetro. Se o dielétrico for sujeito a um gradiente de voltagem demasiadamente intenso, a tensão causada pelos elétrons ou íons tentando atravessar o seu material pode exceder a sua rigidez dielétrica. Se a

---
[4]Um **capacitor** é um dispositivo que armazena energia elétrica.

Tabela 14.7
Propriedades elétricas de alguns materiais cerâmicos isolantes.

Material	Resistividade volumétrica ($\Omega \cdot m$)	Rigidez dielétrica		Constante dielétrica, κ		Fator de perda	
		V/mil	kV/mm	60 Hz	10^6 Hz	60 Hz	10^6 Hz
Isolantes elétricos de porcelana	10^{11}–10^{13}	55–300	2–12	6	...	0,06	
Isolantes de esteatite	$>10^{12}$	145–280	6–11	6	6	0,008–0,090	0,007–0,025
Isolantes de fosterita	$>10^{12}$	250	9,8	...	6	...	0,001–0,002
Isolantes de alumina	$>10^{12}$	250	9,8	...	9	...	0,0008–0,009
Vidro sodo-cáustico		...	...	7,2	...	0,009	
Sílica fundida		8	...	...	3,8	...	0,00004

Fonte: Materials Selector, *Mater. Eng.*, December 1982.

rigidez dielétrica for excedida, o material dielétrico começará a se romper, ocorrendo então a passagem de corrente (elétrons). A Tabela 14.7 relaciona a rigidez dielétrica de alguns materiais isolantes cerâmicos.

Fator de perda dielétrica Se a voltagem empregada para manter a carga em um capacitor for senoidal, como é o caso de voltagens geradas por corrente alternada, a corrente estará 90° à frente da voltagem quando um material dielétrico sem perdas preencher o espaço entre as placas do capacitor. Entretanto, quando um dielétrico real for usado no capacitor, a corrente estará $90° - \delta$ à frente da voltagem, sendo o ângulo δ designado *ângulo de perda dielétrica*. O produto $k \tan \delta$ é denominado *fator de perda* e é uma medida da energia elétrica perdida (na forma de calor) por um capacitor em um circuito CA. A Tabela 14.7 lista os fatores de perda de alguns materiais isolantes cerâmicos.

EXEMPLO 14.11

Um capacitor simples de placas paralelas deve armazenar $5{,}0 \times 10^{-6}$ C sob um potencial de 8.000 V. A distância de separação entre as placas deve ser 0,30 mm. Calcule a área (em metros quadrados) requerida para as placas se o dielétrico entre elas for (a) o vácuo ($\kappa = 1$) e (b) alumina ($\kappa = 9$) · ($\epsilon_0 = 8{,}85 \times 10^{-12}$ F/m.)

■ **Solução**

$$C = \frac{q}{V} = \frac{5{,}0 \times 10^{-6} \text{ C}}{8.000 \text{ V}} = 6{,}25 \times 10^{-10} \text{ F}$$

$$A = \frac{Cd}{\epsilon_0 \kappa} = \frac{(6{,}25 \times 10^{-10} \text{ F})(0{,}30 \times 10^{-3} \text{ m})}{(8{,}85 \times 10^{-12} \text{ F/m})(\kappa)}$$

a. Para o vácuo, $\kappa = 1$ $A = 0{,}021 \text{ m}^2$
b. Para a alumina, $\kappa = 9$ $A = 2{,}35 \times 10^{-3} \text{ m}^2$

Conforme pode ser observado, a inserção de um material com uma alta constante dielétrica pode reduzir sensivelmente a área requerida para as placas.

14.8.2 Materiais isolantes cerâmicos

Os materiais cerâmicos possuem propriedades elétricas e mecânicas que os tornam particularmente adequados para uso como isolantes em muitas aplicações nas indústrias elétrica e eletrônica. As ligações iônicas e covalentes em materiais cerâmicos restringem a mobilidade de elétrons e íons e, portanto, fazem destes materiais bons isolantes elétricos. Estas mesmas ligações, por outro lado, tornam os materiais cerâmicos resistentes, mas relativamente quebradiços. As composições químicas e microestruturas cerâmicas de uso elétrico e eletrônico devem ser controladas com mais precisão do que cerâmicas estruturais como tijolos, telhas e azulejos. Serão agora examinados alguns aspectos da estrutura e propriedades de vários materiais cerâmicos isolantes.

Porcelana elétrica A porcelana elétrica típica consiste em aproximadamente 50% de argila ($Al_2O_3 \cdot 2SiO_2 \cdot 2H_2O$), 25% de sílica ($SiO_2$) e 25% de feldspato ($K_2O \cdot Al_2O_3 \cdot 6SiO_2$). Essa composição é característica de um material que possui boa plasticidade quando verde e uma ampla faixa de temperaturas de queima a um custo relativamente baixo. A maior desvantagem destes materiais isolantes elétricos é que eles possuem altos fatores de perda comparados a outros materiais isolantes elétricos (Tabela 14.7), o que se deve a íons alcalinos de alta mobilidade. A Figura 11.33 mostra a microestrutura de uma porcelana elétrica.

Esteatite Porcelanas de esteatite são bons isolantes elétricos porque possuem baixos fatores de dissipação de potência, baixa absorção de umidade e boa resistência ao impacto, sendo usados extensivamente em dispositivos das indústrias elétrica e eletrônica. As composições da esteatite industrial têm como base cerca de 90% de talco ($3MgO \cdot 4SiO_2 \cdot H_2O$) e 10% de argila. A microestrutura da esteatite queimada consiste em cristais de enstatita mantidos juntos por uma matriz vítrea.

Forsterita A forsterita possui a fórmula química Mg_2SiO_4, não tendo, portanto, íons alcalinos na fase vítrea, o que lhe confere uma resistividade mais alta e uma perda elétrica mais baixa com a temperatura crescente do que os isolantes de esteatite. A forsterita possui ainda propriedades dielétricas caracterizadas por menores perdas a altas frequências (Tabela 14.7).

Alumina Materiais cerâmicos de alumina possuem óxido de alumínio (Al_2O_3) como fase cristalina ligada a uma matriz vítrea. A fase vítrea, que normalmente é isenta de álcali, é compostas de misturas de argila, talco e terras alcalinas. Cerâmicas de alumina possuem rigidez dielétrica relativamente alta e baixas perdas dielétricas, bem como resistência mecânica relativamente alta. A alumina sinterizada (99% Al_2O_3) é amplamente usada como substrato em dispositivos eletrônicos em vista de suas baixas perdas dielétricas e superfície lisa. A alumina é também usada em aplicações de baixíssima perda onde uma grande transferência de energia através de uma janela cerâmica é necessária como, por exemplo, em radomes (estrutura protetora de antenas de radares).

14.8.3 Materiais cerâmicos para capacitores

Os materiais cerâmicos são comumente usados como dielétricos em capacitores, sendo os capacitores cerâmicos de disco certamente o tipo mais comum de capacitor cerâmico (Figura 14.53). Estes capaci-

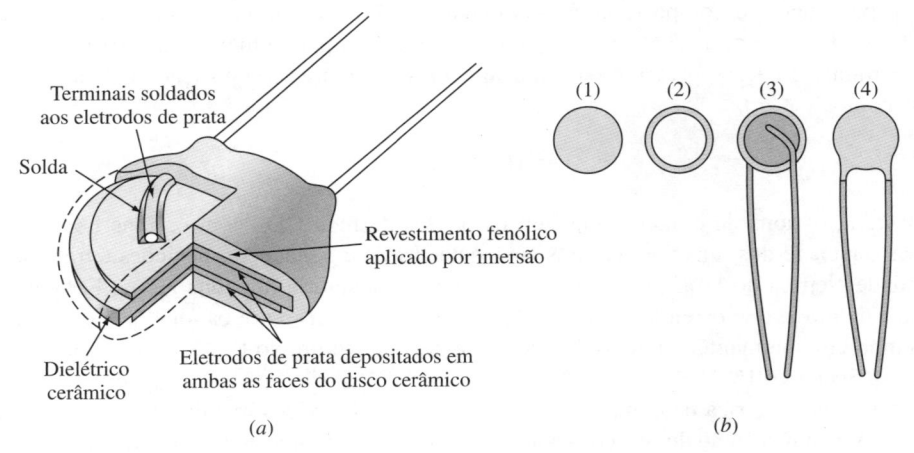

Figura 14.53
Capacitores cerâmicos. (*a*) Corte mostrando os detalhes construtivos.
(*Cortesia de Sprague Products, Colorado, EUA.*)

(*b*) Etapas na fabricação: (1) após queima do disco cerâmico; (2) após aplicação dos eletrodos de prata; (3) após soldagem dos terminais; (4) após aplicação por imersão do revestimento fenólico.
(*Usado com autorização de Radio Materials Corporation.*)

tores cerâmicos em forma de um disco plano muito pequeno consistem principalmente de titanato de bário ($BaTiO_3$) juntamente com outros aditivos (Tabela 14.8). O $BaTiO_3$ é usado devido à sua constante dielétrica muito alta, entre 1.200 e 1.500. Com aditivos, sua constante dielétrica pode atingir valores de muitos milhares. A Figura 14.35b mostra as etapas da fabricação de um capacitor cerâmico de disco. Nesse tipo de capacitor, uma camada de prata sobre as faces superior e inferior do disco agem como as "placas" metálicas do capacitor. A fim de se obter dispositivos de tamanho mínimo e com capacitâncias muito altas, foram desenvolvidos capacitores cerâmicos pequenos de múltiplas camadas.

Capacitores em forma de pastilha (*chip capacitors*) são usados em alguns circuitos eletrônicos híbridos com substrato cerâmico de filme espesso. Os capacitores de pastilha exibem valores da capacitância por unidade de área substancialmente maiores e podem ser acrescentados ao circuito de filme espesso por uma simples ligação ou operação de soldagem.

Tabela 14.8
Formulações representativas de alguns materiais cerâmicos dielétricos para capacitores.

Constante dielétrica κ	Formulação
325	$BaTiO_3$ + $CaTiO_3$ + baixa % $Bi_2Sn_3O_9$
2100	$BaTiO_3$ + baixa % $CaZrO_3$ e Nb_2O_5
6500	$BaTiO_3$ + baixa % $CaZrO_3$ ou $CaTiO_3$ + $BaZrO_3$

Fonte: C.A. Harper (ed.), "Handbook of Materials and Processes for Electronics", McGraw-Hill, 1970, p. 6-61.

14.8.4 Semicondutores cerâmicos

Alguns compostos cerâmicos possuem propriedades semicondutoras importantes para a operação de certos dispositivos elétricos. Um destes dispositivos é o **termistor** ou resistor termicamente sensível, usado para controle e medidas de temperatura. Serão analisados aqui os termistores com *coeficiente de temperatura negativo* (NTC), ou seja, um tipo de termistor cuja resistência decresce com a temperatura crescente. Assim sendo, à medida que a temperatura aumenta, o termistor se torna mais condutor, como é o caso de semicondutores de silício.

Os materiais cerâmicos semicondutores mais frequentemente usados para a fabricação de termistores NTC são óxidos sintetizados dos elementos Mn, Ni, Fe, Co e Cu. Combinações das soluções sólidas dos óxidos destes elementos são usadas para se obter a faixa desejada de condutividades elétricas em função de variações de temperatura.

Seja primeiramente o composto cerâmico magnetita, Fe_3O_4, que possui uma resistividade relativamente baixa de cerca de 10^{-5} Ω · m comparada a 10^8 Ω · m para a maioria dos óxidos metálicos de transição comuns. O Fe_3O_4 apresenta estrutura spinel inversa com a composição $FeO · Fe_2O_3$, que pode ser escrita como

$$Fe^{2+}(Fe^{3+}, Fe^{3+})O_4$$

Nesta estrutura, os íons de oxigênio ocupam os pontos da rede CFC com os íons Fe^{2+} em posições octaédricas e metade dos íons Fe^{3+} em posições octaédricas e metade em posições tetraédricas. A boa condutividade elétrica do Fe_3O_4 é atribuída à localização aleatória dos íons Fe^{2+} e Fe^{3+} nas posições octaédricas, de modo que os elétrons podem "pular" (se deslocar) entre os íons Fe^{2+} e os íons Fe^{3+} ao mesmo tempo em que mantêm a neutralidade de carga. A estrutura do Fe_3O_4 é discutida em mais profundidade na Seção 16.10.

A condutividade elétrica de compostos semicondutores de óxidos metálicos para termistores pode ser controlada pela formação de soluções sólidas de diferentes compostos de óxidos metálicos. Combinando-se um óxido metálico pouco condutor com um óxido muito condutor de estrutura semelhante, é possível obter-se um composto semicondutor com condutividade intermediária. Este efeito é ilustrado na Figura 14.54, que mostra como a condutividade do Fe_3O_4 é gradualmente reduzida pela adição de quantidades crescentes de $MgCr_2O_4$ na solução sólida. A maioria dos termistores NTC com coeficientes de temperatura controlada são constituídos de soluções sólidas de óxidos de Mn, Ni, Fe e Co.

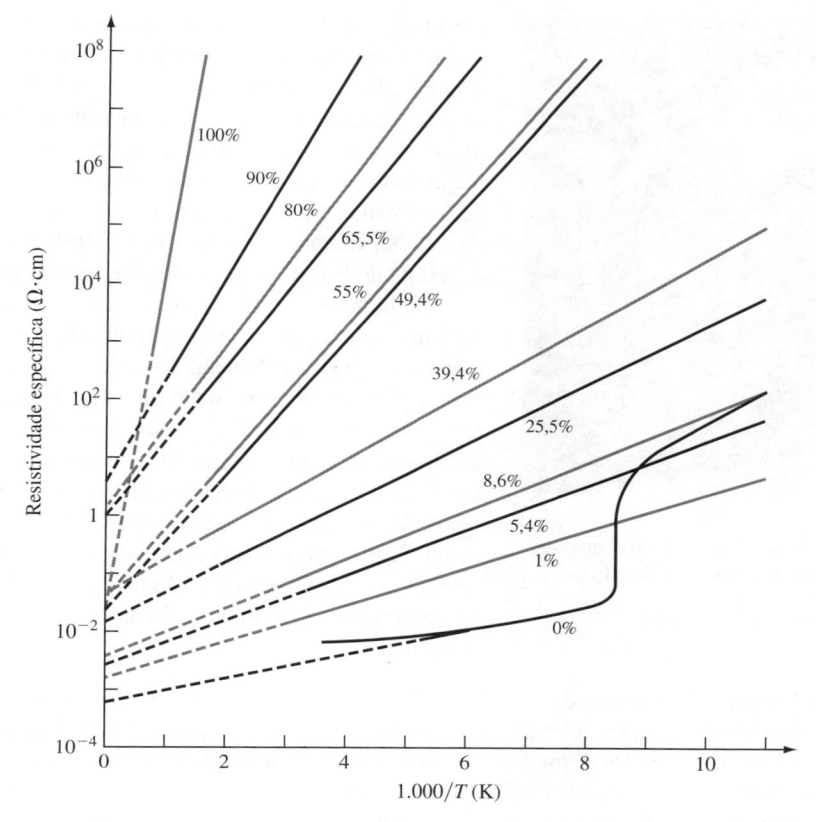

Figura 14.54
Resistividade específica de soluções sólidas de Fe_3O_4 e $MgCr_2O_4$. A porcentagem molar de $MgCr_2O_4$ é indicada nas curvas.
(De E.J. Verwey, P.W. Haagman and F.C. Romeijn, J. Chem. Phys., **15**:18, 1947.)

14.8.5 Materiais cerâmicos ferroelétricos

Domínios ferroelétricos Alguns materiais cerâmicos cristalinos iônicos possuem células unitárias sem um centro de simetria e, consequentemente, suas células unitárias contêm um pequeno dipolo elétrico, sendo então denominadas ferroelétricas. Um material cerâmico desta classe importante na indústria

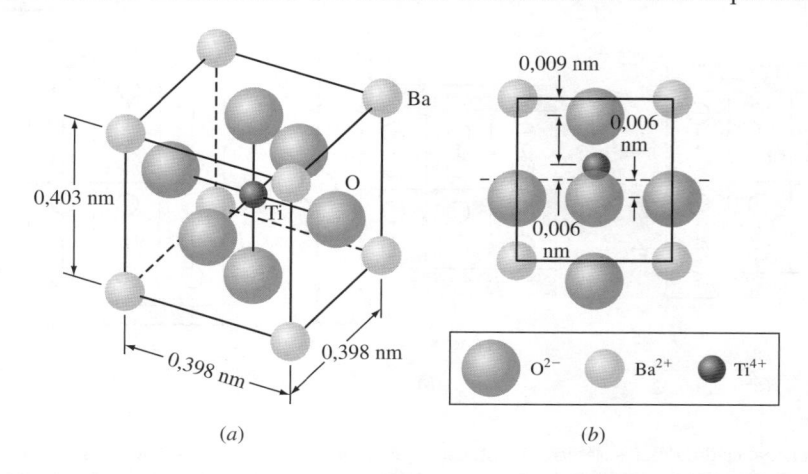

Figura 14.55
(a) A estrutura do $BaTiO_3$ acima de 120 °C é cúbica. (b) A estrutura do $BaTiO_3$ abaixo de 120 °C (sua temperatura Curie) é ligeiramente tetragonal devido a um ligeiro deslocamento do íon de Ti^{4+} central com relação aos íons circundantes de O^{2-} da célula unitária. Um pequeno momento bipolar elétrico existe nesta célula unitária assimétrica.

(De K.M. Ralls, T.H. Courtney and J. Wulff, "An Introduction to Materials Science and Engineering", Wiley, 1976, p. 610. Reproduzido com autorização de John Wiley & Sons, Inc.)

Figura 14.56
Microestrutura do titanato de bário cerâmico mostrando diferentes orientações dos domínios ferroelétricos expostos por ataque químico. (Ampliação de 500×.)
(Segundo R.D. DeVries and J.E. Burke, J. Am. Ceram. Soc., **40**:200, 1957.)

é o titanato de bário, $BaTiO_3$. Acima de 120 °C, o $BaTiO_3$ possui a estrutura cristalina cúbica simétrica da perovkita (Figura 14.55a). Abaixo de 120 °C, o íon Ti^{4+} central e os íons O^{2+} circundantes da célula unitária do $BaTiO_3$ se deslocam ligeiramente em direções opostas, criando assim um pequeno momento de dipolo elétrico (Figura 14.55b). Esse deslocamento nas posições dos íons à temperatura crítica de 120 °C, chamada **temperatura Curie**, muda a estrutura cristalina do $BaTiO_3$ de cúbica a ligeiramente tetragonal.

Em uma escala maior, o material cerâmico titanato de bário sólido possui uma estrutura de domínios (Figura 14.56) em que pequenos dipolos elétricos das células unitárias se alinham em uma dada direção. O momento bipolar resultante de uma unidade volumétrica desse material é a soma dos pequenos momentos bipolares das células unitárias. Se o titanato de bário policristalino for lentamente resfriado para abaixo de sua temperatura Curie na presença de um forte campo elétrico, os dipolos de todos os domínios tenderão a se alinhar na direção do campo elétrico, criando, assim, um intenso momento bipolar por unidade volumétrica do material.

O efeito piezelétrico[5] O titanato de bário e muitos outros materiais cerâmicos exibem o assim chamado **efeito piezelétrico (PZT)**, ilustrado esquematicamente na Figura 14.57. Seja uma amostra de um material cerâmico ferroelétrico que possui um momento bipolar resultante não nulo devido ao alinhamento de muitos pequenos dipolos unitários, conforme indicado na Figura 14.57a. Nesse material, haverá um excesso de carga positiva em uma extremidade e um excesso de carga negativa na outra extremidade na direção da polarização. Seja então a mesma amostra sujeita a tensões de compressão conforme mostrado na Figura 14.57b. As tensões de compressão reduzem o comprimento da amostra entre os pontos de aplicação da tensão e, por conseguinte, reduzem a distância entre os dipolos unitários. Essa redução da distância, por sua vez, reduz o momento bipolar total por unidade volumétrica do material. A mudança no momento bipolar do material faz mudar a densidade de carga nas extremidades da amostra e, logo, provoca uma variação na diferença de voltagem entre estas extremidades se elas estiverem isoladas uma da outra.

De outro modo, se um campo elétrico for aplicado às extremidades da amostra, a densidade de carga em cada extremidade também mudará (Figura 14.57c). Essa mudança na densidade de carga causará

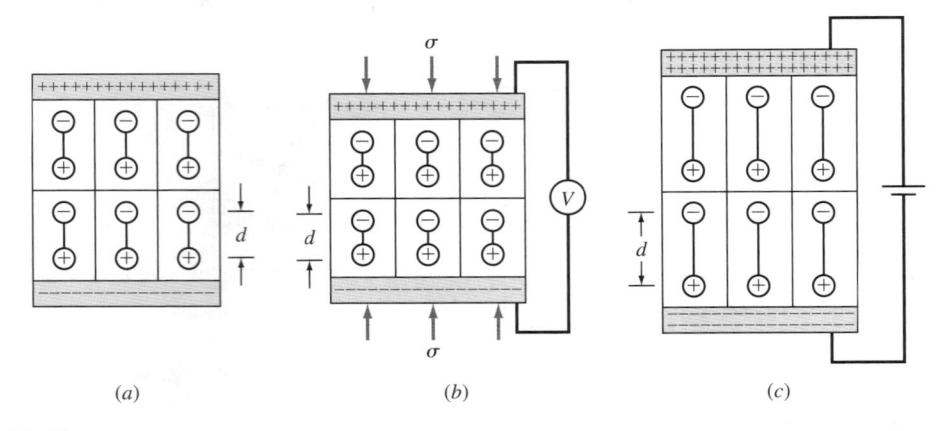

Figura 14.57
(a) Ilustração esquemática dos dipolos elétricos no interior de um material piezelétrico. (b) Tensões de compressão no material geram uma diferença de voltagem devido a uma mudança nos dipolos elétricos. (c) Uma voltagem aplicada às extremidades de uma amostra causa uma mudança dimensional bem como mudanças no momento elétrico bipolar.
(Segundo L.H. Van Vlack, "Elements of Materials Science and Engineering", 4. ed., Addison-Wesley, 1980, Figura 8-6.3, p. 305.)

---

[5]O prefixo *piezo* significa "pressão" e vem da palavra grega *piezein*, que significa "apertar".

uma mudança nas dimensões da amostra na direção do campo aplicado. No caso da Figura 14.57c, a amostra é ligeiramente alongada devido a um aumento da carga positiva atraindo os pólos negativos dos dipolos, e o contrário na outra extremidade da amostra. Portanto, o efeito piezelétrico é um efeito eletromecânico pelo qual forças mecânicas em um material ferroelétrico produzem uma resposta elétrica ou forças elétricas produzem uma resposta mecânica.

As cerâmicas piezelétricas têm muitas aplicações industriais. Exemplos para o caso de conversão de forças mecânicas em respostas elétricas são os acelerômetros de compressão piezelétricos (Figura 14.58a), que conseguem medir acelerações vibratórias em uma ampla faixa de frequências, e a agulha de um fonógrafo, que gera respostas elétricas a partir de sua vibração nas ranhuras de gravação. Um exemplo para o caso de conversão de forças elétricas em respostas mecânicas é o **transdutor** de limpeza ultrassônica, que é feito vibrar por uma potência de entrada CA de modo a induzir intensa agitação do líquido em um tanque (Figura 14.58b). Um outro exemplo deste tipo é o transdutor de ultrassom subaquático, no qual a potência elétrica de entrada o faz vibrar e assim transmitir ondas sonoras.

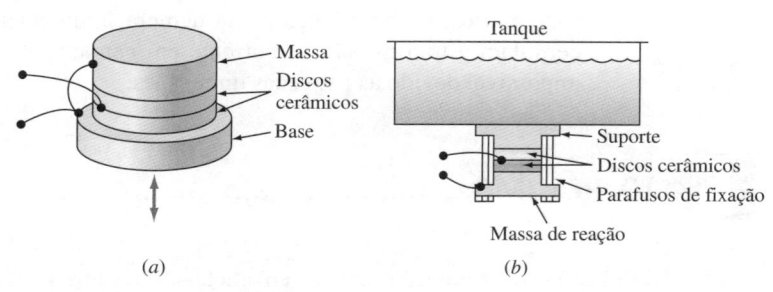

Figura 14.58
(a) Acelerômetro de compressão piezelétrico. (b) Componentes cerâmicos piezelétricos em um dispositivo de limpeza ultrassônica.
[Cortesia de Morgan Electric Ceramics (anteriormente Vernitron), Bedford, Ohio, EUA.]

Materiais piezelétricos Embora o $BaTiO_3$ seja comumente usado como material piezelétrico, ele tem sido amplamente substituído por outros materiais cerâmicos piezelétricos. Particularmente importantes são os materiais cerâmicos constituídos de soluções sólidas de zirconato de chumbo ($PbZrO_3$) e titanato de chumbo ($PbTiO_3$) usados na fabricação das assim chamadas *cerâmicas PZT*. Os materiais PZT possuem uma faixa mais ampla de propriedades piezelétricas do que o $BaTiO_3$, incluindo-se uma temperatura Curie mais alta.

14.9 NANOELETRÔNICA

A capacidade de caracterizar e estudar nanomateriais e nanodispositivos melhorou sensivelmente com o advento das técnicas de *microscopia de varredura por sonda* (SPM) (Capítulo 4). Pesquisadores mostraram que, variando-se a voltagem imposta entre a ponta de um microscópio de varredura por tunelamento (STM) e a superfície da amostra, é possível pegar um átomo (ou um agregado de átomos) e mudar sua posição na superfície. Como ilustração, cientistas usaram o STM para criar ligações pendentes (incompletas) na superfície do silício em posições específicas. Então, expondo-se a superfície da amostra a gases contendo moléculas pré-escolhidas, estas ligações pendentes podem se tornar pontos de adsorção molecular. Pelo posicionamento das ligações pendentes e, portanto, das moléculas adsorvidas em posições determinadas na superfície, chega-se à eletrônica molecular em nanoescala. Outro exemplo do uso do STM em nanotecnologia é a formação de *currais quânticos*. O STM é usado para posicionar átomos metálicos na superfície da amostra na forma de um círculo ou de uma elipse. Uma vez que os elétrons estão confinados à trajetória estabelecida pelos átomos metálicos, o curral quântico representa uma região de intensas ondas eletrônicas, de maneira semelhante à região de concentração de ondas eletromagnéticas em uma antena de prato. O tamanho do curral é da ordem de dezenas de nanômetros. Se um átomo magnético como o átomo de cobalto for colocado em um dos pontos focais de um curral

Figura 14.59
Nesta figura, um único átomo de cobalto é colocado em um dos pontos focais do curral elíptico de átomos de cobalto 36 (pico esquerdo). Algumas de suas propriedades então aparecem no outro ponto focal (pico direito), no qual não existem átomos.
(*IBM Research.*)

elíptico, que possui dois pontos focais, algumas de suas propriedades (como uma mudança nos elétrons da superfície devido ao magnetismo do cobalto) aparecerão no outro ponto focal (Figura 14.59). Por outro lado, se o átomo único for colocado em posições não focais, suas propriedades não aparecerão em nenhum outro lugar do curral. O lugar em que se forma o curral quântico é chamado *miragem quântica*. Uma miragem quântica pode ser imaginada como um veículo para a transferência de dados em escala nanométrica. Embora ainda possa demorar muitos anos, o objetivo geral é desenvolver técnicas que permitam a transmissão de corrente em nanodispositivos nos quais a fiação elétrica convencional é impossível devido às pequenas dimensões.

14.10 RESUMO

No modelo clássico da condução elétrica em metais, os elétrons da camada de valência dos átomos de um metal são admitidos livres para se moverem entre os centros de íons positivos (átomos sem os seus elétrons de valência) da rede metálica. Na presença de um potencial elétrico, os elétrons livres adquirem uma velocidade de deriva direcionada. O movimento dos elétrons com suas respectivas cargas elétricas em um metal constitui a corrente elétrica. Por convenção, a corrente elétrica é considerada fluxo de carga positiva no sentido contrário ao fluxo de elétrons.

No modelo de bandas de energia para a condução elétrica em metais, os elétrons de valência dos átomos do metal interagem entre si e se misturam de modo a formar as bandas de energia. Uma vez que as bandas de energia dos elétrons de valência dos átomos do metal se superpõem, dando origem a bandas de energia compostas parcialmente preenchidas, muito pouca energia é requerida para energizar os elétrons de mais alta energia a fim de torná-los livres para a condução. Em isolantes, os elétrons de valência são firmemente ligados aos seus átomos por ligações iônicas e covalentes, não estando livres para conduzir eletricidade a menos que sejam altamente energizados. O modelo de bandas de energia para um isolante consiste em uma banda de valência inferior cheia e de uma banda de condução superior vazia. A banda de valência é separada da banda de condução por um grande hiato de energia (cerca de 6 a 7 eV, por exemplo). Por conseguinte, para que os isolantes se tornem condutores, uma grande quantidade de energia lhes deve ser fornecida para que os elétrons de valência consigam "saltar" sobre o hiato de energia. Semicondutores intrínsecos possuem uma falha de energia relativamente pequena (isto é, de aproximadamente 0,7 a 1,1 eV) entre suas bandas de valência e de condução. Pela dopagem de semicondutores intrínsecos com átomos de impurezas de modo a torná-los extrínsecos, a quantidade de energia requerida para tornar os semicondutores condutivos é reduzida substancialmente.

Semicondutores extrínsecos podem ser do tipo *n* ou do tipo *p*. Os semicondutores do tipo *n* (negativo) possuem elétrons como portadores majoritários. Os semicondutores do tipo *p* (positivo) possuem lacunas (ausência de elétrons) como seus portadores de carga majoritários. Estabelecendo-se junções *p-n* em um cristal único de um semicondutor como o silício, são obtidos vários tipos de dispositivos semicondutores. Por exemplo, diodos de junção *p-n* e transistores *p-n-p* podem ser produzidos empregando-se estas junções. A moderna tecnologia microeletrônica desenvolveu-se tanto que milhares de transistores podem ser colocados em uma "pastilha" de silício semicondutor com menos de 0,5 cm^2 de área e cerca de 0,2 mm de espessura. A complexa tecnologia microeletrônica tornou possível a existência de microprocessadores e memórias de computador altamente sofisticadas.

Os materiais cerâmicos são normalmente bons isolantes térmicos e elétricos devido à ausência de elétrons condutores; portanto, muitas cerâmicas são usadas para isolamento elétrico e em refratários. Alguns materiais cerâmicos podem ser altamente polarizados com carga elétrica e são usados como materiais dielétricos em capacitores. A polarização permanente de alguns materiais cerâmicos produz propriedades piezelétricas que os tornam adequados para uso como transdutores eletromecânicos. Outros materiais cerâmicos, por exemplo, Fe_3O_4, são semicondutores e encontram aplicação em termistores para medida de temperatura.

A pesquisa em nanotecnologia está progredindo no sentido de se fabricar dispositivos eletrônicos de dimensões nanométricas. Os currais quânticos são vistos como possíveis transmissores de corrente em nanodispositivos onde a fiação elétrica convencional é impossível.

14.11 PROBLEMAS

As respostas para os exercícios marcados com um asterisco constam no final do livro.

Problemas de conhecimento e compreensão

14.1 Descreva o modelo clássico para a condução elétrica em metais.

14.2 Explique a diferença entre (a) centros de íons positivos e (b) elétrons de valência em uma rede cristalina metálica como o sódio.

14.3 Escreva a equação da lei de Ohm nos formatos (a) macroscópico e (b) microscópico. Defina os símbolos em cada uma das equações e dê suas unidades no SI.

14.4 Qual é a relação numérica entre a condutividade elétrica e a resistividade elétrica?

14.5 Dê dois tipos de unidades SI da condutividade elétrica.

14.6 Defina as seguintes quantidades pertinentes ao fluxo de elétrons em um metal condutor: (a) velocidade de deriva, (b) tempo de relaxamento e (c) mobilidade eletrônica.

14.7 Qual a razão para o aumento da resistividade elétrica de um metal com o aumento da temperatura? O que é um fónon?

14.8 Quais defeitos estruturais levam ao componente residual da resistividade elétrica de um metal puro?

14.9 Qual efeito têm os elementos que formam soluções sólidas sobre a resistividade elétrica de metais puros?

14.10 Por que os níveis de energia dos elétrons de valência são ampliados em bandas em um bloco sólido de um metal bom condutor como o sódio?

14.11 Por que os níveis de energia dos elétrons internos de um bloco de sódio metálico não formam também bandas de energia?

14.12 Por que a banda de energia do elétron 3s em um bloco de sódio é apenas parcialmente preenchida?

14.13 Qual é a explicação para a boa condutividade elétrica do magnésio e do alumínio, embora estes metais possuam bandas de energia externas 3s preenchidas?

14.14 Como o modelo de bandas de energia explica a baixa condutividade elétrica de um isolante como o diamante puro?

14.15 Defina um semicondutor intrínseco. Quais são os dois semicondutores elementares mais importantes?

14.16 Qual tipo de ligação possui a estrutura cúbica do diamante? Faça um esboço bidimensional das ligações na rede do silício e mostre como os pares elétron-lacuna são produzidos na presença de um campo elétrico.

14.17 Por que uma lacuna é interpretada como uma partícula imaginária? Faça um esboço para mostrar como lacunas eletrônicas se movem na rede cristalina do silício.

14.18 Defina mobilidade do elétron e da lacuna eletrônica no que se refere ao movimento de cargas na rede do silício. O que medem estas quantidades e quais são suas unidades no SI?

14.19 Explique, usando o diagrama de bandas de energia, como os elétrons e as lacunas eletrônicas são criadas em pares no silício intrínseco.

14.20 Explique por que razão a condutividade elétrica do silício e do germânio intrínsecos aumenta com a temperatura.

14.21 Defina semicondutores de silício extrínsecos do tipo n e do tipo p.

14.22 Desenhe diagramas de bandas de energia mostrando os níveis do doador e do receptor nos seguintes casos:

(a) Silício do tipo n com átomos de impureza de fósforo

(b) Silício do tipo p com átomos de impureza de boro

14.23 (a) Quando um átomo de fósforo é ionizado em uma rede de silício do tipo n, que carga adquire o átomo ionizado? (b) Quando um átomo de boro é ionizado em uma rede de silício do tipo p, que carga adquire o átomo ionizado?

14.24 Em semicondutores, o que são dopantes? Explique o processo de dopagem por difusão.

14.25 O que são portadores majoritários e minoritários em um semicondutor de silício do tipo n? E em um semicondutor do tipo p?

14.26 Defina o termo *microprocessador*.

14.27 Descreva o movimento dos portadores majoritários em um diodo de junção p-n em equilíbrio. O que é a região de esgotamento de uma junção p-n?

14.28 Descreva o movimento dos portadores majoritários e minoritários em um diodo de junção p-n inversamente polarizado.

14.29 Descreva o movimento dos portadores majoritários em um diodo de junção p-n diretamente polarizado.

14.30 Explique como um diodo de junção p-n pode funcionar como um retificador de corrente.

14.31 O que é um diodo zener? Como funciona este dispositivo? Dê um exemplo de um mecanismo para explicar sua operação.

14.32 Quais são os três elementos básicos de um transistor de junção bipolar?

14.33 Descreva o fluxo de elétrons e lacunas no caso em que um transistor de junção bipolar n-p-n funciona como um amplificador de corrente.

14.34 Por que um transistor de junção bipolar é chamado *bipolar*?

14.35 Descreva a estrutura de transistor bipolar n-p-n planar.

14.36 Explique como o transistor bipolar planar pode funcionar como um amplificador de corrente.

14.37 Descreva a estrutura de um transistor de efeito de campo de semicondutor de óxido metálico do tipo n (NMOS).

14.38 Descreva as etapas do processo fotolitográfico para produção de um padrão geométrico de uma camada isolante de dióxido de silício na superfície do silício.

14.39 Descreva o processo de difusão de dopantes na superfície de uma lâmina de silício.

14.40 Descreva o processo de implantação de íons dopantes na superfície de uma lâmina de silício.

14.41 Descreva o processo geral de fabricação de circuitos integrados NMOS em uma lâmina de silício.

14.42 O que são dispositivos semicondutores complementares de óxido metálico (CMOS)? Quais são as vantagens dos dispositivos CMOS com relação aos dispositivos NMOS e PMOS?

14.43 Quais são as três aplicações principais de materiais cerâmicos nas indústrias elétrica e eletrônica?

14.44 Defina os termos *dielétrico*, *capacitor* e *capacitância*. Qual é a unidade SI para a capacitância? Quais unidades são frequentemente usadas para a capacitância na indústria eletrônica?

14.45 O que é a constante dielétrica de um material dielétrico? Qual é a relação entre capacitância, constante dielétrica e a área e a distância de separação entre as placas de um capacitor?

14.46 O que é a rigidez dielétrica de um material? Quais unidades são usadas para a rigidez dielétrica? O que é a ruptura dielétrica?

14.47 O que é o ângulo de perda dielétrica e o fator de perda dielétrica de um material dielétrico? Por que um alto fator de perda dielétrica é indesejável?

14.48 Qual é a composição aproximada das porcelanas elétricas? Qual é a principal desvantagem das porcelanas elétricas em aplicações de isolamento elétrico?

14.49 Qual é a composição aproximada da esteatite? Quais propriedades elétricas favoráveis possui a esteatite para uso como material isolante?

14.50 Qual é a composição da forsterita? Por que a forsterita é um excelente material isolante?

14.51 O que é um termistor? O que é um termistor NTC?

14.52 Quais materiais são usados na fabricação de termistores NTC?

14.53 Qual é o suposto mecanismo da condução elétrica no Fe_3O_4?

14.54 O que são domínios ferroelétricos? Como eles podem ser alinhados em uma dada direção?

14.55 Descreva o efeito piezelétrico para a geração de uma resposta elétrica à aplicação de pressão sobre um material ferroelétrico. Idem para a geração de uma resposta mecânica à aplicação de uma força elétrica.

14.56 Dê exemplos e explique o funcionamento de alguns dispositivos que utilizem o efeito piezelétrico.

14.57 O que são materiais piezelétricos PZT? De que maneira são eles superiores aos materiais piezelétricos de $BaTiO_3$?

Problemas de aplicação e análise

*__14.58__ Calcule a resistência de uma barra de ferro com 0,720 cm de diâmetro e 0,850 m de comprimento a 20 °C. [ρ_e (20 °C) = 10,0 × 10^{-6} Ω · cm]

14.59 Um fio de nicrômio deve possuir uma resistência de 120 Ω. Qual deve ser o seu comprimento (em metros) se o seu diâmetro for 0,0381 mm (0,0015 polegadas)? [σ_e (nicrômio) = 9,3 × 10^5 (Ω · m)$^{-1}$]

14.60 Um fio de 0,40 cm de diâmetro deve conduzir uma corrente de 25 A.
(a) Se a potência máxima dissipada ao longo do fio for 0,025 W/cm, qual é a mínima condutividade elétrica requerida para o fio (dê a resposta em unidades SI)?
(b) Qual é a densidade de corrente no fio?

14.61 Calcule a resistividade elétrica (em ohm-metro) de um fio de prata com 15 m de comprimento e 0,030 m de diâmetro a 160 °C. [ρ_e (Fe a 0 °C) = 9,0 × 10^{-6} Ω · cm]

*__14.62__ A qual temperatura um fio de ferro terá a mesma resistividade elétrica que um fio de alumínio a 35 °C?

14.63 A qual temperatura a resistividade de um fio de ferro será 25,0 × 10^{-8} Ω · m?

14.64 Um fio de ferro deve conduzir uma corrente de 6,5 A com uma queda máxima de tensão de 0,005 V/cm. Qual deve ser o diâmetro mínimo do fio em metros a 20 °C?

14.65 Qual é a razão entre as mobilidades dos elétrons e das lacunas para o silício e para o germânio?

14.66 Calcule o número de átomos de germânio por metro cúbico?

14.67 Calcule a resistividade elétrica do germânio a 300 K.

14.68 A resistividade elétrica do germânio puro é 0,46 Ω · m a 300 K. Calcule sua condutividade elétrica a 425 °C.

14.69 A resistividade elétrica do silício puro é 2,3 × 10^3 Ω · m a 300 K. Calcule sua condutividade elétrica a 325 °C.

*__14.70__ Uma lâmina de silício é dopada com 7,0 × 10^{21} átomos de fósforo/m^3. Calcule (a) as concentrações de elétrons e lacunas após a dopagem e (b) a resistividade elétrica resultante a 300 K. (Admita $n_i = 1{,}5 \times 10^{16}$/$m^3$ e $\mu_n = 0{,}1350$.)

14.71 O fósforo é utilizado para a produção de um semicondutor de silício do tipo *n* com condutividade elétrica de 250 (Ω · m)$^{-1}$. Calcule o número de portadores de carga requeridos.

14.72 Um semicondutor é fabricado adicionando-se boro ao silício de modo a se obter uma resistividade elétrica de 1,90 Ω · m. Calcule a concentração de portadores por metro cúbico no material. Admita $\mu_p = 0{,}048$ m^2/(V · s).

14.73 Uma lâmina de silício é dopada com 2,50 × 10^{16} átomos de boro/cm^3 mais 1,60 × 10^{16} átomos de fósforo/cm^3 a 27 °C. Calcule (a) as concentrações de elétrons e lacunas (portadores/cm^3), (b) as mobilidades dos elétrons e das lacunas (use Figura 14.26) e (c) a resistividade elétrica do material.

14.74 Uma lâmina de silício é dopada com 2,50 × 10^{15} átomos de fósforo/cm^3, 3,00 × 10^{17} átomos de boro/cm^3 e 3,00 × 10^{17} átomos de arsênico/cm^3. Calcule (a) as concentrações de elétrons e lacunas (portadores/cm^3), (b) as mobilidades dos elétrons e das lacunas (use Figura 14.26) e (c) a resistividade elétrica do material.

*__14.75__ Uma lâmina de silício dopada com arsênico possui resistividade elétrica de 7,50 × 10^{-4} Ω · cm a 27 °C. Admita mobilidade intrínseca dos portadores e ionização completa.

(a) Qual é a concentração de portadores majoritários (portadores/cm³)?

(b) Qual é a razão entre átomos de arsênico e silício neste material?

14.76 Uma lâmina de silício dopada com boro possui resistividade elétrica de $5{,}00 \times 10^{-4}$ $\Omega \cdot$ cm a 27 °C. Admita mobilidade intrínseca dos portadores e ionização completa.

(a) Qual é a concentração de portadores majoritários (portadores/cm³)?

(b) Qual é a razão entre átomos de boro e silício neste material?

14.77 Descreva os motivos para as três regiões do gráfico ln α versus $1/T$ para um semicondutor de silício extrínseco (indo de temperaturas mais baixas a mais altas). Por que a condutividade decresce imediatamente antes do rápido aumento devido à condutividade intrínseca?

14.78 Quais técnicas de fabricação são utilizadas para estimular os elétrons do emissor de um transistor bipolar n-p-n a ir diretamente para o coletor?

14.79 De que maneira os NMOs podem funcionar como amplificadores de corrente?

14.80 Por que o nitreto de silício (Si_3N_4) é usado para a produção de circuitos integrados NMOS em uma lâmina de silício?

*14.81 Calcule a condutividade elétrica intrínseca do GaAs a 125 °C. [$E_g = 1{,}47$ eV; $\mu_n = 0{,}720$ m²/(V · s); $\mu_p = 0{,}020$ m²/(V · s); $n_i = 1{,}4 \times 10^{12}$ m⁻³]

14.82 Calcule a condutividade elétrica intrínseca do InSb a 60 °C e a 70 °C. [$E_g = 0{,}17$ eV; $\mu_n = 8{,}00$ m²/(V · s); $\mu_p = 0{,}045$ m²/(V · s); $n_i = 1{,}35 \times 10^{22}$ m⁻³]

14.83 Calcule a condutividade elétrica intrínseca do (a) GaAs e do (b) InSb a 75 °C.

14.84 Que fração da corrente é transportada por (a) elétrons e (b) lacunas no (i) InSb, (ii) InB e (iii) InP a 27 °C?

14.85 Que fração da corrente é transportada por (a) elétrons e (b) lacunas no (i) GaSb e (ii) GaP a 27 °C?

14.86 Um capacitor de placas simples pode armazenar $7{,}0 \times 10^{-5}$ C quando submetido a um potencial de 12.000 V. Se um material dielétrico de titanato de bário com $k = 2.100$ for usado entre as placas, que possuem área de $5{,}0 \times 10^{-5}$ m², qual deve ser a distância de separação entre elas?

14.87 Um capacitor de placas simples armazena $6{,}5 \times 10^{-5}$ C sob um potencial de 12.000 V. Se a área das placas for $3{,}0 \times 10^{-5}$ m² e a distância entre elas 0,18 mm, qual deve ser a constante dielétrica do material entre as placas?

14.88 Por que a alumina sinterizada é amplamente utilizada em dispositivos eletrônicos?

14.89 Por que o $BaTiO_3$ é usado em pequenos capacitores cerâmicos de disco plano de alta capacitância? Como se pode variar a capacitância de capacitores de $BaTiO_3$? Quais são as quatro etapas principais na fabricação de capacitores cerâmicos de disco?

14.90 Como se pode variar a condutividade elétrica de semicondutores de óxido metálico para termistores?

14.91 Que mudança ocorre na célula unitária de $BaTiO_3$ quando este é resfriado abaixo de 120 °C? Como é chamada esta temperatura de transformação?

Problemas de síntese e avaliação

14.92 Selecione o material para um fio condutor de 20 mm de diâmetro que transporta uma corrente de 20 A. A potência máxima dissipada é 4 W/m. (Use a Tabela 14.1 e considere o custo como um dos critérios de seleção.)

14.93 Projete um semicondutor do tipo N tendo como base o Si e que possua uma condutividade constante de 25 $\Omega^{-1} \cdot$ m⁻¹ à temperatura ambiente.

14.94 Projete um semicondutor do tipo P tendo como base o Si e que possua uma condutividade constante de 25 $\Omega^{-1} \cdot$ m⁻¹ à temperatura ambiente.

14.95 Sejam as várias soluções sólidas de cobre listadas a seguir. Classifique-as segundo a ordem decrescente de condutividade. Enumere as razões para a sua escolha. (i) Cu–1% Zn em peso, (ii) Cu–1% Ga em peso e (iii) Cu–1% Cr em peso.

14.96 Seja o sistema de fases isomorfo Cu-Ni. Desenhe um diagrama simples mostrando a condutividade em função da composição da liga.

14.97 O carbeto de silício (SiC) é uma cerâmica com características semicondutoras (E_g igual a 3,02 eV). Investigue as vantagens de se usar SiC em vez de Si como material semicondutor.

14.98 O nitreto de gálio (GaN) é uma cerâmica com características semicondutoras (E_g igual a 3,45 eV). Investigue as vantagens de se usar GaN em vez de Si como material semicondutor.

14.99 O nitreto de índio (InN) possui uma falha de energia, E_g, igual 0,65 e V. O nitreto de gálio (GaN) possui uma falha de energia, E_g, de 3,45 eV. É possível produzir uma mistura de GaN e InN variando-se a razão entre In (x) e Ga (1–x). Qual seria a vantagem desta flexibilidade?

14.100 O que são materiais fotovoltaicos (investigue) e quais são as suas aplicações? Quais são possivelmente os materiais semicondutores mais adequados para aplicações fotovoltaicas?

CAPÍTULO 15
Propriedades Ópticas e Materiais Supercondutores

(Cortesia de Crystal Fibre A/S.)

METAS DE APRENDIZAGEM

Ao final deste capítulo, o aluno será capaz de:

1. Explicar quais fenômenos podem ocorrer com a radiação luminosa quando ela passa de um meio a outro.
2. Explicar por que os materiais metálicos são opacos à luz visível.
3. Explicar o que determina a cor dos materiais metálicos.
4. Descrever brevemente o fenômeno de supercondutividade.
5. Explicar por que materiais amorfos são normalmente transparentes.
6. Descrever brevemente a construção de um laser de rubi.
7. Descrever o mecanismo de absorção de fótons em um semicondutor que contém defeitos eletricamente ativos.
8. Explicar o que significa o laser.
9. Descrever brevemente as vantagens de supercondutores de óxido de altas temperaturas.
10. Enumerar as diferenças entre opacidade, translucidez e transparência.

Uma fibra de cristal fotônico é estruturalmente semelhante a um cristal normal, exceto pelo fato de que o padrão repetitivo existe em uma escala muito maior (escala de micra) e somente na direção transversal ao comprimento da fibra. A fibra é fabricada empilhando-se uma série de tubos de vidro de sílica para formar um cilindro. O cilindro é então trefilado a temperaturas elevadas até adquirir o formato de uma fina fibra com diâmetro da ordem de algumas dezenas de micra. Após o processo de manufatura, a fibra terá o aspecto de um favo de mel. Devido à sua estrutura, a luz conduzida no interior das fibras pode se comportar de maneira ainda não completamente entendida. Por exemplo, é possível permitir que luz com uma dada frequência se propague ao longo da fibra ao mesmo tempo em que outras frequências são bloqueadas. Essas características podem ser usadas para se fabricar dispositivos como fontes de luz com frequência variável ajustável e comutadores ópticos. A imagem de abertura deste capítulo mostra a estrutura de uma fibra de cristal fotônico. As preformas são mostradas na figura superior e as seções transversais de algumas fibras importantes são mostradas nas figuras inferiores.[1]

[1] http://www.rikei.co.jp/dbdata/products/producte249.html

15.1 INTRODUÇÃO

As propriedades ópticas dos materiais desempenham um papel importante na moderna alta tecnologia (Figura 15.1). Neste capítulo, serão estudados primeiramente os aspectos básicos dos fenômenos de refração, reflexão e absorção da luz em algumas classes de materiais. Em seguida, será investigado como alguns materiais interagem com a radiação luminosa para produzir luminescência. Então, será estudada a emissão estimulada de radiação por lasers. Na parte deste capítulo sobre fibras ópticas, será visto como o desenvolvimento de fibras ópticas de baixa perda luminosa permitiu o aparecimento de novos sistemas de comunicação de fibras ópticas.

Finalmente, serão analisados brevemente os materiais supercondutores que possuem resistividade elétrica nula abaixo de suas temperaturas críticas, campos magnéticos e densidades de corrente. Até por volta de 1987, a temperatura crítica mais alta para um material supercondutor era cerca de 25 K. Em 1987, uma descoberta espetacular revelou que alguns materiais cerâmicos poderiam se tornar supercondutores até cerca de 100 K. Esta descoberta desencadeou intensas atividades de pesquisa ao redor do mundo que criaram grandes expectativas de futuros avanços na engenharia. Neste capítulo, serão examinados alguns aspectos da estrutura e propriedades dos supercondutores metálicos dos tipos I e II bem como dos novos supercondutores cerâmicos.

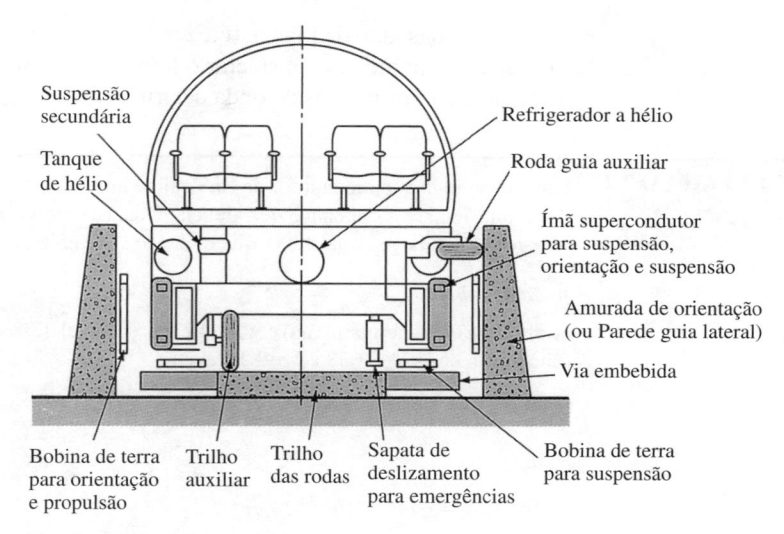

Figura 15.1
Novas tecnologias. Seção transversal do projeto de um trem de levitação avançado (*Japanese National Railway*).
(De "Encyclopedia of Materials Science and Technology", MIT Press, 1986, p. 4766.)

15.2 A LUZ E O ESPECTRO ELETROMAGNÉTICO

A luz visível é uma forma de radiação eletromagnética com comprimentos de onda se estendendo de aproximadamente 0,40 a 0,75 μm (Figura 15.2). A luz visível contém faixas de cores que vão do violeta ao vermelho conforme mostrado na escala ampliada da Figura 15.2. A região ultravioleta cobre aproximadamente a faixa de 0,01 a 0,40 μm ao passo que a região infravermelha se estende de cerca de 0,75 a 1.000 μm.

A verdadeira natureza da luz provavelmente nunca será conhecida. Entretanto, a luz é imaginada na forma de ondas e constituída de partículas chamadas *fótons*. A energia ΔE, o comprimento de onda λ e a frequência ν dos fótons relacionam-se entre si pela equação básica

$$\Delta E = h\nu = \frac{hc}{\lambda} \tag{15.1}$$

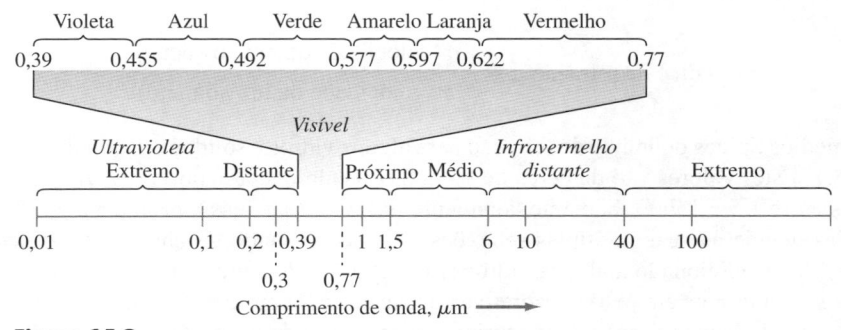

Figura 15.2
O espectro eletromagnético da região do ultravioleta ao infravermelho.

na qual h é a constante de Planck ($6{,}62 \times 10^{-34}$ J · s) e c é a velocidade da luz no vácuo ($3{,}00 \times 10^8$ m/s). Estas equações permitem considerar o fóton como uma partícula de energia E ou como uma onda com frequência e comprimentos de onda determinados.

EXEMPLO 15.1

Um fóton em um semicondutor de ZnS cai de um nível de energia de impureza a 1,38 eV abaixo de sua banda de condução para a sua banda de valência. Qual é o comprimento de onda da radiação emitida pelo fóton nesta transição? Se visível, qual é a cor da radiação? O ZnS possui uma falha na banda de energia de 3,54 eV.

■ **Solução**

A diferença de energia para o fóton que cai do nível 1,38 eV abaixo da banda de condução para a banda de valência é 3,54 eV − 1,38 eV = 2,16 eV.

$$\lambda = \frac{hc}{\Delta E} \qquad (15.1)$$

onde $\quad h = 6{,}62 \times 10^{-34}$ J · s
$\quad\quad\quad c = 3{,}00 \times 10^8$ m/s
$\quad 1$ eV $= 1{,}60 \times 10^{-19}$ J

Então,

$$\lambda = \frac{(6{,}62 \times 10^{-34} \text{ J·s})(3{,}00 \times 10^8 \text{ m/s})}{(2{,}16 \text{ eV})(1{,}60 \times 10^{-19} \text{ J/eV})(10^{-9} \text{ m/nm})} = 574 \text{, nm} \quad \blacktriangleleft$$

O comprimento de onda deste fóton de 574,7 nm está na região da luz visível amarela do espectro eletromagnético.

15.3 REFRAÇÃO DA LUZ

15.3.1 Índice de refração

Quando fótons de luz são transmitidos através de um material transparente, eles perdem parte de sua energia e, como consequência, a velocidade da luz é reduzida e o feixe de luz muda de direção. A Figura 15.3 mostra esquematicamente como um feixe de luz vindo do ar é desacelerado ao penetrar em um meio mais denso, como o vidro de janela comum. Logo, o ângulo de incidência para o feixe de luz é maior do que o ângulo de refração.

A velocidade relativa da luz atravessando um meio é expressa pela propriedade óptica chamada **índice de refração** n. O valor de n para um meio é definido como a razão entre a velocidade da luz no vácuo, c, e a velocidade da luz no meio considerado, v:

$$\text{Índice de refração } n = \frac{c \text{ (velocidade da luz no vácuo)}}{\nu \text{ (velocidade da luz no meio)}} \qquad (15.2)$$

Valores médios típicos do índice de refração para alguns vidros e sólidos cristalinos são relacionados na Tabela 15.1. Estes valores vão de cerca de 1,4 a 2,6, sendo que a maioria dos vidros silicatos apresenta valores entre 1,5 e 1,7. O diamante, altamente refrativo ($n = 2{,}41$), propicia a cintilação de joias multifacetadas devido às suas múltiplas reflexões internas. O óxido de chumbo (litargírio), com um valor de $n = 2{,}61$, é adicionado a alguns vidros silicatos a fim de aumentar os seus índices de refração de maneira a serem usados em peças decorativas. Deve-se observar também que os índices de refração dos materiais são ainda uma função do comprimento de onda e da frequência. Por exemplo, o índice de **refração do vidro de sílex leve varia de aproximadamente** 1,60 para 0,40 μm a 1,57 para 1,0 μm.

Tabela 15.1
Índices de refração de alguns materiais importantes.

Material	Índice de refração médio
Composições do vidro:	
Vidro de sílica	1,458
Vidro soda-cal-sílica	1,51–1,52
Vidro borossilicato (pyrex)	1,47
Vidro de sílex denso	1,6–1,7
Composições cristalinas:	
Coríndon, Al_2O_3	1,76
Quarzto, SiO_2	1,555
Litargírio, PbO	2,61
Diamante, C	2,41
Plásticos ópticos:	
Polietileno	1,50–1,54
Poliestireno	1,59–1,60
Metacrilato de polimetila	1,48–1,50
Politetrafluoretileno	1,30–1,40

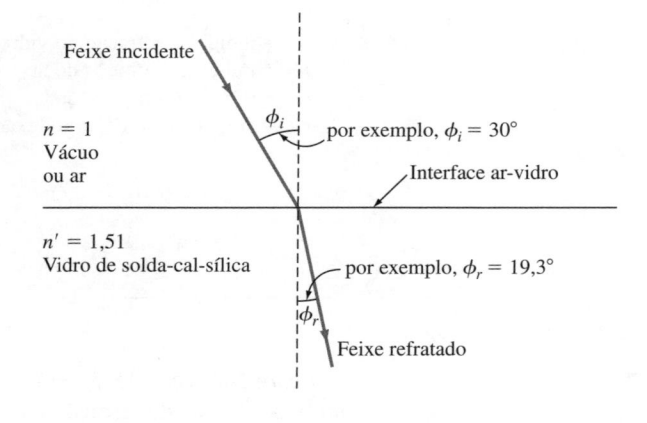

Figura 15.3
Refração do feixe de luz ao ser transmitido do vácuo (ar) para o vidro de soda-cal-sílica.

15.3.2 A lei de Snell de refração da luz

Os índices de refração para a luz passando de um meio com índice de refração n para outro com índice de refração n' se relacionam com o ângulo de incidência ϕ e o ângulo de refração ϕ' pela equação

$$\frac{n}{n'} = \frac{\operatorname{sen}\phi'}{\operatorname{sen}\phi} \quad \text{(Lei de Snell)} \quad (15.3)$$

Quando a luz passa de um meio com alto índice de refração para outro com baixo índice de refração, há um ângulo crítico de incidência ϕ_c que, se ultrapassado, resultará na reflexão interna total da luz (Figura 15.4). Este ângulo ϕ_c é definido para ϕ' (refração) = 90°.

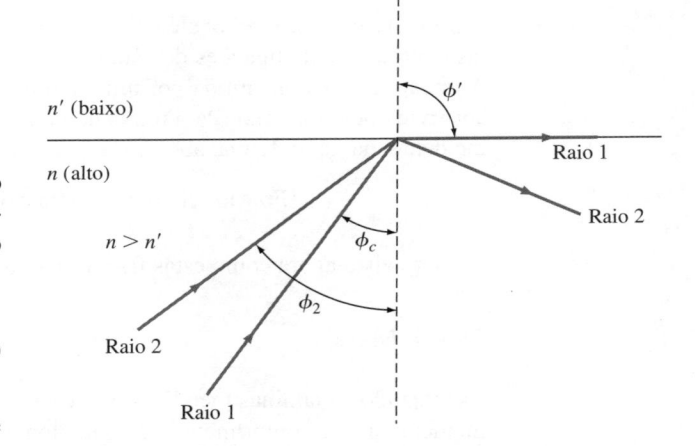

Figura 15.4
Diagrama indicando o ângulo crítico ϕ_c para reflexão interna total da luz passando de um meio com alto índice de refração n para outro com baixo índice de refração n'. Observar que o raio 2, que tem ângulo de incidência ϕ_2 maior do que ϕ_c, é totalmente refletido de volta para o meio com alto índice de refração.

EXEMPLO 15.2

Qual é o ângulo crítico φ_c para a luz ser totalmente refletida ao deixar uma placa plana de vidro de soda-cal-sílica (n = 1,51) e penetrar no ar (n = 1)?

■ **Solução**

Usando a lei de Snell (Equação 15.3),

$$\frac{n}{n'} = \frac{\operatorname{sen}\phi'}{\operatorname{sen}\phi_c}$$

$$\frac{1,51}{1} = \frac{\operatorname{sen} 90°}{\operatorname{sen}\phi_c}$$

> onde n = índice de refração do vidro
> n' = índice de refração do ar
> ϕ' = 90° para reflexão total
> ϕ_c = ângulo crítico para reflexão total
>
> $$\operatorname{sen} \phi_c = \frac{1}{1{,}51}(\operatorname{sen} 90°) = 0{,}662$$
>
> $$\phi_c = 41{,}5° \blacktriangleleft$$

Observação: Na Seção 15.7, será visto sobre fibras ópticas que, usando-se um revestimento de um vidro com baixo índice de refração e envolvendo-se um núcleo com alto índice de refração, uma fibra óptica pode transmitir a luz por longas distâncias porque a luz é continuamente refletida internamente.

15.4 ABSORÇÃO, TRANSMISSÃO E REFLEXÃO DA LUZ

Todo material *absorve* luz até certo ponto em virtude das interações dos fótons de luz com as estruturas eletrônica e de ligações dos átomos, íons ou moléculas que compõem o material (**absortividade**). A fração de luz transmitida por um dado material depende, portanto, da quantidade de luz refletida e absorvida pelo material. Para um dado comprimento de onda λ, a soma das frações, com relação à luz incidente, da luz refletida, absorvida e transmitida é igual a 1.

$$(\text{Fração refletida})_\lambda + (\text{fração absorvida})_\lambda + (\text{fração transmitida})_\lambda = 1 \qquad (15.4)$$

Será visto agora como estas frações variam para alguns tipos importantes de materiais.

15.4.1 Metais

Excetuando-se lâminas metálicas muito finas, os metais refletem e/ou absorvem fortemente a radiação incidente desde comprimentos de onda longos (ondas de rádio) até a região intermediária da faixa do ultravioleta. Uma vez que a banda de condução se superpõe à banda de valência nos metais, a radiação incidente facilmente faz os elétrons subirem para níveis de energia mais altos. Ao cair para níveis de energia mais baixos, os fótons possuem baixa energia e longos comprimentos de onda. Esse processo resulta em feixes de luz intensamente refletidos de superfícies lisas, conforme se pode observar para muitos metais como ouro e prata. A quantidade de energia absorvida pelos metais depende da estrutura eletrônica de cada metal. Por exemplo, para o cobre e para o ouro ocorre uma maior absorção dos comprimentos de onda mais curtos do azul e do verde e uma maior reflexão dos comprimentos de onda do vermelho, amarelo e laranja, o que faz com que superfícies lisas desses metais adquiram as cores refletidas. Outros metais, como a prata e o alumínio, refletem fortemente toda a porção visível do espectro, exibindo, por conseguinte, uma cor branca "prateada".

15.4.2 Vidros silicatos

Reflexão da luz em uma das superfícies de uma placa de vidro A proporção da luz incidente refletida por uma das superfícies de uma placa de vidro polido é muito pequena. Essa quantidade depende principalmente do índice de refração do vidro, n, e do ângulo de incidência da luz que atinge o vidro. Para incidência normal da luz (isto é, $\phi_i = 90°$), a fração de luz refletida R (chamada *refletividade*) por uma única superfície pode ser determinada da relação

$$R = \left(\frac{n-1}{n+1}\right)^2 \qquad (15.5)$$

onde n é o índice de refração do meio óptico refletor. Essa fórmula pode também ser usada em boa aproximação para ângulos da luz incidente de até cerca de 20°. Usando a Equação 15.5, um vidro silicato com $n = 1,46$ possui um valor de R igual a 0,035 ou uma refletividade percentual de 3,5% (ver Exemplo 15.3).

EXEMPLO 15.3

Calcule a refletividade da luz incidente comum na superfície polida e plana de um vidro silicato com índice de refração de 1,46.

- **Solução**

Usando a Equação 15.5 e $n = 1,46$ para o vidro,

$$\text{Refletividade} = \left(\frac{n-1}{n+1}\right)^2 = \left(\frac{1,46 - 1,00}{1,46 + 1,00}\right)^2 = 0,035$$

$$\text{Refletividade percentual} = R(100\%) = 0,035 \times 100\% = 3,5\% \blacktriangleleft$$

Absorção de luz por uma placa de vidro O vidro absorve energia da luz transmitida por ele de modo que a intensidade da luz decresce à medida que a sua trajetória aumenta. A relação entre a fração de luz que chega, I_0, e a fração de luz que sai, I, de uma folha ou placa de vidro isenta de espalhamento e de espessura t é

$$\frac{I}{I_0} = e^{-\alpha t} \tag{15.6}$$

A constante α nesta relação é denominada *coeficiente de absorção linear* e tem unidades cm^{-1} se a espessura for medida em centímetros. Conforme mostrado no Exemplo 15.4, a perda de energia por absorção em um vidro silicato claro é relativamente pequena.

EXEMPLO 15.4

A luz incidente comum atinge uma placa de vidro polida com 0,50 cm de espessura e com índice de refração de 1,50. Que fração da luz é absorvida pelo vidro enquanto a luz percorre a distância entre as superfícies da placa? ($\alpha = 0,03$ cm^{-1})

- **Solução**

Usando a Equação 15.5 e $n = 1,46$ para o vidro,

$$\frac{I}{I_0} = e^{-\alpha t} \quad I_0 = 1,00 \quad \alpha = 0,03 \text{ cm}^{-1}$$

$$I = ? \quad t = 0,50 \text{ cm}$$

$$\frac{I}{1,00} = e^{-(0,03 \text{ cm}^{-1})(0,50 \text{ cm})}$$

$$I = (1,00)e^{-0,015} = 0,985$$

Logo, a fração da luz perdida por absorção pelo vidro é $1 - 0,985 = 0,015$ ou 1,5%. $\blacktriangleleft$

Refletância, absorção e transmitância da luz por uma placa de vidro A quantidade de luz incidente transmitida através de uma placa de vidro é determinada pela quantidade de luz refletida de suas superfícies superior e inferior, bem como pela quantidade de luz absorvida em seu interior. Com relação à transmissão da luz através de uma placa de vidro, considere a Figura 15.5. A fração da luz incidente que chega à superfície inferior da placa é $(1-R)(I_0 e^{-\alpha t})$. A fração da luz incidente refletida da superfície inferior será, portanto, $(R)(1-R)(I_0 e^{-\alpha t})$. Logo, a diferença entre a luz que chega à superfície inferior da placa de vidro e a luz que é refletida desta mesma superfície é a fração de luz transmitida, I, dada por

$$I = [(1-R)(I_0 e^{-\alpha t})] - [(R)(1-R)(I_0 e^{-\alpha t})]$$
$$= (1-R)(I_0 e^{-\alpha t})(1-R) = (1-R)^2 (I_0 e^{-\alpha t}) \tag{15.7}$$

A Figura 15.6 mostra que perto de 90% da luz incidente são transmitidos pelo vidro de sílica se o comprimento de onda da luz incidente for maior do que 300 nm, aproximadamente. Para a luz ultravioleta, cujos comprimentos de onda são menores, ocorrerá uma absorção muito mais intensa e a transmitância será diminuída consideravelmente.

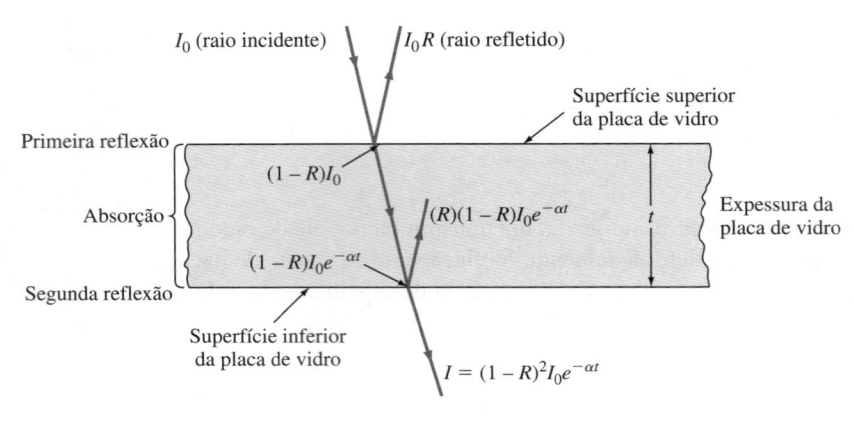

Figura 15.5
Transmitância da luz através de uma placa de vidro na qual ocorre refletância nas superfícies inferior e superior e absorção no interior da placa.

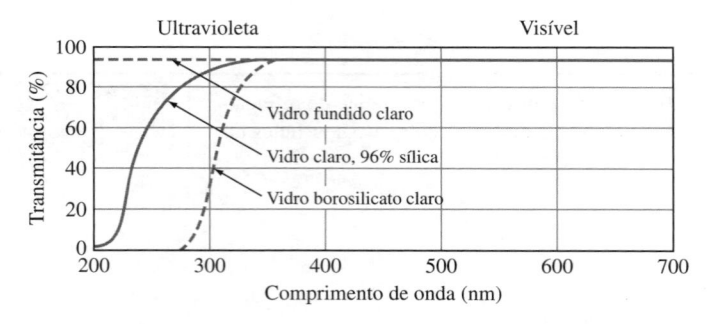

Figura 15.6
Transmitância percentual *versus* comprimento de onda para vários tipos de vidros claros.

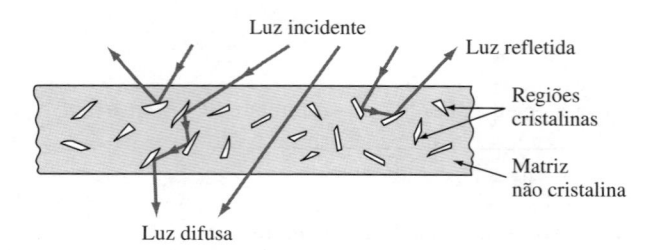

Figura 15.7
Múltiplas reflexões internas nas interfaces das regiões cristalinas reduzem a transparência de termoplásticos parcialmente cristalinos.

15.4.3 Plásticos

Muitos plásticos não cristalinos como o poliestireno, metacrilato de polimetila e policarbonato possuem excelente transparência. Contudo, em alguns materiais plásticos há regiões cristalinas com índice de refração mais alto do que a matriz não cristalina. Se estas regiões forem de tamanho maior do que o comprimento de onda da luz incidente, as ondas luminosas serão espalhadas por reflexão e refração e, portanto, a transparência do material diminuirá (Figura 15.7). Por exemplo, uma folha fina de polietileno, que possui uma estrutura em cadeia ramificada e, por esta razão, um grau de cristalinidade mais baixo, possui uma transparência maior do que o polietileno de cadeia linear mais cristalino e mais denso. A transparência de outros plásticos parcialmente cristalinos pode variar de turvo a opaco, dependendo principalmente do grau de cristalinidade, conteúdo de impurezas e conteúdo de enchimento (matriz).

15.4.4 Semicondutores

Em semicondutores, os fótons de luz podem ser absorvidos de várias maneiras (Figura 15.8). Em semicondutores intrínsecos (puros) como o Si, Ge e GaAs, os fótons podem ser absorvidos de modo a criar pares elétron-lacuna ao impulsionar elétrons a superar a falha de energia da banda de valência à banda de condução (Figura 15.8a). Para que isto ocorra, o fóton de luz incidente deve possuir energia igual a ou maior do que a energia da falha, E_g. Se a energia do fóton for maior do que E_g, a energia excedente será dissipada sob a forma de calor. Para semicondutores contendo impurezas doadoras e receptoras, fótons com muito menos energia (e, logo, comprimentos de onda muito maiores) são absorvidos ao impulsionar elétrons a saltar da banda de valência para os níveis dos receptores (Figura 15.8b) ou dos níveis dos doadores para a banda de condução (Figura 15.8c). Os semicondutores são, por conseguinte, opacos a fótons de luz de energia alta e intermediária (comprimentos de onda pequenos e intermediários) e transparentes a fótons de baixa energia e comprimentos de onda muito longos.

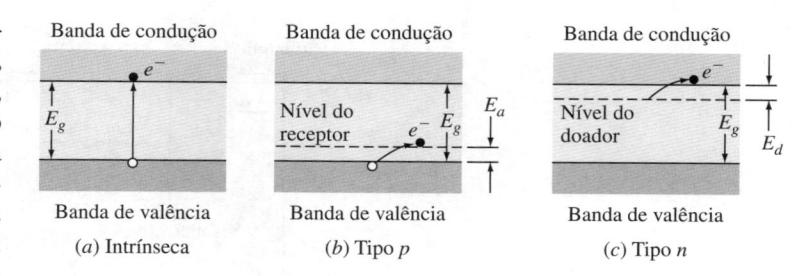

Figura 15.8
Absorção óptica de fótons em semicondutores. A absorção ocorre em (a) se $h\upsilon > E_g$, (b) se $h\upsilon > E_a$ e (c) se $h\upsilon > E_d$.

EXEMPLO 15.5

Calcule o comprimento de onda mínimo para os fótons serem absorvidos pelo silício intrínseco à temperatura ambiente ($E_g = 1{,}10$ eV).

- **Solução**

Para absorção neste semicondutor, o comprimento de onda mínimo é dado pela Equação 15.1:

$$\lambda_c = \frac{hc}{E_g} = \frac{(6{,}62 \times 10^{-34}\ \text{J}\cdot\text{s})(3{,}00 \times 10^8\ \text{m/s})}{(1{,}10\ \text{eV})(1{,}60 \times 10^{-19}\ \text{J/eV})}$$
$$= 1{,}13 \times 10^{-6}\ \text{m ou } 1{,}13\,\mu\text{m} \blacktriangleleft$$

Logo, os fótons devem ter um comprimento de onda mínimo de 1,13 μm para serem absorvidos e poderem impulsionar os elétrons a saltar a falha de energia de 1,10 eV.

15.5 LUMINESCÊNCIA

Luminescência pode ser definida como o processo pelo qual uma substância absorve energia e então, espontaneamente, emite radiação visível ou quase visível. Neste processo, a energia introduzida excita os elétrons do material luminescente da banda de valência para a banda de condução. A fonte da energia introduzida pode ser, por exemplo, elétrons de alta energia ou fótons de luz. Os elétrons excitados no processo de luminescência caem para níveis de energia mais baixos. Em alguns casos, os elétrons podem se recombinar com lacunas. Se a emissão ocorrer dentro de 10^{-8} s após a excitação, a luminescência é chamada **fluorescência** e, se a emissão ocorrer decorridos mais de 10^{-8} s, ela é denominada **fosforescência**.

A luminescência é produzida por materiais chamados *fósforos*, que possuem a capacidade de absorver radiação de pequeno comprimento de onda e alta energia e, espontaneamente, emitir radiação luminosa de longo comprimento de onda e baixa energia. O espectro da emissão de materiais luminescentes é controlado industrialmente pela adição de impurezas chamadas *ativadores*. Os ativadores geram níveis discretos de energia na falha de energia entre as bandas de valência e de condução do material anfitrião (Figura 15.9). Um mecanismo postulado para o processo de fosforescência é que os elétrons excitados são presos em armadilhas de altos níveis de energia e devem sair destas armadilhas antes de cair para níveis de energia mais baixos e emitir luz com uma faixa espectral característica. O processo de aprisionamento é usado para explicar o atraso na emissão da luz pelos fósforos excitados.

Os processos de luminescência são classificados de acordo com a fonte de energia para a excitação dos elétrons. Dois tipos importantes industrialmente são *fotoluminescência* e *catodoluminescência*.

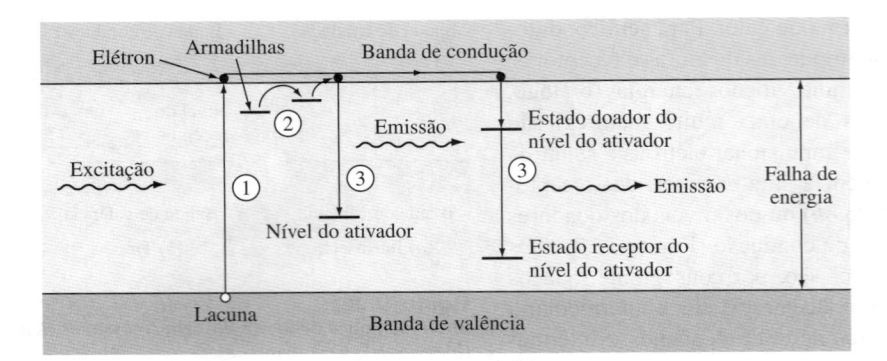

Figura 15.9
Variações de energia durante a luminescência. (1) Pares elétron-lacuna são criados pela excitação de elétrons até a banda de condução ou para dentro de armadilhas. (2) Os elétrons podem ser excitados termicamente de uma armadilha a outra ou para o interior da banda de condução. (3) Os elétrons podem cair para níveis superiores de ativadores (doadores) e, em seguida, para níveis mais baixos de receptores, emitindo luz visível.

15.5.1 Fotoluminescência

Na lâmpada fluorescente comum, a fotoluminescência converte a radiação ultravioleta de um arco de vapor de mercúrio de baixa pressão em luz visível pelo emprego de um fósforo de halofosfato. O halofosfato de cálcio, com composição aproximada $Ca_{10}F_2P_6O_{24}$ e com cerca de 20% dos íons F^- substituídos por Cl^-, é usado como material fosfórico anfitrião na maioria das lâmpadas. Íons de antimônio (Sb^{3+}) promovem a emissão de luz azulada ao passo que íons de manganês (Mn^{2+}) promovem a emissão de luz na faixa do vermelho-laranja. Variando-se a quantidade de Mn^{2+}, vários tons de luz azul, laranja e branca podem ser obtidos. A luz ultravioleta de alta energia dos átomos de mercúrio excitados faz com que o revestimento fosfórico da superfície interna do tubo da lâmpada fluorescente emita luz visível de longo comprimento de onda e baixa energia (Figura 15.10).

15.5.2 Catodoluminescência

Esse tipo de luminescência é produzido por um cátodo energizado que gera um feixe de elétrons de bombardeio de alta energia. As aplicações deste processo incluem o microscópio eletrônico, o osciloscópio de raios catódicos e a tela do televisor em cores. Esta última é particularmente interessante. O televisor moderno possui listras verticais muito estreitas (cerca de 0,25 mm de largura) de fósforos emissores de luz vermelha, verde e azul depositados na superfície interna da tela do televisor (Figura 15.11). Por meio da máscara de sombreamento de aço com pequenas perfurações alongadas (cerca de 0,15 mm de largura), o sinal de televisão que chega é feito percorrer a tela inteira 30 vezes por segundo. O pequeno tamanho e o grande número de áreas de fósforo expostas consecutivamente pela varredura rápida de 15.750 linhas horizontais por segundo e o efeito prolongado do estímulo luminoso no olho humano tornam possível uma imagem clara e visível de boa resolução. Os fósforos comumente usados para a obtenção de cores são o sulfureto de zinco (ZnS) com Ag^{3+} como receptor e Cl^- como doador para a cor azul; (Zn,Cd)S com Cu^+ como receptor e Al^{3+} como doador para a cor verde, e oxisulfureto de ítrio (Y_2O_2S) com 3% de európio (Eu) para a cor vermelha. Os materiais fosfóricos devem reter o brilho até a varredura seguinte pelo canhão, mas não excessivamente, de modo a não manchar a imagem.

A intensidade da luminescência, I, é dada por

$$\ln \frac{I}{I_0} = -\frac{t}{\tau} \qquad (15.8)$$

onde I_0 = intensidade inicial da luminescência e I = fração da luminescência decorrido o tempo t. A quantidade τ é a constante de tempo de relaxação para o material.

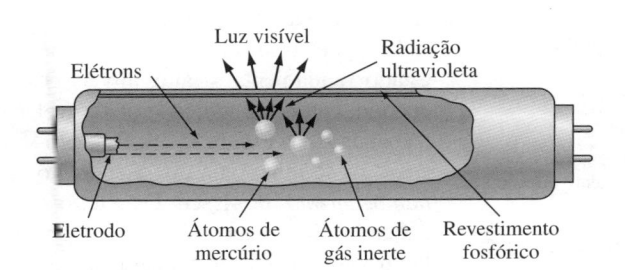

Figura 15.10
Vista em corte de uma lâmpada fluorescente mostrando a geração de elétrons em um eletrodo e a excitação dos átomos de mercúrio que fornecerão a luz UV para excitar o revestimento de fósforo na superfície interna do tubo da lâmpada. O revestimento de fósforo excitado então gera luz visível por luminescência.

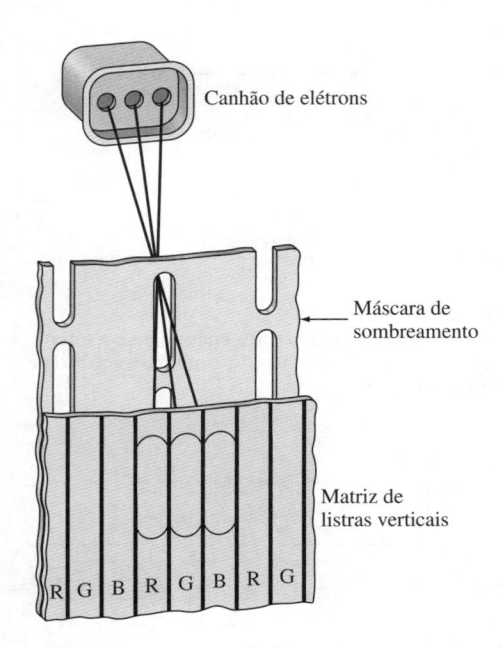

Figura 15.11
Esquema mostrando a disposição das listras verticais de fósforos vermelha (R), verde (G) e azul (B) na tela de um televisor em cores. Também são mostradas várias das aberturas alongadas da máscara de sombreamento em aço.
(*Cortesia da RCA.*)

EXEMPLO 15.6

O fósforo de um televisor em cores possui tempo de relaxamento igual a $3,9 \times 10^{-3}$ s. Quanto tempo demorará para a intensidade luminosa deste material fosfórico diminuir para 10% de sua intensidade original?

- **Solução**

Usando a Equação 15.8, $\ln(I/I_0) = -t/\tau$ ou

$$\ln \frac{1}{10} = -\frac{t}{3,9 \times 10^{-3} \text{ s}}$$

$$t = (-2,3)(-3,9 \times 10^{-3} \text{ s}) = 9,0 \times 10^{-3} \text{ s} \blacktriangleleft$$

15.6 EMISSÃO ESTIMULADA DE RADIAÇÃO E LASERS

A luz emitida de fontes luminosas convencionais como lâmpadas fluorescentes resultam da transição de elétrons excitados para níveis de energia mais baixos. Átomos dos mesmos elementos nessas fontes de luz liberam fótons de comprimentos de onda semelhantes de maneira aleatória e independente. Consequentemente, a radiação é emitida em direções aleatórias e os trens de onda estão fora de fase uns com os outros. Este tipo de radiação é chamado *incoerente*. Em contraste, uma fonte de luz chamada **laser** produz um **feixe** de radiação cujas emissões de fótons estão em fase, ou são *coerentes*, e são paralelos, direcionais e monocromáticos (ou quase). A palavra laser é um acrônimo cujas letras significam, em inglês, "**a**mplificação da **l**uz por **e**missão **e**stimulada de **r**adiação". Nos lasers, alguns fótons emitidos "ativos" estimulam muitos outros de mesma frequência e comprimento de onda a serem emitidos em fase na forma de um feixe de luz intenso e coerente (Figura 15.12).

A fim de entender os mecanismos envolvidos na ação do laser, será considerado o funcionamento do laser de rubi de estado sólido. O laser de rubi mostrado esquematicamente na Figura 15.13 é um cristal único de óxido de alumínio (Al_2O_3) contendo aproximadamente 0,05% de íons de Cr^{3+}. Os íons de Cr^{3+}

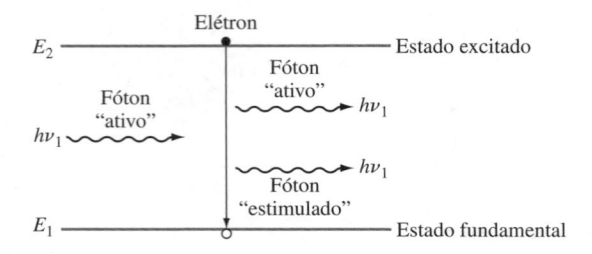

Figura 15.12
Diagrama esquemático ilustrando a emissão de um fóton "estimulado" por um fóton "ativo" de mesma frequência e comprimento de onda.

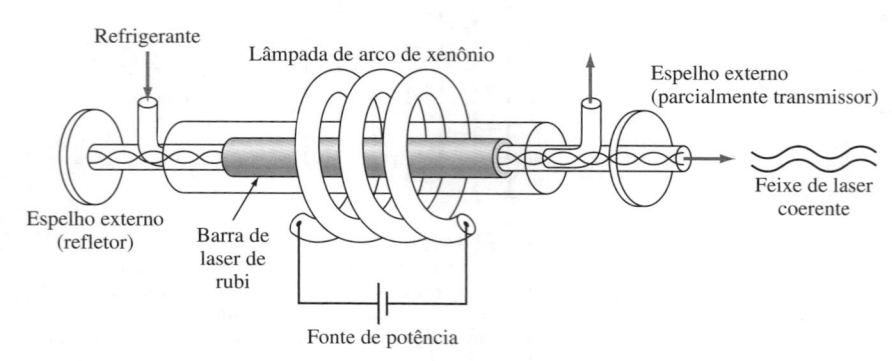

Figura 15.13
Diagrama esquemático de um laser de rubi pulsado.

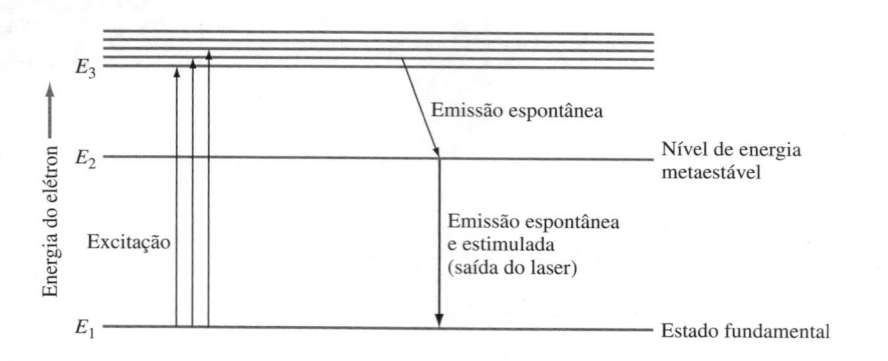

Figura 15.14
Diagrama simplificado de níveis de energia para um sistema laser de três níveis.

ocupam pontos substitucionais na rede da estrutrutura cristalina do Al_2O_3 e são responsáveis pela cor rosada da haste do laser. Esses íons agem como centros fluorescentes que, quando excitados, caem para níveis mais baixos de energia, causando a emissão de fótons de comprimentos de onda específicos. As extremidades do cristal da barra cilíndrica de rubi são aterradas em paralelo para haver a emissão óptica. Um espelho totalmente refletor é colocado em paralelo, próximo à extremidade traseira da barra de cristal e outro espelho, parcialmente transmissor, na extremidade dianteira do laser, o que permite a passagem do feixe de laser coerente.

Uma lâmpada de arco de xenônio fornece a energia de alta intensidade necessária para a excitação dos elétrons dos íons de Cr^{3+} do estado fundamental a altos níveis de energia, conforme indicado pelo nível da banda E_3 da Figura 15.14. Esse processo na terminologia do laser é dito *bombeamento* do laser. Os elétrons excitados dos íons de Cr^{3+} podem então retornar ao estado fundamental ou ao nível de energia metaestável E_2 da Figura 15.14. Entretanto, antes que a emissão estimulada de fótons possa ocorrer no laser, o número de elétrons bombeados para o alto nível de energia metaestável de não equilíbrio, E_2, deve ser maior do que o número de elétrons existentes no estado fundamental. Essa condição do laser é dita **inversão de população** dos estados de energia dos elétrons, conforme indicado na Figura 15.15*b*; compare esta condição àquela do nível de energia de equilíbrio da Figura 15.15*a*.

Os íons de Cr^{3+} excitados podem permanecer no estado metaestável durante vários milissegundos antes que ocorra a emissão espontânea pelo retorno dos elétrons ao estado fundamental. Os primeiros fótons produzidos pela queda dos elétrons do nível metaestável E_2 da Figura 15.14 para o estado fundamental E_1 dão início a uma reação em cadeia de emissão estimulada, levando muitos dos elétrons a realizar o mesmo salto de E_2 a E_1. Esta ação produz um grande número de fótons em fase entre si e que se movem em paralelo em uma mesma direção (Figura 15.15*c*). Alguns dos fótons saltando de E_2 para E_1 são perdidos para o ambiente externo à barra cilíndrica, mas muitos são refletidos em ziguezague ao longo da barra pelos espelhos nas extremidades. Estes elétrons estimulam um número crescente de elétrons a realizar o salto de E_2 para E_1, concorrendo assim para a formação de um feixe de radiação coerente ainda mais forte (Figura 15.15*d*). Finalmente, quando um feixe coerente suficientemente intenso estiver formado no interior da barra cilíndrica, o feixe é transmitido na forma de um pulso ($\approx 0,6$ ms) de alta intensidade de energia através do espelho parcialmente transmissor na extremidade frontal do laser (Figuras 15.15*e* e 15.13). O feixe de laser produzido pela barra cilíndrica cristalina de óxido de alumínio (rubi) dopado com Cr^{3+} tem comprimento de onda de 694,3 nm, visível como uma linha vermelha. Este tipo de laser, que pode operar apenas de maneira intermitente em pulsos, é dito do tipo *pulsado*. Em contraste, a maioria dos lasers opera com um feixe contínuo e são chamados lasers de *onda contínua* (CW).

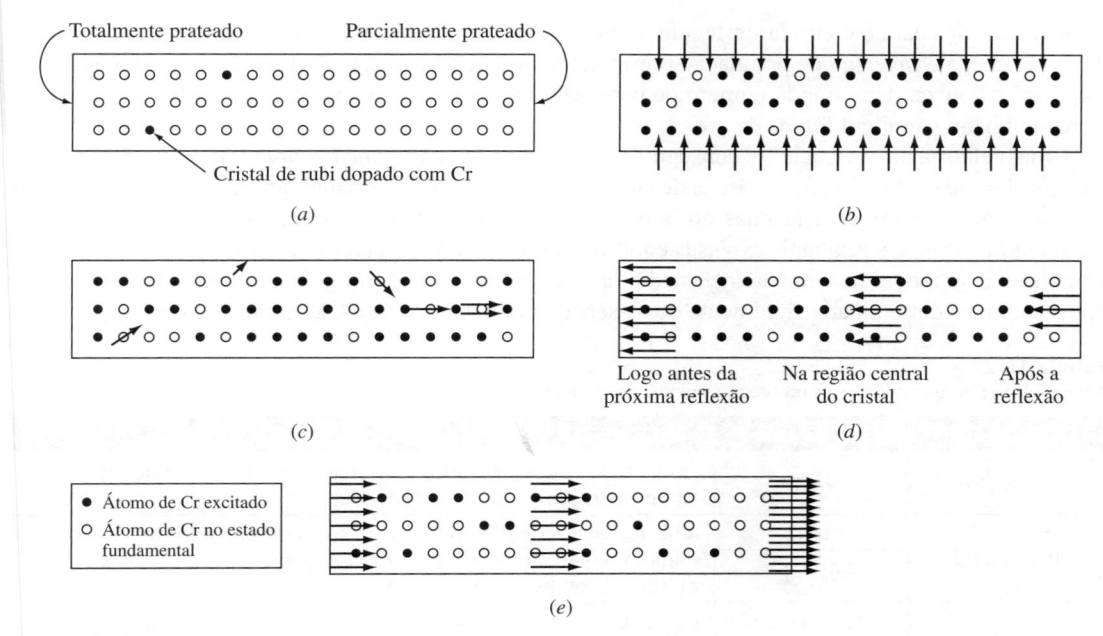

Figura 15.15
Esquema das etapas no funcionamento de um laser de rubi pulsado. (*a*) No equilíbrio. (*b*) Excitação por uma lâmpada de arco de xenônio. (*c*) Alguns fótons emitidos espontaneamente iniciam a emissão estimulada de fótons. (*d*) Refletidos de volta, os fótons continuam a estimular a emissão de mais fótons. (*e*) O feixe de laser é finalmente emitido.
(*De R.M. Rose, L.A. Shepard and J. Wulff, "Structure and Properties of Materials", vol. IV, Wiley, 1965.*)

15.6.1 Tipos de lasers

Há muitos tipos de lasers de gás, líquido e sólido usados na tecnologia moderna. Serão descritos brevemente alguns aspectos importantes de vários destes lasers.

Laser de rubi A estrutura e funcionamento do laser de rubi já foram descritos anteriormente. Este laser não é muito usado atualmente em virtude das dificuldades ao desenvolvimento das barras de cristal comparadas à facilidade de fabricação de lasers de neodímio.

Lasers de neodímio-YAG O laser de *granada de neodímio-ítrio-alumínio* (Nd:YAG) é obtido combinando-se 1% de átomos de Nd em um substrato de cristal de YAG. Este laser emite radiação no infravermelho próximo com comprimento de onda de 1,06 μm, com potência contínua de até 250 W e com potências pulsadas atingindo vários megawatts. O substrato de YAG apresenta a vantagem de alta condutividade térmica, o que auxilia na remoção de calor. No processamento de materiais, o laser Nd:YAG é usado para soldagem, perfuração, marcação e corte (Tabela 15.2).

Lasers de dióxido de carbono (CO_2) Lasers de dióxido de carbono estão entre os mais potentes já fabricados. Eles operam principalmente na região do infravermelho intermediário, em torno de 10,6 μm. Sua capacidade varia de alguns miliwatts de potência contínua a grandes pulsos com energia de até 10.000 J. Seu princípio de funcionamento se baseia na colisão de elétrons que excitam moléculas de nitrogênio a níveis de energia metaestáveis e que, então, transferem sua energia de modo a excitar moléculas de CO_2. Essas, por sua vez, emitem radiação laser ao cair para níveis de energia mais baixos. Lasers de dióxido de carbono são usados em aplicações envolvendo processamento de metais como corte, soldagem e tratamento térmico localizado de aços (Tabela 15.2).

Lasers de semicondutores Lasers de semicondutores ou de diodo, normalmente do tamanho de um grão de sal, são os menores lasers já produzidos. Eles consistem em uma junção *p-n* feita de um composto semicondutor como o GaAs, cuja falha de energia é grande o suficiente para permitir o efeito laser (Figura 15.16). Originalmente, o laser de diodo de GaAs era feito na forma de uma homojunção laser com uma única junção *p-n* (Figura 15.16*a*). A cavidade ressonante do laser é criada pela clivagem do cristal de modo a se obter uma faceta em cada extremidade. As interfaces cristal-ar produzem as reflexões necessárias para o efeito laser devido à diferença nos índices de refração do ar e do GaAs. O laser de diodo chega à inversão de população por meio de uma forte polarização reversa de uma junção *p-n* fortemente dopada. Um grande número de pares elétron-lacuna é criado, e muitos destes, por sua vez, se recombinam e emitem fótons de luz.

Uma melhoria na eficiência foi conseguida com o laser de *heterojunção dupla* (DH) (Figura 15.16*b*). No laser DH de GaAs, uma fina camada de GaAs-p é colocada entre camadas de Al_xGa_{1-x}–n e Al_xGa_{1-x}–p que confinam os elétrons e lacunas no interior da camada ativa de GaAs-p. As camadas de AlGaAs possuem falhas de energia mais extensas e índices de refração mais baixos e, por esta razão, compelem a luz laser a se mover na camada intermediária que funciona como um guia de onda miniaturizado. A aplicação mais disseminada atualmente dos lasers de diodo GaAs é em CDs (*compact disks*).

Tabela 15.2
Aplicações importantes dos lasers no processamento de materiais.

Aplicações	Tipo de Laser	Observações
Soldagem	YAG*	Lasers com valores elevados da potência média para soldagem de alta penetração e alta produtividade.
Perfuração	YAG	Altas potências de pico para perfurações de precisão de furos com mínima região afetada termicamente, pequeno ângulo de afunilamento e profundidade máxima.
	$CWCO_2$†	
Corte	YAG	Corte de precisão à alta velocidade de complexas formas bi e tridimensionais em metais, plásticos e cerâmicas.
	$CWCO_2$	
Tratamento superficial	$CWCO_2$	Transformação da superfície do aço por endurecimento acima de sua temperatura austenítica por varredura utilizando feixe de laser desfocado e permitindo o autoresfriamento do material.
Marcação	YAG	Marcação de grandes áreas de lâminas de silício e cerâmicas completamente queimadas para a fabricação de substratos individuais de circuitos eletrônicos.
	$CWCO_2$	
Fotolitografia	Excimer	Processamento fotolitográfico de precisão por laser excimer estabilizado espectralmente utilizado na fabricação de semicondutores.

*YAG = Granada de neodímio-ítrio-alumínio é um substrato cristalino usado em lasers de neodímio de estado sólido.
†$CWCO_2$ = Laser de dióxido de carbono de onda contínua (ao contrário de laser pulsado).

15.7 FIBRAS ÓPTICAS

Fibras ópticas são tão finas quanto um fio de cabelo ($\approx$ 1,25 μm de diâmetro). Feitas principalmente de vidro de sílica (SiO_2), são usadas nos modernos sistemas de **comunicação por fibra óptica**. Estes sistemas consistem essencialmente de um transmissor (isto é, um laser de semicondutor) para codificar sinais elétricos em sinais luminosos, fibras ópticas para transmitir os sinais luminosos e um fotodiodo para converter os sinais luminosos de volta em sinais elétricos (Figura 15.17).

15.7.1 Perda de luz em fibras ópticas

As fibras ópticas usadas em sistemas de comunicação devem ter perda (atenuação) luminosa extremamente baixa de modo que um sinal luminoso codificado na entrada possa ser transmitido por longas distâncias (por exemplo, 40 km ou 25 milhas) e ainda ser detectado satisfatoriamente. A fim de se obter fibras ópticas com perdas luminosas tão baixas, as impurezas (especialmente íons de Fe^{2+}) no vidro de SiO_2 devem ser em pequeníssimo número. A perda luminosa (**atenuação**) de uma fibra de vidro óptica é medida normalmente em decibéis por quilômetro (dB/km). A perda luminosa em um material transmissor de luz, em dB/km, para transmissão ao longo de um comprimento *l* é relacionada à intensidade luminosa na entrada, I_0, e a intensidade luminosa na saída, *I*, por

$$-\text{perda}(dB/km) = \frac{10}{l\,(\text{km})} \log \frac{I}{I_0} \qquad (15.9)$$

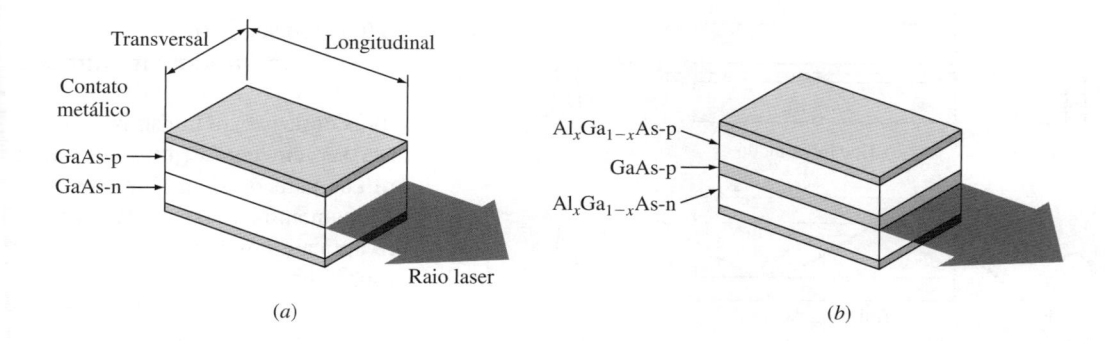

Figura 15.16
(a) Laser de GaAs de homojunção simples. (b) Laser de GaAs de heterojunção dupla. As camadas de $Al_xGa_{1-x}As$-n e $Al_xGa_{1-x}As$-p possuem falhas de energia mais extensas e índices de refração mais baixos, e confinam os elétrons e lacunas no interior da camada ativa de GaAs-p.

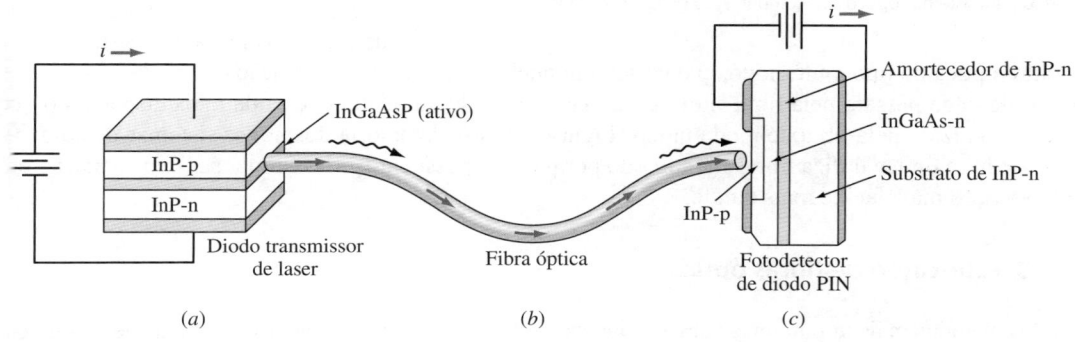

Figura 15.17
Elementos básicos de um sistema de comunicação de fibra óptica. (a) Transmissor de laser de InGaAsP. (b) Fibra óptica para transmissão de fótons de luz. (c) Fotodetector de diodo PIN.

EXEMPLO 15.7

Uma fibra de vidro de sílica de baixa perda para transmissão óptica tem atenuação luminosa de 0,20 dB/km. (a) Qual é a fração de luz restante após um percurso de 1 km nessa fibra de vidro? (b) Qual é a fração de luz restante após 40 km de transmissão?

■ **Solução**

$$\text{Atenuação (dB/km)} = \frac{10}{l\,(\text{km})} \log \frac{I}{I_0} \qquad (15.9)$$

onde
I_0 = intensidade da luz na fonte
I = intensidade da luz no detector

a. $-0,20 \text{ dB/km} = \dfrac{10}{1 \text{ km}} \log \dfrac{I}{I_0}$ ou $\log \dfrac{I}{I_0} = -0,02$ ou $\dfrac{I}{I_0} = 0,95$ ◀

b. $-0,20 \text{ dB/km} = \dfrac{10}{40 \text{ km}} \log \dfrac{I}{I_0}$ ou $\log \dfrac{I}{I_0} = -0,80$ ou $\dfrac{I}{I_0} = 0,16$ ◀

Observação: Fibras ópticas de modo único ou monomodo podem transmitir atualmente dados luminosos de comunicação por cerca de 40 km sem necessidade de repetição do sinal.

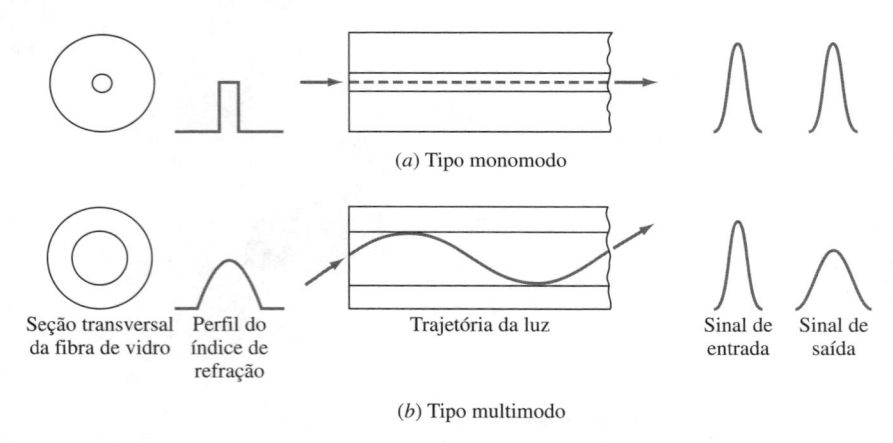

Figura 15.18
Comparação entre fibras ópticas (a) monomodo e (b) multimodo em termos da seção transversal, índice de refração, trajetória luminosa e sinais de entrada e saída. O sinal de saída mais forte da fibra monomodo é preferido para sistemas ópticos de comunicação de longa distância.

15.7.2 Fibras ópticas monomodo e multimodo

Fibras ópticas para transmissão luminosa servem como **guias de ondas ópticos** para os sinais luminosos. O confinamento da luz no interior da fibra óptica é possível porque a luz se propaga por um núcleo central de vidro com um índice de refração maior do que aquele do vidro do seu revestimento (Figura 15.18). Para o tipo monomodo, que possui um núcleo com diâmetro de aproximadamente 8 μm e diâmetro do revestimento ou cobertura da fibra de 125 μm, há somente uma trajetória aceitável para o raio de luz guiado (Figura 15.18a). Na fibra de vidro óptica do tipo multimodo, que possui um núcleo com índice de refração em gradações, muitos modos de onda passam pela fibra simultaneamente, levando a um sinal de saída mais disperso do que aquele produzido pela fibra de modo único (Figura 15.18b). A maioria dos novos sistemas de comunicação de fibra óptica utiliza fibras monomodo porque elas possuem perdas luminosas mais baixas e são de fabricação mais fácil e mais barata.

15.7.3 Fabricação de fibras ópticas

Um dos métodos mais importantes para a produção de fibras de vidro ópticas para sistemas de comunicação é o *processo modificado de deposição de vapores químicos* (processo MCVD) (Figura 15.19). Neste processo, vapor seco de $SiCl_4$ de alta pureza com quantidades controladas de $GeCl_4$ e vapores de hidrocarbonetos fluorados são feitos escoar através de um tubo de sílica giratório juntamente com oxigênio puro. Um maçarico de oxi-hidrogênio percorre o tubo externamente no sentido longitudinal, permitindo assim a reação dos componentes no interior do tubo e a consequente formação de partículas de vidro de sílica dopada com as combinações desejadas de germânio e flúor. O GeO_2 aumenta o índice de refração do SiO_2 ao passo que o flúor o diminui. A jusante da região onde se dá a reação, as partículas de vidro migram para a parede interna do tubo, onde se depositam. O maçarico móvel que causou a reação de formação das partículas de vidro então passa novamente e sinteriza estas partículas em uma fina camada de vidro dopado. A espessura da camada dopada depende do número de camadas depositadas pelas repetidas passagens do maçarico. Em cada passagem, a composição dos vapores é ajustada para se produzir o gradiente de composição desejado entre as camadas depositadas, de modo que a fibra de vidro finalmente produzida tenha o perfil desejado para o índice de refração.

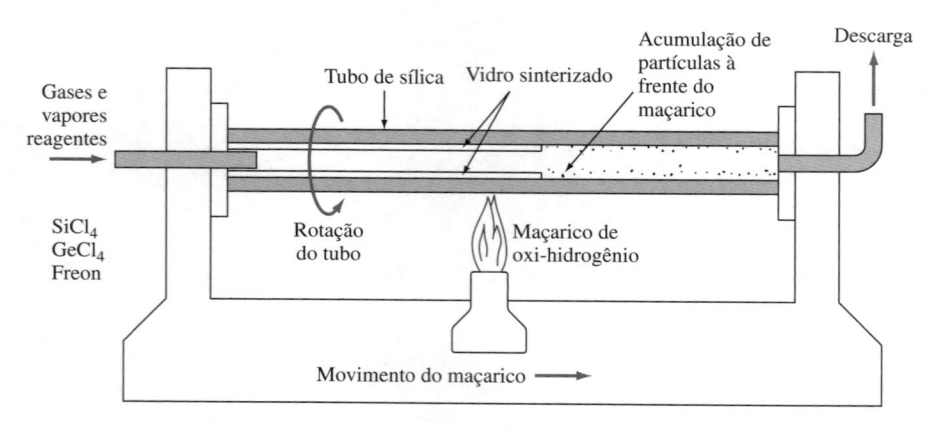

No próximo passo, o tubo de sílica é aquecido a uma temperatura alta o suficiente para que o vidro se aproxime do seu ponto de amolecimento. A tensão superficial do vidro faz então com que o tubo e as camadas deposi-

Figura 15.19
Vista esquemática do processo modificado de deposição de vapores químicos para produção das preformas de vidro para fabricação de fibras ópticas.
(Propriedade de AT&T Archives. Reproduzido com permissão de AT&T.)

tadas se unam uniformemente em um bastão sólido chamado *preforma*. A preforma de vidro obtida do processo MCVD é então colocada em um forno de alta temperatura, sendo então trefilada em fibra de vidro de aproximadamente 125 μm de diâmetro (Figura 15.20). Um processo na mesma linha de produção é utilizado para aplicar um revestimento de polímero de 60 μm de espessura para proteger a fibra de vidro contra danos superficiais. Rolos de fibras de vidro prontas são mostrados na Figura 15.21. Tolerâncias muito estreitas para o núcleo e diâmetro externo da fibra são essenciais para que pedaços de fibra possam ser emendados sem grandes perdas luminosas.

15.7.4 Sistemas de comunicação de fibra óptica modernos

A maioria dos sistemas de comunicação de fibra óptica modernos utiliza fibras monomodo com um transmissor de diodo de laser de heterojunção dupla InGaAsP (Figura 15.22a) operando com radiação infravermelha com comprimento de onda de 1,3 μm, para a qual as perdas luminosas são mínimas. Um fotodiodo PIN de InGaAs/InP é normalmente usado como detector (Figura 15.22b). Com este sistema, sinais ópticos podem ser enviados por cerca de 40 km (25 milhas) sem a necessidade de repetição. Em dezembro de 1988, o primeiro sistema de comunicações por fibra óptica transatlântico entrou em operação com uma capacidade de 40.000 ligações telefônicas simultâneas. Em 1993, havia 289 conexões submarinas por cabo de fibra óptica.

Outro avanço nos sistemas de comunicação por fibra óptica foi a introdução dos *amplificadores ópticos à base de fibra de érbio* (EDFAs). Um EDFA é um segmento de 20 a 30 m (64 a 96 pés) de fibra óptica de sílica dopada com a terra rara érbio a fim de mudar a sua estrutura de grãos. Quando alimentadas com a luz de um laser de semicondutor, a fibra dopada com érbio amplifica a potência de todos os sinais luminosos passando por ela com comprimentos de onda centrados em 1,55 μm. Logo, a fibra óptica dopada com érbio atua simultaneamente como um meio condutor de laser e um guia de luz. Os EDFAs podem ser usados nos sistemas de transmissão óptica para amplificar o sinal luminoso na fonte (amplificador de potência), no receptor (pré-amplificador) e ao longo da conexão de comunicação por fibra (repetidor em linha). Os primeiros EDFAs foram usados em 1993 em uma rede da AT&T em uma conexão entre São Francisco e Point Arena, Califórnia.

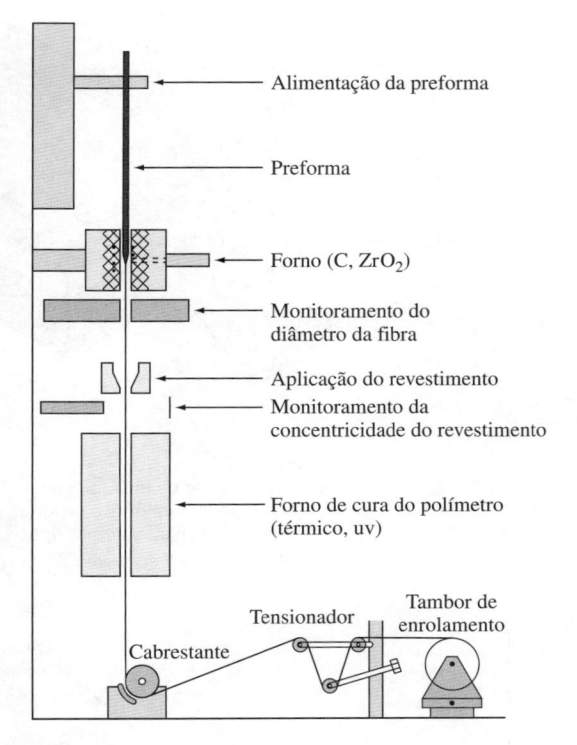

Figura 15.20
Vista esquemática do dispositivo para trefilação de fibra de vidro óptica a partir de uma preforma de vidro.
(De *"Encyclopedia of Materials Science and Technology"*, MIT Press, 1986, p. 1992.)

Figura 15.21
Rolo de fibra óptica.
(*Cortesia de AT&T.*)

15.8 MATERIAIS SEMICONDUTORES

15.8.1 Estado supercondutor

A resistividade elétrica de um metal normal como o cobre diminui continuamente à medida que diminui a temperatura, atingindo um baixo valor residual perto de 0 K (Figura 15.23). Em contrapartida, a resistividade elétrica do mercúrio puro cai subitamente a um valor imensuravelmente pequeno ao se atingir a temperatura de 4,2 K. Este fenômeno é chamado *supercondutividade* e o material que apresenta este

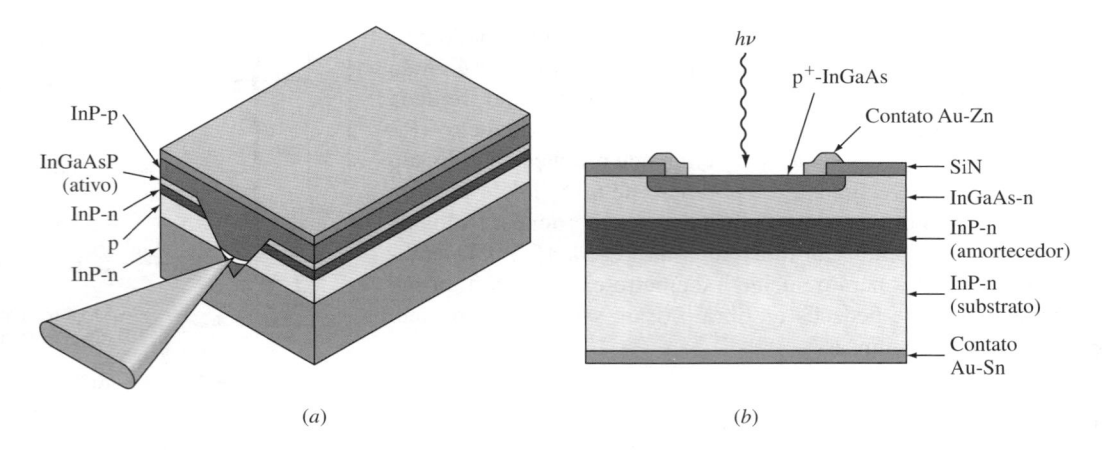

Figura 15.22
(a) Diodo de laser de InGaAsP com heteroestrutura de substrato químico enterrada usada em sistemas de comunicação de fibra óptica de longa distância. Observar o efeito focalizador do canal em V sobre o laser. (b) Fotodetector PIN para sistemas ópticos de comunicação.
(Propriedade de AT&T Archives. Reproduzido com permissão de AT&T.)

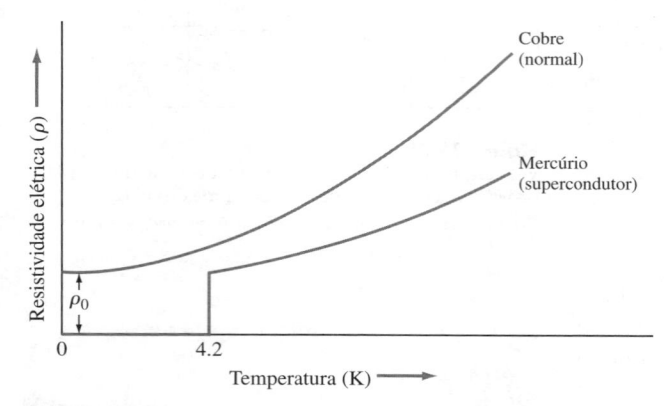

Figura 15.23
Resistividade elétrica de um metal normal (Cu) em função da temperatura comparada àquela de um metal supercondutor (Hg) nas proximidades de 0 K. A resistividade do metal supercondutor cai subitamente para um valor imensuravelmente pequeno.

comportamento é dito *material supercondutor*. Cerca de 26 metais são supercondutores, bem como centenas de ligas e compostos.

A temperatura abaixo da qual a resistividade elétrica de um material se aproxima de zero é chamada **temperatura crítica, T_c**. Acima desta temperatura, o material é dito *normal* e, abaixo de T_c, o material é dito *supercondutor* ou *supercondutivo*. Além da temperatura, o estado supercondutor também depende de muitas outras variáveis, as mais importantes sendo o campo magnético B e a densidade de corrente J. Logo, para um material ser supercondutor, a sua temperatura crítica, campo magnético e densidade de corrente não devem ser excedidos. Para cada material supercondutor, existe uma superfície crítica no espaço T, B, J.

As temperaturas críticas para supercondução de alguns metais, compostos intermetálicos e novos compostos cerâmicos são dadas na Tabela 15.3. Os valores extremamente altos de T_c (90 a 122 K) de alguns compostos cerâmicos recentemente descobertos (1987) são notáveis e foram uma surpresa para a comunidade científica. Alguns aspectos de sua estrutura e propriedades serão discutidos mais adiante nesta seção.

Tabela 15.3
Temperatura crítica para supercondução, T_c, de alguns supercondutores metálicos, intermetálicos e compostos cerâmicos.

Metais	T_c (K)	H_0^* (T)	Compostos Intermetálicos	T_c (K)	Compostos Cerâmicos	T_c (K)
Nióbio, Nb	9,15	0,1960	Nb_3Ge	23,2	$Tl_2Ba_2Cu_3O_x$	122
Vanádio, V	5,30	0,1020	Nb_3Sn	21	$YBa_2Cu_3O_{7-x}$	90
Tântalo, Ta	4,48	0,0830	Nb_3Al	17,5	$Ba_{1-x}K_xBiO_{3-y}$	30
Titânio, Ti	0,39	0,0100	Nb_3Ti	9,5		
Estanho, Sn	3,72	0,0306				

*H_0 = campo crítico em teslas (T) a 0 K.

15.8.2 Propriedades magnéticas de supercondutores

Se um campo magnético suficientemente forte for aplicado a um supercondutor a qualquer temperatura abaixo de sua temperatura crítica, T_c, o supercondutor retornará ao estado normal. O campo magnético necessário para restaurar a condutividade elétrica normal no supercondutor é denominado **campo crítico, H_c**. A Figura 15.24a mostra esquematicamente a relação entre o campo crítico, H_c, e a temperatura (K) para corrente nula. Deve-se enfatizar que uma **densidade de corrente** suficientemente alta (**crítica**), J_c, também destruirá a supercondutividade nos materiais. A curva de H_c versus T (K) pode ser aproximada por

$$H_c = H_0\left[1 - \left(\frac{T}{T_c}\right)^2\right] \quad (15.10)$$

na qual H_0 é o campo crítico a $T = 0$ K. A Equação 15.10 representa a fronteira entre os estados normal e supercondutor do material. A Figura 15.24b mostra curvas do campo crítico em função da temperatura para vários metais supercondutores.

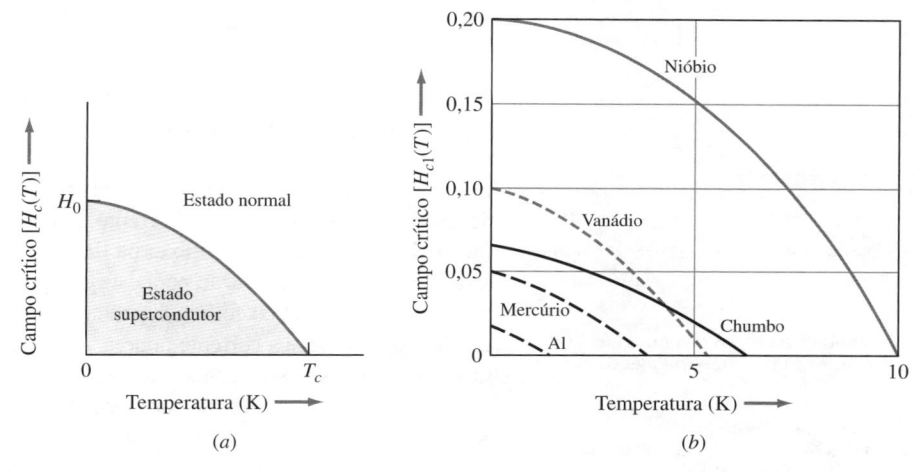

Figura 15.24
Campo crítico *versus* temperatura. (*a*) Caso geral. (*b*) Curvas para vários supercondutores.

De acordo com o seu comportamento sob o campo magnético aplicado, os supercondutores metálicos e intermetálicos são classificados em supercondutores dos tipos I e II. Se um longo cilindro de um **supercondutor do tipo I**, como Pb ou Sn, for colocado em um campo magnético à temperatura ambiente, o campo magnético penetrará normalmente por todo o metal (Figura 15.25a). Entretanto, se a temperatura do supercondutor do tipo I for diminuída para abaixo de T_c (7,19 K para o Pb) e se o campo magnético estiver abaixo de H_c, o campo magnético será expulso da amostra, exceto por uma camada de penetração muito fina de cerca de 10^{-5} cm na superfície (Figura 15.25b). Esta propriedade de expulsão do campo magnético no estado supercondutor é chamada de **efeito Meissner**.

EXEMPLO 15.8

Calcular o valor aproximado do campo crítico necessário para causar o desaparecimento da supercondutividade do nióbio puro a 6 K.

■ **Solução**

Da Tabela 15.3 a 0 K, a temperatura T_c para o Nb é 9,15 K e seu $H_0 = 0,1960$ T. Da Equação 15.10,

$$H_c = H_0\left[1 - \left(\frac{T}{T_c}\right)^2\right] = 0,1960\left[1 - \left(\frac{6}{9,15}\right)^2\right] = 0,112 \text{ T} \blacktriangleleft$$

(a) Estado normal
$T > T_c$ e $H > H_c$

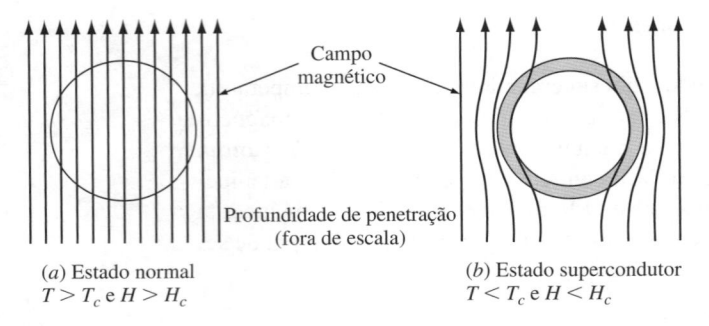

(b) Estado supercondutor
$T < T_c$ e $H < H_c$

Figura 15.25
O efeito Meissner. Quando a temperatura de um supercondutor do tipo I é diminuída para abaixo de T_c e o campo magnético for menor do que H_c, o campo magnético é completamente expulso de uma amostra, exceto por uma fina camada superficial.

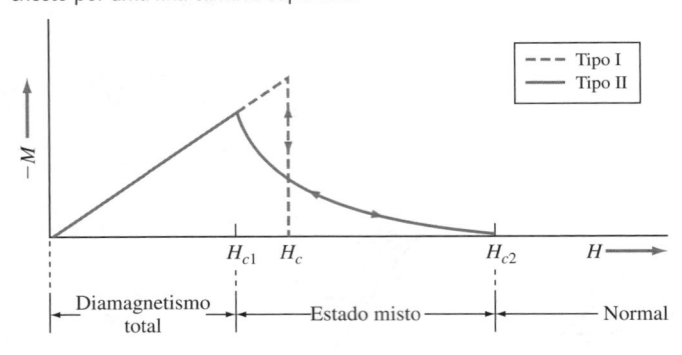

Figura 15.26
Curvas de magnetização para supercondutores ideais dos tipos I e II. Os supercondutores do tipo II são penetrados pelo campo magnético entre H_{c1} e H_{c2}.

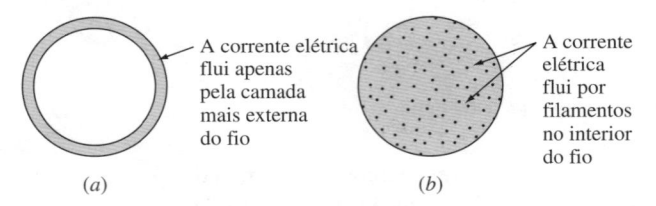

Figura 15.27
Seção transversal de um fio supercondutor transportando corrente elétrica. (a) Supercondutor do tipo I ou tipo II sob a ação de um campo fraco ($H < H_{c1}$). (b) Supercondutor do tipo I ou tipo II sob a ação de campos fortes ($H_{c1} < H < H_{c2}$) mostrando a corrente sendo transportada por uma rede de filamentos.

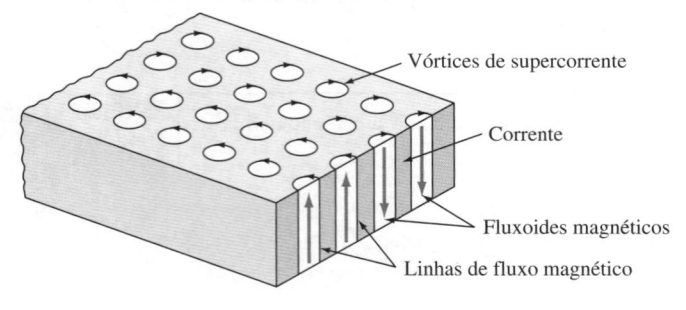

Figura 15.28
Ilustração esquemática dos fluxoides magnéticos em um supercondutor do tipo II sob a ação de um campo magnético entre H_{c1} e H_{c2}.

Os **supercondutores do tipo II** se comportam diferentemente em um campo magnético a temperaturas abaixo de T_c. Eles são altamente diamagnéticos como os supercondutores do tipo I até um valor crítico do campo magnético aplicado, denominado **campo crítico inferior**, H_{c1} (Figura 15.26), e, portanto, o fluxo magnético é expulso do material. Acima de H_{c1}, o campo magnético começa a penetrar no supercondutor do tipo II e continua a fazê-lo até que se atinja o **campo crítico superior**, H_{c2}. Entre H_{c1} e H_{c2}, o supercondutor encontra-se em um estado misto e, acima de H_{c2}, o material retorna ao estado normal. Na região entre H_{c1} e H_{c2}, o supercondutor pode conduzir corrente elétrica no seu interior e, por conseguinte, esta região de campo magnético pode ser usada para a operação de supercondutores de alta corrente e alto campo como o NiTi e Ni_3Sb, que são supercondutores do tipo II.

15.8.3 Fluxo de corrente e campos magnéticos em supercondutores

Os supercondutores do tipo I são maus transportadores de corrente elétrica, já que a corrente somente poderia fluir pela camada superficial externa da amostra condutora (Figura 15.27a). A razão para este comportamento é que o campo magnético consegue penetrar somente nesta camada superficial e a corrente poderá, portanto, fluir somente por ela. Nos semicondutores do tipo II abaixo de H_{c1}, os campos magnéticos se comportam da mesma maneira. Todavia, se o campo magnético estiver entre H_{c1} e H_{c2} (estado misto), a corrente pode ser conduzida no interior do supercondutor por filamentos conforme indicado na Figura 15.27b. Nos supercondutores do tipo II, quando sob a ação de um campo magnético entre H_{c1} e H_{c2}, o campo penetra no interior do supercondutor na forma de feixes de fluxo quantizados individuais chamados **fluxoides** (Figura 15.28). Um vórtice cilíndrico de supercorrente envolve cada fluxoide. Com o aumento da intensidade do campo magnético, mais e mais fluxoides penetram no supercondutor, formando uma rede cíclica. Ao se atingir H_{c2}, a estrutura de vórtices de supercorrente se desfaz e o material retorna ao estado de condução normal.

15.8.4 Supercondutores de alto campo e alta corrente

Embora supercondutores ideais do tipo II possam ser penetrados por campos magnéticos na faixa entre H_{c1} e H_{c2}, eles possuem apenas uma pequena capacidade para transporte de corrente abaixo de T_c, porque os fluxoides são fracamente ligados à rede cristalina e são relativamente móveis. A mobilidade dos fluxoides pode ser fortemente obstruída por discordâncias, contornos de grãos e precipitados finos de modo que J_c pode ser elevado por deformação a frio e tratamento térmico. O tratamento térmico da liga Ti-45Nb (% em peso) é utilizado para precipitar a fase α hexagonal na matriz CCC da liga a fim de auxiliar na fixação dos fluxoides.

A liga Ti-45Nb e o composto Nb_3Sn tornaram-se os materiais básicos para a moderna tecnologia de supercondutores de alto campo e alta corrente. A liga Ti-45Nb (% em peso) comercial vem sendo produzida com $T_c \approx 9$ K e $H_{c2} \approx 6$ T, e o Nb_3Sn com $T_c \approx 18$ K e $H_{c2} \approx 11$ T. Na atual tecnologia de supercondutores, estes materiais são usados à temperatura do hélio líquido (4,2 K). A liga Ti-45Nb é mais maleável e fácil de fabricar do que o composto Nb_3Sn e, por esta razão, é preferida para muitas aplicações, embora tenha T_c e H_{c2} menores. Fios comerciais são feitos de muitos filamentos de NbTi, tipicamente com cerca de 25 μm de diâmetro, incorporados a uma matriz de cobre (Figura 15.29). A finalidade da matriz de cobre é estabilizar os fios supercondutores durante operação de modo a evitar o aparecimento de regiões quentes que poderiam causar o retorno do material supercondutor ao estado normal.

As aplicações dos supercondutores de NbTi e Nb_3Sn incluem sistemas de ressonância nuclear magnética para diagnóstico médico e levitação magnética de veículos como os trens de alta velocidade (Figura 15.1). Ímãs supercondutores de alto campo são usados em aceleradores de partículas na física de alta energia.

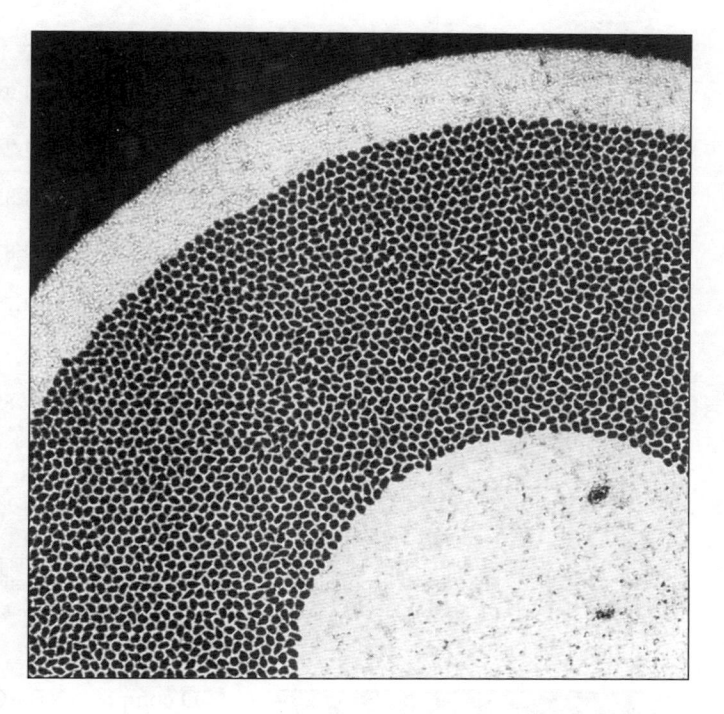

Figura 15.29
Seção transversal do fio compósito de Ti-Cu-46,5Nb (% em peso) fabricado para o superacelerador de partículas supercondutor. O fio possui diâmetro de 0,0808 cm (0,0318 polegadas), razão volumétrica Cu:NbTi de 1,5, 7.250 filamentos com 6 μm de diâmetro e J_c = 2.990 A/mm² a 5 T e J_c = 1.256 A/mm² a 8 T. (Ampliação de 200×).
(Cortesia de Outokumpu Advanced Superconductors Inc.)

15.8.5 Óxidos supercondutores de alta temperatura crítica (T_c)

Em 1987, foram descobertos os supercondutores de altas temperaturas críticas, cerca de 90 K. Esta descoberta surpreendeu a comunidade científica, pois até então a temperatura T_c mais alta para um supercondutor era aproximadamente 23 K. O material de alta T_c estudado mais intensamente até agora é o composto $YBa_2Cu_3O_y$ e, assim sendo, a discussão a seguir se concentrará em alguns aspectos de sua estrutura e suas propriedades. Do ponto de vista da estrutura cristalina, este composto pode ser considerado como tendo uma estrutura perovskita defeituosa, com três células unitárias cúbicas perovskitas empilhadas uma sobre as outras (Figura 15.30). (A estrutura perovskita do $CaTiO_3$ é mostrada na Figura 11.12.) Para um empilhamento perfeito das três células unitárias cúbicas perovskitas, o composto $YBa_2Cu_3O_y$ deveria ter a composição $YBa_2Cu_3O_9$, na qual y seria igual a 9. Contudo, análises mostram que y varia entre 6,65 e 6,90 para que este material seja supercondutor. Para y = 6,90, a sua T_c é máxima (~ 90 K) e para y = 6,65 a supercondutividade desaparece. Logo, vacâncias de oxigênio desempenham papel importante no comportamento supercondutor do $YBa_2Cu_3O_y$.

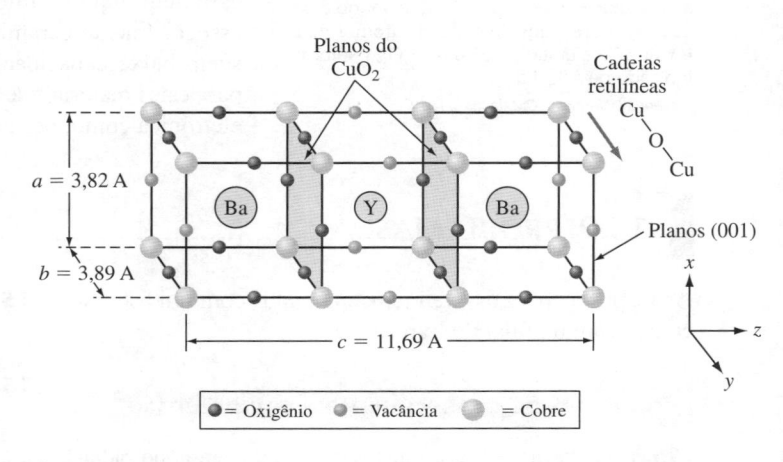

Figura 15.30
Estrutura cristalina ortorrômbica idealizada do $YBa_2Cu_3O_7$. Observar a localização dos planos do CuO_2.

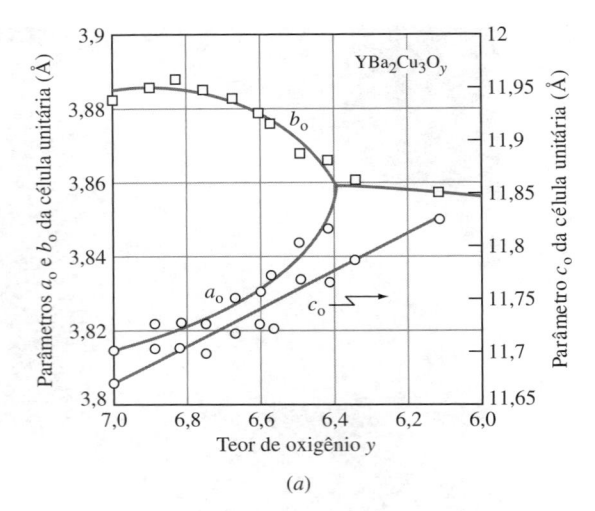

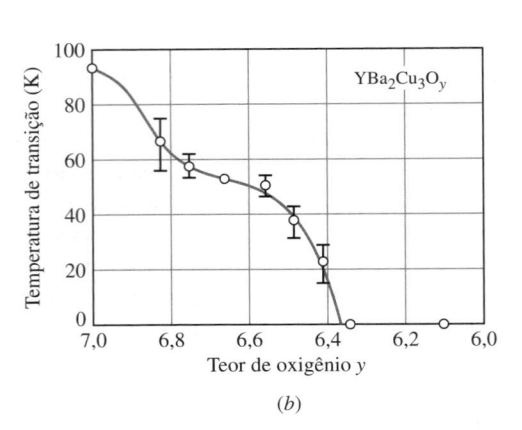

Figura 15.31
(a) Teor de oxigênio *versus* constantes da célula unitária para o $YBa_2Cu_3O_y$. (b) Teor de oxigênio *versus* T_c para o $YBa_2Cu_3O_y$. Reproduzido com permissão de MRS. Bulletin.
De J.M. Tarascon and B.G. Bagley, "Oxygen Stoichiometry and the High T_c Superconducting Oxides", MRS Bulletin, vol. XIV, n. 1, (1989), p. 55.

O composto $YBa_2Cu_3O_y$, quando resfriado lentamente de temperaturas acima de 750 °C na presença de oxigênio, sofre uma mudança na sua estrutura cristalina de tetragonal a ortorrômbica (Figura 15.31a). Se o teor de oxigênio for próximo de $y = 7$, sua T_c será cerca de 90 K (Figura 15.31b) e sua célula unitária terá as constantes $a = 3,82$ Å, $b = 3,88$ Å e $c = 11,7$ Å (Figura 15.30). A fim de se aumentar o valor de T_c, os átomos de oxigênio nos planos (001) devem ser ordenados de modo que as vacâncias de oxigênio estejam na direção a. Acredita-se que a supercondutividade esteja restrita aos planos do CuO_2 (Figura 15.30) com as vacâncias de oxigênio promovendo o acoplamento eletrônico entre os planos do CuO_2. Uma micrografia eletrônica de transmissão (Figura 15.32) mostra o empilhamento dos átomos de Ba e Y na estrutura do $YBa_2Cu_3O_y$.

Do ponto de vista da engenharia, os novos supercondutores de alta T_c são muito promissores de avanços tecnológicos. Para T_c de 90 K, o nitrogênio líquido pode ser usado como refrigerante em substituição ao muito mais caro hélio líquido. Infelizmente, os supercondutores de alta temperatura são essencialmente cerâmicas, que são quebradiças e na sua forma natural possuem baixa capacidade de transporte de corrente. As primeiras aplicações para estes materiais se darão provavelmente na tecnologia de filmes finos em eletrônica como, por exemplo, computadores de alta velocidade.

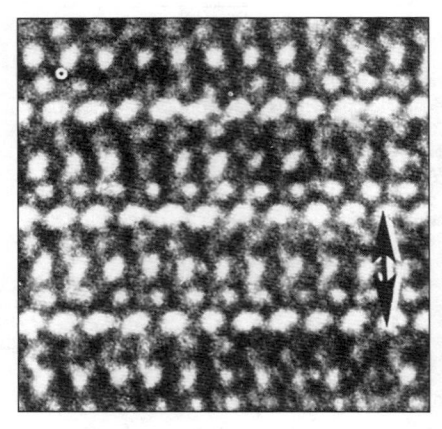

Figura 15.32
Micrografia eletrônica de transmissão de alta resolução na direção [100] ao longo das cadeias cobre-oxigênio e filas de átomos de Ba e Y na célula unitária de $YBa_2Cu_3O_y$, conforme indicado pela flecha.
(Segundo J. Narayan, JOM, January 1989, p. 18.)

15.9 PROBLEMAS

As respostas para os exercícios marcados com um asterisco constam no final do livro.

Problemas de conhecimento e compreensão

15.1 Escreva a equação que relaciona a energia de radiação ao seu comprimento de onda e frequência e dê as unidades SI para cada quantidade.

15.2 Quais são as faixas aproximadas de comprimentos de onda e frequência para a (a) luz visível, (b) luz ultravioleta e (c) radiação infravermelha?

15.3 Se a luz comum for transmitida do ar para uma folha de polimetacrilato com 1 cm de espessura, a luz é acelerada ou desacelerada ao penetrar no plástico? Explique.

15.4 Explique por que o diamante lapidado cintila. Por que o PbO é algumas vezes usado na fabricação de vidros decorativos?

15.5 O que é a lei de Snell de refração da luz? Faça um desenho para explicar.

15.6 Explique por que metais absorvem e/ou refletem a radiação incidente com comprimentos de onda até a região intermediária da faixa do ultravioleta.

15.7 Explique por que o ouro possui a cor amarela e a prata é "prateada".

15.8 Explique o processo de luminescência.

15.9 Explique a diferença entre fluorescência e fosforescência.

15.10 Explique como se dá o efeito de luminescência em um lâmpada fluorescente.

15.11 Explique a diferença entre radiação coerente e incoerente.

15.12 O que significam as letras do acrônimo *laser*?

15.13 Explique a operação do laser de rubi.

15.14 A que se refere o termo *inversão de população* na terminologia do laser?

15.15 Descreva o funcionamento e diga as aplicações dos seguintes tipos de laser: (*a*) neodímio-YAG, (*b*) dióxido de carbono e (*c*) heterojunção dupla de GaAs.

15.16 O que são fibras ópticas?

15.17 Quais são os elementos básicos de um sistema de comunicação de fibra óptica?

15.18 Quais tipos de impurezas são particularmente nocivos no que diz respeito à perda de luz em fibras ópticas?

15.19 Explique como as fibras ópticas agem como guias de onda.

15.20 Diga qual é a diferença entre fibras ópticas dos tipos monomodo e multimodo. Qual tipo é usado nos modernos sistemas de comunicação de longa distância e por quê?

15.21 Quais tipos de laser são usados nos modernos sistemas de comunicação de fibra óptica de longa distância e por quê?

15.22 O que é o estado supercondutor de um material?

15.23 Qual é a importância de T_c, H_c e J_c para um supercondutor?

15.24 Explique a diferença entre supercondutores do tipo I e do tipo II.

15.25 O que é o efeito Meissner?

15.26 Por que os supercondutores do tipo I são maus condutores de corrente?

15.27 O que são fluxoides? Que papel eles desempenham na supercondutividade dos supercondutores do tipo II no estado misto?

15.28 Como se pode proceder à fixação dos fluxoides nos supercondutores do tipo II? Qual é a consequência de se fixar os fluxoides em um supercondutor do tipo II?

15.29 Descreva a estrutura cristalina do $YBa_2Cu_3O_7$. Faça um desenho.

15.30 Por que o composto $YBa_2Cu_3O_y$ deve ser resfriado lentamente a partir de aproximadamente 750 °C para que ele se torne altamente supercondutor?

15.31 Quais são algumas vantagens e desvantagens dos novos supercondutores de óxidos de alta temperatura?

Problemas de aplicação e análise

*15.32 Um fóton em um semicondutor de ZnO cai de um nível de impureza de 2,30 eV para a sua banda de valência. Qual é o comprimento de onda da radiação emitida nesta transição? Se a radiação for visível, qual é a sua cor?

15.33 Um semicondutor emite radiação visível verde com comprimento de onda de 0,520 μm. Qual é o nível de energia do qual os fótons devem cair para a banda de valência de modo a emitir este tipo de radiação?

15.34 Qual é o ângulo crítico para a luz ser totalmente refletida ao deixar uma placa plana de poliestireno e penetrar no ar?

*15.35 Calcule a refletividade da luz comum na superfície superior plana e lisa de (*a*) vidro borosilicato ($n = 1,47$) e (*b*) polietileno ($n = 1,53$).

15.36 A luz comum incide sobre a superfície plana de um material transparente com coeficiente linear de absorção de 0,04 cm^{-1}. Se a placa tiver 0,80 cm de espessura, calcule a fração da luz absorvida por ela.

15.37 A luz comum incide sobre a superfície plana de uma placa de um material transparente. Se a placa tiver 0,75 mm de espessura e absorver 5% da luz que chega, qual é o seu coeficiente linear de absorção?

*15.38 Calcule a transmitância de uma placa de vidro plana com 6 mm de espessura, índice de refração de 1,51e coeficiente linear de absorção de 0,03 cm^{-1}.

15.39 Por que uma folha de polietileno de 2 mm de espessura não é tão límpida quanto uma folha de plástico policarbonato de mesma espessura?

15.40 Calcule o comprimento de onda mínimo da radiação que pode ser absorvida pelos seguintes materiais: (*a*) GaP, (*b*) GaSb e (*c*) InP.

15.41 Diga se a luz visível com comprimento de onda de 500 nm será absorvida ou transmitida pelos seguintes materiais: (*a*) CdSb, (*b*) ZnSe e (*c*) diamante ($E_g = 5,40$ eV)?

15.42 Explique como é produzida a imagem colorida na tela de um televisor em cores.

15.43 A intensidade de um fósforo de Al_2O_3 ativado com cromo diminui para 15% da sua intensidade inicial em $5,6 \times 10^{-3}$ s. Determine (*a*) o seu tempo de relaxamento e (*b*) a intensidade percentual restante após $5,0 \times 10^{-2}$ s.

*15.44 Um fósforo de Zn_2SiO_4 ativado com manganês possui tempo de relaxamento de 0,015 s. Calcule o tempo requerido para a intensidade deste material diminuir para 8% do seu valor original.

15.45 Se a intensidade inicial da luz for reduzida de 6,5% após ser transmitida ao longo de 300 m por uma fibra óptica, qual é a atenuação da luz em decibéis por quilômetro (dB/km) para este tipo de fibra óptica?

15.46 A luz é atenuada em uma fibra óptica operando com comprimento de onda de 1,55 μm e –0,25 dB/km. Se 4,2% da luz devem ser retidos em cada estação repetidora, qual deve ser a distância entre estas estações?

15.47 A atenuação da fibra óptica de 1,3 μm em um cabo submarino transatlântico é −0,31 dB/km e a distância entre os repetidores do sistema é de 40,2 km (25 milhas). Qual é a porcentagem de luz retida em cada repetidor admitindo-se 100% na sua entrada?

15.48 Como são fabricadas as fibras ópticas para sistemas de comunicação? Como o (a) GeO_2 e o (b) F afetam o índice de refração do vidro de sílica?

*__15.49__ Uma fibra óptica monomodo para um sistema de comunicação possui núcleo de vidro de SiO_2-GeO_2 com índice de refração de 1,4597 e uma casca de vidro de SiO_2 puro com índice de refração de 1,4580. Qual é o ângulo crítico para a luz que deixa o núcleo ser totalmente refletida de volta para ele?

15.50 Calcule o campo magnético crítico H_{c1} em teslas para o nióbio a 8 K. Use a Equação 15.10 e os dados da Tabela 15.3.

*__15.51__ Se o vanádio possui um H_c igual a 0,06 T e é supercondutor, qual deve ser a sua temperatura?

Problemas de síntese e avaliação

15.52 Projete um semicondutor que produza fótons com comprimentos de onda da luz verde. Faça uma pesquisa para descobrir quais materiais semicondutores seriam adequados a esta aplicação.

15.53 Admitindo que o nível de energia de impurezas no ZnS seja 1,4 eV abaixo de sua banda de condução, diga qual tipo de radiação forneceria aos portadores de carga apenas energia suficiente para saltar para a banda de condução.

15.54 Selecione um plástico óptico que possua um ângulo crítico de 45° para a luz ser totalmente refletida ao deixar a placa plana e penetrar no ar. (Use a Tabela 15.1.)

15.55 (a) Selecione um material da Tabela 15.1 que possua refletividade da luz incidente comum de aproximadamente 5%. (b) Selecione o material com o nível mais alto de refletividade. (c) Selecione o material com o nível mais baixo de refletividade. (Admita que todas as superfícies sejam polidas.)

15.56 Determine a espessura de um vidro de silicato polido que resultaria em (a) não mais de 2% da luz perdida por absorção e (b) não mais de 4% da luz perdida por absorção. Qual é a sua conclusão? (α = 0,03 cm^{-1})

CAPÍTULO 16
Propriedades Magnéticas

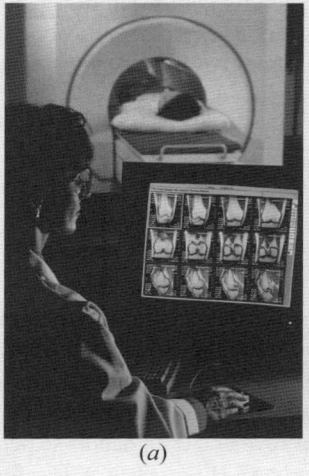

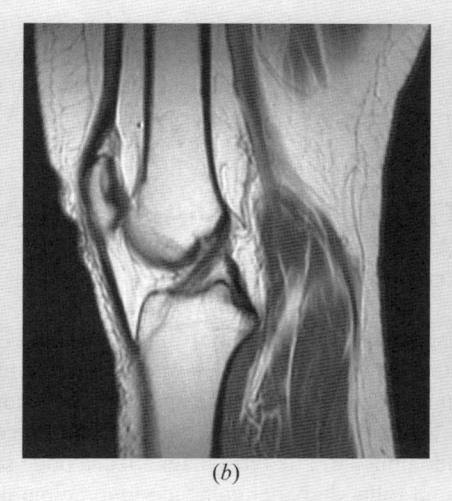

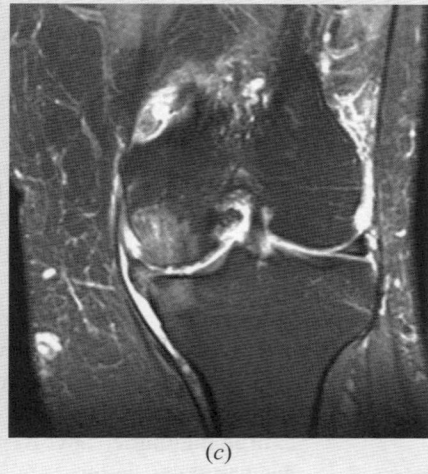

(a) *(b)* *(c)*

(Cortesia de Zimmer, Inc.)

METAS DE APRENDIZAGEM

Ao final deste capítulo, o aluno será capaz de:

1. Descrever brevemente as duas fontes de momento magnético nos materiais.
2. Explicar a histerese magnética para um material.
3. Dar as diferentes características magnéticas de materiais magnéticos duros e moles.
4. Explicar como o aumento da temperatura afeta o alinhamento dos dipolos magnéticos nos materiais ferromagnéticos.
5. Descrever o fenômeno de paramagnetismo.
6. Explicar o que significa alnico.
7. Dar exemplos de aplicações industriais das ferritas moles.
8. Descrever brevemente a origem do antiferromagnetismo.
9. Esboçar a curva de histerese de um material ferromagnético.
10. Explicar o que são a permeabilidade magnética e a permeabilidade magnética relativa.

A técnica de obtenção de imagens por ressonância magnética (RM) é usada para realizar imagens de alta resolução do interior do corpo humano. Ela permite a médicos e pesquisadores investigar com segurança doenças do coração, cérebro, coluna vertebral e outros órgãos do corpo humano. As imagens geradas por RM se devem principalmente à existência no corpo humano de gordura e moléculas de água, constituídas em grande parte de hidrogênio. Em poucas palavras, o hidrogênio produz um sinal magnético de baixa intensidade que é detectado pelo instrumento e usado para o mapeamento do tecido.

Os equipamentos envolvidos na técnica RM são mostrados na figura acima. Eles consistem de um grande ímã que produz o campo magnético, uma bobina de gradiente que gera o gradiente no campo e uma bobina de radiofrequência (bobina RF) que detecta o sinal das moléculas dentro do corpo humano. O ímã é o componente mais caro do sistema e é normalmente de material supercondutor (fios de muitas milhas de comprimento). De maneira geral, o tomógrafo de ressonância magnética é um sistema complexo, produto do trabalho especializado de cientistas nos campos da matemática, física, química e materiais. Ele demanda ainda os conhecimentos de engenheiros biomédicos, especialistas no tratamento de imagens e arquitetos para projetar e construir uma máquina eficiente e segura de se usar.

Um exemplo do uso da tecnologia RM é em ortopedia, quando é feito o mapeamento preciso de tecidos moles lesados. As fotografias acima mostram imagens RM de um ligamento cruzado anterior sadio (esquerda) e de um ligamento lesado (direita). Dependendo da extensão da lesão, o ortopedista decide se é necessário ou não proceder à cirurgia artroscópica para reconstrução do ligamento lesado.

16.1 INTRODUÇÃO

Os materiais magnéticos são necessários para muitos projetos de engenharia, principalmente em engenharia elétrica. De modo geral, há dois tipos principais: *materiais magnéticos duros* e *moles*. Os materiais magnéticos moles são usados para aplicações nas quais o material deve ser facilmente magnetizado e desmagnetizado, tais como núcleos de transformadores de potência de linhas de distribuição de energia (Figura 16.1a), pequenos transformadores eletrônicos e materiais para estatores e rotores de motores e geradores. Por outro lado, os materiais magnéticos duros são usados para aplicações que requerem ímãs permanentes e que não se desmagnetizem facilmente, tais como os ímãs de alto-falantes, receptores de telefones, motores síncronos e sem escova e motores de partida de automóveis.

16.2 CAMPOS E GRANDEZAS MAGNÉTICAS

16.2.1 Campos magnéticos

Este estudo dos materiais magnéticos se iniciará por uma revisão de campos magnéticos e de algumas das propriedades fundamentais do magnetismo. Os metais *ferro*, *cobalto* e *níquel* são os únicos três elementos metálicos que, quando magnetizados à temperatura ambiente, são capazes de gerar um forte campo magnético em torno de si mesmos. Diz-se que eles são **ferromagnéticos**. A presença de um **campo magnético** envolvendo uma barra de ferro magnetizada pode ser revelada espalhando-se pequenas partículas de ferro em uma folha de papel colocada logo acima da barra (Figura 16.2). Conforme mostrado na Figura 16.2, o a barra magnetizada possui dois polos magnéticos, e as linhas de campo parecem ir de um polo a outro.

Em geral, o magnetismo é um fenômeno bipolar, não tendo sido descoberto até hoje nenhum monopolo magnético. Há sempre dois pólos magnéticos, ou centros de um campo magnético, separados por uma distância finita e este comportamento bipolar se estende aos pequenos dipolos magnéticos encontrados em alguns átomos.

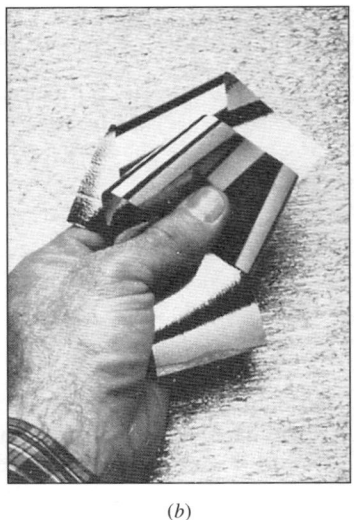

(a)

(b)

Figura 16.1
(a) Um novo material magnético para projetos de engenharia: materiais vítreos metálicos são usados para fabricação dos núcleos magnéticos de transformadores de potência de linhas de distribuição elétrica. A utilização de ligas vítreas metálicas amorfas, muito moles magneticamente, nos núcleos dos transformadores reduz as perdas de energia em cerca de 70% em comparação aos núcleos fabricados com ligas de ferro-silício convencionais.
(*Cortesia de General Electric Co.*)
(b) Fita de vidro metálico.
(*Cortesia de Metglas, Inc.*)

Os campos magnéticos são também gerados por condutores transportadores de corrente. A Figura 16.3 ilustra a formação de um campo magnético ao redor de uma longa bobina de fio de cobre, chamada *solenoide*, cujo comprimento é muito maior do que o seu raio. Para um solenoide de n espiras e comprimento l, a intensidade H do campo magnético é

$$H = \frac{0{,}4\pi ni}{l} \quad (16.1)$$

onde i é a corrente. A intensidade do campo magnético, H, tem unidades SI de ampères por metro (A/m) e unidades cgs de oersteds (Oe). A relação entre as unidades SI e cgs para H é 1 A/m = $4\pi \times 10^{-3}$ Oe.

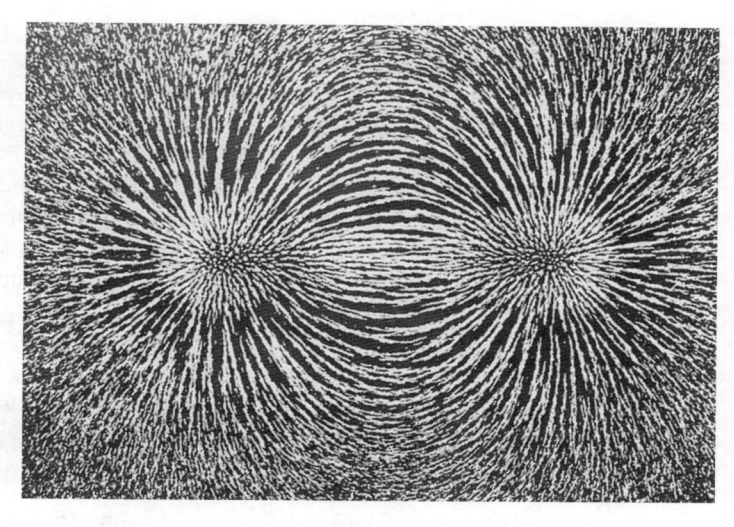

16.2.2 Indução magnética

Seja agora uma barra de ferro desmagnetizada colocada no interior de um solenoide com posterior aplicação de uma corrente magnetizadora conforme mostrado na Figura 16.3b. O campo magnético fora do solenoide agora se torna mais forte devido à presença da barra no seu interior. A intensificação do campo magnético fora do solenoide se deve à soma do campo do solenoide propriamente dito e do campo magnético externo associado à barra magnetizada. Este novo campo magnético intensificado é chamado **indução magnética** ou *densidade de fluxo magnético* ou, simplesmente, *indução* e é representado pelo símbolo B.

A indução magnética é a soma do campo aplicado H e do campo externo resultante da magnetização da barra no interior do solenoide. O momento magnético induzido por unidade volumétrica devido à barra é chamado de *intensidade de magnetização*, ou simplesmente **magnetização**, e é representado pelo símbolo M. No sistema de unidades SI,

$$B = \mu_0 H + \mu_0 M = \mu_0(H + M) \quad (16.2)$$

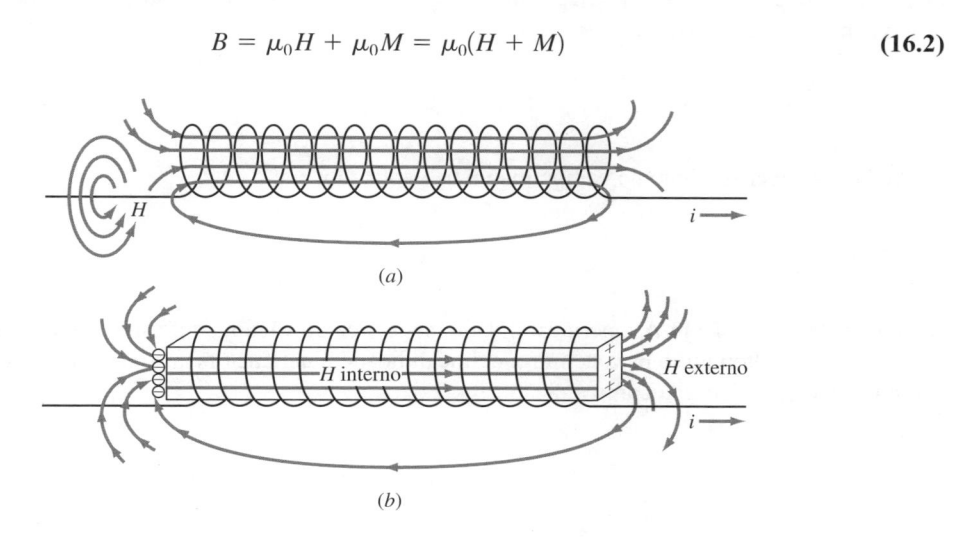

Figura 16.2
O campo magnético envolvendo uma barra magnetizada é revelado pela configuração de limalhas de ferro em uma folha de papel sobre a barra. Observe que a barra magnetizada é bipolar e que as linhas magnéticas de força parecem ir de uma extremidade a outra do ímã.
(*Cortesia do Physical Science Study Committee, conforme publicado em D. Halliday and R. Resnick, "Fundamentals of Physics", Wiley, 1974, p. 612.*)

Figura 16.3
(*a*) Ilustração esquemática do campo magnético criado em torno de uma bobina de fio de cobre, denominada solenoide, pela passagem de corrente pelo fio. (*b*) Ilustração esquemática do aumento no campo magnético em torno do solenoide quando uma barra de ferro é colocada no interior deste e a corrente circula pelo fio.
(*C.R. Barret, A.S. Tetelman and W.D. Nix, "The Principles of Engineering Materials", 1. ed., © 1973. Adaptado com autorização de Pearson Education, Inc., Upper Saddle River, NJ.*)

onde μ_0 = *permeabilidade magnética do vácuo* = $4\pi \times 10^{-7}$ tesla-metros por ampère (T.m/A).[1] A constante μ_0 não tem significado físico e aparece na Equação 16.2 somente porque foram usadas unidades SI. As unidades SI para B são webers[2] por metro quadrado (Wb/m^2) ou Tesla (T) e as unidades SI para H e M são ampères por metro (A/m). A unidade cgs para B é o gauss (G) e para H é o oersted (Oe). A Tabela 16.1 resume essas unidades magnéticas.

Um ponto importante a observar é que, para materiais ferromagnéticos, muitas vezes a magnetização $\mu_0 M$ é muito maior do que do que o campo aplicado $\mu_0 H$, sendo então usada a expressão aproximada B $\approx \mu_0 M$. Por esta razão, para materiais ferromagnéticos, as grandezas B (indução magnética) e M (magnetização) são algumas vezes usadas como sinônimos.

Tabela 16.1
Resumo das unidades para as quantidades magnéticas.

Quantidade magnética	Unidades no SI	Unidades cgs
B (indução magnética)	Weber/m^2 (Wb/m^2) ou Tesla (T)	Gauss (G)
H (campo aplicado)	Ampère/metro (A/m)	Oersted (Oe)
M (magnetização)	Ampère/metro (A/m)	
Fatores de conversão numérica: 1 A/m = $4\pi \times 10^{-3}$ Oe 1 Wb/m^2 = $1{,}0 \times 10^4$ G		
Constante de permeabilidade $\mu_0 = 4\pi \times 10^{-7}$ T · m/A		

16.2.3 Permeabilidade magnética

Conforme mencionado acima, quando um material ferromagnético é colocado em um campo magnético, a intensidade do campo magnético aumenta. Este aumento na magnetização é medido por uma grandeza chamada **permeabilidade magnética**, μ, que é definida como a razão entre a indução magnética, B, e o campo aplicado, H, ou

$$\mu = \frac{B}{H} \tag{16.3}$$

Se houver apenas vácuo no campo magnético aplicado, então,

$$\mu_0 = \frac{B}{H} \tag{16.4}$$

onde $\mu_0 = 4\pi \times 10^{-7}$ T · m/A = permeabilidade magnética do vácuo, conforme discutido anteriormente.

Um método alternativo para definir a permeabilidade magnética faz uso da quantidade **permeabilidade relativa**, μ_r, definida como a razão μ/μ_0. Logo,

$$\mu_r = \frac{\mu}{\mu_0} \tag{16.5}$$

---

[1] Nikola Tesla (1856-1943). Cientista iugoslavo naturalizado americano, em parte responsável pelo desenvolvimento do motor de indução polifásico e inventor da bobina Tesla (um transformador a seco). 1 T = 1 Wb/m^2 = 1 V · s/ m^2.
[2] 1 Wb = 1 V · s

$$B = \mu_0 \mu_r H \quad (16.6)$$

A permeabilidade relativa, μ_r, é uma quantidade adimensional.

A permeabilidade relativa é uma medida da intensidade do campo magnético induzido. Sob alguns aspectos, a permeabilidade magnética dos materiais magnéticos é análoga à constante dielétrica dos materiais dielétricos. Entretanto, a permeabilidade magnética de um material ferromagnético não é constante, mas varia à medida que o material é magnetizado, conforme indicado na Figura 16.4. A permeabilidade magnética de um material magnético é normalmente medida ou pela sua permeabilidade inicial, μ_i, ou pela sua permeabilidade máxima, μ_{max}. A Figura 16.4 mostra como μ_i e μ_{max} são obtidas das inclinações da curva de magnetização inicial B-H para um material magnético. Os materiais magnéticos que são facilmente magnetizados têm altas permeabilidades magnéticas.

16.2.4 Susceptibilidade magnética

Uma vez que a magnetização de um material magnético é proporcional ao campo aplicado, um fator de proporcionalidade chamado **susceptibilidade magnética**, χ_m, é definido da seguinte maneira

$$\chi_m = \frac{M}{H} \quad (16.7)$$

que é uma quantidade adimensional. Respostas magnéticas fracas de materiais são frequentemente medidas em termos da susceptibilidade magnética.

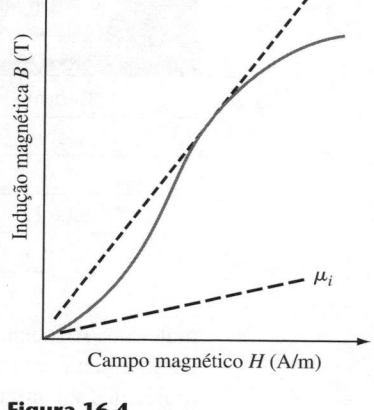

Figura 16.4
Curva de magnetização inicial B-H para um material ferromagnético. A inclinação μ_i é a permeabilidade magnética inicial e a inclinação μ_{max} é a permeabilidade magnética máxima.

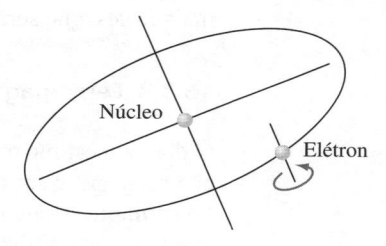

Figura 16.5
Desenho esquemático do átomo de Bohr mostrando um elétron girando em torno do seu próprio eixo e circulando em torno do núcleo. O *spin* do elétron em torno do seu próprio eixo e o seu movimento orbital em torno do núcleo é que dão origem ao magnetismo nos materiais.

16.3 TIPOS DE MAGNETISMO

As forças e os campos magnéticos se originam do movimento da carga elétrica básica, o elétron. Quando os elétrons se movem em um fio condutor, um campo magnético é gerado ao redor do fio, como foi mostrado para o solenoide da Figura 16.3. O magnetismo nos materiais é também devido ao movimento dos elétrons, mas, neste caso, as forças e os campos magnéticos são causados pelo *spin* intrínseco dos elétrons e pelo seu movimento orbital em torno do núcleo (Figura 16.5).

16.3.1 Diamagnetismo

Um campo magnético externo agindo sobre os átomos de um material desequilibra ligeiramente as órbitas dos elétrons, criando pequenos dipolos magnéticos no interior dos átomos que se opõem ao campo aplicado. Esta ação produz um efeito magnético contrário conhecido como **diamagnetismo**. O efeito diamagnético gera uma susceptibilidade magnética negativa muito pequena, da ordem de $\chi_m \approx -10^{-6}$ (Tabela 16.2). O diamagnetismo ocorre em todos os materiais, mas em muitos deles o efeito magnético negativo é cancelado por efeitos magnéticos positivos. O diamagnetismo não tem grande importância na engenharia.

16.3.2 Paramagnetismo

Os materiais que exibem uma pequena susceptibilidade magnética positiva na presença de um campo magnético são chamados de *paramagnéticos* e o efeito magnético é denominado **paramagnetismo**. O efeito paramagnético nos materiais desaparece quando o campo magnético aplicado é removido. O paramagnetismo produz susceptibilidades magnéticas nos materiais que vão de 10^{-6} a 10^{-2} e ocorre em muitos

Tabela 16.2
Susceptibilidades magnéticas de alguns elementos diamagnéticos e paramagnéticos.

Elemento diamagnético	Susceptibilidade magnética $\chi_m \times 10^{-6}$	Elemento paramagnético	Susceptibilidade magnética $\chi_m \times 10^{-6}$
Cádmio	−0,18	Alumínio	+ 0,65
Cobre	−0,086	Cálcio	+ 1,10
Prata	−0,20	Oxigênio	+ 106,2
Estanho	−0,25	Platina	+ 1,10
Zinco	−0,157	Titânio	+ 1,25

materiais. A Tabela 16.2 relaciona as susceptibilidades magnéticas de materiais paramagnéticos a 20 °C. O paramagnetismo é gerado pelo alinhamento de momentos bipolares magnéticos individuais de átomos ou moléculas sob um campo magnético aplicado. Uma vez que a agitação térmica torna aleatórias as direções dos dipolos magnéticos, um aumento na temperatura faz diminuir o efeito paramagnético.

Os átomos de alguns elementos de transição e terras raras possuem camadas eletrônicas internas apenas parcialmente cheias com elétrons desemparelhados. Estes elétrons internos desemparelhados nos átomos, por não serem contrabalanceados por outros elétrons de ligação nos sólidos, causam fortes efeitos paramagnéticos e, em alguns casos, produzem efeitos ferromagnéticos e ferrimagnéticos muito mais fortes, que serão discutidos abaixo.

16.3.3 Ferromagnetismo

O diamagnestimo e o paramagnetismo são induzidos por um campo magnético aplicado e a magnetização permanece somente enquanto este campo for mantido. Um terceiro tipo de magnetismo, chamado **ferromagnestimo**, é de grande importância na engenharia. Grandes campos magnéticos que podem ser mantidos ou eliminados conforme a necessidade podem ser gerados em materiais ferromagnéticos. Os elementos ferromagnéticos mais importantes do ponto de vista industrial são o ferro (Fe), o cobalto (Co) e o níquel (Ni). O gadolínio (Gd), um elemento das terras raras, é também ferromagnético abaixo de 16 °C, mas tem pouca aplicação industrial.

As propriedades ferromagnéticas dos elementos de transição Fe, Co e Ni se devem à maneira como os *spins* dos elétrons internos desemparelhados se alinham nas suas redes cristalinas. As camadas internas dos átomos individuais são preenchidas com pares de elétrons com *spins* opostos e, por esta razão, eles não contribuem para os momentos bipolares magnéticos resultantes. Nos sólidos, os elétrons de valência externa dos átomos combinam-se entre si para formar ligações químicas e, assim sendo, não há momento magnético significativo devido a estes elétrons. No Fe, Co e Ni, os elétrons internos $3d$ desemparelhados são responsáveis pelo ferromagnestimo exibido por estes elementos. O átomo de ferro possui quatro elétrons $3d$ desemparelhados, o átomo de cobalto três, e o átomo de níquel dois (Figura 16.6).

Em amostras de Fe, Co ou Ni sólidos à temperatura ambiente, os *spins* dos elétrons $3d$ de átomos adjacentes se alinham paralelamente uns aos outros em um fenômeno chamado *magnetização espontânea*. Este alinhamento paralelo dos dipolos magnéticos atômicos ocorre somente em regiões microscópicas chamadas *domínios magnéticos*. Se os domínios forem orientados aleatoriamente, então não haverá magnetização líquida resultante em uma amostra finita do material. O alinhamento paralelo dos dipolos magnéticos de átomos de Fe, Co e Ni é devido à criação de uma energia de troca positiva entre eles. Para que este alinhamento paralelo ocorra, a razão entre o espaçamento atômico e o diâmetro da órbita $3d$ deve estar na faixa entre aproximadamente 1,4 e 2,7 (Figura 16.7). Portanto, Fe, Co e Ni são ferromagnéticos, porém o manganês (Mn) e o cromo (Cr) não o são.

16.3.4 Momento magnético de um elétron desemparelhado

Todo elétron girando em torno do seu próprio eixo (Figura 16.5) se comporta como um dipolo magnético, possuindo um momento bipolar chamado **magneton de Bohr**, μ_B. Este momento bipolar possui o valor

Elétron 3d desemparelhados	Átomo	Número de elétrons	Configuração eletrônica dos orbitais 3d	Elétrons 4s
3	V	23	↑ | ↑ | ↑ | |	2
5	Cr	24	↑ | ↑ | ↑ | ↑ | ↑	1
5	Mn	25	↑ | ↑ | ↑ | ↑ | ↑	2
4	Fe	26	↑↓ | ↑ | ↑ | ↑ | ↑	2
3	Co	27	↑↓ | ↑↓ | ↑ | ↑ | ↑	2
2	Ni	28	↑↓ | ↑↓ | ↑↓ | ↑ | ↑	2
0	Cu	29	↑↓ | ↑↓ | ↑↓ | ↑↓ | ↑↓	1

Figura 16.6
Momentos magnéticos de átomos neutros de elementos de transição 3d.

$$\mu_B = \frac{eh}{4\pi m} \qquad (16.8)$$

onde e = carga eletrônica, h = constante de Planck e m = massa do elétron. Em unidades SI, $\mu_B = 9{,}27 \times 10^{-24}$ A·m². Na maioria dos casos, os elétrons nos átomos são emparelhados de modo que os momentos magnéticos positivo e negativo se cancelam. Todavia, os elétrons desemparelhados nas camadas eletrônicas internas podem ter pequenos momentos bipolares positivos, como é o caso para os elétrons 3d do Fe, Co e Ni.

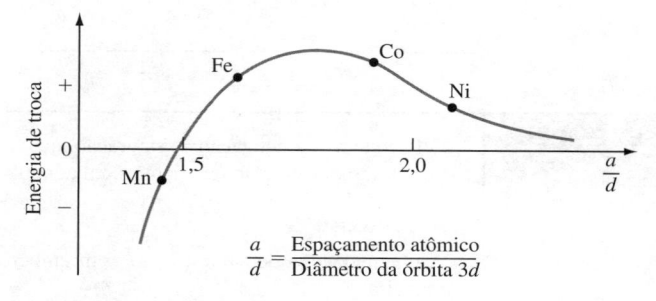

Figura 16.7
Energia de interação de troca magnética em função do quociente entre o espaçamento atômico e o diâmetro da órbita 3d para alguns elementos de transição 3d. Os elementos que possuírem energias de troca positivas são ferromagnéticos; aqueles com energias de troca negativas são antiferromagnéticos.

EXEMPLO 16.1

Usando a relação $\mu_B = eh/4\pi m$, mostre que o valor numérico do magneton de Bohr é $9{,}27 \times 10^{-24}$ A·m².

Solução

$$\mu_B = \frac{eh}{4\pi m} = \frac{(1{,}60 \times 10^{-19}\,\text{C})(6{,}63 \times 10^{-34}\,\text{J}\cdot\text{s})}{4\pi(9{,}11 \times 10^{-31}\,\text{kg})}$$

$$= 9{,}27 \times 10^{-24}\,\text{C}\cdot\text{J}\cdot\text{s/kg}$$

$$= 9{,}27 \times 10^{-24}\,\text{A}\cdot\text{m}^2 \blacktriangleleft$$

A coerência entre as unidades pode ser verificada como se segue:

$$\frac{\text{C}\cdot\text{J}\cdot\text{s}}{\text{kg}} = \frac{(\text{A}\cdot\text{s})(\text{N}\cdot\text{m})(\text{s})}{\text{kg}} = \frac{\text{A}\cdot\cancel{\text{s}}}{\cancel{\text{kg}}}\left(\frac{\cancel{\text{kg}}\cdot\text{m}\cdot\text{m}}{\cancel{\text{s}^2}}\right)(\cancel{\text{s}}) = \text{A}\cdot\text{m}^2$$

EXEMPLO 16.2

Calcule o valor teórico para a magnetização de saturação M_s em ampères por metro, e a indução de saturação B_s em teslas para o ferro puro, admitindo que todos os momentos magnéticos oriundos dos quatro elétrons $3d$ desemparelhados do Fe estejam alinhados em um campo magnético. Use a equação $B_s \approx \mu_0 M_s$ admitindo que a parcela $\mu_0 H$ possa ser desprezada. O ferro puro possui uma célula unitária CCC com constante de rede $a = 0{,}287$ nm.

■ Solução

O momento magnético de um átomo de ferro é admitido igual a 4 magnetons de Bohr. Logo,

$$M_s = \left[\frac{\frac{2 \text{ átomos}}{\text{célula unitária}}}{\frac{(2{,}87 \times 10^{-10} \text{ m})^3}{\text{célula unitária}}}\right]\left(\frac{4 \text{ magnetons de Bohr}}{\text{átomo}}\right)\left(\frac{9{,}27 \times 10^{-24} \text{ A} \cdot \text{m}^2}{\text{magneton de Bohr}}\right)$$

$$= \left(\frac{0{,}085 \times 10^{30}}{\text{m}^3}\right)(4)(9{,}27 \times 10^{-24} \text{ A} \cdot \text{m}^2) = 3{,}15 \times 10^6 \text{ A/m} \blacktriangleleft$$

$$B_s \approx \mu_0 M_s \approx \left(\frac{4\pi \times 10^{-7} \text{ T} \cdot \text{m}}{\text{A}}\right)\left(\frac{3{,}15 \times 10^6 \text{ A}}{\text{m}}\right) \approx 3{,}96 \text{ T} \blacktriangleleft$$

EXEMPLO 16.3

O ferro tem magnetização de saturação igual a $1{,}71 \times 10^6$ A/m. Qual é o número médio de magnetons de Bohr por átomo que contribuem para esta magnetização? O ferro tem estrutura cristalina CCC com $a = 0{,}287$ nm.

■ Solução

A magnetização de saturação M_s, em ampères por metro, pode ser calculada da Equação 16.9 da seguinte maneira

$$M_s = \left(\frac{\text{átomos}}{\text{m}^3}\right)\left(\frac{N\mu_B \text{ magnetons de Bohr}}{\text{átomo}}\right)\left(\frac{9{,}27 \times 10^{-24} \text{ A} \cdot \text{m}^2}{\text{magneton de Bohr}}\right)$$

$$= \text{ans. in A/m}$$

$$\text{Densidade atômica (no. átoms/m}^3) = \frac{2 \text{ átomos/célula unitária CCC}}{(2{,}87 \times 10^{-10} \text{ m})^3/\text{célula unitária}}$$

$$= 8{,}46 \times 10^{28} \text{ átomos/m}^3$$

A Equação 16.9 pode ser rearranjada e resolvida para se obter $N\mu_B$. Inserindo-se os valores para M_s, densidade atômica e μ_B, obtém-se o valor de $N\mu_B$.

$$N\mu_B = \frac{M_s}{(\text{átomos/m}^3)(\mu_B)}$$

$$= \frac{1{,}71 \times 10^6 \text{ A/m}}{(8{,}46 \times 10^{28} \text{ átomos/m}^3)(9{,}27 \times 10^{-24} \text{ A} \cdot \text{m}^2)} = 2{,}18 \,\mu_B/\text{átomo} \blacktriangleleft$$

16.3.5 Antiferromagnetismo

Outro tipo de magnetismo que ocorre em alguns materiais é o **antiferromagnetismo**. Na presença de um campo magnético, os dipolos magnéticos dos átomos de materiais antiferromagnéticos se alinham em direções contrárias (Figura 16.8b). Os elementos manganês e cromo, na fase sólida à temperatura ambiente, exibem antiferromagnetismo e possuem energia de troca negativa porque a razão entre o seu espaçamento atômico e o diâmetro da órbita $3d$ é menor do que aproximadamente 1,4 (Figura 16.7).

16.3.6 Ferrimagnetismo

Em alguns materiais cerâmicos, diferentes íons têm diferentes magnitudes dos seus momentos magnéticos e, quando estes momentos magnéticos se alinham de maneira antiparalela, há um momento magnético líquido resultante em uma dada direção (**ferrimagnetismo**) (Figura 16.8c). Como uma classe de materiais, os materiais ferrimagnéticos são chamados *ferritas*. Há muitos tipos de ferritas. Um deles tem como componente básico a magnetita, Fe_3O_4, a pedra-ímã dos povos antigos. As ferritas possuem baixos valores de condutividade, o que as torna úteis para muitas aplicações em eletrônica.

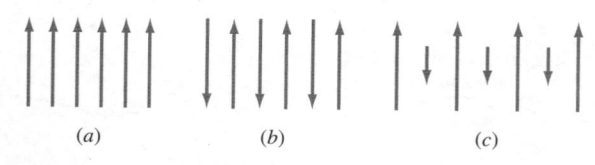

Figura 16.8
Alinhamento dos dipolos magnéticos para diferentes tipos de magnetismo: (a) ferromagnetismo, (b) antiferromagnestimo e (c) ferrimagnetismo.

16.4 EFEITO DA TEMPERATURA SOBRE O FERROMAGNETISMO

A qualquer temperatura finita acima de 0 K, a energia térmica faz os dipolos magnéticos de materiais ferromagnéticos se desviarem do alinhamento paralelo perfeito. Portanto, a troca de energia responsável pelo alinhamento paralelo dos dipolos magnéticos nos materiais ferromagnéticos é contrabalanceada pelos efeitos perturbadores da energia térmica (Figura 16.9). À medida que a temperatura aumenta, chega-se finalmente a um ponto em que o ferromagnetismo no material ferromagnético desaparece completamente e o material se torna paramagnético. Esta temperatura é chamada **temperatura Curie**. Quando uma amostra de um material ferromagnético é resfriada a partir de uma temperatura acima de sua temperatura Curie, os domínios ferromagnéticos se restauram e o material se torna ferromagnético novamente. As temperaturas Curie para o Fe, Co e Ni são 770 °C, 1.123 °C e 358 °C, respectivamente.

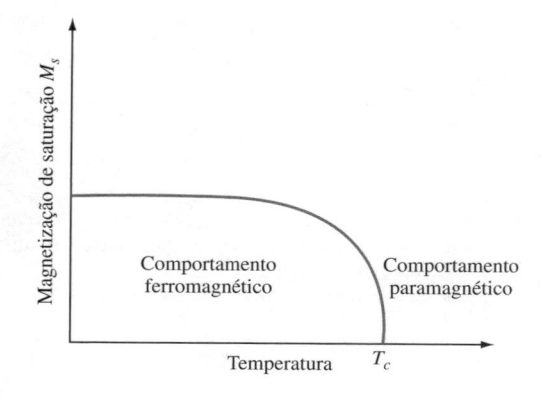

Figura 16.9
Efeito da temperatura sobre a magnetização de saturação, M_s, de um material ferromagnético abaixo de sua temperatura Curie, T_c. O aumento da temperatura torna aleatórios os momentos magnéticos.

16.5 DOMÍNIOS FERROMAGNÉTICOS

Abaixo da temperatura Curie, os momentos dos dipolos magnéticos dos átomos de materiais ferromagnéticos tendem a se alinhar paralelamente uns aos outros em regiões de pequeno volume chamadas **domínios magnéticos**. Quando um material ferromagnético como o ferro ou níquel é desmagnetizado pelo resfriamento lento a partir de uma temperatura acima de sua temperatura Curie, os domínios magnéticos se distribuem aleatoriamente de modo que não há momento magnético líquido macroscópico na amostra (Figura 16.10).

Quando um campo magnético externo é aplicado a um material ferromagnético desmagnetizado, os domínios magnéticos cujos momentos estejam inicialmente alinhados paralelamente ao campo magnético aplicado crescem à custa de domínios orientados menos favoravelmente (Figura 16.11). O crescimento dos domínios ocorre pelo movimento de suas fronteiras, conforme indicado na Figura 16.11, e B ou M cresce rapidamente à medida que o campo H aumenta. O crescimento dos domínios pelo movimento de suas fronteiras ocorre primeiramente, pois este processo requer menos energia do

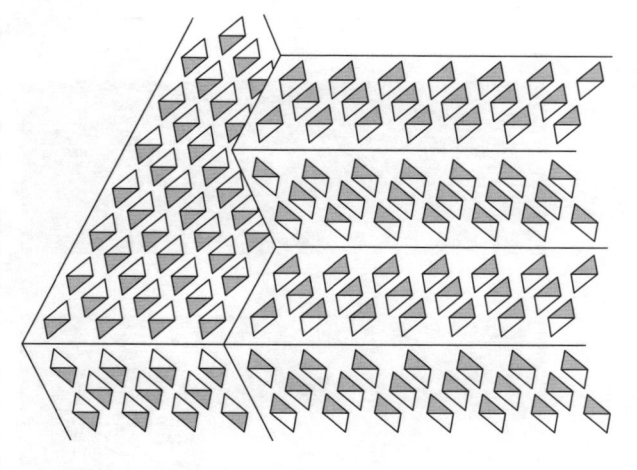

Figura 16.10
Ilustração esquemática dos domínios magnéticos em um metal ferromagnético. Todos os dipolos magnéticos em cada domínio estão alinhados, porém os próprios domínios estão orientados aleatoriamente de modo que não há magnetização líquida resultante.

(De R.M. Rose, L.A. Shephard and J. Wulff, "Structure and Properties of Materials", vol. IV: "Electronic Properties", Wiley, 1966, p. 193.)

que a rotação dos domínios. Quando o crescimento dos domínios cessa, se o campo aplicado for aumentado substancialmente, ocorre a rotação dos domínios. Este processo requer muito mais energia do que o crescimento dos domínios, e a inclinação da curva de B ou M em função de H diminui na região dos altos campos requeridos para rotação dos domínios (Figura 16.11). Quando o campo aplicado for removido, a amostra magnetizada permanece magnetizada, embora uma parte da magnetização seja perdida por causa da tendência dos domínios em girar de volta ao seu alinhamento original.

A Figura 16.12 mostra como as fronteiras do domínio se movem sob a ação de um campo aplicado em agulhas de ferro de cristal único. As paredes dos domínios são expostas pela técnica de Bitter, na qual uma solução coloidal de óxido de ferro é depositada na superfície polida do ferro. O movimento da fronteira é acompanhado por observação em um microscópio óptico. Por meio desta técnica, muito se aprendeu sobre movimento de paredes de domínios sob a ação de campos magnéticos.

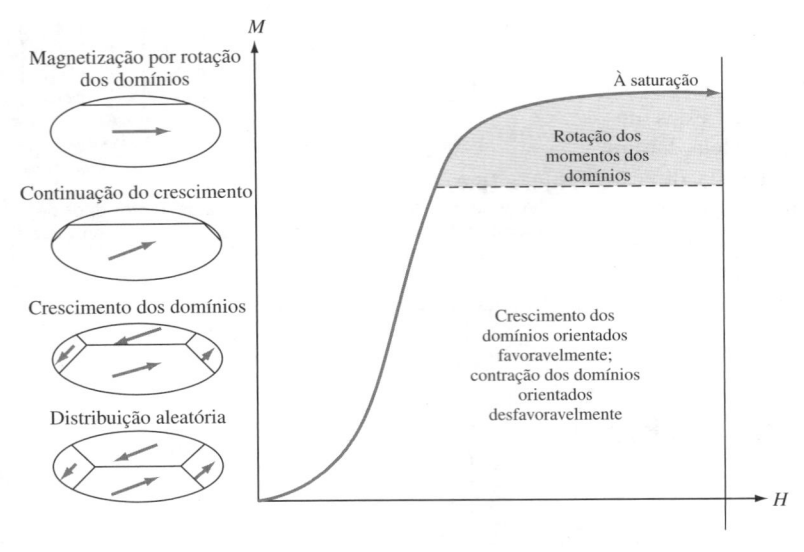

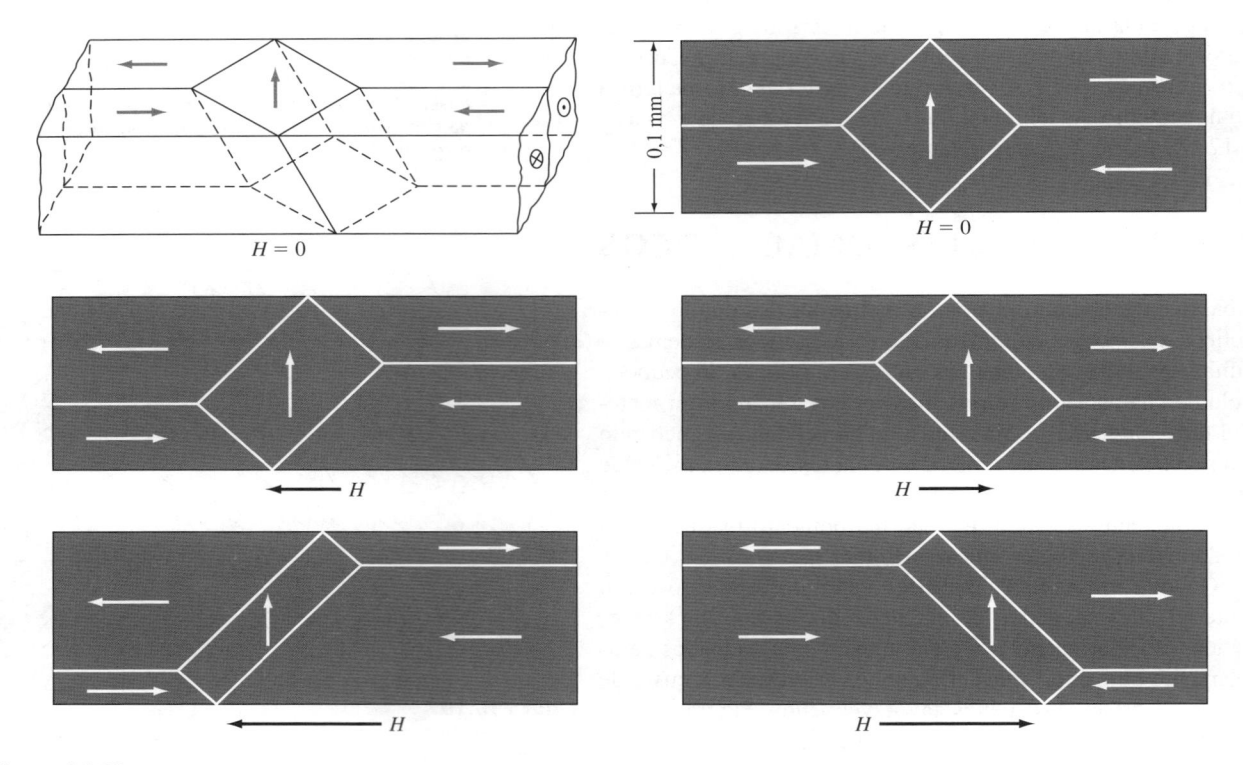

Figura 16.11
Crescimento e rotação dos domínios magnéticos à medida que um material ferromagnético desmagnetizado é magnetizado até a saturação por um campo magnético aplicado.
(De R.M. Rose, L.A. Shephard and J. Wulff, "Structure and Properties of Materials", vol. IV: "Electronic Properties", Wiley, 1966, p. 193.)

Figura 16.12
Movimento das paredes de domínios em um cristal de ferro sob a ação de um campo magnético. Observe que, à medida que se aumenta o campo magnético, os domínios com os seus dipolos alinhados na direção do campo se expandem, e aqueles com seus dipolos na direção contrária tornam-se menores. (Os campos aplicados nas figuras à esquerda e à direita aumentam de cima para baixo.)
(Cortesia de R. W. DeBlois, The General Electric Co., e C. D. Graham, University of Pennsylvania.)

16.6 TIPOS DE ENERGIA DETERMINANTES DA ESTRUTURA DOS DOMÍNIOS FERROMAGNÉTICOS

A estrutura de domínios de materiais ferromagnéicos é determinada por muitos tipos de energias, sendo a estrutura mais estável atingida quando a energia potencial total do material for mínima. A energia magnética total de um material ferromagnético é a soma das seguintes energias: (1) energia de troca, (2) energia magnetostática, (3) energia de anisotropia magnetocristalina, (4) energia da parede de domínio e (5) energia magnetoestritiva. Será agora discutida brevemente cada uma dessas energias.

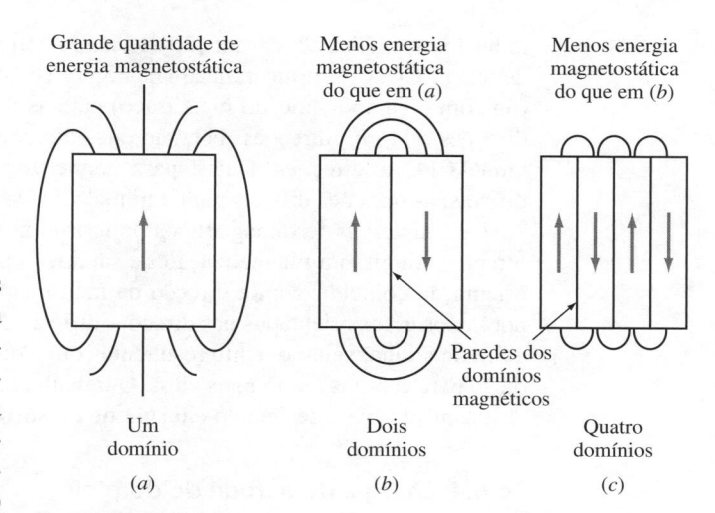

Figura 16.13
Ilustração esquemática mostrando como a redução do tamanho do domínio em um material magnético diminui a energia magnetostática pela redução do campo magnético externo. (*a*) Um domínio, (*b*) dois domínios e (*c*) quatro domínios.

16.6.1 Energia de troca

A energia potencial *dentro* de um domínio de um sólido ferromagnético é minimizada quando todos os seus dipolos estiverem alinhados em uma única direção (**energia de troca**). Esse alinhamento está associado com uma energia de troca positiva. Entretanto, embora a energia potencial dentro do domínio seja minimizada, sua energia potencial externa é aumentada pela formação de um campo magnético externo (Figura 16.13*a*).

16.6.2 Energia magnetostática

Energia magnetostática é a energia magnética potencial de um material ferromagnético produzida pelo seu campo externo (Figura 16.13*a*). Esta energia pode ser minimizada em um material ferromagnético pela formação de domínios conforme ilustrado na Figura 16.13. Para uma unidade de volume de um material ferromagnético, uma estrutura de domínio único tem a energia potencial mais alta, conforme indicado pela Figura 16.13*a*. Dividindo-se o domínio único da Figura 16.13*a* em dois domínios (Figura 16.13*b*), a intensidade e extensão do campo magnético externo são reduzidas. Subdividindo-se o domínio único em quatro domínios, o campo magnético externo é reduzido ainda mais (Figura 16.13*c*). Uma vez que a intensidade do campo magnético externo de um material ferromagnético é diretamente ligada à sua energia magnetostática, a formação de domínios múltiplos reduz a energia magnetostática de uma unidade volumétrica do material.

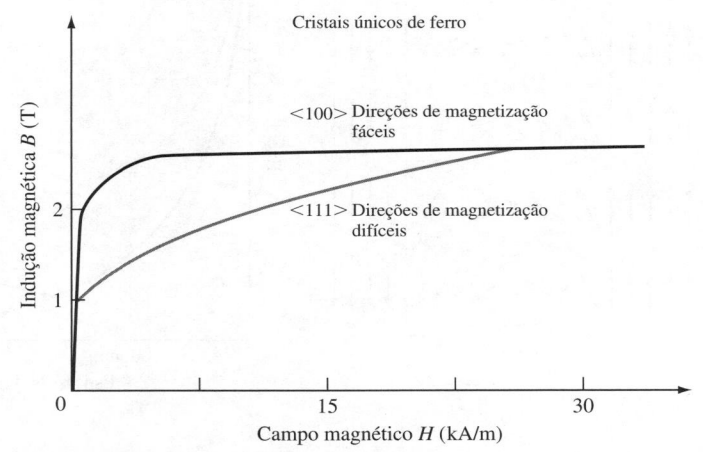

Figura 16.14
Anisotropia magnetocristalina no ferro CCC. O ferro é magnetizado mais facilmente nas direções ⟨100⟩ do que nas direções ⟨111⟩.

16.6.3 Energia de anisotropia magnetocristalina

Antes de considerar a energia da fronteira (parede) dos domínios, é pertinente examinar os efeitos da orientação dos cristais sobre a magnetização de materiais ferromagnéticos. Curvas de magnetização em função do campo aplicado para um cristal único de um material ferromagnético podem variar dependendo da orientação dos cristais relativa ao campo aplicado. A Figura 16.14 mostra curvas para a indução magnética, B, em função do campo aplicado, H, nas direções $\langle 100 \rangle$ e $\langle 111 \rangle$ para cristais únicos de ferro CCC. Conforme indicado na Figura 16.14, a magnetização de saturação ocorre mais facilmente (ou com o campo aplicado mais fraco) para as direções $\langle 100 \rangle$, e com o campo aplicado mais forte nas direções $\langle 111 \rangle$. As direções $\langle 111 \rangle$ são ditas direções "difíceis" para magnetização no ferro CCC. Para o níquel CFC, as direções "fáceis" para magnetização são as direções $\langle 111 \rangle$ e as direções $\langle 100 \rangle$, as direções difíceis; as direções difíceis para o níquel CFC são exatamente o oposto daquelas para o ferro CCC.

Para materiais ferromagnéticos policristalinos como o ferro e o níquel, grãos com orientações diferentes atingirão a magnetização de saturação para diferentes intensidades de campo. Os grãos cuja orientação coincidir com a direção de fácil magnetização se saturarão para fracos campos aplicados; porém, os grãos orientados nas direções difíceis devem primeiramente sofrer um movimento de rotação a fim de alinhar seu momento resultante com a direção do campo aplicado e, portanto, atingirão a saturação para campos muito mais altos. O trabalho realizado para a rotação de todos os domínios por causa desta anisotropia é designado **energia de anisotropia magnetocristalina**.

16.6.4 Energia de parede de domínio

Uma *parede de domínio* é a fronteira entre dois domínios cujos momentos magnéticos globais estão orientados diferentemente. É uma situação análoga ao contorno dos grãos cuja orientação cristalina muda de um grão a outro. Contrariamente ao contorno entre os grãos, onde ocorre uma mudança abrupta de direção em uma camada com espessura de apenas uns três átomos, um domínio muda de orientação gradualmente em uma fronteira com espessura de aproximadamente 300 átomos. A Figura 16.15a mostra um desenho esquemático de uma fronteira de domínio correspondente a uma variação de 180° na direção do momento magnético que ocorre gradualmente ao se cruzar a fronteira.

A grande largura de uma parede de domínio se deve ao equilíbrio entre duas forças: a energia de troca e a anisotropia magnetocristalina. Quando há apenas uma pequena diferença na orientação dos dipolos (Figura 16.15a), as forças de troca entre os dipolos são minimizadas e a energia de troca é reduzida (Figura 16.15b). Portanto, as forças de troca tenderão a alargar a parede de domínio. No entanto, quanto mais larga a parede, maior será o número de dipolos forçados a se acomodar em direções outras que aquelas de fácil magnetização, fazendo aumentar a energia de anisotropia magnetocristalina (Figura 16.15b). Logo, a espessura de equilíbrio da parede será aquela para a qual a soma das energias de troca e anisotropia magnetocristalina for mínima (Figura 16.15b).

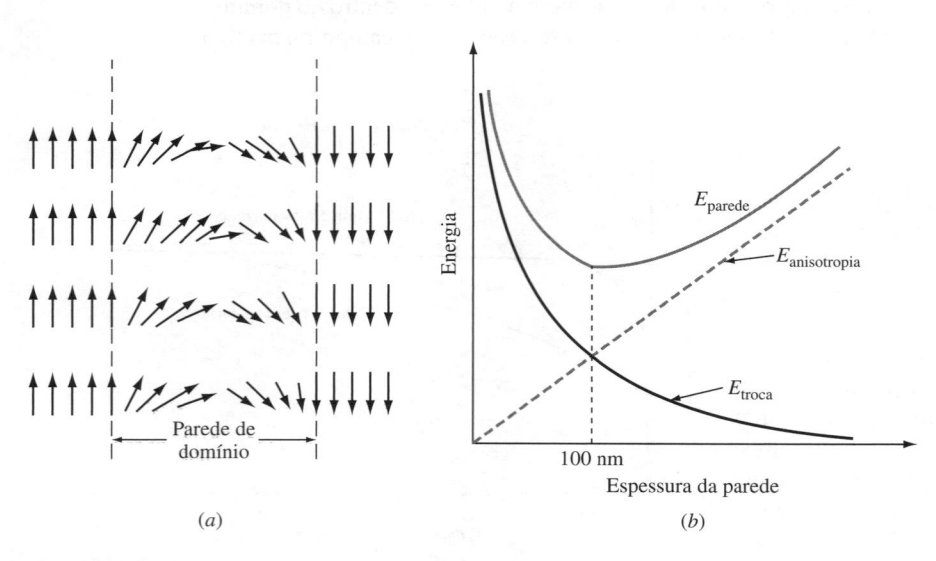

Figura 16.15
Ilustração esquemática de (a) configurações dos dipolos magnéticos na parede de domínio (parede de Bloch) e (b) relação entre energia de troca magnética, energia de anisotropia magnetocristalina e largura da parede. A largura da parede no equilíbrio é cerca de 100 nm.
(C.R. Barrett, A.S. Tetelman and W.D. Nix, "The Principles of Engineering Materials", 1. ed., © 1973. Adaptado com permissão de Pearson Education, Inc., Upper Saddle River, NJ, EUA.)

16.6.5 Energia magnetoestritiva

Quando um material ferromagnético é magnetizado, suas dimensões mudam ligeiramente e a amostra sendo magnetizada ou se expande ou se contrai na direção da magnetização (Figura 16.16). Esta tensão elástica e reversível induzida magneticamente é chamada **magnetostrição** e é da ordem de 10^{-6}. A energia oriunda das tensões mecânicas criadas pela magnetostrição é denominada **energia magnetostritiva**. Para o ferro, a magnetostrição é positiva para campos fracos e negativa para campos fortes (Figura 16.16).

A magnetostrição é atribuída à variação no comprimento da ligação entre os átomos em um metal ferromagnético quando os seus momentos bipolares elétron-*spin* giram para se alinhar durante a magnetização. Os campos dos dipolos podem se atrair ou se repelir, levando à contração ou expansão do metal durante a magnetização.

Seja agora o efeito da magnetostrição sobre a configuração de equilíbrio da estrutura de domínios de materiais cúbicos cristalinos, como aqueles nas Figuras 16.17a e b. Devido à simetria cúbica dos cristais, a formação de domínios de forma triangular – chamados *domínios de fechamento* – nas extremidades do cristal elimina a energia magnetostática associada ao campo magnético externo e, portanto, diminui a energia do material. Poderia parecer que domínios muito grandes como aqueles mostrados nas Figuras 16.17a e b resultariam na configuração mais estável e de menor energia, uma vez que a energia da parede está em um mínimo. Entretanto, este não é o caso, pois as tensões magnetoestritivas geradas durante a magnetização tendem a ser maiores para domínios maiores. Domínios magnéticos menores, como aqueles mostrados na Figura 16.17c, reduzem as tensões magnetoestritivas, mas aumentam a área superficial e a energia das paredes de domínios. Logo, a configuração de domínio no equilíbrio é alcançada quando a soma das **energias das paredes de domínio** e magnetoestritiva estiver em um mínimo.

Em resumo, a estrutura de domínios formada em materiais ferromagnéticos é determinada pelas contribuições das energias de troca, magnetostática, anisotrópica magnetocristalina, parede de domínio e magnetoestritiva para a energia magnética total. A configuração de equilíbrio ou mais estável ocorre quando a energia magnética total estiver em um mínimo.

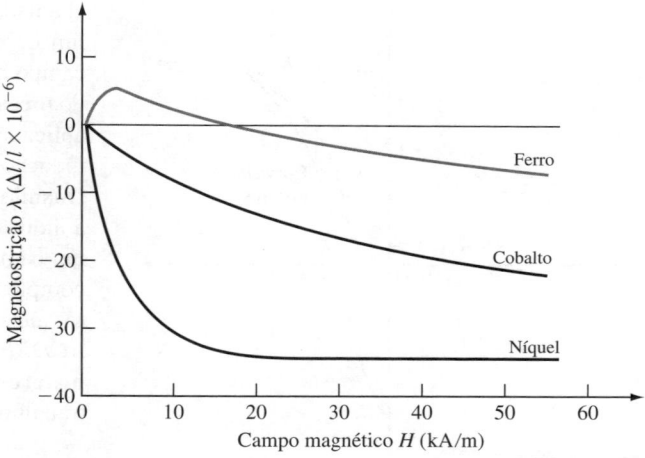

Figura 16.16
Comportamento magnetostritivo dos elementos ferromagnéticos Fe, Co e Ni. A magnetostrição é um alongamento (ou contração) fracionário e nesta ilustração está em unidades de micra por metro.

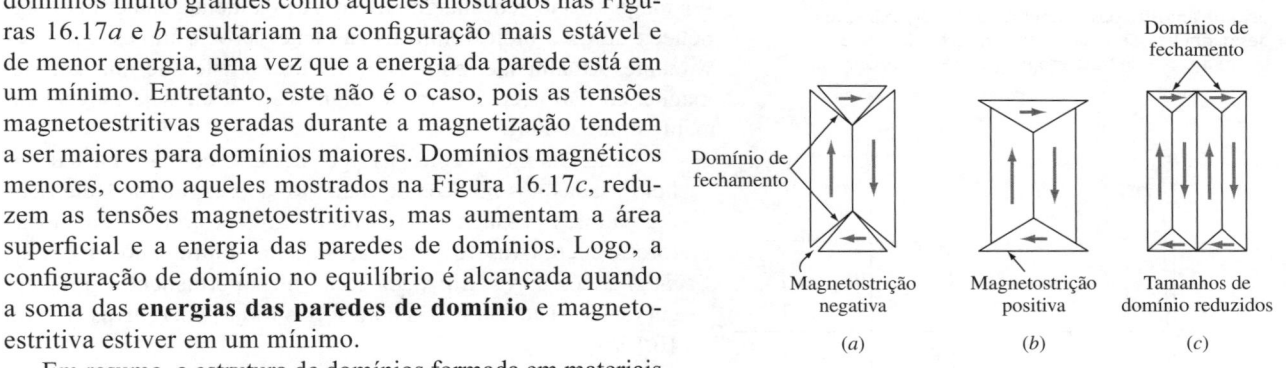

Figura 16.17
Magnetostrição em materiais magnéticos cúbicos. Ilustração didática da magnetostrição (a) negativa e (b) positiva, desfazendo as fronteiras de domínios de um material magnético. (c) Diminuição das tensões magnetoestritivas pela criação de uma estrutura de domínios de tamanhos menores.

16.7 MAGNETIZAÇÃO E DESMAGNETIZAÇÃO DE METAIS FERROMAGNÉTICOS

Os materiais ferromagnéticos como Fe, Co e Ni adquirem fortes magnetizações quando colocados em um campo magnético e permanecem magnetizados, embora em menor grau, após a remoção do campo magnetizador. Seja agora o efeito de um campo aplicado H sobre a indução magnética B de um metal ferromagnético durante magnetização e desmagnetização, conforme mostrado no gráfico de B versus H da Figura 16.18. Primeiramente, um metal ferromagnético como o ferro é desmagnetizado pelo resfriamento lento a partir de uma temperatura acima de sua temperatura Curie. Em seguida, é aplicado um campo magnetizador à amostra e acompanha-se o efeito do campo aplicado sobre a sua indução magnética.

À medida que o campo aplicado aumenta a partir de zero, B aumenta de zero ao longo da curva OA da Figura 16.18 até ser atingida a **indução de saturação**, ponto A. Diminuindo-se o campo aplicado para zero, a curva de magnetização original não é seguida, restando uma densidade de fluxo magnético chamada **indução remanescente**, B_r (ponto C na Figura 16.18). A fim de diminuir a indução magnética a zero, deve-se aplicar um campo magnético reverso (negativo) de intensidade H_c, denominado **força coercitiva** (ponto D na Figura 16.18). Se o campo negativo aplicado for aumentado ainda mais, o material atingirá finalmente a indução de saturação no campo reverso, ponto E da Figura 16.18. Quando o campo reverso é removido, a indução magnética retorna à indução remanescente, ponto F da Figura 16.18, e, sob a ação de um campo positivo, a curva B-H seguirá agora o trajeto FGA para completar o ciclo. A repetida aplicação de campos reversos e diretos até a indução de saturação produzirá o ciclo repetitivo dado por $ACDEFGA$. Este ciclo de magnetização é denominado **curva de histerese** e sua área interna é uma medida da energia perdida ou do trabalho realizado pelo ciclo de magnetização e desmagnetização.

16.8 MATERIAIS MAGNÉTICOS MOLES

Um **material magnético mole** é facilmente magnetizado e desmagnetizado ao passo que um *material magnético duro* é difícil de ser magnetizado e desmagnetizado. Antigamente, materiais magnéticos duros e moles eram fisicamente duros e moles, respectivamente. Atualmente, entretanto, a dureza física de um material magnético não necessariamente significa que ele seja magneticamente mole ou duro.

Materiais moles como as ligas de ferro com 3 ou 4% de silício usadas nos núcleos de transformadores, motores elétricos e geradores possuem curvas de histerese estreitas com fracas forças coercitivas (Figura 16.19a). Por outro lado, materiais magnéticos duros utilizados como ímãs permanentes possuem curvas de histerese largas com fortes forças coercitivas (Figura 16.19b).

16.8.1 Propriedades desejadas para materiais magnéticos moles

Para um material magnético ser mole, sua curva de histerese deve possuir a menor força coercitiva possível. Ou seja, sua curva de histerese deve ser a mais delgada possível de modo que o material seja facilmente magnetizado e tenha alta permeabilidade magnética. Para muitas aplicações, uma alta indução de saturação é também uma propriedade importante dos materiais magnéticos moles. Logo, uma curva de histerese bem fina e alongada é desejável para a maioria dos materiais magnéticos moles (Figura 16.19a).

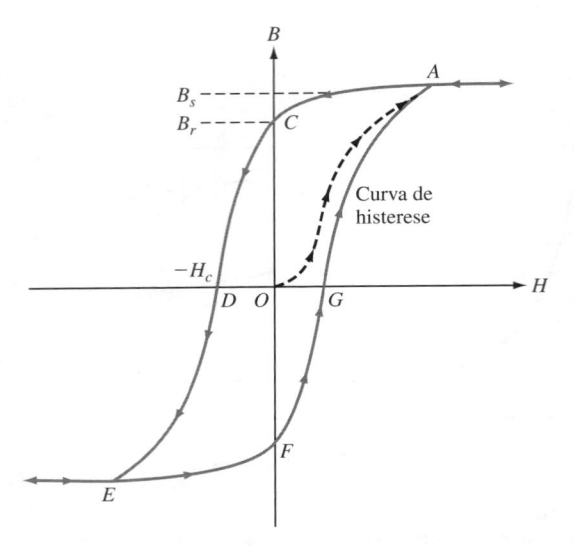

Figura 16.18
Curva de histerese da indução magnética B *versus* campo aplicado H para um material ferromagnético. A curva OA indica a relação inicial B *versus* H para a magnetização de uma amostra desmagnetizada. A magnetização e desmagnetização cíclicas até a indução de saturação levam à curva de histerese magnética $ACDEFGA$.

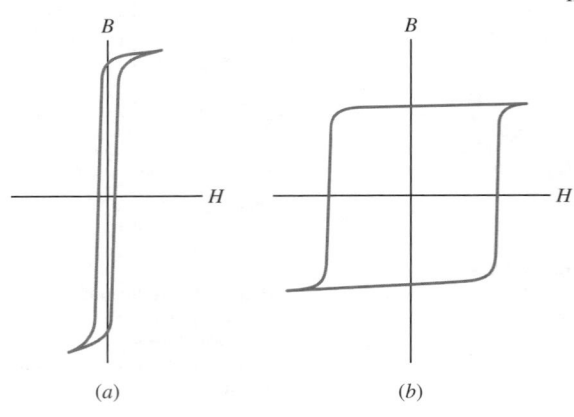

Figura 16.19
Curvas de histerese de (a) materiais magnéticos moles e (b) materiais magnéticos duros. Os materiais magnéticos moles possuem curvas de histerese estreitas que os tornam de fáceis magnetização e desmagnetização. Por outro lado, os materiais magnéticos duros possuem curvas de histerese largas que os tornam de difíceis magnetização e desmagnetização.

16.8.2 Perdas de energia nos materiais magnéticos moles

Perdas de energia por histerese É a energia dissipada ao se mover as paredes de domínios de um lado e outro durante a magnetização e desmagnetização do material magnético. Impurezas, imperfeições na estrutura cristalina e precipitados nos materiais magnéticos moles agem todos como barreiras ao movimento das paredes de domínio durante o ciclo de magnetização e, desta maneira, aumentam a perda de energia por histerese. Deformações plásticas pelo aumento da densidade de discordâncias de um material magnético também aumentam as perdas por histerese. Em geral, a área interna da curva de histerese é uma medida da energia perdida por histerese magnética.

No núcleo magnético de um transformador de potência elétrica CA de 60 ciclos/s, a corrente elétrica passa por toda a curva de histerese 60 vezes por segundo e, em cada ciclo, parte da energia é perdida devido ao movimento das paredes de domínios no material magnético do núcleo do transformador. Portanto, o aumento da frequência da corrente elétrica de entrada CA de dispositivos eletromagnéticos aumenta as perdas de energia por histerese.

Perdas de energia por correntes parasitas Um campo magnético oscilante produzido por uma corrente elétrica de entrada CA no núcleo magnético condutor gera gradientes de voltagem transientes que, por sua vez, criam correntes aleatórias parasitas. Estas correntes elétricas induzidas são chamadas *correntes parasitas* e causam perda de energia em virtude do aquecimento elétrico resistivo que provocam. **Perdas de energia por correntes parasitas** em transformadores elétricos podem ser reduzidas pelo emprego de núcleos magnéticos com estrutura laminada ou em folhas. Uma camada de isolante entre as lâminas condutoras de material magnético evita que as correntes parasitas passem de uma lâmina a outra. Outra alternativa para se reduzir as perdas por corrente parasita, principalmente a altas frequências, é usar um material magnético mole isolante. Óxidos ferrimagnéticos e outros materiais magnéticos semelhantes são usados em algumas aplicações eletromagnéticas de alta frequência e serão discutidos na Seção 16.9.

16.8.3 Ligas de ferro-silício

Os materiais magnéticos moles usados mais extensivamente são as ligas de ferro com 3 a 4% de silício. Antes de 1900, aços-carbono com baixo teor de carbono eram usados para componentes elétricos de potência de baixa frequência (60 Hertz) como transformadores, motores elétricos e geradores. Porém, com estes materiais magnéticos, as perdas no núcleo eram relativamente altas.

A adição de 3 a 4% de silício ao ferro na fabricação de **ligas de ferro-silício** tem muitos efeitos positivos para a redução das perdas no núcleo de materiais magnéticos:

1. O silício aumenta a resistividade elétrica de aços com baixo teor de carbono e, assim, reduz as perdas por correntes parasitas.

2. O silício diminui a energia de magnetoanisotropia do ferro e aumenta a permeabilidade magnética, diminuindo assim as perdas por histerese no núcleo.

3. Adições de silício (3 a 4%) também diminuem a magnetostrição, diminuindo, portanto, as perdas de energia por histerese e ruídos no transformador ("zumbido").

Entretanto, como desvantagem, o silício diminui a maleabilidade do ferro, de modo que apenas cerca de 4% dele podem ser adicionados ao metal. O silício também diminui a indução de saturação e a temperatura Curie do ferro.

Uma diminuição ainda maior das perdas por corrente parasita no núcleo de um transformador foi conseguida pelo uso de uma estrutura laminada (pilha de folhas). No núcleo de um transformador de potência moderno, folhas finas de ferro-silício com espessura de aproximadamente 0,010 a 0,014 polegadas (0,025 a 0,035 cm) são empilhadas em grande número, umas sobre as outras com uma delgada camada de isolante entre elas. O material isolante reveste ambos os lados das folhas de ferro-silício e evita a circulação de correntes parasitas aleatórias perpendiculares a elas.

Um decréscimo ainda maior na perda de energia no núcleo de um transformador foi conseguido nos anos 1940 pela produção de folhas de ferro-silício com grãos orientados. Pelo uso de uma combinação de deformação a frio e tratamentos de recristalização, um material com orientação de grãos (COE) $\{110\}\langle 001\rangle$ – cubo sobre a aresta (*cube-on-edge*) – foi produzido em escala industrial com folhas de Fe-3% Si (Figura 16.20). Uma vez que a direção [001] é um eixo fácil para magnetização de ligas de Fe-3% Si, os domínios magnéticos nos materiais COE são orientados de modo a serem facilmente magnetizados sob a ação de um campo aplicado na direção de laminação das folhas. Logo, o material COE possui permeabilidade mais alta e perdas por histerese mais baixas do que folhas de Fe-Si com textura aleatória (Tabela 16.3).

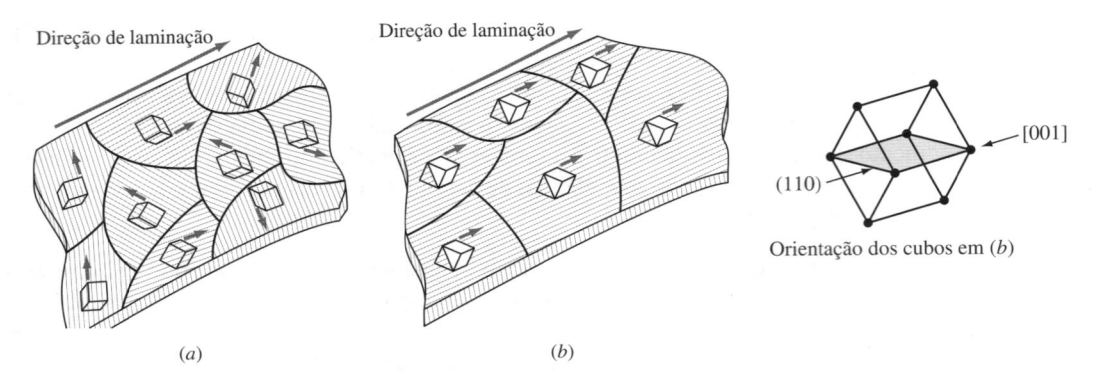

Figura 16.20
Orientações (a) aleatória e (b) preferida, (110) [001], da textura policristalina em folhas de ferro com 3 a 4% de silício. Os pequenos cubos indicam a orientação de cada grão.
(De R.M. Rose, L.A. Shephard and J. Wulff, "Structure and Properties of Materials", vol. IV: "Electronic Properties", Wiley, 1966, pág. 211.)

Tabela 16.3
Propriedades magnéticas importantes de materiais magnéticos moles.

Material e composição	Indução de saturação, B_s [T]	Força coercitiva, H_c [A/cm]	Permeabilidade relativa inicial, μ_i
Ferro magnético, folha de 0,2 cm	2,15	0,88	250
M36 Si-Fe laminado a frio (aleatório)	2,04	0,36	500
M6 (110) [001], 3,2% Si-Fe (orientado)	2,03	0,06	1.500
45 Ni-55 Fe (45 Permalloy)	1,6	0,024	2.700
75 Ni-5 Cu-2 Cr-18 Fe (Mumetal)	0,8	0,012	30.000
79 Ni-5 Mo-15 Fe-0,5 Mn (Supermalloy)	0,78	0,004	100.000
48% MnO-Fe_2O_3, 52% ZnO-Fe_2O_3 (ferrita mole)	0,36		1.000
36% NiO-Fe_2O_3, 64% ZnO-Fe_2O_3 (ferrita mole)	0,29		650

Fonte: G.Y. Chin and J.H. Wernick, "Magnetic Materials, Bulk", vol. 14: *Kirk-Othmer Encyclopedia of Chemical Technology*, 3. ed., Wiley, 1981, p. 686.

16.8.4 Vidros metálicos

Os vidros metálicos são uma classe relativamente nova de materiais do tipo metálico, cuja característica dominante é a estrutura não cristalina, ao contrário das ligas metálicas comuns que possuem estrutura cristalina. Os átomos nos metais e ligas comuns, quando resfriados a partir da fase líquida, arranjam-se em uma estrutura cristalina ordenada. A Tabela 16.4 relaciona as composições atômicas de oito vidros metálicos importantes na engenharia. Estes materiais possuem importantes propriedades magnéticas moles e consistem essencialmente de várias combinações dos ferromagnéticos Fe, Co e Ni com os metaloides B e Si. As aplicações destes materiais magnéticos excepcionalmente moles incluem transformadores de potência de baixa perda no núcleo, sensores magnéticos e cabeçotes de gravação.

Os vidros metálicos são produzidos por um processo de solidificação rápida, no qual o vidro metálico fundido é resfriado muito rapidamente (cerca de 10^6 °C/s) na forma de um filme fino sobre um molde giratório revestido de cobre (Figura 16.21a). Este processo produz uma fita contínua de vidro metálico com espessura de aproximadamente 0,001 polegadas (0,0025 cm) e largura de seis polegadas (15 cm).

Os vidros metálicos possuem algumas propriedades notáveis. Eles são muito resistentes [até 650 ksi (4500 MPa)], muito duros, mas com alguma flexibilidade, e muito resistentes à corrosão. Os vidros metálicos relacionados na Tabela 16.4 são magneticamente muito moles, conforme indicado por suas permeabilidades máximas. Logo, eles podem ser magnetizados e desmagnetizados muito facilmente.

Tabela 16.4
Vidros metálicos: composições, propriedades e aplicações.

Liga (% atômica)	Indução de saturação, B_s [T]	Permeabilidade máxima	Aplicações
$Fe_{78}B_{13}Si_9$	1,56	600.000	Transformadores de potência, baixas perdas no núcleo.
$Fe_{81}B_{13,5}Si_{3,5}C_2$	1,61	300.000	Transformadores de pulso, disjuntores magnéticos.
$Fe_{67}Co_{18}B_{14}Si_1$	1,80	4.000.000	Transformadores de pulso, disjuntores magnéticos.
$Fe_{77}Cr_2B_{16}Si_5$	1,41	35.000	Transformadores de corrente, núcleos sensores.
$Fe_{74}Ni_4Mo_3B_{17}Si_2$	1,28	100.000	Baixas perdas no núcleo a altas frequências.
$Co_{69}Fe_4Ni_1Mo_2B_{12}Si_{12}$	0,70	600.000	Sensores magnéticos, cabeçotes de gravação.
$Co_{66}Fe_4Ni_1B_{14}Si_{15}$	0,55	1.000.000	Sensores magnéticos, cabeçotes de gravação.
$Fe_{40}Ni_{38}Mo_4B_{18}$	0,88	800.000	Sensores magnéticos, cabeçotes de gravação.

Fonte: Metglas Magnetic Alloys, Allied Metglas Products.

As paredes de domínio nestes materiais podem se mover com enorme facilidade, principalmente porque não há contornos de grão nem grandes extensões de anisotropia cristalina. A Figura 16.21b mostra alguns domínios magnéticos que foram produzidos curvando-se a fita de vidro metálico. Vidros metálicos magneticamente moles têm curva de histerese muito delgada, conforme indicado na Figura 16.21c, e, portanto, têm perdas por histerese muito baixas. Esta propriedade permitiu o desenvolvimento de núcleos de transformadores de potência com múltiplas camadas de vidro metálico cujas perdas se reduzem a 70% das perdas nos núcleos de ferro-silício convencionais (Figura 16.1). Realizam-se atualmente muitas atividades de pesquisa e desenvolvimento envolvendo a aplicação de vidros metálicos em transformadores de potência de baixa perda.

16.8.5 Ligas de níquel-ferro

As permeabilidades magnéticas do ferro comercialmente puro e de ligas de ferro-silício são relativamente baixas para baixos campos aplicados. Uma permeabilidade magnética inicialmente baixa não é muito importante no que diz respeito a aplicações de potência, como núcleos de transformadores, uma vez que estes equipamentos são operados a altas magnetizações. Todavia, para equipamentos de comunicação de alta sensibilidade usados para detectar ou transmitir sinais fracos, **ligas de níquel-ferro**, que possuem permeabilidades muito mais altas a baixos campos, são comumente usadas.

Em geral, duas grandes classes de ligas de Ni-Fe são produzidas comercialmente, uma com aproximadamente 50% de Ni e outra com cerca de 79% de Ni. As propriedades magnéticas de algumas destas ligas são relacionadas na Tabela 16.3. A liga com 50% de Ni é caracterizada por uma permeabilidade moderada ($\mu_i = 2.500$; $\mu_{max} = 25.000$) e alta indução de saturação [$B_s = 1,6$ T (16.000 G)]. A liga com 79% de Ni possui alta permeabilidade ($\mu_i = 100.000$; $\mu_{max} = 1.000.000$), porém, indução de saturação mais baixa [$B_s = 0,8$ T (8.000 G)]. Estas ligas são usadas em transformadores e instrumentos de áudio, relés de instrumentos e para laminação de rotores e estatores. Núcleos de fita enrolada, como a vista em corte mostrada na Figura 16.22, são comumente usados em transformadores eletrônicos.

As ligas de Ni-Fe possuem estas altas permeabilidades porque, para as composições utilizadas, suas energias magnetoestritiva e de magnetoanisotropia são baixas. A permeabilidade inicial mais alta no composto Ni-Fe ocorre para 78,5% de Ni e 21,5% de Fe, mas o resfriamento rápido abaixo de 600 °C é necessário para evitar a formação de uma estrutura ordenada. A estrutura ordenada de equilíbrio do sistema Ni-Fe possui células unitárias CFC com átomos de Ni nas faces e átomos de Fe nos cantos das faces. A adição de aproximadamente 5% de Mo aos 78,5% de Ni (porcentagem de equilíbrio com o Fe)

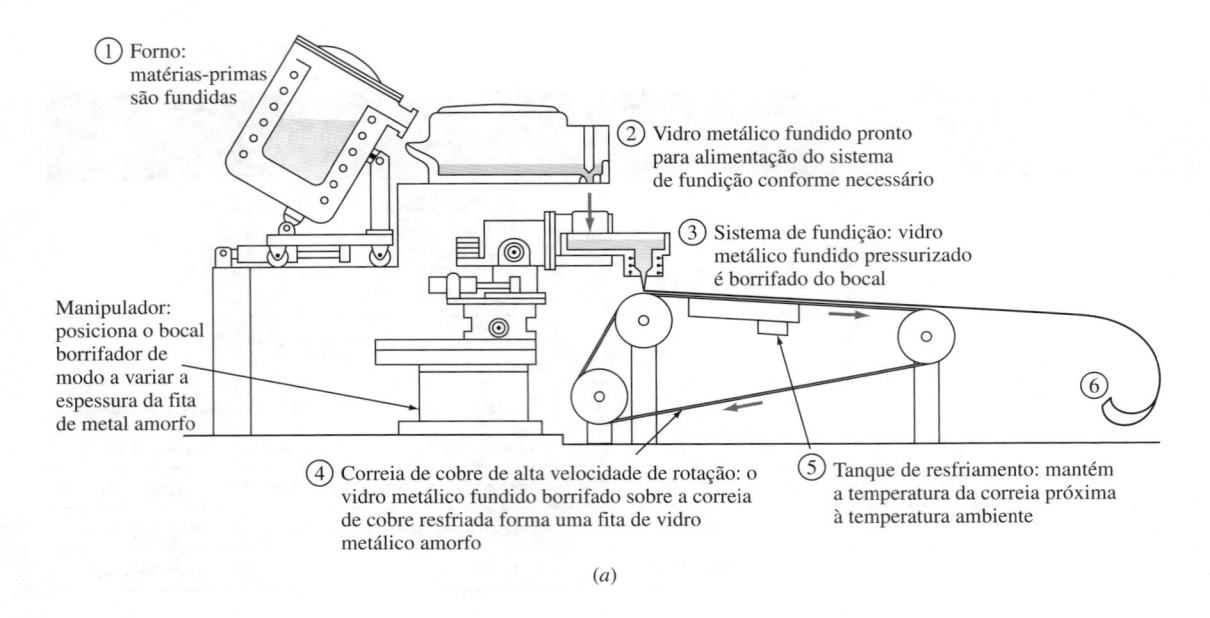

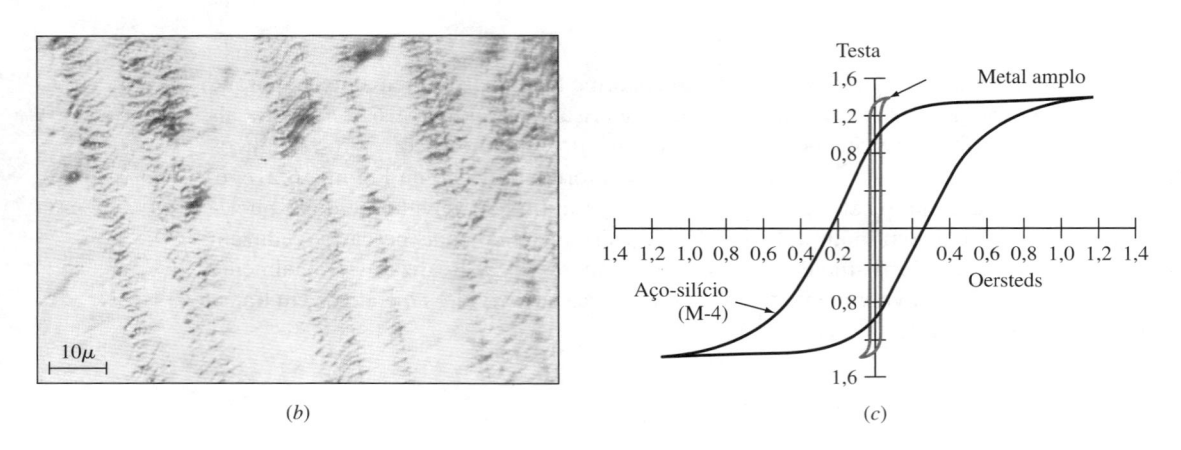

Figura 16.21
(a) Vista esquemática do processo de solidificação rápida para produção de fita de vidro metálico.
(*Segundo New York Times, 11 de janeiro de 1989, p. D7.*)
(b) Domínios de indução magnética em um vidro metálico.
(*V. Lakshmanan and J C.M. Li, Mater. Sci. Eng., 1988, p. 483.*)
(c) Comparação das curvas de histerese de um vidro metálico ferromagnético e de uma folha ferromagnética de ferro-silício M-4.
(*De Electric World, September 1985.*)

da liga também evita a reação de ordenação, de modo que resfriamento moderado da liga acima de 600 °C é suficiente para prevenir a ordenação.

A permeabilidade inicial das ligas de Ni-Fe contendo cerca de 56 a 58% de Ni pode ser aumentada três ou quatro vezes pelo recozimento da liga na presença de um campo magnético após o recozimento habitual à alta temperatura. O recozimento magnético causa a ordenação direcional dos átomos da rede Ni-Fe e, desta maneira, aumenta a permeabilidade inicial destas ligas. A Figura 16.23 mostra o efeito do recozimento magnético sobre a curva de histerese de uma liga com 65% de Ni e 35% de Fe.

16.9 MATERIAIS MAGNÉTICOS DUROS

16.9.1 Propriedades dos materiais magnéticos duros

Materiais magnéticos duros ou permanentes são caracterizados por uma alta força coercitiva, H_c, e uma alta indução magnética remanescente, B_r, conforme indicado esquematicamente na Figura 16.19b. Logo, as curvas de histerese de materiais magnéticos duros são largas e altas. Estes materiais são magnetizados em um campo magnético forte o suficiente para orientar seus domínios magnéticos na direção do campo aplicado. Parte da energia aplicada pelo campo é convertida em energia potencial, armazenada no ímã permanente produzido. Um ímã permanente completamente magnetizado encontra-se, portanto, em um estado de energia relativamente alta comparado ao ímã desmagnetizado.

Materiais magnéticos duros, uma vez magnetizados, são difíceis de ser desmagnetizados. A curva de desmagnetização de um material magnético duro é escolhida como o segundo quadrante de sua curva de histerese e pode ser usada para comparação das intensidades de ímãs permanentes. A Figura 16.24 compara as curvas de desmagnetização de vários materiais magnéticos duros.

A potência ou energia externa de um material magnético permanente (duro) está diretamente relacionada ao tamanho de sua curva de histerese. A energia potencial magnética de um material magnético duro é medida pelo **produto de energia máximo $(BH)_{max}$**, que é o valor máximo do produto de B (indução magnética) por H (o campo desmagnetizador) determinado da curva de desmagnetização do material. A Figura 16.25 mostra a curva de energia externa (BH) para um material magnético duro hipotético e seu produto de energia máximo, $(BH)_{max}$. Basicamente, o produto de energia máximo de um material magnético duro é a área ocupada pelo maior retângulo que pode ser inscrito no segundo quadrante da curva de histerese do material. As unidades SI do produto de energia BH são kJ/m³; as unidades no sistema cgs são G × Oe. As unidades SI para o produto de energia máximo $(BH)_{max}$ de joules por metro cúbico são equivalentes ao produto das unidades de B em teslas e H em ampères por metro, da seguinte maneira

Figura 16.22
(a) Núcleos magnéticos de fita enrolada. (a) Núcleo encapsulado. (b) Seção transversal de um núcleo de fita enrolada com encapsulamento fenólico. Observe a camada amortecedora de borracha de silicone entre a fita de liga magnética e o encapsulamento fenólico. As propriedades magnéticas de núcleos de fita enrolada de ligas de alto Ni-Fe recozidas são susceptíveis a danos por deformação.
(Cortesia de Magnetigs, uma divisão da Spang & Company.)

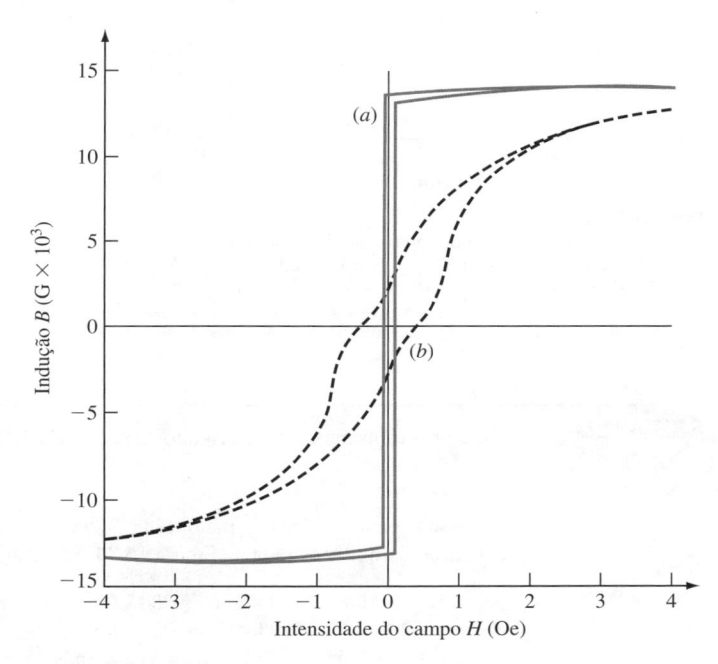

Figura 16.23
Efeito do recozimento magnético sobre a curva de histerese de uma liga 65% Ni-35% Fe. (a) Permalloy 65 recozida na presença de um campo magnético; (b) Permalloy 65 recozida na ausência de um campo magnético.
(De K.M. Bozorth, "Ferromagnetism", Van Nostrand, 1951, p. 121.)

$$\left[B \left(\cancel{T} \cdot \frac{\cancel{Wb}}{m^2} \cdot \frac{1}{\cancel{T}} \cdot \frac{\cancel{V} \cdot s}{\cancel{Wb}} \right) \right] \left[H \left(\frac{\cancel{A}}{m} \cdot \frac{J}{\cancel{V} \cdot \cancel{A} \cdot s} \right) \right] = BH \left(\frac{J}{m^3} \right)$$

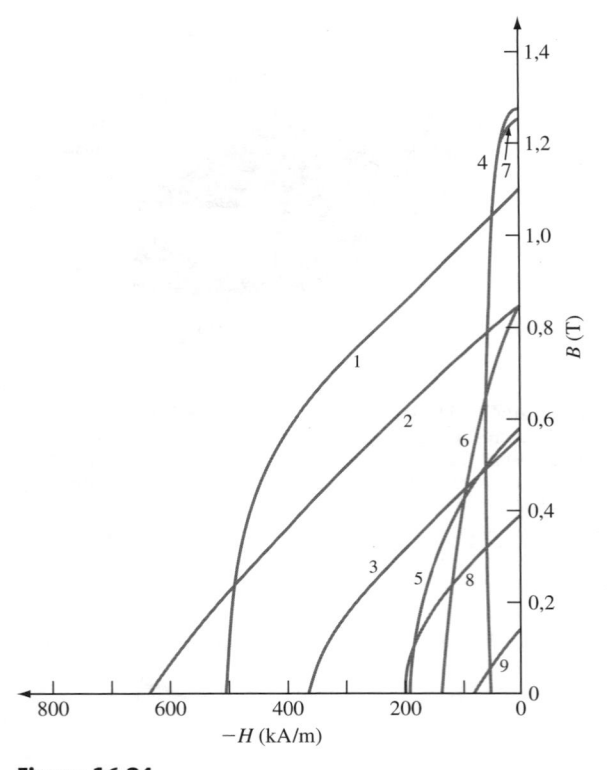

Figura 16.24
Curvas de desmagnetização de vários materiais magnéticos duros. 1: Sm(Co,Cu)$_{7,4}$; 2: SmCo$_5$; 3: SmCo$_5$ ligado; 4: alnico 5; 5: Mn-Al-C; 6: alnico 8; 7: Cr-Co-Fe; 8: ferrita; e 9: ferrita ligada.

(*De G.Y. Chin and J.H. Wernick, "Magnetic Materials, Bulk", Vol. 14, Kirk-Othmer "Encyclopedia of Chemical Technology", 3. ed., Wiley, 1981, p. 673. Reproduzido com autorização de John Wiley & Sons, Inc.*)

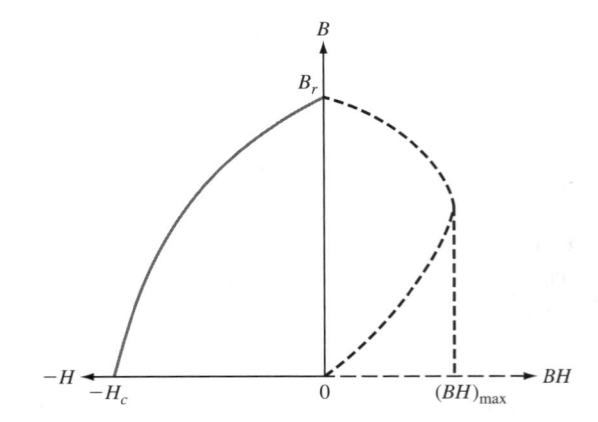

Figura 16.25
O diagrama esquemático da curva do produto de energia (*B versus BH*) de um material magnético duro como uma liga alnico é dado pela linha circular pontilhada à direita do eixo *B* (indução). O produto de energia máximo $(BH)_{max}$ é dado pela interseção da linha vertical pontilhada com o eixo *BH*.

EXEMPLO 16.4

Estimar o valor máximo do produto de energia $(BH)_{max}$ para a liga Sm (Co,Cu)7,4 da Figura 16.24.

▪ Solução

Deve-se encontrar a área do maior retângulo que pode ser inserido no segundo quadrante da curva de desmagnetização da liga mostrada na Figura 16.24. São dadas quatro tentativas de cálculo destas áreas:

Tentativa 1 ~ (0,8 T 250 kA/m) = 200 kJ/m^3 (ver Figura E16.4)
Tentativa 2 ~ (0,6 T 380 kA/m) = 228 kJ/m^3
Tentativa 3 ~ (0,55 T 420 kA/m) = 231 kJ/m^3
Tentativa 4 ~ (0,50 T 440 kA/m) = 220 kJ/m^3

O máximo valor obtido é cerca de 231 kJ/m^3, próximo do valor 240 kJ/m^3 listado para a liga Sm (Cu,Co) na Tabela 16.5.

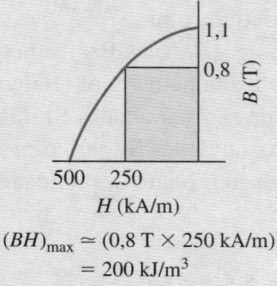

$$(BH)_{max} \simeq (0,8\ T \times 250\ kA/m)$$
$$= 200\ kJ/m^3$$

Figura E16.4
Tentativa 1

Tabela 16.5
Propriedades magnéticas importantes de materiais magnéticos duros.

Material e composição	Indução remanescente, B_r [T]	Força coercitiva, H_c [A/cm]	Produto de energia máximo, $(BH)_{max}$ (kJ/m³)
Alnico 1. 12 Al, 21 Ni, 5 Co, 2 Cu, bal Fe	0,72	37	11,0
Alnico 5. 8 Al, 14 Ni, 25 Co, 3 Cu, bal Fe	1,28	51	44,0
Alnico 8. 7 Al, 15 Ni, 24 Co, 3 Cu, bal Fe	0,72	150	40,0
Terra rara-Co, 35 Sm, 65 Co	0,90	675–1200	160
Terra rara-Co, 25,5 Sm, 8 Cu, 15 Fe, 1,5Zr, 50 Co	1,10	510–520	240
Fe-Cr-Co, 30 Cr, 10 Co, 1 Si, 59 Fe	1,17	46	34,0
MO-Fe$_2$O$_3$ (M = Ba, Sr) (ferrita dura)	0,38	235–240	28,0

Fonte: G.Y. Chin and J.H. Wernick, "Magnetic Materials, Bulk", vol. 14: *Kirk-Othmer Encyclopedia of Chemical Technology*, 3. ed., Wiley, 1981, p. 686.

16.9.2 Ligas alnico

Propriedades e composições As **ligas alnico (*al*umínio--*ní*quel-*co*balto)** são os materiais magnéticos duros comercialmente mais importantes atualmente. Elas respondem por aproximadamente 35% do mercado de ímãs duros nos Estados Unidos. Estas ligas são caracterizadas por um alto produto de energia [$(BH)_{max}$ = 40 a 70 kJ/m³ (5 a 9 MG × Oe)], uma alta indução remanescente [B_r = 0,7 a 1,35 T (7 a 13,5 kG)] e uma coercividade moderada [H_c = 40 a 160 kA/m (500 a 2010 Oe)]. A Tabela 16.5 lista algumas propriedades magnéticas de várias ligas alnico e outras ligas magnéticas permanentes.

A família de ligas alnico é constituída de ligas à base de ferro com adições de Al, Ni e Co mais 3% de Cu. Uma pequena porcentagem de Ti é adicionada às ligas de alta coercividade, alnicos 6 a 9. A Figura 16.26 mostra gráficos de barra das composições de algumas das ligas alnico. Ligas alnico 1 a 4 são isotrópicas ao passo que ligas alnicos 5 a 9 são anisotrópicas por serem tratadas termicamente em um campo magnético enquanto se formam os precipitados. As ligas alnico são quebradiças e, por esta razão, são produzidas por fundição ou por processos de metalurgia do pó. Pós de alnico são usados principalmente para produzir grandes quantidades de pequenos objetos de formas complexas.

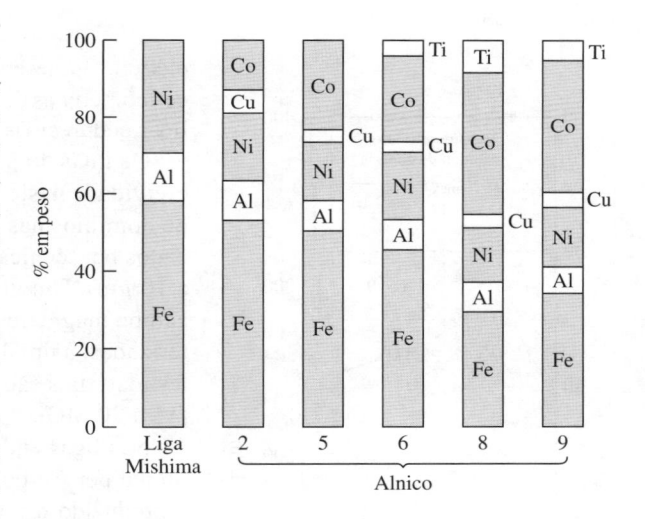

Figura 16.26
Composições químicas das ligas alnico. A liga original foi descoberta em 1931 no Japão por Mishima.
(De B.D. Cullity, "Introduction to Magnetic Materials", Addison-Wesley, 1972, p. 566. Reproduzido com autorização de Elizabeth M. Cullity.)

Estrutura Acima de sua temperatura para tratamento térmico de solução de aproximadamente 1.250 °C, as ligas alnico são monofásicas com estrutura cristalina CCC. Durante o resfriamento para cerca de 750 a 850 °C, estas ligas se decompõem em duas outras fases CCC, α e α'. A matriz da fase α é rica em Ni e Al e é apenas ligeiramente magnética. O precipitado α' é rico em Fe e Co e, por conseguinte, tem uma magnetização mais alta do que a fase α, rica em Ni e Al. A fase α' tende a ter formato cilíndrico com aproximadamente 10 nm em diâmetro e 100 nm de comprimento e alinhamento nas direções $\langle 100 \rangle$.

Se o tratamento térmico a 800° C for efetuado em um campo magnético, o precipitado α' forma finas partículas alongadas na direção do campo magnético (Figura 16.27) em uma matriz de fase α (**recozimento magnético**). A alta coercividade dos alnicos é atribuída à dificuldade de se girar partículas de domínio único de fase α', devido à anisotropia de formatos. Quanto maior a razão de aspecto (comprimento sobre largura) dos cilindros e quanto mais lisa a sua superfície, maior a coercividade da

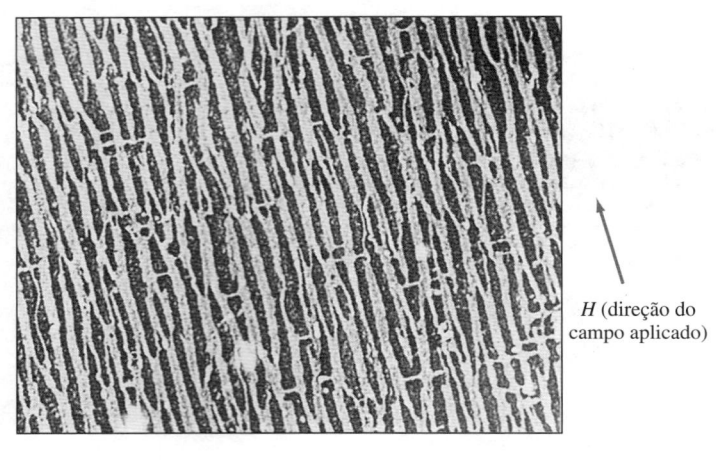

Figura 16.27
Réplica de uma micrografia eletrônica mostrando a estrutura da liga alnico 8 (Al-Ni-Co-Fe-Ti) após tratamento térmico a 800 °C em um campo magnético durante nove minutos. A fase α (rica em Ni e Al) é mais clara enquanto a fase α' (rica em Fe e Co) é mais escura. A fase α', que é altamente ferromagnética, é alongada na direção do campo aplicado, criando anisotropia da força coercitiva.
(*Cortesia de K.J. deVos, 1966.*)

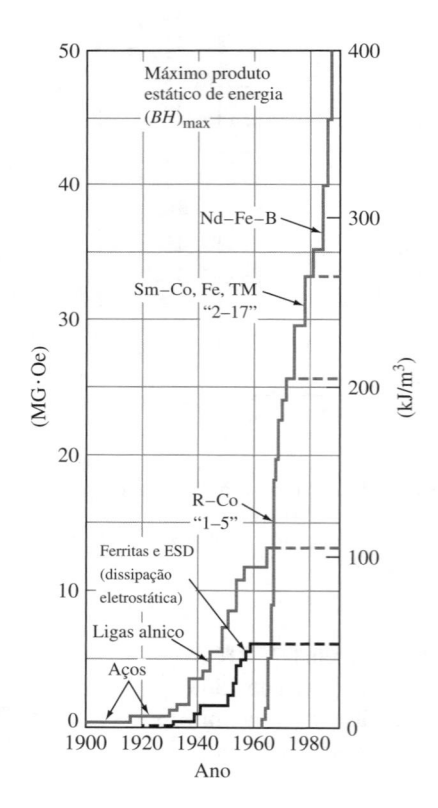

Figura 16.28
Avanços na qualidade de ímãs permanentes no século XX medidos em termos do produto de energia máximo $(BH)_{max}$.
(*De K.J. Strnat, "Soft and Hard Magnetic Materials with Applications", ASM Inter., 1986, p. 64. Usado com autorização de ASM International.*)

liga. Portanto, a formação de precipitados em um campo magnético os torna mais longos e mais finos, aumentando deste modo a coercividade do material magnético alnico. Acredita-se que a adição de titânio a algumas das ligas alnico de alta intensidade aumenta suas coercividades devido ao aumento da razão magnética de aspecto dos cilindros de fase α'.

16.9.3 Ligas de terras raras

Ímãs de **ligas de terras raras** são produzidos em grande escala nos Estados Unidos e têm intensidades magnéticas superiores àquelas de qualquer outro material magnético comercial. Eles apresentam produtos de energia máximos, $(BH)_{max}$, de até 240 kJ/m³ (30 MG · Oe) e coercividades de até 3200 kA/m (40 kOe). O fenômeno de magnetismo nos elementos de transição de terras raras tem origem quase exclusivamente nos seus elétrons 4f desemparelhados da mesma forma que o magnetismo no Fe, Co e Ni tem origem nos seus elétrons 3d desemparelhados. Há dois grupos principais de materiais magnéticos comerciais de terras raras: um à base do $SmCo_5$ monofásico e outro à base de ligas endurecidas por precipitação, com composição aproximada $Sm(Co,Cu)_{7,5}$.

Os ímãs de $SmCo_5$ monofásico são os mais usados. O mecanismo de coercividade nestes materiais é baseado na nucleação e/ou fixação das paredes de domínios nas superfícies e contornos de grãos. Estes materiais são fabricados por técnicas de metalurgia do pó empregando partículas muito finas (1 a 10 μm). Durante a compactação a frio, as partículas são alinhadas em um campo magnético. As partículas compactadas são então cuidadosamente sinterizadas, a fim de evitar o seu crescimento. As intensidades magnéticas destes materiais são altas, com valores de $(BH)_{max}$ na faixa de 130 a 160 kJ/m³ (16 a 20 MG × Oe).

Nas ligas endurecidas por precipitação $Sm(Co,Cu)_{7,5}$, parte do Co é substituída por Cu no $SmCo_5$, de modo que um precipitado fino (cerca de 10 nm) é produzido a uma baixa temperatura de envelhecimento (400 a 500 °C). O precipitado formado é coerente com a estrutura do $SmCo_5$. Aqui, o mecanismo de coerência é baseado principalmente na fixação homogênea das paredes de domínio nas partículas precipitadas. Estes materiais também são fabricados comercialmente por processos de metalurgia do pó empregando o alinhamento magnético das partículas. A adição de pequenas quantidades de ferro e zircônio leva a coercividades mais altas. Valores típicos para uma liga comercial $Sm(Co_{0,68}Cu_{0,10}Fe_{0,21}Zr_{0,01})_{7,4}$ são $(BH)_{max} = 240$ kJ/m³ (30 MG . Oe) e $B_r = 1,1$ T (11.000 G). As Figuras 16.24 e 16.28 mostram a melhora notável nas intensidades magnéticas conseguidas com as ligas magnéticas de terras raras.

Os ímãs de Sm-Co são usados em equipamentos médicos tais como motores diminutos em bombas de implantes e válvulas e para auxílio no movimento das pálpebras. Os ímãs de terras raras são também usados em relógios de pulso eletrônicos e tubos de onda progressiva. Além destes, geradores e motores síncronos e de corrente contínua são fabricados usando ímãs de terras raras, o que permite uma redução do seu tamanho.

16.9.4 Ligas magnéticas de neodímio-ferro-cobalto

Materiais magnéticos duros de Nd-Fe-B com produtos $(BH)_{max}$ atingindo 300 kJ/m³ (45 MG × Oe) foram descobertos por volta de 1984. Atualmente, estes materiais são produzidos tanto por processos de metalurgia do pó como por solidificação rápida de fitas bobinadas. A Figura 16.29a mostra a microestrutura de uma fita de $Nd_2Fe_{14}B$ obtida por solidificação rápida. Nesta estrutura, grãos de uma matriz de $Nd_2Fe_{14}B$ altamente ferromagnética são envoltos por uma fina fase intergranular não ferromagnética rica em Nd. A alta coercividade e o correspondente produto de energia $(BH)_{max}$ deste material resultam da dificuldade de se nuclear domínios magnéticos reversos, normalmente nucleados nos contornos dos grãos da matriz (Figura 16.29b). A fase intergranular não ferromagnética rica em Nd força os grãos da matriz de $Nd_2Fe_{14}B$ a nuclear os seus domínios reversos de modo a reverter a magnetização do material. Este processo maximiza H_c e $(BH)_{max}$ em todo o agregado do material. Aplicações de ímãs permanentes de Nd-Fe-B incluem todos os tipos de motores elétricos, principalmente aqueles para os quais se deseja uma redução no peso e volume como motores de partida de automóveis.

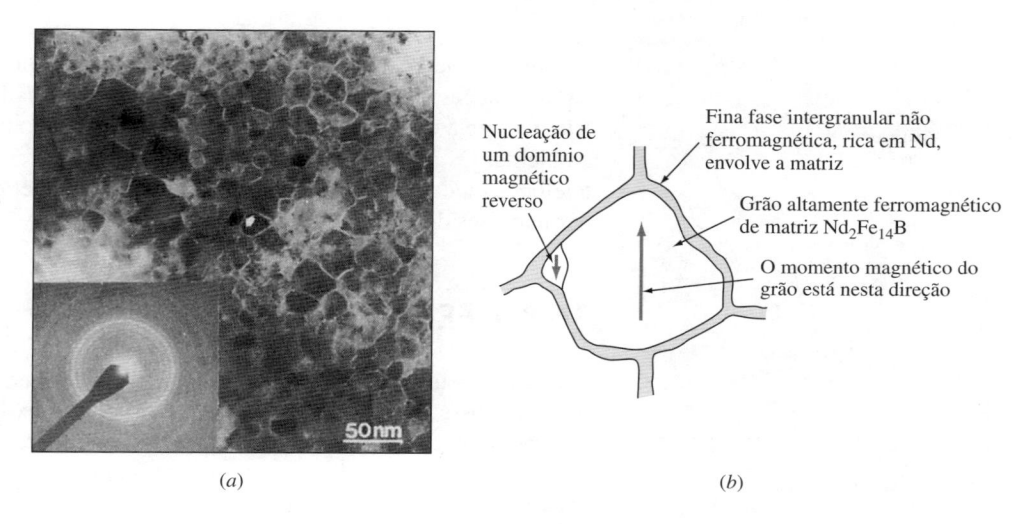

Figura 16.29
(a) Micrografia eletrônica de transmissão de uma fita de Nd-Fe-B resfriada bruscamente. Podem ser vistos os grãos orientados aleatoriamente e envolvidos por uma fina fase intergranular indicada pela seta.
(Segundo J.J. Croat and J.F. Herbst, MRS Bull., June 1988, p. 37.)
(b) Grão único de $Nd_2Fe_{14}B$ mostrando a nucleação do domínio magnético reverso.

16.9.5 Ligas magnéticas de ferro-cromo-cobalto

Uma família de **ligas magnéticas de ferro-cromo-cobalto** foi desenvolvida em 1971. Estas ligas são análogas às ligas alnico no que diz respeito à estrutura metalúrgica e propriedades magnéticas permanentes, porém podem ser deformadas a frio à temperatura ambiente. A composição típica de uma liga deste tipo é 61% Fe–28% Cr–11% Co. Valores típicos das propriedades magnéticas de ligas Fe-Cr-Co são B_r = 1,0 a 1,3 T (10 a 13 kG), H_c = 150 a 600 A/cm (190 a 753 Oe) e $(BH)_{max}$ = 10 a 45 kJ/m³ (1,3 a 1,5 MG · Oe). A Tabela 16.5 relaciona algumas propriedades típicas de uma liga magnética Fe-Cr-Co.

As ligas Fe-Cr-Co possuem estrutura CCC a temperaturas elevadas, acima de 1.200 °C. Quando submetidas a resfriamento lento (cerca de 15 °C/h) a partir de temperaturas acima de 650 °C, precipitados de uma fase α_2 rica em Cr (Figura 16.30a) com partículas de aproximadamente 30 nm (300 Å) se formam em uma matriz de fase α_1, rica em Fe. O mecanismo da coercividade nas ligas Fe-Cr-Co é a fixação das paredes de domínio pelas partículas precipitadas, já que os domínios magnéticos se estendem por ambas as fases. O formato das partículas (Figura 16.30b) é importante, pois o alongamento das partículas por deformação antes de um tratamento final de envelhecimento aumenta muito a coercividade destas ligas, claramente indicado na Figura 16.31.

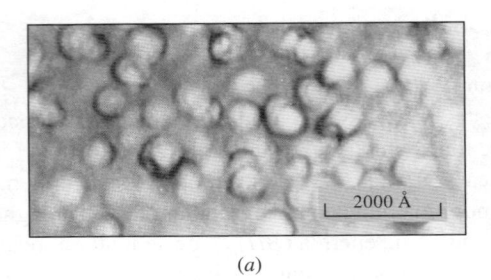

Figura 16.30
Micrografias eletrônicas de transmissão de uma liga Fe-34% Cr-12% Co mostrando (a) os precipitados esféricos produzidos antes da deformação e (b) as partículas alongadas e alinhadas após deformação e alinhamento pelo tratamento térmico final.
(Segundo S. Jin et al., J. Appl. Phys. **53**:4300, 1982.)

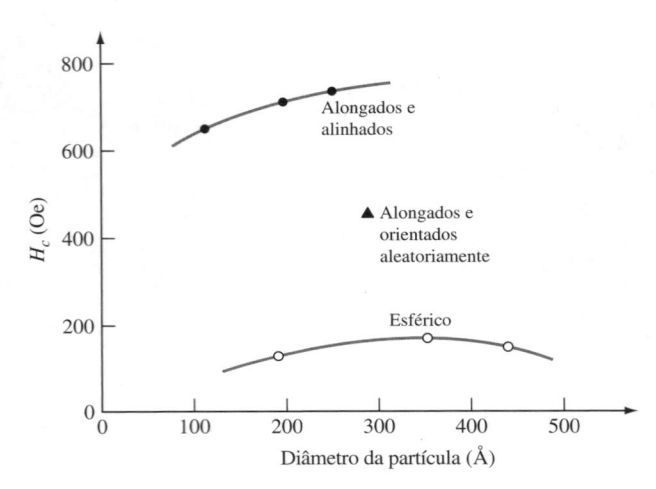

Figura 16.31
Coercividade versus diâmetro da partícula para partículas de formatos diferentes em uma liga Fe– 34% Cr–12% Co. Observe o grande aumento na coercividade ao se mudar do formato esférico para o formato alongado.
(De S. Jin et al., J. appl. Phys. **53**:4300, 1982.)

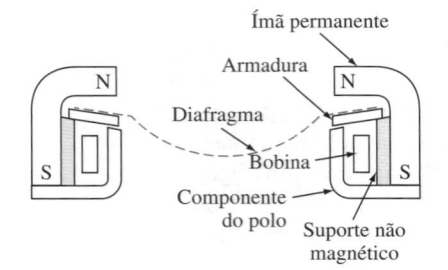

Figura 16.32
Uso de ligas Fe-Cr-Co permanentes maleáveis em um receptor de telefone.
A vista da seção transversal em corte de um receptor de telefone do tipo U mostra a posição do ímã permanente.
(Segundo S. Jin et al., IEEE Trans. Magn., **17**:2935, 1981.)

As ligas de Fe-Cr-Co são particularmente importantes nas aplicações da engenharia, nas quais a sua ductilidade a frio permite a deformação à alta velocidade à temperatura ambiente. Os ímãs permanentes de muitos receptores de telefones modernos é um exemplo destas ligas magnéticas permanentes deformáveis a frio (Figura 16.32).

16.10 FERRITAS

Ferritas são materiais cerâmicos magnéticos fabricados misturando-se óxido de ferro (Fe_2O_3) com outros óxidos e carbonatos em forma de pó. Os pós são então prensados e sinterizados à alta temperatura. Algumas vezes, é necessária uma usinagem de acabamento para dar à peça a forma desejada. As magnetizações produzidas nas ferritas são suficientemente fortes para lhes conferir valor comercial, mas suas saturações magnéticas não são tão altas como aquelas dos materiais ferromagnéticos. As ferritas possuem estruturas de domínios e curvas de histerese semelhantes àquelas dos materiais ferromagnéticos. E, como no caso destes materiais, há *ferritas duras* e *moles*.

16.10.1 Ferritas magneticamente moles

Materiais de **ferrita mole** exibem comportamento ferrimagnético. Nas ferritas moles, há um momento magnético líquido devido aos momentos de *spin* em direções opostas de dois conjuntos de elétrons internos desemparelhados que não se cancelam mutuamente (Figura 16.8c).

Composição e estrutura de ferritas moles cúbicas A maioria das ferritas moles cúbicas tem composição $MO \cdot Fe_2O_3$, onde M é um íon metálico bivalente como Fe^{2+}, Mn^{2+}, Ni^{2+} ou Zn^{2+}. A estrutura das ferritas moles é baseada na estrutura espinel inversa, que é uma modificação da estrutura espinel do espinel mineral ($MgO \cdot Al_2O_3$). Ambas as estruturas espinel e espinel inversa possuem células unitárias cúbicas consistindo de oito subcélulas, conforme mostrado na Figura 16.33a. Cada uma das subcélulas consiste de uma molécula de $MO \cdot Fe_2O_3$. Uma vez que cada subunidade contém uma molécula de $MO \cdot Fe_2O_3$ e que há sete íons nesta molécula, cada célula unitária contém um total de 7 íons × 8 subcélulas = 56 íons por célula unitária. Cada subunidade tem estrutura cristalina CFC composta pelos quatro íons da molécula de MO · Fe_2O_3 (Figura 16.33b). Os íons metálicos (M^{2+} e Fe^{3+}) muito menores, com raios iônicos de cerca de 0,07 a 0,08 nm, ocupam os espaços intersticiais entre os íons maiores de oxigênio (raio iônico ≈ 0,14 nm).

Conforme discutido anteriormente, em uma célula unitária CFC há o equivalente a quatro posições intersticiais octaédricas e oito tetraédricas. Na estrutura espinel normal, somente a metade das posições octaédricas são preenchidas e, portanto, somente $\frac{1}{2}$(8 subcélulas × 4 posições/subcélula) = 16 posições octaédricas são preenchidas (Tabela 16.6). Na estrutura espinel normal, há 8 × 8 (posições tetraédricas por subcélula) = 64 posições/célula unitária. Entretanto, na estrutura espinel normal, somente $\frac{1}{8}$ das 64 posições são ocupadas de modo que somente oito posições tetraédricas são preenchidas (Tabela 16.6).

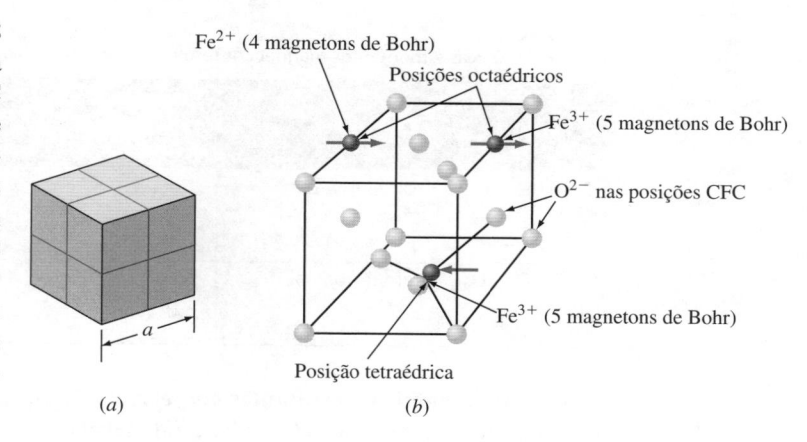

Figura 16.33
(a) Célula unitária da ferrita mole do tipo MO · Fe_2O_3. Esta célula unitária consiste de oito subcélulas. (b) A subcélula da ferrita FeO · Fe_2O_3. Os momentos magnéticos dos íons nas posições octaédricas são alinhados em uma dada direção pelo campo magnético e aqueles nas posições tetraédricas são alinhados na direção oposta. Consequentemente, há um momento magnético resultante na subcélula e, por conseguinte, no material.

Na célula unitária da **estrutura espinel normal**, há oito moléculas MO · Fe_2O_3. Nesta estrutura, os oito íons M^{2+} ocupam oito posições tetraédricas e os 16 íons Fe^{3+} ocupam 16 posições octaédricas. Todavia, na **estrutura espinel inversa**, há uma disposição diferente dos íons: os oito íons M^{2+} ocupam oito posições octaédricas e os 16 íons Fe^{3+} são divididos de maneira que oito ocupam posições octaédricas e oito posições tetraédricas (Tabela 16.6).

Tabela 16.6
Configurações dos íons metálicos em uma célula unitária de uma ferrita espinel com composição MO · Fe_2O_3.

Tipo de posição autointersticial	Número disponível	Número ocupado	Espinel normal	Espinel inverso
Tetraédrica	64	8	8 M^{2+}	8 Fe^{3+} ←
Octaédrica	32	16	16 Fe^{3+}	8 Fe^{3+}, 8 M^{2+} → →

Íon	Número de elétrons	Configuração eletrônica dos orbitais 3d	Momento magnético iônico (magnetons de Bohr)
Fe^{3+}	23	↑ ↑ ↑ ↑ ↑	5
Mn^{2+}	23	↑ ↑ ↑ ↑ ↑	5
Fe^{2+}	24	↑↓ ↑ ↑ ↑ ↑	4
Co^{2+}	25	↑↓ ↑↓ ↑ ↑ ↑	3
Ni^{2+}	26	↑↓ ↑↓ ↑↓ ↑ ↑	2
Cu^{2+}	27	↑↓ ↑↓ ↑↓ ↑↓ ↑	1
Zn^{2+}	28	↑↓ ↑↓ ↑↓ ↑↓ ↑↓	0

Figura 16.34
Configurações eletrônicas e momentos magnéticos iônicos para alguns íons dos elementos de transição 3d.

Tabela 16.7
Disposições iônicas e momentos magnéticos resultantes por molécula em ferritas de espinel normal e inverso.

Ferrita	Estrutura	Posições tetraédricas ocupadas	Posições octaédricas ocupadas		Momento magnético resultante (μ_s/molécula)
$FeO \cdot Fe_2O_3$	Espinel inverso	Fe^{3+} 5 ←	Fe^{2+} 4 →	Fe^{3+} 5 →	4
$ZnO \cdot Fe_2O_3$	Espinel normal	Zn^{2+} 0	Fe^{3+} 5	Fe^{3+} 5 →	0

Momentos magnéticos resultantes em ferritas de espinel inverso A fim de determinar o momento magnético resultante para cada molécula de ferrita $MO \cdot Fe_2O_3$, deve-se conhecer a configuração dos elétrons internos $3d$ dos íons de ferrita. A Figura 16.34 fornece estas informações. Quando um átomo de Fe é ionizado para formar o íon Fe^{2+}, restam *quatro* elétrons $3d$ desemparelhados após a perda de dois elétrons $4s$. Quando o átomo de Fe é ionizado para formar o íon Fe^{3+}, restam *cinco* elétrons desemparelhados após a perda de dois elétrons $4s$ e um elétron $3d$.

Uma vez que cada elétron desemparelhado $3d$ possui momento magnético igual a um magneton de Bohr, o íon Fe^{2+} possui momento magnético igual a quatro magnetons de Bohr enquanto o íon Fe^{3+} possui momento magnético igual a cinco magnetons de Bohr. Sob a ação de um campo magnético, os momentos magnéticos dos íons octaédricos e tetraédricos se opõem (Figura 16.33b). Logo, no caso de uma ferrita $FeO \cdot Fe_2O_3$, os momentos magnéticos dos oito íons Fe^{3+} nas posições octaédricas cancelarão os momentos magnéticos dos oito íons Fe^{3+} nas posições tetraédricas. Assim sendo, o momento magnético resultante desta ferrita se deve aos oito íons Fe^{2+} nas posições octaédricas, cada um com momento magnético igual a quatro magnetons de Bohr (Tabela 16.7). O valor teórico para a saturação magnética da ferrita $FeO \cdot Fe_2O_3$ é calculado no Exemplo 16.5 com base na intensidade, em magnetons de Bohr, dos íons Fe^{2+}.

As ferritas de ferro, cobalto e níquel possuem todas estrutura espinel inversa e são todas ferromagnéticas, devido ao momento magnético resultante de suas estruturas iônicas. Ferritas moles industriais normalmente consistem de uma mistura de ferritas, pois aumentos nas magnetizações de saturação podem ser obtidos pela mistura de ferritas. As duas ferritas industriais mais comuns são a ferrita de níquel-zinco ($Ni_{1-x}Zn_xFe_{2-y}O_4$) e a ferrita de manganês-zinco ($Mn_{1-x}Zn_xFe_{2+y}O_4$).

EXEMPLO 16.5

Calcular o valor teórico da magnetização de saturação, M, em ampères por metro e da indução de saturação, B_s, em teslas para a ferrita $FeO \cdot Fe_2O_3$. Desprezar o termo $\mu_0 H$ no cálculo de B_s. A constante de rede da célula unitária de $FeO \cdot Fe_2O_3$ é 0,829 nm.

■ **Solução**

O momento magnético de uma molécula de $FeO \cdot Fe_2O_3$ é devido inteiramente aos quatro magnetons de Bohr dos íons Fe^{2+} uma vez que os elétrons desemparelhados dos íons Fe^{3+} se cancelam mutuamente. Como há oito moléculas de $FeO \cdot Fe_2O_3$ na célula unitária, o momento magnético total por célula unitária é

(4 magnetons de Bohr/subcélula) (8 subcélulas/célula unitária) = 32 magnetons de Bohr/célula unitária

Logo,

$$M = \left[\frac{32 \text{ magnetons de Bohr/célula unitária}}{(8{,}39 \times 10^{-10} \text{ m})^3/\text{célula unitária}}\right]\left(\frac{9{,}27 \times 10^{-24} \text{ A} \cdot \text{m}^2}{\text{magneton de Bohr}}\right)$$

$$= 5{,}0 \times 10^5 \text{ A/m} \blacktriangleleft$$

B_s na saturação, admitindo que todos os momentos magnéticos estejam alinhados e desprezando o termo H, é dado pela equação $B_s \approx \mu_0 M$. Logo,

$$B_s \approx \mu_0 M \approx \left(\frac{4\pi \times 10^{-7} \text{ T} \cdot \text{m}}{\text{A}}\right)\left(\frac{5{,}0 \times 10^5 \text{ A}}{\text{m}}\right)$$

$$= 0{,}63 \text{ T} \blacktriangleleft$$

Propriedades e aplicações de ferritas moles

Perdas por correntes parasitas em materiais magnéticos As ferritas moles são materiais magnéticos importantes porque, além de possuírem propriedades magnéticas adequadas, elas são isolantes, exibindo altas resistividades elétricas. Alta resistividade elétrica é importante em aplicações magnéticas envolvendo altas frequências porque, se o material for bom condutor elétrico, as perdas de energia por correntes parasitas serão altas a estas frequências. Correntes parasitas são causadas pelos gradientes de voltagem induzidos; logo, quanto mais alta a frequência, maior o aumento nas correntes parasitas. Uma vez que as ferritas moles são isolantes, elas podem ser usadas em aplicações magnéticas como núcleos de transformadores que operam a altas frequências.

Aplicações das ferritas moles Algumas das aplicações mais importantes das ferritas moles são aquelas envolvendo sinais de baixa intensidade, núcleos de memória, equipamentos audiovisuais e cabeçotes de gravação. No que diz respeito a sinais de baixa intensidade, núcleos de ferrita mole são usados em transformadores e indutores de baixa energia. Uma grande quantidade de ferritas moles é destinada à fabricação de núcleos de culatras de deflexão, transformadores de retorno e bobinas de convergência de receptores de televisão.

As ferritas espinel Mn-Zn e Ni-Zn são usadas em cabeçotes de gravação para vários tipos de fitas magnéticas. Cabeçotes de gravação são feitos de ferrita Ni-Zn policristalina, pois as frequências de operação requeridas (100 kHz a 2,5 GHz) causariam perdas por correntes parasitas demasiadamente altas em cabeçotes de ligas metálicas.

Memórias de núcleo magnético com base na lógica binária 0 e 1 são usadas em alguns tipos de computadores. O núcleo magnético é útil para evitar a perda de informações por falta de energia. Uma vez que as memórias de núcleo magnético não possuem partes móveis, elas são também usadas em aplicações que requerem alta resistência a choques como, por exemplo, equipamentos militares.

16.10.2 Ferritas magneticamente duras

Um grupo de **ferritas duras** usadas como ímãs permanentes tem a fórmula geral $MO \cdot 6Fe_2O_3$ e estrutura cristalina hexagonal. A ferrita mais importante neste grupo é a *ferrita de bário* ($BaO \cdot 6Fe_2O_3$), apresentada na Holanda pela Philips Company em 1952 sob o nome comercial Ferroxdure. Nos últimos anos, as ferritas de bário foram substituídas até certo ponto por ferritas de estrôncio, que possuem a fórmula geral ($SrO \cdot 6Fe_2O_3$) e exibem propriedades magnéticas superiores àquelas das ferritas de bário. Estas ferritas são produzidas praticamente pelos mesmos métodos usados para produção das ferritas moles, ou seja, primordialmente prensagem úmida em um campo magnético a fim de alinhar os eixos de fácil magnetização das partículas com o campo aplicado.

As ferritas hexagonais são de baixo custo e possuem baixa densidade e alta força coercitiva, conforme mostrado na Figura 16.24. As altas intensidades magnéticas destes materiais se devem principalmente à sua alta anisotropia magnetocristalina. Acredita-se que a magnetização destes materiais ocorra por nucleação e movimento das paredes de domínio, uma vez que seu tamanho de grão é grande demais para exibir comportamento de domínio único. Seus produtos de energia $(BH)_{max}$ variam de 14 a 28 kJ/m^3.

Os ímãs permanentes de ferritas duras cerâmicas são de uso generalizado em geradores, relés e motores elétricos. Aplicações eletrônicas incluem ímãs de alto-falantes, campainhas e receptores de telefone. Eles são também usados em dispositivos de travamento de fechaduras e trincos de portas.

16.11 RESUMO

Os materiais magnéticos são importantes materiais industriais usados em muitas aplicações da engenharia. A maior parte dos materiais magnéticos utilizados na indústria é ou *ferromagnético* ou *ferrimagnético*, exibindo grandes magnetizações. Os materiais ferromagnéticos mais importantes são ligas à base de Fe, Co e Ni. Mais recentemente, algumas ligas ferromagnéticas foram produzidas com alguns elementos de terras raras como o Sm. Nos materiais ferromagnéticos como o Fe, existem regiões chamadas *domínios magnéticos*, onde os momentos bipolares magnéticos atômicos estão alinhados paralelamente uns aos outros. A estrutura de domínios magnéticos em um material ferromagnético é determinada pela minimização das seguintes energias: energias de troca, magnetostática, de anisotropia magnetocristalina de parede de domínio e magnetoestritiva. Quando os domínios ferromagnéticos em uma amostra estão orientados aleatoriamente, a amostra se encontra desmagnetizada. Quando um campo magnético é aplicado a uma amostra de material ferromagnético, os domínios na amostra se alinham; o material se torna magnetizado e permanece magnetizado até certo ponto após a remoção do campo magnético. As características de magnetização de um material ferromagnético são registradas em um gráfico de indução magnética *versus* campo aplicado chamado *curva de histerese*. Quando um material ferromagnético desmagnetizado é magnetizado por um campo aplicado H, sua indução magnética B atinge um nível de saturação denominado *indução de saturação*, B_s. Quando o campo aplicado é removido, a indução magnética diminui a um valor chamado *indução remanescente*, B_r. O campo desmagnetizador requerido para reduzir a zero a indução magnética de uma amostra ferromagnética magnetizada é chamado *força coercitiva*, H_c.

Um *material magnético mole* é aquele que é facilmente magnetizado e desmagnetizado. As características importantes de um material magnético mole são alta permeabilidade, alta indução de saturação e baixa força coercitiva. Quando um material ferromagnético mole é repetidamente magnetizado e desmagnetizado, ocorrem perdas por *histerese* e *correntes parasitas*. Exemplos de materiais ferromagnéticos moles incluem ligas de ferro com 3 a 4% de silício, usadas em motores elétricos, transformadores de potência e geradores, e ligas de níquel com 20 a 50% de ferro, usadas primordialmente em equipamentos de comunicação de alta sensibilidade.

Um *material magnético duro* é aquele que é dificilmente magnetizado e que permanece magnetizado em grande medida após a remoção do campo magnetizador. As características importantes de um material magnético duro são alta força coercitiva e alta indução de saturação. A potência de um material magnético duro é medida pelo seu produto de energia máximo, ou seja, o valor máximo do produto de B por H no quadrante de desmagnetização de sua curva de histerese B-H. Exemplos de materiais magnéticos duros são as ligas alnico, usadas como ímãs permanentes em muitas aplicações elétricas, e algumas ligas de terras raras com composições à base de $SmCo_5$ e $Sm(Co,Cu)_{7,5}$. As ligas de terras raras são usadas em pequenos motores e outras aplicações que requerem materiais magnéticos com produto de energia extremamente alto.

As *ferritas*, que são compostos cerâmicos, são outro tipo de material magnético de importância industrial. Estes materiais são ferrimagnéticos devido ao seu momento magnético resultante, produzido pela sua estrutura iônica. A maioria das ferritas magneticamente moles possui composição básica $MO \cdot Fe_2O_3$, sendo M um íon bivalente, tal como Fe^{2+}, Mn^{2+} e Ni^{2+}. Estes materiais possuem *estrutura espinel inversa* e são usados, por exemplo, em aplicações envolvendo sinais de baixa intensidade, núcleos de memória, equipamentos audiovisuais e cabeçotes de gravação. Por serem isolantes, estes materiais podem ser usados em aplicações de alta frequência, nas quais as perdas por correntes parasitas em campos alternados podem se tornar um problema. As ferritas magnéticas duras com fórmula geral $MO \cdot 6Fe_2O_3$, onde M normalmente é um íon de Ba ou Sr, são usadas em aplicações que requerem baixo custo e materiais magnéticos permanentes de baixa densidade. Estes materiais são usados em alto-falantes, campainhas e receptores de telefone e dispositivos de travamento de fechaduras e trincos de portas.

16.12 PROBLEMAS

As respostas para os exercícios marcados com um asterisco constam no final do livro.

Problemas de conhecimento e compreensão

16.1 Quais elementos são fortemente ferromagnéticos à temperatura ambiente?

16.2 Como se pode demonstrar a existência de um campo magnético ao redor de uma barra de ferro magnetizada?

16.3 Quais são as unidades SI e cgs da intensidade do campo magnético, H?

16.4 Defina indução magnética, B, e magnetização, M.

16.5 Qual é a relação entre B e H?

16.6 O que é a constante de permeabilidade do vácuo, μ_0?

16.7 Quais são as unidades SI de B e M?

16.8 Escreva uma equação que relacione B, H e M usando unidades no SI.

16.9 Por que a relação $B \approx \mu_0 M$ é frequentemente usada nos cálculos de propriedades magnéticas?

16.10 Defina permeabilidade magnética e permeabilidade magnética relativa.

16.11 A permeabilidade magnética de um material ferromagnético é constante? Explique.

16.12 Quais quantidades são frequentemente usadas para caracterizar a permeabilidade magnética de um material?

16.13 Defina susceptibilidade magnética. Em qual situação esta grandeza é frequentemente usada?

16.14 Explique os dois mecanismos envolvendo os elétrons responsáveis pela geração de campos magnéticos.

16.15 Defina diamagnetismo. Qual é a ordem de grandeza da susceptibilidade magnética de materiais diamagnéticos a 20 ºC?

16.16 Defina paramagnetismo. Qual é a ordem de grandeza da susceptibilidade magnética de materiais paramagnéticos a 20 ºC?

16.17 Defina ferromagnetismo. Quais elementos são ferromagnéticos?

16.18 O que causa o ferromagnetismo no Fe, Co e Ni?

16.19 Quantos elétrons $3d$ desemparelhados por átomo existem no Cr, Mn, Fe, Co, Ni e Cu?

16.20 O que são domínios magnéticos?

16.21 Como uma troca de energia positiva afeta o alinhamento de dipolos magnéticos em materiais ferromagnéticos?

16.22 Qual é a explicação dada para o fato de que Fe, Co e Ni são ferromagnéticos enquanto Cr e Mn não o são, apesar de todos estes elementos terem elétrons $3d$ desemparelhados?

16.23 Defina antiferromagnetismo. Quais elementos apresentam este tipo de comportamento?

16.24 Defina ferrimagnetismo. O que são ferritas? Dê um exemplo de um composto ferrimagnético.

16.25 O que é a temperatura Curie?

16.26 Como a estrutura de domínios de um material ferromagnético pode ser exposta para observação em um microscópio óptico?

16.27 Quais são os cinco tipos de energia determinantes da estrutura de domínios de um material ferromagnético?

16.28 Defina energia de troca magnética. Como a energia de troca magnética de um material ferromagnético pode ser minimizada com relação ao alinhamento dos dipolos magnéticos?

16.29 Defina energia magnetostática. Como pode ser minimizada a energia magnetostática de uma amostra de material ferromagnético?

16.30 Defina energia de anisotropia magnetocristalina. Quais são direções de magnetização fácil para (a) Fe e (b) Ni?

16.31 Defina energia de parede de domínio magnético. Qual é a espessura média em número de átomos de uma parede de domínio ferromagnético?

16.32 Quais são as duas energias determinantes da espessura da parede de domínio? Qual energia é minimizada quando a parede é alargada? Qual energia é minimizada quando a parede é estreitada?

16.33 Defina magnetostrição e energia magnetoestritiva. Qual é a causa da magnetostrição em materiais ferromagnéticos?

16.34 Defina material magnético mole e material magnético duro.

16.35 Que tipo de curva de histerese tem um material magnético mole?

16.36 O que são correntes parasitas? Como elas são criadas em um material ferromagnético?

16.37 Como é a estrutura de um vidro metálico? Como são produzidas as fitas de vidro magnético?

16.38 Quais são algumas propriedades específicas dos vidros metálicos?

16.39 Quais são as vantagens da utilização de vidros metálicos em transformadores de potência? E as desvantagens?

16.40 Quais são algumas das vantagens, do ponto de vista da engenharia, de se utilizar ligas de níquel-ferro em aplicações elétricas?

16.41 Quais composições das ligas de Ni-Fe são particularmente importantes para aplicações elétricas?

16.42 Qual é o significado do produto de energia máximo para um material magnético duro? Como ele é calculado? Quais são as unidades SI e cgs para o produto de energia?

16.43 Quais elementos são incluídos nos materiais magnéticos alnico?

16.44 Quais são os dois processos empregados na produção de ímãs permanentes alnico?

16.45 Qual é a estrutura básica de um material magnético alnico 8?

16.46 Qual é a origem do ferromagnetismo nas ligas magnéticas de terras raras?

16.47 Quais são os dois grupos principais de ligas de terras raras?

16.48 Quais são algumas das aplicações das ligas magnéticas de terras raras?

16.49 Quais vantagens, no que diz respeito à fabricação, possuem as ligas magnéticas Fe-Cr-Co para a produção de peças de ligas magnéticas permanentes?

16.50 Qual é a composição química típica de uma liga magnética Fe-Cr-Co?

16.51 Qual é a estrutura básica de um liga magnética Fe-Cr-Co? Qual é o mecanismo físico da coercividade de ligas magnéticas do tipo Fe-Cr-Co?

16.52 Para quais tipos de aplicação as ligas Fe-Cr-Co são especialmente indicadas?

16.53 O que são ferritas? Como são produzidas?

16.54 Qual é a composição básica das ferritas moles cúbicas?

16.55 Descreva a célula unitária da estrutura espinel do $MgO \cdot Al_2O_3$, incluindo quais íons ocupam as posições intersticiais tetraédricas e octaédricas.

16.56 Descreva a célula unitária da estrutura espinel inversa, incluindo quais íons ocupam as posições intersticiais tetraédricas e octaédricas.

16.57 Quais são as composições das duas ferritas usadas mais frequentemente? Por que são usadas misturas de ferritas em vez de uma única ferrita pura?

16.58 Dê alguns exemplos de aplicações industriais das ferritas moles.

16.59 Qual é a composição básica das ferritas duras hexagonais?

16.60 Quais são as vantagens das ferritas duras em aplicações industriais?

16.61 Dê alguns exemplos de aplicações de ferritas magnéticas duras.

Problemas de aplicação e análise

*16.62 Calcule o valor teórico da magnetização de saturação e da indução de saturação para o níquel, admitindo que todos os elétrons $3d$ desemparelhados contribuam para a magnetização. (Ni tem estrutura CFC com $a = 0,352$ nm.)

16.63 Calcule o valor teórico da magnetização de saturação do cobalto metálico puro, admitindo que todos os elétrons $3d$ desemparelhados contribuam para a magnetização. (Co tem estrutura HC com $a = 0,25071$ nm e $c = 0,40686$ nm.)

16.64 Calcule o valor teórico da magnetização de saturação do gadolínio puro abaixo de 16 °C, admitindo que todos sete elétrons $4f$ desemparelhados contribuam para a magnetização. (Gd tem estrutura HC com $a = 0,364$ nm e $c = 0,578$ nm.)

*16.65 O cobalto possui magnetização de saturação de $1,42 \times 10^6$ A/m. Qual é o seu momento magnético médio em magnetons de Bohr por átomo?

16.66 O níquel tem uma média de 0,604 magnetons de Bohr por átomo. Qual é a sua indução de saturação?

16.67 O gadolínio, a temperaturas muito baixas, tem uma média de 7,1 magnetons de Bohr por átomo. Qual é a sua magnetização de saturação?

16.68 Qual é o efeito sobre o alinhamento de dipolos magnéticos em materiais ferromagnéticos ao se aumentar a sua temperatura acima de 0 K?

16.69 Como um material ferromagnético pode ser desmagnetizado? Como é a disposição dos domínios magnéticos em um material ferromagnético desmagnetizado?

16.70 Quando um material ferromagnético é magnetizado lentamente sob a ação de um campo magnético, quais mudanças ocorrem na sua estrutura de domínios?

16.71 Após o crescimento dos domínios devido à magnetização de um material ferromagnético ter cessado, qual mudança ocorrerá na estrutura de domínios se o campo aplicado for aumentado substancialmente?

16.72 Quais mudanças na estrutura de domínios ocorrerão em um material ferromagnético quando for removido o campo que o magnetizou até a saturação?

16.73 O que são domínios de fechamento? Como os domínios de fechamento criam as tensões magnetoestritivas?

16.74 Como o tamanho dos domínios afeta a energia magnetoestritiva de uma amostra magnetizada de material ferromagnético?

16.75 Como o tamanho dos domínios afeta a energia das paredes de domínio contida em uma amostra?

16.76 Desenhe uma curva de histerese B-H para um material ferromagnético indicando (a) a indução de saturação, B_s, (b) a indução remanescente, B_r, e (c) a força coercitiva, H_c.

16.77 Explique o que acontece com a indução magnética quando um material ferromagnético é magnetizado, desmagnetizado e remagnetizado pela aplicação de um campo magnético.

16.78 O que acontece com os domínios magnéticos de uma amostra de material ferromagnético durante a magnetização e a desmagnetização?

16.79 Quais são as propriedades magnéticas desejadas para um material magnético mole?

16.80 O que são as perdas de energia por histerese? Quais fatores afetam estas perdas?

16.81 Como a frequência CA afeta as perdas por histerese de materiais ferromagnéticos moles? Explique.

16.82 Como podem ser reduzidas as correntes parasitas nos núcleos magnéticos metálicos de transformadores?

16.83 Por que a adição de 3 a 4% de silício ao ferro reduz as perdas de energia no núcleo de um transformador?

16.84 Quais são as desvantagens de se adicionar silício ao ferro nos materiais de núcleos de transformadores?

16.85 Por que a estrutura laminada aumenta o rendimento elétrico de um transformador de potência?

16.86 Por que as folhas de aço de transformadores com ferro-silício e grãos orientados aumentam o rendimento do núcleo de um transformador?

16.87 Por que os vidros metálicos podem ser magnetizados e desmagnetizados tão facilmente?

16.88 Calcule a porcentagem em peso dos elementos no vidro metálico com composição atômica percentual $Fe_{78}B_{13}Si_9$.

16.89 Por que a ordenação em uma liga Ni-Fe afeta as propriedades magnéticas de uma liga com 78,5% de Ni e 21,5% de Fe? Como a ordenação pode ser evitada?

16.90 Como o recozimento magnético aumenta as propriedades magnéticas de uma liga com 65% de Ni e 35% de Fe?

16.91 Quais são as características importantes para um material magnético duro?

16.92 Estime o produto de energia máximo para a liga magnética dura de terra rara $SmCo_5$ (curva 2) da Figura 16.24.

*16.93 Estime o produto de energia máximo para a liga alnico 5 (curva 4) da Figura 16.24.

16.94 Quanto aproximadamente de energia em kJ/m^3 seria requerido para desmagnetizar um bloco de liga alnico 8 de 2 cm^3 totalmente magnetizado?

16.95 Como a precipitação em um campo magnético afeta o formato dos precipitados em uma liga alnico 8? Como a forma dos precipitados afeta a coercividade deste material?

16.96 Como os produtos de energia máximos das ligas alnico se comparam com aqueles das ligas magnéticas de terras raras?

16.97 Qual se acredita ser o mecanismo básico da coercividade em ligas magnéticas $SmCo_5$?

16.98 Como a deformação plástica antes do processo de envelhecimento final afeta o formato das partículas de precipitado e a coercividade das ligas magnéticas Fe-Cr-Co?

16.99 Qual é o momento magnético resultante por molécula para cada uma das seguintes ferritas? (a) FeO · Fe_2O_3, (b) NiO · Fe_2O_3 e (c) MnO · Fe_2O_3?

*16.100 Calcule os valores teóricos da magnetização de saturação, em ampères por metro, e da indução de saturação, em teslas, para a ferrita NiO · Fe_2O_3 ($a = 0,834$ nm para o NiO · Fe_2O_3).

16.101 Por que é necessária uma alta resistividade elétrica para um material magnético a ser usado no núcleo de um transformador que operará a altas frequências?

16.102 Por que núcleos de memória magnéticos são particularmente úteis em aplicações que requerem alta resistência a choques?

Problemas de síntese e avaliação

16.103 Investigue quais tipos de ímãs são usados em sistemas de ressonância magnética (RM). Quais são suas respectivas intensidades magnéticas? Compare-as com o campo magnético da Terra.

16.104 Discorra sobre a função desempenhada pelo(s) ímã(s) em um sistema de ressonância magnética (RM).

16.105 Os operadores de sistemas de ressonância magnética (RM) se certificam sempre de não estarem carregando nenhum objeto metálico ao entrarem na sala onde está instalado o sistema RM – mesmo quando o equipamento não está em operação. Por quê?

16.106 Identifique os pacientes que não podem ser examinados por sistemas de ressonância magnética (RM). Explique sua resposta.

CAPÍTULO 17
Materiais Biológicos e Biomateriais

(R.A. Poggie, T.R. Turgeon, and R.D. Coutts, "Failure analysis of a ceramic bearing acetabular component". J. Bone Joint Surgery, **89**:367-375, 2007 and www.zimmer.com)

METAS DE APRENDIZAGEM

Ao final deste capítulo, o aluno será capaz de:

1. Definir e classificar os materiais biológicos e biomateriais.
2. Descrever a microestrutura e as propriedades mecânicas dos materiais biológicos, incluindo ossos e ligamentos.
3. Entender como materiais biológicos são diferentes de biomateriais.
4. Descrever as características dos diversos biomateriais disponíveis para aplicações biomédicas.
5. Identificar biomateriais adequados para substituir vários tecidos específicos.
6. Descrever os efeitos da corrosão em biomateriais e técnicas para evitá-la.
7. Descrever os efeitos do desgaste em biomateriais e técnicas para evitá-lo.
8. Conseguir compreender o princípio de engenharia de tecidos.

Uma variedade de biomateriais é utilizada para substituir uma peça (parte) ou superfície de nossas articulações. Uma integração bem-sucedida destes implantes em nossas articulações necessita de forte ligação entre a superfície do implante e o osso. Superfícies de implantes são muitas vezes revestidas com materiais porosos, tais como cerâmica, para permitir que o osso trabecular cresça na superfície, permitindo uma ligação estável. No entanto, tais revestimentos têm baixa porosidade em relação ao osso e características de baixo atrito, resultando em pouca estabilidade inicial. Novos biomateriais estruturais porosos têm sido desenvolvidos para enfrentar tais deficiências. Metal trabecular (*tântalo poroso*) é um biomaterial que imita as características físicas e mecânicas do osso trabecular. Como visto na fotografia inicial deste capítulo, este material tem microestrutura similar à do osso trabecular e permite a formação óssea. Isso possibilita o crescimento rápido e extenso do tecido e fixação estável dos componentes, como o componente acetabular do implante do quadril ao osso. Muitas vezes, este biomaterial é usado sem qualquer substrato e pode ser usado para obter formas complexas de implante.

17.1 INTRODUÇÃO

O uso convencional do prefixo "bio" em áreas como bioquímica e biofísica refere-se ao estudo do fenômeno biológico. Da mesma forma, a palavra "biomateriais" deve referir-se a materiais biológicos que ocorrem naturalmente, tais como madeira, osso, e tecidos moles. No entanto, há um consenso geral na comunidade científica de que **biomaterial** refira-se a "uma substância sistematicamente e farmacologicamente inerte, concebida para implantação ou incorporação em sistemas vivos." Materiais usados para fabricar dispositivos médicos, tais como implantes ortopédicos, implantes dentários, válvulas cardíacas artificiais e próteses são exemplos de biomateriais. **Materiais biológicos**, por outro lado, são materiais produzidos pelos sistemas biológicos, por exemplo, osso, ligamento, e cartilagens.

Enquanto os biomateriais são usados para reparar e substituir tecidos esqueléticos ou não esqueléticos do nosso corpo, a maioria dos dispositivos biomédicos tem natureza ortopédica. Por isso, é muito importante entender o comportamento desses tecidos esqueléticos. Assim, vamos primeiro explorar a estrutura e a mecânica de alguns materiais biológicos associados com o sistema esquelético. Então, vamos olhar em biomateriais como biometais e biopolímeros utilizados em aplicações médicas típicas.

Não importa o quanto a ciência tem avançado, os biomateriais não têm sido capazes de alcançar a mesma durabilidade de materiais biológicos. Isto é devido à incapacidade dos biomateriais de curar-se em resposta ao desgaste e rompimento. Discutiremos, em detalhes, a corrosão e desgaste de biomateriais e técnicas utilizadas para medir e preveni-las. Por último, será introduzido o tema da engenharia de tecidos, que trata da fabricação de biomateriais naturais em um ambiente artificial.

17.2 MATERIAIS BIOLÓGICOS: OSSO

17.2.1 Composição

O osso é o material estrutural do corpo humano e é um exemplo de um material compósito natural complexo. É constituído por uma mistura de materiais orgânicos e inorgânicos. O componente inorgânico consiste de íons cálcio e fosfato e é similar aos cristais sintéticos de hidroxiapatita (HA) com a composição $Ca_5(PO_4)_3(OH)$. A hidroxiapatita tem forma de lâmina, de 20 a 80 nm de comprimento e de 2 a 5 nm de espessura, e tem um sistema cristalino hexagonal. Como cada célula unitária HA tem duas moléculas, é geralmente representado como $Ca_{10}(PO_4)_6(OH)_2$. Esses minerais inorgânicos, que dão ao osso sua consistência sólida e dura, constituem de 60 a 70% do peso do osso seco. A parte orgânica do osso é principalmente uma proteína chamada **colágeno** (tipo I) e uma pequena quantidade de material, não colagenosa, chamada de *lipídeos*. O colágeno é fibroso, resistente, flexível e altamente inelástico, que deixa o osso com flexibilidade e resiliência. Colágeno constitui 25-30% do peso do osso seco. O peso restante do osso seco é devido à água, cerca de 5%. A explicação acima parece ser muito semelhante a outros materiais compósitos fibrosos que foram discutidas nos capítulos anteriores: uma mistura de dois ou mais materiais com composição e propriedades significativamente diferentes produz um novo material com propriedades originais únicas.

17.2.2 Macroestrutura

A microestrutura do osso é complexa, e contém componentes em escala micro e nano. No entanto, a discussão da macroestrutura do osso é importante porque ela também afeta as propriedades mecânicas do osso. Os diferentes ossos do corpo apresentam variações nas propriedades e estruturas. Mas a estrutura de todos os ossos a nível macroscópico pode ser dividida em dois tipos distintos de tecidos ósseos: (1) **cortical** ou compacto e (2) esponjoso ou **trabecular** (Figura 17.1). O osso cortical é denso (como o marfim) e compreende a estrutura externa ou córtex do osso, como mostrado na Figura 17.2b. A parte interna do osso consiste em osso esponjoso, que é composto de placas finas, ou trabéculas, uma rede frouxa e porosa, como mostrado na Figura 17.2a. Os poros na região esponjosa estão cheios com a medula vermelha. Vários ossos, de acordo com suas necessidades funcionais, têm diferentes proporções de estruturas corticais e esponjosas e, portanto, suas propriedades serão diferentes.

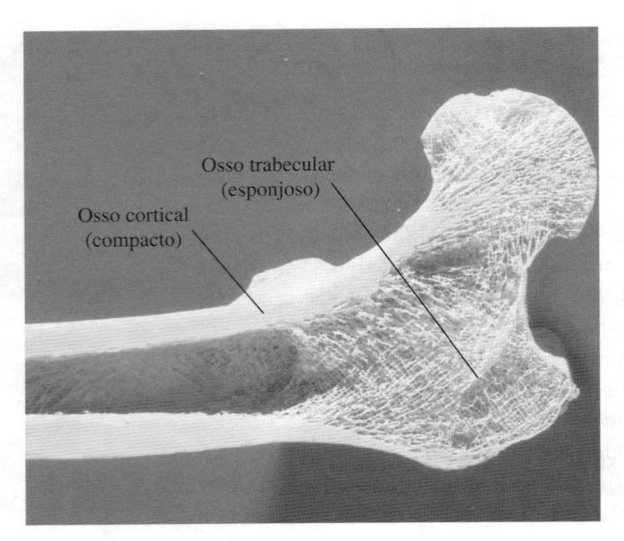

Figura 17.1
Uma seção longitudinal de um fêmur adulto.
(© Lester V. Bergman/Corbis.)

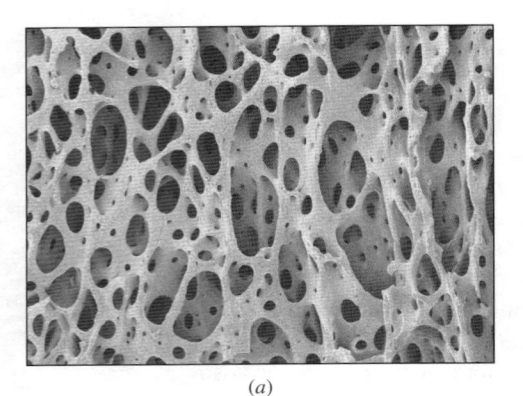

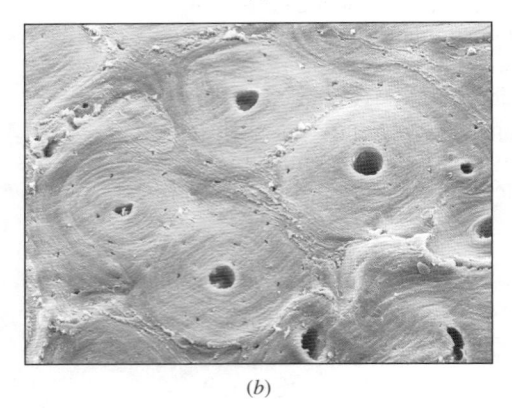

Figura 17.2
(a) Uma fotomicrografia de osso esponjoso.
(b) Imagem por MEV de osso cortical de uma tíbia humana.
(a) Andrew Syred/Photo researchers. (b) Susumu Nishinaga/Photo researchers.)

17.2.3 Propriedades mecânicas

O osso é um compósito bifásico de materiais orgânicos e inorgânicos. Assim como qualquer outro material, suas propriedades mecânicas podem ser determinadas por meio da realização de um teste de tração uniaxial do osso. Tal como acontece com outros materiais na curva correspondente a tensão-deformação, tem-se: uma região elástica, um limite de escoamento, uma região plástica e um ponto de ruptura. As propriedades mecânicas do osso cortical e do osso esponjoso são completamente diferentes. O osso cortical tem maior densidade, é mais resistente e mais duro que o osso esponjoso, mas, é mais frágil. Quando a deformação ultrapassa 2,0% ele fratura. O osso esponjoso (trabecular), no entanto, é menos denso, pode suportar um nível de tensão de 50% antes de fraturar, e devido à sua estrutura porosa absorve grandes quantidades de energia antes de fraturar. Curvas típicas de tensão-deformação dos ossos cortical e trabecular para duas diferentes densidades são apresentadas na Figura 17.3. Onde se observa claramente as diferenças nos módulos de elasticidade, ponto de escoamento, ductilidade, rigidez, e resistência à fratura dos vários ossos na Figura 17.3.

No capítulo sobre materiais compósitos, o comportamento anisotrópico de compósitos reforçados por fibras foi discutido. Por exemplo, a diferença nas propriedades mecânicas, nas direções longitudinal e transversal, de compósitos de fibra de carbono e epóxi, foi apresentada. O mesmo comportamento anisotrópico é observado no osso. Foram realizados testes de tração uniaxial em amostras de osso cortical do fêmur humano dissecado em várias orientações/direções, as curvas de tensão-deformação correspondentes foram completamente diferentes, como mostrados na Figura 17.4. A amostra que estava alinhada com o eixo longitudinal (L) produziu a maior rigidez, resistência e ductilidade, enquanto a amostra transversal ao eixo longitudinal (T) produziu o menor módulo de elasticidade, resistência e ductilidade. Esta é uma indicação clara do comportamento anisotrópico do osso. Pode-se afirmar, de modo geral, que os ossos são mais fortes e rígidos no sentido longitudinal que, geralmente são carregados durante as atividades diárias normais. É muito importante notar que os ossos são geralmente muito mais fortes em compressão do que em tração. Por exemplo, o osso cortical tem uma resistência à tração de 130 MPa e uma resistência à compressão de 190 MPa. Uma situação similar existe para o osso esponjoso sob tração e compressão.

17.2.4 Biomecânica de fratura óssea

Em atividades diárias normais, o osso humano suporta vários modos de carregamento, incluindo tração, compressão, flexão, cisalhamento, torção, e esforços combinados. Fraturas de tração ocorrem em ossos que são altamente porosos, como o osso adjacente ao tendão de Aquiles. Isso é devido à grande força de tração que a musculatura da panturrilha pode exercer sobre o osso. Fraturas cisalhantes também ocorrem de modo geral em ossos muito porosos. As fraturas em carregamento de compressão são encontradas principalmente nas vértebras e são mais comuns em pacientes idosos que sofrem de osteoporose (porosidade óssea elevada). Dobrando ou flexão poderão causar tensões de compressão e de tração no osso. Principalmente, os ossos longos do corpo, tais como o **fêmur** ou da **tíbia**, são suscetíveis a esse tipo de carregamento. Esquiadores são suscetíveis a esse tipo de fratura (fratura do topo da bota), quando eles caem sobre suas botas: A tíbia proximal (parte superior da tíbia) inclina para frente, e parte distal da tíbia (menor) sofre o mesmo movimento, devido à natureza limitada do pé e tornozelo dentro da bota; a tíbia então fratura na parte superior da bota, onde o movimento tem resistência pelo contato com o calçado (flexão em três pontos). A fratura sempre começa pelo lado do fêmur que esta sob tensão, pois o osso é o ponto frágil. Fraturas devido à torção também ocorrem nos ossos longos do corpo humano. Tais fraturas começam quase paralelas ao eixo longitudinal do osso e se estendem em um ângulo de 30° em relação ao eixo longitudinal. A maioria das fraturas ocorre sob um estado combinado de tensão, nos quais dois ou mais tipos de carga acima poderão estar presentes.

17.2.5 Viscoelasticidade do osso

Outro comportamento importante na biomecânica do osso está em sua resposta variável à taxa de carregamento ou taxa de deformação. Por exemplo, durante a caminhada/marcha normal, a taxa de deformação de fêmur foi medida em aproximadamente 0,001/s, enquanto durante marcha lenta (corrida leve) foi medida em torno de 0,03/s. Durante o trauma de impacto, a taxa de deformação pode atingir até 1/s. Os ossos reagem de maneira diferente para condições de taxas diferentes de carregamento. Conforme aumenta a velocidade de deformação, o osso se torna mais rígido e mais resistente (falha num carregamento maior). Sob uma faixa completa de taxas de deformação aplicadas, o osso cortical se torna mais forte por um fator de três e seu módulo de elasticidade aumenta em um fator de dois. Em taxas muito altas de deformação (trauma de impacto), o osso também se torna mais frágil. Ele também se torna capaz de armazenar grandes quantidades de energia antes de fraturar. Esta é uma questão importante em trauma: sob fratura de baixa energia, a energia é gasta na fratura do osso e os tecidos vizinhos não sofrem danos significativos.

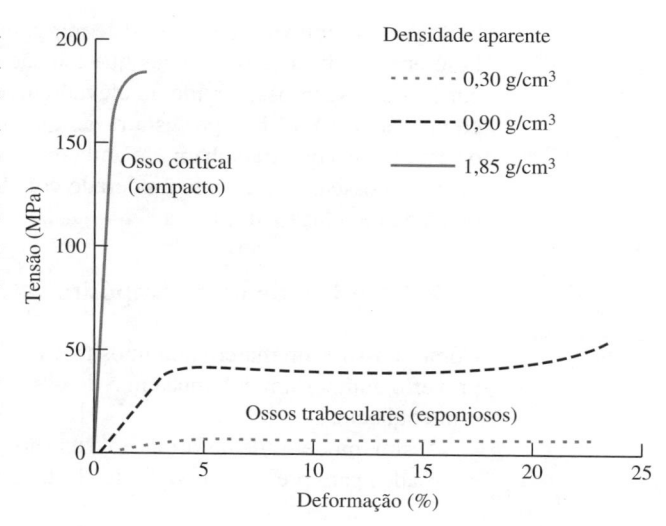

Figura 17.3
Curva tensão-deformação de osso cortical e trabecular.
(*Figura adaptada de M. Nordin and V.H. Frankel, Basic Biomechanics of the Musculoskeletal System, 3. ed., Lippincot, Williams, and Wilkins. However, the authors of the above source adopted the figure from Keavney, T.M., & Hayes. w.e. (1993) Mechanical properties of cortical & trabecular bone. Bone, 7, 285-344.*)

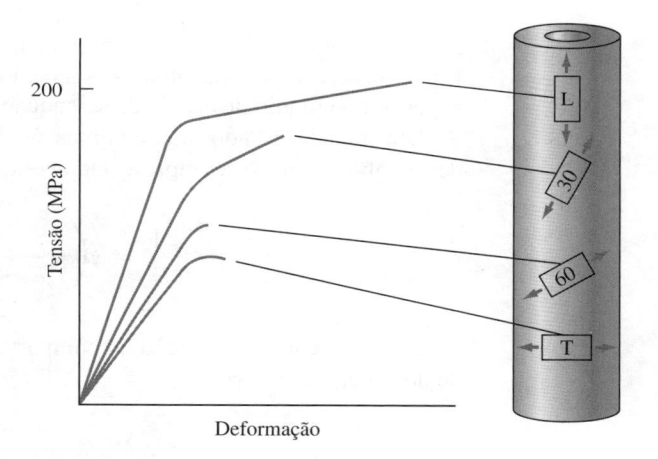

Figura 17.4
Curvas tensão-deformação de amostras de um osso cortical com várias orientações ao longo do osso demonstrando sua natural anisotropia.

Porém, sob fratura de alta energia, a energia excedente disponível provoca danos significativos nos tecidos vizinhos. A dependência do comportamento mecânico do osso da taxa de deformação é chamada de *viscoelasticidade*. Para comparação, materiais poliméricos também se comportam de uma maneira viscoelástica semelhante sob taxas de carregamento.

Finalmente, o osso também pode sofrer fratura por fadiga. Isso acontece como em outros materiais, quando repetida carga cíclica é aplicada. Esse pode ser o caso de um atleta submetido a um treinamento com pesos. Após inúmeras repetições de carga, os músculos ficam cansados e, como resultado, o osso carrega uma parcela maior da carga. Devido ao alto esforço suportado pelo osso, depois de muitos ciclos, a falha por fadiga pode ocorrer.

17.2.6 Remodelação óssea

No Capítulo 1, o conceito de "materiais inteligentes" foi introduzido. Esses materiais têm a capacidade de perceber os estímulos ambientais e responder adequadamente. O osso é um exemplo de um material biológico complexo inteligente. Ele tem a capacidade de alterar seu tamanho, forma e estrutura com base em solicitações mecânicas que lhe são colocadas. A capacidade do osso de ganhar massa óssea cortical ou esponjosa, devido ao elevado nível de tensão é chamada **remodelação óssea** e é conhecida como a **lei de Wolff**. É por esta razão que a população mais velha com redução da atividade física e os astronautas que trabalham em ambiente sem gravidade do espaço por longos períodos sofrem perda de massa óssea. O exercício moderado com baixos pesos é indicado para reduzir o fenômeno da perda óssea na população idosa.

17.2.7 Modelo de osso compósito

Como o osso é um material compósito, muitos modelos de materiais compósitos estão disponíveis para prever o comportamento mecânico do osso se a quantidade e as propriedades das fases individuais forem conhecidas.

Assim, modelos de deformação e tensão uniformes (discutido no capítulo sobre compósitos) podem ser usados para prever o módulo de elasticidade do osso cortical

$$E_b = V_o E_o + V_m E_m \tag{17.1}$$

$$\frac{1}{E_b} = \frac{V_o}{E_o} + \frac{V_m}{E_m} \tag{17.2}$$

onde, os subscritos b = osso, o = orgânico e m = mineral. A fase orgânica aqui é o colágeno, enquanto a fase mineral é a hidroxiapatita. Nós sabemos que o modelo de deformação uniforme representa o limite superior do módulo de elasticidade, enquanto o modelo de tensão uniforme representa o limite inferior.

Um modelo usando uma combinação das condições de tensão e deformação uniformes tem sido desenvolvido e pode ser representado como

$$\frac{1}{E_b} = x\left(\frac{1}{V_o E_o + V_m E_m}\right) + (1-x)\left(\frac{V_o}{E_o} + \frac{V_m}{E_m}\right) \tag{17.3}$$

onde x representa a proporção do comportamento do material comportando de acordo com a condição de deformação uniforme.

EXEMPLO 17.1

Valores típicos dos parâmetros das Equações 17.1 e 17.2 são dados a seguir

$$E_o = 1{,}2 \times 10^3 \text{ MPa}$$
$$E_m = 1{,}14 \times 10^5 \text{ MPa}$$
$$V_o = V_m = 0{,}5$$

a. Encontre os limites superior e inferior do módulo de elasticidade do osso.
b. Se o módulo experimental de elasticidade de osso é de 17 GPa, encontre a parte do osso com comportamento de acordo com a condição deformação uniforme.

- **Solução**

a. Modelo deformação uniforme:

$$E_b = E_o V_o + E_m V_m$$
$$= (0{,}5 \times 1{,}2 \times 10^3 \text{ MPa}) + (0{,}5 \times 114 \times 10^3 \text{ MPa})$$
$$= 57{,}6 \times 10^3 \text{ MPa } (57{,}6 \text{ GPa})$$

Modelo de tensão uniforme:

$$\frac{1}{E_b} = \frac{V_o}{E_o} + \frac{V_m}{E_m}$$

$$= \left(\frac{0,5}{1,2} \times 10^3 \text{ MPa}\right) + \left(\frac{0,5}{114} \times 10^3 \text{ MPa}\right)$$

$$= \frac{0,421}{(10^{-3} \text{ MPa})}$$

$$E_b = 2,37 \times 10^3 \text{ MPa (2,37 GPa)}$$

O limite superior para o módulo de elasticidade é de 57,6 GPa, enquanto o limite inferior é 2,37 GPa.

b. Substituindo estes valores e o valor dado de E_b (17 GPa) na Equação 17.3,

$$\frac{1}{E_b} = x\left(\frac{1}{(E_o V_o + E_m V_m)}\right) + (1-x)\left(\frac{V_o}{E_o} + \frac{V_m}{E_m}\right)$$

$$\frac{1}{(17 \times 10^3 \text{ MPa})} = x\left(\frac{1}{56,7} \times 10^3 \text{ MPa}\right) + (1-x)(2,37 \times 10^3 \text{ MPa})$$

Resolvendo para x, encontramos $x = 0,897$. Isso significa que 89,7% dos ossos se comportam sob a condição de formação uniforme.

17.3 MATERIAIS BIOLÓGICOS: TENDÕES E LIGAMENTOS

Os tendões e ligamentos são tecidos moles encontrados em nosso sistema músculo-esquelético. Os **tendões** são os tecidos que ligam os músculos aos locais de inserção dos ossos (Figura 17.5a). Os **ligamentos** são os tecidos que conectam um osso a outro osso (Figura 17.5b). O tamanho desses tecidos varia de poucos milímetros a vários centímetros. Tendões ajudam na transferência de forças geradas por contrações musculares para o osso. Os ligamentos funcionam como estabilizadores passivos das articulações. As cargas funcionais para tendões são geralmente maiores que nos ligamentos. Esses tecidos são materiais compósitos naturais. Cerca de 60% do peso total destes tecidos é de água. Cerca de 80% do peso dos tecidos é composto de colágeno (tipo I), uma proteína fibrosa que constitui cerca de um terço do total de proteínas do corpo.

17.3.2 Microestrutura

As moléculas de colágeno são secretadas por células especiais chamadas **fibroblastos** nos ligamento e tendões. Estas moléculas de colágeno coletam na **matriz extracelular** um arranjo em paralelo para formar microfibrilas. As microfibrilas se unem devido às ligações cruzadas das moléculas de colágeno das

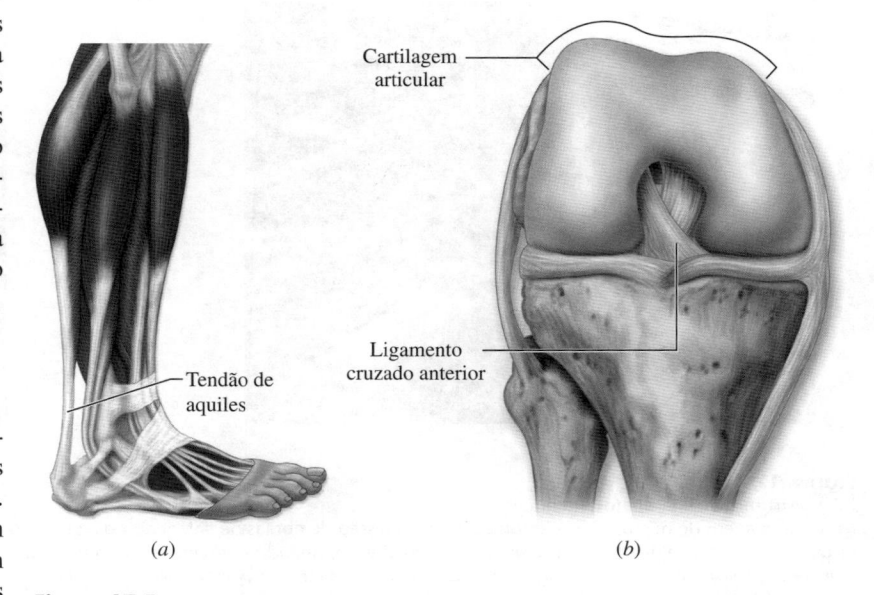

Figura 17.5
Vista macroscópica do (a) tendão de Aquiles, que liga os músculos da panturrilha ao osso do calcanhar e (b) do ligamento cruzado anterior, que liga o osso da coxa à tíbia.

diferentes microfibrilas para formar as **fibrilas** (Figura 17.6). As fibrilas de colágeno são os membros primários de transporte de carga dos ligamentos e tendões. Essas fibrilas são geralmente dispostas no sentido do carregamento e ficam normalmente pregueadas/enrugadas quando estão descarregadas (Figura 17.7). O conjunto de fibrilas de colágeno forma um *feixe*, que é a unidade funcional desses tecidos moles.

A Microscopia Eletrônica de Varredura (MEV) e Microscopia Eletrônica de Transmissão (MET) são técnicas usadas para analisar a microestrutura dos tecidos moles (Figura 17.7). A técnica de MEV é geralmente usada para analisar a falha e condição das fibrilas, enquanto a técnica MET é usada para medir os parâmetros ultraestrutural de fibrilas de colágeno, como o diâmetro, a densidade e a distribuição. O tecido é cortado em fatias muito finas (1-10 μm) usando um instrumento especial chamado *micrótomo*. As fatias são, então, desidratadas em várias etapas, e coradas antes de serem examinadas por MET. Recentes avanços em algoritmos de análises de imagens têm levado ao desenvolvimento de softwares especializados para avaliar parâmetros da ultraestrutura, tais como o diâmetro médio de fibrilas. O diâmetro das fibrilas de colágeno da maioria dos tecidos moles está no intervalo 20-150 nm.

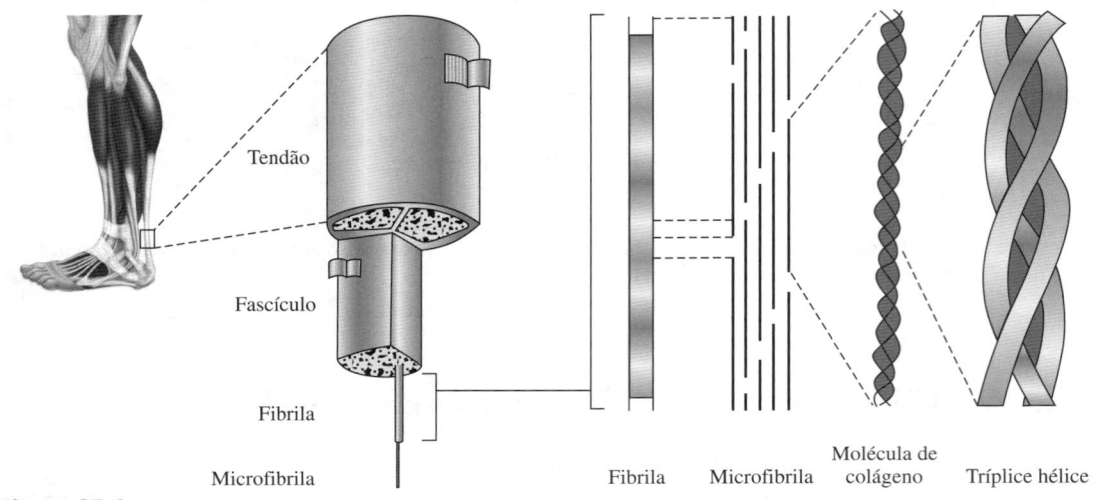

Figura 17.6
Um esquema do arranjo hierárquico de moléculas de colágeno para formar unidades funcionais de ligamentos e tendões.
(*"Standard Handbook of Biomedical Engineering and Design", Fig. 6.5, p. 6.6, McGraw-Hill.*)

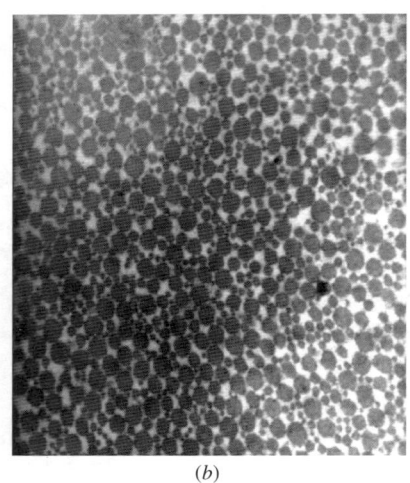

Figura 17.7
Microestrutura de ligamentos e tendões.
(*a*) Uma imagem de microscopia eletrônica de transmissão de fibrilas de colágeno no ligamento cruzado anterior (10.000×). O padrão ondulado das fibras é devido à carga mínima no ligamento, quando as imagens foram tiradas.
(*Kennedy, J.C., Hawkins, R.J., Willis, R.B., et al., "Tension studies of knee ligaments, yield point, ultimate failure, and disruption of the cruciate and tibial collateral ligaments", J. Bone Joint Surg. Am. 1976;* **58**:*350-355.*)
(*b*) A imagem de microscopia eletrônica de transmissão da seção transversal do ligamento cruzado anterior (30.000×). As formas escuras são as fibrilas de colágeno, enquanto a substância branca é o resto da matriz extracelular.
(© *Javad Hashemi.*)

17.3.3 Propriedades mecânicas

Devido à natureza preguada/enrugada das fibrilas de colágeno, o comportamento mecânico dos ligamentos e dos tendões são muito diferentes do que dos metais e dos ossos. As propriedades mecânicas desses tecidos podem ser obtidas por meio da realização de ensaios uniaxiais de tração. Desde que as cargas funcionais sobre esses tecidos estão sempre tracionadas na direção axial natural, as propriedades mecânicas em qualquer outra direção não são importantes.

A Figura 17.8 mostra uma curva de tensão típica de um tendão. Como podemos ver, temos três regiões distintas. Regiões 1 e 3 não lineares, enquanto a região 2 é relativamente linear. Quando o tecido é carregado, as fibras começam a esticar (despreguiar). No entanto, como nem todas as fibras são pregueadas/enrugadas com a mesma intensidade, as fibrilas, mais e mais, vão se esticando a medida que a carga aumenta. Essa solicitação sequencial das fibrilas de colágeno durante a fase inicial do processo de carregamento é responsável pela região não linear (região 1) encontrada no início da curva de tensão-deformação. Esta parte da curva é popularmente conhecida como **região dos dedos dos pés**. Uma vez que a solicitação fibrilar aumenta, todas as fibrilas passam a suportar a carga e deformam elasticamente. Isto é responsável por uma região relativamente linear (região 2) na parte central da curva. Com um novo aumento da carga, as fibrilas individuais atingem sua resistência máxima e começam a falhar. A falha sequencial das fibrilas de colágeno é responsável pela região não linear, próxima ao final da curva (região 3).

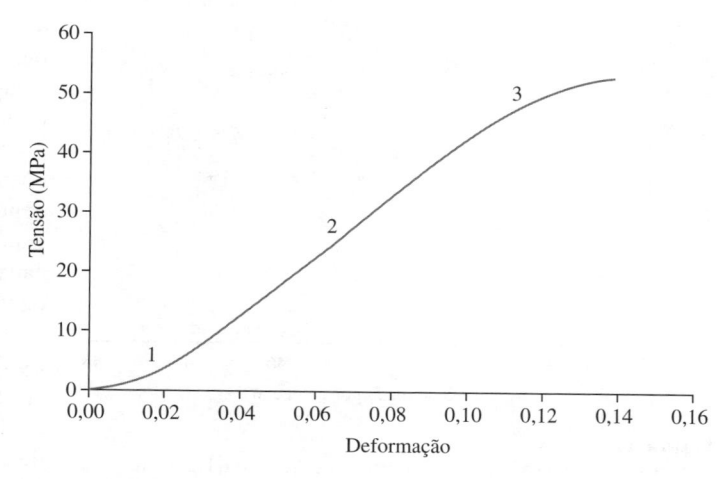

Figura 17.8
Curva tensão-deformação típica de tecidos de colágeno mostrando distintas regiões não lineares (regiões 1 e 3) e linear (região 2).

As definições tradicionais de propriedades mecânicas como o limite de resistência à tração e o percentual de alongamento na falha permanecem inalterados nesses tecidos. No entanto, o módulo de elasticidade é normalmente calculado medindo a inclinação da curva tensão-deformação na região mais linear (região 2). A Tabela 17.1 apresenta as propriedades mecânicas típicas de alguns tendões e ligamentos humanos.

17.3.4 Relação estrutura e propriedades

Ao referir-se a Tabela 17.1, pode-se perceber a grande variação presente nos valores apresentados das propriedades mecânicas dos tecidos moles. Um desvio padrão de 50% do valor médio não é incomum (é comum) quando os estudos são realizados para determinar as propriedades mecânicas. Isto é devido

Tabela 17.1
Propriedades mecânicas típicas de vários tendões e ligamentos nos seres humanos: os valores são representados como média ± desvio padrão.

Tecido	Limite de resistência à tração (MPa)	Deformação máxima	Módulo de elasticidade (MPa)
Ligamento cruzado anterior (joelho)	22 ± 11	0,37 ± 0,12	105 ± 48
Ligamento cruzado posterior (joelho)	27 ± 9	0,28 ± 0,09	109 ± 50
Tendão patelar (joelho)	61 ± 20	0,16 ± 0,03	565 ± 180
Ligamento colateral médio (joelho)	39 ± 5	0,17 ± 0,02	332 ± 58
Tendão de aquiles (calcanhar)	79 ± 22	0,09 ± 0,02	819 ± 208
Tendão do quadríceps (joelho)	38 ± 5	0,15 ± 0,04	304 ± 70
Ligamento longitudinal lombar anterior (coluna)	27 ± 6	0,05 ± 0,02	759 ± 336

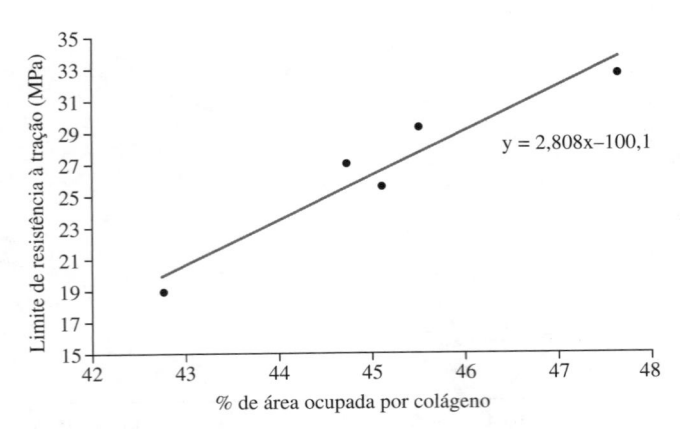

Figura 17.9
Uma relação empírica entre a resistência à tração de um ligamento cruzado anterior (LCA) e área percentual transversal ocupada por colágeno. A equação de regressão é mostrada no gráfico.

a vários fatores que afetam e controlam as propriedades mecânicas dos ligamentos e tendões. A quantidade de colágeno no tecido, a densidade de suas fibrilas, e o grau de suas ligações cruzadas influenciam diretamente nas propriedades mecânicas dos tecidos colágenos. Fatores como idade reduzem a população de fibrilas de colágeno dentro dos tecidos. Como a área total ocupada por colágeno por área da seção transversal dos tecidos reduz, a capacidade de transportar carga dos tecidos diminui, reduzindo o limite de resistência à tração. Quando o número de fibrilas de colágeno por unidade de área diminui, a rigidez do tecido enfraquece, reduzindo seu módulo de elasticidade.

Fatores adicionais, tais como sexo e nível de atividade da pessoa (cargas funcionais sobre o tecido) podem afetar a população de fibrilas de colágeno nos ligamentos e tendões, então afetando suas propriedades mecânicas. A Figura 17.9 apresenta a relação empírica entre a quantidade de colágeno e o limite de resistência à tração de um ser humano no **ligamento cruzado anterior (LCA)**.

17.3.5 Modelagem constitutiva e viscoelasticidade

Devido à natureza complexa da relação tensão-deformação dos ligamentos e tendões, um simples parâmetro elástico, como módulo de elasticidade, raramente será suficiente para caracterizar adequadamente o comportamento elástico dos tecidos moles.

Para esse efeito, complexos modelos constitutivos não lineares que relacionam a tensão e a deformação têm sido desenvolvidos. Uma dessas relações é

$$\sigma = C\epsilon e^{(a\epsilon + b\epsilon^2)} \tag{17.4}$$

Onde σ representa a tensão e ϵ representa a deformação de engenharia. Parâmetros C, a e b são encontrados empiricamente.

O comportamento mecânico de metais na região elástica é linear, conforme discutido no capítulo sobre as propriedades mecânicas dos metais. Se aplicarmos a tensão de tração σ a um pedaço de metal, ele se alonga. A deformação ϵ tem uma relação linear com a tensão aplicada por meio do módulo de elasticidade E. Esse comportamento é semelhante ao de uma mola linear. Portanto, pode-se dizer que o comportamento elástico de metais pode ser modelado usando uma mola linear. A Lei de Hooke e uma equação constitutiva especializada, tais como Equação 17.4 representam apenas o comportamento quase-estático dos ligamentos e tendões, enquanto estes tecidos são extremamente viscoelásticos. Seu comportamento mecânico depende da taxa na qual eles são carregados. Seu módulo de elasticidade e o limite de resistência à tração aumentam com a taxa de carregamento (Figura 17.10a). Portanto, a mola elástica não consegue representar bem este comportamento de dependência da taxa de carregamento dos materiais viscoelásticos.

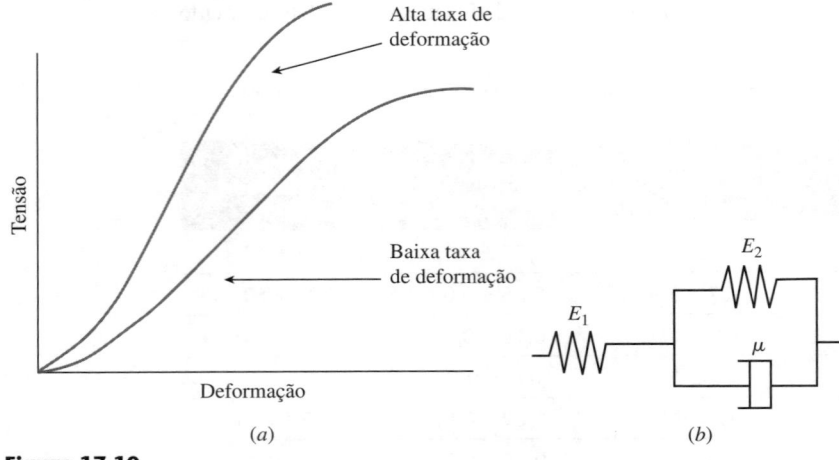

Figura 17.10
(a) Representação esquemática do comportamento tensão-deformação dos tecidos moles em duas diferentes taxas de deformação. (b) um modelo linear padrão sólido utilizado para modelar a resposta de tensão-deformação dos tecidos viscoelásticos.

São usados amortecedores viscosos Newtonianos em conjunto com molas lineares para descrever o comportamento viscoelástico. Existem vários modelos viscoelásticos, baseados em ligações de molas e amortecedores. Um modelo linear de sólido padrão é apresentado na Figura 17.10b. Neste modelo, uma mola e um amortecedor são ligados em paralelo e este conjunto é ligado a uma segunda mola em série.

O comportamento tensão-deformação de um modelo linear de sólido padrão apresentado na Figura. 17.10b é representado como

$$\dot{\sigma} + \frac{1}{\mu}[E_1 + E_2]\sigma = E_1\dot{\epsilon} + \frac{E_1 E_2}{\mu}\epsilon \qquad (17.5)$$

onde E é módulo de elasticidade (N/m²), μ é o coeficiente de viscosidade (Ns/m²), e $\dot{\sigma}$ e $\dot{\epsilon}$ são as taxas de variação de tensão e da deformação em relação ao tempo. A equação anterior pode ser usada para encontrar a resposta tensão-deformação de um material viscoelástico submetido à tensão de tração numa taxa de deformação constante C. Aplicando as condições iniciais no tempo [$\sigma(t)$ e $\epsilon(t)$ para $t = 0$ são zero],

$$\sigma(t) = C\left[\frac{aE_1 - b}{a^2}\right]\left(1 - e^{\frac{-t}{\tau_2}}\right) + \frac{b}{a}Ct \qquad (17.6)$$

onde

$$a = \frac{1}{\tau_2} = \frac{E_1 + E_2}{\mu}$$

$$b = \frac{E_1 E_2}{\mu}$$

Os tecidos moles também apresentam outros dois comportamentos importantes, ou seja, a fluência e o relaxamento da tensão. Se a carga de tensão sobre o tecido é mantida constante, o tecido se alonga com o tempo. Por outro lado, se a tensão no tecido é mantida com deformação constante, ele diminui com o tempo. Fluência e relaxamento de tensões nos tecidos são devidas a solicitação progressiva das fibrilas de colágeno ao longo do tempo. Devido a solicitação progressiva de fibrilas, fibrilas adicionais esticam sob carregamento e levam ao aumento do comprimento do tecido. Isso irá resultar em uma diminuição na tensão dos tecidos, quando mantida sob deformação constante. O teor de água no tecido também desempenha um papel importante no comportamento viscoelástico.

A fluência em sólido linear padrão mantida numa tensão constante σ é representada como

$$\epsilon(t) = \left\{\frac{1}{\tau_2} + \frac{E_1 + E_2}{\mu}\left(1 + e^{\frac{-t}{\tau_1}}\right)\right\}\sigma \qquad (17.7)$$

onde

$$\tau_1 = \mu/E_2$$

O relaxamento da tensão em um sólido linear padrão realizada sob tensão constante ε é representado como

$$\sigma(t) = \left\{\frac{E_1 E_2}{E_1 + E_2}\left[1 + \frac{E_1}{E_2}e^{\frac{-t}{\tau_1}}\right]\right\}\epsilon \qquad (17.8)$$

onde

$$\tau_2 = \mu/(E_1 + E_2)$$

Nas Equações 17.7 e 17.8, as expressões dentro das chaves são chamadas funções de *fluência* e de *relaxamento de tensões*, respectivamente.

Os comportamentos de fluência e relaxamento da tensão dos tecidos, juntamente com a sua capacidade inerente de se adaptar às cargas aplicadas, são usadas em aplicações clínicas. Por exemplo, deformidades ósseas podem ser corrigidas pela aplicação de carga constante no osso por meio de dispositivos médicos especiais. Outro exemplo são os exercícios de alongamento realizados pelos atletas. A flexibilidade das articulações pode ser aumentada por exercícios de alongamento, reduzindo as chances de lesões durante atividades esportivas. No entanto, essas propriedades também podem levar a resultados indesejáveis em aplicações clínicas. Por exemplo, quando o ligamento cruzado anterior (LCA) é danificado, é utilizado enxerto de **tendão patelar** para reconstruir o LCA leso. Este enxerto perde a sua tensão ao longo do tempo devido à fluência e ao relaxamento da tensão. Essa perda da tensão altera a elasticidade de contato na articulação do joelho, resultando na degeneração do mesmo.

17.3.6 Lesão no ligamento e no tendão

As lesões de ligamentos e tendões são comuns, especialmente entre as pessoas ativas em esportes. Quando os músculos, os estabilizadores ativos das articulações, deixam de contrair no momento oportuno, os ligamentos que suportam o impacto de forças externas, por vezes, rompem. Por exemplo, quando uma pessoa dá um salto no chão, se o músculo ao redor do joelho não consegue contrair com uma força apropriada durante a queda, a reação do solo pode resultar num excessivo movimento de translação da tíbia em relação ao osso da coxa. Isso pode resultar na ruptura do ligamento cruzado anterior (LCA). As lesões do tendão ocorrem devido à contração agressiva dos músculos para resistir a uma força externa. Por exemplo, um esquiador pode romper o tendão de ligamento do músculo bíceps do braço se o braço for usado para tentar evitar uma queda durante um giro. Lesões microscópicas nestes tecidos ocorrem durante as atividades cotidianas, mas geralmente elas se recuperam com o tempo, e os ligamentos se remodelam para suportar tais cargas. Enquanto as lesões do tendão se recuperam, o rompimento do ligamento não cicatriza, devido à presença do **líquido sinovial** em torno deles. As lesões de ligamento são tratadas, muitas vezes, pela substituição do ligamento rompido com enxertos.

EXEMPLO 17.2

Os valores de C, a, e b da Equação 17.4 (onde a tensão é a calculada em MPa) para um tendão patelar são respectivamente 142, 20 e –90. Encontre o limite de resistência à tração do tecido se a deformação na ruptura é de 15%. Calcule também o seu módulo de elasticidade. (Nota: no teste do tecido mole, a falha é geralmente considerada como tendo ocorrido no ponto de tensão máxima, e não no ponto de rompimento completo do tecido).

■ **Solução**

Substituindo os valores de tensão de falha C, a, b, na Equação. 17.4, obtemos

$$\sigma = C\epsilon e^{(a\epsilon + b\epsilon^2)}$$
$$= 142 \cdot 0{,}15 \cdot e^{(20 \cdot 0{,}15 + (-90) \cdot 0{,}15^2)} = 56{,}5 \text{ MPa}$$

Usando a Equação 17.3 para calcular os valores para a tensão nos vários valores de tensão variando de 0 a 0,15, obtemos a seguinte curva (Figura E17.2a).

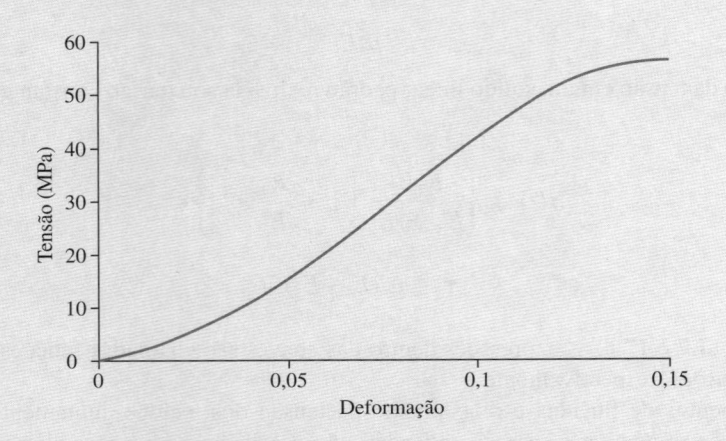

Figura E17.2a
Curva tensão-deformação do tendão patelar.

▶ Somente a parte linear da curva (entre os valores de tensão de 0,05 e 0,12 na Figura E17.2a) é traçado na Figura E17.2b. A regressão linear da curva dá uma reta, e então a equação da reta é encontrada. A inclinação da reta representa o módulo de elasticidade.

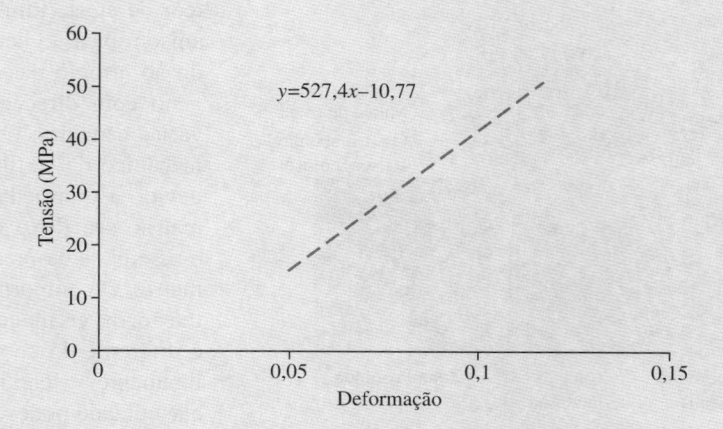

Figura E17.2b
Parte linear da curva tensão-deformação da Figura E17.2a. A linha pontilhada mostra o ajuste quadrático para esta parte da curva. A equação de regressão também é apresentada.

Conforme a Figura E17.2b, o módulo de elasticidade é 527 MPa.

17.4 MATERIAL BIOLÓGICO: CARTILAGEM ARTICULAR

17.4.1 Composição e macroestrutura

O corpo humano é muitas vezes sujeito a grandes quantidades de cargas. Muitas das nossas articulações têm um elevado grau de mobilidade. Como engenheiros, sabemos que sempre que houver um movimento relativo entre duas partes, existirá atrito e desgaste. Para minimizar o desgaste e o atrito em nossas articulações e distribuir as cargas sobre uma área ampla, as extremidades articuladas dos nossos ossos são cobertas por um tecido especial, chamado de cartilagem articular. A cartilagem articular é avascular, ou seja, sem qualquer suprimento de sangue e nervos. O tecido tem aspecto branco pálido, possui de 1 a 6 mm de espessura, e toma a forma da extremidade da articulação. A cartilagem articular é constituída por matriz porosa, água e íons. A água é cerca de 70 a 90% do peso seco da cartilagem articular. Cerca de 10 a 20% do peso seco é o colágeno tipo II e cerca de 4 a 7% do é formado por macromoléculas complexas chamadas **proteoglicanos**. Os proteoglicanos introduzem íons de COO^- e SO_3^- na cartilagem, na presença de água.

17.4.2 Microestrutura

A cartilagem é composta de quatro zonas em toda a sua espessura. Próximo da superfície da junta articular, as fibrilas de colágeno ficam tangentes à superfície articular. Abaixo desta, é a zona intermediária, onde as fibrilas de colágeno são dispostas aleatoriamente. Abaixo da zona intermediária é a zona profunda, onde as fibrilas de colágeno são mais grossas e são radialmente orientadas. O teor de colágeno é maior na região tangencial, enquanto o teor de proteoglicanos é menor. Na região de profunda, o teor de proteoglicanos é maior do que o teor de água. Abaixo da zona profunda existe a camada de cartilagem calcificada que contém cartilagem e mineral de cálcio. Essa camada de cartilagem ancora no **osso subcondral**. A Figura 17.13 mostra o esquema e fotomicrografias da cartilagem articular. Deve-se notar que os nossos discos intervertebrais também são constituídos de um tipo diferente de cartilagem chamada de *fibrocartilagem*.

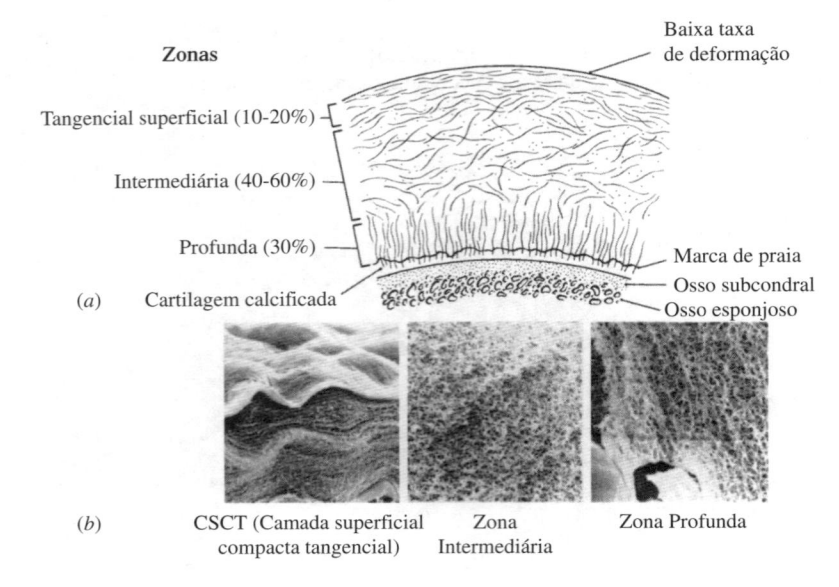

17.4.3 Propriedades mecânicas

A cartilagem articular é altamente viscoelástica, devido ao seu alto teor de água. Também é altamente anisotrópica e heterogênea, devido ao arranjo das fibrilas de colágeno com direções diferentes em várias camadas. O comportamento mecânico da cartilagem articular é devido à propriedade intrínseca da matriz, seu fluxo de água interno, e os efeitos da presença de íons na matriz. O comportamento típico de tração da cartilagem articular não é diferente do comportamento dos ligamentos e tendões. O módulo de elasticidade pode variar de 4 a 400 MPa em função da natureza do teste (estático ou dinâmico) e da direção da carga em relação ao arranjo de fibrilas de colágeno.

A cartilagem articular é geralmente carregada em compressão e cisalhamento natural. A estrutura do colágeno no tecido não suporta forças de compressão. No entanto, as moléculas de proteoglicanos, devido à presença de cargas negativas, desenvolvem fortes forças repulsivas intra e intermoleculares. Essas moléculas são limitadas por redes de colágeno que resistem ao inchaço e desenvolvem tensões de tração internas que resistem a tensões de compressão aplicada na cartilagem. Além disso, os íons do fluido das vizinhanças movem-se no tecido em direção aos proteoglicanos presos para estabelecer eletroneutralidade, causando ainda mais o inchaço dos tecidos.

A resistência da matriz da cartilagem para a aplicação de tensões de compressão é medida por testes confinados de compressão. Nesse teste, a amostra de cartilagem é comprimida em uma câmara cilíndrica hermética usando um cilindro poroso até que o equilíbrio é alcançado para uma determinada carga. O teste é repetido para várias cargas diferentes. A resposta tensão-deformação é então medida para calcular o módulo de equilíbrio do agregado (análogo ao módulo de elasticidade).

Figura 17.11
Microestrutura da cartilagem articular. (a) O esquema apresenta a disposição de fibrilas de colágeno em diferentes camadas. (b) As fotomicrografias apresentam a camada superficial compactada tangencialmente (CSCT) sob compressão e descarregada e zonas intermediaria e profunda. (Ampliação 3.000×.)
(*"Basic Biomechanics of the Musculoskeletal System", Nordin and Frankel, p. 132, Fig 4.8, Lippincott, Williams and Wilkins.*)

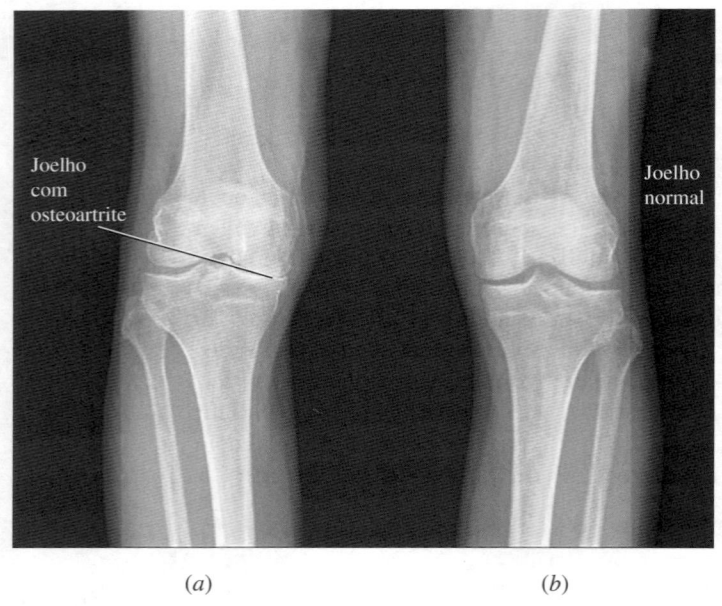

Figura 17.12
Radiografias de (a) uma osteoartrite e (b) um joelho normal.
(*National Human Genome Research Institute.*)

17.4.4 Degeneração da cartilagem

A cartilagem tem uma capacidade limitada de reparar-se, porque não tem nenhuma fonte de sangue. Fatores fisiológicos e mecânicos podem levar à degeneração do tecido da cartilagem articular. Cargas elevadas de tensões repetitivas e a desagregação da matriz de colágeno e proteoglicanos são conhecidas por causar degeneração da cartilagem. Sua degeneração afeta a integridade mecânica da matriz e a sua permeabilidade, influenciando o comportamento mecânico do tecido. A distribuição prolongada de tensões anormais (devido a fatores como lesão do ligamento) e a carga traumática única na cartilagem são também conhecidos por causar sua degeneração. A degeneração da cartilagem reduz o espaço articular (Figura 17.12) e expõe o osso subcondral às forças de contato direto, resultando em dor nas articulações. A degeneração da cartilagem acompanhada de dor e inchaço nas articulações durante as atividades da vida diária é chamada de **osteoartrite**.

A osteoartrite é de difícil tratamento. Muitas vezes, toda a superfície da articulação afetada por osteoartrite é raspada e substituída por implantes metálicos. Às vezes, toda a articulação é substituída por partes principais dos ossos que compõem o conjunto. Essas cirurgias são chamadas de cirurgias de substituição articular. Biomateriais tem um importante papel em tais aplicações clínicas.

17.5 BIOMATERIAIS: METAIS EM APLICAÇÕES BIOMÉDICAS

Os metais são usados extensivamente em várias aplicações biomédicas. Algumas aplicações são específicas para a substituição de tecidos lesados ou disfuncionais, a fim, por exemplo, de restaurar sua função, com aplicações ortopédicas em que todo ou parte de um osso ou uma junta são substituídas ou reforçadas por ligas metálicas. Em aplicações odontológicas, os metais são utilizados como material de enchimento para os dentes cariados, parafusos para sustentação de implante dentário, e como substituição de materiais odontológicos. Materiais usados em tais funções, onde eles substituem tecidos biológicos danificados, restauram a função, e estão constantemente ou intermitentemente em contato com fluidos do corpo são chamados coletivamente de biomateriais. Se estamos nos concentrando em metais, **biometais**. Claramente, os metais utilizados em instrumentos médicos, odontológicos e cirúrgicos, além dos metais utilizados em prótese externa não são classificados como biomateriais, uma vez que não estão expostos a fluidos corporais de uma forma contínua ou intermitente. Nesta seção, vamos discutir os biometais mais frequentemente utilizados em aplicações estruturais importantes, tais como implantes e dispositivos de fixação para diversas articulações (ex.: quadril, joelho, ombro, tornozelo e pulso) e ossos do corpo.

Os biometais têm características específicas que os tornam adequados para aplicação no corpo humano. O ambiente interno do corpo é altamente corrosivo e pode degradar o material de implante (ortopédicos ou odontológicos), resultando na liberação de íons ou moléculas nocivas. Assim, a característica principal de um biometal é **biocompatibilidade**. A biocompatibilidade é definida como estabilidade química, resistência à corrosão, não carcinogênicidade, e não toxicidade do material quando usado no corpo humano. Uma vez que a biocompatibilidade do metal é estabelecida, a segunda característica importante que deve ser respeitada é de suportar tensões grandes e variáveis (cíclicas) em ambiente altamente corrosivo do corpo humano. A importância da capacidade do metal em suportar cargas pode ser avaliada quando se percebe que uma pessoa média pode ter de 1 a 2.500.000 ciclos de tensões em seu quadril por ano (devido às atividades diárias normais). Isto traduz-se para 50 a 100 milhões de ciclos de tensão ao longo de um período de 50 anos. Portanto, o biomaterial deve ser forte resistente à fadiga e ao desgaste em um ambiente altamente corrosivo. Que metais satisfazem essas condições?

Os metais puros como o Co, Cu, e Ni são considerados tóxicos no organismo humano. Por outro lado, metais puros como o Pt, Ti, e Zr têm níveis elevados de biocompatibilidade. Os metais como Fe, Al, Au, e Ag possuem níveis moderados de biocompatibilidade. Alguns aços inoxidáveis e ligas de Co-Cr também têm compatibilidade moderada. Na prática, os metais mais frequentemente usados para aplicações de carga no corpo humano são os aços inoxidáveis, ligas à base de cobalto e ligas de titânio. Esses metais têm aceitável biocompatibilidade e características para suportar carga, no entanto, nenhum deles tem todas as características necessárias para uma aplicação específica.

17.5.1 Aços inoxidáveis

Várias classes de aços inoxidáveis, inclusive os ferríticos, os martensíticos e os austeníticos, foram discutidas nos capítulos anteriores. Em aplicações ortopédicas, o aço inoxidável 316L austenítico (18 Cr-14 Ni-2,5-Mo ASTM F138) é usado com mais frequência. Este metal é popular porque é relativamente

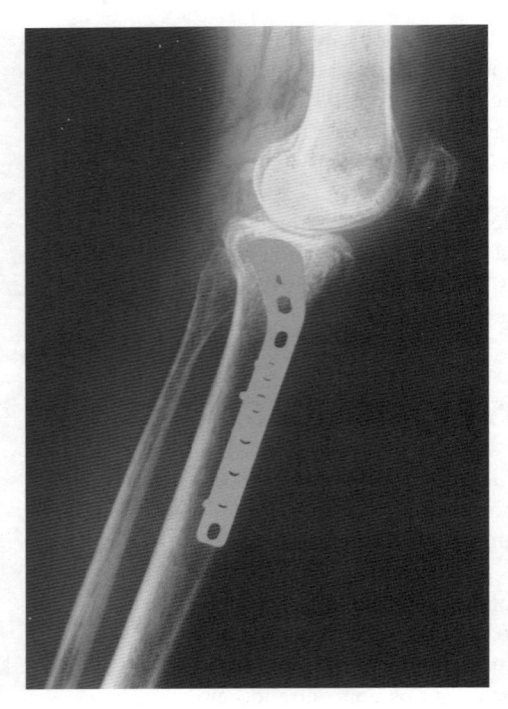

Figura 17.13
Placas de fixação para ossos longos.
(© Science Photo Library/Photo Researchers. Inc.)

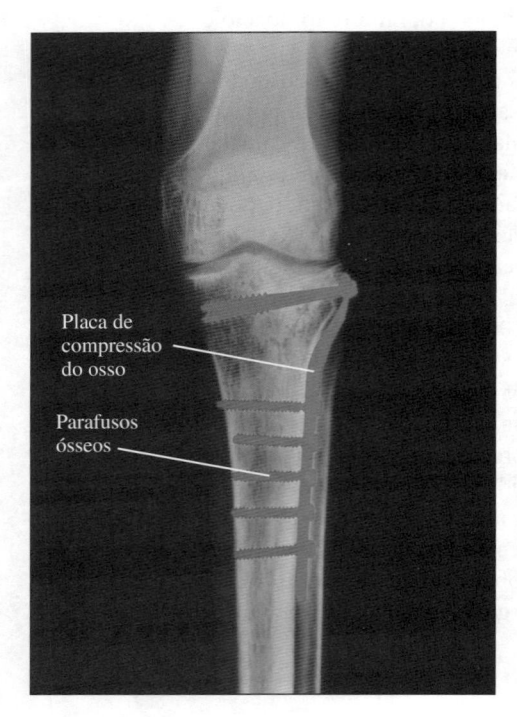

Figura 17.14
Redução de fratura do osso com uma **placa de compressão óssea** e parafusos.
(© Science Photo Library/Photo Researchers. Inc.)

barato e pode ser moldado facilmente com as atuais técnicas de conformação de metais. O tamanho de grão ASTM adequado é de 5 ou menor. O aço usado frequentemente é trabalhado a frio com deformação de 30% para atingir melhores propriedades de resistência à tração, à ruptura e à fadiga quando comparado com o estado recozido. A principal desvantagem desse aço é não ser adequado para uso em longo prazo, devido à sua limitada resistência à corrosão no organismo humano. O níquel, que é tóxico, será lançado no corpo humano como resultado da corrosão. Como resultado, as aplicações mais eficazes são em tecido ósseo, pinos, placas (Figura 17.13), fixação óssea intramedular, e outros dispositivos de fixação temporária. Recentemente, tem sido desenvolvido um aço austenítico livre de níquel, resultando numa melhor biocompatibilidade. A Figura 17.14 apresenta um exemplo de uma fratura na qual uma placa e numerosos parafusos são usados para a estabilização óssea. Esses componentes podem ser removidos depois que uma suficiente cicatrização tenha ocorrido.

17.5.2 Ligas à base de cobalto

As ligas a base de cobalto são amplamente utilizados em aplicações sob carga. Tal como acontece com os aços inoxidáveis, a elevada porcentagem de Cr nessas ligas promove a resistência à corrosão por meio da formação de uma camada passiva. Note-se que a resistência a longo prazo à corrosão dessas ligas é muito superior a do aço inoxidável e, como resultado, menos íons cobalto tóxicos são liberados no corpo. Portanto, essas ligas são significativamente mais biocompatíveis do que o aço inoxidável. Existem quatro tipos principais de ligas a base de cobalto utilizadas em implantes ortopédicos:

1. Co-28 Cr-6 Mo liga fundida (ASTM F75): A liga F75 é uma liga de fundição que produz tamanho de grão grosseiro, e também tem uma tendência a formar uma microestrutura zonada (uma estrutura fora do equilíbrio, como discutido no Capítulo 5). Ambos os problemas são indesejáveis para aplicações ortopédicas que resultam em um componente enfraquecido.

2. Co-20 Cr-15 W-10 Ni liga trabalhada (conformada) (ASTM F90): A liga F90 contém um nível significativo de Ni e W para melhorar as características de usinabilidade e de conformação. No estado recozido, suas propriedades correspondem aos da F75, mas com 44% de deformação a frio, suas propriedades de resistência à tração, à ruptura e à fadiga são quase o dobro da F75. Contudo, cuidados devem ser tomados para alcançar propriedades uniformes em toda a espessura do componente, ou ele estará propenso a falhas inesperadas.

3. Co-28 Cr-6 Mo liga fundida e tratada termicamente (ASTM F799): A liga F799 é semelhante em composição à liga F75, mas é forjada até a forma final em uma série de etapas. Os estágios iniciais de forjamento são realizados a quente para permitir um fluxo significativo, e as fases finais são realizadas a frio para permitir o aumento da resistência pelo encruamento. Isso melhora as características de resistência da liga em relação a F75.

4. Co-35 Ni-20 Cr-10 Mo liga trabalhada (conformada) (ASTM F562): A liga F562 tem, de longe, a combinação mais eficaz de resistência, ductilidade e resistência à corrosão. Ela é trabalhada a frio e endurecida por precipitação para uma resistência superior a 1.795 MPa enquanto mantém cerca de 8% da ductilidade. Devido à sua combinação de

resistência à corrosão a longo prazo e endurecimento, essas ligas são frequentemente utilizadas como dispositivos de fixação permanente dos componentes das articulações (Figura 17.15).

17.5.3 Ligas de titânio

As ligas de titânio – incluindo o titânio comercialmente puro –, as ligas alfa, ligas beta, e ligas alfa e beta, foram brevemente descritas no capítulo sobre ligas. Cada liga tem as características mecânicas e de conformação atraentes para diferentes aplicações. O que é verdade estas ligas possuem excelente resistência à corrosão, mesmo em ambientes agressivos, tais como o corpo humano. A resistência à corrosão dessas ligas é superior a do aço inoxidável e das ligas de cobalto-cromo. Sua resistência à corrosão resulta da sua capacidade de formar uma camada protetora de óxido de TiO_2 abaixo 535 °C (ver Capítulo 13 sobre a corrosão para obter mais detalhes). Do ponto de vista ortopédico, a excelente biocompatibilidade do titânio, a alta resistência à corrosão e o baixo módulo de elasticidade são altamente desejáveis. O titânio comercialmente puro (CP-F67) é um metal relativamente de baixa resistência, e é usado em aplicações ortopédicas que não requerem alta resistência, tais como parafusos e grampos para a cirurgia da coluna vertebral. As ligas alfa que contêm alumínio (estabilizador alfa), estanho e/ou zircônio não podem ser significativamente reforçadas por tratamento térmico e em consequência não oferecem vantagens relevantes sobre as ligas CP em aplicações ortopédicas. As ligas alfa-beta contêm estabilizadores alfa (alumínio) e beta (vanádio ou molibdênio). Como resultado, uma mistura de fases alfa e beta coexistem na temperatura ambiente. O tratamento de solubilização pode aumentar a resistência destas ligas de 30 a 50% quando comparadas com o estado recozido. Exemplos de ligas alfa-beta utilizadas em aplicações ortopédicas são Ti-6 Al-4 V (F1472), Ti-6 Al-7 Nb, Ti-5 Al-2,5 Fe. A liga F1472 é a mais comum em aplicações ortopédicas para a substituição total do joelho. As outras duas ligas são utilizadas no sistema quadril femural, chapas, parafusos, hastes e pinças. As ligas beta (contendo principalmente beta estabilizadores) têm conformabilidade excelente, porque não encruam. No entanto, elas podem ser tratadas por solubilização e envelhecidas para níveis de resistência muito acima aos das ligas alfa e beta. As ligas beta oferecem o menor módulo de elasticidade (uma vantagem médica; ver Seção 17.5.4) de todas as ligas de titânio usadas na fabricação de implantes ortopédicos. Para efeito de comparação, as propriedades mecânicas das ligas ortopédicas mais comuns são apresentadas na Tabela 17.2. As principais desvantagens das ligas de titânio em aplicações ortopédicas são (1) a sua pobre resistência ao desgaste (2) sua alta sensibilidade ao entalhe (existência de um risco ou entalhe reduz a vida em fadiga). Devido à sua pobre resistência ao desgaste, eles não devem ser usados em superfícies de articulação, como o quadril e joelho, a menos que sejam tratados à superfície por meio de processos de implantação iônica.

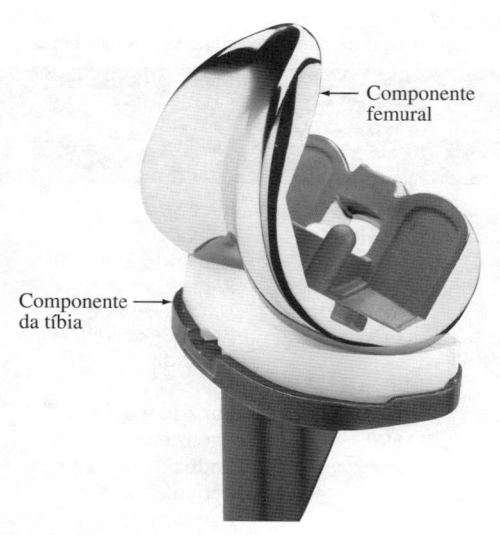

Figura 17.15
Uma prótese de cobalto-cromo para substituição do joelho. Observe o componente femoral descansando sobre o componente tibial. Uma superfície de polietileno para deslizamento separa a bandeja de componente tibial e femoral, diminuindo assim o atrito.
(Cortesia de Zimmer, Inc.)

17.5.4 Alguns problemas da aplicação ortopédica de metais

Na aplicação de implantes ortopédicos, propriedades como a alta resistência ao escoamento (para resistir à deformação plástica sob carga), resistência à fadiga (para resistir a cargas cíclicas), dureza (para resistir ao desgaste quando articulações estão envolvidas) e, curiosamente, baixo módulo de elasticidade (para obter proporcionalidade de cargas entre metal e osso) são de importância crítica. Para compreender claramente isso, considere que, antes da fratura, todas as forças atuantes (tendões, músculos e ossos) são equilibradas. Após a fratura, este equilíbrio está perdido, e é preciso uma operação para prender o componente fraturado (incluindo alguns fragmentos) com implantes ortopédicos e estabilizar a fratura. Se a fratura é perfeitamente reconstruída, o osso ainda suporta uma parcela significativa da carga, e o implante atua principalmente como estrutura em torno do qual o osso fraturado é reconstruído (trans-

Tabela 17.2
Propriedades de ligas de metais selecionados, usados em aplicações ortopédicas.

Material	Designação ASTM	Condição	Módulo de elasticidade (GPa)	Resistência ao escoamento (MPa)	Limite de resistência à tração (MPa)	Limite de resistência à fadiga (MPa)
Aço inoxidável	F55, F56, F138, F139	Recozido	190	331	586	241-276
		Reduzido 30% a frio	190	792	930	310-448
		Forjado a frio	190	1.213	1.351	820
Ligas de cobalto	F75	Bruta de solidificação, recozida	210	448-517	655-889	207-310
		HIP*	253	841	1.277	725-950
	F99	Forjado a quente	210	896-1.200	1.399-1.586	600-896
	F90	Recozida	210	448-648		951-1.220
	F562	Reduzida 44% a frio	210	1.606	1.896	586
		Forjada a quente,	232	965-1.000	1.206	500
		Forjada a frio, recozida	232	1.500	1.795	686-793
Ligas de titânio	F67	Reduzido 30% a frio	110	485	760	300
	F136	Forjada, recozida	116	896	965	620
		Forjada, tratada termicamente	116	1.034	1.103	620-689

* HIP = prensagem isostática a quente.
Fonte: "Orthopedic Basic Science", American Academy of Orthopedic Science, 1999.

porta pouca carga). No entanto, em muitas situações, devido à complexidade da fratura (alguns fragmentos podem ser perdidos) ou por fixação ou estabilização inadequadas, o implante não só suporta uma quantidade desproporcional da carga, como também pode estar sob torção e flexão elásticas (em alguma situação permanente). Tudo isso pode dar origem a falhas de fadiga do implante. Por estas razões, o limite de resistência ao escoamento, à tração e à fadiga dos biometais são críticos e devem ser muito favoráveis.

O módulo de elasticidade do biometal, no entanto, é uma questão diferente. Em muitas situações, a fixação da fratura, o módulo de elasticidade elevado (uma medida da resistência à deformação elástica) do implante de metal, é um ponto de preocupação. Para entender isso, note que o módulo de elasticidade do osso (na direção de carga) está perto de 17 GPa. Em comparação, o módulo de elasticidade do Ti, do aço inoxidável e das ligas a base de Co são respectivamente, 110 (80 para as ligas beta), 190 e 240 GPa. Considere uma situação em que a haste tibial é quebrada de uma maneira simples transversa (ver seta), conforme mostrado na Figura 17.16. Para corrigir e estabilizar a fratura, um dispositivo metálico é fixado com parafusos de travamento. Os parafusos de travamento nem sempre são necessários, mas ajudam na estabilização e prevenção do encurtamento do osso ou rotação dos fragmentos da fratura. Por causa do metal possuir um módulo de elasticidade significativamente maior do que do osso, ele suporta uma parte desproporcional da carga. Em outras palavras, o implante metálico protegerá o osso de carregar o que ele suportaria em condições normais, um fenômeno chamado **remodelação óssea**. Embora do ponto de vista da engenharia, isso soa desejável e lógico, do ponto de vista biológico, é indesejável. O material ósseo responde a tensão por meio de uma remodelação (reconstrução) própria para o nível de tensão aplicada. Devido à remodelação óssea, o osso reconstitui-se a um nível mais baixo de carga e a sua qualidade deteriora-se. É por esta razão que as ligas de titânio, com o menor módulo de elasticidade

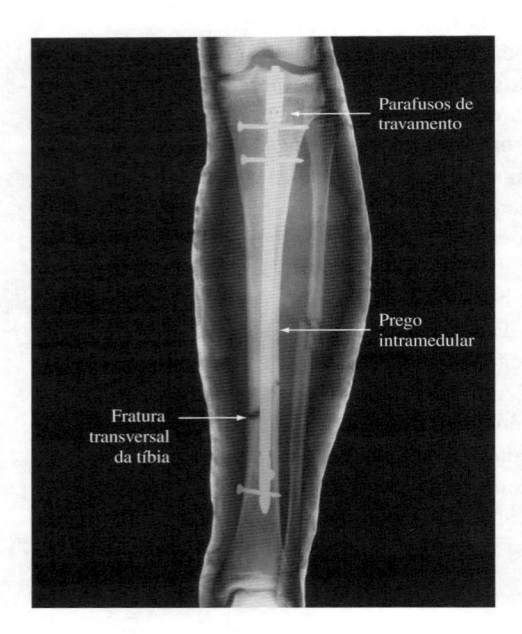

Figura 17.16
Aplicação de haste intramedular e parafusos de travamento para estabilizar a fratura da tíbia.
(© Science Photo Library/Photo Researchers, Inc.)

entre as três grandes ligas, são as mais desejáveis em tais aplicações. Esse exemplo explica claramente os desafios envolvidos na seleção de materiais para aplicações ortopédicas.

17.6 POLÍMEROS EM APLICAÇÕES BIOMÉDICAS

Os polímeros oferecem a maior versatilidade enquanto biomateriais. Eles têm sido aplicados em diversas patologias, incluindo as cardiovasculares, oftalmológicas e ortopédicas, como componentes de implantes permanentes. Eles também têm sido aplicados como medidas cautelares em áreas como a angioplastia coronária, hemodiálise e tratamento de patologias da ferida. A aplicação de polímeros em odontologia como implantes, cimentos, e bases de prótese total também é de grande interesse e importância. Embora os polímeros sejam inferiores aos metais e cerâmicas, em termos de propriedades de resistência, possuem características que são muito atraentes em aplicações biomédicas, incluindo densidade baixa, facilidade de moldagem, bem como a possibilidade de modificação para a biocompatibilidade máxima. A maioria dos biomateriais poliméricos são materiais termoplásticos, e suas propriedades mecânicas, embora inferiores aos metais e cerâmicas, são aceitáveis em muitas aplicações. Um dos desenvolvimentos mais recentes neste campo é a de **polímeros biodegradáveis**. Polímeros biodegradáveis são projetados para desempenhar uma função e, em seguida, ser absorvidos ou integrados ao sistema biológico. Assim, a remoção cirúrgica destes componentes não é necessária.

Existe uma grande variedade de polímeros biocompatíveis, mas nem todas as variantes e compostos de polímeros são biocompatíveis. O polietileno (PET), poliuretano, poliéster, policarbonato, polibutileno tereftalato (PBT), polimetilmetacrilato (PMMA), o politetrafluoretileno (PTFE), polisulfona, e polipropileno são alguns dos polímeros biocompatíveis mais comuns. Os polímeros não biocompatíveis podem levar a coagulação do sangue, destruição, reabsorção óssea, e também podem causar câncer. Nas seções seguintes, a aplicação de biopolímeros em várias áreas da medicina será discutida.

17.6.1 Aplicações cardiovasculares de polímeros

Os biopolímeros estão sendo aplicados com sucesso no desenvolvimento de válvulas cardíacas. Válvulas cardíacas humanas são propensas a doenças como a estenose e a insuficiência cardíaca. **Estenose** ocorre devido ao enrijecimento das válvulas cardíacas, impedindo que elas se abram completamente. A insuficiência cardíaca é uma condição na qual a válvula cardíaca permite que algum fluxo de do sangue retorne. Ambas as condições são perigosas e devem ser tratadas por meio da desobstrução da válvula do coração danificado com uma válvula de tecido (animal ou de cadáver) ou válvula artificial. Uma figura da concepção recente de uma válvula cardíaca artificial é apresentada na Figura 17.17. A prótese é composta de flange, duas laminas semicirculares em um anel suturado. A flange e as laminas podem ser feitas a partir de biometais, tais como titânio ou ligas de Co-Cr. O anel de sutura é feito de biopolímeros, tais como PTFE (Teflon) expandido ou PET (Dacron). Tem a função crucial de permitir a ligação da válvula ao tecido do coração por meio da aplicação de suturas. Os materiais poliméricos são os únicos materiais que fazem essa ligação possível. As lâminas permitem que o fluxo de sangue na posição mostrada na figura bloqueie o fluxo de volta na posição fechada, embora não completamente. A coagulação do sangue, que é um efeito colateral indesejável, ocorre devido à interação das células vermelhas do sangue com a válvula artificial. Os pacientes com válvulas cardíacas artificiais devem usar anticoagulantes para prevenir a coagulação do sangue.

Os enxertos vasculares são utilizados em operações de revascularização do miocárdio com desvios graves das artérias entupidas. Esses enxertos vasculares podem ser tanto enxertos de outros tecidos ou artificiais. Os enxertos artificiais devem ter alta resistência à tração e resistir à oclusão (entupimento) da artéria causada por trombose (coagulação do sangue). Tanto o Teflon quanto o Dacron são usados para esta aplicação. No entanto, o Teflon tem melhor desempenho contra a oclusão, pois minimiza as tensões de cisalhamento atuantes sobre as células do sangue.

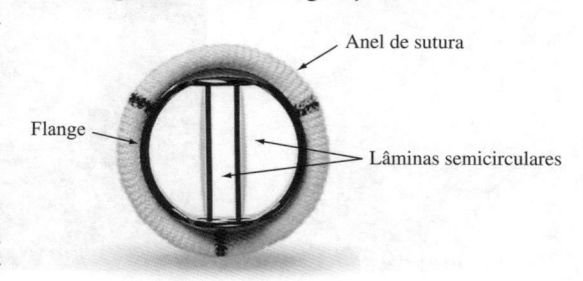

Figura 17.17
Uma válvula cardíaca artificial.
(Cortesia de Simmer, Inc.)

Oxigenadores de sangue são projetados para filtrar o dióxido de carbono e fornecer oxigênio ao sangue. Os cirurgiões desviam o sangue que é bombeado a partir do lado direito do coração (não oxigenado) por meio de oxigenadores, e produzem o sangue oxigenado para o corpo durante as cirurgias cardíacas que necessitam de desvios cardiopulmonares (a artéria pulmonar é uma artéria que vai diretamente do coração para os pulmões). Os oxigenadores são membranas hidrofóbicas microporosas (isto é, repelem a água) feitas de materiais como o polipropileno. Como o polipropileno é hidrofóbico, os poros podem ser preenchidos com gases como oxigênio, ao invés de água. Durante a operação, o ar flui de um lado da membrana e preenche os microporos, e o sangue escorre no outro lado, perdendo CO_2 por difusão por meio da membrana e ganhando O_2 por absorvê-lo por meio dos poros.

Os polímeros são usados também em corações artificiais e dispositivos de assistência cardíaca. Estes dispositivos são fundamentais para o uso em curto prazo para manter a saúde do paciente até que um coração doador seja encontrado. Sem polímeros, estes dispositivos não poderiam funcionar de maneira eficiente.

17.6.2 Aplicações oftálmicas

Os polímeros são fundamentais e insubstituíveis nas aplicações oftálmicas (relacionadas aos olhos). As funções ópticas do olho são corrigidas por meio de óculos, lentes de contato (moles e duras) e implantes intra-oculares, que são feitos principalmente a partir de polímeros. As lentes de contato gelatinosas são feitas de hidrogel. Um **hidrogel** é um material polimérico hidrófilo macio (por exemplo, semelhante à água) que absorve água e incha a um nível específico. As lentes macias de hidrogel são feitas de polímeros reticulados e copolímeros. Devido à sua natureza macia, hidrogéis podem assumir a forma exata da córnea e permitem um ajuste perfeito. No entanto, a córnea necessita de oxigênio, que somente pode permear por meio da lente. Os hidrogéis permitem a permeabilidade significativa de oxigênio. O material original usado nesta aplicação foi o poli-HEMA (2-hidroxietil metacrilato). Outros polímeros mais recentes com melhores técnicas de fabricação estão sendo desenvolvidos para produzir lentes de contato mais finas.

As lentes rígidas são posicionadas livremente sobre a córnea. A lente flexiona com o piscar; como requisito para o material da lente, este deve ter a capacidade de recuperar-se rapidamente. As lentes duras foram inicialmente feitas de PMMA. PMMA tem excelentes propriedades ópticas, mas sofre com a falta de permeabilidade ao oxigênio. Para melhorar a permeabilidade ao oxigênio, ou seja, fazer as lentes rígidas permeáveis a gases, foram produzidos copolímeros de metil metacrilato com metacrilato. No entanto, siloxano é hidrofóbico, e, para corrigir isso, comonômeros hidrofílicos, como o ácido metacrílico, foram adicionados à mistura. Atualmente, existem uma série de lentes rígidas permeáveis a gases disponíveis comercialmente, e a pesquisas estão em andamento para melhorar ainda mais esses materiais.

Tratamento de doenças como a catarata (ou seja, opacificação do cristalino do olho, devido ao excesso de células mortas) requer cirurgia e remoção do cristalino opaco dos olhos e sua substituição com implantes de lentes intra-oculares. A lente intra-ocular consiste em uma lente e alças (ou seja, braços laterais) (Figura

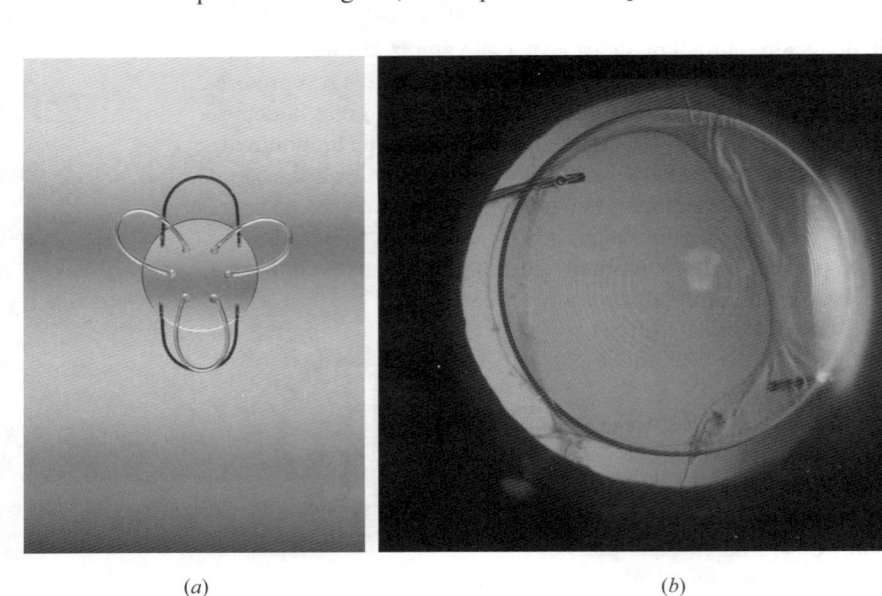

Figura 17.18
Uma lente intraocular.

((a) © Steve Allen/Photo Researchers. (b) © Chris Barry/Phototake NYC.)

17.18). Os braços laterais são necessários para prender a lente como ligamentos suspensórios para mantê-las no lugar. Claramente, os requisitos dos materiais de lentes intraoculares estão sujeitos as propriedades ópticas e a biocompatibilidade. Tal como acontece com as lentes duras, tanto a parte óptica como os braços laterais da maioria das lentes intra-oculares são feitos de PMMA. A Figura 17.19a simula a visão de um paciente com catarata, enquanto Figura 17.19b simula a visão do mesmo paciente após a cirurgia. As imagens mostram a importância da ciência de materiais e a engenharia para a melhoria da qualidade de vida.

17.6.3 Sistemas de fornecimento de droga

Os polímeros biodegradáveis, como o ácido poli láctico (PLA) e poli ácido glicólico (PGA) e seus copolímeros são usados como sistemas de implantes para a liberação drogas. O polímero da matriz (recipiente de polímero) contém a droga e é implantado em um local de interesse dentro do corpo. Enquanto o polímero biodegradável se degrada, ele libera a droga. Os sistemas de distribuição de drogas são especialmente críticos quando o fornecimento, por pílulas ou injeção, não é possível por causa dos efeitos colaterais da droga sobre outros órgãos ou tecidos do corpo.

17.6.4 Materiais de sutura

As suturas são usadas para fechar feridas e incisões. É evidente que materiais de sutura devem possuir (1) alta resistência à tração e ter a capacidade de fechar feridas e (2) fortes para dar nó e manter a carga na sutura após o fechamento. As suturas podem ser absorvíveis ou não absorvíveis. As suturas não absorvíveis são geralmente feitos de polipropileno, nylon, polietileno, tetraftalato ou de polietileno. Quando colocados no corpo, essas suturas permanecem intactas por um período indeterminado. As suturas absorvíveis são feitas da PGA, que é biodegradável.

Figura 17.19
Simulação da visão em um paciente (a) antes e (b) após a cirurgia de catarata.
(*Corbis/RF.*)

17.6.5 Aplicações ortopédicas

A aplicação de polímeros ortopédicos é principalmente como cimento ósseo e próteses articulares. O **cimento ósseo** é utilizado como material estrutural para preencher o espaço entre o implante e o osso para garantir uma condição de carga mais uniforme. Assim, o "cimento ósseo" não deve ser interpretado como uma função adesiva. Para uma utilização mais eficaz, a microporosidade no cimento ósseo após o endurecimento deve ser mantida num mínimo. Isto é conseguido por meio de técnicas de centrifugação sob vácuo na preparação do cimento. O cimento ósseo também é usado para corrigir vários defeitos no osso. O principal material polimérico utilizado como cimento ósseo é o PMMA. As propriedades de tração e fadiga de PMMA são importantes e podem ser melhoradas pela adição de outros agentes. As aplicações requerem uma resistência mínima à compressão de 70 MPa após o endurecimento. Em próteses articulares, materiais poliméricos são geralmente usados como a superfície de deslizamento. Por exemplo, a prótese de joelho na Figura 17.15 utiliza polietileno nas superfícies de deslizamento para separar os componentes de metal. Alta dureza, baixo atrito e excelente resistência à corrosão do polietileno o tornam um forte candidato para tal aplicação. No entanto, as baixas resistências de superfícies poliméricas de rolamento o fazem suscetíveis ao desgaste abrasivo.

Conforme discutido no Capítulo 1, uma das vantagens dos materiais poliméricos é que se pode projetar e sintetizar várias misturas que atendam aos objetivos e os requisitos necessários. Essa é uma vantagem muito poderosa que é ilustrada nas aplicações acima. O futuro dos materiais poliméricos como biomateriais está na engenharia de tecidos. Por exemplo, os pesquisadores estão investigando o uso de polímeros biodegradáveis como estruturas temporárias para a geração de novos tecidos. Os polímeros biodegradáveis como o PGA podem ser implantados como estruturas temporárias, juntamente com o crescimento de células e proteínas. Por isso, é plausível que, no futuro, tecidos danificados poderão regenerar-se tanto in vivo (isto é, dentro do corpo), para casos como a regeneração de uma cartilagem, e in vitro (isto é, fora do corpo), para casos como o reparo da pele e de sua substituição. Isso será discutido mais adiante neste capítulo.

17.7 CERÂMICAS EM APLICAÇÕES BIOMÉDICAS

Nas seções anteriores, as aplicações de materiais metálicos e poliméricos para diversos dispositivos e instrumentos médicos foram discutidas. As cerâmicas também são usadas extensivamente no campo biomédico, incluindo implantes ortopédicos, óculos, artigos de laboratório, termômetros e muitas importantes aplicações dentárias. Os fatores que fazem os biomateriais cerâmicos excelentes candidatos para aplicações biomédicas são a biocompatibilidade, resistência à corrosão, elevada rigidez, resistência ao desgaste em aplicações onde existe a articulação de superfície (materiais dentários, quadril, joelho e implantes), e baixo atrito. Além disso, em aplicações ortopédicas e dentárias, a principal vantagem de alguns tipos de biomateriais cerâmicos é que eles aderem bem ao osso (inserção de tecido-implante).

Considere a situação na qual uma haste femoral (em uma operação de substituição do quadril), ou um componente tibial (em uma operação de substituição do joelho) está em contato direto com o osso esponjoso (medula óssea). O problema da fixação do tecido ósseo-implante é claramente uma questão importante na manutenção da estabilidade da articulação, ou seja, não afrouxamento/soltura das próteses. No entanto, a soltura do implante ocorre frequentemente, é dolorosa e, em muitos casos, exige operações secundárias caras para corrigir o problema. Esse é um fator significativo do ponto de vista de saúde e qualidade de vida do paciente. Nos parágrafos seguintes, a aplicação de cerâmica para diversas áreas no campo biomédico será discutida. Além disso, materiais cerâmicos com diferentes graus de eficácia em situações de fixação do implante ao tecido serão apresentados.

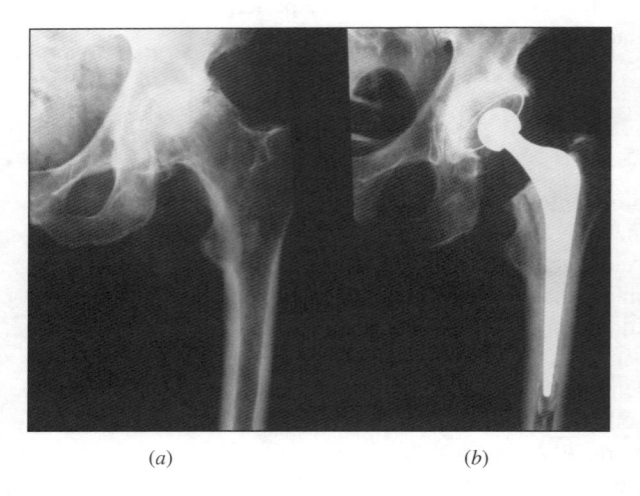

Figura 17.20
(a) Um quadril com danos extensivos por artrite. (b) O mesmo quadril mesmo após a substituição total de quadril.
(© Princess Margaret Rose Orthopaedic Hospital/Photo Researchers, Inc.)

17.7.1 Alumina em implantes ortopédicos

A alumina de alta pureza tem excelente resistência à corrosão, elevada resistência ao desgaste, alta resistência, e é biocompatível. Devido a estas características, é cada vez mais usada como material de substituição de quadril. Na cirurgia de prótese total de quadril, a cabeça do fêmur doente ou danificada e a cavidade articulatória do fêmur (acetábulo AC) são substituídas por próteses artificiais. A Figura 17.20a mostra o quadril danificado de um paciente devido a artrite avançada. Os prejuízos causados pela artrite se manifestam como uma forma anormal da cabeça do fêmur e uma cavidade deformada, ambas são substituídas por próteses artificiais, como mostrado na Figura 17.20b. O acetábulo AC artificial consiste em uma base metálica e uma cavidade na qual ocorre a articulação do fêmur (Figura 17.21). A base metálica contendo a inserção da cavidade articulatória (acetábulo) é fixada ao osso pélvico por meio de parafusos. A cabeça femoral é geralmente feita de ligas de cobalto-cromo e o acetábulo AC é feito de polietileno de altíssimo peso molecular (metal sobre polímero). Essa combinação de materiais, infelizmente, resulta no desgaste da superfície do polietileno e, finalmente, na soltura das próteses. Para evitar a formação de partículas de desgaste e, portanto, a soltura das próteses, os fabricantes utilizam alumina tanto na cabeça do fêmur como no acetábulo AC, como mostrada na Figura l7.21 (cerâmica sobre cerâmica). Isso geralmente é feito de alumina por causa de suas excelentes propriedades tribológicas de alta resistência ao desgaste e dureza superficial. As excelentes propriedades de alumina são dependentes de sua granulometria e pureza. Para aplicações em implantes ortopédicos, a pureza deve ser superior a 99,8% e o tamanho do grão deve estar entre na faixa de 3 a 6 μm. Além disso, as superfícies de articulação (cabeça do fêmur e acetábulo) devem ter um alto grau de simetria e tolerâncias apertadas. O lixamento e polimento dos componentes da cabeça do fêmur e acetábulo devem por si alcançar esse objetivo. O coeficiente de atrito de um quadril cerâmico sobre cerâmica pode se aproximar de um quadril normal e, como resultado, a geração de resíduos de desgaste neste quadril é dez vezes menor do que nas combinações em metal-polímero. O efeito colateral negativo do quadril cerâmica-sobre-cerâmica é a remodelação óssea proximal adaptativa, devido ao alto módulo de elasticidade da cerâmica. A remodelação óssea pode resultar em perda de massa óssea e soltura em pacientes idosos. Assim, para os pacientes mais velhos, os quadris de metal sobre polímero podem ser uma melhor opção devido a menor remodelação óssea.

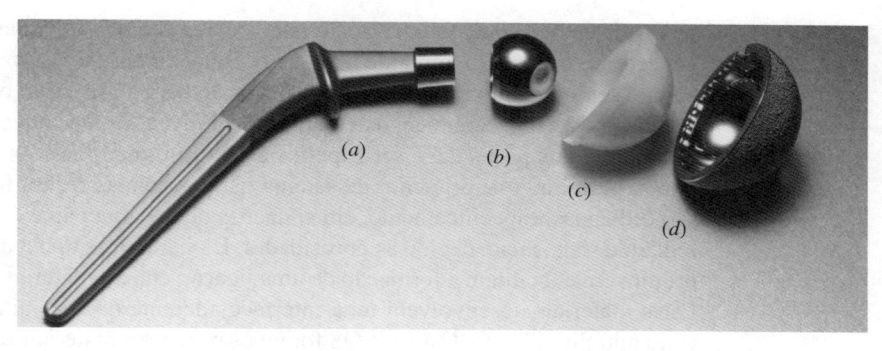

Figura 17.21
Vários componentes da prótese total do quadril, incluindo (a) tronco, (b) cabeça do fêmur, (c) um acetábulo AC de alumina, e (d) uma base metálica para o acetábulo AC.
(Getty/RF.)

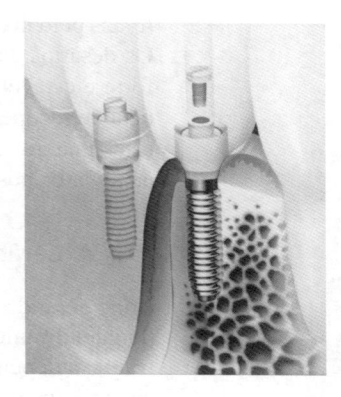

Figura 17.22
Componentes de um implante dentário.
(© Custom Medical Stock Photo.)

17.7.2 Alumina em implantes dentários

Um implante dentário funciona como uma raiz artificial, cirurgicamente ancorado no osso da mandíbula. A raiz artificial pode suportar um dente implantado ou uma coroa, como mostrado na Figura 17.22. Embora o titânio tenha sido o material preferido para implantes dentários, devido a sua biocompatibilidade e baixo módulo de elasticidade, a alumina está sendo utilizada com mais frequência para esta aplicação. A coroa é geralmente feita a partir de porcelana, que também é um material cerâmico, embora possa também ser feita de metais como prata e ouro.

17.7.3 Implantes cerâmicos e conectividade ao tecido

Nestas operações em que o implante fica em contato direto com o osso, como mostrado nas Figuras 17.20b ou 17.22, a sua estabilidade depende da reação que advém do tecido circundante. Em geral, quatro tipos de respostas podem ser observados a partir do tecido que envolve o implante: (1) uma resposta tóxica em que o tecido que envolve o implante morre; (2) uma resposta biologicamente inativa, na qual se forma um fino tecido fibroso ao redor do implante; (3) uma resposta bioativa, na qual se forma uma ligação interfacial entre o osso e a prótese; e (4) uma resposta em que a reabsorção (dissolução) do tecido circundante substitui o material de implante ou partes dele. Com relação a isso, os implantes de cerâmica podem ser classificados (para aplicações ortopédicas e dentárias) como *quase inerte* (tipo 1), *poroso* (tipo 2), *bioativo* (tipo 3), e *reabsorvível* (tipo 4). A alumina é classificada como biocerâmica tipo 1 devido às suas características de quase inerte. Assim, os implantes de alumina provocam a formação de um fino tecido fibroso que é aceitável em situações onde o implante é bem ajustado e está sob compressão, como implantes dentários. No entanto, em situações onde a interface tecido-implante é colocada em movimento interfacial, pode ocorrer. como em implantes ortopédicos, de uma região crescer espessa fibrosa e o implante ficar solto. Biocerâmicas tipo 2, tais como a alumina porosa e fosfato de cálcio, servem como uma ponte de sustentação para a formação óssea. O material ósseo cresce nos poros disponíveis na cerâmica, **osteocondutividade**, e fornece um suporte para a carga. Nestes materiais, o tamanho dos poros deve ser superior a 100 μm, para facilitar o crescimento de tecido vascular nos poros, permitindo suprimento de sangue para as células recém formadas. Biocerâmicas microporosas são utilizadas, especificamente, em situações onde carga não é o principal requisito. Isso se deve à sua reduzida resistência, devido as porosidades. Biocerâmicas tipo 3 ou cerâmicas bioativas são aquelas que promovem e facilitam a formação de uma ligação entre o material de implante e os tecidos circundantes. Estes materiais desenvolvem uma interface aderente que é muito forte e pode suportar carga. Vidros contendo SiO_2, Na_2O, CaO e P_2OS foram os primeiros materiais que apresentaram a bioatividade. Estes vidros diferem dos vidros de cal de soda em suas relações de composição: menos de 60 mol % de sílica, alto teor de Na_2O e CaO, e alta razão CaO para P_2O5. Estas composições específicas permitem alta reatividade da superfície do implante e, portanto, vínculo com o osso em meio aquoso. Finalmente, biocerâmicas tipo 4 ou cerâmicas reabsorvíveis são aquelas que degradam ao longo do tempo e são substituídas pelo material ósseo. O fosfato tricálcico $Ca_3(PO_4)_2$, é um exemplo de uma cerâmica reabsorvível. Os desafios da utilização destes materiais são: (1) assegurar que a interface osso-implante permaneça forte e estável durante o período de reparação-degradação e (2) coincidir a taxa de reabsorção com a taxa de recuperação. Há ainda uma grande necessidade de investigação e desenvolvimento para aplicar estes materiais com melhor desempenho, no entanto, é evidente que os materiais cerâmicos são fortes candidatos nos casos em que o implante e tecidos humanos estão em contato.

17.7.4 Cerâmicas nanocristalinas

Considerando a amplitude e variedade de aplicações de materiais cerâmicos, percebe-se que o seu potencial nunca pode ser totalmente utilizado por causa de uma grande desvantagem: sua natureza frágil, independentemente da aplicação, sendo seu ponto fraco e, portanto, possuindo baixa resistência ao impacto. As cerâmicas nanocristalinas podem melhorar essa inerente fragilidade desses materiais. Os esforços das pesquisas atuais estão concentrados no desenvolvimento de cerâmica com fases nanométricas, tais como o fosfato de cálcio e/ou derivados de fosfato de cálcio, como a hidroxiapatita (HA), carbonato de cálcio e os vidros bioativos. Já foi explicado que uma grande porção de osso é feita de HA nanocristalino, e a importância da **nanotecnologia** neste campo pode ser valorizada. A aplicação de fosfato de cálcio manométrico, com tamanho de grão inferior a 100 nm, tem demonstrado osteoindução (indução ao crescimento ósseo) em animais de laboratório. No entanto, permanecem as perguntas: "Será que o osso recém gerado tem as mesmas propriedades que o osso original?", ou "Será que existe uma maneira em que podemos sintetizar nanocerâmicas que, após a reabsorção óssea, produzam um material de qualidade?" As respostas a essas perguntas ainda permanecem obscuras, e muitos anos de pesquisa serão necessários para compreender o comportamento desses materiais nanocerâmicos. Os parágrafos seguintes destinam-se a descrever o estado atual da arte na produção de cerâmicas nanocristalinas.

As cerâmicas nanocristalinas são produzidas com as técnicas de metalurgia do pó padrão. A diferença é que o pó de partida no regime manométrico é menor que 100 nm. No entanto, os pós cerâmicos nanocristalinos têm uma tendência a ligar-se química ou fisicamente para formar partículas maiores, chamadas *aglomerados* ou *agregados*. Os pós aglomerados, mesmo se o tamanho for nano ou próximo da faixa de nano, não se compactam tão bem quanto os pós não aglomerados. Em um pó não aglomerado após a compactação, os tamanhos dos poros disponíveis estão entre 20 a 50% do tamanho dos nanocristais. Devido a este pequeno tamanho dos poros, o estágio de sinterização e densificação avançam rapidamente e em baixas temperaturas. Por exemplo, no caso de TiO_2 não aglomerado (tamanho pó < 40 nm), o pó compactado densifica para quase 98% da densidade teórica a cerca de 700 °C, com um tempo de sinterização de 120 minutos. Por outro lado, para um pó aglomerado com tamanho médio 80 nm consistindo de cristalitos com 10-20 nm, o pó compactado densifica a 98% da densidade teórica a cerca de 900 °C, com um tempo de sinterização de 30 min. A principal razão para a diferença na temperatura de sinterização é a existência de poros maiores do compacto aglomerado. Como são necessárias altas temperaturas de sinterização, os compactados nanocristalinos eventualmente crescem para a faixa microcristalina, que é indesejável. O crescimento de grãos é drasticamente influenciado pela temperatura de sinterização e apenas modestamente pelo tempo de sinterização. Assim, a questão principal no êxito de produção em massa de cerâmicas nanocristalinas é a partir de pós não aglomerados para otimizar o processo de sinterização. No entanto, isso é muito difícil de alcançar.

Para sanar a dificuldade da produção em massa de cerâmicas nanocristalinas, é utilizado um processo de sinterização com pressão aplicada externamente, isto é, sinterização sob pressão. Sinterização sob pressão refere-se a processos similares à prensagem isostática à quente (HIP), extrusão à quente ou sínter-forjamento. Nestes processos, o compactado cerâmico é deformado e densificado simultaneamente. A principal vantagem do sínter-forjamento na produção de cerâmicas nanocristalinas esta baseada no mecanismo de retração dos poros. Conforme discutido no capítulo sobre polímeros, nas cerâmicas microcrisitalinas convencionais, o processo de contração dos poros está baseado no mecanismo de difusão atômica. Sob sínter-forjamento, o mecanismo de contração dos poros do compactado nanocristalino é não difusional e se baseia na deformação plástica dos cristais. Em temperaturas elevadas (cerca de 50% do ponto de fusão) as cerâmicas nanocristalinas são mais dúcteis do que as microcristalinas. Acredita-se que cerâmicas nanocristalinas são mais dúcteis devido à deformação superplástica. Como discutido nos capítulos anteriores, superplasticidade ocorre devido ao deslizamento e rotação de grãos com alta carga e temperatura. Devido a esta capacidade de se deformar plasticamente, os poros são fechados pelo fluxo plástico do material, como mostrado na Figura 17.23, em vez de difusão.

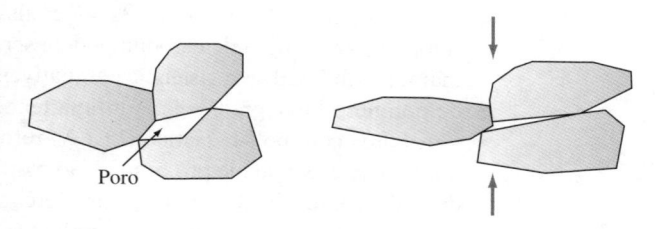

Figura 17.23
O esquema mostra a retração dos poros por meio de fluxo de plástico (deslizamento de contorno de grão) em cerâmicas nanocristalinas.

Devido a esta capacidade de fechar poros grandes, mesmo os pós aglomerados podem ser densificados para valores próximos aos teóricos. Além disso, a aplicação de pressão irá impedir o crescimento de grãos acima da região nano. Por exemplo, o sinter-forjamento de TiO_2 aglomerado por 6 h, a uma pressão de 60 MPa e uma temperatura de 610 °C produz uma cerâmica com deformação verdadeira de 0,27 (extremamente alto para uma cerâmica), e densidade de 91% do valor teórico e um tamanho médio de grãos de 87 nm. O mesmo pó, quando sinterizado sem pressão, necessita de uma temperatura de sinterização de 800 °C para obter a mesma densidade, produzindo um tamanho médio de grão de 380 nm (não nanocristalino). É importante notar que a deformação superplástica em cerâmicas nanocristalinas ocorre em uma faixa limitada de pressões e temperaturas, e deverá permanecer dentro do intervalo. Se alguma destas variáveis sair fora dessa faixa, o mecanismo de contração dos poros por difusão pode prevalecer, resultando em um produto microcristalino com baixa densidade.

Concluindo, os avanços na nanotecnologia poderão, potencialmente, levar à produção de cerâmicas nanocristalinas com níveis excepcionais de resistência, ductilidade e, portanto, melhorando a tenacidade. Especificamente, as melhorias na ductilidade permitem uma melhor aderência de cerâmicas e metais nas tecnologias de recobrimento. O aumento na tenacidade também permite melhor resistência ao desgaste. Tais avanços podem revolucionar o uso de cerâmicas numa larga variedade de aplicações.

17.8 APLICAÇÕES DE COMPÓSITOS NA ÁREA DA BIOMEDICINA

Os materiais compósitos têm a vantagem de poder oferecer uma combinação de propriedades, que correspondem, muitas vezes, às necessidades das aplicações biomédicas. Como todos os tecidos humanos são compósitos, é uma ideia plausível que os compósitos fabricados pelo homem possam ser concebidos e adaptados para imitar as propriedades de compósitos naturais. Como resultado, uma grande variedade de materiais compósitos está sendo projetada e testada para aplicações biomédicas.

17.8.1 Aplicações ortopédicas

Quando o osso é danificado, ele se regenera naturalmente ao longo do tempo. No entanto, quando a lesão é grave, um grande pedaço de osso pode ficar faltando (ser perdido). Neste caso, a cura será incompleta, e haverá a necessidade de um enxerto ósseo para restaurar a funcionalidade mecânica. Esses enxertos podem ser do próprio corpo (autólogo ou autotransplante) ou de um doador (homólogo). No entanto, enquanto o autotransplante pode causar morbidade do corpo do doador, os enxertos homólogos têm o risco de transmissão de doenças. Pesquisadores desenvolveram recentemente novos materiais para substituir o osso natural por meio da combinação de PE de alta densidade (HDPE) com a HA. Este material é conhecido comercialmente como HAPEX e é conhecido por ser clinicamente eficaz. Neste composto, o HA (20 a 40% vol) dá a bioatividade do material, enquanto o polímero lhe dá a tenacidade à fratura. Resultados recentes também mostram que o uso do polipropileno ao invés de HDPE aumenta as propriedades do compósito à fadiga. Este tipo de material de enxerto é geralmente utilizado para aplicações não estruturais (sem aplicação de carga).

Já foi discutido que os dispositivos de fixação de fraturas devem ter aproximadamente a mesma rigidez do osso para evitar a remodelação óssea proximal adaptativa (*stress shielding*). Eles também devem ser fortes para evitar a fratura. Os materiais compósitos termoplásticos, tais como PMMA, PBT e PEEK reforçados com fibra de carbono podem ser usados para produzir dispositivos de fixação da fratura com maior flexibilidade e resistência compatíveis. Placa de compósito de fixação para fratura feita por matriz de polímero biodegradável é a última tendência em projetos de dispositivos médicos. Esses dispositivos, feitos com poli-L-láctico (PLLA) reforçados com partículas de u-HA, tem altíssima resistência e módulo de elasticidade próximo ao do osso cortical. O compósito também apresenta uma ótima taxa de degradação, resultando em uma transferência gradual da carga para o local de cura da fratura.

Os materiais compósitos são amplamente utilizados em próteses de articulação. O quadril e o joelho são as duas articulações que várias pessoas se submetem à reconstrução. A remodelação óssea proximal adaptativa, o desgaste e a corrosão são os principais motivos para o insucesso das cirurgias de reconstrução. O polietileno de elevado peso molecular (UHMWPE) é amplamente usado em próteses de articulação e é muitas vezes o elo mais fraco devido às suas propriedades mecânicas. Esforços estão em andamento para substituir UHMWPE por PEEK reforçado com fibras de carbono para melhorar a sua resistência ao desgaste. O PEEK reforçado com 30% em peso de fibras de carbono resultou numa taxa de desgaste reduzida por duas ordens de grandeza em relação ao UHMWPE. Estudos também estão em andamento para utilizar este compósito para produzir uma haste femoral de implantes de quadril. Os compósitos com revestimentos bioativos foram produzidos por meio da combinação de biovidro com Ti-6 Al-4 V. Além disso, cimentos ósseos são muitas vezes reforçados com partículas de HA para melhorar a fixação do osso.

17.8.2 Aplicações em odontologia (dentística)

Nossos dentes (esmalte e dentina) são materiais compósitos. Portanto, compósitos poliméricos são amplamente utilizados como materiais restauradores dentários. A alta estabilidade dimensional, resistência ao desgaste e propriedades mecânicas são obtidos por estes materiais. Geralmente, o material compósito utilizado para a restauração do dente é polímero acrílico ou matriz metacrílico reforçado com partículas de cerâmica. O PMMA e o PC reforçado com fibras de vidro são utilizados para as pontes fixas e próteses dentárias removíveis. Novos desenvolvimentos estão voltados para o desenvolvimento de implantes dentários usando compostos de SiC e carbono reforçado com fibra de carbono. Esse compósito combina as vantagens de alta resistência, alta propriedade de fadiga, e a rigidez próxima à dos dentes naturais, afetando minimamente o campo de tensões do tecido hospedeiro.

17.9 CORROSÃO EM BIOMATERIAIS

O ambiente dentro do corpo é altamente corrosivo. A estabilidade química dos biomateriais é muito importante sob o ponto de vista da biocompatibilidade. Significativa corrosão pode ocorrer em biometais, biocerâmicas, e biopolímeros, uma vez que se destinam estar dentro do corpo por um período prolongado, muitas vezes ao longo da vida.

A corrosão por *pite* e corrosão sob fresta são os tipos mais comuns de corrosão em biometais. A corrosão por *pite* ocorre geralmente na parte inferior da cabeça do parafuso que fixa o implante. A corrosão em fresta ocorre quando a superfície do metal é parcialmente protegida contra o meio ambiente. As fendas/frestas que existem na interface entre duas partes do dispositivo médico são os locais habituais para este tipo de corrosão. Por exemplo, conforme mostrado na Figura 17.24, a corrosão sob fresta ocorre na junção da haste de metal e a cabeça de um implante de quadril. A corrosão em fresta na parte rebaixada da placa óssea é muito comum em implantes de aço inoxidável. Uma vez que é comum ter dois tipos diferentes de metais em contato num implante, a corrosão galvânica ocorre devido à diferença de eletronegatividade. A corrosão sob contato/atrito é também comum devido à carga repetitiva sobre partes do corpo durante as atividades diárias.

Entre os biometais, o titânio tem maior resistência à corrosão. Os implantes de titânio formam uma camada passiva resistente que permanece passiva em condições fisiológicas. As ligas de cobalto-cromo também se comportam de maneira semelhante. No entanto, eles são moderadamente susceptíveis à corrosão com frestas. A camada passiva formada pelo aço inoxidável não é muito resistente. Portanto, apenas alguns aços inoxidáveis (tipo austenítico 316, 316L e 317) são adequados como biomateriais dentro de certa medida. Os metais nobres, como ouro e prata são imunes à corrosão. Elas são usadas em coroas de implantes dentários e como eletrodos em bioinstrumentos implantáveis.

Figura 17.24
Corrosão em fresta em implante modular de quadril feito de ligas de cobalto-cromo. (a) a deposição de produtos de corrosão ao redor da borda do furo da cabeça. (b) deposição de produtos de corrosão em torno do pescoço da haste, imediatamente distal à junção do pescoço-cabeça.

(*De R.M. Urban, J.J. Jacobs, J.L. Gilbert, and J.O. Galante. Migration of corrosion products from modular hip prostheses. Particle microanalysis and histopathological findings. J. Bone Joint Surg Am,* **76(9)**:*1345-1359, 1994.*)

A corrosão pode ter dois efeitos principais. Primeiro, a integridade mecânica do implante pode ser comprometida como resultado da corrosão, levando a sua falha prematura. Em segundo lugar, os produtos de corrosão podem resultar em reação tecidual adversa. Os fluidos do nosso corpo estão em equilíbrio com íons específicos sob condições fisiológicas. A implantação de material estranho aumenta significativamente as concentrações de vários íons ao redor do tecido. Às vezes, inchaço e dor são observados no tecido e em volta do implante. Os rejeitos da corrosão podem migrar para outras partes do corpo. O sistema imunológico do nosso corpo ataca os rejeitos e os tecidos ao seu redor. Isso pode resultar em perda óssea periprotética, resultando em soltura do implante. Esta condição é conhecida como **osteólise**. Os rejeitos de corrosão também podem migrar para a superfície de deslizamento da prótese, resultando em desgaste dos três corpos. Enquanto os materiais de implante são testados quanto à biocompatibilidade, a corrosão ainda ocorre em um ritmo muito lento e seus efeitos podem ser sentidos no longo prazo.

A liga, o tratamento de superfície, e o projeto adequado do implante podem minimizar a corrosão em implantes ortopédicos. A nitretação da superfície do Ti-6 A-14 V reduz as chances de corrosão por atrito/contato em implantes. A resistência à corrosão por *pite* pode ser aumentada pela adição de 2,5 a 3,5% de molibdênio no material de implante. O projeto adequado do implante para minimizar as fendas/fissuras pode eliminar a corrosão por fresta. A superfície dos implantes também pode ser passivada antes da implantação, por meio de tratamentos químicos diversos. Para se reduzir as chances de corrosão galvânica no caso de implantes modulares, deve-se usar a mesma composição da liga e o mesmo lote.

17.10 DESGASTES EM IMPLANTES BIOMÉDICOS

Os implantes ortopédicos, especialmente as próteses articulares, são projetados para preservar a amplitude de movimento normal da articulação que está substituindo. Como resultado, a prótese de articulação, tem peças que se movem em relação umas as outras. A consequência de ter partes móveis é o atrito, e consequente desgaste. O desgaste produz rejeitos biologicamente ativos que estimulam uma resposta inflamatória e também causa osteólise (Figura 17.25). A forma das superfícies de deslizamento das próteses sofre alterações devido ao desgaste que afetam a sua função normal. Além disso, o aumento da fricção muitas vezes leva à geração de calor e ruídos indesejados durante a articulação da junta. O desgaste do implante é um profundo problema em pessoas com próteses, e um ramo da engenharia biomédica que lida com o estudo de atrito e desgaste em implantes biomédicos, que é a **biotribologia**.

A fricção e o desgaste são o resultado da rugosidade da microsuperfície das áreas em contato com movimento relativo entre si. As irregularidades em uma superfície artificial cerâmica bem acabada são da ordem de 0,005 mícrons, enquanto numa superfície metálica é de 0,01 micros. Devido a essas irregularidades microscópicas, a área de contato dessas superfícies é relativamente pequena, sequer 1% da área geométrica interfacial. Como resultado, a tensão de contato local pode exceder o limite de elasticidade dos materiais, resultando na união/coesão da superfície. Quando as superfícies se movem uma em relação a outra, estes pontos de ligação são rompidos, resultando em resistência ao atrito e desgaste. A Figura 17.26a mostra resíduos de desgaste adesivo colados na superfície da cabeça femoral metálica. Esse tipo de desgaste é chamado de desgaste adesivo e é o tipo mais comum em aplicações biomédicas. Os resíduos de desgaste são o subproduto desse processo.

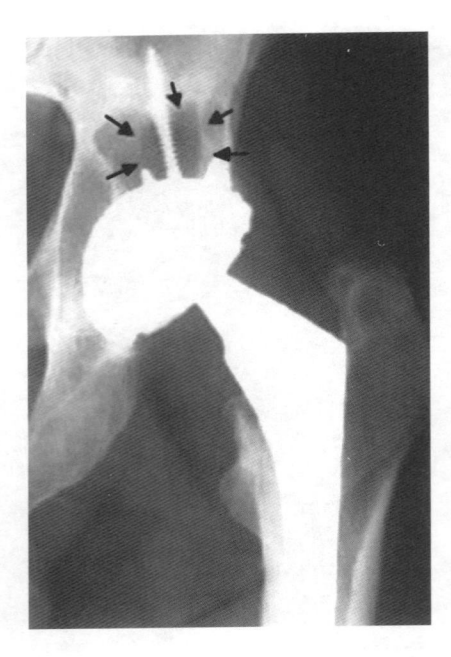

Figura 17.25
Osteólise induzida por partículas de desgaste acima do componente acetabular de próteses de substituição de quadril.
(J.H. Dumbleton, M.T. Manley, and A.A. Edidin P. "A literature review of the association between wear rate and osteolysis in total hip arthroplasty". J. Arthroplasty. 2002 Aug; **17(5)**:649-51.)

Quando uma superfície mais dura fricciona contra uma superfície macia, o desgaste da macia é produzido por uma "colheita" (aração/arrancamento) da superfície pelas **asperezas** na superfície mais dura. Isso é chamado de desgaste abrasivo e é comum em implantes ortopédicos, tais como implantes de quadril, onde o uso de uma cabeça femoral metálica e um acetábulo de polietileno é uma opção. O desgaste abrasivo de um acetábulo de polietileno é mostrado na Figura 17.26b. Às vezes, dependendo das propriedades do material mais macio, as partículas deste tipo de material podem aderir à superfície mais

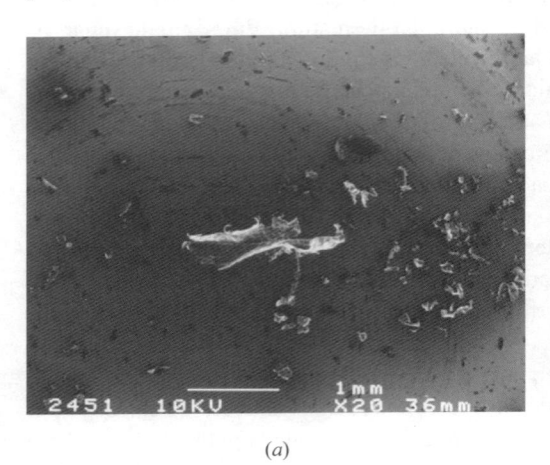

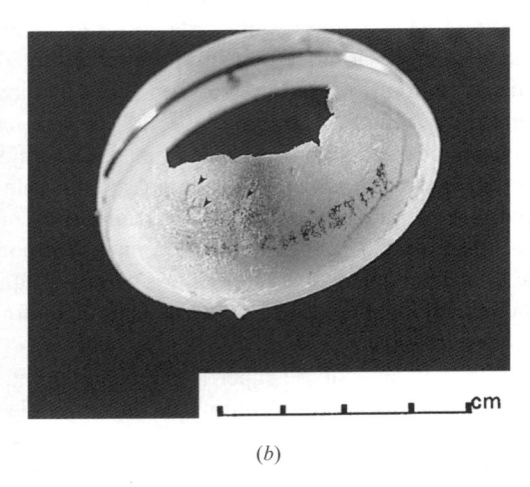

(a)

(b)

Figura 17.26
(a) Detritos/rejeitos de desgaste adesivo fixadas na cabeça femoral metálica.
(De E.P.J. Watters, P.L. Spedding, J. Grimshaw, J.M. Duffy and R.L. Spedding, "Wear of artificial hip joint material". Chem Engineering J., 112(1-3):137-144, 2005.)

(b) Desgaste abrasivo grave no acetábulo de polietileno de um implante de quadril.
(De M.A. McGee, D.W. Howie, K. Costi, D.R. Haynes, C.I. Wildenauer, M.J. Pearcy, and J.D. Mclean, "Implant retrieval studies of the wear and loosening of prosthetic joints: a review". Wear **241**: 158-165, 2000.)

dura, formando um filme fino e reduzindo as asperezas na superfície mais dura. Este filme é chamado de **filme de transferência**, e diminui a taxa de desgaste, aumentando a área de contato.

A fricção e o desgaste podem ser reduzidos pela adição de lubrificantes entre as superfícies de deslizamento. Três tipos de mecanismos de lubrificação são possíveis: filme de fluido, mista e limite. Na **lubrificação limite**, um filme de lubrificante adere às superfícies de deslizamento, reduzindo o atrito. Neste tipo de lubrificação, contatos com asperezas significativas estão presentes. Na **lubrificação com filme de fluido** um filme de fluido se forma entre as superfícies de deslizamento, separando-as completamente. A *lubrificação mista* tem as características de ambas, filme de fluido e filme fino de lubrificante. Os filmes fluidos de lubrificação resultam no mínimo desgaste. Em nosso corpo, o fluído sinovial age como um lubrificante natural. Tanto o filme de fluido quanto a lubrificação de limite ocorrem nas articulações em diferentes instâncias, dependendo do histórico de carregamento da articulação. Por exemplo, a sustentação de peso prolongada pode espremer/apertar o filme líquido da área de contato, mas a lubrificação limite mantém o funcionamento normal da articulação. O líquido sinovial reduz o coeficiente de atrito nas articulações em até 0,001. Qualquer alteração das propriedades viscosas do líquido sinovial devido a distúrbios fisiológicos pode resultar em desgaste da cartilagem.

O volume de partículas de desgaste produzido é um parâmetro crítico que determina a extensão do desgaste. O volume de desgaste aumenta com a força normal sobre a superfície de deslizamento e aumenta a distância de deslizamento. O volume de desgaste diminui quando a dureza da superfície macia aumenta.

$$V \alpha\ Wx/H \qquad (17.9)$$

onde

V = volume de resíduos de desgaste
W = força perpendicular
H = dureza superficial
x = distância total de deslizamento

O coeficiente de desgaste pode ser introduzido na Equação 17.9, o que nos dá a equação

$$K_1 = VH/Wx \qquad (17.10)$$

A fim de eliminar a dureza da equação, devido à dificuldade em medir a dureza em polímeros, um fator de desgaste dimensional é apresentado.

$$K = V/Wx \qquad (17.11)$$

A unidade de K é geralmente mm^3/Nm. Os valores de K para importantes materiais são dados na Tabela 17.3.

As técnicas experimentais usuais para medição de atrito e desgaste envolvem movimento alternado ou rotativo de uma plataforma de um material contra uma ponta de outro material. No entanto, os dados produzidos por esses experimentos têm uma utilização limitada no projeto de implantes ortopédicos, quando a geometria da prótese é complicada e as cargas são altamente variáveis, devido ao caminhar. Os **simuladores de articulações** (Figuras 17.27) são instrumentos comuns usados para medir o desgaste em próteses articulares. No simulador de articulações, vários modelos de próteses de articulação podem ser carregados da mesma maneira que seriam em nosso corpo para milhões de ciclos. O soro de panturrilha bovina ou (soro bovino) é utilizado como lubrificante durante os ensaios, pois tem as propriedades físicas e químicas próximas à do líquido sinovial. O volume de desgaste é medido pelo peso das próteses, antes e após os testes.

O tamanho das partículas de desgaste também é importante. Menores partículas de desgaste facilmente migram para outras partes do corpo e causam uma resposta imunológica. Para desgaste adesivo, o diâmetro das partículas de desgaste pode ser prevista por meio da equação:

Tabela 17.3
Fator de desgaste para combinações de diferentes materiais utilizados em implantes ortopédicos.

Combinação de materiais	Fator de desgaste K (mm^3/Nm)
UHMWPE sobre metal	10^{-7}
Metal sobre metal	10^{-7}
Cerâmica sobre cerâmica	10^{-8}

Fonte: Jin, Z.M., Stone, M., Ingham, E., and Fisher, J., "Biotribology", *Current Orthopaedics*, 20:32-40, 2006.

$$d = 6 \times 10^4 \, W_{12}/H \qquad (17.12)$$

onde

d = diâmetro da partícula de desgaste
W_{12} = energia de superfície da aderência entre os materiais 1 e 2
H = dureza da superfície de desgaste.

Os materiais poliméricos produzem as maiores partículas de desgaste, enquanto materiais cerâmicos produzem as menores. As partículas de desgaste produzidas pelos metais são de tamanho intermediário.

Várias medidas são tomadas para garantir o mínimo desgaste em implantes ortopédicos. Parâmetros de projeto, tais como a tolerância entre as superfícies (que se interceptam) são otimizadas para promover uma película de lubrificação do fluido. A superfície dos implantes é tratada para torná-las mais duras. Por exemplo, os implantes de titânio são aquecidos numa temperatura de aproximadamente 1.100 °C na presença de gás nitrogênio molecular por um determinado tempo. Isso resultará em uma solução sólida de nitrogênio no titânio na superfície do implante, aumentando a dureza superficial. Revestimento de superfícies de implante com material muito duro é outra técnica utilizada para reduzir o desgaste do implante. Avanços em pesquisas têm sido feitas no revestimento de superfícies com carbono amorfo, que tem uma dureza muito elevada e baixo atrito. Técnicas de revestimento especiais, como deposição de química a vapor assistida por plasma tem sido utilizada para esta finalidade.

Figura 17.27
Uma multi estação (equipamento) para simular o desgaste de quadril, capaz testar diferentes modelos/padrões de implantes simultaneamente e compará-los.
(Cortesia de Dr. Vesa Saikko, Helsinki University of Technology, Finland.)

17.11 ENGENHARIA DE TECIDOS

É evidente que a partir do material apresentado neste capítulo que os biomateriais não são equivalentes aos materiais biológicos e tem várias deficiências que afetam a eficácia dos dispositivos biomédicos, a longo prazo. Embora ocorram pesquisas para melhorar o desempenho dos biomateriais, esforços, ao longo de uma frente totalmente diferente, estão sendo feitos para regenerar ou reparar o tecido danificado ou órgão. Esta abordagem é chamada de *engenharia de tecidos*.

A engenharia de tecidos envolve a extração do tecido do doador a partir do qual são extraídas células. Estas células podem ser diretamente implantadas ou deixadas descansando numa solução de cultura de tecidos para se proliferar em um padrão organizado. A estrutura tridimensional que suporta e direciona a proliferação celular é conhecida como um esqueleto/suporte. É essencial que este suporte seja biodegradável e apóie a proliferação celular na direção desejada. Os suportes também precisam cumprir os requisitos de biocompatibilidade. O ácido polilático é um material suporte conhecido que é usado na engenharia de tecidos. Estes suportes são semeados com células do doador e colocadas em um biorreator, onde são estimuladas e alimentadas com fatores de crescimento para promover a proliferação.

A engenharia de tecidos é um campo em franco desenvolvimento, e novos avanços são muito frequentes. Pesquisas estão em andamento sobre novos e eficientes métodos de produzir suportes e sobre o desenvolvimento de novos materiais de suporte. A prototipagem rápida (também conhecida como impressão 3-D) é uma técnica recente que tem sido investigada para produzir padrões de suporte complexos. Pesquisas também têm sido realizadas sobre crescimento de tecido sem qualquer suporte, usando somente estimulação mecânica para promover a remodelação contínua.

17.12 RESUMO

Os materiais biológicos são os materiais produzidos por sistemas biológicos. Estes materiais têm a capacidade de reparar/curar-se e remodelar-se. O osso é o material compósito natural do corpo humano. É composto por uma mistura de materiais orgânicos (colágeno) e inorgânicos (hidroxiapatita). A macroestrutura óssea é constituída por dois tipos distintos de tecidos ósseos: cortical e esponjoso. O osso se comporta de uma maneira anisotrópica consistente com os materiais compósitos. Também é importante notar que o osso é mais forte em compressão. Tendões e ligamentos também são feitos de fibras de colágeno; as fibrilas estão dispostas em um arranjo paralelo, e a matriz extracelular não têm minerais. Como resultado, os ligamentos são macios, e sua microestrutura é mais adequada para resistir a cargas de tração. Ligamentos e tendões são viscoelásticos e seu comportamento mecânico depende dos parâmetros microestruturais, tais como número de fibras colágenas e quantidade de colágeno. A cartilagem é um tecido altamente poroso, que cobre as extremidades das articulações de nossos ossos. A cartilagem contém mais água do que os ligamentos e ossos. É altamente viscoelástica e é principalmente carregada em compressão e cisalhamento.

Os biomateriais são materiais usados para fabricação de dispositivos médicos destinados a ser implantados dentro de um sistema vivo. Alguns tipos específicos de metais, cerâmicas e polímeros podem ser utilizados como biomateriais. A biocompatibilidade é uma propriedade desejada de todos os biomateriais, e refere-se a uma condição onde o biomaterial não é tóxico para o corpo e é inerte às condições dentro do corpo. Os biometais são os metais que são usados para implantes biomédicos. Aços inoxidáveis, ligas a base de cobalto, como Co-20 Cr-15 W-10 Ni e ligas de titânio, tais como Ti-6 Al-4 V são alguns dos biometais normalmente utilizados para implantes ortopédicos. Como o módulo de elasticidade do osso é muito menor do que a maioria dos metais, é desejável que o biometais tenha um módulo de elasticidade próximo ao do osso. Caso contrário, os implantes arcarão com (suportarão) a maioria das cargas fisiológicas, resultando remodelação óssea proximal adaptativa e, finalmente, degeneração óssea. A aplicação de materiais poliméricos para a área biomédica tem aumentado significativamente. Os polímeros são utilizados para aplicação oftálmica, cardiovascular, para distribuição de droga, e aplicações ortopédicas. Os polímeros são também o principal material utilizado como suportes biodegradáveis no campo da engenharia de tecidos. As cerâmicas também estão sendo usadas no campo biomédico como materiais de implante. Sua estabilidade química e biocompatibilidade são perfeitamente adequadas para o ambiente inóspito do corpo humano e são usadas em substituição da articulação e outras aplicações ortopédicas. A pesquisa em nanotecnologia é promissora para melhorar o grande inconveniente de materiais cerâmicos: sua fragilidade. Pesquisas iniciais tem demonstrado que cerâmicas nanocristalinas possuem maior ductilidade. Isso pode permitir a produção de peças cerâmicas mais complexas. As vantagens de vários biomateriais podem ser combinadas por meio da concepção de novos materiais compósitos. A utilização de materiais compósitos para aplicações biomédicas está sendo vastamente pesquisada. Os polímeros reforçados com fibra de carbono fornecem a resistência e a ductilidade para diversas aplicações ortopédicas. Corrosão e desgaste são os principais problemas associados aos biomateriais. A corrosão não só enfraquece os materiais de implante, como também resulta em desequilíbrio de íons no corpo. O desgaste resulta em resíduos que afetam a função dos implantes. Várias deficiências dos biomateriais têm conduzido a um desenvolvimento de um novo campo conhecido como engenharia de tecidos. A engenharia de tecidos busca o crescimento do tecido por meio de um processo controlado, de modo que o tecido perdido ou danificado possa ser regenerado. Os biomateriais também desempenham um importante papel neste campo como materiais de suporte.

17.13 PROBLEMAS

As respostas para os exercícios marcados com um asterisco constam no final do livro.

Problemas de conhecimento e compreensão

17.1 Explique a diferença entre um biomaterial e materiais biológicos.

17.2 Explique por que o osso pode ser classificado como um material compósito.

17.3 Explique a função do osso esponjoso.

17.4 Explique os diferentes modos de fratura óssea.

17.5 Explique biocompatibilidade, e por que é importante.

17.6 O que é remodelação óssea (*stress shielding*)? Como pode ser evitada?

17.7 Quais são os biopolímeros?

17.8 Quais propriedades dos biopolímeros que os tornam adequados para aplicações biomédicas?

17.9 Como os polímeros são usados em aplicações cardiovasculares?

17.10 Como os polímeros são usados em aplicações oftálmicas?

17.11 Como os polímeros são utilizados nos sistemas de entrega/distribuição de drogas?

17.12 Discuta o uso de polímeros em aplicações ortopédicas.

17.13 Quais são algumas propriedades vantajosas das biocerâmicas?

17.14 Explique as propriedades importantes de alumina que a tornam atraente para uso biomédico.

17.15 Quais são as vantagens das ligas de titânio em aplicações biomédicas?

17.16 Como cerâmicas nanocristalinas diferem das cerâmicas convencionais?

17.17 Quais são as vantagens dos compósitos em aplicações biomédicas?

17.18 Explique como materiais compósitos podem ser usados para corrigir uma fratura óssea.

17.19 Quais são os principais tipos de corrosão em biometais?

17.20 Quais são os efeitos negativos da corrosão de implantes biomédicos no corpo humano?

17.21 Que medidas são tomadas para prevenir a corrosão em implantes biomédicos?

17.22 Quais são os efeitos negativos do desgaste de implantes ortopédicos no interior do corpo humano?

17.23 O que é um filme de transferência? Qual é o seu efeito sobre o desgaste?

17.24 O que é osteólise? Como é causada? Quais são as suas consequências?

17.25 Como é medido o desgaste?

17.26 Quais são os tratamentos disponíveis para reduzir o desgaste do implante?

17.27 O que é a engenharia de tecidos? Qual é o princípio por trás da engenharia de tecidos?

17.28 Como o módulo de elasticidade de um material se relaciona com o seu desgaste?

17.29 Compare e contraste a microestrutura do osso e ligamentos.

Problemas de aplicação e análise

17.30 Compare a biocompatibilidade entre aço inoxidável, ligas de cobalto e ligas de titânio.

*__17.31__ O módulo de elasticidade da fase mineral do osso cortical é de $1,15 \times 10^5$ MPa, enquanto a fase orgânica é de $1,10 \times 10^3$ MPa. Trace o módulo de elasticidade do osso em função da fração volumétrica do conteúdo mineral. Se 90% do material se comporta como uma condição deformação uniforme e o módulo de elasticidade experimental é de 20 GPa, encontre as frações volumétricas das fases minerais e orgânicas do osso.

*__17.32__ Uma placa do osso é firmemente ligada a um osso fraturado, como mostrado na Figura 17.28. A área da seção transversal do osso é de 400 mm² e a do material de implante é de 30 mm². O módulo de elasticidade do osso é de 20 GPa. A carga de compressão P aplicada sobre o sistema de implante ósseo é de 1000 N. Qual seria a tensão no local da fratura, se o material de implante fosse feito de titânio (E = 100 GPa)? Qual seria a tensão, se o material utilizado fosse de aço inoxidável (E = 200 GPa)? Suponha a condição de deformação uniforme.

*__17.33__ O valor da tenacidade à fratura do osso cortical da tíbia é de 4,2 MPa $\sqrt{m}$. Encontre o maior tamanho de falha interna que o osso pode suportar, se a sua resistência à tração é de 130 MPa. (Use $Y = 1$).

*__17.34__ Os seguintes dados de tensão-deformação foram coletados durante o ensaio de tração de um ligamento (Tabela 17.4). Encontre os valores dos coeficientes C, a, b, e no módulo de elasticidade para este tecido.

Tabela 17.4 Dados de tensão-deformação de um ensaio de tração de um ligamento.

Deformação	Tensão (Mpa)
0,00	0
0,04	1
0,07	5
0,08	7
0,08	6
0,08	7
0,10	10
0,12	15
0,15	21
0,18	25
0,18	26

*__17.35__ Nossa coluna vertebral é composta de 16 discos intervertebrais. Os discos mais próximos de nosso pescoço têm uma menor área da seção transversal e espessura, quando comparados com os discos em nossa região lombar. Suponha que as espessuras dos discos variam de forma linear de 5 a 15 mm (ou seja, cada disco é de 0,66 mm mais espesso do que o de baixo). Suponha que todos os discos são submetidos a uma tensão constante de 0,5 MPa, quando em pé. (Se os discos intervertebrais podem ser modelados como um padrão linear sólido com $E_1 = 4,9$ MPa, $E_2 = 8$ MPa, e $\mu = 20$ GPa · s, encontre a diminuição da altura da pessoa, devido a compressão ao disco quando um estado de equilíbrio for alcançado.

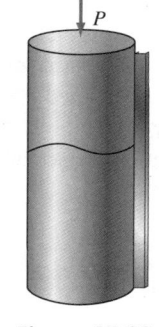

Figura 17.28 Sistema implante e osso.

*__17.36__ Quando o ligamento cruzado anterior (LCA) do joelho é lesionado, enxertos de vários tecidos podem ser usados para substituir o LCA. Um destes é a terceira porção central do tendão patelar. Suponha que um enxerto de tendão patelar de 50 mm de comprimento é utilizado para substituir a LCA. O enxerto é puxado/distendido por 2,5 milímetros antes de fixado no lugar do LCA. Se o enxerto pode ser modelado como um padrão linear sólido ($E_1 = 25$ MPa, $= E_2$ 30 MPa e $\mu = 100$ GPa · s), calcule (i) a tensão no enxerto imediatamente após sofrer/entrar (tempo = 0), o (ii) estado estacionário de tensão e (iii) o tempo necessário para a aproximar-se do estado de tensão estacionário. Quais poderiam ser as consequências de relaxamento da tensão no enxerto?

17.37 Deduza a Equação 17.6 a partir de Equação 17.5.

17.38 Deduza as Equações 17.7 e 17.8 a partir de Equação 17.6

Problemas de síntese e avaliação

17.39 Uma pessoa que tem uma prótese de quadril anda um milhão de passos a cada ano e pesa cerca de 100 kg. O implante de quadril é feito de uma cabeça de metal e um acetábulo de UHMWPE. O diâmetro interno do acetábulo semicircular é de 25 mm. Assumindo que a distância percorrida durante cada passo é um quarto da circunferência do acetábulo, estime o volume de resíduos de desgaste criado em um período de 10 anos. (Dica: variação da força do implante durante a caminhada pode ser explicada pela média da máxima e mínima força sobre o implante.)

17.40 Um enxerto de tendão patelar é utilizado para reconstrução do LCA. Encontre o tamanho do enxerto do tendão patelar necessário para coincidir com a resistência e a rigidez do LCA baseado na propriedades constantes neste capítulo.

*17.41 Uma placa óssea é usada para reparar um osso fraturado (Figura 17.13). Se o módulo de elasticidade do osso é de 20 GPa e titânio é usado para a placa óssea, encontre a área da seção transversal da placa óssea, para que a placa e as ações do osso tenham quantidade igual de carga. A área transversal do osso é de 300 mm². Assuma condição de deformação uniforme e P = 1.000 N (Figura 17.29).

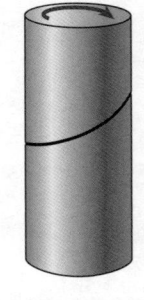

Figura 17.29 Um osso com fratura inclinada carregada sob torção.

17.42 Para a mesma condição como no problema anteior, encontre a área transversal da placa se o material da placa é de policarbonato reforçado com fibra de carbono.

17.43 Cirurgiões desejam usar implantes de quadril com revestimento em cerâmica, desde que as propriedades de corrosão da cerâmica é excelente e a expectativa de vida do atleta é longa. Que conselho você daria para os cirurgiões na escolha do material para deslizamento?

17.44 Um cirurgião está pedindo o seu conselho em uma placa mais barata de material ósseo que pudesse ser implantada temporariamente para corrigir uma fratura de osso pequeno. Que material você escolheria?

17.45 Um osso é fraturado ao longo de um plano inclinado, como mostrado na Figura 17.29. Você tem uma placa óssea com quatro parafusos para fixar o osso. Onde você deverá fixá-los para dar o máximo de estabilidade óssea, quando ele for carregado em torção?

17.46 Explique por que as extremidades dos ossos longos perto das articulações são mais largas que as partes do meio.

17.47 Explique por que uma permanência prolongada em ambiente sem gravidade leva à perda óssea.

17.48 Quando você puxa/estica um ligamento complexo osso com osso, a falha é observada na substância do ligamento se a taxa de deformação é alta. Se a taxa de deformação é baixa, a falha é observada no osso próximo à inserção do ligamento. Qual seria a razão para este comportamento?

17.49 Por que os ligamentos possuem fibras de colágeno paralelas?

17.50 Que papel desempenha o teor de água no comportamento mecânico dos tendões?

17.51 Como o conteúdo de alta elastina afeta as propriedades mecânicas dos tecidos moles?

17.52 Por que alto teor de colágeno resulta em maior resistência à tração nos ligamentos e tendões?

17.53 Quando você acorda de manhã, você está mais alto do que sua altura poucas horas depois. Por que isso acontece?

17.54 Explique o motivo para o elevado grau de variação do módulo de elasticidade da cartilagem articular.

17.55 Explique por que as fibrilas de colágeno são dispostas paralelamente à superfície da articulação na região mais próxima da superfície.

Referências para Estudos Posteriores

Capítulo 1

Annual Review of Materials Science. Annual Reviews, Inc. Palo Alto, CA.
Bever, M. B. (ed.) *Encyclopedia of Materials Science and Engineering.* MIT Press-Pergamon, Cambridge, 1986.
Canby, T. Y. "Advanced Materials—Reshaping Our Lives." *Nat. Geog.*, 176(6), 1989, p. 746.
Engineering Materials Handbook. Vol. 1: *Composites,* ASM International, 1988.
Engineering Materials Handbook. Vol. 2: *Engineering Plastics,* ASM International, 1988.
Engineering Materials Handbook. Vol. 4: *Ceramics and Glasses,* ASM International, 1991.
www.nasa.gov
www.designinsite.dk/htmsider/inspmat.htm
Jackie Y. Ying, *Nanostructured Materials,* Academic Press, 2001. "Materials Engineering 2000 and Beyond: Strategies for Competitiveness." *Advanced Materials and Processes* 145(1), 1994.
"Materials Issue." *Sci. Am.*, 255(4), 1986. *Metals Handbook,* 2nd Edition, ASM International, 1998. M. F. Ashby, *Materials Selection in Mechanical Design,* Butterworth-Heinemann, 1996.
M. Madou, *Fundamentals of Microfabrication,* CRC Press, 1997.
Nanomaterials: Synthesis, Properties, and Application, Editors: A. S. Edelstein and R. C. Cammarata, Institute of Physics Publishing, 2002.
National Geographic magazine, 2000–2001.
Wang, Y. et al., *High Tensile Ductility in a Nanostructured Metal, Letters to Nature,* 2002.

Capítulo 2

Binnig, G., H. Rohrer, et al. in *Physical Review Letters,* v. 50 pp. 120-24 (1983).
http://ufrphy.lbhp.jussieu.fr/nano/
Brown, T. L., H. E. LeMay and B. E. Bursten. *Chemistry.* 8th ed. Prentice-Hall, 2000.
Chang, R. *Chemistry.* 5th ed. McGraw-Hill, 2005. http://www.molec.com/products_consumables. html#STM H. Dai, J. H. Hafner, A. G. Rinzler, D. T. Colbert, R. E. Smalley, Nature 384, 147–150 (1996).
http://www.omicron.de/index2.html?/results/ stm_image_of_ chromium_decorated_steps_of_ cu_111/~Omicron
http://www.almaden.ibm.com/almaden/media/image_mirage.html
Chang, R. *General Chemistry.* 4th ed. McGraw-Hill, 1990.
Chang, R. *Chemistry.* 8th ed. McGraw-Hill, 2005.
Ebbing, D. D. *General Chemistry.* 5th ed. Houghton Mifflin, 1996.
McWeeny, R. *Coulson's Valence.* 3d ed. Oxford University Press, 1979.
Moore, J.W., Stanitski, C.L. and Jurs, P.C., "Chemistry–The molecular science," 3rd Ed., 2008, Thompson.
Pauling, L. *The Nature of the Chemical Bond.* 3d ed. Cornell University Press, 1960.
Silberberg, M.S., "Chemistry–The molecular nature of matter and change," 4th Ed., 2008, McGraw-Hill.
Smith, W. F. *T. M. S. Fall Meeting.* October 11, 2000. Abstract only.

Capítulo 3

Barrett, C. S. and T. Massalski. *Structure of Metals.* 3d ed. Pergamon Press, 1980.
Cullity, B. D. *Elements of X-Ray Diffraction.* 2d ed. Addison-Wesley, 1978.
Wilson, A. J. C. *Elements of X-Ray Cystallography.* Addison-Wesley, 1970.

Capítulos 4 e 5

Flemings, M. *Solidification Processing.* McGraw-Hill, 1974.
Hirth J. P., and J. Lothe. *Theory of Dislocations.* 2d ed. Wiley, 1982.
Krauss, G. (ed.) *Carburizing: Processing and Performance.* ASM International, 1989.
Minkoff, I. *Solidification and Cast Structures.* Wiley, 1986.
Shewmon, P. G. *Diffusion in Solids.* 2d ed. Minerals, Mining and Materials Society, 1989.

Capítulos 6 e 7

ASM Handbook of Failure Analysis and Prevention. Vol. 11. 1992.
ASM Handbook of Materials Selection and Design. Vol. 20. 1997.
Courtney, T. H. *Mechanical Behavior of Materials.* McGraw-Hill, 1989.
Courtney, T. H. *Mechanical Behavior of Materials.* McGraw- Hill, 2d ed. 2000.
Dieter, G. E. *Mechanical Metallurgy.* 3d ed. McGraw-Hill, 1986.
Hertzberg, R. W. *Deformation and Fracture Mechanics of Engineering Materials.* 3d ed. Wiley, 1989.
http://www.wtec.org/loyola/nano/06_02.htm
Hertzberg, R. W. *Deformation and Fracture Mechanics of Materials.* 4th ed. 1972.
K. S. Kumar, H. Van Swygenhoven, S. Suresh, *Mechanical behavior of nanocrystalline metals and alloys,* Acta Materialia, 51, 5743-5774, 2003
Schaffer et al. *"The Science and Design of Engineering Materials,"* McGraw-Hill, 1999.
T. Hanlon, Y. -N. Kwon, S. Suresh, *Grain size effects on the fatigue response of nanocrystalline metals,* Scripta Materialia, 49, 675-680, 2003.
Wang et al., *High Tensile Ductility in a nanostructured Metal,"* Nature. Vol. 419, 2002.
Wulpi, J. D., *"Understanding How Components Fail,"* ASM, 2000.

Capítulo 8

Massalski, T. B. *Binary Alloy Phase Diagrams.* ASM International, 1986.
Massalski, T. B. *Binary Alloy Phase Diagrams.* 3d ed. ASM International.
Rhines, F. *Phase Diagrams in Metallurgy.* McGraw-Hill, 1956.

Capítulo 9

Krauss, G. *Steels: Heat Treatment and Processing Principles.* ASM International, 1990.
The Making, Shaping and Heat Treatment of Steel. 11th ed. Vols. 1-3. The AISE Steel Foundation, 1999-2001.
Smith, W. F. *Structure and Properties of Engineering Alloys.* 2d ed. McGraw-Hill, 1993.
Steel, Annual Statistical Report. American Iron and Steel Institute, 2001.
Walker, J. L. et al. (ed.) *Alloying.* ASM International, 1988.

Capítulo 10

Benedict, G. M. and B. L. Goodall. *Metallocene-Catalyzed Polymers.* Plastics Design Library, 1998.

"Engineering Plastics." Vol. 2, *Engineered Materials Handbook.* ASM International, 1988.

Kaufman, H. S., and J. J. Falcetta (eds.) *Introduction to Polymer Science and Technology.* Wiley, 1977.

Kohen, M. *Nylon Handbook.* Hanser, 1998.

Moore, E. P. *Polypropylene Handbook.* Hanser, 1996.

Moore, G. R., and D. E. Kline, *Properties and Processing of Polymers for Engineers.* Prentice-Hall, 1984.

Salamone, J. C. (ed.) *Polymeric Materials Encyclopedia.* Vols. 1 through 10. CRC Press, 1996.

Capítulo 11

Barsoum, M. *Fundamentals of Ceramics.* McGraw-Hill, 1997.

Bhusan, B. (ed.) *Handbook of Nanotechnology,* Springer, 2004.

"Ceramics and Glasses," Vol. 4, *Engineered Materials Handbook.* ASM International, 1991.

Chiang, Y., D. P. Birnie, and W. D. Kingery. *Physical Ceramics.* Wiley, 1997.

Davis, J. R. (ed.) *Handbook of Materials for Medical Devices,* ASM International, 2003.

Edelstein, A. S. and Cammarata, R. C. (eds.) *Nanomaterials: Synthesis, Properties, and Application,* Institute of Physics Publishing, 2002.

Engineered Materials Handbook. Vol. 4: *Ceramics and Glasses.* ASM International, 1991.

Handbook of Materials for Medical Devices, J. R. Davis, Editor, ASM International, 2003.

Handbook of Nanotechnology, Editor: B. Bhusan, Springer, 2004.

J. A, Jacobs and T. F. Kilduf, *Engineering Materials Technology,* 5th ed., Prentice Hall, 2004.

Jacobs, J. A. and Kilduf, T. F. *Engineering Materials Technology,* 5th ed., Prentice Hall, 2004.

Kingery, W. D., H. K. Bowen, and D. R. Uhlmann. *Introduction to Ceramics.* 2d ed. Wiley, 1976.

Medical Device Materials, Proceedings of the Materials and Processes for Medical Devices Conference, S. Shrivastava, Editor, ASM international, 2003.

Mobley, J. (ed.). *The American Ceramic Society, 100 Years.* American Ceramic Society, 1998.

Nanomaterials: Synthesis, Properties, and Application, Editors: A. S. Edelstein and R. C. Cammarata, Institute of Physics Publishing, 2002.

Nanostructured Materials, Editor: Jackie Y. Ying, Academic Press, 2001.

Shrivastava, S. (ed.) *Medical Device Materials,* Proceedings of the Materials and Processes for Medical Devices Conference, ASM International, 2003.

Wachtman, J. B. (ed.) *Ceramic Innovations in the Twentieth Century.* The American Ceramic Society, 1999.

Wachtman, J. B. (ed.) *Structural Ceramics.* Academic, 1989.

Ying, J. Y. (ed.) *Nanostructured Materials,* Academic Press, 2001.

Capítulo 12

Chawla, K. K. *Composite Materials.* Springer-Verlag, 1987.

"Composites." Vol. 1, *Engineered Materials Handbook.* ASM International, 1987. *Engineered Materials Handbook.* Vol. 1: *Composites.* ASM International, 1987.

Engineers' Guide to Composite Materials. ASM International, 1987.

Handbook of Materials for Medical Devices, J. R. Davis, Editor, ASM International, 2003.

Harris, B. *Engineering Composite Materials.* Institute of Metals (London), 1986.

Metals Handbook. Vol. 21: *Composites.* ASM International, 2001. M. Nordin and V. H. Frankel, *Basic Biomechanics of the Musculoskeletal System,* 3rd Ed., Lippincot, Williams, and Wilkins, 2001.

Nanostructured Materials, Editor: Jackie Y. Ying, Academic Press, 2001.

http://silver.neep.wisc.edu/~lakes/BoneTrab.html

Capítulo 13

"Corrosion." Vol. 13, *Metals Handbook.* 9th ed. ASM International, 1987.

Fontana, M. G. *Corrosion Engineering.* 3d ed. McGraw-Hill, 1986.

Jones, D. A. *Corrosion.* 2d ed. Prentice-Hall, 1996.

Uhlig, H. H. *Corrosion and Corrosion Control.* 3d ed. Wiley, 1985.

Capítulo 14

Binnig, G., H. Rohrer, et al. in *Physical Review Letters,* v. 50, pp. 120-24 (1983).

http://ufrphy.lbhp.jussieu.fr/nano/

H. Dai, J. H. Hafner, A. G. Rinzler, D. T. Colbert, R. E. Smalley, *Nature* 384, 147–150 (1996).

http://www.omicron.de/index2.html?/results/stm_image_of_chromium_decorated_steps_of_cu_111/~Omicron

http://www.almaden.ibm.com/almaden/media/image_mirage.html

Hodges, D. A. and H. G. Jackson. *Analysis and Design of Digital Integrated Circuits.* 2d ed. McGraw-Hill, 1988.

Mahajan, S. and K. S. Sree Harsha. *Principles of Growth and Processing of Semiconductors.* McGraw-Hill, 1999.

http://www.molec.com/products_consumables.html#STM

Nalwa, H. S. (ed.) *Handbook of Advanced Electronic and Photonic Materials and Devices.* Vol. 1: *Semiconductors.* Academic Press, 2001.

Sze, S. M. (ed.) *VLSI Technology.* 2d ed. McGraw-Hill, 1988. Sze, S. M. *Semiconductor Devices.* Wiley, 1985.

Wolf, S. *Silicon Processing for the VLSI Era.* 2d ed. Lattice Press, 2000.

Capítulo 15

Chafee, C. D. *The Rewiring of America.* Academic, 1988.

Hatfield, W. H. and J. H. Miller, *High Temperature Superconducting Materials.* Marcel Dekker, 1988.

Miller, S. E. and I. P. Kaminow. *Optical Fiber Communications II.* Academic Press, 1988.

Miller, S. E. and I. P. Kaminow. *Optical Fiber Communications II.* Academic Press, 1988.

Nalwa, H. S. (ed.) *Handbook of Advanced Electronic and Photonic Materials and Devices.* Vols. 3-8. Academic Press, 2001.

Capítulo 16

Chin, G. Y. and J. H. Wernick. "Magnetic Materials, Bulk." Vol. 14, *Kirk-Othmer Encyclopedia of Chemical Technology.* 3d ed. Wiley, 1981, p. 686.

Coey, M. et al. (eds.) *Advanced Hard and Soft Magnetic Materials.* Vol. 577. Materials Research Society, 1999.

Cullity, B. D. *Introduction to Magnetic Materials.* Addison-Wesley, 1972.

Livingston, J. *Electronic Properties of Engineering Materials.* Chapter 5. Wiley, 1999.

Salsgiver, J. A. et al. (ed.) *Hard and Soft Magnetic Materials.* ASM International, 1987.

Os dados de propriedades dos materiais e temperaturas de transições vítreas foram obtidos das seguintes referências:

1. *ASM Handbooks.* Vol. 1, *Properties and selection: Irons, Steels and High performance alloys,* ASM International, Materials Park, OH.
2. *ASM Handbooks.* Vol. 2, *Properties and selection: Nonfer- rous alloys and special purpose metals,* ASM International, Materials Park, OH.
3. *ASM Handbooks.* Vol. 8, *Mechanical testing and evaluation,* ASM International, Materials Park, OH.
4. *ASM Handbooks.* Vol. 19, *Fatigue and Fracture,* ASM International, Materials Park, OH.
5. *ASM Handbooks.* Vol. 8, *composites,* ASM International, Materials Park, OH.
6. *ASM Metals handbook desk edition,* ASM International, Materials Park, OH.
7. *ASM Ready reference: Electrical and magnetic properties of materials.* ASM International, Materials Park, OH.
8. *ASM Engineered Materials reference Book,* ASM International, Materials Park, OH.
9. *Mechanical properties and testing of polymers: An A-Z reference (1999).* Edited by G. M. Swallowe. Kluwer Academic Publishers, Dordrecht, Netherlands.
10. *Mechanical properties of polymers and composites.* Lawrence E. Nielsen and Robert F. Landel. (1994). Marcel Dekker Inc, Madison Ave, New York.
11. *Engineering polymer sourcebook.* Raymond B. Seymour (1990). McGraw-Hill Inc.
12. *Mechanical properties of ceramics.* John B. Watchman (1996). John Wiley and Sons Inc.
13. *Guide to Engineered Materials (A Special Issue of Advanced Materials and processes).* Vol. 1 (1986). ASM International, Materials Park, OH.
14. *Guide to Engineered Materials (A Special Issue of Advanced Materials and processes).* Vol. 2 (1987). ASM International, Materials Park, OH.
15. *Guide to Engineered Materials (A Special Issue of Advanced Materials and processes).* Vol. 3 (1988). ASM International, Materials Park, OH.
16. *ASM Ready reference: Thermal properties of materials.* ASM International, Materials Park, OH.
17. *The mechanical properties of wood.* Wangaard, Frederick Field (1950), John Wiley and Sons Inc.
18. Manufacturer data sheets.

APÊNDICE I

Algumas Quantidades Físicas e suas Unidades

Quantidade	Símbolo	Unidade	Abreviatura
Comprimento	l	polegada	in
		metro	m
Comprimento de onda	λ	metro	m
Massa	m	quilograma	kg
Tempo	t	segundo	s
Temperatura	T	grau Celsius	°C
		grau Fahrenheit	°F
		kelvin	K
Frequência	ν	hertz	Hz [s^{-1}]
Força	F	newton	N [$kg \cdot m \cdot s^{-2}$]
Tensão			
Tração	σ	pascal	Pa [$N \cdot m^{-2}$]
Cisalhamento	τ	libras por polegada quadrada	lb/pol² ou psi
Energia, trabalho, quantidade de calor		joule	J [$N \cdot m$]
Potência		watt	W [$J \cdot s^{-1}$]
Corrente elétrica	i	ampère	A
Carga elétrica	q	coulomb	C [$A \cdot s$]
Diferença de potencial, força eletromotriz	V, E	volt	V
Resistência elétrica	R	ohm	Ω [$V \cdot A^{-1}$]
Indução magnética	B	tesla	T [$V \cdot s \cdot m^{-2}$]

Respostas para os Exercícios Selecionados

Capítulo 2

2.29 $2,07 \times 10^{14}$ bolas de futebol
2.30 (a) 5,67 g (b) 8,3% em peso Ni (c) 91,7% em peso Cu
2.32 (a) 10,81 uma (b) 10,81 g (c) concordância
2.34 $MgAl_5$
2.37 (a) 72 fótons (b) menos fótons de luz azul (mais alta energia)
2.42 (a) 3,02 ev (b) $7,3 \times 10^{14}$ Hz (c) 410 nm
2.45 $\ell = 0$ ($m_\ell = 0$); $\ell = 1$ ($m_\ell = -1, 0, +1$),
$\ell = 2$ ($m_\ell = -2, -1, 0, +1, +2$),
$\ell = 3$ ($m_\ell = -3, -2, -1, 0, +1, +2, +3$)
2.49 (a) n = 2, $\ell = 0$, $m_\ell = 0$ $m_s = +1/2$
(b) n = 3, $\ell = 1$, $m_\ell = +1$ $m_s = +1/2$
(c) n = 3, $\ell = 1$, $m_\ell = 0$ $m_s = -1/2$
2.61 (a) LiCl (o li^+ possui um raio maior do que o Cs^+ e, portanto, uma ligação mais forte),
(b) RbCl,
(c) MgO (Mg^{++} possui carga dupla)
(d) MgO (o raio do Mg^{++} é menor)
2.62 (a) $\Delta H^5 = -910$ kJ (b) à medida que NaF sólido é formado, energia é liberada
2.68 InP é mais iônico (8,6%) comparado ao CdTe (6,1%)
2.70 (a) Ni, Cr, Fe (b) estes são os componentes principais do aço inoxidável
2.73 Os átomos de Na possuem ligações metálicas mais fortes uma vez que seu raio é menor comparativamente ao K.
2.74 O Be possui duas vezes mais elétrons de valência do que o Li. Logo, as ligações entre os átomos de Be são mais fortes.
2.79 As ligações entre Al e O são na sua maior parte iônicas, muito mais fortes do que as ligações emtre átomos de Al, que são sobretudo metálicas.
2.87 Assim, o filamento quente de tungstênio não reagirá (não se queimará) com os gases de impurezas dentro do bulbo.

Capítulo 3

3.9 (0, 0, 0), (1, 0, 0), (1, 1, 0), (0, 1, 0), (0, 0, 1), (1, 0, 1), (1, 1, 1), (0, 1, 1)
3.29 0,106 nm^3
3.35 $[\bar{1}4\bar{1}]$
3.37 [100], [010], [001], $[\bar{1}00]$, $[0\bar{1}0]$, $[00\bar{1}]$
3.42 P3.42a: plano a $(0\bar{1}\bar{4})$; b $(\bar{5}\bar{1}\bar{2}0)$; c $(0\bar{1}3)$; d (223);
P3.42b: plano a $(\bar{1}03)$; b $(22\bar{3})$; c $(\bar{5}\bar{1}\bar{2}0)$; d $(1\bar{1}\bar{2})$
3.48 $(23\bar{4})$
3.54 (a) 0,24 nm (b) 0,112 nm (c) 0,100 nm
3.56 (a) 0,502 nm (b) 0,217 nm (c) Ba
3.58 P3.58a: plano a $(0\bar{1}10)$; b $(01\bar{1}2)$; c $(\bar{2}200)$
P3.58b: plano a $(01\bar{1}0)$; b $(1\bar{1}01)$; c $(1\bar{1}01)$
3.62 P3.62a: $[\bar{2}111]$ e $[11\bar{2}1]$
P3.62b: $[\bar{1}101]$ e $[10\bar{1}1]$
3.66 (a) $1,20 \times 10^{13}$ átomos/mm^2;
(b) $8,50 \times 10^{12}$ átomos/mm^2;
(c) $1,96 \times 10^{13}$ átomos/mm^2;
3.69 (a) $2,60 \times 10^6$ átomos/mm;
(b) $3,68 \times 10^6$ átomos/mm;
(c) $1,50 \times 10^6$ átomos/mm^2
3.76 (a) CCC (b) 0,3296 nm (c) Nb
3.82 $R^2 + (R \tan 30)^2 + h^2 = 4R^2$ resultando em $h^2 = 2,667 R^2$ e, portanto, h/R = c/a = 1,633
3.84 (a) c = 0,4684 nm; a = 0,2951 nm
(b) R = 0,1476 nm (c) ligeiramente comprimido
3.89 35,7% de aumento em volume
3.91 (a) a (b) 1,41 a (c) (1,73/2) a (d) 2,23 a
3.96 a e c não são planos porque (h + k) não é igual a –i.

Capítulo 4

4.32 $1,11 \times 10^{-7}$ cm
4.38 0,036 nm
4.41 10,23
4.45 ~ 0,001 polegadas
4.48 (a) Sim (b) 0,0596 nm
4.54 (a) alta (b) muito alta (c) moderada
(d) baixa (e) moderada
4.56 (a) 8,94 g/cm3 (b) CFC (c) $4,13 \times 10^{-22}$ g
(d) 0,358 nm
4.60 decresce por um fator de 4

Capítulo 5

5.11 (a) $2{,}77 \times 10^{24}$ vacâncias/m^3;
(b) $2{,}02 \times 10^{-5}$ vacâncias/átomo
5.13 $1{,}98 \times 10^{14}$ átomos/m^2·s de B a A
5.15 56,6 minutos
5.19 5,67 horas
5.22 2×10^{-4} cm
5.25 0,707 μm
5.33 6×10^5 átomos/m^2·s
5.36 (a) 2,2 minutos (b) 70 minutos
5.38 268 kJ/mol

Capítulo 6

6.38 0,0669 cm
6.43 nominal $\epsilon = 0{,}175$
6.49 (a) tensão nominal de 125.000 psi e alongamento de 0,060 (b) tensão real de 132.600 psi e alongamento de 0,0587
6.51 (a) 30,6 MPa (b) 0
6.55 (a) 148 MPa (b) 414 MPa
6.59 (a) 42,8% (b) 80 ksi (c) 7%
6.61 (a) 169,3 kJ/mol
6.76 (a) $\epsilon_t = \ln(\epsilon + 1)$ (b) $\sigma_t = \sigma(\epsilon + 1)$
6.77 (a) 0,0015 (b) 0,0015
6.86 (a) Metal 2 mais duro do que o metal 1, mais duro do que o metal 3 (b) aço para ferramentas (tratado termicamente)
6.91 2,1 MPa

Capítulo 7

7.20 0,015 polegadas
7.24 568,0 MPa
7.27 (a) 29 ksi (b) 14,5 ksi (c) 10,5 ksi (d) –0,16
7.30 149 MPa
7.34 1419 horas
7.39 (a) 176 joules (b) 125 joules (c) 52 joules
7.41 (a) 0,0011 polegadas (b) 0,012 polegadas
7.43 (a) Ti e aço seriam perfeitamente satisfatórios
(b) Ti por questões de segurança e baixo peso

Capítulo 8

8.21 (a) 33,3% em peso de líquido e 66,7% em peso de sólido (b) 100% líquido
8.26 (a) a liga é hipereutética (b) solução sólida b que contém 19,2% de Sn (c) 77,2% em peso de líquido e 22,8% em peso de β (d) 35,1% α e 64,8% β.
8.30 (a) $\alpha = 47{,}4\%$ em peso; L1 = 52,6% em peso
(b) α 5 72,2% em peso; L1 = 27,8% em peso;
(c) α 5 88,5% em peso; L2 = 11,5% em peso;
(d) α 5 90% em peso; β = 10% em peso
8.34 66,7%
8.38 (a) A solubilidade sólida máxima em peso do zinco no cobre é na solução sólida α é 39%.
(b) As fases intermediárias são β, γ, δ e θ. (c) As reações trifásicas invariáveis são:

1. Reação peritética a 903 °C, 36,8% Zn
$\alpha(32{,}5\%\ Zn) + L(37{,}5\%\ Zn) \to \beta(38{,}8\%\ Zn)$
2. Reação peritética a 835 °C, 59,8% Zn
$\beta(56{,}5\%\ Zn) + L(59{,}8\%\ Zn) \to \gamma(59{,}8\%\ Zn)$
3. Reação peritética a 700 °C, 73% Zn
$\gamma(69{,}8\%\ Zn) + L(80{,}5\%\ Zn) \to \delta(73\%\ Zn)$
4. Reação peritética a 598 °C, 78,6% Zn
$\delta(76{,}5\%\ Zn) + L(89\%\ Zn) \to \grave{o}(78.6\%\ Zn)$
5. Reação peritética a 424 °C, 97,3% Zn
$\grave{o}(87{,}5\%\ Zn) + L(98{,}3\%\ Zn) \to \eta(97{,}3\%\ Zn)$
6. Reação eutetoide a 558 °C, 73% Zn
$\delta(73\%\ Zn) \to \gamma(69{,}8\%\ Zn) + \grave{o}(78{,}6\%\ Zn)$
7. Reação eutetoide a 250 °C, 47% Zn
$\beta'(47\%\ Zn) \to \alpha(37\%\ Zn) + \gamma(59\%\ Zn)$

8.43 (a) 0, (b) 2, (c) 1, (d) 1, (e) 0
8.55 (a) ~ 65% (b) ~ 77% (c) a curva de limite de solubilidade
8.60 (a) solução de água salgada no gelo + mistura de água e sal no gelo + mistura de sal (b) a solução de água salgada terá 5% de sal, nas regiões de gelo + água salgada, o gelo será quase puro e a solução de água salgada terá de 5% de sal a –4 °C a 23% de sal a –21 °C.

Capítulo 9

9.55 Perlita grossa
9.58 Porcentagem de austenita em peso = 80,8% de ferrita proeutetoide = 19,2%
9.65 1,08% de carbono
9.71 (a) 15,3% de cementita proeutetoide (b) 74,7% de ferrita eutetoide e 9,96% de cementita eutetoide

9.74 (a) martensita;
(b) martensita temperada, resfriamento rápido (quenching) e processo de têmpera;
(c) perlita grossa;
(d) martensita, processo marquenching;
(e) bainita, austêmpera;
(f) esferoidita.

9.75 49 HRC
9.80 10 °C/s
9.87 ferrita, bainita, martensita e austenita
9.91 9,2%

Capítulo 10

10.13

PE, PVC, Polipropileno, PS, Poliacrilonitrila, Acetato de polivinila

10.14 (a) Cloreto de polivinilideno   (b) Metacrilato de polimmetila

10.66 14.643 meros
10.70 22.850 g/mol
10.73 0,461
10.76 4,24 g S
10.81 9,83% em peso
10.83 4,0 MPa
10.87 65,95 dias
10.91

Capítulo 11

11.64 0,414
11.66 4,9 g/cm^3
11.69 (a) on (111), 12,6 O^{2-} íons/nm^2 e on (110) 15,4 O^{2-} íons/nm^2; (b) on (111), 8,6 Cl$^-$ íons/nm^2 on (110) 10,5 Cl$^-$ íons/nm^2 (as respostas são as mesmas para os cátions)

11.74 6,32 g/cm^3
11.75 pol [111], 1,07 Ce^{4+}/nm e pol [110] 2,62 Ce^{4+}/nm
11.81 27% leucita, 36% sílica e 37% mulita
11.91 236 MPa
11.102 1009,7 K (736,7 °C)

Capítulo 12

12.40 0,414
12.48 4,9 g/cm^3
12.63 (a) on (111), 12,6 O^{2-} íons/nm^2 e on (110) 15,4 O^{2-} íons/nm^2; (b) on (111), 8,6 Cl$^-$ íon/nm^2 on (110) 10,5 Cl$^-$ íons/nm^2 (as respostas são as mesmas para os cátions)

12.79 6,32 g/cm^3
12.83 0,396
12.86 951 MPa

Capítulo 13

13.34 −0,403 V
13.38 0,07 M
13.47 23,5 min
13.51 13,8 dias
13.57 9.58×10^{-5} A/cm^2
13.64 101,4 μg/cm^2

Capítulo 14

14.58 $2,09 \times 10^{-3}$ Ω
14.62 −146,5 °C
14.70 (a) $n_n = 7,0 \times 10^{21}$ elétrons/m^3, pn = $3,21 \times 10^{10}$ lacunas/m^3; (b) ni = $6,61 \times 10^{-3}$ Ω · m
14.75 (a) $6,17 \times 1018$ elétrons/m^3; (b) $1,24 \times 10^{-4}$
14.81 $1,82 \times 10^{-4}$ (Ω · m)$^{-1}$

Capítulo 15

15.32 539,7 nm (radiação visível verde)
15.35 (a) 3,6% (b) 4,4%
15.38 0,903
15.44 $3,79 \times 10^{-2}$ s
15.49 87,2°
15.51 3,40 K

Capítulo 16

16.62 $M_s = 1,70 \times 10^6$ A/m; $B_s = 2,14$ T
16.65 1,7 magnetons de Bohr/átomo
16.93 $M = 2,56 \times 10^5$ A/m
16.100 Bs ~ 0,32 T

Capítulo 17

17.31 Vo = 0,4 e Vm = 0,6
17.32 Pb = 727 N (titânio) e Pb = 363 N (aço inoxidável)
17.33 0,664 mm
17.34 C = 17; a = 25,75; b = −78,28; E = 207 MPa.
17.35 25mm
17.36 (i) 25 MPa (ii) 13,63 MPa (iii) 15.000 segundos
17.41 54 mm^2

Glossário

1ª lei de fick de difusão em sólidos   em uma temperatura constante, a difusão de espécies/átomos é proporcional ao gradiente de concentração.

2ª lei de fick de difusão em sólidos   em uma temperatura constante, a velocidade/variação da composição é igual ao produto do coeficiente de difusão pela taxa de variação do gradiente de concentração.

A

absortividade   fração da luz incidente que é absorvida por um material.

aços-carbono   liga de ferro-carbono contendo de 0,02 a 2% de carbono. Todos os aços-carbono comerciais contêm cerca de 0,3 a 0,9% de manganês, além de enxofre, fósforo e impurezas de silício.

afinidade eletrônica   tendência de um átomo em aceitar um ou mais elétrons e liberar energia nesse processo.

agregados   material inerte misturado com cimento *portland* e água para produção de concreto. Partículas grandes são chamadas de agregados graúdos (por exemplo, cascalho), e partículas pequenas são chamadas de agregados finos (por exemplo, areia).

alburno   parte periférica e mais nova do tronco das árvores onde as células vivas realizam a condução da água.

alongamento (deformação) nominal ou de engenharia, ε   variação de comprimento de uma amostra dividida pelo seu comprimento inicial ($\varepsilon = \Delta l/l_o$).

amorfo   que não possui estrutura cristalina (grandes extensões de ordenamento atômico).

ânion   íon com carga negativa.

ânodo   eletrodo metálico em uma célula eletrolítica que se dissolve como íons e fornece elétrons para um circuito externo.

antiferromagnetismo   tipo de magnetismo no qual os dipolos magnéticos dos átomos são alinhados em sentidos opostos pela aplicação de um campo magnético de modo que não há magnetização líquida resultante.

árvores de lenho rijo (madeira de lei)   árvores com sementes cobertas e folhas largas, como o carvalho, o bordo e o freixo.

árvores de lenho macio   árvores com sementes expostas e folhas pontiagudas (agulhas). Exemplos: pinho e abeto.

asfalto   betume que consiste principalmente de hidrocarbonetos abrangendo uma grande faixa de pesos moleculares. O asfalto é obtido primordialmente a partir do refino do petróleo.

aspereza   irregularidades ou rugosidades em uma superfície.

atenuação luminosa   decréscimo na intensidade da luz.

átomo   unidade básica de um elemento que pode sofrer mudanças químicas.

austêmpera   processo de têmpera pelo qual um aço no estado austenítico é imerso em um banho de líquido quente (salgado) a uma temperatura logo acima da M_s do aço e mantido no banho até que a austenita presente no aço seja toda modificada. O aço é então resfriado até a temperatura ambiente. Por meio desse processo, pode-se produzir um aço-carbono eutetoide completamente bainítico.

austenita   (fase γ no diagrama de fases Fe-Fe$_3$C) solução sólida intersticial de carbono no ferro CFC; a solubilidade máxima do carbono na austenita é 2%.

austenização   aquecimento de um aço até o interior da faixa de temperaturas austeníticas de modo que sua estrutura se torne austenítica. A temperatura de austenização varia dependendo da composição do aço.

autodifusão   migração de átomos em um material puro.

autointersticial (intersticial)   defeito pontual em uma rede cristalina, resultante da existência de um átomo idêntico aos átomos da matriz em um interstício entre os átomos desta.

B

bainita   mistura de ferrita-α com uma pequena quantidade de partículas de Fe$_3$C oriundas da decomposição da austenita; um produto não lamelar da decomposição eutetoide da austenita.

banda de condução   níveis de energia não preenchidos até os quais os elétrons podem ser excitados para se tornarem elétrons condutores. Em semicondutores e isolantes, há uma lacuna de energia entre a banda de valência inferior, preenchida, e a banda de valência superior, vazia.

banda de valência   banda de valência contendo os elétrons de valência. Em um condutor, a banda de valência é também a banda de condução. A banda de valência em um metal condutor não é totalmente preenchida de modo que alguns elétrons podem ser energizados a níveis internos à banda de valência e se tornarem elétrons condutores.

bandas de deslizamento   linhas na superfície de um metal ocasionadas pelo escorregamento causado por deformação permanente.

bandas de escorregamento   linhas na superfície de um material metálico, devido ao escorregamento provocado pela deformação permanente.

biocompatibilidade   estabilidade química, resistência à corrosão, não carcinogenicidade e não toxicidade de um material quando usado dentro/no corpo humano.

biomaterial   substância inerte sistematicamente e farmacologicamente projetada para implantação dentro de sistemas vivos ou para serem incorporadas por estes.

biometais   metais usados em aplicações biomédicas.

biopolímero   polímeros que são usados dentro do corpo humano em várias aplicações cirúrgicas.

biotribologia   área da ciência que estuda o atrito e desgaste em implantes biomédicos e nas articulações.

blindagem de tensão   condição na qual o implante carrega sobre si a maior parte da carga aplicada, protegendo o osso do carregamento.

buckyball   molécula de átomos de carbono (C$_{60}$) em forma de bola de futebol também chamada de Fulereno Buckminster.

buckytube   estrutura tubular feita de átomos de carbono unidos por ligação covalente.

C

cadeia polimérica   composto de grande massa molecular cuja estrutura consiste de grande número de pequenas unidades de repetição chamadas meros. Átomos de carbono compõem a grande parte dos átomos da cadeia principal na maioria dos polímeros.

camada eletrônica   grupo de elétrons com o mesmo número quântico principal, n.

camada laminada   cada uma das camadas de um laminado multicamadas.

câmbio   tecido entre a casca e o lenho, capaz de gerar novas células por repetidas subdivisões.

campo crítico inferior, H_{c1}   campo para o qual o fluxo magnético começa a penetrar um supercondutor do tipo II.

campo crítico superior, H_{c2}   campo para o qual a supercondutividade desaparece de um supercondutor do tipo II.

campo crítico, H_c   campo magnético acima do qual a supercondutividade desaparece.

campo magnético, H campo magnético gerado pela aplicação de um campo magnético externo ou um campo magnético gerado por corrente, passando por um fio condutor ou bobina de fio (solenoide).

canal condutor e/ou secretor (botânica) estrutura tubular formada pela união de elementos celulares menores, enfileirados longitudinalmente.

capacitância medida da capacidade de um capacitor em armazenar carga elétrica. A capacitância é medida em farads; as unidades frequentemente usadas em circuitos elétricos são o picofarad (1 pF = 10^{-12} F) e o microfarad (1 μF = 10^{-6} F).

capacitor dispositivo elétrico consistindo de placas ou lâminas condutoras separadas por camadas de um material dielétrico e capaz de armazenar carga elétrica.

catalisador estereoespecífico catalisador que cria a maioria dos tipos específicos de estereoisômeros durante a polimerização. Exemplo: catalisador *Ziegler*, utilizado para polimerizar propileno, principalmente o propileno isoestático.

cátion íon com carga positiva.

cátodo eletrodo metálico receptor de elétrons em uma célula eletrolítica.

célula unitária unidade de repetição periódica conveniente de um espaço na grade. O comprimento e ângulos axiais são parâmetros que caracterizam a célula unitária.

célula unitária cúbica de corpo centrado (CCC) célula unitária com um empacotamento atômico no qual um átomo está em contato com oito átomos idênticos localizados nos vértices de um cubo imaginário.

célula unitária cúbica de faces centradas (CFC) célula unitária com um arranjo atômico no qual 12 átomos circundam um átomo central idêntico. Na estrutura cristalina CFC, a sequência de empilhamento dos planos compactos é ABCABC...

célula unitária hexagonal compacta (HC) célula com um arranjo atômico no qual 12 átomos circundam um átomo idêntico central. Na estrutura cristalina HC, a sequência de empilhamento dos planos compactos é ABABAB...

célula/pilha galvânica dois metais dissimilares em contato elétrico com um eletrólito.

cementita (carbeto de ferro) o composto intermetálico Fe_3C; uma substância dura e frágil.

cementita composto intermetálico Fe_3C; substância dura e frágil.

cementita (Fe_3C) proeutetoide cementita que se forma pela decomposição da austenita a uma temperatura acima da temperatura eutetoide.

cementita eutetoide (Fe_3C) cemenetita que se forma durante a decomposição eutetoide da austenita; a cementita presente na perlita.

cerâmicas avançadas nova geração de materiais cerâmicos, também conhecidas como cerâmicas estruturais ou para engenharia, com aprimoramento da resistência mecânica, da resistência à corrosão e das propriedades térmicas.

cerâmicas piezoelétricas materiais que produzem um campo elétrico quando sujeitos a forças mecânicas (e vice-versa).

cerne parte mais interna do tronco de uma árvore que, na árvore viva, contém somente células mortas.

ciência dos materiais área da ciência que se preocupa principalmente com a busca por conhecimentos básicos sobre a estrutura interna, as propriedades e os processamentos dos materiais.

cimento ósseo material estrutural (principalmente PMMA) usado para preencher cavidades entre um implante e o osso.

cimento *portland* cimento que consiste predominantemente de silicatos de cálcio que reagem com a água para formar uma massa dura.

***cis*-1,4 poli-isopreno** isômero do 1,4 poli-isopreno que possui o grupo metil e o hidrogênio do mesmo lado da ligação dupla central de seu mero. A borracha natural é constituída principalmente por este isômero.

coeficiente de difusão medida da velocidade de difusão no estado sólido à temperatura constante. O coeficiente de difusão pode ser expresso pela equação $D = D_0 e^{-Q/RT}$, onde Q é a energia de ativação e T a temperatura em K. D_0 e R são constantes.

colágeno proteína com estrutura fibrosa.

composição eutética composição da fase líquida que, à temperatura eutética, reage para formar duas novas fases sólidas.

composição hipereutética qualquer composição à direita do ponto eutético.

composição hipoeutética qualquer composição à esquerda do ponto eutético.

comprimento de ligação distância entre os núcleos de dois átomos ligados na posição de energia mínima em uma ligação covalente.

comunicação por fibra ótica método de se transmitir informação pelo uso da luz.

concreto (do tipo cimento *portland*) mistura de cimento (normalmente do tipo *portland*), inertes finos, inertes grossos e água.

concreto de ar aprisionado concreto no qual em seu interior existem pequenas bolhas de ar distribuídas uniformemente. Cerca de 90% das bolhas de ar têm diâmetros de 100 μm ou menor.

concreto pré-esforçado concreto reforçado no qual as tensões compressivas são introduzidas para contrarreagir com a tensão de tração resultante de vários carregamentos severos.

concreto pré-esforçado por pré-tensionamento concreto pré-estressado no qual o concreto é despejado vergalhões pré-tensionados.

concreto armado concreto que contém reforços de arames ou barras (vergalhões) de aço a fim de resistir melhor a forças de tração.

condições de regime não permanente sistema no qual ocorre difusão de uma espécie; concentração da espécie que se difunde ou varia com o tempo em diferentes pontos do sistema.

condições de regime permanente em um sistema difusivo, não há variação de concentração da espécie que se difunde com o tempo em diferentes pontos do sistema.

condições estacionárias ocorre em diferentes pontos do sistema; não ocorre variação com o tempo da concentração da espécie que se difunde.

condutividade elétrica, σ_e medida da facilidade da passagem de corrente elétrica através de um volume unitário de um material. Unidades: $(\Omega \cdot m)^{-1}$. σ_e é o inverso de ρ_e.

condutor elétrico um material com alta condutividade elétrica. A prata é um bom condutor e possui $\sigma_e = 6,3 \times 10^7$ $(\Omega \cdot m)^{-1}$.

configuração eletrônica distribuição de todos os elétrons em um átomo de acordo com seus orbitais atômicos.

constante dielétrica razão entre a capacitância de um capacitor com material entre as placas e a capacitância do mesmo capacitor com vácuo entre as placas.

contorno contorcido matriz de discordância espiral causada pela torção de dois planos cristalinos.

contorno de grão imperfeição superficial que separa cristais (grãos) com diferentes orientações cristalográficas dentro de um agregado policristalino.

contorno de grão de baixo ângulo inclinado fileira de discordâncias formando uma disparidade angular no interior de um cristal.

contorno de grão de baixo ângulo torcido rede de discordâncias em hélice formando uma incompatibilidade dentro de um cristal (uma rampa em espiral).

contorno de maclas tipo de contorno de grão no qual existe uma simetria específica em espelho da rede cristalina; é considerado um defeito de superfície.

contorno duplo desorientação cristalográfica da estrutura do cristal, que é considerada um defeito superficial.

copolímero cadeia polimérica constituída de dois ou mais tipos de unidades monoméricas.

copolimerização reação química na qual as moléculas de alto peso molecular são formadas a partir de dois ou mais monômeros.

corrente elétrica taxa de passagem no tempo de carga através de um material; a corrente elétrica i é o número de coulombs por segundo que passa por um ponto no material. A unidade no SI da corrente elétrica é o ampère (1 A = 1 C/s).

corrosão deterioração de um material resultante do ataque químico pelo seu ambiente.

corrosão intergranular corrosão localizada que ocorre preferencialmente nos contornos de grão ou nas regiões adjacentes aos contornos de grão.

corrosão por tensão ataque preferencial por corrosão no metal sujeito à tensão em um ambiente corrosivo.

cozimento (de um metal cerâmico) aquecimento de um material cerâmico em temperatura suficiente para causar ligação química entre as partículas.

corrosão por *pite* ataque de corrosão local resultante na formação de pequenos ânodos na superfície do metal.

corrosão por tensão ataque de corrosão preferencial de um metal sob condições de tensão, em um ambiente corrosivo.

crescimento de grão terceiro estágio de crescimento no qual novos grãos começam a crescer de maneira equiaxial.

cristal sólido constituído por átomos, íon ou moléculas dispostos de maneira repetitiva nas três dimensões.

cristalinidade (em polímeros) o empacotamento de cadeias moleculares em um arranjo estereoregular com alto grau de compactação. A cristalinidade em materiais poliméricos nunca é de 100%, e é favorecida em materiais poliméricos cujas cadeias poliméricas são simétricas. Exemplo: polietileno de alta densidade pode ser 95% cristalino.

curva de histerese gráfico de B em função de H ou gráfico de M em função de H, obtidos pela magnetização e desmagnetização de um material ferro ou ferrimagnético.

curva de resfriamento gráfico da temperatura em função do tempo adquirido durante a solidificação de um metal. Ele fornece informações sobre as mudanças de fase à medida que a temperatura diminui.

D

deformação de cisalhamento, γ deslocamento cisalhante a dividido pela distância h ao longo da qual age a força cisalhante ($\gamma =$).

deformação elástica material metálico deformado por uma força que volta às suas dimensões iniciais quando a força é retirada, diz-se que o material deformou-se elasticamente.

deformação por maclagem processo de deformação plástica que ocorre em alguns metais e sob determinadas condições. Nesse processo, um grupo de átomos da rede atômica deforma-se originando uma imagem espelho da parte não deformada da rede adjacente ao longo de um plano de macla.

densidade, ρ_v massa por unidade volumétrica. É geralmente expressa em mg/m^3 ou g/cm^3.

densidade de corrente crítica, J_c densidade de corrente acima da qual a supercondutividade desaparece.

densidade de corrente elétrica, J a corrente elétrica por unidade de área. Unidades no SI: ampères/metro^2 (A/m^2).

densidade eletrônica probabilidade de se encontrar um elétron com determinado nível de energia em determinada região do espaço.

densidade linear, ρ_l número de átomos cujos centros se situam sobre uma reta de comprimento específico, em uma direção determinada, de um cubo unitário.

densidade planar, ρ_p número equivalente de átomos os quais os centros são interceptados por área selecionada dividida pela área selecionada

deposição manual processo de colocação manual de sucessivas camadas de material de reforço no interior de um molde para a produção de um material compósito reforçado com fibras.

deposição por *spray* (pulverização) processo no qual uma pistola é usada para produzir um produto reforçado com fibra. Em um dos tipos de processo de deposição por *spray*, as fibras cortadas em pequenos pedaços são misturadas com a resina de plástico e aspergida dentro de um molde para formar a peça que se deseja.

desintegração da solda processo de ataque corrosivo diretamente na solda ou adjacente a ela, resultante da ação galvânica proveniente de diferentes estruturas da solda.

diagrama de equilíbrio de fases representação gráfica das fases em equilíbrio em função da pressão, temperatura e composição. Em ciência dos materiais, os diagramas de fases mais habituais envolvem a temperatura e a composição.

diagrama de transformação de contínuo resfriamento (TTT) diagrama de transformação tempo-temperatura que indica o tempo necessário para uma fase se decompor em outras fases continuamente para diferentes taxas de transferência de calor.

diagrama tensão-deformação nominal ou de engenharia gráfico experimental da tensão nominal em função da extensão nominal; σ é geralmente representado no eixo y e ε no eixo x.

diagrama de transformação isotérmica (TI) diagramas de transformação tempo-temperatura que indica o tempo para uma fase se decompor em outras fases isotermicamente a diferentes temperaturas.

diamagnetismo fraca reação repulsiva negativa de um material a um campo magnético aplicado; um material diamagnético possui uma pequena susceptibilidade magnética negativa.

dielétrico material isolante elétrico.

difusão intersticial migração de átomos intersticiais na rede de átomos do solvente.

difusão substitucional migração dos átomos de soluto em uma estrutura de solvente, na qual os átomos de soluto e solvente são aproximadamente do mesmo tamanho. A presença de vazios permite que a difusão ocorra.

diodo retificador diodo de junção *p-n* que converte corrente alternada em corrente contínua (CA em CC).

dipolo flutuante dipolo variável criado por mudanças instantâneas na carga de nuvens eletrônicas.

dipolo permanente dipolo estável criado pelas assimetrias estruturais na molécula.

discordância imperfeição ou defeito cristalino resultante da existência de uma distorção da rede centrada em torno de uma linha. A discordância dos átomos em torno da linha é designada por *vetor de escorregamento* ou *vetor de Burgers* **b**. No caso de uma *discordância em cunha*, o vetor de Burgers é perpendicular à linha da discordância ao passo que no caso de uma *discordância em hélice* o vetor de Burgers é paralelo à linha da discordância. Uma *discordância mista* tem componentes em cunha e em hélice.

distorção, γ deslocamento tangencial a dividido pela distância h sobre a qual o cisalhamento (corte) atua ($\gamma = a/h$).

distância interiônica de equilíbrio distância entre o cátion e o ânion quando a ligação é formada (no equilíbrio).

domínio magnético região em um material ferro ou ferrimagnético na qual todos os momentos dos dipolos magnéticos estão alinhados.

dureza medida da resistência de um material à deformação permanente.

E

efeito da carga do núcleo quanto maior a carga do núcleo, maior é a força de atração sobre um elétron e menor a energia do elétron.

efeito de blindagem quando dois elétrons no mesmo nível de energia se repelem mutuamente e, dessa maneira, se opõem à força de atração do núcleo.

efeito Meissner expulsão do campo magnético por um supercondutor.

efeito piezelétrico efeito eletromecânico pelo qual forças mecânicas aplicadas a um material ferroelétrico podem produzir uma resposta elétrica e forças elétricas produzem uma resposta mecânica.

elastômero material que, à temperatura ambiente, pode ser esticado sob condição de baixa tensão a pelo menos o dobro de seu tamanho original e que retorna rapidamente a sua forma quase original quando a tensão é removida.

elétron portador de carga negativa com carga de $1{,}60 \times 10^{-19}$ C.

eletronegatividade intensidade com que átomos atraem elétrons para si.

elétrons de valência elétrons das camadas mais externas, que estão mais comumente envolvidos nas ligações químicas.

embriões pequenas partículas de uma nova fase formada por outra mudança de fase (por exemplo, a solidificação), que não atingiram a dimensão crítica e que podem se dissolver.

embutimento ou estampagem profunda processo de conformação pelo qual folhas metálicas planas são transformadas em objetos em forma de copo (côncavos).

empolamento tipo de dano causado pela difusão de hidrogênio para os poros internos de um metal, criando altas pressões internas e levando à sua ruptura.

enchimento substância inerte de baixo custo adicionada aos plásticos para diminuir seu custo. Enchimentos também podem aumentar algumas propriedades físicas, como a resistência à tração, resistência ao impacto, dureza, resistência ao desgaste etc.

encruamento (endurecimento) endurecimento de um metal ou liga por trabalho a frio. Durante o trabalho a frio, as discordâncias multiplicam-se e interagem, levando a um aumento na resistência do metal.

endurecimento por solução sólida (aumento da resistência) aumento da resistência de um metal pela adição de elementos de ligas formando soluções sólidas. As discordâncias têm mais dificuldades de se mover através da estrutura cristalina do metal quando os átomos são de tamanhos e características elétricas diferentes, como é o caso de soluções sólidas.

endurecimento/temperabilidade facilidade de formação de martensita em um aço a partir da têmpera (resfriamento rápido) do estado austenítico. Um aço com alta temperabilidade é um aço que forma grandes extensões de martensita em toda a peça. Temperabilidade não deve ser confundida com dureza. Dureza é a resistência de um material à penetração. A temperabilidade de um aço é essencialmente uma função da composição e do tamanho de grão.

enrolamento de fio processo de fabricação de peças em plástico reforçado por fibras, no qual se enrola uma fibra, previamente impregnada com resina plástica, em volta de um mandril que está em rotação. Após se ter aplicado um número suficiente de camadas, o enrolamento é sujeito a cura e a peça é retirada do mandril.

energia de anisotropia magnetocristalina energia requerida durante a magnetização de um material ferromagnético para efetuar a rotação dos domínios magnéticos e assim vencer a anisotropia cristalina. Por exemplo, a diferença na energia de magnetização entre a direção de difícil magnetização [111] e a direção fácil [100] no Fe é aproximadamente $1,4 \times 10^4$ J/m^3.

energia de ativação energia adicional requerida, acima da energia média, para que ocorra uma reação ativada termicamente.

energia de ionização energia mínima requerida para separar um elétron de seu núcleo.

energia de ligação energia requerida para se superar as forças de atração entre os núcleos e o par de elétrons compartilhados em uma ligação covalente.

energia magnetoestritiva energia associada às tensões mecânicas causadas pela magnetostrição em um material ferromagnético.

energia de parede de domínio energia potencial associada com a desordem dos momentos bipolares na parede entre dois domínios magnéticos.

energia de rede energia associada à formação, por meio de ligações iônicas, de um sólido tridimensional a partir de íons gasosos.

energia de troca energia associada ao acoplamento de dipolos magnéticos individuais em um domínio magnético único. A energia de troca pode ser positiva ou negativa.

energia magnetostática energia magnética potencial associada ao campo magnético externo envolvendo uma amostra de um material ferromagnético.

engenharia dos materiais área da engenharia voltada principalmente para a aplicação de conhecimentos básicos e práticos acerca dos materiais, de modo a transformá-los em produtos necessários ou desejados pela sociedade.

enrolamento/bobinamento de filamento processo de produção de polímeros reforçados com fibras por enrolamento/bobinamento contínuo do material de reforço, previamente impregnado com resina plástica, sobre um mandril em rotação. Após o bobinamento de um número suficiente de camadas, o enrolamento/bobinamento é curado e a peça é retirada do mandril.

ensaio de temperabilidade Jominy ensaio no qual uma barra com 1 pol (2,54 cm) de diâmetro e 4 pol (10,2 cm) de comprimento é austenitizada e, em seguida, temperada em água em uma de suas extremidades. Mede-se a dureza ao longo da barra até uma distância de 2,5 pol (6,4 cm) a partir da extremidade temperada. O gráfico em que se representa a dureza em função da distância temperada é chamado de curva de temperabilidade Jominy.

equação de Arrhenius equação empírica que descreve a velocidade de uma reação química em função da temperatura e de uma energia de ativação.

equilíbrio diz-se que um sistema está em equilíbrio se nele não ocorrem alterações macroscópicas ao longo do tempo.

escopo grupo de átomos organizados uns com relação aos outros em um arranjo básico (repetitivo) e que estão associados a pontos correspondentes da rede cristalina.

escorregamento processo de movimento dos átomos uns sobre os outros durante a deformação permanente de um material metálico.

esferoidita mistura de partículas de cementita (Fe_3C) em uma matriz ferrita-α.

esmalte recobrimento vítreo aplicado sobre um substrato cerâmico.

esmalte da porcelana revestimento vítreo aplicado ao substrato metálico.

esmalte vítreo revestimento vítreo aplicado a um substrato vítreo

estabilizadores de calor substância química que evita reações entre substâncias químicas.

estado fundamental estado quântico de energia mínima.

estado supercondutor sólido no estado supercondutor que não exibe resistência elétrica.

estenose enrijecimento da válvula cardíaca.

estereoisômeros moléculas que possuem a mesma composição química, porém diferentes arranjos moleculares.

estereoisômeros atáticos isômero com grupos pendentes de átomos *distribuídos aleatoriamente* ao longo da cadeia polimérica de vinil. Exemplo: polipropileno atático.

estereoisômeros isotáticos isômero que possui grupos suspensos de átomos, todos no mesmo lado de uma cadeia polimérica vinílica. Exemplo: polipropileno isotáico.

estereoisômeros sindiotáticos isômero que possui grupos suspensos de átomos regularmente alternados em posição em ambos os lados da cadeia polimérica vinílica. Exemplo: polipropileno sindiotático.

estopa de fibras coleção de numerosas fibras em feixe reto-definidas, especificadas de acordo com o número de fibras que contém. Exemplo: 6.000 fibras/estopa.

estrutura cristalina arranjo ordenado tridimensional de átomos ou íons no espaço.

estrutura espinel inversa composto cerâmico com a fórmula geral $MO \cdot M_2O_3$. Os íons de oxigênio nesse composto formam uma rede CFC com os íons M^{2+} ocupando posições octaédricas e os íons M^{3+} ocupando tanto posições octaédricas quanto tetraédricas.

estrutura espinel normal composto cerâmico com a fórmula geral $MO \cdot M_2O_3$. Os íons de oxigênio nesse composto formam uma rede CFC com os íons M^{2+} ocupando posições intersticiais tetraédricas e os íons M^{3+} ocupando posições octaédricas.

estrutura policristalina estrutura cristalina com vários grãos.

estrutura zonada tipo de microestrutura que ocorre durante a solidificação rápida ou o resfriamento de não equilíbrio de um metal.

eutetoide (aços-carbono comuns) aço com 0,8% de C.

extrusão processo de conformação plástica em que a seção transversal de um material é reduzida pela ação de uma pressão elevada que o obriga a passar através de uma abertura existente em uma matriz. A passagem forçada de um material plástico amolecido através de um orifício gera um produto contínuo. Exemplo: tubulações plásticas são extrudadas.

F

fadiga fenômeno que leva à fratura sob tensões repetidas, tendo um valor máximo menor do que o limite de resistência à tração (máxima tensão no diagrama tensão-deformação) do material.

falha de empilhamento defeito de superfície formado devido ao empilhamento inapropriado (fora do lugar) de planos atômicos.

falha por fadiga falha que ocorre quando uma amostra sob efeito de fadiga se rompe em duas partes ou tem uma redução de espessura significativa.

fase porção fisicamente homogênea e distinta de um material.

fase intermediária fase cuja faixa de composição está entre aquelas das fases terminais.

fase primária fase sólida que forma a temperatura acima daquela que ocorre uma reação invariante e encontra-se presente após a reação invariante ter sido completada. Reações invariantes são aquelas na qual as fases reagentes têm temperatura e composição fixa para que ocorra.

fase proeutética fase que se forma a temperatura acima da temperatura eutética

fase terminal solução sólida de um componente em outro, para a qual o limite do campo de fase é um componente puro.

fator de empacotamento atômico (FEA) volume efetivamente ocupado pelos átomos em uma célula unitária pertinente dividido pelo volume da célula unitária.

fêmur osso da coxa.

feixe de laser feixe de radiação óptica coerente e monocromática gerado pela emissão estimulada de fótons.

ferrimagnetismo tipo de magnetismo em que os momentos dos dipolos magnéticos dos diferentes íons de um sólido ligado ionicamente são alinhados pela ação de um campo magnético de maneira antiparalela resultando em um momento magnético líquido não nulo.

ferritas duras materiais cerâmicos magnéticos permanentes. A família mais importante desses materiais possui composição básica $MO \cdot Fe_2O_3$, onde M é um íon de bário (Ba) ou estrôncio (Sr). Esses materiais possuem estrutura hexagonal e baixa densidade e são de baixo custo.

ferritas moles compostos cerâmicos com a fórmula geral $MO \cdot Fe_2O_3$, onde M é um íon bivalente tal como Fe^{2+}, Mn^{2+}, Zn^{2+} e Ni^{2+}. Esses materiais são ferrimagnéticos e isolantes, podendo ser usados em núcleos de transformadores de alta frequência.

ferrita-α (fase α no diagrama de fases do $Fe-Fe_3C$); solução sólida intersticial do carbono no ferro CCC; a solubilidade máxima do carbono no ferro CCC é 0,02%.

ferrita-α eutetoide ferrita-α que se forma durante decomposição eutetoide da austenita; a ferrita-α é presente na perlita.

ferrita-α proeutetoide ferrita que se forma pela decomposição da austenita a temperatura acima da temperatura eutetoide.

ferro fundido branco ligas ferro-carbono-silício com 1,8 a 3.6% de carbono e 0,5 a 1,9% de silício. Ferros fundidos brancos possuem uma grande quantidade de carboneto de ferro o que os torna duros e frágeis.

ferro fundido cinzento ligas ferro-carbono-silício com 2,5 a 4,0% de carbono e 1,0 a 3,0% de silício. Ferros fundidos cinzentos possuem grande quantidade de carbono na forma de lamelas de grafita. São fáceis de usinar e possuem boa resistência ao desgaste.

ferro fundido dúctil liga de Fe-C-Si contendo de 3,0 a 4,0% de carbono e 1,8 a 2,8% de silício. O ferro fundido dúctil contém grande quantidade de carbono na forma de nódulos de grafita (esferas), em vez de flocos como no caso do ferro fundido cinzento. A adição de magnésio (cerca de 0,05%) antes de o ferro fundido líquido ser vazado, torna possível a formação de nódulos. O ferro fundido dúctil é em geral mais dúctil do que o ferro fundido cinzento.

ferro fundido maleável ligas de ferro-carbono-silício com 2,0 a 2,6% de carbono e 1,1 a 1,6% de silício. Os ferros fundidos maleáveis são fundidos como ferros fundidos brancos e depois são tratados termicamente em torno de 940 °C (1.720 °F) durante 3 a 20h. O carboneto de ferro do ferro fundido branco é decomposto em nódulos de forma irregular ou em grafita.

ferromagnetismo geração de uma magnetização muito forte em um material quando submetido a um campo magnético. Após a remoção do campo magnético aplicado, o material ferromagnético retém a maior parte da magnetização nele gerada.

fibras de aramida fibras produzidas por síntese química e usadas para reforço de plásticos. As fibras aramidas possuem uma estrutura linear poliamida aromática (do tipo do anel do benzeno) e são produzidas pela companhia Du Pont sob o nome comercial Kevlar®.

fibras de carbono (para um material compósito) produzidas principalmente a partir de poliacrilonitrila (PAN) ou piche, esticados de modo a alinhar a estrutura fibrilar no interior de cada fibra de carbono, e aquecidas a fim de se remover o oxigênio, nitrogênio e hidrogênio das fibras iniciais ou do precursor.

fibras de vidro S fibras feitas a partir de vidro S, um vidro de óxido de magnésio-alumina-silicato, usadas para reforçar plásticos nos casos em que são requeridas fibras de altíssima resistência.

fibras de vidro E fibras fabricadas com vidro E (elétrico), que é um vidro de boro-silicato e o mais usado para fabricação de plásticos reforçados por fibras de vidro.

fibrila membro funcional transportador de carga dos ligamentos e tendões.

fibroblastos células especiais nos ligamentos e tendões, responsáveis pela secreção da matriz extracelular.

filme de transferência condição na qual um fluido de filme se forma entre as superfícies de apoio, separando-as completamente.

fluência deformação dependente do tempo de um material submetido a uma carga ou tensão constante.

fluido sinovial fluido viscoso presente na maioria das cavidades de nossas juntas.

fluorescência absorção da luz ou de alguma outra forma de energia por um material e subsequente emissão de luz dentro de 10^{-8} s a contar da excitação.

fluxoide região microscópica circundada por supercorrentes circulantes em um supercondutor do tipo II sob a ação de campos magnéticos entre H_{c1} e H_{c2}.

folha de MF composto de resina plástica, enchimento (preenchedora), e reforço de fibra usado para fabricar materiais compósitos de plásticos reforçados por fibra. Os materiais SMC são usualmente feitos de 25 a 30% de fibras de cerca de 1 pol (2,54 cm) de comprimento, sendo a fibra de vidro a mais comumente usada. Os materiais SMC são normalmente pré-envelhecidos a um estágio em que suportam a si mesmos, sendo então cortados em tamanhos apropriados e colocados dentro de um molde de compressão. Mediante a prensagem a quente, o SMC é curado de modo a se obter uma peça rígida.

força coercitiva, H_c campo magnético requerido para reduzir a zero a indução magnética de um material ferro ou ferrimagnético.

forjamento processo primário para trabalhar materiais metálicos no qual o metal é martelado ou pressionado entre matrizes.

fosforescência absorção da luz por um fósforo e sua subsequente emissão decorridos mais de 10^{-8} s a contar da excitação.

fóton quantum de energia emitida ou liberada sob a forma de radiação eletromagnética com comprimento de onda e frequência específicos.

fragilidade por hidrogênio perda da ductilidade em um metal devido à interação dos elementos de liga com hidrogênio atômico ou molecular.

fratura dúctil modo de fratura caracterizado pela propagação lenta de trincas. As superfícies de fratura dúctil dos materiais metálicos são geralmente foscas (opacas) e com um aspecto fibroso.

fratura frágil modo de fratura caracterizado pela propagação rápida da trinca. A superfície da fratura frágil nos metais é geralmente brilhante e com uma aparência granular.

fratura transgranular tipo de fratura frágil em que a trinca se propaga por meio do grão.

fratura intergranular tipo de fratura frágil em que a trinca se propaga ao longo dos contornos de grão.

funcionalidade número de ligações ativas em um monômero. Se o monômero possuir dois sítios de ligação ele é dito *bifuncional*.

fundição com barbotina processo de conformação de uma cerâmica na qual uma suspensão de partículas cerâmicas e água é despejada dentro de um molde poroso; parte da água do material vazado se difunde para dentro do molde, resultando nele uma forma sólida. Algumas vezes, o excesso de líquido no interior do sólido fundido é retirado do molde, obtendo-se então uma casca.

G

grafita estrutura lamelar de átomos de carbono ligados covalentemente a três outros dentro de uma camada. Várias camadas são ligadas através de ligações secundárias.

grão único cristal dentro de um agregado policristalino.

grãos colunares grãos finos e longos em uma estrutura solidificada policristalina. Esses grãos são formados no interior de lingotes de metal solidificados quando a taxa de transferência de calor durante a solidificação é baixa e uniaxial.

grãos equiaxiais grãos que são aproximadamente iguais em todas as direções e têm orientações cristalográficas aleatórias.

grau de polimerização massa molecular de uma cadeia polimérica dividida pela massa molecular do seu mero.

graus de liberdade número de variáveis (temperatura, pressão e composição) que podem ser alteradas de modo *independente* sem alterar a fase ou fases presentes no sistema.

guia de onda óptico fibra de revestimento fino ao longo da qual a luz pode se propagar devido à reflexão e refração internas totais.

H

hidrogel material polimérico hidrofólico que absorve água e intumesce.

hidroxidoapatita constituinte inorgânico do osso.

hipereutetoide (aços-carbono) aço com composição de 0,8 a 2,0% de carbono.

hipoeutetoide (aços-carbono) aço com menos de 0,8 % de carbono.

homogeneização tratamento térmico de um metal que tem como objetivo remover as indesejáveis estruturas zonadas.

homopolímero polímero que constituído por somente um único tipo de unidade monomérica.

I

imperfeição/defeito de Frankel defeito pontual em um cristal iônico no qual uma lacuna catiônica está associada a um insterstício catiônico.

imperfeição/defeito de Schottky imperfeição pontual em um cristal iônico em que uma lacuna catiônica está associada a uma lacuna aniônica.

índice de refração a razão da velocidade da luz no vácuo através de outro meio de interesse.

índices de direções em um cristal cúbico determinada direção em uma célula cúbica é indicada por um vetor cuja origem coincide com a origem da célula unitária e que vai até a superfície da célula; as coordenadas (x, y, z) do ponto em que o vetor sai da célula unitária (após a eliminação das frações) são os índices das direções. Esses índices, designados por u, v e w, são colocados entre chaves na forma $[u, v, w]$. Indica-se que um índice é negativo com uma barra sobre ele.

índices de planos em um cristal cúbico (índices de Miller) os inversos das interseções (após a eliminação das frações) de um plano cristalográfico com os eixos x, y e z de um cubo unitário são chamados de índices de Miller desse plano. Esses índices são designados por h, k e l para os eixos x, y e z, respectivamente, e são colocados entre parênteses na forma (h, k, l). Notar que o plano cristalográfico escolhido *não* deve passar pela origem dos eixos x, y e z.

indução de saturação, B_s o valor máximo da indução B_s ou magnetização M_s para um material ferromagnético.

indução magnética, B soma do campo aplicado, H, e da magnetização, M, oriunda da inserção de um dado material no campo aplicado. No SI, $B = \mu_0(H + M)$.

indução remanescente, B_r valor de B ou M em um material ferromagnético após H ser reduzido a zero.

intermetálicos compostos estequiométricos de elementos metálicos com alta dureza e resistência em altas temperaturas, porém frágeis.

interstício tetraédrico espaço formado quando os núcleos de quatro átomos vizinhos (íons) formam um tetraedro.

inversão de população condição na qual a maior parte dos átomos se encontra no estado de energia mais alta do que no estado energia de baixa.

isolante elétrico material com baixa condutividade elétrica. O polietileno é um mau condutor e possui $\sigma_e = 10^{-15}$ a 10^{-17} $(\Omega \cdot m)^{-1}$.

isômero isotático isômero com grupos pendentes de átomos todos do mesmo lado de uma cadeia polimérica do tipo vinilo. Exemplo: polipropileno isostático.

isômero sindiotático isômero com grupos pendentes de átomos, regularmente alternando posições em ambos os lados de uma cadeia polimérica vinílica. Exemplo: polipropileno sindiotático.

isótopos átomos do mesmo elemento que têm o mesmo número de prótons, mas não o mesmo número de nêutrons.

J

junção p-n junção abrupta ou à fronteira entre regiões dos tipos p e n no interior de um monocristal único de um material semicondutor.

L

lacuna defeito pontual em uma rede cristalina, resultante da falta de um átomo em uma posição atômica. Também pode ser interpretado como um portador de carga positiva com carga de $1,60 \times 10^{-19}$ C.

laminado produto obtido ligando-se várias placas de um material, geralmente por meio de calor e pressão.

laminado multidirecional laminado de polímero reforçado por fibras, obtido unindo-se várias camadas de placas reforçadas com fibras alinhadas em diferentes direções.

laminado unidirecional laminado de fibra plástica reforçada, produzido pela união de camadas de folhas de fibras reforçadas, que contém fibras laminadas na mesma direção do laminado.

laser acrônimo cujas letras significam, em inglês, **a**mplificação da **l**uz por **e**missão estimulada de **r**adiação.

lei da conservação da massa reação química que não leva à criação ou à destruição da matéria.

lei de Hess o calor total de formação é igual à soma do calor de formação nos cinco passos da formação de um sólido iônico.

lei da periodicidade química propriedades dos elementos que são função dos seus números atômicos de maneira repetitiva (periódica).

lei das proporções múltiplas átomos combinados, em determinadas frações simples, que formam diferentes compostos.

lenhina material polimérico muito complexo, com ligações cruzadas do tipo tridimensional, formado a partir de unidades fenólicas.

lenho ativo parte mais exterior do lenho (madeira), no tronco de uma árvore viva, contendo algumas células vivas que armazenam alimentos.

lenho inativo região interior do lenho (madeira), no tronco de uma árvore viva, constituída apenas por células mortas.

liga mistura de dois ou mais metais ou de um metal (metais) e um não metal (não metais).

ligação covalente ligação primária resultante do compartilhamento de elétrons. Na maioria dos casos, as ligações covalentes envolvem a superposição de orbitais parcialmente preenchidos de dois átomos. É uma ligação direcional. Exemplo: diamante.

ligação cruzada formação de ligações de valência primárias entre moléculas de cadeias poliméricas. Quando ocorre um número muito grande de ligações cruzadas, como no caso de resinas termofixas, as ligações cruzadas criam uma supermolécula a partir de todos os átomos.

ligação de hidrogênio caso especial de interação entre dipolos permanentes de moléculas polares.

ligação por dipolo permanente ligação secundária é criada pela atração de moléculas que tem a dipolos permanentes. Isto é, cada molécula tem centro de carga positiva ou negativa separada por uma distância.

ligações iônicas ligação primária que se forma entre metais e não metais ou átomos com diferenças muito grandes em suas eletronegatividades.

ligações metálicas exemplo de ligação primária que se forma devido ao empacotamento denso dos átomos em metais durante a solidificação.

ligações primárias fortes ligações que se formam entre os átomos.

ligações secundárias ligações relativamente fracas que se formam entre moléculas (e átomos de gases nobres) devido à atração eletrostática entre dipolos elétricos.

ligamentos tecidos moles que liga um osso a outro osso.

ligamento covalente tipo de ligação primária tipicamente observada entre átomos com pequenas diferenças em suas eletronegatividades e, sobretudo, entre não metais.

ligamento cruzado anterior (LCA) ligamento que conecta a tíbia ao fêmur no corpo humano.

ligas alnico (alumínio-níquel-cobalto) família de ligas magnéticas permanentes compostas basicamente de Al, Ni, Co e entre 25 e 50% de Fe. Uma pequena quantidade de Cu e Ti é adicionada a algumas dessas ligas.

ligas com memória de forma ligas metálicas que recuperam a sua forma previamente definida quando sujeitas a um tratamento térmico apropriado.

ligas de terra raras família de ligas magnéticas permanentes com produtos de energia extremamente altos. $SmCo_5$ e $Sm(Co,Cu)_{7,4}$ são as duas composições comerciais mais importantes dessas ligas.

ligas e metais ferrosos ligas e metais que contêm grande porcentagem de ferro, tais como aços e ferros fundidos.

ligas e metais não ferrosos ligas e metais que não contêm ferro ou que o contêm apenas em porcentagem relativamente pequena. Exemplos: alumínio, cobre, zinco, titânio e níquel.

ligas de ferro-cromo-cobalto família de ligas magnéticas permanentes contendo cerca de 30% Cr, 10 a 23% Co e o restante em Fe. Essas ligas possuem a vantagem de serem deformadas a frio à temperatura ambiente.

ligas de ferro-silício ligas de Fe com 3 a 4% de Si e que são materiais magnéticos moles com elevadas induções de saturação. Essas ligas são usadas em motores e em geradores e transformadores de potência de baixa frequência.

ligas de níquel-ferro ligas magnéticas moles de alta permeabilidade usadas em aplicações elétricas que requerem alta sensibilidade tais como transformadores de instrumentos e áudio. As duas composições usadas frequentemente são 50% Ni–50% Fe e 79% Ni–21% Fe.

lignina material polimérico tridimensional muito complexo, com ligações cruzadas, formado a partir de unidades fenólicas.

limite de resistência à tração (LTR) também conhecido como Última tensão de tração ou Tensão máxima no diagrama tensão-deformação.

linha conjugada (ou de amarração) linha horizontal marcada a uma temperatura específica entre duas fronteiras entre fases (em um diagrama de fase binário), a ser utilizada para aplicar a regra da alavanca. Linhas perpendiculares são traçadas desde a interseção da linha de amarração com as fronteiras entre fases, até as linhas de composição horizontais. Linhas perpendiculares também são marcadas desde a linha de amarração até as linhas horizontais, no ponto de interseção da linha de amarração com a liga de interesse para uso da regra da alavanca.

líquido sinovial líquido viscoso presente na cavidade articular da maioria das nossas articulações.

liquidus temperatura na qual o líquido começa a se solidificar sob condições de equilíbrio.

lixiviação seletiva remoção preferencial de um dos elementos de uma liga sólida via processo de corrosão.

lubrificação limite condição na qual um filme de lubrificante adere a duas superfícies em contato, reduzindo o atrito.

lúmen cavidade no centro de uma célula da madeira.

luminescência absorção da luz ou de alguma outra forma de energia por um material e subsequente emissão de luz com comprimento de onda mais longo.

M

M_a temperatura na qual a austenita de um aço começa a se transformar em martensita.

M_f temperatura a qual termina a transformação da austenita em um aço para martensita.

M_i temperatura na qual a austenita no aço começa a se transformar em martensita.

madeira material compósito, natural, que consiste principalmente de um complexo arranjo de fibras celulósicas em uma matriz de material polimérico feito, primariamente, de lignina.

madeira rija estrutura tubular formada pela união de elementos celulares menores, dispostos longitudinalmente em série.

magnetização, M medida do aumento no fluxo magnético devido à inserção de um determinado material em um campo magnético de intensidade H. No SI, a magnetização é igual ao produto da permeabilidade do vácuo (μ_0) pela magnetização, ou seja, $\mu_0 M \cdot (\mu_0 = 4\pi \times 10^{-4} \text{ T} \cdot \text{m/A})$.

magneton de Bohr momento magnético produzido em materiais ferro ou ferrimagnéticos por um elétron desemparelhado sem interação com os demais elétrons; o magneton de Bohr é uma unidade básica. 1 magneton de Bohr = $9{,}27 \times 10^{-24}$ A $\cdot$ m².

magnetostrição mudança de comprimento de um material ferromagnético na direção de magnetização causada pelo campo magnético aplicado.

martêmpera (mar-revenido) processo de têmpera em que um aço austenitizado é temperado em um banho líquido (de sais) acima da temperatura M_s. O aço é mantido nesse banho apenas durante um curto intervalo de tempo a fim de evitar a transformação da austenita, seguindo-se, então, um resfriamento muito lento até a temperatura ambiente. Após esse tratamento, o aço será martensítico, mas a têmpera interrompida permite o alívio de tensões no aço.

martensita solução sólida intersticial supersaturada em carbono no ferro tetragonal de corpo centrado.

materiais substâncias das quais qualquer coisa é constituída ou feita. O termo *engenharia de materiais* é algumas vezes usado para designar especificamente materiais empregados na fabricação de produtos técnicos. Entretanto, não há uma linha divisória clara entre os dois termos, sendo eles usados intercambiavelmente.

materiais cerâmicos materiais inorgânicos e não metálicos constituídos por elementos metálicos e não metálicos unidos, sobretudo por ligações iônicas e/ou covalentes. Os materiais cerâmicos são normalmente duros e quebradiços. Exemplo: peças em argila, vidro e óxido de alumínio puro compactado e densificado.

materiais compósitos misturas de dois ou mais materiais. Exemplo: matrizes de poliéster ou epóxi reforçadas com fibra de vidro.

materiais eletrônicos materiais usados em eletrônica, sobretudo, microeletrônica. Exemplo: silício e arsenieto de gálio.

materiais inteligentes materiais com a capacidade de detectar e responder a estímulos externos.

materiais metálicos (metais e ligas metálicas) materiais inorgânicos caracterizados por altos valores de condutividade térmica e elétrica. Exemplo: ferro, aço, alumínio e cobre.

materiais poliméricos materiais constituídos de longas cadeias ou redes moleculares de elementos de baixo peso molecular como carbono, hidrogênio, oxigênio e nitrogênio. A maioria dos materiais poliméricos tem baixa condutividade elétrica. Exemplo: polietileno e cloreto de polivinil (PVC).

material biológico materiais produzidos por um sistema biológico.

material compósito material formado por uma mistura ou combinação de dois ou mais micro ou macro constituintes, que diferem na forma e na composição química e que, na sua essência, são insolúveis entre si.

material ferroelétrico material que pode ser polizado pela aplicação de um campo elétrico.

material ferromagnético aquele que é passível de ser altamente magnetizado. Os elementos ferro, cobalto e níquel são materiais ferromagnéticos.

material magnético duro material magnético com uma alta força coercitiva e uma alta indução de saturação.

material magnético mole material magnético com alta permeabilidade e baixa força coercitiva.

material refratário (cerâmico) material que pode suportar a ação de ambiente quente.

matriz extracelular mistura complexa sem vida de carboidratos e proteínas.

mecânica quântica ramo da física no qual os sistemas sob investigação podem ter somente valores discretos de energia permitidos que sejam separados por regiões proibidas.

mero unidade repetitiva em uma cadeia polimérica.

metais e ligas ferrosas metais e ligas que contêm uma grande porcentagem de ferro, como aços e ferros fundidos.

metais e ligas não ferrosas metais e ligas que não contêm ferro ou o contêm somente em pequenas porcentagens. Exemplo: alumínio, cobre, zinco, titânio e níquel.

metais nanocristalinos metais com tamanhos de grãos menores que 100 nm.

metais reativos metais com baixos valores da energia de ionização e pouca ou nenhuma afinidade eletrônica.

metal amorfo metais com estrutura não cristalina, também chamadas de metais vítreos. Essas ligas possuem alta resistência dentro do regime elástico.

metaloides elementos que podem se comportar seja de maneira metálica seja de maneira não metálica.

microfibrilas estruturas elementares contendo celulose que formam as paredes celulares da madeira.

micromáquina sistema microeletromecânico (MEM) que executa uma função ou tarefa específica.

microscopia de varredura por sonda (MVS) técnicas de microscopia, por exemplo, a Microscopia de Varredura por Tunelamento (STM) e a Microscopia de Força Atômica (MFA), que permitem o mapeamento da superfície do material no nível atômico.

microscopia eletrônica de transmissão de alta resolução (METAR) uma técnica baseada na microscopia eletrônica de transmissão (MET), mas com significativo aumento de resolução pelo uso de amostras muito mais finas.

microscopia eletrônica de varredura (MEV) instrumento usado para se examinar, sob ampliação muito forte, a superfície de um material pelo choque de elétrons na sua superfície.

microscopia eletrônica de transmissão (MET) instrumento usado para estudar as estruturas defeituosas internas, baseado na passagem de um elétron através de finas películas dos materiais.

misturas misturas de dois ou mais polímeros, também chamadas de ligas poliméricas.

misturas asfálticas assim como os agregados são usados principalmente na pavimentação das rodovias.

modelo de bandas de energia nesse modelo, as energias dos elétrons de valência de ligação dos átomos de um sólido formam uma banda de energia. Por exemplo, os elétrons de valência 3s em uma amostra de um sódio formam a banda de energia 3s. Uma vez que há apenas um elétron 3s (o orbital 3s pode conter apenas dois elétrons), a banda de energia 3s no sódio metálico é tem apenas a metade preenchida.

modificadores vítreos óxido que rompe a rede de sílica quando adicionado ao vidro de sílica; os modificadores diminuem a viscosidade do vidro de sílica e promovem a sua cristalização. Exemplo: Na_2O, K_2O, CaO e MgO.

módulo de elasticidade E tensão dividida pela deformação (σ/ε) na região elástica do diagrama tensão-deformação de um metal ($E = \sigma/\varepsilon$).

módulo de elasticidade específico módulo de elasticidade de um material dividido pela sua densidade

mol quantidade de uma substância que contém $6,02 \times 10^{23}$ entidades elementares (átomos ou moléculas).

moldagem por compressão processo de moldagem termofixo no qual um composto de moldagem (que geralmente é aquecido) é primeiramente colocado em uma cavidade molde; então o molde é fechado e aquecido e é aplicada pressão até a cura do material.

moldagem por embalagem a vácuo processo de moldagem de peças de plástico e fibras direcionadas, no qual o material flexível e transparente é posicionado sobre o molde não curado. A montagem é posteriormente embalada e selada, e é aplicado vácuo entre as folhas de cobertura e a parte laminada, de modo que o ar confinado na montagem seja mecanicamente retirado do laminado. Após esse procedimento, a peça fabricada é curada.

moldagem por injeção processo de moldagem em que o material plástico/polimérico amolecido por aquecimento é forçado, por um cilindro de rosca do tipo parafuso-sem-fim, para o interior de um molde relativamente mais frio que dá ao plástico/polímero a forma desejada.

moldagem por sopro método de fabricação de plásticos no qual um tubo oco (parison) é forçado internamente, por meio de ar pressurizado, para adquirir a forma de uma cavidade de molde.

moldagem por transferência processo termofixo de moldagem, no qual o composto é primeiramente amolecido por calor em uma câmara de transferência e posteriormente, forçado sob alta pressão por entre uma ou mais cavidades para a cura final.

molho de fibras conjunto numeroso de fibras formando um feixe alinhado, e que pode ser especificado pelo número exato de fribras que contém, por exemplo, 6.000 fibras por molho.

monômero composto molecular simples que pode ser ligado covalentemente entre si para formar longas cadeias moleculares (polímeros). Exemplo: etileno.

multifio conjunto de feixes de fibras contínuas, torcidos ou não torcidos.

N

nanomateriais materiais com comprimento característico menor do que 100 nm.

nanotecnologia ramo da tecnologia que se dedica ao controle da matéria em uma escala de menos de 100 nanômetros.

não metais reativos não metais com altos valores da energia de ionização e grande afinidade por elétrons.

níveis do doador no modelo das bandas de energia, são os níveis locais de energia próximos à banda de condução.

níveis do receptor no modelo das faixas de energia, níveis locais de energia próximos à banda de valência.

nó da rede ponto de um arranjo de pontos em que todos têm a mesma vizinhança.

nucleação heterogênea (no que se refere à solidificação de metais) formação de regiões muito pequenas (chamadas *núcleos*) de uma nova fase sólida nas interfaces das impurezas sólidas. Essas impurezas diminuem o tamanho crítico dos núcleos sólidos estáveis a uma dada temperatura.

nucleação homogênea (no que se refere à solidificação de metais) formação de regiões muito pequenas de uma nova fase sólida em um metal puro (chamadas de *núcleos*) que podem crescer até que a solidificação se complete. O próprio metal puro fornece os átomos que constituem os núcleos.

núcleo de íon positivo átomo sem seus elétrons de valência.

núcleos pequenas partículas de uma nova fase formadas por uma mudança de fase (por exemplo, solidificação) e que podem crescer até que a mudança de fase se complete.

número atômico, Z número de prótons no núcleo de um átomo.

número de Avogadro $6,023 \times 10^{23}$ átomos/mol; o número de átomos em um grama-mol ou mol de um elemento.

número de componentes de um diagrama de fases número de componentes ou compostos que constituem o sistema. Por exemplo, o sistema $Fe-Fe_3C$ tem dois componentes; o sistema Fe-Ni também tem dois componentes.

número de coordenação, NC o número de vizinhos equidistantes mais próximos de um átomo ou íon em uma célula unitária de uma estrutura cristalina. Por exemplo, no NaCl, NC = 6, uma vez que seis ânions Cl^- equidistantes circundam um cátion central Na^+.

número de massa, A soma dos prótons e nêutrons no núcleo de um átomo.

número de oxidação negativo número de elétrons que um átomo pode ganhar.

número de oxidação positivo número de elétrons mais externos que um átomo pode ceder por meio do processo de ionização.

número de tamanho de grãos número médio de grãos por unidade de área vistos a uma determinada ampliação.

número quântico azimutal número que determina a forma da nuvem eletrônica ou da superfície de fronteira do orbital.

número quântico de spin representa o spin (rotação) do elétron.

número quântico magnético representa a orientação orbital dentro de cada subcamada.

número quântico orbital número que determina a forma da nuvem eletrônica ou da superfície fronteiriça do orbital.

número quântico principal uma número quântico que representa o nível de energia de um elétron.

números quânticos conjunto de quatro números necessários para caracterizar cada elétron em um átomo. Esses quatro números são o número n quântico principal, o número quântico orbital l, o número quântico magnético m_l e número quântico spin m_s.

O

orbitais diferentes funções de onda que são soluções da equação da onda e que podem ser representadas por diagramas de densidade eletrônica.

orbital atômico região do espaço em torno do núcleo de um átomo na qual um elétron com um dado conjunto de números quânticos é mais provável de ser encontrado. Um orbital atômico é também associado com um determinado nível de energia.

orbitais híbridos quando dois ou mais orbitais atômicos se fundem para formar novos orbitais.

ordem de ligação número de pares de elétrons compartilhados (ligações covalentes) estabelecidos entre dois átomos.

osso cortical tecido ósseo denso que cobre a maior parte da superfície externa dos ossos longos.

osso esponjoso (trabecular) tecido ósseo poroso que abriga a medula óssea.

osso o material estrutural do corpo humano.

osso subcondral osso imediatamente abaixo da cartilagem articular.

osso trabecular tecido ósseo poroso que abriga a medula óssea.

osteoartrite ou artrose dor ou inchamento causado pela degeneração da cartilagem articular nas juntas.

osteólise a morte do tecido ósseo que circunda detritos de corrosão ou desgaste.

óxido de formação vítrea óxido que facilmente dá origem à formação de um vidro; é também um óxido que contribui para a formação da rede de sílica do vidro quando adicionado a ele, por exemplo, o B_2O_3.

óxido intermediário óxido que pode atuar ou como formador de vidro ou como modificador de vidro dependendo da composição dele. Exemplo: Al_2O_3.

P

par compartilhado (par de ligação) par de elétrons na ligação covalente estabelecida.

par galvânico (pilha/célula) pilha/célula galvânica formada quando dois pedaços de um mesmo metal são ligados/conectados eletricamente por meio de um eletrólito ma e estão imersos em soluções com concentrações iônicas diferentes.

parada térmica região da curva de resfriamento para um metal puro, na qual não há mudança de temperatura com o tempo, representando a temperatura de congelamento.

paramagnetismo fraca reação atrativa positiva de um material a um campo magnético aplicado; um material paramagnético possui uma pequena susceptibilidade magnética positiva.

parâmetro de Larsen Miller (L.M.) parâmetro tempo-temperatura usado para se prever a ruptura por tensão devido à fluência.

parênquima células de armazenamento de alimentos das árvores que são baixas e com paredes relativamente finas.

passivação formação de um filme de átomos ou moléculas *BA* na superfície de um ânodo de maneira que a corrosão é reduzida ou eliminada.

película de transferência película (ou filme fino) de material macio formada sobre o material mais duro, ligando suas asperezas.

porcentagem de redução a frio é determinada pela equação

$$\% \text{ redução a frio} = \frac{\text{redução da área da seção transversal}}{\text{área da seção transversal original}} \times 100\%$$

perda de energia por histerese o trabalho ou energia perdida ao se seguir o ciclo dado pela curva de histerese. A maior parte da energia perdida é gasta para se mover as fronteiras dos domínios durante a magnetização.

perdas de energia por correntes parasitas perdas de energia nos materiais magnéticos quando submetidos a campos alternados; essas perdas se devem às correntes induzidas no material.

perlita mistura das fases ferrita-α e cementita (Fe_3C) em placas paralelas (estrutura lamelar) produzida pela decomposição eutetoide da austenita.

permeabilidade magnética, μ razão entre a indução magnética, B, e o campo magnético aplicado, H, para um material; $\mu = B/H$.

permeabilidade relativa, μ_r razão entre a permeabilidade de um material e a permeabilidade do vácuo; $\mu_r = \mu/\mu_0$.

pigmento partículas adicionadas ao material para desenvolver cor.

pilha de concentração de íons célula galvânica formada quando duas peças do mesmo metal são eletricamente conectadas por um eletrólito, mas estão em soluções de diferentes concentrações de íons.

pilha de concentração de oxigênio célula galvânica formada quando dois pedaços de um mesmo metal são conectados eletricamente por meio de um eletrólito, mas estão em presença de soluções com diferentes concentrações de oxigênio.

placa de compressão placa de fixação da fratura destinada a aplicar tensões de compressão no local da fratura.

plástico termofixo (termorígido) material plástico que foi sujeito a reação química pela ação do calor, catálise etc, gerando uma estrutura macromolecular de rede de ligações cruzadas. Plásticos termofixos podem ser refundidos e reprocessados desde que quando aquecidos, degradem-se e decomponham-se. Exemplo: fenólicos, poliésteres insaturados e epóxis..

plásticos/polímeros reforçados por fibras materiais compósitos que consistem em uma mistura de um material polimérico, por exemplo, um poliéster ou resina epoxídica, reforçado com fibras de alta resistência, como fibras de vidro, de carbono ou de aramida. As fibras são responsáveis pela alta resistência mecânica, enquanto a matriz polimérica mantém a ligação entre as fibras.

plastificantes agentes químicos adicionados ao composto plástico para melhorar fluidez e processabilidade e reduzir fragilidade. Exemplo: plastificante de cloreto de polivinila.

platô região da curva de resfriamento para o metal líquido onde a temperatura não varia com o tempo, representando a temperatura de fusão (transformação líquido/sólido).

polarização voltagem aplicada a dois eletrodos de um dispositivo eletrônico.

polarização catódica abrandamento ou cessação das reações catódicas no cátodo de uma célula eletromecânica devido a (1) etapa lenta na sequência de reação na interface metal-eletrólito (*polarização de ativação*) ou (2) carência de reactante ou acúmulo de produtos da reação na interface metal-eletrólito (*polarização de concentração*).

polarização direta polarização aplicada a uma junção *p-n* no sentido da condução; em uma junção *p-n* sob polarização direta, os elétrons e as lacunas, portadores majoritários, fluem em direção à junção de modo que se estabelece um grande fluxo de corrente.

polarização inversa polarização aplicada a uma junção *p-n* de modo que haja um pequeno fluxo de corrente; em uma junção *p-n* inversamente polarizada, os elétrons e as lacunas portadores majoritários fluem em direção contrária à junção.

polimerização reação química na qual moléculas de alta massa molecular são formadas a partir de monômeros.

polimerização a granel polimerização direta de um monômero líquido em um polímero em um sistema de reações nas quais o polímero permanece solúvel no seu monômero.

polimerização em cadeia mecanismo de polimerização pelo qual cada molécula do polímero aumenta de tamanho rapidamente uma vez iniciado o crescimento. Esse tipo de reação ocorre em três etapas: (1) iniciação da cadeia, (2) propagação pela cadeia e (3) término da cadeia. O nome implica em uma reação em cadeia e é normalmente iniciado por um agente externo. Exemplo: polimerização em cadeia do etileno em polietileno.

polimerização em etapas mecanismo de polimerização pelo qual o crescimento da molécula polimérica se faz em reações intermoleculares em etapas. Somente um tipo de reação é envolvido. Monômeros podem reagir entre eles ou com polímeros de qualquer tamanho. O grupo ativo no fim do monômero é admitido ter a mesma reatividade não importa qual o comprimento do polímero. Normalmente um subproduto como a água é condensado no processo de polimerização. Exemplo: a polimerização do nylon-6,6, a partir do ácido adípico e diamina hexametileno.

polimerização por emulsão tipo de processo de polimerização que lida com a mistura de fases imiscíveis.

polimerização por solução nesse processo um solvente é usado para dissolver o monômero, o polímero e o iniciador de polimerização. Diluindo o monômero com o solvente reduz-se a taxa de polimerização, e o calor liberado pela reação de polimerização é absorvido pelo solvente.

polimerização por suspensão nesse processo, água é utilizada como o meio de reação, e o monômero é disperso em vez de ser dissolvido no meio. Os produtos poliméricos são obtidos na forma de pequenas esferas, que são filtradas, lavadas e secadas na forma de pó para moldagem.

polímero em cadeia composto de alta massa molecular cuja estrutura consiste em um grande número de pequenas células unitárias repetitivas chamadas *meros*. Na maioria dos polímeros, a maior parte dos átomos principais da cadeia são átomos de carbono.

polímeros biodegradáveis polímeros que se degradam e são absorvidos por um sistema biológico.

polímeros hidrofílicos polímeros que absorvem agua; com afinidade pela água.

polimorfismo (quando diz respeito a metais) a habilidade de um metal existir em duas ou mais estruturas cristalinas. Por exemplo, o ferro pode ter a estrutura cristalina CCC ou uma CFC, dependendo da temperatura.

ponte (ligação) de hidrogênio caso especial de interação entre dipolos permanentes de moléculas polares.

ponto de amolecimento nessa temperatura, o vidro flui a uma taxa considerável.

ponto de operação nessa temperatura de viscosidade 10^3 Pa.s, o vidro pode ser facilmente trabalho e deformado.

ponto de recozimento temperatura na qual as tensões no vidro podem ser aliviadas.

ponto de tensão nessa temperatura, o vidro é rígido.

ponto de trabalho temperatura em que o vidro pode ser facilmente trabalhado.

ponto eutético ponto determinado pela composição e temperatura eutéticas.

portadores majoritários tipo de portador de carga preponderante em um semicondutor; os portadores majoritários em um semicondutor do tipo *n* são elétrons condutores, enquanto em um semicondutor do tipo *p* são lacunas de condução.

portadores minoritários tipo de portador de carga com a concentração mais baixa em um semicondutor. Os portadores minoritários em um semicondutor do tipo *n* são lacunas, enquanto nos semicondutores do tipo *p* são elétrons.

posição intersticial octaédrica espaço vazio entre os átomos (íons) quando os núcleos de seis átomos (íons) adjacentes formam um octaedro.

pré-impregnado manta impregnada com resina polimérica pronta para ser moldada ou , ainda, que contenha fibras de reforço. A resina é parcialmente curada a um estágio "B" e é fornecida a um fabricante que usa o material como camadas para um produto laminado. Em seguida, as camadas são dispostas em um molde para produzir uma forma final. Essas camadas são unidas pela cura do laminado via calor e pressão.

prensamento isoestático ação simultânea de compactação e conformação de pós-cerâmicos (e um aglomerante) pela pressão aplicada uniformemente em todas as direções.

prensamento a seco compactação uniaxial e modelagem simultânea de partículas cerâmicas granulares (e aglomerante) em uma matriz.

primeira energia de ionização energia requerida para a remoção do elétron mais externo.

princípio da exclusão de Pauli quando dois elétrons não podem possuir o mesmo conjunto de quatro números quânticos.

princípio da incerteza de Heisenberg estabelece que seja impossível determinar com precisão, e ao mesmo tempo, a posição e o momento de uma partícula pequena como um elétron.

princípio da incerteza quando é impossível determinar simultaneamente a posição e o instante exato de um corpo (por exemplo, um elétron).

produto de energia máximo, (BH)$_{max}$ valor máximo de B vezes H na curva de desmagnetização de um material magnético duro. O parâmetro $(BH)_{max}$ tem unidades no SI J/m^3.

proteção anódica proteção de um metal que se forma como um filme passivo pela aplicação de uma corrente anódica imposta externamente.

proteção catódica proteção de um metal por meio de uma conexão a um ânodo sacrificial ou pela imposição de uma voltagem CC de modo a torná-lo um cátodo.

proteoglicanos macromoléculas com um núcleo de proteína e um número de cadeias de açúcar ligadas a esse núcleo.

pultrusão processo para produção contínua de um componente de plástico reforçado por fibra de seção transversal constante. O componente pultrado é fabricado pela retirada de um conjunto de fibras, que se encontra imersa em resina, e passando-as através de um molde aquecido.

Q

quanta quantidade discreta (específica) de energia emitida por átomos e moléculas.

queima/aquecimento/sinterização (de um material cerâmico) aquecimento de um material cerâmico a uma temperatura suficientemente alta para promover a ligação química entre as partículas.

R

raio covalente metade da distância entre os núcleos de dois átomos idênticos no interior de uma molécula covalente.

raio crítico do núcleo r^* raio mínimo que uma partícula de uma nova fase formada por nucleação deve ter para se tornar um núcleo estável.

radiação eletromagnética energia liberada e transmitida sob a forma de ondas eletromagnéticas.

raio laser feixe de radiação óptica coerente e monocromática gerado pela emissão estimulada de fótons.

raio metálico metade da distância entre os núcleos de átomos adjacentes em uma amostra de um elemento metálico.

raios da madeira agregado em forma de fita de células unitárias que se estende radialmente no caule da árvore. O tecido dos raios é primariamente composto de células do parênquima de armazenamento de alimento.

razão de raios (para em sólido iônico) razão de raios do cátion central a qual os ânions circundam.

razão de raios crítica (mínima) razão entre o raio do cátion central e o raio dos ânions que o circundam quando todos os ânions circundantes apenas se tocam e tocam o cátion central.

razão de Pilling-Bed Worth (P.B.) razão de volume de óxido por volume de metal consumido pela oxidação.

reação de hidratação reação da água com outro composto. A reação da água com cimento *portland* é uma reação de hidratação.

reação eutética (em um diagrama de fases binário) transformação de fase na qual, por resfriamento, toda a fase líquida se transforma isotermicamente em duas fases sólidas.

reações invariantes transformações de fase no equilíbrio que envolve zero grau de liberdade. Nessas reações, as fases reagem a uma temperatura e composição bem definidas. O grau de liberdade F_1 é zero nesses pontos de reação.

reação monotética (em um diagrama de fases binário) transformação de fase na qual, sob resfriamento, a fase líquida se transforma em uma fase sólida e em outra fase líquida (com composição diferente da primeira fase líquida).

reação perlítica (em um diagrama de fases binário) transformação de fase na qual, quando resfriada, uma fase líquida combina com a fase sólida para produzir uma fase sólida.

recozimento tratamento térmico aplicado a um metal trabalhado a frio para amolecê-lo.

recozimento magnético tratamento térmico de um material magnético em um campo magnético que alinha parte da liga na direção do campo aplicado. Por exemplo, o precipitado α' na liga alnico 5 é alongado e alinhado por esse tipo de tratamento térmico.

recristalização segundo estágio do tratamento térmico de recozimento, no qual novos grãos começam a crescer e a densidade de discordâncias é reduzida significativamente.

recuperação primeiro estágio do processo de recozimento que resulta na remoção de tensões residuais e formação de uma configuração de discordâncias de baixa energia.

reforço/carga ou material de enchimento substância inerte de baixo custo adicionada a polímeros para torná-los menos onerosos. Os reforços/cargas também podem melhorar algumas propriedades físicas como o limite de resistência à tração, resistência ao impacto, dureza, resistência à abrasão etc.

região de aplicação de carga região inicial não linear da curva tensão deformação para tecidos moles.

região dos dedos dos pés região não linear inicial da curva tensão-deformação dos tecidos moles.

regra da Alavanca porcentagens em peso das fases em qualquer região bifásica de um diagrama binário que podem ser determinadas usando essa regra para que as condições de equilíbrio prevaleçam.

regra das fases de Gibbs estabelece que, no equilíbrio, o número de fases somado ao número de graus de liberdade é igual ao número de componentes mais dois. $P+F = C + 2$. Na forma concisa, para pressão = 1 atm, $P+F = C + 1$.

relação (equação) de Hall-Petch equação empírica que relaciona a resistência de um metal com o seu tamanho de grão.

relação raio (para um sólido iônico) relação entre o raio do cátion central e o raio dos ânions que o circundam.

remodelação óssea modificações estruturais no interior do osso em resposta à alteração das tensões a que é submetido.

resistência à ruptura por fluência tensão que irá causar uma fratura em fluência (ruptura) durante um teste em um dado instante e em um ambiente específico a uma determinada temperatura.

resistência específica à tração resistência à tração de um material dividido pela sua densidade.

resistência elétrica, R medida da dificuldade da passagem de corrente elétrica através de um determinado volume de um material. A resistência aumenta com o comprimento e com o inverso da área da seção transversal do material através do qual circula a corrente. No SI, ohm (Ω).

resistência última à ruptura máxima tensão no diagrama tensão-deformação de engenharia.

resistividade elétrica, ρ_e medida da dificuldade da passagem de corrente elétrica através de um volume *unitário* de um material. Para um volume qualquer de material, $\rho_e = RA/l$, onde R = resistência do material, Ω; l = seu comprimento, m; A = área de sua seção transversal, m^2. Em No SI, ρ_e = ohms-metro ($\Omega \cdot$ m).

reticulado cristalino arranjo tridimensional ordenado de átomos encontrado em sólidos.

revenimento (de um aço) processo de reaquecimento de um aço temperado para aumentar sua dureza e ductilidade. Nesse processo, a martensita é transformada em martensita revenida.

rigidez dielétrica voltagem por unidade de comprimento (campo elétrico) a qual o material dielétrico permite condução, isto é, o campo elétrico máximo que o dielétrico pode suportar sem que haja ruptura elétrica.

S

segunda energia de ionização energia requerida para a remoção do segundo elétron mais externo (após o primeiro já ter sido removido).

semicondutor material cuja condutividade elétrica encontra-se aproximadamente a meio caminho entre os valores para bons condutores e isolantes. Por exemplo, o silício puro é um elemento semicondutor e possui $\sigma_e = 4{,}3 \times 10^{-4}$ $(\Omega \cdot \text{m})^{-1}$ a 300 K.

semicondutor extrínseco do tipo n material semicondutor que foi dopado com um elemento do tipo n (por exemplo, silício dopado com fósforo). As impurezas do tipo *n* doam elétrons que possuem energia próxima da banda de condução.

semicondutor extrínseco tipo *p*   material semicondutor que foi dopado com um elemento do tipo *p* (por exemplo, silício dopado com alumínio). As impurezas do tipo *p* levam à formação de lacunas eletrônicas próximas ao nível de energia máximo da banda de valência.

semicondutor intrínseco   material semicondutor essencialmente puro e para o qual a falha ("gap") de energia é suficientemente pequena (cerca de 1 eV) para ser suplantada por excitação térmica; portadores de corrente são elétrons na banda de condução e lacunas na banda de valência.

semicristalino   materiais com regiões de estrutura cristalina dispersadas nas regiões vizinhas de regiões amorfas; por exemplo, alguns polímeros.

série de força eletromotriz   arranjo de elementos metálicos de acordo com o potencial eletroquímico padrão.

série galvânica (em água do mar)   ordenação dos elementos metálicos segundo seus potenciais eletroquímicos em água do mar, tendo como referência o eletrodo padrão.

simulador de articulações   equipamento usado para aplicar uma carga a uma prótese de junção com a finalidade de avaliar o seu desgaste.

sinterização (de um material cerâmico)   processo no qual partículas finas de material cerâmico se tornam quimicamente unidas à temperatura suficientemente alta para que a difusão atômica ocorra entre as partículas.

sistema   porção do universo que foi isolada de modo que suas propriedades possam ser estudadas.

sistema de deslizamento   combinação de plano e direção de deslizamento.

sistema de escorregamento   conjunto de planos de escorregamento e direções de escorregamento.

sistema isomorfo   diagrama de fases no qual existe uma única fase sólida, isto é, existe somente uma estrutura no estado sólido.

sistemas microeletromecânicos (MEMs)   qualquer dispositivo miniaturizado que executa uma função de detecção e/ou atuação.

sólidos de rede covalente   materiais que são constituídos inteiramente de ligações covalentes.

sítio intersticial octaédrico   espaço determinado quando os núcleos dos seis átomos circundantes (íons) formam um octaedro.

sítio intersticial tetraédrico   espaço determinado quando os núcleos dos quatro átomos circundantes (íons) formam um tetraedro.

solidus   a temperatura durante a solidificação de uma liga na qual a última fase líquida se solidifica.

solução sólida   liga de dois ou mais metais ou um metal e um não metal e que apresenta uma só fase em uma mistura atômica.

solução sólida intersticial   solução sólida formada quando os átomos de soluto ocupam os interstícios ou vazios na rede atômica do solvente.

solução sólida substitucional   solução sólida na qual os átomos de soluto de um elemento podem substituir os átomos de solvente de outro elemento. Por exemplo, em uma solução sólida Cu-Ni, os átomos de cobre podem substituir os átomos de níquel na estrutura cristalina da solução sólida.

solvus   linha de máxima solubilidade no diagrama eutético binário; limite de fase isotérmica proeutética líquida mais sólida, e entre a solução sólida terminal e a região eutética bifásica em um diagrama de fases binário eutético.

supercondutor tipo I   aquele que exibe repulsão completa do fluxo magnético entre os estados normal e supercondutor.

supercondutor tipo II   aquele em que o fluxo magnético penetra gradualmente entre os estados normal e supercondutor.

superfície de fronteira   alternativa ao diagrama de densidade eletrônica mostrando a área no interior da qual a probabilidade de se encontrar um elétron é de 90%.

superligas   ligas metálicas de alto desempenho a temperaturas elevadas ou sob altos níveis de tensão.

superplasticidade   capacidade de alguns metais se deformarem plasticamente entre 1.000 e 2.000% a altas temperaturas e baixas taxas de carregamento.

susceptibilidade magnética, χ_m   razão entre M (magnetização) e H (campo magnético aplicado); $\chi_m = M/H$.

T

taxa de crescimento trinca por fadiga *da/dN*   taxa de crescimento da trinca causada por carregamento constante em fadiga.

taxa de fluência   inclinação da curva de fluência-tempo em um determinado momento.

temperabilidade   facilidade de formar martensita no aço após tratamento térmico de tempera de um material na condição austenítica.

temperatura crítica, T_c   temperatura abaixo da qual um sólido não exibe resistência elétrica.

temperatura Curie (de um material ferroelétrico)   temperatura na qual um material ferroelétrico sendo resfriado sofre mudança em sua estrutura cristalina produzindo sua polarização espontânea. Por exemplo, a temperatura Curie do $BaTiO_3$ é 120 °C.

temperatura Curie   temperatura na qual um material ferromagnético, quando aquecido, perde completamente seu ferromagnetismo e se torna paramagnético.

temperatura de transição vítrea   ponto central de um intervalo de temperaturas no qual um termoplástico aquecido, ao ser resfriado, passa de um estado dúctil semelhante a uma borracha a um estado frágil semelhante ao vidro.

temperatura de transição vítrea   ponto central de uma faixa de temperaturas na qual um sólido não cristalino muda do estado de vidro rígido e quebradiço a um estado viscoso.

temperatura eutética   temperatura a qual ocorre a reação eutética.

tendão patelar   tecido que liga a patela (rotula) a tíbia.

tendões   tecidos moles que conectam músculos aos ossos.

tensão de cisalhamento   força de cisalhamento S dividida pela área A sobre a qual age a força cisalhante.

tensão de escoamento   tensão na qual ocorre uma deformação determinada nos ensaios de tração. Nos Estados Unidos, a tensão de escoamento é determinada para 0,2% de deformação.

tensão nominal ou de engenharia, σ   força uniaxial média dividida pela área inicial da seção transversal ($\sigma = F/A_0$)

termistor   dispositivo semicondutor cerâmico cuja resistividade varia em função da temperatura e que é usado também para medir e controlar a temperatura.

termoformação   processo no qual as folhas ou os filmes de polímeros são convertidos em produtos utilizáveis por meio de aplicação de calor e pressão.

termoplástico   material plástico que requer aquecimento para torná-lo conformável (plástico) e, sob resfriamento, mantém sua forma. Termoplásticos são compostos por cadeias poliméricas ligadas entre sielas, sendo do tipo dipolo permanente secundário. Podem ser repetidamente amolecidos quando aquecidos e endurecidos quando resfriados. Polietileno, vinil, acrílico, celulósicos e nylon são exemplos típicos de termoplásticos.

tíbia   osso humano.

trabalho (deformação) a frio de metais   deformação permanente dos metais e ligas abaixo da temperatura no qual uma microestrutura isenta de tensão é produzida continuamente (temperatura de recristalização). O trabalho a frio torna o metal mais duro (*strain-hardened*).

trabalho (deformação) a quente de metais   deformação permanente dos metais e ligas acima da temperatura no qual uma microestrutura sem deformações é produzida continuamente (temperatura de recristalização).

***trans*-1,4-poli-isopropeno**   isômero do 1,4-poli-isopropeno, que contém o grupo metil e o hidrogênio em lados opostos da ligação dupla central.

transdutor dispositivo que é acionado por energia de uma fonte e transmite energia sob outra forma para um segundo sistema. Por exemplo, um transdutor pode converter energia sonora na entrada em uma resposta elétrica na saída.

transição dúctil para frágil (TDF) quando se observa redução de ductilidade e de resistência à fratura de um material em baixas temperaturas.

transistor de junção bipolar dispositivo semicondutor constituído de três elementos e duas junções. Os três elementos básicos do transistor são o emissor, a base e o coletor. Os transistores de junção bipolar podem ser dos tipos *n-p-n* e *p-n-p*. A junção emissor-base é diretamente polarizada, enquanto a junção coletor-base é inversamente polarizada de modo que o transistor pode operar como um dispositivo amplificador de corrente.

traqueídes (longitudinais) célula predominantemente encontrada em coníferas tais como cedro, pinhos e etc.; traqueídes tem a função de condução e apoio.

trefilação processo mecânico no qual um material é forçado através de uma ou mais matrizes, para ter seu diâmetro reduzido e comprimento aumentado a um padrão desejado.

U

unidade de massa atômica definida como $\frac{1}{12}$ da massa do átomo de carbono.

V

vacância (vazio) imperfeição pontual, na qual há falta de um átomo na grade cristalina.

vida em fadiga número de ciclos de tensão ou deformação de amplitude determinada que uma amostra suporta antes de falhar.

vidro material cerâmico obtido pelo aquecimento de material inorgânico a altas temperaturas, e que se distingue de outros cerâmicos pelo fato de seus constituintes serem aquecidos até a fusão e em seguida resfriados até o estado sólido sem a ocorrência de cristalização.

vidro flutuante vidro plano que é produzido tendo uma fita de vidro resfriada ao ponto de vidro frágil enquanto flutua sobre um banho de estanho fundido em atmosfera redutora.

vidro metálico metais com uma estrutura atômica amorfa.

vidro plano vidro chato/liso/plano que é produzido a partir de uma tira de vidro fundido resfriado até o estado de vidro frágil enquanto flutua sobre um banho de estanho fundido sob atmosfera redutora.

vidro temperado quimicamente vidro que foi submetido a tratamento químico para a introdução de grandes íons na sua superfície de modo a causar tensões de compressão nessa região.

vidro temperado termicamente vidro que foi submetido a reaquecimento próximo a temperatura de fusão e, imediatamente após, resfriado ao ar de modo a introduzir tensões compressivas próximas a sua superfície.

viscoelasticidade o tipo de resposta mecânica do material que depende na taxa de carregamento ou da taxa de tração aplicada.

vitrificação fusão ou formação do vidro; a vitrificação é o processo utilizado para a produção do vidro líquido viscoso em uma mistura cerâmica mediante aquecimento. Sobre resfriamento, a fase líquida solidifica e forma matriz vítrea que vincula as partículas não derretidas do material cerâmico.

vulcanização reação química que gera a ligação cruzada das cadeias poliméricas. Geralmente se refere à ligação cruzada das cadeias moleculares da borracha com enxofre, contudo a expressão é também usada para outras ligações cruzadas de polímeros, como as que ocorrem nas borrachas de silicone.

Índice

As definições dos finais de capítulo estão marcadas com números de páginas em negrito.

A

absorção
  da luz, 585
  da luz por uma placa de vidro, 585
  de plásticos, 586-587
absortividade, 583-584, **600**
  de metais, 583-585
  de vidros silicatos, 585-586
acetais, 365
aço-carbono martensítico, 272
aço eutetoide
  microestrutura dos, 267
  resfriamento lento do, 266
  transformação do, sob resfriamento lento, 267
aço hipereutetoide, 269
aço hipoeutetoide, 267, 277
acoplamento da amida, 362-363
aços. *Ver também* aços liga; aços de baixa liga; aços-carbono comuns; aços inoxidáveis
  efeito de elementos de liga sobre a temperatura eutetoide dos, 286-287
  produção de, 262-266
  refinamento de aços, 263
aços-carbono comuns, **325**
  aços-carbono eutetoides, 266
  classificação dos, 282-283
  efeito da temperatura de revenido sobre a dureza, 281
  martensíticos, dureza dos, 271-273
  propriedades mecânicas dos, 282-283, 284
  recozimento e normalização dos, 279-280
  resfriamento lento de, 266-272
  revenimento de, 279-285
  tratamento térmico de, 270-285
aços-carbono comuns eutetoides, **325**
  diagrama da transformação isotérmica dos, 273-274
  diagrama de transformação de resfriamento contínuo dos, 277-279, 288
  resfriamento lento dos, 266-270
  teste da extremidade temperada de, 287
aços-carbono comuns hipoeutectoides, 269

aços-carbono comuns não eutectoides, 277
aços de baixa liga, 285-291
  aplicação dos, 291
  propriedades mecânicas dos, 291
  propriedades mecânicas e aplicações dos, 291
aços inoxidáveis
  austenísticos, 308-311
  ferríticos, 308
  martensíticos, 308-310
  propriedades mecânicas dos, 309
acrílicos, 359-360
adimensionais, 159
afinidade eletrônica, **53**
aglomerados, 445
agregados, 445, 453, **487**
agulhas de carbeto de silício, 483
alburno, 474, **487**
alfa primário, 239
alfa proeutético, 225
alívio de tensões, 279-280
alongamento (deformação) nominal ou de engenharia, 158-159, **191**
alongamento percentual, 159, 164-165
alotropia, 81-82
alótropos, 412-415
alterações na microestrutura da martensita após o revenido, 280-281
alto-forno, 262
alumina (Al_2O_3)
  cerâmicas para engenharia, 425-427
  em implantes dentários, 424-425
  em isolantes cerâmicos, 571-572
  porosidade em, 429-430
alumínio. *Ver também* ligas de alumínio fundido
  produção de, 297
  propriedades de engenharia do, 296-297
  propriedades do, 296-297
alumínio superpuro, 105-106
ambiente, 210
amostras para ensaios de tração, 161
amplificadores ópticos à base de fibra de érbio (EDFAs), 595-596
amplitude da tensão, 208-209
análise da estrutura cristalina, 81-89
  difração de raio X, 83-85

fontes de raio X, 82-83
análise por difração de raio X
  de estruturas cristalinas, 83-89
  interpretação de dados para metais com estruturas cristalinas cúbicas, 86-88
  método dos pós de, 85
anéis de crescimento, 474-475
anéis de crescimento anual, 474-476
anel benzênico, 47
anel fenilênico, 364
ângulo de perda dielétrica, 569-570
ânions, 36-37, 401
ânodos, 498, **529**
ânodos locais, 495, 501
antiferromagnetismo, 610-611, **630**
aplicações biomédicas
  cerâmicas em, 653-657
  dentárias, 12-13, 322-323, 424-425
  estireno-acrilonitrila em, 358
  imageamento por ressonância magnética, 601
  implante de *stents* arteriais, 11-12
  ligas à base de cobalto, 5
  ligas com memória de forma em, 11-12
  ligas de terras raras em, 623-624
  ligas metálicas em, 5, 646-650
  oftálmicas, 443
  ortopedia, 5, 12-13, 601-602
  polímeros em, 650-654
  polisulfona em, 367
aplicações dentárias, 12-13, 322-324, 424-425
aplicações oftalmológicas, 443
aplicações ortopédicas, 5, 12
argilas
  cerâmicas tradicionais, 424
  composição química das, 424-425
arranjo das discordâncias, 180-182
arranjos iônicos, 41
arranjos iônicos simples, 401-403
Arrhenius, Svante August, 130-131
árvore *Hevea brasiliensis*, 375
árvores de folhas caducas, 474
árvores de lenho macio, 474, **487**
árvores de lenho rijo, 474
árvores sempre-vivas, 474-475

asfalto e misturas de asfaltos, 472-474, **487**
ataque químico, 114-115
atenuação, 592, **600**
atenuação luminosa, **600**
ativadores, 587
átomo de hidrogênio, 23-24
átomo de hidrogênio de Bohr, 24-25
átomos
  e íons, tamanhos relativos dos, 38-39
  estrutura dos, 17-18
  estrutura eletrônica dos, 21-33
  posições nas células unitárias cúbicas, 66-68
átomos de impureza doadores, 548
átomos multieletrônicos, 31-32
austêmpera, 292-293, **326**
austenita, 263-266, 273-278, **325**
austenitização, 266-267, **325**
autodifusão, 132, **145**
autointersticial (intersticial), 110, 123
avião de caça de ataque conjunto, 452

B

Bain, E. C., 274-276
bainita, 274-276, 282, 325
  inferior, 274
  superior, 274-275
Bakelita, 341
banda de condução, **576**
banda de valência, **576**
bandas de escorregamento persistentes, 208
bandas de cisalhamento, 221
bandas de escorregamento, 168-169, **191**
barreira de difusão, 246
base, 59, 557-558
base triangular de composição de um diagrama de fases ternário, 252
bauxita, 297
benzeno, 46-47
betume, 472-473
biocompatibilidade, 5, 12-13, 647-648, 658-659
biomecânica da fratura óssea, 636-637
biometais, 647, **663**
blenda de zinco (ZnS), 408-410
blocos, 263
Bohr, Neils Henrik, 23-24
bolsa, 418-419
Borazon, 433
borracha de estireno-butadieno (SBR), 378-379
borracha natural
  árvore *Hevea brasiliensis*, 375
  estrutura da, 375-376
  látex, 375
  produção de, 375
  propriedades da, 378

vulcanização, 376-377
borrachas, 331
borrachas de neoprene, 379
borrachas de silicone, 379-381
borrachas sintéticas
  borrachas de nitrilo, 378-379
  elastômeros (borrachas), 378-379
  policloropreno (neopreno), 379-382
Bragg, William Henry, 84-85
brames, 263-264
Bravais, Auguste, 59
bronzes de estanho (bronzes de fósforo), 305, 308
Buckyball (fulerenos), 413, **446**
buckytube, **446**

C

cadeia polimérica, **391**
cadeias de silicatos, 415-416
cálculos para a vida em fadiga, 212-213
cálculos pela regra da alavanca, 241
calor latente de solidificação, 103
camada laminada, **487**
camadas de pré-impregnado, 453
camadas eletrônicas, 27-28
câmbio, 474-475, **487**
campo crítico, 592, **600**
campo crítico inferior, **600**
campo crítico superior, 597-598, **600**
campo elétrico, 537
campos e grandezas magnéticas, 603-607
campos magnéticos, 603-607, **629**
canal condutor e/ou secretor, **487**
capacitância, 568-569, **576**
capacitores, 568-569, 571-572, **576**
carbeto de silício (SiC), 7, 427
carboneto epsilon, 280-281
carbono
  e seus alótropos, 412-415
  ligações covalentes do, 46-47
  propriedades mecânicas do, para materiais compósitos reforçados com plásticos, 455-456
cartilagem articular, 643-646
carvão, 341-342
casca exterior (ou ritidoma), 474
casca interior (ou feloderme), 474
catalisador hexametilenotetramina (hexa), 370
catalisadores
  de Ziegler e Natta, 346-347
  estereoespecíficos, 346
  hexametilenotetramina (hexa), 5370-371
  metalocenos, 346
catalisadores de Ziegler e Natta, 346-347
catalisadores estereoespecíficos, 346, **391**
catalisadores metalocênicos, 346

cátions, 401
cátodo, 498
catodoluminescência, 587-589
cátodos locais, 495, 501
células de parênquima, 476, 487
células eletroquímicas contorno-grão-grão, 503
células eletroquímicas de múltiplas fases, 503-504
células galvânicas, 496-497
células unitárias, 59, **90**
células unitárias cúbicas
  condições de difração para, 85-87
  direções em, 67-70
  índices de miller, 70-74
  localizações dos átomos em, 66-68
células unitárias hexagonais, 74-75
células unitárias hexagonais de empacotamento denso (HC), 74-75
celulose, 477
cementação, 137-140
cementação em gás, 137
cementita, **325**
  e ferrita-α, estrutura eutetoide não lamelar da, 274-276
  eutetoide, 269
  formação da, 280-281
  no diagrama de fase Fe-Fe$_3$C, 263-266
  proeutetoide, 269
cementita eutetoide, 269, **325**
cementita proeutetoide, 269, **325**
centros de íons positivos, 47, 543
cerâmica avançada, 7
cerâmicas
  biomédicas, 653-658
  compactação, 418-419
  compactação a quente, 421
  compactação isostática, 418-419
  condutividade térmica das, 433
  extrusão de, 421
  falha por fadiga de, 431-433
  formação, 418-422
  fundição a seco de, 421
  fundição com barbotina, 421
  materiais para tijolos refratários, 6433-434
  moldagem a seco, 418-419
  nanotecnologia e, 445-446
  preparação do material, 418
  processamento de, 417-422
  propriedades elétricas das, 568-576
  propriedades mecânicas das, 427-430
  propriedades térmicas de, 433-435
  queima, 417-418
  secagem e remoção de aglutinantes de, 422
  sinterização, 418, 422-423, 435
  tratamentos térmicos de, 422-423
  vitrificação de, 422

cerâmicas estruturais, 7
cerâmicas ferroelétricas, 572-574
cerâmicas para engenharia
  alumina (Al_2O_3), 425-427
  carbeto de silício (SiC), 427
  descrição, 7
  e cerâmicas tradicionais, 424-429
  nitreto de silício (Si_3N_4), 427
  propriedades mecânicas das, 427
  zircônia (ZrO_2), 427
cerâmicas piezelétricas (PZT), 12, 575
cerâmicas tradicionais, 424-425
Ceratec, 572
cerne, 474
chapa, 150
ciclo com tensões alternadas, 208
ciclo de tensão completamente reverso, 208
ciência dos materiais, 3-4, **14**
cimento *portland*, 467-468, **487**
circuitos integrados, 139-141
circuitos integrados microeletrônicos, 562-563
circuitos microeletrônicos com integração em larga escala (LSI), 558
cis-1,4 poli-isopreno, 375-376, **391**
classificação
  de aços-carbono comuns, 282-285
  de aços-liga, 283-285
  de ligas de alumínio para trabalho mecânico, 297-298
  de ligas de cobre, 303-304
  de ligas de magnésio, 315-317
cloreto de césio (CsCl), 403-404
cloreto de polivinila (PVC)
  enchimentos, 356
  estabilizadores térmicos, 355
  lubrificantes, 355
cloreto de polivinila e copolímeros, 355-356
cloreto de polivinila plastificado, 355
cloreto de polivinila rígido, 355
cloreto de sódio (NaCl), 404-407
CMCs com agulhas, 482
CMCs reforçados com particulados, 483
CMMs com fibras descontínuas, 482
CMMs reforçados com fibras contínuas, 481-483
CMMs reforçados com particulados, 482
cobre de alta condutividade isento de oxigênio (cobre OFHC), 304
cobre eletrolítico duro, 304
coeficiente de absorção linear, 585
coeficiente de Poisson, 159-160
coeficientes de difusão, 134
coeficientes de resistividade térmica, 539-540
coletor, 557
componentes do diagrama de fase, **254**

componentes metálicos, falha dos, 219
comportamento do crescimento da trinca por fadiga, 212
comportamento em fadiga, 221-222
comportamento viscoelástico, 387
  das cartilagens, 645
  dos ligamentos, 642-644
  dos ossos, 636-638
  dos tendões, 642-644
composição de silicatos minerais, 417
composição do cloreto de polivinila, 355-356
  dados de tensão-deformação para, 384
  estrutura e propriedades do, 355
composição eutética, 238-239, **254**
composições hipereutéticas, 239
composições hipoeutéticas, 239
composições químicas
  de louças brancas triaxiais, 424-425
  do cimento *portland*, 467
compósitos binários, 460
compósitos cerâmicos, 486
compósitos de matriz cerâmica (CMCs), 7-9, 482-484
compósitos de matriz cerâmica reforçados com fios de SiC, 483
compósitos de matriz metálica (CMMs), 7-9, 481
compósitos de matriz plástica e fibras contínuas, 459-462
compósitos de matriz polimérica (PMC), 7-8
compósitos de poliéster e fibra de vidro, 453
compósitos fibrosos, 7
compósitos particulados, 7
composto intermetálico, 248
compostos cerâmicos simples
  ligações iônicas e covalentes em, 400-401
  ponto de fusão de, 400
compostos de fusão congruente, 248-251
compostos de fusão incongruente, 248
comprimento da trinca, 210-214
comprimento de referência, 159
comunicação por fibra óptica, 595, **600**
concentrações de portadores
  em semicondutores extrínsecos, 551-552
  em semicondutores intrínsecos, 551
concentrações de tensão, 203, 209-210
conclusão da polimerização, 334-336
concreto, 466-473, **487**
  agregados para, 469, **487**
  água de mistura para, 468-469
  de ar aprisionado, 469-471, **487**
  dosagem das misturas, 469-471
  pós-tensionado, 472-473
  pré-tensionado, 472-473

proporções dos componentes do, 471
protendido, 471-472
razão água-cimento, 471
reforçado, 471
resistências à compressão de, 468
tipo cimento *portland*, 467-469, **487**
concreto de ar aprisinado, **481**
concreto pós-tensionado, 472
concreto pré-esforçado por pré-tensionamento, 472, **487**
concreto protendido (pré-esforçado), 471, **487**
concreto reforçado, 471-472, **487**
condições de difração, 85, 87
condições de isotensão, 460-462
condições de regime permanente, 133-134, **145**
condução elétrica, 7534-540
condutividade atômica, 134
condutividade elétrica, 535-536, **577**
condutividade térmica das cerâmicas, 433
condutor elétrico, **577**
configuração eletrônica, 31-32
constante de Boltzmann, 128-129
constante de Planck, 24, 582
constante dielétrica, 568-569, **576**
constantes de rede, 59
constantes elásticas de materiais isotrópicos, 160-161
constantes na relação de Hall-Petch, 179
contorno contorcido, **124**
contorno de grão, **124**
contorno de grão de baixo ângulo, 112
contornos de baixo ângulo, 111, **123**
contornos de grão, 101, 110, 114
contornos de grão com alto ângulo, 110
contornos de grão torcidos, 110-111
contornos duplos, 112, 124
contração, 478
controle da corrosão, 525-528
conversor básico a oxigênio, 263
copolimerização, **391**
copolímeros, 338-341, **391**
copolímeros aleatórios, 338
copolímeros alternantes, 338-339
copolímeros de estireno-acrilonitrila (resinas SAN), 358
copolímeros em bloco, 338-339
copolímeros enxertados, 338
Copper Development Association (CDA), 303
coríndon (Al_2O_3), 411-412
corpo de prova de fadiga por flexão rotativa, 205
corpo de prova de tração, 159-160
corrente de fuga, 556
corrente elétrica, **576**
corrente minoritária, 556
corridas de fundição industriais, 102-103

corrosão, **529**
 ataque geral, 512
 corrosão bimetálica, 512-513
 definição, 494
 e impurezas, 505
 efeito do tratamento térmico sobre a, 505
 galvânica, 512-513
 tipos de, 512-521
 uniforme, 512
corrosão alveolar, 512-515, **537**
corrosão bimetálica, 512-513
corrosão eletroquímica, 494-496
corrosão em frestas, 514-516
corrosão galvânica, 512
corrosão generalizada, 512
corrosão intergranular, 515-517, **529**
corrosão por atrito, 519
corrosão por erosão, 519
corrosão por tensão, 516-518, **529**
corrosão uniforme, 505-506, 512
crescimento da trinca por fadiga, 208
crescimento das trincas, 208-209
crescimento de bandas de escorregamento de fadiga, 208-209
crescimento do grão, **191**
cristais, 101-102
cristais policristalinos, 101-102
cristal, **90**
cristalinidade
 em polímeros, **391**
 em termoplásticos, 343-346
cristobalita, 416-417
cura por peróxido, 373
curva característica do diodo de zener (avalanche), 558
curva de envelhecimento, 293-294
curva de histerese, 616
curva de resfriamento temperatura-tempo, 241
curva tensão-deformação real *versus* diagrama tensão-deformação nominal, 166-167
curvas de desmagnetização, 621
curvas de fluência, 214, 216, 386-387
curvas de resfriamento, 229-231, **254**, 282
curvas de temperabilidade, 289
curvas tensão nominal – deformação nominal, 166
curvas tensão-deformação, 383

D

da luz por uma placa de vidro, 585
dados de tensão – tempo para ruptura por tensão – temperatura, 217-219
dados para fluência – tempo para ruptura-temperatura, 217-219
dados tensão-deformação
 para o cloreto de polivinila (PVC), 384-385
 para o poliestireno (PS), 384-385
dano pelo hidrogênio, 520-521
danos por cavitação, 519-520
de aços-carbono comuns, 280-283
decomposição isotérmica da austenita, 273-277
defeito autointersticial, 109
defeitos, 114-123
defeitos lineares (discordâncias), 109-111
defeitos planares, 110-115
defeitos pontuais
 defeito intersticial, 110
 imperfeição de Frenkel, 110
 imperfeição de Schottky, 110
 lacunas, 109
defeitos tridimensionais, 112-114
defeitos volumétricos, 114
deflexão das trincas, 484-485
deformação (alongamento) percentual, 159
deformação a frio, 180-182
deformação a frio de materiais metálicos, **191**
deformação a quente de metais, **190**
deformação elástica, 157-158, **191**
deformação em maclas, 112
deformação plástica
 bandas de escorregamento durante a, 168
 de metais policristalinos, 179-184
 de monocristais metálicos, 168-179
 descrição, 157
 e fratura dúctil, 198
 efeito da, sobre o arranjo das discordâncias, 180-182
 efeito da, sobre o formato de grão, 180-182
 pelo mecanismo de deslizamento, 171-172
deformação plástica a frio, 180-182
deformação por maclagem, 178, **192**
deformação viscosa, 438-441
degrau unitário de escorregamento, 172
Demócrito, 17
dendritas, 97
densidade, 77-79, **90**
densidade atômica linear, 80
densidade atômica planar, 78-79
densidade de corrente, 537, 596-597
densidade de corrente crítica, **600**
densidade de corrente elétrica, **577**
densidade de fluxo, 605
densidade eletrônica, **53**
densidade linear, **90**
densidade planar, **91**
deposição por *spray* (pulverização), 462-463, **487**
designações das têmperas das ligas de alumínio forjado, 297-298
desintegração da solda, 516, **529**
deslizamento do contorno de grão, 188
desmagnetização, 615-616
determinação do contorno de grão, 114-115
diagrama de equilíbrio de fases Ag-Pd, 235-236
diagrama de equilíbrio de fases Cu-Ni, 231-232
diagrama de faixas de energia, 543-545
diagrama de fase binária ZrO_2-MgO, 431
diagrama de fase cobre-chumbo, 247
diagrama de fase cobre-níquel, 231-232
diagrama de fase cobre-zinco, 248
diagrama de fase ferro-cromo, 310
diagrama de fase ferro-níquel, 244
diagrama de fase magnésio-níquel, 249
diagrama de fase Pb–Sn, 242
diagrama de fase platina-prata, 347
diagrama de fase pressão-temperatura (PT), 227-228
diagrama de fase titânio-níquel, 251
diagrama de fases binário peritético, 246
diagrama de fases pressão-temperatura para a água, 228
diagrama de níveis de energia, 25
diagrama de transformação de resfriamento contínuo (TRC), **325**
 para aços-carbono eutetoides, 288
 para aços-carbono eutetoides comuns, 277-279
 para aços-liga, 290
diagrama equilíbrio de fases chumbo-estanho, 238
diagramas de equilíbrio de fases, 227-228, **254**
diagramas de fase
 com compostos e fases intermediárias, 248-252
 de substâncias puras, 227-228
 definição, 227
 do sistema Al_2-SiO_2, 248
diagramas de fase binários
 diagrama de fase binário ZrO_2-MgO, 431
 para a dedução das equações da regra da alavanca, 233
diagramas de fase ferro-carbeto de ferro
 fases sólidas em, 266
 reações invariantes em, 266
diagramas de fase ternários, 251-253
 base de composição para um, 252
 de uma seção isotérmica, 252-253
 para a sílica-leucita-mulita, 425
diagramas de transformação isotérmica (IT), **325**
 da transformação isotérmica de aços eutetoides, 273-274
 de um aço eutetoide, 273-275

para aços-carbono comuns não
    eutetoides, 277
diagramas tensão-deformação nominal
    ou de engenharia, 161-168, **191**
diamagnetismo, 607, **630**
diamante, 47, 413
dielétrico, 568-570, **576**
difusão
    atômica, em sólidos, 132-137
    autodifusão, 132-133
    autointersticial, 133
    de dopantes, 563-564
    de um gás em um sólido, 135-136
    difusão de impurezas em placas de
        silício, 140-143
    em regime transiente, 135-137
    em sólidos, efeito da temperatura
        sobre, 142-145
    mecanismo de vacância, 132-134
    mecanismo substitucional, 132-134
    primeira lei de Fick, 134
    regime permanente, 133-136
    segunda lei de Fick, 136
    soluto-solvente, 135
difusão atômica, 132-137
difusão de impurezas, 140-141
difusão do contorno de grão, 188
difusão em regime permanente, 133-136
difusão em regime transiente, 135-136,
    145
difusão forçada, 563
difusão intersticial, 133-134, **145**
difusão no estado sólido, 235-236
difusividade
    dados para alguns sistemas metálicos,
        144
    de sistemas de difusão soluto-
        solvente, 135
difusividade (condutividade atômica),
    134, **145**
digital video disks (DVDs), 5-6
diodos de junção *p-n*
    aplicações dos, 556-557
    com polarização direta, 556-557
    com polarização inversa, 555-556
    no equilíbrio, 555
diodos de ruptura, 556-557
diodos de zener, 557-558
    tensão limite convencional de
        elasticidade a 0,2%, 2163-164
diodos retificadores, 556, **576**
dipolos flutuantes, 51
dipolos permanentes, 50, 52
direção de maclagem, 177-178
direções
    cristalograficamente equivalentes, 68
    em células unitárias cúbicas, 67-70
    em células unitárias hexagonais,
        74-75
direções compactas, 90

direções cristalinas, 90
direções cristalograficamente
    equivalentes, 68
direções e planos de escorregamento,
    173
discordância em cunha, 110, 112, 171-
    172
discordâncias, 109-111, **124**, 171
discordâncias em hélice, 110
discordâncias mistas, 110
dispositivo para ensaios de impacto,
    202
dispositivos de portadores majoritários,
    560
dispositivos e materiais inteligentes, 3-4
dispositivos NMOS, 560
dispositivos semicondutores, 555-558
dispositivos semicondutores
    complementares de óxido metálico
    (CMOS), 566-567
distância de separação interiônica, 51
distância de separação *versus* força, 43
distância interiônica de equilíbrio, **53**
distorção, 159-160, **191**
do tipo pulsado, lasers, 590
domínios, 271
domínios de fechamento, 615
domínios ferroelétricos, 572
domínios ferromagnéticos, 611
domínios magnéticos, 608-609, **630**
dopantes
    difusão de, 563-564
    em materiais semicondutores de
        silício extrínseco, 549-550
    implantação de íons de, 563-564
dreno, 560
ductilidade, 164, 221-222
dureza, 167-168, 281
dureza Rockwell C, 287

E

efeito de área, 512-513
efeito de blindagem, **52**
efeito de carga do núcleo, **53**
efeito Hall-Petch negativo, 190
efeito Kirkendall, 132
efeito Meissner, 597-598
efeito piezelétrico (PZT), 573-574, **576**
eixo longitudinal (L), 475
eixo radial (R), 474-475
eixo tangencial (T), 475
elastômeros (borrachas), 375-382, **391**
    borracha natural, 376-378
    borrachas sintéticas, 378-379
    descrição, 331
    propriedades dos, 378
elastômeros de policloropreno
    borrachas de neoprene, 379-382
    borrachas de silicone, 380-382
    propriedades das, 379

vulcanização de, 380-383
elementos
    configuração eletrônica dos, 31-32
    na crosta terrestre, 2
    números de oxidação dos, 36
    raios iônicos de alguns, 40
elementos eletropositivos e
    eletronegativos, 36
elementos estabilizadores da ferrita,
    287
elementos individuais dos vasos da
    madeira, 476
eletrodeposição, 505-506
elétron, **542**
eletronegatividade, 36, **53**
elétrons, 17-18
elétrons centrais (cerne), 541
elétrons de condução, 543
elétrons de valência, 48, 541, 543
elétrons livres, 47
embrião, 98, **124**
emissor, 558
empacotamento denso, 401-402
empolhamento, **529**
encapsulamento, 246
enchimentos, 355
encruamento (endurecimento), 180-182,
    191
endurecimento por precipitação
    de ligas binárias, 291-296
    de ligas de cobre, 294-295
endurecimento por solução sólida, 183,
    191
energia de anisotropia
    magnetocristalina, 613-614, **630**
energia de ativação, 129, **145**
energia de ativação da autodifusão, 132
energia de ionização, 24, **53**
energia de parede de domínio, 614-615,
    630
energia de rede, 42, **53**
energia de superfície, 98
energia de troca, 612-613
energia livre volumétrica, 98
energia magnetoestritiva, 614-615, **630**
energia magnetostática, 613, **630**
energias de ligação, **53**
    de metais do quarto período, 48
    de sólidos iônicos, 41-42
engenharia de materiais, 3-4, **14**
engenharia de superfície, 444-445
ensaio de impacto e tenacidade, 201
ensaio de microdureza Vickers, 179
ensaio de ruptura por tensão, 216-218
ensaio de tenacidade à fratura, 203, 430
ensaio de tração, 161-168
ensaios de dureza, 167-168
    Brinell, 167-168
    Knoop, 167-168
    Rockwell, 167-168

Vickers, 167-168
ensaios de temperabilidade Jominy, 287, **325**
envelhecimento
 de ligas de cobre, estruturas formadas durante o, 294-295
 de soluções sólidas supersaturadas, 291-293
envelhecimento artificial, 291-292
envelhecimento natural, 291
equação de Arrhenius, **145-146**
equação de Bohr, 24
equação de Faraday, 505
equação de Hall-Petch, 179, 190
equação de Nernst, 498
equação de Pauling, 50
equilíbrio, 227-228, **254**
escalpelamento, 297
escoamento plástico, 389-391
escoamento viscoso, 387
escopo, 59
escorregamento, 168, **191**
esferoidita, 280-281, **326**
esmalte, 444
esmalte de porcelana, 444, **447**
esmalte vítreo, **447**
espaçamento interplanar, 72-73
espaços intersticiais
 em redes cristalinas CFC, 407-409
 em redes cristalinas HC, 407-409
 octaédricos, 404-405
 tetraédricos, 407-408
espectro eletromagnético, 580-582
espinel ($MgAl_2O_4$), 411-412
estabilizadores térmicos, 355
Estação Espacial Internacional (International Space Station – ISS), 2-3
estado, 541
estado da superfície, 210-211
estado fundamental, 23
estado sensibilizado, 516
estado supercondutor, **600**
estado verde, 478
estampagem profunda, 157-158
esteatite, 571-572
estereoisomerismo, 343-346
estereoisômero atático, 345-346, **393**
estereoisômero sindiotático, 345-346
estereoisômeros, 345-346, **391**
estereoisômeros atáticos, 345
estopa (de fibras), **487**
estrias (marcas de praia), 205
estricção, 164
estrutura. Ver também estruturas
 cristalinas de acetais, 365
 da borracha natural, 374-377
 da polisulfona, 367
 de átomos, 17-18
 de cloreto de polivinila (PVC), 355

 de copolímeros de estireno-acrilonitrila (resinas SAN), 358
 de fenólicos, 370-371
 de ligas alnico, 623-624
 de materiais termoplásticos parcialmente cristalinos, 344-346
 de poliacrilonitrila, 357-358
 de poliamidas (nylons), 362-364
 de policarbonatos, 363-365
 de policlorotrifluoroetileno (PCTFE), 360-361
 de poliésteres insaturados, 374
 de poliésteres termoplásticos, 366
 de poliestireno, 357-358
 de polímeros lineares não cristalinos, 336-337
 de polipropileno, 356-357
 de politetrafluoroetileno (PTFE), 360-361
 de resinas epóxi, 372-373
 de resinas fenilênicas à base de óxidos, 364-366
 de resinas ureia-formaldeído, 375-376
 de terpolímeros de acrilonitrila-butadieno-estireno (resinas ABS), 358-359
 de vidros, 436-438
 zonada, 235-236
estrutura cristalina da antifluorita, 411-412
estrutura cristalina tetragonal de corpo centrado (TCC), 272-272
estrutura da parede celular, 477-478
estrutura de metais deformados a frio, 184-185
estrutura do grão
 de corridas de fundição industriais, 102
 formação da, 101-102
estrutura eletrônica
 de átomos multieletrônicos, 31-32
estrutura espinel inversa, 627-629, **630**
estrutura espinel normal, 627, **630**
estrutura lamelar eutética, 243-244
estrutura policristalina, **182**
estrutura sanduíche tipo colmeia, 480
estrutura zonada, 236, **254**
estruturas aciculares, 243
estruturas cilíndricas (tipo barra), 243
estruturas cristalinas, **90**. Ver também estruturas cristalinas cúbicas de corpo centrado (CCC); estruturas cristalinas cúbicas de face centrada (CFC); estruturas cristalinas hexagonais de empacotamento denso (HC)
 do espinel ($MgAl_2O_4$), 411-412
 análise por difração de raio X das, 84-89
 cerâmicas simples, 400-415

 cúbicas, 431-432
 da blenda de sulfeto de zinco (ZnS), 408-410
 da perovskita ($CaTiO_3$), 411-412
 de antiflureto, 411-412
 do cloreto de césio (CsCl), 403-404
 do cloreto de sódio (NaCl), 404-407
 do coríndon (Al_2O_3), 411-412
 do fluoreto de cálcio (CaF_2), 410-411
 metálicas, 60-61
 monoclínicas, 431
 sistemas de escorregamento em, 173-174
 tetragonais, 431-432
 tetragonais de corpo centrado (TCC), 271-272
estruturas cristalinas cerâmicas simples, 400-415
estruturas cristalinas cúbicas, 431
estruturas cristalinas cúbicas de corpo centrado (CCC), 60-65, 77-78, **90**
estruturas cristalinas cúbicas de face centrada (CFC), 60, 64-65, 75-76
estruturas cristalinas hexagonais de empacotamento denso (HC), 60, 65-66, 75
estruturas cristalinas metálicas, 60
estruturas cristalinas monoclínicas, 431
estruturas cristalinas tetragonais, 431
estruturas de ligas de magnésio, 316-318
estruturas de silicato, 415-416
 estrutura em folha, 415-417
 estruturas em ilhas, cadeia e anel, 415
 unidade estrutural básica das, 415
estruturas em anel, 415
estruturas em cadeia, 415
estruturas em folha de silicatos, 415-416
estruturas em ilha (insulares), 415
estruturas eutéticas, 243
estruturas globulares, 243
estruturas lamelares, 243
etapa de carbonização, 454-455
etapa de estabilização, 454
etapa de pré-depósito, 563
etapas da polimerização em cadeia, 4334-336
extensômetro, 161, 164
extração das fibras, 484
extrusão, **191**
 de cerâmicas, 421
 de metais e ligas, 154
 de termoplásticos, 347, **349**
 definição, 102
extrusão direta, 154
extrusão indireta, 154
extrusões de escorregamento, 208-209

F

fadiga, 204-205
fadiga por corrosão, 210-211

Índice

fadiga por flexão alternada, 219
faixa de esgotamento, 554
faixa de saturação, 554
faixa de temperaturas de sensibilização, 515
faixas de energia, 541
falha, 281, 198, 199
falha de empilhamento, 114
falhas de empilhamento, 110-11, 114, **124**
falhas por fadiga, 204
família ou forma, 68, 71
farad, 568
Faraday, Michael, 505
fase, 227, **254**
fase primária, **254**
fase proeutética, **324**
fases intermediárias, 248, **254**
fases sólidas, 227-228
fases terminais, 248, **254**
fator de concentração de tensões, 201, 219-220
fator de empacotamento atômico (FEA), 63-64, **90**
fator de intensidade da trinca limite, 212-213
fator de intensidade de tensão, 203
fator de perda dielétrica, 568-569
feldspatos, 417
fendilhas, 389-390
fenólicos
   catalisador hexametilenotetramina (hexa), 370
   compostos para moldagem, 370
   estrutura e propridades dos, 370
fenômenos de encapsulamento, 244-247
ferrimagnetismo, 610
ferrita alfa, 3263-266, 274-276, **324**
ferrita de bário, 629
ferrita delta, 230, 266
ferrita eutetoide, 268-270
ferrita eutetoide alfa, **325**
ferrita proeutectoide, 337
ferrita-α proeutectoide, **325**
ferritas, 610, 626
ferritas duras, **629**
ferritas magneticamente duras, 629
ferritas magneticamente moles, 626-629
ferritas moles, **630**
ferritas moles cúbicas, 626-627
ferro
   curvas de resfriamento para, 230
   diagrama de fase pressão-temperatura (PT) para, 228
   produção de, 262-266
ferro alfa, 221-230
ferro delta, 230
ferro dúctil, 312-315, **326**
   composição e microestrutura do, 312-315
   propriedades mecânicas do, 312

propriedades *versus* dureza, 315
ferro fundido, 310-316. *Ver também* ferro dúctil; ferro fundido cinzento; ferro fundido maleável; ferro fundido branco
ferro fundido acinzantado, **325**
   composição e microestrutura do, 312
   propriedades mecânicas do, 312
ferro fundido dúctil. *Ver* fratura do ferro fundido dúctil, 198-200, **223**, 289-390
ferro fundido nodular, 312
ferro gama, 229
ferro-gusa ácido, 262
ferromagnetismo, 607-608
ferros fundidos brancos, 311-312, **326**
ferros fundidos com grafita nodular ou esferoidal, 312-314
ferros fundidos maleáveis, **325**
   composição e microestrutura dos, 315
   ferro maleável ferrítico, 316
   ferro maleável martensítico revenido, 316
   ferro maleável perlítico, 316
   grafitização dos, 315-316
   propriedades mecânicas dos, 312
   resfriamento dos, 316
   tratamento térmico dos, 315-316
fibra de cristal fotônico, 580
fibras de aramida, **453**
   em materiais compósitos, 455
   para reforço de resinas plásticas, 455
   propriedades mecânicas das, 455-456
fibras de carbono
   para materiais compósitos, **487**
   para plásticos reforçados, 454-455
fibras de vidro
   para reforço de resinas plásticas, 452-454
   produção das, 452-453
   propriedades das, 453-454
   propriedades mecânicas das, para materiais compósitos plásticos reforçados, 455-456
fibras de vidro E, 453-454, **487**
fibras de vidro S, 452, **487**
fibras ópticas
   fabricação de, 594
   monomodo e multimodo, 593-594
   perda luminosa em, 592-593
fibras para reforço, 456-457
fibrilas, 639, **640**
Fick, Adolf Eugen, 134
filmes óxidos protetores, 521
fluência, **223**
   de materiais poliméricos, 386-388
   de metais, 214-218
fluência estacionária, 3215
fluorescência, 587
fluoreto de cálcio (CaF_2), 410-411

fluoroplásticos, 360
fluxo de corrente elétrica, 535
fluxoides, 598
folha, 150
folha de MF, **487**
fônons, 538
fonte, 560
força coercitiva, 615-616, **630**
força eletromotriz (fem), 498
força *versus* distância de separação, 43
forças coulombianas, 51
forjamento, 155
forjamento de sínter, 445
forjamento em matriz aberta, 155
forjamento em matriz fechada, 155-156
forjamento em prensa, 155-156
forjamento por impacto, 155-156
formação de cerâmicas, 418
formação de pontes no interior das trincas, 484-485
formato do grão, 180
fosforescência, 587, **600**
fósforos, 587
fosterita, 571
fotolitografia, 562-563
fotoluminescência, 587
fótons, 34–35, **52**, 587-588
frações em peso, 234
fractografia, 205
fragilização por hidrogênio, 520, **529**
fratura
   de materiais poliméricos, 389
   de metais, 198
   definição, 198
fratura dúctil final, 209
fratura dúctil tipo taça e cone, 200
fratura frágil, 197, 200-201, **389**
fratura intergranular, 201, 215
fratura transgranular, 201, **223**
Frenkel, Yakov Ilyich, 110
fulerenos (*Buckyball*), 493
funcionalidade, 336
fundição a seco, 421
fundição em areia, 301
fundição em molde, 150
fundição em molde permanente, 301
fundição injetada sob pressão, 301-302

G

gás natural, 341
gases nobres, 37, 51
gel coloidal, 468
germânio, 545
Gibbs, Josiah Willard, 228-229
goniômetro, 85
Goodyear, Charles, 376
grafeno, 413
gráficos de tensão por fadiga *versus* ciclos, 208
grafita, 413

grafitização, 315
grama-mol, 19
grandezas magnéticas, 605
grão, **124**
grãos colunares, 102, **124**
grãos equiaxiais, 98, 101-102, 124
grau de polimerização (GP), 334, **391**
graus de liberdade, 228-229, **254**
grupos de ligas de alumínio forjadas de célula unitária cúbica
    designações dos tratamentos térmicos, 298-299
guia de onda óptico, 593, **600**
guta-percha, 376

H

Heisenberg, Werner Karl, 25
hemicelulose, 477
hibridização, 44
hidrocarbonetos, 45-464
histerese, 321
homogeneização, 236
homopolímeros, **338**
homopolímeros e copolímeros, 338-339
Hooke, Robert, 162
Hume-Rothery, William, 231

I

imageamento por ressonância magnética (MRI), 603
imagem de campo claro, 119-120
imgagem de campo escuro, 119
imperfeição de Frenkel, 109
imperfeição de Schottky, 110, **122**
imperfeições cristalinas, 109-114
    defeitos lineares (discordâncias), 109-111
    defeitos planares, 111-112
    defeitos pontuais, 109, 110
    defeitos volumétricos, 112-114
implantação de íons, 563-565
implantação de stens, arteriais, 11-12
implante de stents arteriais, 11-12
implantes biomédicos
    desgaste em, 659-662
    ortopédicos, 649-650
índice de refração, 581-582, **600**
índices de direção, 67-68, 74-75
índices de direção em cristais cúbicos, **90**
índices de Miller, 70-74
índices de Miller-Bravais, 74
índices de refração, 582
índices de uma família ou forma, 68
índices para planos em cristais cúbicos (índices de Miller), **90**
indução, 605
indução de saturação, 615, **629**
indução magnética, 605, **629**
indução remanescente, 615, **629**
inibidor desoxidante, 527
inibidores, 527-528

inibidores do tipo absorção, 527
iniciação da polimerização, 475-481
intermetálicos, **325**
interstícios, 108
interstícios tetraédricos, 407-408, **446**
intervalo (faixa) de tensões, 208
intrusões de escorregamento, 2208-209
inversão da população, 590, **600**
íons, 401-402
íons positivos, 47
isolantes, 542
isolantes elétricos, 535-536, **577**
isômero isostático, **391**
isômero sindiotático, 347, **391**
isômeros estruturais, 376-377
isostrain conditions, 459-460

J

junção *p-n*, 555-556, **576**

K

Kevlar, 455

L

lacunas, 543, **577**
lamela, 345
laminação a frio
    à temperatura do nitrogênio líquido, 221
    de placas metálicas, 152-153
laminação a quente
    de lingotes em folhas, 152
    de tiras de aço, 263
laminado multidirecional, **488**
laminado undirecional, **487**
laminados compósitos de fibras de carbono e resina epóxi, 457-458
lasers, 589-592, **600**
    de onda contínua (CW), 590
    tipo pulsado, 590
    tipos de, 590-592
lasers de dióxido de carbono, 591-592
lasers de granada de neodímio-ítrio-alumínio, 590-591
lasers de heterojunção dupla (DH), 592
lasers de onda contínua (CW), 590-591
lasers de rubi, 590
lasers semicondutores, 591-592
latão de fácil usinagem, 305
látex (borracha natural), 375
lei da ação das massas, 549
lei da conservação da massa, 17, **53**
lei das proporções múltiplas, 17, **53**
lei de Bragg, 84-85
lei de Coulomb, 40
lei de Hooke, 162, 461
lei de Ohm, 532, 537
lei de Schmid, 174-175
lei de Snell de refração da luz, 582-584
lenho de primavera (ou lenho inicial), 474-475

Lexan (policarbonato), 363
liga endurecível por precipitação, 293
ligação covalente carbono-carbono, 47
ligação covalente iônica, 400-401
ligação cruzada de, 376-378, **391**
ligação deslocalizada, 47
ligação não direcional, 41
ligações (forças) de van der Waals, 51
ligações atômicas, 49-50
ligações atômicas primárias, 37-50
ligações atômicas secundárias, 50-52, 53
ligações covalentes, 642-47, **53**
    do carbono, 46-47
    em moléculas diatômicas, 42-44
    em moléculas que contêm carbono, 44-46
    estrutura de moléculas de etileno, ativadas, 333-334
    na molécula de hidrogênio, 42-44
    notação em linhas retas das, 47
ligações covalentes, 42-47
ligações entre dipolos flutuantes, 51
ligações entre dipolos permanentes, 50
ligações iônicas, 38-43, **52**
ligações metálicas, 47-48, 53
ligações moleculares, 48-50
ligações não saturadas, 47
ligações primárias, **53**
ligações químicas, 48-50
ligamento covalente tetraédrico, 44-46
ligamento hibridizado dsp, 50-51
ligamento misto, 48-50
ligamento misto iônico-covalente, 48-49
ligamento misto metálico-covalente, 48-50
ligamento misto metálico-iônico, 48-50
ligamento secundário, 50-53
ligamentos, 639-640, **663**
    lesão dos, 643-644
    propriedades dos, 640
ligas, 5, **123**
    de metais amorfos, 322-325
    intermetálicas, 318-321
    ligas com memória de forma, 320-324
    para fins especiais, 320-325
    solidificação em condições de não equilíbrio de, 235-238
ligas Alclad, 526
ligas alnico, 622-624, **630**
ligas binárias, 230-231, 291-293
ligas com memória de forma, 12, **325**
    aplicações de, 321-322
    fase austenítica, 321
    fase martensítica, 321
    ligas, 320-324
    nitinol, 323
    transformação induzida por tensão, 321
ligas de aço

classificação das, 283-286
curvas comparativas da temperabilidade de, 289-290
diagrama de transformação de resfriamento contínuo para, 290
distribuição dos elementos de liga em, 285-286
principais tipos de, 286
ligas de alumínio, 291-293. *Ver também* ligas de alumínio forjado
ligas de alumínio fundido, 301-303
ligas de alumínio para trabalho mecânico
classificação das, 298
designações dos tratamentos térmicos de, 298-299
fabricação primária de, 297-298
para tratamento térmico, 299-301
propriedades mecânicas e aplicações das, 299
ligas de cobre. *Ver também* ligas de cobre fundido; ligas de cobre forjado
bronzes cobre-latão, 305
bronzes de estanho (bronzes de fósforo), 305-307
bronzes de estanho, 305-307
classificação das, 303-304
correlação entre estruturas e dureza em, 295-296
endurecimento por precipatação de, 294-295
estruturas formadas durante o envelhecimento das, 294
latão de fácil usinagem, 305-307
ligas de alto cobre, 303-304
ligas de cobre-berílio, 305-308
ligas de cobre-zinco, 304
metal Muntz, 305-307
microestrutura das, 294
produção de, 303
propriedades das, 303
propriedades mecânicas das, 303-304
ligas de cobre fundido, 303-304
ligas de cobre para trabalho mecânico
classificação das, 303
cobre de alta condutividade isento de oxigênio (cobre OFHC), 304
cobre eletrolítico duro, 304
cobre não ligado, 304
ligas de magnésio, 315-317
classificação das, 315-317
estruturas e propriedades das, 317-318
ligas forjadas, 315
ligas fundidas, 315
ligas de magnésio para trabalho mecânico, 316-317
ligas de níquel
ligas de níquel comerciais, 318
ligas Monel, 318

propriedades mecânicas e aplicações das, 318
ligas de terras raras, 623-624, **629**
ligas de titânio, 318
fase gama linha (γ'), 320
propriedades mecânicas e aplicações das, 318
ligas e metais ferrosos, 4-5, **12**
ligas e metais não ferrosos, 4-5, 13
ligas ferro-cromo-cobalto, **630**
ligas ferrosas, 261
ligas ferro-silício, 617-619, **630**
ligas fundidas de magnésio, 316-318
ligas hiperperitéticas, 246
ligas magnéticas ferro-cromo-cobalto, 625-626
ligas magnéticas neodímio-ferro-boro, 625
ligas metálicas trabalháveis (conformáveis), 150
ligas não ferrosas, 261
ligas para engenharia. *Ver também* ligas e metais ferrosos; ligas e metais não ferrosos
propriedades físicas e custos de, 316-317
valores da tenacidade à fratura de, 204-205
ligas para fundição, 150-151
ligas poliméricas, 367-368
lignina, 477, **487**
limitações de tamanho, 401-402
limite de fadiga, 206
limite de resistência à fadiga, 206
lingotes, 298
lingotes homogeneizados, 297
lingotes laminados a quente, 297
linha de amarração, 23, **254**
linhas de escorregamento, 177-179
linhas solvus, 238
liquefação, 237
liquidus, 231, **254**
lixiavação localizada, 519-520, **529**
louças brancas, 425
louças brancas triaxiais, 424
lubrificantes, 355
lúmen, 475, **487**
luminescência, 587-589, **600**
luz
absorção, transmissão e reflexão da, 584-587
e o espectro eletromagnético, 580-582
refração da, 581-584

M

macla de recozimento, 112
maclagem, 177-179
maclas, 110-111
maclas de tranformação, 271

madeira, **487**
anéis de crescimento, 475-477
anéis de crescimento anual, 474-477
árvores de folhas caducas, 474
árvores de folhas persistentes, 474-475
camadas da, 474
câmbio, 474, **487**
casca exterior, 474
casca interior (feloderme), 474
células de parênquima, 476
celulose, 477
contração da, 480
eixo longitudinal (L), 475
eixo radial (R), 474-475
eixo tangencial, 475
eixos na, 474-475
elementos dos vasos, 476
estado verde, 478
estrutura da parede celular, 477-478
hemicelulose, 477
lenho ativo (ou alburno), 474
lenho de primavera (lenho inicial), 474
lenho inativo (cerne), 474
lignina, 477
lúmen, 475
macroestrutura da, 474-475
madeira de porosidade difusa, 476-477
madeira de porosidade em anel, 476-477
madeiras macias, 475
madeiras rijas, 475-477
medula, 474
microfibrilas, 478
parede primária, 477
parede secundária, 477
propriedades da, 477-478
propriedades mecânicas, 478
raios da madeira, 476
resistência mecânica da, 478
teor de umidade da, 478
traqueídes, 475
madeira com porosidade em anel, 476
madeira de porosidade difusa, 476-477
madeiras macias, 475
madeiras rijas, 474
magnetismo, 607-610
magnetização, 605, 613-614, **629**
magnetização espontânea, 607-608
magneton de Bohr, 608-609, **630**
magnetostrição, 614, **630**
manufatura "Near Net Shape" (próximo da forma final), 150
máquina de fadiga por flexão alternada, 205
marcas de praia, 205
martêmpera (mar-revenido), 280-282, **325**

martêmpera. *Ver* mar-revenido (martêmpera)
martensita, 270-273, **325**
　efeito do teor de carbono sobre, 271
　mudanças durante a têmpera, 280
martensita deformada, 301
martensita em agulhas, 271-272
martensita em placas, 271-272
martensita Fe-C
　dureza e resistência da, 271-273
　estrutura da, em escala atômica, 271
　formação da, por imersão em líquido, 270-271
　microestrutura da, 269
martensita geminada, 321
massa atômica, 18-21
materiais, **16**
　avanços recentes em, 11-13
　concorrência entre, 9-11
　definição, 2
　projeto e seleção, 12-14
　tipos de, 4-9
materiais amorfos, 59, 89
materiais cerâmicos, **14, 446**. *Ver também* cerâmicas para engenharia; compostos cerâmicos simples
　descrição dos, 6-9, 398-399
　fatores que afetam a resistência dos, 429-430
　mecanismos de deformação dos, 427-429
　para capacitores, 571-572
　placas para isolamento do ônibus espacial orbital, 434-435
　resistentes à corrosão, 526
　tenacidade dos, 429-431
　teste de resistência à fratura de, 430-431
materiais cerâmicos abrasivos, 432-433
materiais cerâmicos para engenharia, 398
materiais cerâmicos tradicionais, 399
materiais compósitos, **13, 487**
　agulhas de carbeto de silício, 482-483
　CMCs reforçados com fibra contínua, 482-483
　CMCs reforçados com particulados, 482-483
　CMMs com fibra descontínua, 482-483
　CMMs reforçados com fibra contínua, 481-483
　CMMs reforçados com particulados, 482
　compósitos de matriz cerâmica (agulhas), 483-484
　compósitos de matriz cerâmica (CMCs), 482-484
　compósitos de matriz metálica (MMCs), 481-483
　definição, 451
　descrição, 7-9
　estruturas em sanduíche, 480-481
　estruturas em sanduíche tipo colmeia, 480-481
　fibras para plásticos reforçados, 452-456
　materiais metálicos revestidos, 480-481
　mecanismos de propagação de trincas, 484-485
　multidirecional, 458
　plásticos reforçados com fibras, materiais das matrizes para, 456-457
　propriedades em fadiga de, 457-458
　unidirecionais, 458
materiais compósitos de plástico reforçado, 454-456
　propriedades mecânicas da aramida para, 455-456
　propriedades mecânicas de fibras de vidro para, 455-456
　propriedades mecânicas do carbono para, 455-456
materiais compósitos multidirecionais, 451
materiais compósitos plásticos reforçados com fibras, 457
　moldagem por compressão para fabricação de, 465
　moldagem por injeção para fabricação de, 465
　processo de moldagem de folha (SMC), 465-466
　processo de pultrusão contínua para fabricação de, 466
　processos em molde aberto para fabricação de, 462-463
　processos em molde fechado para fabricação de, 465
materiais compósitos unidirecionais, 457-458
materiais de ferritas moles, 626-627
materiais eletrônicos, 4-5, 9-10, **13-14**
materiais ferromagnéticos, 603-604
materiais inteligentes, 11-12
materiais isolantes cerâmicos, 569-572
materiais isotrópicos, 161
materiais laminados, 257-258, **487**
materiais magnéticos duros, 621-626
　descrição, 603
　ligas alnico, 622-623
　ligas de terras raras, 623-624
　ligas magnéticas ferro-cromo-cobalto, 625
　ligas magnéticas neodímio-ferro-boro, 625
materiais magnéticos moles, 616-621, **630**
　descrição, 603-604
　ligas de ferro-silício, 617-618
　ligas de níquel-ferro, 618-621
　perdas de energia em, 616-617
　propriedades magnéticas de, 617-618
materiais magnéticos permanentes, 621-662
materiais metálicos, 4-5
materiais metálicos revestidos, 480-481
materiais não cristalinos, 59
materiais para reforço de fibra de vidro, 9, 454
materiais piezelétricos, 8574-575
materiais plásticos
　deformação e reforço de, 380-381
　efeito da temperatura sobre a resistência de, 386-387
　processamento de, 347-352
materiais poliméricos, **13**. *Ver também* elastômeros (borrachas); plásticos
　comportamento viscoelástico, 387
　deformação plástica de, 389-390
　descrição, 5-6
　fluência de, 386-388
　fratura de, 389-390
　fratura dúctil de, 389-390
　fratura frágil de, 389-390
　módulo de fluência, 387
　para resistência à corrosão, 526
　relaxamento de tensões, 387-388
materiais refratários cerâmicos, 568-569
materiais semicondutores, 9
materiais semicristalinos, 89, **90**
materiais supercondutores, 595-600
materiais termofixos, 349-351
　descrição, 331-333
　fenólicos, 370-371
　fortalecimento dos, 385-386
　plásticos termofixos, 368-376, **391**
　poliésteres insaturados, 373-374
　preços no atacado, 369-370
　propriedades dos, 369
　resinas de amino (ureias e melaminas), 374-376
materiais termoplásticos, 347-350
material com orientação de grãos *cube-on-edge* (COE), 617-618
material cristalino, 59
material de isolamento superficial para altas temperaturas reutilizável (HRSI), 434
material ferroelétrico, **578**
material pré-impregnado de fibra de carbono e resina epoxídica, 453, **487**
material refratário (cerâmico), **446**
material supercondutor, 596-597
mecânica quântica, 31-32
mecanismo de difusão de vacâncias, 133-134
mecanismo de difusão substitucional, 132-134, **145-146**

mecanismo de escorregamento, 171-172
mecanismo intersticial, 133
mecanismos de difusão, 132-134
medula, 474
melaminas, 374
melhoria da resistência (fortalecimento)
   de plásticos termofixos, 385-386
   de termoplásticos devido à massa
     molecular média das cadeias
     poliméricas, 383
   de termoplásticos pela adição de
     fibras de vidro, 385
   de termoplásticos pela introdução de
     átomos de oxigênio e nitrogênio na
     cadeia de carbono principal, 385
   de termoplásticos pela introdução
     de grupos atômicos pendentes na
     cadeia principal de carbono, 383
   de termoplásticos pelo aumento da
     cristalinidade em um material
     termoplástico, 383-384
   de termoplásticos por meio da ligação
     de átomos altamente polarizados
     na cadeia de carbono principal,
     5384-385
   de termoplátricos pela introdução
     de anéis fenilênicos na cadeia
     polimérica principal, 385
   devido à massa molecular média das
     cadeias poliméricas, 383
   pelo aumento da cristalinidade em um
     material termoplástico, 383-384
Merlon (policarbonato), 363
mero, 334
metacrilato de polimetila (PMMA)
   curvas de tensão-deformação para o,
     382-383
   estrutura e propriedades do, 359-360
metais
   absortividade dos, 583-584
   aprimoramentos no desempenho
     mecânico dos, 221
   condução elétrica nos, 534-535
   condutividade elétrica dos, 535
   corrosão eletromecânica dos, 494-495
   efeito da temperatura sobre a
     resistividade elétrica dos, 538
   fadiga dos, 204-205
   fluência dos, 214
   modelo de faixas de energia para, 541
   potencial de meia célula dos, 495-496
   preços ($/lb), 261
   puros, energias de ativação da
     autodifusão em, 132
   resistividade elétrica dos, **538**
   tensão de ruptura dos, 214
   tensão e deformação em, 157-158
metais amorfos, **326**
   aplicações de, 323-325
   mecânica do comportamento de, 324
   produção de, 324
   propriedades e características de,
     322-324
metais de transição, 50
metais deformados plasticamente, 183-189
metais e ligas
   extrusão de, 154
   fundição de, 149-150
   laminação a quente e a frio de, 152-153
   processamento de, 149-157
metais nanocristalinos, 190, 191, 221
metais policristalinos, 179-183
metais reativos, **52**
metal dúctil em processo de fadiga, 209-210
metal ferromagnético, 615-616
metal Muntz, 305-308
metalografia óptica, 114-115
metaloides, **53**
método ASTM do tamanho de grão, 116-117
método de Czochralski, 104
método de fundição direta, 297
métodos de polimerização, 341-342
métodos de polimerização industrial, 341-343
microeletrônica, 558-566
microestrutura
   de madeiras macias, 475
   de madeiras rijas, 476
   técnicas experimentais para
     identificação da, 114-115
microfarad, 568
microfibras, 331
microfibrilas, 477
micromáquinas, 12
microscopia eletrônica de transmissão
   de alta resolução (HRTEM), 119-120
microscopia eletrônica de varredura
   (MEV), 118-119
microscópio de força atômica (AFM), 122-123
microscópio de tunelamento (STM),
   121-122, **123**, 575-576
microscópio de varredura por sonda
   (SPM), 575-576
microscópio eletrônico de transmissão
   (MET), 118-120, **124**
misturas (blends), 5-6
mobilidade das lacunas, 544
mobilidade do elétron, 544-545
modelo de cadeia dobrada, 344
modelo de faixas de energia, **577**
   para condução elétrica, 541
   para isolantes, 542
   para metais, 541
modelo de franjas-micelas, 344
modificadores vítreos, 436-437

módulo de cisalhamento, 160
módulo de elasticidade, 160, 162
módulo de elasticidade em tração, 462
módulo de elasticidade específico, 456, **487**
módulo de fluência, 387
módulo de Young, 163
mol, 19, 53
moldagem em embalagem a vácuo, **487**
moldagem por compressão, 349-351, **391**
   para materiais compósitos plásticos
     reforçados com fibras, 465
moldagem por injeção, 351, **392**
   de materiais compósitos plásticos
     reforçados por fibra, 465
   de termoplásticos, 347-348
moldagem por sopro, 349-350, **391**
moldagem por transferência, 351, **391**
molécula de hidrogênio, 42,43
molécula de metano, 45
molécula insaturada, 333-334
moléculas contendo carbono, 44-46
moléculas de etileno
   ativadas, estrutura das ligações
     covalentes das, 333-334
   reações de polimerização das, 333-334
moléculas diatômicas, 42-43
momento dipolar, 51-52
momento magnético, 608
monocristais metálicos
   deformação plástica de, 168
   sistemas de deslizamento em, 174
   tensões de cisalhamento resolvidas
     críticas de, 174
monômeros, 333, 336
monômeros bifuncionais, 336
monômeros trifuncionais, 337
mulita, 248
multifio, **487**

N

nanoagrupamento, 413
nanoeletrônicos, 575-576
nanomateriais, 3, 12
nanotecnologia, 486
   cerâmicas e, 445, 486
nanotubo de múltiplas paredes
   (MWNT), 413-414
nanotubos de carbono, 413-414
nanotubos de parede simples (SWNT), 413
não metais reativos, **52**
Natta, Guilo, 346
Nernst, Walter Hermann, 498
neutralidade elétrica, 41-42
nêutrons, 17
nitinol, 322
nitreto cúbico de boro, 433
nitreto de silício (Si_3N_4), 427
níveis dos doadores, 548, **577**

níveis dos receptores, 549-550, **576**
nomenclatura AISI-SAE, 282-285
normalização, 279-280
Noryl, 364-365
nós de rede, 59, **90**
notação em linhas retas das ligações covalentes, 47
nucleação da trinca, 208-209
nucleação heterogênea, 100
nucleação homogênea, **98**
núcleo, 198, 101, **124**
núcleo esférico, 98-99
núcleo estável, 98-102
número ASTM do tamanho de grão, 116-117, 179-180
número de Avogadro, 19-20, **53**
número de coordenação (CN), 61-62, 401, **446**
número de massa, **53**
número de oxidação negativo, 36
número de oxidação positivo, 36, **52**
número de tamanho de grão, 116
número quântico azimutal, **53**
número quântico de momento angular ou azimutal, 30-31
número quântico de spin do elétron m_s, 28-30, **53**
número quântico magnético, 28-29, **53**
número quântico principal, 22, 25, **53**
números atômicos, 18-21, **53**
números de oxidação dos elementos, 36, **53**
números quânticos, 27-30, **52**
nylons, 361-362

O

orbitais, 27-28, **53**
orbitais atômicos16, 27-28, **53**
orbitais híbridos, 44, **53**
ordem de difração, 84
ordem de ligação, **53**
ordenação de curto alcance (OCA), 59
ordenação de longo alcance (OLA), 59, 437
ortodontia, 322
osso, 12-13, 635-638
 composição do, 635
 macroestrutura, 635
 viscoelasticidade do, 636-638
oxidação
 de metais, 521
 mecanismos da, 522-523
oxidação local, 565
oxidação selectiva, 565
óxidos formadores de vidro, 436
óxidos intermediários, 437, **447**
óxidos supercondutores, 599-600

P

par compartilhado, **52**
par de ligação, **53**

par galvânico, 496
parada térmica, **253**
paramagnetismo, 8607, **629**
parâmetro de Larsen-Miller (L.M.), 217-219, **223**
parede de domínio, 613
parede primária, 477
parede secundária, 477
parison, 349
passivação, 510, **529**
patamar isotérmico, 241
perdas de energia por correntes parasitas, 617, **629**
perdas de energia por histerese, 616
peritectoid reactions, 248
perlita, 266-268, 269, 274, 279, **325**
permeabilidade magnética, 605-606, **630**
permeabilidade relativa, 606, **629**
perovskita ($CaTiO_3$), 411-412
peróxido de metil etil cetona (P-MEK), 373
peso molecular médio, 336
petróleo, 342
Phoenix Mars Lander, 1
photoresist (fotorresiste), 563
picofarad, 568
pigmentos, 355
pilha de concetração de íons, 501-503, **529**
pilhas de concentração de oxigênio, 502-503, **529**
pilhas galvânicas aquosas, 500
pilhas galvânicas de concentração, 501-503
placas de silício, 140-142
Planck, Max Ernst, 21
plano de escorregamento, 168
plano de macla, 177-178
planos basais, 74-75
planos compactos, 90
planos cristalinos, 90
planos cristalográficos
 em células unitárais hexagonais, 74-75
 índices miller para, em células unitárias cúbicas, 70-74
planos de clivagem, 200-201
planos de uma família ou forma, 71
planos prismáticos, 74
plásticos, 331. *Ver também* termoplásticos; plásticos termofixos
plásticos reforçados, 454
plásticos reforçados com fibra de carbono (CFRP), 13-14
plásticos reforçados com fibras, 456, **487**
plastificantes, 355-356, **386**
platô (patamar), 229
polarização, 506
polarização, 576

polarização catódica, **528**
polarização de ativação, 509, **529**
polarização de concentração, 508-510, **529**
polarização direta, **556**
polarização reversa, **576**
poliacrilonitrila
 estrutura da, 357-358
 fibras de carbono de, 454
 propriedades da, 357-358
poliamidas (nylons), 361-363
 acoplamento da amida, 362
 estrutura e propriedades das, 362-363
policarbonatos, 363-364
policlorotrifluoroetileno (PCTFE), 360
polidimetilsiloxano, 380-382
poliéster fundido, 457
poliéster linear, 373
poliésteres insaturados
 estrutura e propriedades, 374
 peróxido de metil etil cetona (P-MEK), 373
 poliéster linear, 373
poliésteres termoplásticos
 estrutura e propriedades dos, 366
 polisulfona, 366-367
 tereftalato de polibutileno (PBT), 366
poliestireno (PS), 356-357
 curvas de fluência para o, 386
 dados de tensão-deformação para o, 384
 estrutura e propriedades do, 357
polieterimida, 367
polietileno (PE)
 aplicações do, 354
 curvas de tensão-deformação para polietileno de baixa e alta densidade, 383
 estrutura e propriedades do, 353-354
 ligação covalente, 333
 propriedades do, 354
 reação geral para a polimerização do, 334
 tipos de, 353-354
polietileno de baixa densidade linear (LLDPE), 353
polietilenos de alta densidade, 353
polietilenos de baixa densidade, 353-354, 355
poligonização,185
polimerização, **391**
 do polietileno, reação geral de, 334-336
 grau de polimerização, 334
 início da, 334-336
 outros métodos de, 340-341
 propagação da, 334-336
 término da, 334-336
polimerização a granel, 341-343, **391**
polimerização em cadeia, 333-334, **391**

polimerização em etapas, 340-341, **391**
polimerização em rede, 340-341
polimerização por crescimento de cadeias, 333
polimerização por emulsão, 343
polimerização por reação em cadeia, 339
polimerização por solução, 343, **391**
polimerização por suspensão, 343, **391**
polímero, 331-334
polímeros (biopolímeros), 389-390
polímeros, 89
polímeros de vinil, 337-338
polímeros de vinilideno, 337-338
polímeros lineares não cristalinos, 336-337
polimorfismo, 81-82, 90, **91**
polipropileno, 356
polisulfona, 366-367
politetrafluoroetileno (PTFE)
  estrutura e propriedades do, 360
  processamento do, 361
pontes de hidrogênio, 51-52
ponto de amolecimento, 440, **447**
ponto de operação, 440, **447**
ponto de recozimento, 440-441, **447**
ponto de tensão, 440-441, **447**
ponto eutético, 239, **254**
ponto triplo, 227-228
pontos de referência vítrea (temperaturas), **447**
pontos invariantes, 229, 230
porcelana elétrica, 571-572
porcentagem de redução a frio, 152, **191**
porosidade, 440
porta, 560
portadores de carga, 552-554
portadores majoritários, 549, **576**
portadores minoritários, 549
potencial de meia célula, 495
potencial do eletrodo, 496
potenciostato, 528
precipitado coerente, 294-295
precipitado incoerente, 294
precursores, 454
preforma, 580
prensamento (moldagem) a seco, 418-419, **446**
prensamento a quente de cerâmicas, 421
prensamento de cerâmicas, 418
prensamento isostático, **419**
prensamento isostático a quente (HIP), 445
preparação dos materiais, 418
primeira energia de ionização, **53**
primeira lei de Fick da difusão, 134, **145**
principais produtos do aço, 263-264
princípio da exclusão de Pauli, 30, **53**
princípio da incerteza de Heisenberg, 25
princípio de Pauli, 541

processamento
  de cerâmicas, 417-421
  de materiais plásticos, 347-351
  de materiais termofixos, 349-351
  de metais e ligas, 149-157
  do politetrafluoretileno (PTFE), 360
  dos principais produtos de aço e produção de aço, 263-265
  e processos para materiais termoplásticos, 347-349
processo autocatalítico, 514
processo Bayer, 297
processo de autoclave em embalagem a vácuo, 463-465
processo de deposição manual, 462
processo de deposição química de vapor (CVD), 564-565
processo de enrolamento de fio, 463-465
processo de fabricação de vidro plano, 440
processo de fadiga, 208-209
processo de fundição, 301-302
processo de moldagem de folha (SMC), 465-466
processo de pultrusão contínua, 466
processo modificado de deposição de vapores químicos (MCVD), 594
processo planar, 549
processos cinéticos, 128-130
processos de conformação de metais, 156-157
processos de difusão, 137-143
processos em molde aberto, 462-463
processos em molde fechado, 465-466
produção de aço, 263-264
produção do aço e processamento, 263-264
produto de energia máximo (BH), 621, **603**
produtos de decomposição, 291-294
produtos fundidos, 150-151
propagação da polimerização, 334-336
propagação da trinca por fadiga
  correlação da, com a tensão e com o comprimento da trinca, 210-211
  taxa de, 210-211
propagação de trincas, 198-199
proporções múltiplas, 17, **53**
propriedades. *Ver também* propriedades mecânicas
  da borracha natural, 378
  da madeira, 477-478
  da polisulfona, 367
  de acetais, 365
  de compósitos de poliéster e fibra de vidro, 458
  de copolímeros de estireno-acrilonitrila (resinas SAN), 358
  de elastômeros (borracha), 378
  de elastômeros de policloropreno, 379

  de ferros fundidos, 310-311
  de fibras de vidro, 454
  de laminados compósitos de fibras de carbono e resina epóxi, 457-458
  de ligas de cobre, 303
  de ligas de magnésio, 318
  de materiais termofixos, 369
  de metais amorfos, 322-323
  de poliacrilonitrila, 357-358
  de poliamidas (nylons), 362-363
  de policarbonatos, 363-364
  de poliésteres não saturados, 374
  de poliésteres termoplásticos, 366
  de polietilenos de alta e baixa densidade, 354
  de resinas de epóxi, 372, 457
  de resinas formaldeído-melanina, 375
  de termoplásticos para engenharia, 360-361
  de termoplásticos para uso geral, 352
  de termopolímeros de acrilonitrila-butadieno-estireno (resinas ABS), 358-359
  do alumínio, 296-297
  do cloreto de polivinila (PVC), 355
  do ferro dúctil, *versus* dureza, 315
  do germânio, 545
  do policlorotrifluoroetileno (PCTFE), 360
  do poliéster fundido, 457
  do poliestireno, 357
  do polietileno (PE), 354
  do polipropileno, 356
  do politetrafluoroetileno (PTFE), 360-361
  do silício, 544
  dos fenólicos, 370
  resinas fenilênicas à base de óxidos, 365-366
propriedades anisotrópicas, 413
propriedades de engenharia do alumínio, 296-297
propriedades de fadiga de materiais compósitos, 457
propriedades elétricas
  de materiais isolantes cerâmicos, 569
  de semicondutores intrínsecos, 567
propriedades isotrópicas, 160, 413
propriedades mecânicas. *Ver também* propriedades
  CMMs reforçados com fibras contínuas, 481
  compósitos de matriz cerâmica reforçados com agulhas de SiC, 483
  da aramida para materiais compósitos de plásticos reforçados, 455-456
  da madeira, 478
  das cerâmicas para engenharia, 428
  das ligas de alumínio de fundição, 299

das ligas de alumínio forjado, 299
das ligas de cobre, 303-304
das ligas de magnésio forjadas, 317
das ligas de magnésio fundidas, 318
das ligas de níquel, 318
das ligas de titânio, 318
de aços inoxidáveis austeníticos, 310
de cerâmicas, 427-430
de fibras de vidro para materiais compósitos de plásticos reforçados, 455-456
do carbono para materiais compósitos plásticos reforçados, 455-456
do ferro dúctil, 312
do ferro fundido cinza, 312
do ferro fundido maleável, 308
dos aços de baixa liga, 312
dos aços inoxidáveis, 309
dos aços inoxidáveis endurecidos por precipitação, 309
dos aços inoxidáveis ferríticos, 312
dos aços inoxidáveis martensíticos, 308
dos aços-carbono comuns, 282-283, 285
obtidas de ensaios de tração, 161-164
obtidas do diagrama tensão-deformação nominal, 161-162
propriedades térmicas das cerâmicas, 433-435
proteção anódica, 527-529, **391**
proteção catódica, 527-528, **529**
prótons, 17
pultrusão, **488**

Q

quanta, **53**
quartzo, 416, 424
queima (de um material cerâmico), 416

R

radiação
  coerente, 589
  eletromagnética, **52**
  emissão estimulada de, 589-592
  incoerente, 589
radiação coerente, 589-590
radiação eletromagnética, **53**
radiação incoerente, 589
radical livre, 334
raio covalente, **53**
raio crítico, **124**
raio crítico em função do subresfriamento, 99-100
raio laser, **600**
raio metálico, **53**
raios da madeira, 476, **487**
raios iônicos, 40
razão c/a, 66
razão de Pilling-Bedworth (P.B.), 521-522, **543**

razão de raio crítico (mínimo), 401-402, **446**
razão de raios, 401, **446**
razão de variação de tensões, 208-209
reação anódica, 495
reação catódica, 495
reação de oxidação, 495
reação de redução, 495
reação eutética (em um diagrama de fase binário), **254**
reação eutética, 266
reação monotética, 246, **254**
reação peritética, 266
reações catódicas, 500
reações de corrosão, 506-507
reações de hidratação, 468
reações de polimerização, 333-341
reações de polimerização de condensação, 340-341
reações eutetoides, 248, 266
reações invariantes, 239, 246-249, **254**, 266-267
reações óxido-redutoras, 494-495
reações peritéticas, 243, **254**
recozimento, **191-192**
  de aços-carbono comuns, 279-280
  durante a laminação a frio, 152-153
  faixas de temperatura para aços-carbono comuns, 279-280
  mudanças durante o, 183-184
recozimento completo, 183
recozimento contínuo, 186-187
recozimento magnético, 623, **630**
recozimento para alívio de tensões, 279
recozimento parcial, 183
recristalização, 183, 185-186, **191**
recristalização secundária, 221
recuperação, 183, 184-185, **191**
recuperação e recristalização de metais deformados plasticamente, 183-187
rede da martensita, 272
rede espacial, 59, **90**
rede frouxa, 437
redes cristalinas, 407-409
redes cristalinas cúbicas de face centrada (CFC), 407
redes cristalinas hexagonais de empacotamento denso (HC), 407
redes de bravais e sistemas cristalinos, 59-60
redução porcentual na área, 165
refinadores de grãos, 101
refletividade, 584
reflexão da luz, 584-585
refratários, 248, 433
refratários, 434
refratários acídicos, 434-435
refratários básicos, 434-435
refratários de alumina superior, 434
refratários de sílica, 434

região de esgotamento, 555
região de parada térmica, 229
regra da alavanca, 232-233, **254**
regra das fases de Gibbs, 228-229, **254**
regra das misturas, 460
regras de Hume-Rothery, 106, 231
relação de Hall-Petch, **191**
relação em peso água-cimento, 471-472
relaxamento de tensões nos materiais poliméricos, 387-389
remodelação óssea, 637, **663**
representação de Arrhenius, 144
resfriamento lento, 239
resinas de amino (ureias e melaminas), 374-375
resinas de melamina-formaldeído, 374
resinas de poliéster reforçadas com fibra de vidro, 453
resinas epóxi, 371-373
  estrutura das, 372
  propriedades das, 372, 456
resinas epóxi reforçadas com fibras de carbono, 457-458
resinas fenilênicas à base de óxidos, 3664-365
resinas plásticas para reforço
  fibras de aramida para, 455
  fibras de vidro para, 452-454
resinas ureia-formaldeído, 374-376
resistência (tenacidade)
  de materiais cerâmicos, 429-431
  e ensaio de impacto, 201-202
resistência à corrosão
  alteração do ambiente para, 527-528
  materiais poliméricos para, 526
  projeto para, 526-527
  seleção de materiais para, 526, 647-648
resistência à fadiga, 209-210
resistência à ruptura por fluência, **223**
resistência à tensão por ruptura, **223**
resistência à tração, 163-165
resistência elétrica, 535, **576**
resistência específica à tração, 456, **487**
resistência máxima à ruptura, 163-165, **191**
resistividade elétrica, 535-536, 537-539, **577**
resitência, melhoria da, 221-222
restrições de neutralidade de carga, 47-48
retificação, 556
revestimentos, 526-527
revestimentos cerâmicos e engenharia de superfície, 444-445
revestimentos de carbeto, 6444-445
revestimentos de óxido, 444
revestimentos inorgânicos (cerâmicos e vítreos), 526
revestimentos metálicos, 526

revestimentos orgânicos, 526
rigidez dielétrica, 569, **576**
rugosidade da superfície, 210
ruptura por tensão, 214-218

S

sapatas de freio, 450
secagem e remoção do aglutinante, 422
seção isotérmica, 252-253
segunda energia de ionização, **53**
segunda lei de Fick da difusão, 134, **145**
semicondutividade intrínseca, 546-547
semicondutor extrínseco do tipo n, **576**
semicondutores, 542, **576**, 586
semicondutores cerâmicos, 572-574
semicondutores compostos, 566-568
semicondutores elementares intrínsecos
   diagrama de faixas de energia para, 543-544
   relações quantitativas para a condução elétrica, 544-545
semicondutores extrínsecos, 547-548
   concentrações de portadores em, 551
   densidades de carga em, 549-551
   dopagem dos, 549
   efeito da dopagem sobre as concentrações de carga em, 549-551
   efeito da temperatura sobre a condutividade elétrica dos, 553-554
   tipo n (tipo negativo), 547-548
   tipo p (tipo portador positivo), 549
   tipo p (tipo positivo), 549
semicondutores extrínsecos do tipo p, **576**
semicondutores intrínsecos, 542-548, **584**
   concentrações de portadores em, 551
   mecanismo da condução elétrica em, 542-543
   propriedades elétricas dos, 567
série de força eletromotriz, **529**
série galvânica, 510-512
série galvânica em água do mar, **529**
sílex, 424
sílica (sílex), 424
sílica, 415-416
sílica-leucita-mulita, 425
silicato tricálcio hidratado, 468
silício, 545
silicones, 379-381
sinterização, 418-419, 422-423, 445, **446**
sinterização assistida por pressão, 445
sistema, **254**
sistema Al_2-SiO_2, 248
sistema com dois componentes, 231
sistema de monitoramento de trincas, 211
sistema ferro-carbono, 266-270
sistemas binários eutéticos, 238-243

sistemas binários isomorfos, 230-232
sistemas binários monotéticos, 246-247
sistemas binários peritéticos, 243-246
sistemas cristalinos e redes de Bravais, 59-60
sistemas de deslizamento, 171-174, **191**
   em cristais únicos de metais, 174
   em estruturas cristalinas, 173-174
sistemas de difusão, 135
sistemas de difusão soluto-solvente, 135
sistemas de liga
   binários eutéticos, 238-242
   binários isomorfos, 230-233
   binários peritéticos, 243-246
sistemas isomorfos, 231, **254**
sistemas microeletromecânicos (MEMs), 3, 12
sítio insterticial octaédrico, 407, **446**
solenoide, 604-605
solidificação
   calor latente de, 103-104
   de cristais únicos, 102-106
   de termoplásticos não cristalinos, 343-345
   de termoplásticos parcialmente cristalinos, 343
solidificação de não equilíbrio, 235-236
sólido cristalino, 59
solidos
   difusão atômica em, 132-137
   difusão em, 132
   efeito da temperatura sobre a difusão em, 142-149
   processos cinéticos em, 128-132
sólidos de rede covalente, **53**
sólidos iônicos
   arranjo geométrico dos íons em, 41
   arranjos iônicos em, 41
   energias de ligação de, 41-42
   neutralidade elétrica de, 41
sólidos ligados ionicamente, 401-404
solidus, 231, **254**
solidus fora de equilíbrio, 236
solubilização, 291
solução sólida, 108, **124**
soluções intersticiais, 108
soluções intersticiais sólidas, 108-109, **123**, 183
soluções sólidas metálicas, 105-106
soluções sólidas substitucionais, 106-108, **124**, 183
soluções sólidas supersaturadas, 291-294
soluções sólidas terminais, 238
soluções substitucionais, 106
solvus, **254**
subresfriamento *vs.* raio crítico, 99-100
supercondutividade, 596-597
supercondutor do tipo I, 596-598
supercondutor do tipo I, **600**
supercondutor do tipo II, 596-598

supercondutor do tipo II, **600**
supercondutores
   de alto campo e alta corrente, 598-599
   fluxo de corrente e campos magnéticos em, 598-599
   propriedades magnéticas dos, 596-598
superfície de fronteira, **53**
superligas, 4-6, 10-11
superligas à base de níquel, 318-320
superplasticidade, 188-189, **191**
susceptibilidade magnética, 607, **630**

T

tabela periódica dos elementos, 22
tamanho atômico, 33-34
tamanho crítico, 98
tamanho de grão ASTM, 114-118
tarugos, 263
taxa de corrosão (cinética da corrosão), 505-511
taxa de corrosão controlada anodicamente, 509-510
taxa de corrosão controlada catodicamente, 509-510
taxa de crescimento da trinca por fadiga, 211-212, **223**
taxa de fluência, 214-215, **223**
taxa de fluência mínima, 215
taxa de resfriamento crítico, 279
taxas de oxidação (cinética), 523-524
técnicas experimentais
   metalografia óptica, 115
   microscopia de força atômica (AFM), 122
   microscopia de varredura eletrônica (SEM), 118
   microscopia eletrônica de transmissão (MET), 118-119
   microscópio de tunelamento (STM), 121, 575-576
   para identificação da microestrutura e defeitos, 114-115
tecnologia de fabricação de circuitos integrados MOS, 564
tecnologia MOSFET, 560
têmpera, 270-271, 292
temperabilidade, 287
temperatura
   efeito da, sobre a energia absorvida no impacto, 202
   efeito da, sobre a resistência de materiais plásticos, 386-387
   transição dútil a frágil, 201-202
temperatura crítica, 596, **600**
temperatura Curie, **630**
   de um material ferroelétrico, **576**
   de um material ferromagnético, 610-611

domínios ferroelétricos, 572-574
temperatura de impacto, 202
temperatura de início da martensita, 277
temperatura de início da transformação em martensita, 271
temperatura de revenido, 281-282
temperatura de transição dúctil a frágil, 201-202
temperatura de transição vítrea *(Tg)*, **343**
  em polímeros, **391**
  vidros, 436
temperatura eutética, 239, **254**
temperatura eutetoide do aço, 286-287
temperaturas de supercondução críticas, 596-597
tempo de envelhecimento, 293-294
tempo de relaxamento, 387-389, 537
tenacidade à fratura, 203
tendões, 471, 639-640, **664**
  lesão dos, 643-645
tensão
  correlação entre a propagação da trinca e, 210-214
  versus número de ciclos (SN) para a fratura por fadiga, 206-207
tensão, 214
tensão de cisalhamento, tangencial ou de corte, 159-160, 171, **191**
tensão de escoamento, 163, **191**
tensão de ruptura do dielétrico, 568-569
tensão dependente do tempo, 214
tensão e deformação, 157-161
tensão e deformação reais, 166-167
tensão limite convencional, 162
tensão média, 208
tensão nominal ou de engenharia, 158-159, **191**
tensões cíclicas, 208-209
tensões de cisalhamento resolvidas críticas, 174-176
teor de umidade da madeira, 478
teoria da adsorção, 510
teoria do filme de óxido, 510
tereftalato de polibutileno (PBT), 366
tereftalato de polietileno (PET), 366
termistor, 572, **576**
termoformação, 349-350
termoplásticos, **391**
  cristalinidade e estereoisomerismo em, 343-346
  descrição, 331-333
  mecanismos de deformação em, 382-383
  moldagem por sopro de, 349-350
  peso molecular médio dos, 336
termoplásticos de uso geral
  acrílico, 359-360
  cloreto de polivinila (PVC), 355
  copolímeros de estireno-acrilonitrila (resinas SAN), 351

fluoroplásticos, 360
  metacrilato de polimetila (PMMA), 359-360
  polietileno (PE), 353
  polietileno de baixa densidade linear (LLDPE), 353
  politetrafluoretileno (PTFE), 360
  propriedades dos, 352
  resistência ao impacto em entalhe, 352
  termopolímeros de acrilonitrila-butadieno-estireno (resinas ABS), 358, 359
  venda e preços dos, 504
termoplásticos não cristalinos, 343
termoplásticos para engenharia, 360-369
  acetais, 365
  policarbonatos, 363-365
  poliésteres termoplásticos, 210
  propriedades dos, 366-367
  resinas fenilênicas à base de óxidos, 364-365
  sulfeto de polifenileno (PPS), 367-368
termoplásticos para engenharia, 5361-368
  cloreto de polivinila (PVC), 384
  de poliestireno (PS), 384
  de uso geral, 351-360
  estereoisomerismo em, 345-346
  extrusão dos, 349
  fortalecimento dos, 383-386
  massa molecular e graus de polimerização de, 383-384
  moldagem por injeção de, 347-349
  temperatura de transição vítrea (T_g) dos, 344
termoplásticos parcialmente cristalinos
  estrutura dos, 344-345
  solidificação de, 343-344
termopolímeros de acrilonitrila-butadieno-estireno (resinas ABS)
  aplicações de, 359
  estrutura e propriedades de, 358-359
Tesla, Nikola, 605-606
teste da extremidade temperada, 287
teste de fluência, 216-217
teste de ruptura por fluência, 216-218
tira de aço, 263
Titanic, naufrágio do, 197
trans-1,4 poli-isopreno, 377, **391**
transdutor, **576**
transformação de endurecimento, 431-432
transformação dividida, 279
transformação sem difusão, 271-272
transição dúctil a frágil (TDF), 201-202, **223**
transistor de efeito de campo, 559

transistor de junção bipolar (TJB), 557-559, **576**
transistores de efeito de campo metal-semicondutor (MESFETs), 567-568
transistores microeletrônicos bipolares planos, 558-559
transistores microeletrônicos planos de efeito de campo, 559-560
transmissão
  da luz, 584-586
  da luz por uma placa de vidro, 585-586
transporte civil de alta velocidade (HSCT), 2
transporte de carga elétrica, 543-544
traqueídes (longitudinais), 475, **487**
tratamento de grafitização, 545
tratamento térmico, 315
tratamento térmico de homogeneização, 237
tratamento térmico de soluções, 291-293
tratamentos térmicos das cerâmicas, 422-424
trefilação, 156-157, **191**
tridimita, 416
trinca causada pela corrosão por tensão
  mecanismo da, 517-518
  prevenção da, 518-519

U

Ultem (polieterimida), 367-368
unidade de massa atômica (u), 18-19, **53**
unidades debye, 51
ureias, 374-376

V

vacância, **124**
valores de tenacidade à fratura, 204
vazamento por barbotina em moldes, 421, **446**
Veículo Explorador de Marte (Mars Exploration Rover – MER), 2
velocidade de deriva, 535, 537-538
vetor de escorregamento, 110
vetores de Burgers, 110-111
vida em fadiga, 205, **223**
vidro de rede modificada (vidro sodo-cálcico), 437
vidro de sílica fundida, 437-438
vidro inorgânico, 89
vidro plano, **447**
vidro sodo-cáustico, 438-440
vidro temperado quimicamente, **447**
vidro temperado termicamente, **443**
vidros, 4340436
  composições do, 437-438
  definição, 436
  deformação viscosa dos, 438-440

efeito da temperatura sobre a viscosidade dos, 440
estrutura dos, 436-437
folha de formação e vidro plano, 440-441
fortalecidos quimicamente, 441-443
lehr (forno de recozimento), 441
métodos de formação dos, 440-441
modificadores vítreos, 436
ordem de longo alcance, 436
óxidos formadores de vidro, 436
óxidos intermediários em, 437
óxidos modificadores de vidro, 436-437
ponto de amolecimento, 440
ponto de recozimento, 440
ponto de tensão, 440
ponto de trabalho, 440
processo de fabricação do vidro plano, 440
rede frouxa, 436
sopramento, prensamento e moldagem de, 441
temperados, 441
temperados termicamente, 443
temperatura de transição vítrea, 436
vidros borossilicatos, 438-440
vidros de chumbo, 438
vidros metálicos, 89, 92, 322, 324, 617
vidros silicatos, 444, 584-585
vitrificação, 423, **446**
vulcanização, 377, **391**

Y

Young, Thomas, 163

Z

Ziegler, Karl, 346
zircônia (ZrO_2), 399
 cerâmicas para engenharia, 427
 descrição, 12-13
 parcialmente estabilizada, 431
 totalmente estabilizada, 431
zircônia parcialmente estabilizada (PSZ), 431
zircônia totalmente estabilizada, 431
zonas de precipatação (zonas GP), 292
zonas GP. *Ver* zonas de precipitação (zonas GP)
zonas GP1, 294
zonas GP2, 294
zonas θ, 294-295
zoneamento, 246

Abreviações de Unidades

A	ampère
C	coulomb
°C	grau Celsius
cm	centímetro
eV	volt eletrônico
°F	grau Fahreheit
ft	pé
g	grama
GPa	gigapascal
pol	polegada
J	joule
K	grau Kelvin
kcal	quilocaloria
kg	quilograma
kJ	quilojoule
ksi	milhar de libras por polegada quadrada
lb	libra
m	metro
min	minuto
mm	milímetro
mol	mol
N	newton
nm	nanômetro
MPa	megapascal
P	poise
Pa	pascal
psi	libras por polegada quadrada
s	segundo
u	unidade de massa atômica
V	volt eletrônico

Tabela periódica dos elementos

ELEMENTOS DO GRUPO PRINCIPAL

Legenda:
- Metais (grupo principal)
- Metais (transição)
- Metais (transição interna)
- Metalóides
- Não metais

Elementos do grupo principal (IA, IIA)

Período	IA (1)	IIA (2)
1	1 H 1.008	
2	3 Li 6.941	4 Be 9.012
3	11 Na 22.99	12 Mg 24.31
4	19 K 39.10	20 Ca 40.08
5	37 Rb 85.47	38 Sr 87.62
6	55 Cs 132.9	56 Ba 137.3
7	87 Fr (223)	88 Ra (226)

Elementos de transição

IIIB (3)	IVB (4)	VB (5)	VIB (6)	VIIB (7)	VIIIB (8)	VIIIB (9)	VIIIB (10)	IB (11)	IIB (12)
21 Sc 44.96	22 Ti 47.88	23 V 50.94	24 Cr 52.00	25 Mn 54.94	26 Fe 55.85	27 Co 58.93	28 Ni 58.69	29 Cu 63.55	30 Zn 65.39
39 Y 88.91	40 Zr 91.22	41 Nb 92.91	42 Mo 95.94	43 Tc (98)	44 Ru 101.1	45 Rh 102.9	46 Pd 106.4	47 Ag 107.9	48 Cd 112.4
57 La 138.9	72 Hf 178.5	73 Ta 180.9	74 W 183.9	75 Re 186.2	76 Os 190.2	77 Ir 192.2	78 Pt 195.1	79 Au 197.0	80 Hg 200.6
89 Ac (227)	104 Rf (261)	105 Db (262)	106 Sg (266)	107 Bh (262)	108 Hs (265)	109 Mt (266)	110 Uun (269)	111 Uuu (272)	112 Uub (277)

Elementos do grupo principal (IIIA–VIIIA)

IIIA (13)	IVA (14)	VA (15)	VIA (16)	VIIA (17)	VIIIA (18)
					2 He 4.003
5 B 10.81	6 C 12.01	7 N 14.01	8 O 16.00	9 F 19.00	10 Ne 20.18
13 Al 26.98	14 Si 28.09	15 P 30.97	16 S 32.07	17 Cl 35.45	18 Ar 39.95
31 Ga 69.72	32 Ge 72.61	33 As 74.92	34 Se 78.96	35 Br 79.90	36 Kr 83.80
49 In 114.8	50 Sn 118.7	51 Sb 121.8	52 Te 127.6	53 I 126.9	54 Xe 131.3
81 Tl 204.4	82 Pb 207.2	83 Bi 209.0	84 Po (209)	85 At (210)	86 Rn (222)
113	114 Uuq (285)	115	116 Uuh (289)	117	118 Uuo

Elementos de transição interna

Lantanídeos (Período 6):

58 Ce 140.1	59 Pr 140.9	60 Nd 144.2	61 Pm (145)	62 Sm 150.4	63 Eu 152.0	64 Gd 157.3	65 Tb 158.9	66 Dy 162.5	67 Ho 164.9	68 Er 167.3	69 Tm 168.9	70 Yb 173.0	71 Lu 175.0

Actinídeos (Período 7):

90 Th 232.0	91 Pa (231)	92 U 238.0	93 Np (237)	94 Pu (242)	95 Am (243)	96 Cm (247)	97 Bk (247)	98 Cf (251)	99 Es (252)	100 Fm (257)	101 Md (258)	102 No (259)	103 Lr (260)

Fonte: Davis, M., and Davis, R., *Fundamentals of Chemical Reaction Engineering*, McGraw-Hill, 2003.

Constantes

Constante	Símbolo	Valor
Número de Avogadro	N_0	$6,023 \times 10^{23}$ mol^{-1}
Unidade de massa atômica	u	$1,661 \times 10^{-24}$ g
Massa do elétron	m_e	$9,110 \times 10^{-28}$ g
Carga eletrônica (magnitude)	e	$1,602 \times 10^{-19}$ C
Constante de Planck	h	$6,626 \times 10^{-34}$ J · s
Velocidade da luz	c	$2,998 \times 10^8$ m/s
Constante dos gases	R	1,987 cal/(mol · K); 8,314 J/(mol · K)
Constante de Boltzmann	k	$8,620 \times 10^{-5}$ eV/K
Constante de permissividade	ϵ_0	$8,854 \times 10^{-12}$ C^2/(N · m^2)
Constante de permeabilidade	μ_0	$4\pi \times 10^{-7}$ T · m/A
Magneton de Bohr	μ_B	$9,274 \times 10^{-24}$ A · m^2
Faraday	F	$9,6485 \times 10^4$ C/mol
Aceleração gravitacional	g	9,806 m/s
Densidade da água		1 g/cm^3 = 1 Mg/m^3

Fatores de Conversão

Comprimento:	1 polegada = 2,54 cm = 25,4 mm
	1 m = 39,37 polegadas
	1 Å = 10^{-10} m
Massa:	1 lbm (libra-massa) = 453,6 g = 0,4536 kg
	1 kg = 2,204 lbm
Força:	1 N = 0,2248 lbf (libra-força)
	1 lbf = 4,44 N
Tensão:	1 Pa = 1 N/m^2
	1 Pa = $0,145 \times 10^{-3}$ lbf/pol^2
	1 lbf/pol^2 = $6,89 \times 10^3$ Pa
Energia:	1 J = 1 N · m
	1 cal = 4,18 J
	1 eV = $1,60 \times 10^{-19}$ J
Potência:	1 W = 1 J/s
Temperatura:	°C = K − 273
	K = °C + 273
	°C = (°F − 32)/1,8
Corrente elétrica:	1 A = 1 C/s
Densidade:	1 g/cm^3 = 62,4 lbm/ft^3
ln x = 2,303 log$_{10}$ x	

Lista dos Elementos com seus Símbolos e Massas Atômicas*

Elemento	Símbolo	Número Atômico	Massa Atômica†	Elemento	Símbolo	Número Atômico	Massa Atômica†
Actínio	Ac	89	(227)	Laurêncio	Lr	103	(257)
Alumínio	Al	13	26,98	Lítio	Li	3	6.941
Amerício	Am	95	(243)	Lutécio	Lu	71	175,0
Antimônio	Sb	51	121,8	Magnésio	Mg	12	24,31
Argônio	Ar	18	39,95	Manganês	Mn	25	54,94
Arsênico	As	33	74,92	Meitnério	Mt	109	(266)
Astatínio	At	85	(210)	Mendelévio	Md	101	256
Bário	Ba	56	137,30	Mercúrio	Hg	80	200,6
Berílio	Be	97	(247)	Molibdênio	Mo	42	95,94
Berquélio	Bk	4	9.012	Neodímio	Nd	60	144,2
Bismuto	Bi	83	209,0	Neônio	Ne	10	20,18
Bório	Bh	107	(262)	Netúnio	Np	93	(237)
Boro	B	5	10,81	Nióbio	Nb	41	92,91
Bromo	Br	35	79,90	Níquel	Ni	28	58,69
Cádmio	Cd	48	112,4	Nitrogênio	N	7	14,01
Cálcio	Ca	20	40,08	Nobélio	No	102	(253)
Califórnio	Cf	98	(249)	Ósmio	Os	76	190,2
Carbono	C	6	12,01	Ouro	Au	79	197,0
Cério	Ce	58	140,01	Oxigênio	O	8	16,0
Césio	Ce	55	132,09	Paládio	Pd	46	106,4
Chumbo	Pb	82	207,2	Platina	Pt	78	195,1
Cloro	Cl	17	35,45	Plutônio	Pu	94	(242)
Cobalto	Co	27	58,93	Polônio	Po	84	(210)
Cobre	Cu	29	63,55	Potássio	K	19	39,10
Criptônio	Kr	36	83,80	Praseodímio	Pr	59	140,9
Cromo	Cr	24	52,00	Prata	Ag	47	107,9
Cúrio	Cm	96	(247)	Promécio	Pm	61	(147)
Disprósio	Dy	66	162,5	Protactínio	Pa	91	(231)
Dúbnio	Db	105	(260)	Rádio	Ra	88	(226)
Einstênio	Es	99	(254)	Radônio	Rn	86	(222)
Enxofre	S	16	32,07	Rênio	Re	75	186,2
Érbio	Er	68	167,3	Ródio	Rh	45	102,9
Escândio	Sc	21	44,96	Rubídio	Rb	37	85,47
Estanho	Sn	50	118,7	Rutênio	Ru	44	101,1
Estrôncio	Sr	38	87,62	Rutherfórdio	Rf	104	(257)
Európio	Eu	63	152,0	Samário	Sm	62	150,4
Férmio	Fm	100	(253)	Seabórgio	Sg	106	(263)
Ferro	Fe	26	55,85	Selênio	Se	34	78,96
Flúor	F	9	19,00	Silício	Si	14	28,09
Fósforo	P	15	30,97	Sódio	Na	1	22,99
Frâncio	Fr	87	(223)	Tálio	Tl	81	204,4
Gadolínio	Gd	64	157,3	Tântalo	Ta	73	180,9
Gálio	Ga	31	69,72	Tecnécio	Tc	43	(99)
Germânio	Ge	32	72,59	Telúrio	Te	52	127,6
Háfnio	Hf	72	178,5	Térbio	Tb	65	158,9
Hássio	Hs	108	(265)	Titânio	Ti	22	47,88
Hélio	He	2	4.003	Tório	Th	90	232,0
Hidrogênio	H	1	1.008	Túlio	Tm	69	168,90
Hólmio	Ho	67	164,9	Tungstênio	W	74	183,90
Índio	In	49	114,8	Urânio	U	92	238,0
Iodo	I	53	126,9	Vanádio	V	23	50,94
Irídio	Ir	77	192,2	Xenônio	Xe	54	131,3
Itérbio	Yb	70	173,0	Zinco	Zn	30	65,39
Ítrio	Y	39	88,91	Zircônio	Zr	40	91,22
Lantânio	La	57	138,9				

*Todas as massas atômicas possuem quatro algarismos significativos. Estes valores são recomendados pelo Comitê de Ensino de Química da União Internacional de Química Pura e Aplicada (IUPAC).
†Valores aproximados das massas atômicas de elementos radioativos são dados entre parênteses.
Fonte: Chang, R., *Chemistry*, McGraw-Hill, 2002.